Springer Collected Works in Mathematics

For further volumes:
http://www.springer.com/series/11104

Hermann Weyl

Gesammelte Abhandlungen II

Editor

Komaravolu Chandrasekharan

Reprint of the 1968 Edition

Springer

Author
Hermann Weyl
1885 Elmshorn, Germany –
1955 Zürich, Switzerland

Editor
Komaravolu Chandrasekharan
Department of Mathematics
ETH Zürich
Switzerland

ISSN 2194-9875
ISBN 978-3-662-44236-4 (Softcover)
978-3-540-04388-1 (Hardcover)
DOI 10.1007/978-3-662-44237-1
Springer Heidelberg New York Dordrecht London

Library of Congress Control Number: 2012954381

Mathematical Subject Classification (2010): 01-XX, 83-XX

Printed on acid-free paper

Springer is part of Springer Science+Business Media (www.springer.com)

Preface

The name of Hermann Weyl is enshrined in the history of mathematics. A thinker of exceptional depth, and a creator of ideas, Weyl possessed an intellect which ranged far and wide over the realm of mathematics, and beyond. His mind was sharp and quick, his vision clear and penetrating. Whatever he touched he adorned. His personality was suffused with humanity and compassion, and a keen aesthetic sensibility. Its fullness radiated charm. He was young at heart to the end. By precept and example, he inspired many mathematicians, and influenced their lives. The force of his ideas has affected the course of science. He ranks among the few universalists of our time.

This collection of papers is a tribute to his genius. It is intended as a service to the mathematical community.

Thanks are due to Springer-Verlag for undertaking the publication, and to the Zentenarfonds of the Eidgenössische Technische Hochschule, Zürich, and to its President Dr. J. Burckhardt, for a generous subvention. The co-operation of Professor B. Eckmann has helped the project along.

These papers will no doubt be a source of inspiration to scholars through the ages.

Zürich, May 1968 K. Chandrasekharan

Note

These four volumes of papers by HERMANN WEYL contain all those listed in the bibliography given in the *Selecta* HERMANN WEYL, together with four additions. No changes in the text have been made other than those made by the author himself at the time of the publication of his *Selecta*.

An obituary notice by A. WEIL and C. CHEVALLEY, originally published in *l'Enseignement mathématique*, is reproduced at the end, by courtesy of the authors.

The co-operation of the publishers of the various periodicals in which WEYL's work appeared, and particularly of Birkhäuser-Verlag who brought out the *Selecta*, is gratefully acknowledged. The excellent work done by the printer merits a special mention. The frontispiece is from the collection of Mrs. ELLEN WEYL.

Inhaltsverzeichnis Band II

Hermann Weyl, Gesammelte Abhandlungen, Band II

Errata

1. Der Beitrag 51 ist eine gemeinsame Veröffentlichung mit RUDOLF BACH.

2. Als Beitrag 45 sollte die unten abgedruckte Zusammenfassung von Beitrag 53 erscheinen. Irrtümlich wurde Beitrag 53 zweimal abgedruckt.

45.

Das Raumproblem

Jahresbericht der Deutschen Mathematikervereinigung 30, 2. Abteilung, 92 (1921)

I. Das mathematische Problem der Raumstruktur besteht darin, das quantitativ, in logisch-arithmetischen Relationen Erfaßbare am Wesen jener räumlichen Struktur, die sich in den Beziehungen der Kongruenz bekundet, richtig zu erkennen und mit den Hilfsmitteln der Logik, Arithmetik und Analysis auf seine einfachsten Gründe zurückzuführen. II. Die elementare Richtung der Raumaxiomatik (Euklid, Hilbert) geht nicht von dem ursprünglichen Grundbegriff der kongruenten Abbildung aus, sondern von gewissen abgeleiteten, aber dem gegenständlichen Denken näher stehenden Begriffen, als da sind: gerade Linie, Inzidenz usw. Unter Verwendung des Zahlenraumes und der projektiven Vorstellungen läßt sich diese Art des Aufbaues einheitlich überblicken. III. Die infinitesimalgeometrische Analyse der Raumstruktur. Schilderung der R i e m a n n schen Geometrie: Begriff der infinitesimalen Parallelverschiebung, die R i e m a n n sche Krümmung als Vektorwirbel. Das identische Verschwinden der Krümmung charakterisiert den E u k l i d i schen Raum. Herleitung aller metrisch homogenen R i e m a n n schen Räume. IV. Die vollständige Charakterisierung derselben durch die an die Gruppe der kongruenten Abbildungen sich richtende H e l m h o l t z - L i e sche Homogenitätsforderung. V. Nach der Relativitätstheorie kommt die Struktur dem Raume nicht an sich zu, sondern ist abhängig von der materiellen Erfüllung; zwar ist die Metrik an jeder Stelle von derselben Natur, aber die gegenseitige Orientierung dieser Metriken in den verschiedenen Punkten ist frei und beliebiger virtueller Veränderungen fähig. Trifft diese Auffassung das Richtige, so muß das Raumproblem ganz anders gestellt werden; insbesondere ist das Postulat der Homogenität zu ersetzen durch die Forderung der „frei veränderlichen Orientierung". Die genaue Formulierung wird gegeben und ihre Zurückführung auf einen rein algebraischen Satz über kontinuierliche Gruppen linearer Transformationen.

Vollständige Liste aller Titel

Band I

Band II

Band III

Band IV

30.

Reine Infinitesimalgeometrie

Mathematische Zeitschrift 2, 384—411 (1918)

§ 1. Einleitung. Über das Verhältnis von Geometrie und Physik.

Die wirkliche Welt, in die wir kraft unseres Bewußtseins hineingestellt sind, *ist nicht da*, schlechthin und in Einem Schlag, sondern *geschieht*; sie durchläuft, in jedem Augenblick vernichtet und neu geboren, eine kontinuierliche eindimensionale Folge von Zuständen in der *Zeit*. Der Schauplatz dieses zeitlichen Geschehens ist ein dreidimensionaler Euklidischer *Raum*. Seine Eigenschaften untersucht die *Geometrie*; hingegen ist es die Aufgabe der *Physik*, das im Raum existierende Reale begrifflich zu erfassen und die in der Flucht seiner Erscheinungen beharrenden Gesetze zu ergründen. Physik ist demnach eine Wissenschaft, welche die Geometrie zu ihrem Fundament hat; die Begriffe aber, durch welche sie das Wirkliche darstellt — Materie, Elektrizität, Kraft, Energie, elektromagnetisches Feld, Gravitationsfeld usf. — gehören einer ganz andern Sphäre an als die geometrischen.

Diese alte Anschauung über das Verhältnis von Form und Inhalt der Wirklichkeit, von Geometrie und Physik ist durch die Einsteinsche Relativitätstheorie [1]) umgestürzt worden. Die *spezielle Relativitätstheorie* führte zu der Erkenntnis, daß Raum und Zeit zu einer unlöslichen Einheit verschmolzen sind, die als *Welt* bezeichnet werde; die Welt ist dieser Theorie zufolge eine vierdimensionale Euklidische Mannigfaltigkeit — Euklidisch mit der Modifikation, daß die der Weltmetrik zugrundeliegende quadratische Form nicht positiv-definit ist, sondern vom Trägheitsindex 1. Die *allgemeine Relativitätstheorie* gibt das, ganz im Geiste der modernen Nahewirkungsphysik, nur im Unendlichkleinen als gültig zu, nimmt für die Weltmetrik also den von Riemann in seinem Habilitationsvortrag

---

[1]) Ich verweise auf die Darstellung in meinem Buch „Raum, Zeit, Materie", Springer 1918 (im folgenden als RZM zitiert), und die dort angegebene Literatur.

aufgestellten allgemeineren Begriff der auf einer quadratischen *Differential*form beruhenden Maßbestimmung in Anspruch. Das prinzipiell Neue an ihr ist aber die Einsicht: die Metrik ist nicht eine Eigenschaft der Welt an sich; vielmehr ist Raum-Zeit als Form der Erscheinungen ein völlig gestaltloses vierdimensionales Kontinuum im Sinne der Analysis situs, die Metrik aber bringt etwas Reales zum Ausdruck, das in der Welt existiert, das durch Zentrifugal- und Gravitationskräfte physikalische Wirkungen auf die Materie ausübt und dessen Zustand auch umgekehrt durch die Verteilung und Beschaffenheit der Materie naturgesetzlich bedingt ist. Indem ich die Riemannsche Geometrie, die doch reine „Nahe-Geometrie" sein will, von einer ihr gegenwärtig noch anhaftenden Inkonsequenz befreite, ein letztes ferngeometrisches Element ausstieß, das sie von ihrer Euklidischen Vergangenheit her noch bei sich führte, gelangte ich zu einer Weltmetrik, aus welcher nicht nur die Gravitations-, sondern auch die elektromagnetischen Wirkungen hervorgehen, die somit, wie man mit gutem Grund annehmen darf, über alle physikalischen Vorgänge Rechenschaft gibt [2]). Nach dieser Theorie ist *alles Wirkliche, das in der Welt vorhanden ist, Manifestation der Weltmetrik*; die physikalischen Begriffe sind keine andern als die geometrischen. Der einzige Unterschied, der zwischen Geometrie und Physik besteht, ist der, daß die Geometrie allgemein ergründet, was im Wesen der metrischen Begriffe liegt [3]), die Physik aber das Gesetz zu ermitteln und in seine Konsequenzen zu verfolgen hat, durch welches die wirkliche Welt unter allen der Geometrie nach möglichen vierdimensionalen metrischen Räumen ausgezeichnet ist [4]).

In dieser Note möchte ich jene *reine Infinitesimalgeometrie* entwickeln, die nach meiner Überzeugung die physikalische Welt als einen Sonderfall in sich begreift. Der Aufbau der Nahegeometrie vollzieht sich sachgemäß in drei Stufen. Auf der ersten Stufe steht das aller Maßbestimmung bare *Kontinuum* im Sinne der Analysis situs — physikalisch gesprochen, *die leere Welt*; auf der zweiten das *affin zusammenhängende* Kontinuum — so nenne ich eine Mannigfaltigkeit, in welcher der Begriff der infinitesimalen Parallelverschiebung von Vektoren einen Sinn hat; in

---

[2]) Eine erste Mitteilung darüber ist unter dem Titel „Gravitation und Elektrizität" in den Sitzungsber. d. K. Preuß. Akad. d. Wissenschaften 1918, S. 465, erschienen.

[3]) Freilich geht die traditionelle Geometrie von dieser ihrer eigentlichen Aufgabe alsbald zu einer weniger prinzipiellen über, indem sie nun nicht mehr den Raum selbst zum Gegenstand ihrer Untersuchung macht, sondern die im Raume möglichen Gebilde, spezielle Klassen solcher und deren Eigenschaften, die ihnen auf Grund der Raummetrik zukommen.

[4]) Ich bin verwegen genug, zu glauben, daß die Gesamtheit der physikalischen Erscheinungen sich aus einem einzigen universellen Weltgesetz von höchster mathematischer Einfachheit herleiten läßt.

der Physik erscheint der affine Zusammenhang als *Gravitationsfeld* —; auf der dritten endlich das *metrische* Kontinuum — physikalisch: *der „Äther“*, dessen Zustände sich in den Erscheinungen der Materie und Elektrizität kundgeben.

§ 2. Situs-Mannigfaltigkeit (leere Welt).

Infolge der Schwierigkeit, das anschauliche Wesen des stetigen Zusammenhangs durch eine rein logische Konstruktion zu erfassen, ist eine voll befriedigende Analyse des Begriffs der *n-dimensionalen Mannigfaltigkeit* heute nicht möglich [5]). Uns genügt folgendes: Eine n-dimensionale Mannigfaltigkeit läßt sich auf n Koordinaten $x_1 x_2 \ldots x_n$ beziehen, deren jede in jedem Punkt der Mannigfaltigkeit einen bestimmten Zahlwert besitzt; verschiedenen Punkten entsprechen verschiedene Wertsysteme der Koordinaten; ist $\bar{x}_1 \bar{x}_2 \ldots \bar{x}_n$ ein zweites System von Koordinaten, so bestehen zwischen den x- und den $\bar{x}$-Koordinaten desselben willkürlichen Punktes gesetzmäßige Beziehungen

$$x_i = f_i(\bar{x}_1 \bar{x}_2 \ldots \bar{x}_n) \qquad (i = 1, 2, \ldots, n),$$

wo f_i rein logisch-arithmetisch konstruierbare Funktionen bedeuten; von ihnen setzen wir nicht nur voraus, daß sie stetig sind, sondern auch, daß sie stetige Ableitungen

$$\alpha_{ik} = \frac{\partial f_i}{\partial \bar{x}_k}$$

besitzen, deren Determinante nicht verschwindet. Die letzte Bedingung ist notwendig und hinreichend, damit im Unendlichkleinen die affine Geometrie gilt, damit nämlich zwischen den Koordinatendifferentialen in beiden Systemen umkehrbare lineare Beziehungen statthaben:

$$dx_i = \sum_k \alpha_{ik} \, d\bar{x}_k. \tag{1}$$

Die Existenz und Stetigkeit höherer Ableitungen nehmen wir an, wo wir ihrer im Laufe der Untersuchung bedürfen. Auf jeden Fall hat also der Begriff der stetigen und stetig differentiierbaren Ortsfunktion, ev. auch der der 2, 3, ... mal stetig differentiierbaren einen invarianten, vom Koordinatensystem unabhängigen Sinn; die Koordinaten selber sind derartige Funktionen. — Eine n-dimensionale Mannigfaltigkeit, an der wir keine andern Eigenschaften in Betracht ziehen außer denjenigen, die im Begriff der n-dimensionalen Mannigfaltigkeit liegen, nennen wir — in physikalischer Terminologie — eine (n-dimensionale) *leere Welt*.

---

[5]) Vgl. darüber H. Weyl, Das Kontinuum (Leipzig 1918), namentlich S. 77 ff.

Die relativen Koordinaten dx_i eines zu dem Punkte $P=(x_i)$ unendlich benachbarten Punktes $P'=(x_i+dx_i)$ sind die Komponenten eines *Linienelementes* in P oder einer *infinitesimalen Verschiebung* $\overrightarrow{PP'}$ von P. Bei Übergang zu einem andern Koordinatensystem gelten für diese Komponenten die Formeln (1), in denen α_{ik} die Werte der betreffenden Ableitungen im Punkte P bedeuten. Allgemeiner charakterisieren im Punkte P — bei Zugrundelegung eines bestimmten Koordinatensystems für die Umgebung von P — irgend n in bestimmter Reihenfolge gegebene Zahlen ξ^i $(i=1, 2, \ldots, n)$ einen *Vektor* (oder eine *Verschiebung*) in P; die Komponenten ξ^i, bzw. $\bar{\xi}^i$ desselben Vektors in irgend zwei Koordinatensystemen, dem „ungestrichenen" und „gestrichenen", hängen durch die gleichen linearen Transformationsformeln (1) zusammen:

$$\xi^i = \sum_k \alpha_{ik} \bar{\xi}^k.$$

Vektoren in P kann man addieren und mit Zahlen multiplizieren; sie bilden also eine „lineare" oder „affine" Gesamtheit. Mit jedem Koordinatensystem sind n „Einheitsvektoren" $\mathfrak{e}_i$ in P verbunden, nämlich diejenigen, welche in dem betreffenden Koordinatensystem die Komponenten

$$\begin{array}{c|c} \mathfrak{e}_1 & 1, 0, 0, \ldots, 0 \\ \mathfrak{e}_2 & 0, 1, 0, \ldots, 0 \\ \cdot\cdot & \cdot\cdot\cdot\cdot\cdot\cdot\cdot\cdot \\ \mathfrak{e}_n & 0, 0, 0, \ldots, 1 \end{array}$$

besitzen.

Je zwei (linear unabhängige) Linienelemente in P mit den Komponenten dx_i, bzw. δx_i spannen ein (zweidimensionales) Flächenelement in P auf mit den Komponenten

$$dx_i\,\delta x_k - dx_k\,\delta x_i = \Delta x_{ik},$$

je drei (unabhängige) Linienelemente dx_i, δx_i, $\mathfrak{d} x_i$ in P ein (dreidimensionales) Raumelement mit den Komponenten

$$\begin{vmatrix} dx_i & dx_k & dx_l \\ \delta x_i & \delta x_k & \delta x_l \\ \mathfrak{d} x_i & \mathfrak{d} x_k & \mathfrak{d} x_l \end{vmatrix} = \Delta x_{ikl};$$

usw. Eine von einem willkürlichen Linien- oder Flächen- oder Raum- oder ... Element in P abhängige Linearform heißt ein *linearer Tensor* 1., bzw. 2., 3., ... Stufe. Bei Benutzung eines bestimmten Koordinatensystems können die Koeffizienten a dieser Linearform

$$\sum_i a_i\,dx_i, \quad \text{bzw.} \quad \frac{1}{2!}\sum_{ik} a_{ik}\,\Delta x_{ik}, \quad \frac{1}{3!}\sum_{ikl} a_{ikl}\,\Delta x_{ikl}, \ \ldots$$

eindeutig durch die Forderung des Alternierens normiert werden; diese besagt in dem letzten hingeschriebenen Fall z. B., daß Indextripeln (ikl), die durch eine gerade Permutation auseinander hervorgehen, derselbe Koeffizient a_{ikl} entspricht, während bei ungerader Permutation der Koeffizient in sein Negatives umschlägt, also

$$a_{ikl} = a_{kli} = a_{lik} = -a_{kil} = -a_{lki} = -a_{ilk}.$$

Die so normierten Koeffizienten werden als die *Komponenten* des betreffenden Tensors bezeichnet. Aus einem Skalarfeld f entspringt durch Differentiation ein lineares Tensorfeld 1. Stufe mit den Komponenten

$$f_i = \frac{\partial f}{\partial x_i};$$

aus einem linearen Tensorfeld 1. Stufe f_i ein solches 2. Stufe:

$$f_{ik} = \frac{\partial f_i}{\partial x_k} - \frac{\partial f_k}{\partial x_i};$$

aus einem solchen 2. Stufe ein lineares Tensorfeld 3. Stufe:

$$f_{ikl} = \frac{\partial f_{kl}}{\partial x_i} + \frac{\partial f_{li}}{\partial x_k} + \frac{\partial f_{ik}}{\partial x_l};$$

usf. Diese Operationen sind von dem benutzten Koordinatensystem unabhängig[6]).

Ein linearer Tensor 1. Stufe in P möge eine dort angreifende *Kraft* heißen. Eine solche wird also bei Zugrundelegung eines bestimmten Koordinatensystems charakterisiert durch n Zahlen ξ_i, die sich bei Übergang zu einem andern Koordinatensystem kontragredient zu den Verschiebungskomponenten transformieren:

$$\xi_i = \sum_k \alpha_{ki} \xi_k.$$

Sind η^i die Komponenten einer willkürlichen Verschiebung in P, so ist $\sum_i \xi_i \eta^i$ eine Invariante. Unter *Tensor* in P wird allgemein eine Linearform einer oder mehrerer willkürlicher Verschiebungen und Kräfte in P verstanden. Liegt z. B. eine Linearform dreier willkürlicher Verschiebungen ξ, η, ζ und zweier willkürlicher Kräfte ϱ, σ vor:

$$\sum a_{ikl}^{pq} \xi^i \eta^k \zeta^l \varrho_p \sigma_q,$$

so sprechen wir von einem Tensor 5. Stufe mit den in bezug auf die Indizes ikl kovarianten, in bezug auf die Indizes pq kontravarianten Komponenten a. Eine Verschiebung ist selber ein kontravarianter, eine

---

[6]) RZM, § 13.

Kraft ein kovarianter Tensor 1. Stufe. Die Fundamentaloperationen der Tensoralgebra sind [7]):

1. Addition von Tensoren und Multiplikation mit einer Zahl;
2. Multiplikation von Tensoren;
3. Verjüngung.

Die Tensoralgebra läßt sich demnach schon in der leeren Welt begründen — sie setzt keine Maßbestimmung voraus —, von der Tensoranalysis hingegen nur die der „linearen" Tensoren. —

Eine *„Bewegung"* in unserer Mannigfaltigkeit ist gegeben, wenn jedem Wert s eines reellen Parameters in stetiger Weise ein Punkt zugeordnet ist; bei Benutzung eines Koordinatensystems x_i drückt sich die Bewegung durch Formeln $x_i = x_i(s)$ aus, in denen rechts die x_i als Funktionszeichen zu verstehen sind. Setzen wir stetige Differentiierbarkeit voraus, so erhalten wir, unabhängig vom Koordinatensystem, zu jedem Punkte $P = (s)$ der Bewegung einen Vektor in P mit den Komponenten

$$u^i = \frac{dx_i}{ds},$$

die *Geschwindigkeit.* Zwei Bewegungen, die durch stetige monotone Transformation des Parameters s auseinander hervorgehen, beschreiben dieselbe *Kurve.*

§ 3. Affin zusammenhängende Mannigfaltigkeit (Welt mit Gravitationsfeld).

I. Begriff des affinen Zusammenhangs.

Ist P' ein zu dem festen Punkt P unendlich benachbarter, so *hängt* P' mit P *affin zusammen,* wenn von jedem Vektor in P feststeht, in welchen Vektor in P' er durch *Parallelverschiebung* von P nach P' übergeht. Die Parallelverschiebung der sämtlichen Vektoren in P von dort nach P' muß dabei selbstverständlich der folgenden Forderung genügen.

A. *Die Verpflanzung der Gesamtheit der Vektoren von P nach dem unendlich benachbarten Punkte P' durch Parallelverschiebung liefert eine affine Abbildung der Vektoren in P auf die Vektoren in P'.*

Benutzen wir ein Koordinatensystem und hat P darin die Koordinaten x_i, P' die Koordinaten $x_i + dx_i$, ein beliebiger Vektor in P die Komponenten ξ^i, der Vektor in P', der aus ihm durch Parallelverschiebung nach P' hervorgeht, die Komponenten $\xi^i + d\xi^i$, so muß also $d\xi^i$ linear von den ξ^i abhängen:

---

[7]) RZM, § 6.

$$d\xi^i = -\sum_r d\gamma^i{}_r \xi^r.$$

$d\gamma^i{}_r$ sind infinitesimale Größen, die nur vom Punkte P und der Verschiebung $\overrightarrow{PP'}$ mit den Komponenten dx_i abhängen, nicht aber von dem der Parallelverschiebung unterworfenen Vektor ξ. Wir betrachten fortan affin zusammenhängende Mannigfaltigkeiten; in einer solchen steht jeder Punkt P mit all seinen unendlich benachbarten in affinem Zusammenhang. An den Begriff der Parallelverschiebung ist noch eine zweite Forderung, die der *Kommutativität*, zu stellen.

B. *Sind P_1, P_2 zwei zu P unendlich benachbarte Punkte und geht der infinitesimale Vektor $\overrightarrow{PP_1}$ durch Parallelverschiebung von P nach P_2 in $\overrightarrow{P_2P_{21}}$ über, $\overrightarrow{PP_2}$ aber durch Parallelverschiebung nach P_1 in $\overrightarrow{P_1P_{12}}$, so fallen P_{12} und P_{21} zusammen.* (Es entsteht eine unendlich kleine Parallelogrammfigur.)

Bezeichnen wir die Komponenten von $\overrightarrow{PP_1}$ mit dx_i, die von $\overrightarrow{PP_2}$ mit δx_i, so besagt diese Forderung offenbar, daß

$$d\delta x_i = -\sum_r d\gamma^i{}_r \cdot \delta x_r \tag{2}$$

eine symmetrische Funktion der beiden Linienelemente d und δ ist. Folglich muß $d\gamma^i{}_r$ eine Linearform der Differentiale dx_i sein,

$$d\gamma^i{}_r = \sum_s \Gamma^i{}_{rs}\, dx_s,$$

und es müssen die nur von der Stelle P abhängigen Koeffizienten Γ, die „*Komponenten des affinen Zusammenhangs*", der Symmetriebedingung

$$\Gamma^i{}_{sr} = \Gamma^i{}_{rs}$$

genügen.

Wegen der Art und Weise, wie in der Formulierung der Forderung **B.** mit infinitesimalen Größen umgegangen wird, könnte dieser vorgeworfen werden, daß sie eines präzisen Sinns entbehre. Wir wollen deshalb noch ausdrücklich durch einen strengen Beweis feststellen, daß die Symmetrie von (2) eine vom Koordinatensystem unabhängige Bedingung ist. Zu dem Zwecke ziehen wir ein (zweimal stetig differentiierbares) Skalarfeld f heran. Aus der Formel für das totale Differential

$$df = \sum_i \frac{\partial f}{\partial x_i} dx_i$$

entnehmen wir, daß, wenn ξ^i die Komponenten eines willkürlichen Vektors in P sind,

$$df = \sum_i \frac{\partial f}{\partial x_i} \xi^i$$

eine vom Koordinatensystem unabhängige Invariante ist. Wir bilden deren Änderung bei einer zweiten infinitesimalen Verschiebung δ, bei welcher der Vektor ξ parallel mit sich von P nach P_2 verschoben werden soll, und erhalten

$$\delta df = \sum_{ik} \frac{\partial^2 f}{\partial x_i \partial x_k} \xi^i \delta x_k - \sum_{ir} \frac{\partial f}{\partial x_i} \cdot \delta \gamma^i{}_r \xi^r.$$

Ersetzen wir hierin ξ^i wieder durch dx_i und ziehen von dieser Gleichung die durch Vertauschung von d und δ entstandene ab, so ergibt sich die Invariante

$$\Delta f = (\delta d - d\delta) f = \sum_i \left\{ \frac{\partial f}{\partial x_i} \sum_r (d\gamma^i{}_r \delta x_r - \delta \gamma^i{}_r dx_r) \right\}.$$

Die Beziehungen

$$\sum_r (d\gamma^i{}_r \delta x_r - \delta \gamma^i{}_r dx_r) = 0$$

enthalten die notwendige und hinreichende Bedingung dafür, daß für jedes Skalarfeld f die Gleichung $\Delta f = 0$ erfüllt ist.

In physikalischer Ausdrucksweise ist ein affin zusammenhängendes Kontinuum als eine Welt zu bezeichnen, in der ein *Gravitationsfeld* herrscht. Die Größen $\Gamma^i{}_{rs}$ sind die Komponenten des Gravitationsfeldes. Die Formeln, nach denen sich diese Komponenten beim Übergang von dem einen zum andern Koordinatensystem transformieren, brauchen wir hier nicht anzugeben. $\Gamma^i{}_{rs}$ verhalten sich gegenüber linearer Transformation wie die in bezug auf r und s kovarianten, in bezug auf i kontravarianten Komponenten eines Tensors, verlieren diesen Charakter jedoch bei nichtlinearen Transformationen. Wohl aber sind die Änderungen $\delta\Gamma^i{}_{rs}$, welche die Größen Γ erfahren, wenn man den affinen Zusammenhang der Mannigfaltigkeit willkürlich abändert, die Komponenten eines allgemein-invarianten Tensors von dem angegebenen Charakter.

Was unter *Parallelverschiebung einer Kraft* in P von dort nach dem unendlich benachbarten Punkte P' zu verstehen ist, ergibt sich aus der Forderung, daß das invariante Produkt dieser Kraft und eines willkürlichen Vektors in P bei Parallelverschiebung erhalten bleibe. Sind ξ_i die Komponenten der Kraft, η^i die der Verschiebung, so liefert[8])

$$d(\xi_i \eta^i) = (d\xi_i \cdot \eta^i) + \xi_r d\eta^r = (d\xi_i - d\gamma^r{}_i \xi_r)\eta^i = 0$$

die Formel

$$d\xi_i = \sum_r d\gamma^r{}_i \xi_r.$$

[8]) Wir verwenden im folgenden die Einsteinsche Festsetzung, daß über Indizes, die in einem Formelglied doppelt auftreten, stets zu summieren ist, ohne daß wir es nötig erachten, jedesmal ein Summenzeichen davor zu setzen.

Zu jeder Stelle P kann man ein Koordinatensystem x_i von solcher Art einführen — ich nenne es *geodätisch* in P —, daß in ihm die Komponenten Γ^i_{rs} des affinen Zusammenhangs an der Stelle P verschwinden. Sind zunächst x_i beliebige Koordinaten, die in P verschwinden, und bedeuten Γ^i_{rs} die Komponenten des affinen Zusammenhangs an der Stelle P in diesem Koordinatensystem, so erhält man ein geodätisches $\bar{x}_i$ durch die Transformation

$$x_i = \bar{x}_i - \tfrac{1}{2} \sum_{rs} \Gamma^i_{rs} \bar{x}_r \bar{x}_s. \tag{3}$$

Betrachten wir nämlich die $\bar{x}_i$ als unabhängige Variable und deren Differentiale $d\bar{x}_i$ als Konstante, so gilt im Sinne Cauchys an der Stelle $P(\bar{x}_i = 0)$:

$$dx_i = d\bar{x}_i, \qquad d^2 x_i = -\Gamma^i_{rs} d\bar{x}_r d\bar{x}_s,$$

also

$$d^2 x_i + \Gamma^i_{rs} dx_r dx_s = 0.$$

Wegen ihrer invarianten Natur lauten die letzten Gleichungen im Koordinatensystem $\bar{x}_i$:

$$d^2 \bar{x}_i + \bar{\Gamma}^i_{rs} d\bar{x}_r d\bar{x}_s = 0.$$

Diese sind aber für beliebige konstante $d\bar{x}_i$ nur erfüllt, wenn alle $\bar{\Gamma}^i_{rs}$ verschwinden. *Das Gravitationsfeld kann demnach durch geeignete Wahl des Koordinatensystems an einer einzelnen Stelle stets zum Verschwinden gebracht werden.* Durch die Forderung der „Geodäsie" in P sind Koordinaten in der Umgebung von P, wenn man lineare Transformation frei gibt, bestimmt bis auf Glieder 3. Ordnung; d. h. sind x_i, $\bar{x}_i$ zwei in P geodätische Koordinatensysteme und verschwinden sowohl die x_i wie die $\bar{x}_i$ in P, so gelten unter Vernachlässigung von Gliedern, die in den $\bar{x}_i$ von 3. und höherer Ordnung sind, lineare Transformationsformeln $x_i = \sum_k \alpha_{ik} \bar{x}_k$ mit konstanten Koeffizienten α_{ik}.

II. Tensoranalysis. Gerade Linie.

Erst im affin zusammenhängenden Raum läßt sich die *Tensoranalysis* vollständig begründen. Sind beispielsweise f_i^k die in i kovarianten, in k kontravarianten Komponenten eines Tensorfeldes 2. Stufe, so nehmen wir im Punkte P eine willkürliche Verschiebung ξ und eine Kraft η zu Hilfe, bilden die Invariante

$$f_i^k \xi^i \eta_k$$

und ihre Änderung bei einer unendlich kleinen Verrückung d des Argumentpunktes P, bei welcher ξ und η parallel mit sich verschoben werden. Es ist

$$d(f_i^k \xi^i \eta_k) = \frac{\partial f_i^k}{\partial x_l} \xi^i \eta_k dx_l - f_r^k \eta_k d\gamma^r_i \xi^i + f_i^r \xi^i d\gamma^k_r \eta_k,$$

also sind

$$f_{il}^k = \frac{\partial f_i^k}{\partial x_l} - \Gamma_{il}^r f_r^k + \Gamma_{rl}^k f_i^r$$

die in $i\,l$ kovarianten, in k kontravarianten Komponenten eines Tensorfeldes 3. Stufe, das aus dem gegebenen Tensorfeld 2. Stufe in einer vom Koordinatensystem unabhängigen Weise entspringt.

Im affin zusammenhängenden Raum gewinnt der Begriff der *geraden oder geodätischen Linie* einen bestimmten Sinn. Die Gerade entsteht, wenn man einen Vektor beständig parallel mit sich in seiner eigenen Richtung verschiebt, als Bahnkurve des Anfangspunktes dieses Vektors; sie kann daher als diejenige Kurve bezeichnet werden, die ihre Richtung ungeändert beibehält. Sind u^i die Komponenten jenes Vektors, so sollen also im Verlaufe der Bewegung beständig die Gleichungen

$$du^i + \Gamma^i_{\alpha\beta}\, u^\alpha\, dx_\beta = 0,$$

$$dx_1 : dx_2 : \ldots : dx_n = u^1 : u^2 : \ldots : u^n$$

gelten. Den zur Darstellung der Kurve zu benutzenden Parameter s können wir demnach so normieren, daß identisch in s

$$\frac{dx_i}{ds} = u^i$$

ist, und die Differentialgleichungen der geraden Linie lauten dann

$$w^i \equiv \frac{d^2 x_i}{ds^2} + \Gamma^i_{\alpha\beta} \frac{dx_\alpha}{ds} \frac{dx_\beta}{ds} = 0.$$

Für jede beliebige Bewegung $x_i = x_i(s)$ sind die linken Seiten dieser Gleichungen die Komponenten eines mit der Bewegung invariant verknüpften Vektors im Punkte s, der *Beschleunigung*. In der Tat gilt, wenn ξ_i eine willkürliche Kraft in jenem Punkte ist, die beim Übergang zum Punkte $s + ds$ parallel mit sich verschoben wird,

$$\frac{d(u^i \xi_i)}{ds} = w^i \xi_i.$$

Eine Bewegung, deren Beschleunigung identisch verschwindet, heißt eine *Translation*. Unter gerader Linie — so kann man unsere obige Erklärung auch fassen — ist die Bahnkurve einer Translation zu verstehen.

III. Krümmung.

Sind P und Q zwei durch eine Kurve verbundene Punkte, in deren erstem ein Vektor gegeben ist, so kann man diesen parallel mit sich längs der Kurve von P nach Q schieben. Die so zustande kommende *Vektorübertragung* ist jedoch im allgemeinen *nicht integrabel*; d. h. der Vektor, zu dem man in Q gelangt, ist abhängig von dem Verschiebungswege, auf dem die Übertragung vollzogen wird. Nur in dem besonderen Fall, wo Integrabilität stattfindet, hat es einen Sinn, von dem *gleichen* Vektor in zwei verschiedenen Punkten P und Q zu sprechen; es sind darunter solche Vektoren zu verstehen, die durch Parallelverschiebung auseinander hervorgehen. Alsdann heißt die Mannigfaltigkeit *Euklidisch*. In einer solchen lassen sich besondere, „lineare" Koordinatensysteme einführen, die dadurch ausgezeichnet sind, daß bei ihrer Benutzung gleiche Vektoren in verschiedenen Punkten gleiche Komponenten besitzen. Je zwei solche lineare Koordinatensysteme hängen durch lineare Transformationsformeln zusammen. In einem linearen Koordinatensystem verschwinden die Komponenten des Gravitationsfeldes identisch.

In der oben (§ 3, I., **B.**) konstruierten unendlichkleinen Parallelogrammfigur bringen wir im Punkte P einen beliebigen Vektor mit den Komponenten ξ^i an, verschieben ihn einmal parallel mit sich nach P_1 und von da nach P_{12}, ein andermal zunächst nach P_2 und von dort nach P_{21}. Da P_{12} mit P_{21} zusammenfällt, können wir die Differenz dieser beiden Vektoren in jenem Punkte bilden und erhalten dadurch offenbar einen Vektor mit den Komponenten

$$\Delta\xi^i = \delta d\xi^i - d\delta\xi^i$$

daselbst. Aus

$$d\xi^i = -d\gamma^i_k\,\xi^k = -\Gamma^i_{kl}\,dx_l\,\xi^k$$

folgt

$$\delta d\xi^i = -\frac{\partial\Gamma^i_{kl}}{\partial x_m}\,dx_l\,\delta x_m\,\xi^k - \Gamma^i_{kl}\,\delta dx_l\cdot\xi^k + d\gamma^i_r\,\delta\gamma^r_k\,\xi^k$$

und wegen der Symmetrie von δdx_l:

$$\Delta\xi^i = \left\{\left(\frac{\partial\Gamma^i_{km}}{\partial x_l} - \frac{\partial\Gamma^i_{kl}}{\partial x_m}\right)dx_l\,\delta x_m + (d\gamma^i_r\,\delta\gamma^r_k - d\gamma^r_k\,\delta\gamma^i_r)\right\}\xi^k.$$

Wir erhalten also

$$\Delta\xi^i = \Delta R^i_k\,\xi^k,$$

wo ΔR^i_k von dem verschobenen Vektor ξ unabhängige Linearformen der beiden Verrückungen d und δ oder vielmehr des von ihnen aufgespannten Flächenelements mit den Komponenten

$$\Delta x_{lm} = dx_l\,\delta x_m - dx_m\,\delta x_l$$

sind:

$$(4)\qquad \Delta R^i_k = R^i_{klm}\,dx_l\,\delta x_m = \tfrac{1}{2}R^i_{klm}\,\Delta x_{lm} \qquad (R^i_{kml} = -R^i_{klm}),$$

$$(5)\qquad R^i_{klm} = \left(\frac{\partial\Gamma^i_{km}}{\partial x_l} - \frac{\partial\Gamma^i_{kl}}{\partial x_m}\right) + (\Gamma^i_{lr}\,\Gamma^r_{km} - \Gamma^i_{mr}\,\Gamma^r_{kl}).$$

Sind η_i die Komponenten einer willkürlichen Kraft in P, so ist $\eta_i\,\Delta\xi^i$

eine Invariante; R^i_{klm} sind folglich die in klm kovarianten, in i kontravarianten Komponenten eines Tensors 4. Stufe in P, der *Krümmung*. Das identische Verschwinden der Krümmung ist die notwendige und hinreichende Bedingung dafür, daß die Mannigfaltigkeit Euklidisch ist. Außer der neben (4) verzeichneten Bedingung der „schiefen“ erfüllen die Krümmungskomponenten noch die Bedingung der „zyklischen“ Symmetrie:

$$R^i_{klm} + R^i_{lmk} + R^i_{mkl} = 0.$$

Von Hause aus ist die Krümmung in einem Punkte P eine lineare Abbildung oder Transformation $\Delta\mathsf{P}$, welche jedem Vektor ξ daselbst einen Vektor $\Delta\xi$ zuordnet; diese Transformation hängt selber linear von einem Flächenelement in P ab:

$$\Delta\mathsf{P} = \mathsf{P}_{ik}\,dx_i\,\delta x_k = \tfrac{1}{2}\mathsf{P}_{ik}\,\Delta x_{ik} \qquad (\mathsf{P}_{ki} = -\mathsf{P}_{ik}).$$

Die Krümmung ist demnach am besten als ein „linearer Transformationen-Tensor 2. Stufe“ zu bezeichnen.

Um den Beweis für die Invarianz des Krümmungstensors gegen Einwände sicherzustellen, die etwa gegen die obige Infinitesimalüberlegung erhoben werden könnten, benutze man ein Kraftfeld f_i, bilde die Änderung $d(f_i\xi^i)$ des invarianten Produkts $f_i\xi^i$ in solcher Weise, daß bei der unendlichkleinen Verrückung d der Vektor ξ parallel mit sich verschoben wird. Ersetzt man in dem erhaltenen Ausdruck die infinitesimale Verrückung dx durch einen beliebigen Vektor ϱ in P, so erhält man eine invariante Bilinearform zweier willkürlicher Vektoren ξ und ϱ in P. Von ihr bilde man die Änderung, welche einer zweiten unendlichkleinen Verrückung δ entspricht, indem man dabei die Vektoren ξ, ϱ parallel mitnimmt, und ersetze hernach die zweite Verrückung durch einen Vektor σ in P. Man findet die Form

$$\delta d(f_i\xi^i) = \delta df_i \cdot \xi^i + df_i\,\delta\xi^i + \delta f_i\,d\xi^i + f_i\,\delta d\xi^i.$$

Durch Vertauschung von d und δ und nachfolgende Subtraktion ergibt sich daraus wegen der Symmetrie von δdf_i die Invariante

$$\Delta(f_i\xi^i) = f_i\,\Delta\xi^i,$$

und damit ist der gewünschte Nachweis erbracht.

§ 4. Metrische Mannigfaltigkeit (der Äther).

I. Begriff der metrischen Mannigfaltigkeit.

Eine Mannigfaltigkeit *trägt im Punkte P eine Maßbestimmung*, wenn die Linienelemente in P sich ihrer Länge nach vergleichen lassen; wir nehmen dabei im Unendlichkleinen die Gültigkeit der Pythagoreisch-

Euklidischen Gesetze an. Es soll also je zwei Vektoren ξ, η in P eine Zahl $\xi \cdot \eta$ als *skalares Produkt* entsprechen, die in ihrer Abhängigkeit von beiden eine symmetrische Bilinearform ist; diese Bilinearform ist freilich nicht absolut, sondern nur bis auf einen willkürlichen, von 0 verschiedenen Proportionalitätsfaktor bestimmt. Es ist also nicht eigentlich die Form $\xi \cdot \eta$, sondern nur die Gleichung $\xi \cdot \eta = 0$ gegeben; zwei Vektoren, welche sie erfüllen, heißen zueinander *senkrecht*. Wir setzen voraus, daß jene Gleichung nicht-ausgeartet sei, d. h. daß der einzige Vektor in P, auf welchem alle Vektoren in P senkrecht stehen, der Vektor 0 ist. Wir setzen dagegen nicht voraus, daß die zugehörige quadratische Form $\xi \cdot \xi$ positiv-definit ist. Hat sie den Trägheitsindex q und ist $n - q = p$, so sagen wir kurz, die Mannigfaltigkeit sei in dem betrachteten Punkte $(p+q)$-dimensional; wegen des willkürlichen Proportionalitätsfaktors sind die beiden Zahlen p, q nur bis auf ihre Reihenfolge bestimmt. Wir nehmen jetzt an, daß unsere Mannigfaltigkeit in jedem Punkte eine Maßbestimmung trägt. Zum Zwecke der analytischen Darstellung denken wir uns 1. ein bestimmtes Koordinatensystem und 2. den an jeder Stelle willkürlich zu wählenden Proportionalitätsfaktor im skalaren Produkt festgelegt; damit ist ein „*Bezugssystem*“[9]) für die analytische Darstellung gewonnen. Hat dann der Vektor ξ im Punkte P mit den Koordinaten x_i die Komponenten ξ^i, η die Komponenten η^i, so wird

$$(\xi \cdot \eta) = \sum_{ik} g_{ik}\, \xi^i \eta^k \qquad (g_{ki} = g_{ik})$$

sein, wo die Koeffizienten g_{ik} Funktionen der x_i sind. Die g_{ik} sollen nicht nur stetig, sondern zweimal stetig differentiierbar sein. Da sie stetig sind und ihre Determinante g nach Voraussetzung nirgendwo verschwindet, hat die quadratische Form $(\xi \cdot \xi)$ an allen Stellen den gleichen Trägheitsindex q; wir können daher die Mannigfaltigkeit in ihrem ganzen Verlaufe als $(p+q)$-dimensional bezeichnen. Behalten wir das Koordinatensystem bei, legen aber eine andere Wahl des unbestimmten Proportionalitätsfaktors zugrunde, so bekommen wir statt der g_{ik} als Koeffizienten des skalaren Produkts Größen

$$g'_{ik} = \lambda \cdot g_{ik},$$

wo λ eine nirgendwo verschwindende stetige (und zweimal stetig differentiierbare) Ortsfunktion ist.

Zufolge der bisherigen Annahme ist die Mannigfaltigkeit nur mit einer *Winkelmessung* ausgestattet; die Geometrie, welche auf sie allein sich stützt, wäre als „*konforme Geometrie*“ zu bezeichnen; sie hat be-

---

[9]) Ich unterscheide also zwischen „Koordinatensystem“ und „Bezugssystem“.

kanntlich im Gebiete der zweidimensionalen Mannigfaltigkeiten („Riemannschen Flächen") wegen ihrer Wichtigkeit für die komplexe Funktionentheorie eine weitgehende Ausbildung erfahren. Machen wir keine weitere Voraussetzung, so bleiben die einzelnen Punkte der Mannigfaltigkeit in metrischer Hinsicht vollständig gegeneinander isoliert. Ein metrischer Zusammenhang von Punkt zu Punkt wird erst dann in sie hineingetragen, wenn ein *Prinzip der Übertragung der Längeneinheit von einem Punkte P zu seinen unendlich benachbarten* vorliegt. Statt dessen machte Riemann die viel weitergehende Annahme, daß sich Linienelemente nicht nur an derselben Stelle, sondern auch an irgend zwei endlich entfernten Stellen ihrer Länge nach miteinander vergleichen lassen. *Die Möglichkeit einer solchen „ferngeometrischen" Vergleichung kann aber in einer reinen Infinitesimalgeometrie durchaus nicht zugestanden werden.* Die Riemannsche Annahme ist auch in die Einsteinsche Weltgeometrie der Gravitation übergegangen. Hier soll diese Inkonsequenz beseitigt werden.

Sei P ein fester Punkt, P_* ein unendlich benachbarter, der aus ihm durch die Verschiebung mit den Komponenten dx_i hervorgeht. Wir legen ein bestimmtes Bezugssystem zugrunde. Im Verhältnis zu der damit in P (sowie in allen übrigen Punkten des Raumes) festgelegten Längeneinheit wird das Quadrat der Länge eines beliebigen Vektors ξ in P gegeben sein durch

$$\sum_{ik} g_{ik}\,\xi^i\,\xi^k .$$

Das Längenquadrat eines beliebigen Vektors ξ_* in P_* aber wird, *wenn wir die in P gewählte Längeneinheit von P nach P_* übertragen*, wie wir das als möglich voraussetzen, gegeben werden durch

$$(1 + d\varphi) \sum_{ik} (g_{ik} + dg_{ik})\,\xi_*^i\,\xi_*^k ,$$

wo $1 + d\varphi$ einen unendlich wenig von 1 abweichenden Proportionalitätsfaktor bedeutet; $d\varphi$ muß eine homogene Funktion der Differentiale dx_i von der Ordnung 1 sein. Verpflanzen wir nämlich die im Punkte P gewählte Längeneinheit von Punkt zu Punkt längs einer Kurve, die von P nach dem endlich entfernten Punkte Q führt, so erhalten wir für das Quadrat der Länge eines beliebigen Vektors in Q, unter Zugrundelegung der so in Q gewonnenen Längeneinheit, den Ausdruck $g_{ik}\,\xi^i\,\xi^k$, multipliziert mit einem Proportionalitätsfaktor, der sich als Produkt der unendlich vielen einzelnen Faktoren von der Form $1 + d\varphi$ ergibt, die jeweils beim Übergang von einem Punkt der Kurve zum nächsten hinzutreten:

$$\Pi(1 + d\varphi) = \Pi e^{d\varphi} = e^{\Sigma d\varphi} = e^{\int_P^Q d\varphi} .$$

Damit das im Exponenten auftretende Integral einen Sinn hat, muß $d\varphi$ eine Funktion der Differentiale von der behaupteten Art sein.

Ersetzt man g_{ik} durch $g'_{ik} = \lambda g_{ik}$, so wird an Stelle von $d\varphi$ eine andere Größe $d\varphi'$ treten. Es muß dabei, wenn λ den Wert dieses Faktors im Punkte P bedeutet,

$$(1 + d\varphi')(g'_{ik} + a g_{ik}) = \lambda(1 + d\varphi)(g_{ik} + dg_{ik})$$

sein, und das ergibt

(6) $$d\varphi' = d\varphi - \frac{d\lambda}{\lambda}.$$

Von den zunächst über $d\varphi$ möglichen Annahmen, daß es eine lineare Differentialform ist oder die Wurzel aus einer quadratischen oder die Kubikwurzel aus einer kubischen usf., hat, wie wir jetzt aus (6) erkennen, nur die erste einen invarianten Sinn. Wir sind damit zu folgendem Resultat gelangt.

Die Metrik einer Mannigfaltigkeit beruht auf einer quadratischen und einer linearen Differentialform

(7) $$ds^2 = g_{ik}\, dx_i\, dx_k \quad \textit{und} \quad d\varphi = \varphi_i\, dx_i.$$

Umgekehrt sind aber durch die Metrik diese Formen nicht absolut festgelegt, sondern jedes Formenpaar ds'^2, $d\varphi'$, das aus (7) nach den Gleichungen

(8) $$ds'^2 = \lambda \cdot ds^2, \qquad d\varphi' = d\varphi - \frac{d\lambda}{\lambda}$$

entspringt, ist dem ersten Paar in dem Sinne äquivalent, daß beide die gleiche Metrik zum Ausdruck bringen. λ ist darin eine beliebige, nirgendwo verschwindende stetige (genauer: zweimal stetig differentiierbare) *Ortsfunktion.* In alle Größen oder Beziehungen, welche metrische Verhältnisse analytisch darstellen, müssen demnach die Funktionen g_{ik}, φ_i in solcher Weise eingehen, daß Invarianz stattfindet 1. gegenüber einer beliebigen Koordinatentransformation („Koordinaten-Invarianz") und 2. gegenüber der Ersetzung von (7) durch (8) („Maßstab-Invarianz"). $\frac{d\lambda}{\lambda} = d \lg \lambda$ ist ein totales Differential. Während also in der quadratischen Form ds^2 ein Proportionalitätsfaktor an jeder Stelle willkürlich bleibt, besteht die Unbestimmtheit von $d\varphi$ in einem additiven totalen Differential.

Eine metrische Mannigfaltigkeit bezeichnen wir in physikalischer Ausdrucksweise als eine vom *Äther* erfüllte Welt. Die bestimmte, in der Mannigfaltigkeit herrschende Metrik zeigt einen bestimmten Zustand des die Welt erfüllenden Äthers an. Dieser Zustand ist also relativ zu einem Bezugssystem durch Angabe (arithmetische Konstruktion) der Funktionen g_{ik}, φ_i zu beschreiben.

Aus (6) geht hervor, daß der lineare Tensor 2. Stufe mit den Komponenten

$$F_{ik} = \frac{\partial \varphi_i}{\partial x_k} - \frac{\partial \varphi_k}{\partial x_i}$$

durch die Metrik der Mannigfaltigkeit eindeutig festgelegt ist; ich nenne ihn den *metrischen Wirbel*. Er ist, wie ich glaube, dasselbe, was in der Physik *elektromagnetisches Feld* heißt. Er genügt dem „ersten System der Maxwellschen Gleichungen"

$$\frac{\partial F_{kl}}{\partial x_i} + \frac{\partial F_{li}}{\partial x_k} + \frac{\partial F_{ik}}{\partial x_l} = 0.$$

Sein Verschwinden ist die notwendige und hinreichende Bedingung dafür, daß die Längenübertragung integrabel ist, daß also jene Voraussetzungen Platz greifen, welche Riemann der metrischen Geometrie zugrunde legte. Wir verstehen daher, wie Einstein durch seine Weltgeometrie, die sich in mathematischer Hinsicht an Riemann anschließt, nur von den Gravitations-, nicht aber von den elektromagnetischen Erscheinungen Rechenschaft geben konnte.

II. Affiner Zusammenhang einer metrischen Mannigfaltigkeit.

Im metrischen Raum tritt an Stelle der in § 3, I. an den Begriff der infinitesimalen Parallelverschiebung gestellten Forderung **A** die weitergehende

A*: *daß die Parallelverschiebung der sämtlichen Vektoren in einem Punkte P nach einem unendlich benachbarten P′ nicht nur eine affine, sondern eine kongruente Verpflanzung dieser Vektorgesamtheit sein muß.*

Unter Verwendung der damaligen Bezeichnungen ergibt diese Forderung die Gleichung

$$(9) \qquad (1 + d\varphi)(g_{ik} + dg_{ik})(\xi^i + d\xi^i)(\xi^k + d\xi^k) = g_{ik}\xi^i\xi^k.$$

Bei allen Größen a^i, die einen oberen Index (i) tragen, definieren wir das „Herunterziehen" dieses Index durch die Gleichungen

$$a_i = \sum_k g_{ik} a^k$$

(und den umgekehrten Prozeß des Heraufziehens eines Index durch die dazu inversen Gleichungen). Für (9) können wir, diese Symbolik benutzend, schreiben:

$$(g_{ik}\xi^i\xi^k)\,d\varphi + \xi^i\xi^k dg_{ik} + 2\,\xi_i d\xi^i = 0.$$

Der letzte Term ist

$$= -2\,\xi_i\xi^k d\gamma^i_{\ k} = -2\,\xi^i\xi^k d\gamma_{ik} = -\xi^i\xi^k(d\gamma_{ik} + d\gamma_{ki});$$

es muß somit

$$(10) \qquad d\gamma_{ik} + d\gamma_{ki} = dg_{ik} + g_{ik}\,d\varphi$$

sein. Diese Gleichung läßt sich gewiß nur erfüllen, wenn $d\varphi$ eine lineare Differentialform ist; eine Annahme, zu der wir schon oben als der einzig vernünftigen gedrängt wurden. Aus (10) oder

$$(10^*) \qquad \Gamma_{i,kr} + \Gamma_{k,ir} = \frac{\partial g_{ik}}{\partial x_r} + g_{ik}\varphi_r$$

folgt in Anbetracht der Symmetrieeigenschaft $\Gamma_{r,ik} = \Gamma_{r,ki}$:

$$(11) \qquad \Gamma_{r,ik} = \tfrac{1}{2}\left(\frac{\partial g_{ir}}{\partial x_k} + \frac{\partial g_{kr}}{\partial x_i} - \frac{\partial g_{ik}}{\partial x_r}\right) + \tfrac{1}{2}(g_{ir}\varphi_k + g_{kr}\varphi_i - g_{ik}\varphi_r);$$

$$(\Gamma_{r,ik} = g_{rs}\Gamma^{s}_{ik}).$$

Es zeigt sich somit, daß in einer metrischen Mannigfaltigkeit der Begriff der infinitesimalen Parallelverschiebung eines Vektors durch die aufgestellten Forderungen eindeutig festgelegt wird[10]). Ich betrachte dies als die *Grundtatsache der Infinitesimalgeometrie*, daß mit der Metrik auch der affine Zusammenhang einer Mannigfaltigkeit gegeben ist, *das Prinzip der Längenübertragung ohne weiteres ein solches der Richtungsübertragung mit sich führt*, oder physikalisch ausgedrückt, *der Zustand des Äthers das Gravitationsfeld bestimmt.*

Unter den geodätischen Linien sind, wenn die quadratische Form $g_{ik}\,dx_i\,dx_k$ indefinit ist, die *Nullinien* ausgezeichnet, längs deren jene Form verschwindet. Sie hängen nur vom Verhältnis der g_{ik}, dagegen überhaupt nicht von den φ_i ab, sind also Gebilde der konformen Geometrie[11]).

Wir hatten an den Begriff der Parallelverschiebung gewisse axiomatische Forderungen gestellt und gezeigt, daß ihnen in einer metrischen Mannigfaltigkeit auf eine und nur eine Weise genügt werden kann. Es ist aber auch möglich, jenen Begriff in einfacher Weise explizite zu definieren. Ist P ein Punkt unserer metrischen Mannigfaltigkeit, so wollen wir ein Bezugssystem *geodätisch* im Punkte P nennen, wenn bei seiner Benutzung die φ_i in P verschwinden und die g_{ik} stationäre Werte annehmen:

$$\varphi_i = 0, \qquad \frac{\partial g_{ik}}{\partial x_r} = 0.$$

---

[10]) Vgl. hierzu Hessenberg, Vektorielle Begründung der Differentialgeometrie, Math. Ann. Bd. 78 (1917), S. 187–217, insb. S. 208.

[11]) Mit dieser Bemerkung möchte ich ein Versehen auf Seite 183 meines Buches „Raum, Zeit, Materie" berichtigen.

D. *Zu jedem Punkt P gibt es geodätische Bezugssysteme. Ist ξ ein gegebener Vektor in P, P' aber ein zu P unendlich benachbarter Punkt, so verstehen wir unter dem aus ξ durch Parallelverschiebung nach P' entstehenden Vektor denjenigen Vektor in P', der in dem zu P gehörigen geodätischen Bezugssystem dieselben Komponenten wie ξ besitzt. Diese Definition ist von der Wahl des geodätischen Bezugssystems unabhängig.*

Es ist nicht schwer, die in dieser Erklärung mitausgesprochenen Behauptungen unabhängig von dem hier befolgten Gedankengang durch direkte Rechnung zu erweisen und auf demselben Wege zu zeigen, daß der so definierte Prozeß der Parallelverschiebung in einem beliebigen Koordinatensystem durch die Gleichungen

$$d\xi^r = -\Gamma^r_{ik}\xi^i dx_k \tag{12}$$

mit den aus (11) zu entnehmenden Koeffizienten Γ beschrieben wird[12]). Hier aber, wo die invariante Bedeutung der Gleichungen (12) bereits feststeht, schließen wir einfacher so. In einem geodätischen Bezugssystem verschwinden nach (11) die Γ^r_{ik}, und die Gleichungen (12) reduzieren sich auf $d\xi^r = 0$. Der von uns aus axiomatischen Forderungen hergeleitete Begriff der Parallelverschiebung stimmt also mit dem in **D.** definierten überein. Es handelt sich nur noch darum, die Existenz eines geodätischen Bezugssystems nachzuweisen. Wir wählen zu diesem Zweck ein in P geodätisches Koordinatensystem x_i, das den Punkt P selbst zum Anfangspunkt ($x_i = 0$) hat. Ist die Längeneinheit in P und seiner Umgebung zunächst beliebig gewählt und bedeuten dann φ_i die Werte dieser Größen in P, so braucht man nur noch den Übergang von (7) zu (8) zu vollziehen mit

$$\lambda = e^{\sum_i \varphi_i x_i},$$

um zu erreichen, daß außer den Γ^i_{rs} auch die φ_i in P verschwinden. Daraus folgt dann — siehe (10*) — die geodätische Natur des so gewonnenen Bezugssystems. — Die Koordinaten eines in P geodätischen Bezugssystems sind in der unmittelbaren Umgebung von P, wenn man lineare Transformation freigibt, bis auf Glieder 3. Ordnung bestimmt, die Längeneinheit aber bis auf Glieder 2. Ordnung, falls die Hinzufügung eines konstanten Faktors freigegeben wird.

---

[12]) Man könnte dabei denjenigen Weg einschlagen, den ich in RZM § 14 gegangen bin.

III. Rechenbequeme Erweiterung des Tensorbegriffs.

Diejenigen Größen, welche wir in § 2 als Tensoren eingeführt haben, sind dimensionslos; ihre Komponenten hängen wohl ab von der Wahl des Koordinatensystems, nicht aber von der Wahl der Längeneinheit. In der metrischen Geometrie erweist sich eine Begriffserweiterung als zweckmäßig: unter einem Tensor vom Gewichte e soll eine vom Koordinatensystem unabhängige Linearform einer oder mehrerer Verschiebungen und Kräfte in einem Punkte verstanden werden, die aber in der Weise von der Wahl der Längeneinheit abhängt, daß die Form bei Ersetzung von (7) durch (8) den Faktor λ^e annimmt. Die g_{ik} selber sind die Komponenten eines kovarianten Tensors 2. Stufe vom Gewichte 1. Übrigens sehen wir diesen erweiterten Tensorbegriff nur als einen Hilfsbegriff an, den wir lediglich um seiner rechnerischen Bequemlichkeit willen einführen; sachliche Bedeutung schreiben wir nur den Tensoren vom Gewichte 0 zu. Wo daher im folgenden von Tensoren die Rede ist ohne Zusatz einer Gewichtsangabe, ist der Begriff immer in diesem ursprünglichen Sinne zu verstehen.

Jene Bequemlichkeit aber beruht auf folgendem: Üben wir beispielsweise an den Komponenten a_{ik} eines kovarianten Tensors vom Gewichte e den Prozeß des Heraufziehens eines oder beider Indizes aus, so erhalten wir in a_i^k oder a^i_k die gemischten Komponenten eines Tensors vom Gewichte $e-1$, in a^{ik} die Komponenten eines kontravarianten Tensors vom Gewichte $e-2$. Wir können uns nicht entschließen, wie dies sonst geschieht, die so entstehenden Tensoren mit dem ursprünglichen zu identifizieren, da sie außer von ihm noch von der Metrik, dem Zustand des Weltäthers abhängen und wir diesen durchaus nicht als a priori fest gegeben betrachten, sondern uns die Möglichkeit vorbehalten, ihn beliebigen virtuellen Veränderungen zu unterwerfen.

IV. Krümmung im metrischen Raum.

Sind ξ^i, η^i zwei willkürliche Verschiebungen im Punkte P, f_i aber die Komponenten eines Kraftfeldes, so folgt aus

$$f_i \eta^i = f^i \eta_i :$$
$$\Delta(f_i \eta^i) = f_i \Delta \eta^i = \Delta(f^i \eta_i) = f^i \Delta \eta_i,$$

also

$$\xi_i \Delta \eta^i = \xi^i \Delta \eta_i. \tag{13}$$

Andererseits ist, wenn wie immer bei virtuellen Verrückungen die Vektoren parallel verschoben werden,

$$d(\xi^i \eta_i) + (\xi^i \eta_i) d\varphi = 0,$$
$$\delta d(\xi^i \eta_i) + \delta(\xi^i \eta_i) d\varphi + (\xi^i \eta_i) \delta d\varphi = 0.$$

Das mittlere Glied in der letzten Gleichung ist

$$= -(\xi^i \eta_i)\,\delta\varphi\, d\varphi,$$

das erste

$$= \eta_i\, \delta d \xi^i + \delta \eta_i\, d\xi^i + d\eta_i\, \delta\xi^i + \xi^i\, \delta d \eta_i.$$

Vertauscht man d und δ und subtrahiert, so kommt daher

$$(\eta_i \Delta\xi^i + \xi^i \Delta\eta_i) + (\xi^i \eta_i)\,\Delta\varphi = 0$$

oder wegen (13)

$$(\eta_i \Delta\xi^i + \xi_i \Delta\eta^i) + (\xi^i \eta_i)\,\Delta\varphi = 0.$$

Setzen wir also

(14) $$\Delta\xi^i = \bar{\Delta}\xi^i - \tfrac{1}{2}\xi^i \Delta\varphi,$$

so haben wir $\Delta\xi^i$ in eine zu ξ^i senkrechte und eine zu ξ^i parallele Komponente gespalten. Es ist

$$\Delta\varphi = \tfrac{1}{2} F_{ik} \Delta x_{ik},$$

und wir schreiben

$$\bar{\Delta}\xi^i = \Delta \bar{R}^i{}_k \xi^k, \qquad \Delta \bar{R}^i{}_k = \tfrac{1}{2} \bar{R}^i{}_{klm} \Delta x_{lm}.$$

Dann gilt

(15) $$R^i{}_{klm} = \bar{R}^i{}_{klm} - \tfrac{1}{2}\delta^i_k F_{lm}, \qquad \delta^i_k = \begin{cases} 1\,(i = k) \\ 0\,(i \neq k)\end{cases}.$$

Ziehen wir den Index i herunter, so sind die Größen $\bar{R}_{iklm}$ nicht nur in l und m, sondern auch in i und k schiefsymmetrisch. In der Zerspaltung (15) bezeichnen wir den ersten Summanden als Richtungs-, den zweiten als Längenkrümmung. Längenkrümmung = metrischer Wirbel. Aus der Natur der entsprechenden Zerspaltung (14) von $\Delta\xi^i$ geht folgender Satz hervor, der zugleich unsere Terminologie rechtfertigt: Dann und nur dann, wenn die durch Parallelverschiebung eines Vektors vollzogene Richtungsübertragung integrabel ist, verschwindet der Tensor $\bar{R}$ der Richtungskrümmung; dann und nur dann, wenn die ebenso vollzogene Längenübertragung integrabel ist, verschwindet der Tensor F der Längenkrümmung.

Wir geben hier noch den expliziten Ausdruck der Richtungskrümmung an. Führen wir in üblicher Weise die Christoffelschen Dreiindizes-Symbole und die Riemannschen Krümmungskomponenten durch die Gleichungen ein:

$$\begin{bmatrix} i\,k \\ r \end{bmatrix} = \frac{1}{2}\left(\frac{\partial g_{ir}}{\partial x_k} + \frac{\partial g_{kr}}{\partial x_i} - \frac{\partial g_{ik}}{\partial x_r}\right), \qquad \begin{bmatrix} i\,k \\ r \end{bmatrix} = \sum_s g_{rs} \begin{Bmatrix} i\,k \\ s \end{Bmatrix},$$

$$G^i{}_{klm} = \frac{\partial}{\partial x_l}\begin{Bmatrix} k\,m \\ i \end{Bmatrix} - \frac{\partial}{\partial x_m}\begin{Bmatrix} k\,l \\ i \end{Bmatrix} + \begin{Bmatrix} l\,r \\ i \end{Bmatrix}\begin{Bmatrix} k\,m \\ r \end{Bmatrix} - \begin{Bmatrix} m\,r \\ i \end{Bmatrix}\begin{Bmatrix} k\,l \\ r \end{Bmatrix},$$

setzen ferner für ein beliebiges quadratisches System von Zahlen a_{ik}:

$$\tfrac{1}{2}(g_{il} a_{km} + g_{km} a_{il} - g_{im} a_{kl} - g_{kl} a_{im}) = \tilde{a}_{iklm}$$

und bilden
$$\frac{\partial \varphi_i}{\partial x_k} - \left\{ {ik \atop r} \right\} \varphi_r = \Phi_{ik},$$
$$\varphi_i \varphi_k - \tfrac{1}{2} g_{ik} (\varphi_r \varphi^r) = \varphi_{ik},$$
so ist
$$\overline{R}_{iklm} = G_{iklm} - \tilde{\Phi}_{iklm} + \tfrac{1}{2} \tilde{\varphi}_{iklm}.$$

Man beachte, daß hier den einzelnen Bestandteilen auf der rechten Seite keine selbständige Bedeutung zukommt: sie besitzen zwar die „Koordinaten"-, nicht aber die „Maßstab"-Invarianz. Für die verjüngten Tensoren
$$\overline{R}^i{}_{kim} = \overline{R}_{km}, \quad G^i{}_{kim} = G_{km}$$
gilt
$$\overline{R}_{ik} = G_{ik} - \frac{n-2}{2} (\Phi_{ik} - \tfrac{1}{2} \varphi_{ik}) - \tfrac{1}{2} g_{ik} (\Phi - \tfrac{1}{2} \varphi),$$
wo
$$\Phi = \Phi_i^i = \frac{1}{\sqrt{g}} \frac{\partial (\sqrt{g} \varphi^i)}{\partial x_i}, \quad \varphi = \varphi_i^i = -\frac{n-2}{2} (\varphi_i \varphi^i)$$
ist. Abermalige Verjüngung ergibt, wenn wir
$$\overline{R}_i^i = \overline{R} = R, \quad G_i^i = G$$
setzen,
$$R = G - (n-1) \left\{ \Phi + \frac{n-2}{4} (\varphi_i \varphi^i) \right\}.$$

Aus der Richtungskrümmung kann man einen nur von den g_{ik} abhängigen Tensor in folgender Weise herleiten. Man setze
$$\begin{aligned} {}^*R_{iklm} = (n-2) \overline{R}_{iklm} - (g_{il} \overline{R}_{km} + g_{km} \overline{R}_{il} - g_{im} \overline{R}_{kl} - g_{kl} \overline{R}_{im}) \\ + \frac{1}{n-1} (g_{il} g_{km} - g_{im} g_{kl}) \overline{R}. \end{aligned}$$

Diese Zahlen ${}^*R_{iklm}$ sind gleich den in analoger Weise aus den G_{iklm} zu bildenden ${}^*G_{iklm}$; bringt man also den Index i wieder nach oben, so sind ${}^*G^i{}_{klm} = {}^*R^i{}_{klm}$ die Komponenten eines invarianten Tensors der konformen Geometrie. Dieser Tensor verschwindet für $n = 2$ und $n = 3$ stets, erst für $n \geqq 4$ spielt er eine Rolle. Sein Verschwinden ist eine notwendige (aber keine hinreichende) Bedingung dafür, daß die Mannigfaltigkeit sich winkeltreu auf eine Euklidische abbilden läßt.

§ 5. Skalare und tensorielle Dichten.

I. Im Situs-Raum.

Ist $\int \mathfrak{W} \, dx$ — ich schreibe kurz dx für das Integrationselement $dx_1 \, dx_2 \ldots dx_n$ — eine Integralinvariante, so ist $\mathfrak{W}$ eine Größe, die vom Koordinatensystem in der Weise abhängt, daß sie sich bei Übergang zu einem andern Koordinatensystem mit dem absoluten Betrag der Funktionaldeterminante multipliziert. Fassen wir jenes Integral als Maß eines das Integrationsgebiet erfüllenden Substanzquantums auf, so ist $\mathfrak{W}$ dessen Dichte. Eine Größe der beschriebenen Art möge deshalb als *skalare Dichte* bezeichnet werden. Das ist ein wichtiger Begriff, der gleichberechtigt neben den des Skalars tritt und sich durchaus nicht auf ihn reduzieren läßt [13]). Eine Linearform einer oder mehrerer Verschiebungen und Kräfte, die vom Koordinatensystem in solcher Weise abhängt, daß sie bei Übergang zu einem andern sich mit dem absoluten Betrag der Funktionaldeterminante multipliziert, nennen wir analog eine *Tensor-Dichte.* Es ist gerechtfertigt, die Tensoren als *Intensitäts-*, die Tensordichten als *Quantitäts-Größen* zu bezeichnen. Die Ausdrücke kovariant und kontravariant werden wie für Tensoren verwendet. Der allgemeine Begriff der Tensordichte gehört der reinen Situsgeometrie an. Hingegen läßt sich in dieser Geometrie die Analysis der Tensordichten nur in einem analogen Umfange begründen wie die Analysis der Tensoren.

Einen Tensor hatten wir in § 2 linear genannt, wenn er kovariant ist und seine Komponenten der Forderung des Alternierens genügen. Eine Tensordichte wollen wir linear heißen, wenn sie kontravariant ist und alternierende Komponenten besitzt. Eine lineare Tensordichte 1. Stufe kann als „Stromstärke" aufgefaßt werden. Ist $\mathfrak{w}^i$ eine solche, so ist

$$(16) \qquad \frac{\partial \mathfrak{w}^i}{\partial x_i} = \mathfrak{w}$$

eine mit ihr invariant verknüpfte skalare Dichte; ist $\mathfrak{w}^{ik}$ eine lineare Tensordichte 2. Stufe, so ist

$$(17) \qquad \frac{\partial \mathfrak{w}^{ik}}{\partial x_k} = \mathfrak{w}^i$$

eine lineare Tensordichte 1. Stufe; usf. (16) beweist man in bekannter Weise, indem man zeigt, daß die linke Seite die zur Stromstärke $\mathfrak{w}^i$ gehörige Quellstärke darstellt. Daraus ergibt sich (17), indem man ein Kraftfeld $f_i = \frac{\partial f}{\partial x_i}$ zu Hilfe nimmt, das aus einem Potential f entspringt, und die Divergenz von $\mathfrak{w}^{ik} f_i$ bildet:

$$\frac{\partial (\mathfrak{w}^{ik} f_i)}{\partial x_k} = \frac{\partial \mathfrak{w}^{ik}}{\partial x_k} \cdot f_i$$

usf.

---

[13]) Die Gegenüberstellung von Skalar und skalarer Dichte entspricht vollständig derjenigen von Funktion und Abelschem Differential in der Theorie der algebraischen Funktionen.

II. Im affin zusammenhängenden und im metrischen Raum.

In einer affin zusammenhängenden Mannigfaltigkeit kann man nicht nur von einer linearen, sondern von jedweder Tensordichte deren Divergenz bilden. — Ein Vektorfeld ξ^i werden wir in einem Punkte P stationär zu nennen haben, wenn die Vektoren ξ in den Nachbarpunkten P' von P durch Parallelverschiebung aus dem Vektor ξ in P hervorgehen, d. h. wenn in P die totalen Differentialgleichungen

$$d\xi^i + \Gamma^i_{rs}\xi^r dx_s = 0 \quad \left(\text{oder } \frac{\partial \xi^i}{\partial x_s} + \Gamma^i_{rs}\xi^r = 0\right)$$

bestehen. Offenbar gibt es solche in P stationäre Vektorfelder, welche dem Punkte P einen willkürlich vorgegebenen Vektor ξ zuordnen. Ein analoger Begriff ist für Kraftfelder aufzustellen. Will man nun z. B. die Divergenz einer gemischten Tensordichte $\mathfrak{w}_i^k$ 2. Stufe bilden, so nimmt man ein in P stationäres Vektorfeld ξ^i zu Hilfe und konstruiert von der Tensordichte $\xi^i \mathfrak{w}_i^k$ die Divergenz:

$$\frac{\partial(\xi^i \mathfrak{w}_i^k)}{\partial x_k} = \frac{\partial \xi^r}{\partial x_k}\mathfrak{w}_r^k + \xi^i \frac{\partial \mathfrak{w}_i^k}{\partial x_k} = \xi^i\left(-\Gamma^r_{ik}\mathfrak{w}_r^k + \frac{\partial \mathfrak{w}_i^k}{\partial x_k}\right).$$

Diese Größe ist eine skalare Dichte und demnach

$$\frac{\partial \mathfrak{w}_i^k}{\partial x_k} - \Gamma^r_{is}\mathfrak{w}_r^s$$

eine kovariante Tensordichte 1. Stufe, die aus $\mathfrak{w}_i^k$ in einer von jedem Koordinatensystem unabhängigen Weise entspringt.

Aber man kann nicht nur durch *Divergenzbildung* einer Tensordichte zu einer solchen von einer um 1 geringeren Stufenzahl herabsteigen, sondern auch durch *Differentiation* aus ihr eine Tensordichte bilden, deren Stufenzahl um 1 höher ist. Bedeutet $\mathfrak{s}$ zunächst eine skalare Dichte, die wir als Dichte einer die Mannigfaltigkeit erfüllenden Substanz auffassen und ist $dV = dx_1 dx_2 \ldots dx_n$ ein unendlich kleines Volumelement, so ist $\mathfrak{s}\,dV$ das dieses Element erfüllende Substanzquantum. Wir unterwerfen jetzt dV der infinitesimalen Verschiebung δ (mit den Komponenten δx_i); darunter verstehen wir einen Prozeß, bei welchem die einzelnen Punkte von dV infinitesimale Verschiebungen erfahren, die selbst durch Parallelverschiebung auseinander hervorgehen. Der Unterschied zwischen den Substanzquanten, welche dV und dieses durch Verschiebung aus dV entstehende Weltgebiet erfüllen, beträgt

$$(\delta\mathfrak{s} - \mathfrak{s}\,\Gamma^r_{ir}\delta x_i)\,dV = (\delta\mathfrak{s} - \mathfrak{s}\,\delta\gamma^r_r)\,dV.$$

Es sind also

(18) $$\frac{\partial \mathfrak{s}}{\partial x_i} - \Gamma^r_{ir}\mathfrak{s}$$

die Komponenten einer kovarianten Tensordichte 1. Stufe, die in einer vom Koordinatensystem unabhängigen Weise aus der skalaren Dichte $\mathfrak{s}$ entspringt. Ihr Verschwinden an einer Stelle zeigt an, daß die Substanz daselbst gleichförmig verteilt ist. (18) kann übrigens in einer mehr rechnerischen Weise auch folgendermaßen hergeleitet werden. Man nehme ein in P stationäres Vektorfeld ξ^i zu Hilfe und bilde die Divergenz der Stromstärke $\mathfrak{s}\xi^i$:

$$\frac{\partial(\mathfrak{s}\xi^i)}{\partial x_i} = \frac{\partial \mathfrak{s}}{\partial x_i}\xi^i + \mathfrak{s}\frac{\partial \xi^i}{\partial x_i} = \left(\frac{\partial \mathfrak{s}}{\partial x_i} - \Gamma^r_{ir}\mathfrak{s}\right)\xi^i.$$

Um die Differentiation von der skalaren auf eine beliebige Tensordichte, z. B. die gemischte $\mathfrak{w}_i^k$ von 2. Stufe auszudehnen, bedient man sich in nun schon geläufiger Weise eines in P stationären Vektorfeldes ξ^i und eines daselbst stationären Kraftfeldes η_i und differentiiert die skalare Dichte $\mathfrak{w}_i^k \xi^i \eta_k$. Verjüngung der durch Differentiation entsprungenen Tensordichte nach dem Differentiationsindex und einem kontravarianten führt zur Divergenz zurück.

Die Analysis der Tensordichten ist demnach schon in der Affingeometrie vollendet. Was die *metrische* Geometrie neu liefert, ist lediglich folgende *Methode zur Erzeugung* von Tensordichten: man multipliziere einen beliebigen Tensor vom Gewichte $-\frac{n}{2}$ mit $\sqrt{g}$, wo g die Determinante der g_{ik} ist. — Beispiel: Die wirkliche Welt ist eine $(3+1)$-dimensionale Mannigfaltigkeit; g ist daher negativ und wir benutzen an seiner Stelle das positive $-g$. Aus dem kovarianten metrischen Wirbeltensor F_{ik}, der vom Gewichte 0 ist, erhalten wir den kontravarianten F^{ik} vom Gewichte -2 und daraus durch Multiplikation mit $\sqrt{-g}$ die Größen

$$\sqrt{-g}\,F^{ik} = \mathfrak{F}^{ik}.$$

Das sind also die Komponenten einer durch den Zustand des Äthers invariant bestimmten linearen Tensordichte 2. Stufe; sie wird als *metrische Wirbeldichte (elektromagnetische Felddichte)* zu bezeichnen sein.

$$\frac{\partial \mathfrak{F}^{ik}}{\partial x_k} = \mathfrak{s}^i \tag{19}$$

ist daher eine Stromstärke (lineare Tensordichte 1. Stufe). In (19) haben wir das zweite System der Maxwellschen Gleichungen vor uns, das freilich erst einen bestimmten Inhalt gewinnt, wenn der „*elektrische Strom*" $\mathfrak{s}^i$ noch in einer zweiten Weise durch den Zustand des Äthers ausgedrückt wird. Jedenfalls kann es aber nach unserer Deutung des elektromagnetischen Feldes nur in einer vierdimensionalen Welt so etwas wie eine elektromagnetische Felddichte und einen elektrischen Strom geben. Das über irgendein Weltgebiet zu erstreckende Integral von

$$\mathfrak{S} = \tfrac{1}{4} F_{ik} \mathfrak{F}^{ik}$$

tritt in der Physik als die in diesem Gebiet enthaltene *elektromagnetische Wirkungsgröße* auf. Ihre Bedeutung beruht darauf, daß die unendlich kleine Änderung, welche sie bei einer infinitesimalen, an den Grenzen des Weltgebiets verschwindenden Variation δg_{ik}, $\delta \varphi_i$ des Ätherzustandes erfährt,

$$= \int (\mathfrak{s}^i \delta\varphi_i + \tfrac{1}{2} \mathfrak{S}^{ik} \delta g_{ik}) dx \qquad (\mathfrak{S}^{ki} = \mathfrak{S}^{ik})$$

ist, wo $\mathfrak{s}^i$ die durch (19) definierten Komponenten der Stromstärke sind und die gemischte Tensordichte 2. Stufe mit den Komponenten

$$\mathfrak{S}_i^k = \mathfrak{S} \delta_i^k - F_{ir} \mathfrak{F}^{kr}$$

die *Energie-Impulsdichte* des elektromagnetischen Feldes darstellt. *Die Existenz aller dieser Größen ist durchaus an die Dimensionszahl 4 gebunden. Zum erstenmal läßt die hier befürwortete Deutung der physikalischen Erscheinungen einen vernünftigen Grund dafür erkennen, daß die Welt vierdimensional ist.*

$$\Delta\varphi = F_{ik} dx_i \delta x_k$$

ist die „Spur" jener Transformation

$$\Delta \mathsf{P} = \mathsf{P}_{ik} dx_i \delta x_k,$$

welche als Krümmung auftrat. Nach dem Muster von $\mathfrak{S}$ können wir die Transformation bilden

$$\tfrac{1}{4} \sqrt{-g}\, \mathsf{P}_{ik} \mathsf{P}^{ik}$$

(wobei die Multiplikation als Zusammensetzung zu deuten ist). Die Spur $\mathfrak{M}$ derselben ist eine skalare Dichte, die gleichberechtigt neben $\mathfrak{S}$ tritt.

III. Die Wirkungsgröße und ihre Variation.

Wir kehren zur reinen Mathematik zurück. Ist $\mathfrak{W}$ irgendeine durch den Zustand des Äthers (unabhängig vom Koordinatensystem) eindeutig bestimmte skalare Dichte, so wollen wir (nach dem Vorbild der Maxwellschen Theorie) die Integralinvariante $\int \mathfrak{W} dx$ als die in dem Integrationsgebiet enthaltene *Wirkungsgröße* bezeichnen. Bei einer beliebigen Variation des Ätherzustandes von der eben geschilderten Art werde

$$(20) \qquad \delta \int \mathfrak{W} dx = \int (\mathfrak{w}^i \delta\varphi_i + \tfrac{1}{2} \mathfrak{W}^{ik} \delta g_{ik}) dx \qquad (\mathfrak{W}^{ki} = \mathfrak{W}^{ik})$$

gesetzt. $\mathfrak{w}^i$ sind die Komponenten einer kontravarianten, $\mathfrak{W}_i^k$ die einer gemischten Tensordichte der 1. bzw. 2. Stufe. *Zwischen diesen „Lagrangeschen Ableitungen" der Wirkungsfunktion $\mathfrak{W}$ bestehen $n+1$ Identitäten, die aus der Invarianz der Wirkungsgröße entspringen.* Zunächst muß Invarianz statthaben, wenn man g_{ik} durch λg_{ik} und gleichzeitig φ durch

$\varphi_i - \frac{1}{\lambda}\frac{\partial \lambda}{\partial x_i}$ ersetzt; nehmen wir darin für λ eine unendlich wenig von 1 abweichende Größe $1 + \delta\lambda$, so muß demnach (20) verschwinden für

$$\delta g_{ik} = g_{ik}\,\delta\lambda, \qquad \delta\varphi_i = -\frac{\partial(\delta\lambda)}{\partial x_i}.$$

Das ergibt die erste jener $n+1$ Identitäten:

$$(21)\qquad \boxed{\frac{\partial \mathfrak{w}^i}{\partial x_i} + \tfrac{1}{2}\mathfrak{W}_i^i = 0.}$$

Zweitens nutzen wir die Invarianz der Wirkungsgröße gegenüber Koordinatentransformation durch eine infinitesimale Deformation des Äthers aus[14]). Wir verschieben die Ätherstelle $P = (x_i)$ nach $\bar{P} = (\bar{x}_i)$. Dabei möge aber die Verschiebung $P\bar{P}$ an der Grenze des betrachteten Gebiets verschwinden, so daß dieses Gebiet nach der Verschiebung von demselben Ätherquantum erfüllt ist. In einem zweiten Koordinatensystem schreiben wir dem Punkte $\bar{P}$ die Koordinaten x_i zu. Verschieben wir den Äther ohne Änderung seines Zustandes, so wird nach der Verschiebung in diesen neuen Koordinaten die Metrik an der Stelle $\bar{P}$ durch

$$g_{ik}(x)\,dx_i\,dx_k \quad \text{und} \quad \varphi_i(x)\,dx_i$$

festgelegt sein, oder, wenn wir auf die alten Koordinaten zurücktransformieren, durch

$$\bar{g}_{ik}(\bar{x})\,d\bar{x}_i\,d\bar{x}_k \quad \text{und} \quad \bar{\varphi}_i(\bar{x})\,d\bar{x}_i;$$

also an der Stelle P durch

$$\bar{g}_{ik}(x)\,dx_i\,dx_k \quad \text{und} \quad \bar{\varphi}_i(x)\,dx_i.$$

Für den so erhaltenen Zustand des Äthers muß die Wirkungsgröße wegen ihrer Invarianz den gleichen Wert besitzen wie für den ursprünglichen. Ist jene Deformation infinitesimal: $\bar{x}_i = x_i + \delta x_i$, so ergibt sich

$$\delta g_{ik} = \bar{g}_{ik}(x) - g_{ik}(x) = -\left\{ g_{ir}\frac{\partial(\delta x_r)}{\partial x_k} + g_{kr}\frac{\partial(\delta x_r)}{\partial x_i} + \frac{\partial g_{ik}}{\partial x_r}\delta x_r \right\},$$

$$\delta\varphi_i = \bar{\varphi}_i(x) - \varphi_i(x) = -\left\{ \varphi_r \frac{\partial(\delta x_r)}{\partial x_i} + \frac{\partial \varphi_i}{\partial x_r}\delta x_r \right\}.$$

Für diese Variation muß (20) verschwinden. Beseitigt man die Ableitungen der Verrückungskomponenten δx_i durch partielle Integration, so erhält man die Gleichungen

$$\left\{ \frac{\partial \mathfrak{W}_i^k}{\partial x_k} - \frac{1}{2}\frac{\partial g_{rs}}{\partial x_i}\mathfrak{W}^{rs} \right\} + \left\{ \frac{\partial(\mathfrak{w}^k \varphi_i)}{\partial x_k} - \mathfrak{w}_k \frac{\partial \varphi_k}{\partial x_i} \right\} = 0.$$

---

14) Weyl, Ann. d. Physik Bd. 54 (1917), S. 117 (§ 2); F. Klein, Nachr. d. K. Gesellsch. d. Wissensch. zu Göttingen, math.-physik. Kl., Sitzung v. 25. Jan. 1918.

Benutzen wir (21), so finden wir für den zweiten der beiden durch die geschweifte Klammer zusammengefaßten Teile

$$-\tfrac{1}{2}\, g_{rs}\varphi_i \cdot \mathfrak{W}^{rs} + F_{ik}\,\mathfrak{w}^k .$$

Nun ist

$$\frac{1}{2}\left(\frac{\partial g_{rs}}{\partial x_i} + g_{rs}\varphi_i\right)\mathfrak{W}^{rs} = \tfrac{1}{2}(\Gamma_{r,is} + \Gamma_{s,ir})\mathfrak{W}^{rs}$$

wegen der Symmetrie von $\mathfrak{W}^{rs}$

$$= \Gamma_{r,is}\mathfrak{W}^{rs} = \Gamma^r_{is}\mathfrak{W}^s_r .$$

Damit nehmen die Gleichungen schließlich die folgende Gestalt an, in der ihr invarianter Charakter zutage tritt:

$$\left(\frac{\partial \mathfrak{W}^k_i}{\partial x_k} - \Gamma^r_{is}\mathfrak{W}^s_r\right) + F_{ik}\,\mathfrak{w}^k = 0. \tag{22}$$

IV. Überleitung zur Physik.

In einer metrischen Mannigfaltigkeit, deren Äther sich im Zustand extremaler Wirkung befindet, so daß also für jedes Weltgebiet bei beliebiger, an den Grenzen verschwindender infinitesimaler Variation der φ_i und g_{ik}

$$\delta \int \mathfrak{W}\, dx = 0 \tag{23}$$

ist, gelten die Lagrangeschen Gleichungen

$$\mathfrak{w}^i = 0, \qquad \mathfrak{W}^k_i = 0. \tag{24}$$

In der Physik werden die ersten als die *elektromagnetischen*, die zweiten als die *Gravitationsgesetze* bezeichnet. Wie die Mechanik, mündet auch die Physik in einem Hamiltonschen Prinzip[15]): *die wirkliche Welt ist eine solche, deren Äther sich im Zustand extremaler Wirkung befindet.* Wir kennen die in ihr gültigen, durch das Hamiltonsche Prinzip (23) zusammengefaßten Naturgesetze, wenn wir die Wirkungsdichte $\mathfrak{W}$ in ihrer Abhängigkeit vom Zustande des Äthers kennen. Die Gleichungen (24) sind nicht unabhängig voneinander, sondern zwischen ihnen bestehen die fünf ($n = 4$) Identitäten (21), (22). In der Tat können ja durch die Gesetze (24) die Größen g_{ik}, φ_i nur so weit bestimmt sein, daß der Übergang von einem Bezugssystem zu einem beliebigen andern noch frei bleibt; ein solcher Übergang hängt aber von fünf willkürlichen Funktionen ab. Das Verschwinden der aus den linken Seiten der elektromagnetischen

---

[15]) Vgl. dazu G. Mie, Annalen der Physik, Bd. 37, 39, 40 (1912/13), oder die Darstellung der Mieschen Theorie in RZM § 25; D. Hilbert, Die Grundlagen der Physik (1. Mitteilung), Nachr. d. K. Gesellsch. d. Wissensch. zu Göttingen, Sitzung vom 20. Nov. 1915.

Gleichungen gebildeten Divergenz $\frac{\partial \mathfrak{w}^i}{\partial x_i}$ ist also eine Folge der Gravitationsgesetze und umgekehrt das Verschwinden von deren Divergenz

$$\frac{\partial \mathfrak{W}_i^k}{\partial x_k} - \Gamma_{is}^r \mathfrak{W}_r^s$$

eine Folge der elektromagnetischen. Jene fünf Identitäten stehen in engstem Zusammenhang mit den sog. *Erhaltungssätzen*, nämlich dem (einkomponentigen) Satz von der Erhaltung der Elektrizität und dem (vierkomponentigen) Energie-Impulsprinzip. Sie lehren nämlich: die Erhaltungssätze (auf deren Gültigkeit die *Mechanik* beruht) folgen auf doppelte Weise aus den elektromagnetischen sowie den Gravitationsgleichungen; man möchte sie daher als die gemeinsame Eliminante dieser beiden Gesetzesgruppen bezeichnen.

Der einzige Ansatz für die Wirkungsdichte in der $(3+1)$-dimensionalen Welt, den man vernünftigerweise in Betracht zu ziehen hat, ist der folgende

$$\mathfrak{W} = \mathfrak{M} + \alpha \mathfrak{S},$$

wobei α eine numerische Konstante ist und die Bedeutung von $\mathfrak{M}$ und $\mathfrak{S}$ aus Abschnitt II dieses Paragraphen zu entnehmen ist. Man sieht, wie eng der Spielraum ist, welcher durch unsere Theorie dem Weltgesetz gelassen wird. Als erste Approximation, bei Beschränkung auf die linearen Glieder, ergeben sich dann in der Tat aus dem Hamiltonschen Prinzip die Maxwellschen Gesetze des elektromagnetischen Feldes und das Newtonsche Gravitationsgesetz. Darin, daß die Wirkungsgröße eine reine Zahl ist, liegt die Möglichkeit eines *Wirkungsquantums* begründet, dessen Existenz nach der heutigen Physik als die fundamentale atomistische Struktur des Kosmos anzusehen ist.

Doch werde hier, wo es sich nur um die systematische Entwicklung der reinen Infinitesimalgeometrie handelt und der mit ihr verbundenen Analysis der Tensoren und Tensordichten, auf die physikalische Ausdeutung der Theorie nicht näher eingegangen. Heben wir noch einmal jene Punkte hervor, in denen diese über das bisher Vorliegende hinausgeht! Das sind: der stufenweise Aufbau in den drei Stockwerken der Situs-, Affin- und metrischen Geometrie, die Befreiung der letzteren von einer ihr in der Riemannschen Fassung noch anhaftenden ferngeometrischen Inkonsequenz und die Ergänzung der Lehre von den Tensoren (Intensitätsgrößen) durch ihr Gegenstück, die Lehre von den Tensordichten (oder Quantitätsgrößen).

31.

Gravitation und Elektrizität

Sitzungsberichte der Königlich Preußischen Akademie der Wissenschaften zu Berlin 465—480 (1918)

Nach RIEMANN[1]) beruht die Geometrie auf den beiden folgenden Tatsachen:

1. *Der Raum ist ein dreidimensionales Kontinuum*, die Mannigfaltigkeit seiner Punkte lässt sich also in stetiger Weise durch die Wertsysteme dreier Koordinaten $x_1\, x_2\, x_3$ zur Darstellung bringen;

2. (*Pythagoreischer Lehrsatz*) das Quadrat des Abstandes ds^2 zweier unendlich benachbarter Punkte

$$P = (x_1, x_2, x_3) \quad \text{und} \quad P' = (x_1 + dx_1, x_2 + dx_2, x_3 + dx_3) \tag{1}$$

ist (bei Benutzung beliebiger Koordinaten) eine quadratische Form der relativen Koordinaten dx_i:

$$ds^2 = \sum_{ik} g_{ik}\, dx_i\, dx_k \quad (g_{ki} = g_{ik}). \tag{2}$$

Die zweite Tatsache drücken wir kurz dadurch aus, dass wir sagen: der Raum ist ein *metrisches* Kontinuum. Ganz dem Geiste der modernen Nahewirkungsphysik gemäss setzen wir den Pythagoreischen Lehrsatz nur im Unendlichkleinen als streng gültig voraus.

Die spezielle Relativitätstheorie führte zu der Einsicht, dass *die Zeit* als vierte Koordinate (x_0) gleichberechtigt zu den drei Raumkoordinaten hinzutritt, dass der Schauplatz des materiellen Geschehens, *die Welt*, also *ein vierdimensionales, metrisches Kontinuum* ist. Die quadratische Form (2), welche die Weltmetrik festlegt, ist dabei nicht positiv-definit wie im Falle der dreidimensionalen Raumgeometrie, sondern vom Trägheitsindex 3. Schon RIEMANN äusserte den Gedanken, dass sie als etwas physisch Reales zu betrachten sei, da sie sich z. B. in den Zentrifugalkräften als eine auf die Materie reale Wirkungen ausübende Potenz offenbart, und dass man demgemäss anzunehmen habe, die Materie wirke auch auf sie zurück; während bis dahin alle Geometer und Philosophen die Vorstellung gehabt hatten, dass die Metrik dem Raum an sich, unabhängig von dem materialen Gehalt, der ihn erfüllt, zukomme. Auf diesen Gedanken, zu dessen Durchführung RIEMANN durchaus noch die Möglichkeit fehlte, hat in unsern Tagen EINSTEIN (unabhängig von RIEMANN) das grandiose Gebäude seiner allgemeinen Relativitätstheorie errichtet. Nach EIN-

[1]) B. RIEMANN, *Über die Hypothesen, welche der Geometrie zugrunde liegen*, Math. Werke, 2. Aufl. (Leipzig 1892), Nr. 13, S. 272.

STEIN kommen auch die Erscheinungen der *Gravitation* auf Rechnung der Weltmetrik, und die Gesetze, nach denen die Materie auf die Metrik einwirkt, sind keine andern als die Gravitationsgesetze; die g_{ik} in (2) bilden die Komponenten des Gravitationspotentials. – Während so das Gravitationspotential aus einer invarianten *quadratischen* Differentialform besteht, werden *die elektromagnetischen Erscheinungen* von einem Viererpotential beherrscht, dessen Komponenten φ_i sich zu einer invarianten *linearen* Differentialform $\Sigma \varphi_i dx_i$ zusammenfügen. Beide Erscheinungsgebiete, Gravitation und Elektrizität, stehen aber bisher völlig isoliert nebeneinander.

Aus neueren Darstellungen von LEVI-CIVITA[1]), HESSENBERG[2]) und des Verfassers[3]) geht mit voller Deutlichkeit hervor, dass einem naturgemässen Aufbau der Riemannschen Geometrie als Grundbegriff der der infinitesimalen Parallelverschiebung eines Vektors zugrunde zu legen ist. Sind P und P^* irgend zwei durch eine Kurve verbundene Punkte, so kann man einen in P gegebenen Vektor parallel mit sich längs dieser Kurve von P nach P^* schieben. Diese Vektorübertragung von P nach P^* ist aber, allgemein zu reden, nicht integrabel, d.h. der Vektor in P^*, zu dem man gelangt, hängt ab von dem Wege, längs dessen die Verschiebung vollzogen wird. Integrabilität findet allein in der Euklidischen («gravitationslosen») Geometrie statt. – In der oben charakterisierten Riemannschen Geometrie hat sich nun ein letztes ferngeometrisches Element erhalten – soviel ich sehe, ohne jeden sachlichen Grund; nur die zufällige Entstehung dieser Geometrie aus der Flächentheorie scheint daran schuld zu sein. Die quadratische Form (2) ermöglicht es nämlich, nicht nur zwei Vektoren in demselben Punkte, sondern auch in irgend zwei voneinander entfernten Punkten ihrer Länge nach zu vergleichen. *Eine wahrhafte Nahe-Geometrie darf jedoch nur ein Prinzip der Übertragung einer Länge von einem Punkt zu einem unendlich benachbarten kennen,* und es ist dann von vornherein ebensowenig anzunehmen, dass das Problem der Längenübertragung von einem Punkte zu einem endlich entfernten integrabel ist, wie sich das Problem der Richtungsübertragung als integrabel herausgestellt hat. Indem man die erwähnte Inkonsequenz beseitigt, kommt eine Geometrie zustande, die überraschenderweise, auf die Welt angewendet, *nicht nur die Gravitationserscheinungen, sondern auch die des elektromagnetischen Feldes erklärt.* Beide entspringen nach der so entstehenden Theorie aus derselben Quelle, ja *im allgemeinen kann man Gravitation und Elektrizität gar nicht in willkürloser Weise voneinander trennen.* In dieser Theorie haben *alle physikalischen Grössen eine weltgeometrische Bedeutung; die Wirkungsgrösse insbesondere tritt in ihr von vornherein als reine Zahl auf. Sie führt zu einem im wesentlichen eindeutig bestimmten Weltgesetz; ja sie gestattet sogar in einem gewissen Sinne zu begreifen, warum die Welt vierdimensional ist.* – Ich will den Aufbau der korrigierten Riemannschen Geometrie hier zunächst ohne jeden physikalischen Hintergedanken skizzieren; die physikalische Anwendung ergibt sich dann von selber.

---

[1]) T. LEVI-CIVITA, *Nozione di parallelismo* ..., Rend. Circ. Mat. Palermo *42* (1917).

[2]) G. HESSENBERG, *Vektorielle Begründung der Differentialgeometrie,* Math. Ann. *78* (1917).

[3]) H. WEYL, *Raum, Zeit, Materie* (Berlin 1918), § 14.

In einem bestimmten Koordinatensystem sind die relativen Koordinaten dx_i eines dem Punkte P unendlich benachbarten Punktes P' – siehe (1) – die Komponenten der *infinitesimalen Verschiebung* $\overrightarrow{PP'}$. Der Übergang von einem Koordinatensystem zu einem andern drückt sich durch stetige Transformationsformeln aus:

$$x_i = x_i(x_1^* \, x_2^* \ldots x_n^*) \quad (i = 1, 2, \ldots, n),$$

welche den Zusammenhang zwischen den Koordinaten desselben Punktes in dem einen und andern System festlegen. Zwischen den Komponenten dx_i bzw. dx_i^* derselben infinitesimalen Verschiebung des Punktes P bestehen dann die linearen Transformationsformeln

$$dx_i = \sum_k \alpha_{ik} \, dx_k^*, \tag{3}$$

in denen α_{ik} die Werte der Ableitungen $\partial x_i / \partial x_k^*$ in dem Punkte P sind. Ein (kontravarianter) *Vektor* $\mathfrak{x}$ im Punkte P hat mit Bezug auf jedes Koordinatensystem gewisse n Zahlen ξ^i zu Komponenten, die sich beim Übergang zu einem andern Koordinatensystem genau in der gleichen Weise (3) transformieren wie die Komponenten einer infinitesimalen Verschiebung. Die Gesamtheit der Vektoren im Punkte P bezeichne ich als den *Vektorraum* in P. Er ist 1. *linear oder affin*, d. h. durch Multiplikation eines Vektors in P mit einer Zahl, und durch Addition zweier solcher Vektoren entsteht immer wieder ein Vektor in P, und 2. *metrisch*: durch die zu (2) gehörige symmetrische Bilinearform ist je zwei Vektoren $\mathfrak{x}$ und $\mathfrak{y}$ mit den Komponenten ξ^i, η^i in invarianter Weise ein skalares Produkt

$$\mathfrak{x} \cdot \mathfrak{y} = \mathfrak{y} \cdot \mathfrak{x} = \sum_{ik} g_{ik} \, \xi^i \eta^k$$

zugeordnet. Nach unserer Auffassung *ist diese Form jedoch nur bis auf einen willkürlich bleibenden positiven Proportionalitätsfaktor bestimmt*. Wird die Mannigfaltigkeit der Raumpunkte durch Koordinaten x_i dargestellt, so sind durch die Metrik im Punkte P die g_{ik} nur ihrem Verhältnis nach festgelegt. Auch physikalisch hat allein das Verhältnis der g_{ik} eine unmittelbar anschauliche Bedeutung. Der Gleichung

$$\sum_{ik} g_{ik} \, dx_i \, dx_k = 0$$

genügen nämlich bei gegebenem Anfangspunkt P diejenigen unendlich benachbarten Weltpunkte P', in denen ein in P aufgegebenes Lichtsignal eintrifft. Zum Zwecke der analytischen Darstellung haben wir 1. ein bestimmtes Koordinatensystem zu wählen und 2. in jedem Punkte P den willkürlichen Proportionalitätsfaktor, mit welchem die g_{ik} behaftet sind, festzulegen. Die auftretenden Formeln müssen dementsprechend eine doppelte Invarianzeigenschaft besitzen: 1. sie müssen *invariant* sein *gegenüber beliebigen stetigen Koordinatentransformationen*, 2. sie müssen ungeändert bleiben, *wenn man die* g_{ik} *durch* λg_{ik} *ersetzt*, wo λ eine willkürliche stetige Ortsfunktion ist. Das Hinzutreten dieser zweiten Invarianzeigenschaft ist für unsere Theorie charakteristisch.

Sind P, P^* irgend zwei Punkte und ist jedem Vektor $\mathfrak{x}$ in P ein Vektor $\mathfrak{x}^*$ in P^* in solcher Weise zugeordnet, dass dabei allgemein $\alpha\mathfrak{x}$ in $\alpha\mathfrak{x}^*$, $\mathfrak{x}+\mathfrak{y}$ in $\mathfrak{x}^*+\mathfrak{y}^*$ übergeht (α eine beliebige Zahl) und der Vektor 0 in P der einzige ist, welchem der Vektor 0 in P^* entspricht, so ist dadurch eine *affine oder lineare Abbildung* des Vektorraumes in P auf den Vektorraum in P^* bewerkstelligt. Diese Abbildung ist insbesondere *ähnlich*, wenn das skalare Produkt der Bildvektoren $\mathfrak{x}^* \cdot \mathfrak{y}^*$ in P^* dem von $\mathfrak{x}$ und $\mathfrak{y}$ in P für alle Vektorpaare $\mathfrak{x}, \mathfrak{y}$ proportional ist. (Nur dieser Begriff der *ähnlichen* Abbildung hat nach unserer Auffassung einen objektiven Sinn; die bisherige Theorie ermöglichte es, den schärferen der *kongruenten* Abbildung aufzustellen.) Was unter *Parallelverschiebung eines Vektors* im Punkte P nach einem Nachbarpunkte P' zu verstehen ist, wird durch die beiden axiomatischen Forderungen festgelegt:

1. Durch Parallelverschiebung der Vektoren im Punkte P nach dem Nachbarpunkte P' wird eine ähnliche Abbildung des Vektorraumes in P auf den Vektorraum in P' vollzogen;

2. sind P_1, P_2 zwei Nachbarpunkte zu P und geht der infinitesimale Vektor $\overrightarrow{PP_2}$ in P durch Parallelverschiebung nach dem Punkte P_1 in $\overrightarrow{P_1P_{12}}$ über, $\overrightarrow{PP_1}$ aber durch Parallelverschiebung nach P_2 in $\overrightarrow{P_2P_{21}}$, so fallen P_{12}, P_{21} zusammen (Kommutativität).

Derjenige Teil der 1. Forderung, welcher besagt, dass die Parallelverschiebung eine affine Verpflanzung des Vektorraumes von P nach P' ist, drückt sich analytisch folgendermassen aus: der Vektor ξ^i in $P = (x_1\, x_2 \ldots x_n)$ geht durch Verschiebung in einen Vektor

$$\xi^i + d\xi^i \quad \text{in} \quad P' = (x_1 + dx_1,\, x_2 + dx_2,\, \ldots,\, x_n + dx_n)$$

über, dessen Komponenten linear von ξ^i abhängen:

$$d\xi^i = -\sum_r d\gamma^i_r \xi^r. \tag{4}$$

Die 2. Forderung lehrt, dass die $d\gamma^i_r$ lineare Differentialformen sind:

$$d\gamma^i_r = \sum_s \Gamma^i_{rs}\, dx_s,$$

deren Koeffizienten die Symmetrieeigenschaft besitzen

$$\Gamma^i_{sr} = \Gamma^i_{rs}. \tag{5}$$

Gehen zwei Vektoren ξ^i, η^i in P durch die Parallelverschiebung nach P' in $\xi^i + d\xi^i$, $\eta^i + d\eta^i$ über, so besagt die unter 1. gestellte, über die Affinität hinausgehende Forderung der Ähnlichkeit, dass

$$\sum_{ik} (g_{ik} + dg_{ik})\, (\xi^i + d\xi^i)\, (\eta^k + d\eta^k) \quad \text{zu} \quad \sum_{ik} g_{ik}\, \xi^i \eta^k$$

proportional sein muss. Nennen wir den unendlich wenig von 1 abweichenden Proportionalitätsfaktor $1+d\varphi$ und definieren das Herunterziehen eines Index in üblicher Weise durch die Formel

$$a_i = \sum_k g_{ik} a^k,$$

so ergibt sich

$$dg_{ik} - (d\gamma_{ki} + d\gamma_{ik}) = g_{ik}\, d\varphi. \tag{6}$$

Daraus geht hervor, dass $d\varphi$ eine lineare Differentialform ist:

$$d\varphi = \sum_i \varphi_i\, dx_i. \tag{7}$$

Ist sie bekannt, so liefert die Gleichung (6) oder

$$\Gamma_{i,kr} + \Gamma_{k,ir} = \frac{\partial g_{ik}}{\partial x_r} - g_{ik}\, \varphi_r$$

zusammen mit der Symmetriebedingung (5) eindeutig die Grössen Γ. *Der innere Masszusammenhang des Raumes hängt also ausser von der* (nur bis auf einen willkürlichen Proportionalitätsfaktor bestimmten) *quadratischen Form* (2) *noch von einer Linearform* (7) *ab.* Ersetzen wir, ohne das Koordinatensystem zu ändern, g_{ik} durch $\lambda\, g_{ik}$, so ändern sich die Grössen $d\gamma^i_k$ nicht, $d\gamma_{ik}$ nimmt den Faktor λ an, dg_{ik} geht über in $\lambda\, dg_{ik} + g_{ik}\, d\lambda$. Die Gleichung (6) lehrt dann, dass $d\varphi$ übergeht in

$$d\varphi + \frac{d\lambda}{\lambda} = d\varphi + d \lg \lambda.$$

In der Linearform $\Sigma\, \varphi_i\, dx_i$ bleibt also nicht etwa ein Proportionalitätsfaktor unbestimmt, der durch willkürliche Wahl einer Masseinheit festgelegt werden müsste, die ihr anhaftende Willkür besteht vielmehr in einem *additiven totalen Differential.* Für die analytische Darstellung der Geometrie sind die Formen

$$g_{ik}\, dx_i\, dx_k, \quad \varphi_i\, dx_i \tag{8}$$

gleichberechtigt mit

$$\lambda \cdot g_{ik}\, dx_i\, dx_k \quad \text{und} \quad \varphi_i\, dx_i + d \lg \lambda, \tag{9}$$

wo λ eine beliebige positive Ortsfunktion ist. *Invariante Bedeutung hat demnach der schiefsymmetrische Tensor mit den Komponenten*

$$F_{ik} = \frac{\partial \varphi_i}{\partial x_k} - \frac{\partial \varphi_k}{\partial x_i}, \tag{10}$$

d.i. die Form

$$F_{ik}\, dx_i\, \delta x_k = \frac{1}{2} F_{ik}\, \Delta x_{ik},$$

welche von zwei willkürlichen Verschiebungen dx und δx im Punkte P bilinear – oder besser, von dem durch diese beiden Verschiebungen aufgespannten Flächenelement mit den Komponenten

$$\Delta x_{ik} = dx_i\, \delta x_k - dx_k\, \delta x_i$$

linear abhängt. Der Sonderfall der bisherigen Theorie, in welchem sich die in einem Anfangspunkt willkürlich gewählte Längeneinheit durch Parallelverschiebung in einer vom Wege unabhängigen Weise nach allen Raumpunkten übertragen lässt, liegt vor, wenn die g_{ik} sich in solcher Weise absolut festlegen lassen, dass die φ_i verschwinden. Die Γ^i_{rs} sind dann nichts anderes als die CHRISTOFFELschen Drei-Indizes-Symbole. Die notwendige und hinreichende invariante Bedingung dafür, dass dieser Fall vorliegt, besteht in dem identischen Verschwinden des Tensors F_{ik}.

Es ist danach sehr naheliegend, in der Weltgeometrie φ_i als *Viererpotential*, den Tensor F mithin als *elektromagnetisches Feld* zu deuten. Denn das Nichtvorhandensein eines elektromagnetischen Feldes ist die notwendige Bedingung dafür, dass die bisherige EINSTEINsche Theorie, aus welcher sich nur die Gravitationserscheinungen ergeben, Gültigkeit besitzt. Akzeptiert man diese Auffassung, so sieht man, dass die elektrischen Grössen von solcher Natur sind, dass ihre Charakterisierung durch Zahlen in einem bestimmten Koordinatensystem nicht von der willkürlichen Wahl einer Masseinheit abhängt. Zur Frage der Masseinheit und Dimension muss man sich überhaupt in dieser Theorie neu orientieren. Bisher sprach man eine Grösse z.B. als einen Tensor der 2. Stufe (vom Range 2) an, wenn ein einzelner Wert derselben *nach Wahl einer willkürlichen Masseinheit* in jedem Koordinatensystem eine Matrix von Zahlen a_{ik} bestimmt, welche die Koeffizienten einer invarianten Bilinearform zweier willkürlicher infinitesimaler Verschiebungen

$$a_{ik}\, dx_i\, \delta x_k \tag{11}$$

bilden. Hier sprechen wir von einem Tensor, wenn bei Zugrundelegung eines Koordinatensystems und *nach bestimmter Wahl des in den g_{ik} enthaltenen Proportionalitätsfaktors* die Komponenten a_{ik} eindeutig bestimmt sind, und zwar so, dass bei Koordinatentransformation die Form (11) invariant bleibt, bei Ersetzung von g_{ik} durch $\lambda\, g_{ik}$ aber die a_{ik} übergehen in $\lambda^e a_{ik}$. Wir sagen dann, der Tensor habe das *Gewicht e*, oder auch, indem wir dem Linienelement ds die Dimension «*Länge* = l» zuschreiben, er sei von der Dimension l^{2e}. Absolut invariante Tensoren sind nur die vom Gewichte 0. Von dieser Art ist der Feldtensor mit den Komponenten F_{ik}. Er genügt nach (10) dem ersten System der MAXWELLschen Gleichungen.

$$\frac{\partial F_{kl}}{\partial x_i} + \frac{\partial F_{li}}{\partial x_k} + \frac{\partial F_{ik}}{\partial x_l} = 0.$$

Liegt einmal der Begriff der Parallelverschiebung fest, so lässt sich die Geometrie und Tensorrechnung mühelos begründen. *a) Geodätische Linie.* Ist ein

Punkt P und in ihm ein Vektor gegeben, so entsteht die von P in Richtung dieses Vektors ausgehende geodätische Linie dadurch, dass man den Vektor beständig parallel mit sich in seiner eigenen Richtung verschiebt. Die Differentialgleichung der geodätischen Linie lautet bei Benutzung eines geeigneten Parameters τ:

$$\frac{d^2 x_i}{d\tau^2} + \Gamma^i_{rs} \frac{dx_r}{d\tau} \frac{dx_s}{d\tau} = 0.$$

(Sie lässt sich hier natürlich nicht als Linie kürzester Länge charakterisieren, da der Begriff der Kurvenlänge ohne Sinn ist.) *b) Tensorkalkül.* Um z.B. aus einem kovarianten Tensorfeld 1. Stufe vom Gewichte 0 mit den Komponenten f_i durch Differentiation ein Tensorfeld 2. Stufe herzuleiten, nehmen wir einen willkürlichen Vektor ξ^i im Punkte P zu Hilfe, bilden die Invariante $f_i \xi^i$ und ihre unendlich kleine Änderung beim Übergang vom Punkte P mit den Koordinaten x_i zum Nachbarpunkte P' mit den Koordinaten $x_i + dx_i$, indem wir bei diesem Übergang den Vektor ξ parallel mit sich verschieben. Es kommt für diese Änderung

$$\frac{\partial f_i}{\partial x_k} \xi^i dx_k + f_r d\xi^r = \left(\frac{\partial f_i}{\partial x_k} - \Gamma^r_{ik} f_r\right) \xi^i dx_k.$$

Die auf der rechten Seite eingeklammerten Grössen sind also die Komponenten eines Tensorfeldes 2. Stufe vom Gewichte 0, das in völlig invarianter Weise aus dem Felde f gebildet ist. *c) Krümmung.* Um das Analogon des Riemannschen Krümmungstensors zu konstruieren, knüpfe man an die oben benutzte unendlich kleine Parallelogrammfigur an, bestehend aus den Punkten P, P_1, P_2 und $P_{12} = P_{21}$. Verschiebt man einen Vektor $\mathfrak{x} = (\xi^i)$ in P parallel mit sich nach P_1 und von da nach P_{12}, ein andermal zunächst nach P_2 und von da nach P_{21}, so hat es einen Sinn, da P_{12} und P_{21} zusammenfallen, die Differenz $\Delta\mathfrak{x}$ der beiden in diesem Punkte erhaltenen Vektoren zu bilden. Für ihre Komponenten ergibt sich

$$\Delta\xi^i = R^i_j \xi^j, \tag{12}$$

wo die R^i_j unabhängig sind von dem verschobenen Vektor $\mathfrak{x}$, hingegen linear abhängen von dem Flächenelement, das durch die beiden Verschiebungen $\overrightarrow{PP}_1 = (dx_i)$, $\overrightarrow{PP}_2 = (\delta x_i)$ aufgespannt wird:

$$R^i_j = R^i_{jkl}\, dx_k\, \delta x_l = \frac{1}{2} R^i_{jkl}\, \Delta x_{kl}.$$

Die nur von der Stelle P abhängigen Krümmungskomponenten R^i_{jkl} haben die beiden Symmetrieeigenschaften: 1. sie ändern ihr Vorzeichen durch Vertauschung der beiden letzten Indizes k und l; 2. nimmt man mit $j\,k\,l$ die drei zyklischen Vertauschungen vor und addiert die zugehörigen Komponenten, so ergibt sich 0. Ziehen wir den Index i herunter, so erhalten wir in R_{ijkl} die Komponenten eines kovarianten Tensors 4. Stufe vom Gewichte 1. Noch ohne

Ausrechnung ergibt sich durch eine einfache Überlegung, dass R auf natürliche invariante Weise in zwei Summanden spaltet:

$$R^i_{jkl} = P^i_{jkl} - \frac{1}{2}\,\delta^i_j F_{kl} \quad \delta^i_j = \begin{cases} 1 \ (i = j) \\ 0 \ (i \neq j) \end{cases}, \tag{13}$$

von denen der erste P_{ijkl} nicht nur in den Indizes $k\,l$, sondern auch in i und j schiefsymmetrisch ist. Während die Gleichungen $F_{ik} = 0$ unsern Raum als einen solchen ohne elektromagnetisches Feld charakterisieren, d.h. als einen solchen, in welchem das Problem der Längenübertragung integrabel ist, sind $P^i_{jkl} = 0$, wie aus (13) hervorgeht, die invarianten Bedingungen dafür, dass in ihm kein Gravitationsfeld herrscht, d.h. dass das Problem der Richtungsübertragung integrabel ist. Nur der Euklidische Raum ist ein zugleich elektrizitäts- und gravitationsleerer.

Die einfachste Invariante einer linearen Abbildung wie (12), die jedem Vektor $\mathfrak{x}$ einen Vektor $\Delta\mathfrak{x}$ zuordnet, ist ihre «Spur»

$$\frac{1}{n}\,R^i_i.$$

Für diese ergibt sich hier nach (13) die Form

$$-\frac{1}{2}\,F_{ik}\,dx_i\,\delta x_k,$$

welche uns schon oben begegnete. Die einfachste Invariante eines Tensors wie $-F_{ik}/2$ ist das Quadrat seines Betrages:

$$L = \frac{1}{4}\,F_{ik}F^{ik}.$$

L ist offenbar, da der Tensor F das Gewicht 0 besitzt, eine Invariante vom Gewichte -2. Ist g die negative Determinante der g_{ik},

$$d\omega = \sqrt{g}\,dx_0\,dx_1\,dx_2\,dx_3 = \sqrt{g}\,dx$$

das Volumen eines unendlich kleinen Volumelementes, so wird bekanntlich die Maxwellsche Theorie beherrscht von der elektrischen Wirkungsgrösse, welche gleich dem über ein beliebiges Weltgebiet erstreckten Integral $\int L\,d\omega$ dieser einfachsten Invariante ist, und zwar in dem Sinne, dass bei beliebiger Variation der g_{ik} und φ_i, die an den Grenzen des Weltgebiets verschwindet,

$$\delta\int L\,d\omega = \int (S^i\,\delta\varphi_i + T^{ik}\,\delta g_{ik})\,d\omega$$

gilt, wo

$$S^i = \frac{1}{\sqrt{g}}\,\frac{\partial(\sqrt{g}\,F^{ik})}{\partial x_k}$$

die linken Seiten der inhomogenen Maxwellschen Gleichungen sind (auf deren rechter Seite die Komponenten des Viererstroms stehen), und die T^{ik} den Energie-Impuls-Tensor des elektromagnetischen Feldes bilden. Da L eine Invariante vom Gewichte -2 ist, das Volumelement aber in der n-dimensionalen Geometrie eine solche vom Gewichte $n/2$, so hat das Integral $\int L\,d\omega$ nur einen Sinn, wenn die Dimensionszahl $n = 4$ ist. *Die Möglichkeit der MAXWELLschen Theorie ist also in unserer Deutung an die Dimensionszahl 4 gebunden.* In der vierdimensionalen Welt aber wird die elektromagnetische Wirkungsgrösse eine reine Zahl. Als wie gross sich dabei die Wirkungsgrösse 1 in den traditionellen Masseinheiten des CGS-Systems herausstellt, kann freilich erst ermittelt werden, wenn auf Grund unserer Theorie ein an der Beobachtung zu prüfendes physikalisches Problem, z. B. das Elektron, berechnet vorliegt.

Von der Geometrie zur Physik übergehend, haben wir nach dem Vorbild der MIEschen Theorie[1]) anzunehmen, dass die gesamte Gesetzmässigkeit der Natur auf einer bestimmten Integralinvariante, der *Wirkungsgrösse*

$$\int W\,d\omega = \int \mathfrak{W}\,dx \qquad (\mathfrak{W} = W\sqrt{g}),$$

beruht, derart, dass *die wirkliche Welt unter allen möglichen vierdimensionalen metrischen Räumen dadurch ausgezeichnet ist, dass für sie die in jedem Weltgebiet enthaltene Wirkungsgrösse einen extremalen Wert annimmt* gegenüber solchen Variationen der Potentiale g_{ik}, φ_i, welche an den Grenzen des betreffenden Weltgebiets verschwinden. W, die Weltdichte der Wirkung, muss eine Invariante vom Gewichte -2 sein. *Die Wirkungsgrösse ist auf jeden Fall eine reine Zahl*; so gibt unsere Theorie von vornherein Rechenschaft über diejenige atomistische Struktur der Welt, der nach heutiger Auffassung die fundamentalste Bedeutung zukommt: das Wirkungsquantum. Der einfachste und natürlichste Ansatz, den wir für W machen können, lautet

$$W = R^i_{jkl}\, R_i^{jkl} = |R|^2. \tag{14}$$

Nach (13) ergibt sich dafür auch

$$W = |P|^2 + 4L.$$

(Höchstens der Faktor 4, mit welchem der zweite [elektrische] Term L zu dem ersten hinzutritt, könnte hier noch zweifelhaft sein.) Aber ohne noch die Wirkungsgrösse zu spezialisieren, können wir aus dem Wirkungsprinzip einige allgemeine Schlüsse ziehen. Wir werden nämlich zeigen: *in der gleichen Weise,* wie nach Untersuchungen von HILBERT, LORENTZ, EINSTEIN, KLEIN und dem Verfasser[2]) *die vier Erhaltungssätze der Materie* (des Energie-Impuls-Tensors) *mit der,* vier willkürliche Funktionen enthaltenden *Invarianz der Wirkungsgrösse gegen Koordinatentransformationen zusammenhängen, ist mit der hier neu*

---

[1]) G. MIE, Ann. Physik *37, 39, 40* (1912/13). Vgl. auch H. WEYL, *Raum, Zeit, Materie* (Berlin 1918), § 25.

[2]) D. HILBERT, *Die Grundlagen der Physik*, 1. Mitt., Gött. Nachr., 20. Nov. 1915; H. A. LORENTZ in vier Abhandlungen in den Versl. Kgl. Akad. van Wetensch., Amsterdam 1915/16; A. EINSTEIN, Berl. Ber. *1916*, S. 1111–1116; F. KLEIN, Gött. Nachr., 25. Januar 1918; H. WEYL, Ann. Physik *54*, S. 121–125 (1917).

hinzutretenden, eine fünfte willkürliche Funktion hereinbringenden «*Maßstab-Invarianz*» [Übergang von (8) zu (9)] *das Gesetz von der Erhaltung der Elektrizität verbunden.* Die Art und Weise, wie sich so das letztere dem Energie-Impuls-Prinzip gesellt, erscheint mir als eines der stärksten allgemeinen Argumente zugunsten der hier vorgetragenen Theorie – soweit im rein Spekulativen überhaupt von einer Bestätigung die Rede sein kann.

Wir setzen für eine beliebige, an den Grenzen des betrachteten Weltgebiets verschwindende Variation

$$\delta \int \mathfrak{W}\, dx = \int (\mathfrak{W}^{ik}\, \delta g_{ik} + \mathfrak{w}^i\, \delta\varphi_i)\, dx \quad (\mathfrak{W}^{ki} = \mathfrak{W}^{ik}). \tag{15}$$

Die Naturgesetze lauten dann

$$\mathfrak{W}^{ik} = 0, \quad \mathfrak{w}^i = 0. \tag{16}$$

Die ersten können wir als die Gesetze des Gravitationsfeldes, die zweiten als die des elektromagnetischen Feldes ansprechen. Die durch

$$\mathfrak{W}^i_k = \sqrt{g}\, W^i_k, \quad \mathfrak{w}^i = \sqrt{g}\, w^i$$

eingeführten Grössen W^i_k, w^i sind die gemischten bzw. kontravarianten Komponenten eines Tensors 2. bzw. 1. Stufe vom Gewichte -2. In dem System der Gleichungen (16) sind gemäss den Invarianzeigenschaften 5 überschüssige enthalten. Das spricht sich aus in den folgenden 5 invarianten Identitäten, die zwischen ihren linken Seiten bestehen:

$$\frac{\partial \mathfrak{w}^i}{\partial x_i} \equiv \mathfrak{W}^i_i; \tag{17}$$

$$\frac{\partial \mathfrak{W}^i_k}{\partial x_i} - \Gamma^s_{kr}\, \mathfrak{W}^r_s \equiv \frac{1}{2} F_{ik}\, \mathfrak{w}^i. \tag{18}$$

Die erste resultiert aus der Maßstab-Invarianz. Nehmen wir nämlich in dem Übergang von (8) zu (9) für $\lg\lambda$ eine unendliche kleine Ortsfunktion $\delta\varrho$ an, so erhalten wir die Variation

$$\delta g_{ki} = g_{ik}\, \delta\varrho, \quad \delta\varphi_i = \frac{\partial(\delta\varrho)}{\partial x_i}.$$

Für sie muss (15) verschwinden. Indem man zweitens die Invarianz der Wirkungsgrösse gegenüber Koordinatentransformationen durch eine unendlich kleine Deformation des Weltkontinuums ausnutzt[1]), gewinnt man die Identitäten

$$\left(\frac{\partial \mathfrak{W}^i_k}{\partial x_i} - \frac{1}{2}\frac{\partial g_{rs}}{\partial x_k}\mathfrak{W}^{rs}\right) + \frac{1}{2}\left(\frac{\partial \mathfrak{w}^i}{\partial x_i}\cdot\varphi_k - F_{ik}\,\mathfrak{w}^i\right) \equiv 0,$$

die sich in (18) verwandeln, wenn nach (17) $\partial\mathfrak{w}^i/\partial x_i$ durch $g_{rs}\,\mathfrak{W}^{rs}$ ersetzt wird. Aus den Gravitationsgesetzen allein ergibt sich also bereits, dass

$$\frac{\partial \mathfrak{w}^i}{\partial x_i} = 0 \tag{19}$$

[1]) H. Weyl, Ann. Physik *54*, S. 121–125 (1917); F. Klein, Gött. Nachr., Sitzung vom 25. Januar 1918.

ist, aus den elektromagnetischen Feldgesetzen allein, dass

$$\frac{\partial \mathfrak{W}_k^i}{\partial x_i} - \Gamma_{kr}^s \mathfrak{W}_s^r = 0 \tag{20}$$

sein muss. In der MAXWELLschen Theorie hat $\mathfrak{w}^i$ die Form

$$\mathfrak{w}^i \equiv \frac{\partial(\sqrt{g}\, F^{ik})}{\partial x_k} - \mathfrak{s}^i \quad (\mathfrak{s}^i = \sqrt{g}\, s^i),$$

wo s^i den Viererstrom bedeutet. Da hier der erste Teil identisch der Gleichung (19) genügt, liefert diese das Erhaltungsgesetz der Elektrizität:

$$\frac{1}{\sqrt{g}} \frac{\partial(\sqrt{g}\, s^i)}{\partial x_i} = 0.$$

Ebenso besteht in der EINSTEINschen Gravitationstheorie $\mathfrak{W}_k^i$ aus zwei Termen, von denen der erste der Gleichung (20) identisch genügt, der zweite gleich den mit $\sqrt{g}$ multiplizierten gemischten Komponenten T_k^i des Energie-Impuls-Tensors ist. So führen die Gleichungen (20) zu den vier Erhaltungssätzen der Materie. Ganz analoge Umstände treffen in unserer Theorie zu, wenn wir für die Wirkungsgrösse den Ansatz (14) wählen. Die fünf Erhaltungsprinzipe sind «Eliminanten» der Feldgesetze, d.h. folgen auf doppelte Weise aus ihnen und setzen dadurch in Evidenz, dass unter ihnen fünf überschüssige enthalten sind.

Für den Ansatz (14) lauten die MAXWELLschen Gleichungen beispielsweise

$$\frac{1}{\sqrt{g}} \frac{\partial(\sqrt{g}\, F^{ik})}{\partial x_k} = s^i, \quad \text{und der Strom}$$

$$s_i \text{ ist} = \frac{1}{4}\left(R\, \varphi_i + \frac{\partial R}{\partial x_i}\right). \tag{21}$$

R bezeichnet diejenige Invariante vom Gewichte -1, die aus R_{jkl}^i entsteht, wenn man zunächst nach i, k, darauf nach j und l verjüngt. Die Rechnung ergibt, wenn R^* die nur aus den g^{ik} aufgebaute Riemannsche Krümmungsinvariante bedeutet:

$$R = R^* - \frac{3}{\sqrt{g}} \frac{\partial(\sqrt{g}\, \varphi^i)}{\partial x_i} + \frac{3}{2} (\varphi_i\, \varphi^i).$$

Im statischen Falle, wo die Raumkomponenten des elektromagnetischen Potentials verschwinden und alle Grössen unabhängig von der Zeit x_0 sind, muss nach (21)

$$R = R^* + \frac{3}{2} \varphi_0\, \varphi^0 = \text{const}$$

sein. Aber man kann auch ganz allgemein in einem Weltgebiet, in welchem $R \neq 0$ ist, durch geeignete Festlegung der willkürlichen Längeneinheit $R = \text{const} = \pm 1$ erzielen. Nur hat man bei zeitlich veränderlichen Zuständen Flächen $R = 0$ zu erwarten, die offenbar eine gewisse singuläre Rolle spielen werden. Als Wirkungsdichte (R^* tritt als solche in der EINSTEINschen Gravitationstheorie auf) ist R nicht zu gebrauchen, da sie nicht das Gewicht -2 besitzt. Dies hat zur Folge, dass unsere Theorie wohl auf die MAXWELLschen elektromagnetischen, nicht aber auf die EINSTEINschen Gravitationsgleichungen führt; an ihre Stelle treten Differentialgleichungen 4. Ordnung. In der Tat ist es aber auch sehr unwahrscheinlich, dass die EINSTEINschen Gravitationsgleichungen streng richtig sind, vor allem deshalb, weil die in ihnen vorkommende Gravitationskonstante ganz aus dem Rahmen der übrigen Naturkonstanten herausfällt, so dass der Gravitationsradius der Ladung und Masse eines Elektrons z. B. von völlig anderer Grössenordnung (nämlich 10^{20} bzw. 10^{40}mal so klein) ist wie der Radius des Elektrons selber[1]).

Es war hier nur meine Absicht, die allgemeinen Grundlagen der Theorie kurz zu entwickeln. Es entsteht natürlich die Aufgabe, unter Zugrundelegung des speziellen Ansatzes (14) ihre physikalischen Konsequenzen zu ziehen und diese mit der Erfahrung zu vergleichen, insbesondere zu untersuchen, ob sich aus ihr die Existenz des Elektrons und die Besonderheiten der bisher unaufgeklärten Vorgänge im Atom herleiten lassen. Die Aufgabe ist in mathematischer Hinsicht ausserordentlich kompliziert, da es ausgeschlossen ist, durch Beschränkung auf die linearen Glieder Näherungslösungen zu erhalten; denn da die Vernachlässigung der Glieder höherer Ordnung im Innern des Elektrons gewiss nicht statthaft ist, so dürfen die durch eine derartige Vernachlässigung entstehenden linearen Gleichungen im wesentlichen nur die Lösung 0 besitzen. Ich behalte mir vor, an anderm Ort ausführlicher auf alle diese Dinge zurückzukommen.

Nachtrag. Herr A. EINSTEIN bemerkt zu der vorliegenden Arbeit:

«Wenn Lichtstrahlen das einzige Mittel wären, um die metrischen Verhältnisse in der Umgebung eines Weltpunktes empirisch zu ermitteln, so bliebe in dem Abstand ds (sowie in den g_{ik}) allerdings ein Faktor unbestimmt. Diese Unbestimmtheit ist aber nicht vorhanden, wenn man zur Definition von ds Messergebnisse heranzieht, die mit (unendlich kleinen) starren Körpern (Massstäben) und Uhren zu gewinnen sind. Ein zeitartiges ds kann dann unmittelbar gemessen werden durch eine Einheitsuhr, deren Weltlinie ds enthält.

Eine derartige Definition des elementaren Abstandes ds würde nur dann illusorisch werden, wenn die Begriffe ‚Einheitsmaßstab und ‚Einheitsuhr' auf einer prinzipiell falschen Voraussetzung beruhten; dies wäre dann der Fall, wenn die Länge eines Einheitsmaßstabes (bzw. die Ganggeschwindigkeit einer Einheitsuhr) von der Vorgeschichte abhingen. Wäre dies in der Natur wirklich so, dann könnte es nicht chemische Elemente mit Spektrallinien von bestimmter Frequenz geben, sondern es müsste die relative Frequenz zweier (räumlich benachbarter) Atome der gleichen Art im allgemeinen verschieden sein. Da dies nicht der Fall ist, scheint mir die Grundhypothese der Theorie leider nicht annehmbar, deren Tiefe und Kühnheit aber jeden Leser mit Bewunderung erfüllen muss.»

---

1) Vgl. H. WEYL, *Zur Gravitationstheorie*, Ann. Physik *54*, S. 133 (1917).

Erwiderung des Verfassers. Ich danke Herrn EINSTEIN dafür, dass er mir Gelegenheit gibt, sogleich dem von ihm erhobenen Einwand zu begegnen. In der Tat glaube ich nicht, dass er berechtigt ist. Nach der speziellen Relativitätstheorie hat ein starrer Maßstab immer wieder die gleiche Ruhlänge, wenn er in einem tauglichen Bezugsraum zur Ruhe gekommen ist, und eine richtiggehende Uhr besitzt unter diesen Umständen immer wieder, in Eigenzeit gemessen, dieselbe Periode (MICHELSON-Versuch, DOPPLER-Effekt). Es ist aber gar nicht die Rede davon, dass bei beliebig stürmischer Bewegung eine Uhr die Eigenzeit, $\int ds$, misst (so wenig wie etwa in der Thermodynamik ein beliebig rasch und ungleichmässig erhitztes Gas lauter Gleichgewichtszustände durchläuft); das ist erst recht nicht der Fall, wenn die Uhr (das Atom) der Einwirkung eines starken veränderlichen elektromagnetischen Feldes ausgesetzt ist. In der allgemeinen Relativitätstheorie kann man also höchstens soviel behaupten: Eine in einem *statischen* Gravitationsfeld *ruhende Uhr* misst *bei Abwesenheit eines elektromagnetischen Feldes* das Integral $\int ds$. Wie sich eine Uhr bei beliebiger Bewegung unter der gemeinsamen Einwirkung eines beliebigen elektromagnetischen und Gravitationsfeldes verhält, kann erst die Durchführung einer auf den physikalischen Gesetzen beruhenden Dynamik lehren. Wegen dieses problematischen Verhaltens der Maßstäbe und Uhren habe ich mich in meinem Buch *Raum, Zeit, Materie* zur prinzipiellen Messung der g_{ik} allein auf die Beobachtung der Ankunft von Lichtsignalen gestützt (S. 182ff.); dadurch können diese Grössen in der Tat, *falls die EINSTEINsche Theorie gültig ist*, nicht nur ihrem Verhältnis nach, sondern (nach Wahl einer festen Masseinheit) absolut bestimmt werden. Auf den gleichen Gedanken ist, unabhängig von mir, KRETSCHMANN gekommen[1]).

Nach der hier entwickelten Theorie lautet, ausser im Innersten der Atome, bei geeigneter Wahl der Koordinaten und des unbestimmten Proportionalitätsfaktors, die quadratische Form ds^2 mit grosser Annäherung so wie in der speziellen Relativitätstheorie und ist die lineare Form mit der gleichen Annäherung $= 0$. Im Falle der Abwesenheit eines elektromagnetischen Feldes (Linearform streng $= 0$) ist durch die in der Klammer ausgesprochene Forderung ds^2 sogar völlig exakt bestimmt (bis auf einen *konstanten* Proportionalitätsfaktor, der ja auch nach EINSTEIN willkürlich bleibt; das gleiche tritt noch ein, wenn nur ein elektrostatisches Feld vorhanden ist). Die plausibelste Annahme, die man über eine im statischen Feld ruhende Uhr machen kann, ist die, dass sie das Integral des *so normierten ds* misst; es bleibt in meiner wie in der EINSTEINschen Theorie die Aufgabe, diese Tatsache[2]) aus einer explizite durchgeführten Dynamik abzuleiten. Auf jeden Fall aber wird sich ein schwingendes Gebilde von bestimmter Konstitution, das dauernd in einem bestimmten statischen Felde ruht, auf eine eindeutig bestimmte Weise verhalten (der Einfluss einer etwaigen stürmischen Vorgeschichte wird rasch abklingen); ich

[1]) E. KRETSCHMANN, *Über den physikalischen Sinn der Relativitätspostulate*, Ann. Phys. *53*, S. 575 (1917).

[2]) Deren experimentelle Prüfung zum Teil noch aussteht (Rotverschiebung der Spektrallinien in der Nähe grosser Massen).

glaube nicht, dass mit dieser (durch die Existenz chemischer Elemente für die Atome bestätigten) Erfahrung meine Theorie irgendwie in Widerspruch gerät. Es ist zu beachten, dass der mathematisch-ideale Prozess der Vektor-Verschiebung, welcher dem mathematischen Aufbau der Geometrie zugrunde zu legen ist, nichts zu schaffen hat mit dem realen Vorgang der Bewegung einer Uhr, dessen Verlauf durch die Naturgesetze bestimmt wird.

Die hier entwickelte Geometrie ist, das muss vom mathematischen Standpunkt aus betont werden, die wahre Nahegeometrie. Es wäre merkwürdig, wenn in der Natur statt dieser wahren eine halbe und inkonsequente Nahegeometrie mit einem angeklebten elektromagnetischen Felde realisiert wäre. Aber natürlich kann ich mit meiner ganzen Auffassung auf dem Holzwege sein; es handelt sich hier wirklich um reine Spekulation; der Vergleich mit der Erfahrung ist selbstverständliches Erfordernis. Dazu müssen aber die Konsequenzen der Theorie gezogen werden; bei dieser schwierigen Aufgabe hoffe ich auf Mithilfe.

Nachtrag Juni 1955

Diese Arbeit steht am Anfang der Versuche, eine «einheitliche Feldtheorie» aufzubauen, die später von vielen anderen – wie mir scheint, bisher ohne durchschlagenden Erfolg – fortgesetzt wurden; das Problem hat insbesondere EINSTEIN selbst, wie bekannt, bis zu seinem Ende unablässig beschäftigt.

Den Ausbau meiner Theorie vollzog ich in zwei Arbeiten (34), (46), ferner in der 4. und vor allem 5. Auflage meines Buches «Raum, Zeit, Materie». Dabei gab ich – zunächst aus formalen Gründen, dann aber bestärkt durch eine Untersuchung von W. PAULI (Verh. dtsch. phys. Ges. *21*, 1919) – einem andern Wirkungsprinzip den Vorzug.

Das stärkste Argument für meine Theorie schien dies zu sein, dass die Eichinvarianz dem Prinzip von der Erhaltung der elektrischen Ladung so entspricht wie die Koordinaten-Invarianz dem Erhaltungssatz von Energie-Impuls. Später führte die Quantentheorie die SCHRÖDINGER-DIRACschen Potentiale ψ des Elektron-Positron-Feldes ein; in ihr trat ein aus der Erfahrung gewonnenes und die Erhaltung der Ladung garantierendes Prinzip der Eichinvarianz auf, das die ψ mit den elektromagnetischen Potentialen φ_i in ähnlicher Weise verknüpft wie meine spekulative Theorie die Gravitationspotentiale g_{ik} mit den φ_i, wobei zudem die φ_i in einer bekannten atomaren statt in einer unbekannten kosmologischen Einheit gemessen werden. Es scheint mir kein Zweifel, dass das Prinzip der Eichinvarianz hier seine richtige Stelle hat, und nicht, wie ich 1918 geglaubt hatte, im Zusammenspiel von Gravitation und Elektrizität. Man vergleiche darüber meinen Aufsatz (93): *Geometrie und Physik.*

32.

Der circulus vitiosus in der heutigen Begründung der Analysis

Jahresbericht der Deutschen Mathematikervereinigung 28, 85—92 (1919)

Aus einem Briefe an O. Hölder.

Mit den folgenden Zeilen möchte ich Ihrem Wunsche Genüge zu leisten versuchen: Ihnen den circulus vitiosus, den ich in meiner Schrift „Das Kontinuum"[1]) der Analysis vorwerfe, auf möglichst direkte Weise vor Augen zu stellen.

Durch den *Sinn* eines klar und eindeutig festgelegten Gegenstandsbegriffs mag wohl stets den Gegenständen, welche des im Begriffe ausgesprochenen Wesens sind, ihre *Existenzsphäre* angewiesen sein; aber es ist darum keineswegs ausgemacht, daß dieser Begriff ein *umfangsdefiniter* ist, daß es einen Sinn hat, von den unter ihn fallenden *existierenden* Gegenständen als einem an sich bestimmten und begrenzten, ideal geschlossenen Inbegriff zu sprechen. Ist $\mathfrak{E}$ eine ihrem Sinne nach klar und eindeutig gegebene Eigenschaft der unter einen Begriff B fallenden Gegenstände, so behauptet für einen beliebigen derartigen Gegenstand a der Satz: »a hat die Eigenschaft $\mathfrak{E}$« einen ganz bestimmten Sachverhalt, der besteht oder nicht besteht; dies Urteil ist an sich wahr oder nicht wahr — ohne Wandel und Wank und ohne Möglichkeit irgendeines zwischen diesen beiden entgegengesetzten vermittelnden Standpunktes. Ist der Begriff B insbesondere umfangs-definit, so hat aber nicht nur die Frage: »Hat a die Eigenschaft $\mathfrak{E}$?« für einen beliebigen unter B fallenden Gegenstand a einen in sich klaren Sinn, sondern auch die Existenzfrage: »*Gibt es* einen unter B fallenden Gegenstand, welcher die Eigenschaft $\mathfrak{E}$ besitzt?« Entsprechendes ist über Relationen zu bemerken; es ist dabei gleichgültig, ob der Sinn dieser Eigenschaft oder Relation unmittelbar in der Anschauung aufgewiesen wird oder ob sie durch logische Operationen aus solchen Eigenschaften und Relationen zusammengesetzt ist, deren Sinn anschaulich gegeben ist. (Natürlich wäre hier eine eingehende phänomenologische Analyse des *Existenz*begriffs erforderlich; das Vorstehende mag aber zur Verständigung genügen.)

Gestützt auf die Anschauung der Iteration sind wir überzeugt, daß der *Begriff der natürlichen Zahl umfangs-definit* ist (*dies* Fundament

1) Leipzig 1918, namentlich Kap. I, § 6.

muß gewiß jegliche Arithmetik der Anschauung entnehmen). Nicht umfangs-definit ist aber z. B. der allgemeine Begriff »Gegenstand«, ebenso der Begriff »Eigenschaft« oder auch nur »Eigenschaft natürlicher Zahlen«. Die letzte Behauptung kann man sogar *beweisen*, wenn ihre Evidenz nicht ohne weiteres zugestanden wird. Sei nämlich auf irgendeine Weise ein bestimmter Kreis $\varkappa$ von Eigenschaften natürlicher Zahlen abgesteckt, so daß der Begriff »$\varkappa$-Eigenschaft« umfangs-definit ist, so ist es ohne weiteres möglich, Eigenschaften natürlicher Zahlen zu definieren, welche außerhalb dieses Kreises liegen. Bedeutet nämlich A irgendeine Eigenschaft *von* Eigenschaften natürlicher Zahlen, so ist die Eigenschaft $\mathfrak{E}_A$, welche einer natürlichen Zahl x dann und nur dann zukommt, wenn es eine $\varkappa$-Eigenschaft von der Art A *gibt*, welche der Zahl x zukommt, ganz gewiß ihrem Sinne nach von jeder $\varkappa$-Eigenschaft verschieden. Damit ist nicht gesagt, daß sie nicht mit einer solchen Eigenschaft umfangsgleich sein könnte. Umfangsgleich nenne ich zwei Eigenschaften (natürlicher Zahlen) dann, wenn jeder Zahl, welche die eine besitzt, auch die andere zukommt, und umgekehrt; jeder Eigenschaft korrespondiert eine Menge in solcher Weise, daß umfangsgleichen Eigenschaften dieselbe Menge entspsicht. (Dies das richtige Verhältnis der Begriffe Eigenschaft und Menge. Die Verkennung der Tatsache, daß der *Sinn* eines Begriffs das logische prius gegenüber dem *Umfang* ist, ist heute gang und gäbe; an ihr leiden auch die Grundlagen unserer Mengenlehre. Sie scheint den sonderbaren Abstraktionstheorien der sensualistischen Erkenntnistheorie zu entstammen; vgl. dawider die kurzen schlagenden Bemerkungen Fichtes in seiner „Transzendentalen Logik“[1]), die sorgfältigeren Darlegungen in Husserls „Logischen Untersuchungen“[2]). Wer freilich in logischen Dingen nur formalisieren, nicht *sehen* will — und das Formalisieren ist ja die Mathematiker-Krankheit —, wird weder bei Husserl noch gar bei Fichte auf seine Rechnung kommen.) Wenden wir das eben Gesagte auf den Begriff der rationalen Zahl anstatt auf den der natürlichen an (auch von ihm dürfen wir überzeugt sein, daß er umfangs-definit ist) und fassen mit Dedekind eine reelle Zahl als eine (besonders geartete) Menge rationaler Zahlen auf, so erkennen wir, daß *der Begriff der reellen Zahl nicht umfangs-definit ist.* Ich darf wohl die Fußnote auf S. 594 Ihrer Besprechung der R. Graßmannschen „Zahlenlehre“ in den Göttinger gelehrten Anzeigen 1892 dahin deuten, daß Sie mit dieser Behauptung durchaus einverstanden sind, wie denn dies im Ernste niemand, der nur versteht, um was es sich handelt, wird ableugnen können. Nur glaubt

1) Fichtes Werke, Auswahl von Medicus, Leipzig 1912, Bd. VI, S. 133ff.
2) Bd. II (2. Aufl., Halle 1913), S. 106–224.

man meistens, daß der erwähnte Umstand für die Begründung der Analysis ziemlich belanglos ist, da ja eine hinreichend klare *Sinn*-Definition des Begriffs der reellen Zahl vorliege: jedesmal, wenn in klarer Weise eine Eigenschaft rationaler Zahlen (von gewisser Art) gegeben ist, ist damit auch eine reelle Zahl gegeben, trennend diejenigen rationalen Zahlen, welche der betreffenden Eigenschaft teilhaftig sind, von den übrigen. Daß diese Auffassung aber durchaus irrig ist, möchte ich hier von neuem durch Analyse des Satzes, daß jede beschränkte Menge reeller Zahlen eine obere Grenze besitze, erhärten.

Eine reelle Zahl ist eine Menge rationaler, die einer bestimmten Eigenschaft rationaler Zahlen korrespondiert. Eine Menge reeller Zahlen entspricht also einer Eigenschaft A von Eigenschaften rationaler Zahlen. Die obere Grenze dieser Menge reeller Zahlen ist selbst die Menge derjenigen rationalen Zahlen x, welche eine gewisse Eigenschaft $\mathfrak{E}_A$ besitzen, nämlich die folgende: daß *es eine Eigenschaft der Art A gibt,* welche der Zahl x zukommt. Eine solche Erklärung, welche das Bestehen einer Eigenschaft $\mathfrak{E}_A$ daran knüpft, daß es (überhaupt und ohne Einschränkung) eine Eigenschaft *gibt* von der Art, daß ..., ist aber *evident sinnlos;* der Begriff »Eigenschaft rationaler Zahlen« ist nicht umfangs-definit. Sie gewinnt erst dann einen Inhalt, wenn der allgemeine Begriff »Eigenschaft« zu einem umfangs-definiten Begriff »$\varkappa$-Eigenschaft« verengert wird; dies sei gelungen, und die entsprechende Eingrenzung möge der Begriff der reellen Zahl erfahren. Bei Einführung dieser Modifikation in der Erklärung von $\mathfrak{E}_A$ erhalten wir dann in $\mathfrak{E}_A$ eine Eigenschaft, welche *ihrem Sinne nach* ganz gewiß außerhalb des Kreises der $\varkappa$-Eigenschaften liegt. Wohl kann sie mit einer $\varkappa$-Eigenschaft umfangsgleich sein, und dann, aber auch nur dann würde dieser Eigenschaft $\mathfrak{E}_A$ eine reelle Zahl, die obere Grenze, korrespondieren. Es ist aber von vornherein außerordentlich unwahrscheinlich, daß es möglich ist, in exakter Weise einen umfangs-definiten Begriff »$\varkappa$-Eigenschaft« aufzustellen, so daß jede nach dem obigen Schema aus der *Gesamtheit* der $\varkappa$-Eigenschaften heraus zu definierende Eigenschaft $\mathfrak{E}_A$ mit einer $\varkappa$-Eigenschaft umfangsgleich ist. Jedenfalls liegt *nicht der Schatten eines Beweises* für eine solche Möglichkeit vor; aber gerade dieser Beweis wäre zu leisten, damit die Behauptung von der Existenz der oberen Grenze *überhaupt einen Sinn bekommt und allgemein wahr ist.*

Wenn somit die üblichen Erklärungen solcher für die Analysis fundamentalen Begriffe wie »obere Grenze«, »Stetigkeit« usw. so lange eines faßbaren Sinnes ermangeln, als nicht der allgemeine Begriff der Eigenschaft (und Relation) zu einem umfangs-definiten, »$\varkappa$-Eigenschaft«, eingeschränkt wird, — entsteht die Frage, wie eine solche Einschränkung geschehen solle. Die historisch vorliegende Mathematik läßt keinen Zweifel über die Antwort übrig: man beschränke sich auf diejenigen Eigenschaften und Relationen, welche sich *rein logisch definieren* lassen auf Grund der wenigen, die mit den in Frage kommenden Gegenstandskategorien ohne weiteres in der Anschauung mitgegeben sind (für die natürlichen Zahlen ist das allein die Relation »folgt unmittelbar auf«). Ich habe versucht, die Prinzipien dieser Konstruktion präzise zu formulieren; es braucht wohl nicht ausdrücklich wiederholt zu werden, daß es sinnlos wäre, unter diese Prinzipien eines von etwa folgendem Wortlaut aufzunehmen: Ist A eine Eigenschaft von Eigenschaften, so bilde man diejenige Eigenschaft $\mathfrak{E}_A$, welche einem Gegenstande x dann und nur dann zukommt, wenn es eine mittels dieser Prinzipien zu konstruierende Eigenschaft gibt, welche dem x zukommt und selber die Eigenschaft A besitzt. Das wäre doch ein offenkundiger circulus vitiosus; ihn begeht aber unsere heutige Analysis, und ihn mache ich ihr zum Vorwurf. — Die von mir angegebenen Prinzipien machen, wie mir scheint, das Hauptstück einer *»reinen Syntax der Relationen«* aus[1]), auf die sich die reine Logik stützen muß, wenn sie die Bedingungen zu entwickeln hat, unter denen zwei durch logische Konstruktion gebildete Eigenschaften oder Relationen sinnesgleich sind. Was für neue Relationen vor unserer Anschauung in der Entfaltung des geistigen Lebens sich auftun werden, läßt sich a priori gar nicht voraussehen; wohl aber, glaube ich, lassen sich die *Prinzipien der logischen Konstruktion*, vermittelst deren wir aus diesen ursprünglichen zusammengesetzte Relationen herleiten, ein für allemal aufstellen (ebenso wie die Elementarformen der logischen Schlüsse); ein solches Unterfangen tritt der Freiheit des Geistes nicht zu nahe. Ich bestehe nun nicht darauf, daß man die Vollständigkeit meiner Tabelle anerkenne, wennschon ich sie auf Grund logischer Selbstbesinnung und gestützt auf das historisch vorliegende enorme Konstruktionsmaterial der Mathematik für ziemlich gesichert halte. — Die Methode der begrifflichen Konstruktion macht das Wesen der mathematisch-physikalischen Erkenntnis aus (seit Galilei und Descartes sollte darüber Klarheit herrschen); und so hoffe ich, findet sich auch die Analysis zu dieser Methode zurück, die sie um einer völlig vagen Allgemeinheit willen zu verlassen im Begriffe war. Die Fundierung der Analysis hängt aufs engste mit den Anwendungen zusammen, vor allem mit der Physik; mir entgleitet überhaupt der *Sinn* der physikalischen Erkenntnis, wenn ich den Zahlen-, Mengen- und Funktionsbegriff

---

1) Zur Idee der „reinen Grammatik“ vgl. Husserl, Logische Untersuchungen, Bd. II, S. 328ff.

nicht auf die Weise, wie ich's in meiner Schrift versucht habe, in logischen Konstruktionsprinzipien verankern kann.

Gestatten Sie mir, über diese Prinzipien noch einige Bemerkungen zu machen; sie sollen den endgültigen Standpunkt deutlicher machen, zu dem ich den Leser des „Kontinuums" hinangeleiten möchte, und auf dem stehend er, wie ich hoffe, von der Evidenz ergriffen wird, daß bei meiner Begründungsweise der gerügte Zirkel wirklich ausgeschaltet ist. Jene Konstruktionsprinzipien zerfallen in zwei Gruppen, die „logischen" (Kap. I, § 2) und die spezifisch mathematischen (Kap. I, § 7); nur von den letzteren soll hier die Rede sein. Die Vermittlung zwischen beiden bildet die Einführung der Relation ε (ein Satz wie: die Rose ist rot, der ursprünglich eine Eigenschaft der Rose aussagt, wird aufgefaßt als Aussage des Bestehens der Relation ε, des „Habens", zwischen der Rose und der Eigenschaft rot). In meiner Darstellung scheint dieser Übergang zunächst außerdem noch bedingt durch die Begriffe der (ein- und mehrdimensionalen) *Menge* und *Funktion*, und der vorwärts treibende Gedanke ist die *Iteration* des durch die 6 „logischen" Prinzipien geleiteten Konstruktionsprozesses. So schien es mir der natürlichen Ideenentwicklung zu entsprechen, obschon eine solche „dialektische" Art der Darstellung, die das Vorhergehende immer wieder in einem höheren Standpunkt aufhebt, in der Mathematik sonst nicht üblich ist. In dem systematischen Aufbau, zu dem ich schließlich gelange (Kap. I, § 8), ist aber — und vielleicht hätte das noch stärker hervorgehoben werden sollen — *der Gedanke der Iteration wieder vollständig fallen gelassen* und muß der Begriff der Menge und Funktion viel weiter zurückgeschoben werden, als es ursprünglich geschah (nämlich an die letzte Stelle, erst unter V. [S. 31 unten] findet er seinen Platz).

Wir betrachten etwa die ternäre Relation $\varepsilon\ (xy, Z)$ (»x, y stehen in der Beziehung Z zueinander«), in der die Leerstellen x, y auf die gleiche Grundkategorie bezogen sind, Z aber auf die Kategorie der binären Relationen zwischen Gegenständen dieser Grundkategorie, und stellen uns das Schema dieser Relation nach der Fußnote auf S. 3 durch eine Holzplatte dar mit zwei kleinen und einem großen Zapfen, entsprechend den Leerstellen xy, bzw. Z. Die Gegenstände der Grundkategorie werden dargestellt durch Kugeln, die mit einem Loch versehen sind, so daß sie bei Ausfüllung der Leerstellen xy auf die kleinen Zapfen gesteckt werden können. Das sei geschehen. Die Leerstelle Z in ε muß ausgefüllt werden durch eine binäre Relation R. Diese aber wird ihrerseits dargestellt durch eine Platte mit zwei Zapfen, die außerdem ein Loch tragen muß, so groß wie der große Zapfen in ε; wird sie auf diesen Zapfen gesteckt, so sind nun alle drei Leerstellen in ε

ausgefüllt. Trotzdem geht dadurch aus ε noch kein bestimmtes Urteil hervor, sondern es ist zu diesem Zweck weiter erforderlich, daß die beiden Leerstellen x und y in ε, bzw. die sie ausfüllenden Gegenstände in bestimmter Weise bezogen werden auf die beiden Leerstellen $\xi\ \eta$

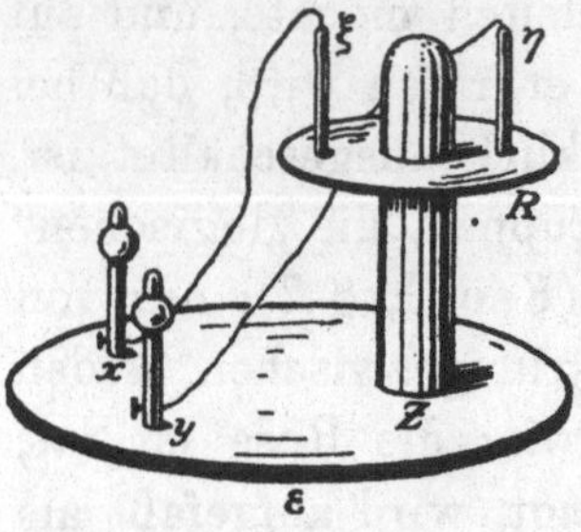

derjenigen Relation $R\,(\xi\,\eta)$, welche die Leerstelle Z in ε ausfüllt, oder, wie ich mich ausdrücken will, diese müssen an jene *„angeschlossen“* werden. Zum Schema der Relation ε gehören demnach noch zwei aus dem Fuß der Zapfen xy entspringende „Anschlußdrähte“, mit deren Hilfe bei der Ausfüllung der Anschluß der „sekundären“ Leerstellen $\xi\eta$ an die „primären“ $x\,y$ in der aus der Figur ersichtlichen Weise zu erfolgen hat. Dieser Anschluß läßt sich offenbar bei gegebener Relation R noch auf zwei verschiedene Weisen vollziehen. Daß die Drähte von oben in die Zapfen ξ, η eingeleitet werden, soll zugleich deutlich machen, daß bei der Ausfüllung alle Leerstellen „abgesättigt“ sind. Die Existenz derartiger „Anschlußdrähte“ im Schema einer Relation überträgt sich natürlich von ε auf diejenigen Relationen, welche aus ε und den ursprünglichen Relationen mittels der Konstruktionsprinzipien hergestellt werden; durch die Drähte müssen die „sekundären“ Leerstellen der zur Ausfüllung benutzten Relationen teils an die primären, teils an gewisse Bezugspunkte angeschlossen werden. Es erfordert einige Anstrengung, sich darüber klar zu werden, wie nun allgemein das Schema einer Relation aussieht und worin die Ausfüllung besteht, durch welche aus ihm ein bestimmtes Urteil hervorgeht; die eben benutzte Darstellung leistet dabei gute Dienste. Wenn es auch für die Syntax der Relationen von großem Wert ist, sich darüber einen vollständigen Überblick zu verschaffen, so kann man doch durch einen einfachen, rein formalen Kunstgriff diesem einigermaßen verwickelten Schematismus aus dem Wege gehen, nämlich durch Einführung der *subjekt-geordneten Relationen* an Stelle der Relationen. Die in meiner Schrift gegebene Erklärung ein wenig abändernd, verstehe ich hier unter einer subjekt-geordneten Relation eine solche, in deren Schema innerhalb jeder Gruppe von Leerstellen, die auf eine und dieselbe Gegenstandskategorie bezogen sind, eine bestimmte Reihenfolge derselben festgesetzt ist. Sind in dieser Weise die Leerstellen x und y in unserer obigen Relation ε numeriert, und wird zur Ausfüllung der Leerstelle Z auch stets eine *subjekt-geordnete* binäre Relation benutzt, d. h. sind die sekundären Leerstellen ξ und η gleichfalls numeriert, so erübrigt sich der „Anschluß“, da es sich von selbst versteht, daß die sekundäre Leerstelle 1 an die primäre 1 und die sekundäre Leerstelle 2 an die primäre 2 anzuschließen ist. Damit sind dann ε und alle daraus abzuleitenden Relationen von der gleichen Art, wie ich sie von Anfang meiner Schrift an voraussetze: um aus ihnen eine sinnvolle Behauptung zu gewinnen, genügt es, jede Leerstelle durch einen Gegenstand der betreffenden Kategorie (der eventuell selber eine subjekt-geordnete Relation ist) auszufüllen. Vor der Einführung der subjekt-geordneten Relationen schrecke ich trotz des formalen und künstlichen Charakters dieses Hilfsmittels um so weniger zurück, als später, wenn der Übergang von den Relationen zu den Mengen zu vollziehen ist, notgedrungen die ersteren als subjekt-geordnete vorausgesetzt werden müssen.

Eine quinäre Relation (um ein bestimmtes Beispiel zu wählen) $R(uv\,|\,xyz)$ kann man auch auffassen als eine zwischen u und v bestehende, *von den* drei *„Argumenten“* xyz *abhänige binäre* Relation, und sie kann alsdann zur Ausfüllung einer auf binäre Relationen bezogenen Leerstelle Z in einer Relation höherer Stufe benutzt werden; dabei werden von den sekundären Leerstellen $uv\,|\,xyz$ nur die ersten beiden durch Anschluß abgesättigt, hingegen bleiben xyz freie Leerstellen, die ihrer Ausfüllung durch Gegenstände harren. Von dem geschilderten Prozeß wird in dem Prinzip 7 der Substitution (S. 26) Gebrauch gemacht. Kommt es uns nur auf die Relationen zwischen Gegenständen der Grundkategorien an, so ist freilich zu sagen, daß die Einführung von ε und das Substitutionsprinzip für sich noch zu keinen weiteren Relationen führen als zu denjenigen, die ohne diese Erweiterung allein mit Hilfe der ersten 6 Prinzipien konstruiert werden können. Fruchtbar werden ε und das Substitutionsprinzip erst dadurch, daß an sie das Prinzip der Iteration (8), dessen notwendige Vorbereitung sie bilden, sich anschließt. Die Iteration aber ist für alle mathematischen Begriffsbildungen von der größten Bedeutung.

Diejenigen Relationen, welche aus den in der Anschauung aufgewiesenen ursprünglichen Relationen des zugrunde liegenden Operationsbereichs durch die angegebenen Hilfsmittel konstruiert werden können, habe ich finite Relationen genannt. Damit ist die gewünschte umfangsdefinite Einschränkung des Relationsbegriffs gewonnen, die zur Begründung einer zirkelfreien Analysis erforderlich ist. Erst jetzt am Schluß sollte der *Begriff der Menge und Funktion* eingeführt werden. Und zwar entsprechen die Mengen und Funktionen den (subjekt-geordneten, finiten) Relationen in der Weise, daß für ihre Gleichheit oder Verschiedenheit nicht mehr der *Sinn*, sondern nur noch der *Geltungsumfang* maßgebend ist; sie bilden den mathematischen Oberbau zu dem in der Anschauung fundierten Unterbau der Grundkategorien.

Diesen durch Hinzuziehung der Konstruktionsprinzipe 7 und 8 erweiterten mathematischen Prozeß (betreffs des Ausdrucks vgl. S. 15) zu iterieren, liegt, soviel ich sehe, innerhalb der Analysis nirgendwc ein Anlaß vor, und auch für die Anwendungen erweist sich das gewonnene Schema als umfassend genug, so daß sich auf ihm eine vernünftige *Theorie des Kontinuums* aufbauen läßt (Kap. II).

33.

Über die statischen kugelsymmetrischen Lösungen von Einsteins «kosmologischen» Gravitationsgleichungen

Physikalische Zeitschrift 20, 31—34 (1919)

Einstein hat in einer in den Sitzungsberichten d. Preuß. Akad. d. Wissensch. 1917, S. 142 erschienenen Note seinen Gravitationsgleichungen ein die Konstante λ enthaltendes Glied hinzugefügt. Über die statischen kugelsymmetrischen Lösungen dieser durch das „λ-Glied" ergänzten Gleichungen habe ich am Schluß meines Buches „Raum, Zeit, Materie" (Berlin, 1918; ich zitiere es hier mit den Anfangsbuchstaben RZM) einige Andeutungen gegeben, die ich hier etwas genauer ausführen möchte.

Die metrische Fundamentalform einer statischen kugelsymmetrischen Welt hat bei geeigneter Maßskala des Abstandes

$$r = \sqrt{x_1^2 + x_2^2 + x_3^2}$$

vom Zentrum die Gestalt:

$$ds^2 = f^2 d\tau^2 - d\sigma^2,$$

$$d\sigma^2 = (dx_1^2 + dx_2^2 + dx_3^2) + l\,(x_1 dx_1 + x_2 dx_2 + x_3 dx_3)^2; \qquad (1)$$

darin ist τ die Zeit, $x_1 x_2 x_3$ sind die Raumkoordinaten und $d\sigma^2$ ist die metrische Fundamentalform des Raumes. Der Faktor l sowie die Lichtgeschwindigkeit f hängen nur von r ab. Wir setzen noch

$$1 + lr^2 = h^2, \qquad fh = \Delta.$$

(1) stimmt mit der metrischen Fundamentalform einer (dreidimensionalen) Rotationsfläche $z = F(r)$ im vierdimensionalen Euklidischen Raum mit den Cartesischen Koordinaten $x_1 x_2 x_3 z$ überein, wenn die den Drehriß bestimmende Funktion F aus

$$\left(\frac{dF}{dr}\right)^2 = h^2 - 1$$

bestimmt wird.

Ist die Welt masseleer, so ergibt sich[1])

$$\Delta = 1, \qquad f^2 = \frac{1}{h^2} = 1 - \frac{\lambda}{6} r^2. \qquad (2)$$

Setzen wir $\frac{6}{\lambda} = a^2$, so ist daher

$$d\sigma^2 = dx_1^2 + dx_2^2 + dx_3^2 + dz^2, \quad f = \frac{z}{a},$$

wo $x_1 x_2 x_3 z$ vier an die Bedingung

$$x_1^2 + x_2^2 + x_3^2 + z^2 = a^2 \qquad (3)$$

geknüpfte Raumkoordinaten bedeuten. Der leere Weltraum ist also der durch (3) dargestellten „Sphäre" im vierdimensionalen Raum mit den Cartesischen Koordinaten $x_1 x_2 x_3 z$ kongruent. Da auf der Äquatorkugel $z = 0$ die Lichtgeschwindigkeit f verschwindet, die metrische Fundamentalform der Welt also singulär wird, kann von dieser Lösung nur ein bis an den Äquator nicht heranreichendes Stück realisiert sein: es widerstreitet dem Einsteinschen Gesetz, daß die Welt vollständig masseleer ist[1]). Wenigstens die Äquatorkugel muß von Materie umgeben sein.

Wir behandeln den einfachsten Fall, daß eine inkompressible Flüssigkeit von der konstanten Dichte μ eine zwischen zwei Breitenkugeln enthaltene „Schale" oder „Zone" erfüllt, die den Äquator umgibt. Im Gebiete der Flüssigkeit gelten dann die Formeln (RZM, S. 211 und S. 225)

$$\frac{1}{h^2} = 1 + \frac{2M}{r} - \frac{2\mu + \lambda}{6} r^2, \qquad (4)$$

$$\frac{2}{h^3} \frac{d\Delta}{dr} = br, \qquad (5)$$

wo M und b Konstante sind. Bedeutet P den Druck im Innern der Flüssigkeit, so ist ferner

$$(\mu + P) f = b.$$

Ist $r = r_0$ eine der beiden Grenzkugeln, zwischen denen die Flüssigkeit enthalten ist, so muß wegen des stetigen Anschlusses von $\frac{1}{h^2}$ an die im leeren Raume geltenden Werte (2) die Konstante

$$M = \frac{\mu r_0^3}{6} \qquad (6)$$

sein. Daraus geht hervor, daß beide Grenzkugeln denselben Radius r_0 besitzen, die Flüssigkeitszone also zum Äquator symmetrisch ist.

Auch in ihrem jetzigen Zustand läßt sich die Welt kongruent abbilden auf eine dreidimensionale Umdrehungsfläche (um die z-Achse) im vierdimensionalen Euklidisch-Cartesischen Raum der Koordinaten $x_1 x_2 x_3 z$. Wir bezeichnen sie als Sphäroid; sie entsteht aus der Sphäre (3), indem die zwischen den beiden Breitenkugeln $r = r_0$ enthaltene Zone herausgenommen und durch eine anders gestaltete ersetzt wird. Auch das Sphäroid ist symmetrisch zu seinem Äquator $z = 0$. Der Radius dieser Äquatorkugel, $r = a$, ist die (zwischen r_0 und α gelegene) Nullstelle von $\frac{1}{h^2}$. Setzt man $\frac{r}{a} = \varrho$ und

$$\left(\frac{r_0}{a}\right)^3 : \left(1 + \frac{\lambda}{2\mu}\right) = p,$$

---

1) RZM, S. 225. Siehe auch de Sitter, Proc. Acad. Amsterdam, Vol. XX, 30. Juni 1917.

1) Dies wurde von de Sitter übersehen. Vgl. Einstein, Sitzungsber. d. Preuß. Akad. d. Wissensch. 1918, S. 270.

so ergibt eine kurze Rechnung

$$\frac{1}{h^2}=\frac{(1-\varrho)(\varrho^2+\varrho+p)}{(1-p)\varrho}.$$

Eine Funktion auf dem Sphäroid oder auch nur auf der von Flüssigkeit erfüllten Zone desselben nenne ich gerade oder ungerade, wenn sie eine gerade, bzw. ungerade Funktion von z ist. Führen wir einen Augenblick als „Uniformisierende" für die Umgebung des Äquators die Größe t durch die Gleichung

$$1-\varrho=t^2$$

ein, so bekommen wir für $\frac{1}{h}$ und z die in der Umgebung von $t=0$ konvergenten, nach ungeraden Potenzen von t fortschreitenden Entwicklungen

$$\frac{1}{h}=c_0 t+\cdots, \qquad z=c_0' t+\cdots \qquad (c_0,\ c_0'\neq 0).$$

Bei regulärer analytischer Fortsetzung ist also $\frac{1}{h}$ eine ungerade Funktion.

Ich setze

$$\bar{f}=\frac{\mu f}{b}, \quad \bar{\Delta}=\bar{f}h=\frac{\mu\Delta}{b}.$$

Aus der Differentialgleichung für $\bar{\Delta}$:

$$\frac{1}{h^3}\frac{d\bar{\Delta}}{dr}=\frac{\mu r}{2}$$

und der durch Differentiation aus (4) hervorgehenden Formel

$$\frac{1}{h^3}\frac{dh}{dr}=\frac{M}{r^2}+\frac{2\mu+\lambda}{6}r$$

ergibt sich durch Division

$$\frac{d\bar{\Delta}}{dh}=\frac{3q}{2+p\varrho^{-3}}=A(\varrho),$$

wo die Konstante

$$q=\frac{2\mu}{2\mu+\lambda}$$

ist; also

$$\bar{\Delta}=\int A\,dh=Ah-\int h\,dA.$$

Führen wir in dem letzten Integral t als unabhängige Variable ein, so wird, da A eine gerade Funktion ist und sich in eine reguläre, nach geraden Potenzen von t fortschreitende Reihe entwickeln läßt, der Integrand bei $t=0$ regulär; wir können demnach $t=0$ oder $\varrho=1$ als untere Integrationsgrenze nehmen und erhalten dann

$$\bar{f}=\Big(A+\frac{1}{h}\int_\varrho^1 h\,dA\Big)+\frac{\text{const.}}{h} \quad\text{und}\quad \frac{P}{\mu}=\frac{1}{\bar{f}}-1. \tag{7}$$

Hier ist nun in der Formel für $\bar{f}$ der erste, in runde Klammern gefaßte Teil eine gerade, der zweite, klein gedruckte, die Integrationskonstante enthaltende eine ungerade Funktion. Da auf beiden Breitenkugeln, welche die Flüssigkeitszone begrenzen, der Druck $P=0$, $\bar{f}$ also $=1$ sein muß, folgt, daß die Integrationskonstante verschwindet, jener klein gedruckte Teil daher zu streichen ist und $\varrho_0=\frac{r_0}{a}$ der Gleichung

$$A(\varrho_0)+\frac{1}{h(\varrho_0)}\int_{\varrho_0}^1 h\,dA=1$$

zu genügen hat. Wir sehen, daß f in der ganzen Flüssigkeitszone einschließlich des Äquators oberhalb einer positiven Grenze bleibt. Beachtet man, daß

$$\frac{q}{p}=\varrho_0^{-3},$$

so können wir jene Gleichung am einfachsten folgendermaßen formulieren. Man führe die beiden Funktionen von ϱ

$$u^2=\frac{1-\varrho}{\varrho}(\varrho^2+\varrho+p), \quad v=\frac{3p}{2+p\varrho^{-3}},$$

ein, dann gilt für $\varrho=\varrho_0$:

$$v+u\int_\varrho^1\frac{dv}{u}=\varrho^3. \tag{8}$$

Dies ist, wie man sieht, eine **parameterfreie Relation zwischen** $\frac{r_0}{a}$ und $\frac{\mu}{\lambda}$. Sie hat bei gegebenem p stets eine und nur eine Lösung $\varrho=\varrho_0(p)$. Denn die linke Seite hat als Funktion von ϱ die Ableitung

$$\frac{du}{d\varrho}\int_\varrho^1\frac{dv}{u},$$

und da u eine abnehmende Funktion ist:

$$u^2=(1-\varrho^2)+p\Big(\frac{1}{\varrho}-1\Big),$$

v eine zunehmende, so nimmt die linke Seite von (8) monoton ab, wenn ϱ von 0 bis 1 wächst, und sinkt für $\varrho=1$ auf den Wert $\frac{3p}{2+p}<1$.

Das besagt, daß der Druck im Innern der Flüssigkeit von der Oberfläche nach dem Äquator hin monoton zunimmt, daher, wie es sein muß, überall positiv ist. Die rechte Seite unserer Gleichung, ϱ^3, nimmt, wenn ϱ das angegebene Intervall durchläuft, monoton von 0 bis 1 zu. Daraus ergibt sich die Existenz einer eindeutigen Lösung $\varrho=\varrho_0(p)$. Auch wird für sie $\varrho^3>p$, eine Bedingung, die erfüllt sein muß, damit μ positiv ausfällt. In der Tat ist

$$v + u\int_{\varrho}^{1}\frac{dv}{u} > v + u\cdot\frac{1}{u}\int_{\varrho}^{1} dv = v(1)$$

$$= \frac{3p}{2+p} > \frac{3p}{2+1} = p.$$

Es ist von Interesse, für ein sehr wenig von 1 abweichendes ϱ_0, d. h. für eine sehr schmale Flüssigkeitszone die in ihr enthaltene Gesamtmasse zu berechnen. Für $\varrho_0 = 1$ ergibt unsere Gleichung $p = 1$, d. h. $\frac{\lambda}{2\mu} = 0$. Nehmen wir

$$\frac{\lambda}{2\mu} = \varepsilon \text{ und } 1 - \varrho = \sigma, \; (1 - \varrho_0 = \sigma_0)$$

als sehr kleine Größen an und entwickeln nach Potenzen, so kommt in erster Annäherung

$$p = 1 - 3\sigma_0 - \varepsilon, \qquad v(\varrho_0) = 1 - 3\sigma_0 - \frac{2}{3}\varepsilon;$$
$$u^2 = 3\sigma, \qquad dv = -d\sigma,$$

und unsere Relation liefert

$$1 - \sigma_0 - \frac{2\varepsilon}{3} = 1 - 3\sigma_0, \text{ also } \varepsilon = 3\sigma_0.$$

Das Volumen der mit Flüssigkeit erfüllten Zone ist

$$\int h\,dx_1\,dx_2\,dx_3 = 8\pi a^3\int_{\varrho}^{1} h\varrho^2\,d\varrho,$$

und das ergibt in erster Annäherung

$$8\pi a^3\sqrt{\frac{1-p}{3}}\int_{\varrho}^{1}\frac{d\varrho}{\sqrt{1-\varrho}} =$$

$$= 16\pi a^3\sqrt{\left(\sigma_0 + \frac{\varepsilon}{3}\right)\sigma_0},$$

d. i. auf Grund der bewiesenen Gleichung

$$16\pi\sigma_0 a^3\sqrt{2}.$$

Ferner ist mit der gleichen Approximation

$$a^3 = \frac{6}{\lambda}\sqrt{\frac{6}{\lambda}}, \quad \frac{\mu}{\lambda} = \frac{1}{2\varepsilon} = \frac{1}{6\sigma_0}.$$

Für die Masse der Kugelzone kommt daher schließlich der Wert

$$\frac{32\pi\sqrt{3}}{\sqrt{\lambda}}.$$

Will man die Kugelzone schmäler und schmäler machen, so muß man also gleichzeitig die Dichte der zur Verwendung kommenden Flüssigkeit so steigern, daß die Masse oberhalb einer festen positiven Grenze bleibt; sie konvergiert für eine unendlich dünne Zone gegen den soeben angegebenen Wert. Ist die ganze Welt homogen mit Masse erfüllt (diese hat dann die Dichte λ, und es herrscht in ihr kein Druck), so ergibt sich als Gesamtmasse der Wert

$$\frac{4\pi^2\sqrt{2}}{\sqrt{\lambda}}.$$

Je schmäler die Zone ist, auf die sich die Flüssigkeit zusammendrängen soll, um so größer muß ihre Masse sein; bei unendlich dünner Zone ist sie $\frac{4\sqrt{6}}{\pi}$ mal so groß wie bei homogener Erfüllung der ganzen Welt.

Der eben durchgeführten Berechnung liegt die Vorstellung zugrunde, daß der Weltraum auf das Sphäroid umkehrbar-eindeutig abgebildet ist. Daneben aber besteht die andere Analysis-situs-Möglichkeit, daß je zwei einander diametral gegenüberliegenden Punkten des Sphäroids derselbe Punkt des Weltraums entspricht; in diesem Falle müssen die eben errechneten Massenwerte halbiert werden. Es ist von den Mathematikern in der Theorie der nicht-Euklidischen Raumformen erwiesen worden[1]), daß neben den beiden angegebenen Möglichkeiten keine weitere besteht; mit gutem Grund betrachtet man die zweite als die wesentlich einfachere. Trifft für den mit einer Massenzone versehenen Weltraum die erste zu, so haben wir eine leere Oberwelt und Unterwelt, die durch den Okeanos der Flüssigkeitsschale voneinander geschieden sind. Findet aber die zweite statt, so liegt nur eine einzige masseleere Hohlkugel $r < r_0$ vor. Jenseits der Entfernung r_0 vom Zentrum beginnt das Weltmeer; stößt man in radialer Richtung durch dies Grenzmeer hindurch, so kommt man nach Zurücklegung eines endlichen, vielleicht sehr kurzen Weges auf der diametral gegenüberliegenden Seite der Hohlkugel wieder zum Vorschein.

Bis jetzt haben wir untersucht, einen wie beschaffenen Massenhorizont der leere Raum nach Einsteins kosmologischen Gleichungen erfordert. Zum Schluß noch ein paar Worte über den Massenhorizont, der das Feld gegebener kugelsymmetrisch um das Zentrum verteilter Massen m begrenzen muß! In dem leeren Raum zwischen m und dem Horizont ist (RZM, S. 226)

$$\frac{1}{h^2} = 1 - \frac{2m}{r} - \frac{\lambda}{6}r^2, \quad m = \text{const.} \tag{9}$$

Trifft von den beiden erwogenen Analysis-situs-Möglichkeiten die zweite zu (der ich a priori den Vorzug geben möchte), so liegen die Dinge jetzt im wesentlichen ebenso wie vorher. Wir können den Weltraum kongruent durch ein „Sphäroid" darstellen. Jeder Punkt des Weltraums erscheint im Bilde doppelt, so auch die Massen m; das

1) Genaue Formulierung und Literatur bei F. Enriques, Prinzipien der Geometrie, in der Enzykl. d. math. Wissensch. III, namentlich Nr. 38, S. 116.

Sphäroid und die auf ihm herrschende Massenverteilung sind wiederum symmetrisch zum Äquator $z=0$. Die Konstante M bestimmt sich jetzt nicht durch (6), sondern aus

$$M+m=\frac{\mu r_0^3}{6}.$$

Dadurch modifiziert sich die transzendente Gleichung (8) unwesentlich. — Stellt hingegen das Sphäroid den Weltraum umkehrbar-eindeutig dar, so muß der innerhalb der Flüssigkeitszone geltende Ausdruck (4) sich über die eine Grenzkugel hinüber stetig an die Werte (9), über die andere aber stetig an die im leeren Raum geltenden (2) anschließen. Infolgedessen liegt die Flüssigkeitszone unsymmetrisch zum Äquator, und in (7) ist die Integrationskonstante nicht $=0$. Der Flüssigkeitshorizont wird, sofern die Dichte $\mu > \lambda$ ist, aus einer Zone bestehen, welche die leere Unterwelt von der mit den Massen m erfüllten Oberweit trennt. Für $\mu < \lambda$ aber tritt als Massenhorizont keine Zone mehr auf, sondern eine ganze über den Äquator hinübergreifende „Kalotte" (vgl. RZM, S. 225). Im Übergangsfall $\mu = \lambda$ ist die Zone gerade zur Kalotte geworden, im Innern der Flüssigkeit herrscht dann überall der Druck 0. Die genauere Durchrechnung bietet kein erhebliches Interesse.

34.

Eine neue Erweiterung der Relativitätstheorie

Annalen der Physik 59, 101—133 (1919)

Kap. I. Geometrische Grundlage.

Einleitung. Um den physikalischen Zustand der Welt an einer Weltstelle durch Zahlen charakterisieren zu können, muß 1. die Umgebung dieser Stelle auf *Koordinaten* bezogen sein und müssen 2. gewisse *Maßeinheiten* festgelegt werden. Die bisherige Einsteinsche Relativitätstheorie bezieht sich nur auf den ersten Punkt, die Willkürlichkeit des Koordinatensystems; doch gilt es, eine ebenso prinzipielle Stellungnahme zu dem zweiten Punkt, der Willkürlichkeit der Maßeinheiten, zu gewinnen. Davon soll im folgenden die Rede sein.

Die Welt ist ein vierdimensionales Kontinuum und läßt sich deshalb auf vier Koordinaten $x_0\, x_1\, x_2\, x_3$ beziehen. Der Übergang zu einem anderen Koordinatensystem $\bar{x}_i$ wird durch stetige Transformationsformeln

(1) $$x_i = f_i(\bar{x}_0\, \bar{x}_1\, \bar{x}_2\, \bar{x}_3) \qquad (i = 0, 1, 2, 3)$$

vermittelt. An sich ist unter den verschiedenen möglichen Koordinatensystemen keines ausgezeichnet. Die Relativkoordinaten dx_i eines zu dem Punkte $P = (x_i)$ unendlich benachbarten $P' = (x_i + dx_i)$ sind die Komponenten der infinitesimalen Verschiebung $\overrightarrow{PP'}$ (eines „Linienelementes" in P). Sie transformieren sich beim Übergang (1) zu einem anderen Koordinatensystem $\bar{x}_i$ linear:

(2) $$dx_i = \sum_k \alpha_k^i\, d\bar{x}_k;$$

α_k^i sind die Werte der Ableitungen $\partial f_i / \partial \bar{x}_k$ im Punkte P. In der gleichen Weise transformieren sich die Komponenten ξ^i irgendeines *Vektors* in P. Mit einem die Umgebung von P bedeckenden Koordinatensystem ist ein „Achsenkreuz" in P verknüpft, bestehend aus den „Einheitsvektoren" $\mathfrak{e}_i$ mit den Komponenten $\delta_i^0, \delta_i^1, \delta_i^2, \delta_i^3$:

$$\delta_i^k = \begin{cases} 0 \, (i \neq k) \\ 1 \, (i = k) \end{cases}.$$

Eben auf dieses Achsenkreuz muß man sich stützen, um nichtskalare Größen durch Zahlen charakterisieren zu können. Zwischen den Einheitsvektoren e_i, $\bar{e}_i$ zweier Koordinatensysteme in P bestehen die zu (2) „kontragredienten" linearen Transformationsformeln

$$\bar{e}_i = \sum_k a_i^k e_k.$$

In der speziellen Relativitätstheorie sind die a_k^i Konstante (unabhängig vom Ort), weil die Übergangsfunktionen f_i in (1) dort stets linear sind; nicht so in der allgemeinen Relativitätstheorie.

Um die Abhängigkeit der Maßzahl von der Maßeinheit klarzulegen, halten wir uns an das geometrische Beispiel der *Strecke*. Riemann[1]) nahm an, daß sich unendlich kleine Strecken sowohl an derselben wie auch an irgend zwei verschiedenen Stellen messend miteinander vergleichen lassen, und die auf dieser Annahme beruhende Riemannsche Geometrie liegt, in ihrer Anwendung auf das vierdimensionale Kontinuum der Welt, der Einsteinschen Gravitationstheorie zugrunde. Legt man eine bestimmte Strecke (und natürlich allerorten die gleiche) als Maßeinheit fest, so kommt jeder Strecke eine sie völlig charakterisierende Maßzahl l zu. Bei abgeänderter Wahl der Maßeinheit aber erhält man eine andere Maßzahl $\bar{l}$, die aus l durch die lineare Transformation

$$\bar{l} = a\, l$$

hervorgeht; in ihr ist a, das Verhältnis der Maßeinheiten, eine universelle Konstante (unabhängig von Ort und Strecke). Wie man sieht, entspricht dieser Standpunkt gegenüber der Frage der Maßeinheit genau demjenigen, welchen die spezielle Relativitätstheorie hinsichtlich des Achsenkreuzes einnimmt. Die allgemeine Relativitätstheorie wird statt dessen nur postulieren, daß a von der Strecke unabhängig ist, nicht aber vom Orte; sie muß die ohnehin in einer reinen „Nahegeometrie" unzulässige Annahme der Möglichkeit des „Fernvergleichs" fallen lassen: nur Strecken, die sich an der gleichen Stelle befinden, lassen sich aneinander messen. An jeder einzelnen Weltstelle muß die Streckeneichung vorgenommen werden, diese Auf-

1) Über die Hypothesen, welche der Geometrie zugrunde liegen, Mathematische Werke (2. Aufl., Leipzig 1892), Nr. XIII, p. 272.

gabe kann nicht einem zentralen Eichamt übertragen werden. An Stelle des Riemannschen Fernvergleichs aber hat ein Prinzip zu treten, das die kongruente Verpflanzung der Strecken von einem Punkte P nach den zu P *unendlich benachbarten Punkten* gestattet. Damit erst hat sich, wie ich glaube, der historische Prozeß der Loslösung von der Euklidischen Starre, die Überwindung der Ferngeometrie vollendet. Eine reine Infinitesimalgeometrie kommt zustande, welche in dem gleichen Sinne die Grundlage einer reinen Nahewirkungsphysik ist, wie die Riemannsche Geometrie Grundlage ist für die in den Rahmen von Einsteins allgemeiner Relativitätstheorie sich einfügende Physik. Ich stelle hier kurz die Hauptbegriffe und -tatsachen der Infinitesimalgeometrie zusammen; eine ausführlichere Darstellung wird die in Vorbereitung befindliche 3. Auflage meines Buches „Raum, Zeit, Materie" (Springer) enthalten.[1])

Geometrie. Eine vierdimensionale Mannigfaltigkeit ist *affin zusammenhängend*, wenn von jedem Vektor in einem Punkte P feststeht, in welchen Vektor in P' er durch Parallelverschiebung übergeht; P' bedeutet dabei einen beliebigen zu P unendlich benachbarten Punkt. Es ist zu fordern, daß zum Punkte P ein Koordinatensystem existiert (ich nenne es geodätisch in P) derart, daß in ihm die Komponenten eines jeden Vektors in P bei infinitesimaler Parallelverschiebung ungeändert bleiben. Benutzt man ein beliebiges Koordinatensystem x_i und ist darin $P = (x_i^0)$, $P' = (x_i^0 + dx_i)$, hat ferner ein willkürlicher Vektor in P die Komponenten ξ^i, der aus ihm durch Parallelverschiebung nach P' hervorgehende Vektor die Komponenten $\xi^i + d\,\xi^i$, so gilt eine Gleichung[2])

$$(3) \qquad d\,\xi^i = -\,d\gamma^i{}_r\,\xi^r.$$

Die vom Vektor ξ nicht abhängigen infinitesimalen Größen $d\gamma^i{}_r$ sind lineare Differentialformen

$$d\gamma^i{}_r = \Gamma^i{}_{rs}\,dx_s,$$

deren Zahlkoeffizienten Γ, die „Komponenten des affinen Zusammenhangs", der Symmetriebedingung $\Gamma^i{}_{sr} = \Gamma^i{}_{rs}$ genügen.

1) Man vgl. auch die Arbeiten des Verf. in den Sitzungsber. d. Preuß. Akad. d. Wissensch. 1918, p. 465ff., und der Mathem. Zeitschr. 2. p. 384ff. 1918.

2) Nach doppelt auftretenden Indizes ist stets zu summieren.

(3) bringt zum Ausdruck, daß die Parallelverschiebung von P nach P' die Gesamtheit der Vektoren in P affin (oder linear) auf die Gesamtheit der Vektoren in P' abbildet. Ist das Koordinatensystem geodätisch in P, so verschwinden dort alle Γ. Es gibt zwischen den verschiedenen Punkten der Mannigfaltigkeit keine Unterschiede hinsichtlich der Natur ihres affinen Zusammenhangs mit der Umgebung.

Eine *metrische* Mannigfaltigkeit trägt in jedem Punkte P eine *Maßbestimmung*; d. h. jeder Vektor $\mathfrak{x}$ in P bestimmt eine *Strecke*, und es gibt eine von dem willkürlichen Vektor $\mathfrak{x}$ abhängige quadratische Form $\mathfrak{x}^2$ (vom Trägheitsindex 3) derart, daß zwei Vektoren $\mathfrak{x}$ und $\mathfrak{y}$ in P dann und nur dann dieselbe Strecke bestimmen, wenn $\mathfrak{x}^2 = \mathfrak{y}^2$ ist. Dadurch ist die Form nur bis auf einen willkürlichen positiven Proportionalitätsfaktor festgelegt. Wählen wir diesen in bestimmter Weise, so ist die Mannigfaltigkeit in P *geeicht*, $\mathfrak{x}^2 = l$ nennen wir dann die Maßzahl der durch $\mathfrak{x}$ bestimmten Strecke. Ändert man die Eichung ab, so bekommt dieselbe Strecke eine andere Maßzahl $\bar{l}$, die aus l durch eine lineare Transformation $\bar{l} = \alpha l$ hervorgeht (α eine positive Konstante). Relativ zu einem Koordinatensystem drücke sich $\mathfrak{x}^2$ für den willkürlichen Vektor $\mathfrak{x}$ mit den Komponenten ξ^i durch die Formel aus:

$$\mathfrak{x}^2 = \sum_{ik} g_{ik} \xi^i \xi^k \qquad (g_{ki} = g_{ik}).$$

Eine metrische Mannigfaltigkeit trägt aber nicht nur in jedem Punkte eine Maßbestimmung, sondern sie ist außerdem *metrisch zusammenhängend*. Dieser Begriff ist völlig dem des affinen Zusammenhangs analog; wie dieser die Vektoren betrifft, so jener die Strecken. Jede Strecke in P geht also durch kongruente Verpflanzung nach dem beliebigen unendlich benachbarten Punkte P' in eine bestimmte Strecke in P' über. Wieder ist zu fordern, daß die Eichung sich so einrichten läßt (sie heißt dann: geodätisch in P), daß bei kongruenter Verpflanzung einer jeden Strecke in P ihre Maßzahl ungeändert bleibt. Ist die Mannigfaltigkeit irgendwie geeicht und l die Maßzahl einer Strecke in P, $l + dl$ die Maßzahl der aus ihr durch kongruente Verpflanzung nach P' entstehenden Strecke, so wird infolgedessen

$$(4) \qquad dl = -l\, d\varphi$$

sein, wo $d\varphi$ von der Strecke nicht abhängt; diese Gleichung bringt zum Ausdruck, daß jene Verpflanzung eine ähnliche Abbildung der Strecken in P auf die Strecken in P' bewirkt. Zweitens lehrt die an die Spitze gestellte Forderung, daß $d\varphi$ linear von der Verrückung $\overrightarrow{PP'}$ (mit den Komponenten dx_i) abhängt:

$$d\varphi = \sum_i \varphi_i \, dx_i .$$

Es gibt zwischen den verschiedenen Punkten der Mannigfaltigkeit keine Unterschiede hinsichtlich der Natur der in jedem von ihnen herrschenden Maßbestimmung und seines metrischen Zusammenhangs mit der Umgebung. *Die lineare und die quadratische Fundamentalform*

$$d\varphi = \varphi_i \, dx_i \quad \textit{und} \quad ds^2 = g_{ik} \, dx_i \, dx_k$$

beschreiben die Metrik der Mannigfaltigkeit relativ zu einem Bezugssystem (= Koordinatensystem + Eichung); *sie bleiben bei Koordinatentransformation invariant, bei Abänderung der Eichung nimmt die zweite einen Faktor* a *an, der eine positive stetige Ortsfunktion ist* (das „Eichverhältnis"), *die erste vermindert sich um das totale Differential* $d \lg a$.

Eine metrische Mannigfaltigkeit ist ohne weiteres auch affin zusammenhängend — auf Grund der Forderung, daß bei Parallelverschiebung eines Vektors die durch den Vektor bestimmte Strecke sich kongruent bleibe: das ist die *Grundtatsache der Infinitesimalgeometrie.* Erklären wir den Prozeß des Herabziehens eines Index i an einem System von Zahlen a^i (einerlei, ob außer i noch weitere Indizes auftreten oder nicht) ein für allemal durch die Gleichungen

$$a_i = g_{ij} \, a^j$$

(und den umgekehrten Prozeß durch die dazu inversen), so kann der affine Zusammenhang einer metrischen Mannigfaltigkeit aus den Formeln entnommen werden:

$$\Gamma_{i,kr} + \Gamma_{k,ir} = \frac{\partial g_{ik}}{\partial x_r} + g_{ik} \varphi_r \qquad (\Gamma_{i,rs} = g_{ij} \Gamma^j_{rs}),$$

$$\Gamma_{r,ik} = \tfrac{1}{2}\left(\frac{\partial g_{ir}}{\partial x_k} + \frac{\partial g_{kr}}{\partial x_i} - \frac{\partial g_{ik}}{\partial x_r}\right) + \tfrac{1}{2}\left(g_{ir}\varphi_k + g_{kr}\varphi_i - g_{ik}\varphi_r\right).$$

Noch an einen geometrischen Begriff sei erinnert: Zwei Vektoren $\mathfrak{x}$ und $\mathfrak{y}$ in P heißen zueinander *orthogonal*, wenn für sie die zur quadratischen Form $\mathfrak{x}^2$ gehörige symmetrische Bilinearform $(\mathfrak{x} \cdot \mathfrak{y})$ verschwindet; dieses Wechselverhältnis ist von dem Eichfaktor unabhängig.

Tensorkalkül. Ein (zweifach kovarianter, einfach kontravarianter) *Tensor* (3. Stufe) im Punkte P ist eine vom Koordinatensystem, auf das man die Umgebung von P bezieht, abhängige Linearform dreier Reihen von Variablen ξ, η, ζ:

$$\sum_{i,k,l=0}^{3} a^l_{ik}\, \xi^i \eta^k \zeta_l ,$$

vorausgesetzt, daß jene Abhängigkeit von folgender Art ist: die Ausdrücke der Linearform in zwei Koordinatensystemen gehen ineinander über, wenn man die ersten beiden Variablenreihen kogredient, die letzte kontragredient zu den Differentialen [Formel (2)] transformiert. Der Begriff des Tensors ist frei von jeder Beziehung auf die Metrik oder den affinen Zusammenhang der Mannigfaltigkeit. Die Skalare ordnen sich dem System der Tensoren als Tensoren 0. Stufe ein. Tensoren 1. Stufe heißen Vektoren; unter Vektor ohne näheren Zusatz wird wie bisher ein kontravarianter Vektor verstanden. Die schiefsymmetrischen kovarianten Tensoren spielen eine besondere Rolle und sollen zur Abkürzung lineare Tensoren genannt werden. Die Grundoperationen der *Tensoralgebra*, durch welche nur Tensoren in einem und demselben Punkte P miteinander verknüpft werden, sind: Addition, Multiplikation und Verjüngung; sie setzen die Mannigfaltigkeit weder als metrisch noch als affin zusammenhängend voraus. Das gleiche gilt noch für die Analysis der *linearen* Tensoren, welche lehrt, wie durch Differentiation allgemein aus einem linearen Tensor νter Stufe ein solcher der $(\nu + 1)$ten Stufe erzeugt wird:

$$\frac{\partial u}{\partial x_i} = u_i \quad \left| \quad \frac{\partial u_i}{\partial x_k} - \frac{\partial u_k}{\partial x_i} = u_{ik} \quad \right| \quad \ldots$$

In den Differentiationsprozeß der allgemeinen *Tensoranalysis* (die sich nicht auf die linearen Tensoren beschränkt) gehen aber die Komponenten des affinen Zusammenhangs ein; vollständig entfaltet sich die Tensoranalysis also erst im affin zusammenhängenden Raum (dagegen wird keine Metrik vorausgesetzt). Wir erwähnen als Beispiel

$$\frac{\partial u^i}{\partial x_k} - \Gamma^i_{kr}\, u^r \, ;$$

aus dem Vektorfeld u^i entsteht so ein gemischtes Tensorfeld 2. Stufe.

Ist $\int \mathfrak{W}\, dx$ eine Integralinvariante — ich schreibe kurz dx für das Integrationselement $dx_0\, dx_1\, dx_2\, dx_3$ —, so ist $\mathfrak{W}$ eine vom Koordinatensystem abhängige Funktion, welche sich bei Übergang von einem zum andern Koordinatensystem mit dem absoluten Betrag der Funktionaldeterminante $|\alpha_i^k|$ multipliziert. Eine solche Größe bezeichne ich als skalare Dichte. Analog ist der Begriff der *Tensordichte* (im Punkte P): das ist eine vom Koordinatensystem abhängige Linearform mehrerer Variablenreihen, wenn diese Linearform, wie sie im Koordinatensystem x_i lautet, sich in ihren Ausdruck im Koordinatensystem $\bar{x}_i$ verwandelt durch Multiplikation mit dem absoluten Betrag der Funktionaldeteiminante und Transformation der Variablen nach dem gleichen Schema wie oben. Der Begriff ist frei von jeder Beziehung auf Metrik oder affinen Zusammenhang. Die schiefsymmetrischen kontravarianten Tensordichten spielen eine besondere Rolle und sollen lineare Tensordichten heißen. *Tensoren = Intensitätsgrößen, Tensordichten = Quantitätsgrößen*; während der Gegensatz dieser beiden Größenarten in der Riemannschen Geometrie verwischt ist, sind wir hier imstande, durch eine scharfes mathematisches Merkmal intensive und quantitative Größen voneinander zu unterscheiden. Die Grundoperationen der *Algebra der Tensordichten* sind: Addition, Multiplikation eines Tensors mit einer Tensordichte, Verjüngung; sie setzen weder Metrik noch affinen Zusammenhang voraus. Das gleiche gilt noch für die Analysis der *linearen* Tensordichten, welche durch Prozesse von divergenzartigem Charakter aus einer linearen Tensordichte νter Stufe eine solche der $(\nu - 1)$ten Stufe erzeugen lehrt:

$$\frac{\partial \mathfrak{v}^i}{\partial x_i} = \mathfrak{v} \quad \Bigg| \quad \frac{\partial \mathfrak{v}^{ik}}{\partial x_k} = \mathfrak{v}^i \quad \Bigg| \quad \ldots$$

In den Divergenz- und Differentiationsprozeß der allgemeinen *Analysis der Tensordichten* gehen aber die Komponenten des affinen Zusammenhangs ein. Beispiel:

$$\frac{\partial \mathfrak{w}_i^k}{\partial x_k} - \Gamma^\beta_{i\alpha}\, \mathfrak{w}^\alpha_\beta;$$

so entsteht aus einer gemischten Tensordichte 2. Stufe $\mathfrak{w}_i^k$ eine Vektordichte.

Es liegt im Begriff des Tensors und der Tensordichte. daß die darstellende Linearform nur vom Koordinatensystem, nicht auch von der Eichung abhängt. Im erweiterten und übertragenen Sinne wollen wir aber diesen Namen auch dann anwenden, wenn die Linearform vom Koordinatensystem in der oben geschilderten Weise, außerdem aber auch noch von der Eichung abhängt, und zwar so, daß sie beim Umeichen sich mit einer Potenz α^e des Eichverhältnisses multipliziert (Tensor bzw. Tensordichte vom Gewichte e). Doch sehen wir diese Erweiterung nur als einen Hilfsbegriff an, den wir um seiner rechnerischen Bequemlichkeit willen einführen. In dem erweiterten Reich (von welchem natürlich nur in einer metrischen Mannigfaltigkeit die Rede sein kann) existieren nämlich noch folgende beiden Operationen: 1. Durch Herabziehen eines Index verwandeln sich die Komponenten eines Tensors vom Gewichte e in die eines Tensors vom Gewichte $e+1$; der Charakter jenes Index geht dabei von kontravariant zu kovariant über. Das Umgekehrte gilt beim Heraufziehen eines Index. 2. Durch Multiplikation eines Tensors vom Gewichte e mit $\sqrt{g}$ ($-g$ ist die Determinante der g_{ik}, $\sqrt{g}$ die positive Quadratwurzel aus dieser positiven Zahl g) entsteht eine Tensordichte vom Gewichte $e+2$. Die letzte Operation soll ein für allemal dadurch angedeutet werden, daß man den zur Bezeichnung eines Tensors benutzten lateinischen Buchstaben in den entsprechenden deutschen verwandelt.

Krümmung. Pflanzt eine Strecke sich längs einer geschlossenen Kurve kongruent fort, so wird sie bei ihrer Rückkehr zum Ausgangspunkt im allgemeinen nicht mit der Ausgangsstrecke übereinstimmen. Um ein Maß für diese „Nichtintegrabilität" der Streckenübertragung zu finden, nimmt man (genau wie es durch den Stokesschen Satz für das Linienintegral geschieht) eine differentielle Zerlegung vor: man spannt in die geschlossene Kurve eine Fläche ein, die man sich durch eine Parameterdarstellung gegeben denkt, und zerlegt sie durch die Koordinatenlinien in unendlich kleine Parallelogramme. Man hat dann die Änderung ∇l zu bestimmen, welche die Maßzahl einer Strecke erfährt, wenn die Strecke, sich selbst kongruent bleibend, ein solches Flächenelement umfährt, das von den beiden Elementen dx_i und δx_i der Koordinatenlinien aufgespannt wird und somit selber die Komponenten

$$\Delta x_{ik} = dx_i \, \delta x_k - dx_k \, \delta x_i$$

besitzt. Man findet

$$\nabla l = - l \nabla \varphi ,$$

und dabei hängt der Faktor $\nabla \varphi$ linear von dem Flächenelement ab; es ist nämlich

$$\nabla \varphi = f_{ik} dx_i \, \delta x_k = \tfrac{1}{2} f_{ik} \Delta x_{ik} , \qquad f_{ik} = \frac{\partial \varphi_i}{\partial x_k} - \frac{\partial \varphi_k}{\partial x_i} .$$

Den durch die Metrik eindeutig bestimmten linearen Tensor 2. Stufe f_{ik} werden wir dementsprechend als „*Streckenkrümmung*" der metrischen Mannigfaltigkeit bezeichnen dürfen. Sein Verschwinden ist die notwendige und hinreichende Bedingung dafür, daß die Längenübertragung integrabel ist und in der Mannigfaltigkeit daher die Riemannsche Geometrie gilt.

In genau der gleichen Beziehung steht die *Vektorkrümmung* zur Parallelverschiebung der Vektoren wie die eben konstruierte Streckenkrümmung zur kongruenten Streckenverpflanzung. Die Definition der Vektorkrümmung, die wir auch schlechthin als Krümmung bezeichnen, setzt nur affinen Zusammenhang der Mannigfaltigkeit voraus. Ein beliebiger Vektor $\mathfrak{x}$ wird beim Umfahren unseres unendlich kleinen Flächenelementes eine Änderung $\nabla \mathfrak{x}$ erleiden, die aus $\mathfrak{x}$ durch eine lineare Abbildung oder „Matrix" $\nabla \mathsf{F}$ hervorgeht:

$$\nabla \mathfrak{x} = \nabla \mathsf{F}(\mathfrak{x}), \quad \text{in Komponenten: } \nabla \xi^\alpha = \nabla F^\alpha_\beta \cdot \xi^\beta .$$

Auch hier hängt $\nabla \mathsf{F}$ linear vom Flächenelement ab:

$$\nabla \mathsf{F} = \mathsf{F}_{ik} \, dx_i \, \delta x_k = \tfrac{1}{2} \mathsf{F}_{ik} \Delta x_{ik} \qquad (\mathsf{F}_{ki} = - \mathsf{F}_{ik}).$$

Die Krümmung wird deshalb am besten als ein „linearer Matrixtensor 2. Stufe" bezeichnet. Gehen wir aber auf die Koeffizienten $F^\alpha_{\beta ik}$ dieser Matrizen F_{ik} ein, so erscheint die Krümmung als ein Tensor 4. Stufe; es ist

$$(5) \qquad F^\alpha_{\beta ik} = \left(\frac{\partial \Gamma^\alpha_{\beta k}}{\partial x_i} - \frac{\partial \Gamma^\alpha_{\beta i}}{\partial x_k} \right) + \left(\Gamma^\alpha_{ri} \Gamma^r_{\beta k} - \Gamma^\alpha_{rk} \Gamma^r_{\beta i} \right).$$

Die Vektorkrümmung muß die Streckenkrümmung als einen Bestandteil enthalten, da ja die Parallelverschiebung eines Vektors die kongruente Verpflanzung der durch ihn bestimmten Strecke automatisch mitbesorgt. In der Tat, zerlegen wir $\nabla \mathfrak{x}$ in eine zu $\mathfrak{x}$ orthogonale Komponente $^*\nabla \mathfrak{x}$ und eine zu $\mathfrak{x}$ parallele, so kommt

$$\nabla \mathfrak{x} = {}^*\nabla \mathfrak{x} - \tfrac{1}{2} \mathfrak{x} \nabla \varphi .$$

Hand in Hand damit geht eine entsprechende Zerspaltung der Krümmung

$$(6) \qquad F^{\alpha}_{\beta i k} = {}^*F^{\alpha}_{\beta i k} - \tfrac{1}{2}\delta^{\alpha}_{\beta} f_{ik},$$

deren erster Bestandteil konsequenterweise „Richtungskrümmung“ heißen muß. Die Zahlen $^*F_{\alpha\beta i k}$ sind nicht nur in bezug auf die Indizes i und k, sondern auch in bezug auf α und β schiefsymmetrisch.

Für spätere Rechnungen gebrauchen wir noch den durch Verjüngung entstehenden Tensor $F^{\alpha}_{i\alpha k} = F_{ik}$ und den daraus durch abermalige Verjüngung entstehenden Skalar vom Gewichte -1: $F^i_i = F$. Die aus ihnen durch Nullsetzen der φ_i hervorgehenden Riemannschen Krümmungsgrößen mögen mit $-R_{ik}$, bzw. $-R$ bezeichnet werden. Es ist dann

$$(7) \qquad -F = R + \frac{3}{\sqrt{g}}\,\frac{\partial(\sqrt{g}\,\varphi^i)}{\partial x_i} + \tfrac{3}{2}(\varphi_i \varphi^i).$$

Aus dem linearen Tensor f_{ik} entspringt (in der *vierdimensionalen* Welt) die lineare Tensordichte $\mathfrak{f}^{ik}$ (vom Gewichte 0) und aus beiden die skalare Dichte

$$\mathfrak{l} = \tfrac{1}{4} f_{ik}\,\mathfrak{f}^{ik}.$$

$\int \mathfrak{l}\, dx$ ist die einfachste Integralinvariante, welche sich aus der Metrik bilden läßt, und nur in einer vierdimensionalen Mannigfaltigkeit existiert eine Integralinvariante von so einfachem Bau. Das in der Riemannschen Geometrie als Volumen auftretende Integral $\int \sqrt{g}\, dx$ ist hier natürlich ohne jede Bedeutung.

Der statische Fall. Das metrische Feld in der vierdimensionalen Welt ist ein statisches, wenn sich Koordinatensystem und Eichung so wählen lassen, daß die lineare Fundamentalform $= \varphi\, dx_0$ wird, die quadratische $= c^2\, dx_0{}^2 - d\sigma^2$. Dabei sind φ und $c\,(>0)$ Funktionen von $x_1\, x_2\, x_3$ allein und $d\sigma^2$ ist eine positiv-definite quadratische Form in den Variablen $x_1\, x_2\, x_3$. x_0 ist die *Zeit*, $x_1\, x_2\, x_3$ sind die *Raumkoordinaten*. Diese besondere Gestalt der Fundamentalformen wird durch Koordinatentransformation und Umeichen nur dann nicht zerstört, wenn die Zeitkoordinate x_0 für sich eine lineare Transformation erleidet, die Raumkoordinaten gleichfalls nur unter sich transformiert werden und das Eichverhältnis eine Konstante ist. Im statischen Fall bekommen wir also einen dreidimensionalen *Riemannschen Raum* mit der metrischen Fundamentalform $d\sigma^2$ und dazu zwei Skalarfelder c und φ in diesem Raum. Als willkürliche Maßeinheiten sind zu wählen die Längen- und die Zeiteinheit (cm, sec). $d\sigma^2$ ist von der Dimension cm^2, die Lichtgeschwindigkeit c von der Dimension $\mathrm{cm} \cdot \mathrm{sec}^{-1}$, und φ hat die Dimension sec^{-1}. Es ist namentlich zu beachten, daß der dreidimensionale Raum sich nicht als ein beliebiger metrischer herausstellt (in welchem die Streckenübertragung nicht integrabel ausfiele), sondern als ein Riemannscher Raum.

Kap. II. Feldgesetze und Erhaltungssätze.

Übergang zur Physik. Die spezielle Relativitätstheorie lehrte, daß der in der vierdimensionalen Welt herrschenden Weltgeometrie nicht eine „Galileische", sondern eine „Euklidische" Metrik zugrunde liegt. Es entsprang aber daraus eine Disharmonie, daß die *Nahewirkungsgesetze* der modernen Physik die Euklidische *Ferngeometrie* zum Fundament hatten. Hierin kann man einen spekulativen Grund dafür erblicken, die Euklidische Weltgeometrie durch die Riemannsche und schließlich durch die eben besprochene reine Nahegeometrie zu ersetzen. Einstein blieb bei der Riemannschen Geometrie stehen; für seine „allgemeine Relativitätstheorie" sind aber neben dem Übergang von der Euklidischen Fern- zur Riemannschen Nahegeometrie zwei weitere Gedanken charakteristisch: 1. die Metrik ist nicht a priori gegeben, sondern von der Verteilung der Materie abhängig; in diesem Zusammenhange ist die *Relativität der Bewegung* dasjenige Argument, aus welchem die Theorie ihre Überzeugungskraft schöpft. 2. Die aus der Erfahrung bekannten und bis dahin unverstandenen Eigenschaften der Gravitation (Gleichheit von schwerer und träger Masse) werden begreiflich, wenn man die Gravitationserscheinungen auf die Abweichung der Metrik von der Euklidischen zurückführt, nicht aber auf gewisse, „in" der metrischen Welt wirksame Kräfte. — Die so zustande kommende Gravitationstheorie steht, obwohl ihre Struktur auf den ersten Blick ganz und gar von der Newtonschen abweicht, wie sich bei Verfolgung ihrer Konsequenzen unter bestimmten vereinfachenden Annahmen herausstellte, im Einklang mit allen astronomischen Erfahrungen.

Die neue hier vorgenommene Erweiterung betrifft zunächst

gleichfalls nur die weltgeometrische Grundlage der Physik und stellt als solche den konsequenten Ausbau des Relativitätsgedankens dar. Aber mit eben derselben Macht wie die Relativität der Bewegung zur Einsteinschen Theorie, zwingt uns die Überzeugung von der *Relativität der Größe* zu diesem darüber hinaus gehenden Schritt. Und bekamen wir damals die Gravitation, so bekommen wir jetzt den *Elektromagnetismus* geschenkt. Denn wie sich die Potentiale des Gravitationsfeldes nach Einstein zu einer quadratischen Differentialform zusammenfügen, so, wissen wir, bilden die Potentiale des elektromagnetischen Feldes die Koeffizienten einer invarianten linearen Differentialform. Es liegt deshalb nahe, die in der reinen Nahegeometrie neben der quadratischen auftretende lineare Fundamentalform mit jener Potentialform des elektromagnetischen Feldes zu identifizieren. Dann würden nicht nur die Gravitationskräfte, sondern auch die elektromagnetischen aus der Weltmetrik entspringen; und da uns andere wahrhaft ursprüngliche Kraftwirkungen außer diesen beiden üb rhaupt nicht bekannt sind, würde durch die so hervorgehende Theorie der Traum des Descartes von einer rein geometrischen Physik in merkwürdiger, von ihm selbst freilich gar nicht vorauszusehender Weise in Erfüllung gehen, indem sich zeigte: die Physik ragt mit ihrem Begriffsgehalt überhaupt nicht über die Geometrie hinaus, *in der Materie und den Naturkräften äußert sich lediglich das metrische Feld.* Gravitation und Elektrizität wären damit aus einer einheitlichen Quelle erklärt. Für diesen Gedanken spricht der gesamte Erfahrungsschatz, der in der Maxwellschen Theorie niedergelegt ist. Denn hier (in der Infinitesimalgeometrie) wie dort (in der Maxwellschen Theorie) ist die lineare Form $\varphi_i\, dx_i$ nur bestimmt bis auf ein additiv hinzutretendes totales Differential, erst das aus ihr sich ableitende „Feld" (= Streckenkrümmung)

$$f_{ik} = \frac{\partial \varphi_i}{\partial x_k} - \frac{\partial \varphi_k}{\partial x_i},$$

welches den Gleichungen genügt:

$$\frac{\partial f_{kl}}{\partial x_i} + \frac{\partial f_{li}}{\partial x_k} + \frac{\partial f_{ik}}{\partial x_l} = 0,$$

ist frei von jeder Willkür; und die elektromagnetische Wirkungsgröße, welche die Maxwellsche Theorie beherrscht,

$$\int \mathfrak{l}\, dx = \tfrac{1}{4} \int f_{ik}\, \mathfrak{f}^{ik}\, dx,$$

ergibt sich auch hier als eine Invariante, und zwar als die einfachste Integralinvariante, die überhaupt existiert. Nicht nur für die Maxwellsche Theorie eröffnet sich so ein tieferes Verständnis, sogar der bis jetzt immer als „zufällig" hingenommene Umstand, daß die Welt vierdimensional ist, wird begreiflich. Die angeführten Gründe scheinen mir denen, die Einstein auf seine allgemeine Relativitätstheorie hinführten, an Stärke etwa gleichwertig zu sein, mag auch bei uns der spekulative Charakter noch krasser hervortreten.

Stutzig machen könnte zunächst dies[1]): daß nach der reinen Nahegeometrie die Streckenübertragung nicht integrabel sein soll, wenn ein elektromagnetisches Feld vorhanden ist. Steht das nicht zu dem Verhalten der starren Körper und Uhren in eklatantem Widerspruch? Das Funktionieren dieser Meßinstrumente ist aber ein physikalischer Vorgang, dessen Verlauf durch die Naturgesetze bestimmt ist, und hat als solcher nichts zu tun mit dem ideellen Prozeß der „kongruenten Verpflanzung von Weltstrecken", dessen wir uns zum mathematischen Aufbau der Weltgeometrie bedienen. Schon in der speziellen Relativitätstheorie ist der Zusammenhang zwischen dem metrischen Felde und dem Verhalten der Maßstäbe und Uhren ganz undurchsichtig, sobald man sich nicht auf quasistationäre Bewegung beschränkt. Spielen somit diese Instrumente auch eine praktisch unentbehrliche Rolle als Indikatoren des metrischen Feldes (theoretisch wären zu diesem Zweck einfachere Vorgänge, z. B. die Lichtausbreitung, vorzuziehen), so ist es doch offenbar verkehrt, durch die ihnen direkt entnommenen Angaben das metrische Feld zu *definieren*. Wir werden auf die Frage nach Aufstellung der Naturgesetze zurückkommen müssen.

Die Durchführung der Theorie muß zeigen, ob sie sich bewährt. — Die Maxwell-Lorentzsche Theorie war gekennzeichnet durch den Dualismus von Materie und elektromagnetischem Feld; dieser wurde (auf dem Boden der speziellen Relativitätstheorie) aufgehoben durch die Miesche Theorie.[2])

---

1) Als Einwand gegen die hier vertretene Theorie formuliert von Einstein; vgl. den Anhang zu der oben zitierten Akademienote des Verf.

2) Ann. d. Phys. **37, 39, 40.** 1912/13.

An seine Stelle aber trat bei Berücksichtigung der Gravitation der Gegensatz von elektromagnetischem Feld („Materie im weiteren Sinne", wie Einstein sagt) und Gravitationsfeld; er zeigt sich am deutlichsten in der Zweiteilung der Hamiltonschen Funktion, welche der Einsteinschen Theorie zugrunde liegt.[1]) Auch dieser Zwiespalt wird durch unsere Theorie überwunden. Der Integrand der Wirkungsgröße $\int \mathfrak{W}\, dx$ muß eine aus der Metrik entspringende skalare Dichte $\mathfrak{W}$ sein, und die Naturgesetze sind zusammengefaßt in dem Hamiltonschen Prinzip: Für jede infinitesimale Änderung δ der Weltmetrik, die außerhalb eines endlichen Bereichs verschwindet, ist die Änderung

$$\delta \int \mathfrak{W}\, dx = \int \delta \mathfrak{W}\, dx$$

der gesamten Wirkungsgröße $= 0$ (die Integrale erstrecken sich über die ganze Welt oder, was auf dasselbe hinauskommt, über einen endlichen Bereich, außerhalb dessen die Variation δ verschwindet). Die Wirkungsgröße ist in unserer Theorie notwendig eine reine Zahl; anders kann es ja auch nicht sein, wenn ein Wirkungsquantum existieren soll. Von $\mathfrak{W}$ werden wir annehmen, daß es ein Ausdruck 2. Ordnung ist, d. h. aufgebaut ist einerseits aus den g_{ik} und deren Ableitungen 1. und 2. Ordnung, andererseits aus den φ_i und deren Ableitungen 1. Ordnung. Das einfachste Beispiel ist die Maxwellsche Wirkungsdichte $\mathfrak{l}$. Wir wollen aber in diesem Kapitel keinen speziellen Ansatz für $\mathfrak{W}$ zugrunde legen, sondern untersuchen, was sich allein aus dem Umstande erschließen läßt, daß $\int \mathfrak{W}\, dx$ ein koordinaten- und eichinvariantes Integral ist. Wir bedienen uns dabei einer von F. Klein angegebenen Methode.[2])

Folgerungen aus der Invarianz der Wirkungsgröße. a) *Eichinvarianz.* Erteilen wir den die Metrik relativ zu einem Bezugssystem beschreibenden Größen φ_i, g_{ik} beliebige unendlich kleine Zuwächse $\delta \varphi_i$, δg_{ik} und bedeutet $\mathfrak{X}$ ein endliches Weltgebiet, so ist es der Effekt der partiellen Integration, daß das Integral der zugehörigen Änderung $\delta \mathfrak{W}$ von $\mathfrak{W}$ über das Gebiet $\mathfrak{X}$ in zwei Teile zerlegt wird: ein Divergenzintegral und ein

---

1) Vgl. Einstein, Hamiltonsches Prinzip und allgemeine Relativitätstheorie, Sitzungsber. d. Preuß. Akad. d. Wissensch. 1916. p. 1111.

2) Nachr. d. Ges. d. Wissensch. zu Göttingen, Sitzung vom 19. Juli 1918.

Integral, dessen Integrand nur noch eine lineare Kombination von $\delta\varphi_i$ und δg_{ik} ist:

$$(8)\qquad \int_{\mathfrak{X}} \delta\mathfrak{W}\,dx = \int_{\mathfrak{X}} \frac{\partial(\delta\mathfrak{v}^k)}{\partial x_k}\,dx + \int_{\mathfrak{X}} (\mathfrak{w}^i\,\delta\varphi_i + \tfrac{1}{2}\mathfrak{W}^{ik}\,\delta g_{ik})\,dx. \qquad \{\mathfrak{W}^{ki} = \mathfrak{W}^{ik}\}$$

Dabei sind $\mathfrak{w}^i$, $\delta\mathfrak{v}^i$ die Komponenten je einer kontravarianten Vektordichte, $\mathfrak{W}_k^i$ aber die einer gemischten Tensordichte 2. Stufe (im eigentlichen Sinne). Die Komponenten $\delta\mathfrak{v}^i$ sind lineare Kombinationen von

$$\delta\varphi_i, \quad \delta g_{ik} \quad \text{und} \quad \delta g_{ik,r} \qquad \left\{g_{ik,r} = \frac{\partial g_{ik}}{\partial x_r}\right\}.$$

Wir drücken jetzt zunächst aus, daß $\int_{\mathfrak{X}} \mathfrak{W}\,dx$ sich nicht ändert, wenn die Eichung der Welt infinitesimal abgeändert wird. Ist $\alpha = 1 + \pi$ das Eichverhältnis zwischen ursprünglicher und abgeänderter Eichung, so ist π ein den Vorgang charakterisierendes infinitesimales Skalarfeld, das willkürlich vorgegeben werden kann. Bei diesem Prozeß erfahren die Fundamentalgrößen die Zuwächse

$$(9)\qquad \delta g_{ik} = \pi \cdot g_{ik}, \quad \delta\varphi_i = -\frac{\partial\pi}{\partial x_i}.$$

Substituieren wir diese Werte in $\delta\mathfrak{v}^k$, so mögen die Ausdrücke

$$(10)\qquad \mathfrak{s}^k(\pi) = \pi\cdot\mathfrak{s}^k + \frac{\partial\pi}{\partial x_\alpha}\cdot\mathfrak{h}^{k\alpha}$$

hervorgehen. Die Variation (8) des Wirkungsintegrals muß für (9) verschwinden: so formulieren wir die Tatsache der Eichinvarianz.

$$\int_{\mathfrak{X}} \frac{\partial\mathfrak{s}^k(\pi)}{\partial x_k}\,dx + \int_{\mathfrak{X}} \left(-\mathfrak{w}^i\frac{\partial\pi}{\partial x_i} + \tfrac{1}{2}\mathfrak{W}_i^i\,\pi\right)dx = 0.$$

Formt man den ersten Term des zweiten Integrals noch durch partielle Integration um, so kann man statt dessen schreiben:

$$(11)\qquad \int_{\mathfrak{X}} \frac{\partial(\mathfrak{s}^k(\pi) - \pi\,\mathfrak{w}^k)}{\partial x_k}\,dx + \int_{\mathfrak{X}} \pi\left(\frac{\partial\mathfrak{w}^i}{\partial x_i} + \tfrac{1}{2}\mathfrak{W}_i^i\right)dx = 0.$$

Daraus ergibt sich zunächst die Identität

$$(12)\qquad \frac{\partial\mathfrak{w}^i}{\partial x_i} + \tfrac{1}{2}\mathfrak{W}_i^i = 0$$

in der aus der Variationsrechnung bekannten Weise: wäre diese Ortsfunktion an einer Stelle (x_i) von 0 verschieden, etwa positiv, so könnte man eine so kleine Umgebung $\mathfrak{X}$ dieser Stelle abgrenzen, daß die Funktion in ganz $\mathfrak{X}$ positiv bliebe; wählt man in (11) für $\mathfrak{X}$ dieses Gebiet, für π aber eine außerhalb $\mathfrak{X}$ verschwindende Funktion, welche innerhalb $\mathfrak{X}$ durchweg $\geqq 0$ ist, so verschwindet das erste Integral, das zweite aber fällt positiv aus — im Widerspruch mit der Gleichung (11). Nachdem dies erkannt ist, liefert (11) weiter die Gleichung

$$\int\limits_{\mathfrak{X}} \frac{\partial (\mathfrak{s}^k(\pi) - \pi\, \mathfrak{w}^k)}{\partial x_k}\, dx = 0 .$$

Sie gilt bei gegebenem Skalarfeld π für jedes endliche Gebiet $\mathfrak{X}$, und infolgedessen muß

$$\frac{\partial (\mathfrak{s}^k(\pi) - \pi\, \mathfrak{w}^k)}{\partial x_k} = 0 \tag{13}$$

sein. Setzen wir (10) ein und beachten, daß an einer Stelle die Werte von

$$\pi, \quad \frac{\partial \pi}{\partial x_i}, \quad \frac{\partial^2 \pi}{\partial x_i\, \partial x_k}$$

beliebig vorgegeben werden können, so zerspaltet sich diese eine Formel in die folgenden Identitäten:

$$1.\ \frac{\partial \mathfrak{s}^k}{\partial x_k} = \frac{\partial \mathfrak{w}^k}{\partial x_k}, \quad 2.\ \mathfrak{s}^i + \frac{\partial \mathfrak{h}^{\alpha i}}{\partial x_\alpha} = \mathfrak{w}^i, \quad 3.\ \mathfrak{h}^{\alpha\beta} + \mathfrak{h}^{\beta\alpha} = 0 .$$

Da $\partial \pi / \partial x_i$ die Komponenten eines aus dem Skalarfeld π entspringenden kovarianten Vektorfeldes sind, ergibt sich aus dem Umstande, daß $\mathfrak{s}^i(\pi)$ eine Vektordichte ist: $\mathfrak{s}^i$ ist eine Vektordichte, $\mathfrak{h}^{ik}$ eine Tensordichte, und zwar nach 3. eine lineare Tensordichte 2. Stufe. 1. ist in Anbetracht der Schiefsymmetrie von $\mathfrak{h}$ eine Folge von 2., da

$$\frac{\partial^2 \mathfrak{h}^{\alpha\beta}}{\partial x_\alpha\, \partial x_\beta} = 0 \text{ ist.}$$

b) *Koordinateninvarianz.* Wir nehmen mit dem Weltkontinuum eine infinitesimale Deformation vor, bei welcher der einzelne Punkt (x_i) eine Verrückung mit den Komponenten $\xi^i(x)$ erfährt; die Metrik werde von der Deformation ungeändert mitgenommen. δ bezeichne die durch die Deformation bewirkte Änderung irgendeiner Größe, wenn man an derselben Raum-Zeit-Stelle bleibt, δ' ihre Änderung, wenn man die Verschiebung der Raum-Zeit-Stelle mitmacht. Es ist

$$(14)\quad \begin{cases} -\delta\varphi_i = \left(\varphi_r \dfrac{\partial \xi^r}{\partial x_i} + \dfrac{\partial \varphi_i}{\partial x_r}\,\xi^r\right) + \dfrac{\partial \pi}{\partial x_i}, \\ -\delta g_{ik} = \left(g_{ir}\dfrac{\partial \xi^r}{\partial x_k} + g_{kr}\dfrac{\partial \xi^r}{\partial x_i} + \dfrac{\partial g_{ik}}{\partial x_r}\,\xi^r\right) - \pi g_{ik}. \end{cases}$$

Dabei bedeutet π ein infinitesimales Skalarfeld, über das unsere Festsetzungen nichts bestimmen. Die Invarianz der Wirkungsgröße gegenüber Koordinatentransformation und Abänderung der Eichung kommt in der auf diese (fünf willkürliche Funktionen ξ^i und π enthaltenden) Variation sich beziehenden Formel zum Ausdruck:

$$(15)\qquad \delta' \int_{\mathfrak{X}} \mathfrak{W}\, dx = \int_{\mathfrak{X}} \left\{ \frac{\partial(\mathfrak{W}\,\xi^k)}{\partial x_k} + \delta\mathfrak{W} \right\} dx = 0.$$

Will man nur die Koordinateninvarianz zum Ausdruck bringen, so hat man $\pi = 0$ zu wählen; aber die so hervorgehenden Variationsformeln (14) haben keinen invarianten Charakter. In der Tat bedeutet diese Festsetzung: es sollen durch die Deformation die beiden Fundamentalformen so variiert werden, daß die Maßzahl l eines von der Deformation mitgenommenen Linienelements ungeändert bleibt: $\delta' l = 0$. Nun drückt aber nicht diese Gleichung den Prozeß der kongruenten Verpflanzung einer Strecke aus, sondern

$$\delta' l = -l(\varphi_i\, \delta' x_i) = -l(\varphi_i\, \xi^i).$$

Wir müssen demnach in (14) nicht $\pi = 0$, sondern $\pi = -(\varphi_i\, \xi^i)$ wählen, damit invariante Formeln zustande kommen, nämlich:

$$(16)\quad \begin{cases} -\delta\varphi_i = f_{ir}\,\xi^r, \\ -\delta g_{ik} = \left(g_{ir}\dfrac{\partial \xi^r}{\partial x_k} + g_{kr}\dfrac{\partial \xi^r}{\partial x_i}\right) + \left(\dfrac{\partial g_{ik}}{\partial x_r} + g_{ik}\varphi_r\right)\xi^r. \end{cases}$$

Die durch sie dargestellte Änderung der beiden Fundamentalformen ist eine solche, daß *die Metrik von der Deformation ungeändert mitgenommen und jedes Linienelement kongruent verpflanzt erscheint.* Auch analytisch erkennt man leicht den invarianten Charakter der Gleichungen (16); an der zweiten tritt er zutage, wenn man den gemischten Tensor

$$\frac{\partial \xi^i}{\partial x_k} - \Gamma^i_{kr}\,\xi^r = \xi^i_k$$

einführt; sie lautet dann

$$-\delta g_{ik} = \xi_{ik} + \xi_{ki}.$$

Nachdem die Eichinvarianz bereits unter a) ausgenutzt ist, genügt es, in (14) für π irgendeine besondere Wahl zu treffen; vom Standpunkt der Invarianz ist die zu (16) führende $\pi = -(\varphi_i\, \xi^i)$ die einzig mögliche.

Für die Variation (16) sei

$$\mathfrak{W}\, \xi^k + \delta\, \mathfrak{v}^k = \mathfrak{S}^k(\xi)\,.$$

$\mathfrak{S}^k(\xi)$ ist eine linear-differentiell von dem willkürlichen Vektorfeld ξ^i abhängige Vektordichte; ich schreibe explizite

$$\mathfrak{S}^k(\xi) = \mathfrak{S}_i^k \xi^i + \bar{\mathfrak{H}}_i^{k\alpha} \frac{\partial \xi^i}{\partial x_\alpha} + \tfrac{1}{2}\, \mathfrak{H}_i^{k\alpha\beta} \frac{\partial^2 \xi^i}{\partial x_\alpha\, \partial x_\beta}$$

(der letzte Koeffizient ist natürlich symmetrisch in den Indizes $\alpha\,\beta$). Führen wir in (15) die Ausdrücke (8), (16) ein, so entsteht ein Integral, dessen Integrand lautet:

$$\frac{\partial\, \mathfrak{S}^k(\xi)}{\partial x_k} - \mathfrak{W}_i^k \frac{\partial \xi^i}{\partial x_k} - \xi^i \left\{ f_{ki}\, \mathfrak{w}^k + \tfrac{1}{2}\left(\frac{\partial g_{\alpha\beta}}{\partial x_i} + g_{\alpha\beta}\, \varphi_i\right) \mathfrak{W}^{\alpha\beta} \right\}.$$

Wegen

$$\frac{\partial g_{\alpha\beta}}{\partial x_i} + g_{\alpha\beta}\, \varphi_i = \Gamma_{\alpha,\beta i} + \Gamma_{\beta,\alpha i}$$

und der Symmetrie von $\mathfrak{W}^{\alpha\beta}$ ist

$$\frac{1}{2}\left(\frac{\partial g_{\alpha\beta}}{\partial x_i} + g_{\alpha\beta}\, \varphi_i\right) \mathfrak{W}^{\alpha\beta} = \Gamma_{\alpha,\beta i}\, \mathfrak{W}^{\alpha\beta} = \Gamma^{\alpha}_{\beta i}\, \mathfrak{W}^{\beta}_{\alpha}.$$

Üben wir auf das zweite Glied unseres Integranden noch eine partielle Integration aus, so erhalten wir daher

$$\int_{\mathfrak{X}} \frac{\partial\,(\mathfrak{S}^k(\xi) - \mathfrak{W}_i^k \xi^i)}{\partial x_k}\, dx + \int_{\mathfrak{X}} \left(\frac{\partial\, \mathfrak{W}_i^k}{\partial x_k} - \Gamma^{\alpha}_{\beta i}\, \mathfrak{W}^{\beta}_{\alpha} + f_{ik}\, \mathfrak{w}^k\right) \xi^i\, dx = 0\,.$$

Daraus entspringen nach der oben angewendeten Schlußweise die Identitäten

(17) $$\left(\frac{\partial\, \mathfrak{W}_i^k}{\partial x_k} - \Gamma^{\alpha}_{\beta i}\, \mathfrak{W}^{\beta}_{\alpha}\right) + f_{ik}\, \mathfrak{w}^k = 0$$

und

(18) $$\frac{\partial\,(\mathfrak{S}^k(\xi) - \mathfrak{W}_i^k \xi^i)}{\partial x_k} = 0\,.$$

Die letzte zerspaltet sich in die folgenden vier:

I. $\dfrac{\partial\, \mathfrak{S}_i^k}{\partial x_k} = \dfrac{\partial\, \mathfrak{W}_i^k}{\partial x_k}$, II. $\mathfrak{S}_i^k + \dfrac{\partial\, \bar{\mathfrak{H}}_i^{\alpha k}}{\partial x_\alpha} = \mathfrak{W}_i^k$,

III. $(\bar{\mathfrak{H}}_i^{\alpha\beta} + \bar{\mathfrak{H}}_i^{\beta\alpha}) + \dfrac{\partial\, \mathfrak{H}_i^{\gamma\alpha\beta}}{\partial x_\gamma} = 0$, IV. $\mathfrak{H}_i^{\alpha\beta\gamma} + \mathfrak{H}_i^{\beta\gamma\alpha} + \mathfrak{H}_i^{\gamma\alpha\beta} = 0$.

Ersetzt man in III. nach IV.

$$\mathfrak{H}_i^{\gamma\alpha\beta} \text{ durch } -\mathfrak{H}_i^{\alpha\beta\gamma} - \mathfrak{H}_i^{\beta\alpha\gamma},$$

so geht daraus hervor, daß

$$\overline{\mathfrak{H}}_i^{\alpha\beta} - \frac{\partial \mathfrak{H}_i^{\alpha\beta\gamma}}{\partial x_\gamma} = \mathfrak{H}_i^{\alpha\beta}$$

schiefsymmetrisch ist in den Indizes $\alpha\,\beta$. Führen wir $\mathfrak{H}_i^{\alpha\beta}$ statt $\overline{\mathfrak{H}}_i^{\alpha\beta}$ ein, so enthalten III. und IV. also lediglich Symmetrieaussagen, II. aber geht über in

$$(\mathrm{II}^*) \qquad \mathfrak{S}_i^k + \frac{\partial \mathfrak{H}_i^{\alpha k}}{\partial x_\alpha} + \frac{\partial^2 \mathfrak{H}_i^{\alpha\beta k}}{\partial x_\alpha \partial x_\beta} = \mathfrak{W}_i^k.$$

Daraus folgt I., weil wegen der Symmetriebedingungen

$$\frac{\partial^2 \mathfrak{H}_i^{\alpha\beta}}{\partial x_\alpha \partial x_\beta} = 0, \qquad \frac{\partial^3 \mathfrak{H}_i^{\alpha\beta\gamma}}{\partial x_\alpha \partial x_\beta \partial x_\gamma} = 0 \quad \text{ist.}$$

Der Invarianzcharakter der Koeffizienten $\mathfrak{S}$ und $\mathfrak{H}$ von $\mathfrak{S}^k(\xi)$, insbesondere derjenige der Größen $\mathfrak{S}_i^k$, läßt sich am einfachsten und vollständigsten durch die Angabe beschreiben, daß $\mathfrak{S}^k(\xi)$ eine Vektordichte ist (ξ^i aber ein Vektor). Daraus geht hervor, daß $\mathfrak{S}_i^k$ *nicht* die Komponenten einer gemischten Tensordichte sind; wir sprechen in diesem Fall von einer Pseudotensordichte.

Beispiel. Für $\mathfrak{W} = \mathfrak{l}$ ist, wie man sofort sieht,

$$\delta \mathfrak{v}^k = \mathfrak{f}^{ik}\, \delta \varphi_i,$$

infolgedessen:

$$\mathfrak{s}^i = 0, \; \mathfrak{h}^{ik} = \mathfrak{f}^{ik}; \quad \mathfrak{S}_i^k = \delta_i^k \mathfrak{l} - f_{i\alpha} \mathfrak{f}^{k\alpha}, \text{ die Größen } \mathfrak{H} = 0.$$

Unsere Identitäten liefern also

$$\mathfrak{w}^i = \frac{\partial \mathfrak{f}^{\alpha i}}{\partial x_\alpha}, \quad \frac{\partial \mathfrak{w}^i}{\partial x_i} = 0, \quad \mathfrak{W}_i^i = 0;$$

$$\mathfrak{W}_i^k = \mathfrak{S}_i^k, \quad \left(\frac{\partial \mathfrak{S}_i^k}{\partial x_k} - \frac{1}{2} \frac{\partial g_{\alpha\beta}}{\partial x_i} \mathfrak{S}^{\alpha\beta}\right) + f_{i\alpha} \frac{\partial \mathfrak{f}^{\beta\alpha}}{\partial x_\beta} = 0.$$

Die in der letzten Zeile stehenden beiden Formeln werden in der Maxwellschen Theorie durch Rechnung bestätigt; die Komponenten $\mathfrak{S}_i^k$ bilden dort die Tensordichte der Energie des elektromagnetischen Feldes, und die letzte Gleichung sagt aus, daß aus dieser Tensordichte durch Divergenzbildung die ponderomotorischen Kräfte entspringen.

Feldgesetze und Erhaltungssätze. Nimmt man in (8) für δ eine beliebige Variation, die außerhalb eines endlichen Gebiets verschwindet, und für $\mathfrak{X}$ die ganze Welt oder ein solches Gebiet, außerhalb dessen $\delta = 0$ ist, so kommt

$$\int \delta \mathfrak{W}\, dx = \int (\mathfrak{w}^i \delta \varphi_i + \tfrac{1}{2} \mathfrak{W}^{ik} \delta g_{ik})\, dx .$$

Daraus geht hervor, daß in dem Hamiltonschen Prinzip $\int \delta \mathfrak{W}\, dx = 0$ die folgenden invarianten Gesetze enthalten sind:

$$\mathfrak{w}^i = 0, \qquad \mathfrak{W}_i^k = 0.$$

Die ersten sind *die elektromagnetischen*, die zweiten *die Gravitationsgesetze.* Zwischen den linken Seiten dieser Gleichungen bestehen 5 Identitäten, die oben unter (12) und (17) aufgeführt sind. Es sind also im System der Feldgleichungen 5 überschüssige enthalten, entsprechend dem von 5 willkürlichen Funktionen abhängigen Übergang von einem Bezugssystem zu einem beliebigen andern. $\mathfrak{s}^i$ *ist die Vektordichte des elektrischen Viererstroms,* $\mathfrak{S}_i^k$ *die Pseudotensordichte der Energie,* $\mathfrak{h}^{ik}$ *die elektromagnetische Felddichte.* Im Falle der Maxwellschen Theorie, die ja nur im Äther gilt, ist, wie es sein muß, $\mathfrak{s}^i = 0$, $\mathfrak{h}^{ik} = \mathfrak{f}^{ik}$ und sind $\mathfrak{S}_i^k$ die klassischen Ausdrücke. *Es gelten* nach 1. und I. *allgemein die Erhaltungssätze*

$$\frac{\partial \mathfrak{s}^i}{\partial x_i} = 0, \qquad \frac{\partial \mathfrak{S}_i^k}{\partial x_k} = 0 .$$

Und zwar folgen die Erhaltungssätze auf doppelte Weise aus den Feldgesetzen; es ist nämlich nicht nur

$$\frac{\partial \mathfrak{s}^i}{\partial x_i} \equiv \frac{\partial \mathfrak{w}^i}{\partial x_i}, \quad \text{sondern auch} \equiv -\tfrac{1}{2} \mathfrak{W}_i^i ;$$

$$\frac{\partial \mathfrak{S}_i^k}{\partial x_k} \text{ nicht nur} \equiv \frac{\partial \mathfrak{W}_i^k}{\partial x_k}, \quad \text{sondern auch} \equiv \Gamma^a_{i\beta} \mathfrak{W}^\beta_a - f_{ik} \mathfrak{w}^k .$$

Die enge Beziehung, welche zwischen den Erhaltungssätzen von Energieimpuls und der Koordinateninvarianz besteht, ist in der Einsteinschen Theorie schon von verschiedenen Autoren verfolgt worden.[1]) Zu diesen vier Erhaltungssätzen tritt aber als fünfter der Erhaltungssatz der Elektrizität, und ihm muß konsequenterweise eine Invarianzeigenschaft entsprechen, die eine fünfte willkürliche Funktion mit sich bringt;

1) So von H. A. Lorentz, Hilbert, Einstein, Klein und dem Verfasser.

als solche erkennt unsere Theorie die Eichinvarianz. Übrigens führten die älteren Untersuchungen über den Energieimpulssatz nie zu einem völlig durchsichtigen Resultat. Denn macht man in der Einsteinschen Theorie keine spezielle Annahme über die Wirkungsgröße, so liefert freilich die Koordinateninvarianz vier Erhaltungssätze, die sich aber keineswegs als die Erhaltungssätze von Energie und Impuls ansprechen lassen, da sie sich in den klassischen Fällen nicht auf diese reduzieren. Das hatte mich schon seit langem beunruhigt. Hier aber erhalten wir die volle Aufklärung: man muß die Koordinaten- mit der Eichinvarianz in solcher Weise verknüpfen, wie es unsere Theorie von selbst mit sich bringt — Formel (16) —, um auf die richtigen Erhaltungssätze geführt zu werden. Dieser ganze Zusammenhang ist offenbar ein sehr starkes Argument für die Richtigkeit unserer These, daß die Naturgesetze nicht nur koordinaten-, sondern auch eichinvariant sind.

Es kommt noch dies hinzu. Die elektromagnetischen Gleichungen lauten nach der 2. der Gleichungen in welche (13) zerfiel, folgendermaßen:

$$\frac{\partial \mathfrak{h}^{ik}}{\partial x_k} = \mathfrak{s}^i \quad \left(\text{und } \frac{\partial f_{kl}}{\partial x_i} + \frac{\partial f_{li}}{\partial x_k} + \frac{\partial f_{ik}}{\partial x_l} = 0\right).$$

Ohne noch die Wirkungsgröße zu spezialisieren, können wir aus der Eichinvarianz allein die ganze Struktur der Maxwellschen Theorie ablesen. Von der besonderen Gestalt der Hamiltonschen Funktion $\mathfrak{W}$ beeinflußt werden nur die Gesetze, durch welche sich Strom $\mathfrak{s}^i$ und Felddichte $\mathfrak{h}^{ik}$ aus den Fundamentalgrößen φ_i, g_{ik} bestimmen.

Die Feldgesetze und die zu ihnen gehörigen Erhaltungssätze lassen sich nach (13) und (18) am übersichtlichsten zusammenfassen in die beiden einfachen Gleichungen

$$\frac{\partial \mathfrak{s}^i(\pi)}{\partial x_i} = 0, \quad \frac{\partial \mathfrak{S}^i(\xi)}{\partial x_i} = 0$$

(Hilbert-Kleinsche Form der Feldgesetze).

Kap. III. Durchführung eines speziellen Wirkungsprinzips.

Der Ansatz für $\mathfrak{W}$. Der weiteren Diskussion lege ich dasjenige Wirkungsprinzip zugrunde, das sich analytisch am leichtesten in seinen Konsequenzen überblicken läßt:

$$\mathfrak{W} = -\tfrac{1}{4} F^2 \sqrt{g} + \beta \mathfrak{l}.$$

Die Bedeutung von $\mathfrak{l}$ und F ist aus Früherem zu entnehmen, die Konstante β ist eine reine Zahl. Es gilt

$$\delta \mathfrak{W} = -\tfrac{1}{2} F \delta (F \sqrt{g}) + \tfrac{1}{4} F^2 \delta \sqrt{g} + \beta \delta \mathfrak{l}.$$

Es vereinfacht die Durchrechnung sehr, wenn wir die Eichung der Welt durch die Forderung, daß $-F$ gleich einer (vorzugebenden positiven) Konstanten α ist, eindeutig festlegen; dies ist möglich, weil F eine Invariante vom Gewichte -1 ist. Dadurch erreichen wir, daß die Feldgesetze Differentialgleichungen zweiter Ordnung werden. Für $\delta \mathfrak{W}$ kommt, unter Fortlassung der Divergenz

$$\delta \frac{\partial \sqrt{g} \varphi^i)}{\partial x_i},$$

die ja bei der Integration über die Welt verschwindet:

$$\delta \left(\beta \mathfrak{l} + \frac{\alpha^2 \sqrt{g}}{4} - \frac{3\alpha \sqrt{g}}{4} (\varphi_i \varphi^i) - \frac{\alpha \sqrt{g}}{2} R \right).$$

Dividieren wir noch durch α, setzen $\beta / \alpha = \lambda$ und führen das Weltintegral von $\delta (\frac{1}{2} R \sqrt{g})$ durch eine partielle Integration über in das Integral von $\delta \mathfrak{G}$, wobei $\mathfrak{G}$ nur von den g_{ik} und deren ersten Ableitungen abhängt[1]), so kommt das Wirkungsprinzip:

$$(19) \qquad \delta \int \left\{ \lambda \mathfrak{l} - \mathfrak{G} + \frac{\alpha - 3(\varphi_i \varphi^i)}{4} \sqrt{g} \right\} dx = 0.$$

Der Aufbau des Integranden ist klar: $\lambda \mathfrak{l}$ und $-\mathfrak{G}$ sind die klassischen Terme der Maxwellschen Elektrizitäts- und der Einsteinschen Gravitationstheorie. Hinzu tritt das „kosmologische Glied" $(\alpha/4)\sqrt{g}$, das sich hier ganz zwangsweise ergibt[2]), und der einfachste Term, der überhaupt nach der Mieschen Theorie zur Maxwellschen Wirkungsdichte hinzukommen kann und die Existenz der Materie ermöglichen soll: $(\varphi_i \varphi^i)\sqrt{g}$. Dabei ist zu beachten, daß nach unserer Theorie dieser Ansatz die eine unter einer ganz geringen Anzahl von Möglichkeiten ist (vgl. darüber den Schluß der Arbeit) und jedenfalls die einzige, welche zu Differentialgleichungen von nicht höherer

---

1) $\mathfrak{G}$ ist die in Einsteins auf p. 114 zitierter Arbeit mit $\frac{1}{2}\mathfrak{G}^*$ bezeichnete Größe.

2) Von Einstein eingeführt in: Sitzungsber. d. Preuß. Akad. d. Wissensch. 1917. p. 142.

als der zweiten Ordnung führt. Insbesondere steht es hier durchaus nicht in unserm Belieben, über das Vorzeichen des Terms $(\varphi_i \varphi^i)$ etwa anders zu verfügen, als es in (19) geschieht. Nach dem Gesagten ist bereits klar, daß das Prinzip (19) mit den der Nachprüfung durch die Erfahrung zugänglichen Gesetzen des elektromagnetischen und des Gravitationsfeldes außerhalb der Materie im Einklang ist.

Variation der φ_i liefert die Maxwellschen Gleichungen

$$\frac{\partial \mathfrak{f}^{ik}}{\partial x_k} = -\frac{3}{2\lambda}\sqrt{g}\,\varphi^i. \tag{20}$$

Die elektromagnetische Felddichte ist hier also $= \mathfrak{f}^{ik}$, und der Ausdruck rechter Hand die Stromdichte $\mathfrak{s}^i$. Daraus folgt die Divergenzgleichung

$$\frac{\partial(\sqrt{g}\,\varphi^i)}{\partial x_i} = 0. \tag{21}$$

Variation der g_{ik} liefert die Gravitationsgleichungen

$$-R_{ik} + \varrho\, g_{ik} = \tfrac{3}{2}\varphi_i \varphi_k + \lambda S^*_{ik}, \tag{22}$$

wo S^*_{ik} die Maxwellschen Energie-Impulskomponenten sind und

$$\varrho = \tfrac{1}{2}R + \frac{-\alpha + 3(\varphi_i \varphi^i)}{4}.$$

Verjüngen wir, so folgt

$$R - \alpha + \tfrac{3}{2}(\varphi_i \varphi^i) = 0 \quad \text{und darauf} \quad \varrho = \frac{\alpha}{4}.$$

Die erste Beziehung liefert wegen $-F = \alpha$ von neuem (21), den Erhaltungssatz der Elektrizität, der, wie sich so bestätigt, doppelte Folge der Feldgesetze ist. Die rechte Seite von (22) ist, ganz im Einklang mit der Mieschen Theorie,

$$= \lambda(S^*_{ik} - \varphi_i s_k);$$

im Äther überwiegt das erste Glied, das zweite kommt allein im Innern des materiellen Teilchens (Atomkern oder Elektron) zur Geltung.

Unserer Theorie liegt eine bestimmte Elektrizitätseinheit zugrunde. Nenne ich

$$\frac{e\sqrt{\varkappa}}{c_0}$$

($\varkappa$ die Einsteinsche Gravitationskonstante, c_0 die Lichtgeschwindigkeit im Äther) den Gravitationsradius der Ladung e, so kann man diese Einheit, wie aus (22) folgt, so charakterisieren: es ist diejenige Ladung, deren Gravitationsradius $= \sqrt{\frac{1}{2}\lambda}$ ist. Diese Länge ist sicher enorm groß, da sonst die Gleichung (20) der Erfahrung widerspricht; wenn die Zahl $\beta = 1$ ist, hat sie die Größenordnung des Weltradius. Unsere Elektrizitätseinheit und ebenso die Wirkungseinheit ist demnach jedenfalls von kosmischer Größe. *Das „kosmologische“ Moment, das Einstein erst nachträglich seiner Theorie einfügte, haftet der unseren von ihren ersten Grundlagen her an.*

Noch zwei Bemerkungen über den statischen Fall! Die statische Welt ist von Hause aus geeicht (vgl. Kap. I); es fragt sich, ob bei dieser ihrer natürlichen Eichung $F = \text{const.}$ gilt. Die Antwort lautet bejahend. Denn eichen wir die Welt um auf die Forderung $F = \text{const.}$, so nimmt die metrische Fundamentalform den Faktor F an, und $d\varphi = \varphi\, d x_0$ ist zu ersetzen durch

$$\varphi\, d x_0 - \frac{d F}{F}.$$

Die Gleichung (21) liefert dann

$$\frac{\partial \mathfrak{F}^1}{\partial x_1} + \frac{\partial \mathfrak{F}^2}{\partial x_2} + \frac{\partial \mathfrak{F}^3}{\partial x_3} = 0 \qquad \left(F_i = \frac{\partial F}{\partial x_i}\right),$$

und daraus folgt $F = \text{const.}$ — Die zweite Bemerkung ist diese: Im statischen Fall lautet die (00)te der Gravitationsgleichungen (22):

$$c\left(\Delta c + \frac{\alpha}{4} c\right) = \tfrac{3}{2}\varphi^2 + \lambda\, S_{00}^*.$$

Darin ist Δ der zum Raum mit der metrischen Fundamentalform $d\sigma^2$ gehörige Poissonsche Differentialoperator. Die rechte Seite ist hier positiv; unser Wirkungsprinzip führt also in der Tat zu einer positiven Masse und anziehenden, nicht abstoßenden Kräften zwischen diesen.

Mechanik. Die auf der Substanzvorstellung beruhenden Ansätze, durch die man bisher den Übergang vom Energie-Impulsprinzip zu den mechanischen Gleichungen zu bewerkstelligen pflegte, welche die Bewegung eines Materieteilchens regeln, erweisen sich in unserer Theorie als unmöglich, da sie den zu fordernden Invarianzeigenschaften widersprechen. Übrigens führen sie, wie ich hier beiläufig bemerke, schon in der Einsteinschen Theorie aus eben demselben Grunde, um dessentwillen wir sie hier ganz verwerfen müssen, zu einem falschen Wert der Masse. Der einzig haltbare Weg, der unter Voraussetzung der Existenz materieller Teilchen zu einer wirklichen Herleitung der mechanischen Gleichungen führen kann, wurde von Mie in dem 3. Teil seiner bahnbrechenden „Grundlagen einer Materie" eingeschlagen[1]) und neuerdings von Einstein zum Beweis der integralen Erhaltungssätze für ein isoliertes System beschritten.[2]) Man denke sich um das materielle Teilchen ein Volumen Ω abgegrenzt, dessen Dimensionen groß sind gegenüber dem eigentlichen Konzentrationskern des Teilchens, klein gegenüber denjenigen Abmessungen, in denen das äußere Feld sich merklich ändert. Bei der Bewegung beschreibt Ω in der Welt einen Kanal, in dessen Innern der Stromfaden des Materieteilchens hinfließt. Das Koordinatensystem, bestehend aus der „Zeitkoordinate" $x_0 = t$ und den „Raumkoordinaten" $x_1\, x_2\, x_3$, sei so beschaffen, daß die „Räume" $x_0 = \text{const.}$ den Kanal durchschneiden (der Durchschnitt ist das eben erwähnte Volumen Ω). Die Pseudotensordichte der Gesamtenergie werde mit $\mathfrak{S}_i^k$ bezeichnet. Die im Raume $x_0 = \text{const.}$ über das Gebiet Ω zu erstreckenden Integrale J_i von $\mathfrak{S}_i^0$ sind die *Energie* ($i = 0$) und der *Impuls* ($i = 1, 2, 3$) des Teilchens. Integriert man in der gleichen Weise jede der vier Erhaltungsgleichungen

$$(23) \qquad \frac{\partial \mathfrak{S}_i^k}{\partial x_k} = 0,$$

die oben allgemein bewiesen worden, so liefert das erste Glied ($k = 0$) die zeitliche Ableitung $d J_i / dt$; das Integral über die drei andern Glieder ergibt aber nach dem Gaußschen Satz einen „Kraftfluß" durch die Oberfläche von Ω, ausgedrückt durch ein über diese Oberfläche zu erstreckendes Integral: die Komponenten der von außen auf das Teilchen einwirkenden „*Feldkraft*". Diese aus der Trennung von Zeit und Raum hervorgehende Scheidung liefert die für die Mechanik charakteristische Gegenüberstellung von „*Trägheitskraft*" $d J_i / dt$ und Feldkraft.

Der Integrand des Wirkungsprinzips (19), dessen Konsequenzen wir jetzt verfolgen, heiße $\mathfrak{B}$. Da $\int \mathfrak{B}\, dx$ keine Invariante ist, kann die in Kap. II zum Beweis der Erhaltungssätze angewendete Überlegung nicht ohne weiteres beibehalten

1) Ann. d. Phys. 40. p. 1. 1913.
2) Sitzungsber. d. Preuß. Akad. d. Wissensch. 1918.

werden. Aber es ist auch jetzt $\delta' \int \mathfrak{W}\, dx = 0$ für eine Variation δ, die nach (14) durch eine unendlich kleine *Verschiebung* im eigentlichen Sinne hervorgerufen wird: $\pi = 0$, ξ^i konstant. Damit dies zutrifft, muß man überhaupt keinerlei Voraussetzungen über $\mathfrak{W}$ machen. Ist

$$\delta \mathfrak{G} = \mathfrak{G}^{ik}\, \delta g_{ik} + \mathfrak{G}^{\alpha\beta, i}\, \delta g_{\alpha\beta, i}$$

gesetzt, so folgt daraus auf Grund der Gültigkeit des Hamiltonschen Prinzips die Formel

$$(24) \qquad \frac{\partial (\overline{\mathfrak{S}}_i^k \xi^i)}{\partial x_k} = 0 \quad \text{mit} \quad \overline{\mathfrak{S}}_i^k = \mathfrak{W}\, \delta_i^k + \frac{\partial g_{\alpha\beta}}{\partial x_i} \mathfrak{G}^{\alpha\beta, k} + \lambda \frac{\partial \varphi^\alpha}{\partial x_i} \mathfrak{f}^{k\alpha}.$$

Dies sind aber nicht die Erhaltungssätze für Energie und Impuls. Vielmehr müssen wir, um diese zu bekommen, die Maxwellschen Gleichungen zunächst in der Form anschreiben:

$$\frac{\partial \left(\pi\, \mathfrak{s}^k + \dfrac{\partial \pi}{\partial x_\alpha} \mathfrak{f}^{k\alpha} \right)}{\partial x_k} = 0,$$

hierin $\pi = -(\varphi_i\, \xi^i)$ zu setzen und die so hervorgehende Gleichung mit λ multipliziert zu (24) addieren. Dann kommen die Gleichungen (23) zustande, und zwar wird

$$\mathfrak{S}_i^k = \mathfrak{W}\, \delta_i^k + \frac{\partial g_{\alpha\beta}}{\partial x_i} \mathfrak{G}^{\alpha\beta, k} - \lambda f_{i\alpha} \mathfrak{f}^{k\alpha} - \lambda \varphi_i \mathfrak{s}^k.$$

Diese Energiedichte setzt sich aus drei Teilen zusammen:

1. dem nur im Innern des materiellen Teilchens merklichen Glied

$$\lambda \{ \tfrac{1}{2} (\mathfrak{s}^r \varphi_r)\, \delta_i^k - \varphi_i \mathfrak{s}^k \},$$

2. dem zum Maxwellschen Feld gehörigen

$$\lambda \{ \mathfrak{l}\, \delta_i^k - f_{i\alpha} \mathfrak{f}^{k\alpha} \},$$

3. der Gravitationsenergie

$$\left(\frac{\alpha \sqrt{g}}{4} - \mathfrak{G} \right) \delta_i^k + \frac{\partial g_{\alpha\beta}}{\partial x_i} \mathfrak{G}^{\alpha\beta, k}.$$

Wir denken uns den außerhalb des Kanals herrschenden Wertverlauf der g_{ik} glatt über den Kanal ausgedehnt, indem wir die feine tiefe Furche, welche die Bahn des Materieteilchens in das metrische Antlitz der Welt reißt, „ausglätten", „überbrücken", und behandeln jenen Stromfaden als eine Linie in diesem ausgeglätteten metrischen Felde. Es sei ds das zugehörige Eigenzeitdifferential. Wir können zu einer Stelle des

Stromfadens ein solches Koordinatensystem einführen, daß dort

$$ds^2 = dx_0^2 - (dx_1^2 + dx_2^2 + dx_3^2)$$

wird, die Richtung des Stromfadens durch

$$dx_0 : dx_1 : dx_2 : dx_3 = 1 : 0 : 0 : 0$$

gegeben ist und die Ableitungen $\frac{\partial g_{\alpha\beta}}{\partial x_i}$ verschwinden. Für den an dieser Stelle geführten Querschnitt $x_0 = \text{const.}$ des Stromfadens wird dann auch (approximativ)

$$J_1 = J_2 = J_3 = 0$$

sein wie im statischen Fall, vorausgesetzt, daß die innere Struktur des Teilchens die gleiche ist, wie wenn es in diesem Koordinatensystem dauernd ruhte; eine bei quasistationärer Beschleunigung zulässige Annahme. Ebenso wird dann von den über den Querschnitt des Stromfadens erstreckten Integralen

$$\int \mathfrak{s}^i \, dx_1 \, dx_2 \, dx_3$$

dort nur das 0te nicht den Wert 0 haben, sondern gleich der Ladung e des Teilchens sein (die nach dem Erhaltungssatz eine von der Zeit unabhängige Invariante ist). Unter solchen Umständen fällt in dem betrachteten Moment von den über die Oberfläche der Kapsel Ω zu erstreckenden Integralen, den „Kraftflüssen", der von 3. herrührende Anteil fort; wesentlich dafür ist, daß die Ausdrücke 3. nicht nur linear, sondern quadratisch von den Differentialquotienten $\frac{\partial g_{\alpha\beta}}{\partial x_i}$ abhängen. Der von 1. herrührende Anteil ist zu vernachlässigen, da außerhalb des Teilchens $\mathfrak{s}^i = 0$ ist. Es bleibt nur 2., und dieser Teil liefert die ponderomotorische Kraft des elektromagnetischen Feldes nach der Maxwellschen Theorie: $e f_{0i}$ (f_{ik} ist hier das äußere Feld; die Behauptung ist wenigstens dann richtig, wenn dieses Feld relativ zum Teilchen zeitlich nicht zu stark variiert). Wir bekommen die Gleichungen

$$\frac{dJ_i}{dt} = e f_{0i}.$$

Kehren wir zu einem beliebigen Koordinatensystem zurück, so treten an Stelle der erhaltenen Formeln die folgenden:

$$J_i = m u_i, \quad \text{wo} \quad u^i = \frac{dx_i}{ds}$$

ist und ein Proportionalitätsfaktor, die „*Masse*" m, auftritt;

$$(25)\qquad \frac{d(m u_i)}{ds} - \frac{1}{2}\frac{\partial g_{\alpha\beta}}{\partial x_i} m u^\alpha u^\beta = e \cdot f_{ki} u^k .$$

Die g_{ik} wie die f_{ik} beziehen sich hier auf die ausgeglättete Metrik. Die Ladung e ist konstant. Multipliziert man die letzte Gleichung mit u_i und summiert über i, so findet man

$$\frac{dm}{ds} = 0,$$

also ist die Masse gleichfalls konstant. Von der Wahl der Konstanten α hängt sie in solcher Weise ab, daß $m = \overline{m}\sqrt{\alpha}$ ist ($\overline{m}$ unabhängig von α).

Der Anschluß an die gewöhnlichen Formeln ist erreicht; wesentlich für ihre Gültigkeit ist, daß die Eichung durch $F = \text{const.}$ normiert wird. Eine Uhr mißt bei quasistationärer Beschleunigung das Integral $\int ds$ der dieser Normierung entsprechenden Eigenzeit. Diese Ergebnisse sind aber gebunden an das hier zugrunde gelegte Wirkungsprinzip.

Das Problem der Materie. Daß sich aus den Erhaltungssätzen konstante Ladung und Masse für ein Materieteilchen ergeben, erklärt noch nicht, daß alle Elektronen die gleiche Ladung und Masse besitzen und beständig beibehalten; denn die Teilchen sind doch niemals so vollständig gegeneinander isoliert, als daß nicht im Laufe langer Zeiträume beträchtliche Abweichungen sollten entstehen können. Dies muß vielmehr daran liegen, daß die Weltgesetze nur eine diskrete Anzahl statischer Lösungen gestatten, die ein stabiles Korpuskel darstellen. Damit kommen wir zu dem eigentlichen Problem der Materie; läßt es sich auf Grund des hier vorausgesetzten Wirkungsprinzips lösen? Es scheint, als sei diese Frage zu verneinen, da Mie gezeigt hat, daß die Hinzufügung eines Gliedes zu der Maxwellschen Wirkungsdichte, das lediglich eine Funktion von $q = \sqrt{\varphi_i \varphi^i}$ ist, gewiß dann die Materie nicht ermöglicht, wenn diese Funktion nicht für $q = 0$ mindestens in 5. Ordnung verschwindet.[1]) Diese Erkenntnis entspringt aber bei ihm daraus, daß Regularität der statischen kugelsymmetrischen Lösung im Unendlichen zu fordern ist. Hier werden diese Lösungen jedoch zweifellos nicht zu einem unendlichen, sondern einem geschlossenen Raum führen, so daß ganz andere Regularitätsforderungen zu stellen sind. —

1) Ann. d. Phys. 39. p. 14. 1912.

Noch einen zweiten Punkt muß ich berühren, ehe ich zu expliziten Rechnungen übergehe. Es ist eine Tatsache, daß am Elektron reine Zahlen auftreten, deren Größenordnung gänzlich von 1 verschieden ist; so das Verhältnis des Elektronenradius zum Gravitationsradius seiner Masse, welches von der Größenordnung 10^{40} ist; das Verhältnis des Elektronen- zum Weltradius mag von ähnlicher Größenordnung sein. Das scheint dazu zu zwingen, in das Hamiltonsche Prinzip von vorn herein eine reine Zahl von enorm großem Werte aufzunehmen, wie das durch unseren Ansatz geschehen ist: die Konstante β. Andererseits hat doch dies Zugeständnis, daß dem Weltbau gewisse reine Zahlen von zufälligem numerischen Wert zugrunde liegen sollen, etwas Abstruses. Ein Ausweg aus dem Dilemma ist wohl nur dadurch möglich, daß man annimmt, das Weltgesetz schreibe keinen bestimmten Wert dieser Zahl β vor, sondern verlange nur, daß sie eine Konstante ist; mit andern Worten, es müßte lauten: Jede außerhalb eines endlichen Weltgebiets verschwindende virtuelle Variation der Metrik, für welche $\delta \int \mathfrak{l}\, dx$ verschwindet, macht auch die Variation von

$$\int \tfrac{1}{4} F^2 \sqrt{g}\, dx$$

zu Null. Dadurch würde das Problem der Materie zu einem „Eigenwert"-Problem: nur zu gewissen diskreten Werten von β gehören reguläre Lösungen. Ihnen entsprechen mögliche Korpuskeln, die aber doch alle neben- oder ineinander, sich gegenseitig feine Modifikationen der inneren Struktur aufzwingend, in derselben Welt existieren. Merkwürdige Konsequenzen für die Organisation des Weltalls scheinen da aufzudämmern und die Möglichkeit einer Erklärung seiner Ruhe im großen, Unruhe im kleinen.

Im statischen kugelsymmetrischen Fall haben wir die zwei nur von der Entfernung $r = \sqrt{x_1^2 + x_2^2 + x_3^2}$ abhängigen Skalarfelder c und φ und das Linienelement des Raumes $d\sigma^2$, dem wir unter Benutzung einer geeigneten Entfernungsskala die Gestalt verleihen können

$$(dx_1^2 + dx_2^2 + dx_3^2) + p\,(x_1\,dx_1 + x_2\,dx_2 + x_3\,dx_3)^2,$$

wo auch p eine nur von r abhängige Funktion ist. Ich setze

$$w = h^2 = 1 + pr^2, \quad \Delta = \sqrt{g} = hc; \quad \frac{\varphi}{\Delta} = u, \quad \frac{r\varphi'}{\Delta} = v$$

(der Akzent bedeutet Ableitung nach r). Durch die vorgenommenen Normierungen ist das räumliche Koordinatensystem bis auf eine Drehung festgelegt, die Funktionen c und φ bis auf einen gemeinsamen konstanten Faktor, u, v, w vollständig. Das (ohne weiteres hinzuschreibende) Wirkungsprinzip liefert die Differentialgleichungen

$$\left\{\begin{aligned} &\Delta \Delta' = \frac{3}{4} w^2 \varphi^2 r, \\ &\left(\frac{p r^3}{1 + p r^2}\right)' = \frac{\alpha r^2}{4} + \frac{3}{4} \frac{\varphi^2 w r^2}{\Delta^2} - \frac{\lambda}{2} \frac{\varphi'^2 r^2}{\Delta^2}, \\ &\left(\frac{r^2 \varphi'}{\Delta}\right)' + \frac{3}{2\lambda} \frac{\varphi w r^2}{\Delta} = 0. \end{aligned}\right. \tag{26}$$

Das Problem ist 4. Ordnung und von solcher Art, daß der Mathematiker hoffnungslos vor ihm die Segel streicht. Immerhin kann ich die Ordnung um 1 reduzieren, indem ich die vorhin mit u, v, w bezeichneten Funktionen einführe. Als Variable benutze ich statt r das Quadrat $r^2 = \varrho$ und finde

$$(D_v) \qquad 2\varrho \frac{dv}{d\varrho} + v + \frac{3uw\varrho}{2\lambda} = 0,$$

$$(D_w) \qquad 2\varrho \frac{dw}{d\varrho} + w(w-1) - \frac{w^2}{4}(\alpha\varrho + 3u^2 w\varrho - 2\lambda v^2) = 0.$$

Außerdem ist $r(u\Delta)' = v\Delta$; setze ich hierin den aus (26) sich ergebenden Ausdruck für Δ'/Δ ein, so kommt

$$(D_u) \qquad 2\varrho \frac{du}{d\varrho} + \frac{3}{4}\varrho u^3 w^2 - v = 0.$$

Diese Differentialgleichungen (D) bestimmen u, v, w; durch eine Quadratur erhält man hernach Δ aus

$$\frac{d \lg \Delta}{d\varrho} = \frac{3}{8}(uw)^2. \tag{27}$$

Schreibt man die Anfangswerte: u beliebig, $v = 0$, $w = 1$ vor, so erhält man durch Potenzreihenansatz Lösungen, die den Gleichungen formal Genüge tun; in der Theorie der Differentialgleichungen wird gezeigt, daß sie konvergieren.[1]) Wir erhalten demnach ∞^1 im „Pol" $\varrho = 0$ reguläre Lösungen.

Eine Lösung, die den Feldverlauf in einem existenzfähigen Materieteilchen darstellt, wird zu einem geschlossenen Raum

1) Picard, Traité d'Analyse 3. p. 21.

führen. Der Äquator dieses Raumes werde bei $\varrho = \varrho_0$ erreicht. Für die Umgebung des Äquators hat man die durch

$$\varrho = \varrho_0 (1 - z^2)$$

eingeführte Größe z als Uniformisierende zu benutzen. Dann muß w für $z = 0$ in 2. Ordnung unendlich werden, c und φ werden regulär bleiben und c für $z = 0$ gewiß nicht verschwinden. Δ wird unendlich der 1. Ordnung, u und v bekommen also bei $z = 0$ Nullstellen 1. Ordnung. Setze ich

$$\frac{u}{z} = \bar{u}, \quad \frac{v}{z} = \bar{v}, \quad w \cdot z^2 = \bar{w},$$

so werden $\bar{u}, \bar{v}, \bar{w}$ reguläre und übrigens gerade Funktionen von z sein. Ich bemerke, daß nach (27) $\lg \Delta$ eine monoton wachsende Funktion von ϱ ist; das Vorzeichen in dieser Gleichung ist glücklicherweise so gerichtet, daß es ein Wachstum von Δ über alle Grenzen als möglich erscheinen läßt. Benutze ich $z^2 = t$ als unabhängige Variable, so entstehen die Differentialgleichungen

$$(\bar{D}) \quad \begin{cases} 2t\dfrac{d\bar{u}}{dt} + \bar{u} - \dfrac{3}{4}\varrho_0(1-t)\bar{u}^3\bar{w}^2 - \dfrac{t\bar{v}}{1-t} = 0, \\ 2t\dfrac{d\bar{v}}{dt} + \dfrac{1-2t}{1-t}\bar{v} - \dfrac{3\varrho_0}{2\lambda}\bar{u}\bar{w} = 0, \\ 2t\dfrac{d\bar{w}}{dt} - \dfrac{\bar{w}(\bar{w}-3t+2)}{1+t} + \dfrac{\bar{w}^2}{4}\left(\alpha\varrho_0 + 3\varrho_0\bar{u}^2\bar{w} - \dfrac{2\lambda t\bar{v}^2}{1-t}\right) = 0 \end{cases}$$

und

$$(28) \qquad \frac{d \lg \Delta}{dt} = -\frac{3\varrho_0}{8t}(\bar{u}\bar{w})^2.$$

Durch Vergleichung der konstanten Glieder der Potenzentwicklung ergeben sich daraus für $t = 0$ folgende Anfangswerte

$$\bar{u} = \frac{\alpha\varrho_0 - 4}{2\sqrt{3\varrho_0}}, \quad \bar{v} = \frac{\sqrt{3\varrho_0}}{\lambda}, \quad \bar{w} = \frac{4}{\alpha\varrho_0 - 4}.$$

Zu ihnen gehört, wie aus dem oben angeführten Existenzsatz hervorgeht, eine einzige reguläre Lösung des Systems $(\bar{D})$ samt einem Δ, das unendlich wird wie $1/\sqrt{t}$ (denn die Potenzentwicklung der rechten Seite von (28) beginnt mit dem Gliede $-1/2t$). Jedem Werte von ϱ_0 entspricht demnach eine am Äquator reguläre Lösung des Problems, und indem man ϱ_0 variiert, erhält man eine Schar von ∞^1 solchen Feldern.

Von ihnen können nur diejenigen in Betracht kommen, die zu Werten

$$\varrho_0 > \frac{4}{\alpha} \left(r_0 > \frac{2}{\sqrt{\alpha}} \right)$$

gehören, da w positiv sein muß; also zu Radien kosmischer Größe! In der *dreidimensionalen* Mannigfaltigkeit aller Lösungen des Gleichungssystems (D) haben wir demnach die *eindimensionale* der am Pol und die *eindimensionale* der am Äquator regulären Felder. Diese beiden Mannigfaltigkeiten werden sich im allgemeinen so wenig „schneiden" wie zwei Gerade im Raum; wohl aber ist zu erwarten, daß es einzelne besondere Werte von λ geben wird, die *Eigenwerte*, für welche ein solcher Schnitt eintritt, d. h. eine Lösung, eine „Eigenfunktion" existiert, die sowohl am Pol wie am Äquator regulär bleibt. Zu einem wirklichen Existenznachweis der Eigenwerte sind die gegenwärtigen Mittel der Analysis kaum ausreichend.

Das mutmaßliche Weltgesetz. In der durch die Einsteinisch aufgefaßte Gravitation erweiterten Mieschen Theorie, wie sie Hilbert dargestellt hat[1]), wird an die Hamiltonsche Funktion W $(= \mathfrak{W}/\sqrt{g})$ nur die Forderung gestellt, daß sie eine Invariante gegenüber Koordinatentransformation ist. Diese Forderung läßt für sie noch einen weiten Spielraum übrig. Durch unser Postulat, daß W außerdem eine Invariante vom Gewichte -2 sein muß gegenüber Abänderung der Eichung, wird der Spielraum stark eingeengt, doch immer noch nicht in solchem Maße, daß dadurch W eindeutig bestimmt wäre. Nehmen wir an, daß W rational aus den Krümmungskomponenten gebildet ist, so bieten sich, soviel ich sehe, nur die folgenden 5 Möglichkeiten dar:

1. die Maxwellsche $l = \frac{1}{4} f_{ik} f^{ik}$;

2. nach dem gleichen Muster kann man aus der Vektorkrümmung bilden: $\frac{1}{4} \mathsf{F}_{ik} \mathsf{F}^{ik}$. Dabei ist die Multiplikation als Zusammensetzung der Matrizen zu deuten. Der Ausdruck ist selber eine Matrix, aber seine Spur L ist ein Skalar vom Gewichte -2:

$$L = \frac{1}{4} F^{\alpha}_{\beta ik} F^{\beta ik}_{\alpha} .$$

Ist $^*L$ die analog aus der Richtungskrümmung gebildete Invariante, so gilt $L = {}^*L + l$.

---

1) D. Hilbert, Nachr. d. Ges. d. Wissensch. zu Göttingen 1915. p. 395.

3. Man vertausche in dem Ausdruck von L im zweiten Faktor $F_{\alpha}^{\beta i k}$ die Indizes β und i miteinander.

4. Aus dem verjüngten Tensor $F_{i\alpha k}^{\alpha} = F_{ik}$ entspringt der Skalar $F_{ik} F^{ik}$.

5. Die oben benutzte Invariante F^2.

Die aufgestellte Behauptung meint, daß sich jede Invariante der angegebenen Art aus diesen 5 Größen linear mit numerischen Koeffizienten zusammensetzen läßt.

Das in den vorigen Absätzen durchgeführte Wirkungsprinzip besitzt diese Konstitution: seine Hamiltonsche Funktion war eine lineare Kombination von 1. und 5. Ich glaube, es darf behauptet werden, daß dieses Wirkungsprinzip alles leistet, was die Einsteinsche Theorie bisher geleistet hat, in den tiefer greifenden Fragen der Kosmologie und der Konstitution der Materie aber eine entschiedene Überlegenheit zeigt. Dennoch glaube ich nicht, daß in ihm die in der Wirklichkeit exakt zutreffenden Naturgesetze beschlossen sind. Im Hinblick auf die eigentliche Größennatur der Krümmung erscheinen mir nämlich die Invarianten 3.—5. als künstliche Bildungen neben den beiden natürlichen, den „Hauptinvarianten" 1. und 2. Täuscht mich dieses ästhetische Vertrauen nicht (dem die Vierdimensionalität der Welt recht gibt), so würde also das Weltgesetz so lauten: *Jede außerhalb eines endlichen Gebiets verschwindende virtuelle Änderung der Metrik, für welche* $\delta \int \mathfrak{l}\, dx = 0$, *erfüllt auch die Gleichung* $\delta \int \mathfrak{L}\, dx = 0$. Die Konsequenzen dieses Wirkungsprinzips gedenke ich in einer Fortsetzung dieser Arbeit zu verfolgen.

Die Fruchtbarkeit des neuen Gesichtspunktes der Eichinvarianz hätte sich vor allem am Problem der Materie zu zeigen. Die entscheidenden Folgerungen in dieser Hinsicht verschanzen sich aber noch hinter einem Wall mathematischer Schwierigkeiten, den ich bislang nicht zu durchbrechen vermag.

35.

Bemerkung über die axialsymmetrischen Lösungen der Einsteinschen Gravitationsgleichungen

Annalen der Physik 59, 185—188 (1919)

Im Zusammenhang seiner schönen Untersuchungen über die Statik Einsteinscher Gravitationsfelder[1]) hat Hr. Levi-Civita auch die in meiner Arbeit „Zur Gravitationstheorie“[2]) angegebenen axialsymmetrischen Lösungen einer Betrachtung unterzogen[3]) und kommt zu der Feststellung, daß meine Resultate zwar zutreffend, aber unvollständig sind. Mit Rücksicht auf diese Kritik möchte ich meinen damaligen Ausführungen die folgenden Bemerkungen hinzufügen (ich benutze alle Bezeichnungen jener Arbeit).

Die gerügte Unvollständigkeit soll darauf beruhen, daß das Wirkungsprinzip nur teilweise ausgenutzt wird. Ich gehe nämlich von einer bestimmten (drei unbekannte Funktionen f, l, h enthaltenden) Normalform des Linienelementes aus und nehme mit den Fundamentalgrößen g_{ik} nur solche Variationen vor, bei welchen diese Normalform erhalten bleibt. Während aber Hr. Levi-Civita Lösungen der *homogenen* Gravitationsgleichungen sucht, die dort gelten, *wo der Energie-Impulstensor verschwindet*, gehe ich darauf aus, *das Feld gegebener, rotationssymmetrisch verteilter Massen und Ladungen* zu ermitteln. Das Linienelement hat jedenfalls die charakteristische Gestalt

$$ds^2 = f dt^2 - (l d\vartheta^2 + d\bar{\sigma}^2), \quad (\vartheta = x_3, \; t = x_4),$$

wo f, l, $d\bar{\sigma}^2$ nur von den Variablen $x_1\, x_2$ abhängen. Statt der kovarianten Komponenten T_{ik} des Energietensors benutze ich die Komponenten der gemischten Tensordichte $\mathfrak{T}_i^k = \sqrt{g} \cdot T_i^k$. Die Massenverteilung wird durch $\mathfrak{T}_4^4$ angegeben. Verschwinden

---

1) ds^2 einsteiniani in campi newtoniani, Rend. Acc. dei Lincei, 1917/19.

2) H. Weyl, Ann. d. Phys. 54. p. 117. 1917.

3) Siehe die VIII. in jener Folge von Noten 1919.

alle andern Komponenten der Tensordichte $\mathfrak{T}_i^k$, so hat man es mit inkohärentem „Staub" zu tun, und es ist klar, daß sich dieser Staub unter der Einwirkung des von ihm erzeugten Gravitationsfeldes in Bewegung setzen wird. Statischen Lösungen müssen aber ruhende Körper zugrunde liegen, und ich bedarf also eines Systems von radial-axialen *Spannungen*

$$\begin{matrix} \mathfrak{T}_1^1 & \mathfrak{T}_1^2 \\ \mathfrak{T}_2^1 & \mathfrak{T}_2^2, \end{matrix} \tag{1}$$

um die Körper in ihren einzelnen Teilen und gegeneinander ins Gleichgewicht zu setzen. (Es ist daran zu erinnern, daß das Problem des Gravitationsfeldes nach Einstein erst bestimmt ist, wenn nicht nur die Massenverteilung der felderzeugenden Körper gegeben ist, sondern auch deren dynamische Konstitution.) Ich nehme also an, daß Spannungen (1) wirken, welche den Gravitationskräften das Gleichgewicht halten. In dieser Form besitzt aber die Aufgabe noch *einen* Grad der Unbestimmtheit; ich brauche demnach eine invariante Relation, an welche die Spannungskomponenten gebunden sind. Die bei weitem einachste Annahme, welche gemacht werden kann und welche meiner Berechnung zugrunde liegt, ist die, daß

$$\mathfrak{T}_1^1 + \mathfrak{T}_2^2 = 0 \tag{2}$$

wird. Unter diesen Umständen liefern nämlich die Spannungen bei meiner Art des Variierens zu $\delta\mathfrak{M}$ keinen Beitrag, und man erhält gerade diejenigen Beziehungen *vollständig*, welche aus den Gravitationsgleichungen

$$R_{ik} - \frac{1}{2} g_{ik} R = - T_{ik} \tag{3}$$

entstehen, wenn man die unbekannten Spannungen eliminiert. Das von mir gewonnene Ergebnis lautet also im Falle der *ungeladenen Massen* (§ 5), streng formuliert, folgendermaßen.

Es existiert ein „kanonisches" Koordinatensystem $x_1 = z$, $x_2 = r$ von der Art, daß

$$l = \frac{r^2}{f}, \quad d\sigma^2 = h(dz^2 + dr^2)$$

ist. *Wenn die Massenverteilung im Bildraum der kanonischen Koordinaten gegeben*, d. h. wenn

$$\mathfrak{T}_4^4 = r\varrho^*$$

eine bekannte Funktion von r und z ist, *so gibt es ein und nur ein der Bedingung* (2) *genügendes System von Spannungen* (1), *welches den Gravitationskräften der Massen das Gleichgewicht hält. Auch ist das Gravitationsfeld eindeutig bestimmt,* und zwar auf Grund der Gleichungen (p. 138, 139):

$$(4)\quad \Delta\psi = \frac{1}{2}\varrho^*, \quad \Delta^2\gamma = -[\psi\psi], \quad (\psi = \lg\sqrt{f}\,,\ \gamma = \lg\sqrt{hf}\,).$$

Die Werte der Spannungskomponenten, die ich a. a. O. nicht bestimmt habe, kann ich jetzt ohne weiteres aus den Formeln von Hrn. Levi-Civita entnehmen, der die linken Seiten (α_{ik} in seiner Bezeichnungsweise) der Gleichungen (3) explizite berechnete. *Es wird im kanonischen Koordinatensystem*

$$\mathfrak{T}_1^{\ 1} = -\mathfrak{T}_2^{\ 2} = \gamma_2 - r(\psi_2^{\ 2} - \psi_1^{\ 2}),$$
$$-\mathfrak{T}_1^{\ 2} = -\mathfrak{T}_2^{\ 1} = \gamma_1 - 2r\,\psi_1\psi_2\,,$$

wobei die Indizes 1 und 2 an den Funktionszeichen γ und ψ die Ableitungen nach $x_1 = z$, bzw. $x_2 = r$ bedeuten.

Levi-Civita vermißt bei mir die Gleichungen

$$\gamma_2 - r(\psi_2^{\ 2} - \psi_1^{\ 2}) = 0\,, \quad \gamma_1 - 2r\,\psi_1\psi_2 = 0\,,$$

welche in der Tat dort gelten, wo der Energie-Impulstensor verschwindet; aber für meine Problemstellung verschwinden deren linke Seiten im allgemeinen nicht, sondern liefern gerade diejenigen eindeutig bestimmten Spannungen, welche imstande sind, die Massen ins Gleichgewicht zu setzen. Die beiden Erhaltungssätze für den Impuls

$$(5)\quad \begin{cases} \left(\dfrac{\partial\mathfrak{T}_1^{\ 1}}{\partial x_1} + \dfrac{\partial\mathfrak{T}_1^{\ 2}}{\partial x_2}\right) - r\varrho^*\psi_1 = 0\,, \\ \left(\dfrac{\partial\mathfrak{T}_2^{\ 1}}{\partial x_1} + \dfrac{\partial\mathfrak{T}_2^{\ 2}}{\partial x_2}\right) - r\varrho^*\psi_2 = 0 \end{cases}$$

führen zu den Feldgleichungen (4) zurück. Die linken Seiten von (5) sind nämlich bzw.

$$= 2r\psi_1(\Delta\psi - \frac{1}{2}\vartheta^*) \quad \text{und}$$
$$= 2r\psi_2(\Delta\psi - \frac{1}{2}\varrho^*) - (\Delta^2\gamma + [\psi\psi]).$$

Ähnliche Resultate ergeben sich in dem von mir weiterhin behandelten Fall der *geladenen Massen* (§ 6). Eine kurze Rechnung liefert für diejenigen Spannungen, welche den elektrostatischen und den Gravitationskräften das Gleichgewicht halten müssen:

$$\mathfrak{T}_1{}^1 = -\mathfrak{T}_2{}^2 = \gamma_2 + r(\varphi_2{}^2 - \varphi_1{}^2), \quad -\mathfrak{T}_1{}^2 = -\mathfrak{T}_2{}^1 = \gamma_1 + 2r\varphi_1\varphi_2.$$

Es ist bemerkenswert, daß die Spannungen $\mathfrak{T}$ nur die ersten Ableitungen der Potentiale ψ (bzw. φ) und γ enthalten; außerdem: ist die Massendichte von erster, so sind sie von zweiter Ordnung unendlich klein. Von diesen Spannungen (die freilich vorhanden sein müssen, aber nur die Rolle eines „Stativs" spielen, dazu dienend, die Körper festzuhalten) durfte man also wohl behaupten, daß sie vernachlässigt werden können. Mit einer dahin lautenden Bemerkung glaubte ich mich a. a. O. der genaueren Diskussion dieser Verhältnisse entziehen zu sollen. Auf die Kritik des Hrn. Levi-Civita hin schien es mir aber jetzt angebracht, den damals nur angedeuteten Sachverhalt explizite klarzulegen.

36.

Ausbreitung elektromagnetischer Wellen über einem ebenen Leiter

Annalen der Physik 60, 481—500 (1919)

§ 1. Das Problem

Die Ausbreitung elektromagnetischer Wellen im Raum, der zur Hälfte von einem homogenen Dielektrikum, zur andern von einer homogenen Substanz endlicher Leitfähigkeit erfüllt ist (eine Ebene soll die gemeinsame Grenze beider Teile sein), ist von SOMMERFELD in einer bekannten Arbeit untersucht worden[1]). Ich glaube aber, dass die dort zur Diskussion der Lösung eingeschlagene Methode dem Problem zu wenig angepasst ist, und möchte daher im folgenden auf eine andere hinweisen, welche mir auf natürlicherem Wege zu durchsichtigeren und vollständigeren Resultaten zu führen scheint.

Die Grundformel. Wir benutzen rechtwinklige Koordinaten $x\,y\,z$. Im Nullpunkt O befinde sich der Ursprung einer Kugelwelle. Eine solche kann – in einem Halbraum wie $z \geqq 0$ – aufgefasst werden als Superposition von lauter ebenen Wellen verschiedener Richtung, wobei Richtungskegel der gleichen Grösse mit der gleichen Intensität zur Geltung kommen. Es gilt nämlich im Gebiete $z > 0$ folgende Formel

$$\Pi_0 = \frac{e^{-ikR}}{-ikR} = \frac{1}{2\pi}\int e^{-ik(\alpha x+\beta y+\gamma z)}\,d\omega. \tag{1}$$

Darin ist k eine reelle positive Konstante, R ist die Entfernung des im oberen Halbraum gelegenen Punktes $P = (x\,y\,z)$ vom Ursprung. $(\alpha\,\beta\,\gamma)$ bezeichnet einen Punkt auf der Einheitskugel, nach dem integriert wird – es ist also, wenn ϑ, φ die zur z-Achse gehörigen Polarkoordinaten sind,

$$\alpha = \sin\vartheta\cos\varphi, \quad \beta = \sin\vartheta\sin\varphi, \quad \gamma = \cos\vartheta \ -$$

und

$$d\omega = \sin\vartheta\, d\vartheta\, d\varphi$$

das Oberflächenelement der Einheitskugel. Es ist zu integrieren nach φ von 0 bis 2π, nach ϑ über den in der Figur 1 breit ausgezogenen Weg in der komplexen ϑ-Ebene; auf ihm durchläuft $\sin\vartheta$ die positiven Werte von 0 bis ∞,

---

[1]) A. SOMMERFELD, *Über die Ausbreitung der Wellen in der drahtlosen Telegraphie*, Ann. Phys. 28, 665–736 (1909).

bleibt der schliesslich ins Positiv-Unendliche wachsende Realteil von $i\,k\cos\vartheta$ durchweg $\geqq 0$. Diese Umstände verbürgen die Konvergenz des Integrals im oberen Halbraum. Man muss also nicht nur alle ebenen Wellen zusammenfassen, deren Fortpflanzungsrichtung $(\alpha\,\beta\,\gamma)$ mit der z-Achse einen Winkel ϑ zwischen 0 und $\pi/2$ bildet, sondern noch eine kontinuierliche Serie komplexer Neigungswinkel ϑ hinzunehmen.

Fig. 1.

Der Beweis für (1) ist leicht erbracht. Wir führen Polarkoordinaten η, ψ zur Achse OP ein; dann wird das Integral auf der rechten Seite

$$= \frac{1}{2\,\pi}\int e^{-ik\,R\cos\eta}\sin\eta\;d\eta\;d\psi.$$

Der Integrationsbereich ist in den Variablen η, ψ zunächst ein anderer (durch andere Ungleichungen zu beschreibender) als in den Variablen ϑ, φ; nach dem CAUCHYschen Integralsatz können wir ihn aber durch den gleichen ersetzen: so dass jetzt wieder ψ von 0 bis $2\,\pi$, η längs des oben gezeichneten Weges läuft. Die Integration nach ψ vollziehend und

$$i\,k\,R\cos\eta = \tau$$

als Integrationsvariable an Stelle von η einführend, erhalten wir dann

$$\frac{1}{-\,i k R}\int\limits_{ikR}^{\infty} e^{-\tau}\,d\tau = \frac{1}{-\,i\,k\,R}\Big[e^{-\tau}\Big]_{\infty}^{ikR} = \frac{e^{-ikR}}{-\,i\,k R}.$$

SOMMERFELD benutzt zur Darstellung von Π_0 diejenige Formel, welche aus der unsrigen (1) hervorgeht, wenn die Integration nach φ ausgeführt wird[1]). Aber gerade dadurch wird die auf dem CAUCHYschen Integralsatz beruhende Freiheit der Verlagerung des Integrationsbereiches von vornherein so eingeschränkt, dass eine natürliche Diskussion unmöglich wird. Man muss nämlich, um die Verhältnisse in einem Punkte P bequem zu überblicken, Polarkoordinaten zur Achse OP einführen, also auf der Einheitskugel um diese Achse und nicht um die z-Achse herum integrieren.

Die Lösung. Ein im Punkte O in der Richtung der z-Achse schwingender Dipol sende ungedämpfte Schwingungen aus. Das homogene Medium habe die Dielektrizitätskonstante ε, die Permeabilität 1, die Leitfähigkeit σ. c sei die Lichtgeschwindigkeit im Vakuum, ν die Frequenz; t bedeutet die Zeit. Das Feld leitet sich aus einer HERTZschen Funktion $e^{i\nu t}\cdot\Pi_0$ her; dabei ist

$$k^2 = \left(\frac{\nu}{c}\right)^2\left\{\varepsilon - \frac{i\,\sigma\,c}{\nu}\right\}.$$

---

[1]) Vgl. indes seine Bemerkungen auf S. 733, insbesondere Gleichung (64).

Wir nehmen jetzt an, der obere Halbraum $z > 0$ sei von einem Dielektrikum erfüllt ($\sigma = 0$, k reell und > 0); im unteren Halbraum $z < 0$ aber befinde sich eine Substanz endlicher Leitfähigkeit. Die auf sie bezüglichen Grössen (z. B. k') sollen durch einen Akzent charakterisiert werden. Der Dipol befinde sich zunächst nicht im Nullpunkt, sondern auf der z-Achse im Abstand d oberhalb des Nullpunktes. Die einfallende Welle leitet sich dann aus der soeben angegebenen HERTZschen Funktion her. Im oberen Halbraum bildet sich ausserdem eine reflektierte Welle, im unteren eine gebrochene aus von der gleichen Frequenz ν; auch sie entspringen aus je einer HERTZschen Funktion

$$e^{i\nu t} \cdot \Pi_r, \quad e^{i\nu t} \cdot \Pi'.$$

Für das gesamte Feld im oberen Halbraum ist die Funktion $\Pi = \Pi_0 + \Pi_r$ massgebend. Die Grenzbedingungen an der Trennungsebene $z = 0$ verlangen, dass Π und $1/k^2 \cdot \partial\Pi/\partial z$ stetig hindurchgehen:

$$\Pi = \Pi', \quad \frac{1}{k^2} \cdot \frac{\partial \Pi}{\partial z} = \frac{1}{k'^2} \cdot \frac{\partial \Pi'}{\partial z} \quad \text{für } z = 0.$$

Wir zerlegen die Kugelwelle Π_0 in ebene: im Gebiete $z < d$, also insbesondere auf der Trennungsebene, gilt

$$\Pi_0 = \frac{1}{2\pi} \int e^{-ik\{\alpha x + \beta y + \gamma(d-z)\}}\, d\omega.$$

Zu jeder der ebenen Partialwellen bestimmen wir die reflektierte und gebrochene; durch ihre Summation erhalten wir dann Π_r und Π'. Aus der einfallenden Welle

$$e^{-ik\{\alpha x + \beta y + \gamma(d-z)\}} \qquad (0 \leqq z < d)$$

entsteht die reflektierte

$$e^{-ik\{\alpha x + \beta y + \gamma(d+z)\}} \cdot f_r \qquad (z \geqq 0)$$

und die gebrochene

$$e^{-ik'\{\alpha' x + \beta' y - \gamma' z\}}\, e^{-ik\gamma d}\, f' \qquad (z \leqq 0)$$

[f_r und f' sind unabhängig von $x\, y\, z$]. Die Grenzbedingungen liefern zunächst das geometrische Brechungsgesetz

$$k \sin \vartheta = k' \sin \vartheta' \quad (\varphi = \varphi') \tag{2}$$

und ausserdem die Gleichungen

$$1 + f_r = f', \quad \frac{\gamma}{k}(1 - f_r) = \frac{\gamma'}{k'} f';$$

daraus

$$f' = \frac{2\, k'\, \gamma}{k\, \gamma' + k'\, \gamma}.$$

Ist $k'/k = n$ der komplexe Brechungsindex, so gilt also wegen (2)

$$f' = \frac{2\, n^2\, \gamma}{n^2 \gamma + \sqrt{\gamma^2 + (n^2 - 1)}}.$$

Die Wurzel ist als eine stetige Funktion auf unserm Integrationswege so zu nehmen, dass sie für unendlich grosses γ gleich γ wird. Im Gebiete $z > d$ ist

$$\Pi = \frac{1}{2\pi} \int e^{-ik(\alpha x + \beta y + \gamma z)} \left\{ e^{ik\gamma d} + e^{-ik\gamma d} f_r \right\} d\omega .$$

Lassen wir jetzt die Quelle auf die Trennungsebene, in den Nullpunkt hineinrücken, also d gegen 0 konvergieren, so ergibt sich im Limes

$$\left.\begin{aligned} \Pi &= \frac{1}{2\pi} \int e^{-ik(\alpha x + \beta y + \gamma z)} \cdot f' \, d\omega , \\ \Pi' &= \frac{1}{2\pi} \int e^{-ik'(\alpha' x + \beta' y - \gamma' z)} \cdot f' \, d\omega . \end{aligned}\right\} \tag{3}$$

Π wird aber jetzt im Nullpunkt nicht mehr so unendlich wie Π_0, sondern wie

$$\frac{2\,n^2}{n^2+1} \cdot \Pi_0 . \tag{4}$$

Denn es ist

$$f' = \frac{2\,n^2}{n^2+1} + \text{einer Funktion } f_* ,$$

die für $\gamma = \infty$ in zweiter Ordnung verschwindet. Spaltet man entsprechend den Ausdruck (3) von Π in zwei Summanden, so ist der erste = (4), der zweite aber bleibt im Nullpunkt endlich, da das Integral

$$\int |f_* \, d\omega|$$

einen endlichen Wert besitzt. Wir wollen zu Π einen derartigen konstanten Faktor hinzufügen, dass es im Nullpunkt wieder so unendlich wird wie Π_0. Dann haben wir schliesslich

$$\Pi = \frac{1}{2\pi} \int e^{-ik(\alpha x + \beta y + \gamma z)} f \, d\omega , \tag{5}$$

$$f = \frac{(n^2+1)\,\gamma}{n^2\gamma + \sqrt{\gamma^2 + (n^2-1)}} = f(\gamma) . \tag{6}$$

Wir schreiben noch $\Pi = \Pi_0 \cdot F$. Die Untersuchung dieses Faktors F, dessen absoluter Betrag die durch Anwesenheit des Leiters bedingte Schwächung der Kugelwelle, dessen Azimut die Phasenverschiebung angibt, ist unsere Aufgabe; im Ursprung ist $F = 1$. Wir beschränken uns darauf, die Ausbreitung der Welle im Dielektrikum zu verfolgen.

§ 2. Diskussion für einen komplexen Brechungsindex von mässiger Grösse

Ein beliebiger Punkt P im oberen Halbraum habe von der Trennungsebene den Abstand z (> 0), von der z-Achse den Abstand r, vom Ursprung R; OP bilde mit der z-Achse den Winkel ϑ_0:

$$\gamma_0 = \cos\vartheta_0 = \frac{z}{R} , \quad \sin\vartheta_0 = \frac{r}{R} .$$

Wir setzen jetzt zur Vereinfachung $k = 1$, d.h. wir benutzen den (2π)-ten Teil der Wellenlänge im Dielektrikum als Masseinheit für alle vorkommenden Entfernungen. R sei (im Vergleich zur Wellenlänge) eine grosse Zahl. Indem wir Polarkoordinaten η, ψ zur Achse OP einführen, wobei wir die Ebene durch z-Achse und OP als Nullmeridian benutzen, erhalten wir

$$\Pi = \frac{1}{2\pi}\int e^{-iR\cos\eta} \cdot f \sin\eta \, d\eta \, d\psi. \tag{7}$$

Dabei ist in $f = f(\gamma)$ für γ einzusetzen:

$$\gamma = \cos\vartheta = \cos\vartheta_0 \cos\eta + \sin\vartheta_0 \sin\eta \cos\psi. \tag{8}$$

Es ist nach ψ zu integrieren von 0 bis 2π, nach η am besten längs eines solchen Weges (er ist in Figur 1 gestrichelt eingetragen), der zunächst vom Punkte $\eta = 0$ im Gebirge des Imaginärteils von $\cos\eta$ möglichst steil in die Tiefe führt ($1 - \cos\eta$ rein imaginär)[1]. Die Integration nach ψ denken wir uns ausgeführt; wir erhalten den Mittelwert

$$\bar{f} = \frac{1}{2\pi}\int_0^{2\pi} f \, d\psi$$

und mit der neuen Integrationsvariablen

$$t = \frac{1 - \cos\eta}{i}$$

an Stelle von η:

$$F = R\int_0^{\infty} e^{-Rt} \cdot \bar{f} \, dt. \tag{9}$$

Dieser Ausdruck lässt ohne weiteres erkennen, dass nur der erste Anfang des Integrationsweges einen wesentlichen Beitrag zum Wert des Integrals leistet; es kommt also bei der Integration auf der Einheitskugel im wesentlichen nur die unmittelbare Umgebung des in der Richtung OP gelegenen Punktes in Betracht. In erster Annäherung (wobei der begangene Fehler von der Grössenordnung $1/R$) können wir $\bar{f}$ durch seinen Wert für $t = 0$, d.i. $f(\cos\vartheta_0)$ ersetzen und erhalten

$$F \sim f(\cos\vartheta_0). \tag{10}$$

In Entfernungen vom Erreger, die gross sind gegenüber der Wellenlänge, hängt also Schwächung und Phasenverschiebung der Kugelwelle nur ab von der Richtung OP, und zwar in der aus (6) *und* (10) *ersichtlichen Weise.* Insbesondere ist zu bemerken, dass $f(\cos\vartheta_0)$ verschwindet für $\vartheta_0 = \pi/2$. In erster Annäherung wird demnach *die längs der trennenden Oberfläche selbst fortschreitende Erregung zu* 0

[1]) In seinem weiteren Verlauf muss er freilich von dieser Paßstrasse abführen, damit die Singularitäten von f vermieden werden. In § 3 kommen wir genauer darauf zurück.

abgeschwächt. Der Grund dafür ist aus unserer Herleitung klar. Diejenigen in der Kugelwelle enthaltenen ebenen Wellen, welche unter Winkeln ϑ von der Quelle ausgehen, welche nur wenig *kleiner* als $\pi/2$ sind, werden fast vollständig zerstört von solchen, die durch Reflexion aus Wellen entstanden sind, deren Winkel ϑ wenig *grösser* sind als $\pi/2$.

(10) ist das erste Glied einer asymptotischen Entwicklung nach Potenzen von $1/R$. Man sieht zunächst leicht, dass $\bar{f}$ eine Entwicklung nach ganzen positiven Potenzen von t in der Umgebung der Stelle $t = 0$ zulässt. Man bilde dazu die Taylor-Reihe

$$f(\gamma) = f_0 + \frac{f_0'}{1!}(\gamma - \gamma_0) + \frac{f_0''}{2!}(\gamma - \gamma_0)^2 + \cdots.$$

Auf das einzelne Potenzglied

$$(\gamma - \gamma_0)^h = [\cos\vartheta_0 (\cos\eta - 1) + \sin\vartheta_0 \sin\eta \cos\psi]^h$$

wende man den binomischen Lehrsatz an und integriere nach ψ: es bleiben nur diejenigen Glieder stehen, welche den zweiten Summanden in einer geraden Potenz enthalten, in denen also η nur als ganzzahlige Potenz von

$$\sin^2\eta = (1 - \cos\eta)(1 + \cos\eta) = i\,t\,(2 - i\,t)$$

auftritt. Das Integral von $(\gamma - \gamma_0)^h$ nach ψ ist somit ein Polynom in t, in welchem $t^{h/2}$ oder $t^{(h+1)/2}$ die niedrigste vorkommende Potenz ist, je nachdem h gerade oder ungerade. Das erste Glied der Entwicklung

$$\bar{f} = a_0 + \frac{a_1}{1!}t + \frac{a_2}{2!}t^2 + \cdots \tag{11}$$

ist natürlich $a_0 = f(\gamma_0) = f_0$, das zweite

$$a_1 = \frac{1}{i}\left\{f_0'\gamma_0 - \frac{f_0''(1 - \gamma_0^2)}{2}\right\}.$$

Aus (9), (11) und

$$\int_0^\infty e^{-Rt}\,t^h\,dt = \frac{h!}{R^{h+1}}$$

fliesst die asymptotische Entwicklung

$$F \sim \sum_{h=0}^{\infty} \frac{a_h}{R^h}.$$

Die beiden ersten Glieder ergeben

$$F \sim f(\cos\vartheta_0) + \frac{f'(\cos\vartheta_0)\cdot\cos\vartheta_0 - [f''(\cos\vartheta_0)\cdot\sin^2\vartheta_0]/2}{i\,R}. \tag{12}$$

In der unmittelbaren Nachbarschaft der Trennungsebene wird neben dem ersten, das für $\vartheta_0 = \pi/2$ verschwindet, noch dies zweite zu berücksichtigen sein. Es ist dort von der gleichen Grössenordnung (nämlich $1/R$) wie das erste, wo $\cos\vartheta_0 = z/R$ klein ist wie $1/R$, wo also die Erhebung z über der Grenzfläche der 1, d.i. der Wellenlänge vergleichbar ist. Setzen wir

$$f'(0) = \frac{n^2+1}{\sqrt{n^2-1}} = C_1, \quad -\frac{1}{2} f''(0) = \frac{n^2(n^2+1)}{n^2-1} = C_2,$$

so ist in diesem Bereich, wie (12) lehrt,

$$F \sim \frac{C_1 z - i\, C_2}{R}$$

(mit einem Fehler von der Grössenordnung $1/R^2$). – Nirgendwo zeigt sich hier eine Andeutung dafür, dass es berechtigt wäre, den Vorgang in eine «Raum»- und eine «Oberflächen»-Welle zu trennen.

§ 3. Die Singularitäten des Integranden. Zerlegung der Störung in Haupt- und Nebenwelle

Nun sind freilich die bisherigen Annäherungen brauchbar nur für den Fall, dass n eine mässige Zahl ist. Wenn n gross ist, wird eine neue Untersuchung erforderlich. Mathematisch gesprochen, werden wir den Grenzübergang $\lim n = \infty$ zu vollziehen haben. Aus der Formel (5) geht hervor, dass dabei F gegen 1 konvergiert; doch ist die Konvergenz nicht gleichmässig in dem ganzen oberen Halbraum, sondern, wenn ε irgendeine positive Zahl ist, nur für $0 \leqq \vartheta_0 \leqq \pi/2 - \varepsilon$. Was hier zu tun übrigbleibt, illustriere ich durch das bekannte «Gibbssche Phänomen» in der Theorie der Fourierschen Reihen. Entwickelt man diejenige Funktion $s(x)$, welche im Intervall von $-\pi$ bis 0 gleich -1, im Intervall von 0 bis π gleich $+1$ ist, in eine Fouriersche Reihe, so konvergiert die n-te Partialsumme $s_n(x)$ mit unbegrenzt wachsendem Index n gegen $s(x)$; jedoch nicht gleichmässig in einem Intervall wie

$$-\frac{\pi}{2} \leqq x \leqq +\frac{\pi}{2},$$

welches die Sprungstelle $x = 0$ einschliesst. Dagegen gilt hier die folgende Ungleichung

$$|s_n(x) - \mathrm{Si}\,(n\,x)| \leqq \frac{\mathrm{const}}{n}, \tag{13}$$

in der Si den Integralsinus

$$\mathrm{Si}\,(x) = \frac{2}{\pi} \int_0^x \frac{\sin \xi}{\xi}\, d\xi$$

bedeutet und const unabhängig ist von n und x. Sie gibt genauen Aufschluss darüber, wie sich die Partialsummen $s_n(x)$ bei grossem n in der Nähe der Sprungstelle verhalten; man sieht aus ihr insbesondere, dass der jähe Übergang der Funktion $s_n(x)$ vom Niveau -1 auf das Niveau $+1$ an der Stelle $x = 0$ vorbereitet und gefolgt wird von heftigen, dicht gedrängten Oszillationen. Wegen der mangelnden Gleichmässigkeit ist die Näherungsformel $s_n(x) \sim s(x)$ unzulänglich; erst die gleichmässig gültige, im Sinne der Ungleichung (13) zu interpretierende $s_n(x) \sim \mathrm{Si}(nx)$ ist wirklich brauchbar. – Das Analoge ist hier zu leisten: wir wollen F (das dem s_n beim Gibbsschen Phänomen entspricht) durch eine in ihrem Wertverlauf leicht überblickbare Funktion F^* [analog zu $\mathrm{Si}(nx)$] approximieren, so dass im ganzen oberen Halbraum und für alle hinreichend grossen Werte des komplexen Brechungsindex n die Ungleichung

$$|F - F^*| \leqq \frac{\text{const}}{|n|^2}$$

besteht. Doch müssen wir zunächst noch die Grundlage unserer Untersuchung verfestigen, indem wir die Lage der Singularitäten unseres Integranden ermitteln, um die Verwendung des Cauchyschen Integralsatzes zu legitimieren. Wir behalten dabei den uns vorzugsweise interessierenden Fall eines n^2 mit mässigem Real-, aber grossem Imaginärteil im Auge.

Zur Verwendung gelangt eine ϑ-Ebene, in der sowohl die Werte von ϑ wie von η zur Darstellung gebracht werden, neben einer γ-Ebene zur Veranschaulichung der Werte von $\gamma = \cos\vartheta$ und $\xi = \cos\eta$. Der in $f(\gamma)$ auftretende Radikand verschwindet für $\gamma = \pm\sqrt{1-n^2}$. Wir tragen diese beiden Punkte in der γ-Ebene ein samt der Geraden g durch den Nullpunkt, welche sie miteinander verbindet. g zerlegt die Ebene in zwei Hälften, eine rechte, welcher der Punkt $\gamma = 1$ angehört, und eine linke. In der rechten Hälfte ist f nicht nur eine eindeutige Funktion, sondern auch überall regulär. Zwar könnte f dort unendlich werden, wo

$$\gamma^2 = \frac{1}{n^2+1}$$

ist; von diesen beiden Zahlen $\pm\sqrt{1/(n^2+1)}$ werde die in der linken Hälfte gelegene mit a, die andere mit $-a$ bezeichnet.

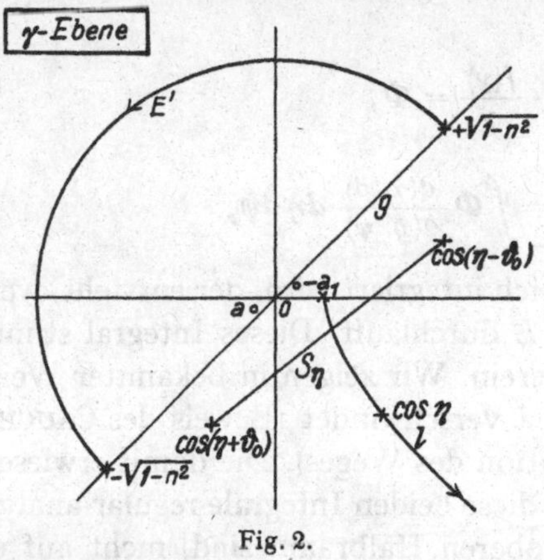

Fig. 2.

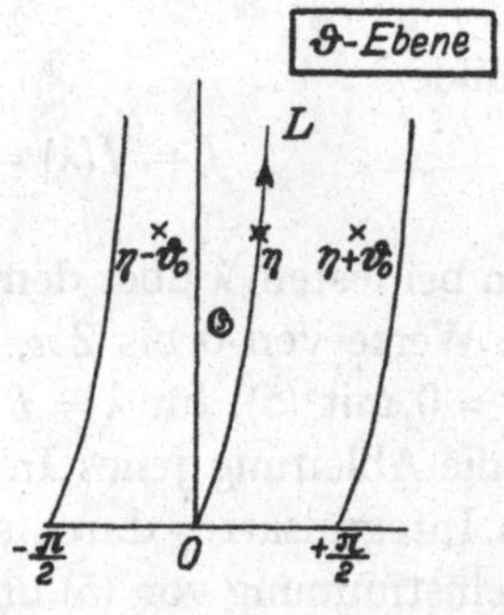

Fig. 3.

Es stellt sich nun aber ohne Mühe heraus, dass f bei der von uns zu wählenden Bestimmung des Vorzeichens der Wurzel

$$\left(\sqrt{\gamma^2 + (n^2-1)} \sim \gamma \text{ im Unendlichen}\right)$$

in $-a$ keinen Pol besitzt. Auf die rechte Hälfte der γ-Ebene wird, wenn man die geradlinige Strecke von 0 bis 1 zur Begrenzung hinzufügt, der in der ϑ-Ebene gezeichnete krummlinig begrenzte Parallelstreifen $\mathfrak{G}$ umkehrbar eindeutig abgebildet. Es ist in der ϑ-Ebene ausserdem diejenige Linie L gezeichnet, welche aus der linken Begrenzung des Parallelstreifens durch die Verschiebung $\pi/2$ hervorgeht (aus der rechten durch die Verschiebung $-\pi/2$) und ihr Bild l in der γ-Ebene. Erstreckt man die Integration nach η in Gleichung (7) längs dieser Linie L, so ist dafür gesorgt, dass der aus (8) sich ergebende Wert von γ für alle η des Integrationsweges, alle ϑ_0 des Intervalls $0 \leqq \vartheta_0 < \pi/2$ und alle reellen ψ in der rechten Hälfte der γ-Ebene liegt, woselbst die Funktion $f(\gamma)$ regulär ist. In der Tat durchläuft γ nach (8) bei gegebenem η und ϑ_0 diejenige geradlinige Strecke S_η, welche die beiden Punkte $\cos(\eta-\vartheta_0)$ und $\cos(\eta+\vartheta_0)$ miteinander verbindet. Unter den angegebenen Bedingungen liegen aber $\eta-\vartheta_0$ und $\eta+\vartheta_0$ im Parallelstreifen $\mathfrak{G}$, ihre Cosinus daher innerhalb der rechten Hälfte der γ-Ebene, also auch ihre Verbindungsstrecke S_η.

Um jetzt die Gleichung (7) sicherzustellen, verfahren wir so. Zunächst ersetzen wir den Integrationsweg, welchen ϑ in (5) durchlaufen sollte (Fig. 1), durch L; das ist statthaft, sofern ϑ_0 kleiner ist als der Winkel, den die Gerade g in der γ-Ebene mit der positiv-imaginären Halbachse einschliesst. Dies setzen wir zunächst von P voraus. Nun vollziehen wir den Übergang von der vertikalen zur Polachse OP kontinuierlich (in ihrer gemeinsamen Ebene), wobei der Neigungswinkel λ der Polachse gegen die Vertikale die Werte von 0 bis ϑ_0 durchlaufen wird. Das drückt sich durch die Formeln aus:

$$\left.\begin{aligned} &\alpha = \cos\lambda\cdot\alpha' - \sin\lambda\cdot\gamma', \\ &\gamma = \sin\lambda\cdot\alpha' + \cos\lambda\cdot\gamma', \end{aligned}\quad \beta = \beta';\quad (0 \leqq \lambda \leqq \vartheta_0),\right. \\ \left.\alpha' = \sin\eta\cdot\cos\psi,\quad \beta' = \sin\eta\cdot\sin\psi,\quad \gamma' = \cos\eta.\right\} \tag{14}$$

Ich setze einen Augenblick

$$\frac{1}{2\pi} e^{-i(\alpha r + \gamma z)} \cdot \frac{f(\gamma)}{\gamma} = \Phi,$$

und bilde

$$J = J(\lambda) = \int \Phi\, d\alpha\, d\beta = \int \Phi \frac{\partial(\alpha, \beta)}{\partial(\eta, \psi)}\, d\eta\, d\psi,$$

indem bei festem λ über denjenigen Bereich integriert wird, der entsteht, wenn ψ die Werte von 0 bis 2π, η den Weg L durchläuft. Dieses Integral stimmt für $\lambda = 0$ mit (5), für $\lambda = \vartheta_0$ mit (7) überein. Wir zeigen in bekannter Weise, dass die Ableitung jenes Integrals nach λ verschwindet (Beweis des CAUCHYschen Integralsatzes durch stetige Variation des Weges). Die damit erwiesene Übereinstimmung von (5) und (7) ist, da diese beiden Integrale regulär-analytische Funktionen von $x\,y\,z$ im ganzen oberen Halbraum sind, nicht auf die Punkte des bisher betrachteten Kegelraumes beschränkt.

Für Φ als Funktion von $\alpha\,\beta\,\gamma$ gilt, da die Argumente beständig die Relation

$$\alpha^2 + \beta^2 + \gamma^2 = 1$$

erfüllen und somit

$$\alpha\, d\alpha + \beta\, d\beta + \gamma\, d\gamma = 0$$

ist:

$$d\Phi = \Phi'_\alpha\, d\alpha + \Phi'_\beta\, d\beta, \tag{15}$$

wo

$$\Phi'_\alpha = \frac{\partial\Phi}{\partial\alpha} - \frac{\alpha}{\gamma}\cdot\frac{\partial\Phi}{\partial\gamma}, \quad \Phi'_\beta = \frac{\partial\Phi}{\partial\beta} - \frac{\beta}{\gamma}\cdot\frac{\partial\Phi}{\partial\gamma}.$$

Man beachte, dass in dem ganzen nach (14) in Betracht kommenden Gebiet der Einheitskugel Φ regulär (insbesondere auch $\gamma \lesseqgtr 0$) ist. Bezeichnet δ die Differentiation nach λ, so kommt wegen $\delta\beta = 0$:

$$\delta J = \int \Phi'_\alpha\, \delta\alpha \cdot \frac{\partial(\alpha, \beta)}{\partial(\eta, \psi)}\, d\eta\, d\psi + \int \Phi \frac{\partial(\delta\alpha, \beta)}{\partial(\eta, \psi)}\, d\eta\, d\psi.$$

Der zweite Teil geht durch partielle Integration über in

$$-\int_0^{2\pi} \Phi \frac{\partial\beta}{\partial\psi}\, \delta\alpha \Big|_{\eta=0} d\psi - \int \delta\alpha \left\{\frac{\partial}{\partial\eta}\left(\Phi\frac{\partial\beta}{\partial\psi}\right) - \frac{\partial}{\partial\psi}\left(\Phi\frac{\partial\beta}{\partial\eta}\right)\right\} d\eta\, d\psi.$$

Hier ist der erste Summand $= 0$, weil $\partial\beta/\partial\psi$ für $\eta = 0$ verschwindet; im Integranden des zweiten ist der in geschweifte Klammern gesetzte Faktor

$$= \frac{\partial\Phi}{\partial\eta}\cdot\frac{\partial\beta}{\partial\psi} - \frac{\partial\Phi}{\partial\psi}\cdot\frac{\partial\beta}{\partial\eta},$$

und daher auf Grund von (15):

$$= \Phi'_\alpha \frac{\partial(\alpha, \beta)}{\partial(\eta, \psi)}.$$

Also wird, wie behauptet, $\delta J = 0$.

Nachdem dies nachgeholt ist, fahren wir in unserer Untersuchung fort. Wir spalten die ungestörte Welle ab, schreiben also

$$F = 1 - F_1, \quad F_1 = \frac{R}{i}\int_l e^{iR(1-\xi)}\, \bar{f}_1\, d\xi.$$

Den Mittelwert

$$\bar{f}_1 = \frac{1}{2\pi}\int f_1\, d\psi \quad \text{von } f_1 = f - 1$$

bestimmen wir aber jetzt in anderer Weise als vorhin. Wir führen (bei festem η) γ an Stelle von ψ als Integrationsvariable ein; dann ist nach (8)

$$d\gamma = -\sin\vartheta_0 \sin\eta \sin\psi\, d\psi,$$

$$d\psi = \frac{d\gamma}{i\sqrt{(\gamma - \cos\vartheta_0\cos\eta)^2 - (\sin\vartheta_0\sin\eta)^2}}.$$

Der Radikand $W(\gamma\xi)$ ist eine symmetrische Funktion von γ und $\xi = \cos\eta$. Die Wurzel selber ist eindeutig in der γ-Ebene, wenn man diese in der oben eingeführten geradlinigen Strecke S_η aufschneidet; sie werde mit solchem Vorzeichen genommen, dass sie im Unendlichen $= \gamma$ ist. Dann gilt also

$$\bar{f}_1 = \frac{1}{2\pi i}\int \frac{f_1\, d\gamma}{\sqrt{W(\gamma\,\xi)}}; \tag{16}$$

dabei muss die Integration im positiven Sinn um den Schnitt S_η herum erstreckt werden.

Wir zeichnen in der γ-Ebene ferner (Fig. 2) die Ellipse E mit den Brennpunkten ± 1, welche durch die Windungspunkte $\pm\sqrt{1-n^2}$ von f hindurchgeht. Sie wird durch die Windungspunkte in zwei Halbellipsen zerlegt, von denen wir die linke mit E' bezeichnen. In der längs E' aufgeschnittenen γ-Ebene ist f eindeutig und besitzt einen einzigen Pol 1. Ordnung bei $\gamma = a$ mit dem Residuum $n^2 a/n^2 - 1$. Nach dem CAUCHYschen Integralsatz kann das Integral (16) um S_η herum ersetzt werden durch die negative Summe zweier Integrale, deren eines sich um den Pol a, deren anderes sich um den Schnitt E' herum im positiven Sinne erstreckt. Dies ist zutreffend, weil das Integral längs eines unendlich grossen Kreises um den Nullpunkt der γ-Ebene Null ergibt (denn der Integrand verschwindet im Unendlichen wie $1/\gamma^3$). Das erste ist gleich dem Residuum des Integranden im Pol, also

$$= \frac{n^2 a}{n^2 - 1} \cdot \frac{1}{\sqrt{W(\xi\, a)}};$$

das andere wird, wenn man das Integral am inneren Ufer von E' entlang mit dem Integral längs des äusseren Ufers vereinigt,

$$= \bar{f}_1^* = \frac{1}{\pi i}\int\limits_{E'} \frac{f_1\, d\gamma}{\sqrt{W(\xi\,\gamma)}}.$$

Hier fasse man nun E' nicht mehr als Schnitt auf, sondern die beiden vorkommenden Wurzeln

$$\sqrt{\gamma^2 + (n^2 - 1)} \quad \text{und} \quad \sqrt{W}$$

als eindeutige Funktionen von γ in der ganzen linken Hälfte der γ-Ebene (mit solchen Vorzeichen, dass sie im Unendlichen $= \gamma$ werden). Längs E' wird in dem aus der Figur ersichtlichen Pfeilsinn integriert. Entsprechend der Zerfällung von $\bar{f}_1$ in zwei Summanden zerlegt sich auch F_1 in zwei Teile $F^* + F_1^*$. Setzt man

$$\Omega(\gamma) = \int\limits_{l} \frac{e^{iR(1-\xi)}}{\sqrt{W(\xi\,\gamma)}}\, d\xi, \tag{17}$$

so ist

$$F^* = \frac{i\, R\, n^2\, a}{n^2 - 1} \cdot \Omega(a), \tag{18}$$

$$F_1^* = \frac{R}{\pi}\int\limits_{E'} \Omega(\gamma)\, f_1(\gamma)\, d\gamma. \tag{19}$$

Bei festem $\gamma = \cos\vartheta$ erfüllen die beiden Nullstellen des Polynoms 2. Grades $W(\xi\,\gamma)$ in ξ, falls ϑ_0 das Intervall von 0 bis $\pi/2$ durchläuft, eine Halbellipse E_γ mit den Brennpunkten ± 1, das durch die Funktion cos entworfene Bild der gradlinigen Verbindungsstrecke der beiden Punkte $\vartheta - \pi/2$ und $\vartheta + \pi/2$ in der ϑ-Ebene. Solange γ in der linken Hälfte der γ-Ebene liegt (links von g), trifft l den Ellipsenbogen E_γ nicht. W bleibt also, während ξ den Weg l durchläuft, von 0 verschieden, und es ist in (17) derjenige mit ξ stetig variierende Wurzelwert zu nehmen, der für unendlich grosses ξ in $-\xi$ übergeht; denn wenn $\vartheta_0 = 0$ ist, wird $\sqrt{W} = \gamma - \xi$. – F^* nennen wir den *Hauptteil der Störung*, F_1^* die *Nebenwelle*; diese Zerlegung ist für die Diskussion des Vorgangs bei grossen Werten des Brechungsindex n die natürliche.

§ 4. Diskussion im Falle eines grossen Brechungsindex

Es ergibt sich nämlich leicht, dass F_1^* einer Ungleichung

$$|F_1^*| \leqq \frac{\text{const}}{|n|^2} \tag{20}$$

genügt, wo const nicht nur von n, sondern auch vom Orte (P) unabhängig ist. Setzen wir in üblicher Weise

$$n = n_0(1 - i\,\varkappa), \quad (n_0,\ \varkappa \text{ positiv reell}),$$

so gilt dies wenigstens, solange der Absorptionskoeffizient $\varkappa$ (der stets < 1 ist) oberhalb einer festen positiven Grenze liegt. Praktisch wichtig ist vor allem der Fall, wo $\varkappa$ nahezu $= 1$ ist.

Zunächst ist $\Omega(\gamma)$ abzuschätzen. Mit γ liegen auch alle Punkte von E_γ auf E, und zwar erfüllen die zu den verschiedenen γ auf E' gehörigen $\bar{E}_\gamma$ die ganze Ellipse E mit Ausnahme des einen Punktes n; dies ist das Tor, durch welches der Weg l hindurchführt. Da n auf E liegt, ist der kürzeste Abstand des Brennpunktes 1 von E

$$p = \frac{|1 + n| + |1 - n|}{2} - 1.$$

In (17) kann l durch einen (von γ abhängigen) Weg l' ersetzt werden, der den Punkt 1 der ξ-Ebene ohne Überschreitung von E_ν mit dem Unendlichen der unteren Halbebene

$$[\Re(i\,\xi) > 0]$$

verbindet. Wir suchen ihn so einzurichten, dass sich aus dem Prinzip «absoluter Betrag des Integrals $\leqq$ Integral des absoluten Betrages» eine möglichst gute Abschätzung von Ω ergibt. Wir müssen also dafür sorgen, dass l' dem Bogen E_γ möglichst fern bleibt, andererseits aber der negative Imaginärteil der Richtungszahl $d\xi/|d\xi|$ längs l' möglichst gross. Beiden sich widereinander richtenden

Forderungen genügen wir durch die folgende einfache Wahl in einer Weise, die dem Optimum leidlich nahe kommt: Die geradlinigen Strahlen, welche 1 mit Punkten von E_γ verbinden, lassen in der unteren Halbebene einen Winkelraum frei, dessen einer Schenkel die positive oder negative reelle Halbachse ist; wir wählen für l' den mittleren Strahl dieses Winkelraums. Ist μ sein Öffnungswinkel und bezeichnet x einen Augenblick den Imaginärteil von $1-\xi$, so gilt

$$\int_{l'} |e^{iR(1-\xi)}\, d\xi| = \frac{1}{\sin \mu/2} \int_0^\infty e^{-Rx}\, dx = \frac{1}{R \sin \mu/2}.$$

Der absolute Betrag von W ist das Produkt der Abstände des Punktes ξ von zwei Punkten auf E_γ. Da der kürzeste Abstand zwischen E_γ und l' aber offenbar $\geqq p \sin \mu/2$ ist, bekommen wir

$$|\Omega(\gamma)| \leqq \frac{1}{R\, p \sin^2 \mu/2}.$$

Variiert γ auf E', so nimmt μ seinen kleinsten Wert an, wenn γ mit dem in Figur 3 als $-\sqrt{1-n^2}$ bezeichneten Endpunkt von E' zusammenfällt; $-\mu$ ist dann gleich dem zwischen $-\pi/2$ und 0 gelegenen Azimut von $n-1$, $\operatorname{tg} \mu > \varkappa$. Unter der Voraussetzung, dass $\varkappa$ oberhalb einer festen positiven Grenze liegt, bleibt also auch $\sin^2 \mu/2$ auf ganz E' oberhalb einer solchen Grenze, und aus (19), dem Umstande, dass auf E'

$$|f_1| \leqq \frac{\text{const}}{|n|^2}$$

ist und E' eine Länge von der Grössenordnung p oder $|n|$ besitzt, erhält man jetzt die gewünschte Abschätzung (20). Eine einigermassen sorgfältige Durchführung derselben lässt erkennen, dass in ihr als const die Zahl $4/\pi\varkappa$ zur Verwendung kommen darf. So zeigt sich, dass *für grosse n die Nebenwelle vollständig zu vernachlässigen und der Hauptteil der Störung, F^*, allein zu berücksichtigen ist.*

Da die Halbellipse E_a ganz dem Gebiet $\Re\, \xi < 1$ der ξ-Ebene angehört, kann in $\Omega(a)$ an Stelle des Integrationsweges l die von 1 ausgehende Parallele zur negativ-imaginären Achse treten. a ist eine kleine Zahl; unter α verstehe ich denjenigen in der Nähe von $\alpha = 0$ gelegenen Winkel, für welchen $a = \sin \alpha$ ist. Es gilt

$$W(\xi\, a) = (\xi - \sin \alpha \cos \vartheta_0)^2 - (\cos \alpha \sin \vartheta_0)^2$$

$$= \frac{(R\,\xi - z \sin \alpha - r \cos \alpha)\,(R\,\xi - z \sin \alpha + r \cos \alpha)}{R^2}$$

$$= -\frac{\tau(\tau + 2\, i\, r \cos \alpha)}{R^2},$$

wenn

$$\tau = i(R\,\xi - z \sin \alpha - r \cos \alpha)$$

gesetzt ist. Der Wert dieses Ausdrucks für $\xi = 1$ werde mit w bezeichnet:

$$w = i(R - r\cos\alpha - z\sin\alpha).$$

In

$$\sqrt{W} = \frac{i}{R}\sqrt{\tau(\tau + 2\,i\,r\cos\alpha)}$$

ist die Wurzel so zu nehmen, dass sie im Unendlichen $= \tau$ wird. Wir bekommen also

$$F^* = \frac{R\,n^2\,a}{i(n^2-1)} \cdot \int\limits_{w}^{w+\infty} \frac{e^{w-\tau}\,d\tau}{\sqrt{\tau(\tau + 2\,i\,r\cos\alpha)}}\,; \tag{21}$$

der Integrationsweg verläuft parallel der positiven reellen Achse. Die zu Beginn des § 3 gestellte Aufgabe ist damit gelöst.

Die zum GIBBSschen Phänomen analoge Erscheinung tritt dort auf, wo r gross ist von der gleichen Ordnung wie n^2, z aber von der gleichen oder kleinerer Grössenordnung wie n. Wir lassen also den Brechungsindex n so über alle Grenzen wachsen, dass dabei seine Richtungszahl $n/|n|$ gegen einen bestimmten Wert $1/\iota$ strebt; $\iota = e^{i\delta}$, $0 < \delta \leqq \pi/4$. Gleichzeitig sollen r und z so variieren, dass $r/|n|^2$ und $z/|n|$ gegen endliche Grenzwerte $r_1 > 0$ und z_1 gehen. Dann ist

$$R = \sqrt{r^2 + z^2} \sim r + \frac{1}{2}\cdot\frac{z^2}{r},$$

$$w \sim i\left[r(1-\cos\alpha) - z\sin\alpha + \frac{1}{2}\cdot\frac{z^2}{r}\right] \sim \frac{i}{2}\left[\frac{r}{n^2} + \frac{2\,z}{n} + \frac{z^2}{r}\right] = \frac{i}{2\,r}\left(\frac{r}{n} + z\right)^2.$$

w konvergiert also gegen

$$w = \frac{i}{2\,r_1}(r_1\,\iota + z_1)^2. \tag{22}$$

Im Nenner des Integrals (21) ist τ neben $2\,i\,r\cos\alpha$ zu vernachlässigen; und es ergibt sich im Limes

$$\boxed{F_1 = \frac{r_1\,\iota}{r_1\,\iota + z_1}\cdot \mathrm{Er}\,(w)} \tag{23}$$

wo

$$\mathrm{Er}\,(w) = \sqrt{w}\cdot e^{w}\int\limits_{w}^{w+\infty}\frac{e^{-\tau}\,d\tau}{\sqrt{\tau}} \tag{24}$$

gesetzt und w aus (22) zu entnehmen ist. w liegt im zweiten Quadranten der komplexen Ebene, sein Azimut ω liegt zwischen

$$\frac{\pi}{2} \text{ und } \frac{\pi}{2} + 2\,\delta,$$

das Azimut $\omega/2$ von $\sqrt{w}$ zwischen

$$\frac{\pi}{4} \text{ und } \frac{\pi}{4} + \delta.$$

Die Funktion Er hängt für reellc positive Argumentwerte eng mit dem Fehlerintegral, für rein imaginäre mit den FRESNELschen Integralen zusammen. Es gilt die Potenzentwicklung

$$\mathrm{Er}\,(w) = \sqrt{\pi\, w} \cdot e^w - \sum_{n=1}^{\infty} \frac{(2\,w)^n}{1 \cdot 3 \cdots (2\,n-1)}\,;$$

denn in

$$\mathrm{Er}\,(w) = \sqrt{\pi\, w} \cdot e^w - \sqrt{w} \int_0^w \frac{e^{w-\tau}\, d\tau}{\sqrt{\tau}}$$

ist der Subtrahend, wenn $\sqrt{\tau/w} = x$ als Integrationsvariable eingeführt wird,

$$= 2\,w \int_0^1 e^{w(1-x^2)}\, dx = \sum_{n=0}^{\infty} \frac{w^{n+1}}{n!} \int_{-1}^{+1} (1-x^2)^n\, dx.$$

Nimmt man jedoch in (24) $\tau - w$ als Integrationsvariable x, so ergibt sich

$$\mathrm{Er}\,(w) = \int_0^{\infty} \frac{e^{-x}\, dx}{\sqrt{1 + x/w}}\,,$$

und daraus gewinnt man durch Entwicklung von

$$\left(1 + \frac{x}{w}\right)^{-1/2}$$

nach Potenzen von x die asymptotische Darstellung

$$\mathrm{Er}\,(w) \sim \sum_{n=0}^{\infty} \frac{1 \cdot 3 \cdots (2\,n-1)}{(-\,2\,w)^n}\,,$$

insbesondere als erste Annäherung $\mathrm{Er}\,(w) \sim 1$. Sie ist gültig, solange das Azimut $\omega/2$ von $\sqrt{w}$ zwischen Grenzen liegt, die sich innerhalb des durch $-3\pi/2 <$

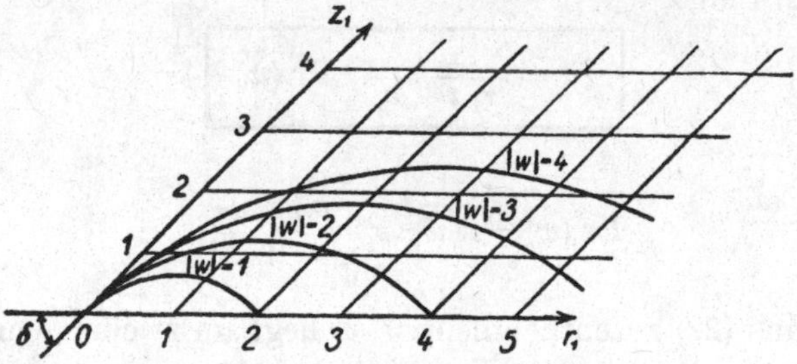

Fig. 4.

$\omega < 3\,\pi/2$ beschriebenen Bereichs befinden. Um zu beurteilen, in welchem Gebiet der (r_1, z_1)-Ebene w gross ist, zeichnen wir die Kurven $|w| = \mathrm{const.}$ Benutzen wir ein schiefwinkliges Koordinatensystem mit dem Öffnungswinkel δ und gleichen Masseinheiten auf den Achsen (Fig. 4), so erscheinen diese Kurven als Kreise, welche die z_1-Achse im Nullpunkt berühren.

Die anschauliche Diskussion des durch die Formeln (22), (23), (24) in einfacher und vollständiger Weise beschriebenen Phänomens bereitet jetzt keine Schwierigkeiten mehr. F_1 bewirkt eine Abbildung des positiven Quadranten der (r_1, z_1)-Ebene auf eine komplexe F_1-Ebene. Beschreibt man in jener die Berandung des positiven Quadranten, nämlich 1. die r_1-Achse von 0 bis $+\infty$, 2. einen Viertelkreis um den Nullpunkt von unendlich grossem Radius im positiven Sinne, und 3. die z_1-Achse vom Unendlichen zurück zum Nullpunkt, so durchläuft F_1 in der F_1-Ebene 1. den oberen, in Figur 5 mit I bezeichneten Bogen, 2. den Kreisbogen II:

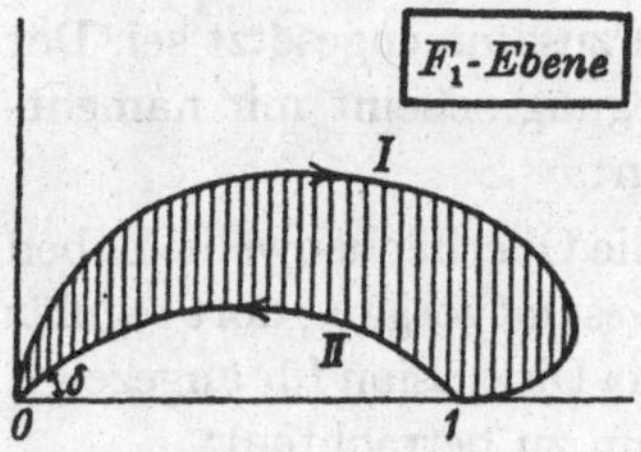

Fig. 5.

$$F_1 = \frac{1}{1 + z_1/r_1 i},$$

und 3. ist längs der ganzen z_1-Achse $F_1 = 0$. Alle Werte von F_1 liegen in dem von I und II begrenzten schraffierten Bereich. Die Figur entspricht dem Falle $\delta = \pi/4$.

In der Gleichung $F = 1 - F_1$ wird man den ersten Summanden 1 als Raumwelle, den zweiten $-F_1$ aber als Oberflächenwelle bezeichnen dürfen; denn F_1 konvergiert ja mit wachsendem n gleichmässig gegen 0 in jedem Kreiskegel um die positive z-Achse, dessen Öffnungswinkel $< \pi$ ist. Diese Zerlegung ist mit der Sommerfeldschen, deren sachliche Berechtigung ich bezweifle, nicht identisch. Im übrigen vergleiche man unsere Formel (23) für F_1 mit den Gleichungen (47), (55) a. a. O.

In einer Zürcher Dissertation[1]) wird die im vorstehenden geschilderte Methode auch auf das *optische* Problem der Reflexion und Brechung einer Kugelwelle angewendet werden; die dabei gewonnenen Resultate sind von einer gewissen Bedeutung für das Verständnis der viel diskutierten totalen Reflexion.

Erwiderung auf Herrn Sommerfelds Bemerkungen über die Ausbreitung der Wellen der drahtlosen Telegraphie)*

Mit Sommerfeld bin ich darin einig, dass meine Behandlung des in Rede stehenden Problems für die Praxis der drahtlosen Telegraphie nichts Neues bietet; hier wird man sich nach wie vor der grundlegenden, von Sommerfeld gewonnenen Resultate zu bedienen haben. Was ich versprach, war lediglich eine sachgemässere Methode der mathematischen Behandlung und eine gewisse Klärung des ganzen Vorgangs. Immerhin besteht, wenn ich nicht irre, zwischen Sommerfeld und mir in einem Punkte eine wesentliche Meinungsverschiedenheit.

---

[1]) Emil Funk, *Reflexion und Brechung optischer Kugelwellen und das Problem der Totalreflexion* (Dissertation ETH. 1921).

*) Annalen der Physik, *62*, p. 482 – 484 (1920).

1. Nicht dem SOMMERFELDschen *Begriff* der Oberflächenwelle streite ich die sachliche Berechtigung ab, sondern der Behauptung, dass eine derartige Oberflächenwelle in dem Vorgang, den wir beide untersuchen, tatsächlich enthalten sei. Der Umstand, dass eine mathematische Methode die einen einheitlichen physikalischen Vorgang darstellende Funktion in mehrere Summanden spaltet, gibt gewiss noch kein Recht zu der Ansicht, dass das Phänomen *re vera* aus diesen Teilvorgängen als selbständigen Wesenheiten zusammengesetzt sei. Der «künstliche» Charakter der SOMMERFELDschen Zerlegung scheint mir namentlich aus folgenden beiden Umständen hervorzugehen:

a) die drei einzelnen Bestandteile, insbesondere die Oberflächenwelle, haben eine Singularität auf der Achse $r = 0$, während der Gesamtvorgang dort regulär ist (*darum* hielt ich es zum Zwecke einer «natürlichen» Diskussion für angezeigt, die Wellenfortpflanzung im ganzen oberen Halbraum zu betrachten);

b) wo die Abtrennung der Oberflächenwelle bei der Diskussion von SOMMERFELD überhaupt aufrecht erhalten wird (bei grosser numerischer Entfernung), verschwindet ihr Beitrag (wegen der exponentiellen Abnahme) vollständig in der asymptotischen Entwicklung; aus dem anschaulichen Charakter des Gesamtvorgangs kann also in keinem Fall die Existenz der Oberflächenwelle abgelesen werden; die Bemerkungen auf S. 720 der SOMMERFELDschen Arbeit über eine gewisse «Unstimmigkeit» schienen mir recht deutlich das Unbefriedigende der Situation zu bezeichnen.

2. Es schien mir wichtig, hervorzuheben, dass es sich bei der ganzen Untersuchung um den Grenzfall lim n (Brechungsindex) $= \infty$ handelt, um das Analogon des GIBBSschen Phänomens. Der Fall eines endlichen festen n (asymptotische Entwicklung nach Potenzen der reziproken Entfernung), den ich in § 2 rasch erledige, wird in § 6 der SOMMERFELDschen Arbeit gestreift; aber nicht diese Entwicklung wird, wie es der Übergang zu § 7 ankündigt, dann in § 7 weitergeführt, sondern von da ab steht allein der Grenzfall $n = \infty$ in Frage. Innerhalb seiner tritt erst die Fallunterscheidung zwischen mässiger und grosser numerischer Entfernung ein. Ich kann zwischen diesen beiden Fällen keinen anderen Unterschied zugeben, als ihn etwa auch das Verhalten der Funktion $\mathrm{Si}(x)$ für mässige und unendlich grosse x zeigt: die asymptotische Formel gibt an, wie die Funktionsbewegung im Unendlichen «ausläuft». – Wie beim GIBBSschen Phänomen automatisch die Grösse $n x$ als Argument auftritt [vgl. S. 200 (diese Ausgabe) meiner Arbeit], wenn man eine gleichmässig gültige Grenzformel für $n = \infty$ haben will, so bei unserm Problem die «numerische Entfernung» $r_1 = r/|n|^2$ an Stelle von r [und $z/|n|$ an Stelle von z]; darin kommt für mich ihre grundsätzliche Bedeutung hinreichend klar zum Ausdruck. Dadurch, dass ich Gleichung (23) durch Umrahmung als das Wichtigste und das Schlussresultat kennzeichnete, auf das Analogon des GIBBSschen Phänomens hinwies und zur anschaulichen Diskussion aufforderte, glaubte ich für den Leser genug getan zu haben.

3. Namentlich im Falle eines festen endlichen n trägt die Betrachtung des ganzen oberen Halbraums sehr zur physikalischen Klärung des Vorgangs bei.

Die asymptotische Entwicklung auf S. 198 unten meiner Note stellt, wenn man sie beim ersten Gliede abbricht, den Vorgang mit einem Fehler dar, der in jenem ganzen Bereich gleichmässig von der Grössenordnung $1/R$ ist, beim Abbrechen nach dem zweiten Glied mit einem Fehler von der Grössenordnung $1/R^2$ usf.; die Nachbarschaft der Trennungsebene nimmt da durchaus keine Sonderstellung ein. Die von mir am Schluss des § 2 reproduzierte Formel (33a) der SOMMERFELDschen Arbeit findet durch diese Entwicklung ihre natürliche Erklärung. Es sei gestattet, folgende Bemerkung anzufügen. Die «numerische Entfernung» ϱ wird, wenn man diesen Begriff auf den ganzen oberen Halbraum ausdehnen will, am besten erklärt als der absolute Betrag der von mir auf S. 206 eingeführten Grösse w:

$$\varrho = |w| = |R - r \cos\alpha - z \sin\alpha|.$$

Die Entwicklung des § 2 gilt nun nicht nur bei festem endlichem n, sondern gleichmässig für *alle* n im Sinne einer asymptotischen Darstellung für *grosse* ϱ; es ist nämlich, wenn man mit dem ersten Gliede abbricht, der Fehler (gleichmässig für alle n) $\leqq \text{const}/\varrho$, beim Abbrechen nach dem zweiten Gliede $\leqq \text{const}/\varrho^2$ usf., wie sich leicht beweisen lässt.

So glaube ich, ist die von mir in § 2 entwickelte Methode die sachgemässe zur Behandlung des Problems für *alle Werte von n und grosse* ϱ; die in § 4 angegebene hat dieselbe Bedeutung für *alle* ϱ *und grosse n*. Die Wichtigkeit des physikalischen Problems schien mir die Mitteilung dieser Methode zu rechtfertigen. Im übrigen weiss ich sehr wohl, wie viel leichter das Herumbessern an der mathematischen Behandlung eines physikalischen Problems ist, als seine erste Bezwingung.

37.

Erwiderung auf Herrn Sommerfelds Bemerkungen über die Ausbreitung der Wellen in der drahtlosen Telegraphie

Annalen der Physik 62, 482—484 (1920)

Mit Hrn. Sommerfeld bin ich darin einig, daß meine Behandlung des in Rede stehenden Problems für die Praxis der drahtlosen Telegraphie nichts Neues bietet; hier wird man sich nach wie vor der grundlegenden, von Hrn. Sommerfeld gewonnenen Resultate zu bedienen haben. Was ich versprach, war lediglich eine sachgemäßere Methode der mathematischen Behandlung und eine gewisse Klärung des ganzen Vorgangs. Immerhin besteht, wenn ich nicht irre, zwischen Hrn. Sommerfeld und mir in einem Punkte eine wesentliche Meinungsverschiedenheit.

1. Nicht dem Sommerfeldschen *Begriff* der Oberflächenwelle streite ich die sachliche Berechtigung ab, sondern der Behauptung, daß eine derartige Oberflächenwelle in dem Vorgang, den wir beide untersuchen, tatsächlich enthalten sei. Der Umstand, daß eine mathematische Methode die einen einheitlichen physikalischen Vorgang darstellende Funktion in mehrere Summanden spaltet, gibt gewiß noch kein Recht zu der Ansicht, daß das Phänomen re vera aus diesen Teilvorgängen als selbständigen Wesenheiten zusammengesetzt sei. Der „künstliche' Charakter der Sommerfeldschen Zerlegung scheint mir namentlich aus folgenden beiden Umständen hervorzugehen:

a) die drei einzelnen Bestandteile, insbesondere die Oberflächenwelle, haben eine Singularität auf der Achse $r = 0$, während der Gesamtvorgang dort regulär ist (*darum* hielt ich es zum Zwecke einer „natürlichen" Diskussion für angezeigt, die Wellenfortpflanzung im ganzen oberen Halbraum zu betrachten);

b) wo die Abtrennung der Oberflächenwelle bei der Diskussion von Hrn. Sommerfeld überhaupt aufrecht erhalten wird (bei großer numerischer Entfernung), verschwindet ihr Beitrag (wegen der exponentiellen Abnahme) vollständig in der asymptotischen Entwicklung; aus dem anschaulichen Charakter des Gesamtvorgangs kann also in keinem Fall die Existenz der Oberflächenwelle abgelesen werden; die Bemerkungen auf S. 720 der Sommerfeldschen Arbeit über eine gewisse „Unstimmigkeit" schienen mir recht deutlich das Unbefriedigende der Situation zu bezeichnen.

2. Es schien mir wichtig, hervorzuheben, daß es sich bei der ganzen Untersuchung um den Grenzfall $\lim n$ (Brechungsindex) $= \infty$ handelt, um das Analogon des Gibbsschen Phänomens. Der Fall eines endlichen festen n (asymptotische Entwicklung nach Potenzen der reziproken Entfernung), den ich in § 2 rasch erledige, wird in § 6 der Sommerfeldschen Arbeit gestreift; aber nicht diese Entwicklung wird, wie es der Übergang zu § 7 ankündigt, dann in § 7 weitergeführt, sondern von da ab steht allein der Grenzfall $n = \infty$ in Frage. Innerhalb seiner tritt erst die Fallunterscheidung zwischen mäßiger und großer numerischer Entfernung ein. Ich kann zwischen diesen beiden Fällen keinen anderen Unterschied zugeben, als ihn etwa auch das Verhalten der Funktion $\mathrm{Si}(x)$ für mäßige und unendlich große x zeigt: die asymptotische Formel gibt an, wie die Funktionsbewegung im Unendlichen „ausläuft". — Wie beim Gibbsschen Phänomen automatisch die Größe $n x$ als Argument auftritt [vgl. S. 489 meiner Arbeit], wenn man eine gleichmäßig gültige Grenzformel für $n = \infty$ haben will, so bei unserm Problem die „numerische Entfernung" $r_1 = r/|n|^2$ an Stelle von r [und $z/|n|$ an Stelle von z]; darin kommt für mich ihre grundsätzliche Bedeutung hinreichend klar zum Ausdruck. Dadurch, daß ich Gl. (23) durch Umrahmung als das Wichtigste und das Schlußresultat kennzeichnete, auf das Analogon des Gibbsschen Phänomens hinwies und zur anschaulichen Diskussion aufforderte, glaubte ich für den Leser genug getan zu haben.

3. Namentlich im Falle eines festen endlichen n trägt die Betrachtung des ganzen oberen Halbraums sehr zur physikalischen Klärung des Vorgangs bei. Die asymptotische Ent-

wicklung auf S. 487 unten meiner Note stellt, wenn man sie beim ersten Gliede abbricht, den Vorgang mit einem Fehler dar, der in jenem ganzen Bereich gleichmäßig von der Größenordnung $1/R$ ist, beim Abbrechen nach dem zweiten Glied mit einem Fehler von der Größenordnung $1/R^2$, usf.; die Nachbarschaft der Trennungsebene nimmt da durchaus keine Sonderstellung ein. Die von mir am Schluß des § 2 reproduzierte Formel (33a) der Sommerfeldschen Arbeit findet durch diese Entwicklung ihre natürliche Erklärung. Es sei gestattet, folgende Bemerkung anzufügen. Die „numerische Entfernung" ϱ wird, wenn man diesen Begriff auf den ganzen oberen Halbraum ausdehnen will, am besten erklärt als der absolute Betrag der von mir auf S. 496 eingeführten Größe w:

$$\varrho = |w| = |R - r\cos\alpha - z\sin\alpha|.$$

Die Entwicklung des § 2 gilt nun nicht nur bei festem endlichen n, sondern gleichmäßig für *alle* n im Sinne einer asymptotischen Darstellung für *große* ϱ; es ist nämlich, wenn man mit dem ersten Gliede abbricht, der Fehler (gleichmäßig für alle n) $\leqq \frac{\text{Const.}}{\varrho}$, beim Abbrechen nach dem zweiten Gliede $\leqq \frac{\text{Const.}}{\varrho^2}$, usf., wie sich leicht beweisen läßt.

So glaube ich, ist die von mir in § 2 entwickelte Methode die sachgemäße zur Behandlung des Problems für *alle Werte von n und große* ϱ; die in § 4 angegebene hat dieselbe Bedeutung für *alle* ϱ *und große n.* Die Wichtigkeit des physikalischen Problems schien mir die Mitteilung dieser Methode zu rechtfertigen. Im übrigen weiß ich sehr wohl, wie viel leichter das Herumbessern an der mathematischen Behandlung eines physikalischen Problems ist, als seine erste Bezwingung.

38.

Das Verhältnis der kausalen zur statistischen Betrachtungsweise in der Physik

Schweizerische Medizinische Wochenschrift, 10 p. (1920)

Die Beziehung der *kausalen* zur *statistischen* Betrachtungsweise zu erörtern, ist meine Aufgabe; damit die prinzipiellen Ueberlegungen nicht in abstrakten Allgemeinheiten verflattern, knüpfe ich immer an die durchgebildetste und meinem Gesichtskreis am nächsten liegende unter den Naturwissenschaften, an die *Physik* an. Ich beginne mit der Kausalität.

Das Verhältnis von *Ursache* und *Wirkung* beherrscht sowohl unser theoretisches Erkennen wie auch unser praktisches Handeln innerhalb der Wirklichkeit. Wenngleich wir eine sichere intuitive Einsicht in das Wesen dieses Verhältnisses zu besitzen scheinen — nach den Lehren der *Kant*'schen Philosophie handelt es sich sogar um einen *apriorischen* Besitz unseres Geistes, um eine Form, welche das Bewußtsein der ihm erscheinenden Wirklichkeit aufprägt —, ist doch die *begriffliche Formulierung des Kausalgesetzes* eine außerordentlich schwierige Aufgabe. Enthalten wir uns zunächst jeder metaphysischen Deutung, so gibt gewiß die folgende Erklärung, die man oft zu hören bekommt: „Von zwei aufeinanderfolgenden Ereignissen A und B ist A die Ursache von B, wenn es unmöglich ist, daß A geschieht, ohne daß B darauf folgt" — diese Erklärung gibt gewiß keinen empirisch feststellbaren Sinn. Denn wie sollen wir die in dieser Definition ausgedrückte *Notwendigkeit* erkennen, da wir doch nur *eine* Welt haben, und in dieser folgt eben B auf A! Es ist auch nicht ohne weiteres möglich, die Notwendigkeit durch die *Wiederholung* zu ersetzen („immer wieder wenn A geschieht, folgt darauf B"); denn ein Ereignis A in seiner vollen Konkretion geschieht nur einmal. Die Knüpfung von Kausalzusammenhängen zwischen wirklichen Geschehnissen läßt sich überhaupt nicht trennen von dem Aufbau der objektiven Wirklichkeit aus dem Material des unmittelbar Erlebten; und die Idee der Kausalität kann daher nur geklärt werden in Verbindung mit einer phänomenologischen Analyse des eigentlichen *Sinnes und Rechts der Wirklichkeitssetzung*. Sie läßt sich nicht auf eine knappe exakte begriffliche Formel bringen (wie es noch *Kant* versucht hat). Das Kausalgesetz, wie es in unsern natürlichen Weltbegriff verwoben ist, ist eben überhaupt kein *exaktes*, sondern ein *deskriptives* Gesetz. Inhalt gewinnt es nur auf Grund einer vorgängigen *Zerlegung des einmaligen Weltablaufs in einfache, immer wiederkehrende Elemente*. Diese geschieht in verschiedenen Stufen, die ich hier nur andeutungsweise und unvollständig beschreiben kann.

1. Zerschneidung der dreidimensionalen, räumlichen Wirklichkeit in einzelne, je eine anschauliche Einheit bildende, räumlich getrennte, verhältnismäßig beständige Teilsysteme *(Körper)*; die Vorgänge an solchen werden, so lange die fortschreitende Analyse nicht zu Korrekturen zwingt, als *voneinander unabhängig* betrachtet. Hand in Hand damit: eine Zerschneidung der vierdimensionalen raumzeitlichen Wirklichkeit in einzelne raumzeitlich getrennt verlaufende, in sich zu anschaulicher Einheit zusammengeschlossene *Ereignisse*.

2. Auffassung eines anschaulich erlebten Vorganges als zustande gekommen durch raum-zeitliches Zusammentreffen und *Verschmelzen* mehrerer einfacher Phänomene (deren jedes einzelne sich, wenn man die andern „durchstreicht" oder durch „normale Umstände" ersetzt, in anders gearteten Wahrnehmungen als die Gesamterscheinung bekunden würde; z. B. Sonnenuntergang hinter einer goldumränderten Wolke).

3. Die Welt kommt uns nur zum Bewußtsein in der allgemeinen Form des Bewußtseins, welche da ist: eine Durchdringung des Seins und Wesens, des „Dies" und „So". (Das innige Verständnis dieser Durchdringung ist, nebenbei bemerkt, meiner Ueberzeugung nach der Schlüssel zu aller Philosophie). In Akten der Reflexion sind wir imstande, das *Wesen*, das *So-sein* der Phänomene zur Abhebung zu bringen, für sich zu bemerken, ohne es doch von dem einzelnen Sein des jeweils anschaulich Gegebenen, *in dem* es erscheint, de facto lösen zu können. Hier der Ursprung der *Begriffe!* Und dies ist die 3. Stufe der Zerlegung: es kommt zur Erfassung des *So-seins* der Phänomene durch Abhebung unselbständiger Teile, ihrer *charakteristischen Züge und Merkmale*. Von ihnen zeigt sich durchweg, daß sie kontinuierlicher Abstufungen fähig sind, an einer bestimmten, wenn auch niemals exakt fixierbaren Stelle einer kontinuierlichen Skala stehen. Auf die herausgehobenen Merkmale gründet sich das *Zusammenordnen von Aehnlichem, das Unterordnen unter Begriffe, die Klassifikation;* welche sich an der immer reicher werdenden Erfahrung korrigiert und so immer besser das wahrhaft *Wesentliche* von dem Unwesentlichen scheidet und zu immer „natürlicherer" Klassenbildung fortschreitet.

4. Auf der eigentlich wissenschaftlichen Stufe setzt sich der Zerlegungsprozeß fort, indem man nicht bei anschaulich abhebbaren Elementen stehen bleibt, sondern etwa eine Reihe stets zusammen auftretender Beschaffenheiten als *Anzeichen eines verborgenen Etwas* auffaßt: dies führt zu hypothetischen Elementen (wie zum Beispiel den Atomen, den Kräften, dem elektromagnetischen „Feld"). Aber nicht nur die vorfindbaren Beschaffenheiten, sondern auch die Verhaltungsweisen eines Systems beim Zusammenbringen mit andern lernt man deuten als Bekundungen derartiger Elemente und ihres intensiven oder quantitativen Wertes (dies ist das Wesen der „Reaktion", des Experiments). Und endlich scheut man sich auch nicht, das anschaulich schlechthin Einfache hypothetisch zu zerlegen (z. B. das weiße Sonnenlicht in die Spektralfarben; oder die Beschleunigung, welche ein Planet erfährt, in die Teilbeschleunigungen, welche ihm die Sonne und die übrigen Planeten erteilen).

Zwischen den so gewonnenen Elementen, die in allen Erscheinungen wiederkehren, zwischen ihren Wertvariationen gibt es nun feste, *gesetzmäßige Beziehungen* zeitlicher Aufeinanderfolge. Und zwar ist das Entscheidende: je weiter die Analyse fortschreitet, in je *feineren Details* also die Vorgänge erfaßt und in je feinere Elemente sie zerlegt werden, um so *einfacher* werden diese gesetzmäßigen Grundbeziehungen, und um so vollständiger und genauer erklären sie den tatsächlichen Verlauf.

Wie die Physik, in der geschilderten Weise den Erscheinungen zu Leibe rückend und immer darauf bedacht, bis zu den einfachsten Elementen herabzusteigen, gezwungen wird, die Mathematik, d. h. die Arithmetik der natürlichen Zahlen und die Analysis der reellen, in ihren Dienst zu stellen, das auseinanderzusetzen ist hier nicht der Ort. Genug: in ihrem vollendeten Stadium führt sie dazu, die Beschreibung der Welt unter Zugrundelegung eines raum-zeitlichen Koordinatensystems auf den Wertverlauf weniger *Zustandsgrößen* zurückzuführen; sie sind Funktionen der vier Raum-Zeit-Koordinaten, ihre Werte reelle Zahlen. Die Geschehnisse in einem Weltgebiet wären vollständig exakt bekannt, wenn die logisch-arithmetische Konstruktion dieser Funktionen in jenem Weltgebiet gelänge. Auf dieser Stufe der Erkenntnis ist die Zerlegung der Welt in Einzelsysteme und -Ereignisse etc. prinzipiell wieder überwunden, und es steht von neuem (wie im Ausgangspunkt des unmittelbar Gegebenen) die *Welt als Ganzes* in Frage, nur jetzt die *„objektive"* und nicht die *„erlebte"*. Auf dieser Stufe gewinnt auch das Kausalitätsgesetz eine neue Gestalt; es lautet: Die Ableitungen der Zustandsgrößen nach der Zeitkoordinate drücken sich in einfacher, universell gültiger Weise als Funktionen der Zustandsgrößen selbst und ihrer räumlichen Ableitungen aus; so daß der Zustand der Welt in einem Moment den Zustand im unmittelbar darauf folgenden durch Differentialgesetze bestimmt. „*Willkürlich*“ oder „*zufällig*“ bleibt demnach nur ihr Zustand in einem einzigen Augenblick. Aber auch so haben wir kein exaktes Gesetz vor uns. Denn da es nur *eine* Welt gibt, sind die Zustandsgrößen ganz bestimmte Funktionen der Raum-Zeit-Koordinaten (freilich ungeheuer komplizierte, und wir kennen sie nicht); daß ihre zeitlichen Ableitungen sich als Funktionen der Größen selbst und ihrer räumlichen Ableitungen ausdrücken lassen, ist dadurch *selbstverständlich*. Das Entscheidende und Erstaunliche ist nur, daß man zu Gesetzen kommt, in denen die auftretenden Funktionen einen so außerordentlich *einfachen* Bau besitzen; und zwar ergab sich im Laufe der Geschichte eine um so wunderbarere Einfachheit und mathematische Harmonie, je größer der Bereich der physikalischen Erscheinungen wurde, welchen die Gesetze beherrschten, und je größere Anforderungen man an die Genauigkeit der Uebereinstimmung stellte. Versuche, diese Idee der „*reinen Gesetzesphysik*“ für das Ganze der Welt durchzuführen, sind in jüngster Zeit gemacht worden, namentlich von *Mie* und dem Referenten; mag da auch noch manches problematisch sein: in dämmernden Umrissen erkennen wir doch schon heute die grandiose mathematische Harmonie des Weltbaus.

So weit die Empirie und ihre kausale Verarbeitung! Einen menschlich-vernünftigen Sinn bekommt dieses ganze Geschäft aber erst dadurch, daß unser bewußtes Ich nicht nur durch das stille Hinblicken der *Wahrnehmung* mit der zu erkennenden Wirklichkeit verbunden, sondern leidend und *handelnd* in ihren Strom hineingerissen ist (— und sei es auch nur als Experimentator, der die Bedingungen des Experiments schafft). Es entspringt daraus tiefere Deutung der vorgefundenen Tatsachen und Abhängigkeitsbeziehungen durch die metaphysischen Begriffe der *bewußtseinstranszendenten Wirklichkeit*, des (nur im Willen erfahrbaren) „*Grund-seins von etwas*“ und der *Notwendigkeit*. Sie können nicht beiseite gelassen werden, wenn wir wirklich begreifen wollen, was Kausalität *ist*. —

Ich gehe von der *Kausalität* zur *Statistik* über. Neben der kausalen Betrachtungsweise, welche die Erscheinungen unter streng gültige Gesetze zu stellen sucht, spielt in der heutigen Physik seit Clausius und Maxwell die Wahrscheinlichkeitsrechnung, die statistische Betrachtungsweise, eine bedeutende Rolle. An der kinetischen Gastheorie hat sie sich zuerst entwickelt. Es steht so, daß weitaus die meisten physikalischen Begriffe, namentlich alle diejenigen, welche die (atomistisch gebaute) *Materie* betreffen, keine exakten sind im Sinne der reinen Gesetzesphysik, sondern statistische, mit einem gewissen Grad der Unbestimmtheit behaftete *Mittelwerte,* und die weitaus meisten der geläufigen physikalischen „Gesetze“, namentlich alle, welche die Materie betreffen, nicht als streng gültige Naturgesetze, sondern als *statistische Regelmäßigkeiten* aufzufassen sind. Woraus entspringt die Notwendigkeit und Berechtigung der Statistik neben der Kausalität? Stellt sie lediglich einen abgekürzten Weg dar, zu gewissen Konsequenzen der Kausalgesetze zu gelangen, oder zeigt sie an, daß in der Welt kein strenger Kausalzusammenhang herrscht, sondern der „Zufall“ neben dem Gesetz als eine selbständige, die Gültigkeit des Gesetzes einschränkende Macht anzuerkennen ist? Die Physiker sind heute durchweg der ersten Ansicht. Wie eine *Herleitung statistischer Regelmäßigkeiten aus Kausalitätsgesetzen* möglich ist, werde an einem Beispiel erläutert.

Auf der Billardfläche eines Quadrats von der Seitenlänge 1 bewege sich kräftefrei und reibungslos ein Punkt, der von den „Banden“ nach dem gewöhnlichen Reflexionsgesetz zurückgeworfen wird. Umgrenzen wir auf dem Billard irgend ein Gebiet G vom Flächeninhalt G, beobachten den Punkt während einer langen Zeitdauer t und fragen nach der Gesamtlänge t_G derjenigen in diese Beobachtungszeit hineinfallenden Zeitintervalle, während welcher der Punkt sich in G befindet. t_G ist ein Bruchteil von t; und nun läßt sich zeigen, daß dieser Bruch $t_G : t$ im Limes für unendlich großes t, die „relative Verweilzeit“, *gleich dem Flächeninhalt G ist.* (Das ist gültig und zwar für jedes Gebiet G, vorausgesetzt, daß die beiden Komponenten der Geschwindigkeit nach den Richtungen der Quadratseiten nicht kommensurabel sind.) Wir drücken dies so aus: Die *Wahrscheinlichkeit* dafür, daß sich der Punkt in einem beliebigen Augenblick in G befindet, wird durch den Flächeninhalt G gemessen. — Hat man statt *eines* viele solcher Punkte 1, 2, . . ., N, so gilt ferner: Sind $G_1, G_2, \ldots G_N$ beliebige Gebiete (die Buchstaben bezeichnen zugleich ihre Flächeninhalte), so ist derjenige Bruchteil einer unendlich langen Beobachtungszeit, während dessen der 1. Punkt sich in G_1 und zugleich der 2. in $G_2, \ldots$, der N^{te} in G_N befindet (im Verhältnis zu dieser Beobachtungsdauer) gleich dem *Produkt* $G_1 \cdot G_2 \cdots G_N$ Diese Tatsache — für deren Gültigkeit wieder gewisse, durch eine Kommensurabilitätsbedingung charakterisierte Fälle auszunehmen sind; auf sie wäre bei einer vollständigen Analyse des Zufallsbegriffes besondere Rücksicht zu nehmen; aber darauf will ich hier nicht eingehen — diese Tatsache, sage ich, läßt sich in der Sprechweise der Statistik durch folgenden *Zusatz* zu unserer vorigen, einen einzigen Punkt betreffenden Behauptung ausdrücken: Die Wahrscheinlichkeiten dafür, daß sich in einem Augenblick jeder der N Punkte in einem für ihn willkürlich vorgegebenen Gebiet (G_1, bezw. G_2 . . ., bezw. G_N) befindet, sind *unabhängig* voneinander. — Das Komplementärgebiet zu G vom Inhalte $\overline{G} = 1 - G$ werde mit $\overline{G}$ bezeichnet. Die Wahrscheinlichkeit dafür, daß sich in einem Moment genau n der N Massenpunkte in G (und daher $\overline{n} = N - n$ derselben im Gebiet $\overline{G}$) befinden, ergibt sich auf Grund unseres Satzes sogleich zu

$$(*) \qquad \frac{(n+1)(n+2)\ldots N}{1 \cdot 2 \ldots (N-n)} \cdot G^n \, \overline{G}^{\overline{n}};$$

das ist der n^{te} Term der Binomialentwicklung von

$$1 = (G + \overline{G})^N.$$

„Wahrscheinlichkeit" ist dabei stets im Sinne von „Verweilzeit" verstanden. Schreibe ich jedem der Massenpunkte die Masse 1/N zu (so daß die vorhandene Gesamtmasse = 1 ist), so ist $m = n/N$ die in G vorhandene Masse und m/G die Massendichte in G. Sei etwa $N = 10^{20}$, G von der Größe $^1/_{10}$. Dann lehrt auf Grund der Formel (*) ein rein mathematisches Theorem, das *Bernoulli*'sche *Theorem der großen Zahlen*, Folgendes: Die Wahrscheinlichkeit dafür, daß die Dichte in G vom Normalwert 1, sagen wir, um mehr als 0,01 % abweicht, ist von der Größenordnung: 1 dividiert durch eine Zahl mit 10^{10} Nullen. Also außer in Zeiten, die noch viel seltener sind, als 1 Sekunde in Billionen Jahren, verteilen sich die Punkte merklich *gleich dicht* über die ganze Quadratfläche. Eine vielleicht anfangs bestehende ungleichmäßige Verteilung geht durch die Bewegung alsbald in die *Gleichverteilung* über. Genau aus diesem Grunde und in diesem Sinne kann man in der Gastheorie behaupten: *im „thermodynamischen Gleichgewicht" ist eine in einen Kasten eingeschlossene Gasmenge überall gleich dicht.* Hier kommen zu den Stößen an den Wänden noch die Stöße der Moleküle *untereinander* hinzu, die auch einen Austausch der *Geschwindigkeiten* bewirken. Behandelt man diesen nach analogen Prinzipien, so ergeben sich die übrigen Gasgesetze. Dabei können freilich die Tatsachen, welche den oben ausgesprochenen Sätzen über die Verweilzeit entsprechen, nur mehr teilweise begründet werden, weil uns der den Austausch bewirkende Mechanismus des Moleküls nicht hinreichend genau bekannt ist; sie enthalten ein hypothetisches Element: die *Ergodenhypothese* der klassischen Thermodynamik (die zudem in der neueren Zeit durch die Quantentheorie wegen einer geheimnisvollen Diskontinuität beim Energieaustausch eine tiefgehende Korrektur erfahren hat). Die „Gleichverteilung" ist übrigens jedermann bekannt, der einmal in einer Tasse Kaffee und Milch durch Umrühren miteinander mischte; es kommt eine Flüssigkeit von gleichmäßiger Farbe zustande. — *Die Berechtigung der Statistik liegt also, kann man zusammenfassend sagen, darin: die im Verborgenen sich abspielenden, komplizierten Molekularvorgänge haben keine direkte Beziehung zu unsern Wahrnehmungen; für diese sind vielmehr gewisse Mittelwerte maßgebend. Sie zu bestimmen lehrt die Statistik.*

Auf die angegebene Weise werden behandelt:

1. die *thermische „Statik“* (Herleitung der im thermodynamischen Gleichgewicht gültigen Gesetze);

2. die *„thermische Dynamik“* (enthaltend die Gesetze, welche den Uebergang von einem „gestörten“ in den Gleichgewichtszustand regeln);

3. *thermische Schwankungslehre.* Nach dem Obigen ist die Behauptung, daß ein Gas im Gleichgewicht überall gleich dicht ist, nicht *exakt* zu verstehen, sondern es ist die Möglichkeit scheinbar *„spontaner“* Dichteschwankungen vorhanden; beträchtliche Abweichungen vom Mittel werden allerdings außerordentlich selten sein. In welchem Ausmaß solche zu erwarten sind, kann ebenfalls statistisch untersucht werden. Die spontanen Dichteschwankungen der Luft sind es z. B., welche durch Abbeugung des Sonnenlichtes das *diffuse Tageslicht* hervorrufen, das den Himmel nicht *schwarz,* sondern *blau* erscheinen läßt. Sie haben also, so geringfügig jede einzelne von ihnen ist, doch einen wahrnehmbaren Effekt, und die statistischen Resultate können an der Beobachtung geprüft werden. Solcher kontrollierbarer Schwankungserscheinungen sind heute schon eine ganze Reihe bekannt[1]); überall fand sich gute Uebereinstimmung zwischen Theorie und Beobachtung.

Nach diesem Bericht kann ich mich wieder meinem eigentlichen Problem: dem Verhältnis von Kausalität und Statistik zuwenden.

Die statistische Thermodynamik steht vor einer großen *prinzipiellen Schwierigkeit.* Für die reine Gesetzesphysik sind *Vergangenheit und Zukunft* genau so gleichwertig wie links und rechts; der in unserer Erfahrung mit höchster Evidenz sich aufdrängende *ausgezeichnete Ablaufssinn der Zeit* hat in ihr *keinen* Platz. Ihn zeigen aber alle thermodynamischen Erscheinungen (Diffusion, Wärmeleitung; Entropiewachstum; Mischung, aber nicht *Ent*mischung von Kaffee und Milch durch Umrühren). Wie löst sich dieser Widerspruch? Die statistische Thermodynamik muß erklären: Treten in der unendlich langen Geschichte eines *isolierten Systems* spontan Zu-

---

[1]) Vor allem die berühmte Brown'sche Bewegung; dann Opaleszenz infolge Dichteschwankung in der Nähe des kritischen Punktes; zeitliche Konzentrationsschwankungen in radioaktiven Lösungen und Gasen; Schwankungen des Ionisationsstroms bei Stoßionisation oder Ionisation durch α-, β- oder γ-Strahlen.

stände ein, die in einem gewissen Betrage vom Gleichgewicht abweichen, so wird fast jedesmal, wenn dies geschieht, zu konstatieren sein, daß das System sich nicht nur unmittelbar nachher, *sondern auch unmittelbar vorher* in Zuständen befindet, die dem Gleichgewicht näher sind; hier ist also von Einsinnigkeit der Zeit nicht die Rede. Die kontrollierbaren Schwankungsvorgänge bilden dafür eine gewisse Bestätigung. Die gewöhnlich beobachteten großen Abweichungen vom Gleichgewicht kommen aber nicht auf solche Weise in einem *isolierten* System zustande, sondern dadurch, daß zwei zunächst vollständig gegen einander isolierte Systeme in *atomistische Wechselwirkung* (thermische Berührung) treten (Zusammenschütten von Kaffee und Milch); das durch die Vereinigung entstehende Gesamtsystem ist dann im Augenblick der Entstehung fern vom thermischen Gleichgewicht — und strebt ihm zu, genau nach den Gesetzen, welche die statistische Betrachtungsweise ergibt.

Ist diese Schwierigkeit einmal behoben, so kann man auch erklären, wie es kommt, daß für die statistischen Mittelwerte Abhängigkeitsbeziehungen gelten, welche *Nachwirkung der ganzen Vorgeschichte* eines Systems (Hysterese, verbleibende *Dispositionen)* anzeigen, obwohl die exakten Naturgesetze Differentialgleichungen sind, die nur je zwei *unendlich benachbarte* Zeitpunkte miteinander verknüpfen. Solche Erscheinungen treten innerhalb der Physik namentlich im Gebiet der *Elastizität* und des *Ferromagnetismus* auf. Häufig sind sie im Gebiet des *Organischen,* können aber keineswegs, wie das zuweilen geschieht, als ein Beweis dafür ausgespielt werden, daß sich die organischen Vorgänge nicht „mechanisch“ erklären ließen.

Dennoch bleibt hier ein dunkler Punkt. Die Einsinnigkeit der Zeit sollte doch so zustande kommen: treten zwei bis dahin isolierte Systeme in thermische Berührung mit einander, so ist es außerordentlich *unwahrscheinlich,* daß in diesem Augenblick diejenige Verteilung der Energie auf die beiden Einzelsysteme statthat, welche dem thermischen Gleichgewicht entspricht und sich durch die Berührung im Laufe der Zeit herausbildet. Der Vorgang der *Vereinigung* geht durch Umkehrung der Zeitrichtung über in den Vorgang der *Trennung* zweier zunächst in thermischer Berührung befindlicher Systeme. Hier urteilen wir aber gerade *umgekehrt:* im Moment der Trennung ist es außerordentlich *wahrscheinlich,* daß sich die beiden Systeme im Gleichgewicht befinden. Der in der Kausalität liegende, aber in der Idee des Gesetzes nicht zur Geltung kommende Gedanke, daß das *Frühere* der Grund des *Folgenden* ist und *nicht umgekehrt,* prägt offenbar dem Wahrscheinlichkeitsurteil eine *ausgezeichnete Zeitrichtung* auf. Da wir aber die beiden Systeme von vornherein als Glieder eines *einzigen* Systems betrachten können, in welchem die Geschehnisse von den exakten Naturgesetzen heherrscht werden, ist nun doch vom Standpunkt der Gesetzesphysik aus nicht einzusehen, wie dieses Wahrscheinlichkeitsurteil das Richtige treffen kann. Ich glaube auch nicht, daß man aus dem Dilemna herauskommt durch Analyse der Vorgänge, welche die Aufhebung der thermischen Isolation herbeiführen, oder den Hinweis darauf, daß wir in einem Weltgebiet leben (in der Nähe der heißen Sonne), welches vom thermischen Gleichgewicht weit entfernt ist. Es scheint mir doch so — ich stelle mich dadurch in Gegensatz zu der heute herrschenden Ansicht —, als müsse man *der Statistik eine selbständige Rolle* neben dem „Gesetz" zuweisen. Das wäre wohl auf folgende Art möglich.

Die statistischen Regelmäßigkeiten, welche allein der Beobachtung zugänglich sind, setzen nicht voraus, daß die bisher als exakt angesprochenen Naturgesetze, auf Grund deren wir sie errechnen, wirklich exakt gültig sind. Ferner: wo vielerlei molekulare Elementarereignisse zusammenwirken, um einen bestimmten Effekt hervorzubringen, haben äußerst geringfügige Alterationen der Ursachenkonstellation die einschneidensten Abänderungen des Effektes zur Folge. Endlich und vor allem aber liegt es im Wesen des Kontinuums, daß es nicht als starres Sein sich fassen läßt, sondern nur als ein *nach innen hinein in einem unendlichen Werdeprozeß begriffenes.* Zwar hat die Mathematik zur strengen Begründung der Infinitesimalrechnung seit einem Jahrhundert sich bemüht, das Kontinuum in eine Menge diskreter Elemente, das „System seiner Punkte", aufzulösen. Aber ganz abgesehen davon, daß dadurch nicht das anschauliche Kontinuum zur Darstellung gelangt, sondern durch ein begriffliches Surrogat ersetzt wird, enden diese Bemühungen, wie sich gerade in jüngster Zeit immer deutlicher herausstellt, mit einem vollen Mißerfolg: die strengste Mathemathik sieht sich von neuem genötigt (im Einklang mit der Anschauung), das Kontinuum und die stetigen Funktionen (welche die möglichen Wertverläufe der im Kontinuum ausgebreiteten Zustandsgrößen beschreiben) nicht als fertig seiende Dinge, sondern als ein ins Unendliche sich fortsetzendes Werden zu betrachten. Fertig *gegeben* sein kann aber natürlich nur ein Kontinuum, in welchem dieser Werdeprozeß nur bis zu einem gewissen Punkte gediehen ist; d. h. die quantitativen Verhältnisse in einem mir anschaulich gegebenen Weltstück[1]) S sind nicht nur infolge der begrenzten Genauigkeit meiner Sinnesorgane und Meßwerkzeuge bloß approximativ, mit einem gewissen Spielraum feststellbar, sondern *sie sind an sich mit einer solchen Vagheit behaftet.* Betrachten wir ein Weltstück S', welches

[1]) „Welt", genommen im Sinne des vierdimensionalen Feldes aller Ereignisse.

S als einen Teil enthält, so wird aus der Beschaffenheit von S' heraus — durch das Postulat der strengen Gültigkeit der Naturgesetze, welche die Zustände im Weltstück S mit den Zuständen des übrigen Teiles von S' verknüpfen — dieser Spielraum, den S seiner eigenen Beschaffenheit nach besitzt, weiter eingegrenzt werden: indem sich die Zustände von S durch die Folgen, welche sie haben, in die Zukunft hinein entfalten, setzt sich auch der Werdeprozeß von S selber nach innen hinein fort. Und erst „am Ende aller Zeiten“ sozusagen (das ist aber nur eine Grenzidee) würde auch der unendliche Werdeprozeß von S vollendet sein und S denjenigen Grad von Bestimmtheit an sich tragen, den die mathematische Physik als ihr Ideal postuliert und den man gewöhnlich schon dann als erreicht und prinzipiell „gegeben“ ansieht, wenn das Weltstück S der Vergangenheit angehört. In Wahrheit aber wird die Zukunft noch fort und fort an der Gegenwart schaffen und sie zu einer immer präziser bestimmten machen; die Vergangenheit ist nicht fertig abgeschlossen. Damit weicht der starre Druck der Naturkausalität, und es bleibt, unbeschadet der Gültigkeit der Naturgesetze, *Raum für selbständige, kausal voneinander absolut unabhängige Entscheidungen,* als deren Ort ich die Elementarquanten der Materie betrachte.[1]) Diese „Entscheidungen“ sind das *eigentlich Reale* in der Welt. Die moderne reine Gesetzesphysik läßt nämlich mehr und mehr erkennen, daß ihre Aussagen für die Welt lediglich jene Bedeutung haben, welche früher die (durch die Relativitätstheorie von der Physik verschluckte) *Geometrie* besaß: Festlegung des *Schauplatzes* der wirklichen Geschehnisse (und nicht der wirklichen Geschehnisse selbst).

Die *anorganische Materie* verhält sich so, wie es die Statistik ergibt, wenn man die *kausal* voneinander unabhängigen Entscheidungen auch *statistisch als unabhängig* behandelt. Im Gebiet des *Organischen* aber begründet *Korrelationen* zwischen ihnen eine der Kausalität entrückte selbstherrliche organisierende Potenz, das *Leben.* Bestünde diese Auffassung zu Recht, so schiede sie prinzipiell Leben und Tod. Wo *Bewußtsein* und zielsetzender, tatbegründender *Wille* heraufkommt, gerät die Lebenspotenz in steigendem Maße in die *Gewalt eines rein geistigen Seins.*

---

[1]) Ich will nicht behaupten, daß die angegebene Lösung wirklich die zutreffende ist; nur eine mit unsern heutigen Kenntnissen und Einsichten vereinbare Möglichkeit wollte ich bezeichnen.

39.

Die Einsteinsche Relativitätstheorie

Schweizerland (1920)

Schweizerische Bauzeitung (1921)

I.

Bei der Verabredung einer Zusammenkunft müssen *Ort und Zeit* des Zusammentreffens abgemacht werden, wenn man sich nicht verfehlen will. Die Begegnung selbst wird stattfinden an einer bestimmten „Raum-Zeit-Stelle". Was in einem bestimmten Augenblick meines wachen Lebens für mich da ist, ist ein „Hier-Jetzt". Ein Ereignis von winziger räumlicher und zeitlicher Ausdehnung, etwa das Startsignal bei einem Rennen oder das Aufblitzen eines sofort wieder verlöschenden Fünkchens markiert ein solches Hier-Jetzt, einen Raum-Zeitpunkt. Es hat einen von keiner Problematik bedrohten anschaulichen Sinn, von zwei Ereignissen zu sagen, daß sie an derselben oder an unmittelbar benachbarten Raum-Zeit-Stellen geschehen; Menschen, im Begriffe sich die Hand zu reichen, befinden sich zum Beispiel in dieser Lage. Die Raum-Zeit-Punkte oder, wie wir von jetzt ab kürzer sagen wollen, die Weltpunkte, hängen miteinander stetig zusammen. Der Fluß unseres Lebens gleitet entlang an einer solchen raumzeitlichen Kontinuität der Außenwelt. Was aber heißt es, wenn wir von zwei Ereignissen behaupten, sie seien am gleichen Ort geschehen (wenn auch zu verschiedenen Zeiten), oder sie seien gleichzeitig eingetreten (wenn auch an verschiedenen Orten)? Das Fragwürdige dieser Zerspaltung der Welt in Raum und Zeit geht einem auf, wenn man den Abgrund erfühlt, der getrennte „Hier-Jetzt" voneinander scheidet. Wird die Kluft zwischen zwei Ereignissen, etwa hier und auf dem Sirius, geringer dadurch, daß sie zur selben Zeit geschehen? Ist die Kluft zwischen zwei Ereignissen in Zürich geringer, wenn zwischen ihnen ein Jahr liegt (nach Kopernikus geschehen sie dann nämlich an der gleichen Raumstelle), als wenn sie durch den Zeitraum eines Monats (wo das nicht der Fall ist) voneinander getrennt sind? Die Relativitätstheorie leugnet geradezu, daß sich in der Welt auf absolute Weise die zeitliche von den räumlichen Dimensionen trennen läßt.

Demokrit, der große Philosoph von Abdera, behauptete, die Welt bestünde aus unveränderlichen Atomen, die im Raume von oben nach unten fielen. Er nahm also an, daß im Raume eine ausgezeichnete Richtung „von oben nach unten" vorhanden sei, daß sich im Raume auf absolute Weise voneinander trennen die vertikale und die beiden horizontalen Dimensionen. Seitdem die Kugelgestalt der Erde entdeckt wurde, ist diese Vorstellung haltlos geworden.

Wir wissen heute, daß jene Richtung nicht dem Raume an sich zukommt, sondern eine materielle Ursache hat, die nach dem Erdmittelpunkt ziehende Schwerkraft der Erde, und daß daher von oben und unten im Raume nur *relativ zu einem bestimmten Standort* auf der Erde die Rede sein kann. In genau dem gleichen Sinne, wie hier etwas als relativ sich herausstellte, was früher für absolut gehalten wurde, zeigt die Relativitätstheorie, daß die Aussagen „am gleichen Ort" und „zur gleichen Zeit" nicht absolut, sondern nur relativ, nämlich relativ zu einem festen Bezugskörper einen Sinn haben.

In der Tat: wollen wir im täglichen Leben einen *Ort* bezeichnen, so geben wir nicht einen Raumpunkt an — wie sollte das auch möglich sein, da ja kein Raumpunkt an sich, seiner Beschaffenheit nach, von einem andern unterschieden ist, und ich also auch gar nicht in der Lage bin, „denselben Raumpunkt" zu verschiedenen Zeiten festzuhalten —, sondern eine an ihrer materiellen Beschaffenheit kenntliche und dadurch von andern unterschiedene Stelle der Erde, die wir unter Umständen durch eine besondere, fest mit der Erde verbundene Marke fixieren (z. B. Straßenschilder). Wo im täglichen Leben von Ruhe oder Bewegung die Rede ist — die Häuser stehen still, das Schiff fährt mit so und so viel Knoten Geschwindigkeit — ist darunter immer Ruhe und Bewegung relativ zur festen Erde zu verstehen. Auf Grund der geometrischen Lagebeziehungen, welche zwischen den verschiedenen Stellen eines festen Körpers bestehen, können wir die direkte Ortsangabe durch Hinweis auf die an der betreffenden Stelle P befindliche Marke vorteilhaft durch eine indirekte ersetzen; in einer Ebene genügt dazu z. B. die Angabe der Entfernungen von zwei festen Marken A, B, (diese Zahlen geben an, wie oft ich einen starren Stab, der von A bis B reicht, hintereinander in gerader Linie abtragen muß, um von A bzw. B bis P zu gelangen). Hier kommt man also mit zwei festen Marken aus, während die direkte Ortsangabe voraussetzt, daß der Bezugskörper mit Marken überall dicht besät ist. Und vor allem gestattet uns das indirekte geometrische Verfahren, ideell Marken auch ins Leere zu setzen. Immer aber benötigen wir einen festen Körper als Basis.

Als daher Kopernikus verkündete, daß die Erde sich bewege, stellte er keine Lehre auf, über deren Wahrheit oder Falschheit man streiten konnte, sondern er sagte etwas Sinnloses. Der wahre Kern seiner Lehre ist aber dieser: „Die Begriffe Ruhe und Bewegung haben nur relative Bedeutung. Für die irdischen Verhältnisse ist es gewiß das zweckmäßigste, die feste Erde als Bezugskörper zu wählen; für die Betrachtung des Kosmos aber genießt sie kein Vorzugsrecht, sondern hier wird das Festhalten an diesem Bezugskörper zur menschlichen Anmaßung. Die Gesetze des Planetenlaufs werden viel *einfacher*, und es offenbart sich eine innere Harmonie, die sonst verborgen bliebe, wenn ich ihre Bahnen relativ zur Sonne konstruiere statt relativ zur Erde." — Dem mittelalterlichen Menschen war das Menschengeschlecht alleiniger Träger des göttlichen Geistes; an ihm und nur an ihm hatte daher auch der Sohn Gottes sein Erlösungswerk zu vollziehen gehabt. Den Menschen und ihrem Wohnort, der Erde, kam damit im All eine absolute, einmalige Bedeutung zu. Die Tat des Kopernikus wurde zur Weltanschauungswende, weil sie diesen Glauben an die absolute Bedeutung der Erde, der im Geistig-Religiösen wurzelte, vom Kosmischen her zerbrach. —

Die eben entwickelte, für die Vernunft evidente Erkenntnis von der Relativität der Bewegung, welche offenbar besagt, daß unter den möglichen Bewegungszuständen eines Körpers keiner ausgezeichnet ist, hat einen schweren Stand gegenüber der Erfahrung. Denn die Erfahrung zeigt z. B., daß an rotierenden Körpern Zentrifugalkräfte auftreten, die den Körper spannen, vielleicht bis zum Zerreißen; am „ruhenden" ist davon nichts zu bemerken. Und die Ursache dieses verschiedenen Verhaltens kann nur im Bewegungszustand erblickt werden. Hier drängen sich also doch innere — freilich dynamische, nicht kinematische — Unterschiede der Bewegungszustände geradezu auf; es sieht so aus, als bestünde in der Welt eine Art zwangsweise „Führung", die einem Körper, wenn man ihn in bestimmter Richtung mit bestimmter Geschwindigkeit losläßt, eine ganz bestimmte „natürliche Bewegung" aufnötigt, aus der er nur durch äußere Einwirkung herausgeworfen werden kann. Das besagt ja in der Tat das Galileische *Trägheitsprinzip*. Um es genau zu formulieren, fassen wir nur die Vorgänge auf einer festen Ebene ins Auge, z. B. auf einem ebenen Stück der Erdoberfläche oder einer ebenen Metallplatte. Ein auf ihr sich bewegender Massenpunkt hinterlasse eine materielle, fest mit der Platte verbundene Spur, wie es die Bleistiftspitze auf dem Papier tut. Außerdem markieren wir, um das zeitliche Gesetz der Bewegung nicht zu verlieren, auf dieser Spur die Orte, wo sich der Punkt etwa von Minute zu Minute befindet; diese Zeit („Eigenzeit") muß gemessen werden mittels einer kleinen, mit dem Massenpunkt verbundenen und an seiner Bewegung teilnehmenden Taschenuhr. Ist die Bahn eine Gerade und sind diese auf ihr markierten Punkte äquidistant (wie klein auch die Periode der Uhr gewählt sein mag), so bewegt sich der Punkt „geradlinig mit gleichförmiger Geschwindigkeit", er führt eine „Translation" aus. Galilei fand, daß die „natürlichen Bewegungen" von Massen relativ zur Erde mit großer Annäherung Translationen sind. Er stellte daher das allgemeine Prinzip auf: *Natürliche Bewegungen sind Translationen.* Einen Bezugskörper, relativ zu dem dieses Prinzip gültig ist, wollen wir einen *berechtigten Bezugskörper* nennen. Die Erde ist es in erster Annäherung; aber doch nur in erster Annäherung; mit weit größerer Genauigkeit trifft es für die Sonne zu. *Relativ zu einem solchen berechtigten Bezugskörper vollzieht die Erde die bekannten, ihr im kopernikanischen Weltsystem zugeschriebenen Bewegungen.* Die wahre Meinung des Galileischen Prinzips also ist die, daß es ideell möglich ist, einen berechtigten Bezugskörper zu konstruieren; d. h. man kann die relative Bewegung eines solchen Bezugskörpers in bezug auf unsern festen Standort, die Erde, aus dem Verlaufe der Naturerscheinungen mit jeder gewünschten Genauigkeit bestimmen. Auf einen berechtigten Bezugskörper beziehen sich in Strenge die Aussagen über Ruhe, Bewegung, Geschwindigkeit, Beschleunigung in der wissenschaftlichen Mechanik. Sind aber A und B zwei derartige Körper, so braucht B keineswegs in bezug auf A zu ruhen; jedoch ist seine Bewegung in bezug auf A stets eine gleichförmige Translation (d. h. alle Stellen von B führen relativ zu A eine reine Translationsbewegung aus). Zwischen Ruhe und Translation besteht also auch in dynamischer Hinsicht kein Unterschied, wohl aber zwischen Ruhe und Rotation. In einem mit gleichförmiger Geschwindigkeit auf geradliniger Strecke dahinfahrenden Eisenbahnzug spielen sich alle mechanischen und physikalischen Vorgänge ebenso ab, wie wenn der Eisenbahnzug ruhte; sobald er aber durch eine Kurve fährt oder gebremst wird, kann man das, wie jedermann bekannt, ohne aus dem Zuge hinauszuschauen, am Ablauf der Vorgänge im Zuge merken. Das zu Beginn dieses Absatzes hervorgehobene Dilemma zwischen Vernunft und Erfahrung bleibt vorerst bestehen.

Soviel über die Relativität des Ortes. Ich komme jetzt zur *Relativität der Gleichzeitigkeit*.

Es ist die Form meines inneren Lebens, daß seine Inhalte sich verdrängen in *zeitlicher Sukzession*. Dies innere Leben aber fühlt sich wahrnehmend, leidend und handelnd verflochten mit einer wirklichen Welt, in die es selber durch den Leib hineingebannt ist. Indem ich als naiver Mensch mit voller Selbstverständlichkeit die Dinge, die ich sehe, in den Zeitpunkt ihrer Wahrnehmung setze, dehne ich meine Zeit über die ganze Welt aus; daher glaube ich, daß ein von mir gesprochenes „Jetzt" nicht nur den Ablauf meines Lebens trennt in Vergangenheit und Zukunft, sondern mit einem Hieb diesen Schnitt hindurchlegt durch die ganze Breite der Welt. Aber das Fundament dieser Ansicht ist erschüttert seit der Entdeckung der endlichen Ausbreitungsgeschwindigkeit des Lichtes (c = 300 000 km in der Sekunde). Betrachten wir wieder die Vorgänge auf einer festen Ebene E. Sie sei ein berechtigter Bezugskörper im Sinne des Galileischen Prinzips. Zum Zwecke der direkten Ortsangabe ist die Ebene mit festen Marken, etwa Türmen besät; an jedem Turm befinde sich eine Uhr. Die Uhren sind von A aus reguliert, wenn ein Beobachter auf dem Turm A von ihnen allen die gleiche Zeigerstellung abliest. Ist aber diese Regulierung von der Wahl des Zentrums A unabhängig? Nein. Sind A und B zwei Türme, die 300 000 km voneinander entfernt sind, so wird bei der von A aus vorgenommenen Regulierung der Uhren einem Beobachter auf dem Turme B die Uhr in A derjenigen in B um zwei Sekunden nachzugehen scheinen. Diese Zeit braucht das Licht, um von B nach A und wieder zurück von A nach B zu kommen; die Hälfte davon nennen wir die „Lichtzeit BA". Die Zeit, während der das Licht den *einen* Weg BA durchläuft, können wir nicht messen, weil wir über kein rascheres Zeitübertragungsmittel verfügen als das Licht; auch die Signale der drahtlosen Telegraphie, welche heute dazu benützt werden, breiten sich mit Lichtgeschwindigkeit aus. Die Lichtzeit zwischen irgend zwei Türmen ist immer gleich ihrer Entfernung dividiert durch eine feste, für alle Turmpaare gleiche Zahl c. Auf Grund dieser Erfahrungen nehmen wir eine „verbesserte Regulierung“ der Uhren vor, indem wir dafür sorgen, daß ein Beobachter in A die Uhr an jedem andern Turm T um die Lichtzeit AT nachgehen sieht. Diese Regulierung ist dann unabhängig vom gewählten Zentrum; sie legen wir zu Grunde, wenn wir von der „Zeit“ eines beliebigen Ereignisses in unserer Ebene sprechen. Diese Zeit ist abzulesen *auf der am Orte des Ereignisses befindlichen Uhr*. Nachdem alle Uhren so gerichtet sind, führt offenbar das Auffangen eines in A gegebenen Lichtsignals auf den verschiedenen Türmen zu der Konstatierung: das Licht breitet sich in konzentrischen Kreisen, nämlich nach allen Seiten mit der Geschwindigkeit c aus.

Es ist eine äußerst *merkwürdige Tatsache, daß die geschilderte Regulierung für jeden berechtigten Bezugskörper sich durchführen läßt.* Würden wir statt des Lichtes zur Zeitübertragung das *Schlagen* der Uhren benutzen, so würde die Regulierung der Uhren nur gelingen, falls die Ebene, welche die Türme und Uhren trägt, relativ zur Luft, dem Medium der Schallausbreitung, in Ruhe ist. Von einem durch die Luft sich bewegenden Körper aus aber würde die Ausbreitung des Schalles exzentrisch zu erfolgen scheinen, und jene Erfahrungstatsachen, auf welche sich unsere Regulierung stützt, würden sich als ungültig herausstellen. Daß es sich mit dem Licht anders verhält, beweist mit Evidenz, *daß die Ausbreitung des Lichtes kein Vorgang sein kann, der sich, wie die Schallausbreitung, in einem materiellen Medium abspielt.* Denn dann müßten die optischen Vorgänge erkennen lassen, ob ein Bezugskörper relativ zu diesem Lichtäther ruht oder sich bewegt; da das nicht zutrifft, ist die Hypothese des Lichtäthers gerichtet. Andererseits wird aber klar sein, daß die oben geschilderte Zeitregulierung mit Hilfe des Lichtes von zwei gegeneinander in gleichförmiger Translation befindlichen Bezugskörpern aus *verschieden* ausfallen muß; denn wie sollte sonst von beiden Bezugskörpern aus der Vorgang der Lichtausbreitung als ein konzentrischer erscheinen! *Der Begriff der Gleichzeitigkeit ist also wie der der Gleichortigkeit ein relativer.* Das ist die neue Erkenntnis, zu der sich Einstein im Jahre 1905 durchgerungen hatte und die mit einem Schlage die ungeheuren Schwierigkeiten löste, in die man sich seit Jahrzehnten in der Optik und Elektrodynamik bewegter Körper verwickelt sah. Die durch viele subtile Experimente gestützte Tatsache, daß ein Beobachter, der mit seinen Versuchskörpern in einen geschlossenen Kasten eingesperrt ist, an ihnen quantitativ genau die gleichen Naturerscheinungen feststellt, gleichgültig, ob der Kasten ruht oder sich in Translation befindet, läßt gar keinen andern Ausweg offen. – Es ist eine innere Konsequenz der neuen Lehre, daß *die Geschwindigkeit eines Körpers niemals die Lichtgeschwindigkeit erreichen kann.* In der Tat hat die Beobachtung an Elektronen, die von radioaktiven Körpern ausgeschleudert werden, gezeigt: je näher ihre Geschwindigkeit der Lichtgeschwindigkeit kommt, eine um so größere Kraft muß aufgewendet werden, um die Geschwindigkeit weiter zu steigern; der Trägheitswiderstand wächst mit der Annäherung an die Lichtgeschwindigkeit ins Unendliche. Ebenso ist es ausgeschlossen, daß sich irgend eine Wirkung mit größerer als Lichtgeschwindigkeit ausbreitet; jede Wirkung aber, die sich im Leeren fortpflanzt wie das Licht, schreitet *genau* mit Lichtgeschwindigkeit fort. In diesen Tatsachen tritt die absolute Bedeutung der Lichtgeschwindigkeit zu Tage.

Zum besseren Verständnis dieser Konsequenzen entwerfen wir (nach dem Muster des im Eisenbahnbetrieb gebräuchlichen „graphischen Fahrplans") ein räumliches Abbild der „Welt", des Kontinuums der Weltpunkte (Abb. 1).

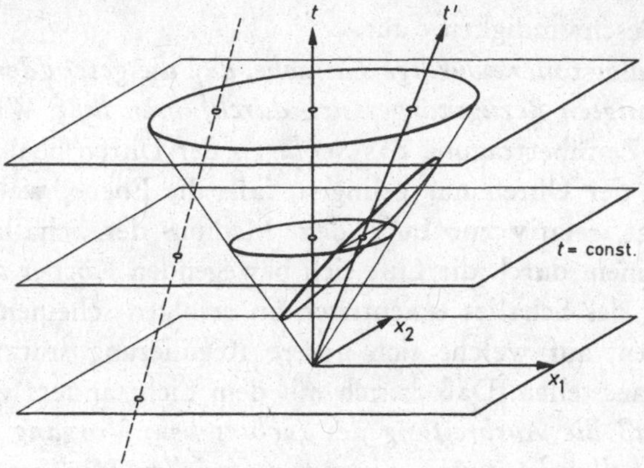

Abbildung 1

Die feste Ebene, auf der sich alle von uns betrachteten Vorgänge abspielen, denken wir uns horizontal. Den durch folgende Beschreibung gegebenen Raum-Zeit-Punkt „Ort: Marke A unserer Ebene; Zeit: t, abzulesen an der dort befindlichen Uhr" stellen wir dar durch einen in der Höhe t senkrecht über A gelegenen Punkt. Dann liegen die Bilder aller gleichzeitigen Weltpunkte auf horizontalen Ebenen, die Bilder aller gleichortigen auf vertikalen Geraden.

Die Weltpunkte, die ein in Bewegung befindlicher Massenpunkt sukzessive passiert, bilden eine beständig steigende Weltlinie; sie durchsetzt jede der Horizontalebenen an derjenigen Stelle, an welcher sich der Punkt in dem betreffenden Moment befindet. Sie ist eine Gerade, wenn die Bewegung des Massenpunktes eine Translation ist. Die Weltpunkte, in denen ein im Weltpunkt O gegebenes Lichtsignal eintrifft, liegen auf einem vertikal gestellten geraden Kreiskegel („Kegel der Lichtausbreitung" oder kurz „Lichtkegel"). Nach Vor-Einsteinischer Auffassung hat die Welt eine „geschichtete" Struktur. Gleichzeitige Ereignisse liegen in einer Schicht; das Nacheinander dieser Schichten gibt unser Bild wieder durch das Übereinander der sie darstellenden Horizontalebenen. Die absolute Bedeutung der Schichtebene durch den beliebigen Weltpunkt O beruht darauf, daß sie voneinander scheidet die „zukünftigen" Weltpunkte, *die von O Wirkung empfangen können*, und die

„vergangenen“, *von denen aus eine Wirkung nach* O *gelangen kann;* diese beiden Weltbereiche grenzen ohne Zwischenraum aneinander (das Einschlagen einer in O abgefeuerten Kugel kann in einem beliebigen Weltpunkt oberhalb O stattfinden, in die Vergangenheit aber kann ich nicht schießen; es sind beliebig große Geschwindigkeiten möglich). Nach der *neuen* Auffassung aber übernimmt der (nach hinten verlängerte) „Lichtkegel“ in O die Rolle, Vergangenheit und Zukunft voneinander zu scheiden. Die Weltlinien aller in O geschleuderten Körper müssen in den vorderen, der Zukunft geöffneten Kegel hineinweisen (so auch die Weltlinie meines eigenen Leibes, meine „Lebenslinie“, wenn ich O passiere). Nur auf die Ereignisse in solchen Weltpunkten, die im Innern dieses vordern Kegels liegen, kann das, was in O geschieht, von Einfluß sein; die Grenze wird von der durch den leeren Raum erfolgenden Ausbreitung des Lichtes gegeben. Befinde ich mich in O, so teilt O meine Lebenslinie in Vergangenheit und Zukunft (Abb. 2). Daran ist nichts geändert.

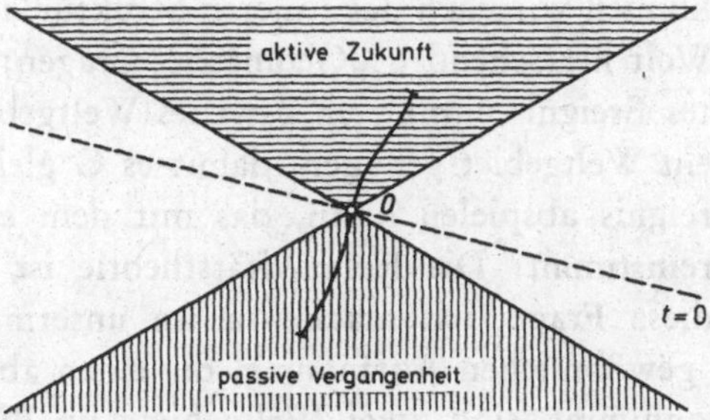

Abbildung 2

Was aber mein Verhältnis zur Welt betrifft, so liegen in dem vordern Kegel alle diejenigen Weltpunkte, auf die mein Tun und Lassen in O von Einfluß ist, außerhalb desselben alle die Ereignisse, die abgeschlossen hinter mir liegen, an denen jetzt „nichts mehr zu ändern ist“; *der Mantel des vorderen Kegels trennt meine aktive Zukunft von meiner aktiven Vergangenheit.* Hingegen sind im Innern des hintern Kegels alle die Ereignisse lokalisiert, die ich entweder leibhaftig miterlebt (mitangesehen) habe oder von denen mir irgend eine Kunde zugekommen sein kann, nur diese Ereignisse haben möglicherweise Einfluß auf mich gehabt. Außerhalb desselben aber liegt alles, was ich noch miterleben werde oder noch miterleben würde, wenn meine Lebensdauer unbegrenzt wäre und mein Blick überall hindringen könnte; *der Mantel des hinteren Kegels scheidet meine passive Vergangenheit von meiner passiven Zukunft.* Zwischen aktiver Zukunft und passiver Vergangenheit liegt ein leeres Gebiet, mit dem ich in diesem Augenblick weder aktiv noch passiv irgendwie gebunden bin; und auch während meiner begrenzten Lebensdauer bleibt ein ganzes Weltgebiet frei, dessen Ereignisse nicht den geringsten Einfluß auf mich haben und dessen Ereignisse ich nicht den geringsten Einfluß habe. —

Auch für einen andern berechtigten (in gleichförmiger Translation begriffenen) Bezugskörper ordnen sich die gleichzeitigen Weltpunkte in unserem Bilde zu lauter parallelen Ebenen E' und die gleichortigen bilden eine Schar paralleler Geraden. Die durch O gehende Gerade (in Abb. 1 mit t' bezeichnet) führt ins Innere des Lichtkegels; sie liegt so, daß sie die von den Ebenen E' aus dem Lichtkegel ausgeschnittenen Ellipsen in deren Mittelpunkten durchstößt (siehe Abb. 1). Jene Ebenen E' werden also gegen die Horizontale geneigt sein, und darin kommt die Relativität der Gleichzeitigkeit zum Ausdruck.

Der Raum besitzt gemäß der Geometrie eine gewisse innere Struktur, unabhängig von dem materiellen Gehalt, der ihn erfüllt; darum können wir an einem Körper die räumliche Konfiguration (Gestalt, Größe) unterscheiden von seiner materiellen Beschaffenheit. Zufolge dieser inneren Raumstruktur kann etwas Materielles, das ein bestimmtes Raumstück erfüllt, wohl den Ort wechseln, ohne sich zu ändern, indem es bleibt, was es ist, *dabei aber nicht jedes beliebige Raumstück erfüllen,* sondern nur ein dem ersten *kongruentes.* In demselben Sinn können wir nach der inneren Struktur der Welt, der in der vierdimensionalen Welt herrschenden „Geometrie" fragen; ein räumlich-zeitlich scharf begrenztes Ereignis nimmt ein gewisses Weltgebiet G ein; welchen Bedingungen muß ein Weltgebiet genügen, damit es G gleich ist, d. h. damit sich in ihm ein Ereignis abspielen kann, das mit dem ersten in allen Beschaffenheiten übereinstimmt? Die Relativitätstheorie ist nichts anderes als die Antwort auf diese Frage; ich mache sie an unserm räumlichen Bilde deutlich. Nach der gewöhnlichen Auffassung, die einen absoluten Raum und eine absolute Zeit annimmt, sind zwei Weltgebiete im Bilde dann und nur dann gleich, wenn sie durch Parallelverschiebung in horizontaler Richtung und Drehung um die vertikale Zeitachse auseinander hervorgehen. Die Horizontalebenen, die Schichten, gehen dabei in sich über. Hält man an der absoluten Bedeutung der Gleichzeitigkeit fest, sieht aber alle Bewegungszustände als gleichberechtigt an, so sind zwei Weltgebiete einander gleich, wenn das eine aus dem andern dadurch entsteht, daß jede Horizontalebene für sich beliebig verschoben und gedreht wird (Richtung und Größe der Verschiebung können mit der Höhe der Horizontalebene stetig variieren, ebenso der Winkel der Drehung); die Welt wäre also in der Richtung der Zeitachse völlig strukturlos. Beschränkt man aber die Gleichberechtigung der Bewegungszustände durch das Galileische Trägheitsprinzip, so können außer einer für alle Schichten gemeinsamen Drehung um die Vertikale, nur solche Schichtenverschiebungen zugelassen werden, welche die vertikalen Geraden wieder in Gerade verwandeln. Die wahre Antwort endlich, welche die Einsteinsche Relativitätstheorie gibt und nach welcher die horizontalen Schichten ihre absolute Bedeutung einbüßen, läßt sich gleichfalls geometrisch ohne Mühe formulieren; immerhin müßte ich dazu einige geometrische Vorbegriffe entwickeln, und so will ich lieber darauf verzichten.

Die vorhin besprochenen physikalischen Vorgänge, sehen wir jetzt, dienten uns nur als Mittel, um über *die innere formale Struktur der Welt*, die von der sie erfüllenden Wirklichkeit unabhängig ist, Aufschluß zu erhalten.

Der Schauplatz der Wirklichkeit ist nicht ein stehender dreidimensionaler *Raum*, in dem die Dinge in *zeitlicher* Entwicklung begriffen sind, *sondern die vierdimensionale Welt, in welcher Raum und Zeit unlöslich* miteinander verwachsen sind. Diese objektive Welt *geschieht* nicht, sondern sie *ist* — schlechthin; ein vierdimensionales Kontinuum, aber weder Raum noch Zeit. Nur vor dem Blick des in den Weltlinien der Leiber emporkriechenden Bewußtseins „lebt" ein Ausschnitt dieser Welt „auf" und zieht an ihm vorüber als räumliches, in zeitlicher Wandlung begriffenes Bild.

Wandernd erwacht ihr. Da beginnt zu gleiten
der Boden, der euch reglos trug.
Und unaufhaltsam wächst in euer Schreiten
des Bildes stiller Weiterzug.

(Scholz, »Der Spiegel«)

So erlebt jedes Individuum seine Geschichte. Untereinander stehen ihre Bewußtseins-Ströme in einem Wirkungszusammenhang, der durch die von uns geschilderte Weltstruktur in seinen Möglichkeiten begrenzt ist. Die Welt selber aber hat keine Geschichte. So kommt in der modernen Physik — nachdem sie sich längst von den Sinnesqualitäten befreit hatte — die große Erkenntnis Kants zur Geltung, daß Raum und Zeit nur Formen unserer Anschauung sind ohne Bedeutung, für das Objektive. Anders freilich als die Kantische Philosophie findet die Physik den Mut, das hinter den Erscheinungen verborgene raum- und zeitlose Reich der „Dinge an sich" zu ergründen und in mathematischen Symbolen darzustellen.

II.

In einem Zimmer seien einer oder mehrere elektrisch geladene Metallkörper ruhend aufgestellt. Außerdem stehe uns ein kleines geladenes Kügelchen zur Verfügung, das wir beliebig im Raume herumführen können. Wir werden finden, daß an jedem Punkt des Raumes auf dieses Kügelchen eine Kraft wirkt; und zwar erfährt es immer die gleiche Kraft, wenn wir es an die gleiche Stelle des Zimmers zurückbringen. Mit dem gleichen Recht etwa, mit dem wir auf die Existenz eines Baumes vor dem Zimmerfenster daraus schließen, daß wir immer wieder, wenn wir zum Fenster hinausschauen, jene Gesichtserlebnisse haben, die für uns die Wahrnehmung eines Baumes bedeuten, mit dem gleichen Recht schließen wir aus der angeführten Tatsache auf die Existenz eines überall nach Intensität und Richtung bestimmten „elektrischen Feldes" in dem die geladenen Konduktoren umgebenden Raum. Das Kügelchen dient uns nur als ein Mittel, dies Feld wahrnehmbar (und meßbar) zu machen, weil kein Sinnesorgan uns von ihm direkt Kunde gibt. Ein Feld von periodisch schwankender Intensität ist eine „elektrische Welle"; solche

Wellen übermitteln die Zeichenübertragung in der drahtlosen Telegraphie, und auch das Licht besteht aus elektrischen Wellen. In unserm Auge haben wir also doch ein Sinnesorgan zur Wahrnehmung elektrischer Felder, freilich nur solcher elektrischer Felder, die außerordentlich rasche periodische Schwankungen ausführen. Das Feld ist mit einem gewissen *Spannungszustand* verbunden; elektrisch geladene Körper wirken nicht unmittelbar aufeinander, sondern sie erzeugen ein Feld, und der in dem Felde herrschende Spannungszustand wirkt als bewegende Kraft auf die in das Feld eingebetteten Körper. Wie bei einer gespannten Feder, kommt diesem Spannungszustand eine im Raum verteilte Spannungsenergie zu. Bei allen elektrischen Vorgängen strömt die Energie im Felde hin und her oder verwandelt sich in Bewegungsenergie der im Felde befindlichen Körper (teils in die Energie sichtbarer, teils unsichtbarer molekularer, von uns als Wärme empfundener Bewegungen) und umgekehrt, aber ihrem Gesamtbetrage nach ändert sie sich nicht (Gesetz von der Erhaltung der Energie).

Nach der hier geschilderten Vorstellung haben wir offenbar in der Welt einen Dualismus von *Materie* und *Feld;* die Materie ist nicht allein da, sondern außer ihr existiert noch als eine zartere („lichtartige") Realität das Feld, welches sich mit der Materie in Wechselwirkung befindet: die Materie erzeugt das Feld, das Feld wirkt auf die Materie durch seine Spannung zurück als bewegende Kraft. Die alte „mechanische" Weltauffassung wollte diesen Dualismus überwinden, indem sie das Feld und seine Wirkungen auf verborgene Bewegungen eines hypothetischen Stoffes, des „Äthers" zurückzuführen suchte; so sollte z. B. eine wellenförmige Bewegung dieses Äthers, Ätherschwingungen von der gleichen Art wie die den Schall erzeugenden Luftschwingungen, dem Phänomen des Lichtes zugrunde liegen. Einen vollen Erfolg haben die Bemühungen der „Mechaniker" niemals gehabt. Seit Faraday und Maxwell haben sich die Physiker mehr und mehr dazu verstehen müssen, das Feld als eine originäre, auf die Materie nicht zurückzuführende Wirklichkeit anzuerkennen. Die Relativitätstheorie zeigte endlich die völlige Haltlosigkeit der Ätherhypothese. Wollen wir also über die Zweiheit von Materie und Feld hinaus zu einer Einheit kommen, so bleibt nur die Möglichkeit, am Substanzbegriff zu rütteln. In der Tat ist die Vorstellung einer kontinuierlich ausgebreiteten „Substanz", aus der die Elementarteile der Materie, die Atome und Elektronen, bestehen sollen und von der man annimmt, daß 1. jede einzelne Substanzstelle im Laufe der Geschichte ihre bestimmte Weltlinie durchläuft, und daß 2. in jedem Raumstück ein bestimmtes zahlenmäßig angebbares Quantum Substanz (die „Masse") sich befinde, — diese Substanz-Vorstellung ist ganz überflüssig zur Erklärung der Naturerscheinungen. Wo ein Elektron sich befindet, steigt die elektrische Feldstärke auf kleinstem Raum zu enorm hohen Werten an. Die *Ladung* des Elektrons ist nach Faraday nichts anderes als der Fluß des elektrischen Feldes durch irgend eine diese singuläre Stelle umgebend gedachte Hülle. Die Bedeutung der *Masse* aber ist in der Physik keineswegs die eines „Substanzquantums", sondern sie mißt den Trägheitswiderstand der Materie gegen beschleunigende Kräfte. Die Relativitätstheorie führte nun zu der Erkenntnis, daß *jede Anhäufung von Feldenergie Massenträgheit besitzt; und zwar kommt einem Energiequantum E die träge Masse* E/c^2 *zu*, wo c die Lichtgeschwindigkeit bedeutet. Ein Ofen, dessen Inneres von intensiver Strahlung erfüllt ist, bewegt sich, wenn wir die Masse der Ofenwände als verschwindend klein annehmen, unter dem Einfluß irgendwelcher Kräfte nach den bekannten Gesetzen der Mechanik, wobei seine träge Masse gleich der Energie der im Ofen herrschenden Strahlung, dividiert durch c^2, ist. So können wir denn auch die Massenträgheit eines Elektrons und der aus Elektronen (mit Atomkernen) zusammengesetzten Körper erklären: sie rührt her von der an der Stelle des Elektrons sich zusammenballenden Energie des elektrischen Feldes, das dort zu gewaltiger Stärke ansteigt. Ein Licht aussendender Körper erfährt einen Massenverlust, nicht dadurch, daß „Substanz", sondern dadurch, daß Energie von ihm weggeht; er ist gleich dem c^2-ten Teil der ausgestrahlten Lichtenergie. Ebenso wächst an einem Körper, der erwärmt wird, die träge Masse mit dem Energie-Inhalt. Das Gesetz von der Erhaltung der Masse fällt infolge dieser engen Beziehung zwischen Masse und Energie zusammen mit dem Gesetz von der Erhaltung der Energie. So sehen wir: alle bekannten Eigenschaften der Materie erklären sich allein daraus, daß die materiellen Korpuskeln „Energieknoten" im Felde sind. Sie bewegen sich nicht anders durch den Raum, als wie eine Wasserwelle über die Seefläche fortschreitet; es ist da nicht mehr die Rede von „ein und derselben Substanz", aus der so ein Teilchen dauernd bestünde. Übrigens hatte schon Kant eine dynamische Auffassung der Materie vertreten, indem er lehrte, daß die Materie ihren Raum erfülle nicht durch ihr bloßes Dasein, sondern durch anziehende und zurückstoßende Kräfte. Wir leugnen eine „den Raum durch ihr bloßes Dasein erfüllende" Materie ganz und gar; hat es nach der Relativitätstheorie keinen Sinn mehr, von dem gleichen Raumpunkt zu verschiedenen Zeiten oder von dem gleichen Zeitpunkt an verschiedenen Orten zu reden, so fällt jetzt auch die sinnvolle Möglichkeit dahin, „dieselbe Substanzstelle" wiederzuerkennen und durch ihre Geschichte hindurch zu verfolgen. Es gibt keine unveränderlichen substanziellen Korpuskeln, an denen die Feldkräfte nur von außen anpacken, sie hin und her schiebend.

Was das Feld betrifft, so hatte ich bisher allein vom elektromagnetischen Feld gesprochen, auf dessen Rechnung außer den elektrischen und magnetischen Vorgängen auch alle bekannten Strahlungserscheinungen, insbesondere die optischen, kommen. Danaben existiert aber noch das *Gravitationsfeld*, das offenbar in ähnlicher Weise mit der Masse der Körper zusammenhängt wie das elektromagnetische Feld mit ihrer Ladung. Andere ursprüngliche Kraftwirkungen als die des elektromagnetischen und des Gravitationsfeldes kennt die moderne Physik nicht; alle übrigen Naturkräfte entspringen, soviel wir heute beurteilen können, aus ihrem Zusammenspiel. Gerade in jüngster Zeit sind wir in der elektrischen Deutung der Kohäsionskräfte der Materie durch die Untersuchungen von Herrn Prof. *Peter Debye*, der seit kurzer Zeit an unserer Eidgenössischen Technischen Hochschule in Zürich wirkt, ein mächtiges Stück vorwärts gekommen.

III.

Nicht lange hat sich Einstein auf der Stufe der speziellen Relativitätstheorie, von der bislang die Rede war, niedergelassen. Während die Physiker und Mathematiker, zum Teil unter heftigem Sträuben, in die Umgestaltung sich einzuleben suchten, welche Raum, Zeit und die andern physikalischen Grundbegriffe durch seine geniale Lösung der in der Elektrodynamik und Optik bewegter Körper längst drückend empfundenen Schwierigkeiten erlitten hatten, drang er selber in gewaltigem Geistesringen empor zu höheren Gipfeln; nach einem kurzen Irrweg in letzter Stunde wurde das Ziel 1914 erreicht. Eine diese *„allgemeine Relativitätstheorie"* bestätigende astronomische Beobachtung war es, die vor kurzem weitere Kreise aufhorchen ließ auf die unter Führung Einsteins erfolgte Revolution des physikalischen Weltbildes. Es war eine Revolution, wie man sie sich radikaler kaum denken kann, aber Hand in Hand mit der Zerstörung des Alten ging der sichere Aufbau einer neuen, mächtigeren und freieren Ordnung der Dinge.

Was Einstein nicht zur Ruhe kommen ließ, war das ungelöste Dilemma, in das sich Vernunft und Erfahrung hinsichtlich der *Relativität der Bewegung* bislang verstrickt sahen. Wenn ein rasch rotierendes Schwungrad zerspringt, wenn bei einem Zusammenstoß infolge der plötzlichen Bewegungshemmung die Wagen sich ineinander schieben und alles in Trümmer geht, wer ist schuld an einem solchen Unglück? Hier kommt es doch offenbar nicht an auf die Relativbewegung, etwa die Bewegung des Zuges relativ zur Erde. Warum ginge sonst der Zug in Trümmer und nicht auch der Kirchturm, an dem er vorüberfährt (der doch relativ zum Zug einen ebenso starken Bewegungsruck erfährt wie der Zug relativ zum Kirchturm)! Man mache sich an solchen Beispielen klar, wie kraß das Dynamische dem Prinzip von der Relativität der Bewegung widerspricht! Von unabweisbaren Tatsachen gedrängt, antwortet daher Newton auf unsere Frage: Es gibt einen absoluten Raum; jene Wirkungen treten ein, weil das Schwungrad rotiert, die Bewegung des Zuges verzögert wird *relativ* zum *absoluten Raum;* der „absolute Raum" zerbricht das Schwungrad, zertrümmert die Eisenbahnwagen. Die Antwort der speziellen Relativitätstheorie, die der innern Struktur der Welt die Schuld zuschiebt, ist nicht wesentlich von der Newtonschen verschieden. Diese innere Weltstruktur offenbart sich also in den Trägheitskräften als *etwas Reales,* als wirkende Potenz von einer unter Umständen erschütternden Gewalt. Und auf diesem Gedanken beruht nun die Lösung dieses Dilemmas, die Einstein in der „allgemeinen Relativitätstheorie" fand: bekräftigt sich die innere Weltstruktur durch solche Wirkungen auf die Materie als eine machtvoll ins Weltgeschehen eingreifende Realität, so kann sie unmöglich eine formale, schlechthin vorgegebene, von der erfüllenden Materie und ihren Zuständen unabhängige Beschaffenheit der Welt sein, sondern sie wird ihrerseits Wirkungen von der Materie erleiden, durch die Materie bestimmt werden und mit ihren Zuständen sich verändern, ähnlich wie etwa das elektrische Feld von den elektrischen Ladungen erzeugt wird und mit ihnen sich verändert.

Schon früher hatte ich davon gesprochen, daß zufolge dem Galileischen Trägheitsgesetz in der Welt eine im Unendlichkleinen wirksame Beharrungstendenz sich kundtut, welche die Weltrichtung eines Körpers von Moment zu Moment überträgt und dadurch seine Bewegung bestimmt. Nach alter Auffassung entspringt diese Beharrungstendenz aus der geometrischen Struktur der Welt. Einstein erblickt in ihr ein physikalisches Zustandsfeld von der gleichen Realität wie etwa das elektromagnetische Feld; ich will es das *Führungsfeld* nennen. Die tatsächliche Bewegung eines Körpers kommt also im allgemeinen durch den Kampf zweier Einwirkungen zustande, des Führungsfeldes, das die Weltrichtung des Körpers von Moment zu Moment überträgt, und der „Kraft", die den Körper aus dieser natürlichen Bewegung ablenkt. Die am Beispiel des Zugszusammenstoßes erläuterte Antinomie löst sich so, wie sie der gesunde Menschenverstand von jeher gelöst hat: nicht der Kirchturm, wohl aber der Zug wird aus der durch das Führungsfeld bestimmten natürlichen Bewegung durch die beim Zusammenstoß wirksam werdenden Molekularkräfte herausgerissen. Das Neue ist nur, daß wir das Führungsfeld nicht als etwas a priori Gegebenes hinnehmen dürfen, sondern nach dem Gesetze zu forschen haben, nach welchem die Materie das Führungsfeld erzeugt.

Bevor wir das in Angriff nehmen, will ich den *zweiten Grundgedanken* der allgemeinen Relativitätstheorie zur Sprache bringen. Sie behauptet, daß die Gravitation keine „Kraft" in dem eben eingeführten Sinne ist, welche die Körper aus ihrer natürlichen Bewegung ablenkt, sondern daß die Gravitation neben der Trägheit schon in der Beharrungstendenz des Führungsfeldes mitenthalten ist. Die Planeten folgen der ihnen vom Führungsfelde vorgeschriebenen Bahn; zur Erklärung ihrer Bewegung bedürfen wir nicht wie Newton einer besonderen „Schwerkraft". Wenn die Durchführung der Theorie diese Annahme bestätigen sollte, so wäre damit in einer voll befriedigenden Weise das Rätsel der Schwerkraft gelöst. Die bewegende Kraft, die ein elektrisches Feld auf einen Körper ausübt, ist dessen *Ladung* proportional; die bewegende Kraft aber, die das Gravitationsfeld auf einen Körper ausübt, ist nach Newton dessen *träger Masse* proportional, die an sich nach dem Grundgesetz der Mechanik eine ganz andere Bedeutung hat. Die Hauptaufgabe einer Theorie der Schwerkraft, die bisher allerdings niemals ernstlich in Angriff genommen worden war, ist eben die, diesen seltsamen Zusammenhang zwischen Gravitation und Trägheit zu erklären.

Weil die Kraft, mit der die Gravitation auf einen Körper wirkt, dessen träger Masse proportional ist, so erfahren alle Körper, gleichgültig von welcher Beschaffenheit und Masse, an einer bestimmten Stelle des Schwerefeldes dieselbe Beschleunigung *b*. Wir würden infolgedessen, wenn wir mit diesen Körpern zusammen in einen Kasten eingeschlossen sind, der sich mit der Beschleunigung *b* bewegt, konstatieren, daß die Körper sich genau so verhalten, wie Körper in einem ruhenden Kasten, auf die keine Schwerkraft wirkt. Man denke etwa an die Vorgänge in einem Lift, dessen Seil gerissen ist und der reibungslos im Schwerefeld der Erde abstürzt. Ein Beobachter in diesem Kasten wird finden, daß ein geworfener Körper nicht in einer Parabel zu Boden fällt, sondern mit gleichförmiger Geschwindigkeit in gerader Linie dahinfliegt; relativ zu diesem Kasten als Bezugskörper ist das Führungsfeld, wie wir sagen wollen, ein Galileisches (es gilt das Galileische Trägheitsprinzip). Wir, die wir auf der festen Erde stehen und dem Schauspiel zusehen, sagen: der Kasten ist beschleunigt, und das Führungsfeld, das die Bewegung der geworfenen Körper bestimmt, ist ein Galileisches plus Schwere; der Beobachter im Kasten sagt: der Kasten ruht, und das Führungsfeld ist lediglich ein Galileisches. Nach dem Prinzip von der Relativität der Bewegung hat der eine Standpunkt kein Vorzugsrecht vor dem andern. Ein „Kopernikanischer" Beobachter endlich behauptet sogar, daß nicht nur der Kasten sich bewegt, sondern auch die Erde sich dreht; er behauptet, daß die von dem auf der Erde stehenden Beobachter konstatierte Abweichung des Führungsfeldes vom Galileischen noch wiederum aus zwei Teilen besteht, der Gravitation der Erde und der Zentrifugalkraft der Erd-Rotation, während von seinem Standpunkt aus dieser zweite Bestandteil fortfällt.

Man mache sich an solchen Beispielen klar, daß in der Tat gar kein physikalischer Anhaltspunkt dafür vorliegt, das Führungsfeld als zusammengesetzt aus Trägheit und Gravitation zu betrachten; sondern diese Zerspaltung ist willkürlich und abhängig vom Bewegungszustand des Bezugskörpers. In früherer Zeit wurde die Frage viel diskutiert, ob die Zentrifugalkraft eine wirkliche Kraft oder nur eine scheinbare, eine bloße Rechengröße sei. Vereinigen wir, wie das der Einsteinsche Standpunkt mit sich bringt, die Gravitation mit den Trägheitskräften, so lautet die Antwort: sie sind *scheinbar*, sofern man *an einer einzelnen Weltstelle* stets einen derartigen Bezugskörper einführen kann, relativ zu dem das Führungsfeld ein Galileisches ist; sie sind *wirklich*, sofern es im allgemeinen nicht möglich ist, *für ein ausgedehntes Weltgebiet* einen derartigen Bezugskörper anzugeben (z. B. vom stürzenden Lift aus beurteilt, herrscht an der Stelle, wo er sich befindet, kein Schwerefeld, wohl aber bei den Antipoden). Nichts anderes als diesen letzten Umstand meinte eine früher von mir gebrauchte Redewendung, daß das Führungsfeld im allgemeinen von Weltstelle zu Weltstelle veränderlich sei.

Natürlich geschah es in der vor-Einsteinschen Physik nicht ganz ohne Grund, daß man das Führungsfeld in zwei Teile, Trägheit + Gravitation zerlegte. Diese Zerspaltung hat etwa die gleiche Bedeutung, wie wenn wir die gegebene Erdoberfläche uns konstruieren aus einer glatten Mittelfläche, dem Geoïd, + einer Abweichung davon, zu der die Berge, Meeresbecken, Flußtäler, Häuser, Bäume, Grashalme und herumliegende Steine gehören. Wir sind uns aber darüber klar, daß diese Zerspaltung keine durch die Natur gegebene ist und nur mit einer gewissen Willkür und niemals exakt definierbar vollzogen werden kann. Genau so liegt es hier. Vollends ins Unrecht setzt sich diese Zerspaltung aber dann, wenn man, wie es die Newtonsche Theorie tut, nur für die „Gravitation" genannte Abweichung nach einer *materiellen Ursache* sucht, den homogenen Untergrund des in der Trägheit zum Ausdruck kommenden Galileischen Führungsfeldes aber als etwas a priori Gegebenes ansieht. Das ist, vom Standpunkt der Einsteinschen Theorie aus, derselbe Fehler, den Demokrit vom Standpunkt der Newtonschen Theorie aus beging: Newton betrachtet die Fallrichtung eines Körpers als Einheit, und findet als ihre materielle Ursache die Anziehungskraft der Erde; Demokrit setzt sie zusammen aus einer absoluten Richtung „oben — unten" und einer Abweichung davon, hält die erste für eine a priori dem Raume zukommende Eigenschaft und sucht nur nach einer materiellen Ursache für die letzte. — Schließlich will ich das Verhältnis von Trägheit und Gravitation noch durch die folgende Analogie veranschaulichen. Zwischen den Platten eines geladenen Kondensators entsteht ein elektrisches Feld, das im ganzen homogen ist, aber in der unmittelbaren Nähe der geladenen, das Feld erzeugenden Elektronen sich aus dem homogenen Verlauf so heraushebt wie kleine steile Bergkegel aus einer weit gedehnten Ebene. Die Zerlegung in das von allen Elektronen zusammen erzeugte homogene Feld und diese einzelnen aufgesetzten Bergkegel, die zu den einzelnen Elektronen gehören, bleibt natürlich bis zu einem gewissen Grade willkürlich. Genau so wird hier der homogene Untergrund des Führungsfeldes, den wir als Trägheit bezeichneten, durch das Zusammenwirken aller Massen im Universum hervorgerufen; über ihn überlagern sich die verhältnismäßig sehr winzigen, Gravitation genannten Abweichungen, die von den einzelnen Körpermassen herrühren und diese umgeben. Diese Trennung ist für manche Zwecke bequem; aber sie bleibt immer mit einer gewissen Willkür behaftet und ist ohne objektive Bedeutung.

Damit komme ich endlich zu der Hauptfrage der Theorie: das *Gesetz* ist zu ermitteln, das anstelle des Newtonschen Gravitationsgesetzes zu treten hat, *das Gesetz, nach welchem Zustand und Verteilung der Materie das Führungsfeld bestimmen.* Da ist es nun das Wunderbare, daß die einzige Forderung „es muß unabhängig sein von dem in beliebigen Bewegungszustand begriffenen Bezugskörper, an dem wir uns orientieren" mit zwingender Macht, ohne Befragung der Wirklichkeit, rein spekulativ dieses Gesetz im wesentlichen eindeutig determiniert. Leider ist seine Formulierung mit so erheblichen mathematischen Schwierigkeiten verbunden, daß ich hier auf seine Darlegung verzichten muß. Und siehe da, dies Gesetz erklärt die Bewegung der Planeten mit derselben überwältigenden Genauigkeit wie das

Newtonsche Attraktionsgesetz, das zuerst in der Menschheit den Glauben an die Gültigkeit strenger Naturgesetze befestigt hat. Somit zeigt sich, daß der zweite Grundgedanke der allgemeinen Relativitätstheorie „die Gravitation ist im Führungsfeld mitenthalten" gar keine neue Hypothese vorstellt; sondern die Durchführung der Theorie ergibt für einen Körper, der sich in der Nähe eines Massenzentrums wie die Sonne befindet, eine solche natürliche, allein durch die Beharrungstendenz des Führungsfeldes zustandekommende Bewegung, wie wir sie an den Planeten beobachten. Ja, Einsteins Theorie des Führungsfeldes liefert diese Bewegung sogar noch etwas genauer als die Newtonsche Theorie der Schwerkraft. Aus seinem Gesetz ergibt sich nämlich eine geringfügige Abweichung von dem nach Newton berechneten Ort der Planeten, eine Abweichung freilich, die selbst für den sonnennächsten Planeten, den Merkur, (wo sie allein merklich ist), innerhalb eines Jahrhunderts erst den Betrag von etwa 40 Bogensekunden erreicht. In der Tat ist schon seit langem eine solche Abweichung der Bewegung des Merkur von der ihm durch die Newtonsche Theorie vorgeschriebenen Bahn konstatiert worden, und es wurden von den Astronomen viele seltsame Hypothesen zu ihrer Erklärung ersonnen. Sie liefert uns jetzt die erste *empirische Bestätigung* der Einsteinschen Gravitationstheorie. Eine zweite Bestätigung hat sich jüngst aus Beobachtungen des Ortes von Fixsternen in der Nähe der verfinsterten Sonne ergeben. Nach der Relativitätstheorie muß sich nämlich die Bahn des Lichtes, wie die eines geworfenen Körpers im Schwerefeld krümmen. Nicht als ob das Licht aus materiellen Korpuskeln bestünde. Aber das im Lichte schwingende elektrische Feld ist mit Energie, also (siehe den Abschnitt II) mit träger Masse verbunden, und da nach der Relativitätstheorie träge Masse und Schwere wesensidentisch sind, muß auch das Licht schwer sein. Die Krümmung des Lichtstrahles hat zur Folge, daß der Stern in einer anderen Richtung erscheint, als seinem wahren, längst mit großer Genauigkeit bekannten Orte entspricht. Die Verschiebung ist natürlich nur merklich für solche Sterne, die in unmittelbarer Nähe der Sonne stehen, d. h. für die der zu uns gelangende Lichtstrahl dicht an der großen Sonnenmasse vorübergegangen ist; und diese Sterne können nur bei einer totalen Sonnenfinsternis beobachtet werden. Die Abweichung soll nach der Theorie für einen Stern am Sonnenrand $1''.74$ betragen. Sie wurde von zwei englischen Expeditionen während der totalen Sonnenfinsternis vom 29. Mai 1919 gemessen; und zwar lieferte die Beobachtung in Sobral (Brasilien) den Wert $1''.98 \pm 0''.12$, die andere Expedition auf der Insel Principe im Golf von Guinea bestimmte sie zu $1''.61 \pm 0''.30$. Das ist bei der Subtilität der Messungen ein durchaus zufriedenstellendes Ergebnis.

Das Festhalten an dem der Vernunft evidenten Prinzip der Relativität aller Bewegung, den in der Erfahrung vorgefundenen Trägheitskräften zum Trotz, führte zu der Einsteinschen Deutung der *Gravitation*. Ebenso überzeugend ist aber das Prinzip von der *Relativität der Größe*, nach dem durch die Größe eines Gegenstandes an einer Weltstelle eine bestimmte Größe an andern Welststellen ideell nicht festgelegt sein kann; an ihm gilt es mit dem gleichen Mut festzuhalten, obwohl die Erfahrung, die uns die starren Körper vor Augen führt, ihm kraß zu widersprechen scheint. Tut man dies, so gelangt man zu einer Theorie der *elektromagnetischen Erscheinungen*, die deren Gesetze rein spekulativ, aus der Erkenntnis ihres Wesens heraus, herzuleiten imstande ist. Diese neue, vom Verfasser herrührende Erweiterung der Relativitätstheorie macht es aus absoluten Gründen begreiflich, warum die Welt vierdimensional ist, woher gerade diese Zahl 4 kommt. Im übrigen führt sie lediglich zu einer Bestätigung der längst bekannten elektrodynamischen Gesetze; sie ergibt keinerlei Abweichungen von ihnen, die an der Beobachtung nachgeprüft werden könnten. Wohl lassen sich aus ihr wichtige Konsequenzen ziehen über das Innerste der Materie und über den Bau des Weltganzen; das sind aber Erkenntnisse, die jeder Kontrolle durch die Erfahrung spotten.

Eine neue Weltansicht tut sich uns auf. Früher gab es für uns einen leeren Raum, dessen innere metrische Natur durch die euklidische Geometrie beschrieben wurde, als die Schaubühne des Weltgeschehens. In ihm konstituierte sich die Materie, eine Substanz von gediegener Realität; die Bewegung und Veränderung der Materie, erzeugt durch die aus ihr hervorbrechenden Kräfte, machte den Inhalt des Weltgeschehens aus. Die Käfte und ihre Gesetze mußten der Erfahrung abgelauscht werden; man hatte sie nach Zahl und Art so hinzunehmen, wie die Wirklichkeit sie uns kennen lehrte, es gab da nichts weiter zu „begreifen“. Ganz anders jetzt: es gibt allein eine vierdimensionale, mit einem metrischen Felde begabte Welt. (Ich spreche hier nicht vom Führungsfeld; denn in der Tat stellt sich heraus, wie ja auch in der gewöhnlichen Geometrie der Begriff der geraden Linie auf Grund des Kongruenzbegriffes definiert werden kann, daß das Führungsfeld in einer tieferen Beschaffenheit der Welt, ihrem metrischen Felde fundiert ist, das den Wirkungszusammenhang der Welt bestimmt und zugleich das Verhalten der zum Messen von Raum und Zeit verwendeten Maßstäbe und Uhren.) Alle Naturkräfte sind Äußerungen dieses metrischen Feldes. Der Traum des Descartes einer rein geometrischen Physik scheint, in einer freilich von ihm gar nicht vorausgesehenen Weise, in Erfüllung zu gehen. Wir dürfen hoffen, das Wesen der Naturkräfte so tief zu erkennen, daß aus solcher Einsicht mit vernunftmäßiger Notwendigkeit die Gesetze sich ergeben, die ihre Wirksamkeit beherrschen. Ist auch das Ziel heute bei weitem noch nicht erreicht, so aus Einem Prinzip heraus, die ganze Fülle und Mannigfaltigkeit der Erscheinungen bis in die feinsten Einzelheiten hinein zu begreifen, so sind wir doch ohne Zweifel der Erfassung der Weltvernunft, die dem physischen Geschehen innewohnt, einen gewaltigen Schritt näher gekommen.

Kaum zu überschätzen ist die Bedeutung der neuen, durch die Relativitätstheorie geöffneten Weltansicht für die Physik und Philosophie. So ist der Versuch wohl berechtigt, die Kunde von ihr über den engsten Fachkreis hinauszutragen in den weiteren Kreis aller zum kritischen Denken Befähigten. Für die praktische Arbeit des Ingenieurs freilich ist sie ohne Anwendung; denn die Änderungen, die sie an den Newtonschen Gesetzen der Mechanik und den andern klassischen Gesetzen der Physik bewirkt, sind so winzig, daß sie sich überhaupt nur durch die allersubtilsten Experimente feststellen ließen. Braucht doch der Ingenieur sich nicht einmal um die Kopernikanische Erkenntnis zu bekümmern, daß die Erde sich bewegt; unbedenklich rechnet er seine Konstruktionen so durch, als wäre die Erde ein berechtigter Bezugskörper im Sinne des Galileischen Trägheitsprinzips. Auch darf man nicht erwarten, daß von der Relativitätstheorie eine ähnlich tiefgehende Wirkung auf die Gesamtkultur des Abendlandes ausgehen wird wie von der Kopernikanischen Umwälzung; denn was sie stürzt, ist lange nicht in dem Maße, wie es mit der vor-kopernikanischen Auffassung des Weltbaus zu ihrer Zeit der Fall war, verwachsen mit den allgemeinen Wesenszügen, dem inneren Leben, den treibenden Problemen und der ganzen Gestalt unserer Kultur.

40.

Elektrizität und Gravitation

Physikalische Zeitschrift 21, 649—650 (1920)

Weniger ein Referat über die vom Vortragenden herrührende „erweiterte Relativitätstheorie", welche nicht nur die Gravitations-, sondern auch die elektromagnetischen Erscheinungen weltgeometrisch deutet, ist beabsichtigt, als: einige Punkte dieser Theorie zur Diskussion zu bringen, welche am meisten der Aufklärung zu bedürfen scheinen.

I. Die Einsteinsche Gravitationstheorie löste das Dilemma zwischen dem evidenten Prinzip von der Relativität der Bewegung und der Existenz der Trägheitskräfte dadurch, daß sie an dem Begriff der Parallelverschiebung eines Vektors im Unendlichkleinen festhielt. Die Welt ist eine vierdimensionale „affin zusammenhängende" Mannigfaltigkeit; der affine Zusammenhang ein Kraftfeld von physikalischer Realität. Die Gleichheit von schwerer und träger Masse zeigt, daß die Gravitationswirkungen auf Rechnung dieses Kraftfeldes kommen. Die Übertragung eines Vektors längs eines Weges durch Parallelverschiebung von Punkt zu Punkt ist abhängig vom Wege („nichtintegrabel").

II. Die Tatsache der Wirkungs-, insbesondere der Lichtausbreitung führt dazu, den affinen Standpunkt auf den tiefer liegenden metrischen zu fundieren. In der Nachbarschaft eines Weltpunktes scheidet der Kegel

$$\sum g_{ik}\, dx_i\, dx_k = 0 \qquad (*)$$

voneinander Vergangenheit und Zukunft; daher die Maßbestimmung: zwei Vektoren ξ^i bestimmen dann und nur dann dieselbe Strecke, wenn für sie die Maßzahl $l = g_{ik}\xi^i\xi^k$ den gleichen Wert besitzt. Erst nach Festlegung des in der Form (*) willkürlich bleibenden Zahlfaktors (Eichung) kommt jeder Strecke eine bestimmte Maßzahl zu. Im Gegensatz zu Riemann und Einstein, welche annehmen, daß eine Strecke in O unmittelbar in die Ferne und an sich eine ihr „kongruente" Strecke an der endlich entfernten Stelle O' eindeutig determiniert, erlaubt das Prinzip von der Relativität der Größe nur eine kontinuierliche Übertragung von Punkt zu Punkt längs eines Weges, die a priori nicht integrabel zu sein braucht. Dieser metrische Zusammenhang wird charakterisiert durch eine lineare Differentialform $\sum \varphi_i\, dx_i$; neben die Koordinaten- tritt die Eichinvarianz. Die Metrik („der Zustand des Feldäthers") bestimmt eindeutig den affinen Zusammenhang (das „Gravitationsfeld").

III. Wenn die Weltstrecken, welche eine Uhr während je einer (sehr klein zu wählenden) Periode zurücklegt, auseinander durch kongruente Verpflanzung hervorgehen, so müßte ihre Ganggeschwindigkeit von der Vorgeschichte abhängen; die Frequenzen des von den Atomen ausgestrahlten Lichtes zeigen das Gegenteil. Ebensowenig erfährt ein ruhender Maßstab in einem statischen Feld eine kongruente Verpflanzung. Dies ist jedoch kein Einwand gegen die Theorie; denn sie behauptet nichts über das Verhalten wirklicher Maßstäbe, Uhren und Atome. Eine Größe in der Natur kann sich bestimmen durch Beharrung oder durch Einstellung. Beispiel: Der Achse eines rotierenden Kreisels kann man eine willkürliche Anfangsrichtung erteilen, diese überträgt sich dann aber, wenn der Kreisel sich selbst überlassen, durch eine von Moment zu Moment wirksame Beharrungstendenz (Parallelverschiebung); hingegen bestimmt sich die Richtung einer Magnetnadel im Magnetfeld durch Einstellung. Während affiner und metrischer Zusammenhang a priori festlegen, wie Vektoren und Strecken sich ändern, wenn sie rein der Beharrungstendenz folgen, bestimmen sich Ladung des Elektrons, Atomfrequenzen und Länge eines Maßstabs durch Einstellung. Die theoretische Möglichkeit einer Längenbestimmung durch Einstellung ist gegeben durch jene natürliche, ausgezeichnete, einheitliche Eichung über die ganze Welt hin, für welche die Weltkrümmung $R = \text{const}$ wird.

IV. Die φ_i sind nichts anderes als die elektromagnetischen Potentiale. Wie die Koordinateninvarianz aufs engste zusammenhängt mit den Erhaltungssätzen für Energie und Impuls, so der 5. Erhaltungssatz, der der Elektrizität, mit der Eichinvarianz.

V. Das erkenntnistheoretische Prinzip von der Relativität der Größe führt mit zwingender Notwendigkeit zu der hier vertretenen Theorie. Die unter IV. erwähnten Zusammenhänge sind eine starke Stütze dafür von formal-mathematischem Charakter. Wie steht es nun endlich mit der physikalischen Bewährung? — Jedes Naturgesetz läßt sich sowohl koordinaten- als eichinvariant formulieren; zu einem Führer für die Aufstellung der Naturgesetze werden die Prinzipien der Koordinaten- und Eichinvarianz erst durch die Annahme, daß die Gesetze in beliebigen Koordinaten und bei beliebiger Eichung eine einfache mathematische Form haben. Die einzig mögliche, aber auch völlig zureichende Bewährung der Theorie ist also die, daß sich die Konsequenzen eines in einfacher rationaler Weise aus den Zustandspotentialen g_{ik}, φ_i koordinaten- und eichinvariant aufgebauten Wirkungsprinzips mit der Erfahrung in Übereinstimmung befinden. — Die Wirkungsgröße der Maxwellschen Theorie ist eichinvariant. Das mittels der natürlichen Eichung ($R = \text{const}$) gemessene Volumen führt, wenn es als Wirkungsgröße benutzt wird, zu der Einsteinschen Gravitationstheorie. Es kommt aber hinzu: 1. Einsteins kosmologisches Glied; es ergibt sich zwangsläufig, während es bei Einstein eine ad hoc gemachte Annahme ist; und während Einstein eine prästabilierte Harmonie zwischen seiner kosmologischen Konstanten und der Weltmasse annehmen muß, wird hier durch die zufällig vorhandene Gesamtmasse der Radius des Weltraums bestimmt; 2. im Falle der Wirksamkeit eines elektrischen Potentials ein weiteres kosmologisches Glied, das für das Problem der Materie von Bedeutung ist.

Geringfügig ist der physikalische Ertrag der Theorie, da die Abweichungen von dem längst Bekannten und Bestätigten von „kosmologischer" Kleinheit sind; bedeutend der philosophische, der Gewinn an Einsicht in das Wesen der Naturkräfte. Die Notwendigkeit des ganzen Aufbaus, insbesondere der Gültigkeit des „Pythagoras", kann auf gruppentheoretischem Wege noch wesentlich tiefer begründet werden, als es hier geschah.

41.

Über die neue Grundlagenkrise der Mathematik

Mathematische Zeitschrift 10, 39—79 (1921)

Die Antinomien der Mengenlehre werden gewöhnlich als Grenzstreitigkeiten betrachtet, die nur die entlegensten Provinzen des mathematischen Reichs angehen und in keiner Weise die innere Solidität und Sicherheit des Reiches selber, seiner eigentlichen Kerngebiete gefährden können. Die Erklärungen, welche von berufener Seite über diese Ruhestörungen abgegeben wurden (in der Absicht, sie zu dementieren oder zu schlichten), tragen aber fast alle nicht den Charakter einer aus völlig durchleuchteter Evidenz geborenen, klar auf sich selbst ruhenden Überzeugung, sondern gehören zu jener Art von halb bis dreiviertel ehrlichen Selbsttäuschungsversuchen, denen man im politischen und philosophischen Denken so oft begegnet. In der Tat: jede ernste und ehrliche Besinnung muss zu der Einsicht führen, dass jene Unzuträglichkeiten in den Grenzbezirken der Mathematik als Symptome gewertet werden müssen; in ihnen kommt an den Tag, was der äusserlich glänzende und reibungslose Betrieb im Zentrum verbirgt: die innere Haltlosigkeit der Grundlagen, auf denen der Aufbau des Reiches ruht. Ich kenne nur zwei Versuche, das Übel an der Wurzel zu packen. Der eine rührt von BROUWER her; schon seit 1907 liegen gewisse richtunggebende Ideen der von ihm angestrebten Reform der Mengenlehre und Analysis vor; doch hat er erst in den letzten Jahren seine Ansätze zu einer konsequenten Lehre ausgebildet[1]). Unabhängig davon habe ich 1918 in einer Schrift, *Das Kontinuum*, lang gehegte Gedanken zu einer neuen Grundlegung der Analysis ausgestaltet[2]). Die vorliegenden Schwierigkeiten lassen sich am besten am Begriff der reellen Zahl und des Kontinuums klarmachen; ich will deshalb auch hier wieder davon ausgehen und zunächst kurz über das Wesentliche meines Versuchs, hernach in freier Weise über die BROUWERschen Ansätze berichten.

---

[1]) Siehe namentlich die Dissertation *Over de grondslagen der wiskunde* (Amsterdam 1907), den Aufsatz in der Tijdschrift voor wijsbegeerte *2*, 152–158 (1908), den im Bull. Amer. Math. Soc. *20*, 81–96 (1913), veröffentlichten Vortrag *Intuitionism and Formalism*, die Abhandlungen *Begründung der Mengenlehre unabhängig vom logischen Satz vom ausgeschlossenen Dritten*, Verh. K. Akad. Wetensch. Amsterdam *1918*, *1919*, und den Artikel *Intuitionistische Mengenlehre*, Jber. dtsch. Math.-Vereinigung *1919*, 203–208.

[2]) Vgl. auch meinen Aufsatz *Der Circulus vitiosus in der heutigen Begründung der Analysis*, Jber. dtsch. Math.-Vereinigung *1919*, 85–92.

I. DIE ATOMISTISCHE AUFFASSUNG DES KONTINUUMS

§ 1. Der Circulus vitiosus

Wir gehen mit DEDEKIND aus von dem System der rationalen Zahlen und wollen die einzelne reelle Zahl α charakterisieren durch die Menge derjenigen rationalen, welche kleiner sind als α. Wir erklären die reelle Zahl geradezu als eine Menge rationaler Zahlen, welche die «Abschnittseigenschaft» besitzt, mit jeder rationalen Zahl x auch alle rationalen Zahlen $< x$ als Elemente zu enthalten. Diese Mengen sind *unendliche* Mengen, und eine unendliche Menge kann niemals anders gegeben werden als dadurch, dass eine *Eigenschaft* hingestellt wird, welche für die Elemente der Menge charakteristisch ist. Eigenschaften rationaler Zahlen aber konstruiert man auf rein logischem Wege, indem man ausgeht von den ursprünglichen Eigenschaften und Relationen, welche dem Operieren mit rationalen Zahlen zugrunde liegen. Als solche kann man betrachten:

die Eigenschaft: x ist positiv;
die Relation $x + y = z$;
die Relation $x \cdot y = z$.

Geht man von den rationalen auf die natürlichen Zahlen zurück, so ist die einzige Grundrelation, mit Hilfe deren alle übrigen rein logisch zu definieren sind, diejenige, in der das eigentliche Wesen der natürlichen Zahlen liegt; sie besteht zwischen zwei natürlichen Zahlen n, n' dann und nur dann, wenn n' die auf n nächstfolgende Zahl ist. Ähnlich geht die Geometrie des EUKLID aus von drei Grundkategorien von Gegenständen: Punkt, Gerade und Ebene, und einigen wenigen, der Anschauung zu entnehmenden «ursprünglichen» Relationen zwischen ihnen («Punkt liegt auf Gerade» usw.), von denen in den Axiomen die Rede ist. Alle übrigen Begriffe, insbesondere alle Eigenschaften von Punkten, Geraden und Ebenen und alle Relationen zwischen ihnen sind mit Hilfe jener ursprünglichen Relationen logisch zu erklären.

Den Eigenschaften rationaler Zahlen entsprechen die *Mengen* in solcher Weise, dass zwei Eigenschaften $\mathfrak{E}$ und $\mathfrak{E}'$ unter Umständen auch dann, wenn sie selber durch verschiedene Konstruktionen aus den ursprünglichen Eigenschaften und Relationen gewonnen sind, die gleiche Menge bestimmen; nämlich dann, wenn die beiden Eigenschaften umfangsgleich sind, d.h. wenn jede rationale Zahl, welche die eine Eigenschaft besitzt, auch der andern teilhaftig ist, und umgekehrt. Für die Identität zweier durch je eine Eigenschaft bestimmten Mengen ist also nicht der *Sinn* der Eigenschaften massgebend, sondern ihre sachliche Übereinstimmung (im «*Umfang*»), die rein logisch aus der Definition nicht abgelesen, sondern nur auf Grund von Sachkenntnissen festgestellt werden kann. – Es ist natürlich an sich gleichgültig, ob man sich des Wortes «Menge» oder «Eigenschaft» bedient. Nur muss man sich durchaus vor der Vorstellung hüten, dass, wenn eine unendliche Menge definiert ist, man nicht bloss die für ihre Elemente charakteristische Eigenschaft kenne, sondern diese Elemente selber sozusagen ausgebreitet vor sich liegen habe und man sie nur der Reihe nach durchzugehen brauche, wie ein Beamter auf dem Polizeibüro seine Register, um ausfindig zu machen, ob in der Menge ein Element von dieser oder jener Art existiert. Das ist gegenüber einer unendlichen Menge sinnlos.

Wir betrachten in der Analysis nicht bloss einzelne reelle Zahlen, sondern auch Mengen reeller Zahlen und Zuordnungen zwischen ihnen. Eine reelle Zahl ist nach unserer Erklärung gegeben durch eine Eigenschaft rationaler, eine Menge reeller Zahlen demnach durch eine Eigenschaft A von Eigenschaften rationaler Zahlen. Es ist leicht, derartige «Eigenschaften von Eigenschaften» zu bilden; ein Beispiel ist folgende Definition: Eine Eigenschaft rationaler Zahlen heisse von der Art A, wenn sie der Zahl 1 zukommt (A korrespondiert der «Menge aller reellen Zahlen > 1»). Betrachten wir jetzt die Konstruktion der oberen Grenze einer beliebigen solchen Menge A von reellen Zahlen! Die Grenze, eine reelle Zahl, wird gegeben durch eine Eigenschaft $\mathfrak{E}_A$ rationaler Zahlen; und zwar wird $\mathfrak{E}_A$ folgendermassen erklärt: sie kommt einer rationalen Zahl x dann und nur dann zu, *wenn es eine Eigenschaft* $\mathfrak{E}$ *von der Art* A *gibt*, welche der Zahl x zukommt (wenn es eine reelle Zahl $\mathfrak{E}$ in der Menge A gibt, unterhalb deren x liegt). Diese Erklärung rechnet aber, wenn sie einen Sinn besitzen soll, nicht nur darauf, dass der Begriff der Eigenschaft rationaler Zahlen ein in sich klarer und eindeutiger ist, sondern dass auch der Inbegriff *«aller möglichen» Eigenschaften* ein in sich bestimmter und begrenzter, prinzipiell überblickbarer ist; denn sie rechnet darauf, dass die Frage: «*Gibt es* eine Eigenschaft $\mathfrak{E}$ von gewisser Beschaffenheit?» (nämlich eine solche, welche zugleich von der Art A ist und der Zahl x zukommt) einen Sinn besitzt, sich an einen an sich bestehenden Sachverhalt wendet, der die Frage mit Ja oder Nein beantwortet. *Dies ist jedoch evidentermassen nicht der Fall.* Denn es sei gelungen, auf irgendeine Weise einen derartigen in sich bestimmten und begrenzten Kreis von Eigenschaften rationaler Zahlen abzustecken (ich will sie $\varkappa$-Eigenschaften nennen), und es sei A wie oben irgendeine Eigenschaft von Eigenschaften; dann hat es einen klaren Sinn, mit Bezug auf irgendeine rationale Zahl x zu fragen, ob es eine $\varkappa$-Eigenschaft von der Art A gibt, welche der Zahl x zukommt. Ist dies der Fall, so wollen wir ihr die Eigenschaft $\mathfrak{E}_A$ zuschreiben, sonst absprechen. Nun ist aber ganz deutlich, dass diese Eigenschaft $\mathfrak{E}_A$ (die ja auf Grund der *Gesamtheit* aller $\varkappa$-Eigenschaften definiert ist) ihrem Sinne nach *ausserhalb* des $\varkappa$-Kreises steht. Hierin gibt sich kund, dass der Begriff «Eigenschaft rationaler Zahlen», wie ich mich ausdrücken will, nicht umfangs-definit ist und unsere Erklärung der oberen Grenze einen Circulus vitiosus enthält. Es ist natürlich nicht ausgeschlossen, dass die Eigenschaft $\mathfrak{E}_A$ mit einer $\varkappa$-Eigenschaft umfangsgleich ist. Um dem Satz von der Existenz der oberen Grenze einer jeden Menge reeller Zahlen einen klaren Sinn zu erteilen und seine Wahrheit sicherzustellen, wäre also dies erforderlich: es müsste ein in sich bestimmter und begrenzter Inbegriff von Eigenschaften, «$\varkappa$-Eigenschaften», konstruiert werden, für welchen nachweislich der Satz gilt, dass eine Eigenschaft $\mathfrak{E}_A$, welche nach dem obigen Schema aus der Gesamtheit der

$\varkappa$-Eigenschaften konstruiert ist, stets mit einer bestimmten $\varkappa$-Eigenschaft umfangsgleich ist. Dies ist niemals versucht worden; es liegt nicht das leiseste Anzeichen dafür vor, dass eine solche Konstruktion möglich ist; sie ist von vornherein so ungeheuer unwahrscheinlich, dass man niemandem vernünftigerweise zumuten kann, danach zu suchen.

Wir fixieren die gewonnene Einsicht, ohne uns auf eine tiefere erkenntnistheoretische Analyse einzulassen, mit den folgenden Worten. Durch den Sinn eines klar und eindeutig festgelegten Gegenstandsbegriffs mag wohl stets den Gegenständen, welche des im Begriffe ausgesprochenen Wesens sind, ihre Existenzsphäre angewiesen sein; aber es ist darum keineswegs ausgemacht, dass der Begriff ein *umfangs-definiter* ist, dass es einen Sinn hat, von den unter ihn fallenden *existierenden* Gegenständen als einem an sich bestimmten und begrenzten, ideal geschlossenen Inbegriff zu sprechen. Dies schon darum nicht, weil hier die ganz neue Idee des Existierens, des Daseins, hinzutritt, während der Begriff nur von einem Wesen, einem So-Sein handelt. Zu dieser Voraussetzung scheint allein das Beispiel des wirklichen Dinges im Sinne der realen Aussenwelt, welche als eine an sich seiende und an sich ihrer Beschaffenheit nach bestimmte geglaubt wird, verführt zu haben. Ist $\mathfrak{E}$ eine ihrem Sinne nach klar und eindeutig gegebene Eigenschaft der unter einen Begriff B fallenden Gegenstände, so behauptet für einen beliebigen derartigen Gegenstand x der Satz: x hat die Eigenschaft $\mathfrak{E}$, einen bestimmten Sachverhalt, der besteht oder nicht besteht; das Urteil ist an sich wahr oder nicht wahr – ohne Wandel und Wank und ohne Möglichkeit irgendeines zwischen diesen beiden entgegengesetzten vermittelnden Standpunktes. Ist der Begriff B insbesondere umfangsdefinit, so hat aber nicht nur die Frage «Hat x die Eigenschaft $\mathfrak{E}$?» für einen beliebigen unter B fallenden Gegenstand x einen in sich klaren und eindeutigen Sinn, sondern auch die Existenzfrage «Gibt es einen unter B fallenden Gegenstand, welcher die Eigenschaft $\mathfrak{E}$ besitzt?» Gestützt auf den uns in der Anschauung gegebenen Erzeugungsprozess der natürlichen Zahlen, halten wir daran fest, dass der Begriff der natürlichen Zahl umfangs-definit ist; ebenso ist es dann mit den rationalen Zahlen bestellt. Nicht umfangs-definit sind aber gewiss die Begriffe «Gegenstand», «Eigenschaft natürlicher Zahlen» und ähnliche. Es ist wertvoll, sich nicht bloss durch die oben angestellten Überlegungen dessen überführen zu lassen, sondern diese Tatsache in unmittelbarer Einsicht zu ergreifen.

§ 2. Die Konstruktion

Die auf reelle Zahlen bezüglichen Existential-Aussagen und, wie wir hinzufügen können, die auf sie bezüglichen allgemeinen Aussagen (sie können als negative Existentialurteile ausgelegt werden) bekommen, wie wir sahen, nur dann einen Sinn, wenn wir den schrankenlosen und umfangsvagen Begriff «Eigenschaft rationaler Zahlen» zu einem umfangs-definiten «$\varkappa$-Eigenschaft» einschränken. Wie soll das geschehen? Ein Blick auf das *konstruktive Verfahren* der Mathematik gibt darauf die Antwort. Ich sagte schon oben, dass alle

Eigenschaften und Relationen (die Eigenschaften können wir immer mit als Relationen rechnen, es sind Relationen mit nur *einer* Unbestimmten) aus wenigen ursprünglichen Relationen auf rein logischem Wege aufgebaut werden. Der Aufbau geschieht mit Hilfe weniger *logischer Konstruktionsprinzipien*, welche in den Worten «nicht», «und», «oder», «es gibt» enthalten sind und welche lehren, wie aus einer oder zwei schon konstruierten Relationen eine neue hergeleitet wird. Sie spielen im Gebiete der Relationen die gleiche Rolle wie die vier Spezies im Gebiete der rationalen Zahlen, die ja auch durch ihre Wiederholung in beliebiger Anzahl und Kombination gestatten, von der Zahl 1 aus alle rationalen Zahlen zu erzeugen. Die Konstruktionsprinzipien regeln die Genesis der Eigenschaften und Relationen, sie definieren auf genetische Weise den umfangs-definiten Begriff der $\varkappa$-Eigenschaft und $\varkappa$-Relation. Es ist aber das Verhängnis bisheriger Analysis, dass sie unter ihren Konstruktionsprinzipien auf Schritt und Tritt auch das folgende benutzt: Ist A eine Eigenschaft von Eigenschaften, so erzeuge man daraus die Eigenschaft $\mathfrak{E}_A$, welche einer rationalen Zahl x dann und nur dann zukommt, wenn sich mit Hilfe der Konstruktionsprinzipien (insbesondere auch dieses Prinzips selbst!) eine Eigenschaft von der Art A bilden lässt, welche der Zahl x zukommt. Solche Regel ist aber als Konstruktionsprinzip natürlich sinnlos; die Fehlerhaftigkeit des Zirkels ist ja hier mit Händen zu greifen.

Dass das Bild nicht gar zu unbestimmt bleibe, will ich die übrigbleibenden zirkelfreien Definitionsprinzipien hier kurz kennzeichnen.

1. *Identifizierung* mehrerer Unbestimmten; so entsteht aus $N(x\,y)$ «x ist Neffe von y»: $N(x\,x)$ «x ist Neffe von sich selber».

2. *Negation*; aus $N(x\,y)$ entsteht $\bar{N}(x\,y)$ «x ist nicht Neffe von y».

3. Verknüpfung zweier Relationen durch *und*; dabei muss angegeben werden, wie die Unbestimmten beider Relationen miteinander zu identifizieren sind; z.B. aus $N(x\,y)$ und $V(x\,y)$ «x ist Vater von y» die ternäre Relation $N(x\,y) \cdot V(y\,z)$ «x ist Neffe von y und y Vater von z».

4. Verknüpfung zweier Relationen durch *oder*.

5. *Ausfüllung* einer Unbestimmten durch einen gegebenen Gegenstand; aus $F(n\,n')$ «die natürliche Zahl n' folgt auf n» entsteht so z.B. die Eigenschaft $F(5\,n')$ mit der Unbestimmten n': «n' folgt auf 5».

6. Ausfüllung einer Unbestimmten durch «*es gibt*»; aus der Relation $F(n\,n')$ geht so die Eigenschaft $F(*\,n')$ hervor mit der Unbestimmten n': «es gibt eine Zahl, auf welche n' folgt» (sie kommt allen Zahlen ausser 1 zu).

In allen Teilen der Mathematik findet man, dass sich die Neubildung von Eigenschaften und Relationen durch kombinierte Anwendung dieser Prinzipien vollzieht. Sobald aber die *Mengenlehre* eine Rolle zu spielen beginnt, reichen sie nicht mehr aus; diese nämlich beruht darauf, dass sie auch die Eigenschaften und Relationen als Gegenstände betrachtet, zwischen denen neue Relationen bestehen können; sie bildet Mengen, Mengen von Mengen usf. Relationen können dann ebensogut wie die ursprünglichen Gegenstände als «Argumente» in andern Relationen auftreten. Die Möglichkeit dazu liefert folgender Kunstgriff. Eine Aussage wie etwa «die Rose ist rot» wird nicht mehr dem Schema «x ist rot» untergeordnet, sondern dem allgemeineren «x hat die Eigenschaft E», aus welchem sie durch die Ausfüllung $x =$ Rose, $E =$ rot hervorgeht. Die Worte «hat die Eigenschaft» bezeichnen eine gewisse Relation ε, welche zwischen einem willkürlichen Gegenstand x und einer willkürlichen Eigenschaft E bestehen kann. Zum Beispiel, als wir oben erklärten: eine Eigenschaft E rationaler Zahlen ist von der Art A, wenn sie der Zahl 1 zukommt, bildeten wir die Relation $\varepsilon(xE)$ zwischen einer unbestimmten Zahl x und einer unbestimmten Eigenschaft E und füllten dann x nach dem Prinzip 5 durch die bestimmte Zahl 1 aus. Nehmen wir beim Aufbau der Analysis unsern Ausgang von der ersten Grundlage, den natürlichen Zahlen, so ist dies also das einzuschlagende Verfahren: Wir haben eine einzige Grundkategorie von Gegenständen, die natürlichen Zahlen; ferner unäre, binäre, ternäre, ... Relationen zwischen solchen. Diese alle nennen wir Relationen 1. Stufe; die Kategorie, der eine solche Relation angehört, ist vollständig gekennzeichnet durch die Anzahl der Unbestimmten, welche in sie eingehen. Die Relationen 2. Stufe sind Relationen, deren Unbestimmte teils willkürliche natürliche Zahlen, teils willkürliche Relationen 1. Stufe sind. Die Kategorie, der eine solche Relation 2. Stufe zugehört, ist festgelegt durch die Zahl ihrer Unbestimmten und durch die Gegenstandskategorien, auf welche jede ihrer Unbestimmten bezogen ist. Relationen 3. Stufe sind solche, in denen unbestimmte Relationen 2. Stufe auftreten usf. Jeder Kategorie $\mathfrak{K}$ von Relationen entspricht eine Relation $\varepsilon(x\,x' \ldots; X)$, welche bedeutet: $x\,x' \ldots$ stehen in der Relation X zueinander. X ist darin eine unbestimmte Relation der Kategorie $\mathfrak{K}$, die Unbestimmten $x\,x' \ldots$ beziehen sich auf die gleichen Gegenstandskategorien wie die Unbestimmten der Relationen X von der Kategorie $\mathfrak{K}$. Diese Relationen ε benutzen wir neben der Relation 1. Stufe F als Ausgangsmaterial. Die Konstruktion vollzieht sich mit Hilfe der oben angegebenen Prinzipien. Von ihnen sind die Prinzipien 1 bis 4 ohne weiteres schrankenlos anwendbar. 5 ist, wenn mit seiner Hilfe eine unbestimmte Relation in einer Relation höherer Stufe ausgefüllt wird, so zu interpretieren, dass die zur Ausfüllung benutzte Relation ihrerseits auch mit Hilfe der Konstruktionsprinzipien aufgebaut sein muss. Dieses Prinzip kann noch in einem erweiterten Umfang angewendet werden, welcher wichtig ist. Wir können nämlich z.B. eine quinäre Relation $R(u\,v \mid x\,y\,z)$ auffassen als eine von den Unbestimmten $x\,y\,z$ abhängige binäre Relation zwischen $u\,v$, nachdem wir aus den Unbestimmten die Gruppe der «unabhängigen» $x\,y\,z$ abgesondert haben. (Hier liegt in meiner Theorie die Wurzel des *Funktionsbegriffs.*) Diese von $x\,y\,z$ abhängige binäre Relation kann also zur Ausfüllung einer unbestimmten binären Relation benutzt werden. Das Prinzip 6 endlich, die Ausfüllung durch «es gibt», darf nur auf Zahlargumente, niemals aber auf Argumente, die selbst Relationen irgendeiner Stufe sind, angewendet werden; es führte uns sonst zu Sinnlosigkeiten. Die Einführung von ε bliebe aber ohne jeden Wert, wenn man nicht dem für Relationen in Argumentstellung wirksam werdenden erweiterten Substitutionsprinzip 5 ein solches der *Iteration* hinzufügte. Ich formuliere einen einfachen Fall davon. Es sei $R(m\,n\,|\,X)$ eine Relation zwischen zwei willkürlichen Zahlen m, n und einer willkürlichen binären Zahlrelation X. Aus $R = R_1$ erhalte ich eine Relation R_2 der gleichen Kategorie, wenn ich in $R(m\,n\,|\,X)$ die Unbestimmte X durch R selber ausfülle, das hier (gemäss der Einteilung der Unbestimmten durch den Vertikalstrich) als eine von X abhängige binäre Relation zwischen den willkürlichen Zahlen m und n aufzufassen ist. In $R_2(m\,n\,|\,X)$ kann ich abermals für die Unbestimmte X das so aufgefasste R substituieren und erhalte dadurch eine Relation R_3 usf. Und nun bilde ich diejenige Relation $R(k;\, m\,n\,|\,X)$, aus welcher $R_1, R_2, R_3, \ldots$ dadurch hervorgehen, dass ich die unbestimmte Zahl k der Reihe nach durch $1, 2, 3, \ldots$ ausfülle. – Begriffsbildungen und Beweisführungen nach Art der DEDEKINDschen Kettentheorie haben an dem hier aufgewiesenen Zirkel teil; wir sind darum ausserstande, die Definition durch *vollständige Induktion* auf etwas Ursprünglicheres zurückzuführen. Die Reihe der natürlichen Zahlen und die in ihr liegende Anschauung der Iteration ist ein letztes Fundament des mathematischen Denkens. In unserm Iterationsprinzip kommt diese ihre grundsätzliche Bedeutung für den Aufbau aller Mathematik zum Ausdruck.

Die Relationen, welche durch beliebige Wiederholung und Kombination der angegebenen Konstruktionsprinzipien gewonnen werden können, insbesondere die Relationen 1. Stufe zwischen natürlichen Zahlen dieser Art, bezeichne ich als definite oder $\varkappa$-Relationen. Das ist die umfangs-definite Einschränkung des Relationsbegriffs, auf welche wir ausgingen. Im Hinblick auf diesen genetisch begrenzten Kreis hat es nun einen klaren Sinn, zu fragen: Gibt es eine $\varkappa$-Relation von der und der Art? Definiten Eigenschaften rationaler Zahlen entsprechen (sofern sie selber der Abschnittseigenschaft teilhaftig sind) die reellen Zahlen. Nur wenn wir den Begriff in dieser Weise fassen, die seinen Umfang bestimmt und begrenzt, bekommen Existenzfragen über reelle Zahlen einen Sinn. Durch diese Begriffseinschränkung wird aus dem fliessenden Brei des Kontinuums sozusagen ein Haufen einzelner Punkte herausgepickt. Das Kontinuum wird in isolierte Elemente zerschlagen, und das Ineinanderverflossensein aller seiner Teile ersetzt durch gewisse, auf dem «grösser-kleiner» beruhende begriffliche Relationen zwischen diesen isolierten Elementen. Ich spreche daher von einer *atomistischen Auffassung des Kontinuums*. So verfuhr auch schon die heute anerkannte Analysis. Aber sie entlehnte der Anschauung des Kontinuums die Überzeugung von der «Existenz an sich» aller reellen Zahlen und wurde so nicht gewahr, dass die Möglichkeiten, aus dem Kontinuum einzelne reelle Zahlen herauszulesen, keinen umfangs-definiten Inbegriff bilden. Sie war also eine «Schaukeltheorie», welche hin- und herschwankte zwischen (falsch interpretierter) Anschauung und logisch-arithmetischer Konstruktion. Die Theorie, welche hier geschildert wurde, entspringt daraus und nur daraus, dass man sich entschlossen und ohne Kompromiss auf den letzten Standpunkt stellt, die atomistische Auffassung streng konsequent durchführt. – Verstehe ich unter einer «Euklidischen Zahl» eine solche, welche von 1 aus gewonnen werden kann, indem man in beliebiger Kombination die vier Spezies und als fünfte Operation das Quadratwurzelziehen aus einer schon gewonnenen positiven Zahl anwendet, so genügt nach einer gelegentlichen Bemerkung von DEDEKIND dieses umfangsdefinite System der Euklidischen Zahlen, um innerhalb seiner alle Konstruktionen der Euklidischen Geometrie auszuführen. Treibt man Euklidische Geometrie, so kann man sich also auf das System der Punkte beschränken, deren Koordinaten Euklidische Zahlen sind; die kontinuierliche «Raumsauce», welche zwischen ihnen ergossen ist, tritt gar nicht in die Erscheinung; jenes System liefert uns ein in sich bestimmtes und begrenztes Konstruktionsfeld, über das keine Operation der Euklidischen Geometrie hinausführt. Uns ist es hier gelungen, indem wir statt der vier Spezies und der Quadratwurzeloperation gewisse andere, logische Konstruktionsprinzipien in geringer Zahl zugrunde legten, ein umfangs-definites Zahlensystem zu erzeugen, innerhalb dessen nicht bloss die Konstruktionen der Euklidischen Geometrie, sondern die viel allgemeineren Konstruktionen der Analysis (sofern sie den Charakter des Circulus vitiosus nicht an der Stirn tragen) unbeschränkt ausführbar sind. Insbesondere gilt innerhalb dieses «WEYLschen Zahlsystems» das CAUCHYsche Konvergenzprinzip, und es gilt auch der Satz, dass eine stetige Funktion alle Zwischenwerte annimmt; – natürlich für solche Funktionen und Zahlfolgen, die selbst mit Hilfe unserer Konstruktionsprinzipien aufgebaut sind. Wenn ich hernach dazu gelangen werde, meine eigene Theorie preiszugeben, so ist es wohl erlaubt, dies ihr Verdienst hier mit Nachdruck hervorzuheben. Nie war es meine Meinung, dass das in der Anschauung gegebene Kontinuum ein WEYLsches Zahlsystem ist; vielmehr, dass die Analysis lediglich eines solchen Systems zu ihren Konstruktionen bedarf und sich um das dazwischen ergossene «Kontinuum» nicht zu kümmern braucht. Die logischen Konstruktionsprinzipien sind nicht künstlich erdacht; sie haben jedenfalls einen weit natürlicheren Charakter als die fünf Operationen, mit Hilfe derer man das System der Euklidischen Zahlen gewinnt. Sie dienen nicht nur dazu, die reellen Zahlen selbst, sondern auch Punktmengen und Funktionen reeller Variablen zu konstruieren. Hier sind gleichfalls die (niemals exakt formulierten und beständig im Fluss der Entwicklung begriffenen) algebraisch-analytischen Operationen, mit Hilfe derer die Analysis des 17. und 18. Jahrhunderts ihre Funktionen aufbaute, um der Allgemeinheit willen durch rein logische zu ersetzen. Dennoch bleibt man genötigt, sich auf einen Kreis von Funktionen und Mengen zu beschränken, welche mit Hilfe solcher Konstruktionsprinzipien gewonnen werden, darf dem Begriffe nicht jene umfangsvage Allgemeinheit lassen, die heute üblich ist, wenn generelle und Existentialurteile über Mengen und Funktionen einen Sinn behalten sollen.

Einige *Konsequenzen* dieser Lehre sind schon im vorangehenden gestreift worden. Wir erwähnten, dass das CAUCHYsche Konvergenzprinzip für Zahlfolgen zu Recht besteht, ebenso die Hauptsätze über stetige Funktionen. Der Satz hingegen, dass eine beschränkte Punktmenge stets eine präzise obere Grenze besitzt, muss aufgegeben werden, und es ist gar nicht daran zu denken, dieses «Dirichletsche Prinzip» irgendwie zu retten. – Wie steht es mit der *Abzählbarkeit des Kontinuums*? Die RICHARDsche Antinomie bekommt hier im folgenden Sinne Recht: Man kann offenbar die Anwendung der logischen Konstruktionsprinzipien so regulieren, dass in einem geordneten Entstehungsprozess die definiten Eigenschaften und Relationen in bestimmter Reihenfolge erscheinen, wobei man die Sicherheit hat, dass jede derartige Relation an einer gewissen Stelle des Prozesses erzeugt werden wird. Damit ist dann auch insbesondere das System der «reellen Zahlen» (in unserm Sinne) in eine abgezählte Reihe geordnet. Aber in einem andern und offenbar in der Mathematik allein in Betracht kommenden Sinne bleibt die Gültigkeit von CANTORS Behauptung, das Kontinuum sei nicht abzählbar, sowie der von ihm geführte Beweis durchaus zu Recht bestehen: Es gibt keine definite, mit Hilfe unserer Konstruktionsprinzipien aufzubauende Relation $R(x, n)$ zwischen einer willkürlichen rationalen Zahl x und einer willkürlichen natürlichen n, von der Art, dass zu jeder definiten Eigenschaft rationaler Zahlen $E(x)$, welche eine reelle Zahl bestimmt (die Abschnittseigenschaft besitzt), eine natürliche Zahl n gehört, für welche die Eigenschaft $R(\bullet, n)$ mit $E(\bullet)$ umfangsgleich ist. Und diese Aussage genügt auch vollständig, um daraus die von CANTOR gezogenen, mathematisch belangreichen Folgerungen zu ziehen, z. B. die Existenz transzendenter Zahlen. Versteht man aber Abzählbarkeit in diesem Sinne, so liegt natürlich nicht der mindeste Grund vor, zu glauben, dass in jeder unendlichen Menge eine abzählbare Teilmenge enthalten sein müsste; die Lückenlosigkeit der $\aleph$'s ist schon bei dem Übergang von den endlichen Kardinalzahlen zu $\aleph_0$ in keiner Weise mehr gewährleistet. – Endlich sei noch eine Bemerkung über die Begründung der *Geometrie* hinzugefügt. Da die Punkte, sofern der Begriff der reellen Zahl in seiner umfangsvagen Allgemeinheit belassen wird, keinen in sich bestimmten und begrenzten Inbegriff bilden, ist es widersinnig, auf dieser Grundkategorie von Gegenständen in analoger Weise die Geometrie zu errichten, wie hier andeutungsweise der Aufbau der Analysis auf dem Fundament des Begriffs der natürlichen Zahl vollzogen wurde. Vielmehr sind wir, um ein umfangs-definites System von Punkten zu erhalten, angewiesen auf ihre logisch-arithmetische Konstruktion. Die «Stetigkeit» in der Geometrie lässt sich also durch kein «Axiom des DEDEKINDschen Schnitts» oder dergleichen fassen; Stetigkeitsgeometrie lässt sich gar nicht als eine selbständige axiomatische Wissenschaft betreiben, sondern man muss analytisch verfahren: Übertragung der fertig entwickelten Analysis in die Sprache der Geometrie mit Hilfe des Übertragungsprinzips, das im Koordinatenbegriff liegt.

II. DAS KONTINUUM ALS MEDIUM FREIEN WERDENS

§ 1. Die Grundgedanken

Wir heben von neuem an und gehen diesmal von einer etwas andern Auffassung der reellen Zahlen aus, welche ihr Wesen reiner zum Ausdruck bringt. Wenn eine reelle Zahl α bekannt ist bis zur h-ten Dezimale mit einem Fehler kleiner als ± 1 der h-ten Dezimale, so ist damit ein die Zahl α im Innern enthaltendes Intervall angewiesen, das von einer Zahl $(m-1)/10^h$ bis zur Zahl

$(m+1)/10^h$ reicht; dabei ist m eine gewisse ganze Zahl. Ersetzen wir die Dezimalbrüche um der mathematischen Einfachheit willen durch Dualbrüche, so werden wir also der Definition der reellen Zahlen die «Dualintervalle» von der Form

$$\left(\frac{m-1}{2^h}, \quad \frac{m+1}{2^h}\right)$$

zugrunde legen, wo m und h beliebige ganze Zahlen sind. Das hingeschriebene ist insbesondere ein Intervall «von der h-ten Stufe». Die Dualintervalle h-ter Stufe greifen übereinander; wir müssen diese sich überdeckenden Intervalle benutzen und nicht etwa diejenigen, in welche die Zahlgerade durch die Punkte von der Form $m/2^h$ zerlegt wird, damit immer, wenn eine reelle Zahl mit einem gewissen (von h abhängigen) Grad der Genauigkeit gegeben ist, mit Bestimmtheit eines unter den Intervallen h-ter Stufe angegeben werden kann, in welches die Zahl notwendig hineinfällt. Der Begriff der reellen Zahl, als einer *zwar nur approximativ gegebenen Zahl, für welche sich aber der Grad der Annäherung über jede Grenze treiben lässt*, ist demnach einfach so zu formulieren: Eine reelle Zahl ist eine unendliche Folge von Dualintervallen $i, i', i'', \ldots$ von der Art, dass jedes Intervall dieser Reihe das nächstfolgende ganz in seinem Innern enthält. Da jedes der Dualintervalle durch zwei ganzzahlige Charaktere gekennzeichnet werden kann (m und h in der obigen Bezeichnung) und das Enthaltensein eines Intervalls in einem andern sich durch eine einfache Relation zwischen diesen ihren Charakteren ausdrückt, so bedeutet es nur eine unwesentliche Vereinfachung unserer Überlegungen, wenn wir zunächst statt der Folgen ineinander geschachtelter Dualintervalle keiner Einschränkung unterworfene *Folgen natürlicher Zahlen* betrachten.

Die Schwierigkeit liegt im Begriff der *Folge*. Wenn der heutigen Analysis überhaupt ein Standpunkt zugrunde liegt, von dem aus ihre Aussagen und Beweise verständlich sind, so ist es der: die Folge entsteht dadurch, dass die einzelnen Zahlen der Reihe nach willkürlich gewählt werden; das Resultat dieser unendlich vielen Wahlakte liegt fertig vor, und im Hinblick auf die fertige unendliche Folge kann ich z.B. fragen, ob unter ihren Zahlen die 1 vorkommt. Aber dieser Standpunkt ist sinnwidrig und unhaltbar; denn die Unerschöpflichkeit liegt im Wesen des Unendlichen. Eine einzelne *bestimmte* (und ins Unendliche hinaus bestimmte) Folge kann nur durch ein *Gesetz* definiert werden. Entsteht hingegen eine Folge Schritt für Schritt durch freie Wahlakte, so will sie als eine *werdende* betrachtet sein, und nur solche Eigenschaften können sinnvollerweise von einer werdenden Wahlfolge ausgesagt werden, für welche die Entscheidung «ja oder nein» (kommt die Eigensehaft der Folge zu oder nicht) schon fällt, wenn man in der Folge bis zu einer gewissen Stelle gekommen ist, ohne dass die Weiterentwicklung der Folge über diesen Punkt des Werdens hinaus, wie sie auch ausfallen möge, die Entscheidung wieder umstossen kann. So können wir mit Bezug auf eine Wahlfolge wohl fragen, ob in ihr an vierter Stelle die Zahl 1 auftritt, aber nicht, ob in ihr die Zahl 1 überhaupt nicht auftritt. Es ist eine erste grundlegende Erkenntnis

BROUWERS, dass die durch freie Wahlakte werdende Zahlfolge mögliches Objekt mathematischer Begriffsbildung ist. Repräsentiert das *Gesetz* φ, welches eine Folge ins Unendliche hinaus bestimmt, die einzelne *reelle Zahl*, so die durch kein Gesetz in der Freiheit ihrer Entwicklung eingeschränkte Wahlfolge das *Kontinuum.* Dass es möglich ist, mit Wahlfolgen mathematisch zu operieren, ist gewiss schon hinreichend dadurch belegt, dass man Zuordnungen zwischen Wahlfolgen stiften kann. Zum Beispiel enthält die Formel

$$n_h = m_1 + m_2 + \cdots + m_h$$

ein Gesetz, gemäss welchem eine durch freie Wahlakte werdende Folge m_1, m_2, m_3, ... eine werdende Zahlfolge n_1, n_2, n_3, ... erzeugt. Allgemeiner kann dazu jedes Gesetz dienen, zufolge dessen in einer werdenden Folge natürlicher Zahlen jede Wahl, die ihr ein weiteres Glied hinzufügt, eine bestimmte Zahl erzeugt. Die etwa beim h-ten Schritt erzeugte Zahl wird dabei im allgemeinen nicht bloss von der beim h-ten Schritt getroffenen Wahl abhängen, sondern von dem ganzen in diesem Augenblick fertigen Abschnitt der Wahlfolge vom 1. bis zum h-ten Gliede. (Dabei hält die Entwicklung der als Funktionswert auftretenden Folge gleichen Schritt mit der Entwicklung der Argumentfolge: rückt diese um eine Stelle vor, so auch jene. Es sind natürlich kompliziertere Verhältnisse denkbar, auf die wir hernach genau zurückkommen müssen.) Die BROUWERsche Bemerkung ist einfach, aber tief: hier ersteht uns ein «Kontinuum», in welches wohl die einzelnen reellen Zahlen hineinfallen, das sich aber selbst keineswegs in eine Menge fertig seiender reeller Zahlen auflöst, vielmehr ein *Medium freien Werdens.*

Wir befinden uns im Bezirk eines uralten Problems des Denkens, des Problems der Kontinuität, der Veränderung und des Werdens. Von welch zentraler Bedeutung es für die denkende Bewältigung der Wirklichkeit gewesen ist, möge man etwa in LASSWITZ' *Geschichte der Atomistik* nachlesen; seine Lösung ist geradezu der entscheidende Schritt, welcher die aristotelisch-scholastische, am Substanzbegriff orientierte Physik trennt von der modernen GALILEIschen. Von jeher stehen sich einander gegenüber eine atomistische Auffassung, die sich das Kontinuum aus einzelnen Punkten bestehend denkt, und eine andere, welche es für unmöglich hält, den stetigen Fluss auf diese Weise zu begreifen. Die erste hat ein begrifflich fassbares System seiender Elemente, aber sie vermag Bewegung und Wirkung nicht verständlich zu machen; alle Veränderung muss sie zu Schein herabsinken lassen. Der zweiten will es in der Antike und bis zu GALILEI nicht gelingen, sich aus der Sphäre vager Anschauung in die abstrakter Begriffe zu erheben, welche zur vernunftmässigen Analyse der Wirklichkeit geeignet wären. Die schliesslich errungene Lösung ist diejenige, deren mathematisch-systematische Gestalt die Differential- und Integralrechnung ist. Die moderne Kritik der Analysis zerstört diese Lösung wieder von innen heraus, ohne dass freilich noch das Bewusstsein der alten philosophischen Probleme sonderlich lebendig geblieben ist, und mündet in Chaos und Leersinn. Die beiden hier geschilderten Rettungsversuche lassen in verschärfter und geklärter

Form die alte Antithese wieder aufleben: die vorhin geschilderte Theorie ist (im klaren Bewusstsein davon, dass sie so das anschauliche Kontinuum nicht trifft, aber aus der Meinung heraus, dass die Begriffe nur ein starres Sein zu erfassen vermögen) radikal atomistisch; die BROUWERsche macht sich anheischig, auf eine gültige und haltbare Weise dem Werden Gerechtigkeit widerfahren zu lassen.

Wir wollen jetzt die zweite durchzuführen suchen. Da sie zwischen dem Kontinuum und einer Menge diskreter Elemente eine absolute Kluft befestigt, die jeden Vergleich ausschliesst, kann in ihr die Frage, ob das Kontinuum abzählbar ist, ernstlich überhaupt nicht auftauchen. Ein Gesetz, das aus einer werdenden Zahlfolge eine von dem Ausfall der Wahlen abhängige Zahl n erzeugt, ist notwendig solcher Art, dass die Zahl n festgelegt ist, sobald ein gewisser endlicher Abschnitt der Wahlfolge fertig vorliegt, und sie bleibt dieselbe, wie sich nun auch die Wahlfolge weiter entwickeln möge; so dass von eineindeutiger Beziehung nicht die Rede sein kann. – Es sei $\mathfrak{E}$ eine im Gebiet der Zahlfolgen sinnvolle Eigenschaft, $\bar{\mathfrak{E}}$ ihre Negation. Die Frage: Gibt es eine Zahlfolge von der Eigenschaft $\mathfrak{E}$ oder nicht? entbehrt des klaren Sinns, weil der Begriff des eine Folge ins Unendliche hinaus bestimmenden Gesetzes (in der Ausdrucksweise des I. Teils) nicht umfangs-definit ist. Damals halfen wir uns, indem wir den Begriff des Gesetzes zu einem umfangs-definiten einschränkten, indem wir forderten, dass es mittels gewisser logischer Konstruktionsprinzipien zirkelfrei aufgebaut wird («$\varkappa$-Gesetz»). Die Antwort ja oder nein auf unsere Frage war dann an sich bestimmt, und beide Möglichkeiten bildeten eine vollständige Disjunktion. Jetzt aber wenden wir die Sache anders. Da freilich eine einzelne bestimmte Folge nur durch ein Gesetz φ definiert werden kann, so lautet die positive Frage auch jetzt: Gibt es ein *Gesetz* von der Eigenschaft $\mathfrak{E}$. Aber wir spannen diesen Begriff des Gesetzes nicht mehr auf das Prokrustesbett der Konstruktionsprinzipien, sondern: ist in zirkelfreier Weise, wie auch immer, die Konstruktion eines Gesetzes der gewünschten Art gelungen, so sind wir berechtigt zu der Behauptung, dass es ein solches Gesetz *gibt*. Hier ist also von der *Möglichkeit* der Konstruktion gar nicht die Rede, sondern nur im Hinblick auf die *gelungene Konstruktion*, den *geführten Beweis* stellen wir eine derartige Existential-Behauptung auf. Die negative Aussage, dass es ein solches Gesetz nicht gibt, bleibt so natürlich jeden Sinnes bar. Wir können sie jedoch positiv wenden: jede Folge hat die Eigenschaft $\bar{\mathfrak{E}}$, und nun gewinnt sie einen Inhalt, sofern wir hier unter Folge nicht das Gesetz verstehen, sondern im Sinne des Kontinuums, des Mediums aller reellen Zahlen, die durch freie Wahlakte werdende Folge. Es ist also vorauszusetzen, dass es eine Bedeutung habe, die Eigenschaften $\mathfrak{E}$ und $\bar{\mathfrak{E}}$ von einer *werdenden Folge* auszusagen; dann kann es sich ereignen, dass es *im Wesen einer werdenden Folge* liegt, einer Folge, in welcher jeder einzelne Wahlschritt völlig frei ist, dass sie die Eigenschaft $\bar{\mathfrak{E}}$ besitzt. Wie derartige Wesenseinsichten zu gewinnen sind, das auseinanderzusetzen ist hier nicht der Ort. Nur sie liefert uns einen Rechtsgrund dafür, dass wir, so uns jemand ein Gesetz φ vorlegt, ihm ohne Prüfung auf den Kopf zusagen können: Die durch dieses Gesetz ins Unendliche hinaus bestimmte Folge hat nicht die Eigenschaft 𝔈. Das «es gibt» verhaftet uns dem Sein und dem Gesetz, das «jeder» stellt uns ins Werden und die Freiheit. Da der Umfang der Fälle, in denen die eine oder die andere Behauptung gilt (es gibt eine Folge von der Eigenschaft 𝔈, bzw. jede Folge hat die Eigenschaft 𝔈), nicht in sich bestimmt ist, überhaupt im einen Fall der Begriff der Folge ganz anders interpretiert werden muss wie im andern, wäre es absurd, hier an eine vollständige Disjunktion zu denken. Man wird es so verstehen, dass BROUWER erklärt, es liege kein Grund vor, an den *logischen Satz vom ausgeschlossenen Dritten* zu glauben. Ich würde freilich lieber sagen, dass von den beiden in Rede stehenden Aussagen unmöglich noch die eine als die Negation der andern angesprochen werden kann. Das Verhältnis der im I. Teil vertretenen Auffassung I und der BROUWERschen II mag durch beistehende schematische Figur gekennzeichnet werden (der im Bilde enthaltene Vergleich hinkt allerdings ziemlich). Da das «Nein nach I» ins Gebiet des völlig legitimen «Ja nach II» weit hineinragt, erscheint das Nein der I. Auffassung im Lichte der II. als völlig wertlos.

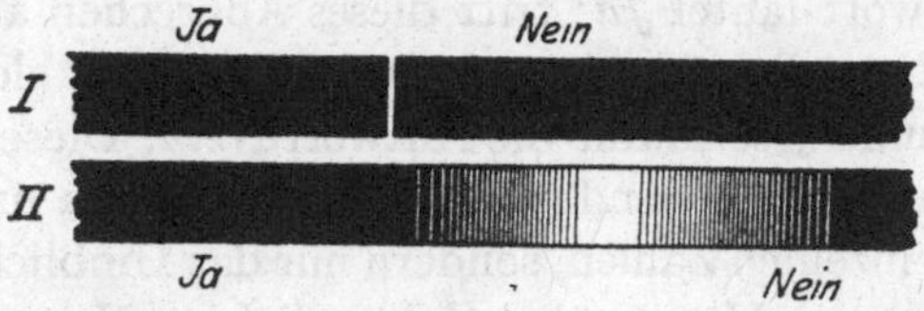

Fig. 1.

Einen Wert erhält es auch nur, sofern wir unter I überhaupt nicht das BROUWERsche Kontinuum zum Gegenstand der Untersuchung machen, sondern das in sich bestimmte System der durch $\varkappa$-Gesetze definierten Folgen.

BROUWER geht in der Leugnung des logischen Axioms vom ausgeschlossenen Dritten noch wesentlich weiter, als wir bisher auseinandergesetzt haben. Nicht bloss für Existentialsätze über *Zahlfolgen*, sondern auch für Existentialsätze über natürliche *Zahlen* selbst bestreitet er seine Gültigkeit. Ist also 𝔈 eine im Gebiet der natürlichen Zahlen sinnvolle Eigenschaft, so dass es an sich feststeht, ob, wenn n irgendeine solche Zahl ist, 𝔈 der Zahl n zukommt oder nicht, so soll es nach BROUWER mit der Frage: Gibt es eine Zahl von der Eigenschaft 𝔈 oder nicht? ähnlich bestellt sein wie im Falle der Zahlfolgen; und das, obschon der Begriff der natürlichen Zahl ja im Gegensatz zu dem der Folge (wenn wir uns darin nicht täuschten) umfangs-definit ist und darum bei seiner Verwendung im Existentialurteil einerseits, dem generellen anderseits auch nicht eine derartige Spaltung erfährt wie der Begriff der Folge (Gesetz–freie Wahl). BROUWER begründet seine Ansicht damit, dass man keinen Grund hat zu dem Glauben, jede derartige Existentialfrage lasse sich *entscheiden*; der Beweis der Gültigkeit des Satzes vom ausgeschlossenen Dritten müsste nach ihm in der Angabe einer Methode bestehen, die nachweislich für beliebige Eigenschaften 𝔈 die Entscheidung der Existenzfrage im einen oder andern Sinne herbeiführt. Wie bekannt, ist dieser Standpunkt zuerst von KRONECKER vertreten worden.

In bewusstem Gegensatz dazu habe ich bei meinem Versuch der Grundlegung der Analysis die Meinung vertreten: es komme nicht darauf an, ob wir mit gewissen Hilfsmitteln, z.B. den Schlussweisen der formalen Logik, imstande sind, eine Frage zur Entscheidung zu bringen, sondern *wie sich die Sache an sich verhält*; es sei die natürliche Zahlenreihe und der auf sie bezügliche Existenzbegriff in *der* Weise Fundament der Mathematik, dass es für eine im Gebiet der Zahlen sinnvolle Eigenschaft $\mathfrak{E}$ immer an sich feststehe, ob Zahlen von der Art $\mathfrak{E}$ existieren oder nicht. Wir müssen jetzt dieser Kernfrage tiefer auf den Grund gehen.

Von jeder Zahl n lasse sich entscheiden, ob ihr die Eigenschaft $\mathfrak{E}$ zukommt oder nicht. n besitzt die Eigenschaft $\mathfrak{E}$, bedeute z. B., dass $2^{2^{n+4}}+1$ eine Primzahl ist, $\bar{\mathfrak{E}}$ das Gegenteil ($2^{2^{n+4}}+1$ ist eine zusammengesetzte Zahl). Nun bedenke man dies. Die Meinung, es stünde an sich fest, ob es eine Zahl von der Eigenschaft $\mathfrak{E}$ gibt oder nicht, stützt sich doch wohl allein auf folgende Vorstellung: Die Zahlen 1, 2, 3, ... mögen der Reihe nach auf die Eigenschaft $\mathfrak{E}$ hin geprüft werden; findet sich eine solche von der Eigenschaft $\mathfrak{E}$, so kann man abbrechen, die Antwort lautet *Ja*; tritt dieses Abbrechen aber nicht ein, hat sich also *nach beendigter Durchlaufung* der unendlichen Zahlenreihe keine Zahl von der Art $\mathfrak{E}$ gefunden, so lautet die Antwort *Nein*. Dieser Standpunkt der fertigen Durchlaufung einer unendlichen Reihe ist jedoch unsinnig. Nicht das Hinblicken auf die einzelnen Zahlen, sondern nur das Hinblicken auf das *Wesen Zahl* kann mir allgemeine Urteile über Zahlen liefern. Nur die *geschehene* Auffindung einer bestimmten Zahl mit der Eigenschaft $\mathfrak{E}$ kann einen Rechtsgrund abgeben für die Antwort ja, und – da ich nicht alle Zahlen durchprüfen kann – nur die Einsicht, dass es im *Wesen* der Zahl liegt, die Eigenschaft $\bar{\mathfrak{E}}$ zu haben, einen Rechtsgrund für die Antwort nein; selbst Gott steht kein anderer Entscheidungsgrund offen. *Aber diese beiden Möglichkeiten stehen sich nicht mehr wie Behauptung und Negation gegenüber*; weder die Negation der einen noch der andern gibt einen in sich fassbaren Sinn. – Spricht dies für BROUWER, so wurde ich doch immer wieder auf meinen alten Standpunkt zurückgeworfen durch den Gedanken: Durchlaufe ich die Reihe der Zahlen und breche ab, falls ich eine Zahl von der Eigenschaft $\mathfrak{E}$ finde, so tritt dieser Abbruch entweder einmal ein oder nicht; *es ist so, oder es ist nicht so*, ohne Wandel und Wank und ohne eine dritte Möglichkeit. Man muss solche Dinge nicht von aussen erwägen, sondern sich innerlich ganz zusammenraffen und ringen um das «Gesicht», die Evidenz. Endlich fand ich für mich das erlösende Wort. *Ein Existentialsatz* – etwa «es gibt eine gerade Zahl» – *ist überhaupt kein Urteil im eigentlichen Sinne, das einen Sachverhalt behauptet*; Existential-Sachverhalte sind eine leere Erfindung der Logiker. «2 ist eine gerade Zahl»: das ist ein wirkliches, einem Sachverhalt Ausdruck gebendes Urteil; «es gibt eine gerade Zahl» ist nur ein aus diesem Urteil gewonnenes *Urteilsabstrakt*. Bezeichne ich Erkenntnis als einen wertvollen Schatz, so ist das Urteilsabstrakt ein Papier, welches das Vorhandensein eines Schatzes anzeigt, ohne jedoch zu verraten, an welchem Ort. Sein einziger Wert kann darin liegen, dass es mich antreibt, nach dem Schatze zu suchen. Das Papier ist wertlos, solange es nicht durch ein solches dahinter stehendes wirkliches Urteil wie «2 ist eine gerade Zahl» realisiert wird. In der Tat, wir sagten oben, als es sich um Zahlfolgen handelte und die Gesetze, welche sie ins Unendliche hinaus bestimmen: Ist es uns gelungen, ein Gesetz zu konstruieren von der Eigenschaft $\mathfrak{E}$, so sind wir zu der Behauptung berechtigt, dass es Gesetze von der Art $\mathfrak{E}$ gibt; nur die *gelungene* Konstruktion kann uns die Berechtigung dazu geben; von *Möglichkeit* ist nicht die Rede. Aber was ist denn das für ein Urteil, das für sich genommen eines Sinnes entbehrt, das vielmehr erst auf Grund des gelungenen Beweises, der die Wahrheit des Urteils verbürgt, seinen *Sinn* gewinnt? Es ist eben kein Urteil, sondern ein Urteilsabstrakt. Damit scheint mir sein Charakter klar bezeichnet und die eigentliche Bedeutung des Existenzbegriffes aufgeklärt. Jetzt können wir der BROUWERschen Leugnung nicht mehr den Gedanken entgegenhalten, an den ich mich vorhin geklammert hatte: «Aber es *verhält* sich doch so oder es verhält sich nicht so (mag ich auch vielleicht ausserstande sein, es zu entscheiden)!» Ebensowenig ist das generelle «Jede Zahl hat die Eigenschaft $\mathfrak{E}$» – z.B. «Für jede Zahl m ist $m+1 = 1+m$» – ein wirkliches Urteil, sondern eine generelle *Anweisung auf Urteile*. Kommt mir nun eine einzelne Zahl, z.B. 17, in den Weg, so kann ich bei ihr auf diese Anweisung hin ein wirkliches Urteil einlösen, nämlich: $17+1 = 1+17$. Oder um ein anderes Bild zu gebrauchen: vergleiche ich die Erkenntnis einer Frucht und den einsichtigen Vollzug der Erkenntnis dem Genusse der Frucht, so ist ein allgemeiner Satz einer harten Schale voller Früchte zu vergleichen. Gewiss hat sie Wert, nicht aber die Schale an sich, sondern nur um ihres Inhalts an Früchten willen; sie ist mir so lange nichts nütze, als ich sie nicht aufbreche, eine Frucht wirklich herausnehme und geniesse. Die geschilderte Auffassung gibt nur der Bedeutung Ausdruck, welche die allgemeinen und die Existentialsätze tatsächlich für uns besitzen. In ihrem Lichte erscheint die Mathematik als eine ungeheure «Papierwirtschaft». Realen Wert, den Lebensmitteln in der Volkswirtschaft vergleichbar, hat nur das Unmittelbare, das schlechthin Singuläre; alles Generelle und alle Existenzaussagen nehmen nur mittelbar daran teil. Und doch denken wir als Mathematiker gar selten an die Einlösung dieses «Papiergeldes»! Nicht das Existenztheorem ist das Wertvolle, sondern die im Beweise geführte Konstruktion. Die Mathematik ist, wie BROUWER gelegentlich sagt, mehr ein Tun denn eine Lehre.

Solange man sich zu dem im letzten Absatz geschehenen Schritt nicht verstehen kann, stehen die beiden hier geschilderten Versuche der Grundlegung der Analysis einander gleichmöglich gegenüber, mag auch der BROUWERsche von vornherein den Vorzug besitzen, dass die Begriffsbildung nicht gefesselt und dem anschaulichen Wesen des Kontinuums besser gerecht wird. Sobald man aber den neuen Schritt tut – durch welchen, wie ich glaube, der Sinn des «es gibt» und «jeder» erst völlig klar wird –, ist die erste Grundlegung radikal unmöglich; denn die Verengerung des Gesetzesbegriffs auf den des $\varkappa$-Gesetzes hilft uns dann nichts; die Frage nach der «Möglichkeit» stellt uns ebensowenig einem mit Ja oder Nein antwortenden Sachverhalt gegenüber, wenn sie gestellt wird mit Bezug auf die beliebig oft zu wiederholende Anwendung der Konstruktionsprinzipien wie mit Bezug auf die unendliche Zahlenreihe, d.i. den beliebig oft zu wiederholenden Prozess des Übergangs von einer Zahl zur nächstfolgenden. So gebe ich also jetzt meinen eigenen Versuch preis und schliesse mich BROUWER an. In der drohenden Auflösung des Staatswesens der Analysis, die sich vorbereitet, wenn sie auch erst von wenigen erkannt wird, suchte ich festen Boden zu gewinnen, ohne die Ordnung, auf welcher es beruht, zu verlassen, indem ich ihr Grundprinzip rein und ehrlich durchführte; und ich glaube, das gelang – soweit es gelingen konnte. Denn *diese Ordnung ist nicht haltbar in sich*, wie ich mich jetzt überzeugt habe, und BROUWER – das ist die Revolution! Immerhin habe ich hier noch einmal die Grundgedanken meiner Theorie dargestellt, weil sie und die BROUWERsche in schärfster Weise den alten Kontrast zwischen der atomistischen und der kontinuierlichen Auffassung vor Augen stellen und weil an dem Gegensatz sich besonders eindringlich klar machen lässt, wo es hapert und was geschehen muss. Es wäre wunderbar gewesen, wenn der alte Streit darauf hinausgelaufen wäre, dass sowohl die atomistische wie die Kontinuumsauffassung sich durchführen lasse; statt dessen triumphiert jetzt endgültig die letztere. BROUWER ist es, dem wir die neue Lösung des Kontinuumproblems verdanken, dessen provisorische Lösung durch GALILEI und die Begründer der Differential- und Integralrechnung der geschichtliche Prozess von innen heraus wieder zerstört hatte. Ob ich ein Recht habe, die hier an zweiter Stelle entwickelte als BROUWERsche Theorie zu bezeichnen, ist mir allerdings zweifelhaft; darüber später Genaueres. Aber die entscheidenden Anstösse: die werdende Wahlfolge und der Unglaube an das Axiom vom ausgeschlossenen Dritten, rühren jedenfalls von ihm her.

Unsere Lehre von den allgemeinen und den Existentialsätzen ist keine bildhaft-vage, wie sich u.a. darin zeigt, dass sie sofort zu wichtigen, streng einsichtigen Konsequenzen führt. Vor allem zu der, dass es gänzlich sinnlos ist, derartige Sätze zu negieren; womit überhaupt die Möglichkeit wegfällt, in bezug auf sie ein «Axiom vom ausgeschlossenen Dritten» zu formulieren. Die allgemeinen Sätze, welche ich oben als Urteilsanweisungen bezeichnete, teilen dies mit den eigentlichen Urteilen, dass sie sich in sich selbst genug sind; ja sie bergen sogar eine unendliche Fülle wirklicher Urteile in ihrem Innern. In dieser Hinsicht dürfen wir sie den Urteilen gleichstellen. Wir werden von ihnen freilich nicht gut sagen können wie von den Urteilen, dass sie wahr sind, sondern eher: sie bestehen zu Recht; sie formulieren den Rechtsgrund für alle aus ihnen «einzulösenden» singulären Urteile. Im Gegensatz dazu ist ein Existentialsatz, für sich genommen, *nichts*; ist das Urteil, aus welchem ein solches Urteilsabstrakt gewonnen wurde, verlorengegangen oder vergessen, so bleibt wirklich *nichts* (es sei denn, wie wir oben sagten, ein Ansporn, es wieder zu suchen). Nicht nur aus einem Urteil, sondern auch aus einer Urteilsanweisung kann man ein Abstrakt ziehen. Zum Beispiel sei $R(m, n)$ eine Relation zwischen natürlichen Zahlen, eine Relation, die zwischen irgend zwei Zahlen besteht oder nicht besteht. Für irgend zwei bestimmte Zahlen m, n sei also die Behauptung oder die Leugnung, dass sie in der Relation R zueinander stehen, ein wirkliches Urteil. Die Urteilsanweisung $R(m, 5)$ [«Jede Zahl m steht zu 5 in der Beziehung R» oder «Die Eigenschaft, $R(\bullet, 5)$ zu besitzen, liegt im Wesen der Zahl»] bestehe zu Recht. Dann können wir daraus das Abstrakt ziehen: es gibt eine Zahl n (beiseite gesagt: nämlich 5), so dass jede Zahl m zu ihr die Beziehung $R(m, n)$ erfüllt. Dagegen ist eine Anweisung auf Urteilsabstrakte das reine Nichts, sofern nicht eine Anweisung auf wirkliche Urteile dahinter steht, aus welcher sie als Abstrakt gewonnen ist. Beispiel: Zu jeder Zahl m gibt es eine Zahl n derart, dass zwischen ihnen die Beziehung $R(m, n)$ besteht. Es muss sich da in Wahrheit um das Abstrakt aus einer Urteilsanweisung handeln. Welcher Urteilsanweisung? Offenbar der folgenden. Es sei φ ein bestimmtes Gesetz, das aus jeder Zahl m eine Zahl $\varphi(m)$ erzeugt; die generelle Urteilsanweisung $R(m, \varphi(m))$ bestehe zu Recht. Dann können wir aus ihr das Abstrakt ziehen: es gibt ein *Gesetz* φ, so dass für jede Zahl m zwischen m und $\varphi(m)$ die Beziehung R statthat. So also muss unser obiger Satz sinnvollerweise interpretiert werden. Kommt uns jetzt irgendeine Zahl, z.B. 7, in den Weg, so erzeugt uns das Gesetz φ aus 7 eine bestimmte Zahl, sagen wir $\varphi(7) = 19$; dann können wir sagen: zwischen 7 und 19 besteht die Beziehung R, und in Hinblick darauf haben wir auch ein Recht zu dem Urteilsabstrakt: es gibt eine Zahl n, welche zu 7 in der Beziehung $R(7, n)$ steht. Das «es gibt» muss also das «jeder» einschliessen und nicht umgekehrt, wenn wir die Sätze so formulieren, wie sie als Abstrakte aus sich selbst genügsamen Sätzen herausgezogen werden.

Ausgangspunkt der Mathematik ist die Reihe der natürlichen Zahlen, d.h. das Gesetz $\aleph$, das aus dem Nichts die erste Zahl 1 erzeugt und aus jeder schon entstandenen Zahl die nächstfolgende erzeugt; ein Prozess, der niemals zu einer schon dagewesenen Zahl zurückführt. Wollen wir die Zahlen irgendwie für die Anschauung festhalten, so müssen wir sie symbolisch, durch qualitative Merkmale voneinander unterscheiden. Sofern wir aber Arithmetik treiben, sehen wir von derartigen qualitativen Merkmalen ganz ab; für die Arithmetik ist 1 lediglich «die aus dem Nichts Erzeugte», 2 «die aus der 1 Erzeugte» usf. Es wird, darf man sagen, durch die mathematische Betrachtung der Wirklichkeit der Versuch gemacht, die Welt, welche dem Bewusstsein in dessen allgemeiner Form, einer Durchdringung von *Sein* und *Wesen* (des «dies» und «so») gegeben ist, in der Absolutheit reinen Seins darzustellen. Daher liegt eine tiefe Wahrheit in der Pythagoreischen Lehre, dass jegliches Sein als solches auf der Zahl ruht.

Die allgemeinen, in sich selbst genügsamen Sätze der Mathematik handeln teils von der Allheit der natürlichen Zahlen, teils von der Allheit der durch freie Wahlakte werdenden Folgen natürlicher Zahlen. Sie beziehen sich also teils auf die ins Unendliche hinaus sich erstreckende *Möglichkeit*, welche durch den grenzenlosen Fortgang des vom Gesetze $\aleph$ gelenkten Entwicklungsprozesses der natürlichen Zahlen gegeben ist, teils auf die in der werdenden Zahlfolge liegende unendliche Freiheit immer neuer ungebundener Wahlakte, die bei jedem Schritt den von neuem anhebenden Entwicklungsprozess der natürlichen Zahlenreihe an einer willkürlichen Stelle zum Stillstand bringen. Es liegt in der Natur der Sache, dass die Wesenseinsicht, welcher die allgemeinen Sätze entspringen, stets auf der sogenannten vollständigen Induktion fundiert ist.

Sie ist weiterer Begründung weder bedürftig noch fähig, weil sie nichts anderes ist als die mathematische Urintuition des «immer noch eins». Die aus diesen allgemeinen Sätzen zu gewinnenden eigentlichen Urteile entstehen dadurch, dass für die *willkürliche* Zahl, von der sie handeln, eine *bestimmte* eingesetzt wird, für die in freier Entwicklung begriffene *Wahlfolge* aber ein *Gesetz* φ, das eine einzelne Zahlfolge ins Unendliche hinaus bestimmt. Aus den sich selbst genügenden Urteilen und Urteilsanweisungen werden Abstrakta gezogen, bei denen das «es gibt» sich entweder beziehen kann auf eine natürliche Zahl oder auf ein Gesetz, und zwar auf ein Gesetz, das aus jeder Zahl eine Zahl erzeugt (*functio discreta*) oder das aus jeder durch freie Wahlakte werdenden Folge eine Zahl erzeugt (*functio mixta*) oder das aus jeder durch freie Wahlakte werdenden Folge wiederum eine werdende Folge erzeugt (*functio continua*). Wir machen aber diese Gesetze selber nicht zum Gegenstand allgemeiner Aussagen. Wo es heisst «jede Folge», wandelt sich der Begriff des Gesetzes (functio discreta) in den der werdenden Wahlfolge; hingegen steht uns für die functiones mixtae und continuae kein derartiges Kontinuum zur Verfügung, in das sie sich einbetten wie die einzelnen functiones discretae in das Kontinuum der frei werdenden Wahlfolgen. Das alles ist a priori durch das Wesen des Erzeugungsprozesses $\aleph$, der mathematischen Urintuition vorgezeichnet. – Jede Anwendung der Mathematik muss ausgehen von gewissen, der mathematischen Behandlung zu unterwerfenden Objekten, welche durch eine Anzahl Charaktere sich voneinander unterscheiden lassen; die Charaktere sind natürliche Zahlen. Durch das symbolische Verfahren, das jene Objekte durch ihre Charaktere ersetzt, ist der Anschluss an die reine Mathematik und ihre Konstruktionen erreicht. So liegt der Punktgeometrie auf der geraden Linie das System der oben erwähnten Dualintervalle zugrunde, die wir durch zwei ganzzahlige Charaktere kennzeichnen konnten.

§ 2. Begriff der Funktion

a) Functio discreta

Folge (functio discreta, f.d.), hatten wir gesagt, ist ein Gesetz, das aus jeder Zahl eine Zahl erzeugt. Die Freiheit der Gesetzeskonstruktion ist in keiner Weise beschränkt; immerhin muss das Gesetz so beschaffen sein, dass es wirklich zu jeder Zahl die erzeugte oder zugeordnete eindeutig bestimmt. Die folgende Festsetzung z.B.: n erzeuge die Zahl 1, wenn es drei natürliche Zahlen x, y, z gibt von der Beschaffenheit, dass $x^n + y^n = z^n$ ist, hingegen die Zahl 2, wenn $x^n + y^n \neq z^n$ ist, wie auch die drei Zahlen x, y, z gewählt werden mögen: diese Vorschrift ist kein Gesetz. Denn nach den logischen Einsichten, zu denen wir uns durchgekämpft, liegt hier keine Regel vor, welche die zugeordnete Zahl wirklich bestimmt. Ebensowenig ist die Regel «n erzeuge die Zahl 2, falls es eine Zahl m gibt von der Art, dass $n = 2m$ ist; falls aber $n \neq 2m$ ist für jede natürliche Zahl m, erzeuge n die 1» ihrem Wortlaut nach ein Gesetz; wohl aber die folgende, welche ohne ein auf die unendliche Reihe der natürlichen Zahlen sich beziehendes «es gibt» oder «jede» den Unterschied zwischen *gerade* und *ungerade* durch vollständige Induktion zu entscheiden gestattet: «1 erzeuge die Zahl 1; erzeugt n die Zahl 1, so die auf n folgende Zahl n' die 2; erzeugt hingegen n die Zahl 2, so n' die 1». Praktisch ausgedrückt, soll also eine Regel vorliegen, welche gestattet, bei vorgegebener Zahl die aus ihr erzeugte zu bestimmen, wenn wir nur imstande sind, dem Entwicklungsprozess der Zahlenreihe bis zu einer beliebigen Stelle zu folgen, mit anderen Worten: sofern wir aus jeder Zahl die nächstfolgende erzeugen und, wenn n irgendeine Zahl ist, die Reihe der Zahlen von 1 bis n durchlaufen können. Bei dem symbolischen Verfahren, das die Zahlen durch qualitativ unterschiedene Zeichen repräsentiert, müssen wir ausserdem natürlich voraussetzen, dass wir in der Lage sind, von zwei gegebenen Zahlen zu entscheiden, ob sie gleich oder verschieden sind.

Eine Eigenschaft $\mathfrak{E}$ von der Art, dass der Satz «die beliebige Zahl n besitzt die Eigenschaft $\mathfrak{E}$» ein Urteil im eigentlichen Sinne ist, eine Eigenschaft $\mathfrak{E}$ also, welche einer Zahl zukommt oder nicht, können wir, wie das obige Beispiel von «gerade und ungerade» erkennen lässt, als besondere Folge erklären, nämlich als ein Gesetz, das aus jeder Zahl eine der Zahlen 1 oder 2 erzeugt; wobei etwa die 1 als Symbol für *ja*, die 2 als Symbol für *nein* dient. Da wir später das Wort Eigenschaft in einem weiteren Sinne verwenden wollen, werde ein derartiges Gesetz C als *Charakter* bezeichnet. Sein *Negat* $\bar{C}$ entsteht durch Vertauschung von 1 und 2 (ja und nein). Der Begriff des Charakters lässt sich zu dem des *k-teiligen Charakters* erweitern; das ist ein Gesetz, das aus jeder Zahl eine der Zahlen von 1 bis k erzeugt. Das einfachste Beispiel ist der Kongruenzcharakter mod k. Er beruht auf der zyklischen Anordnung der Zahlen von 1 bis k, in welcher die Zahlen so aufeinander folgen, wie sie der Entwicklungsprozess der Zahlenreihe liefert; der Prozess wird aber bei k abgebrochen, und auf k folgt wieder 1. Das Gesetz, welches jeder Zahl n seinen Kongruenzrest $\equiv_k(n)$ zugeordnet, ist dann so zu formulieren: $\equiv_k(1) = 1$; $\equiv_k(n')$ ist für jedes n die in der zyklischen Anordnung der Zahlen von 1 bis k auf $\equiv_k(n)$ folgende Zahl. Dies Gesetz beschreibt in der Tat das Verfahren, das wir einschlagen, wenn wir in praxi z.B. zu entscheiden haben, ob eine gewisse Zahl n durch 5 teilbar ist: die Reihe der Zahlen von 1 bis n durchlaufend, zählen wir immer von 1 bis 5 durch und fangen dann wieder mit 1 an. – Wo wir das Wort Charakter ohne einen Zusatz gebrauchen, ist stets an einen zweiteiligen Charakter zu denken.

Das ursprünglichste Gesetz ist dasjenige, welches aus jeder Zahl n die nächstfolgende n' (oder $n+1$) erzeugt. Ist k irgendeine Zahl, so bezeichnet bekanntlich $n+k$ die nach dem folgenden Gesetz aus n erzeugte Zahl: 1 erzeugt $k+1$; bei Übergang von n zur nächstfolgenden Zahl verwandelt sich auch die von n erzeugte in die auf sie folgende. Damit haben wir nun ein Gesetz, das aus je *zwei* Zahlen n und k eine Zahl $n+k$ erzeugt. Auch hier sprechen wir natürlich noch von einer functio discreta; sie enthält zwei Argumente, ist nicht eine einfache, sondern eine Doppelfolge. – Man weiss, wie aus der *Addition* die Doppelfolge der *Multiplikation* konstruiert wird, die je zwei Zahlen m und n

ihr Produkt $m \cdot n$ zuordnet. Eine Doppelfolge, die aus jedem Zahlenpaar m, n stets eine der Zahlen 1 oder 2 erzeugt, werden wir eine *Relation* nennen; allgemeiner eine Doppelfolge, in welcher nur die Zahlen von 1 bis k als Funktionswerte zur Verfügung stehen, eine k-teilige Relation. $m \leqq n$ ist in diesem Sinne z.B. eine (zweiteilige) Relation: das Zahlenpaar m, n erzeugt die 1, falls m mit einer der Zahlen von 1 bis n übereinstimmt; wenn das aber nicht der Fall ist, die Zahl 2. Endlich wollen wir auch solche Fälle zulassen, in denen die Funktion nicht für alle möglichen Argumentwerte erklärt ist; wir sprechen dann von einer *zerstreuten Folge.* Das ist also ein Gesetz, das aus jeder Zahl eine Zahl oder nichts erzeugt. So entsteht z.B. $n-5$ aus n nach dem Gesetz, dass die Zahlen von 1 bis 5 nichts erzeugen, alle weiteren aber eine bestimmte Zahl gemäss der Regel: $6-5=1$; $n'-5=(n-5)'$. Der Begriff der zerstreuten Folge ist nicht wesentlich von dem der Folge verschieden, da wir in diesem Zusammenhang das Nichts als eine allen übrigen vorangehende Zahl 0 deuten können.

Wir führen noch einige weitere Beispiele von functiones discretae an und beweisen ein paar primitive Tatsachen der Arithmetik. Zunächst den Satz: Ist n irgendeine Zahl vom Kongruenzrest 0 mod k [$\equiv_k(n) = k$ in der obigen Bezeichnung], so gibt es eine Zahl m von der Art, dass $n = k \cdot m$; d.h. es gibt ein Gesetz, das aus jeder Zahl n vom Kongruenzcharakter 0 eine Zahl m erzeugt von der Art, dass $n = k \cdot m$ ist. Wir haben dieses Gesetz Q («Quotient») anzugeben: $Q(1) = 1$; ist $Q(n) = m$, so auch $Q(n') = m$, wenn $\equiv_k(n) \neq k$ ist; wenn aber $\equiv_k(n) = k$ ist, $Q(n') = m'$. Man beweist dann leicht, dass, wenn $\equiv_k(n) = i$, $Q(n) = m$ gesetzt wird, allgemein $n+k = km+i$ gilt. Das Gesetz gibt die Regel an, nach der wir in praxi die Division wirklich ausführen. – Eine Zahl n ist eine Primzahl, wenn sie > 1 ist und keines der endlich-vielen Zahlenprodukte $a \cdot b$ der folgenden Tabelle

$$\left.\begin{array}{c} 1\cdot 1, 1\cdot 2, \ldots, 1\cdot(n-1), \\ 2\cdot 1, 2\cdot 2, \ldots, 2\cdot(n-1), \\ \cdots\cdots\cdots\cdots\cdots\cdots \\ (n-1)\cdot 1, (n-1)\cdot 2, \ldots, (n-1)\cdot(n-1) \end{array}\right| \qquad (T)$$

(die wir so durchlaufen können, wie wir die Zeilen eines Buches lesen) mit n übereinstimmt. Dieses Gesetz erklärt die Primzahleigenschaft als einen Charakter. Es besteht die Urteilsanweisung zu Recht: Das Produkt zweier Zahlen > 1 ist niemals eine Primzahl. Wir erklären ein Gesetz, das aus 1 nichts erzeugt, aus jeder Zahl $n > 1$ aber zwei Zahlen $\pi(n)$, $\varkappa(n)$ derart, dass allgemein $\pi(n) \cdot \varkappa(n) = n$ ist und $\pi(n)$ stets eine Primzahl; nämlich folgendermassen. Ist n eine Primzahl, so sei $\pi(n) = n$, $\varkappa(n) = 1$; ist n aber keine Primzahl, so sei $\pi(n)$, $\varkappa(n)$ das erste Zahlenpaar in der nach gegebener Anweisung zu durchlaufenden Tabelle (T), dessen Produkt $= n$ ist. Im Hinblick auf dies Gesetz können wir folgenden Satz (Abstrakt einer Urteilsanweisung) formulieren: In jeder Zahl > 1 geht eine Primzahl auf. Die Folge der Primzahlen selbst p_n wird nach EUKLID durch folgendes Gesetz definiert, welches das Zeichen π in der eben eingeführten Bedeutung benutzt: 1 erzeugt die Primzahl $p_1 = 2$; p_{n+1} ist die erste Primzahl in der Reihe der Zahlen von 1 bis $\pi(p_1 p_2 \ldots p_n + 1)$, welche sowohl $\neq p_1$ wie $\neq p_2 \ldots$ wie $\neq p_n$ ist. – Endlich noch dieses Beispiel. Lassen wir die Gültigkeit des «grossen» FFRMATschen Satzes ganz dahingestellt, so war es doch nach der vor-BROUWERschen Logik selbstverständlich, dass es, wenn n irgendeine Zahl ist, entweder drei Zahlen $x\,y\,z$ gibt von der Beschaffenheit, dass $x^n + y^n = z^n$ ist, oder aber $x^n + y^n \neq z^n$ ausfällt für beliebige natürliche Zahlen $x\,y\,z$. Diese Selbstverständlichkeit der alten Logik wollen wir nach unserer neuen Auffassung genauer formulieren. Die Behauptung ist dann die: Es gibt ein Gesetz (in dem strengen, hier zugrunde gelegten Sinne), das aus jeder Zahl n entweder nichts oder drei Zahlen x_n, y_n, z_n erzeugt derart, dass im ersten Fall für irgend drei Zahlen $x\,y\,z$ stets $x^n + y^n \neq z^n$ ist, im zweiten aber $x_n^n + y_n^n = z_n^n$ gilt. Geschweige, dass diese Behauptung jetzt selbstverständlich ist, hat es nicht einmal einen Sinn, zu fragen, ob es sich so verhält oder nicht, in der Hoffnung, einem Sachverhalt gegenüberzustehen, der darauf eine bestimmte Antwort erteilt. Sondern es handelt sich um ein Urteilsabstrakt, das gültig ist, sofern das Gesetz konstruiert ist und die geforderten Eigenschaften desselben, welche generelle Aussagen sind, zu Recht bestehen. Liegt dieses Gesetz μ vor, so können wir aus ihm ein anderes konstruieren, welches der Zahl n die 1 zuordnet, falls μ aus n nichts erzeugt, hingegen die 2, falls μ dem n drei Zahlen $x_n\,y_n\,z_n$ zuordnet. Dieses Gesetz ist dann der «Charakter», welcher die FERMATschen Zahlen n (für welche der FERMATsche Satz gültig ist) unterscheidet von den nicht-FERMATschen.

Wenn die Werte zweier functiones discretae für jedes Argument übereinstimmen, sagen wir, die Funktionen selber *stimmten überein*; wenn es aber eine Zahl n gibt, aus welcher das erste Gesetz eine andere Zahl erzeugt als das zweite, so sagen wir, die beiden Folgen seien voneinander verschieden. Die eine Aussage ist eine generelle, die andere eine Existentialaussage; keine ein Urteil im eigentlichen Sinne. Wir dürfen also auch nicht mit Bezug auf zwei gegebene Folgen fragen, ob sie übereinstimmen oder verschieden sind, in der Meinung, dass es sich so oder so verhalte.

Solange wir nur generelle Sätze über die Zahlen aufstellen und nicht über die durch freie Wahl werdenden Folgen von Zahlen, somit auch nur Gesetze in Betracht ziehen, welche Zahlen einander zuordnen, nicht aber Gesetze, welche aus einer werdenden Wahlfolge eine vom Ausfall der Wahlen abhängige Zahl erzeugen oder wiederum eine werdende Zahlfolge, bewegen wir uns in dem Felde der reinen *Arithmetik und Algebra*. Jene höheren Stufen sind charakteristisch für die *Analysis*. Das Vorstehende dürfte genügend verdeutlichen, in welchem Geiste nach der neuen Auffassung Arithmetik und Algebra betrieben werden müssen; ihre radikalen Konsequenzen, welche der Mathematik ein wesentlich anderes Gesicht geben, als sie uns heute zeigt, entfaltet die neue Theorie aber erst im Felde der Analysis.

b) *Functio mixta*

Eine Funktion, welche jeder Zahl m eine Folge, d.i. ein durch m bestimmtes, aus jeder Zahl n eine Zahl $\varphi(m, n)$ erzeugendes Gesetz zuordnet, ist nichts anderes als eine Doppelfolge, fällt also unter den Begriff der functio discreta. Wie aber kann umgekehrt eine Folge, d.i. diesmal eine durch freie Wahlen werdende Folge von Zahlen $\nu = \{n_1, n_2, \ldots\}$, eine einzelne Zahl erzeugen? Der einfachste Fall ist offenbar der, wo die erzeugte Zahl lediglich von einer beschränkten Anzahl k von Stellen der werdenden Folge abhängt; dann ist man sicher, dass die Zahl bestimmt ist, sobald die Entwicklung der Folge bis zum k-ten Gliede gediehen ist. Die Stellenzahl k ist dabei unabhängig von dem Ausfall der einzelnen Wahlakte. Beispiel:

$$f(\nu) = n_1 + n_2 + n_3 + n_4 \quad (k = 4).$$

Ein komplizierterer Fall ist der folgende:

$$f(\nu) = n_1 + n_2 + \cdots + n_{n_1+n_2+n_3}.$$

Hier ist es so: Nachdem drei Stellen der Folge da sind, ist es bekannt, bis zu welcher Stelle (nämlich $n_1 + n_2 + n_3$) die Folge fortgesetzt werden muss, ehe sie die erzeugte Zahl festlegt; diese Stelle hängt von dem Ausfall der ersten drei Wahlen ab. Diese Komplikation kann sich iterieren; z.B.: die ersten 10 Stellen bestimmen die Anzahl s derjenigen Stellen, die bekannt sein müssen, um ihrerseits die Stelle zu bestimmen, bis zu welcher die Entwicklung fortgeschritten sein muss, ehe sie die zugeordnete Zahl erzeugt; usf. Es ist aber auch nicht gesagt, dass die erwähnte Komplikation sich gerade zweimal oder dreimal oder viermal iteriere, sondern es kann wiederum von dem Ausfall der ersten Wahlen abhängen, wie oft sie sich iteriert. Setzt man z.B.

$$f(k; \nu) = n_1 + n_2 + \cdots + n_k$$

und bildet durch Iteration

$$\begin{aligned} f_1(k; \nu) &= f(k; \nu), \\ f_2(k; \nu) &= f_1(f(k; \nu); \nu), \\ f_3(k; \nu) &= f_2(f(k; \nu); \nu), \\ &\ldots\ldots\ldots\ldots\ldots\ldots \end{aligned}$$

so leitet man daraus etwa die folgende functio mixta (abgekürzt f.m.) her:

$$f_{n_1 \cdot n_2 \cdot n_3}(7; \nu).$$

Ich spreche das allgemeine Prinzip aus, das diesen Konstruktionsmöglichkeiten zugrunde liegt.

1. Ist k eine natürliche Zahl und $\varphi(n_1 n_2 \ldots n_k)$ irgendeine Funktion von k Argumenten, so wird, wenn $n_1 n_2 \ldots n_k$ die ersten k Stellen einer durch freie

Wahlen werdenden Folge ν sind, durch $f(\nu) = \varphi(n_1 n_2 \dots n_k)$ eine «primitive» f.m. definiert.

2. Primitive f.m. sind der Ausgangspunkt für die Bildung höherer f.m., welche nach dem folgenden Prinzip vor sich geht: Ist $f(k; \nu)$ eine schon konstruierte f.m., die noch von einer willkürlichen natürlichen Zahl k abhängt, und ebenso $g(\nu)$ eine schon konstruierte f.m., so erhält man eine neue f' nach der Substitutionsformel

$$f'(\nu) = f\big(g(\nu); \nu\big).$$

Diese Regel ist, wie wohl zu beachten, nicht ein Konstruktionsprinzip, welches den im I. Teil besprochenen zu vergleichen ist, weil hier nichts darüber vorausgesetzt ist, wie die Abhängigkeit der f.m. von dem Parameter k zustande kommt. Die Iteration ist eine, aber nicht die einzige Möglichkeit; in dieser Hinsicht bleibt die Konstruktion völlig frei. Im übrigen wollen wir hier die Frage gar nicht erwägen, ob nur auf diesem Wege f.m. gebildet werden können oder ob nicht auch mit gewissen anders gebauten Erzeugungsgesetzen sich die Wesenseinsicht verbindet: Nach diesem Gesetz tritt bei einer werdenden Folge, sie mag sich entwickeln, wie sie will, stets einmal der Augenblick ein, wo sie eine Zahl aus sich gebiert. Das ist das Merkmal, welches allein wesentlich ist für den Begriff der f.m.

Der besondere Fall des *Charakters* liegt vor, wenn für die erzeugte Zahl dem Wortlaut des Gesetzes nach nur die Werte von 1 bis k zur Verfügung stehen. – Wollen wir andrerseits auch die Möglichkeit mitumfassen, dass die Funktion nicht für alle Folgen definiert ist («zerstreute» f.m.), so müssen wir zulassen, dass es «taube» Folgen geben kann, die keine Zahl erzeugen; es muss dann aber aus dem Gesetz für jede Folge ν, wie sie sich auch entwickeln möge, hervorgehen: Bis zu einer gewissen (von ν abhängigen) Stelle ist entweder die erzeugte Zahl da oder die Gewissheit, dass es sich um eine taube Folge handelt, die in alle Ewigkeit unfruchtbar bleibt.

Mehrere Argumente, d.i. mehrere nebeneinander in Entstehung begriffene Wahlfolgen können wir immer als eine einzige betrachten; die Übertragung der Begriffe ist damit gegeben. Statt von «Charakter» sprechen wir dann von «Relation».

c) *Functio continua*

Wir gehen zu den functiones continuae (f.c.) über. Einen besonderen Fall haben wir schon betrachtet, als der Gedanke der werdenden Folge zum erstenmal in unsern Gesichtskreis trat. Da hielt das Wachstum der Folge, die als Funktionswert auftrat, gleichen Schritt mit dem Wachstum des Arguments. Beseitigen wir diese besondere Annahme, so kommen wir zu folgender Erklärung:

Eine f.c. ist ein Gesetz, gemäss welchem in einer durch freie Wahlakte werdenden Folge von natürlichen Zahlen jeder Schritt, welcher ihr ein weiteres Glied hinzufügt, eine bestimmte Zahl oder nichts erzeugt. Was beim k-ten

Schritt geschieht, hängt dabei nicht bloss von dem Ausfall der Wahl beim k-ten Schritt, sondern im allgemeinen von der ganzen Vergangenheit der Argumentfolge in diesem Augenblicke der Entwicklung ab.

Bei solcher Formulierung sind wir aber noch nicht sicher, dass die Folge, welche den Funktionswert ergibt, wirklich ins Unendliche wächst, wenn die Entwicklung der Argumentfolge ins Unendliche fortschreitet. Es muss also noch die folgende Forderung **V** hinzutreten: Ist k eine beliebige natürliche Zahl, ν eine werdende Folge, und verfolgen wir deren Entwicklung von der k-ten Stelle ab, so tritt gewiss einmal der Augenblick ein, wo sie eine neue Zahl (und nicht nichts) erzeugt.

Ferner haben wir den Begriff der f.c. noch so zu verallgemeinern, dass er auch diejenigen Fälle mitumfasst, wo die Funktion nicht für alle möglichen Folgen definiert ist. Dies geschieht, indem wir zulassen, dass die werdende Wahlfolge bei jedem Schritt eine Zahl oder nichts erzeugt *oder aber den Abbruch des Prozesses, ihren eigenen Tod, herbeiführt* (und die Vernichtung seines bisherigen Erzeugnisses). Die Forderung **V** ist leicht zu übertragen: Eine Wahlfolge ν, die bis zum k-ten Gliede ohne Abbruch des Prozesses gediehen ist, muss von k ab, wie sie auch fortgesetzt werde, spätestens bis zu einer gewissen, von k und ν abhängigen Stelle wiederum eine Zahl hervorgebracht haben oder durch das Gesetz der f.c. getötet sein. Es ist hier aber noch eine weitere Forderung hinzuzufügen. Sei z.B. $g(\nu)$ eine f.m. und $\Phi(\nu)$ eine «zerstreute» f.c., wie wir sie hier im Auge haben. Eine werdende Folge ν sei, ohne dass durch Φ ein Abbruch des Prozesses eingetreten ist, so weit gediehen, dass der von der zugehörigen Folge $\nu' = \Phi(\nu)$ bereits entstandene Abschnitt die Zahl $g(\nu')\{= g(\Phi(\nu))\}$ bestimmt; sie sei etwa $= 2$. Tritt für eine Folge ν nach dem Gesetz Φ irgendwann einmal der Abbruch des Prozesses ein, so wird für ein solches ν die Funktion $g(\Phi) = g'$ nicht erklärt sein, also nichts bedeuten. Können wir nun unter den eben geschilderten Umständen behaupten: Es gibt eine Folge ν, für welche $g(\Phi(\nu)) = 2$ ist? Doch nur dann, wenn wir sicher sind, dass eine Folge ν, die bis zu einem gewissen Punkte gediehen ist, ohne durch das Gesetz Φ abgebrochen zu sein, auch ins Unbegrenzte hinaus so fortgesetzt werden kann, dass ihr dieses Schicksal niemals zuteil wird. Es muss also mit Φ ein zweites Gesetz X gegeben sein, zufolge dessen ν bei jedem weiteren Schritt seiner Entwicklung, solange diese noch nicht durch Φ abgeschnitten ist, eine Zahl erzeugt von folgender Art: Wählt man die beim k-ten Wahlschritt von ν durch X erzeugte Zahl als die $(k+1)$-te Zahl von ν, so führt Φ, wenn es bis dahin nicht geschehen war, auch beim $(k+1)$-ten nicht die Hemmung des Entwicklungsprozesses von ν herbei.

Damit sind die Funktionsbegriffe hinreichend fixiert. Es sei aber noch einmal betont, dass in den Theoremen der Mathematik von Fall zu Fall einzelne bestimmte derartige Funktionen auftreten, niemals aber allgemeine Sätze über sie aufgestellt werden. Die allgemeine Formulierung dieser Begriffe ist deshalb auch nur erforderlich, wenn man sich über Sinn und Verfahren der Mathematik Rechenschaft gibt; für die Mathematik selber, den Inhalt ihrer Lehrsätze, kommt sie gar nicht in Betracht.

§ 3. Mathematische Sätze, Eigenschaften und Mengen

Denn diese Sätze sind, sofern sie sich selbst genügen und nicht rein individuelle Urteile sind, allgemeine Aussagen über Zahlen oder Wahlfolgen von Zahlen, nicht aber über «Funktionen». Wir unterscheiden demnach folgende Arten von Aussagen:

I. *Urteile im eigentlichen Sinne.*

II. *Generelle Aussagen.* Ihr Typus: Für jede natürliche Zahl n und jede frei werdende Wahlfolge ν besteht die Relation $C(n; \nu)$; Relation in dem scharfen Sinne eines von n abhängigen Charakters der Wahlfolge ν genommen.

III. *Abstrakta aus Urteilen oder generellen Aussagen.* Dabei kann das «es gibt» auftreten in Verbindung mit Zahl, Folge, functio mixta und functio continua. Auf eine Folge kann es sogar in doppelter Weise bezogen sein, indem diese entweder als Folge im eigentlichen Sinne oder als Zuordnungsgesetz auftritt. Der erste Fall liegt z.B. vor, wenn $C(\nu)$ ein Charakter der frei werdenden Folge ν ist und nun der Satz formuliert wird: Es gibt eine Folge ν (d.i. selbstverständlich eine gesetzmässig bestimmte), welcher der Charakter $C(\nu)$ zukommt. Der zweite liegt vor, wenn auf Grund einer Relation $R(m\ n)$ zwischen willkürlichen Zahlen m, n der Satz aufgestellt wird: Es gibt eine Folge φ, die aus jeder Zahl m eine Zahl $\varphi(m)$ erzeugt, derart, dass jede Zahl m die Eigenschaft $R\big(m, \varphi(m)\big)$ besitzt. Da aber die Bedingung, dass die m-te Zahl einer Wahlfolge ν in der Beziehung R zur Zahl m steht, ein von m abhängiger Charakter von ν ist (es handelt sich dabei sogar um eine primitive f.m.), so ist der zweite als ein Sonderfall in dem ersten enthalten. Demnach können wir den Typus der Aussagen III. Art hinreichend allgemein durch folgendes Schema kennzeichnen: Es gibt eine Zahl n_0, eine Folge ν_0; ausserdem ein Gesetz f, das aus jeder Folge ν eine Zahl $f(\nu)$ erzeugt, und ein Gesetz Φ, das aus einer frei werdenden Folge ν eine werdende Folge $\nu' = \Phi(\nu)$ erzeugt, derart, dass für jede Zahl n und jede durch freie Wahlakte werdende Folge ν die Beziehung $C\big(n_0 \nu_0;\ n, f(\nu);\ \nu, \Phi(\nu)\big)$ besteht; dabei ist $C(n_0\nu_0;\ nn';\ \nu\nu')$ eine gegebene Relation zwischen den willkürlichen Zahlen n_0, n, n' und den Wahlfolgen ν_0, ν, ν'.

Gehen in die Aussagen dieser drei Arten noch unbestimmte Zahlen oder Wahlfolgen ein, so entstehen Aussageschemata von *Eigenschaften* und *Beziehungen* zwischen Zahlen oder Folgen. Im Gebiete der Eigenschaften haben wir demnach die gleichen drei Arten zu unterscheiden. Die unter I fallenden Eigenschaften sind nichts anderes als die «Charaktere» in dem von uns festgelegten Sinne; diejenigen Eigenschaften also, die einer Zahl oder Folge an sich zukommen oder nicht zukommen. Wir könnten sie als «umfangs-definite» Eigenschaften den unter II. und III. fallenden «umfangs-vagen» gegenüberstellen. Eine umfangs-definite Eigenschaft, einen Charakter, wollen wir auch als *definite Menge* (Menge vom Typus I) bezeichnen. Von einer derartigen Menge darf man sagen, dass es an sich feststeht, ob ein Element ihr angehört oder nicht. Sind M, N zwei Zahlcharaktere (definite Zahlmengen), so ist M eine Teilmenge von N, wenn jede Zahl vom Charakter M auch den Charakter N besitzt; oder genauer: Wir erklären ein Gesetz $(M; \overline{N})$, das aus einer willkürlichen Zahl n

dann die Zahl 2 (das «Nein») erzeugt, wenn M ihr die 1, N die 2 zuordnet – in jedem andern Falle aber die 1; der Sinn der «Teilmengen»-Aussage ist der, dass jede Zahl den Charakter $(M; \bar{N})$ besitzt. Sie ist also eine Aussage von der Form II. Ist M Teilmenge von N und N Teilmenge von M, so nennen wir M und N *identisch*. Entsprechendes ist über definite Mengen von Folgen oder die den Relationen korrespondierenden «mehrdimensionalen» Mengen von Zahlen und Folgen zu bemerken. – Man kann von der *Kardinalzahl* einer definiten Menge sprechen, muss sich dann aber darüber klar sein, dass für diese Kardinalzahlen nicht einmal der Satz gilt: Eine Kardinalzahl ist entweder $= 0$ oder $\geqq 1$; d.h. ein Zahlcharakter M erzeugt entweder aus jeder Zahl die 2 (die Menge M ist leer, jede Zahl hat die Eigenschaft $\bar{M}$), oder aber es gibt eine Zahl, aus welcher das Gesetz M die 1 erzeugt (es gibt ein Element von M; es gibt eine Zahl, welche die Eigenschaft M besitzt). Der Zweifel an der Lückenlosigkeit der CANTORschen $\aleph$ greift nach unserer jetzigen Auffassung also nicht erst bei $\aleph_1$, auch nicht erst bei $\aleph_0$ Platz, sondern schon am ersten Beginn der Zahlenreihe: Die Behauptung, dass 1 die kleinste auf 0 folgende Kardinalzahl ist, muss als grundlos zurückgewiesen werden. Mir scheint daraus die mathematische Wertlosigkeit dieses Mächtigkeitsbegriffs hervorzugehen. Natürlich behalten die endlichen Kardinalzahlen ihr altes gutes Recht, wo sie nicht auf eine «definite Menge» bezogen werden, sondern auf den Inbegriff einzelner gegebener Elemente (Zahlbegriff des täglichen Lebens).

Wir gehen zu den «umfangs-vagen» Eigenschaften der Art II über. Dabei ist folgendes zu beachten. Es sei $C(n; \nu)$ eine Relation zwischen Zahl n und Wahlfolge ν (z.B. diese: Die n-te Zahl von ν ist ungerade). Die eine umfangs-vage Eigenschaft $\mathfrak{E}$ von ν formulierende Aussage: «Es besteht $C(n; \nu)$ für jedes n (alle Zahlen von ν sind ungerade)», hat dann offenbar keinen Sinn mehr für eine *Wahlfolge* ν, sondern nur noch für eine ins Unendliche hinaus durch ein *Gesetz* bestimmte Folge. Ist nun $C'(\nu)$ ein Charakter, wie soll dann die Aussage interpretiert werden: «Jeder Folge, welche die Eigenschaft $\mathfrak{E}$ besitzt, kommt auch der Charakter C' zu»? «Jede Folge», das kann, wie wir wissen, nur heissen: jede durch freie Wahl werdende Folge; andrerseits kann die Eigenschaft $\mathfrak{E}$ sinnvollerweise nicht von einer Wahlfolge, sondern nur von einer ins Unendliche hinaus bestimmten, fertigen Folge ausgesagt werden. Es ist nur diese Interpretation möglich: Ist $C(n; \nu)$ erfüllt für alle Zahlen n *bis zu einer gewissen von* ν *abhängigen Grenze*, so gilt auch $C'(\nu)$. Oder genau: Es bedeute $C^*(n; \nu)$ die Relation, welche zwischen n und ν besteht, wenn $C(m; \nu)$ für alle Zahlen m von 1 bis n erfüllt ist; dann gibt es eine functio mixta $f(\nu)$ von der Art, dass einer jeden Wahlfolge vom Charakter $C^*(f(\nu); \nu)$ auch der Charakter $C'(\nu)$ zukommt. Es handelt sich also um eine Aussage des Typus III. Wenn aber in der Erklärung einer Eigenschaft $\mathfrak{E}$ von der Art II das «jeder» nicht wie hier bezogen ist auf «natürliche Zahl», sondern auf «Folge», ist eine analoge Interpretation der Natur der Sache nach nicht möglich. Nun hat der Eigenschafts- und Mengenbegriff nur soweit mathematische Bedeutung, als das *Identitätsprinzip* reicht, d.h. soweit mit der Aussage «Jedes Element von der

Eigenschaft 𝕰 hat die Eigenschaft 𝕰′ (𝕰 und 𝕰′ irgend zwei Eigenschaften)» ein Sinn verknüpft werden kann. Infolgedessen entspringen aus Aussagen der Form II, in welche Unbestimmte eingehen, nur dann Mengen, wenn «jeder» lediglich in Verbindung mit «natürliche Zahl» auftritt. Wir werden also erklären: Bezeichnet e, sei es eine willkürliche Zahl, sei es eine willkürliche Folge, und $C(e; n)$ einen ausser von e noch von der Zahl n abhängigen Charakter, so entspringt aus C eine «vage Menge» $[C]$; dass ein Element e ihr angehört, besagt, dass *jede* Zahl n zu e in der Relation $C(e; n)$ steht [Menge vom Typus II]. Für Mengen vom Typus I und II können wir nach der obigen Anweisung den Sinn des Terminus «Teilmenge» festlegen. Für den kompliziertesten Fall zweier unter den Typus II fallender Mengen von Folgen würde er diese Bedeutung haben:

«ν gehört zu $[C]$» besage: jede Zahl n steht zu ν in der Relation $C(\nu; n)$;

«ν gehört zu $[C']$» besage: jede Zahl n steht zu ν in der Relation $C'(\nu; n)$.

«$[C']$ ist eine Teilmenge von $[C]$» besagt: Es gibt eine functio mixta $f(n; \nu)$ derart, dass die Urteilsanweisung zu Recht besteht: Eine jede Zahl n und eine jede durch freie Wahlakte werdende Folge ν, welche zu allen Zahlen m von 1 bis $f(n; \nu)$ in der Relation $C(\nu; m)$ steht, erfüllen miteinander die Relation $C'(\nu; n)$. Die Aussage ist demnach eine solche von der Form III. Für den Begriff der Teilmenge gilt der *Syllogismus*, das transitive Gesetz: Ist M eine Teilmenge von M' und M' eine Teilmenge von M'', so ist M eine Teilmenge von M''.

Wir kommen zu den Eigenschaften der III. Art, deren Erklärung ein «es gibt» enthält. Nehmen wir da als Beispiel eine Eigenschaft von folgendem Bau. $C(e\, e')$ sei eine Relation, in welcher entweder e Zahl und e' Zahl oder e Folge und e' Zahl oder e Folge und e' Folge ist; «e besitzt die Eigenschaft (C)», besage: es gibt eine Funktion $f(e)$, so dass $C(e, f(e))$ besteht. Je nach den drei in Betracht kommenden Fällen wird diese Funktion natürlich eine functio discreta, mixta oder continua sein. Was bedeutet, wenn (C') eine Eigenschaft vom gleichen Bau ist, die Aussage: «Jedes Element e von der Eigenschaft (C) besitzt die Eigenschaft (C')» oder: «(C) ist Teilmenge von (C')»? Offenbar dies: Es gibt ein Gesetz, das aus jeder Funktion f eine Funktion f' erzeugt, derart, dass, wenn $C(e, f(e))$ besteht, auch $C'(e, f'(e))$ stattfindet; das Erzeugungsgesetz selbst kann dabei noch von e abhängen. Nun kann von einem derartigen Gesetz aber nur die Rede sein, wenn f eine functio discreta ist; an Stelle der willkürlichen Funktion f tritt dabei die durch freie Wahlen werdende Folge. Nur solche Eigenschaften von der Art III also werden wir als Mengen ansprechen, in denen das «es gibt» in Verbindung mit «Folge», nicht aber mit functio mixta oder continua auftritt. Dieses ist somit die typische Form der Erklärungen von Mengen der III. Art: Es sei $E(e, n\nu)$ eine Beziehung von der Art I (Relation) oder eine solche Beziehung von der Art II, der eine Menge korrespondiert, d.h. bei deren Erklärung das «jeder» nur in Verbindung mit «Zahl», nicht mit «Folge» auftritt; e kann Zahl oder Folge bedeuten, n eine willkürliche Zahl,

ν eine Folge. «e besitzt die Eigenschaft (E) oder gehört der Menge (E) an», soll besagen: *Es gibt* eine Zahl n und eine Folge ν von der Art, dass die Beziehung $E(e; n\ \nu)$ stattfindet. Die allgemeine Formulierung des Teilmengenbegriffs für Mengen vom Typus I, II oder III bleibe dem Leser überlassen. Der Syllogismus erweist sich in allen Fällen als zu Recht bestehend.

Das sind die vom Identitätsprinzip gesteckten Grenzen, innerhalb deren auch umfangs-vage Eigenschaften von Zahlen oder Folgen als Mengen anzusprechen sind. Mengen aber von Funktionen und Mengen von Mengen wollen wir uns ganz aus dem Sinne schlagen. Kein Platz ist da in unserer Analysis für eine allgemeine Mengenlehre, so wenig wie für generelle Aussagen über Funktionen[1]).

Die neue Auffassung, sieht man, bringt sehr weitgehende Einschränkungen mit sich gegenüber der ins Vage hinausschwärmenden Allgemeinheit, an welche uns die bisherige Analysis in den letzten Jahrzehnten gewöhnt hat. Wir müssen von neuem Bescheidenheit lernen. Den Himmel wollten wir stürmen und haben nur Nebel auf Nebel getürmt, die niemanden tragen, der ernsthaft auf ihnen zu stehen versucht. Was haltbar bleibt, könnte auf den ersten Blick so geringfügig erscheinen, dass die Möglichkeit der Analysis überhaupt in Frage gestellt ist; dieser Pessimismus ist jedoch unbegründet, wie der nächste Abschnitt zeigen soll. Aber daran muss man mit aller Energie festhalten: *Die Mathematik ist ganz und gar, sogar den logischen Formen nach, in denen sie sich bewegt, abhängig vom Wesen der natürlichen Zahl.*

In den hier gezogenen radikalen Konsequenzen stimme ich, soviel ich verstehe, nicht mehr ganz mit BROUWER überein. Beginnt er doch[2]) sogleich mit einer allgemeinen Funktionenlehre (unter dem Namen «Menge» tritt bei ihm auf, was ich hier als functio continua bezeichne), betrachtet Eigenschaften von Funktionen, Eigenschaften von Eigenschaften usf. und wendet auf sie das Identitätsprinzip an. (Mit vielen seiner Aussagen gelingt es mir nicht, einen

[1]) Ich will damit nicht sagen, dass allgemeine Aussagen über Mengen und Funktionen (mixtae et continuae) überhaupt unmöglich seien. So gilt gewiss für jede Folge ν und *jede f.m.* der Satz $f(\nu) + 1 = 1 + f(\nu)$. Aber ihre Allgemeinheit ist eine abgeleitete, durch formale Spezialisierung gewonnen aus der Allgemeinheit der Arithmetik und Analysis (im obigen Beispiel liegt die Gültigkeit der Gleichung $n + 1 = 1 + n$ für alle Zahlen n zugrunde); die Allgemeinheit der Arithmetik und Analysis ist hingegen eine wahrhaft originäre, sich stützend je auf ein eigenes anschauliches Fundament (vgl. S. 227/228) und darum auch von selbständigem anschaulichem Gehalt erfüllt. Man mag derartige Sätze über Funktionen und Mengen (vereinzelte Haltepunkte in einem völlig uferlosen Meer) zu einer besondern Disziplin unter dem Namen «Mengenlehre» vereinigen, aber sie ist keinesfalls das Fundament der Mathematik. – Analog kann man natürlich auch vereinzelte *besondere* Klassen von Zuordnungen zwischen functiones mixtae (oder continuae) stiften. Ist etwa φ eine gegebene f.d., so entsteht aus jeder $f(\nu)$ eine andere $f'(\nu)$ nach der Regel:

$$f'(\nu) \text{ für } \nu = \{n_1, n_2, n_3, \ldots\} \text{ ist gleich } f(\nu') \text{ für } \nu' = \{\varphi(n_1), \varphi(n_2), \varphi(n_3), \ldots\}.$$

Aber diese Zuordnung ist nur eine «Verkleidung» der Folge φ; wo gesagt wird: «*Es gibt* eine Zuordnung dieser Art», heisst das immer: «Es gibt eine Folge φ». Wir werden dafür sogleich Beispiele kennenlernen.

[2]) In der ersten der oben zitierten Abhandlungen über die «Begründung der Mengenlehre unabhängig vom logischen Satz vom ausgeschlossenen Dritten» (Verk. K. Akad. Wetensch., Amsterdam 1918, 1919).

Sinn zu verbinden.) Ich entlehne BROUWER 1. die Grundlage, die in jeder Hinsicht das Wesentliche ist, nämlich die Idee der werdenden Folge und den Zweifel am *principium tertii exclusi*, 2. den Begriff der functio continua. Auf meine Rechnung kommen der Begriff der functio mixta und die Auffassung, welche ich in den folgenden drei Thesen zusammenfasse: 1. Der Begriff der Folge schwankt, je nach der logischen Verbindung, in welcher er auftritt, zwischen «Gesetz» und «Wahl», «Sein» und «Werden». 2. Die allgemeinen und Existentialsätze sind keine Urteile im eigentlichen Sinne, behaupten keinen Sachverhalt, sondern sind Urteilsanweisungen bzw. Urteilsabstrakte. 3. Arithmetik und Analysis enthalten lediglich allgemeine Aussagen über Zahlen und frei werdende Folgen; keine allgemeine Funktionen- und Mengenlehre von selbständigem Inhalt!

Nachdem wir diese Rechenschaftsablegung über die logische Gestaltung der Wissenschaft vom Unendlichen beendet haben, ziehen wir im nächsten Abschnitt die Konsequenzen für das Kontinuumproblem.

§ 4. Das Kontinuum

Für den Begriff der reellen Zahlen waren bisher in der Mathematik mehrere Erklärungen in Gebrauch, deren Äquivalenz man glaubte beweisen zu können. Von dem Standpunkt aus, den wir jetzt einnehmen, erscheinen diese Definitionen aber nicht mehr als äquivalent, und man überzeugt sich leicht, dass nicht der DEDEKINDsche Schnitt, sondern die in diesem II. Teil am Beginn zugrunde gelegte Definition jetzt die einzig mögliche bleibt (von der man wohl sagen darf, dass sie auch an sich das Wesen der reellen Zahl am reinsten ausspricht).

Die Dualintervalle unterschieden wir oben voneinander durch Angabe zweier ganzzahliger Charaktere $[m; h]$. Man kann sie leicht durch einen einzigen Charakter, der eine natürliche Zahl ist, ersetzen, wenn man nach irgendeinem bestimmten einfachen Gesetz die Paare ganzer Zahlen in eine abgezählte Reihe ordnet. Ferner können wir, wenn i irgendein Dualintervall ist, die in seinem Innern gelegenen Dualintervalle in natürlicher Weise in eine abgezählte Reihe ordnen. Ist i von h-ter Stufe, so setzen wir an erste Stelle das einzige, ganz im Innern von i gelegene Dualintervall der $(h+1)$-ten Stufe, darauf die 5 Intervalle der $(h+2)$-ten Stufe dieser Art, wie sie sich von links nach rechts auf der Zahlgeraden folgen, darauf die 13 Intervalle der $(h+3)$-ten Stufe usf. Man weiss sonach, was es heisst, wenn von «dem n-ten» der innerhalb i gelegenen Dualintervalle die Rede ist. Eine reelle Zahl ist bestimmt durch ein Gesetz, das aus jeder natürlichen Zahl n ein Dualintervall $i^{(n)}$ erzeugt, so zwar, dass immer $i^{(n+1)}$ innerhalb $i^{(n)}$ gelegen ist. Wollen wir uns hier von der Einschachtelungsbedingung unabhängig machen, so ersetzen wir die Angabe des $(n+1)$-ten Intervalls $i^{(n+1)}$ durch Angabe seiner Ordnungsnummer unter den innerhalb $i^{(n)}$ gelegenen Dualintervallen; die reelle Zahl ist dann bestimmt durch Angabe des ersten Intervalls i und durch diese Folge der Ordnungsnummern, d.i. ein Gesetz, das aus jeder natürlichen Zahl n eine natürliche Zahl n_* erzeugt. Die Intervallfolge hebt an mit $i' = i$, darauf folgt das (1_*)-te der innerhalb i' gelegenen Dualintervalle, i'', darauf das (2_*)-te innerhalb i'' gelegene, i''', usf. Die «beliebige reelle Zahl», die «reelle Variable» ist repräsentiert durch eine werdende Folge von Dualintervallen, wobei die Intervalle sukzessive frei gewählt werden unter der einen Einschränkung, dass bei jedem folgenden Schritt ein innerhalb des zuletzt gewählten gelegenes Intervall ausgesucht werden muss. Will man diese an eine Vorschrift gebundene Wahl durch eine völlig freie ersetzen, so muss man nicht die Intervalle, sondern statt ihrer wie oben die Ordnungsnummern wählen. – Unter *Intervallfolge* ist von jetzt ab immer eine Folge ineinander eingeschachtelter Dualintervalle zu verstehen.

Zwei reelle Zahlen α, β *fallen zusammen*, wenn allgemein $i_\alpha^{(n)}$, das n-te Intervall der Folge α, und das n-te Intervall der Folge β sich ganz oder teilweise überdecken; sie *liegen getrennt*, wenn eine natürliche Zahl n existiert, so dass $i_\alpha^{(n)}$ und $i_\beta^{(n)}$ völlig getrennt liegen. Diese beiden Möglichkeiten bilden keine vollständige Alternative; ist doch keine von beiden eine definite Beziehung zwischen den willkürlichen reellen Zahlen α und β. Das ist dem Charakter des anschaulichen Kontinuums völlig angemessen; denn in ihm geht das Getrenntsein zweier Stellen beim Zusammenrücken sozusagen graduell, in vagen Abstufungen, über in die Ununterscheidbarkeit. Wohl aber gilt der Satz: Fällt α mit β zusammen und β mit γ, so fällt auch α mit γ zusammen. Zwar brauchen ja von drei Intervallen $i_\alpha^{(n)}$, $i_\beta^{(n)}$, $i_\gamma^{(n)}$, deren beide erste und deren beide letzte übereinandergreifen, das erste und dritte nicht sich zu überdecken. Tritt das hier aber an einer bestimmten Stelle n unserer Intervallfolgen ein, so müssten im weiteren Fortgang ihrer Entwicklung entweder die Intervallfolgen α und β oder die Folgen β und γ sich voneinander trennen. Unser Satz behauptet, explizite ausgesprochen: Es gibt eine von der natürlichen Zahl n abhängige Funktion $f(n; \alpha\,\beta\,\gamma)$ von drei werdenden Wahlfolgen $\alpha\,\beta\,\gamma$, welche aus den Argumenten allemal dann eine bestimmte natürliche Zahl m erzeugt, wenn $i_\alpha^{(n)}$ und $i_\beta^{(n)}$ einerseits, $i_\beta^{(n)}$ und $i_\gamma^{(n)}$ anderseits sich überdecken, $i_\alpha^{(n)}$ und $i_\gamma^{(n)}$ aber getrennt liegen, und zwar so, dass folgendes gilt: Wie auch die Intervallfolgen α, β, γ über die n-te Stelle hinaus sich entwickeln mögen, an m-ter Stelle sind entweder $i_\alpha^{(m)}$ und $i_\beta^{(m)}$ getrennt oder $i_\beta^{(m)}$ und $i_\gamma^{(m)}$. Die Konstruktion dieser Funktion f ist natürlich sehr einfach. Der in Frage stehende Satz beruht, wie man zugleich erkennt, nicht darauf, dass α, β, γ «Näherungszahlen» sind, sondern dass die Annäherung *über jede Grenze* getrieben werden kann. Insofern dies für ein anschaulich gegebenes Kontinuum nicht der Fall ist (man denke etwa an das bekannte Beispiel der Lokalisation von Druckempfindungen, welche durch Berührung der Handfläche mit den beiden Spitzen eines Zirkels hervorgerufen werden), kommt in der «Transitivität» des Zusammenfallens die an der Wirklichkeit vorgenommene *mathematische Idealisierung* zum Ausdruck. – Das Kontinuum erscheint hier als ein nach innen hinein ins Unendliche Werdendes. In der anschaulich gegebenen Wirklichkeit ist der Werdeprozess nur bis zu einem gewissen Punkte gediehen (denn das Gegebene *ist*, es *wird* nicht) und mündet darüber hinaus graduell in völlige Ungeschiedenheit; in der Mathematik hingegen betrachten wir ihn als einen ins Unendliche fortgehenden. *Auf jeden Fall aber ist es unsinnig, das Kontinuum als ein Fertig-Seiendes zu betrachten.* Man kann darum allen Ernstes behaupten (und muss es sogar), dass das Gegenwärtige nicht etwas in sich fertig Bestimmtes ist, sondern selbst noch nach innen hinein *wird*, indem es sich in der Zukunft entfaltet; erst «am Ende aller Zeiten» sozusagen ist jedes Stück der Weltwirklichkeit, auch das von mir jetzt durchlebte, in sich präzise bestimmt. Dieser Umstand erscheint mir sehr wichtig für die Abschätzung der metaphysischen Bedeutung der Naturkausalität; jedoch ist hier nicht der Ort, darauf einzugehen.

Greifen wir auf der Zahlgeraden C, dem Variabilitätsgebiet einer reellen Variablen x, einen bestimmten Punkt heraus, z.B. $x = 0$, so kann man, wie wir sahen, keinesfalls behaupten, dass jeder Punkt entweder mit ihm zusammenfällt oder von ihm getrennt liegt. Der Punkt $x = 0$ zerlegt also das Kontinuum C durchaus nicht in zwei Teile C^-: $x < 0$ und C^+: $x > 0$, in dem Sinne, dass C aus der Vereinigung von C^-, C^+ und dem einen Punkte 0 bestünde (jeder Punkt entweder mit 0 zusammenfiele oder zu C^- oder zu C^+ gehörte). Erscheint dies dem heutigen Mathematiker mit seiner atomistischen Denkgewöhnung anstössig, so war es in früheren Zeiten eine allen selbstverständliche Ansicht: innerhalb eines Kontinuums lassen sich wohl durch Grenzsetzung Teilkontinuen erzeugen; es ist aber unvernünftig, zu behaupten, dass das totale Kontinuum aus der Grenze und jenen Teilkontinuen zusammengesetzt sei. *Ein wahrhaftes Kontinuum* ist eben ein in sich Zusammenhängendes und *kann nicht in getrennte Bruchstücke aufgeteilt werden*; das widerstreitet seinem Wesen. C^+ ist ein Kontinuum in dem gleichen Sinne wie C: Medium freien Werdens; auch bei seiner mathematischen Erfassung müssen wir daher nicht von den Punkten, sondern von den Intervallen ausgehen. Ihm liegt zugrunde das System Σ^+ derjenigen Dualintervalle, deren erste Charakteristik m positiv ist. Ein Gesetz, das aus jeder natürlichen Zahl ein Intervall dieses Systems erzeugt, und zwar so, dass die Intervalle der Folge ineinander eingeschachtelt sind, liefert eine bestimmte Zahl im Kontinuum C^+; Wahlakte, welche an das System Σ^+ und die Einschachtelungsbedingung gebunden, im übrigen aber frei sind, erzeugen eine werdende Folge, welche «die im Bereich C^+ sich bewegende Variable» darstellt. Man wird hier gewahr, dass «Punktmengen», welche als Variabilitätsgebiet für Funktionsargumente in Betracht kommen, immer nur Verkleidungen von «Intervallmengen», genauer von definiten Intervallmengen sein können. Nur über derartige Punktmengen ist aber auch eine allgemeine Theorie innerhalb der Analysis möglich, da sie unter die Rubrik der functiones discretae fallen. Neben dem System Σ^+ trat oben das System Σ^- der Dualintervalle auf, deren erste Charakteristik $m < 0$ ist, und drittens das System Σ^0 der durch $m = 0$ charakterisierten Dualintervalle. Σ^+, Σ^-, Σ^0 bestimmen bzw. das Kontinuum der «rechts von 0 gelegenen», der «links von 0 gelegenen» und der «mit 0 zusammenfallenden» Punkte.

Betrachten wir jetzt eine der gewöhnlichen, auf eine reelle Variable x anzuwendenden Operationen, z.B. x^2. – Aus mehreren Dualbrüchen a, a', ... in endlicher Anzahl kann man leicht das einzige Dualintervall höchster Stufe konstruieren, welches jene Dualbrüche alle enthält; dies Intervall bezeichnen wir mit $(a, a', \ldots)$. Sind

$$a = \frac{m-1}{2^h}, \quad a' = \frac{m+1}{2^h}$$

die Endpunkte eines Intervalls i, so liegen die Quadrate aller Dualbrüche, welche in das Intervall i hineinfallen, ihrerseits in dem Intervall

$$i^2 = (a^2, a\,a', a'^2).$$

Ist eine reelle Zahl α gegeben durch eine Folge ineinander eingeschachtelter Dualintervalle, so erhält man die Zahl α^2, indem man von jedem Intervall i der Folge das «Quadratintervall» i^2 bildet. Die Entstehung von α^2 aus α beruht also nicht auf der Zuordnung von *Intervallfolgen*, sondern einfach auf der Zuordnung von *Intervallen*: es handelt sich um das Gesetz, das aus jedem Intervall i das Intervall i^2 erzeugt; dies Gesetz nennen wir «die Funktion x^2». Lässt man eine Folge ineinander eingeschachtelter Dualintervalle i durch freie Wahl Schritt für Schritt entstehen, so entspricht ihr nach diesem Gesetz eine werdende Folge von gleichfalls ineinander eingeschachtelten Intervallen i^2. In ähnlicher Weise erklären wir die Funktion $x \cdot y$ (die Operation der *Multiplikation*) im Gebiet von zwei Variablen x, y. Diesem Variabilitätsgebiet liegt zugrunde das System der durch drei ganzzahlige Charakteristiken $m, n; h$ voneinander zu unterscheidenden «Dualquadrate» mit den Eckpunkten

$$x = \frac{m \pm 1}{2^h}, \quad y = \frac{n \pm 1}{2^h}.$$

Setzen wir

$$a = \frac{m-1}{2^h}, \quad a' = \frac{m+1}{2^h}; \quad b = \frac{n-1}{2^h}, \quad b' = \frac{n+1}{2^h},$$

so erzeuge man aus diesem Quadrat J das Intervall

$$\pi(J) = (a\,b, a'\,b, a\,b', a'\,b').$$

Dieses Gesetz π ist die Funktion $x \cdot y$; durchläuft J eine werdende Folge ineinander eingeschachtelter Quadrate, so $\pi(J)$ eine werdende Folge ineinander eingeschachtelter Intervalle.

Interpretieren wir endlich noch die im Gebiete zweier Variablen x, y gültige Identität

$$(x + y)\,(x - y) = x^2 - y^2. \qquad (*)$$

Ein Paar Dualbrüche a, b nennen wir «den Schnittpunkt von a mit b». Sind $a, a', \ldots$ mehrere (z.B. drei) gegebene Dualbrüche, und ist daneben noch eine zweite Reihe von endlichvielen (z.B. vier) Dualbrüchen $b, b', \ldots$ gegeben, so können wir das kleinste Dualquadrat bilden, das die sämtlichen $(3 \cdot 4)$ Schnittpunkte von $a, a', \ldots$ mit $b, b', \ldots$ enthält:

$$J = (a\,a' \ldots \mid b\,b' \ldots).$$

Die Funktion

$$x' = x + y, \quad y' = x - y$$

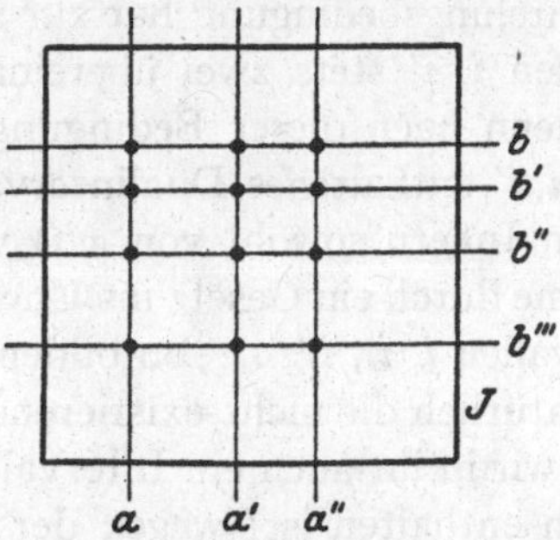

Fig. 2.

ist das Gesetz, welches aus jedem Dualquadrat J, dessen Ecken die Schnittpunkte von a, a' mit b, b' sind, das Quadrat

$$J' = (a + b,\ a' + b,\ a + b',\ a' + b' \mid a - b,\ a' - b,\ a - b',\ a' - b')$$

erzeugt; aus ihm werde das Intervall i gebildet nach dem Gesetz $x' \cdot y'$ (das eben mit π bezeichnet wurde). Damit ist die linke Seite von (*) konstruiert. Analog rechts: Man bildet aus J zunächst das Quadrat

$$J^2 = (a^2,\ a\,a',\ a'^2 \mid b^2,\ b\,b',\ b'^2)$$

[das ist die Funktion $x'' = x^2$, $y'' = y^2$] und daraus das Intervall $\bar{\imath}$ nach dem Gesetze $x'' - y''$. Die Gleichung (*) behauptet, dass, welches auch das Dualquadrat J sein mag, *i und $\bar{\imath}$ sich stets überdecken.*

Die angeführten Beispiele legen uns den allgemeinen Begriff der *stetigen Funktion* einer reellen Veränderlichen nahe. Eine solche Funktion wird bestimmt nicht durch ein beliebiges Gesetz, das einer werdenden Intervall*folge* eine werdende Intervallfolge zuordnet, sondern durch ein Gesetz, nach welchem einfach jedes Dual*intervall* (sobald es einmal hinreichend klein geworden ist) ein Intervall erzeugt. Das entspricht auch vollkommen dem Sinn, wie dieser Begriff in den Anwendungen der Mathematik gebraucht wird: sobald das Argument *mit einem gewissen Grad der Genauigkeit* gegeben ist – und anders ist es in den Anwendungen ja nie gegeben –, ist auch der Funktionswert mit einem zugehörigen Grad von Genauigkeit bekannt. Der letztere sinkt mit dem ersteren unter jede Grenze (wenn die Funktion in einem beschränkten Intervall betrachtet wird). Die stetigen Funktionen sind demnach nur verkleidete «functiones discretae»; und nur darum kann die Analysis eine allgemeine Theorie über sie aufstellen. Eine stetige Funktion, erklären wir, ist bestimmt durch ein Gesetz φ, das aus jedem Dualintervall i entweder nichts oder ein ebensolches Intervall, $\varphi(i)$, erzeugt. Es gehört ferner dazu ein Gesetz, aus jedem Intervall i eine natürliche Zahl n_i erzeugend, von folgender Art: Ist i irgendein Dualintervall, n eine natürliche Zahl $\geqq n_i$, so erzeugt das n-te derjenigen Dualintervalle, welche im Innern von i gelegen sind, nach dem Gesetz φ bestimmt ein Intervall (und nicht nichts), das überdies im Innern von $\varphi(i)$ liegt, falls $\varphi(i)$ existiert. – Die Einschachtelungsbedingung hat zur Folge, dass zwei übereinandergreifenden Intervallen i, i' stets zwei übereinandergreifende Intervalle $\varphi(i)$, $\varphi(i')$ entsprechen; denn nach dieser Bedingung kann man stets ein im Innern beider Intervalle i, i' enthaltenes Dualintervall $\bar{i}$ konstruieren, dessen Bild $\varphi(\bar{i})$ existiert und im Innern sowohl von $\varphi(i)$ wie $\varphi(i')$ liegt. Ist α eine einzelne reelle Zahl, d.i. eine durch ein Gesetz ins Unendliche hinaus bestimmte Schachtelfolge von Intervallen $i, i', i'', \ldots$, so bilden wir die Folge $\varphi(i)$, $\varphi(i')$, $\varphi(i'')$, ...; aus ihr fallen natürlich die nicht-existierenden Bildintervalle heraus, ausserdem aber streichen wir in ihr auch ein Intervall, falls es nicht im Innern des nächstvorhergehenden enthalten ist; wegen der zu jedem Intervall i gehörigen Zahl n_i bleibt dabei doch eine unendliche Folge stehen. Die so präparierte Bildfolge ist also wiederum eine reelle Zahl $\beta = \varphi(\alpha)$: der *Wert* der stetigen Funktion für den Argumentwert α. Fallen die beiden reellen Zahlen α und α' zusammen, so fallen auch die zugehörigen Funktionswerte β und β' zusammen. – Zwei stetige Funktionen stimmen überein, wenn sie durch Gesetze bestimmt sind, die jedem Dualintervall zwei übereinandergreifende Intervalle zuordnen[1]).

Wie man sieht, kann man den Begriff der stetigen Funktion in einem beschränkten Intervall nicht erklären, ohne die *gleichmässige Stetigkeit* und die *Beschränktheit* sogleich in die Definition mit aufzunehmen. Vor allem aber *kann es gar keine andern Funktionen in einem Kontinuum geben als stetige Funktionen.* Wenn die alte Analysis die Bildung unstetiger Funktionen ermöglichte, so bekundet sie damit am deutlichsten, wie weit sie von der Erfassung des Wesens des Kontinuums entfernt ist. Was man heute eine unstetige Funktion nennt, besteht in Wahrheit (und auch das ist im Grunde nur eine Rückkehr zu älteren Anschauungen) aus *mehreren* Funktionen in getrennten Kontinua. Wir fassen z.B. die oben eingeführten Kontinua C, $C^+(x > 0)$ und $C^-(x < 0)$ ins Auge. Die Funktion $f_1(x) = x$ in C^+ ist das Gesetz, das jedem Dualintervall, dessen beide Endpunkte positiv sind, dies Intervall selbst zuordnet. Die Funktion $f_2(x) = -x$ in C^- ist das Gesetz, das jedem Dualintervall i, dessen beide Endpunkte a, a' negativ sind, das Intervall $-i = (-a', -a)$ zuordnet. Zu diesen beiden Funktionen existiert eine einzige Funktion $|x|$ in ganz C, welche in C^+ mit f_1, in C^- mit f_2 übereinstimmt; sie ordnet einem Dualintervall i das Inter-

[1]) Von der *einzelnen bestimmten* stetigen Funktion war hier die Rede. Die allgemeinen Sätze über sie handeln aber von dem Kontinuum, in das sie sich einbetten: der (als einer werdenden zu betrachtenden) *willkürlichen* stetigen Funktion. Das nähere Eingehen auf diesen Begriff würde uns hier zu weit führen.

vall i zu, falls beide Endpunkte von i positiv sind, $-i$, falls beide Endpunkte negativ sind, einem Intervall i mit den Endpunkten $a\ a'$ aber, das den Nullpunkt enthält, das Intervall $(-a', -a, a, a')$. Betrachten wir hingegen die beiden Funktionen $+1$ in C^+, -1 in C^-, so existiert zu ihnen *keine* in ganz C definierte Funktion, welche in C^+ mit der einen, in C^- mit der andern übereinstimmte.

Der bisherigen Analysis erschien das Kontinuum als die Menge seiner Punkte; sie sah in ihm nur einen Spezialfall des logischen Grundverhältnisses von *Element und Menge*. Wem wäre es nicht schon aufgefallen, dass das ebenso fundamentale Verhältnis von *Ganzem und Teil* bislang in der Mathematik überhaupt keine Stelle hatte? *Dass es Teile hat*, ist aber die Grundeigenschaft des Kontinuums; und so macht die BROUWERsche Theorie (im Einklang mit der Anschauung, gegen welche der heutige «Atomismus» so arg verstösst) dieses Verhältnis zur Grundlage für die mathematische Behandlung des Kontinuums. Darin liegt der eigentliche Grund für das im vorhergehenden (bei der Abgrenzung von Teilkontinuen sowohl wie bei der Bildung stetiger Funktionen) eingeschlagene Verfahren, das nicht von den *Punkten*, sondern den *Intervallen* als den primären Konstruktionselementen ausgeht. – Freilich: auch eine Menge besitzt Teile. Was sie aber im Reich des «Teilbaren» auszeichnet, ist die Existenz der «Elemente» im mengentheoretischen Sinne, d.h. von *Teilen, welche selbst keine Teile mehr enthalten*; und zwar ist in jedem Teil mindestens ein «Element» enthalten. Hingegen gehört es zum Wesen des Kontinuums, dass *jedes seiner Teile sich unbegrenzt weiter teilen lässt*; der Begriff des Punktes muss als Grenzidee betrachtet werden, «Punkt» ist die Vorstellung der *Grenze* einer ins Unendliche fortgesetzten Teilung. – Um den stetigen Zusammenhang der Punkte wiederzugeben, nahm die bisherige Analysis, da sie ja das Kontinuum in eine Menge isolierter Punkte zerschlagen hatte, ihre Zuflucht zu dem *Umgebungs*begriff. Aber da in der daraus hervorgehenden Allgemeinheit der Begriff der stetigen Mannigfaltigkeit mathematisch unfruchtbar blieb, musste hernach als einschränkende Bedingung die Möglichkeit der «Triangulation» hinzugefügt werden[1]). Im Gegensatz zu diesem Aufbau erschienen in den kurzen Erläuterungen, welche BROUWER seinen bekannten Beweisen der grundlegenden Sätze der Analysis situs vorausschickte[2]), schon deutlich die einfach zusammenhängenden Stücke, aus denen die Mannigfaltigkeit zusammengesetzt wird, als die ursprünglich gegebenen Bausteine. Die neue Analysis lässt nur diesen Weg offen.

Deuten wir kurz an, wie sich danach die mathematische Definition des Begriffes der *zweidimensionalen geschlossenen Mannigfaltigkeit* gestaltet. Zunächst ist das Schema ihres *topologischen Aufbaues* anzugeben, das ich als ein «zweidimensionales Gerüst» bezeichne. Es besteht aus endlichvielen «Ecken» e_0 (Elementen 0-ter Stufe), «Kanten» e_1 (Elementen 1. Stufe), «Flächenstücken» e_2 (Elementen 2. Stufe), die durch irgendwelche Symbole gekennzeichnet werden

---

1) Siehe z.B. H. WEYL, *Die Idee der Riemannschen Fläche* (Leipzig 1913), § 4.

2) Siehe vor allem L. E. J. BROUWER, Math. Ann. *71*, 97 (1912).

mögen. Jedes Flächenstück wird von gewissen Kanten, jede Kante von gewissen Ecken «begrenzt»; die Angaben darüber bilden den wesentlichen Inhalt des Schemas. Es muss gewissen leicht zu formulierenden Forderungen genügen. – Von den Flächenstücken des Gerüstes gelangt man zu den Punkten der Mannigfaltigkeit durch einen unendlich oft zu wiederholenden *Teilungsprozess*. Diesen wollen wir so vornehmen, dass wir jede Kante durch einen ihrer Punkte in zwei Kanten zerlegen, darauf jedes Flächenstück von einem willkürlich in ihm gewählten Zentrum aus durch Linien nach den auf seiner Begrenzung

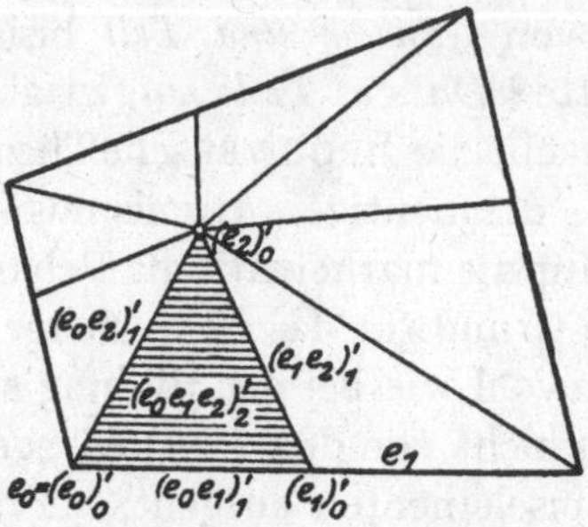

Fig. 3.

gelegenen Ecken in Teildreiecke zerlegen. Diesen Vorgang kann man in abstracto so beschreiben: Jedem Element e_i des ursprünglichen Gerüstes G entspricht ein Element 0-ter Stufe $(e_i)'_0$ des durch Teilung entstehenden Gerüstes G'; zwei Elemente e_i, e_k $(i > k)$ des ursprünglichen Gerüstes, von denen das eine das andere begrenzt, erzeugen ein Element 1. Stufe $(e_i\, e_k)'_1$ des neuen Gerüstes G', das begrenzt wird von $(e_i)'_0$ und $(e_k)'_0$; drei Elemente $e_2\, e_1\, e_0$ von G, die einander begrenzen, ein von $(e_2\, e_1)'_1$, $(e_2\, e_0)'_1$, $(e_1\, e_0)'_1$ begrenztes Element 2. Stufe $(e_2\, e_1\, e_0)'_2$ von G'. – Die Flächenstücke von G und die durch sukzessive Teilungen entstehenden Flächenstücke von G', G'', ... spielen hier die gleiche Rolle wie diejenigen Intervalle im Linearkontinuum, in welche dasselbe durch die Dualbrüche von der Form $m/2$, $m/2^2$, $m/2^3$, ... (m durchläuft alle ganzen Zahlen) zerlegt wird. Je zwei aneinanderstossende von ihnen fügten wir zu einem «Dualintervall» zusammen, um auf jeder Teilungsstufe eine Bedeckung des Linearkontinuums durch übereinandergreifende Stücke zu bekommen. Analog fassen wir hier diejenigen Flächenstücke eines der durch Teilung entstandenen Gerüste G, G', G'', ..., welche von einem gemeinsamen Eckpunkt begrenzt werden, zu einem «Stern» zusammen. Unter einem *Punkt der Mannigfaltigkeit* ist eine unendliche Folge solcher Sterne zu verstehen, in welcher jeder Stern ganz im Innern des nächstvorhergehenden enthalten ist; der Sinn dieser Einschachtelungsbedingung zwischen zwei Sternen ist leicht zu formulieren.

Eine offene Mannigfaltigkeit unterscheidet sich von einer geschlossenen nur darin, dass das zugrunde liegende Gerüst nicht aus endlichvielen, sondern einer unendlichen Folge von Elementen besteht. Das früher ausführlich betrachtete Linearkontinuum fällt unter diesen Begriff, sofern wir als Dualintervalle allein die Intervalle $\big((m-1)/2^h, (m+1)/2^h\big)$ mit einer *positiven* Charakteristik h gelten lassen. Diese Modifikation kann an allen unseren bisherigen Entwicklungen ohne weiteres angebracht werden. Der Begriff der stetigen Funktion ist gleich so gefasst worden, dass er sich auf beliebige Mannigfaltigkeiten übertragen lässt: Eine stetige Abbildung einer Mannigfaltigkeit auf eine andere wird bestimmt durch ein Gesetz, das jedem Stern der ersten entweder nichts oder einen Stern der zweiten zuordnet; es kommt hinzu die gleiche Einschachtelungsbedingung wie früher. Hier ist es wirklich wesentlich, dass die Alternative des «Nichts» offen gelassen wird, da ja das Bildgebiet eines Sternes der ersten Mannigfaltigkeit nicht in einem einzigen Stern der zweiten Platz zu finden braucht.

Sobald man es mit einer in irgendeinem Kontinuum sich bewegenden Variablen zu tun hat, muss man sich, der neuen Theorie gemäss operierend, über dem Kontinuum sozusagen in der Schwebe halten und hat nicht wie bisher die Möglichkeit, sich auf einem einzelnen, wenn auch willkürlichen Punkte niederzulassen. Dem an das letzte Verfahren Gewöhnten mag solche Zumutung zunächst unbequem erscheinen; aber jeder wird spüren, wie treu auch hierin die neue Analysis dem anschaulichen Charakter des Kontinuums sich anpasst. Die BROUWERsche Auffassung verbindet höchste intuitive *Klarheit* mit *Freiheit*. Wer immer sich im abstrakten Formalismus der Mathematik noch einigen Sinn für anschauliche Gegebenheiten erhalten hat, auf den muss sie wirken wie eine Erlösung von bösem Albdruck. Endlich sei noch darauf hingewiesen, wie vollkommen beide Teile der neuen Lehre, die *anschauliche* Angepasstheit ans Kontinuum und ihre *logische* Stellungnahme zu den generellen und den Existentialsätzen, sich gegenseitig fordernd, ineinandergreifen.

Nachtrag Juni 1955

Nur mit einigem Zögern bekenne ich mich zu diesen Vorträgen, deren stellenweise recht bombastischer Stil die Stimmung einer aufgeregten Zeit widerspiegelt – der Zeit unmittelbar nach dem ersten Weltkrieg. Kurz nachdem ich diese den Intuitionismus predigenden Vorträge hielt, trat HILBERT mit seiner formalistischen *Neubegründung der Mathematik* hervor [Abh. Math. Seminar Univ. Hamburg *1* (1922)]; vgl. ferner HILBERT, *Die logischen Grundlagen der Mathematik*, Math. Ann. *88* (1922). Zu dem Gegensatz von Intuitionismus und Formalismus nahm ich Stellung in dem (heute vielleicht schwer zugänglichen) Aufsatz (67): *Die heutige Erkenntnislage der Mathematik*, der den ersten Band der (bald wieder eingegangenen) «Philosophischen Zeitschrift für Forschung und Aussprache» Symposion (Verlag der philosophischen Akademie Erlangen, 1925) eröffnet, und dann in meinem Beitrag *Philosophie der Mathematik und Naturwissenschaft* zu dem OLDENBOURGschen Handbuch der Philosophie (R. OLDENBOURG, München 1927). Die erweiterte amerikanische Ausgabe *Philosophy of Mathematics and Natural Science* (Princeton University Press 1949, second printing 1950) diskutiert im Appendix A (*The Structure of Mathematics*) die veränderte Sachlage, welche durch die GÖDELsche Entdeckung von «formal unentscheidbaren Sätzen» (1931) geschaffen wurde. Ich verweise ferner noch auf meine späteren Äusserungen in (138): *Mathematics and Logic* und (156): *Über den Symbolismus der Mathematik und mathematischen Physik.* Über weitere Fortschritte und die auf diesem Gebiet entstandene umfangreiche Literatur orientiert bis 1936 ALONZO CHURCHS grossartige *Bibliography of Symbolic Logic* (J. Symbolic Logic *1*, 121–218, und *3*, 178–212) und dann fortlaufend eben dieses Journal of Symbolic Logic. Heute will mir scheinen, dass die „operative" Einstellung von PAUL LORENZEN den gangbarsten Weg aus den Schwierigkeiten eröffnet; vgl. sein kürzlich erschienenes Buch *Einführung in die operative Logik und Mathematik* (Springer-Verlag 1955). Die Operationen des formalen Kalküls sind hier in fruchtbarer und zwangloser Weise verflochten mit inhaltlichen Überlegungen über deren Produkte; die GÖDELsche Entdeckung verliert dadurch alles Beunruhigende.

42.

Zur Abschätzung von ζ (1 + ti)

Mathematische Zeitschrift 10, 88—101 (1921)

1. Behauptung und Gang des Beweises.

Die Herren Hardy, Littlewood und der Verf. haben, unabhängig voneinander und auf verschiedenen Wegen, zum Teil parallel laufende Untersuchungen über die Gleichverteilung von Zahlen mod 1 angestellt [1]), indem sie dabei insbesondere den Fall ins Auge faßten, wo die zu untersuchende Zahlenreihe aus den Werten eines reellen Polynoms $\varphi(z)$ für die ganzzahligen Argumente $z = 1, 2, 3, \ldots$ besteht. Eine entscheidende Rolle bei diesen Untersuchungen spielt der Satz, daß

$$(1)\qquad \sum_{h=0}^{n} e^{2\pi i \varphi(h)} = o(n)$$

ist, wenn der höchste Koeffizient von $\varphi(z)$ irrational ist. Aus (1) folgt

$$(2)\qquad \sum_{h=1}^{n} \frac{e^{2\pi i \varphi(h)}}{h} = o(\lg n).$$

Das Ziel, das sich Hardy und Littlewood ursprünglich gestellt hatten, war der Beweis der für die Riemannsche ζ-Funktion im $\lim t = \infty$ gültigen Abschätzung

$$(3)\qquad \zeta(1+ti) = o(\lg t),$$

während ich aus ganz anderer Richtung, von dem astronomischen Problem der „mittleren Bewegung" her, zu der gleichen Fragestellung geführt wurde. Auf die ζ-Funktion angewendet, liefert meine Methode das über (3) hinausgehende Gesetz

$$(4)\qquad \zeta(1+ti) = O\left(\frac{\lg t}{\lg\lg t}\right).$$

---

[1]) Acta Mathematica, 37, S. 155—191 und S. 193—239; Math. Ann., 77 (1916), S. 313—352 (im folgenden zitiert als „G. V.").

Es kommt dabei nur der eine Hauptgedanke jener Methode (der zu dem Hilfssatz 2 der gegenwärtigen Note führt) zur Geltung; das arithmetisch-transzendente Prinzip, das in G. V. die Grundlage aller Entwicklungen bildet [2]), braucht zum Beweise von (4) *nicht* herangezogen zu werden. Es zeigt sich so, daß überhaupt der Zusammenhang der beiden Gesetze (2) und (3) nur ein ziemlich lockerer ist und dem Inhalt von (3) insbesondere jenes zahlentheoretische Moment fehlt, das bei (1) den Hauptreiz und die Hauptschwierigkeit bildet.

Hilfssatz 1. *Mit einem Fehler, der absolut unterhalb einer festen Grenze bleibt, ist*

$$\zeta(1+ti) \text{ gleich } \Sigma(t) = \sum_{n=1}^{|t|}{}' \frac{e^{-ti \lg n}}{n}.$$

Die Beziehung von $\Sigma(t)$ zur Summe (2) ergibt sich aus der Bemerkung, daß sich $\lg n$ gemäß dem Taylorschen Lehrsatz auf weite Strecken der Summationsvariablen n wie ein Polynom verhält. Wollen wir in einer Summe $\sum\limits_n$ je H aufeinanderfolgende Glieder zusammenfassen, so bringen wir das dadurch zum Ausdruck, daß wir n in die Gestalt

$$H\nu + h \qquad (\nu \text{ ganz}; \; h = 0, 1, 2, \ldots, H-1)$$

setzen, wodurch $\sum\limits_n$ sich in $\sum\limits_\nu \sum\limits_h$ verwandelt. In unserm Falle ist

$$\lg(H\nu+h) = \left\{\lg(H\nu) + \frac{h}{H\nu} - \frac{1}{2}\frac{h^2}{(H\nu)^2} + \ldots \pm \frac{1}{q}\frac{h^q}{(H\nu)^q}\right\} \mp \frac{1}{q+1}\frac{h^{q+1}}{(H\nu+\vartheta h)^{q+1}}$$
$$(0 < \vartheta < 1).$$

Der zwischen { } geschriebene Hauptteil der endlichen Taylorreihe ist ein Polynom $\varphi_\nu(h)$ in h vom q-ten Grade; das Restglied ist absolut

$$< \frac{1}{q+1} \cdot \frac{1}{\nu^{q+1}}.$$

Wir können also mit einem Fehler, der prozentual sehr klein ist,

$$e^{-ti \lg (H\nu+h)} \text{ durch } e^{-ti\varphi_\nu(h)}$$

ersetzen, solange ν^{q+1} ein großes Vielfaches von t, d. h. ν ein großes Vielfaches von $t^{\frac{1}{q+1}}$ ist. Wir werden dementsprechend $\Sigma(t)$ in Teilsummen von der Form

$$\Sigma_{(q)} = \sum_{n=1+\left[t^{\frac{1}{q+1}}\right]}^{\left[t^{\frac{1}{q}}\right]} \frac{e^{-ti \lg n}}{n} \qquad (q = 1, 2, 3, \ldots)$$

---

[2]) Math. Ann., 77, S. 315.

spalten und können dann in $\Sigma_{(q)}$ den Logarithmus durch das eben eingeführte Polynom q-ten Grades φ_ν ersetzen, wenn wir H in solche Abhängigkeit von t bringen, daß es schwächer gegen ∞ konvergiert als jede positive Potenz von t und in $\Sigma_{(q)}$ noch von den am Anfang stehenden Gliedern absehen, für welche $\frac{n}{H}$ nicht groß gegenüber $t^{\frac{1}{q+1}}$ ist. Für die Summe dieser Anfangsglieder werden wir einfach die aus der trivialen Abschätzung

$$\left|\frac{e^{-ti\lg n}}{n}\right| \leqq \frac{1}{n}$$

sich ergebende obere Grenze benutzen. Zur Behandlung des Hauptteils aber verwende ich den meiner Arbeit G. V. entlehnten

Hilfssatz 2. *Sei*

$$\varphi(z) = \alpha z^q + \alpha_1 z^{q-1} + \ldots + \alpha_q$$

ein Polynom mit reellen Koeffizienten vom q-ten Grade, $Q = 2^q$, H eine ganze positive Zahl. Dann gilt für die Summe

$$\sigma = \sum_{h=0}^{H-1} e^{i\varphi(h)}$$

die Abschätzung

$$|\sigma|^Q < (2H)^{Q-q-1} \cdot \sum_{\mathfrak{r}} (H - |\mathfrak{r}|)\, e^{i\alpha q!\, r_1 r_2 \ldots r_q}.$$

In der Summe rechts durchläuft der „Gitterpunkt"

$$\mathfrak{r} = (r_1, r_2, \ldots, r_q)$$

mit den ganzzahligen Koordinaten r_i im q-dimensionalen Raum den durch

$$|\mathfrak{r}| = |r_1| + |r_2| + \ldots + |r_q| \leqq H - 1$$

definierten „oktaedrischen" Bereich.

Wir werden dadurch zu folgendem Ergebnis gelangen:

Hilfssatz 3. *Es ist*

$$|\Sigma_{(q)}| < \frac{q+2}{q+1} \cdot 2^q \lg\lg t$$

für alle ganzen positiven q und alle reellen t oberhalb einer von q unabhängigen Grenze.

Aus ihm erschließen wir (4) in wenigen Zeilen. Es ist nämlich

$$\Sigma(t) = \sum_{n=1}^{\left[t^{\frac{1}{q+1}}\right]} \frac{e^{-ti\lg n}}{n} + \{\Sigma_{(1)} + \Sigma_{(2)} + \ldots + \Sigma_{(q)}\}.$$

Der erste Teil rechts ist absolut

$$\leqq \sum_{n=1}^{\left[t^{\frac{1}{q+1}}\right]} \frac{1}{n} < 1 + \int_1^{t^{\frac{1}{q+1}}} \frac{dx}{x} = 1 + \frac{\lg t}{q+1},$$

der zweite zufolge unseres Hilfssatzes für hinreichend große t

$$< \frac{3}{2}(2^1 + 2^2 + \ldots + 2^q) \lg\lg t < 3 \cdot 2^q \lg\lg t.$$

Wähle ich nun

$$q = \left[\frac{\lg\lg t - 3\lg\lg\lg t}{\lg 2}\right],$$

so finde ich

$$|\Sigma(t)| < 1 + \frac{\lg 2 \cdot \lg t}{\lg\lg t - 3\lg\lg\lg t} + 3\frac{\lg t}{(\lg\lg t)^2},$$

mithin

$$\limsup \left|\zeta(1+ti) : \frac{\lg t}{\lg\lg t}\right| \leqq \lg 2.$$

Aus unsern Abschätzungen geht hervor, daß zum Wert der Summe $\Sigma(t)$ in erster Linie die „Anfangsglieder" beitragen, für welche $\frac{\lg n}{\lg t}$ verschwindend klein ist; in zweiter Linie diejenigen, für die $\frac{\lg n}{\lg t}$ unmittelbar oberhalb einer reziproken ganzen Zahl liegt; in dritter Linie alle übrigen. Von wie geringem Belang die letzteren sind, geht daraus hervor, daß

$$\sum_{n=1+[t^\alpha]}^{\left[t^{\frac{1}{q}}\right]} \frac{e^{-ti\lg n}}{n} = O(t^{-\delta})$$

ist, wenn α eine beliebige feste, zwischen $\frac{1}{q}$ und $\frac{1}{q+1}$ gelegene Zahl ist und δ ein gewisser von α, nicht jedoch von t abhängender positiver Exponent.

2. Beweis der Hilfssätze.

Beweis von Hilfssatz 1[3]). Für einen Argumentwert $s = \sigma + ti$ mit (positivem Imaginärteil t und) einem Realteil $\sigma > 1$ ist

$$\zeta(s) = \sum_{n=1}^{\infty} \frac{1}{n^s}.$$

Da

$$\frac{1}{n^s} - \int_n^{n+1} \frac{dx}{x^s} = s\int_n^{n+1} \frac{n+1-x}{x^{1+s}}\, dx$$

[3]) Diese einfache, natürlich längst bekannte Überlegung wird nur der Vollständigkeit halber reproduziert.

ist, fällt der absolute Betrag der auf der linken Seite stehenden Differenz für Argumente der angegebenen Art

$$< |s| \int_n^{n+1} \frac{dx}{x^2} = |s| \left(\frac{1}{n} - \frac{1}{n+1}\right)$$

aus. Bedeutet m irgendeine ganze positive Zahl, so ist daher

$$\left| \sum_{n=m}^{\infty} \frac{1}{n^s} - \int_m^{\infty} \frac{dx}{x^s} \right| \leqq \frac{|s|}{m}.$$

Anderseits ist

$$\int_m^{\infty} \frac{dx}{x^s} = \frac{1}{s-1} m^{1-s},$$

und das ist dem absoluten Betrage nach $< \frac{1}{t}$. Daher wird

$$\left| \sum_{n=m}^{\infty} \frac{1}{n^s} \right| < \frac{|s|}{m} + \frac{1}{t}.$$

Wählen wir $m = 1 + [t]$, so kommt

$$\left| \zeta(s) - \sum_{n=1}^{[t]} \frac{1}{n^s} \right| = \left| \sum_{n=1+[t]}^{\infty} \frac{1}{n^s} \right| \leqq \frac{|s|}{t} + \frac{1}{t} \leqq \frac{\sigma+t}{t} + \frac{1}{t} = 1 + \frac{1+\sigma}{t}.$$

Diese Abschätzung behält aber offenbar aus Stetigkeitsgründen ihre Gültigkeit auch noch für $\sigma = 1$:

$$\left| \zeta(1+ti) - \sum_{n=1}^{[t]} \frac{e^{-ti \lg n}}{n} \right| \leqq 1 + \frac{2}{t} \leqq 2 \quad \text{für} \quad t \geqq 2.$$

Beweis von Hilfssatz 2. Unter H_q verstehen wir die Anzahl der Gitterpunkte $\mathfrak{r}$, welche dem oktaedrischen Bereich $|\mathfrak{r}| \leqq H - 1$ angehören; es ist

(5) $$H_q \leqq (2H-1)^q < (2H)^q.$$

1. **Schritt.** Die Konjugierte von

$$\sigma = \sum_{h=0}^{H-1} e^{i\varphi(h)}$$

ist

$$\bar{\sigma} = \sum_{h=0}^{H-1} e^{-i\varphi(h)}.$$

Multiplikation ergibt

$$|\sigma|^2 = \sigma\bar{\sigma} = \sum_{h=0}^{H-1} \sum_{k=0}^{H-1} e^{i\varphi(h)} \cdot e^{-i\varphi(k)} = \sum_{h,k} e^{i(\varphi(h)-\varphi(k))}.$$

Ich setze $h = k + r$; dann wird

$$\varphi(h) = \varphi(k+r) = \varphi(k) + r\varphi(r,k).$$

$\varphi(r,k)$ ist eine ganze rationale Funktion von r und k, die nur Glieder $(q-1)$-ter oder niederer Ordnung enthält; die Entwicklung nach fallenden Potenzen von k beginnt mit dem Term $q\alpha k^{q-1}$. Wir haben jetzt

$$|\sigma|^2 = \sum_r \sum_k e^{ir\varphi(r,k)}. \tag{6}$$

Der Summationsbereich wird beschrieben durch

$$0 \leqq k \leqq H-1, \qquad 0 \leqq k+r \leqq H-1.$$

r durchläuft mithin das ganze Intervall von $-(H-1)$ bis $+(H-1)$, und in der inneren Summe durchläuft k für jedes solche r die sämtlichen ganzen Zahlen des Intervalls von 0 bis $H-1-|r|$ oder von $|r|$ bis $H-1$, je nachdem $r \geqq 0$ oder $r \leqq 0$ ist.

2. Schritt. Aus (6) ergibt sich mit Hilfe der sog. Schwarzschen Ungleichung $\left\{\text{in der Form } \left|\sum_r 1\cdot u_r\right|^2 \leqq \sum_r 1 \cdot \sum_r |u_r|^2\right\}$:

$$|\sigma|^4 \leqq H_1 \sum_r \left|\sum_k e^{ir\varphi(r,k)}\right|^2.$$

Nunmehr wiederhole ich das beim ersten Schritt befolgte Verfahren. Es ist

$$\left|\sum_k e^{ir\varphi(r,k)}\right|^2 = \sum_{k,l} e^{ir(\varphi(r,k)-\varphi(r,l))}.$$

Wiederum schreibe ich

$$k = l + s; \quad \varphi(r,k) = \varphi(r, l+s) = \varphi(r,l) + s\varphi(r,s,l).$$

Die ganze rationale Funktion $\varphi(r,s,l)$ von r, s und l enthält nur Glieder der Ordnung $\leqq q-2$ und beginnt bei der Entwicklung nach absteigenden Potenzen von l mit dem Term $q(q-1)\alpha l^{q-2}$. Jetzt haben wir also

$$|\sigma|^4 \leqq H_1 \sum_{r,s} \sum_l e^{ir\varphi(r,s,l)}.$$

(r, s) durchläuft hier das zweidimensionale „Oktaeder“

$$|r| + |s| \leqq H - 1$$

und l dasjenige Intervall, welches aus dem oben geschilderten Summationsintervall von k entsteht, wenn man hinten oder vorn $|s|$ Zahlen abstreicht, je nachdem $s \geqq 0$ oder $s \leqq 0$ ist.

Der 3. Schritt beginnt mit abermaliger Anwendung der Schwarzschen Ungleichung, welche liefert

$$|\sigma|^8 \leqq H_1^2 H_2 \sum_{r,s} \Big| \sum_l e^{rs\varphi(r,s,l)} \Big|^2$$

und geht dann in der gleichen Weise weiter wie oben.

Wir müssen diesen Prozeß fortsetzen bis zur Ausführung des q-ten Schrittes[4]). Dazu wollen wir die Summationsbuchstaben $h, k, l, \ldots; r, s, \ldots$ lieber durch Indizes unterscheiden, etwa so:

$$\begin{aligned}
h_1 &= r_1 + h_2; \quad \varphi(h_1) &&= \varphi(h_2) &&+ r_1\varphi(r_1, h_2),\\
h_2 &= r_2 + h_3; \quad \varphi(r_1, h_2) &&= \varphi(r_1, h_3) &&+ r_2\varphi(r_1, r_2, h_3),\\
&\ldots\\
h_q &= r_q + h; \quad \varphi(r_1, \ldots, r_{q-1}, h_q) &&= \varphi(r_1, \ldots, r_{q-1}, h) &&+ r_q\varphi(r_1, \ldots, r_q, h).
\end{aligned}$$

Es enthält $\varphi(r_1, \ldots, r_i, h_{i+1})$ nur Glieder von der Ordnung $\leqq q - i$ und beginnt bei Entwicklung nach fallenden Potenzen von h_{i+1} mit dem Term

$$q(q-1)\ldots(q-i+1)\,\alpha\, h_{i+1}^{q-i}.$$

Insbesondere, ergibt sich daraus, ist $\varphi(r_1, \ldots, r_q, h)$ von seinen $q+1$ Argumenten unabhängig, nämlich gleich der Konstanten $q!\,\alpha$. Wir finden, wenn noch

$$\mathsf{H} = H_1^{2^{q-2}} H_2^{2^{q-3}} \ldots H_{q-2}^2 H_{q-1}$$

gesetzt wird,

$$|\sigma|^Q \leqq \mathsf{H} \cdot \sum_{\mathfrak{r}} \sum_h e^{i\alpha q!\, r_1 r_2 \ldots r_q}.$$

Darin durchläuft $\mathfrak{r} = (r_1, r_2, \ldots, r_q)$ das „Oktaeder" $|\mathfrak{r}| \leqq H - 1$, h aber ein von $\mathfrak{r}$ abhängiges Intervall von $H - |\mathfrak{r}|$ ganzen Zahlen; dasselbe entsteht dadurch aus dem von 0 bis $H - 1$ reichenden Intervall, daß man von ihm der Reihe nach $(i = 1, 2, \ldots, q)$ jedesmal $|r_i|$ Zahlen hinten oder vorn abstreicht, je nachdem $r_i \geqq 0$ oder $\leqq 0$ ist. Aus (5) folgt

$$\mathsf{H} < (2H)^{Q-q-1},$$

weil

$$1 \cdot 2^{q-2} + 2 \cdot 2^{q-3} + 3 \cdot 2^{q-4} + \ldots + (q-1) \cdot 2^0 = Q - q - 1.$$

Damit ist der Beweis des Hilfssatzes 2 erbracht.

Beweis von Hilfssatz 3. Wir schreiten zur Untersuchung der Summe

$$\Sigma_{(q)} = \sum_{n=1+\left[t^{\frac{1}{q+1}}\right]}^{\left[t^{\frac{1}{q}}\right]} \frac{e^{-ti\lg n}}{n}$$

---

[4]) Statt ihn, wie in G. V., schon beim $(q-1)$-ten Schritt abzubrechen.

für einen reellen Wert $t \geqq 1$. H und n_0 bedeuten ganze Zahlen $\geqq 2$, deren Produkt

$$H n_0 > t^{\frac{1}{q+1}}$$

ist. Außerdem setze ich

$$n_1 = \left[\frac{1}{H} t^{\frac{1}{q}}\right].$$

Im Falle $n_1 < n_0$ ist

$$[t^{\frac{1}{q}}] \leqq H n_0 - 1$$

und daher

$$|\Sigma_{(q)}| \leqq \Sigma_1 = \sum_{n=1+\left[t^{\frac{1}{q+1}}\right]}^{H n_0 - 1} \frac{1}{n} \leqq \frac{1}{1+[t^{\frac{1}{q+1}}]} + \int_{t^{\frac{1}{q+1}}}^{H n_0} \frac{dx}{x}$$

$$= \frac{1}{1+[t^{\frac{1}{q+1}}]} + \left\{\lg H n_0 - \frac{1}{q+1} \lg t\right\}.$$

Ist $n_1 = n_0$, so gilt

$$|\Sigma_{(q)}| \leqq \Sigma_1 + \Sigma_3, \quad \text{wo} \quad \Sigma_3 = \sum_{n=H n_1}^{\left[t^{\frac{1}{q}}\right]} \frac{1}{n}.$$

Ist endlich $n_1 > n_0$, so haben wir

$$|\Sigma_{(q)}| \leqq \Sigma_1 + |\Sigma_2| + \Sigma_3 \quad \text{mit} \quad \Sigma_2 = \sum_{n=H n_0}^{H n_1 - 1} \frac{e^{-ti \lg n}}{n}.$$

Σ_3 besteht aus höchstens H Gliedern, die $\leqq \frac{1}{H n_1}$ sind. In dem allein in Betracht kommenden Falle $n_1 \geqq n_0$ ist daher

$$\Sigma_3 \leqq \frac{1}{n_1} \leqq \frac{1}{n_0}.$$

Unter allen Umständen gilt folglich

$$(7) \qquad |\Sigma_{(q)}| \leqq \frac{1}{n_0} + \frac{1}{1+[t^{\frac{1}{q+1}}]} + \left\{\lg H n_0 - \frac{1}{q+1} \lg t\right\} + |\Sigma_2|.$$

Die Hauptaufgabe ist, eine hinreichend genaue obere Grenze für den absoluten Betrag von Σ_2 zu finden. Es ist

$$\Sigma_2 = \sum_{n=n_0}^{n_1-1} \sum_{h=0}^{H-1} \frac{e^{-ti \lg (H n + h)}}{H n + h}.$$

Wir vernachlässigen im Nenner h gegenüber $H n$, bilden also

$$\Sigma' = \frac{1}{H} \sum_{n=n_0}^{n_1-1} \left\{\frac{1}{n} \sum_{h=0}^{H-1} e^{-ti \lg (H n + h)}\right\}.$$

Der begangene Fehler ist

$$(8) \qquad |\Sigma_2 - \Sigma'| \leqq \sum_{n=n_0}^{n_1-1} \sum_{h=0}^{H-1} \left\{ \frac{1}{Hn} - \frac{1}{Hn+h} \right\} \leqq \sum_{n=n_0}^{n_1-1} \sum_{h=0}^{H-1} \frac{h}{(Hn)^2} \leqq \frac{1}{2} \sum_{n_0}^{\infty} \frac{1}{n^2}.$$

Indem wir $\lg(Hn+h)$ in eine Taylorsche Reihe nach Potenzen von h entwickeln und mit der q-ten Potenz abbrechen, erhalten wir ein Polynom $\varphi_n(h)$ vom q-ten Grade; es ist

$$|\lg(Hn+h) - \varphi_n(h)| < \frac{1}{q+1} \frac{h^{q+1}}{(Hn)^{q+1}}.$$

Daher

$$|e^{-ti \lg(Hn+h)} - e^{-ti\varphi_n(h)}| < \frac{t}{q+1} \cdot \frac{h^{q+1}}{(Hn)^{q+1}}.$$

Bilden wir

$$\Sigma'' = \frac{1}{H} \sum_{n=n_0}^{n_1-1} \left\{ \frac{1}{n} \sum_{h=0}^{H-1} e^{-ti\varphi_n(h)} \right\} = \frac{1}{H} \sum_{n=n_0}^{n_1-1} \frac{\sigma_n}{n},$$

so ist also, da noch

$$\sum_{h=0}^{H-1} h^{q+1} \leqq \frac{H^{q+2}}{q+2},$$

$$\sum_{n_0}^{\infty} \frac{1}{n^{q+2}} < \frac{1}{n_0^{q+2}} + \int_{n_0}^{\infty} \frac{dx}{x^{q+2}} = \frac{1}{n_0^{q+1}} \left(\frac{1}{n_0} + \frac{1}{q+1} \right) \leqq \frac{1}{n_0^{q+1}}:$$

$$(9) \qquad |\Sigma' - \Sigma''| \leqq \frac{1}{(q+1)(q+2)} \cdot \frac{t}{n_0^{q+1}}.$$

Schließlich ist es bequem, in Σ'' den Faktor $\frac{1}{n}$ durch

$$l_n = \lg\left(1 + \frac{1}{n}\right) = \lg(n+1) - \lg n$$

zu ersetzen:

$$\Sigma^* = \frac{1}{H} \sum_{n=n_0}^{n_1-1} l_n \sigma_n.$$

Es gilt

$$(10) \qquad |\Sigma'' - \Sigma^*| \leqq \sum_{n=n_0}^{n_1-1} \left| \frac{1}{n} - l_n \right| \leqq \frac{1}{2} \sum_{n_0}^{\infty} \frac{1}{n^2}.$$

Wir fassen zusammen: Aus (8), (9), (10) folgt

$$(11) \qquad |\Sigma_2| \leqq \sum_{n_0}^{\infty} \frac{1}{n^2} + \frac{1}{(q+1)(q+2)} \frac{t}{n_0^{q+1}} + |\Sigma^*|,$$

aus (7) und (11):

$$(12)\qquad |\Sigma_{(q)}| \leqq \frac{1}{[1+t^{\frac{1}{q+1}}]} + \frac{1}{n_0} + \sum_{n_0}^{\infty} \frac{1}{n^2} + \frac{1}{(q+1)(q+2)} \cdot \frac{t}{n_0^{q+1}}$$
$$+ \left\{ \lg(H n_0) - \frac{1}{q+1} \lg t \right\} + |\Sigma^*|.$$

Bei der endgültigen Abschätzung werden nur die rechts in der zweiten Zeile stehenden beiden Glieder einen wesentlichen Beitrag liefern.

Zufolge der Schwarzschen Ungleichung gilt

$$\left|\sum_{n=n_0}^{n_1-1} l_n \sigma_n\right|^2 = \left|\sum_{n=n_0}^{n_1-1} \sqrt{l_n}\cdot\sigma_n\sqrt{l_n}\right|^2 \leqq \sum_{n_0}^{n_1-1} l_n \cdot \sum_{n_0}^{n_1-1} l_n |\sigma_n|^2 = \lg\frac{n_1}{n_0}\cdot \sum_{n_0}^{n_1-1} l_n |\sigma_n|^2.$$

Ebenso

$$\left(\sum_{n_0}^{n_1-1}{}' l_n |\sigma_n|^2\right)^2 \leqq \lg\frac{n_1}{n_0}\cdot\sum_{n_0}^{n_1-1} l_n |\sigma_n|^4.$$

Erheben wir die erste dieser Ungleichungen ins Quadrat und benutzen für den zweiten Faktor rechts die zweite Ungleichung, so kommt

$$\left|\sum_{n_0}^{n_1-1} l_n\sigma_n\right|^4 \leqq \left(\lg\frac{n_1}{n_0}\right)^3\cdot\sum_{n_0}^{n_1-1} l_n|\sigma_n|^4.$$

Durch Fortsetzung dieses Verfahrens bekommen wir

$$\left|\sum_{n_0}^{n_1-1} l_n\sigma_n\right|^Q \leqq \left(\lg\frac{n_1}{n_0}\right)^{Q-1}\cdot\sum_{n_0}^{n_1-1} l_n|\sigma_n|^Q.$$

Die Anwendung von Hilfssatz 2 liefert infolgedessen

$$(13)\qquad |\Sigma^*|^Q \leqq \frac{2^{Q-q-1}}{H^{q+1}}\left(\lg\frac{n_1}{n_0}\right)^{Q-1}\cdot\sum_{n=n_0}^{n_1-1}\left\{l_n\sum_{\mathfrak{r}}(H-|\mathfrak{r}|)\,e^{\pm\frac{it(q-1)!}{(Hn)^q}r_1r_2\ldots r_q}\right\},$$

wobei das Vorzeichen $\pm$ im Exponenten $=(-1)^q$ ist. In dem zweiten der durch den Multiplikationspunkt getrennten Faktoren auf der rechten Seite führen wir zunächst die Summation nach n aus[5]); wir schreiben diese Doppelsumme also

$$\sum_{\mathfrak{r}} = \sum_{\mathfrak{r}}(H-|\mathfrak{r}|)\,\tau_{\mathfrak{r}},$$

wo

$$\tau_{\mathfrak{r}} = \sum_{n=n_0}^{n_1-1} l_n\, e^{\frac{i\xi_{\mathfrak{r}}}{n^q}} \qquad \left(\xi_{\mathfrak{r}} = \pm\frac{(q-1)!\,t}{H^q} r_1 r_2 \ldots r_q\right)$$

---

[5]) Vgl. G. V., S. 330.

ist. Ferner trenne ich in $\sum_{\mathfrak{r}}$ die Gitterpunkte „1. Art", die dadurch charakterisiert sind, daß eine ihrer Koordinaten $r_i = 0$ ist, von den übrigen, den Gitterpunkten „2. Art":

$$\sum_{\mathfrak{r}} = \sum_{\mathfrak{r}}' + \sum_{\mathfrak{r}}''.$$

In $\sum_{\mathfrak{r}}'$ ist jedes

$$\tau_{\mathfrak{r}} = \lg \frac{n_1}{n_0}.$$

Die Anzahl der Glieder dieser Summe, d. i. der Gitterpunkte 1. Art im oktaedrischen Bereich $|\mathfrak{r}| \leqq H - 1$, beträgt offenbar höchstens

$$q \cdot H_{q-1} \leqq q \cdot (2H)^{q-1}.$$

Darum ist

$$\sum_{\mathfrak{r}}' (H - |\mathfrak{r}|)\, \tau_{\mathfrak{r}} \leqq H \cdot q (2H)^{q-1} \cdot \lg \frac{n_1}{n_0}. \tag{14}$$

Zwecks Abschätzung der Summe $\tau_{\mathfrak{r}}$ für einen Gitterpunkt der 2. Art vergleichen wir allgemein, für eine beliebige reelle Zahl $\xi \neq 0$,

$$\tau = \sum_{n=n_0}^{n_1-1} l_n e^{\frac{\xi i}{n^q}} \quad \text{mit dem Integral} \quad \tau^* = \int_{n_0}^{n_1} e^{\frac{\xi i}{z^q}} \cdot \frac{dz}{z}.$$

Im Intervall $n \leqq z \leqq n+1$ ist

$$\left| e^{\frac{\xi i}{z^q}} - e^{\frac{\xi i}{n^q}} \right| \leqq |\xi| \left\{ \frac{1}{n^q} - \frac{1}{(n+1)^q} \right\},$$

daher

$$\left| \int_n^{n+1} e^{\frac{\xi i}{z^q}} \frac{dz}{z} - l_n e^{\frac{\xi i}{n^q}} \right| \leqq \frac{|\xi|}{n} \left\{ \frac{1}{n^q} - \frac{1}{(n+1)^q} \right\} < |\xi| \left\{ \frac{1}{n^{q+1}} - \frac{1}{(n+1)^{q+1}} \right\},$$

$$|\tau - \tau^*| \leqq \frac{|\xi|}{n_0^{q+1}}.$$

Es ist zufolge der Substitution $\frac{|\xi|}{z^q} = y$:

$$\tau^* = \frac{1}{q} \int_{y_1}^{y_0} e^{\pm iy} \frac{dy}{y} \qquad \left(y_0 = \frac{|\xi|}{n_0^q},\ y_1 = \frac{|\xi|}{n_1^q} \right),$$

und da

$$\left| \int_y^{\infty} \frac{e^{\pm iy}}{y} dy \right| \leqq \frac{2}{y} \quad \text{ist} \quad (y > 0):$$

$$|\tau^*| \leqq \frac{2}{q} \left(\frac{1}{y_0} + \frac{1}{y_1} \right) \leqq \frac{4}{q} \cdot \frac{1}{y_1} = \frac{4}{q} \cdot \frac{n_1^q}{|\xi|}.$$

Somit wird

$$|\tau| \leqq \frac{|\xi|}{n_0^{q+1}} + \frac{4}{q} \frac{n_1^q}{|\xi|}.$$

Für den absoluten Betrag der Größe

$$\sum_{\mathfrak{r}}{}'' (H - |\mathfrak{r}|)\,\tau_{\mathfrak{r}}$$

erhalten wir demnach diese obere Grenze

$$H \cdot \sum_{\mathfrak{r}}{}'' |\tau_{\mathfrak{r}}| \leqq H \cdot 2^q \left\{ \frac{(q-1)!\,t}{H^q n_0^{q+1}} \sum_{\mathfrak{r}}{}^{+} r_1 r_2 \ldots r_q + \frac{4}{q!} \frac{H^q n_1^q}{t} \sum_{\mathfrak{r}}{}^{+} \frac{1}{r_1 r_2 \ldots r_q} \right\},$$

wo jede der beiden rechter Hand auftretenden Summen $\sum\limits_{\mathfrak{r}}{}^{+}$ sich über alle Gitterpunkte $\mathfrak{r}$ *mit positiven Koordinaten* r_i erstreckt, die dem oktaedrischen Bereich $|\mathfrak{r}| \leqq H - 1$ angehören. Setzen wir einen Augenblick

$$r_1 = s_1, \quad r_1 + r_2 = s_2, \ldots, r_1 + r_2 + \ldots + r_q = s_q,$$

so gilt offenbar

$$\sum_{\mathfrak{r}}{}^{+} r_1 r_2 \ldots r_q \leqq \sum_{1 \leqq s_1 < s_2 \ldots < s_q \leqq H-1} (s_1 s_2 \ldots s_q) \leqq \frac{1}{q!} \sum_{1 \leqq s_i \leqq H-1} (s_1 s_2 \ldots s_q)$$

$$= \frac{1}{q!} \left(\sum_{s=1}^{H-1} s \right)^q < \frac{H^{2q}}{2^q \cdot q!}.$$

Anderseits ist

$$\sum_{\mathfrak{r}}{}^{+} \frac{1}{r_1 r_2 \ldots r_q} \leqq \sum_{1 \leqq r_i \leqq H-1} \frac{1}{r_1 r_2 \ldots r_q} = \left(\sum_{r=1}^{H-1} \frac{1}{r} \right)^q < (1 + \lg H)^q.$$

Benutzen wir schließlich noch den Umstand, daß $(H n_1)^q \leqq t$ ist, so finden wir

$$(15) \qquad \Big| \sum_{\mathfrak{r}}{}'' \Big| \leqq \frac{H^{q+1} \cdot t}{q \cdot n_0^{q+1}} + \frac{2^{q+2}}{q!} H (1 + \lg H)^q.$$

Da

$$\lg \frac{n_1}{n_0} = \lg \frac{H n_1}{H n_0} < \lg \frac{t^{\frac{1}{q}}}{t^{\frac{1}{q+1}}} = \frac{\lg t}{q(q+1)}$$

ist, sind wir nun imstande — durch Zusammenfassung von (13), (14) und (15) —, folgende Ungleichung für Σ^* anzugeben:

$$(16) \quad \left| \frac{1}{2} \Sigma^* \right|^Q \leqq \left(\frac{\lg t}{q(q+1)} \right)^Q \cdot \frac{q}{4H} + \left(\frac{\lg t}{q(q+1)} \right)^{Q-1} \left\{ \frac{1}{q \cdot 2^{q+1}} \cdot \frac{t}{n_0^{q+1}} + \frac{2}{q!} \left(\frac{1 + \lg H}{H} \right)^q \right\}.$$

Eine hinreichend gute Ausnutzung der aus (12) und (16) resultierenden oberen Grenze für $|\Sigma_{(q)}|$ gewinnen wir, wenn wir wählen

$$H = 1 + \left[\left(\frac{\lg t}{q(q+1)} \right)^Q \right], \qquad n_0 = 1 + \left[t^{\frac{1}{q+1}} \left(\frac{\lg t}{q(q+1)} \right)^{\frac{Q}{q+1}} \right].$$

Wir setzen dabei jetzt voraus, daß

$$\lg t \geqq q(q+1) \tag{17}$$

ist. Nehmen wir den Fall $q = 1$ vorweg! Dann liefert (16) im $\lim t = \infty$:

$$\left|\frac{1}{2}\Sigma^*\right|^2 \leqq \frac{1}{4} + o(1), \qquad |\Sigma^*| \leqq 1 + o(1)$$

und (12):

$$|\Sigma_{(1)}| \leqq o(1) + 3\lg\left(\frac{1}{2}\lg t\right) + |\Sigma^*| \leqq 3\lg\lg t - 3\lg 2 + 1 + o(1).$$

Somit gilt für hinreichend große t, wie behauptet, die Ungleichung

$$|\Sigma_{(1)}| < 3\lg\lg t.$$

Für $q \geqq 2$ ersetzen wir [unter der Voraussetzung (17)]

$$\left(\frac{\lg t}{q(q+1)}\right)^{Q-1} \text{ durch das größere } \left(\frac{\lg t}{q(q+1)}\right)^{Q}$$

und schätzen ab

$$\left(\frac{1+\lg H}{H}\right)^q = \left(\frac{1+\lg H}{H}\right)^{q-2} \cdot \frac{(1+\lg H)^2}{H} \cdot \frac{1}{H} \leqq 1 \cdot \frac{4}{e} \cdot \frac{1}{H} < \frac{3}{2H}.$$

Dann bekommen wir

$$\left|\frac{1}{2}\Sigma^*\right|^Q \leqq \frac{q}{4} + \frac{1}{q\cdot 2^{q+1}} + \frac{3}{q!}, \qquad |\Sigma^*| < 3.$$

Was $\Sigma_{(q)}$ betrifft, so ist wegen

$$H \leqq 2\left(\frac{\lg t}{q(q+1)}\right)^Q, \qquad n_0 \leqq 2\cdot t^{\frac{1}{q+1}}\left(\frac{\lg t}{q(q+1)}\right)^{\frac{Q}{q+1}}:$$

$$\lg H n_0 \leqq 2\lg 2 + \frac{q+2}{q+1} Q\{\lg\lg t - \lg q(q+1)\} + \frac{1}{q+1}\lg t;$$

daher — siehe (12) —

$$\begin{aligned} |\Sigma_{(q)}| &\leqq \frac{1}{2} + \frac{1}{2} + 1 + \frac{1}{12} + 2\lg 2 + \frac{q+2}{q+1} Q\lg\lg t - \frac{16}{3}\lg 6 + 3 \\ &< \frac{q+2}{q+1} Q\lg\lg t. \end{aligned}$$

Ist endlich

$$\lg t \leqq q(q+1),$$

so haben wir

$$|\Sigma_{(q)}| \leqq \sum_{1+\left[t^{\frac{1}{q+1}}\right]}^{\left[t^{\frac{1}{q}}\right]} \frac{1}{n} \leqq \frac{1}{1+\left[t^{\frac{1}{q+1}}\right]} + \int_{t^{\frac{1}{q+1}}}^{t^{\frac{1}{q}}} \frac{dx}{x} \leqq \frac{1}{2} + \frac{\lg t}{q(q+1)} \leqq \frac{3}{2}.$$

Bezeichnet t_0 die durch

$$\lg \lg t_0 = \tfrac{1}{2}$$

bestimmte Zahl, so ist für $t > t_0$

$$\frac{3}{2} < 3 \lg \lg t \leqq \frac{q+2}{q+1} Q \lg \lg t.$$

Damit ist der Beweis vollendet.

43.

Zur Infinitesimalgeometrie: Einordnung der projektiven und konformen Auffassung

Nachrichten der Königlichen Gesellschaft der Wissenschaften zu Göttingen. Mathematisch-physikalische Klasse, 99—112 (1921)

Aus einem Briefe an F. KLEIN

I. Der Aufbau der reinen Infinitesimalgeometrie, wie ich ihn am folgerichtigsten in der 3. und 4. Auflage meines Buches *Raum, Zeit, Materie* geschildert habe, vollzieht sich natürlicherweise in den drei Stockwerken, welche durch die Schlagworte *stetiger Zusammenhang, affiner Zusammenhang, Metrik* gekennzeichnet sind[1]). Die *projektive* und die *konforme* Geometrie entspringen durch Abstraktion aus der affinen bzw. der metrischen. Charakteristisch für die *konforme Beschaffenheit* eines metrischen Raumes ist der zu jeder Stelle gehörige infinitesimale Kegel der Nullrichtungen

$$g_{ik}\, dx_i\, dx_k = 0. \qquad (1)$$

Ändert man die Metrik des Raumes in solcher Weise, dass an jeder Stelle dieser Kegel erhalten bleibt, so bleibt die konforme Beschaffenheit erhalten; eine solche Änderung kann allgemein so vorgenommen werden, dass die quadratische Fundamentalform $g_{ik}\, dx_i\, dx_k$ festgehalten, die lineare aber irgendwie abgeändert wird. – Charakteristisch für die *projektive Beschaffenheit* eines affin zusammenhängenden Raums ist die Parallelverschiebung, welche eine willkürliche *Richtung* an einer willkürlichen Stelle P erfährt, wenn P in dieser Richtung selber infinitesimal verschoben wird. Ändert man den affinen Zusammenhang in solcher Weise, dass diese Parallelverschiebung von Richtungen in sich selber oder, was auf dasselbe hinauskommt, die *geodätischen Linien* erhalten bleiben, so wird die projektive Beschaffenheit der Mannigfaltigkeit nicht angegriffen. Sind Γ^r_{ik} die Komponenten des affinen Zusammenhangs und $[\Gamma^r_{ik}]$ deren Änderung, so ist die Bedingung dafür, dass durch den Änderungsprozess die projektive Beschaffenheit nicht affiziert wird, diese, dass für beliebige Grössen ξ^i

$$[\Gamma^r_{ik}]\, \xi^i\, \xi^k \text{ proportional zu } \xi^r \qquad (2)$$

[1]) In § 18 der 4. Auflage habe ich das Raumproblem formuliert, das mir als die eigentliche Basis dieses Baus erscheint; seine Lösung ist mir inzwischen in dem dort vermuteten Sinne gelungen (Zusatz bei der Korrektur, April 1921).

sein muss. Eine einfache algebraische Betrachtung zeigt, dass das dann und nur dann der Fall ist, wenn

$$[\Gamma^r_{ik}] \text{ die Form hat } \delta^r_i\,\psi_k + \delta^r_k\,\psi_i \tag{3p}$$

(die ψ_i sind dabei willkürlich). Man vergleiche damit die Formel für die Änderung des affinen Zusammenhangs, welche gilt, wenn die Metrik eines metrischen Raumes unter Erhaltung seiner konformen Beschaffenheit abgeändert wird:

$$[\Gamma^r_{ik}] = \frac{1}{2}\,(\delta^r_i\varphi_k + \delta^r_k\varphi_i - g_{ik}\,\varphi^r). \tag{3k}$$

In der Relativitätstheorie haben projektive und konforme Beschaffenheit eine unmittelbar anschauliche Bedeutung. Die erstere, die Beharrungstendenz der Weltrichtung eines sich bewegenden materiellen Teilchens, welche ihm, wenn es in bestimmter Weltrichtung losgelassen ist, eine bestimmte «natürliche» Bewegung aufnötigt, ist jene Einheit von Trägheit und Gravitation, welche EINSTEIN an Stelle beider setzte, für die es aber bislang an einem suggestiven Namen mangelt. Der infinitesimale Kegel (1) aber vollzieht in der Nachbarschaft eines Weltpunktes die Scheidung von Vergangenheit und Zukunft; die konforme Beschaffenheit ist der Wirkungszusammenhang der Welt, durch den bestimmt wird, welche Weltpunkte miteinander in möglicher kausaler Verbindung stehen. Es ist darum eine auch für die Physik bedeutungsvolle Tatsache, die in folgendem Satz zum Ausdruck kommt:

Satz 1. *Projektive und konforme Beschaffenheit eines metrischen Raums bestimmen dessen Metrik eindeutig.*

Denn liegen zwei Massbestimmungen im selben Raume vor, für welche die quadratischen Fundamentalformen übereinstimmen, während die Koeffizienten der beiden linearen Fundamentalformen sich um φ_i unterscheiden, so gilt für den Unterschied der beiden ihnen entsprechenden, affinen Zusammenhänge die Gleichung (3k). Soll bei dem Übergang von der einen zur andern Metrik auch die projektive Beschaffenheit erhalten bleiben, so muss (2) gelten, und das liefert hier

$$(g_{ik}\,\xi^i\,\xi^k)\,\varphi^r \text{ proportional zu } \xi^r.$$

Man braucht nur in einem Punkte zwei verschiedene Richtungen zu wählen, für welche $g_{ik}\,\xi^i\,\xi^k$ nicht verschwindet, um hieraus auf $\varphi_r = 0$ zu schliessen. – Es geht aus diesem Satz hervor, dass allein durch die Beobachtung der «natürlichen» Bewegung materieller Teilchen und der Wirkungs-, insbesondere der Lichtausbreitung die Weltmetrik festgelegt werden kann; Maßstäbe und Uhren sind nicht dazu erforderlich.

II. Wir fassen jetzt den Krümmungstensor

$$F^\alpha_{ikl} = \left(\frac{\partial\Gamma^\alpha_{il}}{\partial x_k} - \frac{\partial\Gamma^\alpha_{ik}}{\partial x_l}\right) + (\Gamma^\alpha_{kr}\,\Gamma^r_{il} - \Gamma^\alpha_{lr}\,\Gamma^r_{ik})$$

ins Auge und seine Verjüngung $F^{\alpha}_{i\alpha k} = F_{ik}$. Im metrischen Raum kann man noch durch abermalige Verjüngung den Tensor $g_{ik} F$ bilden mit $F = F^{i}_{i}$. Wie ändert sich der Krümmungstensor, wenn wir den affinen Zusammenhang bzw. die Metrik abändern, ohne jedoch die projektive bzw. konforme Beschaffenheit der Mannigfaltigkeit anzutasten? Im ersten Fall ergibt eine kurze Rechnung auf Grund von (3p) das folgende Resultat: Setzt man

$$\Psi_{ik} = \left(\frac{\partial \psi_i}{\partial x_k} - \Gamma^{r}_{ik}\, \psi_r\right) - \psi_i\, \psi_k \tag{4p}$$

und für ein beliebiges Zahlsystem u_{ik}

$$\hat{u}^{\alpha}_{ikl} = \delta^{\alpha}_{i}(u_{kl} - u_{lk}) + (\delta^{\alpha}_{k}\, u_{il} - \delta^{\alpha}_{l} u_{ik}), \tag{5p}$$

so ist die Krümmungsänderung $[F^{\alpha}_{ikl}]$ bestimmt durch

$$[F^{\alpha}_{ikl}] + \hat{\Psi}^{\alpha}_{ikl} = 0.$$

Durch Verjüngung folgt daraus

$$[F_{ik}] + (n\, \Psi_{ik} - \Psi_{ki}) = 0.$$

Definiert man also einen Tensor G_{ik} durch die Gleichung

$$n\, G_{ik} - G_{ki} = F_{ik}, \tag{6p}$$

so erfährt der Tensor 4. Stufe

$$F^{\alpha}_{ikl} - \hat{G}^{\alpha}_{ikl} = \text{proj. } F^{\alpha}_{ikl} \tag{7p}$$

bei unserm Prozess keine Änderung: er ist nur von der projektiven Beschaffenheit der Mannigfaltigkeit abhängig und daher als *Projektivkrümmung* zu bezeichnen. Die Gleichung (6p) lässt sich, wenn wir von dem trivialen Fall $n = 1$ absehen, stets auflösen und liefert

$$(n-1)\,(n+1)\, G_{ik} = n\, F_{ik} + F_{ki}.$$

Für $n = 2$ ist die Projektivkrümmung identisch Null, erst von $n = 3$ ab spielt sie eine Rolle.

Die *Konformkrümmung* habe ich bereits früher angegeben[1]). Man hat zu bilden

$$\Phi_{ik} = \left(\frac{\partial \varphi_i}{\partial x_k} - \Gamma^{r}_{ik}\, \varphi_r\right) - \frac{1}{2}\, \varphi_i\, \varphi_k + \frac{1}{4}\, g_{ik}(\varphi_r\, \varphi^r) \tag{4k}$$

und allgemein für ein Zahlsystem u_{ik} zu setzen

$$\tilde{u}_{iklm} = \frac{1}{2}\,(g_{il}\, u_{km} + g_{km}\, u_{il} - g_{im}\, u_{kl} - g_{kl}\, u_{im}), \quad u^{i}_{i} = u; \tag{5k}$$

[1]) H. Weyl, Math. Z. 2, 404 (1918).

dann ist zufolge (3k)

$$[F^{\alpha}_{ikl}] + \tilde{\Phi}^{\alpha}_{ikl} = 0$$

(der obere Index α geht den unteren voraus). Verjüngung liefert

$$[F_{ik}] + \frac{1}{2}\{(n-2)\,\Phi_{ik} + g_{ik}\Phi\} = 0.$$

Definiert man also einen Tensor H_{ik} durch die Gleichung

$$(n-2)\,H_{ik} + H\,g_{ik} = 2\,F_{ik}, \qquad (6\mathrm{k})$$

so ist

$$\text{konf.}\,F^{\alpha}_{ikl} = F^{\alpha}_{ikl} - \tilde{H}^{\alpha}_{ikl} \qquad (7\mathrm{k})$$

die Konformkrümmung. Für $n > 2$ lässt sich (6k) auflösen:

$$(n-1)\,H = F, \quad (n-1)\,(n-2)\,H_{ik} = 2\,(n-1)\,F_{ik} - g_{ik}\,F.$$

Aber auch noch für $n = 3$ verschwindet die Konformkrümmung identisch, erst von $n = 4$ ab spielt sie eine Rolle.

Satz 2. *Neben der (affinen) Totalkrümmung F^{α}_{ikl} gibt es auch eine projektive und eine konforme Krümmung, die sich nach den Gleichungen* (5p), (6p), (7p) *bzw.* (5k), (6k), (7k) *aus der Totalkrümmung bestimmen. Die Totalkrümmung spielt von $n = 2$ ab eine Rolle, die projektive von $n = 3$, die konforme erst von $n = 4$ ab.*

III. Das Wort *eben* gebrauche ich im Sinne von «Euklidisch». Ein affin zusammenhängender Raum ist eben, wenn bei geeigneter Wahl des Koordinatensystems die Komponenten des affinen Zusammenhangs identisch verschwinden. Ein metrischer Raum ist dann und nur dann eben, wenn bei geeigneter Wahl des Koordinatensystems und der Eichung die Koeffizienten der quadratischen Fundamentalform Konstante sind und die lineare verschwindet. Nur der zweite Teil dieser Behauptung bedarf eines Beweises. Verschwinden die Komponenten des affinen Zusammenhangs, so folgt aus den Gleichungen, welche die beiden metrischen Fundamentalformen $g_{ik}\,dx_i\,dx_k$, $\varphi_i\,dx_i$ mit dem affinen Zusammenhang verknüpfen:

$$\frac{\partial g_{ik}}{dx_r} + g_{ik}\,\varphi_r = 0. \qquad (8)$$

Daraus ergibt sich sogleich

$$\frac{\partial \varphi_r}{dx_s} - \frac{\partial \varphi_s}{\partial x_r} = 0.$$

Darum kann man die Eichung so wählen, dass $d\varphi = \varphi_i\,dx_i$ verschwindet, und dann folgt aus (8): $g_{ik} = \text{const.}$

Satz 3. *Das Verschwinden der Krümmung ist nicht nur notwendige, sondern auch hinreichende Bedingung dafür, dass eine Mannigfaltigkeit eben ist.*

Ich deute den Beweis dieses längst bekannten Satzes hier noch einmal kurz an, weil er nicht nur Grundlage des folgenden ist, sondern auch typisch für die immer wieder anzustellenden Integrabilitätsüberlegungen. Die Voraussetzung hat zur Folge, dass sich ein Vektor unabhängig vom Wege überall hin durch Parallelverschiebung übertragen lässt, d.h. dass die Gleichungen

$$\Xi^i_k \equiv \frac{\partial \xi^i}{\partial x_k} - \Gamma^i_{kr}\,\xi^r = 0 \tag{9}$$

eine Lösung ξ^i besitzen, welche beliebig vorgegebenen Anfangswerten ξ^i_0 im Nullpunkt entspricht. Setzen wir allgemein für ein Tensorfeld u^i_k bzw. u_{ik}

$$u^i_{k|l-l|k} = \left(\frac{\partial u^i_k}{\partial x_l} - \frac{\partial u^i_l}{\partial x_k}\right) + \left(\Gamma^i_{lr}\,u^r_k - \Gamma^i_{kr}\,u^r_l\right),$$

$$u_{i,k|l-l|k} = \left(\frac{\partial u_{ik}}{\partial x_l} - \frac{\partial u_{il}}{\partial x_k}\right) + \left(\Gamma^r_{ik}\,u_{rl} - \Gamma^r_{il}\,u_{rk}\right),$$

so gilt bei verschwindender Krümmung, welches auch die Funktionen ξ^i sein mögen,

$$\Xi^i_{k|l-l|k} = 0. \tag{10}$$

Man kann nun den Gleichungen (9) nach den Existenzsätzen über gewöhnliche Differentialgleichungen unter allen Umständen so genügen, dass (9) identisch in $x_1\,x_2 \ldots x_k$ gilt, sofern man die übrigen Variablen $= 0$ setzt. Auf Grund der Identitäten (10) zeigt man dann leicht, dass sie damit schon von selber identisch in allen Variablen erfüllt sind. Um das «lineare» Koordinatensystem y_i zu bekommen, hat man jetzt ähnlich die Gleichungen

$$\frac{\partial x_i}{\partial y_k} = \xi^i_{(k)}(x_1\,x_2 \ldots x_n)$$

zu behandeln, deren rechte Seiten $\xi^i_{(1)}, \xi^i_{(2)}, \ldots, \xi^i_{(n)}$ diejenigen Lösungen von (9) sind, welche bzw. den Anfangswerten

$$\begin{array}{c} 1,\ 0,\ 0,\ \ldots,\ 0; \\ 0,\ 1,\ 0,\ \ldots,\ 0; \\ \cdot\ \ \cdot\ \ \cdot\ \ \cdot\ \ \cdot\ \ \cdot \\ 0,\ 0,\ 0,\ \ldots,\ 1 \end{array}$$

entsprechen.

Es ist klar, wann eine Mannigfaltigkeit *im projektiven*, wann *im konformen Sinne* als *eben* zu gelten hat. Eine notwendige Bedingung, an welche dieser Charakter gebunden ist, ist das Verschwinden der projektiven bzw. der konformen Krümmung. Es muss also im einen Fall einen Tensor G_{ik} geben von der Art, dass

$$F^\alpha_{ikl} = \hat{G}^\alpha_{ikl}, \quad \text{d. i.} \quad = \delta^\alpha_i(G_{kl} - G_{lk}) + (\delta^\alpha_k G_{il} - \delta^\alpha_l G_{ik}) \tag{Ip}$$

ist, im andern Fall einen Tensor H_{ik}, für den

$$F^{\alpha}_{ikl} = \tilde{H}^{\alpha}_{ikl}, \quad \text{d. i.} \quad = \frac{1}{2}(\delta^{\alpha}_{k} H_{il} - \delta^{\alpha}_{l} H_{ik}) + \frac{1}{2}(H^{\alpha}_{k} g_{il} - H^{\alpha}_{l} g_{ik}) \qquad (\text{I k})$$

wird. Die vorzunehmende Abänderung des affinen Zusammenhangs bzw. der linearen metrischen Fundamentalform, welche die Mannigfaltigkeit in eine ebene verwandelt, bestimmt sich dann aus den Gleichungen

$$\Psi_{ik} = G_{ik} \quad (\text{II p}) \qquad \text{bzw.} \qquad \Phi_{ik} = H_{ik} \quad (\text{II k}).$$

Die am bequemsten in einem geodätischen Koordinatensystem durchzuführende Rechnung (in ihm verschwinden an der betrachteten Stelle alle Γ) liefert sofort

$$\Psi_{i,k/l-l/k} + (\hat{\Psi}^{\alpha}_{ikl} - F^{\alpha}_{ikl})\,\varphi_{\alpha} = 0, \tag{11}$$

also wegen (II p) und (I p)

$$\Psi_{i,k/l-l/k} = 0.$$

Infolgedessen muss auch G_{ik} derselben Bedingung genügen:

$$G_{i,k/l-l/k} = 0. \qquad (\text{III p})$$

Auf genau die gleiche Weise findet man im konformen Fall

$$H_{i,k/l-l/k} = 0. \qquad (\text{III k})$$

Die Bedingungen (I p), (III p) sind aber nicht nur notwendig, sondern auch hinreichend dafür, dass eine Mannigfaltigkeit projektiv-eben ist. Denn unter diesen Umständen gestatten die Gleichungen (II p) eine Lösung [übrigens eine solche, bei welcher die ψ_i beliebig vorgegebene Anfangswerte annehmen][1]). In der Tat, wenn die Integrabilitätsbedingung (III p) erfüllt ist, lehrt die Gleichung (11), welche für beliebige ψ_i gilt, dass die Differenz $D_{ik} = \Psi_{ik} - G_{ik}$ der Identität

$$D_{i,k/l-l/k} + \hat{D}^{\alpha}_{ikl}\,\psi_{\alpha} = 0$$

genügt oder

$$^{*}D_{i,k/l-l/k} = 0, \tag{12}$$

worin die linke Seite den zu $D_{i,k/l-l/k}$ analogen, aber mittels des abgeänderten affinen Zusammenhangs zu bildenden Ausdruck bedeutet. Man kann nun (II p) zunächst so erfüllen, dass diese Gleichung identisch in $x_1\, x_2 \ldots x_k$ besteht bei Nullsetzen der übrigen Variablen. Die Identitäten (12) lehren dann, dass sie

[1]) Diese Willkür entspricht der Freiheit, den ebenen Raum projektiv auf sich selber durch eine beliebige Kollineation abzubilden; im konformen Fall treten an Stelle der Kollineationen die Kugelverwandtschaften (Liouvillescher Satz).

ohne Einschränkung bestehen. Also ist für den abgeänderten affinen Zusammenhang die Totalkrümmung 0 und nach Satz 3 die Mannigfaltigkeit eine ebene. Auch übersieht man klar die Schritte, die man zu tun hat, um in der Mannigfaltigkeit jene homogenen Variablen zu bestimmen, in denen die Gleichungen jeder Geodätischen linear ausfallen. – Das konforme Problem ist ganz analog.

IV. SCHOUTEN[1]) hat die merkwürdige Entdeckung gemacht, dass für $n > 3$ die Integrabilitätsbedingung (IIIk) eine Folge von (Ik) ist. Diese Untersuchung von SCHOUTEN war für mich der Anlass, den projektiven und den konformen Standpunkt, den ich in meiner bisherigen Darstellung der Infinitesimalgeometrie nur gestreift hatte, einmal ernstlich ins Auge zu fassen. Es gilt das Analogon zu dem SCHOUTENschen Satz: Für $n > 2$ ist die Integrabilitätsbedingung (IIIp) eine Folge von (Ip). Wir gewinnen damit diese Resultate:

Satz 4. *Unter den affin zusammenhängenden Mannigfaltigkeiten sind die projektiv-ebenen charakterisiert: im Falle $n = 2$ durch das Bestehen der Gleichungen* (IIIp); *im Falle $n \geqq 3$ durch das Verschwinden der projektiven Krümmung. Notwendig und hinreichend dafür, dass sich ein metrischer Raum konform auf einen ebenen abbilden lässt, ist: für $n = 3$ das Bestehen der Gleichungen* (IIIk) (COTTON); *wenn $n \geqq 4$, das Verschwinden der Konformkrümmung* (SCHOUTEN).

Ich gebe die Rechnungen kurz an, die zu diesen Sätzen führen, wobei ich mich wiederum der Bequemlichkeit halber eines geodätischen Koordinatensystems bediene. Da G_{ik} im wesentlichen mit F_{ik} übereinstimmt, berechnen wir zunächst

$$\frac{\partial F_{ik}}{\partial x_l} - \frac{\partial F_{il}}{\partial x_k}.$$

Da F_{ik} bis auf einen Ausdruck, der die Komponenten des affinen Zusammenhangs *quadratisch* enthält,

$$= \frac{\partial \Gamma^{\alpha}_{ik}}{\partial x_\alpha} - \frac{\partial \gamma}{\partial x_k} \text{ ist, } \gamma_i = \Gamma^{\alpha}_{i\alpha},$$

kommt

$$\begin{aligned} \frac{\partial F_{ik}}{\partial x_l} - \frac{\partial F_{il}}{\partial x_k} &= \frac{\partial^2 \Gamma^{\alpha}_{ik}}{\partial x_l\, \partial x_\alpha} - \frac{\partial^2 \Gamma^{\alpha}_{il}}{\partial x_k\, \partial x_\alpha} \\ &= \frac{\partial}{\partial x_\alpha}\left(\frac{\partial \Gamma^{\alpha}_{ik}}{\partial x_l} - \frac{\partial \Gamma^{\alpha}_{il}}{\partial x_k}\right) = -\frac{\partial F^{\alpha}_{ikl}}{\partial x_\alpha}. \end{aligned} \tag{13}$$

Darin setze ich rechts den Ausdruck (Ip) für F^{α}_{ikl} ein und schreibe noch zur Abkürzung

$$G_{ik} - G_{ki} = \gamma_{ik}$$

– wofür sich aus (6p)

$$(n-1)\,\gamma_{ik} = F_{ik} - F_{ki} = \frac{\partial \gamma_k}{\partial x_i} - \frac{\partial \gamma_i}{\partial x_k} \tag{14}$$

[1]) Erscheint demnächst in der Mathematischen Zeitschrift. [J. A. SCHOUTEN, *Über die konforme Abbildung n-dimensionaler Mannigfaltigkeiten mit quadratischer Massbestimmung auf eine Mannigfaltigkeit mit euklidischer Massbestimmung.* Math. Z. *11*, 58–88 (1921). (Zusatz 1955)]

ergibt –:

$$\frac{\partial F^{\alpha}_{ikl}}{\partial x_\alpha} = \frac{\partial \gamma_{kl}}{\partial x_i} + \left(\frac{\partial G_{il}}{\partial x_k} - \frac{\partial G_{ik}}{\partial x_l}\right);$$

links aber ersetze ich F_{ik} nach (6p) durch

$$n\, G_{ik} - G_{ki} = (n-1)\, G_{ik} + \gamma_{ik}.$$

Das Resultat ist

$$(n-1)\left(\frac{\partial G_{ik}}{\partial x_l} - \frac{\partial G_{il}}{\partial x_k}\right) + \left(\frac{\partial \gamma_{ik}}{\partial x_l} - \frac{\partial \gamma_{il}}{\partial x_k}\right) = \left(\frac{\partial G_{ik}}{\partial x_l} - \frac{\partial G_{il}}{\partial x_k}\right) - \frac{\partial \gamma_{kl}}{\partial x_i},$$

oder

$$(n-2)\left(\frac{\partial G_{ik}}{\partial x_l} - \frac{\partial G_{il}}{\partial x_k}\right) + \left(\frac{\partial \gamma_{ik}}{\partial x_l} + \frac{\partial \gamma_{kl}}{\partial x_i} + \frac{\partial \gamma_{li}}{\partial x_k}\right) = 0. \tag{15p}$$

Hier ist aber die zweite Klammer $= 0$. Denn der Ausdruck (14) ist in einem beliebigen Koordinatensystem gültig, unter Vernachlässigung eines Terms, der die Komponenten des affinen Zusammenhangs *quadratisch* enthält; also ist auch nach der Differentiation in einem geodätischen Koordinatensystem

$$(n-1)\frac{\partial \gamma_{ik}}{\partial x_l} = \frac{\partial}{\partial x_l}\left(\frac{\partial \gamma_k}{\partial x_i} - \frac{\partial \gamma_i}{\partial x_k}\right)$$

und daher

$$(n-1)\left(\frac{\partial \gamma_{ik}}{\partial x_l} + \frac{\partial \gamma_{kl}}{\partial x_i} + \frac{\partial \gamma_{li}}{\partial x_k}\right) = 0. \tag{16p}$$

So ergibt sich für $n > 2$ das gewünschte Resultat.

Im konformen Fall sehen die analogen Rechnungen so aus. Durch die entsprechenden Substitutionen findet man zunächst an Stelle von (15p):

$$(n-3)\left(\frac{\partial H_{ik}}{\partial x_l} - \frac{\partial H_{il}}{\partial x_k}\right) + \left\{g_{ik}\left(\frac{\partial H}{\partial x_l} - \frac{\partial H^{\alpha}_{l}}{\partial x_\alpha}\right) - g_{il}\left(\frac{\partial H}{\partial x_k} - \frac{\partial H^{\alpha}_{k}}{\partial x_\alpha}\right)\right\} = 0. \tag{15k}$$

Der aus der Gravitationstheorie bekannte «Erhaltungssatz»

$$\frac{\partial F}{\partial x_i} = 2\,\frac{\partial F^{\alpha}_{i}}{\partial x_\alpha}$$

darf hier angewendet werden, da unser Raum zufolge (I k) gewiss ein Riemannscher ist; denn aus (Ik) geht hervor, dass die «Streckenkrümmung[1])» $F^{\alpha}_{\alpha kl}$ verschwindet. Im übrigen ergibt sich diese Formel auch aus (13) sogleich durch Verjüngung unter Berücksichtigung des Umstandes, dass hier zufolge (I k) $F_{\alpha ikl}$ nicht nur in $k\,l$, sondern auch in $\alpha\, i$ schiefsymmetrisch ist. Sie liefert

$$(n-1)\frac{\partial H}{\partial x_i} = \frac{\partial F}{\partial x_i} = 2\,\frac{\partial F^{\alpha}_{i}}{\partial x} = (n-2)\frac{\partial H^{\alpha}_{i}}{\partial x_\alpha} + \frac{\partial H}{\partial x_i},$$

also

$$(n-2)\left(\frac{\partial H}{\partial x_i} - \frac{\partial H^{\alpha}_{i}}{\partial x_\alpha}\right) = 0. \tag{16k}$$

Damit sind wir am Ziel.

---

[1]) H. Weyl, *Raum, Zeit, Materie*, 4. Aufl. (Berlin 1921), S. 114. Es ist $F^{\alpha}_{\alpha ik}\, dx_i\, \delta x_k$ die relative Zunahme, welche das Volumen eines unendlich kleinen «Kompasskörpers» erfährt, wenn er um das von den Linienelementen $dx, \delta x$ aufgespannte Flächenelement herumgeführt wird.

V. Nach der Betrachtung der ebenen Räume wird man sich den nächst einfachen, den «kugelförmigen», zuwenden. Ist $E(x) = \sum_{i=1}^{n} \pm x_i^2$ eine quadratische Einheitsform vom Trägheitsindex q (die ersten $n-q$ Vorzeichen sind $+$, die letzten q hingegen $-$), λ irgend eine Zahl, so nenne ich die durch die Gleichung

$$x_0^2 + \lambda E(x) = 1$$

im $(n+1)$-dimensionalen ebenen Raum mit der metrischen Fundamentalform

$$\frac{dx_0^2}{\lambda} + E(dx)$$

dargestellte n-dimensionale Mannigfaltigkeit eine *Kugel*, gleichgültig ob λ positiv oder negativ ist und welchen Wert der Trägheitsindex q auch besitzen mag. Drücken wir in der metrischen Fundamentalform x_0 durch $x_1\, x_2 \ldots x_n$ aus, so ist unter einer Kugel (vom Trägheitsindex q und der Krümmung λ) also eine n-dimensionale metrische Mannigfaltigkeit zu verstehen, für welche bei geeigneter Wahl des Koordinatensystems die quadratische Fundamentalform

$$= E(dx) + \frac{\lambda E^2(x, dx)}{1 - \lambda E(x)}$$

ist, die lineare aber verschwindet; die Koordinaten variieren in einem Bereich, in welchem $1 - \lambda E(x) > 0$. Man sieht, eine Fallunterscheidung $\lambda = 0$ oder $\lambda \neq 0$ – die ich im Bereich einer willkürlichen reellen Grösse λ für ganz unberechtigt halte – ist hier nicht erforderlich. Für die Kugel ist

$$F^{\alpha}_{ikl} = \lambda\, (\delta^{\alpha}_{k}\, g_{il} - \delta^{\alpha}_{l} g_{ik})\,. \tag{17}$$

Ein metrischer Raum R, welcher einer solchen Gleichung genügt, ist als ein Raum von *skalarer Krümmung* zu bezeichnen. Die Krümmung λ selber ist ein Skalar vom Eichgewichte -1; die Forderung $\lambda =$ const hat also keinen von der Eichung unabhängigen Sinn. Der invariante Gradient von λ ist vielmehr, wenn $\varphi_i\, dx_i$ die lineare Fundamentalform von R ist, gegeben durch

$$\frac{\partial \lambda}{\partial x_i} - \lambda\, \varphi_i\,. \tag{18}$$

Für die Kugel ist er identisch 0. – Wir stellen die Frage: wie kann man auf invariante Weise die Kugel unter den metrischen Räumen (vom gleichen Trägheitsindex q) in metrischer, affiner, projektiver und konformer Hinsicht charakterisieren?

Projektiv und *konform* sind die Kugeln identisch mit den ebenen Mannigfaltigkeiten. Vermöge

$$x_i = \frac{y_i}{\sqrt{1 + \lambda E(y)}}\,, \text{ bzw. } x_i = \frac{y_i}{1 - \lambda E(y)} \quad (i = 1, 2, \ldots, n) \tag{19p, k}$$

wird die Kugel projektiv bzw. konform auf den ebenen Raum mit der metrischen Fundamentalform $E(dy)$ abgebildet. Hier ist somit alles durch Satz 4 erledigt. Die *affine* Frage wird auf die metrische zurückgeführt durch den

Satz 5. *Eine metrische Mannigfaltigkeit, die sich affintreu auf eine Kugel abbilden lässt, stimmt mit ihr auch in metrischer Hinsicht überein.*

Da die Mannigfaltigkeit denselben affinen Zusammenhang, also auch dieselbe Krümmung F^{α}_{ikl} haben soll wie die Kugel, ist ihre Streckenkrümmung $F^{\alpha}_{\alpha ik} = 0$. Sie ist demnach ein Riemannscher Raum, wir können ihre lineare Fundamentalform von vornherein $= 0$ nehmen. Weiterhin muss ich nun doch die Fälle $\lambda = 0$ bzw. $\lambda \neq 0$ unterscheiden. Im ersten ergibt sich sofort $g^*_{ik} = \text{const}$ (die gesternten Grössen beziehen sich auf die zu untersuchende Mannigfaltigkeit, die ungesternten auf die Kugel), und es bedarf im allgemeinen, nachdem die affintreue Abbildung nach Voraussetzung schon bewerkstelligt ist, noch einer zusätzlichen linearen Transformation, um zu erzielen, dass $g^*_{ik}\, dx_i\, dx_k = E(dx)$ wird. Im zweiten Fall aber ist die affintreue Abbildung ohne weiteres auch eine metrisch treue. Das erkennt man so: Nach Voraussetzung ist der Tensor

$$g^*_{ik\alpha} \equiv \frac{\partial g^*_{ik}}{\partial x_\alpha} - \Gamma^r_{\alpha k}\, g^*_{ir} - \Gamma^r_{\alpha i}\, g^*_{kr} = 0. \tag{20}$$

Bildet man jenen Tensor, der in einem geodätischen Koordinatensystem den Ausdruck hat

$$\frac{\partial g^*_{ik,\alpha}}{\partial x_\beta} - \frac{\partial g^*_{ik,\beta}}{\partial x_\alpha},$$

so liefert (20), wie man im geodätischen Koordinatensystem ohne weiteres überblickt, die Beziehung

$$g^*_{ir}\, F^r_{k\alpha\beta} + g^*_{kr}\, F^r_{i\alpha\beta} = 0.$$

Wir setzen (17) ein und streichen den Faktor $\lambda \neq 0$:

$$(g^*_{i\alpha}\, g_{k\beta} + g^*_{k\alpha}\, g_{i\beta}) - (g^*_{i\beta}\, g_{k\alpha} + g^*_{k\beta}\, g_{i\alpha}) = 0.$$

Daraus erschliesst man mühelos, dass g^*_{ik} proportional zu g_{ik} ist, und für den Proportionalitätsfaktor ergibt sich dann aus (20), dass er konstant sein muss.

Obwohl die Verhältnisse, wie man sieht, in den Fällen $\lambda = 0$, $\lambda \neq 0$ ganz verschieden liegen, lässt sich auch hier die Fallunterscheidung überwinden; aber es wäre dazu ein näheres Eingehen auf die Kontinuums-Analysis vonnöten, die Brouwer und ich an die Stelle des heutigen unhaltbar gewordenen Atomismus setzen wollen. Damit darf ich Sie wohl heute nicht behelligen, wennschon sich gerade an diesem Theorem sehr schön und anschaulich die Anforderungen der Kontinuums-Analysis demonstrieren liessen.

Endlich: wie sind die Kugeln in *metrischer* Hinsicht invariant zu kennzeichnen? Darauf geben wir zunächst die Antwort: als Räume skalarer Krümmung, in denen ausserdem der invariante Gradient des Krümmungsskalars verschwindet. Hernach werden wir sehen (Satz von F. SCHUR)[1]), dass für $n > 2$ die zweite Bedingung noch erübrigt werden kann. Beweis: Die Streckenkrümmung $F^{\alpha}_{\alpha ik}$ eines Raums von skalarer Krümmung verschwindet; er ist daher notwendig ein Riemannscher, und wir können die lineare Fundamentalform ein für allemal $= 0$ annehmen. Die zweite Forderung besagt dann, dass für diese Normaleichung $\lambda = \text{const}$ ausfällt. Unsere Behauptung reduziert sich also sofort darauf: die Kugeln sind die einzigen Riemannschen Räume konstanter skalarer Krümmung. Das ist ein wohlbekanntes, schon von RIEMANN ausgesprochenes Theorem. Es ergibt sich dafür hier der folgende sehr durchsichtige Beweis. Ein Riemannscher Raum R konstanter skalarer Krümmung erfüllt die im Absatz III angegebenen Bedingungen (Ip), (IIIp), und zwar ist für ihn $G_{ik} = \lambda g_{ik}$. Folglich lässt er sich projektiv auf den ebenen Raum mit der metrischen Fundamentalform $E(dx)$ beziehen. Wir machen das so, dass wir zunächst durch eine lineare Transformation dafür sorgen, dass im Nullpunkt $g_{ik}\, dx_i\, dx_k$ mit $E(dx)$ übereinstimmt, darauf die Gleichungen (IIp) mit den Anfangswerten $\psi_i = 0$ integrieren und endlich die Abbildung selbst nach dem Beweise von Satz 3 bestimmen. Sind x_i die so ermittelten linearen Koordinaten (die damals mit y_i bezeichnet wurden), so haben die Komponenten des affinen Zusammenhangs von R die Form

$$\Gamma^r_{ik} = \delta^r_i \psi_k + \delta^r_k \psi_i, \tag{21}$$

d.h. es ist

$$\frac{\partial g_{ik}}{\partial x_r} (= \Gamma_{i,kr} + \Gamma_{k,ir}) = g_{ir}\, \psi_k + g_{kr}\, \psi_i + 2\, g_{ik}\, \psi_r. \tag{22}$$

Die Bedingung skalarer Krümmung $G_{ik} = \lambda g_{ik}$ aber lautet:

$$\frac{\partial \psi_i}{\partial x_k} - \psi_i\, \psi_k + \lambda\, g_{ik} = 0. \tag{22'}$$

Im Nullpunkt ist

$$g_{ik}\, dx_i\, dx_k = E(dx), \quad \psi_i\, dx_i = 0. \tag{23}$$

Bei gegebenem konstantem λ haben die Differentialgleichungen (22), (22') offenbar nur eine einzige Lösung g_{ik}, ψ_i mit diesen Anfangswerten, und das ist, wie wir wissen, die Kugel der Krümmung λ.

Ein Raum skalarer Krümmung genügt stets der Bedingung (Ip) mit $G_{ik} = \lambda g_{ik}$. Nach der unter IV. angestellten Rechnung folgt daraus für $n > 2$ die Gleichung (IIIp), das ist hier

$$g_{ik} \frac{\partial \lambda}{\partial x_l} - g_{il} \frac{\partial \lambda}{\partial x_k} = 0; \quad \frac{\partial \lambda}{\partial x_i} = 0. \tag{24}$$

Satz 6. *Für $n > 2$ ist jeder metrische Raum skalarer Krümmung eine Kugel; im Falle $n = 2$ muss die Forderung hinzutreten, dass der invariante Gradient der skalaren Krümmung verschwindet.*

---

[1]) F. SCHUR, Math. Ann. *27*, 563 (1886).

VI. Wie angemessen diese Beweismethode dem Gegenstande ist, geht aus der folgenden bemerkenswerten Tatsache hervor[1]):

Satz 7. *Die einzigen projektiv-ebenen metrischen Räume sind – wenn die Dimensionszahl $n > 2$ ist – die Kugeln.*

Die Fragestellung, welche durch diesen Satz erledigt wird, hat kein Analogon im konformen Fall. Die Bestimmung aller *metrischen* Räume, welche *konform-eben* sind, wird einfach dadurch geleistet, dass die quadratische Einheitsform $E(dx)$ und eine willkürliche lineare als metrische Fundamentalformen angenommen werden; genau entsprechend erhält man alle *affin zusammenhängenden* Mannigfaltigkeiten, welche *projektiv-eben* sind, mittels einer willkürlichen Linearform $\psi_i \, dx_i$ aus dem Ansatz (21). Hier aber wird gefragt nach denjenigen *metrischen* Räumen, welche sich projektiv auf einen ebenen abbilden lassen. Unsere Behauptung lehrt, dass die Gleichung (Ip) für einen metrischen Raum von mehr als zwei Dimensionen nur so bestehen kann, dass $G_{ik} = \lambda \, g_{ik}$ wird. Sie lässt sich auch dahin formulieren, dass *die* CAYLEY*sche Massbestimmung die einzige Metrik* (in unserm Sinne) *ist, welche in den* (mehr als zweidimensionalen) *Raum der gewöhnlichen projektiven Geometrie eingebaut werden kann.*

Die Bestimmung aller projektiv-ebenen metrischen Räume verlangt offenbar die Lösung der folgenden Differentialgleichungen

$$\frac{\partial g_{ik}}{\partial x_r} + g_{ik} \varphi_r = g_{ir} \psi_k + g_{kr} \psi_i + 2 g_{ik} \psi_r \tag{25}$$

für die unbekannten Funktionen φ_i, ψ_i, g_{ik} $(= g_{ki})$. Setzen wir $2\psi_i - \varphi_i = f_i$, führen allgemein die Bezeichnung ein

$$\frac{\partial \varphi_i}{\partial x_k} - \frac{\partial \varphi_k}{\partial x_i} = \varphi_{i/k-k/i}$$

und verstehen wie früher unter Ψ_{ik} den Ausdruck $\partial \psi_i / \partial x_k - \psi_i \psi_k$, so liefert die Integrabilitätsbeziehung

$$\frac{\partial}{\partial x_s}\left(\frac{\partial g_{ik}}{\partial x_r}\right) - \frac{\partial}{\partial x_r}\left(\frac{\partial g_{ik}}{\partial x_s}\right) = 0,$$

angewendet auf die Gleichungen (25), die folgende Relation

$$(g_{ir} \Psi_{ks} + g_{kr} \Psi_{is}) - (g_{is} \Psi_{kr} + g_{ks} \Psi_{ir}) + g_{ik} f_{r/s-s/r} = 0. \tag{26}$$

Wir dürfen voraussetzen, dass an der zu untersuchenden Stelle

$$g_{ii} = e_i = \pm 1, \quad g_{ik} = 0 \ (i \neq k)$$

ist; dann erhält man aus (26) dadurch, dass man $i = k = r$ nimmt, (wegen $g_{ii} \neq 0$) sogleich

$$\Psi_{ik} + \frac{1}{2} f_{i/k-k/i} = \lambda_i \, g_{ik}.$$

[1]) Für Riemannsche Räume wurde dieser Satz, auf andere und wesentlich kompliziertere Weise, schon bewiesen von BELTRAMI ($n = 2$), Ann. Mat. *7*, 203; siehe auch Ann. Mat. [2] *2*, 232; von LIPSCHITZ in der Abhandlung in Crelles J. *72*, 1ff., und von F. SCHUR, Math. Ann. *27*, 537–567.

Wählt man darauf $r = i$, $s = k$, so kommt (wegen $g_{ii} g_{kk} - g_{ik}^2 \neq 0$): $\lambda_i = \lambda_k$, also

$$\Psi_{ik} = -\lambda g_{ik} - \frac{1}{2} f_{i/k-k/i}. \tag{27}$$

Trägt man das in (26) ein, so liefert das erste Glied λg_{ik} gar keinen Beitrag, und es bleibt eine Gleichung stehen, welche dadurch aus (26) hervorgeht, dass man Ψ_{ik} durch $-f_{i/k-k/i}/2$ ersetzt. Sie ist für $n = 2$ identisch erfüllt; allgemein aber erhält man aus ihr durch Multiplikation mit g^{ik} und Summation nach i und k:

$$(n-2)\, f_{i/k-k/i} = 0; \tag{28}$$

so dass unter allen Umständen (26) den beiden Gleichungen (27), (28) äquivalent ist. Wenn $n > 2$ ist, kommt einfach

$$\Psi_{ik} = -\lambda g_{ik} \quad (29), \qquad f_{i/k-k/i} = 0 \quad (30).$$

Unser Ziel ist damit erreicht; denn (29) besagt, dass der Tensor G_{ik} proportional zu g_{ik} ist. Die schon in unsern früheren Resultaten enthaltene Erkenntnis, dass deshalb notwendig ein Riemannscher Raum vorliegt und bei Verwendung der Normaleichung $\lambda = \text{const}$ wird, bestätigt man hier leicht durch folgende Rechnungen: Aus (29) schliesst man

$$\psi_{i/k-k/i} = \Psi_{ik} - \Psi_{ki} = 0,$$

hieraus aber und aus (30): $\varphi_{i/k-k/i} = 0$. Daher darf $\varphi_i = 0$ angenommen werden. Bildet man von der Gleichung (29), die einen Augenblick wieder mit D_{ik} bezeichnet werde, die Integrabilitätsbeziehung

$$\frac{\partial D_{ik}}{\partial x_l} - \frac{\partial D_{il}}{\partial x_k} = 0$$

und setzt darin für die Ableitungen von g_{ik} und ψ_i die aus den Gleichungen (25), (29) selber sich ergebenden Ausdrücke ein, so kommt (24). Im Nullpunkt, dürfen wir voraussetzen, gelten die Anfangswerte (23). Dann liegt jetzt genau das gleiche Integrationsproblem vor wie am Schluss des vorigen Abschnitts, dessen einzige Lösung die Kugel von der Krümmung λ ist.

Satz 7 trifft auch im Falle $n = 2$ noch zu, wenn wir uns auf Riemannsche Räume beschränken. Dagegen lassen sich in die gewöhnliche zweidimensionale projektive Ebene noch andere Metriken als die CAYLEYsche Massbestimmung einbauen, wenn Nichtintegrabilität der Streckenübertragung zugelassen wird.

44.

Bemerkung über die Hardy-Littlewoodschen Untersuchungen zum Waringschen Problem

Nachrichten der Königlichen Gesellschaft der Wissenschaften zu Göttingen. Mathematisch-physikalische Klasse, 189—192 (1921)

Vorgelegt in der Sitzung vom 22. Juli 1921 von E. Landau.

Die schwierige Untersuchung der „major arcs"[2]) mit ihrem von vornherein nicht zu überblickenden Ergebnis kann durch eine ganz elementare Abschätzung ersetzt werden, wenn man mit einer etwas höheren unteren Grenze für die Anzahl s sich zufrieden gibt; nämlich durch diejenige Abschätzung, welche die Verf. selber auf S. 37 ihrer Arbeit nur heuristisch benutzen.

Ich verwende die Bezeichnungen von W. P. $O_\varepsilon(n^\alpha)$ bedeutet: $O(n^{\alpha+\varepsilon})$ für jedes feste $\varepsilon > 0$. Die über alle ganzen Zahlen h im Bereich $h \geqq 0$, $h^k < n$ zu erstreckende Summe

$$U_n(\xi) = \sum_h e(\xi h^k) = \sum_h x^{h^k} \qquad [x = e(\xi)]$$

ist für reelles irrationales ξ gleich $o(n^{1/k})$. Will man eine gleichmäßig in ξ gültige Abschätzung bekommen, so muß man natürlich nicht von den irrationalen, sondern gerade von rationalen $\xi\left(=\frac{p}{q}\right)$ ausgehen; dann gelangt man mit der in meiner Arbeit „Über die Gleichverteilung von Zahlen mod. 1"[3]) entwickelten Beweismethode zu dem folgenden Satz, der etwas allgemeiner ist als das Lemma 4 in W. P.:

I. Ist α ein positiver Exponent $\leqq \frac{1}{k}$ und $n^\alpha \leqq q \leqq n^{1-\alpha}$, so gilt

$$U_n\left(\frac{p}{q}\right) = O_\varepsilon\left(n^{\frac{1}{k}-\frac{\alpha}{K}}\right).$$

Der Sinn der Einschränkungen für q ist klar: damit sich die triviale Ungleichung $|U_n| \leqq n^{1/k}$ verschärfen läßt, muß 1) $\xi = \frac{p}{q}$

1) Göttinger Nachr. 1920, S. 33—54; wird zitiert als W. P.

2) S. 44—50 a. a. O. und E. Landau, Gött. Nachr. 1921, S. 88—92.

3) Math. Ann. 77 (1916), S. 326—331.

„hinreichend irrational", d. h. q groß sein, und 2) muß der Punkt $e\left(\frac{h^k}{q}\right)$, wenn h^k kontinuierlich von 0 bis n wächst, auf dem Einheitskreis eine große Anzahl von Umläufen vollendet haben. Der Beweis ist übrigens wörtlich und vollständig in dem Beweise des Hardy-Littlewoodschen Lemma 4 gegeben. Das Lemma 1, soweit wir es hier brauchen, nämlich als die Aussage $S_{p,q} = O_\varepsilon(q^\varkappa)$, ist in I. als der Spezialfall $\alpha = \frac{1}{k}$, $n = q^k$ mitenthalten. Wie man die Abschätzung auf die Brüche mit niedrigem Nenner und auf solche Umgebungen der Brüche ausdehnt, die zusammen den ganzen Einheitskreis der x-Ebene bedecken, wollen wir nicht an U_n darstellen, sondern an dem Verhalten von

$$f(x) = \sum_{h=0}^{\infty} x^{h^k}$$

bei Annäherung von x an den Einheitskreis.

Aus I. finden wir unter den gleichen Voraussetzungen über den Bruch $\frac{p}{q}$ durch „partielle Summation" [1]): Auf demjenigen Teile des Kreises Γ: $|x| = 1 - \frac{1}{n}$, auf welchem $\left|x - e\left(\frac{p}{q}\right)\right| \leqq \frac{2}{n}$ ist [2]), gilt

$$(*) \qquad f(x) = O_\varepsilon\left(n^{\frac{1}{k} - \frac{\alpha}{K}}\right).$$

Nehmen wir also jetzt die Einteilung in Teilbögen durch die Farey-Reihe von der Ordnung $n^{1-\alpha}$ vor und unterscheiden die major und minor arcs von einander durch die Bedingung $q \leqq n^\alpha$, bezw. $q > n^\alpha$, so gilt gleichmäßig auf allen minor arcs die Beziehung (*). Der Unterschied gegenüber W. P. ist nur der, daß der Exponent α anstelle von $\frac{1}{k}$ benutzt wird.

Auf dem zum Bruch $\frac{p}{q}$ $(q \leqq n^\alpha)$ gehörigen major arc setzen wir $x = e\left(\frac{p}{q}\right) \cdot e^{-\eta}$; es ist dann

$$f(x) = \sum_{h=0}^{q-1} e_q(h^k p) \sum_{l=0}^{\infty} e^{-\eta(lq+h)^k}.$$

Von den inneren Summen betrachten wir die eine, dem Werte $h = 0$ entsprechende; das Studium der andern ist analog. Ist

1) W. P., S. 43; Weyl, l. c., S. 333.

2) An Stelle des Zählers 2 auf der rechten Seite kann natürlich auch irgend eine andere feste Zahl treten.

zunächst η reell und positiv, so ist

$$1+\int_0^\infty e^{-Yt^k}dt > \sum_{l=0}^\infty e^{-Yl^k} > \int_0^\infty e^{-Yt^k}dt \quad (Y=\eta q^k),$$

also liegt

$$\vartheta(Y) = \sum_{l=0}^\infty e^{-Yl^k} - \int_0^\infty e^{-Yt^k}dt$$

zwischen 0 und 1. Andrerseits ist bei beliebigem Y (partielle Integration)

$$e^{-Yl^k} \int_l^{l+1} e^{-Yt^k}dt = \int_l^{l+1} (l+1-t)\,kYt^{k-1}e^{-Yt^k}dt.$$

Ist der Realteil $\Re Y = y > 0$, so gilt daher

$$|\vartheta(Y)| \leqq \frac{|Y|}{y}\cdot \sum_{l=0}^\infty \int_l^{l+1} (l+1-t)\,e^{-yt^k}kyt^{k-1}\,dt.$$

Die unendliche Summe auf der rechten Seite ist aber $= \vartheta(y) < 1$, und wir finden

$$\sum_{l=0}^\infty e^{-Yl^k} = \frac{1}{k}\Gamma\left(\frac{1}{k}\right)Y^{-\frac{1}{k}} + O\left(\frac{|\eta|}{\Re\eta}\right).$$

Auf dem major arc, wo

$$\Re\eta \sim \frac{1}{n},\ |\Im\eta| \leqq \frac{4\pi}{qn^{1-\alpha}}$$

ist, bekommt man

$$f(x) = \frac{S_{p,q}}{q}\cdot\frac{1}{k}\Gamma\left(\frac{1}{k}\right)\eta^{-\frac{1}{k}} + O(n^\alpha).$$

Um Übereinstimmung zwischen den Abschätzungen auf den beiden Arten von Bögen zu erzielen, werden wir α so wählen, daß

$$\frac{1}{k} - \frac{\alpha}{K} = \alpha \text{ ist, also } \alpha = 1/k\left(1+\frac{1}{K}\right).$$

Dann haben wir den Satz 8. 3 in W. P. mit dem Exponenten α statt des etwas kleineren $\frac{1}{k}\left(1-\frac{1}{K}\right)$ gefunden und damit die gleichmäßige Abschätzung von $f(x)$ auf dem ganzen Kreise Γ.

Das Weitere genau wie in W. P.; es ergibt sich, wenn $s > 2K$ ist,

$$\frac{r_{k,s}(n)}{n^{(s/k)-1}} = CS + O_\varepsilon\left(n^{-\frac{\alpha}{K}}\right) + O_\varepsilon\left(n^{1-\frac{s\alpha}{K}}\right).$$

Damit die linke Seite gegen den asymptotischen Ausdruck CS konvergiert, genügt es jedenfalls, daß

$$s > \frac{K}{\alpha} = k(1+K)$$

ist; in W. P. wird statt dessen nur $s > kK$ gefordert. Der Kunstgriff, welchen Hardy und Littlewood in der anschließenden Arbeit Math. Zeitschr. 9 (1921), S. 14—27 (Absatz 2) angeben, drückt die untere Grenze $k(1+K)$ herab auf $(k-2)K+(k+2)$.

45.

Das Raumproblem

Jahresbericht der Deutschen Mathematikervereinigung 30, 92—93 (1921)

I. In der Wirklichkeit unterscheiden wir mit Kant den qualitativen Inhalt von seiner Form, der räumlich-zeitlichen Ausbreitung, welche erst die Existenz eines Verschiedenerlei von Qualitativem ermöglicht. Ein Körper kann, ohne seine inhaltliche Beschaffenheit zu ändern, indem er genau so bleibt wie er war, statt *hier* auch an einem beliebigen anderen Ort im Raum sich befinden. Im extensiven Medium der Außenwelt — wozu wir außer dem Raum auch die Zeit rechnen — wird es auf solche Weise möglich, daß Dinge individuell verschieden sind, die ihrem Wesen, ihrer Beschaffenheit nach, einander gleich sind. Damit ist die Idee der *Kongruenz* gegeben: zwei Raumstücke $\mathfrak{S}$, $\mathfrak{S}'$ sind kongruent, wenn derselbe materielle Gehalt, welcher $\mathfrak{S}$ erfüllt, ohne in irgendeiner seiner sinnlich erlebbaren Beschaffenheiten ein anderer zu werden, ebensogut das Raumstück $\mathfrak{S}'$ erfüllen kann. In den Beziehungen der Kongruenz gibt sich eine gewisse Struktur des Raumes, die *metrische Struktur*, kund, die nach vorrelativistischer Auffassung dem Raum selber ein für allemal fest zukommt, unabhängig davon, was für materielle Geschehnisse in ihm sich abspielen. Wir haben somit dreierlei zu unterscheiden: 1. den *Raum*, oder allgemeiner (unter Hinzunahme der Zeit) das extensive Medium der Außenwelt, 2. dessen *metrische Struktur*, und 3. seine *materielle Erfüllung* mit einem von Stelle zu Stelle veränderlichen Quale. Das *philosophische Raumproblem* besteht zunächst darin, die Unterscheidung und das gegenseitige Verhältnis dieser drei Momente in der Wirklichkeit, ihre Rolle beim Aufbau der Wirklichkeit, richtig zu erfassen. So ist es z. B. eine Streitfrage, ob tatsächlich, wie Kant es will, das räumliche Nebeneinander eine auf nichts anderes zurückführbare, in ihrem rätselhaften Wesen einfach hinzunehmende Form der Anschauung ist, oder ob diese dem qualitativen Inhalt gegenübergestellte Form nur ein Fetisch ist, der genauerer psychologischer Analyse nicht standhält; ob es richtig ist, von einem einzigen Anschauungsraum zu sprechen oder von verschiedenen Sinnesräumen (Tastraum, Sehraum) u. dgl.

Weiter handelt es sich in der Philosophie darum, die metaphysische Herkunft und Bedeutung des Raumes richtig zu erfassen. Ein besonderes erkenntnistheoretisches Problem gibt sodann die Natur der geometrischen *Erkenntnis*, ihre scheinbare oder wirkliche Apriorität, dem philosophischen Denken auf; von ihm nimmt bekanntlich Kants Kritik der reinen Vernunft ihren Ausgang.

Für den *Mathematiker* handelt es sich darum, das quantitativ, in logisch-arithmetischen Relationen Erfaßbare am Wesen des Raumes und der räumlichen Struktur richtig zu erkennen und mit den Hilfsmitteln der Logik, Arithmetik und Analysis auf seine einfachsten Gründe zurückzuführen. Die Ergebnisse dieser Analyse darf der Philosoph nicht beiseite schieben; ich wenigstens bin fest davon überzeugt, daß auf diesem Felde mathematische Einfachheit und metaphysische Ursprünglichkeit in enger Verbindung miteinander stehen. Vom Wesen des Raumes bleibt dem Mathematiker bei solcher Abstraktion nur die eine Wahrheit in Händen: daß *er ein dreidimensionales Kontinuum ist.* Hält man sich an das die Zeit mitumfassende vollständige extensive Medium, das wir mit Minkowski als Welt bezeichnen wollen, so erhöht sich die Dimensionszahl auf 4. Die großen anschaulichen und begrifflichen Schwierigkeiten, welche in dieser Formulierung noch enthalten sind, lassen wir beiseite. Eine viel reichere Ausbeute für die mathematische Bearbeitung liefert die *Raumstruktur*, und nur vom Problem der Raumstruktur, wie es sich für den Mathematiker stellt, soll hier ausführlicher die Rede sein.

Die Aufgabe wurde bekanntlich zuerst in vollständiger Weise von den Griechen gelöst. Kein Lehrgebäude war je so gut fundiert und an keines ist so lange und mit so selbstverständlicher Sicherheit geglaubt worden, wie an das *System der Euklidischen Geometrie.* Auch wir stellen uns hier zunächst auf den Standpunkt, daß in ihm die Wahrheit über die Raumstruktur enthalten ist. Es zeigte sich, daß die Raumstruktur nach ihrer quantitativ erfaßbaren Seite hin etwas vollkommen Rationales ist; d. h. man muß nicht immer von neuem aus der Anschauung schöpfen, um immer neue, nur in deskriptiven Begriffen beschreibbare Merkmale der Raumstruktur an den Tag zu heben, wie es z. B. bei einem wirklichen Dinge der Fall ist; sondern mit Hilfe weniger exakter Begriffe und in wenigen Aussagen, den *Axiomen*, läßt sich die Raumstruktur erschöpfend kennzeichnen, derart, daß jede wahre Aussage über sie sich als eine logische Folge der Axiome ergibt.

II. Ich schildere zunächst kurz die *elementare Richtung* der axiomatischen Wissenschaft vom Raum, wie sie durch die „Elemente“ des Euklid und, um ein ebenbürtiges modernes Beispiel zu nennen, die

„Grundlagen der Geometrie“ von Hilbert repräsentiert wird. Hier wird nicht der eigentliche Fundamentalbegriff, die Gruppe der kongruenten Abbildungen, analysiert, sondern man hält sich an gewisse abgeleitete, aber dem gegenständlichen Denken näherstehende Begriffe, als da sind gerade Linie, Inzidenz zwischen Punkt und Gerade u. dgl. Eine befriedigende systematische Ordnung ist in diesen Aufbau meines Erachtens erst gekommen durch die Ausbildung der projektiven Vorstellungen und die independente Begründung der projektiven Geometrie, welche wir v. Staudt und Klein verdanken. Am leichtesten läßt sich eine Übersicht gewinnen, wenn man die Verwendung der analytischen Methode, des „Zahlenraumes“, nicht verschmäht. Erläutern wir das näher in der vierdimensionalen Welt, die wir uns mit der ihr durch die spezielle Relativitätstheorie zugeschriebenen Struktur ausgestattet denken. Das ist die der Euklidischen Raumgeometrie entsprechende Minkowskische Weltgeometrie. Aber wir haben gegenüber dem Euklidischen dreidimensionalen Raum den Vorteil, daß die von einem Punkte ausstrahlenden Linienelemente von der Länge Null einen *reellen* Kegel bilden. Die Grundbegriffe, welche am zweckmäßigsten dem axiomatischen Aufbau der Minkowskischen Geometrie zugrunde gelegt werden, sind, außer den noch kein strukturelles Moment enthaltenden Begriffen des *Punktes* und des *stetigen Zusammenhangs der Punkte* die folgenden beiden: 1. die *gerade Linie*, 2. das *Nullelement*. Unter einem Element verstehe ich hier einen Punkt mit einer durch ihn hindurchgehenden Richtung. Die Nullelemente sind die längenlosen Elemente; sie geben in der Welt die Richtung eines sich fortpflanzenden Lichtsignals an. Sind die Nullelemente imaginär wie im Euklidischen Fall, so wird man statt 2. den komplizierteren Begriff des *Senkrechtstehens* zweier Richtungen im gleichen Punkte verwenden. Im „Cartesischen Bildraum“, das ist dem Kontinuum der reellen Zahlquadrupel $(x_0 x_1 x_2 x_3)$, verstehen wir unter gerader Linie jenes eindimensionale Kontinuum von Punkten, das sich ergibt, wenn man die vier Koordinaten als lineare Funktion eines Parameters ansetzt, unter Nullelement eine Richtung $dx_0 : dx_1 : dx_2 : dx_3$, für welche

$$dx_0^2 - (dx_1^2 + dx_2^2 + dx_3^2) = 0$$

ist. {Das Senkrechtstehen zweier Richtungen d und δ im Cartesischen Bildraum drückt sich dann bekanntlich durch das Verschwinden der zugehörigen Bilinearform aus:

$$dx_0\,\delta x_0 - (dx_1\,\delta x_1 + dx_2\,\delta x_2 + dx_3\,\delta x_3) = 0\}.$$

Dies vorausgeschickt, wird die geometrische Struktur der vierdimensionalen Welt vollständig durch die Aussage charakterisiert: *es lassen sich in ihr solche vier Koordinaten* $x_0 x_1 x_2 x_3$ *einführen, sie läßt sich auf einen vierdimensionalen Cartesischen Bildraum so abbilden, daß 1. jede gerade Linie in eine gerade Linie und 2. jedes Nullelement in ein Nullelement übergeht.* Es genügt dabei vorauszusetzen, daß diese Bedingungen für irgendein begrenztes Weltstück zutreffen, um sicher zu sein, daß diesem die Euklidisch-Minkowskische Struktur zukommt. Durch die erste Bedingung ist die Welt als ein vierdimensionaler *projektiver Raum* charakterisiert, da die einzigen stetigen Abbildungen des Cartesischen Bildraumes auf sich selber, bei welcher Gerade in Gerade übergehen, die projektiven sind. Die zweite legt das Unendlich-Ferne und die Metrik fest, da die zu den verschiedenen Punkten gehörigen Kegel der Nullelemente die Projektionen eines und desselben in der dreidimensionalen unendlichfernen Ebene gelegenen zweidimensionalen Kegelschnittes von diesen verschiedenen Punkten aus sind. Man kann auch mit der zweiten Bedingung beginnen, durch welche die Abbildung der Welt auf den Cartesischen Bildraum festgelegt ist bis auf eine „Möbiussche Kugelverwandtschaft", und erst hiernach den Begriff der Geraden einführen. Die Gruppe der ähnlichen Abbildungen, darauf beruht die Möglichkeit des einen und des andern Vorgehens, ist der Durchschnitt der projektiven Gruppe und der Gruppe der Möbiusschen Kugelverwandtschaften. Will man sich von der Verwendung des Zahlenraumes befreien, so hat man demnach die Aufgabe, erstens die gerade Linie durch innere Eigenschaften und ihre Lagebeziehungen zu den übrigen Geraden soweit zu charakterisieren, daß daraus die Abbildbarkeit des Systems der Geraden auf die Geraden des Cartesischen Bildraumes hervorgeht [das ist die Einengung des Begriffs der beliebigen stetigen Abbildungen auf den der projektiven Abbildung], und zweitens auf analoge rein geometrische Weise mit Hilfe des Begriffs des Nullelements die Gruppe der projektiven zu der der ähnlichen Abbildungen einzuengen. Dabei wird man mit Klein fordern dürfen, daß auch hier nur Aussagen zur Verwendung kommen, welche sich auf ein begrenztes Weltstück beziehen. Statt dieses Aufbaues, der heute in leidlich befriedigender Weise vorliegt, könnte man ebensogut zunächst mit Hilfe des Nullelements von den stetigen Abbildungen zu den Kugelverwandtschaften und von da mit Hilfe des Geradenbegriffs zu den ähnlichen herabsteigen. Eine durchgeführte axiomatische Begründung der Geometrie auf diesem Wege ist mir nicht bekannt. — Verzichtet man darauf, nur ein begrenztes Weltstück zu verwenden, benutzt vielmehr von vornherein die Welt in ihrer ganzen Ausdehnung, indem man ihr genau jene Zusammenhangsverhältnisse zuschreibt wie dem vollständigen vierdimensionalen Zahlenraum, so ist durch die Eigenschaft 1. die Welt nicht bloß als ein projektiver, sondern als *affiner* Raum festgelegt, durch die Eigenschaft 2. sogar als *metrischer* Raum mit seiner vollständigen metrischen Struktur. Das liefert zwei neue Methoden des Aufbaues; insbesondere kann bei solchem Vorgehen die Geometrie allein auf den Begriff des Nullelements begründet werden. Das ist jüngst von dem Engländer Robb in einem allerdings sehr umständlichen und künstlichen System von Axiomen durchgeführt worden.[1]) Vom Standpunkt der *Erkenntnis* aus, die den Zusammenhang mit der Wirklichkeit nicht verlieren will, scheint mir aber auf jeden Fall ein Verfahren vorzuziehen, das nur im begrenzten Gebiet operiert; dann kann, wie wir sehen, keiner der beiden Begriffe, Gerade und Nullelement, entbehrt werden.

III. Eine ganz andere Art der Betrachtung des Raumproblems als die eben besprochene „elementare" wurde von Riemann durch seinen Habilitationsvortrag „Über die Hypothesen, welche der Geometrie zugrunde liegen" eröffnet: die infinitesimal-geometrische (die abendländisch-Faustische, wie Spengler sagen würde; nur schade, daß sie erst so kurz vor Untergang sich entwickelt!). Wie die moderne Physik den Zusammenhang der Naturerscheinungen aus *Nahewirkungen*, Bindungen zwischen den physikalischen Zuständen in unendlich-benachbarten Weltpunkten verstehen will, soll hier auch die Struktur des Raumes durch solche Aussagen charakterisiert werden, die jeweils einen Punkt nur mit den Punkten seiner unendlich-kleinen Umgebung in Verbindung setzen. Die Aussagen sollen nicht, wie bei Klein, bloß auf ein *begrenztes*, sie sollen sich sogar nur auf ein *unendlichkleines* Raumstück beziehen. Das Grundbeispiel einer solchen infinitesimalen Analyse ist die Kennzeichnung einer konstanten Funktion, die an je zwei Stellen den gleichen Wert annimmt, durch das Verschwinden ihrer Ableitung. Riemann nimmt an, daß sich unendlichkleine Linienelemente unabhängig von ihrem Ort und ihrer Richtung messend miteinander vergleichen lassen und daß der Ausdruck der Länge ds eines solchen Linienelementes in beliebigen Koordinaten x_i der folgende ist:

$$ds^2 = \sum_{i,k=1}^{n} g_{ik}\, dx_i\, dx_k$$

(Pythagoreischer Lehrsatz; die Dimensionszahl ist in abstrakter Allgemeinheit $= n$ genommen). Er setzt diese *metrische Fundamentalform*

---

1) A. A. Robb, A Theory of Time and Space; und: The absolute Relations of Time and Space, Cambridge University Press.

als positiv-definit voraus. Seine Annahmen kommen darauf hinaus, daß in der unmittelbaren Umgebung jeder Stelle der Mannigfaltigkeit, im Unendlichkleinen, die Euklidische Geometrie gültig ist. Für die vierdimensionale Welt ist die metrische Fundamentalform nicht definit, sondern vom Trägheitsindex 1. Der Aufbau der Riemannschen Infinitesimalgeometrie hat in den letzten Jahren sehr an Einfachheit und Anschaulichkeit gewonnen durch den von Levi-Civita entdeckten Begriff der *infinitesimalen Parallelverschiebung eines Vektors.* Levi-Civita führte ihn auf Grund der Annahme ein, daß der Riemannsche Raum R in einen höherdimensionalen Euklidischen E eingebettet sei. Einen R tangierenden Vektor $\mathfrak{x}$ im Punkte p von R verschiebe ich parallel in E nach einem zu p unendlich benachbarten Punkte $\bar{p}$ auf R, spalte diesen verschobenen Vektor $\bar{\mathfrak{x}}$ in eine tangentielle und eine normale Komponente, $\bar{\mathfrak{x}}_t$ und $\bar{\mathfrak{x}}_n$, und erkläre: $\bar{\mathfrak{x}}_t$ entstehe aus $\mathfrak{x}$ durch infinitesimale Parallelverschiebung *in R.* Es stellt sich heraus, daß dieser Prozeß von der Art der Einbettung unabhängig und nur durch die metrische Fundamentalform von R bestimmt ist. Die naturgemäße independente Erklärung dieses Begriffes ist von mir gegeben worden, und zwar in folgender Art: Jedem Koordinatensystem, das die Umgebung des Punktes P bedeckt, entspricht ein „möglicher" Begriff der Parallelverschiebung: Transport der Vektoren von P nach den unendlich benachbarten Punkten P' ohne Änderung der Komponenten in diesem Koordinatensystem. Benutzt man ein für allemal ein festes Koordinatensystem x_i, so drückt sich dieser Prozeß, durch welchen der Vektor (ξ^i) in $P = (x_i)$ übergeht in den Vektor $(\xi^i + d\xi^i)$ im Punkte $P' = (x_i + dx_i)$, durch eine Gleichung aus[1]):

$$d\xi^i = -d\gamma^i_k \cdot \xi^k, \quad \text{wo} \quad d\gamma^i_k = \Gamma^i_{kr}\, dx_r \quad \text{ist}$$

und die weder von dem verschobenen Vektor ξ noch von der vorgenommenen Verschiebung dx abhängigen Koeffizienten Γ der Symmetriebedingung

$$\Gamma^i_{sr} = \Gamma^i_{rs}$$

genügen. Im Rahmen dieser Symmetriebedingung können die Γ aber alle möglichen Werte annehmen. Ist unter diesen möglichen Systemen von Parallelverschiebungen des Vektorkörpers in P nach allen Punkten seiner infinitesimalen Umgebung eines als das allein „wirkliche" ausgezeichnet, so ist die Mannigfaltigkeit mit einem *affinen Zusammenhang* ausgestattet. Für einen Riemannschen Raum ist das der Fall, da stets

1) Über einen Index, der in einem Formelglied *doppelt* auftritt, ist stets zu summieren.

ein und nur ein System von Parallelverschiebungen existiert, das die Forderung erfüllt: die *Maßzahl* $l = g_{ik}\xi^i\xi^k$ *eines jeden Vektors* ξ *bleibt bei Parallelverschiebung ungeändert*. Die Formeln, welche die eindeutige Bestimmung des affinen Zusammenhangs durch die Metrik gemäß dieser Forderung ausdrücken, sind die bekannten Christoffelschen

$$g_{ij}\Gamma^j_{rs} = \frac{1}{2}\left(\frac{\partial g_{ir}}{\partial x_s} + \frac{\partial g_{is}}{\partial x_r} - \frac{\partial g_{rs}}{\partial x_i}\right),$$

die damit ihre anschauliche Deutung erfahren haben.

Die notwendige und hinreichende Bedingung dafür, daß ein affin zusammenhängender, insbesondere ein Riemannscher Raum *euklidisch* ist, besteht darin, daß die Übertragung eines Vektors von irgendeinem Punkte P nach einem andern Q längs eines P mit Q verbindenden Weges durch den von Stelle zu Stelle wirksamen Prozeß der infinitesimalen Parallelverschiebung *vom benutzten Wege unabhängig ist.* Unter diesen Umständen hat es nämlich einen Sinn, von *dem gleichen* Vektor an zwei verschiedenen Raumstellen zu sprechen; unter den infinitesimalen Deformationen des Raumes sind dann die *Translationen* dadurch ausgezeichnet, daß die unendlichkleine Verrückung aller Punkte durch den *gleichen* Vektor gegeben wird. Auf der Iteration solcher unendlichkleiner Gesamttranslationen des Raumes beruht aber die Konstruktion des gewöhnlichen „linearen" Koordinatensystems, relativ zu welchem die Komponenten Γ des affinen Zusammenhangs verschwinden. — Im Falle einer beliebigen affin zusammenhängenden Mannigfaltigkeit sieht die Änderung $\Delta\xi^i$, die ein durch Parallelverschiebung sich fortpflanzender Vektor ξ^i erleidet beim Umfahren eines unendlichkleinen Flächenelements mit den Komponenten $(\Delta\sigma)^{ik}$ [ein Flächenelement wird bekanntlich durch ein schiefsymmetrisches System von Zahlen $(\Delta\sigma)^{ik}$ charakterisiert; wird es aufgespannt durch die beiden Linienelemente dx, δx, so ist $(\Delta\sigma)^{ik} = dx_i\,\delta x_k - dx_k\,\delta x_i$], — diese Anderung sieht so aus:

$$\Delta\xi^i = \Delta r^i_k \cdot \xi^k, \qquad \Delta r^i_k = R^i_{k\alpha\beta}(\Delta\sigma)^{\alpha\beta}.$$

Sie ist also linear abhängig sowohl von dem herumgeführten Vektor ξ wie von dem umfahrenen Flächenelement $\Delta\sigma$. Die nur von der Stelle P, an welcher dieser Prozeß vor sich geht, jedoch weder von dem Vektor noch von dem Flächenelement abhängenden Größen $R^i_{k\alpha\beta}$ sind die Komponenten der *Riemannschen Krümmung*; die Formeln, nach denen sie durch Differentiation aus den Komponenten Γ des affinen Zusammenhangs entspringen, will ich hier übergehen. Es wäre sehr zu wünschen, daß der Begriff der Parallelverschiebung und diese Auffassung der

Krümmung recht bald in die Lehrbücher der gewöhnlichen Flächentheorie übergingen. Da sich die Änderung eines Vektors beim Umfahren eines endlich ausgedehnten Flächenstückes wie beim Stokesschen Satz zusammensetzt aus den Änderungen eines Vektors beim Umfahren der unendlichkleinen Parzellen, in welche man dieses Flächenstück einteilen kann, so gewinnen wir als *infinitesimales Charakteristikum einer Euklidischen Mannigfaltigkeit das Verschwinden der Riemannschen Krümmung R.*

Nach den philosophischen Bemerkungen zu Beginn meines Vortrages ist der Raum als Form der Erscheinungen notwendig homogen. Eine Riemannsche Mannigfaltigkeit hat aber im allgemeinen eine von Stelle zu Stelle wechselnde metrische Struktur. Es fragt sich demnach, ob der Euklidische Raum allein der Forderung der Homogenität genügt oder was sonst noch für homogene Riemannsche Räume existieren. Nun ist von vornherein klar, daß auch die n-dimensionale Kugel in einem $(n+1)$-dimensionalen Euklidischen Raum eine metrisch homogene Riemannsche Mannigfaltigkeit ist. Den Begriff der Kugel formuliere ich, um den Fall der negativen Krümmung sogleich mitzuumfassen, folgendermaßen: es sei $E(x) = x_1^2 + x_2^2 + \cdots + x_n^2$ die quadratische Einheitsform, $E(xy) = x_1 y_1 + x_2 y_2 + \cdots + x_n y_n$ die zugehörige symmetrische Bilinearform, λ eine Konstante, so ist das durch die Gleichung

$$x_0^2 + \lambda \cdot E(x) = 1$$

im $(n+1)$-dimensionalen Euklidischen Raum mit der (unter Umständen nicht positiv-definiten!) metrischen Fundamentalform

$$\frac{dx_0^2}{\lambda} + E(dx)$$

definierte Gebilde die Kugel von der Krümmung λ. Ihre metrische Fundamentalform ist also, wenn man x_0 durch die übrigen Koordinaten ausdrückt:

$$ds^2 = E(dx) + \frac{\lambda E^2(x, dx)}{1 - \lambda E(x)}.$$

Hierin liegt die eigentliche selbständige Erklärung des Begriffs; wie man sieht, erfordert sie nicht die Unterscheidung der Fälle $\lambda \gtreqless 0$. Die Homogenität eines Riemannschen Raumes drückt sich allgemein in den folgenden Gleichungen aus — wenn sie so interpretiert wird, daß das Gesetz der Änderung eines Vektors beim Umfahren eines unendlichkleinen Flächenelements von Ort und Orientierung des Flächenelements unabhängig ist:

$$R^i_{k\alpha\beta} = \lambda\,(\delta^i_\alpha g_{k\beta} - \delta^i_\beta g_{k\alpha});$$

[λ eine Konstante; δ^i_k bedeutet 0 oder 1, je nachdem $i \neq k$ oder $i = k$ ist].

Die Kugel von der Krümmung λ genügt diesen Gleichungen. Die schon von **Riemann** gegebene Antwort auf unsere obige Frage ist die Umkehrung dieses Satzes: *Die Kugeln sind die einzigen homogenen Riemannschen Räume.* Der naturgemäßeste Beweis dafür scheint mir derjenige zu sein, den ich in einer kleinen Note in den Göttinger Nachrichten 1921 über die Einordnung des projektiven und des konformen Standpunktes gegeben habe; er beruht im wesentlichen auf dem Umstande, daß ein homogener Riemannscher Raum *in projektiver Hinsicht* notwendig mit dem gewöhnlichen Euklidischen übereinstimmt. Die damit erhaltenen homogenen Maßbestimmungen, deren der gewöhnliche projektive Raum fähig ist, sind bekanntlich zuerst von Cayley angegeben worden; ihr Zusammenhang mit der nichteuklidischen Geometrie wurde vollständig von Klein aufgedeckt.

Das Raumproblem aber zerlegt sich jetzt für uns in drei Teile:

1. Begründung der allgemeinen Riemannschen Geometrie.

2. Durch die Forderung der Homogenität werden aus den Riemannschen Räumen die Kugeln ausgeschieden.

3. Durch welche einfachen Merkmale ist unter den „Kugeln" die „Ebene", die Kugel von der Krümmung $\lambda = 0$, der Euklidische Fall ausgezeichnet? Oder muß man etwa mit der Möglichkeit rechnen, daß der wirkliche Raum nicht ein Euklidischer, sondern ein Kugelraum ist, dessen Krümmung λ von 0 abweicht?

IV. Indem wir uns mit dem Abstieg bis zum homogenen Kugelraum zufrieden geben, scheiden wir die Frage 3. aus der weiteren Erörterung aus. Es bleibt also nur noch 1. Die Riemannsche Geometrie besteht aus zwei Behauptungen: a) Je zwei Linienelemente lassen sich aneinander messen. b) Der „Pythagoras": an einer einzelnen Stelle ist ds^2 in seiner Abhängigkeit vom Linienelement eine positiv-definite quadratische Form. Riemann selbst streift die Möglichkeit, daß ds die vierte Wurzel aus einem homogenen Polynom vierter Ordnung ist mit Koeffizienten, welche im allgemeinen von Stelle zu Stelle veränderlich sind oder die sechste Wurzel aus einer ganzen rationalen Form sechsten Grades, usf.; und motiviert die Beschränkung auf den Pythagoreischen Fall b) beiläufig in folgender Weise: Versteht man unter einem Kreis um den Punkt O den geometrischen Ort aller Punkte, welche auf kürzesten Linien gemessen einen festen Abstand von O besitzen, so nehme man an, daß die Schar der Kreise um O durch eine *analytische* Gleichung $F(x_1 x_2 \ldots x_n) = \text{const.}$ gegeben sei. Dann muß die Taylorentwicklung von F um den Punkt O herum mit den quadratischen Gliedern beginnen, die zusammen notwendig eine quadratische Form ausmachen, welche beständig $\geqq 0$ ist. Verschwindet sie nicht, sondern gilt beständig das Zeichen > 0, so kommen wir auf das Pythagoreische ds. Auf diese Begründung, welche die höheren Fälle als Ausartungen erscheinen läßt, wird man kaum allzuviel Wert legen dürfen. Übrigens, scheint mir, sind auch die von Riemann zum Vergleich herangezogenen höheren Fälle nach einem allzu formalen Prinzip konstruiert. Man wird doch wohl verlangen müssen, daß *die Natur der Metrik* an jeder Stelle des Raumes die gleiche ist, d. h. man wird fordern, daß, wenn an einer beliebigen Raumstelle P das ds durch einen Ausdruck $f_P(dx_1, dx_2, \ldots, dx_n)$ gegeben ist, wo f_P eine homogene (aber keineswegs notwendig rationale) Funktion erster Ordnung seiner Argumente ist, die den verschiedenen Stellen P zugehörigen Funktionen f_P alle einer einzigen Klasse (f) angehören in dem Sinne, daß sie alle aus *einer* solchen Funktion f durch homogene lineare Transformation der Argumente hervorgehen. Im Pythagoreischen Falle ist diese Forderung erfüllt, weil jede positiv-definite quadratische Form durch lineare Transformation aus der Einheitsform gewonnen werden kann. Jeder solchen Klasse homogener Funktionen entspricht eine Raumklasse mit einer konstant gearteten Metrik. Unter diesen Raumklassen ist die Pythagoreisch-Riemannsche, welche der Annahme $f^2 = \xi_1^2 + \xi_2^2 + \cdots + \xi_n^2$ entspricht, eine einzige; und es gilt diese Klasse durch innere einfache Eigenschaften aus allen andern herauszuheben.

Das ist zuerst Helmholtz auf die befriedigendste Weise gelungen.[1]) Seine Begründung bedarf nicht einmal der Annahme a) der Meßbarkeit der Linienelemente; sie bedient sich vielmehr allein des wahren Grundbegriffs der Geometrie, des Begriffs der *kongruenten Abbildung*, und charakterisiert die Raumstruktur allein und vollständig durch ihre *Homogenität*. Helmholtz fordert, kurz gesagt, vom Raum die volle Homogenität des Euklidischen; er verlangt, daß ein starrer Körper in ihm diejenige freie Beweglichkeit besitzt, welche ihm im Euklidischen Raum zukommt. Solange man auf dem Standpunkt der Euklidischen Geometrie steht, ist eine vollkommenere Lösung des Raumproblems nicht denkbar. Die Formulierungen und Beweise Helmholtz' erfordern im einzelnen eine strengere Fassung, die S. Lie mit Hilfe der von ihm ausgebildeten gruppentheoretischen Begriffe vornahm.[2]) Von Lie rührt auch die Verallgemeinerung auf den Fall einer beliebigen Dimensionszahl n her;

---

[1]) Über die Tatsachen, welche der Geometrie zugrunde liegen. Göttinger Nachr. 1868.

[2]) Eine zusammenfassende Darstellung der Lieschen Untersuchungen in Lie-Engel, Theorie der Transformationsgruppen, Leipzig 1893, Bd. 3, Abt. V, S. 393 bis 543.

Helmholtz hatte sich auf $n = 3$ beschränkt. Die beste Formulierung der Helmholtzschen *Homogenitätsforderung* für den n dimensionalen Raum scheint mir die folgende zu sein: *Die Gruppe der kongruenten Abbildungen ist imstande, einen beliebigen Punkt in einen beliebigen Punkt überzuführen, außerdem bei festgehaltenem Punkt eine beliebige Linienrichtung in diesem Punkte in eine beliebige Linienrichtung daselbst, bei festgehaltenem Punkt und Linienrichtung eine beliebige durch sie hindurchgehende Flächenrichtung in eine beliebige andere ebensolche Flächenrichtung, usf. bis hinab zu den* $(n-1)$*-dimensionalen Richtungselementen; ist aber ein Punkt, eine hindurchgehende Linienrichtung, eine durch sie hindurchgehende Flächenrichtung usf. bis hinab zu einem* $(n-1)$*-dimensionalen Richtungselement gegeben, so gibt es außer der Identität keine kongruente Abbildung, welche dieses System inzidenter Elemente festläßt.* Behauptet wird: *Die einzigen Räume von der geschilderten Art sind die Riemannschen Kugelräume.*

Fassen wir die linearen Transformationen ins Auge, welche unter der Einwirkung der einen Punkt P festlassenden kongruenten Abbildungen die von P ausgehenden Linienelemente erfahren — sie bilden *die Drehungsgruppe des Vektorkörpers in* P —, so hat man zunächst zu zeigen, daß sie eine gewisse positiv-definite quadratische Form $\sum g_{ik}\, dx_i\, dx_k$ invariant lassen. Daraus folgt dann, daß ein Raum mit den Helmholtzschen Homogenitätseigenschaften an jeder Stelle eine Pythagoreische Metrik besitzt. Mit Hilfe der kongruenten Abbildungen, welche einen Punkt P in einen andern Q überführen, gelingt es ferner, die Längeneinheit für die Linienelemente in P von P nach Q zu transportieren; damit ist festgestellt, daß es sich um eine Riemannsche Mannigfaltigkeit handelt. Die Unabhängigkeit ihrer Riemannschen Krümmung von Ort und Orientierung des Flächenelements, die sich weiter aus der Existenz der kongruenten Abbildungen ergibt, gestattet dann nach einem früher angedeuteten Beweise zu schließen, daß ein Kugelraum von konstanter Krümmung λ vorliegt. Damit reduziert sich alles auf den Beweis des Satzes T_n über die Drehungsgruppen: Eine Gruppe linearer Transformationen des n dimensionalen Vektorkörpers, welche ihm im Helmholtzschen Sinne freie Beweglichkeit um sein Zentrum O verleiht, ist notwendig, bei geeigneter Wahl des Koordinatensystems, identisch mit der Euklidischen Drehungsgruppe. Zu seinem Beweise benutzt man den gleichen Grundgedanken, mit Hilfe dessen wir die Helmholtzsche Behauptung auf den Satz T_n reduzierten: Wir fassen die Untergruppe derjenigen Drehungen um O ins Auge, welche eine von O ausstrahlende Richtung festlassen. Indem wir einen Schluß von $n-1$ auf n anwenden, das Theorem T_{n-1} bereits als gültig ansehen, erkennen wir leicht, daß diese Operationen aus den sämtlichen $(n-1)$-dimensionalen Euklidischen Drehungen um die vorgegebene feste Richtung bestehen; und von da aus gelingt, unter Verwendung der infinitesimalen Operationen, die Konstruktion der vollen n-dimensionalen Drehungsgruppe um O.

Hervorzuheben ist, daß die Helmholtzsche Charakterisierung nur zutreffend ist für Räume mit *definiter* metrischer Fundamentalform. Bei einer indefiniten Form, z. B. in der vierdimensionalen Minkowskischen Welt, ist ja schon die Homogenität der Linienrichtungen nicht vorhanden, da die raumartigen von den zeitartigen Richtungen, diejenigen, für welche ds^2 positiv bzw. negativ ist, wesentlich verschieden sind.

V. Alle unsere bisherigen Ausführungen standen unter der Annahme, daß die metrische Struktur des Raumes etwas a priori fest Gegebenes ist. Riemann selber aber deutete schon eine andere Möglichkeit an, und diese ist dann durch die Relativitätstheorie zur Gewißheit geworden: Die metrische Struktur des extensiven Mediums der Außenwelt ist ein Zustandsfeld von physikalischer Realität, das in kausaler Abhängigkeit vom Zustand der Materie steht; die Materie gestaltet erst die Raumstruktur. Unter diesen Umständen wird natürlich das metrische Feld inhomogen sein, wie es die Raumerfüllung ist; jedoch darf man nach wie vor erwarten, daß die *Natur* der Metrik an jeder Stelle die gleiche ist, so daß eine Beschreibung derselben, die auf einen Punkt paßt, ebensogut auf jeden andern paßt. Das ist z. B. der Fall, wenn wir, wie oben angenommen, ein $ds = f_P(dx_1, dx_2, \ldots, dx_n)$ haben, bei welchem die den verschiedenen Punkten entsprechenden Funktionen f_P alle aus einer durch lineare Transformation der Argumente hervorgehen. Da sieht man, wie die Natur der Metrik an jeder Stelle die gleiche sein kann, während doch ihre quantitative Bestimmtheit, die gegenseitige Orientierung der Metriken in den verschiedenen Punkten sozusagen, noch sehr verschiedener und stetig veränderlicher Ausgestaltungen fähig ist. So scheidet sich von diesem Standpunkt aus das *apriorische Wesen* des Raumes, das definiert ist durch die Natur der Metrik, — sie ist *eine* und darum absolut bestimmt, nicht teilhabend an der unaufhebbaren Vagheit dessen, was eine veränderliche Stelle in einer kontinuierlichen Skala einnimmt —, von der gegenseitigen *Orientierung* der Metriken in den verschiedenen Punkten, welche a posteriori ist, d. h. an sich zufällig und in der Natur abhängig von der materiellen Erfüllung, darum auch rational niemals völlig exakt erfaßt werden kann, sondern immer nur näherungsweise und unter Zuhilfenahme unmittelbarer Hinweise auf die Wirklichkeit. Es ist klar, daß bei einer solchen Auffassung das Raumproblem ganz anders formuliert werden muß; ist ja doch gerade die Homogenität des metrischen Feldes der Kern der Helmholtzschen Axiomatik. Es kann sich auch jetzt nur darum handeln, die *eine* Natur der Metrik, welche für das Wesen des Raumes charakteristisch ist, rational zu begreifen, nicht aber ihre zufällige quantitative Ausgestaltung. An Stelle des Helmholtzschen Postulats der Homogenität tritt das Postulat der *Freiheit*: daß diese quantitative Ausgestaltung in dem durch die Natur der Metrik gegebenen Rahmen völlig frei ist und beliebigen virtuellen Veränderungen unterworfen werden darf. Trifft diese Analyse das Richtige, so wird der ausgezeichnete Charakter der Pythagoreischen Metrik also gerade erst dadurch verständlich, daß wir uns die Orientierung der Metriken in den verschiedenen Punkten gegeneinander als frei veränderlich denken und sie nicht von vornherein in jener starren Verknüpfung gegeben annehmen, welche für die Euklidische Ferngeometrie kennzeichnend ist. Nagelt man sich auf die Euklidische Geometrie fest, so beraubt man sich der Möglichkeit, das im „Pythagoras“ zum Ausdruck kommende apriorische Wesen der Raumstruktur zu begreifen. Das hatte ich vor allem im Auge, als ich zu Beginn des Vortrages sagte, die Philosophen dürften an den Ergebnissen der mathematischen Analyse nicht vorbeigehen: diese ganze veränderte Auffassung des Raumproblems ist etwas, das philosophisch keineswegs irrelevant ist.

Das Freiheitspostulat allein genügt selbstverständlich nicht, um die Natur der Raummetrik einzuschränken. Nun hatte sich aber beim Aufbau der Riemannschen Geometrie und der Relativitätstheorie immer deutlicher als die fundamentalste Tatsache, auf welcher die Möglichkeit ihrer ganzen Entwicklung beruht, dies herausgestellt: *daß das metrische Feld den affinen Zusammenhang eindeutig bestimmt.* Kann man vielleicht in dieser positiven Forderung zusammen mit dem Postulat der freien Orientierung das Kennzeichen der Pythagoreischen Metrik erblicken?: Welche quantitative Ausgestaltung auch immer im Rahmen der Natur der Metrik das metrische Feld gefunden haben mag, stets gibt es unter den den verschiedenen Koordinatensystemen entsprechenden möglichen Systemen von infinitesimalen Parallelverschiebungen des Vektorkörpers eines und nur eines, für welches die Parallelverschiebungen zugleich kongruente Verpflanzungen sind, d. h. alle metrischen Beziehungen ungeändert lassen. Die Frage ist zu bejahen; und wieder zeigt es sich, daß dabei die Riemannsche Voraussetzung der Meßbarkeit von Linienelementen aneinander ganz entbehrt werden kann. Damit ergibt sich die folgende Formulierung des Raumproblems vom modernen Standpunkt aus, welcher eine mit der Materie veränderliche metrische Struktur annimmt.

Zunächst: Was verstehen wir allgemein unter *Metrik?* Das metrische Feld ist bekannt, wenn bekannt ist, welche unter den linearen Abbildungen des Vektorkörpers im beliebigen Punkt P_0 auf sich selber oder auf den Vektorkörper in einem unendlich benachbarten Punkte P „kongruente Abbildungen" sind („Metrik im Punkte P_0" und „metrischer Zusammenhang von P_0 mit P"). Wir fordern die Gruppeneigenschaft; sie besagt:

I. für die Drehungen, d. i. für die kongruenten Abbildungen des Vektorkörpers in P_0 auf sich selber: daß sie eine Gruppe bilden;

II. für die kongruenten Verpflanzungen von P_0 nach einem *bestimmten* zu P_0 unendlich benachbarten Punkte P: daß alle diese Verpflanzungen aus einer von ihnen, A, durch Hinzufügung einer willkürlichen Drehung in P_0 entstehen, und daß die Gruppe $\mathfrak{G}$ der Drehungen in P aus der Drehungsgruppe $\mathfrak{G}_0$ in P_0 durch „Transformation" mittels einer solchen kongruenten Verpflanzung A entsteht: $\mathfrak{G} = A\mathfrak{G}_0 A^{-1}$;

III. für den metrischen Zusammenhang von P_0 mit *allen* Punkten seiner unmittelbaren Umgebung: daß durch Hintereinanderausführung einer infinitesimalen kongruenten Verpflanzung des Vektorkörpers durch die Verschiebung dx_i [d. h. vom Punkte $P_0 = (x_i^0)$ nach der Stelle $P = (x_i^0 + dx_i)$] und einer zweiten solchen Verpflanzung durch die Verschiebung δx_i eine durch die resultierende Verschiebung $dx_i + \delta x_i$ bewirkte infinitesimale kongruente Verpflanzung zustande kommt. — Eine kongruente Verpflanzung ist infinitesimal, wenn die Änderungen $d\xi^i$ der Komponenten ξ^i eines beliebigen Vektors von der gleichen Größenordnung unendlich klein sind wie die Komponenten dx_i der vorgenommenen Verschiebung des Zentrums. Ist also

$$d\xi^i = \varepsilon \cdot \sum_k \Lambda^i_{k1} \xi^k$$

eine beliebige infinitesimale kongruente Verpflanzung in Richtung der ersten Koordinatenachse, nach dem Punkte $(x_1^0 + \varepsilon, x_2^0, \ldots, x_n^0)$, und haben $\Lambda^i_{k2}, \ldots, \Lambda^i_{kn}$ eine analoge Bedeutung für die 2te bis $n$te Koordinatenachse (ε ist eine infinitesimale Konstante), so liefert die Formel

$$d\xi^i = \sum_{kr} \Lambda^i_{kr} \xi^k dx_r \tag{1}$$

ein „System infinitesimaler kongruenter Verpflanzungen" nach den sämtlichen Punkten der Umgebung von P_0.

Aus II. geht hervor, daß die Drehungsgruppen in allen Punkten der Mannigfaltigkeit von der gleichen Art sind, sich nur durch die

Orientierung des Koordinatensystems voneinander unterscheiden. Die Art der Drehungsgruppe ist, das bestätigt sich damit, festgelegt durch das apriorische Wesen des Raumes. Sie zu kennzeichnen ist unsere Aufgabe. Das geschieht durch die entscheidende Forderung: *Unter den möglichen Systemen von Parallelverschiebungen des Vektorkörpers in P_0 nach allen Punkten seiner unmittelbaren Umgebung gibt es ein einziges, welches zugleich ein System kongruenter Verpflanzungen ist; und zwar soll das zutreffen, welche quantitative Bestimmtheit der an sich freie metrische Zusammenhang auch angenommen haben mag.* Diese Freiheit gibt sich darin kund und ist in solchem Maße vorhanden, daß bei gegebener Drehungsgruppe in P_0 als System kongruenter Verpflanzungen immer noch ein solches auftreten kann, in dessen Darstellung (1) die Koeffizienten Λ beliebig vorgegebene Werte haben.

Wie formuliert sich das analytisch? *Bei gegebenem metrischem Zusammenhang* erhält man aus *einem* System kongruenter Verpflanzungen (1) das allgemeinste, wenn man ein willkürliches System infinitesimaler Drehungen um P_0 hinzufügt:

$$d\xi^i = A^i_{kr}\, \xi^k\, dx_r.$$

Für jedes r soll also die Formel $u^i = A^i_{kr}\, \xi^k$ das Geschwindigkeitsfeld einer unendlichkleinen Drehung des Vektorkörpers in P_0 bedeuten. Die Forderung besagt, daß sich diese n infinitesimalen Drehungen auf eine und nur eine Weise so bestimmen lassen, daß das entstehende System von kongruenten Verpflanzungen mit den Koeffizienten

$$\Lambda^i_{kr} + A^i_{kr} = \Gamma^i_{kr}$$

den Symmetriebedingungen

$$\Gamma^i_{rk} = \Gamma^i_{kr} \tag{2}$$

eines Systems von Parallelverschiebungen genügt: das ist derjenige affine Zusammenhang, welcher eindeutig mit unserm metrischen Felde verknüpft ist. Anders ausgedrückt: Es bezeichne Λ^i_{kr} ein *beliebiges* System von Zahlen, Γ^i_{kr} ein beliebiges solches, das der Symmetriebedingung (2) genügt, endlich A^i_{kr} ein System, das sich aus beliebigen n Matrizen $A^i_{k1}, A^i_{k2}, \ldots, A^i_{kn}$ zusammensetzt, welche infinitesimale Drehungen in P_0 darstellen. Ist die Drehungsgruppe N-gliedrig, hat der Vektorkörper N Freiheitsgrade, so ist die lineare Mannigfaltigkeit aller Zahlensysteme (A^i_{kr}) offenbar (nN)-dimensional, während die Systeme Λ eine lineare Mannigfaltigkeit von n^3, die Systeme Γ von $n \cdot \frac{n(n+1)}{2}$ Dimensionen bilden. Wir verlangen: jedes Λ läßt sich auf eine und nur eine Weise in $\Gamma - A$, in die Differenz eines Systems Γ und eines Systems A spalten.

Nach der Theorie der linearen Gleichungen besagt das zweierlei:

a) Die Dimensionszahl der Δ Mannigfaltigkeit ist gleich der Summe der Dimensionszahl der Γ- und der A-Mannigfaltigkeit: $n^3 = n \cdot \frac{n(n+1)}{2} + nN$ oder $N = \frac{n(n-1)}{2}$;

b) $\Gamma - A$ kann nur 0 sein, wenn Γ und A einzeln verschwinden; oder: ein A, das zugleich ein Γ ist, d. h. der Symmetriebedingung $A^i_{rk} = A^i_{kr}$ genügt, gibt es nicht außer 0.

a) und b) sind Bedingungen für die *infinitesimale Drehungsgruppe.* Bekanntlich bilden nach Lie die infinitesimalen Operationen einer Gruppe linearer Transformationen eine lineare Schar $\mathfrak{g}$ von besonderer Art: sind nämlich A, B irgend zwei dazugehörige Operationen, so tritt auch immer $[AB] = AB - BA$ in der Schar auf. Ein Gesetz $u^r = A^r_{ik} \xi^i \eta^k$, das zwei willkürlichen Vektoren ξ, η in linearer *symmetrischer* Weise $(A^i_{rk} = A^i_{kr})$ einen Vektor u so zuordnet, daß für jeden festen Vektor η diese Formel das Geschwindigkeitsfeld u einer Bewegung liefert, welche durch eine infinitesimale Operation der Gruppe $\mathfrak{g}$ bewirkt wird, heiße eine zu $\mathfrak{g}$ gehörige symmetrische Doppelmatrix. *Die infinitesimale Drehungsgruppe* $\mathfrak{g}$ *ist eine lineare Schar von Matrizen mit folgenden Eigenschaften:*

b) [Ich wiederhole in der neuen Terminologie den Inhalt des alten b)] *Es gehört zu* $\mathfrak{g}$ *keine andere symmetrische Doppelmatrix als* 0.

c) *Mit zwei Matrizen A und B tritt in* $\mathfrak{g}$ *auch immer die Matrix $AB - BA$ auf.*

a) *Die Dimensionszahl N von* $\mathfrak{g}$ *ist die höchste, welche mit der Bedingung* b) *verträglich ist, nämlich* $N = \frac{n(n-1)}{2}$.

Ich habe noch eine Zusatzforderung von mehr nebensächlicher Bedeutung hinzugefügt, nämlich

d) *daß alle Matrizen von* $\mathfrak{g}$ *die Spur* 0 *besitzen sollen;*

sie bedeutet, daß die Drehungen volumtreu sind.

Die infinitesimale Gruppe $\mathfrak{g}_Q$ derjenigen unendlich wenig von der Identität abweichenden linearen Transformationen, welche die nichtausgeartete quadratische Form Q in sich überführen, genügt diesen drei Forderungen. Meine Behauptung ist: *Andere Gruppen* $\mathfrak{g}$, *welche sie erfüllen, gibt es nicht.* Trifft sie zu, so wäre uns damit auf eine befriedigende Weise die Charakterisierung der Pythagoreischen Metrik gelungen. Es ist aber wohl zu bemerken, daß sie nicht bloß für die eine Form $Q = x_1^2 + x_2^2 + \cdots + x_n^2$ gültig ist, sondern ebensogut für die Normalformen mit anderm Trägheitsindex $\pm x_1^2 \pm x_2^2 \pm \cdots \pm x_n^2$. Aber das ist ja auch erforderlich, da die Metrik der vierdimensionalen Welt gar nicht auf einer definiten metrischen Fundamentalform beruht, sondern auf einer solchen vom Trägheitsindex 1. In der 4. Auflage meines Buches „Raum, Zeit, Materie“ (Springer 1921) hatte ich die Stirn, den eben erwähnten, übrigens rein algebraischen Satz über infinitesimale Gruppen linearer Transformationen als Vermutung auszusprechen allein auf Grund seiner transienten Bedeutung für das Raumproblem. Inzwischen ist mir sein mathematischer Beweis gelungen; er ist leider recht kompliziert und nicht von einer einheitlichen durchgreifenden Idee getragen; ich muß hier ganz darauf verzichten, einen Begriff von der Art seiner Gedankenführung zu geben.

Ein Raum, der unsern Forderungen genügt, ist übrigens nicht notwendig ein Riemannscher Raum, wenn in ihm auch an jeder Stelle eine Pythagoreische Metrik herrscht. Vielmehr gilt in ihm jene erweiterte Riemannsche Geometrie, die von mir als „reine Infinitesimalgeometrie“ aufgestellt wurde und in welcher Linienelemente nur dann messend miteinander verglichen werden können, wenn sie sich an derselben oder unendlich benachbarten Raumstellen befinden. Die metrische Fundamentalform, welche jedem Vektor (ξ^i) in P_0 seine Maßzahl $l = \sum g_{ik}\xi^i\xi^k$ zuordnet, ist nur bis auf einen willkürlichen Faktor bestimmt; legen wir ihn fest, was an jeder Stelle unabhängig von der Wahl der Längeneinheit an den andern Raumstellen geschehen kann, so wird dadurch der Raum in P_0 *geeicht.* Eine solche Eichung sei im ganzen Raum vorgenommen. Bei kongruenter Verpflanzung erfährt die Maßzahl l eines willkürlichen Vektors eine Änderung dl, welche gegeben wird durch eine Formel der folgenden Gestalt: $dl = -l\,d\varphi$, wo $d\varphi$ in seiner Abhängigkeit von der vorgenommenen Verschiebung dx_i linear ist: $d\varphi = \sum \varphi_i\,dx_i$. Die beiden Formen

$$d\varphi = \sum \varphi_i\,dx_i, \qquad ds^2 = \sum g_{ik}\,dx_i\,dx_k$$

beschreiben das im Raum herrschende metrische Feld relativ zu einem Bezugssystem, d. h. unter Zugrundelegung eines bestimmten Koordinatensystems und einer bestimmten Eichung. Ihr Wertverlauf ist unter der einen Einschränkung, daß ds^2 nicht ausgeartet ist und den richtigen Trägheitsindex besitzt, durch die Natur des Raumes nicht gebunden. Die gruppentheoretische Fundierung ist daher eine neue Stütze für meine Überzeugung, daß man diese Geometrie als Weltgeometrie der Deutung der physikalischen Felderscheinungen zugrunde legen muß und nicht, wie Einstein es tut, die engere Riemannsche.

46.

Über die physikalischen Grundlagen der erweiterten Relativitätstheorie

Physikalische Zeitschrift 22, 473—480 (1921)

Über die physikalischen Grundlagen der erweiterten Relativitätstheorie.

1. Nach der „erweiterten Relativitätstheorie"[1]) drückt sich das metrische Feld in zwei Fundamentalformen aus, einer quadratischen und einer linearen

$$g_{ik} dx_i dx_k, \quad \varphi_i dx_i,$$

welche durch die „Eichinvarianz" miteinander verkoppelt sind. Die Metrik ist eine Struktur des kontinuierlichen Feldes; darum haben die zu ihrer Beschreibung dienenden Begriffe des „Vektors" und der „Strecke" an sich nichts mit materiellen Maßstäben zu tun, wenn sich natürlich auch die metrische Struktur des Äthers an dem Verhalten der materiellen Körper nach Maßgabe der Naturgesetze kundgeben wird. — Wir gehen aus von der folgenden, durch unsere physikalischen und astronomischen Erfahrungen mit großer Wahrscheinlichkeit sichergestellten Tatsache: Ein Wasserstoff- und ein Sauerstoffatom etwa mögen jetzt, wo sie sich nebeneinander an der gleichen Feldstelle P befinden, ein bestimmtes Massenverhältnis 1,008 : 16,000 besitzen; sie bewegen sich getrennt voneinander während langer Zeit in der Welt und treffen in einem viel späteren Weltpunkt P' von neuem zusammen; wir finden daselbst genau das gleiche Massenverhältnis wie in P. Wie kann man diese Tatsache verstehen? Mir scheint, die einzig mögliche Antwort ist die, welche sich dem Unvoreingenommenen ohne weiteres aufdrängt: da die beiden Atome während ihrer Geschichte offenbar nicht dauernd merklich aufeinander einwirken, so muß die Wiederkehr des gleichen Massenverhältnisses darauf beruhen, daß jede Atommasse für sich zu einer gewissen Feldgröße von der Dimension einer Länge (= Masse) ein bestimmtes Verhältnis hat, auf das sie sich in jedem Augenblick neu einstellt[1]). Die der Einsteinschen Theorie zugrunde liegenden Annahmen: daß die Streckeneinheit an einer Feldstelle P zwar willkürlich ist, eine in P gewählte Strecke aber an sich und unmittelbar in die Ferne eine ihr „gleiche" an jeder andern Feldstelle P' bestimmt und daß die Massen und materiellen Längen dieser Fernbestimmung folgen, scheinen mir kein physikalisch mögliches Bild von dem Mechanismus der Übertragung zu bieten, weil hier eine Feldgröße fehlt, auf die sich die Atommasse einstellen könnte. Das wird auch nicht besser durch die modifizierte „infinitesimale" Fassung, zu welcher das Prinzip von der Relativität der Größe zwingt und welche besagt: daß eine Strecke in P durch kongruente Verpflanzung nach einem beliebigen zu P unendlich benachbarten Punkte P' in eine bestimmte Strecke in P' übergeht und daß durch ein besonderes Naturgesetz, das Gesetz der verschwindenden Streckenkrümmung $\frac{\partial \varphi_i}{\partial x_k} - \frac{\partial \varphi_k}{\partial x_i}$, die Integrabilität der Streckenübertragung (Unabhängigkeit vom Wege) garantiert ist.

Welches aber ist die Feldgröße, auf welche sich die Masse in einem konstanten Verhältnis einstellt? Darauf gestattet schon die Einsteinsche Theorie in ihrer letzten kosmologischen Fassung die Antwort zu geben: der Krümmungsradius des Feldes. Es sei kein elektromagnetisches Feld vorhanden. R_{ik} seien die Komponenten des Krümmungstensors zweiter Stufe, $R_i^i = R$ die skalare Krümmung, g die

1) Siehe die Darstellung in §§ 35, 36 meines Buches „Raum, Zeit, Materie" (4. Aufl., Springer 1921; im folgenden als RZM zitiert).

1) Darüber, daß die Masse ihrem Wesen nach eine Länge ist, vgl. den gleichzeitig mit dieser Note in den Ann. d. Phys. erscheinenden Aufsatz des Verf. über „Feld und Materie" (im folgenden mit FM zitiert); die dort auseinandergesetzte „Agenstheorie" der Materie wird hier zugrunde gelegt. Am gleichen Ort habe ich genauer begründet, warum die Erhaltung der Masse auf Einstellung und nicht auf Beharrung beruhen muß.

negative Determinante der g_{ik}. Verwandlung eines lateinischen in den entsprechenden deutschen Buchstaben bedeutet Multiplikation mit $\sqrt{g}$, dx das Integrationselement $dx_0\,dx_1\,dx_2\,dx_3$. Die Einsteinsche Wirkungsdichte des Gravitationsfeldes drückt sich mit Hilfe der Christoffelschen Dreiindizes-Symbole so aus:

$$\mathfrak{G} = \tfrac{1}{2}\sqrt{g}\,g^{ik}\left(\begin{Bmatrix} i r \\ s \end{Bmatrix}\begin{Bmatrix} k s \\ r \end{Bmatrix} - \begin{Bmatrix} i k \\ r \end{Bmatrix}\begin{Bmatrix} r s \\ s \end{Bmatrix}\right).$$

Die Gravitationsgesetze aber lauten, als Variationsprinzipe und als Differentialgleichungen formuliert:

I. $\delta\int \mathfrak{G}\,dx = 0$	$R_{ik} = 0$.
II. $\delta\int (\mathfrak{G} + \tfrac{1}{2}\lambda\sqrt{g})\,dx = 0$	$R_{ik} = \lambda g_{ik}$.
III. $\delta\int \mathfrak{G}\,dx = 0$ bei der Nebenbedingung $\delta\int \sqrt{g}\,dx = 0$	R_{ik} proportional zu g_{ik}, $R = \text{const.}$

I. ist die ursprüngliche Fassung; in II. ist das eine universelle Konstante λ enthaltende kosmologische Glied hinzugetreten. Um der Schwierigkeit zu entgehen, daß zwischen λ und der in der Welt vorhandenen Gesamtmasse eine gewisse prästabilierte Harmonie bestehen muß, wenn das kosmologische Glied wirklich das in der Welt im Großen herrschende Massengleichgewicht erklären soll, griff Einstein drittens zu der Annahme[1]), daß der Wert von λ durch die Naturgesetze nicht vorgeschrieben sei; dem entspricht die Formulierung III. δ bedeutet überall eine Variation des metrischen Feldes, die außerhalb eines endlichen Bereichs verschwindet. Die Gleichung $R = \text{const.}$ unter III. rechtfertigt unsere Behauptung.

2. Auch in dem metrischen Felde der erweiterten Relativitätstheorie mit ihrer infinitesimalen, im allgemeinen nicht integrablen Streckenübertragung gibt es eine skalare Krümmung

$$\lambda = R - \frac{3}{\sqrt{g}}\,\frac{\partial(\sqrt{g}\,\varphi^i)}{\partial x_i} - \frac{3}{2}(\varphi_i\varphi^i).$$

Sie ist ein Skalar vom Eichgewicht -1, hat also die Dimension l^{-2} (l = Länge). Nehmen wir als Wirkungsgröße das natürliche, d. h. mittels des Krümmungsradius als Längeneinheit gemessene Volumen an: $\int \lambda^2\sqrt{g}\,dx$, so ergeben sich genau die Einsteinschen Gesetze in ihrer letzten Fassung. Wir setzen voraus, daß λ negativ ist und normieren den Absolutwert der g_{ik} durch die Gleichung $\lambda = -1$; wir messen mit andern Worten ds am Krümmungsradius. Das Wirkungsprinzip geht dann über in ein solches mit dem Integranden[1])

$$\mathfrak{G} + \tfrac{1}{4}\sqrt{g}\,\{1 - 3(\varphi_i\varphi^i)\};$$

die g_{ik} und φ_i dürfen dabei frei variiert werden (ohne bei der Variation an die Nebenbedingung $\lambda = -1$ gebunden zu sein). Die Variation liefert daher in der Tat die Beziehungen:

R_{ik} proportional zu g_{ik}, $R = \text{const.}$, $\varphi_i = 0$.

Die beiden letzten Gleichungen gehören zusammen; ihre invariante Form ist

$$\frac{\partial\lambda}{\partial x_i} - \lambda\varphi_i = 0.$$

Sie drücken aus, daß die Übertragung einer Strecke durch kongruente Verpflanzung genau so vor sich geht wie durch Einstellung auf den Krümmungsradius; das zieht die Integrabilität der kongruenten Verpflanzung nach sich. Während so die Gesetze mit den Einsteinschen genau übereinstimmen, sieht man doch hier, wie die durch die Einsteinsche Auffassung auf den Kopf gestellten Begriffe in ihrer natürlichen Ordnung sich rangieren. Einstein sagt: Die Maßstablängen und die Frequenzen der Atomuhren folgen einer kongruenten Verpflanzung; mit ihrer Hilfe wird der Absolutwert des ds normiert (was nur möglich ist wegen der stillschweigend vorausgesetzten oder aus dem Verhalten der materiellen Körper abgelesenen Integrabilität der Streckenübertragung); bei solcher Normierung stellt sich der Krümmungsradius als konstant heraus. Ich sage: Maßstablängen und die Perioden der Atomuhren bestimmen sich durch Einstellung auf den Krümmungsradius; mit Hilfe des Krümmungsradius als Längeneinheit wird das ds normiert (diese Normierung ist stets möglich); als eine Folge der geltenden Naturgesetze kommt dann heraus, daß die kongruente Verpflanzung sich ebenso vollzieht, wie es die Einstellung bedingt und daher integrabel ist. Außerdem führt diese Theorie auf einheitlichere Weise und zwingend zu dem kosmologischen Glied, das bei Einstein nur eine ad hoc gemachte Annahme war, und zwar sogleich in solcher Form, daß nicht eine prästabilierte Harmonie zwischen Weltkrümmung und Masse angenommen zu werden braucht, sondern die letzte die erste determiniert. — Daraus, daß sich Längen, Frequenzen u. dgl. durch Einstellung bestimmen, während die Weltrichtung eines sich bewegenden Körpers durch eine Beharrungstendenz von Punkt zu Punkt übertragen wird, erklären sich die Tatsachen, welche Herr

1) Sitzungsber. d. Berl. Akademie 1919, S. 349.

1) RZM, S. 268.

Byk kürzlich dahin deutete[1]), daß „zwar die Bewegung relativ, die Größe als solche aber absolut ist".

3. Von verschiedenen Seiten[2]) ist gegen meine Theorie eingewendet worden, daß in ihr aus reiner Spekulation Dinge a priori demonstriert würden, über welche nur die Erfahrung entscheiden kann. Das ist ein Mißverständnis. Aus dem erkenntnistheoretischen Prinzip von der Relativität der Größe folgt natürlich nicht, daß die Streckenübertragung durch kongruente Verpflanzung nicht integrabel ist; es folgt aus ihm überkaupt keine Tatsache. Es lehrt nur, daß Integrabilität an sich nicht zu bestehen braucht, sondern, wenn sie stattfindet, als Ausfluß eines Naturgesetzes verstanden werden muß. Das wird durch den eben dargelegten Sachverhalt aufs schönste bestätigt. Genau die gleiche Situation haben wir in der Einsteinschen Theorie hinsichtlich des Prinzips von der Relativität der Bewegung; Einstein selber hat gelegentlich darauf hingewiesen[3]), daß das allgemeine Relativitätsprinzip die universelle Gültigkeit der speziellen Relativitätstheorie nicht schlechthin ausschließt; wennschon die infinitesimale Parallelverschiebung der Vektoren an sich nicht integrabel zu sein braucht, so könnte dies doch durch ein Naturgesetz garantiert werden des Inhalts, daß der Riemannsche Krümmungstensor vierter Stufe überall verschwindet.

4. Der nächste Schritt: Ist das natürlich gemessene Volumen nicht die vollständige Wirkungsgröße, so muß man darauf gefaßt sein, daß sich die Streckenübertragung als nicht integrabel erweist, da sie nicht mehr mit der Einstellung auf den Krümmungsradius parallel gehen wird. Die am einfachsten gebaute Integralinvariante des metrischen Feldes in der vierdimensionalen Welt ist aber das Integral der aus der Streckenkrümmung

$$f_{ik} = \frac{\partial \varphi_i}{\partial x_k} - \frac{\partial \varphi_k}{\partial x_i}$$

gewonnenen skalaren Dichte

$$\mathfrak{l} = f_{ik} \mathfrak{f}^{ik}.$$

Nimmt man an, daß sie als Wirkungsgröße neben das Volumen tritt, so ergibt sich das überraschende Resultat, daß aus dem metrischen Felde nicht nur die Gravitations-, sondern auch die elektromagnetischen Kräfte entspringen; dabei treten die φ_i als Komponenten des elektromagnetischen Potentials, die f_{ik} daher als Komponenten der elektromagnetischen Feldstärke auf. Das werde zunächst kurz bewiesen. Die Wirkungsdichte sei die Kombination

$$-\lambda^2\sqrt{g} + \alpha \mathfrak{l}$$

(α eine numerische Konstante). Indem wir wiederum die natürliche Eichung $\lambda = -1$ benutzen, erhalten wir daraus leicht das Wirkungsprinzip

$$\delta \int \mathfrak{W} dx = 0 \text{ mit } \mathfrak{W} = (\mathfrak{G} + \alpha \mathfrak{l}) + {}^1/_4 \sqrt{g}\,\{1 - 3(\varphi_i \varphi^i)\}.$$

Unsere Normierung bedeutet, daß wir mit kosmischen Maßstäben messen. Wählen wir auch die Koordinaten x_i so, daß Weltstellen, deren Koordinaten sich um Beträge von der Größenordnung 1 unterscheiden, kosmische Entfernung haben, so werden wir annehmen dürfen, daß die g_{ik} und φ_i von der Größenordnung 1 werden. Durch die Substitution $x_i = \varepsilon x_i'$ führen wir Koordinaten der gewöhnlich benutzten Größenordnung ein (Größenordnung des menschlichen Körpers); ε ist eine sehr kleine Konstante. Die g_{ik} ändern sich bei dieser Transformation nicht, wenn wir gleichzeitig diejenige Umeichung vornehmen, welche ds^2 mit $\frac{1}{\varepsilon^2}$ multipliziert. Im neuen Bezugssystem ist dann

$$g'_{ik} = g_{ik}, \quad \varphi'_i = \varepsilon \varphi_i, \quad \lambda' = -\varepsilon^2.$$

$\frac{1}{\varepsilon}$ ist demnach, in menschlichem Maße, der Krümmungsradius der Welt. Behalten g_{ik}, φ_i ihre alte Bedeutung, verstehen wir aber jetzt unter x_i die bisher mit x_i' bezeichneten Koordinaten und sind Γ^r_{ik} die diesen Koordinaten entsprechenden Komponenten des affinen Zusammenhangs der Welt, so wird

$$\mathfrak{W} = (\mathfrak{G} + \alpha \mathfrak{l}) + \frac{\varepsilon^2}{4}\sqrt{g}\,\{1 - 3(\varphi_i \varphi^i)\}; \quad (1)$$

$$\Gamma^r_{ik} = \left\{ {ik \atop r} \right\} + \frac{\varepsilon}{2}\left(\delta^r_i \varphi_k + \delta^r_k \varphi_i - g_{ik} \varphi^r\right). \quad (2)$$

Unter Vernachlässigung der winzigen kosmologischen Terme von der Größenordnung ε^2 erhalten wir hier also nach (1) genau die klassische Maxwell-Einsteinsche Theorie der Elektrizität und Gravitation. Und mit der gleichen Vernachlässigung bekommen wir auf dem in FM. geschilderten Wege die mechanischen Gleichungen, aus denen die ponderomotorische Wirkung des elektromagnetischen Feldes in Einklang mit der Erfahrung hervorgeht; endlich auch noch die Tatsache, daß sich Maßstablängen und die Frequenzen der Atomuhren bei Zugrundelegung der natürlichen Eichung erhalten, sich also in der Tat durch

---

1) Diese Zeitschr. 22, 20, 1921.

2) E. Freundlich, Die Naturwissenschaften 8, 234, 1920; H. Reichenbach, Relativitätstheorie und Erkenntnis a priori (Springer 1920), S. 73.

3) Ann. d. Phys. 55, 241, 1918.

Einstellung auf den Krümmungsradius bestimmen[1]). Bei Herleitung der mechanischen Gleichungen ist die Vernachlässigung der kosmologischen Terme nicht bloß wegen ihrer Kleinheit statthaft, sondern sie ist geradezu geboten, weil (nach FM.) die Masse eines Körpers überhaupt nur mit derjenigen Genauigkeit definiert ist, mit der man das ihn umgebende Feld als ein Euklidisches ansehen kann. Es ist danach sicher, daß die „Körpergeometrie", welche in der geläufigen Weise das Maßverhalten der materiellen Körper und ihre Bewegung festlegt, nicht die „Äthergeometrie" ist, sondern diejenige Riemannsche Geometrie, in welche sie sich verwandelt, wenn man die kongruente Verpflanzung durch die Einstellung auf den Krümmungsradius ersetzt. In diesem Sinne hat Einstein vollständig recht. Daß die den Naturgesetzen gemäß verlaufende Bewegung eines Körpers und die Übertragung der Uhrperioden nicht dem affinen Zusammenhang des Äthers folgt, geht übrigens schon rein formal aus den Gleichungen (1), (2) hervor; denn nach den Feldgesetzen (1) hat eine Verwandlung von φ in $-\varphi$ keinen Einfluß, während nach (2) dadurch die geodätischen Linien im Äther geändert werden.

5. Was die zunächst sehr grotesk anmutende Deutung der φ_i als elektromagnetischer Potentiale betrifft, so vermag ich darin gar keine neue Annahme zu erblicken; sondern die Durchführung eines einfachen, mit dem Grundsatz der Eichinvarianz verträglichen Wirkungsprinzips zeigt das Auftreten solcher ponderomotorischer Wirkungen, wie sie uns als elektromagnetische Kräfte bekannt sind; auch wirken diese Kräfte nicht bloß auf die Materie, sondern entspringen aus ihr genau in der Weise, wie es unsere elektromagnetischen Erfahrungen fordern. Gerade darin, daß die durch das Prinzip der Eichinvarianz erzwungene Erweiterung der Weltgeometrie, bei Zugrundelegung eines in einfacher rationaler Weise aus den Zustandsgrößen des metrischen Feldes aufgebauten Wirkungsprinzips, zu Folgerungen führt, die mit der Erfahrung in Einklang stehen und ein bis dahin neben der Metrik angenommenes physikalisches Zustandsfeld wie das elektromagnetische überflüssig macht, gerade darin, sage ich, liegt ja die einzig mögliche, aber auch völlig zureichende physikalische Bewährung jenes durch die Relativität der Größe geforderten Prinzips. Genau so steht es mit dem Einsteinschen Prinzip der allgemeinen Koordinateninvarianz, zu dessen Annahme die Relativität der Bewegung drängt. Seine physikalische Bewährung liegt einzig und allein darin, daß ein einfaches koordinateninvariantes Wirkungsprinzip für einen freien, keinen Kräftewirkungen unterliegenden Massenpunkt diejenige Bewegung ergibt, welche uns die Erfahrung an den Planeten zeigt, ohne ein besonderes Gravitationsfeld neben dem metrischen zu benötigen.

Dennoch bleibt hier ein Unbehagen zurück. Bei Einstein läßt sich der Zusammenhang zwischen der Richtung erhaltenden Trägheit und der Gravitation an der Gleichheit von schwerer und träger Masse oder dem „Äquivalenzprinzip" ohne weiteres anschaulich demonstrieren; wo ist eine entsprechende anschauliche Basis für den hier behaupteten Zusammenhang zwischen kongruenter Verpflanzung und elektromagnetischem Feld? Antwort: 1. Sehen wir von der geometrischen Einkleidung ab, so bleibt als der eigentliche Kern unserer Theorie dies: daß durch den physikalischen Zustand der Welt das Gravitationspotential $ds^2 = g_{ik}\,dx_i\,dx_k$ und das elektromagnetische $d\varphi = \varphi_i\,dx_i$ nicht festgelegt sind, sondern durch $\mu \cdot ds^2$, $d\varphi - \frac{d\mu}{\mu}$ (μ eine willkürliche positive Ortsfunktion) ersetzt werden können. Aus den Feldgrößen f_{ik} fällt dieses willkürliche μ aber glatt heraus, so daß die vom elektromagnetischen Feld auf einen geladenen Körper ausgeübte ponderomotorische Wirkung gar nicht mit der Eichung gekoppelt ist. Daß eine solche Feldkraft auftritt, ist natürlich dadurch bedingt, daß in unser Wirkungsprinzip die nicht wegzutransformierenden Krümmungsgrößen f_{ik} in wesentlicher Weise eingehen. Würde man in der Einsteinschen Gravitationstheorie eine Wirkungsgröße annehmen, welche nicht bloß die ersten Ableitungen der g_{ik}, sondern auch die Krümmung wesentlich enthält (z. B. $\int R_{ik}\mathfrak{R}^{ik}\,dx$), so erhielte man auch dort neben der Gravitation nicht-massenproportionale Kräfte, deren Zusammenhang mit dem Führungsfeld durch kein Äquivalenzprinzip sich plausibel machen ließe. 2. Bei der Normierung $\lambda = -1$ kennzeichnen die Potentiale φ_i — sie genügen infolge der Eichnormierung der Lorentzschen Gleichung $\frac{\partial(\sqrt{g}\,\varphi^i)}{\partial x_i} = 0$ — die Abweichung, welche zwischen kongruenter Verpflanzung und Einstellung auf den Krümmungsradius, zwischen Äther- und Körper-

1) Das war bisher nur eine vorläufige Annahme; jetzt ist sie aus der physikalischen Theorie heraus begründet. Damit ist, wie mir scheint, einem von Einstein auf der Naturforscher-Versammlung in Nauheim ausgesprochenen Postulat (siehe diese Zeitschr. **21**, 651, 1920, und die auf S. 662 wiedergegebenen Diskussionsbemerkungen von Hamel und Einstein) Genüge geschehen.

geometrie besteht. Auf das Maßverhalten der Körper und ihre Bewegung sind sie also von keinem Einfluß, oder vielmehr: es besteht nur jener verborgene Einfluß, der dadurch zustande kommt, daß die elektromagnetischen Potentiale an der Bestimmung des Normalmaßes λ mitbeteiligt sind.

6. So erkennen wir: nur daran, wie das in der Wirkungsdichte neben dem Einsteinschen neu auftretende kosmologische Glied

$$-\frac{3\varepsilon^2}{4}(\varphi_i\varphi^i)\sqrt{g}$$

den Feldverlauf modifiziert, wird die Theorie zu prüfen sein[1]). Welches sind seine Konsequenzen? Da die numerische Konstante α wahrscheinlich einen sehr kleinen Wert hat, wäre es möglich, daß die Maxwellschen Gleichungen eine die Grenze der Wahrnehmbarkeit erreichende Modifikation erfahren; sie besteht darin, daß in der Wellengleichung für die vier elektromagnetischen Potentiale

$$\frac{1}{c^2}\frac{\partial^2\varphi}{\partial t^2} - \Delta\varphi = 0$$

auf der linken Seite das Glied $+\frac{1}{a^2}\varphi$ hinzutritt, wo a eine feste Länge ist (Krümmungsradius der Welt mal $\sqrt{\alpha}$). Die einer ebenen Welle entsprechende Lösung hat dann die Form

$$e^{i\left(\nu t - \frac{x}{c}\sqrt{\nu^2-\nu_0^2}\right)} \quad \left(\nu_0 = \frac{c}{a}\right).$$

Doch glaube ich, daß aus den Experimenten nur dies zu entnehmen sein wird, daß a sicher oberhalb einer gewissen Grenze liegt.

Eine wichtige Rolle spielt der neue kosmologische Term für das Problem der Materie. Es steht durch die Erfahrung mit großer Sicherheit fest, daß die physikalische Feldwirkung eines ruhenden Körpers durch zwei dem Körper eigentümliche Konstante bestimmt wird. Die eine ist die Ladung, die andere die Masse oder besser jenes konstante Verhältnis, in welchem sich die Masse zum Krümmungsradius der Welt einstellt; das sind (im Einklang mit der Forderung Herrn Byks) in unserer Theorie reine Zahlen. Man wird deshalb von einer Feldtheorie verlangen müssen, daß ∞^2 inäquivalente statische kugelsymmetrische Lösungen existieren, die außerhalb einer Kugel um das Zentrum regulär sind. Da die Einsteinsche Theorie das elektromagnetische Feld nicht mit umfaßt, bleibt dort nur die Masse übrig. In der ursprünglichen Fassung I der Feldgesetze ist unsere Forderung nicht erfüllt, wenn wir zwei Lösungen als äquivalent betrachten, falls sie durch beliebige Transformation der Koordinaten und Multiplikation des ds^2 mit einer willkürlichen Konstanten auseinander hervorgehen. In diesem Sinne existiert überhaupt nur eine einzige kugelsymmetrische Lösung; die Masse hat hier keine absolute Bedeutung, nur vom Massenverhältnis zweier Teilchen kann die Rede sein. Damit die Forderung zu Recht besteht, muß man annehmen: im Unendlichen soll

$$ds^2 = dx_0^2 - (dx_1^2 + dx_2^2 + dx_3^2)$$

werden; es sind nur solche Transformationen zulässig, welche dort in die Identität übergehen. Das Feld ist also nicht bloß durch das materielle Teilchen, sondern ebensosehr durch ein über den zweiten, unendlich fernen Feldsaum herüberwirkendes „Agens" determiniert. Um dies zu vermeiden, führte Einstein das kosmologische Glied ein. Die Gesetze II oder III besitzen nun aber überhaupt keine statischen kugelsymmetrischen Lösungen; vielmehr tritt auch hier neben dem sich gegen das Teilchen erstreckenden Feldsaum ein zweiter Saum auf (den man z. B. als einen Massenhorizont von der Mächtigkeit der ganzen Weltmasse deuten kann). Anders bei uns: da existieren wirklich, wie ich RZM, S. 272 zeigte, reguläre kugelsymmetrische Lösungen; für sie ist λ notwendig negativ und ihr Verlauf ist in qualitativer Hinsicht (Vorzeichen der Zustandsgrößen und ihrer Ableitungen) der aus der Erfahrung bekannte[1]). Legen wir die Normierung $\lambda = -1$ zugrunde, so gelten solche Lösungen als äquivalent, die durch Koordinatentransformation auseinander hervorgehen. Die Anzahl der zur Verfügung stehenden Konstanten ist jedoch nur $= 1$, solange man mit einem vorgegebenen Wert von α zu rechnen hat. Es ist aber auch in formaler Hinsicht unsympathisch, daß unsere Wirkungsgröße aus zwei additiv miteinander verbundenen Invarianten ganz verschiedenen Charakters zusammengesetzt ist, zumal die verbindende dimensionslose Konstante α wahrscheinlich keineswegs von der Größenordnung 1 ist. Die eine, das natürlich gemessene Volumen, wird man als geometrische, die andere als physikalische Wirkungsgröße bezeichnen

---

1) Seine Deutung als eines Mieschen Ätherdrucks in der 3. Aufl. von RZM beruhte auf einem Vorzeichenfehler.

1) Besonderen Wert lege ich darauf, daß φ^2, das Quadrat des elektrostatischen Potentials, eine abnehmende Funktion der Entfernung r vom Zentrum ist. Indem man nämlich die Differentialgleichung für φ mit φ multipliziert und zwischen zwei beliebigen Grenzen integriert, ergibt sich, daß $\frac{r^2}{\sqrt{g}}\cdot\frac{d\varphi^2}{dr}$ mit r zunimmt; da es für den Maximalwert von r, auf dem Äquator, verschwindet, ist es also beständig ≤ 0.

dürfen. So ist die Einsteinsche Rotverschiebung der Spektrallinien ein „geometrischer“, ihre Aufspaltung im Magnetfeld ein „physikalischer“ Effekt; im Gesetz der Bewegung stehen sich beide Teile als Führungsfeld und Kraft gegenüber. Indem wir den Einsteinschen Gedanken eines Variationsprinzips mit Nebenbedingung aufnehmen, werden wir daher lieber unsere Feldgesetze so formulieren: Die Maxwellsche Wirkungsgröße $\int l\,dx$ ist ein Extremum bei konstantem natürlichen Volumen $\int \lambda^2 \sqrt{g}\,dx$. Dies Gesetz befriedigt durch seine Einfachheit. Seine statischen kugelsymmetrischen Lösungen hängen wirklich, wie wir verlangten, von zwei Konstanten ab. Ein für sich allein vorhandenes Korpuskel rundet sich seine eigene Welt. Sobald aber zwei Korpuskeln vorhanden sind, treten sie vermöge ihrer sich durchdringenden Feldsphären in Kampf; von einer zureichenden Lösung dieses Zwei-Körper-Problems sind wir noch weit entfernt. Der für die ganze Welt gültige Wert von α wird wohl irgendwie durch die Gesamtzahl der in der Welt vorhandenen Korpuskeln bedingt sein.

7. Wenn die in den letzten Jahren festgestellte Tatsache, daß die Spiralnebel systematisch eine starke Rotverschiebung zeigen, die als Dopplereffekt ausgedrückt im Mittel gegen 700 km/sec beträgt[1]), kosmologisch gedeutet werden darf, so würde sie dafür sprechen, daß zwar die Welt räumlich geschlossen ist (und nicht eine de Sittersche Hyperbelwelt), aber die Massen in ihr nicht gleichförmig verteilt sind, wie Einstein annahm, sondern einzelne Inseln wie das Milchstraßensystem im leeren Raume schwimmen. Die masseleere Welt läßt sich nach de Sitter[2]) betrachten als ein „Kegelschnitt“ $\Omega(x) = a^2$ im fünfdimensionalen Euklidischen Raum mit dem Linienelement $ds^2 = -\Omega(dx)$;

$$\Omega(x) = x_1^2 + x_2^2 + x_3^2 + x_4^2 - x_5^2.$$

Durch die Substitution

$$x_4 = z \cdot \mathfrak{Cof}\, t, \quad x_5 = z \cdot \mathfrak{Sin}\, t$$

kann man den keilförmigen Ausschnitt

$$x_4^2 - x_5^2 > 0$$

auf „statische Koordinaten“ $t,\ x_1 x_2 x_3$ beziehen:

$$-ds^2 = (dx_1^2 + dx_2^2 + dx_3^2 + dz^2) - z^2 dt^2$$
$$\text{mit } z^2 = a^2 - r^2, \quad r^2 = x_1^2 + x_2^2 + x_3^2.$$

Die Abnahme von z mit wachsendem Radius r ergibt für einen im Zentrum O befindlichen Beobachter eine Rotverschiebung der Spektrallinien für Sterne S, deren Entfernung $r = OS$ dem Weltradius a vergleichbar ist; vorausgesetzt, daß das vom Stern ausgesandte Licht im ganzen Raum dieselbe in der „statischen“ Zeit t zu messende Frequenz besitzt. Umgekehrt würde dann ein Beobachter auf S an einem Stern in O Violettverschiebung konstatieren. Diese Asymmetrie zwischen O und S beruht darauf, daß die Frequenzannahme eine solche Lösung der Maxwellschen Gleichungen als maßgebend für die Lichtausbreitung statuiert, welche nicht auf dem ganzen Kegelschnitt, sondern nur auf dem zu O gehörigen Keil $x_4^2 - x_5^2 > 0$ regulär ist; das ist natürlich nur berechtigt, wenn die Welt aus diesem Keil allein besteht, wenn sie also durch die statischen Koordinaten vollständig dargestellt wird. Eine solche geschlossene Welt wird aber zufolge der Einsteinschen Gesetze erst möglich durch einen am Äquator lagernden mächtigen Massenhorizont, und die Rotverschiebung ist dann als Wirkung der Annäherung an diesen Massenhorizont aufzufassen[1]). Wenn jedoch die Masse im geschlossenen Raum gleichförmig mit der Einsteinschen Gleichgewichtsdichte verteilt ist, wird die Lichtgeschwindigkeit f konstant, und es tritt überhaupt keine Verschiebung der Spektrallinien auf. Die Rolle, welche bei Einstein der Massenhorizont spielt, nämlich die Frequenzübertragung in der Lichtwelle zu bestimmen, kann nach unserer Theorie das als Zentrum aufzufassende Milchstraßensystem selber übernehmen — für denjenigen Teil des leeren Raumes, der ihm näher liegt als andern Masseninseln von ähnlicher Mächtigkeit. Für die Deutung der besprochenen astronomischen Erscheinung ist also unser kosmologisches Glied unter Umständen von Wichtigkeit.

8. Bisher haben wir nur die zwei einfachsten Integralinvarianten des metrischen Feldes, die Maxwellsche Wirkungsgröße und das natürlich gemessene Volumen, in Betracht gezogen. Alle Integralinvarianten von zweiter Ordnung, d. h. alle, welche die Ableitungen der g_{ik} bis zur zweiten, der φ_i bis zur ersten Ordnung enthalten, sind von R. Weitzenböck[2])

1) Eine vollständige Zusammenstellung der Messungen bei H. u. M. B. Shapley, Astrophysical Journal **50**, 1919, Tabelle V auf S. 125; vgl. die kosmologischen Bemerkungen daselbst auf S. 131—135.

2) Monthly Notices of the R. Astronom. Society, November 1917: On Einsteins theory of gravitation and its astronomical consequences III. — RZM, S. 256.

1) Natürlich bleibt es sehr aufklärungsbedürftig, wie es kommt, daß der Zusammenschluß der Welt im großen die Lichtwelle von Anfang an beeinflußt, wo man doch meinen sollte, sie könne darauf erst reagieren, wenn sie die ganze Weltkugel durchlaufen hat. Mit der Hertzschen Vorstellung von der Entstehung einer Lichtwelle ist das ganz unverträglich; der Bohrschen hingegen scheint es mir nicht zu widersprechen.

2) Sitzungsber. d. Akad. d. Wissensch. in Wien, Abt. IIa, **129**, 1920, Sitzung vom 21. und 28. Okt. 1920; **130**, 1921, 10. Februar.

bestimmt worden. Es ergaben sich deren sechs, von denen zwei allerdings in ihrem Vorzeichen abhängen von einem in der Welt anzunehmenden Schraubungssinn. R. Bach hat gezeigt[1]), daß die Variation dieser beiden identisch verschwindet; dasselbe gilt nach seinen Rechnungen auch für eine gewisse numerische Kombination der übrigen vier. Demnach kommt neben den bisher benutzten Invarianten im Wirkungsprinzip nur noch eine weitere in Frage. Entgegen früher geäußerter Meinung glaube ich jetzt, nachdem die Konsequenzen der Theorie sich etwas geklärt haben, dessen ziemlich sicher zu sein, daß sie in der Natur keine Rolle spielt. Denn wenn wir sie mit heranziehen, kommen wir auf Feldgesetze vierter Ordnung; die statische kugelsymmetrische Lösung derselben enthält — wenn wir annehmen, daß kein elektromagnetisches Feld vorhanden ist und von den kosmologischen Termen absehen, dafür aber eine bestimmte Maßeinheit der Länge zugrunde legen — nach einer Untersuchung von Pauli[2]) nicht nur eine willkürliche Konstante, die Masse, sondern deren zwei[3]). Vor allem aber scheint es ganz unmöglich, von einem solchen Wirkungsprinzip aus zu den mechanischen Gleichungen zu gelangen, deren Herleitung aus den differentiellen Erhaltungsästzen aufs allerengste an die besonderen Eigentümlichkeiten der beiden anderen Invarianten gebunden ist (vgl. darüber FM). Stichhaltige Gründe dafür, warum die Natur die Benutzung der dritten Invariante verschmäht hat, weiß ich nicht anzugeben; aber schon die Beschränkung der Differentiationsordnung auf 2 ist offenbar ein viel zu formaler Gesichtspunkt, als daß man darin den entscheidenden inneren Zwang für die Auswahl der Wirkungsgröße erblicken dürfte.

9. Ein wie hohes Maß von Harmonie und innerer Notwendigkeit dem Aufbau der reinen Infinitesimalgeometrie innewohnt, welche die Grundlage der erweiterten Relativitätstheorie bildet, glaube ich durch die gruppentheoretische Formulierung des Raumproblems, RZM § 18, aufgedeckt zu haben. Insbesondere wird dadurch aus den tiefsten der mathematischen Analyse zugänglichen Gründen verständlich, warum die Metrik gerade die auf einer nicht ausgearteten quadratischen Differentialform beruhende Pythagoreische Maßbestimmung ist. Für die Vermutung, daß sie die einzige ist, welche den dort aufgestellten natürlichen Forderungen genügt, habe ich inzwischen den mathematischen Nachweis erbringen können[1]); in der Gültigkeit dieses Satzes erblicke ich eine sehr entschiedene Bestätigung der Richtigkeit meiner Gedankeneinstellung zum Raumproblem. Es zeigt sich dabei, daß der Pythagoreischen Maßbestimmung ihr einzigartiger Charakter nur zukommt im Hinblick auf den metrischen Zusammenhang, die Möglichkeit der kongruenten Verpflanzung des Vektorkörpers im beliebigen Punkte O nach allen zu O unendlich benachbarten. Wenn die an den materiellen Körpern erfahrene „Körpergeometrie", wie es die Überlegungen zu Beginn der Note evident gemacht haben, nicht ohne weiteres als verbindlich erachtet werden kann für die dem Äther zuzuschreibende Struktur, so könnten unsere Annahmen über diese „Äthergeometrie" zunächst als recht willkürlich erscheinen; die erwähnte gruppentheoretische Untersuchung aber zeigt, daß dem nicht so ist. Immerhin liegt der Gedanke nahe, ob man nicht, unter Verzicht auf den metrischen Zusammenhang und natürlich auch unter Verzicht auf die Erklärung des Elektromagnetismus, allein mit der konformen Beschaffenheit der Welt, ihrem „Wirkungszusammenhang" auskommen kann, der durch die Gleichung $g_{ik}\,dx_i dx_k = 0$ vollständig beschrieben wird. Diese Möglichkeit ist neuerdings von R. Bach[2]) und von Einstein[3]) erwogen worden; namentlich hat Herr Bach die Konsequenzen des dann allein möglichen Wirkungsprinzips rechnerisch entwickelt. Man gewinnt dadurch aber keinen Anschluß an die Erfahrung: da man die Bachsche Wirkungsgröße mit der oben erwähnten dritten Integralinvariante identifizieren kann, hängt das Gravitationsfeld eines Körpers hier statt von einer von zwei Konstanten ab; und es ist gar nicht abzusehen, wie man von diesem Wirkungsprinzip aus zu den mechanischen Gleichungen gelangen könnte. Auch rein theoretisch ist dieser Ansatz viel weniger befriedigend als der unsere, weil nach einer eben gemachten Bemerkung die mit einer Pythagoreischen Maßbestimmung verknüpfte konforme Beschaffenheit ein nicht auf sich selber ruhendes Bruchstück der ganzen Metrik ist, dessen Vorhandensein nur im Hinblick auf den metrischen Zusammen-

1) Math. Zeitschr. **9**, 110—135, 1921, insbesondere S. 125 u. 128.
2) Verhandl. d. Deutsch. Phys. Ges. **21**, 742, 1919.
3) Diese zweite Konstante würde in der gleichen Weise der aus dem metrischen Felde entspringenden nicht massenproportionalen Kraft entsprechen, von welcher auf S. 476 die Rede war, wie die elektrische Ladung der ponderomotorischen Kraft des elektromagnetischen Feldes; von einer solchen Kraft wissen wir aus der Erfahrung nichts.

1) Erscheint in der Math. Zeitschrift.
2) l. c., S. 128—135.
3) Sitzungsber. d. Berl. Akad. 1921, S. 261—264.

hang verständlich wird. Aus beiden Gründen halte ich daher diesen Versuch für aussichtslos.

Eine abweichende Idee hat jüngst Eddington[1]) verfolgt; er möchte den affinen Zusammenhang als die ursprüngliche Struktur des Weltäthers zugrunde legen. Er spaltet den Krümmungstensor zweiter Stufe — dessen Existenz nur an den affinen Zusammenhang gebunden ist und dessen Ausdruck an einer Stelle O, an welcher wir ein geodätisches Koordinatensystem verwenden, so lautet:

$$R_{ik} = \frac{\partial \Gamma_{ik}^{\alpha}}{\partial x_{\alpha}} - \frac{\partial \gamma_i}{\partial x_k}$$

($\gamma_i = \Gamma_{i\alpha}^{\alpha}$, Γ die in O selber verschwindenden Komponenten des affinen Zusammenhangs) — in einen symmetrischen und schiefsymmetrischen Teil:

$$\frac{\partial \Gamma_{ik}^{\alpha}}{\partial x_{\alpha}} - \frac{1}{2}\left(\frac{\partial \gamma_i}{\partial x_k} + \frac{\partial \gamma_k}{\partial x_i}\right) \quad \Bigg| \quad \frac{\partial \gamma_i}{\partial x_k} - \frac{\partial \gamma_k}{\partial x_i}$$

und identifiziert den symmetrischen mit dem Einsteinschen Maßtensor g_{ik}, den schiefsymmetrischen aber mit dem elektromagnetischen Feldtensor. Er zieht dann aber nur solche Konsequenzen, welche sich allein daraus ergeben, daß in der Welt eine quadratische Grundform, das Einsteinsche ds^2, und eine lineare, die aus den elektromagnetischen Potentialen gebildete Form $d\varphi = \varphi_i dx_i$ besteht; darin sind sich aber alle Theorien einig. Das Spezifische meiner Auffassung liegt darin, daß diese beiden Formen, ohne eine Änderung des physikalischen Feldzustandes herbeizuführen, in $\mu \cdot ds^2$, $d\varphi - \frac{d\mu}{\mu}$ verwandelt werden können; die Konsequenzen dieser besonderen These machten sich vor allem in der Auswahl der Wirkungsgröße geltend. Analog hätte Eddington die Aufgabe, die Konsequenzen seiner Annahme zu verfolgen, daß jene beiden Formen in der geschilderten Weise aus einem affinen Zusammenhang Γ entspringen. Enthält das überhaupt eine Einschränkung, da doch die Γ in viel größerer Anzahl (40) vorhanden sind als die 14 Koeffizienten g_{ik}, φ_i? Die Γ sind bei Eddington die unabhängigen Zustandsgrößen, und es müssen deshalb auch 40 Feldgleichungen auftreten. Eddington verzichtet aber einstweilen überhaupt noch auf die Aufstellung der Feldgesetze. Die Einführung von 40 Unabhängigen scheint mir bedenklich, da die Erfahrung gar keinen Hinweis darauf enthält; Eddington hat wohl auch nur den Mut zu einem so verwegenen Ansatz, weil er hier eine Möglichkeit wittert, den „unbekannten Elektronenkräften" auf die Spur zu kommen; an diese Kräfte, nach denen auf anderem Wege schon Mie gesucht hatte, vermag ich aber nicht mehr zu glauben. Ebenso muß ich Eddingtons Begründung der Bewegungsgleichungen ablehnen, schon darum, weil sie keine Rechenschaft gibt von der fundamentalen Tatsache der Gleichheit von träger und gravitationsfeld-erzeugender Masse.

Der den Spekulationen mißtrauende Physiker wird wahrscheinlich finden, daß die ganze Frage einer erweiterten Relativitätstheorie, welche in organischer Weise die elektromagnetischen Erscheinungen mit umfaßt, im Augenblick noch nicht spruchreif ist, da keine Erfahrungen zu ihrer Entscheidung herbeigezogen werden können, solange Einflüsse von kosmologischer Kleinheit der Beobachtung sich entziehen. Man darf aber nicht vergessen, daß in aller Wirklichkeitserkenntnis neben dem Sammeln typischer Erfahrungstatsachen das apriorische Element, die Bildung von angemessenen Anschauungen und Begriffen, mit Hilfe deren die Tatsachen zu deuten sind, eine nicht zu vernachlässigende Rolle spielt. Ich habe versucht, in diesem und in dem parallel laufenden Artikel über „Feld und Materie" das Bild, das mir vorschwebt, so deutlich zu zeichnen, wie es mir möglich ist.

1) Proceedings of the Royal Society, A, 99, 104 bis 122, 1921.

47.

Feld und Materie

Annalen der Physik 65, 541—563 (1921)

I.

Wenn ich in dieser Arbeit sowie in einer mit ihr nahe zusammenhängenden, in der „Physikalischen Zeitschrift" erscheinenden Note über die „erweiterte" Relativitätstheorie einige Punkte zur Sprache bringe, die für die physikalische Auffassung der Relativitätstheorie von grundsätzlicher Bedeutung sind, so referiere ich damit zugleich über die wichtigsten Änderungen in physikalischer Hinsicht, welche mein Buch „Raum, Zeit, Materie"[1]) in der vierten Auflage (Springer 1921) erfahren hat.

Das Galileische Trägheitsgesetz zeigt, daß in der Welt eine Art zwangsweiser Führung vorhanden ist, welche einem Körper, der in bestimmter Weltrichtung losgelassen ist, eine ganz bestimmte natürliche Bewegung aufnötigt, aus der er nur durch äußere Kräfte herausgeworfen werden kann; und zwar geschieht das vermöge einer von Stelle zu Stelle infinitesimal wirksamen Beharrungstendenz, welche die Weltrichtung $\mathfrak{r}$ des Körpers im beliebigen Punkte P „parallel mit sich" nach demjenigen zu P unendlich benachbarten Punkte P' transportiert, welcher in der Richtung $\mathfrak{r}$ von P aus liegt. Das ist jene Einheit von Trägheit und Gravitation, welche Einstein an die Stelle beider setzte. Über die im Trägheitsgesetz ausgesprochene Tatsache hinausgehend, nehmen wir an, daß das „*Führungsfeld*" nicht bloß die infinitesimale Parallelverschiebung von Richtungen in sich selber, sondern auch der *Vektoren* im Punkte P nach *allen* zu P unendlich benachbarten Punkten bestimmt. Dann ist das Führungsfeld das Gleiche, was ich sonst mit einem mathematischen Terminus als affinen Zusammenhang

1) Es wird im folgenden als „RZM" zitiert.

der Welt bezeichnet habe. Das Wesen der Parallelverschiebung, der „ungeänderten" Verpflanzung, kommt darin zum Ausdruck, daß in einem gewissen zu P gehörigen, dem „geodätischen" Koordinatensystem die Komponenten eines beliebigen Vektors in P bei Parallelverschiebung nach einem beliebigen zu P unendlich benachbarten Punkte keine Änderung erfahren (Einsteins Forderung, daß sich das Gravitationsfeld lokal „wegtransformieren" läßt). In einem willkürlichen, aber ein für allemal fest gewählten Koordinatensystem lautet demgemäß[1]) die Formel für die Parallelverschiebung vom Punkte $P = (x_i^0)$ nach dem Punkte $P' = (x_i^0 + d x_i)$, durch welche ein willkürlicher Vektor $\mathfrak{x}$ in P mit den Komponenten ξ^i in den Vektor $(\xi^i + d\xi^i)$ in P' übergeht, folgendermaßen:

$$d\xi^i = -\Gamma^i_{\alpha\beta}\xi^\alpha d x_\beta\,,$$

wobei die nur von der Stelle P abhängigen Größen $\Gamma^i_{\alpha\beta}$, die Komponenten des Führungsfeldes, der Symmetriebedingung

$$\Gamma^i_{\alpha\beta} = \Gamma^i_{\beta\alpha}$$

genügen. Im geodätischen Koordinatensystem verschwinden sie sämtlich. Die Weltlinie eines sich selbst überlassenen Massenpunktes genügt, bei geeigneter Wahl des die verschiedenen Stadien der Bewegung voneinander unterscheidenden Parameters s („Eigenzeit"), der Gleichung

$$\frac{d^2 x_i}{d s^2} + \Gamma^i_{\alpha\beta}\frac{d x_\alpha}{d s}\frac{d x_\beta}{d s} = 0\,.$$

Mir scheint es für die richtige Erfassung und anschauliche Darlegung der Grundgedanken der Einsteinschen Gravitationstheorie zweckmäßig, zunächst keine Rücksicht darauf zu nehmen, daß das Führungsfeld in einer tieferen Beschaffenheit der Welt, ihrer Metrik, fundiert ist. Wie angemessen und berechtigt es auch in rein theoretischer Hinsicht ist, den affinen Standpunkt neben dem metrischen selbständig zur Geltung zu bringen, geht, denke ich, aus dem Aufbau der Infinitesimalgeometrie im II. Kapitel von RZM hervor. Die alte Galileische und die neue Einsteinsche Auffassung unterscheiden sich dadurch, daß nach Galilei das Führungs-

1) RZM, S. 101.

feld eine der Welt an sich zukommende geometrische Struktur ist, unabhängig von der erfüllenden Materie und ihrer Konstellation, während es nach Einstein ein Zustandsfeld von physikalischer Realität ist (analog dem elektromagnetischen Feld), das mit der Materie in Wechselwirkung steht. Nach Galilei bestimmt ein Vektor in einem Punkte P einen ihm „gleichen" in einem beliebigen andern Punkte P' *an sich* (d. h. unabhängig von der Materie) und *unmittelbar in die Ferne*; mit besonderer Klarheit spricht das Maxwell in *Matter and Motion* aus[1]): „Bei allen bisher über die Bewegung von Körpern Gesagten haben wir stillschweigend angenommen, daß es beim Vergleiche zweier Konfigurationen des Systems miteinander möglich ist, in der Endkonfiguration eine Linie *parallel* mit einer in der Anfangskonfiguration liegenden Linie zu ziehen." Nach Einstein geschieht diese Übertragung längs einer P mit P' verbindenden Weltlinie vermöge einer nur im Unendlichkleinen wirksamen Beharrungstendenz, die außerdem sich verändert mit der Konstellation der Materie. Der physikalische Erfolg der Einsteinschen Auffassung lag darin, daß in seiner Theorie das Führungsfeld die Erscheinungen der *Gravitation* mit umfaßt: die Planeten folgen der ihnen durch das Führungsfeld vorgeschriebenen natürlichen Bahn; es ist keine besondere „Gravitationskraft" nötig wie bei Newton, die sie aus dieser Bewegung ablenkte. Eine Trennung des Führungsfeldes in zwei Bestandteile, „Trägheit" und „Gravitation", kann nur mit einer gewissen Willkür vorgenommen werden, sie ist ohne objektive Bedeutung.[2])

---

1) Ich zitiere nach der deutschen Übersetzung von Fleischl, (Braunschweig 1881) S. 95.

2) Wenn Lenard in seinem Kampf gegen die allgemeine Relativitätstheorie beständig von „fingierten" Gravitationsfeldern spricht, so scheint mir das zu zeigen, daß er diese Einheit von Trägheit und Gravitation noch nicht erfaßt hat. Genau so könnte ein Anhänger der Alten, der mit ihnen an eine absolut ausgezeichnete Richtung oben-unten im Raum glaubt, gegen die moderne Ansicht von der Gleichberechtigung aller Richtungen im Raum argumentieren; indem er die wirkliche Fallrichtung eines Körpers nicht als Einheit akzeptiert, sondern sie sich aus jener absoluten Normalrichtung und einer Abweichung davon zusammengesetzt denkt. Natürlich sucht ein solcher (mit Demokrit) nur nach einer materiellen Ursache für die „Abweichung", während wir mit

Wir haben also nicht zu fragen, wie die „(wirklichen oder fingierten) Gravitationsfelder“, sondern nach welchem Gesetz das *Führungsfeld* durch die Materie erzeugt wird oder mit ihr in Wechselwirkung steht. Darüber sind zwei verschiedene Ansichten möglich.

1. Wenn ich nicht irre, wird heute durchweg von den theoretischen Physikern das *Feld* als eine selbständige Realität neben der Materie anerkannt oder sogar als die einzige ursprüngliche physikalische Wesenheit betrachtet, auf welche die Materie zurückgeführt werden muß. Diese Auffassung ist bekanntlich am konsequentesten von G. Mie zur Geltung gebracht worden.[1]) Nur in ihrem Rahmen ist die Behauptung berechtigt, daß die Masse eines Körpers aus konzentrierter Feldenergie bestehe. Von diesem Standpunkt aus hat man auf die Frage nach der Ursache des verschiedenen Verhaltens eines „ruhenden“ und eines „rotierenden oder beschleunigten“ Körpers K zu antworten, daß das vollständige physikalische System, bestehend aus dem Körper *und dem Führungsfeld*, in dem einen Falle ein anderes ist wie im andern. Das Führungsfeld ist die reale Ursache der Trägheitskräfte; es ist ein unberechtigtes Überbleibsel des alten Alleinrechts der *Körper* auf physikalische Wirklichkeit, wenn man (mit Mach und Einstein) den Unterschied der beiden Fälle durchaus in einem verschiedenen kinematischen Verhältnis von K zu andern *Körpern* suchen will. Woher z. B. das an der Erdoberfläche herrschende Führungsfeld stammt, das an der Zerstörung eines plötzlich gebremsten Eisenbahnzuges mitschuldig ist, ist nicht eine Frage der Naturgesetze, sondern des zufälligen augenblicklichen Weltzustandes (nicht anders wie etwa die Zahl und Masse der Planeten). In der Tat zeigen denn auch die Feldgesetze an, daß Zustand der Materie (Energie-Impuls-Tensor) und des Feldes in einem Augenblick willkürlich vorgegeben werden können; sie bestimmen lediglich, wie sich

---

Newton in der Anziehung der Erde die materielle Ursache für die Fallrichtung als Einheit erblicken. So muß denn auch Einstein nicht bloß die Gravitation genannte leichte Fluktuation des Führungsfeldes in der Materie verankern, sondern das Führungsfeld als Ganzes.

1) Grundlagen einer Theorie der Materie, Ann. d. Phys. **37.** S. 511 bis 534. 1912; **39.** S. 1—40. 1912; **40.** S. 1—65. 1913.

daraus die Folgezustände (und die vergangenen) des ganzen Systems gesetzmäßig entwickeln. Nicht anders steht es mit den Gesetzen des elektromagnetischen Feldes.[1])

2. Es ist aber nicht zu leugnen, daß die Erfahrung mit großer Deutlichkeit für einen andern Sachverhalt spricht; dafür nämlich, daß die Materie das Feld eindeutig bestimmt. Die reine Feldphysik ist außerstande, davon Rechenschaft zu geben; es ist das aber eine Schwierigkeit, welche keineswegs der Relativitätstheorie anhaftet, sondern jeder Feldtheorie überhaupt. Andrerseits ist diese Tatsache als ein notwendiges Postulat mit der entgegengesetzten Ansicht verbunden, nach welcher die Materie das einzige eigentlich Wirkliche ist, demgegenüber das Feld nur eine Rolle spielt wie der leere Raum mit seinen Euklidischen Gesetzen in der Vor-Einsteinschen Physik. Wir kommen damit auch in Einklang mit der Alltagserfahrung, daß unser willentliches Handeln primär stets an der Materie angreifen muß, daß wir nur durch die Materie hindurch das Feld zu verändern imstande sind. Das Feld ist ein in sich kraftloses extensives Medium, das die Wirkungen von Körper zu Körper überträgt. Die Feldgesetze, gewisse Bindungen des inneren differentiellen Zusammenhangs der möglichen Feldzustände, vermöge deren das Feld allein zur Wirkungsübertragung fähig ist, haben für die Wirklichkeit kaum eine weiter tragende Bedeutung wie die Gesetze der Geometrie nach früherer Ansicht. Daneben treten die tiefer liegenden physikalischen Gesetze, nach welchen die Materie die Feldzustände *verursacht.* Auf sie geht die moderne Physik der Materie los; die Quantentheorie enthält die ersten provisorischen Ansätze dafür; aber da tappen wir noch arg im Dunkel.

Die neue Grundeinsicht der allgemeinen Relativitätstheorie: das Führungsfeld ist nicht eine a priori starr gegebene formale Struktur der Welt, sondern steht mit der Materie in Wechselwirkung, schwebt über der in 1. und 2. angeschnittenen Streitfrage. In den Ausführungen Einsteins und auch in dem neuen Buche Borns über die Relativitätstheorie[2]) kommt

1) Vgl. G. Mie, a. a. O, 1. Abhandlung S. 514 ff.
2) M. Born, Die Relativitätstheorie Einsteins. Springer, Berlin 1920.

soviel ich verstehe, eine inkonsequente Mischung dieser beiden entgegengesetzten Auffassungsmöglichkeiten zum Ausdruck. In der ersten bis dritten Auflage von RZM stellte ich mich — die Schönheit und Einheit der reinen Feldtheorie hatte es mir angetan — ganz auf den ersten Standpunkt; in der vierten bin ich jedoch, aus triftigen Gründen an der Feldtheorie der Materie irre geworden, zu dem zweiten übergegangen.

II.

Der Stein des Anstoßes war für mich die Feldformel des ruhenden Elektrons, welche sich aus der Maxwellschen Theorie der Elektrizität und der Einsteinschen Gravitationstheorie (ohne das kosmologische Glied) ergibt. *Bezeichnungen*: metrische Fundamentalform

$$d s^2 = g_{ik}\, d x_i\, d x_k \qquad (i, k = 0, 1, 2, 3),$$

im statischen Fall

$$x_0 = t, \quad d s^2 = f^2 d t^2 - d \sigma^2;$$

die Lichtgeschwindigkeit f und

$$d \sigma^2 = \gamma_{ik}\, d x_i\, d x_k \qquad (i, k = 1, 2, 3),$$

hängen nur von den Raumkoordinaten $x_1\, x_2\, x_3$ ab. Wenn Kugelsymmetrie herrscht, kann die radiale Maßskala so gewählt werden, daß

$$d \sigma^2 = (d x_1{}^2 + d x_2{}^2 + d x_3{}^2) + l (x_1\, d x_1 + x_2\, d x_2 + x_3\, d x_3)^2$$

wird; f und l hängen nur von der Entfernung r ab, $r^2 = x_1{}^2 + x_2{}^2 + x_3{}^2$. $1 + l r^2 = h^2$. $-g$ = Determinante der g_{ik}. Komponenten des elektromagnetischen Potentials φ_i, des Feldes

$$f_{ik} = \frac{\partial \varphi_i}{\partial x_k} - \frac{\partial \varphi_k}{\partial x_i}.$$

Im statischen Fall $\varphi_1 = \varphi_2 = \varphi_3 = 0$, $\varphi_0 = \varphi$. $\delta_i^k = 1$ oder 0, je nachdem $i = k$ oder $i \neq k$ ist. R_{ik} der Krümmungstensor 2. Stufe, $R_i^i = R$. Verwandlung eines lateinischen in den entsprechenden deutschen Buchstaben bedeutet Multiplikation mit $\sqrt{g}$. $\mathfrak{T}_i^k$ die tensorielle Energiedichte des elektromagnetischen Feldes, $\varkappa$ die Gravitationskonstante im Einsteinschen Gesetz

$$\mathfrak{R}_i^k - \tfrac{1}{2} \delta_i^k\, \mathfrak{R} = 8 \pi \varkappa\, \mathfrak{T}_i^k. \tag{1}$$

Ferner

$$\mathfrak{G} = \tfrac{1}{2}\sqrt{g}\cdot g^{ik}\left(\begin{Bmatrix} i r \\ s \end{Bmatrix}\begin{Bmatrix} k s \\ r \end{Bmatrix} - \begin{Bmatrix} i k \\ r \end{Bmatrix}\begin{Bmatrix} r s \\ s \end{Bmatrix}\right),$$

$$\delta\mathfrak{G} = \tfrac{1}{2}\mathfrak{G}^{ik}\,\delta g_{ik} + \tfrac{1}{2}\mathfrak{G}^{ik,r}\,\delta g_{ik,r} \qquad \left(g_{ik,r} = \frac{\partial g_{ik}}{\partial x_r}\right).$$

Für das Elektron haben wir

$$(2) \qquad \varphi = \frac{e}{r}, \quad f^2 = \frac{1}{h^2} = 1 - \frac{2m}{r} + \frac{\varkappa e^2}{r^2}.$$

Darin sind e und m zwei Konstante. Aus dem Verhalten des Feldes im Unendlichen folgt, daß e die das elektrische Feld erzeugende *Ladung*, m die das Gravitationsfeld erzeugende *Masse* ist (sie hat die Dimension einer Länge, ihr Energiewert beträgt $m/\varkappa$). Man hat dem Elektron einen endlichen Radius zugeschrieben, um nicht auf eine unendliche Gesamtenergie des von ihm erzeugten elektrostatischen Feldes und damit auf eine unendlich große träge Masse zu kommen. Das Erstaunliche an unserer Feldformel ist nun dies, daß in ihr eine endliche Masse m auftritt, ganz unabhängig davon, bis zu einem wie kleinen Wert von r herab wir diese Formel als gültig ansehen, die also offenbar nichts zu tun hat mit der Energie des mitgeführten Feldes; wie reimt sich das zusammen? Nach Faraday ist die von einer Fläche Ω umschlossene Ladung nichts anderes als der Fluß des elektrischen Feldes durch Ω. Analog werden wir erkennen, daß nach ihrer wahren Bedeutung *die Masse sich als Feldfluß durch eine das Teilchen umschließende Hülle ausdrückt.*

Für die totale Energie

$$\mathfrak{S}_i^k = \mathfrak{T}_i^k + \mathfrak{t}_i^k,$$

die sich aus elektromagnetischer und Gravitations-Energie zusammensetzt, gilt der differentielle Erhaltungssatz

$$\frac{\partial \mathfrak{S}_i^k}{\partial x_k} = 0.$$

Er ist eine mathematische Identität, wenn wir nach den Gravitationsgleichungen

$$8\pi\varkappa\,\mathfrak{T}_i^k \quad \text{durch} \quad \mathfrak{R}_i^k - \tfrac{1}{2}\delta_i^k\,\mathfrak{R}$$

ersetzen; dann ist, unter Fortlassung des Faktors $8\pi\varkappa$,

$$\mathfrak{S}_i^k = \left(\mathfrak{R}_i^k - \tfrac{1}{2}\mathfrak{G}^{\alpha\beta,k}\frac{\partial g_{\alpha\beta}}{\partial x_i}\right) + \left(\mathfrak{G} - \tfrac{1}{2}\mathfrak{R}\right)\delta_i^k.$$

Ein abgeschlossenes isoliertes System durchfegt im Laufe seiner Geschichte einen „Weltkanal", außerhalb dessen das metrische Feld in das Euklidische der speziellen Relativitätstheorie übergeht und die Energiekomponenten verschwinden. Energie und Impuls des Systems J_i (welche den Faktor $\varkappa$ in sich aufgenommen haben) bestimmen sich aus

$$8\pi J_i = \int \mathfrak{S}_i^0 \, dx_1 \, dx_2 \, dx_3 .$$

Dabei müssen die Koordinaten so gewählt sein, daß für sie außerhalb des Kanals $ds^2 = dx_0^2 - (dx_1^2 + dx_2^2 + dx_3^2)$ wird und jede „Ebene" $x_0 =$ const. den Kanal in einem endlichen Bereich durchschneidet; die Integration erstreckt sich über den Schnittbereich. J_i sind die Komponenten eines vom Orte unabhängigen invarianten Vierervektors in der Euklidischen Umwelt des Systems; er ist unabhängig von dem benutzten Koordinatensystem, sofern dasselbe nur den angegebenen Forderungen entspricht, und genügt dem Erhaltungssatz

$$\frac{dJ_i}{dt} = 0 \qquad (x_0 = t).$$

Das sind die Grundgleichungen der Mechanik für den besonderen Fall, daß auf das System gar keine äußeren Kräfte wirken.

Im statischen Fall ist natürlich (bei Benutzung der statischen Koordinaten) $J_1 = J_2 = J_3 = 0$ und $8\pi J_0$ gleich dem Raumintegral von

$$\mathfrak{S}_0^0 = \mathfrak{R}_0^0 - (\tfrac{1}{2}\mathfrak{R} - \mathfrak{G});$$

J_0 die träge Masse des Systems, welche nach der Grundeinsicht der allgemeinen Relativitätstheorie mit der schweren Masse wesensgleich ist. *Eine kurze Rechnung zeigt aber*[1]), *daß dieses Raumintegral sich in ein Oberflächenintegral verwandeln läßt*; und zwar ergibt sich, daß die von Ω umschlossene *Masse* gleich dem Fluß der (uneigentlichen) räumlichen Vektordichte

$$(3) \qquad \mathfrak{m}^i = \frac{\sqrt{g}}{16\pi}\left(\gamma^{\alpha\beta}\begin{Bmatrix}\alpha\beta\\ i\end{Bmatrix} - \gamma^{i\alpha}\begin{Bmatrix}\alpha\beta\\ \beta\end{Bmatrix}\right) \qquad (i\alpha\beta = 1, 2, 3)$$

---

1) Für die explizite Durchführung dieser ganzen Betrachtung verweise ich auf RZM, § 33.

durch Ω ist. Im Falle der Kugelsymmetrie ist das ein radialer Fluß von der Stärke

$$\frac{fh}{8\pi r}\left(1-\frac{1}{h^2}\right).$$

Im Felde des Elektrons ist $fh = 1$, die Flußstärke wird daher

$$=\frac{1-f^2}{8\pi r}=\frac{1}{4\pi}\left(\frac{m}{r^2}-\frac{1}{2}\frac{\varkappa e^2}{r^3}\right)$$

und der Fluß durch eine Kugel vom Radius r:

$$(4) \qquad = m - \frac{\varkappa}{2}\frac{e^2}{r}, \quad \text{im Unendlichen} = m.$$

Damit ist es uns gelungen, die Masse als einen Feldfluß darzustellen; und wir haben zugleich das wichtige Resultat erhalten, daß *die träge und schwere Masse* (die Masse als Angriffspunkt des Führungsfeldes) *gleich der gravitationsfelderzeugenden Masse* ist. Da für ein endliches isoliertes ruhendes System das metrische Feld im Unendlichen stets kugelsymmetrisch sein und daher zufolge der Gravitationsgleichungen die ermittelte Gestalt besitzen wird, gilt dieses Resultat allgemein. Weil aber die Vektordichte (3) eine uneigentliche ist, nicht invariant gegenüber einem Wechsel des Koordinatensystems, so hat der Begriff der Masse einen Sinn nur für einen Körper, der von andern Körpern hinreichend isoliert ist, nicht aber für ein beliebiges Körperstück; er muß nämlich von einem keine andern Körper einschließenden metrischen Felde umgeben sein, das mit hinreichender Annäherung als ein Euklidisches betrachtet werden kann.

Unser obiges Dilemma klärt sich nun vermöge der Formel (4) vollständig auf. Wenden wir die Feldgleichungen (2) bis zu beliebig kleinen Werten von r herab an — mögen auch solche Verhältnisse in der Natur vielleicht nicht realisiert sein —, so erscheint der Nullpunkt als eine *Singularität im Felde*. Der Energiewert der von der Kugel r umschlossenen Masse beträgt $\frac{m}{\varkappa}-\frac{1}{2}\frac{e^2}{r}$. Die Massendichte stimmt danach mit der Energiedichte überein, aber wegen der Singularität im Zentrum ist trotz unendlicher Energie die Masse endlich. Das „Anfangsniveau“ im Zentrum, von dem aus die Masse gerechnet werden muß, ist nicht $= 0$, sondern $= -\infty$; die Masse des Elektrons kann deshalb überhaupt nicht von hier aus bestimmt werden, sondern bezeichnet das Auslaufniveau in unendlich großer Entfernung.

Mag es physikalisch zulässig sein oder nicht, die letzten Elementarbestandteile der Materie als wirkliche Singularitäten im Felde aufzufassen, jedenfalls *lassen sich Ladung e und Energieimpuls J_i eines Teilchens ebenso wie die auf das Teilchen einwirkende Feldkraft K_i bestimmen aus dem Verlauf des das Teilchen umgebenden Feldes;* Volumintegrale über das *Innere* des Teilchens sind dazu nicht erforderlich. Infolgedessen kann aus ihren Werten auch nicht das geringste geschlossen werden über die innere Beschaffenheit des Korpuskels; insbesondere schließt der Umstand, daß sie einen bestimmten endlichen Wert besitzen, die „Singularitätsauffassung" keineswegs aus. *Ebenso können die „mechanischen Gleichungen", welchen diese Größen genügen,*

$$\frac{de}{dt} = 0, \quad \frac{dJ_i}{dt} = K_i \tag{5}$$

bewiesen werden allein durch Betrachtung des umgebenden Feldes, ohne auf die Zustände im Innern des Teilchens Rücksicht zu nehmen. Wie das zu verstehen ist, will ich hier an dem einfachsten dieser Gesetze, der Erhaltungsgleichung für die Ladung, klar machen. Dabei haben wir es nur mit der Elektrizität zu tun und können uns der Einfachheit halber auf den Boden der speziellen Relativitätstheorie stellen.

Die im Äther gültigen Maxwellschen Gleichungen lauten

$$\frac{\partial \mathfrak{f}^{ik}}{\partial x_k} = 0. \tag{6}$$

Eine Lösung derselben ist f_{ik} = const.; die einzige statische kugelsymmetrische aber (welche im Zentrum eine Singularität bekommt), die aus dem Potential $\varphi = \frac{e}{r}$ entspringende (e = const). Wir wissen durchaus nichts davon, daß im Gebiet der Materie die Gleichung (6) durch eine inhomogene zu ersetzen ist, auf deren rechter Seite eine neue Feldgröße, die „Dichte des Viererstroms" — in der Lorentzschen Elektronentheorie als reiner Konvektionsstrom ϱu^i —, auftritt. Von einem Elektron können wir lediglich behaupten, daß außerhalb einer gewissen dasselbe umgebenden Fläche Ω die homogenen Gleichungen (6) gelten und bei Benutzung eines Koordinatensystems, in welchem das Elektron momentan ruht, f_{ik} im wesentlichen mit dem statischen, aus dem Potential $\varphi = \frac{e}{r}$ entspringenden Felde f_{ik}^0 identisch ist; im wesentlichen, d. h. bis auf ein additiv hinzutretendes Feld f_{ik}, das im Gebiet der Fläche Ω ohne merklichen Fehler als konstant betrachtet werden kann. Bei Benutzung dieses Koordinatensystems schickt dann das elektrische Feld den Fluß $4\pi e$ durch die Hülle Ω hindurch und nicht den Fluß 0, wie es der Fall wäre, wenn das Feld auch im Innern des Teilchens regulär wäre und den Gleichungen (6) genügte. Das Glied des Konvektionsstroms ϱu^i in der Lorentzschen Theorie bringt den Einfluß dieser Ladungssingularitäten in Bausch und Bogen zum Ausdruck für ein Gebiet, das viele Elektronen enthält; es ist aber ganz unberechtigt, die Lorentzschen Gleichungen etwa so zu interpretieren, daß sie auf die „Volumelemente des Elektrons" Anwendung finden könnten. Unser Ansatz ist übrigens zutreffend nur im Falle quasistationärer Beschleunigung, wenn die Weltlinie des Teilchens hinreichend wenig von einer Geraden abweicht.[1])

1) Gewöhnlich nimmt man, darüber hinausgehend, an, daß bei beliebiger Bewegung des Elektrons das Feld in seiner Umgebung durch die bekannten Liénard-Wiechertschen Formeln geliefert wird. Sie ergeben für ein beschleunigtes Elektron *Ausstrahlung* und enthalten eine Auszeichnung der Richtung des Zeitablaufs. Schon darin zeigt sich, daß sie keineswegs eine notwendige Konsequenz der (umkehrbaren) Maxwellschen Gleichungen sein können. In der Tat erhält man z. B. zu einem um ein Zentrum O gleichförmig kreisenden Elektron durch Superposition der nach Liénard-Wiechert berechneten „auslaufenden" und der „einlaufenden" Welle ein Feld ohne einseitigen Energiestrom, das in dem um O mitrotierenden Koordinatensystem stationär ist. Mir scheint das ein an sich ebenso berechtigter und möglicher stationärer Zustand der Welt zu sein wie der des statischen Feldes, das von einem ruhenden Elektron erzeugt wird. Zumal in der räumlich geschlossenen Welt, auf die sich Einstein auch zur Begründung des statischen Potentials e/r beruft, ist nur dieser Zustand und nicht der der auslaufenden Welle dauernd möglich. Man vgl. dazu G. Mie, Physik. Zeitschr. **21.** S. 657. 1920; S. R. Milner, Phil. Mag. **41.** S. 405—419. 1921; der Beweis von Oseen für die Notwendigkeit der Ausstrahlung (Physik. Zeitschr. **16.** S. 395. 1915) beruht weniger auf den Maxwellschen Gleichungen als auf den postulierten Anfangs- und Randbedingungen; vgl. ferner, was die Beziehung zur Kosmologie betrifft, meine zu Anfang erwähnte Note

Nach dieser Beschreibung gehört zu dem Teilchen in jedem Moment seiner Bewegung ein Ladungswert e. Ich behaupte, daß sich aus den Maxwellschen Gleichungen (6), welche außerhalb des von Ω beschriebenen Weltkanals gelten, die Erhaltungsgleichung $\frac{de}{dt} = 0$ ergibt. Zum Beweise benutzen wir den folgenden Kunstgriff: Wir führen innerhalb des Kanals ein singularitätenfreies *fingiertes Feld* $f_{ik} = \frac{\partial \varphi_i}{\partial x_k} - \frac{\partial \varphi_k}{\partial x_i}$ ein, das sich stetig an das im Äußern wirklich herrschende Feld anschließt. Dann wird innerhalb des Kanals im allgemeinen die „fingierte Stromdichte"

$$\mathfrak{s}^i = \frac{\partial \mathfrak{f}^{ik}}{\partial x_k} \tag{7}$$

nicht verschwinden; für sie gilt zufolge der Definition als eine mathematische Identität der Erhaltungssatz

$$\frac{\partial \mathfrak{s}^i}{\partial x_i} = 0. \tag{8}$$

Das Koordinatensystem liege so, daß jede „Ebene" $x_0 =$ const. den Kanal in einem endlichen (von Ω begrenzten) Bereich durchschneidet. Das über diesen Bereich erstreckte Integral

$$\int \mathfrak{s}^0 \, dx_1 \, dx_2 \, dx_3 = e^*$$

ist eine Funktion von $x = t$; aus (8) ergibt sich aber sogleich durch Integration $\frac{de^*}{dt} = 0$. Ferner schließen wir aus (8) mit Hilfe des Gaussschen Satzes, daß e^* gleich dem Fluß der Vektordichte $\mathfrak{s}^i$ durch eine beliebige dreidimensionale Fläche ist, welche den Kanal durchsetzt. Infolgedessen ist e^* vom gewählten Koordinatensystem unabhängig. Es ist aber auch unabhängig von der Wahl des fingierten Feldes; denn es läßt sich nach (7) als Fluß der „räumlichen" Vektordichte mit den Komponenten $\mathfrak{f}^{01}, \mathfrak{f}^{02}, \mathfrak{f}^{03}$ durch Ω darstellen, und auf Ω stimmt das fingierte Feld mit dem wirklichen überein. Endlich geht daraus hervor, wenn wir diesen Fluß an einer bestimmten

---

in der Physik. Zeitschr. Eine andere Frage ist es natürlich, woher die Quantenauswahl der stationären Zustände rührt und wie sich der Übergang zwischen den verschiedenen stationären Zuständen vollzieht.

Zeitstelle in dem Ruh-Koordinatensystem berechnen, daß dort $e^* = e$ ist. Damit ist der Beweis beendet. Er läßt erkennen, daß die Ladung des Elektrons in zwei Augenblicken dieselbe ist auch dann, wenn zwischen diesen beiden Momenten das Elektron durch rasch wechselnde stationäre Zustände hindurchgeglitten ist, obschon wir während dieser Zeit nichts über das Verhalten des Feldes in der Umgebung des Elektrons wissen.[1])

Auf ähnlichem, wenn auch komplizierterem Wege gelingt der Beweis der andern mechanischen Gleichungen, wie ich ihn in meinem Buche durchgeführt habe (S. 273—279). *Das Gesetz für die Erzeugung des metrischen Feldes durch ein matrielles Teilchen* lautet folgendermaßen: In einem gewissen, zu dem Teilchen in seiner augenblicklichen Lage gehörigen Koordinatensystem[2]) $\mathfrak{K}$, in welchem das Teilchen selber momentan ruht, ist das metrische Feld in der Umgebung des Teilchens auf und außerhalb Ω ein statisches kugelsymmetrisches: und zwar haben f und h die Werte

$$f^2 = \frac{1}{h^2} = 1 - \frac{2m}{r}, \tag{9}$$

welche durch die Feldgleichungen $\mathfrak{R}_i^k = 0$ gefordert sind. Die Konstante m wird als die *Masse* des Teilchens bezeichnet. Da die Ableitungen der g_{ik} dieses Feldes im Unendlichen gegen 0 konvergieren (und zwar in zweiter Ordnung), so ist $\mathfrak{K}$ ein *geodätisches* Koordinatensystem an der betreffenden Stelle für das äußere Feld des Teilchens. Die Annahme ist berechtigt im Falle quasistationärer Beschleunigung, d. h. wenn die Weltlinie des Teilchens sich hinreichend schwach aus der durch das Führungsfeld bestimmten geodätischen Weltlinie herauskrümmt. Sie führt zu den Gleichungen (5) mit den klassischen Werten:

$$\text{Energie-Impuls } J_i = m u_i, \qquad \text{Feldkraft } K_i = \varkappa e f_{0i}.$$

$u^i = \frac{d x_i}{d s}$ sind die Komponenten der Weltrichtung des Teilchens, die zu verwendenden Werte von g_{ik} sind die zum äußeren Felde

1) Ich halte es für unwahrscheinlich, daß sich für diesen Feldzustand überhaupt eine universelle, eine einzige Konstante e enthaltende Beschreibung geben läßt.

2) Natürlich ist es unmöglich, daß ein solches Gesetz, wie Lenard in seiner Argumentation anzunehmen scheint, in *jedem* Koordinatensystem gültig ist.

gehörigen, so daß $ds^2 = dx_0^2 - (dx_1^2 + dx_2^2 + dx_3^2)$ ist. Insbesondere folgt daraus

$$\frac{dm}{dt} = 0. \tag{10}$$

Kehren wir zu einem beliebigen Koordinatensystem zurück, so erhalten wir die Bewegungsgleichungen

$$\frac{du_i}{ds} - \frac{1}{2}\,\frac{\partial g_{\alpha\beta}}{\partial x_i}\,u^\alpha u^\beta = \frac{\varkappa e}{m}\cdot f_{ki}u^k \qquad (i = 1, 2, 3). \tag{11}$$

Die Bestimmung der Feldkraft setzt außer den schon erwähnten Annahmen noch folgendes voraus:

1. Im Koordinatensystem $\mathfrak{K}$ hat das elektromagnetische Feld in der Umgebung des Teilchens die früher angegebene Gestalt $f^0_{ik} + f_{ik}$; dabei ist f_{ik} das äußere Feld, das in (11) einfach mit f_{ik} bezeichnet wurde.

2. Ω ist so groß, daß auf Ω das äußere Feld f vielmal stärker ist als das vom Elektron herrührende f^0; d. h. die mechanischen Gleichungen gelten nur mit solcher Genauigkeit, daß eine Änderung des äußeren Feldes um den Betrag des Elektronenfeldes auf Ω nicht ins Gewicht fällt. Andererseits ist Ω so klein, daß die *Wertunterschiede* von f auf Ω vielmal kleiner sind als die von f^0.

3. Das äußere Feld f_{ik} ist so schwach, daß das Quadrat seines Betrages auf Ω klein ist gegenüber $m/\varkappa r^3$ (sonst dürfte nämlich der Einfluß des elektromagnetischen Feldes auf das metrische in der Gegend von Ω nicht vernachlässigt werden).

Damit ist gezeigt, daß für die Festlegung der Begriffe Ladung und Masse und für den Beweis der mechanischen Gleichungen das Feld im Innern des Kanals keine Rolle spielt; es war lediglich ein mathematischer Kunstgriff, wenn wir uns den Kanal mit einem fingierten Felde ausgefüllt dachten. Wird dadurch die Identität zwischen träger Masse und Feldenergie, welche die spezielle Relativitätstheorie aufgedeckt zu haben schien, wieder zerrissen, so ist doch zu betonen, daß das physikalisch Bedeutungsvolle an der Erkenntnis von der *Trägheit der Energie* bestehen bleibt. Die Gleichung (10) ist gebunden an unsere Annahme über die Feldbeschaffenheit in der Umgebung des Teilchens. Ist das Teilchen statt mit einem statischen Feld z. B. mit einer elektromagnetischen Dipolwelle umgeben, wie das für ein Atom im Zustande der Ausstrahlung der Fall sein wird, so liefert dieselbe Betrachtung auf besonders einfache und strenge Weise statt (10) das Resultat: der Verlust an Masse m, welchen das Teilchen zwischen zwei Augenblicken 1 und 2 erlitten hat, ist gleich der mit $\varkappa$ zu multiplizierenden elektromagnetischen Energie, welche während dieser Zeit durch die das Teilchen umgebende Hülle Ω hindurchgestrahlt wird. Man versteht, wie dieses Resultat zustande kommt: die Masse ist ein Integral, das über die Fläche Ω in

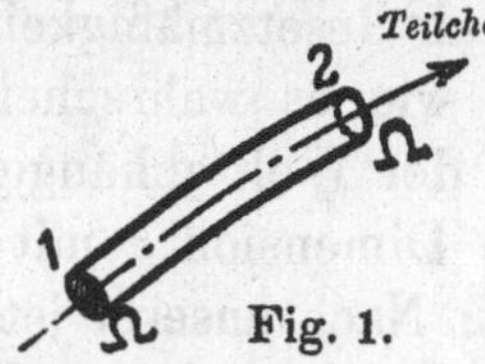

Fig. 1.

(Ω bezeichnet bei 1 und 2 die beiden Kurven, welche den schlauchförmigen Mantel begrenzen.)

den Augenblicken 1 und 2 erstreckt wird, die hindurchgestrahlte Energie aber stellt sich dar als ein Integral über den „Schlauch", den die Fläche Ω während der Zeit von 1 bis 2 in der Welt beschreibt.

Die erreichte Klärung des Massenbegriffs erscheint mir als eine der physikalisch bedeutungsvollsten Leistungen der allgemeinen Relativitätstheorie.

III.

Die Masse ist ihrem Wesen nach eine *Länge*. Da nach der Relativitätstheorie Zeit- und Längeneinheit nicht unabhängig voneinander sind, kennt sie nur *zwei* ursprüngliche Maßeinheiten; als solche werden zweckmäßig die Länge (l) und die Elektrizitätsmenge (e) gewählt. Die Koordinaten x_i, welche nicht gemessen, sondern willkürlich in die Welt hineingelegt werden, sind als dimensionslose Zahlen zu betrachten, die metrische Fundamentalform ds^2 und ihre Koeffizienten g_{ik} haben die Dimension l^2. Wenn wir aber, wie es bei unserer Definition der Masse geschah, uns auf solche Koordinaten beschränken, für welche im Unendlichen

$$ds^2 = dx_0^{\,2} - (dx_1^{\,2} + dx_2^{\,2} + dx_3^{\,2})$$

wird, so müssen wir, wenn sich bei einem Wechsel in der Wahl der Längeneinheit ds^2 mit der Konstanten l^2 multipliziert, gleichzeitig auch die Koordinaten x_i mit der Konstanten l multiplizieren. Dann bekommen die Koordinaten die

Dimension l, und die g_{ik} werden dimensionslos. Die Flußstärke $\mathfrak{m}^i$ erhält also die Dimension l^{-1}, die Masse selbst l, die Energie e^2/l. Die im Einsteinschen Gesetz vorkommende Gravitationskonstante $\varkappa$ ist eine Äquivalenzzahl für die Umwandlung von Masse in Energie; ihre Bedeutung tritt physikalisch am klarsten hervor in der Tatsache, daß der Massenverlust eines strahlenden Körpers gleich $\varkappa$mal der ausgestrahlten Energie ist. Sie hat offenbar die Dimension l^2/e^2. (Wäre sie wirklich eine absolute, in der universellen Gesetzmäßigkeit der Natur allein begründete — und nicht, wie es wahrscheinlich ist, eine von der zufälligen Gesamtmasse der Welt abhängige — Konstante, so würde sie gestatten, die Dimension e mit l zu identifizieren.) Endlich sei noch bemerkt: Nach unserer jetzigen Auffassung gehört das Glied $8\pi\varkappa\mathfrak{T}_i^k$ des Einsteinschen Gravitationsgesetzes (1) mit auf die linke Seite; das Gesetz besteht aus *homogenen* Gleichungen, die zusammen mit den homogenen Maxwellschen Gleichungen die Eigengesetzlichkeit des „Äthers“ (des kombinierten elektromagnetischen und metrischen Feldes) zum Ausdruck bringen, nicht aber aus inhomogenen Gleichungen, nach welchen die „Materie $\mathfrak{T}_i^k$“ das Feld erzeugt.

Um die Tatsache des Vorhandenseins materieller Teilchen mit einer von 0 verschiedenen Ladung und Masse in der Welt trotz der Gültigkeit jener homogenen Gleichungen im Äther zu erklären, stehen zwei Wege zur Verfügung: entweder die Gleichungen so zu modifizieren, wie es von Mie in seinen „Grundlagen einer Theorie der Materie“ versucht wurde, oder die Materie als eine wirkliche Singularität im Felde gelten zu lassen. Der erste Weg mußte notwendig im Rahmen der speziellen Relativitätstheorie beschritten werden, die hier gewonnene Definition der Masse und Herleitung der mechanischen Gleichungen öffnet den zweiten. Gewiß ist es physikalisch unmöglich, daß der Verlauf der Zustandsgrößen irgendwo im Innern des extensiven vierdimensionalen Mediums der Welt wirkliche Singularitäten aufweist; in der speziellen Relativitätstheorie, wo dieses Medium ein Euklidisches ist und daher auch die Zusammenhangsverhältnisse der Welt die einer vierdimensionalen Euklidischen Mannigfaltigkeit sein müssen, war auch aus diesem Grunde der zweite Weg durchaus verschlossen. In der allgemeinen Relativitätstheorie aber kann die Welt beliebige andere

Zusammenhangsverhältnisse besitzen: nichts steht im Wege, anzunehmen, daß sie von solcher Analysis-situs-Beschaffenheit ist, wie ein vierdimensionales Euklidisches Kontinuum, aus welchem einzelne Schläuche von eindimensional unendlicher Erstreckung herausgeschnitten sind. Im Innern dieser Schläuche ist kein „Raum“ mehr, ihre Grenzen sind genau so wie das Unendlichferne nie erreichbare „Säume“ des extensiven Feldes. Das einfach zusammenhängende Kontinuum, aus welchem wir das Feldgebiet durch Herausschneiden von Schläuchen konstruieren, ist überhaupt eine bloße mathematische Fiktion, wennschon die im Felde herrschenden metrischen Verhältnisse es sehr nahe legen, den wirklichen Raum durch Hinzufügung solcher erdichteter uneigentlicher Gebiete, welche den verschiedenen Materieteilchen entsprechen, zu einem einfach zusammenhängenden zu ergänzen. Man muß sich hier durchaus auf den freien Standpunkt der Analysis situs stellen. Sie betrachtet z. B. ein Gebilde G wie das nebenstehend gezeichnete und schraffierte, das nur aus inneren Punkten besteht (die Randkurven gehören nicht mehr dazu), indem sie lediglich den stetigen Zusammenhang seiner Punkte im großen ins Auge faßt, als ein Wesen sui generis, das nichts mit der Vollebene zu tun hat. Denken wir es uns aus der Vollebene E durch Herausschneiden entstanden, so heißt das, wir betrachten G nicht für sich, sondern in demjenigen Verhältnis zu einer Ebene E, das durch eine bestimmte eindeutige Abbildung von G auf E vermittelt ist (jedem Punkt von G korrespondiert ein mit ihm stetig sich ändernder Punkt von E). Aber auch ohne eine solche Beziehung zu E zu stiften, hat es einen Sinn, G drei verschiedene „Säume“ oder „Löcher“ zuzuschreiben. Das muß man etwa so verstehen. Eine beliebige zweidimensionale Mannigfaltigkeit wird in der Analysis situs immer wie die Oberfläche eines Polyeders aufgebaut aus einzelnen einfach zusammenhängenden Elementarflächenstücken.[1]) Eine *geschlossene* Mannig-

Fig. 2.

1) L. E. J. Brouwer, Math. Annalen 71. S. 97. 1912; H. Weyl, Die Idee der Riemannschen Fläche. §§ 4, 5; ders., Math. Zeitschrift 10. S. 78. 1921.

faltigkeit besteht aus endlich vielen, eine *offene* aus einer abzählbar unendlichen Reihe solcher Zellen, die wir uns in einer bestimmten Reihenfolge mit Z_1, Z_2, Z_3, ... bezeichnet denken. (Vgl. die Zelleinteilung eines Kreisrings in der nachstehenden Figur.) Eine Vereinigung von Zellen möge ein *Kontinuum* heißen, wenn man jede Zelle A derselben mit jeder B durch eine endliche Kette von der Vereinigung angehörigen

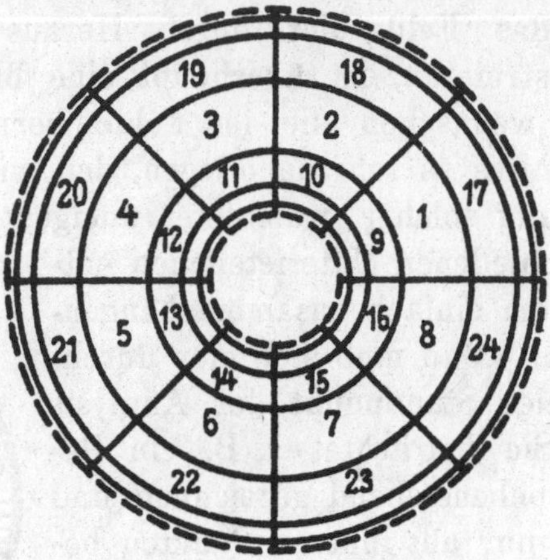

(Die inneren Kreise häufen sich gegen die beiden gestrichelten Grenzkreise.)

Fig. 3.

Zellen $A = Z^{(1)}, Z^{(2)}, \ldots, Z^{(m-1)}, Z^{(m)} = B$ so „verbinden" kann, daß immer $Z^{(i+1)}$ längs einer Kante an $Z^{(i)}$ grenzt. Ein Kontinuum heiße „endlich" oder „unendlich", je nachdem es aus einer endlichen oder unendlichen Anzahl von Zellen besteht. Vollzieht man nun den Abbau unseres aus unendlich vielen Zellen bestehenden Gebietes G dadurch, daß man der Reihe nach Z_1, Z_2, Z_3, ... fortnimmt, so besteht der Rest, wenn dieser Prozeß eine gewisse Grenze überschritten hat, beständig aus *drei* (immer kleiner werdenden) *unendlichen Kontinua* mit einer im allgemeinen wechselnden Anzahl endlicher Kontinua; diese drei unendlichen Kontinua bilden die immer enger werdenden *Umgebungen der drei Säume von G.*

Nach der zweiten Auffassung *ist die Materie selber also überhaupt nichts Räumliches (Extensives), aber sie steckt in einer bestimmten räumlichen Umgebung drin.* Wir können sie quantitativ charakterisieren nur durch ihre Feldwirkungen; die Ladung e z. B. ist der Fluß des elektrischen Feldes, welchen das Teilchen durch eine im Felde gelegene, das Teilchen umschließende Hülle Ω hindurchschickt. Von der unmittelbaren räumlichen Umgebung des Teilchens nehmen seine Feldwirkungen ihren Ausgang.

Diese ganze Anschauung gewinnt außerordentlich an Einheitlichkeit, wenn der Äther nicht aus zwei miteinander in keinem inneren Zusammenhang stehenden, im extensiven Medium der Außenwelt herrschenden Feldern besteht, sondern lediglich das mit einer von der Materie abhängigen metrischen Struktur begabte extensive Medium selber ist; so lehrt es die von mir aufgestellte erweiterte Relativitätstheorie. Wennschon die Physik es in gewissem Sinne nur mit dem Äther zu tun hat, das Agens der Materie eigentlich jenseits der physischen Sphäre liegt, ist es doch ihre Aufgabe, neben der Eigengesetzlichkeit des Feldes auch die Gesetze zu studieren, nach denen die Materie die Feldwirkungen auslöst; diese formulieren sich als eine Art Randbedingungen für die metrischen Zustandsgrößen des Feldes. Der Äther, sagten wir schon oben, spielt für die Wirklichkeit kaum eine andere Rolle wie einst der Raum mit seiner starren Euklidischen Metrik: nur hat sich der unbewegte in einen allen Eindrücken zart nachgebenden geschmeidigen Diener gewandelt.

Der *Substanz-* und der *Feld-*Vorstellung reiht sich als dritte diese Auffassung der Materie als eines die Feldzustände verursachenden *Agens* an. Sobald einmal die Bahn für sie frei gelegt ist, glaube ich, wird man die Feldtheorie, die vom neuen Standpunkt aus etwas Phantastisch-Unwirkliches bekommt, verlassen und zu ihr übergehen müssen. Sie läßt neben der streng *funktionalen* Feldphysik Raum für die moderne Physik der Materie, die mit *statistischen* Begriffen operiert. Nicht nur die Materie wird in ihre alten Wirklichkeitsrechte wieder eingesetzt, sondern auch der echte Gedanke der Kausalität, der *Verursachung*, wie wir sie am unmittelbarsten in unserem Willen erfahren, erwacht zu neuem Leben. Von Mach als Fetischismus gebrandmarkt, war diese Idee doch immer für jeden Physiker in seinem lebendigen Verhältnis zur Natur unentbehrlich geblieben, mochte auch seine Erkenntnistheorie nur „funktionale Beziehungen" gelten lassen. Aber die funktionalen Beziehungen zwischen den Feldgrößen sind der Ausdruck für die Struktur des Äthers, nicht für die Kausalität, d. i. die Erzeugung der Ätherzustände durch die Materie. Hier wird die ausgezeichnete Ablaufsrichtung der Zeit: Vergangenheit → Zukunft, die in den Feldgesetzen keine Stelle finden kann, wieder aufzunehmen sein; sie ist ja mit der Idee der Verursachung in der Tat aufs engste verbunden. Auch bringt die Materie in gewissem Sinne eine Auszeichnung der Zeit gegenüber den Raumkoordinaten mit sich: die in *einer* Dimension unendliche Erstreckung der inneren Feldsäume. — Die folgenden beiden Gründe scheinen es mir vor allem, welche für die Agens-, gegen die Feldtheorie der Materie sprechen: 1. sie steht allein in Einklang mit der grundlegenden Erfahrung des täglichen Lebens und der Physik, daß die Materie das Feld erzeugt und alles Handeln in der Welt primär an der Materie angreifen muß; 2. die erweiterte Relativitätstheorie läßt keinen Platz für derartige Verallgemeinerungen und Ergänzungen der klassischen Feldgesetze, wie sie Mie im Rahmen der speziellen Relativitätstheorie ins Auge gefaßt hatte.

Dabei muß freilich zugestanden werden, daß es nach wie vor einigermaßen dunkel bleibt, wie man in der allgemeinen Relativitätstheorie überhaupt die Aussage streng formulieren soll, daß die Materie, als deren Charakteristika *Ladung*, *Masse* und *Bewegung* anzusehen sind, das Feld erzeugt. Deutet man (um der anschaulichen Ausdrucksweise willen) ein Koordinatensystem als Abbildung der wirklichen Welt auf einen vierdimensionalen Cartesischen Raum, so kann man bei gegebener Bewegung der Teilchen ihren Weltkanälen im Bilde durch geeignete Wahl der Koordinaten jede beliebige Gestalt erteilen. Prinzipiell gesprochen, ist also *in der allgemeinen Relativitätstheorie nicht nur der Begriff der absoluten, sondern auch der der relativen Bewegung verschiedener Körper gegeneinander sinnlos.* Es ist danach klar, daß die Kenntnis von Ladung und Masse jedes Teilchens und des Verlaufs ihrer Weltkanäle im Koordinatenbilde zur eindeutigen Bestimmung des Feldes nicht genügen kann. Vielleicht muß man den Sinn der Aussage, daß die Bewegung eines Teilchens bekannt ist, dahin interpretieren, daß in dem zur Darstellung der Welt gewählten Koordinatensystem 𝔘 nicht nur der Verlauf des Teilchenkanals gegeben ist (denn das besagt gar nichts), sondern außerdem an jeder Stelle des Kanals das oben mit 𝔎 bezeichnete Koordinatensystem, in welchem das umgebende Feld die Normalform (9) besitzt, oder genauer: die Transformationsformeln, vermöge deren das lokale 𝔎 mit dem universellen 𝔘 zusammenhängt. Wir müßten dann sagen: der Begriff der Bewegung eines Teilchens hat keinen *kinematischen*, sondern einen *dynamischen* Inhalt; die bisher meist gegebene Formulierung „von Bewegung eines Körpers (im kinematischen Sinne) kann nicht *absolut*, sondern nur *relativ* zu andern Körpern die Rede sein“ träfe nicht den richtigen Gegensatz.[1])

Da zufolge unserer Erklärung die Masse m keine durch das materielle Teilchen völlig exakt festgelegte Zahl ist und darum auch die Erhaltungsgleichung $\frac{dm}{dt} = 0$ kein mathematisch strenges Gesetz ist, können wir aus ihm heraus nicht verstehen, weshalb ein Elektron selbst nach beliebig langer Zeit immer noch die gleiche Masse besitzt und weshalb allen Elektronen dasselbe m zukommt. Dieser Umstand zeigt, daß es offenbar nur *einen* Gleichgewichtszustand der negativen Elektrizität gibt, auf den sich das Korpuskel in jedem Augenblick von neuem einstellt: die Erhaltung der Ladung und Masse kommt nicht durch eine differentiell wirksame *Beharrungstendenz*, sondern durch *Einstellung* zustande. Daraus dürfen

---

1) Ich gebe diese Andeutung einer Lösung mit allem Vorbehalt. Wo die Kritiker der Relativitätstheorie diese Schwierigkeit berühren (vgl. namentlich Reichenbächer, Physik. Zeitschr. 22. S. 234–243. 1921), treffen sie in der Tat eine dunkle Stelle (freilich kann ich darin keinen zureichenden Grund für die Preisgabe der Theorie erblicken; die eben erwähnte Lösung scheint mir die Reichenbächersche Idee: die Materie bewirkt eine „Verzerrung“ des metrischen Feldes, mit der These Einsteins: Trägheit und Gravitation sind eines, zu versöhnen). Einsteins Kosmologie der geschlossenen Welt hat lediglich zur Folge, daß man neben den Grenzbedingungen für die Materieschläuche nicht auch noch eine Grenzbedingung für den unendlichfernen Saum des Feldes nötig hat; zur prinzipiellen Klärung der vorliegenden Frage leistet sie darüber hinaus meines Erachtens keinen Beitrag. Mit dem Machschen Gedanken, daß die träge Masse eines Körpers auf einer Wechselwirkung mit den Massen des Universums beruht, kann ich mich nach der hier vertretenen Auffassung des Massenbegriffs erst recht nicht befreunden.

wir weiter schließen, daß *Ladung und Masse*, wenn wir sie auch nur als Fluß in dem extensiven, das Teilchen umgebenden Felde definieren können, doch als *Eigenschaften des Teilchens selber* anzusprechen sind. Den Gegensatz von Beharrung und Einstellung kann man sich gut klar machen an dem Beispiel eines rotierenden Kreisels — die Richtung seiner Achse, in einem Augenblick willkürlich, überträgt sich von Moment zu Moment durch Beharrung — und einer Magnetnadel, deren Richtung sich in jedem Augenblick unabhängig von der Vergangenheit auf das Magnetfeld einstellt. Von einer rein der Beharrungstendenz folgenden Verpflanzung haben wir a priori keinen Grund anzunehmen, daß sie integrabel sei, d. h. unabhängig vom Wege, auf welchem sich die Verpflanzung vollzieht. Aber sei das auch der Fall, wie z. B. für die Achse des rotierenden Kreisels im Euklidischen Raum; es werden dennoch zwei Kreisel, die von demselben Punkte mit gleicher Achsenstellung ausgingen und sich nach Ablauf einer sehr langen Zeit wieder treffen, beliebige Abweichungen der Achsenstellung aufweisen, da sie ja niemals vollständig gegen jede Einwirkung isoliert werden können.

Auf der Erhaltung der Masse und Ladung beruht es nach der mit Quantenansätzen operierenden Bohrschen Atomtheorie, daß bei der Bewegung eines Atoms *die Radien der Kreisbahnen seiner Elektronen und die Frequenzen des ausgesendeten Lichtes* erhalten bleiben. Ebenso wird man schließen können, daß in einem kristallinischen Medium die Gitterabstände erhalten bleiben. Die Frequenzen der Spektrallinien und die Länge eines materiellen Maßstabes sind daher gleichfalls Größen, die sich durch eine in jedem Augenblick neu erfolgende Einstellung auf das Gleichgewicht erhalten. Das geht auch schon daraus hervor, daß ich *diesem* Maßstab an *dieser* Feldstelle nicht willkürlich anstatt der Länge, die er jetzt einnimmt, irgendeine andere, die doppelte oder dreifache, hätte geben können, wie ich ihm die Richtung beliebig vorschreiben kann; und daß die Spektrallinien der Atome sich von der Vorgeschichte als unabhängig erweisen. Wenn Einstein die Maßbestimmung im Äther mit Hilfe von Maßstäben und Uhren *definiert*, so kann man das nur als eine vorläufige Anknüpfung an die Erfahrung gelten lassen, wie etwa auch die Definition der elektrischen

Feldstärke als ponderomotorische Kraft auf die Einheitsladung. Hernach muß sich hier das Verhalten der Ladung unter dem Einfluß des elektrischen Feldes, dort das Verhalten der Gitterabstände in einem kristallinischen Medium unter dem Einfluß des metrischen Feldes als eine Folgerung der entwickelten Theorie ergeben. Und auf dem eben angedeuteten theoretischen Zusammenhang scheint mir die Erhaltung der (mit Hilfe der lokalen Metrik des Feldes zu bestimmenden) Maßstablängen und Uhrperioden zu beruhen.

Mit den letzten Erwägungen rühren wir an die physikalischen Grundlagen der „erweiterten Relativitätstheorie"; darauf gehe ich näher in der zu Anfang erwähnten Note ein.

48.

Electricity and gravitation

Nature 106, 800—802 (1921)

MODERN physics renders it probable that the only fundamental forces in Nature are those which have their origin in gravitation and in the electromagnetic field. After the effects proceeding from the electromagnetic field had been co-ordinated by Faraday and Maxwell into laws of striking simplicity and clearness, it became necessary to attempt to explain gravitation also on the basis of electromagnetism, or at least to fit it into its proper place in the scheme of electromagnetic laws, in order to arrive at a unification of ideas. This was actually done by H. A. Lorentz, G. Mie, and others, although the success of their work was not wholly convincing. At the present time, however, in virtue of Einstein's general theory of relativity, we understand in principle the nature of gravitation, and the problem is reversed. It is necessary to regard electromagnetic phenomena, as well as gravitation, as an outcome of the geometry of the universe. I believe that this is possible when we liberate the world-geometry (on which Einstein based his theory) from an inherent inconsistency, which is still associated with it as a consequence of our previous Euclidean conceptions.

The great accomplishment of the theory of relativity was that it brought the obvious principle of the *relativity of motion* into harmony with the existence of *inertial forces*. The Galilean law of inertia shows that there is a kind of obligatory guidance in the universe, which constrains a body left to itself to move with a perfectly definite motion, once it has been set in motion in a particular direction in the world. The body does this in virtue of a tendency of persistence, which carries on this direction at each instant "parallel to itself." At every position P in the universe, this tendency of persistence (the "guiding field") thus determines the infinitesimal parallel displacement of vectors from P to world-points indefinitely near to P. Such a continuum, in which this idea of infinitesimal parallel displacement is determinate, I have designated as an "affinely connected" one (*affin zusammenhängend*). According to the ideas of Galileo and Newton, the "affine connection" of the universe (the difference between straight and curved) is given by its geometrical structure. A vector at any position in the universe determines directly and without ambiguity, at every other position, and by itself (*i.e.* independently of the material content of the universe), a vector "equal" to itself. According to Einstein, however, the guiding field (*Führungsfeld*) is a physical reality which is dependent on the state of matter, and manifests itself only infinitesimally (as a tendency of persistence which carries over the vectors from one point to "indefinitely neighbouring" ones). The immense success of Einstein's theory is based on the fact that the effects of gravitation also belong to the guiding field, as we should expect *a priori* from our experience of the equality of gravitational and inertial mass. The planets follow exactly the orbit destined to them by the guiding field; there is no special "gravitational force" necessary, as in Newton's theory, to cause them to deviate from their Galilean orbit. In general, the parallel displacement is "non-integrable"; *i.e.* if we transfer a vector at P along two different paths to a point P′ at a finite distance from P, then the vectors, which were coincident at P, arrive at P′ in two different end-positions after travelling these two paths.

The "affine connection" is not an original characteristic of the universe, but arises from a more deeply lying condition of things—the "metrical field." There exists an infinitesimal "light-cone" (*Lichtkegel*) at every position P in the world, which separates past and future in the immediate vicinity of the point P. In other words, this light-cone separates those world-points which can receive action from P from those from which an "action" can arrive at P. This "cone of light" renders it possible to compare two line-elements at P with each other by measurement; all vectors of equal measure represent one and the same *distance* at P. In addition to the determination of measure at a point P (the "relation of action" of P with its surroundings), we have now the "metrical relation," which determines the congruent transference of an arbitrary distance at P to all points indefinitely near to P.

Just as the point of view of Einstein leads back to that of Galileo and Newton when we assume the transference of vectors by parallel displacement to be integrable, so we fall back on Einstein when the transference of distances by congruent transference is integrable. But this particular assumption does not appear to me to be in the least justified (apart from the progress of the historical development). It appears to me rather as a gross inconsistency. For the "distances" the old point of view of a determination of magnitudes in terms of each other is maintained, this being independent of matter and taking place directly at a distance. This is just as much in conflict with the principle of the *relativity of magnitude* as the point of view of Newton and Galileo is with the principle of the *relativity of motion.* If, in the case in point, we proceed in earnest with the idea of the continuity of action, then "magnitudes of condition" occur in the mathematical description of the world-metrics in just sufficient number and in such a combination as is necessary for the description of the electromagnetic and of the gravitational field. We saw above that, besides inertia (the retention of the vector-direction), gravitation was also included in the guiding field, as a slight variation of this, as a whole, constant inertia. So in the present case, in addition to the force which conserves space- and time-lengths, *electromagnetism* is also included in the metrical relation. Unfortunately, this cannot be made clear so readily as in the case of gravitation. For the phenomena of gravitation are easily obtained from the *Galilean principle,* according to which the world-direction of a mass-point in motion follows at every instant the parallel displacement. Now it is by no means the case that the ponderomotive force of the electromagnetic field should be included in our Galilean law of motion, as well as gravitation, for a charged mass-point does not follow the guiding field. On the contrary, the correct equations of motion are obtained only by the establishment of a definite and concrete law of Nature, which is possible within the framework of the theory, and not from the general principles of the theory.

The form of the law of Nature on which the condition of the metrical field is dependent is limited by our conception of the nature of gravitation and electricity in still greater measure than it is by Einstein's general principle of relativity. When the metrical connection alone is virtually varied, the most simple of the assumptions possible leads exactly to the *theory of Maxwell.* Thus, whereas Einstein's theory of gravitation gave certain inappreciable deviations from the Newtonian theory, such as could be tested by experiment, our interpretation of electricity—one is almost tempted to say unfortunately—results in the complete confirmation of Maxwell's laws. If we supplement Maxwell's "magnitude of action" (*Wirkungsgrösse*) by the simplest additional term which also allows of the virtual variation of the "relation of action," we then arrive at *Einstein's laws of the gravitational field,* from which, however, there are two small deviations:

(1) That *cosmological term* appears which Einstein appended later to his equations, and which results in the spatial closure (*Geschlossenheit*) of the universe. A hypothesis conceived *ad hoc* by Einstein to explain the generally prevailing equilibrium of masses results here of necessity. Whereas Einstein has to assume a pre-stabilised harmony between the "cosmological constant" which is characteristic for his modified law of gravitation, and the total mass fortuitously present in the universe, in our case, where no such constant occurs, the world-mass determines the curvature of the universe in virtue of the laws of equilibrium. Only in this way, it appears to me, is Einstein's cosmology at all possible from a physical point of view.

(2) In the case where an electromagnetic field is present, Einstein's cosmological term must be supplemented by an additional term of similar character. This renders the existence of charged material particles possible without requiring an immense mass-horizon as in Einstein's cosmology.

At first the *non-integrability of the transference of distances* (*Streckenübertragung*) aroused much antipathy. Does not this mean that two measuring-rods which coincide at one position in the universe no longer need to coincide in the event of a subsequent encounter? Or that two clocks which set out from one world-position with the same period will possess different periods should they happen to encounter at a subsequent position in space? Such a behaviour of "atomic clocks" obviously stands in opposition to the fact that atoms emit spectral lines of a definite frequency, independently of their past history. Neither does a measuring-rod at rest in a static field experience a congruent transference from moment to moment.

What is the cause of this discrepancy between the idea of congruent transfer and the behaviour of measuring-rods and clocks? I differentiate between the determination of a magnitude in Nature by "persistence" (*Beharrung*) and by "adjustment" (*Einstellung*). I shall make the difference clear by the following illustration: We can give to the axis of a rotating top any arbitrary direction in space. This arbitrary original direction then determines for all time the direction of the axis of the top when left to itself, by means of a *tendency of persistence* which operates from moment to moment; the axis experiences at every instant a parallel displacement. The exact opposite is the case for a magnetic needle in a magnetic field. Its direction is determined at each instant independently of the condition of the system at other instants by the fact that, in virtue of its constitution, the system *adjusts* itself in an unequivocally determined manner to the field in which it is situated. *A priori* we have no ground for assuming as integrable a transfer which results purely from the tendency of persistence. Even if that is the case, as, for instance, for the rotation of the top in Euclidean space, we should find that two tops which start out from the same point with the same axial positions and encounter again after the lapse of a very long time would show arbitrary deviations of their axial positions, for they can never be completely isolated from every influence. Thus, although, for example, Maxwell's equations demand the conservational equation $de/dt=0$ for the charge e of an electron, we are unable to understand from this fact why an electron, even after an indefinitely long time, always possesses an unaltered charge, and why the same charge e is associated with all electrons. This circumstance shows that the charge is not determined by persistence, but by adjustment, and that there can exist only *one* state of equilibrium of the negative electricity, to which the corpuscle adjusts itself afresh at every instant. For the same reason we can conclude the same thing for the spectral lines of atoms. The one thing common to atoms emitting the same frequency is their constitution, and not the agreement of their frequencies on the occasion of an encounter in the distant past. Similarly, the length of a measuring-rod is obviously determined by adjustment, for I could not give *this* measuring-rod in *this* field-position any other length arbitrarily (say double or treble length) in place of the length which it now possesses, in the manner in which I can at will predetermine its direction. The theoretical possibility of a determination of length by adjustment is given as a consequence of the *world-curvature,* which arises from the metrical field according to a complicated mathematical law. As a result of its constitution, the measuring-rod assumes a length which possesses this or that value, *in relation to the radius of curvature of the field.* In point of fact, and taking the laws of Nature indicated above as a basis, it can be made plausible that measuring-rods and clocks adjust themselves exactly *in this way,* although this assumption—which, in the neighbourhood of large masses, involves the displacement of spectral lines towards the red upheld by Einstein—does not appear anything like so conclusive in our theory as it does in that of Einstein.

49.

Die Einzigartigkeit der Pythagoreischen Maßbestimmung

Mathematische Zeitschrift 12, 114—146 (1922)

§ 1.
Das Problem.

Seit den Untersuchungen von Helmholtz und Lie über die Grundlagen der Geometrie haben unsere Ansichten über die Natur des Raumes oder allgemeiner des extensiven Mediums der Außenwelt durch die Relativitätstheorie eine tiefgreifende Wandlung erfahren. Wir haben es jetzt nicht mehr mit einem drei-, sondern mit einem vierdimensionalen Kontinuum zu tun, dessen Metrik nicht auf einer positiv-definiten, sondern auf einer indefiniten quadratischen Form beruht; außerdem glauben wir nicht mehr an die metrische Homogenität dieses Mediums, welche geradezu die Grundlage der Helmholtzschen Axiomatik war, weil das metrische Feld nicht etwas Festgegebenes ist, sondern in kausaler Abhängigkeit von der Materie steht. So muß also auch das Problem, die metrische Natur des Raumes aus möglichst einfachen und prinzipiellen Gründen zu begreifen, neu formuliert werden. Beim Aufbau der Infinitesimalgeometrie im Geiste der Relativitätstheorie hatten sich mir die entscheidenden Eigentümlichkeiten der Pythagoreischen Maßbestimmung immer deutlicher herausgeschält, so daß ich in der 4. Auflage von „Raum Zeit Materie" das Kapitel über das metrische Kontinuum mit einer solchen Neuformulierung des Raumproblems beschließen konnte, die ich für völlig zwingend halte[1]). Hier soll — für eine beliebige Dimensionszahl n — der mathematische Nachweis erbracht werden, daß die Pythagoreische Maßbestimmung die einzige ist, welche den dort aufgestellten Forderungen genügt.

Das Wesen der Metrik erblicke ich, wie sich das fast von selbst versteht, im Begriffe der *Kongruenz*, der jedoch rein infinitesimal zu fassen

---

[1]) Siehe l. c. § 18.

ist: die Metrik ist bekannt, wenn bekannt ist, welche unter den linearen Abbildungen des Vektorkörpers im beliebigen Punkte P_0 auf sich selber oder auf den Vektorkörper in einem unendlich benachbarten Punkte P kongruente Abbildungen sind („*Metrik im Punkte* P_0" und „*metrischer Zusammenhang von* P_0 *mit* P"). Die „Drehungen", d. s. die kongruenten Abbildungen des Vektorkörpers im Punkte P_0 auf sich selber, müssen eine Gruppe bilden und das „Volumen" eines von n Vektoren aufgespannten Parallelepipeds ungeändert lassen (denn es lassen sich, noch vor aller Maßbestimmung, an einer Stelle die n-dimensionalen Vektorparallelepipede miteinander vergleichen). Wird die Gruppeneigenschaft auch auf den metrischen Zusammenhang ausgedehnt, so liegen in ihr die folgenden drei Forderungen:

1. für die „Drehungen", daß sie eine Gruppe bilden;

2. für die kongruenten Verpflanzungen von P_0 nach einem *bestimmten* zu P_0 unendlich benachbarten Punkte P: daß alle diese Verpflanzungen aus einer von ihnen, A, durch Hinzufügung einer willkürlichen Drehung in P_0 entstehen und daß die Gruppe $\mathfrak{G}$ der Drehungen in P aus der Drehungsgruppe $\mathfrak{G}_0$ in P_0 durch „Transformation" mittels einer solchen kongruenten Verpflanzung A entsteht: $\mathfrak{G} = A\,\mathfrak{G}_0 A^{-1}$;

3. für den metrischen Zusammenhang von P_0 mit *allen* Punkten seiner unmittelbaren Umgebung: daß durch Hintereinanderausführung einer infinitesimalen kongruenten Verpflanzung des Vektorkörpers durch die Verschiebung dx_i [d. h. vom Punkte $P_0 = (x_i^0)$ nach der Stelle $P = (x_i^0 + dx_i)$] und einer zweiten solchen Verpflanzung durch die Verschiebung δx_i eine durch die resultierende Verschiebung $dx_i + \delta x_i$ bewirkte infinitesimale kongruente Verpflanzung zustande kommt. — Eine kongruente Verpflanzung ist infinitesimal, wenn die Änderungen $d\xi^i$ der Komponenten ξ^i eines beliebigen Vektors von der gleichen Größenordnung unendlich klein sind wie die Komponenten dx_i der vorgenommenen Verschiebung des Zentrums. Ist also

$$d\xi^i = \varepsilon \cdot \sum_k \Lambda^i_{k1} \xi^k$$

eine beliebige infinitesimale kongruente Verpflanzung in Richtung der ersten Koordinatenachse, nach dem Punkte $(x_1^0 + \varepsilon, x_2^0, \ldots, x_n^0)$, und haben $\Lambda^i_{k2}, \ldots, \Lambda^i_{kn}$ eine analoge Bedeutung für die 2-te bis n-te Koordinatenachse (ε ist eine infinitesimale Konstante), so liefert die Formel

$$(1) \qquad d\xi^i = \sum_{kr} \Lambda^i_{kr} \xi^k dx_r$$

ein „System infinitesimaler kongruenter Verpflanzungen" nach den sämtlichen Punkten der Umgebung von P_0.

Unter *Parallelverschiebung* des Vektorkörpers von P_0 nach dem unendlich benachbarten Punkte P verstehe ich die Verpflanzung sämtlicher Vektoren von P_0 nach P *ohne Änderung ihrer Komponenten*. Dieser Begriff ist aber abhängig vom Koordinatensystem, so daß jedem Koordinatensystem in P_0 ein *möglicher* Begriff der Parallelverschiebung entspricht. In einem bestimmten, ein für allemal fest gewählten Koordinatensystem drückt sich ein solches System möglicher Parallelverschiebungen des Vektorkörpers in $P_0 = (x_i^0)$ nach den sämtlichen Punkten $P = (x_i^0 + d x_i)$ der Umgebung von P_0 durch eine Formel aus

$$d\xi^i = -\sum_{kr} \Gamma^i_{kr}\, \xi^k\, dx_r$$

mit Koeffizienten, welche der Symmetriebedingung

$$\Gamma^i_{rk} = \Gamma^i_{kr}$$

genügen; aber auch umgekehrt stellt diese Formel bei beliebig gewählten symmetrischen Koeffizienten Γ ein mögliches System von Parallelverschiebungen dar [2]).

Das Bisherige erscheint mir als eine bloße Begriffsanalyse, Explikation dessen, was in den Begriffen *Metrik, metrischer Zusammenhang* und *Parallelverschiebung* als solchen liegt. Ich komme jetzt zum „synthetischen" Teil im Kantischen Sinne.

I. Jede Gruppe $\mathfrak{G}'$, die aus einer Gruppe $\mathfrak{G}$ linearer Transformationen durch Abänderung der Wahl des Koordinatensystems hervorgeht, nenne ich „von derselben Art" wie $\mathfrak{G}$, oder sage, sie unterscheide sich nur durch die Orientierung von $\mathfrak{G}$. Aus 2. erhellt, daß die Drehungsgruppe in allen Punkten des Raumes von der gleichen Art ist. *Die Art der Drehungsgruppe ist also für den Raum als Form der Erscheinungen charakteristisch*, sie kennzeichnet das apriorische Wesen des Raumes in metrischer Hinsicht. Die Art der Drehungsgruppe ist *eine*, darum absolut bestimmt und nicht teilhabend an der unaufhebbaren Vagheit dessen, was eine veränderliche Stelle in einer kontinuierlichen Skala einnimmt. *Nicht durch das Wesen des Raumes bestimmt ist aber* — darin liegt die eigentliche prinzipiell neue Einsicht der allgemeinen Relativitätstheorie — *die gegenseitige Orientierung der Drehungsgruppen in den verschiedenen Punkten des Raumes und der metrische Zusammenhang*; dieser ist vielmehr abhängig von der zufälligen Konstellation der Materie; an sich jedoch frei und beliebiger virtueller Veränderungen fähig. Unsere erste Forderung lautet geradezu: *das Wesen des Raumes läßt jeden möglichen metrischen Zusammenhang zu*; in dem Sinne, daß bei gegebenem Wesen

---

[2]) RZM (= Raum Zeit Materie, 4. Aufl., Springer, 1921), § 14.

des Raumes stets ein solcher metrischer Zusammenhang möglich ist, bei welchem die Formel (1) mit beliebig vorgegebenen Koeffizienten Λ^i_{kr} ein System kongruenter Verpflanzungen des Vektorkörpers im Punkte P_0 nach den sämtlichen Punkten seiner Umgebung darstellt. — Ich bemerke dazu in erkenntnistheoretischer Hinsicht: es ist nicht richtig, zu sagen, daß der Raum oder die Welt an sich, vor aller materiellen Erfüllung, lediglich eine formlose stetige Mannigfaltigkeit im Sinne der Analysis situs ist; die *Natur* der Metrik ist ihm an sich eigentümlich, nur die gegenseitige Orientierung der Metriken in den verschiedenen Punkten ist zufällig, a posteriori und abhängig von der materiellen Erfüllung. (Selbstverständlich kann sich das Wesen des Raumes nur in einer ganz bestimmten, ihm gegenüber aber als zufällig zu betrachtenden quantitativen Ausgestaltung in der Wirklichkeit darstellen.) In dieser Einschränkung und zunächst auch nur in diesem Sinne (nicht im Sinne der Herkunft aus einer erfahrungsunabhängigen Erkenntnisquelle) müssen wir auch heute noch an der Kantischen Behauptung festhalten, daß die Euklidische Geometrie a priori sei; sofern wir als den eigentlichen Inhalt der Euklidischen Geometrie die Aussage betrachten, daß die Drehungsgruppe aus denjenigen linearen Transformationen besteht, welche eine nichtausgeartete quadratische Form invariant lassen. Wenn hingegen die hier durchgeführte Analyse das Richtige trifft, so wird der ausgezeichnete Charakter dieser Pythagoreischen Metrik erst dadurch verständlich, daß wir uns die Orientierung, die quantitative Bestimmtheit und Zusammenknüpfung der Metriken in den verschiedenen Punkten als *frei veränderlich* denken und nicht von vornherein jene besondere Verknüpfung als starr gegeben annehmen, welche für die Euklidische Ferngeometrie charakteristisch ist.

II. Die zweite, über die bloße Begriffsanalyse hinausgehende Forderung, welche wir aufstellen, betrifft die Beziehung, welche zwischen kongruenter Verpflanzung und Parallelverschiebung besteht; sie besagt: *unter den möglichen Systemen von Parallelverschiebungen gibt es ein einziges, welches zugleich ein System kongruenter Verpflanzungen ist*; und zwar soll dies zutreffen, welche quantitative Bestimmtheit auch der nach I an sich freie metrische Zusammenhang zufolge der Konstellation der Materie angenommen haben mag. Unter den infinitesimalen kongruenten Verpflanzungen des Vektorkörpers in P_0 nach einem beliebigen Nachbarpunkte P ist also eine ausgezeichnet, die *Translation*, welche mit der Identität zusammenfällt, wenn $P = P_0$ ist.

Für die Pythagoreische Maßbestimmung sind diese Forderungen erfüllt; und, wie ich in der vorliegenden Arbeit zu beweisen gedenke, *nur für diese.* Zu jedem Punkt P_0 gehört daher zufolge der Forderungen I und II eine nichtausgeartete, von einem willkürlichen Vektor (ξ^i) abhängige quadratische Form von bestimmtem Trägheitsindex $\sum_{ik} g_{ik}\xi^i\xi^k$, die „*metrische Fundamentalform*", welche gegenüber den Drehungen invariant ist. Die Form ist nur bis auf einen konstanten Faktor festgelegt. Durch Normierung dieses Faktors wird die Mannigfaltigkeit im Punkte $P_0 = (x_i^0)$ „geeicht"; $l = \sum g_{ik}\xi^i\xi^k$ bezeichnen wir dann als *Maßzahl* des Vektors (ξ^i). Ist

$$d\xi^i = -\sum_k d\gamma^i_k \cdot \xi^k = -\sum_{kr} \Gamma^i_{kr}\xi^k dx_r$$

die Formel für das unter II postulierte einzig „wirkliche" System von Parallelverschiebungen, so läßt sich durch diese Parallelverschiebung die Metrik und die metrische Fundamentalform nach dem Punkte $P = (x_i^0 + dx_i)$ übertragen. Die Änderungen dg_{ik} der Koeffizienten der metrischen Fundamentalform werden dabei geliefert durch die Gleichungen

$$dg_{ik} = \sum_j (g_{ij}\, d\gamma^j_k + g_{kj}\, d\gamma^j_i).$$

Nachdem wir die Mannigfaltigkeit an einer Stelle O geeicht haben, können wir dadurch, daß wir diese Gleichungen längs der von O ausgehenden Radien $x_i = \alpha_i r$ [α_i beliebige Konstanten, r der variable Parameter] integrieren, die Eichung an alle andern Raumstellen übertragen (eine Übertragung, die natürlich abhängig sein wird vom benutzten Koordinatensystem). Dadurch erscheint die Umgebung des Punktes O insbesondere in solcher Weise geeicht, daß die Maßzahl einer Strecke in O bei kongruenter Verpflanzung nach den Nachbarpunkten keine Änderung erfährt (geodätische Eichung). Daraus folgt, daß bei beliebiger Eichung die Änderung dl, welche die Maßzahl l einer Strecke durch kongruente Verpflanzung erleidet, sich aus einer Gleichung bestimmt

$$dl = -l\,d\varphi, \quad \text{in der} \quad d\varphi = \sum_i \varphi_i\, dx_i$$

eine lineare Differentialform ist. Die beiden Formen

$$\sum g_{ik}\, dx_i\, dx_k, \qquad \sum \varphi_i\, dx_i$$

beschreiben die Metrik der Mannigfaltigkeit in ihrer quantitativen Bestimmtheit. Damit ist der Anschluß an die gewöhnliche Infinitesimalgeometrie gewonnen[3]).

Es erscheint mir wesentlich, den Beweis unserer Behauptung für eine *beliebige Dimensionszahl n* zu erbringen. Denn ich glaube, daß sich erst auf Grund der Pythogoreischen Metrik die *Besonderheit der Dimensionszahl* 4, welche der wirklichen Welt zukommt, verständlich machen läßt. Nur in einer vierdimensionalen Welt existiert nämlich die aus der Strecken-

[3]) RZM, § 16.

krümmung entspringende einfachste Integralinvariante, welche als Wirkungsgröße meiner Überzeugung nach den Erscheinungen des elektromagnetischen Feldes zugrunde liegt[4]). Auf die Frage endlich, warum in der wirklichen Welt die metrische Fundamentalform gerade den Trägheitsindex 1 besitzt, können wir gegenwärtig keine andere Antwort geben als die: daß allein in diesem Fall eine *Scheidung von Vergangenheit und Zukunft* möglich ist, da nur im Falle des Trägheitsindex 1 der infinitesimale Kegel $\sum g_{ik}\, dx_i\, dx_k = 0$ durch seine Spitze in zwei Mäntel zerlegt wird.

Nun zur mathematischen Formulierung unserer beiden Forderungen I und II! Durch sie werden gewisse Eigenschaften der infinitesimalen Drehungsgruppe $\mathfrak{g}$ festgelegt. Zu ihr hat man bekanntlich eine Matrix A dann und nur dann zu rechnen, wenn es in der Drehungsgruppe eine (von ε abhängige) lineare Transformation gibt, welche mit[5]) $E + \varepsilon A$ übereinstimmt bis auf einen Fehler, der mit ε stärker gegen 0 konvergiert als ε selber. Die infinitesimale Drehungsgruppe ist nach Lie eine lineare Schar von besonderer Art; mit irgend zwei zu ihr gehörigen Matrizen A und B tritt nämlich in ihr immer auch die Matrix

$$[AB] = AB - BA$$

auf (diese Operation bezeichnen wir hier als „Zusammensetzung" der Matrizen). n Matrizen von $\mathfrak{g}$:

$$A_1 = (a^i_{k1}),\ A_2 = (a^i_{k2}), \ldots, A_n = (a^i_{kn})$$

bilden eine *symmetrische Doppelmatrix* in $\mathfrak{g}$, wenn allgemein die i-te Spalte von A_k gleich der k-ten Spalte von A_i ist:

$$a^r_{ki} = a^r_{ik};$$

die Formel

$$\zeta^r = \sum_{ik} a^r_{ik}\, \xi^i\, \eta^k$$

ordnet dann je zwei Vektoren ξ, η in bilinearer symmetrischer Weise einen dritten Vektor ζ so zu, daß für jeden festen Vektor η der Übergang von ξ zu ζ eine Operation der Gruppe $\mathfrak{g}$ ist.

Die infinitesimale Drehungsgruppe $\mathfrak{g}$ *hat folgende Eigenschaften*[6]):

a) *die Spur einer Matrix von* $\mathfrak{g}$ *ist* 0;

b) *es existiert in* $\mathfrak{g}$ *keine andere symmetrische Doppelmatrix als* 0;

c) *die Dimensionszahl von* $\mathfrak{g}$ *ist die höchste, welche mit der Eigenschaft* b) *verträglich ist, nämlich* $\frac{n(n-1)}{2}$.

---

[4]) Vgl. RZM, §§ 35, 36; ferner den Aufsatz des Verf. „Über die physikalischen Grundlagen der erweiterten Relativitätstheorie" in der Physik. Zeitschr. 22 (1921).

[5]) E bezeichnet die Einheitsmatrix, deren Elemente δ_{ik} ($= 1$ für $i = k$, hingegen $= 0$ für $i \neq k$) sind.

[6]) Die Herleitung ist genauer durchgeführt in RZM, S. 131–132.

Die infinitesimale Gruppe $\mathfrak{g}_Q$ derjenigen Operationen, welche die nichtausgeartete quadratische Form Q mit den Koeffizienten g_{ik} invariant lassen, besteht aus allen Matrizen (a^i_k), für welche

$$\sum_j (g_{ij} a^j_k + g_{kj} a^j_i) = 0$$

gilt. Ist die quadratische Form insbesondere die Einheitsform mit den Koeffizienten δ_{ik}, so besteht $\mathfrak{g}_Q = \mathfrak{g}_0$ aus allen schiefsymmetrischen Matrizen. Die Bestimmung aller infinitesimalen Gruppen mit den oben angegebenen Eigenschaften ist offenbar eine rein algebraische Aufgabe (im Gegensatz zu dem gruppentheoretischen Problem, zu welchem die Helmholtzsche Axiomatik führte); wir können deshalb im Bereich der *komplexen* statt nur der reellen Größen operieren. Das hat zur Folge, daß alle Gruppen $\mathfrak{g}_Q$ von derselben Art sind wie $\mathfrak{g}_0$: die Unterschiede des Trägheitsindex fallen dahin. Der von uns behauptete Satz lautet:

Die infinitesimale Euklidische Drehungsgruppe $\mathfrak{g}_0$ *hat die oben geforderten Eigenschaften* a), b), c); *und umgekehrt: jede infinitesimale Gruppe, welche jenen Forderungen genügt, unterscheidet sich nur durch die Orientierung von* $\mathfrak{g}_0$, *ist also mit der zu einer gewissen nichtausgearteten quadratischen Form Q gehörigen Gruppe* $\mathfrak{g}_Q$ *identisch.*

Der erste Teil ergibt sich durch eine ganz einfache Rechnung, die den Kern der Bestimmung der Christoffelschen Dreiindizessymbole aus den Koeffizienten der metrischen Fundamentalform bildet. Der Beweis der Umkehrung ist mir leider nicht durch Versenkung in den Sinn der aufgestellten Forderungen, sondern nur durch mathematische Seiltänzerei gelungen. — Die Wichtigkeit des zu beweisenden Satzes liegt für mich — das möchte ich zum Schluß noch einmal hervorheben — durchaus nicht in seiner mathematischen, sondern allein in seiner transienten Bedeutung für das Raumproblem. Ich erblicke in ihm eine Bestätigung der Richtigkeit meiner ganzen Gedankeneinstellung zum Raumproblem durch die Logik (analog etwa wie das Vorrücken des Merkurperihels für Einstein eine Bestätigung der Richtigkeit seiner Gedankeneinstellung zum Gravitationsproblem durch die Tatsachen war).

§ 2.

Die niedersten Dimensionszahlen 1, 2, 3.

Fortan bezeichnen wir die Variablen, welche den linearen Transformationen der inf. Gruppe $\mathfrak{g}$ zu unterwerfen sind, stets mit $x_1, x_2, \ldots, x_n$. $\mathfrak{g}$ genügt nach Voraussetzung den in § 1 ausgesprochenen Bedingungen a), b), c). Zu jeder linearen Transformation (Matrix) $A = (a_{ik})$ gehört unabhängig vom Koordinatensystem das *charakteristische Polynom*

$$\det.(\lambda E - A) = \lambda^n - S_1 \cdot \lambda^{n-1} + \ldots \mp S_n,$$

dessen Nullstellen die *charakteristischen Wurzeln* sind.

Über die *Dimensionszahl* 1 ist kein Wort zu verlieren.

Im *Falle* $n = 2$ können wir unseren Satz durch direkte Rechnung bestätigen. $\mathfrak{g}$ besteht aus den Multipla einer einzigen Matrix

$$A = \left\| \begin{matrix} a_{11} & a_{12} \\ a_{21} & a_{22} \end{matrix} \right\|,$$

deren Spur $a_{11} + a_{22}$ verschwindet. Die Voraussetzung, daß keine symmetrische Doppelmatrix in der Gruppe existiert außer 0, besagt, daß aus der Bedingung: zweite Spalte von $\gamma_2 A$ gleich der ersten Spalte von $-\gamma_1 A$, das Verschwinden der beiden Zahlen γ_1, γ_2 folgt; oder die Gleichungen

$$a_{11}\gamma_1 + a_{12}\gamma_2 = 0,$$
$$a_{21}\gamma_1 + a_{22}\gamma_2 = 0$$

haben keine Lösung außer $\gamma_1 = \gamma_2 = 0$; oder die Determinante von A ist $\neq 0$. Die nicht-ausgeartete quadratische Form, welche bei der inf. Transformation A ungeändert bleibt, bestimmt sich nunmehr einfach aus

$$g_{11} = a_{21}, \qquad g_{12} = -a_{11},$$
$$g_{21} = a_{22}, \qquad g_{22} = -a_{12}.$$

Wir gehen zur *Dimensionszahl* 3 über. Im charakteristischen Polynom der allgemeinen, von drei Parametern linear abhängigen Gruppenmatrix verschwindet nach Voraussetzung der Koeffizient S_1, die Spur, identisch. Infolgedessen können wir durch die beiden Gleichungen $S_2 = 0$, $S_3 = 0$ eine nicht-verschwindende Matrix der Gruppe bestimmen, deren sämtliche charakteristische Wurzeln 0 sind. Ihr läßt sich nach der Elementarteilertheorie durch geeignete Wahl des Koordinatensystems die Gestalt geben

$$R_0 = \left\| \begin{matrix} 0 & 0 & 1 \\ 0 & 0 & 0 \\ 0 & 1 & 0 \end{matrix} \right\| \quad \text{oder} \quad \left\| \begin{matrix} 0 & 0 & 0 \\ 1 & 0 & 0 \\ 0 & 0 & 0 \end{matrix} \right\|.$$

Die zweite Möglichkeit scheidet hier aus nach dem folgenden, für beliebige Dimensionszahlen gültigen Prinzip:

I. *Eine Matrix der Gruppe, in der alle Spalten bis auf eine mit Nullen besetzt sind, ist überhaupt* $= 0$.

Sei nämlich A eine solche Matrix, in welcher alle Spalten bis auf die erste verschwinden; dann ist die folgende Reihe von n Matrizen:

$$A, 0, 0, \ldots, 0$$

offenbar eine symmetrische Doppelmatrix.

Wir dürfen demnach annehmen, daß unsere Gruppe die Matrix R_0 enthält. Aus der willkürlichen Gruppenmatrix A bilden wir $A' = [R_0 A]$ und wiederholen diese von A zu A' führende Operation. Wir erhalten dann der Reihe nach

$$A = \begin{Vmatrix} a_{11} & a_{12} & a_{13} \\ a_{21} & a_{22} & a_{23} \\ a_{31} & a_{32} & a_{33} \end{Vmatrix}, \quad A' = \begin{Vmatrix} a_{31}, & a_{32} - a_{13}, & a_{33} - a_{11} \\ 0, & -a_{23}, & -a_{21} \\ a_{21}, & a_{22} - a_{33}, & a_{23} - a_{31} \end{Vmatrix},$$

$$A'' = \begin{Vmatrix} a_{21}, & a_{22} - 2a_{33} + a_{11}, & a_{23} - 2a_{31} \\ 0, & a_{21} & 0 \\ 0, & -2a_{23} + a_{31}, & -2a_{21} \end{Vmatrix},$$

$$A''' = \begin{Vmatrix} 0, & -3a_{23} + 3a_{31}, & -3a_{21} \\ 0, & 0, & 0 \\ 0, & 3a_{21}, & 0 \end{Vmatrix}, \quad A'''' = \begin{Vmatrix} 0, & 6a_{21}, & 0 \\ 0, & 0, & 0 \\ 0, & 0, & 0 \end{Vmatrix}.$$

Indem wir die Reihe der „Abgeleiteten" rückwärts durchlaufen, schließen wir mit Hilfe des Prinzips I

$$\text{aus } A'''': \qquad a_{21} = 0;$$

$$\text{darauf aus } A''': \qquad a_{31} = a_{23} \; (= a);$$

$$\text{darauf aus } A'' + aR_0: \qquad a_{22} - 2a_{33} + a_{11} = 0.$$

Wegen des Verschwindens der Spur ist also

$$a_{11} + a_{22} = 0, \qquad a_{33} = 0.$$

Endlich gehen wir zu A' oder vielmehr zu $A' + a_{11} R_0$ zurück; diese Matrix lautet

$$A^* = \begin{Vmatrix} a, & a_{32} - a_{13}, & 0 \\ 0, & -a, & 0 \\ 0, & 0, & 0 \end{Vmatrix}.$$

Sie kann nicht identisch verschwinden. Denn wäre das der Fall, so wäre A gleich einem Multiplum von R_0 plus

$$\bar{A} = \begin{Vmatrix} a_{11} & a_{12} & 0 \\ 0 & a_{22} & 0 \\ 0 & 0 & 0 \end{Vmatrix}.$$

Ein solches $\bar{A}$ aber muß nach dem Prinzip I verschwinden, wenn $a_{11} = 0$ wird; also gibt es höchstens *eine* linear unabhängige Matrix von der Form $\bar{A}$ in unserer Schar. Dieser Widerspruch zeigt die Existenz eines nichtverschwindenden A^*. In diesem A^* muß dann insbesondere (wieder infolge des Prinzips I) $a \neq 0$ sein; wir können $a = 1$ nehmen. Damit haben wir eine Matrix von der Gestalt gewonnen:

$$\begin{Vmatrix} 1 & \alpha & 0 \\ 0 & -1 & 0 \\ 0 & 0 & 0 \end{Vmatrix}.$$

Ersetzt man die Koordinate x_1 durch $x_1 + \frac{\alpha}{2} x_2$, so nimmt im neuen Koordinatensystem diese Matrix die Form an

$$A_1 = \begin{Vmatrix} 1 & 0 & 0 \\ 0 & -1 & 0 \\ 0 & 0 & 0 \end{Vmatrix},$$

ohne daß R_0 sich ändert. Dann ergibt sich aus A^* (das ein Multiplum von A_1 sein muß) weiter allgemein $a_{32} = a_{13}$, und A ist gleich einem Multiplum von R_0 + einem Multiplum von A_1

$$+ \begin{Vmatrix} 0 & a_{12} & 0 \\ 0 & 0 & a \\ a & 0 & 0 \end{Vmatrix}.$$

Da es nach Früherem ein A gibt, für welches $a \neq 0$ ist, so erhalten wir drittens in unserer Gruppe eine Matrix, die so aussieht:

$$A_2 = \begin{Vmatrix} 0 & \beta & 0 \\ 0 & 0 & 1 \\ 1 & 0 & 0 \end{Vmatrix}.$$

Die letzte, noch nicht ausgenutzte Gruppenbedingung:

$$A_{21} = [A_2 A_1] = \begin{Vmatrix} 0 & -2\beta & 0 \\ 0 & 0 & 1 \\ 1 & 0 & 0 \end{Vmatrix}$$

setzt sich linear aus R_0, A_1, A_2 zusammen, liefert $A_{21} = A_2$ und damit $\beta = 0$. Wir sind so schließlich bei einer einzigen inf. Gruppe angelangt, welche durch die Formel

$$\begin{Vmatrix} \varrho & 0 & \alpha \\ 0 & -\varrho & \beta \\ \beta & \alpha & 0 \end{Vmatrix}$$

mit den Parametern ϱ, α, β dargestellt wird. ***Es ist die Gruppe derjenigen inf. Transformationen, welche die nicht-ausgeartete quadratische Form***

$$2 x_1 x_2 - x_3^2$$

invariant lassen.

§ 3.

Die Grundlagen des Beweises.

Eine Verallgemeinerung des soeben beständig herangezogenen Prinzips I bietet im allgemeinen Fall in ganz analoger Weise das Mittel zur Verkettung der Schlüsse. Wir betrachten diejenigen Matrizen A unserer Gruppe, in denen bestimmte r Kolonnen mit Nullen besetzt sind; außerdem seien s lineare homogene, voneinander unabhängige Bedingungen gegeben, denen jede Kolonne von A zu genügen hat. Diese Bedingungen können insbesondere darin bestehen, daß bestimmte s Zeilen verschwinden sollen. Wie viele linear unabhängige Matrizen unserer Gruppe der gewünschten Art kann es höchstens geben? Ihre Anzahl sei N. Die r mit Nullen besetzten Kolonnen seien die r letzten. Wir wählen willkürlich $r' = n - r$ Matrizen der zu untersuchenden Art $A_1, A_2, \ldots, A_{r'}$ und fügen dieser Reihe noch r Matrizen 0 hinzu. Die so erhaltene Reihe ist eine symmetrische Doppelmatrix, wenn allgemein die k-te Spalte von A_i gleich der i-ten Spalte von A_k ist ($i, k = 1, 2, \ldots, r'$). Da die Übereinstimmung zweier Spalten, die ja beide den gleichen s linearen Beziehungen genügen, durch $s' = n - s$ Bedingungsgleichungen herbeigeführt werden kann, formuliert sich die Aufgabe der Bestimmung einer Doppelmatrix von dieser Beschaffenheit in $\frac{r'(r'-1)}{2} \cdot s'$ linearen homogenen Gleichungen für $r'N$ Unbekannte. Soll 0 die einzige Lösung sein, so muß

$$r'N \leqq \frac{r'(r'-1)}{2} \cdot s', \qquad N \leqq \frac{s'(r'-1)}{2}$$

sein; d. i. um wenigstens

$$\frac{r+s}{2} \cdot n - \frac{(r+1)s}{2}$$

weniger als die Parameterzahl $\frac{n(n-1)}{2}$ der totalen Gruppe. Dies Ergebnis können wir offenbar in doppelter Weise so aussprechen:

Diejenigen Matrizen von $\mathfrak{g}$, deren Zeilen r und deren Kolonnen s unabhängigen linearen homogenen Gleichungen genügen, bilden eine lineare Schar höchstens vom Grade $\frac{s'(r'-1)}{2}$; oder: Verlangt man von einer willkürlichen Matrix A der inf. Gruppe, daß jede ihrer Zeilen denselben r, jede ihrer Kolonnen s unabhängigen linearen homogenen Gleichungen genügt, so involviert das mindestens $\frac{r+s}{2} \cdot n - \frac{(r+1)s}{2}$ unabhängige Bedingungsgleichungen zwischen den Parametern von A.

Von diesem allgemeinen Satze wird im folgenden außer dem Prinzip I nur derjenige Fall zur Anwendung kommen, wo $r = s$ ist und die betr. Gleichungen fordern, daß r Zeilen und r Kolonnen verschwinden.

II. *Diejenigen Matrizen der Gruppe, in denen alle Zeilen und Kolonnen bis auf je r verschwinden, bilden eine lineare Schar höchstens vom Grade $\frac{r(r-1)}{2}$; oder: Das Verschwinden von bestimmten r Zeilen und r Kolonnen in der allgemeinen Matrix von $\mathfrak{g}$ kann nur durch wenigstens $rn - \frac{r(r+1)}{2}$ unabhängige Bedingungen für deren Parameter bewirkt werden.*

Wir erwähnen noch das folgende Seitenstück zu I:

I'. *Eine Matrix unserer Gruppe, in der alle Zeilen bis auf eine verschwinden, ist* 0.

Man kann das aus I herleiten oder auch direkt so einsehen: Ist $a_1, a_2, \ldots, a_n$ die eine vorhandene Zeile der Matrix A, so ist $a_1 A, a_2 A, \ldots, a_n A$ eine symmetrische Doppelmatrix, und daher $a_i a_k = 0$, $a_i^2 = 0$, $a_i = 0$.

Kommt in $\mathfrak{g}$ eine „Hauptmatrix" H vor, in der alle Elemente außerhalb der Hauptdiagonale verschwinden, während in der Hauptdiagonale die Zahlen $\alpha_1, \alpha_2, \ldots, \alpha_n$ stehen, so bilde man die Differenzen $\alpha_i - \alpha_k$ und teile mit Bezug auf H das Schema einer beliebigen Matrix in „Länder" ein, indem man jedem Feld (ik) des Schemas (i der Zeilen-, k der Kolonnenindex) die Zahl $\alpha_i - \alpha_k$ als „Multiplikator" zuordnet und zwei Felder dann und nur dann zum gleichen Lande rechnet, wenn sie den gleichen Multiplikator besitzen. Dann gilt als eine Folge der Gruppeneigenschaft der Satz:

III. *In der allgemeinen Matrix unserer Gruppe sind die einzelnen Länder voneinander unabhängig*; d. h. jede Gruppenmatrix kann aus solchen in der Gruppe enthaltenen Matrizen additiv zusammengesetzt werden, die nur in je *einem* Lande von 0 verschiedene Elemente aufweisen. Beweis: Die ihrem Zahlwerte nach verschiedenen Multiplikatoren seien $\omega_0 = 0$, $\omega_1, \omega_2, \ldots, \omega_l$. Die Matrix $A' = [HA]$ entsteht dadurch aus A, daß die Elemente des zum Multiplikator ω_μ gehörigen Landes mit ω_μ multipliziert werden. Bestimmen wir also $l+1$ Zahlen $c_0, c_1, \ldots, c_l$ so, daß

$$c_0 + c_1\omega_\nu + c_2\omega_\nu^2 + \ldots + c_l\omega_\nu^l = \delta_{\mu\nu} \qquad (\nu = 0, 1, \ldots, l)$$

wird, so ist

$$c_0 A + c_1 A' + c_2 A'' + \ldots + c_l A^{(l)}$$

eine Matrix, die im μ-ten Land mit A übereinstimmt, in allen andern Ländern aber verschwindet.

$$\begin{array}{|ccccc|} \hline 0 & 1 & 0 & \ldots & 0 \\ 0 & 0 & 1 & \ldots & 0 \\ . & . & . & . & . \\ 0 & 0 & 0 & \ldots & 1 \\ 0 & 0 & 0 & \ldots & 0 \\ \hline \end{array}$$

Zum Beweise des Haupttheorems gehen wir wie im Falle $n = 3$ aus von einer Matrix R_0, deren sämtliche charakteristische Wurzeln 0 sind. Bei geeigneter Wahl des Koordinatensystems setzt sich R_0 zusammen aus Quadraten von nebenstehender Form, die sich längs der Hauptdiagonale aneinander reihen. Ist $\mu + 1$ die Zahl der Zeilen und Kolonnen in einem solchen Quadrat, so nennen wir μ seine Ordnungszahl. Sind $\mu_1 \geqq \mu_2 \geqq \ldots \geqq \mu_e$ die Ordnungszahlen der Quadrate, aus denen sich R_0 zusammensetzt, soweit sie $\geqq 1$ sind, so sagen wir, R_0 sei vom Typus $\mu_1 + \mu_2 + \ldots + \mu_e$. Die Summe h dieser Ordnungszahlen ist der Rang von R_0. Da nach dem Prinzip I der Rang $h = 1$ ausgeschlossen ist, sind die niedersten möglichen Typen von R_0 die beiden, welche dem Range 2 entsprechen; nämlich 2 und $1 + 1$. Diese werden wir zunächst diskutieren (§§ 4, 5) und zeigen, daß sie auf eine Gruppe $\mathfrak{g}_Q$ führen. Hernach werden wir auf sie die höheren Fälle zurückführen. Zur Vorbereitung der Reduktion eines beliebigen R_0 fassen wir zunächst in § 6 den Typus $1 + 1 + \ldots + 1$, in § 7 den Typus h ins Auge. In § 8 folgt der Hauptteil des allgemeinen Beweises, in § 9 die Erledigung des dabei übrigbleibenden Typus $2 + 1$.

Noch ein paar Worte über die angewendeten Bezeichnungen! Leergelassene Stellen einer Matrix sind stets mit 0 zu besetzen; als Zeichen für die Besetzung durch irgendwelche Zahlen, welche nicht benannt zu werden brauchen, dient der $*$. Zuweilen wird von einer Matrix nur ein rechteckiger Ausschnitt hingeschrieben; am Rande sind dann die Zeilen- und Kolonnennummern vermerkt, denen dieser Ausschnitt entspricht; wenn nichts anderes angegeben wird, ist der nicht hingeschriebene Teil mit Nullen auszufüllen. Die Randnumerierung kann unterbleiben, wenn die Nummern von 1 ab in ununterbrochener Reihenfolge laufen.

§ 4.

Typus 2.

$$R_0 = \begin{array}{|ccc|} \hline 0 & 0 & 1 \\ 0 & 0 & 0 \\ 0 & 1 & 0 \\ \hline \end{array}\,.$$

Es handelt sich offenbar um Übertragung der in § 2 durchgeführten Untersuchung von $n = 3$ auf beliebiges n. Wie dort bilden wir aus einer beliebigen Matrix A der Gruppe durch „Zusammensetzung" mit R_0: A', A'', A''' A''''. In dem Quadrat, in welchem sich die ersten drei Zeilen mit den ersten drei Kolonnen durchkreuzen, lauten diese Matrizen wie dort angegeben. Es kommt bei A' und A'' der folgende Rand hinzu:

$$\left|\begin{array}{c|c} \multirow{3}{*}{$*$} & a_{34}\ldots a_{3n} \\ & 0\ \ldots\ 0 \\ & a_{24}\ldots a_{2n} \\ \hline 0,\ -a_{43},\ -a_{41} & \\ \cdots\cdots\cdots & 0 \\ \cdots\cdots\cdots & \\ 0,\ -a_{n3},\ -a_{n1} & \end{array}\right|, \quad \text{bzw.} \quad \left|\begin{array}{c|c} \multirow{3}{*}{$*$} & a_{24}\ldots a_{2n} \\ & 0\ \ldots\ 0 \\ & 0\ \ldots\ 0 \\ \hline 0\ \ a_{41}\ \ 0 & \\ \cdots\cdots & 0 \\ \cdots\cdots & \\ 0\ \ a_{n1}\ \ 0 & \end{array}\right|.$$

Wir erhalten aus A'''' und A''':

$$a_{21} = 0, \qquad a_{31} = a_{23} \,(= a).$$

Wir führen die Bedingungen ein:

$$(2) \qquad a_{24} = \ldots = a_{2n} = 0.$$

Aus $A'' + a R_0$ liefert darauf das Prinzip I:

$$(3) \qquad \begin{cases} a_{41} = \ldots = a_{n1} = 0, \\ a_{33} - a_{11} = a_{22} - a_{33} \,(= b). \end{cases}$$

Ich behaupte zunächst: *aus* (2) *folgt nicht* $a = 0$.

Wir nehmen das Gegenteil an und werden dadurch zu einem Widerspruch gelangen. (2) enthält höchstens $n - 3$ unabhängige Bedingungen; fügen wir noch hinzu

$$(4) \qquad a_{11} = a_{22} = 0,$$

so fehlen in A die erste Spalte und die zweite Zeile. Also müssen nach II unter den gestellten Bedingungen mindestens $n - 1$ unabhängige vorhanden sein. Daraus ergibt sich, daß die $n - 3$ Gleichungen (2) voneinander unabhängig sind, und wir besitzen in A'', wenn wir noch ein beliebiges Multiplum von R_0 addieren, eine Gruppenmatrix

$$(5) \qquad \mathsf{A} = \left|\begin{array}{ccccc} 0 & * & \alpha_3 & \alpha_4 \ldots & \alpha_n \\ 0 & & & & \\ \alpha_3' & & & & \\ \alpha_4' & & & & \\ \vdots & & & & \\ \alpha_n' & & & & \end{array}\right|$$

mit *beliebigen Zahlen* $\alpha_3, \alpha_4, \ldots, \alpha_n$; dabei ist $\alpha_3' = \alpha_3$.

Da nach I mit den α auch die α' notwendig verschwinden, können wir setzen

$$\alpha_i' = \sum_{k=3}^{n} g_{ik}\,\alpha_k \quad (i = 3, 4, \ldots, n).$$

Die Determinante der Konstanten g_{ik} ist $\neq 0$, da nach I' die α' nicht verschwinden können, ohne daß auch alle $\alpha = 0$ werden. Außerdem ist

$$g_{33} = 1, \qquad g_{34} = \ldots = g_{3n} = 0.$$

Aus zwei derartigen Matrizen A und $\bar{\mathsf{A}}$ bilden wir

$$\mathsf{A}\bar{\mathsf{A}} = \left|\begin{array}{c} \sum_i \alpha_i\,\bar{\alpha}_i' \end{array}\right|_{1} \quad \text{(Stelle: Zeile } 2\text{, Spalte } 1).$$

Die Bilinearform

(6) $$\sum_{i,k=3}^{n} g_{ik}\,\alpha_i\,\bar{\alpha}_k$$

ist also eine Invariante gegenüber linearer Transformation der Koordinaten $x_3, x_4, \ldots, x_n$. Sie ist symmetrisch, da aus der in der Gruppe vorhandenen Matrix $[\mathsf{A}\,\bar{\mathsf{A}}]$ das Prinzip I die Gleichung zu schließen gestattet:

$$\sum_i \alpha_i\,\bar{\alpha}_i' - \sum_i \bar{\alpha}_i\,\alpha_i' = 0.$$

Die zugehörige nicht-ausgeartete quadratische Form

$$\alpha_3^2 + \sum_{i,k=4}^{n} g_{ik}\,\alpha_i\,\alpha_k$$

kann durch lineare Transformation der Variablen $x_4, \ldots, x_n$ auf die Normalform

$$\alpha_3^2 + (\alpha_4^2 + \ldots + \alpha_n^2)$$

gebracht werden; dann ist in (5) allgemein

$$\alpha_i' = \alpha_i.$$

Betrachten wir jetzt wieder eine beliebige, den Bedingungen (2) genügende Matrix A; in ihr verschwindet die ganze zweite Zeile bis auf das Element a_{22} und die ganze erste Spalte bis auf das Element a_{11}. Bilden wir daraus durch Zusammensetzung $\bar{\mathsf{A}} = [\mathsf{A}\,A]$, so hat $\bar{\mathsf{A}}$ die gleiche Form wie A; nur sind an Stelle der Zahlen α_i, α_i' die folgenden getreten

$$\bar{\alpha}_i = \sum_{k=3}^{n} a_{ki}\,\alpha_k - a_{11}\,\alpha_i,$$

$$\bar{\alpha}' = a_{22}\,\alpha_i - \sum_{k=3}^{n} a_{ik}\,\alpha_k.$$

Da nun $\bar{\alpha}_i' = \bar{\alpha}_i$ sein muß, erhalten wir

(7) $$a_{ik} + a_{ki} = (a_{11} + a_{22})\,\delta_{ik} \qquad (i, k = 3, 4, \ldots, n).$$

Wenden wir diese Gleichung insbesondere auf $i = k$ an, so kommt

$$a_{11} + a_{22} = 2c, \qquad a_{33} = \ldots = a_{nn} = c,$$

und die Spur von A ist $= nc$. Daher liefert die Forderung verschwindender Spur die Gleichung

(8) $$c = 0, \qquad a_{11} + a_{22} = 0.$$

Da diese Beziehung aus (2) folgt, sind (2) und (4) zusammen nicht $n - 1$ unabhängige Bedingungen, wie es doch sein mußte.

Zu einem A, das den Bedingungen (2), (3) genügt, für welches aber $a \neq 0$ ist und daher $= 1$ genommen werden kann, erhalten wir ein $A' - b R_0$ von folgender Form

$$\begin{array}{|cccccc|} 1 & \alpha & 0 & a_4 & \dots & a_n \\ -1 & & & & & \\ 0 & & & & & \\ b_4 & & & & & \\ \vdots & & & & & \\ b_n & & & & & \end{array}\,.$$

Führen wir an Stelle der Koordinaten x_i neue y_i ein durch die Gleichungen

$$y_1 = x_1 + \alpha' x_2 + (a_4 x_4 + \dots + a_n x_n),$$

$$\begin{array}{l|l} y_2 = x_2 & y_4 = x_4 + b_4 x_2, \\ y_3 = x_3 & \dots\dots\dots \\ & y_n = x_n + b_n x_2 \end{array}$$

mit $2\alpha' = \alpha + (a_4 b_4 + \dots + a_n b_n)$,

so gewinnt diese Matrix die einfache Gestalt

$$A_1 = \begin{array}{|cc|} 1 & 0 \\ 0 & -1 \end{array}\,,$$

während R_0 ungeändert bleibt. Zu ihr gehört die folgende, durch die Multiplikatoren gekennzeichnete Einteilung einer beliebigen Matrix in fünf unabhängige Länder (die nicht ausgezogenen Striche und Zeichen $\times$, † möge man vorerst ignorieren):

0	2	†	1
−2	0	×	−1
×	†		
−1	1	0	

Länder, die nur aus Feldern einer Kolonne, insbesondere nur aus einem Felde bestehen, müssen nach Prinzip I leer sein; also ist außer $a_{21} = 0$ auch $a_{12} = 0$.

Ein den Gleichungen (2), (3) genügendes A mit $a = 1$ liefert als seinen dem Lande -1 angehörenden, nach III selbständigen Bestandteil die Gruppenmatrix R_0^*.

$$R_0^* = \begin{array}{|ccc|} 0 & 0 & 0 \\ 0 & 0 & 1 \\ 1 & 0 & 0 \end{array}\,.$$

Infolgedessen und wegen der allgemein gültigen Gleichung $a_{23} = a_{31}$ kann das Land -1 noch wieder in zwei unabhängige Bestandteile zerlegt werden, von denen der eine, $\times$, lediglich aus den beiden Feldern (2 3) und (3 1) besteht; der andere Bestandteil heiße $(-1)'$. Analog wie mittels R_0 sich die Gleichung $a_{23} = a_{31}$ ergibt, liefert R_0^* die Beziehung $a_{32} = a_{13}$. Infolgedessen zerfällt das Land $+1$ ebenfalls in zwei unabhängige Bestandteile: †, bestehend aus den beiden Feldern (1 3), (3 2), und $(+1)'$. Aus jeder in der Gruppe vorkommenden Ausfüllung A des Landes $(-1)'$ entsteht durch den Übergang von A zu A'' eine Ausfüllung des Landes $(+1)'$ durch die gleichen Zahlen; zweimalige Zusammensetzung mit R_0 verwandelt das eine in das andere. Mittels analoger Verwendung von R_0^* an Stelle von R_0 wird aber auch umgekehrt eine beliebige vorkommende Ausfüllung des Landes $(+1)'$ in die gleichlautende des Landes $(-1)'$ zurückverwandelt. Ist also m die Anzahl der zu $(+1)'$ gehörigen unabhängigen Matrizen, d. h. derjenigen in der Gruppe vorkommenden Matrizen, welche außerhalb des Landes $(+1)'$ lauter Nullen aufweisen, so ist die Anzahl der zu $(-1)'$ gehörigen Matrizen ebenso groß. Eine zu $(+1)'$ gehörige Matrix hat die Form (5), wobei noch der $*$ sowie α_3 und α_3' verschwinden. Sie wird nach I notwendig 0, wenn die Reihe $\alpha_4 \ldots \alpha_n$ verschwindet; darum ist $m \leqq n-3$. Die Zahl der unabhängigen Bedingungen, welche die ersten beiden Zeilen und Kolonnen einer beliebigen Gruppenmatrix auslöschen, ist jetzt offenbar höchstens gleich $2m+4$. Sie muß andererseits mindestens $2n-3$ sein (nach Prinzip II); daher

$$2m \geqq 2n-7, \qquad m = n-3.$$

Damit ist gezeigt, daß ein A wie in (5) existiert mit *beliebigen* Zahlen $\alpha_3, \alpha_4, \ldots, \alpha_n$, wobei wie dort $\alpha_3' = \alpha_3$, aber der $* = 0$ zu setzen ist. Daraus ergeben sich wie früher vermöge einer geeigneten Transformation der Koordinaten $x_4 \ldots x_n$ die Gleichungen $\alpha_i' = \alpha_i$;

$$(8)\quad a_{11} + a_{22} = 0, \qquad (7)\quad a_{ik} + a_{ki} = 0 \quad (i, k = 3, 4, \ldots, n).$$

Die letzteren, (7) und (8), sind nicht an die Bedingungen (2) gebunden, weil diese Bedingungen und jene Gleichungen zwei verschiedene Länder betreffen. Die beliebige Matrix A aber hat die nebenstehende Gestalt (der nicht ausgefüllte Teil ist schiefsymmetrisch).

$$\begin{array}{|cc|c|}\hline \varrho & 0 & \alpha_3 \ldots \alpha_n \\ 0 & -\varrho & \beta_3 \ldots \beta_n \\ \hline \beta_3 & \alpha_3 & \\ \vdots & \vdots & * \\ \beta_n & \alpha_n & \\ \hline \end{array}$$

Das ist die Gruppe derjenigen inf. Transformationen, welche die quadratische Form

$$2x_1x_2 - (x_3^2 + \ldots + x_n^2)$$

invariant lassen.

Der Beweis ist möglichst konstruktiv durchgeführt und so, daß er Schritt für Schritt dem im folgenden Paragraphen entwickelten Gedankengang zur Erledigung des Typus $1+1$ korrespondiert.

§ 5.

Typus $1+1$.

$$R_0 = \begin{array}{|cc|l}\hline 1 & 0 & {}^3 \\ 0 & 1 & {}^4 \\ \hline {}_1 & {}_2 & \end{array}.$$

Durch zweimalige Zusammensetzung von R_0 mit einer beliebigen Gruppenmatrix $A = (a_{ik})$ entsteht

$$A'' = \begin{array}{|cc|l}\hline a_{13} & a_{14} & {}^3 \\ a_{23} & a_{24} & {}^4 \\ \hline {}_1 & {}_2 & \end{array}.$$

Da nach Prinzip II nur *eine* linear unabhängige Matrix von dieser Form existieren kann, muß A'' ein Multiplum von R_0 sein,

$$(9)\qquad \begin{Vmatrix} a_{13} & a_{14} \\ a_{23} & a_{24} \end{Vmatrix} = \begin{Vmatrix} a & 0 \\ 0 & a \end{Vmatrix}.$$

Unter Berücksichtigung dieses Umstandes lautet das durch einmalige Zusammensetzung mit R_0 aus A entstandene

$$(10)\qquad A':\quad \left|\begin{array}{cc|cc|ccc} a & 0 & & & & & \\ 0 & a & & & & & \\ \hline a_{33}-a_{11}, & a_{34}-a_{12} & -a & 0 & -a_{15} & \dots & -a_{1n} \\ a_{43}-a_{21}, & a_{44}-a_{22} & 0 & -a & -a_{25} & \dots & -a_{2n} \\ \hline a_{53} & a_{54} & & & & & \\ \vdots & \vdots & & & & & \\ a_{n3} & a_{n4} & & & & & \end{array}\right| .$$

Außer R_0 ist kein „Regulator", d. i. keine weitere Gruppenmatrix von der Form

$$(11)\qquad R = \left|\begin{array}{cc} 0 & 0 \\ 0 & 0 \\ \alpha_3 & \beta_3 \\ \vdots & \vdots \\ \alpha_n & \beta_n \end{array}\right|$$

vorhanden. Der Beweis dafür wird am Schluß des Paragraphen nachgeholt. *Ich gehe jetzt zunächst darauf aus, zu zeigen, daß nicht für alle Matrizen der Gruppe a verschwinden kann.*

Beweis indirekt: Ich nehme an, es sei a stets $= 0$. Dann schließen wir aus A', daß die Bedingungen

$$(12)\qquad \begin{cases} a_{15} = \dots = a_{1n} = 0, \\ a_{25} = \dots = a_{2n} = 0 \end{cases}$$

die andern zur Folge haben:

$$(13)\qquad \begin{cases} a_{53} = \dots = a_{n3} = 0, \\ a_{54} = \dots = a_{n4} = 0; \end{cases}$$

$$(14)\qquad a_{33} - a_{11} = a_{44} - a_{22}, \quad a_{34} = a_{12}, \quad a_{43} = a_{21}.$$

Fügen wir noch

$$(15)\qquad \begin{vmatrix} a_{11} & a_{12} \\ a_{21} & a_{22} \end{vmatrix} = 0, \quad a_{33} = 0$$

hinzu, so haben wir durch höchstens $2(n-4)+5 = 2n-3$ unabhängige Bedingungen die ersten beiden Zeilen und die dritte und vierte Kolonne von A zum Verschwinden gebracht. Nach II sind dazu aber auch wenigstens so viele Bedingungen erforderlich. Infolgedessen sind die Gleichungen (12) notwendig voneinander unabhängig; und daher besitzen wir in A' eine zur Gruppe gehörige Matrix von der Form

$$(16)\qquad \mathsf{A} = \left|\begin{array}{c|c|c} & & \\ \hline \begin{matrix} * & * \\ * & * \end{matrix} & & \begin{matrix} \beta_5 & \ldots & \beta_n \\ \alpha_5 & \ldots & \alpha_n \end{matrix} \\ \hline \begin{matrix} \alpha_5' & \beta_5' \\ \vdots & \vdots \\ \alpha_n' & \alpha_n' \end{matrix} & & \end{array}\right|$$

mit *beliebigen Zahlen*

$$\beta_5, \ldots, \beta_n;$$
$$\alpha_5, \ldots, \alpha_n.$$

Da kein Regulator außer R_0 existiert, verschwinden hierin mit den α, β auch die α', β'; daher können wir setzen

$$\alpha_i' = \sum_{k=5}^{n} g_{ik}\alpha_k + \sum_k g_{ik}^*\beta_k, \qquad \beta_i' = \sum_k h_{ik}^*\alpha_k + \sum_k h_{ik}\beta_k.$$

Die g, g^*, h, h^* sind konstante, von den α und β unabhängige Koeffizienten. Aus zwei derartigen Matrizen bilden wir

$$\mathsf{A}\bar{\mathsf{A}} = \begin{array}{|cc|l} \sum_i \beta_i\bar{\alpha}_i', & \sum_i \beta_i\bar{\beta}_i' & 3 \\ \sum_i \alpha_i\bar{\alpha}_i', & \sum_i \alpha_i\bar{\beta}_i' & 4 \\ \hline 1 & 2 & \end{array}$$

Die vier hier auftretenden Bilinearformen der beiden Variablenreihen α, β und $\bar{\alpha}, \bar{\beta}$ sind also Invarianten gegenüber linearer Transformation der Koordinaten $x_5 \ldots x_n$. Da $[\mathsf{A}\bar{\mathsf{A}}]$ in der Gruppe vorkommt und daher ein Multiplum von R_0 sein muß, bekommen wir drei Gleichungen, welche aussagen, daß

$$\sum_i \alpha_i\bar{\alpha}_i', \qquad \sum_i \beta_i\bar{\beta}_i' \qquad \text{und} \qquad \sum_i (\beta_i\bar{\alpha}_i' + \bar{\alpha}_i\beta_i')$$

symmetrische Bilinearformen sind. Die erste ergibt

$$g_{ik} = g_{ki}, \qquad g_{ik}^* = 0,$$

die zweite

$$h_{ik} = h_{ki}, \qquad h_{ik}^* = 0,$$

die dritte

$$(17)\qquad g_{ik} + h_{ik} = 0.$$

Die quadratische Form

$$(18)\qquad \sum_{ik} g_{ik}\alpha_i\alpha_k$$

ist nicht-ausgeartet. In der Tat: bezeichnet α_i ein Zahlsystem, für welches die sämtlichen

$$\alpha_i' = \sum_k g_{ik}\alpha_k$$

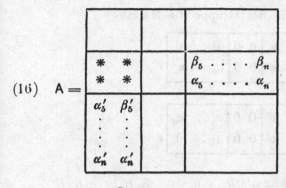

zu Null werden, so haben wir in der Gruppe die Matrix

$$M = \left|\begin{array}{cc|cc|c} \mu' & * & 0 & 0 & 0 \dots 0 \\ \mu & * & 0 & 0 & \alpha_5 \dots \alpha_n \end{array}\right| \begin{matrix} {\scriptstyle 3} \\ {\scriptstyle 4} \end{matrix}.$$

und nach (17) außerdem

$$L = \left|\begin{array}{cc|cc|c} * & \lambda & 0 & 0 & \alpha_5 \dots \alpha_n \\ * & \lambda' & 0 & 0 & 0 \dots 0 \end{array}\right| \begin{matrix} {\scriptstyle 3} \\ {\scriptstyle 4} \end{matrix}$$

Dann bilden aber

$$L + (\mu - \lambda') R_0, \quad M + (\lambda - \mu') R_0, \quad 0, \quad 0, \quad \alpha_5 R_0, \dots, \alpha_n R_0$$

eine symmetrische Doppelmatrix, und daher ist $\alpha_5 = \dots = \alpha_n = 0$. Bringen wir (18) durch Transformation der Koordinaten $x_5 \dots x_n$ auf die Normalform $\alpha_5^2 + \dots + \alpha_n^2$, so wird in A allgemein

$$\alpha_i' = \alpha_i, \qquad \beta_i' = -\beta_i.$$

Ich nehme ein solches A her, in welchem die $\beta = 0$, die α aber beliebig sind und setze es zusammen mit einer den Bedingungen (12) genügenden Matrix A unserer Gruppe. Ich erhalte dadurch wieder eine Matrix von der Form A, die mit $\bar{\mathsf{A}}$ bezeichnet werde; und zwar haben in ihr die Elemente folgende Werte:

$$\bar{\beta}_i = -a_{34}\alpha_i, \qquad \bar{\alpha}_i = \sum_k a_{ki}\alpha_k - a_{44}\alpha_i,$$

$$\bar{\beta}_i' = a_{12}\alpha_i, \qquad \bar{\alpha}_i' = a_{11}\alpha_i - \sum_k a_{ik}\alpha_k.$$

Die Gleichungen $\bar{\alpha}_i' = \bar{\alpha}_i$, $\bar{\beta}_i' = -\bar{\beta}_i$ ergeben, über (14) hinausgehend, die Beziehungen

(19) $$a_{ik} + a_{ki} = (a_{11} + a_{44})\delta_{ik} \qquad (i, k = 5, \dots, n);$$

insbesondere wird $(i = k)$:

$$a_{11} + a_{44} = 2c, \qquad a_{22} + a_{33} = 2c, \qquad a_{55} = \dots = a_{nn} = c.$$

Die Spur von A ist gleich nc, und darum muß $c = 0$,

(20) $$a_{11} + a_{44} = a_{22} + a_{33} = 0$$

sein. Infolgedessen ist von den fünf Bedingungen (15) die letzte eine Folge der übrigen und der Gleichungen (12). Die Anzahl der unabhängigen unter den Bedingungen (12), (15) ist darum nicht, wie es sein mußte, $= 2n - 3$, sondern höchstes $= 2n - 4$. Dieser Widerspruch beweist unsere Behauptung.

Wir sind also jetzt im Besitze eines A' — siehe Gl. (10) —, in welchem $a = 1$ ist. Durch eine einfache Transformation der Koordinaten, welche R_0 ungeändert läßt, geben wir ihm die Gestalt

$$A_1 = \left|\begin{array}{c|c} \begin{matrix}1 & 0\\ 0 & 1\end{matrix} & \\ \hline & \begin{matrix}-1 & 0\\ 0 & -1\end{matrix}\end{array}\right|. \qquad \begin{array}{c|c|c|c} & 1\ 2 & 3\ 4 & \\ \hline 1,2 & 0 & +2 & +1 \\ \hline 3,4 & -2 & 0 & -1 \\ \hline & -1 & +1 & 0 \end{array}.$$

Die Tabelle rechts gibt die zugehörige Ländereinteilung mit ihren Multiplikatoren an.

Eine Matrix A, in welcher $a \neq 0$ ist und darum $= 1$ genommen werden kann, liefert als selbständigen, zum Lande $+2$ gehörigen Bestandteil:

$$R_0^* = \begin{array}{|cc|l} 1 & 0 & 1 \\ 0 & 1 & 2 \\ \hline 3 & 4 & \end{array}.$$

Die Gleichungen (14) gelten allgemein für jede Gruppenmatrix A und sind nicht an die Bedingungen (12) gebunden; denn die einen betreffen die Elemente des Landes $+1$, die andern die des Landes 0. Aus einer zum Lande $+1$ gehörigen Matrix A wie die nebenstehende, Gl. (21), erhält man durch „Umsetzung" mittels R_0 eine zum Lande -1 gehörige Matrix A', Gl. (22); ebenso aber aus einer beliebigen zum Lande -1 gehörigen Matrix A' durch Umsetzung mittels R_0^* die zum Lande $+1$ gehörige Matrix A.

$$(21) \qquad A = \left|\begin{array}{cc|c} & & \begin{matrix}\beta_5 \ldots \beta_n \\ \alpha_5 \ldots \alpha_n\end{matrix} \\ \cline{3-3} & & \\ \hline & \begin{matrix}\alpha_5' & \beta_5' \\ \vdots & \vdots \\ \alpha_n' & \beta_n'\end{matrix} & \end{array}\right|$$

$$(22) \qquad A' = \left|\begin{array}{c|c} & \\ \cline{2-2} & \begin{matrix}-\beta_5 \ldots -\beta_n \\ -\alpha_5 \ldots -\alpha_n\end{matrix} \\ \hline \begin{matrix}\alpha_5' & \beta_5' \\ \vdots & \vdots \\ \alpha_n' & \beta_n'\end{matrix} & \end{array}\right|;$$

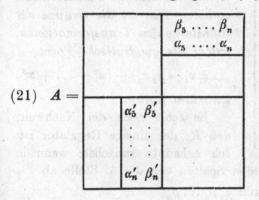

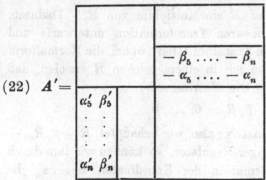

Es sei $m \leqq 2(n-4)$ die Anzahl der linear unabhängigen zum Lande -1 gehörigen Matrizen. Für die allgemeine Matrix A der Gruppe besteht dann die Forderung, daß die Länder $+1$ und -1 leer sind, aus $2m$ unabhängigen Bedingungen. Die Entleerung der Länder $+2$ und -2 wird durch zwei weitere Bedingungen hervorgerufen; und zufolge (14) genügen jetzt endlich die fünf Bedingungen (15), um in A die Auslöschung der ersten vier Zeilen und Kolonnen zu vollenden. Die Anzahl der dazu erforderlichen Bedingungen ist also höchstens $2m + 7 \leqq 4n - 9$. Andererseits sind dazu aber nach dem Prinzip II mindestens $4n-10$ unabhängige Bedingungen erforderlich. Folglich ist $m = 2(n-4)$; und wir haben in der Gruppe Matrizen (21) und (22) mit *beliebigen Zahlen* $\alpha_5 \ldots \alpha_n$, $\beta_5 \ldots \beta_n$. Jetzt erkennen wir wie oben, daß bei geeigneter Normierung der Koordinaten $x_5 \ldots x_n$

$$\alpha_i' = \alpha_i, \quad \beta_i' = -\beta_i$$

gilt; und dann erhalten wir wie dort

$$(20) \qquad a_{11} + a_{44} = a_{22} + a_{33} = 0,$$

$$(19) \qquad a_{ik} + a_{ki} = 0 \qquad (\text{für } i, k \geqq 5),$$

ohne an die ein anderes Land betreffenden Bedingungen (12) gebunden zu sein. Die allgemeine Matrix unserer Gruppe aber erhält die Form

$$\left|\begin{array}{cc|cc|c}
\varrho & c & a & 0 & \beta_5 \;\ldots\ldots\; \beta_n \\
d & \sigma & 0 & a & \alpha_5 \;\ldots\ldots\; \alpha_n \\
\hline
b & 0 & -\sigma & c & \delta_5 \;\ldots\ldots\; \delta_n \\
0 & b & d & -\varrho & \gamma_5 \;\ldots\ldots\; \gamma_n \\
\hline
-\gamma_5 & \delta_5 & \alpha_5 & -\beta_5 & \\
\vdots & \vdots & \vdots & \vdots & \\
\vdots & \vdots & \vdots & \vdots & * \\
\vdots & \vdots & \vdots & \vdots & \\
-\gamma_n & \delta_n & \alpha_n & -\beta_n &
\end{array}\right|$$

(der nicht ausgefüllte Teil ist schiefsymmetrisch), welche die richtige Parameterzahl enthält. *Das ist die Gruppe der infinitesimalen Transformationen, welche die quadratische Form*

$$2(x_1 x_4 - x_2 x_3) + (x_5^2 + \ldots + x_n^2)$$

invariant lassen.

Es fehlt noch der Nachweis, daß R_0 der einzige Regulator ist. Ich behaupte zunächst: wenn in dem Regulator R, Gl. (11), die beiden Spalten von der 5. Stelle ab

$$\alpha_5 \ldots \alpha_n \quad \text{und} \quad \beta_5 \ldots \beta_n$$

zueinander proportional sind, so ist R ein Multiplum von R_0. Dadurch, daß ich $x_1\, x_2$ einer geeigneten linearen Transformation unterwerfe und gleichzeitig $x_3\, x_4$ derselben linearen Transformation (wobei die Normalform von R_0 nicht geändert wird), kann ich in einem solchen R erzielen, daß die Reihe $\beta_5 \ldots \beta_n$ verschwindet. Die Matrizenreihe

$$R - \beta_4 R_0, \quad \beta_3 R_0, \quad 0, \ldots, 0$$

ist dann eine symmetrische Doppelmatrix; also, wie behauptet, $R = \beta_4 R_0$. — Ist somit R ein von R_0 unabhängiger Regulator, so können wir ihm durch eine geeignete Transformation der Koordinaten $x_5 \ldots x_n$ die Form erteilen:

$$\begin{array}{c|cc|}
3 & \alpha_3 & \beta_3 \\
4 & \alpha_4 & \beta_4 \\
5 & 1 & 0 \\
6 & 0 & 1 \\
\hline
 & 1 & 2
\end{array}$$

oder endlich, indem man an Stelle von x_3, x_4 als neue Koordinaten

$$x_3 - \alpha_3 x_5 - \beta_3 x_6, \qquad x_4 - \alpha_4 x_5 - \beta_4 x_6$$

einführt, noch einfacher:

$$R = \begin{array}{|cc|c}
1 & 0 & 5 \\
0 & 1 & 6 \\
\hline
1 & 2 &
\end{array}.$$

So fortfahrend, erkennen wir, daß sich jeder Regulator (nach geeigneter Wahl des Koordinatensystems) aus ν unabhängigen additiv zusammensetzen läßt, welche so aussehen:

$$R_0 = \boxed{\begin{matrix} 1 & 0 \\ 0 & 1 \end{matrix}}\begin{matrix} {\scriptstyle 3} \\ {\scriptstyle 4} \end{matrix}, \quad R_1 = \boxed{\begin{matrix} 1 & 0 \\ 0 & 1 \end{matrix}}\begin{matrix} {\scriptstyle 5} \\ {\scriptstyle 6} \end{matrix}, \quad \ldots, \quad R_{\nu-1} = \boxed{\begin{matrix} 1 & 0 \\ 0 & 1 \end{matrix}}\begin{matrix} {\scriptstyle 2\nu+1} \\ {\scriptstyle 2\nu+2} \end{matrix}.$$

Darum haben nach (9) die ersten beiden Zeilen jeder Gruppenmatrix A die Form

$$\begin{array}{|cc|cc|cc|c|cc|c|} \hline * & * & a & 0 & a_1 & 0 & \cdots & a_{\nu-1} & 0 & \\ * & * & 0 & a & 0 & a_1 & \cdots & 0 & a_{\nu-1} & * \\ \hline \multicolumn{1}{c}{\scriptstyle 1} & \multicolumn{1}{c}{\scriptstyle 2} & \multicolumn{1}{c}{\scriptstyle 3} & \multicolumn{1}{c}{\scriptstyle 4} & \multicolumn{1}{c}{\scriptstyle 5} & \multicolumn{1}{c}{\scriptstyle 6} & \multicolumn{1}{c}{} & \multicolumn{1}{c}{\scriptstyle 2\nu+1} & \multicolumn{1}{c}{\scriptstyle 2\nu+2} & \multicolumn{1}{c}{} \end{array}.$$

Ihr Verschwinden involviert also höchstens $2n - 3\nu$ unabhängige Bedingungen. Wenn aber diese beiden ersten Zeilen Null sind, so zeigt A', daß die dritte und vierte Spalte von A einen Regulator bilden müssen. Es genügen also höchstens ν weitere Bedingungen, um auch diese auszulöschen. Durch höchstens $2n - 2\nu$ unabhängige Bedingungen sind demnach zwei Zeilen und zwei Kolonnen zum Verschwinden gebracht worden, und deshalb muß nach II: $2\nu \leqq 3$, $\nu = 1$ sein.

§ 6.

Der Typus $1 + 1 + \ldots + 1$.

$$R_0 = \boxed{\begin{matrix} 1 & 0 & \ldots & 0 \\ 0 & 1 & \ldots & 0 \\ \multicolumn{4}{c}{\ldots\ldots\ldots} \\ 0 & 0 & \ldots & 1 \end{matrix}}\begin{matrix} {\scriptstyle h+1} \\ {\scriptstyle h+2} \\ \\ {\scriptstyle 2h} \end{matrix} \qquad {\scriptstyle 1\ 2\ \ldots\ h}.$$

Wenn wir annehmen dürfen, daß R_0 der einzige Regulator ist, d. h. die einzige Gruppenmatrix von der Form (23),

$$(23)\qquad \begin{array}{r|ccc|l} \hline & \alpha'_{h+1} & \cdot\ \cdot & \alpha^{(h)}_{h+1} & {\scriptstyle h+1} \\ \text{Kopf} & \cdot & \cdot\ \cdot & \cdot & \cdot \\ & \cdot & \cdot\ \cdot & \cdot & {\scriptstyle 2h} \\ \hline & \cdot & \cdot\ \cdot & \cdot & {\scriptstyle 2h+1} \\ & \cdot & \cdot\ \cdot & \cdot & \\ \text{Schwanz} & \alpha'_k & \cdot\ \cdot & \alpha^{(h)}_k & {\scriptstyle k} \\ & \cdot & \cdot\ \cdot & \cdot & \cdot \\ & \alpha'_n & \cdot\ \cdot & \alpha^{(h)}_n & {\scriptstyle n} \\ \hline \multicolumn{1}{c}{} & \multicolumn{3}{c}{\scriptstyle 1\ \ldots\ h} & \end{array}$$

so erweist sich dieser Fall sehr rasch als unmöglich. Denn wir erkennen sofort wie in § 5, daß in der allgemeinen Gruppenmatrix A das Quadrat, in welchem sich die ersten h Zeilen mit der $(h+1)$-ten bis $(2h)$-ten Kolonne durchkreuzen, ein Multiplum der h-dimensionalen Einheitsmatrix sein muß. Die Zahl der Bedingungen, welche in A die ersten h Zeilen zum Verschwinden bringen, ist daher höchstens $= hn - (h^2 - 1)$. In einer Matrix A aber, in welcher die ersten h Zeilen fehlen, bilden die $(h+1)$-te bis $(2h)$-te Kolonne einen

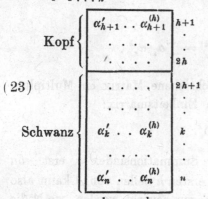

Regulator $A' = [R_0 A]$. Es genügt also *eine* weitere Gleichung, um auch sie auszulöschen. Daher nach II:

$$(24)\qquad h^2 - 2 \leqq \frac{h(h+1)}{2}, \qquad \frac{h(h-1)}{2} \leqq 2, \qquad h \leqq 2.$$

An einem Regulator unterscheiden wir, wie aus dem Schema ersichtlich, „Kopf" und „Schwanz". Auf keinen Fall kann es außer R_0 noch einen schwanzlosen Regulator geben, wenn nicht die Reduktion unseres Typus auf den entsprechenden mit einem niedrigeren h eintreten soll. Denn einem solchen Regulator könnte man, indem man die Variablen $x_1 x_2 \ldots x_h$ einer geeigneten linearen Transformation und die Variablen $x_{h+1} \ldots x_{2h}$ der gleichen Transformation unterwirft (dabei wird die Normalform von R_0 nicht zerstört), die Form geben:

$$\bar{R}_0 = \begin{array}{|ccccc|l} \hline \omega & * & . & . & * & h+1 \\ 0 & * & . & . & * & h+2 \\ . & . & . & . & . & \vdots \\ 0 & * & . & . & * & 2h \\ \hline 1 & 2 & . & . & h & \end{array}$$

und mit der Herstellung von $\bar{R}_0 - \omega R_0$ wäre die Reduktion gelungen. Wenn wir also außer R_0 noch $\nu - 1$ unabhängige Regulatoren haben, $R_1, \ldots, R_{\nu-1}$, so sind deren Schwänze voneinander unabhängig. Das ist aber, wie wir jetzt sehen werden, wiederum nur möglich, wenn $h = 2$ ist.

Wir betrachten das Rechteck $A_{(h)}$ der h ersten Zeilen einer willkürlichen Gruppenmatrix A. Weil R_0 der einzige schwanzlose Regulator ist, erschließen wir zunächst wieder aus A'', daß in demjenigen Teil jenes Rechtecks, der sich von der $(h+1)$-ten bis zur $(2h)$-ten Spalte erstreckt, ein Multiplum der h-dimensionalen Einheitsmatrix steht. Durch höchstens *eine* Bedingung bewirken wir die Entleerung dieses Quadrats. Für ein solches A bilden wir $A' = [R_0 A]$ und darauf mit einem willkürlichen Regulator R, Schema (23), $\bar{A} = [RA']$. Die Rechnung zeigt, daß $\bar{A}$ der folgende schwanzlose Regulator ist:

$$\begin{array}{l|ccc|} \hline h+1 & (a\alpha)_1' & \ldots & (a\alpha)_1^{(h)} \\ \vdots & . & \ldots & . \\ \vdots & . & \ldots & . \\ 2h & (a\alpha)_h' & \ldots & (a\alpha)_h^{(h)} \\ \hline & 1 & \ldots & h \end{array}$$

mit

$$(a\alpha)_i^{(k)} = \sum_r a_{ir} \alpha_r^{(k)};$$

daher ist die hingeschriebene Matrix ein Multiplum der h-dimensionalen Einheitsmatrix:

$$(25)\qquad (a\alpha)_i^{(k)} = \lambda \cdot \delta_i^k.$$

In dem Ausdruck $(a\alpha)_i^k$ braucht der Summationsindex r erst von $2h+1$ ab zu laufen. Das Verschwinden der ersten h Zeilen von A kann also durch höchstens $hn - (h^2 - 1) - \mathsf{N}$ Bedingungen bewirkt werden, wo N die Anzahl der unter den Gleichungen (25) enthaltenen unabhängigen beträgt, wenn wir darin R die Regulatoren $R_1, \ldots, R_{\nu-1}$ durchlaufen lassen. N ist aber mindestens[7]) gleich $\nu - 1$; denn $\nu - 1$ unabhängige Bedingungen für die $n - 2h$ letzten Spalten von $A_{(h)}$ erhalten wir gewiß, wenn wir jedem dieser Regulatoren die eine Beziehung

$$(a\alpha)_1^{(2)} + (a\alpha)_2^{(3)} + \ldots + (a\alpha)_h' = 0$$

entsprechen lassen, weil ja die $\nu - 1$ Schwänze jener Regulatoren voneinander unabhängig sind. In denjenigen Gruppenmatrizen, deren erste h Zeilen leer sind, bilden die $(h+1)$-te bis $(2h)$-te Kolonne einen Regulator; es genügen also höchstens ν Bedingungen, um auch diese h Kolonnen auszulöschen. Gegenüber dem zu Anfang des Paragraphen betrachteten Fall, wo R_0 der einzige Regulator war, ersparen wir demnach mindestens $(\nu - 1)$ Bedingungen, um das Verschwinden der ersten h Zeilen zu bewirken; hingegen haben wir höchstens $(\nu - 1)$ Bedingungen mehr nötig, um jene h Kolonnen zu entleeren. Das kompensiert sich.

§ 7.

Typus h.

$$R_0 = \begin{array}{|ccccc|l} 0 & 1 & 0 & \ldots & 0 & 1 \\ 0 & 0 & 1 & \ldots & 0 & 2 \\ \cdot & \cdot & \cdot & \cdot & \cdot & \vdots \\ 0 & 0 & 0 & \ldots & 1 & h \\ 0 & 0 & 0 & \ldots & 0 & h+1 \\ \hline 1 & 2 & 3 & \ldots & h+1 & \end{array} .$$

Wie die Reihe des Indizes in die beiden Abschnitte: $\vdash$ von 1 bis $h+1$ und $\dashv$ von $h+2$ bis n zerfällt, so zerlegt sich das Schema einer Matrix in die vier Felder

	$1 \ldots h+1$	$h+2 \ldots n$
	$\substack{\vdash\\ \vdash}$	$\substack{\vdash\\ \dashv}$
	$\substack{\dashv\\ \vdash}$	$\substack{\dashv\\ \dashv}$

.

Wir betrachten die Wirkung der Ableitung $A' = [R_0 A]$ auf eine beliebige Matrix A. Sie entleert das Feld $\substack{\dashv\\ \dashv}$; im Felde $\substack{\vdash\\ \dashv}$ bewirkt sie ein Emporsteigen der Zahlenzeilen im Schema um eine Stelle, wobei die erste Zahlzeile verloren geht und die letzte Zeile im Schema leer wird; im Felde $\substack{\dashv\\ \vdash}$ ein Hinüberrücken der Zahlenspalten nach rechts um eine Stelle unter Wechsel des Vorzeichens, wobei die letzte verloren geht und die erste Spalte des Schemas leer wird. Das Feld $\substack{\vdash\\ \vdash}$ betrachten wir gesondert und denken es uns nach links und unten durch Nullen ergänzt, so daß es einen ganzen Quadranten ausfüllt. Die Wirkung der Operation ist dann die, daß aus jeder der in der Figur angedeuteten diagonalen Zahlenreihen die Reihe der Differenzen hervorgeht und in die nächstfolgende Diagonale des Sche-

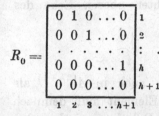

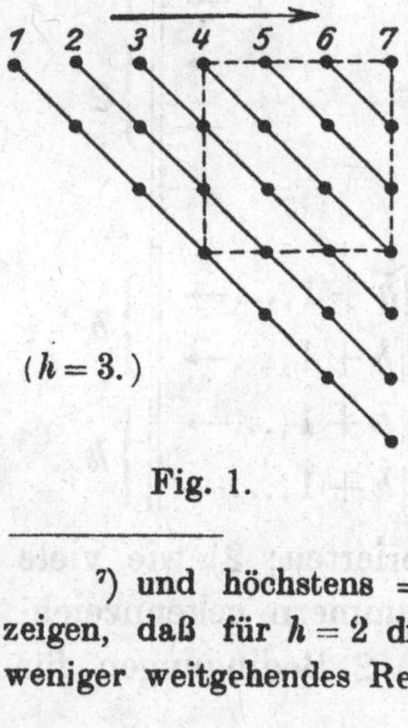

Fig. 1.

[7]) und höchstens $= (h^2 - 1)(\nu - 1)$. Die Überlegungen am Schluß von § 5 zeigen, daß für $h = 2$ diese Maximalzahl erreicht wird. Hier genügt uns ein viel weniger weitgehendes Resultat.

mas hineinrückt (die Numerierung und Reihenfolge der Diagonalen ist aus der Figur zu ersehen). Aus dieser Beschreibung geht hervor: nach $(h+1)$-maliger Ableitung sind die Felder ⊏ und ⊐, nach $(2h+1)$-maliger ist auch das Quadrat ⊑ leer geworden. Wir setzen nun von vornherein alle Zeilen des Feldes ⊏ bis auf die erste $=0$; das sind höchstens $h(n-h-1)$ unabhängige Bedingungen. Dann fehlen in den Ableitungen $A', A'', \ldots$ die $(h+2)$-te bis n-te Kolonne.

Ist B eine Matrix, in welcher alle Spalten außer den $h+1$ ersten Null sind, und verschwindet deren Ableitung B', so sind im Felde ⊑ von B nur die $h+1$ letzten Diagonalen besetzt, und zwar jede einzelne Diagonale mit lauter gleichen Zahlen; im Felde ⊐ stehen nur in der letzten Spalte keine Nullen. Sind im Felde ⊑ von B auch noch die Hauptdiagonale und die nächstfolgende leer, so ist B eine Matrix mit lauter charakteristischen Wurzeln 0, von geringerem Range als h; wenn Reduktion unmöglich sein soll, dürfen wir daraus schließen, daß B verschwindet. ***Diese Schlußweise wenden wir an, indem wir die Reihe der Ableitungen $A', A'', \ldots$ rückwärts durchlaufen.*** Wir achten fortan nur auf das Quadrat ⊑ von A.

$A^{(2h)}$ besteht aus dem einzigen, in der rechten oberen Ecke des Feldes ⊑ stehenden Element

$$(-1)^h \frac{(2h)!}{h!\,h!}\, a_{h+1,1}$$

Daraus folgt $a_{h+1,1}=0$. Infolgedessen tritt nun auch in $A^{(2h-1)}$ als einziges Element die rechte obere Ecke auf; dies Element muß demnach gleichfalls verschwinden. Das liefert eine lineare Relation zwischen den beiden Elementen in der 2. Diagonale von A. So fortschreitend erhalten wir die folgende Tabelle.

$2h$	1|1.	→	} 1
$2h-1$	—, 1|2.	→	
$2h-2$	—, 2|2, 1|3.	→	} 2
$2h-3$	— — 2|3, 1|4	→	
..	. . . .		..
..	. . . .		..
4	— — ..... —, $h-1$|$h-1$, $h-2$|h, $h-3$|$h+1$,...	→	} $h-1$
3	— — ..... —, —, $h-1$|h, $h-2$|$h+1$,...	→	
2	— — ..... —, —, h|h, $h-1$|$h+1$,...	→	} h
1	— — ..... —, —, —, h|$h+1$,...	→	

In ihr ist angegeben: 1) die Nummer der Iterierten; 2) wie viele Bedingungen ihr Verschwinden für die durch ihre Nummern gekennzeichneten Diagonalen von A liefert; z. B. 2|3 bedeutet: 2 Bedingungen für die 3. Diagonale; 3) die Anzahl der Diagonalen, aus denen die Iterierte selber besteht. Dabei ist jedesmal, wenn für die i-te Diagonale von A i Bedingungen auftreten, ohne weiteres auf das Verschwinden dieser Diagonale geschlossen; wir wollen das hernach ausdrücklich rechtfertigen. Die beiden letzten Schritte erfordern zwei Zusatzbedingungen. In A'' ist die auf die Hauptdiagonale (des Feldes ⊨) folgende Diagonale mit h gleichen Zahlen

$$a'' = a_{32} - 2a_{21}$$

besetzt. Wir müssen ausdrücklich fordern, daß a'', das an der Stelle $(1, 2)$ auftretende Element von A'', verschwindet, um schließen zu dürfen, daß $A'' = 0$ ist. Damit haben wir dann h Bedingungen für die h-te Diagonale von A gewonnen; diese Diagonale ist also $= 0$, und infolgedessen sind in A' nicht bloß die Diagonalen links von der Hauptdiagonale leer, sondern auch noch diese selbst. Wiederum aber müssen wir ausdrücklich fordern, daß die h gleichen Zahlen

$$a' = a_{22} - a_{11},$$

welche in A' die auf die Hauptdiagonale folgende erfüllen, Null sind, um $A' = 0$ zu erhalten.

Die Rechtfertigung dafür aber, daß aus dem Auftreten von i Bedingungen für die i-te Diagonale von A auf ihr Verschwinden geschlossen werden kann, liegt in der folgenden Bemerkung: Wenn die l-te Differenz einer Zahlenreihe (a) verschwindet, wird ihr allgemeines Glied dargestellt durch ein Polynom des laufenden Index vom $(l-1)$-ten Grad; treten in ihr l Nullen auf, so muß die ganze Reihe (a) verschwinden.

Die bisher angesetzten Bedingungen für die allgemeine Gruppenmatrix A haben zur Folge: daß im Felde ⫟ nur die erste Zeile, im Felde ⫞ nur die letzte Spalte auftritt, das Quadrat ⊨ aber auf jeder einzelnen Diagonale eine Reihe gleicher Zahlen trägt, auf den Diagonalen links von der Hauptdiagonale insbesondere lauter Nullen. Setzen wir also noch die letzte Spalte dieses Quadrats mit Ausnahme ihres ersten Elements $= 0$ — das sind weitere h Bedingungen —, so haben wir durch höchstens

$$h(n-h-1) + 2 + h = hn - h^2 + 2$$

unabhängige Bedingungen erreicht, daß die ersten h Spalten von A und die 2-te bis $(h+1)$-te Zeile verschwinden. Infolgedessen muß

$$(24) \qquad h^2 - 2 \leqq \frac{h(h+1)}{2}, \qquad \frac{h(h+1)}{2} \leqq 2, \qquad h \leqq 2$$

sein.

Die resultierenden Anzahlen sind, wie man sieht, hier genau die gleichen, wie in dem extrem entgegengesetzten, in § 6 behandelten Fall. Auch die

Bedingungen, welche das Verschwinden von h Zeilen und Kolonnen zur Folge haben, sind analog. Den Elementarteilern, aus welchen hier R_0 besteht, korrespondiert die Einteilung der Indexreihe in die folgenden Abschnitte

$$1\,2\ldots h+1\,|\,h+2\,|\,h+3\,|\ldots|\,n.$$

Wir postulieren, daß diejenigen Stellen (ik) der Matrix leer sind, für welche k die Schlußnummer, i nicht die Anfangsnummer eines Abschnitts ist. Dazu kommen zwei Nebenbedingungen: das Verschwinden des an der Stelle $(1\,2)$ stehenden Elements in A' und A''. Die den Elementarteilern korrespondierende Einteilung der Indexreihe im Falle des vorigen Paragraphen war die folgende:

$$h+1,1\,|\,h+2,2\,|\ldots|\,2h,h\,\|\,2h+1\,|\ldots|\,n-1\,|\,n.$$

Wenn nur ein einziger Regulator existiert, sind die damals postulierten Bedingungen genau so zu beschreiben wie hier; auch damals traten zwei Zusatzbedingungen auf, besagend, daß das an der Stelle $(h+1,1)$ [oder der Stelle $(h+2,2)\ldots$ oder der Stelle $(2h,h)$] befindliche Element von A' und A'' Null wird. Wir dürfen danach erwarten, daß sich die ganze Überlegung auf den allgemeinen Fall übertragen läßt; das ist unsere nächste Aufgabe.

§8

Beliebiger Typus.

R_0 sei vom Typus $\mu_1+\mu_2+\ldots+\mu_e$. Die Indexreihe zerfällt in die Abschnitte von der Länge

$$\mu_1+1,\ \mu_2+1,\ \ldots,\ \mu_e+1,\ 1,\ 1,\ \ldots,\ 1.$$

Das Schema einer beliebigen Matrix zerfällt in rechteckige Felder, wobei zu einem und demselben Feld alle Stellen (ik) gehören, deren i und k je einem bestimmten Abschnitt der Indexreihe angehören. Bei der Ableitung, die A in $A'=[R_0A]$ verwandelt, sind die Schicksale der einzelnen Rechtecke voneinander unabhängig. Ergänzen wir ein beliebiges von ihnen durch links und unten angefügte Nullen zu einem Quadranten, so besteht der Vorgang einfach darin, daß jede Diagonalreihe unter Differenzbildung um einen Schritt nach rechts rückt. Besteht ein solches Rechteck aus $\mu+1$ Spalten und $\nu+1$ Zeilen und ist λ die kleinere der beiden Zahlen μ, ν, so be-

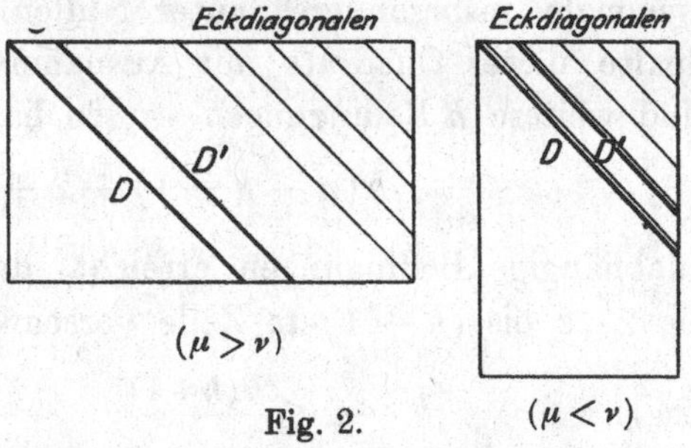

Fig. 2.

zeichnen wir die letzten $\lambda + 1$ Diagonalen als die Eckdiagonalen. In einer Matrix B, deren Ableitung verschwindet, sind in jedem Rechteck nur die Eckdiagonalen besetzt, jede einzelne derselben aber mit lauter gleichen Zahlen. Wir wollen B einen Regulator nennen, wenn außerdem in jedem Rechteck die durch die linke obere Ecke gehende Diagonale D leer ist (für die „gestreckten" Rechtecke, $\mu > \nu$, ist das selbstverständlich). Ein solcher Regulator R ist gewiß eine Matrix, deren sämtliche charakteristische Wurzeln 0 sind; davon überzeugt man sich am leichtesten, wenn man eine andere Anordnung der Indizes vornimmt, indem man mit den Anfangsziffern der Abschnitte in ihrer natürlichen Reihenfolge beginnt, darauf die in den Abschnitten an 2. Stelle stehenden Ziffern folgen läßt, usf. Der Rang von R ist höchstens

$$= h = \mu_1 + \mu_2 + \dots + \mu_\varrho;$$

denn in R sind die $n - h$ Spalten leer, welche mit den Anfangsziffern der Abschnitte numeriert sind. Der Rang ist sogar $< h$, wenn in einer, etwa der ersten Spalte von Rechtecken, jedes Rechteck auch noch in der auf D folgenden Diagonale D' Nullen trägt. *Soll keine Reduktion eintreten, so dürfen wir annehmen, daß ein Regulator dieser Art stets verschwindet;* das ist das Prinzip unseres Schlusses.

Wir betrachten diejenigen Gruppenmatrizen A, welche den am Schluß der vorigen Paragraphen formulierten Bedingungen genügen: alle Stellen (ik) sollen leer sein, für welche k die Schlußziffer und i nicht die Anfangsziffer eines Abschnittes ist. Das sind offenbar $h(n-h)$ Bedingungen. An der Reihe der Ableitungen $A', A'', \dots$ einer solchen Matrix rückwärts mit Hilfe des eben angegebenen Prinzips entlang schließend, erkennen wir sukzessive deren Verschwinden. Diese Überlegung, bei der man jedes Rechteck für sich betrachten kann, dürfen wir wohl dem Leser überlassen, da sie genau nach dem Muster der im vorigen Paragraphen durchgeführten verläuft. Man unterscheide dabei die Fälle $\mu > \nu$ und $\mu < \nu$. Für $\mu < \nu$ ist zu beachten, daß die letzte Spalte des Rechtecks so aussieht, wie die nebenstehende Figur zeigt.

*
0
0
⋮
0

Nur bei den beiden letzten Schritten sind Zusatzbedingungen erforderlich. Nehmen wir zunächst an, daß R_0 der einzige Regulator ist, so genügt, sintemal A'' sich als ein Regulator ergibt, *eine* Zusatzbedingung, um A'' zum Verschwinden zu bringen. Darauf erweist sich auch A' als ein Regulator, und eine zweite Zusatzbedingung macht A' zu Null. Mithin fehlen zufolge von höchstens $h(n-h) + 2$ Bedingungen h Zeilen in A (nämlich diejenigen, deren Index keine Anfangsziffer eines Abschnitts ist) und h Kolonnen (nämlich diejenigen, deren Index keine Schlußziffer eines Abschnitts ist). Daraus dieselben Ungleichungen wie früher.

Leider können wir allgemein so nicht schließen, sondern wir dürfen uns nur darauf stützen, daß ein Regulator verschwindet, wenn in jedem der in der ersten Spalte stehenden Rechtecke auch noch die Diagonale D' leer ist. Die Ordnungen $\mu_1, \mu_2, \ldots, \mu_e$ denken wir uns nach absteigender Größe geordnet. Die größte unter ihnen ist also $\mu_1 = \mu$; und zwar seien die ersten e_0 Ordnungszahlen $= \mu$, die nächsten e_1 aber $= \mu - 1$. Was die Rechtecke der ersten Spalte von A'' betrifft, so ist es nur für die ersten e_0 derselben (welche Quadrate von der Seitenlänge $\mu + 1$ sind) zweifelhaft, ob ihre Diagonalen D'' leer sind; es genügen also höchstens e_0 Bedingungen, um A'' zum Verschwinden zu bringen. Darauf erweist sich A' als ein Regulator. In welchen Rechtecken der ersten Spalte eines Regulators kann überhaupt die Diagonale D' von einer andern Zahl als 0 besetzt sein? Nur in den $e_0 + e_1$ ersten. Es genügen daher höchstens $e_0 + e_1$ weitere Bedingungen, um die Gleichung $A' = 0$ zu erzwingen. Die Zahl der erforderlichen Zusatzbedingungen beträgt demnach höchstens $2e_0 + e_1$, und statt der Ungleichung

$$\frac{h(h-1)}{2} \geqq 2 \quad \text{bekommen wir} \quad \frac{h(h-1)}{2} \leqq 2e_0 + e_1.$$

Ist $\mu \geqq 2$, so ist h mindestens $= 2e_0 + e_1$, und es sind daher mit dieser Ungleichung *nur die beiden Typen* 2 *und* 2 + 1 *verträglich*. Der erste ist in § 4 behandelt, den zweiten werden wir im nächsten Paragraphen ausschließen. Der Fall $\mu = 1$ wurde in § 6 behandelt; hier war es unbedingt erforderlich, genauer auf die Beziehungen einzugehen, welche sich für eine beliebige Gruppenmatrix aus der Existenz weiterer Regulatoren neben R_0 ergeben.

§ 9.

Ausschließung des letzten Spezialfalls 2 + 1.

$$R_0 = \left|\begin{array}{ccc|cc} 0 & 1 & 0 & 0 & 0 \\ 0 & 0 & 1 & 0 & 0 \\ 0 & 0 & 0 & 0 & 0 \\ \hline 0 & 0 & 0 & 0 & 1 \\ 0 & 0 & 0 & 0 & 0 \end{array}\right|$$

Aus A'''' und A''' ergeben sich für jede Gruppenmatrix $A = (a_{ik})$ die Gleichungen:

$$a_{31} = 0, \; a_{51} = 0, \; a_{34} = 0; \; a_{32} = a_{21} (= a).$$

Daher lautet A'':

$$\begin{array}{|ccc|cc|l}
\hline
0, & -a, & (a_{33}-a_{22})-(a_{22}-a_{11}) & 0, & a_{35}-2a_{24} & a_{36}\ldots a_{3n} \\
0, & 0, & -a & 0, & 0 & \\
0, & 0, & 0 & 0, & 0 & \\
\hline
0, & 0, & -2a_{52}+a_{41} & 0, & -2a_{54} & \\
0, & 0, & 0 & 0, & 0 & \\
\hline
 & & a_{61} & & & \\
 & & \vdots & & & \\
 & & a_{n1} & & &
\end{array},$$

Addiert man aR_0, so sieht man, daß aus

(26) $$a_{36} = \ldots = a_{3n} = 0$$

(wenn wir nicht auf den Fall § 5 zurückkommen wollen) folgt:

(27) $$a_{61} = \ldots = a_{n1} = 0,$$

(28) $$a_{33} - a_{22} = a_{22} - a_{11} (= b),$$

(29) $$a_{32} = a_{21} = 2a_{54} (= a),$$

(30) $$a_{35} = 2a_{24}, \quad 2a_{52} = a_{41}.$$

Da in der Ungleichung

$$\frac{h(h-1)}{2} \leqq 2e_0 + e_1$$

des vorigen Paragraphen im gegenwärtigen Fall das Gleichheitszeichen gilt, müssen die dort eingeführten

$$h(n-h) + 2e_0 + e_1 = 3(n-3) + 3$$

Bedingungen voneinander unabhängig sein, weil sonst der zu vermeidende Widerspruch eintritt, daß durch weniger Bedingungen 3 Zeilen und 3 Kolonnen in der Gruppenmatrix zum Verschwinden gebracht werden. Das heißt, daß aus den Bedingungen (26), auch wenn wir ihnen die weiteren hinzufügen

$$a_{26} = \ldots = a_{2n} = 0, \quad a_{56} = \ldots = a_{5n} = 0, \quad a_{35} = 0, \quad a_{52} - a_{41} = 0$$

die Gleichung $a = 0$ nicht folgen darf. Ein den angegebenen Bedingungen genügendes A, für welches $a = 1$ ist, liefert aber ein A', das folgendermaßen aussieht:

$$\begin{array}{|ccccc|}
\hline
2 & 0 & * & 0 & * \\
0 & 0 & 0 & 0 & 0 \\
0 & 0 & -2 & 0 & 0 \\
0 & 0 & * & 1 & 0 \\
0 & 0 & 0 & 0 & -1 \\
\hline
 & & * & & * \\
 & & \vdots & & \vdots \\
 & & * & & *
\end{array}$$

Daraus läßt sich durch eine R_0 nicht ändernde Koordinatentransformation die Matrix A_1 herstellen, welche außerhalb der Hauptdiagonale leer, in der Hauptdiagonale aber mit den Zahlen

$$2,\ 0,\ -2,\ 1,\ -1,\ 0,\ \ldots,\ 0$$

besetzt ist. Zu ihr gehört eine Ländereinteilung mit den folgenden Multiplikatoren:

Die nur aus *einem* oder zwei Feldern bestehenden Länder 4, −4, 3, −3 müssen leer sein, wenn nicht Reduktion auf den Typus $1+1$ eintreten soll; sie sind in dem Schema schraffiert.

0	2	4	1	3	2
-2	0	2	-1	1	0
-4	-2	0	-3	-1	-2
-1	1	3	0	2	1
-3	-1	1	-2	0	-1
-2	0	2	-1	1	0

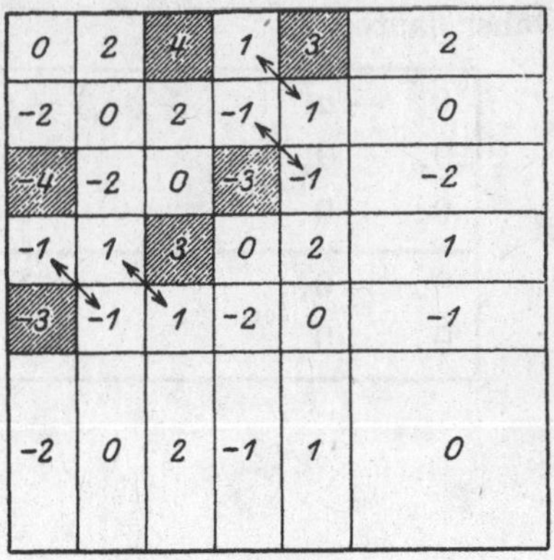

Fig. 3.

Der dem Lande -2 angehörige Bestandteil einer Gruppenmatrix A, in welcher $a \neq 0$ ist, liefert ferner das nebenstehende R_0^*.

Die Gleichungen (28) und (30) gelten absolut, unabhängig von den einem andern Lande angehörigen Bedingungen (26). R_0^* ergibt, wenn

$$R_0^* = \begin{pmatrix} 0 & 0 & 0 & 0 & 0 \\ 2 & 0 & 0 & 0 & 0 \\ 0 & 2 & 0 & 0 & 0 \\ 0 & 0 & 0 & 0 & 0 \\ 0 & 0 & 0 & 1 & 0 \end{pmatrix}$$

es in derselben Weise wie R_0 verwendet wird, die entsprechenden Beziehungen

$$(30^*) \qquad\qquad a_{53} = a_{42}, \qquad a_{14} = a_{25}.$$

Die allgemein gültigen Gleichungen (30) und (30*) sind in dem Multiplikatorenschema durch die Verbindungsstriche der betreffenden Felder angedeutet.

Aus dem Schema lesen wir ohne weiteres ab: die $n-4$ Bedingungen

$$a_{16} = \ldots = a_{1n} = 0; \qquad a_{12} = 0$$

haben, wenn nicht Reduktion auf $h = 2$ eintreten soll, die Entleerung des Landes 2 zur Folge, da sie von ihm nur zwei Kolonnen übriglassen. Ebenso genügen je $n-4$ Bedingungen zur Entleerung der Länder $-2, 1$, -1 (um das zu erkennen, beachte man, daß zwei „verbundene" Felder durch eine einzige Bedingung entleert werden können). Endlich liefert eine zum Lande 0 gehörige Matrix A durch Ableitung eine zum Lande 2 gehörige Matrix A', aus der man abliest: zufolge der $n-4$ Gleichungen

$$a_{26} = \ldots = a_{2n} = 0, \qquad a_{44} - a_{55} = 0$$

wird

$$a_{62} = \ldots = a_{n2} = 0 \quad \text{und} \quad a_{11} = a_{22} = a_{33}, \qquad a_{44} = a_{55}.$$

Sorgen wir endlich noch durch zwei weitere Bedingungen dafür, daß

$$a_{11} = a_{22} = a_{33} \quad \text{und} \quad a_{44} = a_{55}$$

verschwinden, so haben wir in A durch höchstens $5(n-4)+2=5n-18$ Bedingungen 5 Zeilen und Spalten ausgelöscht, während dazu nach dem Prinzip II wenigstens $5n-15$ unabhängige Gleichungen erforderlich sein sollten.

Damit ist der Beweis beendet. Während mir die Gedankenverkettung zur Erledigung der beiden Hauptfälle in §§ 4 und 5 den Eindruck des Naturgemäßen macht, ist der zweite Teil, die Reduktion auf die beiden Hauptfälle, ziemlich unerfreulich. Es kommt hinzu, daß er den Forderungen der „Kontinuums-Analysis", welche Brouwer und ich neuerdings zu entwickeln begonnen haben[8]), nicht ohne wesentliche Ergänzungen Genüge leistet; in der vorliegenden Form ist er nur zwingend, wenn wir uns in einem Zahlbereich bewegen wie z. B. dem der rationalen Zahlen, in welchem eine Zahl entweder $=0$ oder $\neq 0$ ist. Die Fallunterscheidungen der Elementarteilertheorie sind von diesem Standpunkt aus ein besonders bedenklicher Ausgangspunkt. Darauf wird aber erst zurückzukommen sein, wenn einmal jene neue Analysis in bestimmterer Ausgestaltung vorliegt, als es heute der Fall ist.

---

[8]) Vgl. Weyl, Über die neue Grundlagenkrise der Mathematik, Math. Zeitschrift **10** (1921), S. 39–79.

50.

Zur Infinitesimalgeometrie: p-dimensionale Fläche im n-dimensionalen Raum

Mathematatische Zeitschrift 12, 154—160 (1922)

Die erste Aufgabe der Infinitesimalgeometrie ist es, eine einzelne stetige *Mannigfaltigkeit für sich* zu betrachten; erst in zweiter Linie steht das Studium einer p dimensionalen *Mannigfaltigkeit* („Fläche"), *welche in eine höherdimensionale Mannigfaltigkeit* (den n dimensionalen „Raum") *eingebettet ist*. Von diesem Problem, von welchem die Theorie der krummen Kurven und Flächen im dreidimensionalen Euklidischen Raum ein Spezialfall ist, soll hier die Rede sein; ich möchte zeigen, wie die Grundbegriffe und Grundformeln dieser Theorie einheitlich, anschaulich und ohne neue Rechnung aus der Infinitesimalgeometrie der Einzelmannigfaltigkeit gewonnen werden können.

Es seien $x_1\, x_2 \ldots x_n$ Koordinaten im n dimensionalen Raum, $y_1\, y_2 \ldots y_p$ Koordinaten auf der p dimensionalen Fläche. Die Einbettungsgleichungen, welche angeben, an welcher Raumstelle x_J ein beliebiger Flächenpunkt $P = (y_\alpha)$ sich befindet, mögen lauten

$$x_J = x_J(y_1\, y_2 \ldots y_p) \qquad (J = 1, 2, \ldots, n).$$

Innerhalb des n dimensionalen zu P gehörigen Vektorraumes legt die Fläche den p dimensionalen *Tangentialraum* $\mathfrak{T} = \mathfrak{T}_P$ fest, der von den Vektoren

$$e_\alpha = (\overset{1}{e}_\alpha, \overset{2}{e}_\alpha, \ldots, \overset{n}{e}_\alpha) = \left(\frac{\partial x_1}{\partial y_\alpha}, \frac{\partial x_2}{\partial y_\alpha}, \ldots, \frac{\partial x_n}{\partial y_\alpha}\right) \quad (\alpha = 1, 2, \ldots, p)$$

aufgespannt wird.

I. Wir nehmen zunächst nur an, daß *der Raum einen affinen Zusammenhang trägt*. Um ihn auf die Fläche übertragen zu können, müssen wir voraussetzen, daß dem willkürlichen Flächenpunkte P außer dem p dimensionalen Tangential- auch noch ein $q = (n - p)$ dimensionaler „*Normalraum*" $\mathfrak{N} = \mathfrak{N}_P$ zugeordnet ist. Er besteht gleichfalls aus einer linearen Schar von Vektoren in P; $\mathfrak{T}$ und $\mathfrak{N}$ dürfen keinen Vektor außer 0 gemeinsam haben, so daß sich jeder Vektor in P auf eine und nur eine Weise aus einem tangentialen und einem normalen additiv zusammensetzt. Aus einer leicht verständlichen Vorstellung heraus will ich unter diesen Umständen von einer in den Raum *eingespannten* Fläche sprechen. e_i $(i = p+1, \ldots, n)$ seien q unabhängige Vektoren, welche den Normalraum aufspannen. Wende ich die Zerspaltung des Vektorraums in $\mathfrak{T} + \mathfrak{N}$ an auf die Parallelverschiebung eines beliebigen Vektors in P nach dem unendlich benachbarten Flächenpunkte P', so erhalte ich folgendes:

1. Aus einem tangentialen Vektor $\boldsymbol{t}$ in P entsteht ein Vektor $\boldsymbol{t}' + d\boldsymbol{n}$ in P' ($\boldsymbol{t}'$ tangential, $d\boldsymbol{n}$ normal). Das Gesetz $\boldsymbol{t} \to \boldsymbol{t}'$, nach welchem ein Flächenvektor in P übergeht in einen Flächenvektor in P', bezeichne ich als den *affinen Zusammenhang der Fläche.* Das Gesetz $\boldsymbol{t} \to d\boldsymbol{n}$, nach welchem aus einem Flächenvektor in P und einer infinitesimalen Verschiebung in der Fläche ein infinitesimaler Normalvektor $d\boldsymbol{n}$ in P entsteht, wird wie in der gewöhnlichen Flächentheorie als *Krümmung* zu bezeichnen sein; die Krümmung mißt, in welchem Maße beim Fortschreiten auf der Fläche durch Parallelverschiebung der Tangentialraum zum Normalraum sich hinüberwendet.

2. Aus einem normalen Vektor $\boldsymbol{n}$ in P entsteht ein Vektor $\boldsymbol{n}' + d\boldsymbol{t}$ ($\boldsymbol{n}'$ normal, $d\boldsymbol{t}$ tangential). Die infinitesimale lineare Abbildung $\boldsymbol{n} \to \boldsymbol{n}'$ von $\mathfrak{N}_P$ auf $\mathfrak{N}_{P'}$ ist die *Torsion.* Das Gesetz $\boldsymbol{n} \to d\boldsymbol{t}$, das aus einem normalen Vektor und einer infinitesimalen Verschiebung in der Fläche einen infinitesimalen tangentialen Vektor entstehen läßt und welches angibt, wie sich der Normalraum bei seiner Verschiebung auf der Fläche zum Tangentialraum hinüberwendet, könnte man zum Unterschied von der unter 1. erwähnten „longitudinalen" die *Transversalkrümmung* nennen.

Ist

$$dv^{\mathfrak{i}} = -d\gamma^{\mathfrak{i}}_{\mathfrak{k}} \cdot v^{\mathfrak{k}}, \qquad d\gamma^{\mathfrak{i}}_{\mathfrak{k}} = \Gamma^{\mathfrak{i}}_{\mathfrak{k}\varrho}(dy)^{\varrho} \qquad (\Gamma^{\mathfrak{i}}_{\alpha\beta} = \Gamma^{\mathfrak{i}}_{\beta\alpha})$$

die Formel für die in der Fläche sich vollziehende infinitesimale Parallelverschiebung eines willkürlichen Vektors $v^{\mathfrak{i}} e_{\mathfrak{i}}$ — die deutschen Indizes durchlaufen alle Werte von 1 bis n, die griechischen nur von 1 bis p, $(dy)^{\alpha}$ steht wegen seines kontravarianten Verhaltens statt dy_{α} —, so entspricht diese Zerspaltung in vier Bestandteile der nebenstehend angedeuteten Zerlegung des quadratischen Schemas der Koeffizienten $d\gamma^{\mathfrak{i}}_{\mathfrak{k}}$ ($\mathfrak{i}$ ist Zeilen-, $\mathfrak{k}$ Kolonnenindex). Bei Trennung in Tangential- und Normal-Bestandteil verwenden wir für diesen lateinische, für jenen griechische Indizes, setzen $e_{p+i} = \bar{e}_i$ und bezeichnen einen willkürlichen tangentialen Vektor mit $v^{\alpha} e_{\alpha}$, einen willkürlichen normalen mit $v^i \bar{e}_i$. Dann sind

	$1 \ldots p$	$p+1 \ldots n$
$1 \ldots p$	affiner Zusammenhang	transversale Krümmung
$p+1 \ldots n$	longitudinale Krümmung	Torsion

tt) $\Gamma^{\alpha}_{\varrho\sigma} = \Gamma^{\alpha}_{\sigma\varrho}$ die Komponenten des affinen Zusammenhangs der Fläche; das Gesetz $t \to t'$ lautet in Formeln: $dv^{\alpha} = -\Gamma^{\alpha}_{\varrho\sigma} v^{\varrho} (dy)^{\sigma}$.

nt) $G^{i}_{\alpha\beta} = \Gamma^{p+i}_{\alpha\beta}$ sind die Komponenten der Krümmung: zu zwei infinitesimalen Verschiebungen d und δ auf der Fläche gehört der normale Vektor mit den Komponenten $-G^{i}_{\alpha\beta}(dy)^{\alpha}(\delta y)^{\beta}$ $(i = 1, 2, \ldots, q)$; wie in der gewöhnlichen Flächentheorie gilt auch hier für diese „zweite Fundamentalform" das Symmetriegesetz $G^{i}_{\alpha\beta} = G^{i}_{\beta\alpha}$.

tn) $\bar{G}^{\alpha}_{i\beta} = \Gamma^{\alpha}_{p+i,\beta}$ sind die Komponenten der Transversalkrümmung, die aus einem tangentialen dy durch einen normalen Vektor $\bar{v}$ ein anderes δy entstehen läßt: $(\delta y)^{\alpha} = -\bar{G}^{\alpha}_{i\beta}\bar{v}^{i}(dy)^{\beta}$.

nn) $\mathsf{T}^{i}_{k\alpha} = \Gamma^{p+i}_{p+k,\alpha}$ Torsion: $d\bar{v}^{i} = -\mathsf{T}^{i}_{k\alpha}\bar{v}^{k}(dy)^{\alpha}$.

Verändert sich ein Vektor mit den Komponenten u^J im Koordinatensystem der x_J bei der Verschiebung $(dx)^J$ des Anfangspunktes im Raum in den Vektor $u^J + du^J$, so mißt der Vektor mit den Komponenten $du^J + d\beta^J_K \cdot u^K$ seine invariante Änderung; in $d\beta^J_K = \mathsf{B}^J_{KN}(dx)^N$ sind B die Komponenten des räumlichen affinen Zusammenhangs. Wenden wir das an auf die zur Fläche gehörigen „Einheitsvektoren" $u = e_{\mathfrak{i}} = (e^1_{\mathfrak{i}}, e^2_{\mathfrak{i}}, \ldots, e^n_{\mathfrak{i}})$ bei einer Verschiebung *in der Fläche* und drücken die invariante Änderung der $e_{\mathfrak{i}}$ zugleich in ihrem eigenen Koordinatensystem aus, so erhalten wir die „*Fundamentalformeln der Flächentheorie*", die im Falle $p = 1$ an den Namen Frenets geknüpft zu werden pflegen:

$$\frac{\partial e^J_{\mathfrak{i}}}{\partial y_\alpha} + \mathsf{B}^J_{MN} e^M_{\mathfrak{i}} e^N_\alpha = \Gamma^{\mathfrak{j}}_{\mathfrak{i}\alpha} e^J_{\mathfrak{j}}. \tag{1}$$

Ist der Raum *eben* und das verwendete räumliche Koordinatensystem ein lineares ($\mathsf{B} = 0$), so lauten diese Gleichungen insbesondere:

$$\frac{\partial e_{\mathfrak{i}}}{\partial y_\alpha} = \Gamma^{\mathfrak{k}}_{\mathfrak{i}\alpha} e_{\mathfrak{k}}, \tag{2}$$

oder zerspalten:

$$t)\ \frac{\partial e_\beta}{\partial y_\alpha} = \Gamma^{\varrho}_{\alpha\beta} e_\varrho + G^{r}_{\alpha\beta}\bar{e}_r, \qquad n)\ \frac{\partial \bar{e}_i}{\partial y_\alpha} = \bar{G}^{\varrho}_{i\alpha} e_\varrho + \mathsf{T}^{r}_{i\alpha}\bar{e}_r. \tag{3}$$

II. Vom affinen Zusammenhang kommen wir zur ***Metrik***. Ist der Raum ein metrischer Riemannscher Raum, so überträgt sich seine Metrik ohne weiteres auf jede in ihn *eingebettete* Fläche. Soll dabei die metrische Fundamentalform der Fläche niemals eine ausgeartete werden, so muß die metrische Fundamentalform des Raumes definit sein, und das wollen wir denn in der Tat für das Folgende voraussetzen. Die Fläche werde *auf natürliche Art in den Raum eingespannt*, d. h. der Normalraum $\mathfrak{N}$ bestehe aus allen Vektoren, welche zu $\mathfrak{T}$ senkrecht sind. Für $\bar{e}_i = e_{p+i}$ wählen wir q Vektoren von der Länge 1, die aufeinander senkrecht stehen.

Die Komponenten $g_{\mathfrak{i}\mathfrak{t}}$ des metrischen Raumfeldes im Flächenpunkte P, das sind die skalaren Produkte $(e_{\mathfrak{i}} \cdot e_{\mathfrak{t}})$, bilden dann das nebenstehende Schema. Darin ist

$g_{11} \cdots g_{1p}$	$0 \,.\,.\, 0$
$\cdots\cdots\cdots$	$\cdots$
$g_{p1} \cdots g_{pp}$	$0 \,.\,.\, 0$
$0 \ldots 0$	$1 \,.\,.\, 0$
$\cdots\cdots$	$\cdots$
$0 \ldots 0$	$0 \,.\,.\, 1$

$$ds^2 = g_{\alpha\beta}(dy)^{\alpha}(dy)^{\beta}$$

die ***metrische Fundamentalform der Fläche.***

Der metrische Raum ist mit einem affinen Zusammenhang ausgestattet, der eindeutig dadurch charakterisiert ist, daß bei infinitesimaler Parallelverschiebung eines Vektors dessen Maßzahl ungeändert bleibt. Bei Zerspaltung in $\mathfrak{T} + \mathfrak{N}$ liefert das die folgenden Aussagen:

1. die Abbildung $\boldsymbol{t} \to \boldsymbol{t}'$ von $\mathfrak{T}_P$ auf $\mathfrak{T}_{P'}$ läßt die Länge der Vektoren $\boldsymbol{t}$ ungeändert; oder: ***der affine Zusammenhang der Fläche ist derjenige, welcher zu der auf der Fläche herrschenden Metrik gehört***;

2. für die Abbildungen $\boldsymbol{t} \to d\boldsymbol{n}$ und $\boldsymbol{n} \to d\boldsymbol{t}$ gilt $(\boldsymbol{t} \cdot d\boldsymbol{t}) + (\boldsymbol{n} \cdot d\boldsymbol{n}) = 0$; dadurch ***wird die transversale Krümmung auf die longitudinale zurückgeführt***;

3. auch die Abbildung $\boldsymbol{n} \to \boldsymbol{n}'$ (die *Torsion*) ist eine ***kongruente***, eine infinitesimale „Drehung“. — In Formeln drückt sich das so aus: die Gleichung

$$dg_{\mathfrak{i}\mathfrak{t}} = g_{\mathfrak{i}\mathfrak{r}}\, d\gamma^{\mathfrak{r}}_{\mathfrak{t}} + g_{\mathfrak{t}\mathfrak{r}}\, d\gamma^{\mathfrak{r}}_{\mathfrak{i}} \tag{4}$$

spaltet sich in

$$(5)\quad \begin{cases} \quad tt) & \dfrac{\partial g_{\mu\nu}}{\partial y_{\alpha}} = g_{\mu\varrho}\,\Gamma^{\varrho}_{\nu\alpha} + g_{\nu\varrho}\,\Gamma^{\varrho}_{\mu\alpha}, \\ nt) \text{ oder } tn) & 0 = G^{i}_{\alpha\beta} + g_{\alpha\varrho}\,\bar{G}^{\varrho}_{i\beta}, \\ nn) & 0 = \mathsf{T}^{i}_{k\alpha} + \mathsf{T}^{k}_{i\alpha}. \end{cases}$$

III. Umfährt der Vektor $v^{\mathfrak{i}} e_{\mathfrak{i}}$ ein unendlichkleines zweidimensionales Element auf der Fläche mit den Komponenten

$$(\Delta y)^{\alpha\beta} = (dy)^{\alpha}(\delta y)^{\beta} - (dy)^{\beta}(\delta y)^{\alpha},$$

so erleidet er eine Änderung

$$\Delta v^{\mathfrak{i}} = \Delta r^{\mathfrak{i}}_{\mathfrak{t}} \cdot v^{\mathfrak{t}} = \frac{1}{2} R^{\mathfrak{i}}_{\mathfrak{t}\alpha\beta}\, v^{\mathfrak{t}} (\Delta y)^{\alpha\beta},$$

wo

$$R^{\mathfrak{i}}_{\mathfrak{t}\alpha\beta} = \left(\frac{\partial \Gamma^{\mathfrak{i}}_{\mathfrak{t}\beta}}{\partial y_{\alpha}} - \frac{\partial \Gamma^{\mathfrak{i}}_{\mathfrak{t}\alpha}}{\partial y_{\beta}}\right) + \left(\Gamma^{\mathfrak{i}}_{\mathfrak{r}\alpha}\Gamma^{\mathfrak{r}}_{\mathfrak{t}\beta} - \Gamma^{\mathfrak{i}}_{\mathfrak{r}\beta}\Gamma^{\mathfrak{r}}_{\mathfrak{t}\alpha}\right).$$

Um Verwechslungen zu vermeiden, gebrauche ich hierfür statt des Riemannschen Namens „Krümmung“ den Terminus „*Wirbel*“, der mir allgemein für die Änderung einer Größe beim Umfahren eines Flächenelements passend erscheint. Im metrischen Raum ist $\Delta r_{\mathfrak{i}\mathfrak{t}} = g_{\mathfrak{i}\mathfrak{j}} \Delta r_{\mathfrak{t}}^{\mathfrak{j}}$ eine schiefsymmetrische Matrix, weil der Vektor beim Umfahren seine Länge nicht ändert. Wiederum zerlegt sich das quadratische Schema der $\Delta r_{\mathfrak{t}}^{\mathfrak{i}}$ in die vier Bestandteile ***tt***, ***nt***, ***tn***, ***nn*** (tangentialer und normaler Bestandteil der Änderung eines tangentiellen und eines normalen Vektors); ich schreibe die Ausdrücke explizite an für den Fall des metrischen Raumes.

$$tt)\quad R_{\gamma\delta;\,\alpha\beta} = S_{\gamma\delta;\,\alpha\beta} + (G^r_{\gamma\alpha} G^r_{\delta\beta} - G^r_{\gamma\beta} G^r_{\delta\alpha}),$$

$$nn)\quad R_{p+i,\,p+k;\,\alpha\beta} = U_{ik;\,\alpha\beta} + g^{\varrho\sigma}(G^i_{\alpha\varrho} G^k_{\beta\sigma} - G^i_{\beta\varrho} G^k_{\alpha\sigma}).$$

$S_{\gamma\delta;\,\alpha\beta}$ ist der *longitudinale Flächenwirbel* (oder die „Riemannsche Krümmung" der Fläche): Änderung eines tangentialen Vektors, der nach dem Verschiebungsgesetz $t \to t'$ ein in der Fläche gelegenes zweidimensionales Element umfährt; er hängt nur vom affinen Zusammenhang der Fläche (oder ihrer metrischen Fundamentalform) ab. Der *transversale Flächenwirbel* $U_{ik;\,\alpha\beta}$ aber ist die Änderung eines normalen Vektors, der nach dem Verschiebungsgesetz $n \to n'$ um das Flächenelement herumgeführt wird; er gehört so zur Torsion, wie der longitudinale Wirbel zum affinen Zusammenhang der Fläche. — Den Bestandteil

$$nt)\quad C^i_{\gamma,\,\alpha\beta} = \left(\frac{\partial G^i_{\gamma\beta}}{\partial y_\alpha} - \frac{\partial G^i_{\gamma\alpha}}{\partial y_\beta}\right) + (\Gamma^\varrho_{\gamma\beta} G^i_{\alpha\varrho} - \Gamma^\varrho_{\gamma\alpha} G^i_{\beta\varrho}) + (G^r_{\gamma\beta} \mathsf{T}^i_{r\alpha} - G^r_{\gamma\alpha} \mathsf{T}^i_{r\beta})$$

bezeichne ich als *Codazzischen Tensor*; wegen der Schiefsymmetrie von $\Delta r_{\mathfrak{i}\mathfrak{t}}$ ist der Bestandteil *tn*) $\overline{C}^\gamma_{i,\,\alpha\beta}$ im wesentlichen damit identisch: $C^i_{\gamma,\,\alpha\beta} + g_{\gamma\varrho} \overline{C}^\varrho_{i,\,\alpha\beta} = 0$.

Ist der Raum ein ebener, so ist *die Änderung eines Vektors beim Umfahren eines Flächenelements* $= 0$:

$$(6)\qquad R^{\mathfrak{i}}_{\mathfrak{t}\,\alpha\beta} = 0,$$

oder zerlegt:

$$(7)\begin{cases} tt)\quad \text{longitudinaler Flächenwirbel} = \sum\limits_r (G^r_{\alpha\delta} G^r_{\beta\gamma} - G^r_{\beta\delta} G^r_{\alpha\gamma}), \\ nn)\quad \text{transversaler Flächenwirbel} = \sum\limits_{\varrho\sigma} g^{\varrho\sigma}(G^k_{\alpha\sigma} G^i_{\beta\varrho} - G^k_{\beta\sigma} G^i_{\alpha\varrho}), \\ nt)\ \text{od.}\ tn)\quad \text{der Codazzische Tensor} = 0. \end{cases}$$

Das sind die *Integrabilitätsbedingungen* der „Fundamentalformeln" (2) bzw. (3); sind sie erfüllt, so haben jene Gleichungen, als Differentialgleichungen für die Unbekannten $e_{\mathfrak{i}}$ betrachtet, eine und nur eine Lösung mit beliebig vorgegebenen Anfangswerten. Bedeutet x den vom Nullpunkt zum Flächenpunkt führenden Vektor mit den Komponenten x_J, so kann man dann x aus $\frac{\partial x}{\partial y_\alpha} = e_\alpha$ bestimmen, da nach (3_t) $\frac{\partial e_\alpha}{\partial y_\beta} = \frac{\partial e_\beta}{\partial y_\alpha}$ ist. Im metrischen Fall erfüllen die Lösungen e_i identisch auf der Fläche die Gleichungen $(e_i \cdot e_t) = g_{it}$, wenn dies für die Anfangswerte zutrifft; denn nach (2) genügen die Größen $g^*_{it} = (e_i \cdot e_t)$ ebenso gut wie die g_{it} selber den Beziehungen

(4*; vgl. 4) $$d g^*_{it} = g^*_{ir}\, d\gamma^r_t + g^*_{tr}\, d\gamma^r_i.$$

Zu gegebener metrischer Fundamentalform, gegebener Krümmung und Torsion existiert im Euklidischen Raum stets eine und (im Sinne der Kongruenz) *nur eine Fläche, vorausgesetzt, daß die gegebenen Größen den Bedingungen* (6) *bzw.* (7) *genügen* (*Fundamentalsatz der Flächentheorie*).

Der ebene ist nicht der einzige metrisch homogene Raum; auch die „Kugel" von der (positiven oder negativen) konstanten Krümmung λ, deren metrische Fundamentalform

$$(dx_1^2 + dx_2^2 + \ldots + dx_n^2) + \frac{\lambda(x_1\,dx_1 + \ldots + x_n\,dx_n)^2}{1 - \lambda(x_1^2 + x_2^2 + \ldots + x_n^2)}$$

lautet, ist von solcher Art. Daher kann auch in einem derartigen *Kugelraum* das Problem gestellt werden, eine Fläche aus ihrer Metrik, Krümmung und Torsion zu bestimmen. Seine Lösung gelingt auf die gleiche Weise; die „Fundamentalformeln" und „Integrabilitätsbedingungen" können einfach herübergenommen werden mit den folgenden beiden Modifikationen: auf der rechten Seite von (3_t) ist der Term $-\lambda g_{\alpha\beta} \cdot x$, von (7_{tt}) der Term $-\lambda(g_{\alpha\delta}\, g_{\beta\gamma} - g_{\alpha\gamma}\, g_{\beta\delta})$ hinzuzufügen.

In einem beliebigen Raum mit affinem Zusammenhang, dessen Wirbel im Koordinatensystem der x_J die Komponenten R^J_{KAB} hat, treten an Stelle von (6) die Gleichungen

$$R^i_{t\alpha\beta}\, e^J_i = \mathrm{R}^J_{KAB}\, e^K_t\, e^A_\alpha\, e^B_\beta.$$

Das alles ist ja ganz trivial; aber es mußte doch einmal gesagt werden. Es wäre sehr zu wünschen, daß auch die gewöhnliche Flächentheorie den Begriff der infinitesimalen Parallelverschiebung, die Auffassung der Riemannschen Krümmung als eines Vektorwirbels und den Gedanken, daß affiner Zusammenhang der Fläche, Krümmung und Torsion eine natürliche Einheit bilden, aufnähme; der Gewinn an Anschaulichkeit und Übersichtlichkeit ist bedeutend. Ferner erscheint es zweckmäßig, die Kurventheorie der hier gegebenen Darstellung insofern anzupassen, daß als Achsenkreuz in der Normalebene nicht mehr die Haupt- und Binormale benutzt werden; denn sie leiden an dem Übelstand, unbestimmt zu werden, wenn die Krümmung verschwindet.

Literatur.

1. A. Voss, Zur Theorie der ... Krümmung höherer Mannigfaltigkeiten, Math. Ann. **16** (1880), S. 129–178.

2. T. Levi-Civita, Nozione di parallelismo in una variatà qualunque ..., Rend. del Circ. Math. di Palermo **42** (1917).

3. H. Weyl, Raum Zeit Materie (4. Aufl., Springer 1921), Kap. II.

4. W. Blaschke, Frenets Formeln für den Raum von Riemann, Math. Zeitschr. **6** (1920), S. 94–99.

5. G. Juvet, Les formules de Frenet pour un espace de M. Weyl, Comptes rendus **172** (27. Juni 1921), S. 1647.

51.

Neue Lösungen der Einsteinschen Gravitationsgleichungen

Mathematische Zeitschrift 13, 134—145 (1922)

I. Einleitung.

Nach Weyl[1]) und Levi-Civita[2]) läßt sich die metrische Fundamentalform eines statischen axialsymmetrischen Feldes im leeren Raum durch Einführung der „kanonischen Zylinderkoordinaten" auf die Form bringen

$$(1)\qquad ds^2 = f^2 dt^2 - d\sigma^2, \qquad f^2 d\sigma^2 = r^2 d\vartheta^2 + e^{2\gamma}(dr^2 + dz^2);$$

ϑ ist das Azimut einer Meridianebene, $r = 0$ die Gleichung der Symmetrieachse, $x^{(1)} = z$, $x^{(2)} = r$ sind Koordinaten in der Meridianebene; $f = e^{\psi}$ und γ hängen nur von z und r ab. ψ genügt der Potentialgleichung

$$(2)\qquad \Delta\psi = \frac{1}{r}\left\{\frac{\partial(r\psi_z)}{\partial z} + \frac{\partial(r\psi_r)}{\partial r}\right\} = 0$$

(ψ_z, ψ_r bedeuten die Ableitungen nach z und r), und γ bestimmt sich aus

$$(3)\qquad \gamma_z = 2r\psi_z\psi_r, \quad \gamma_r = r(\psi_r^2 - \psi_z^2);$$

wegen (2) ist nämlich

$$(4)\qquad d\gamma = 2r\,\psi_z\psi_r\,dz + r(\psi_r^2 - \psi_z^2)\,dr$$

ein totales Differential.

Die Schwarzschildsche Lösung für das polarsymmetrische Feld eines Massenpunktes ergibt sich, wenn man für ψ diejenige Lösung von (2) nimmt, die im kanonischen Raum das Newtonsche Potential einer mit einer gewissen konstanten Dichte belegten Strecke der Achse gibt. Bezeichnet man die Länge dieser Strecke, in z-Koordinaten gemessen, mit $2l$, den Abstand des Aufpunktes von den beiden Endpunkten der Strecke, in kanonischen Koordinaten euklidisch gemessen, mit r_1 bzw. r_2, so erhält man

$$(5)\qquad \psi = \frac{1}{2}\cdot\log\frac{r_1 + r_2 - 2l}{r_1 + r_2 + 2l}; \qquad \gamma = \frac{1}{2}\cdot\log\frac{(r_1 + r_2)^2 - 4l^2}{4r_1r_2}.$$

---

[1]) Zur Gravitationstheorie, Ann. d. Phys. **54** (1918), S. 117–145; mit einem Zusatz dazu: Ann. d. Phys. **59** (1919), S. 185–188.

[2]) ds^2 einsteiniani in campi newtoniani, VIII. Note, Rend. Acc. dei Lincei 1919.

Durch eine konforme Abbildung der Meridianebene läßt sich die Übereinstimmung mit der Schwarzschildschen Formel nachweisen.

II. Das Feld eines Ringes.

Das Newtonsche Potential eines unendlich dünnen Kreisringes von der Masse m, dessen Achse die z-Achse ist, lautet bekanntlich:

$$\psi = -\frac{km}{c^2 R}, \tag{6}$$

wo k die gewöhnliche Gravitationskonstante, c die Lichtgeschwindigkeit und R das arithmetisch-geometrische Mittel aus den Entfernungen r_1, r_2 des Aufpunktes P von den beiden Durchstoßpunkten des Ringes mit der Meridianebene nach P bedeutet:

$$\frac{1}{R} = \frac{1}{2\pi}\int_{-\pi}^{+\pi} \frac{d\omega}{\sqrt{r_1^2 \cos^2\omega + r_2^2 \sin^2\omega}}. \tag{7}$$

Hält der Ring sich selbst vermöge innerer Spannungen im Gleichgewicht, so gelten außerhalb des Ringes die homogenen Gravitationsgleichungen, und γ bestimmt sich aus (3) oder (4). Die Integration gelingt, wenn wir durch Einführung des Moduls des elliptischen Integrals (7) an Stelle von z eine Koordinatenänderung vornehmen. Durch Reduktion von (7) auf die Normalform finden wir die Werte der Moduln (Bezeichnungen in der Weise, die in der Theorie der elliptischen Integrale üblich ist):

$$\varkappa^2 = 1 - \frac{r_1^2}{r_2^2}; \quad \varkappa'^2 = \frac{r_1^2}{r_2^2} \qquad (r_1 < r_2). \tag{8}$$

Es wird dann

$$\psi = -\frac{2kmK}{c^2 \pi r_2}. \tag{9}$$

Ferner ist

$$\begin{cases} r_1^2 = z^2 + (r-a)^2, \\ r_2^2 = z^2 + (r+a)^2, \end{cases} \tag{10}$$

wenn der Ringradius mit a bezeichnet wird, folglich:

$$z^2 = -(r+a)^2 + \frac{4ra}{\varkappa^2}; \quad r_1^2 = \frac{4ra\varkappa'^2}{\varkappa^2}; \quad r_2^2 = \frac{4ra}{\varkappa^2}, \tag{11}$$

und

$$z\frac{\partial z}{\partial r} = -(r+a) + \frac{2a}{\varkappa^2}; \quad z\frac{\partial z}{\partial(\varkappa^2)} = -\frac{2ra}{\varkappa^4}. \tag{12}$$

Hiermit wird

$$\psi = -\frac{kmK\varkappa}{c^2\pi\sqrt{ra}}. \tag{13}$$

Jetzt setzen wir

$$(14)\quad \gamma(r,z)=\gamma(r,z(r,\varkappa^2))\equiv\Gamma(r,\varkappa^2);\quad \psi(r,z)=\psi(r,z(r,\varkappa^2))\equiv\Psi(r,\varkappa^2),$$

so daß

$$(15)\quad \begin{cases} \dfrac{\partial\Gamma}{\partial r}=\dfrac{\partial\gamma}{\partial r}+\dfrac{\partial\gamma}{\partial z}\cdot z_r=r(\psi_r^2-\psi_z^2)+2r\psi_r\psi_z z_r;\\[2mm] \dfrac{\partial\Gamma}{\partial(\varkappa^2)}=\dfrac{\partial\gamma}{\partial z}\cdot z_{\varkappa^2}=2r\psi_r\psi_z\cdot z_{\varkappa^2}. \end{cases}$$

Nun ist

$$\frac{\partial\Psi}{\partial r}=\psi_r+\psi_z\cdot z_r,\qquad \frac{\partial\Psi}{\partial(\varkappa^2)}=\psi_z\cdot z_{\varkappa^2}.$$

Setzt man die sich hieraus ergebenden Werte von ψ_r und ψ_z in (15) ein, so kommt:

$$(16)\quad \frac{1}{r}\frac{\partial\Gamma}{\partial r}=\Psi_r^2-\frac{1+z_r^2}{(z_{\varkappa^2})^2}\cdot\Psi_{\varkappa^2}^2;\qquad \frac{1}{r}\frac{\partial\Gamma}{\partial(\varkappa^2)}=2\Psi_r\Psi_{\varkappa^2}-2\frac{z_r}{z_{\varkappa^2}}\cdot\Psi_{\varkappa^2}^2.$$

Dies wird mit Benutzung der Werte (12):

$$(17)\quad \frac{\partial\Gamma}{\partial r}=r\Psi_r^2-\frac{\varkappa^4\varkappa'^2}{r}\Psi_{\varkappa^2}^2;\qquad \frac{\partial\Gamma}{\partial\varkappa^2}=2r\Psi_r\Psi_{\varkappa^2}+\frac{(2a-(r+a)\varkappa^2)\varkappa^2}{a}\cdot\Psi_{\varkappa^2}^2.$$

Nun ist weiter, wenn $\dfrac{\partial K}{\partial(\varkappa^2)}\equiv\dot K$ gesetzt wird (die Bezeichnung K' ist ja nicht gestattet):

$$(18)\quad \Psi_r=\frac{mkK\varkappa}{2c^2\pi r\sqrt{ar}};\qquad \Psi_{\varkappa^2}=-\frac{mk(K+2\varkappa^2\dot K)}{2c^2\pi\varkappa\sqrt{ar}}.$$

Bezeichnet man die im Zähler des letzten Bruches auftretende Klammer vorübergehend zur Abkürzung mit L, so folgt aus (17), (18):

$$(19)\quad \frac{\partial\Gamma}{\partial r}=\frac{m^2k^2\varkappa^2}{4c^4\pi^2ar^2}(K^2-\varkappa'^2L^2),$$

$$(20)\quad \frac{\partial\Gamma}{\partial(\varkappa^2)}=\frac{-2m^2k^2KL+m^2k^2L^2(2-\varkappa^2)}{4c^4\pi^2ar}-\frac{m^2k^2\varkappa^2L^2}{4c^4\pi^2a^2}.$$

In (19) läßt sich jetzt die Integration nach r unmittelbar ausführen:

$$(21)\quad \Gamma=\frac{m^2k^2\varkappa^2}{4c^4\pi^2ar}(-K^2+\varkappa'^2L^2)+\Phi(\varkappa^2).$$

Zur Bestimmung der Integrationsfunktion $\Phi(\varkappa^2)$ muß man (21) nach $\varkappa^2$ differentiieren und mit (20) vergleichen. Zunächst ergibt sich Übereinstimmung der von r abhängigen Glieder vermöge der Differentialgleichung der K-Funktion:

$$(22)\quad 4\varkappa^2\varkappa'^2\ddot K+4(\varkappa'^2-\varkappa^2)\dot K-K=0,$$

und für Φ ergibt sich der Ausdruck:

$$(23)\quad \Phi(\varkappa^2)=-\frac{m^2k^2}{4c^4\pi^2a^2}\int\varkappa^2L^2d(\varkappa^2).$$

Die Quadratur läßt sich glücklicherweise ausführen. Man überzeugt sich durch Differentiieren, daß

$$\int \varkappa^2 (K + 2\varkappa^2 \dot{K})^2 d(\varkappa^2) \equiv \varkappa^4 K^2 - 4\varkappa^4 \varkappa'^2 K\dot{K} + 4\varkappa^4\varkappa'^2(1+\varkappa'^2)\dot{K}^2 + \text{Konst.} \tag{24}$$

ist. Die Integrationskonstante ist Null, damit Γ im Unendlichen verschwindet. Führt man wieder an Stelle der Funktionsbezeichnung Γ die Größenbezeichnung γ ein, so lautet unser Ergebnis:

$$\boxed{\begin{aligned}\gamma = {} & \frac{m^2 k^2 \varkappa^4}{4c^4\pi^2 a r}(-K^2 + 4\varkappa'^2 K\dot{K} + 4\varkappa^2\varkappa'^2\dot{K}^2) \\ & + \frac{m^2 k^2 \varkappa^4}{4c^4\pi^2 a^2}(-K^2 + 4\varkappa'^2 K\dot{K} - 4\varkappa'^2(1+\varkappa'^2)\dot{K}^2).\end{aligned}} \tag{25}$$

Wir müssen uns noch überzeugen, daß auf der Achse γ verschwindet. Es wird in der Nähe der Achse sowohl r wie $\varkappa^2$ unendlich klein. Um γ zu berechnen, braucht man die Potenzentwicklung von K bis zum dritten Glied:

$$K = \frac{\pi}{2}\left(1 + \frac{\varkappa^2}{4} + \frac{9\varkappa^4}{64} + \ldots\right), \quad \dot{K} = \frac{\pi}{2}\left(\frac{1}{4} + \frac{9\varkappa^2}{32} + \ldots\right).$$

Es kommt, wenn man r^2 neben ra, aber nicht ra neben z^2 vernachlässigt:

$$\gamma = -\frac{m^2 k^2 (z^2 + 2ra)\cdot r^2 a^2}{2c^4 (a^2 + z^2)^3} + \text{Glieder mit höheren Potenzen von } r. \tag{26}$$

Für $r = 0$ verschwindet also γ in zweiter Ordnung, wie es sein soll.

Wenig lohnend ist die Ausführung numerischer Berechnungen und die Entwicklung in der Umgebung der Ringlinie ($\varkappa^2 \sim 1$), wo γ mit Gliedern in $(\log \varkappa')^2$ beginnt. Bemerkenswert ist vielleicht, daß bei solcher linienhaften Massenverteilung die Singularität erst auf der Linie selbst eintritt.

III. Das Feld zweier kugelähnlichen Körper.

Um die in I. angegebene Lösung zu verallgemeinern, müssen wir von einer solchen Lösung der Gleichung (2) ausgehen, die zwei getrennten Belegungen der z-Achse entspricht. Wir wählen also auf der z-Achse vier Punkte P_i $(i = 1, 2, 3, 4)$ mit den Koordinaten bzw. $z_1 > z_2 > z_3 > z_4$, setzen

$$z_1 - z_2 = 2l; \quad z_3 - z_4 = 2l'; \quad z_2 - z_3 = 2d, \tag{27}$$

denken uns die Strecken $2l$ und $2l'$ mit konstanten Massendichten belegt und machen entsprechend für ψ den Ansatz:

$$\psi = \frac{m}{2}\cdot\log\frac{r_1 + r_2 - 2l}{r_1 + r_2 + 2l} + \frac{m'}{2}\cdot\log\frac{r_3 + r_4 - 2l'}{r_3 + r_4 + 2l'}, \tag{28}$$

wo r_i $(i=1, 2, 3, 4)$ die euklidisch gemessenen Entfernungen des Aufpunktes von P_i sind. Die beiden Körper werden nun freilich nicht ohne stützende Spannungen in Ruhe verharren können. Wir wollen aber zunächst feststellen, von welcher Beschaffenheit das Gravitationsfeld im leeren Raum ist; dort gelten die Gleichungen (3). Wir berechnen also die Ableitungen von ψ. Da

$$\frac{\partial r_i}{\partial r}=\frac{r}{r_i}, \quad \frac{\partial r_i}{\partial z}=\frac{z-z_i}{r_i}$$

ist, so kommt

$$(29)\quad \begin{cases} \dfrac{\partial \psi}{\partial r}=\dfrac{2ml\left(\dfrac{r}{r_1}+\dfrac{r}{r_2}\right)}{(r_1+r_2)^2-4l^2}+\dfrac{2m'l'\left(\dfrac{r}{r_3}+\dfrac{r}{r_4}\right)}{(r_3+r_4)^2-4l'^2}, \\ \dfrac{\partial \psi}{\partial z}=\dfrac{2ml\left(\dfrac{z-z_1}{r_1}+\dfrac{z-z_2}{r_2}\right)}{(r_1+r_2)^2-4l^2}+\dfrac{2m'l'\left(\dfrac{z-z_3}{r_3}+\dfrac{z-z_4}{r_4}\right)}{(r_3+r_4)^2-4l'^2}. \end{cases}$$

Nun ist identisch:

$$(30)\quad z-z_1=\frac{r_2^2-r_1^2-4l^2}{4l}; \quad z-z_2=\frac{r_2^2-r_1^2+4l^2}{4l};$$

$$(31)\quad \begin{cases} 16r^2l^2=[(r_1+r_2)^2-4l^2][4l^2-(r_1-r_2)^2]; \\ 16r^2l'^2=[(r_3+r_4)^2-4l'^2][4l'^2-(r_3-r_4)^2]. \end{cases}$$

Mittels (30) läßt sich die zweite Zeile von (29) umformen in:

$$(29')\quad \frac{\partial \psi}{\partial z}=\frac{m(r_2-r_1)}{2r_1r_2}+\frac{m'(r_4-r_3)}{2r_3r_4}.$$

Denkt man sich nun die Werte (29), (29′) in (3) eingesetzt, so sieht man, daß $d\gamma$ eine quadratische Form in m und m' wird. Die beiden quadratischen Glieder dieser Form entsprechen den von jeder der beiden belegten Strecken erzeugten Einzelfeldern, das mittlere Glied gibt die Modifikation des durch Überlagerung entstehenden Feldes durch die Wechselwirkung beider Strecken. (Der Fall dreier und mehrerer Strecken bietet dann nichts Neues mehr.) Die den beiden Einzelfeldern entsprechenden Lösungen sind nach I, Formel (5) bekannt. Wir schreiben diese Teilfelder so:

$$(32)\quad \gamma_{11}=\frac{m^2}{2}\cdot\log\frac{(r_1+r_2)^2-4l^2}{4r_1r_2}; \quad \gamma_{22}=\frac{m'^2}{2}\cdot\log\frac{(r_3+r_4)^2-4l'^2}{4r_3r_4}.$$

Man überzeugt sich durch Ausdifferentiieren, daß (3) erfüllt ist. Zu diesen Einzelfeldern kommt nun noch ein mit mm' proportionales, dessen Berechnung wir uns jetzt zuwenden. Wir bezeichnen das betreffende Glied von $d\gamma$ mit $d\gamma_{12}$. Man erhält zunächst:

$$(33)\quad \frac{r_1 r_2 r_3 r_4}{2\,m m' r}\,d\gamma_{12} = \left[\frac{4\,l l' r^2 (r_1+r_2)(r_3+r_4)}{[(r_1+r_2)^2-4\,l^2]\,[(r_3+r_4)^2-4 l'^2]} - \frac{(r_2-r_1)(r_4-r_3)}{4}\right] dr + \left[\frac{l r (r_1+r_2)(r_4-r_3)}{(r_1+r_2)^2-4\,l^2} + \frac{l' r (r_3+r_4)(r_2-r_1)}{(r_3+r_4)^2-4\,l'^2}\right] dz.$$

Nun benutzen wir folgende Relationen:

$$(34)\quad \begin{cases} 8\,l^2 r\,dr = (r_2^2 - r_1^2 + 4\,l^2)\,r_1\,dr_1 + (r_1^2 - r_2^2 + 4\,l^2)\,r_2\,dr_2, \\ 2\,l\,dz = r_2\,dr_2 - r_1\,dr_1, \\ l r_3^2 = (l+d)\,r_2^2 - d\cdot r_1^2 + 4\,l d (l+d), \\ l r_4^2 = (l+l'+d)\,r_2^2 - (l'+d)\,r_1^2 + 4\,l(l'+d)(l+l'+d). \end{cases}$$

Wir trennen $d\gamma_{12}$ in ein Glied mit $r_4 + r_3$ und ein solches mit $r_4 - r_3$:

$$(35)\quad \frac{r_1 r_2 r_3 r_4}{2\,m m' r}\,d\gamma_{12} = r l' \cdot (r_4+r_3)\left\{\frac{4\,r l\cdot(r_1+r_2)}{[(r_1+r_2)^2-4\,l^2]\,[(r_3+r_4)^2-4 l'^2]}\,dr + \frac{r_2-r_1}{(r_3+r_4)^2-4 l'^2}\,dz\right\} + (r_4-r_3)\left\{\frac{r l (r_1+r_2)}{(r_1+r_2)^2-4\,l^2}\,dz - \frac{r_2-r_1}{4}\,dr\right\}.$$

Im ersten Glied der zweiten Klammer wenden wir (31) an und erhalten:

$$(36)\quad \frac{r_1 r_2 r_3 r_4}{2\,m m' r}\,d\gamma_{12} = \frac{r l' (r_4+r_3)}{[(r_1+r_2)^2-4 l^2]\,[(r_3+r_4)^2-4 l'^2]}\left\{(r_1+r_2)\cdot 4\,r l\,dr + (r_2-r_1)[(r_1+r_2)^2-4 l^2]\,dz\right\} + \frac{r_4-r_3}{16\,r l}\left\{(r_1-r_2)\cdot 4\,r l\,dr + (r_1+r_2)[4\,l^2-(r_1-r_2)^2]\,dz\right\}.$$

Jetzt führen wir als unabhängige Differentiale dr_1 und dr_2 mittels (34) ein, wobei beträchtliche Vereinfachungen eintreten. Es wird zunächst:

$$\frac{2\,r_3 r_4}{m m'}\,d\gamma_{12} = \frac{16\,l l' r^2 (r_3+r_4)\,d(r_1+r_2)}{[(r_1+r_2)^2-4\,l^2]\,[(r_3+r_4)^2-4\,l'^2]} + (r_3-r_4)\,d(r_1-r_2).$$

Sodann, mittels (31):

$$(37)\quad \frac{d\gamma_{12}}{m m'} = \frac{dr_1}{(r_1+r_2)^2-4 l^2}\left\{\frac{r_2(r_1+r_2)+4 l d}{r_3} + \frac{r_2(r_1+r_2)+4 l (l'+d)}{r_4}\right\} + \frac{dr_2}{(r_1+r_2)^2-4 l^2}\left\{+\frac{r_1(r_1+r_2)-4 l(l+d)}{r_3} - \frac{r_1(r_1+r_2)-4 l(l+l'+d)}{r_4}\right\}.$$

An dieser Stelle überzeuge man sich, daß der Ausdruck ein exaktes Differential ist. Man findet dabei, daß die Glieder mit dem Nenner r_3 bzw. r_4 je für sich ein solches bilden. Zur Integration kann man deshalb $d\gamma_{12}$ in zwei entsprechende Teile spalten, von denen wir den ersten mit $d_{12,3}$ bezeichnen. Der Nenner r_3 ist in r_1, r_2 irrational, den rationalen

Teil der Brüche zerlegen wir in Partialbrüche und führen Summe σ und Differenz δ von r_1 und r_2 als unabhängige Variable ein:

$$(38)\qquad \frac{4r_3\,d\gamma_{12,3}}{mm'} = d\sigma\left[\frac{\delta+2(l+2d)}{\sigma+2l}+\frac{\delta-2(l+2d)}{\sigma-2l}\right]-2\,d\delta.$$

Hierbei ist $4\,l\cdot r_3^2 = l\delta^2 - 2(l+2d)\delta\sigma + l\sigma^2 + 16ld(l+d)$.

Zur Integration von (38) bilden wir zunächst bei konstant gehaltenem σ das Integral

$$\int\frac{d\delta}{r_3} = 2\log\{l\delta-(l+2d)\sigma+\sqrt{l}\sqrt{l\delta^2-2(l+2d)\delta\sigma+l\sigma^2+16ld(l+d)}\}.$$

Der Logarithmand ist auch gleich

$$l\delta-(l+2d)\sigma+2lr_3 \equiv L.$$

Dann ist zunächst

$$(39)\qquad \frac{\gamma_{12,3}}{mm'} = -\log L + f(\sigma),$$

wo $f(\sigma)$ durch Differentiation von (39) und Vergleich mit (38) sich zu

$$\frac{1}{2}\log(\sigma^2-4a^2)+\text{Konst.}$$

ergibt. Man hat also gefunden, wenn man wieder zu r_1, r_2 zurückkehrt:

$$(40)\qquad \frac{\gamma_{12,3}}{mm'} = \frac{1}{2}\log[(r_1+r_2)^2-4a^2]-\log[lr_3-dr_1-(l+d)r_2]+\text{Konst.}$$

Das Glied $\gamma_{12,4}$ ergibt sich hieraus, wenn man statt 3 und d bzw. setzt: 4 und $l'+d$. Bei Subtraktion gemäß (37) fällt das vordere Glied weg und es bleibt:

$$(41)\qquad \frac{\gamma_{12}}{mm'} = \log\frac{lr_4-(l'+d)r_1-(l+l'+d)r_2}{lr_3-dr_1-(l+d)r_2}+\text{Konst.}$$

Damit γ_{12} im Unendlichen verschwindet, muß Konst. $= \log\dfrac{d}{l'+d}$ sein.

Ist die Konstante so bestimmt, so bleibt γ_{12} ungeändert bei der Substitution

$$\begin{pmatrix} r_1 & r_2 & r_3 & r_4 & l' & l \\ r_4 & r_3 & r_2 & r_1 & l & l' \end{pmatrix},$$

wie durch eine kleine Rechnung zu beweisen ist.

Bei der Diskussion der erhaltenen Formeln nehmen wir $m = m' = 1$ an; dieser Ansatz allein entspricht ja nach (5) dem Fall, daß es sich um zwei „Massenpunkte" handelt. Dann lautet das gewonnene Resultat folgendermaßen:

$$(42)\qquad \left\{\begin{aligned} f^2 &= \frac{r_1+r_2-2l}{r_1+r_2+2l}\cdot\frac{r_3+r_4-2l'}{r_3+r_4+2l'},\\ e^{2\gamma} &= \frac{(r_1+r_2)^2-4l^2}{4r_1r_2}\cdot\frac{(r_3+r_4)^2-4l'^2}{4r_3r_4}\cdot\left(\frac{d(l'+d)r_1+d(l+l'+d)r_2-ldr_4}{d(l'+d)r_1+(l+d)(l'+d)r_2-l(l'+d)r_3}\right)^2.\end{aligned}\right.$$

Nur bei dieser Annahme über m, m' wird der räumliche Teil $d\sigma^2$ der metrischen Fundamentalform auf den massebelegten Strecken der Achse weder 0 noch ∞. Es gilt z. B. auf $P_1 P_2$, wenn

$$z - z_2 = l(1 - \cos u)$$

gesetzt wird:

$$\frac{d\sigma^2}{4l^2} = \frac{(l+l'+d)^2\left(d + l\sin^2\frac{u}{2}\right)}{(l+d)^2\left(l'+d+l\sin^2\frac{u}{2}\right)} \cdot du^2 + \frac{l'+d+l\sin^2\frac{u}{2}}{d+l\sin^2\frac{u}{2}} \sin^2 u \, d\vartheta^2.$$

Für $\lim l'/d = 0$, d. h. wenn der Einfluß des zweiten Körpers zu vernachlässigen ist, geht das über in

$$d\sigma^2 = 4l^2(du^2 + \sin^2 u \, d\vartheta^2),$$

das Linienelementquadrat einer Kugelfläche. Die beiden „Massenpunkte" sind also, mit dem invarianten $d\sigma^2$ ausgemessen, kugelähnliche Rotationskörper.

Auf den Stücken $z > z_1$ und $z < z_4$ der Achse ist die metrische Fundamentalform vollständig regulär. Auf der Strecke $P_2 P_3$ jedoch, welche die beiden Körper trennt, liegt, obwohl diese Strecke eine endliche Länge besitzt,

$$\int d\sigma = \frac{d(l+l'+d)}{(l+d)(l'+d)} \cdot \int_0^{2d} \sqrt{\frac{(2l+2d-\zeta)(2l'+\zeta)}{\zeta(2d-\zeta)}} \, d\zeta,$$

eine Singularität, da γ dort nicht 0 wird, sondern den konstanten Wert

$$\Gamma = \lg \frac{d(l+l'+d)}{(l+d)(l'+d)} \tag{43}$$

annimmt. Darin äußert sich die Notwendigkeit, zwischen den beiden Körpern stützende Spannungen anzubringen; das Nähere darüber enthalten die folgenden Ausführungen von Herrn Weyl.

IV. Das statische Zweikörper-Problem (von H. Weyl).

Im statischen axialsymmetrischen Fall muß das Schema der Komponenten der tensoriellen Energiedichte die nebenstehende Gestalt besitzen, wobei die Zeit t als 0-te Koordinate $x^{(0)}$, das Azimut ϑ als Koordinate $x^{(3)}$ geführt ist; die Komponenten hängen nur von $x^{(1)}, x^{(2)}$ ab. Die Möglichkeit, das „kanonische Koordinatensystem" einzuführen, ist, wie die Gravitationsgleichungen zeigen, allein durch die Annahme

$\mathfrak{T}_0^0$	0	0	0
0	$\mathfrak{T}_1^1$	$\mathfrak{T}_2^1$	0
0	$\mathfrak{T}_1^2$	$\mathfrak{T}_2^2$	0
0	0	0	$\mathfrak{T}_3^3$

$$\mathfrak{T}_1^1 + \mathfrak{T}_2^2 = 0 \tag{44}$$

bedingt, welche besagt, daß die Spannung in der Meridianebene besteht aus einem Zug in gewisser Richtung und einem Druck *von der gleichen Stärke* senkrecht dazu. Dies setzen wir als erfüllt voraus und operieren fortan im kanonischen Bildraum. Führen wir die Bezeichnung

$$(45) \qquad \mathfrak{T}_3^3 = r\varrho', \qquad \mathfrak{T}_0^0 = r(\varrho + \varrho')$$

ein, so lauten die Gravitationsgleichungen

$$(46) \qquad \Delta\psi = \frac{1}{2}\varrho, \qquad \frac{\partial^2\gamma}{\partial z^2} + \frac{\partial^2\gamma}{\partial r^2} + \left\{\left(\frac{\partial\psi}{\partial z}\right)^2 + \left(\frac{\partial\psi}{\partial r}\right)^2\right\} = -\varrho';$$

$$(47) \quad \mathfrak{T}_1^1 = -\mathfrak{T}_2^2 = \gamma_r - r(\psi_r^2 - \psi_z^2), \quad -\mathfrak{T}_1^2 = -\mathfrak{T}_2^1 = \gamma_z - 2r\psi_r\psi_z.$$

Dabei ist der konstante Faktor $8\pi\varkappa$ des Einsteinschen Gravitationsgesetzes mit in die Energiekomponenten aufgenommen. Ist außerhalb eines endlichen Bereichs $\mathfrak{T}_i^k = 0$, so ergibt sich als die *Masse* des das Gravitationsfeld erzeugenden Körpersystems (vgl. die Definition auf S. 247—248 meines Buchs „Raum Zeit Materie", 4. Aufl., Springer 1921) der Koeffizient m in der Entwicklung von $f^2 = e^{2\psi}$ nach Potenzen der reziproken Entfernung R von einem festen Zentrum: $f^2 = 1 - \frac{m}{R} + \ldots$, welche für große R gültig ist. Nach (46) ist $m = \int \varrho\, dV$, wo dV das Volumelement $2\pi r\, dr\, dz$ des kanonischen Bildraums bedeutet. Hat das „leere" Gebiet, in welchem die $\mathfrak{T}$ verschwinden, mehrere, etwa zwei Löcher, so kann man die Potentialfunktion ψ auf eine und nur eine Weise in zwei Teile spalten $\psi_1 + \psi_2$, so daß ψ_1 eine im ganzen Außengebiet des ersten Loches, ψ_2 eine im Außengebiet des zweiten Loches reguläre, im Unendlichen verschwindende Potentialfunktion ist. Die Koeffizienten m_1, m_2 in der Entwicklung

$$e^{2\psi_1} = 1 - \frac{m_1}{R} + \ldots, \qquad e^{2\psi_2} = 1 - \frac{m_2}{R} + \ldots$$

wird man als die Massen der beiden Einzelsysteme anzusehen haben; danach ist $m = m_1 + m_2$ und m_1 gleich dem über das erste Loch, m_2 gleich dem über das zweite Loch zu erstreckenden Volumintegral $\int \varrho\, dV$. Also ist *ϱ die Massendichte im kanonischen Raum.* Sind mehrere Körper vorhanden, so müssen sie durch stützende Spannungen, welche den Gravitationskräften entgegenwirken, in Ruhe gehalten werden; immerhin aber werden wir in den von *Materie* (nicht von Spannungen) freien Zwischenräumen

$$(48) \qquad \varrho = 0$$

zu setzen haben.

Weitere Annahmen über die $\mathfrak{T}_i^k$ wollen wir nicht machen. Ist ψ als Potentialfunktion in dem von Materie freien Raum G bekannt, so bestimmt sich γ außerhalb eines ganz im Endlichen gelegenen, alle Körper einschließenden *einfach zusammenhängenden* Bereichs L aus (4) zusammen mit der Forderung, daß γ im Unendlichen verschwindet. Innerhalb des von Materie freien Teils von L, L', wählen wir, unter Wahrung des regulären Anschlusses nach außen, γ beliebig, doch so, daß es bei Annäherung an die Symmetrieachse verschwindet wie r^2. Die stützenden Spannungen, (welche außerhalb L verschwinden), ergeben sich dann aus (46), (47). In meinen früheren, oben von Herrn Bach zitierten Arbeiten hatte ich speziell $\varrho' = 0$ angenommen; dann bestimmt die Differentialgleichung (46) für γ, zusammen mit der Grenzbedingung $\gamma = 0$ auf der Symmetrieachse, γ und damit die $\mathfrak{T}_i^k$ $(i, k = 1, 2)$ eindeutig. Die so erhaltenen radial-axialen Spannungen sind nun wohl geeignet, die schlimmste Singularität, ein von 0 verschiedenes γ auf der Achse, zu ersetzen; sie beseitigen jedoch diese Singularität nicht vollständig, da die Ableitung γ_r, auf der Achse nach wie vor im allgemeinen nicht verschwinden wird. Man kommt also doch nicht ohne eine azimutale Spannung ϱ' aus, die mit einer gleich großen Energiedichte verbunden ist; wir enthalten uns aber jetzt jeder näheren Bestimmung der $\mathfrak{T}_i^k$ über die oben angegebenen Voraussetzungen hinaus.

Handelt es sich beispielsweise um zwei getrennte Körper, die je ein Stück der Achse einschließen (Fig. 1), so ist die (in der Richtung der Achse wirkende) Kraft K, mit welcher die stützenden Spannungen die beiden Körper auseinander halten, gleich 2π mal dem Fluß des Vektors $(\mathfrak{T}_1^1, \mathfrak{T}_1^2)$ durch eine Kurve $\mathfrak{C}$ hindurch, welche in der Meridianhalbebene die beiden Körper trennt:

Fig. 1.

$$K = 2\pi \int_{\mathfrak{C}} (\mathfrak{T}_1^2 \, dz - \mathfrak{T}_1^1 \, dr).$$

Weil die Divergenz dieses Vektors in ganz G verschwindet, kommt es auf die genauere Lage von $\mathfrak{C}$ nicht an. Der von den Körpern unbedeckte Teil der Meridianhalbebene ist einfach zusammenhängend, und demnach gibt es eine in G eindeutige, im Unendlichen verschwindende Funktion γ^*, welche sich aus (4) bestimmt:

$$d\gamma^* = r(\psi_r^2 - \psi_z^2)\, dr + 2r\,\psi_r \psi_z \, dz.$$

Auf einem zusammenhängenden, zur Begrenzung von G gehörigen Stück der Achse ist danach $\gamma_z^* = 0$, $\gamma_r^* = 0$; infolgedessen $\gamma^* =$ konst., $\gamma_r^* = 0$. Auf den beiden ins Unendliche reichenden Stücken ist insbesondere $\gamma^* = 0$; der konstante Wert aber, den γ^* auf dem zwischen den beiden Körpern gelegenen Teil der Achse annimmt, werde mit Γ bezeichnet. Die Formeln (47) schreiben sich jetzt

$$\mathfrak{T}_1^1 = \gamma_r - \gamma_r^*, \qquad \mathfrak{T}_1^2 = -(\gamma_z - \gamma_z^*);$$

daher

$$\int_{\mathfrak{C}} (\mathfrak{T}_1^2 dz - \mathfrak{T}_1^1 dr) = \int_{\mathfrak{C}} \{(\gamma_z^* - \gamma_z) dz + (\gamma_r^* - \gamma_r) dr\} = \int_{\mathfrak{C}} d(\gamma^* - \gamma)$$

gleich dem Unterschied von $\gamma^* - \gamma$ am Anfang und Ende der Kurve $\mathfrak{C}$. Dieser Unterschied ist aber, da γ auf den zu G gehörigen Stücken der Achse Null wird, $= \Gamma$. Daher kommt schließlich, unter Zugrundelegung der gewöhnlichen Maßeinheiten,

$$K = \frac{c^2 \Gamma}{4\varkappa}. \tag{49}$$

Wie wir also unsere stützenden Spannungen auch annehmen mögen, wenn sie nur der die Einführung eines kanonischen Koordinatensystems ermöglichenden Bedingung (44) *genügen und der Raum zwischen den Körpern im Sinne der Bedingung* (48) *materiefrei ist: immer hindern sie die beiden Körper mit der gleichen, durch* (49) *gegebenen Kraft K, der Gravitationsanziehung zu folgen; dieses K dürfen wir daher mit einigem physikalischen Grund als die Gravitationskraft bezeichnen, mit der sich die beiden Körper anziehen.* Damit hat der konstante Wert von γ^* auf dem die Körper trennenden Achsenstück eine interessante Deutung erfahren.

In dem unter III. von Herrn Bach durchgerechneten Fall bekommen wir so

$$K = \frac{c^2}{4\varkappa} \cdot \lg \frac{(d+l)(d+l')}{d(d+l+l')}$$

als *Maßzahl der Kraft, mit welcher sich zwei Massenpunkte anziehen*, deren Massen die Gravitationsradien l und l' besitzen und deren Abstand im kanonischen Bildraum $= 2d$ ist. Setzen wir voraus, daß l und l' klein gegenüber d sind, so kommt in erster Annäherung der Newtonsche Wert

$$\frac{c^2}{\varkappa} \cdot \frac{l l'}{(2d)^2}.$$

Die physikalische Bedeutung dieses Resultats wird man nicht übertreiben dürfen; für die Lösung des wirklichen Zweikörper-Problems, die Bestimmung der Bewegung zweier sich anziehender schwerer Massen, ist damit nichts gewonnen. Aber es ist doch ein physikalisch sinnvoller exakter Ausdruck gewonnen für die Kraft, mit der sich zwei Massenpunkte nach der Einsteinschen Theorie anziehen.

Ist der erste Körper ringförmig (Fig. 2), so wird γ^* nur eindeutig, wenn wir in der Meridianhalbebene einen Schnitt von ihm zur Achse legen. Die Größe Γ, welche nach (49) die Kraft K bestimmt, wird hier gleich $\int d\gamma^*$, erstreckt über eine geschlossene Kurve $\mathfrak{C}$, die den Meridianschnitt des Körpers (1) umgibt (s. Fig. 2). Ist der erste Körper (1) ein linearer Ring, der zweite (2) ein Massenpunkt und sind $\psi^{(1)}$, $\psi^{(2)}$ die zu diesen beiden Einzelkörpern gehörigen Potentiale ψ — Formel (5) und (6) —, so kommt es bei der Berechnung jenes Integrals nur auf den gemischten Teil an:

Fig. 2.

$$d\gamma^*_{12} = 2r(\psi_r^{(1)}\psi_r^{(2)} - \psi_z^{(1)}\psi_z^{(2)})\,dr + 2r(\psi_z^{(1)}\psi_r^{(2)} + \psi_r^{(1)}\psi_z^{(2)})\,dz.$$

Bedeutet r_1 in der Meridianebene den Abstand des Aufpunktes vom Durchstoßpunkt D_1 des Ringes, so ist für unendlichkleines r_1:

$$\psi^{(1)} \sim \frac{\varkappa m}{\pi a}\cdot \lg\frac{a}{r_1}$$

(a der Radius des Ringes im kanonischen Raum, m seine Masse). Nehmen wir für $\mathfrak{C}$ eine unendlich kleine, D_1 umschlingende Kurve, so ergibt sich daraus

$$\int_{\mathfrak{C}} (\psi_r^{(1)}\,dr + \psi_z^{(1)}\,dz) \sim 0, \qquad \int_{\mathfrak{C}} (-\psi_z^{(1)}\,dr + \psi_r^{(1)}\,dz) \sim 2\pi,$$

folglich

$$\Gamma = 4\varkappa m\cdot\psi_z^{(2)}.$$

Die Kraft K ist diejenige, welche sich aus dem Potential $mc^2\cdot\psi^{(2)}$ ableitet (für $\psi^{(2)}$ ist der Wert dieser Größe an der Stelle D_1 zunehmen).

Für die *Anziehung zweier linearer Ringe* erhält man im kanonischen Raum genau den Newtonschen Wert.

52.

Die Relativitätstheorie auf der Naturforscherversammlung

Jahresbericht der Deutschen Mathematikervereinigung 31, 51—63 (1922)

Auf Veranlassung der Deutschen Mathematikervereinigung war auf der letztjährigen Naturforscherversammlung in Bad Nauheim die Relativitätstheorie in einer kombinierten Sitzung der mathematischen und physikalischen Sektion zum Mittelpunkt einer Reihe von Vorträgen und einer allgemeinen Diskussion gemacht worden; darüber sei hier — nach reichlich langer Zeit, die aber vielleicht der Klärung und ruhigen Beurteilung der Sachlage zugute kommt — Bericht erstattet.

Den ersten Teil der Sitzung bildeten vier Vorträge aus dem Gebiete der Relativitätstheorie: 1. H. Weyl, Elektrizität und Gravitation; 2. G. Mie, Das elektrische Feld eines um ein Gravitationszentrum rotierenden geladenen Partikelchens; 3. M. v. Laue, Theoretisches über neuere optische Beobachtungen zur Relativitätstheorie; 4. L. Grebe, Über die Gravitationsverschiebung der Fraunhoferschen Linien. Den vier Vorträgen folgte die auf ihren Inhalt sich beziehende „Spezial"-Diskussion. Der letzte und dramatischste Teil, die allgemeine Diskussion über die Relativitätstheorie, gestaltete sich im wesentlichen zu einem Zweikampf zwischen Einstein und Lenard. Mit großem Geschick, Strenge und Unparteilichkeit waltete Planck seines Amtes als Vorsitzender; ihm war es nicht zum wenigsten zu danken, daß dieses „Nauheimer Relativitätsgespräch", in welchem entgegengesetzte erkenntnistheoretische Grundauffassungen der Wissenschaft aufeinanderstießen, einen würdigen Verlauf nahm.

Auf den Inhalt der Vorträge werde hier nur insoweit eingegangen, als er mit den prinzipiellen Fragen der Relativitätstheorie in Zusammenhang steht. Nach der speziellen Relativitätstheorie beruht der *Dopplereffekt* auf den folgenden beiden Tatsachen: 1. Die Frequenzen der von zwei Atomen der gleichen Konstitution, etwa zwei Wasserstoffatomen, ausgesendeten Spektrallinien sind einander gleich, wenn jede von ihnen gemessen wird in der dem Atom eigentümlichen *Eigenzeit.* 2. Die Frequenz einer Lichtwelle ist im ganzen Raum überall die gleiche, wenn sie gemessen wird in der „kosmischen" Zeit t, die zusammen mit den drei Raumkoordinaten ein System linearer Koordinaten für die ganze Welt bildet. Wie übertragen sich diese beiden Tatsachen in die allgemeine Relativitätstheorie? Hier wird die Eigenzeit nach Einstein definiert durch die „metrische Fundamentalform“ $ds^2 = \sum g_{ik}\, dx_i\, dx_k$, eine quadratische Differentialform der vier willkürlichen Weltkoordinaten x_i vom Trägheitsindex 3; und das Analogon zu 1. lautet: für zwei Atome gleicher Konstitution hat das Integral $\int ds$, erstreckt über eine volle Periode, den gleichen Wert. Fragt man indes danach — um der Sache etwas mehr auf den Grund zu gehen —, wodurch das ds^2 physikalisch bestimmt ist, wodurch insbesondere der Vergleich der Maßeinheiten des ds an verschiedenen Weltstellen ermöglicht wird, so antwortet Einstein, daß dazu die Atomuhren das Mittel bilden (auch starre Maßstäbe oder, physikalisch etwas strenger gesprochen, die Gitterabstände in einem Kristall können zum gleichen Zwecke dienen): kommt die Atomuhr im Laufe ihrer Geschichte vom Weltpunkt O nach dem Weltpunkt O' und legt sie beim Passieren von O während einer Periode die unendlichkleine Weltstrecke $\mathfrak{s}$, beim Passieren von O' während einer Periode die unendlichkleine Weltstrecke $\mathfrak{s}'$ zurück, so hat *definitionsgemäß* $\mathfrak{s}'$ die gleiche Länge ds wie $\mathfrak{s}$. 1. ist danach keine erklärungsbedürftige Tatsache, sondern ds ist physikalisch so definiert, daß 1. zutrifft. Dennoch schließt die Möglichkeit dieser Festsetzung über den Transport der Maßeinheit eine physikalische Grundtatsache ein, nämlich die folgende: Haben zwei Atomuhren, die sich an derselben Weltstelle O befinden, dort die gleiche Frequenz und treffen sie, nachdem sie verschiedene Wege in der Welt durchlaufen haben, in einem anderen Weltpunkt O' wieder zusammen, so haben sie auch dort gleiche Frequenz. Meine Theorie von Elektrizität und Gravitation, auf einer Weltgeometrie beruhend, in welcher die Übertragung einer Strecke durch kongruente Verpflanzung längs eines Weges vom Wege abhängig ist, war von den Physikern meist dahin mißverstanden worden, als wolle ich an dieser Tatsache rütteln. Der Hauptzweck meines Vortrages in Nauheim war, dem entgegenzutreten. Ich akzeptiere jene Grundtatsache so gut wie Einstein; wir weichen voneinander ab in ihrer theoretischen Deutung. Nach Einstein ist die metrische Struktur des Äthers von der Art, wie sie Riemann annimmt, die Streckenübertragung vom Wege unabhängig. Die Frequenzen der Atomuhren folgen dieser kongruenten Verpflanzung; die Erhaltung der Frequenz beruht also auf einer von Augenblick zu Augenblick infinitesimal wirksamen *Beharrungstendenz.* Im Gegensatz dazu scheint mir die einzig mögliche physikalische Deutung jener Grundtatsache die zu sein, daß sich die Frequenz durch *Einstellung* auf eine gewisse Feldgröße (von der Dimension einer Länge) bestimmen muß: zufolge ihrer *Konstitution* hat die Atomuhr an einer beliebigen Feldstelle eine Periode, die im Verhältnis zu jener Feldgröße einen bestimmten numerischen Gleichgewichtswert besitzt.[1]) In der Tat ergeben die Naturgesetze, daß sich die materiellen Körper so verhalten, und zwar ist die Feldgröße, auf welche sich die Längen einstellen, der aus der skalaren Krümmung des Feldes zu berechnende Krümmungsradius. Die aus dem Verhalten der materiellen Körper in der geläufigen Weise abgelesene Maßgeometrie ist also mit der metrischen Struktur des Äthers nicht identisch, sondern geht aus ihr hervor, indem die kongruente Verpflanzung ersetzt wird durch die Einstellung auf den Krümmungsradius. In der anschließenden Diskussion wurde der beiderseitige Standpunkt klar und knapp zum Ausdruck gebracht, ohne daß einer den andern zu bekehren oder zu widerlegen suchte.[2])

Ich komme zu der oben erwähnten Tatsache 2. und ihrer Übertragung in die allgemeine Relativitätstheorie. Davon handelte der Lauesche Vortrag. Ein *statisches* Gravitationsfeld ist dadurch gekennzeichnet: man kann die vier Weltkoordinaten $x_0 = t$, $x_1 x_2 x_3$ (statische Koordinaten) so wählen, daß sich Zeit (t) und Raum ($x_1 x_2 x_3$) vollständig trennen und die Beschaffenheit des Feldes zeitlich konstant ist; d. h. es wird

$$ds^2 = f^2 dt^2 - d\sigma^2,$$

wo f, die Lichtgeschwindigkeit, und $d\sigma^2$, die metrische Fundamentalform des Raumes, nur von den Raumkoordinaten $x_1 x_2 x_3$ abhängen; $d\sigma^2$ ist positiv-definit. In einem solchen statischen Gravitationsfeld haben die Maxwellschen Gleichungen (komplexe) Lösungen von folgender Art: das elektromagnetische Feld ist gleich einem zeitlich konstanten Felde multipliziert mit dem von der Zeit abhängigen rein periodischen Term $e^{i\nu t}$; ν ist die konstante Frequenz. Sind derartige „einfache Schwingungen", wie wir es annehmen wollen, für den tatsächlichen Vorgang der Lichtausbreitung maßgebend, so heißt das: 2. In einem statischen Gravitationsfeld ist die Frequenz der von einem ruhenden Körper ausgesendeten Lichtwelle überall im Raum die gleiche, gemessen in der kosmischen Zeit t, der Zeitkoordinate im System der vier statischen Koordinaten. Aus den beiden Tatsachen 1. und 2. ergibt sich mit Notwendigkeit die von Einstein behauptete *Rotverschiebung der Spektrallinien* in der Nähe großer Massen, die ja nach dem Äquivalenzprinzip

---

1) In einer jüngst erschienenen Note (Berliner Sitzungsberichte 1921, S. 261). akzeptiert Einstein, wenn ich ihn recht verstehe, diesen Standpunkt, nicht aber meine weltgeometrische Deutung der Elektrizität.

2) Eine ausführliche Darstellung meiner Auffassung wurde von mir gerade jetzt veröffentlicht in zwei Arbeiten in den Ann. d. Physik **65** und der Physik. Zeitschrift **22** unter den Titeln: „Feld und Materie", „Über die physikalischen Grundlagen der erweiterten Relativitätstheorie".

mit dem Dopplerschen Prinzip auf engste zusammenhängt; denn im statischen Gravitationsfeld hat f in der Nähe großer Massen einen kleineren Wert als fern von ihnen. — Außerdem leitete Laue in seinem Vortrag nach dem Muster des von Debye für die klassische Elektrodynamik vorgeschlagenen Verfahrens aus den Maxwellschen Gleichungen als erste Näherung für hohe Frequenzen das Grundgesetz der geometrischen Optik her, daß ein Lichtsignal eine geodätische Nullinie beschreibt. Man macht den Ansatz, daß alle Feldkomponenten multiplikativ den Term $e^{i\nu E}$ enthalten mit einem sehr großen konstanten ν, und erhält dann für die „Eikonalfunktion" E die partielle Differentialgleichung

$$\sum_{ik} g^{ik} \frac{\partial E}{\partial x_i} \frac{\partial E}{\partial x_k} = 0,$$

deren Charakteristiken die geodätischen Nullinien sind.

An das eben aufgestellte Prinzip 2. sei es gestattet, hier eine kritische Bemerkung anzuknüpfen. Das Prinzip ist eindeutig, wenn durch die Forderung der statischen Koordinaten die Zeit t bis auf eine lineare Transformation in sich, die drei Raumkoordinaten $x_1 x_2 x_3$ bis auf eine willkürliche Transformation untereinander festgelegt sind. Im allgemeinen ist das der Fall, aber nicht immer. Die gravitationslose Welt der speziellen Relativitätstheorie:

$$ds^2 = dt^2 - (dx_1^{\,2} + dx_2^{\,2} + dx_3^{\,2})$$

ist ein Beispiel dafür. Doch wird hier unter den linearen Koordinatensystemen eine bestimmte kosmische Zeit t dadurch ausgezeichnet, daß man fordert, der licht-aussendende Körper solle ruhen; und so gestatten in diesem Falle unsere beiden Forderungen 1. und 2. die Lichtwellen zu vergleichen, die von zwei relativ zueinander bewegten Körpern ausgehen (Dopplersches Prinzip). Ein anderes wichtiges Beispiel ist die leere Welt, wie sie sich ergibt, wenn man in den Gravitationsgleichungen das Einsteinsche kosmologische Glied mitberücksichtigt. Nach de Sitter[1]) ist diese leere Welt ein „Kegelschnitt" $\Omega(x) = a^2$ in einem 5-dimensionalen Euklidischen Raum mit dem Linienelement $ds^2 = -\,\Omega(dx)$;

$$\Omega(x) = x_1^{\,2} + x_2^{\,2} + x_3^{\,2} + x_4^{\,2} - x_5^{\,2}.$$

Durch die Substitution

(*) $$x_4 = z \cdot \operatorname{Cos}\frac{t}{a}, \qquad x_5 = z \cdot \operatorname{Sin}\frac{t}{a}$$

---

1) On Einsteins theory of gravitation and its astronomical consequences III, Monthly Notices of the R. Astron. Society, Nov. 1917.

kommt man hier auf statische Koordinaten $t, x_1 x_2 x_3$; es wird nämlich

$$-ds^2 = (dx_1{}^2 + dx_2{}^2 + dx_3{}^2 + dz^2) - \frac{z^2}{a^2} dt^2$$

mit
$$z^2 = a^2 - r^2, \qquad r^2 = x_1{}^2 + x_2{}^2 + x_3{}^2.$$

$f^2 = 1 - \left(\frac{r}{a}\right)^2$ nimmt vom Werte 1 im Nullpunkt bis zum Werte 0 auf dem Äquatoı ab. Ist diese statische Zeit für die Ausbreitung des Lichtes maßgebend, so würden also die Spektrallinien von Sternen um so stärker nach dem Rot verschoben sein, je weiter sie vom Nullpunkt entfernt liegen. De Sitter hat die Möglichkeit erwogen, auf diese Weise die tatsächlich vorhandene systematische starke Rotverschiebung in den Spektren der Spiralnebel kosmologisch zu deuten. Nun ist aber t offenbar keineswegs die einzige „statische Zeit"; zu dem Spiralnebel als Nullpunkt wird ebenso eine solche Zeit gehören wie zu der bisher als Nullpunkt angenommenen Sonne. In der Tat kann man ja vor Ausführung der Substitution (*) die Koordinaten $x_1 \ldots x_5$ einer willkürlichen linearen Transformation unterwerfen, welche $\Omega(x)$ invariant läßt; dann bekommt man ein ganz anderes t. Welches soll nun nach dem Prinzip 2. maßgebend sein für die Ausbreitung des Lichts? Die durch (*) eingeführten statischen Koordinaten stellen nicht den ganzen de Sitterschen Kegelschnitt, sondern nur den Keil $x_4{}^2 - x_5{}^2 > 0$ reell dar. Ist die wirkliche Welt der ganze de Sittersche Kegelschnitt, so ist also das Prinzip 2. völlig unberechtigt. Wenn aber die Welt nur aus einem derartigen Keil besteht, wie Einstein es annimmt, ist natürlich dasjenige, bis auf eine lineare Transformation eindeutig bestimmte t zu nehmen, welches diesem Keil entspricht. Steht das im Einklang mit der Wirklichkeit, so ist also auf die Ausbreitung einer Lichtwelle vom Moment ihrer Entstehung an der Zusammenschluß der Welt im Ganzen von Einfluß, während man doch erwarten sollte, daß die Lichtwelle darauf erst reagieren kann, wenn sie den ganzen Weltraum durchlaufen hat. Mit der in den retardierten Potentialen zum Ausdruck kommenden alten Hertzschen Vorstellung von der Entstehung einer Lichtwelle ist das gewiß unverträglich. So bedarf das Prinzip 2., der Mechanismus der Übertragung der Frequenz in einer Lichtwelle, noch sehr der physikalischen Aufklärung.

Inwieweit die nach Einstein zu erwartende *Rotverschiebung* der Fraunhoferschen Linien im Sonnenspektrum gegenüber den von irdischen Lichtquellen stammenden Linien durch die *Experimente* bestätigt wird, darüber berichtete Grebe. Die Messungen sind angestellt worden von Schwarzschild, dann von Evershed und Royds, später von St. John, schließlich von Bachem und Grebe. Namentlich die mit den schärfsten Hilfsmitteln ausgeführten Beobachtungen von St. John sprachen *gegen* das Vorhandensein des Einsteineffektes. Alle Beobachter stellen aber übereinstimmend fest, daß verschiedene Linien verschiedene Verschiebungen aufweisen. Grebe und Bachem machten nun darauf aufmerksam, daß für die Erklärung dieser Unregelmäßigkeiten vor allem der Umstand in Betracht fällt, daß unmittelbar benachbarte Linien sich gegenseitig in der Lage ihrer Intensitätsmaxima stören. Sie sonderten deshalb auf Grund mikrophotometrischer Aufnahmen aus den von ihnen gemessenen 36 Linien der sogenannten Cyanbande 11 aus, die sie als störungsfrei glaubten in Anspruch nehmen zu dürfen; diese zeigen nun im Mittel eine Rotverschiebung, welche dem Einsteineffekt ungefähr entspricht. Ebenso ergab sich als Mittel der Verschiebungen von 100 *aufeinanderfolgenden* Cyanbandenlinien *ohne jede Auswahl* — wo man erwarten darf, daß die gegenseitigen Störungen sich ausgleichen — nahezu derselbe Wert. Wenn man diese Untersuchungen auch noch kaum als eine definitive experimentelle Bestätigung des Einsteineffektes ansprechen darf, so verstärken sie doch die Wahrscheinlichkeit seines wirklichen Vorhandenseins erheblich. In der seit der Nauheimer Tagung verflossenen Zeit hat sich die Situation in dieser Hinsicht durch neue Beobachtungen noch weiter verbessert.

Um Sinn und Tragweite des Einsteinschen *Äquivalenzprinzips* durch ein vollständig zu übersehendes, nicht triviales Beispiel zu illustrieren, berechnete Mie nach diesem Prinzip das elektrische Feld eines geladenen Teilchens, das um ein elektrisch neutrales Gravitationszentrum unter dem Einfluß der Gravitation eine Kreisbahn beschreibt. Die statischen Koordinaten, in welchen das kugelsymmetrische Gravitationsfeld die von Schwarzschild angegebene Form besitzt, bezeichnet Mie als das vernünftige Koordinatensystem. In einem gewissen „künstlichen" Koordinatensystem, in welchem sowohl das Teilchen ruht wie auch das Gravitationsfeld stationär ist, haben die Maxwellschen Gleichungen eine von der Zeit unabhängige Lösung, welche in der unmittelbaren Nähe des Teilchens mit der elektrostatischen Lösung identisch ist. Transformiert man sie auf das vernünftige Koordinatensystem, so erhält man diejenige Lösung des Problems, welche nach dem Äquivalenzprinzip dem elektrostatischen Feld eines ruhenden Teilchens gleichwertig ist. Das Feld ist in unendlichgroßer Entfernung nicht von solcher Art, daß eine Ausstrahlung von Energie stattfindet, sondern man erhält es dort, wenn einem nach den Liénard-Wiechertschen Formeln berechneten ausstrahlenden Feld ein einstrahlendes von gleicher Stärke superponiert wird. Zweifellos ist das eine mit den uns bekannten Feldgesetzen verträgliche Lösung; dennoch ist es sicher, daß das wirkliche Verhalten eines elektrisch geladenen Körpers, der um ein Gravitationszentrum rotiert, nicht ihr entspricht, sondern eine elektromagnetische Welle ausstrahlt und dadurch selber in seiner Bewegung modifiziert wird. Die *tatsächlichen* Vorgänge bei Ruhe und Rotation sind also *nicht* einander äquivalent. Mie äußert sich darüber so: Man denke sich ein Einsteinsches Kupee, welches auf einer Kreisbahn um das Gravitationszentrum herumfährt; die Beobachter stellen an einem mitgeführten elektrischen Teilchen Beobachtungen an. Bestehen die Wandungen des Kupees aus Metall, so daß das von dem Teilchen erregte elektrische Feld dort endigt, so gilt das Äquivalenzprinzip; bestehen die Wandungen jedoch aus isolierendem Material, so können die Beobachter im Kupee ihre Bewegung feststellen; die Feldlinien des Teilchens sind sozusagen Fühler, die sie aus dem Kupee heraus ins Unendliche strecken. Damit kann man sich sehr wohl auch vom Einsteinschen Standpunkt aus einverstanden erklären. Solange man mit einem unendlichen Raum operiert, hat man immer den unendlich fernen Saum dieses Raumes zu berücksichtigen, über den gewissermaßen ein das Feld bestimmendes Agens ebenso herüberwirkt wie über die inneren Feldsäume, welche den verschiedenen Materieteilchen entsprechen. Mathematisch äußert sich das darin, daß nur solche Koordinaten zulässig sind, für welche im Unendlichen das ds^2 die Gestalt der speziellen Relativitätstheorie hat. In Einsteins geschlossenem Raum aber fällt der unendlich ferne Saum weg, an seine Stelle treten die weit entfernten Massen.

Der Durchrechnung dieses speziellen Problems schickte Mie einige grundsätzliche Bemerkungen voraus, welche zeigen, daß er in einigen Punkten einen andern Standpunkt einnimmt als Einstein. Insbesondere glaubt er an ein ausgezeichnetes „vernunftgemäßes" Koordinatensystem. Nun ist ja zuzugeben, daß sich in speziellen Problemen oft aus der Beschaffenheit des metrischen Feldes heraus ein besonders einfaches und zweckmäßiges Koordinatensystem definieren läßt. So kann man im Schwarzschildschen Fall des statischen kugelsymmetrischen Gravitationsfeldes die Raumkoordinaten $x_1 x_2 x_3$ derart wählen, daß, wenn man mit ihrer Hilfe den wirklichen Raum auf einen Cartesischen abbildet, das lineare Vergrößerungsverhältnis für Linienelemente, welche senkrecht zu den Radien im Bildraum stehen, $= 1$ wird (für radiale Linienelemente wird es dann, wie aus den Gravitationsgleichungen hervorgeht, $= 1/f$, und f^2 ist $= 1 - \frac{2\alpha}{r}$; α eine Konstante, r die im Bildraum gemessene Entfernung von Zentrum). Aber gerade in diesem Fall kann man über die radiale Maßskala z. B. doch auch so verfügen, daß die Abbildung auf den Cartesischen Bildraum konform ist (dann wird das

Vergrößerungsverhältnis für alle Linienelemente $= \left(1 + \frac{\alpha}{r}\right)^2$, und f ist $= \frac{r - \alpha/2}{r + \alpha/2}\Big)$. Hier ist gar nicht abzusehen, warum man das eine dieser beiden Koordinatensysteme als „vernunftgemäßer" ansprechen soll denn das andere. Die Frage nach der Existenz eines vernunftgemäßen Koordinatensystems hängt aufs engste mit der andern zusammen, inwiefern es berechtigt ist, zu behaupten: die wahre Geometrie des Raumes sei die *euklidische;* daß materielle Maßstäbe nicht die Relationen erfüllen, welche diese Geometrie für den idealen starren Körper angibt, liege daran, daß die materiellen Körper durch das Gravitationsfeld in bestimmter Weise deformiert werden. Dieser Standpunkt, den z. B. Dingler und Hamel vertreten[1]), ist zunächst natürlich gegenüber der Gravitation physikalisch ebenso berechtigt wie gegenüber der Temperatur (Einstein selbst zieht diese Parallele in seiner populären Schrift über die Relativitätstheorie): kein Mensch behauptet, daß auf einer ungleichförmig erwärmten Platte eine nichteuklidische Geometrie gilt, sondern daß die zur Ausmessung verwendeten Maßstäbe durch die verschiedenen Temperaturen verschiedene Ausdehnungen erfahren. Aber in diesem Fall existiert eine absolut ausgezeichnete Reduktion, die Reduktion auf „gleiche Temperatur", durch welche das Verhalten der Maßstäbe mit der euklidischen Geometrie in Einklang gebracht wird. Im Fall der Gravitation existiert zwar auch eine „Reduktion auf Euklid" (das ist sogar selbstverständlich), aber unter den unendlich vielen möglichen derartigen Korrekturvorschriften, deren jede zu andern Resultaten führt, ist keine physikalisch so ausgezeichnet, daß sie sich zwingend als die „einzig richtige" aufdrängt. Darum ist es hier wertlos, den an den materiellen Körpern abgelesenen Maßzahlen durch Korrektur eine euklidische Geometrie zu supponieren. Vielleicht hat der Philosoph immer noch Recht mit seiner Ansicht, daß man ohne einen idealen euklidischen Anschauungsraum nicht auskomme; ihm entspräche in der mathematischen Darstellung die Notwendigkeit, ein Koordinatensystem zu verwenden. Aber seine Beziehung auf das Ordnungsschema der physikalischen Ereignisse ist wie die Wahl des Koordinatensystems in hohem Maße willkürlich. Die universelle Konstruktion, welche Mie selber für das vernunftgemäße Koordinatensystem andeutet (mit Hilfe einer Einbettung des vierdimensionalen wirklichen Raumes in einen zehndimensionalen euklidischen) ist vieldeutig und ohne inneres Vorzugsrecht. Es ist gar nicht einzusehen, welche Erleichterung dadurch für die Beschreibung der physikalischen Vorgänge geschaffen werden soll; sie läßt

1) Dingler: Der starre Körper, Physik. Zeitschr. 1920 S. 487; Hamel: Sitzungsber. d. Berl. Mathem. Gesellschaft 1921. S. 65.

sich ja immer mittels invarianter Begriffe vollziehen. — Noch in einem andern Punkte weicht Mie von Einstein ab; er meint, man dürfe nicht von allgemeiner Relativität, sondern nur von einer Relativität der Gravitationswirkungen sprechen, da man nach der Einsteinschen Theorie das Verhalten eines beschleunigt bewegten materiellen Systems aus dem des ruhenden nur dann berechnen kann, wenn die wirkende Kraft die eines Gravitationsfeldes ist. Mir scheint, das ist kein Einwand gegen die Allgemeinheit des Relativitätsprinzips, sondern eine Bemerkung über seine Tragweite: nur für die im „Führungsfeld" neben der Trägheit mitenthaltenen Kräfte (Zentrifugalkraft, Gravitation), die man an ihrer Massenproportionalität erkennt, ist dieses Prinzip ausreichend, ihre Wirkungsweise a priori aus dem Galileischen Trägheitsprinzip abzuleiten.

Die beiden zuletzt erörterten Punkte kamen auch in der *allgemeinen Diskussion,* die vor allem von Lenard benutzt wurde, zwischen Lenard und Einstein zur Sprache. Es sei um der Übersichtlichkeit willen gestattet, aus diesem Wechselgespräch zunächst noch zwei weitere Streitfragen herauszuschälen, die neben der am Schluß zu besprechenden Hauptdifferenz nur von nebensächlicher Bedeutung sind. Das ist erstens die *Existenz des Äthers.* Lenard meint, Einstein habe, bei Aufstellung der speziellen Relativitätstheorie, allzu voreilig die Abschaffung des Äthers verkündet. In der Tat kann er ja darauf hinweisen, daß Einstein heute wieder in der allgemeinen Relativitätstheorie von einem Äther spricht.[1]) Man darf sich doch aber durch das gleichlautende Wort nicht über die Verschiedenheit der Sache täuschen lassen! Der alte Äther der Lichttheorie war ein *substantielles* Medium, ein dreidimensionales Kontinuum, von welchem sich jede Stelle P in jedem Augenblick t in einem bestimmten Raumpunkt p (oder an einer bestimmten Weltstelle) befindet; die Wiedererkennbarkeit derselben Ätherstelle zu verschiedenen Zeiten ist dabei das Wesentliche. Durch diesen Äther löst sich die vierdimensionale Welt auf in ein dreifach unendliches Kontinuum von eindimensionalen Weltlinien; infolgedessen gestattet er, *Ruhe* und *Bewegung* absolut voneinander zu unterscheiden. *In diesem Sinne,* etwas anderes hat Einstein nicht behauptet, ist der Äther durch die spezielle Relativitätstheorie abgeschafft; er wurde ersetzt durch die affingeometrische Struktur der Welt, welche nicht den Unterschied zwischen Ruhe und Bewegung festlegt, sondern die *gleichförmige Translation* von allen andern Bewegungen absondert. Der substantielle Äther war von seinen Erfindern als etwas Reales, den ponderablen Körpern Vergleichbares gedacht. In der Lorentzschen Elektro-

1) Siehe namentlich die Leidener Antrittsvorlesung Einsteins über Äther und Relativitätstheorie, Springer 1920.

dynamik hatte er sich in eine rein geometrische, d. h. ein für allemal feste, von der Materie nicht beeinflußte Struktur verwandelt. In Einsteins spezieller Relativitätstheorie trat an ihre Stelle eine andere, die affingeometrische Struktur. In der allgemeinen Relativitätstheorie endlich verwandelte sich die letztere, als „affiner Zusammenhang" oder „Führungsfeld", wieder zurück in ein mit der Materie in Wirkungszusammenhang stehendes Zustandsfeld von physikalischer Realität. Und darum hielt es Einstein für angezeigt, das alte Wort Äther für den vollständig gewandelten Begriff wieder einzuführen; ob das zweckmäßig war oder nicht, ist weniger eine physikalische als eine philologische Frage.

Zweitens: die *Überlichtgeschwindigkeit.* Lenard meint, die allgemeine Relativitätstheorie führe die Überlichtgeschwindigkeit wieder ein, da sie als Bezugssystem z. B. die rotierende Erde zuläßt; in hinreichend großen Entfernungen treten dabei Überlichtgeschwindigkeiten auf. Dies ist ein offenbares Mißverständnis. Sind $x_1 x_2 x_3$ die in bezug auf die rotierende Erde gemessenen Raumkoordinaten, x_0 die zugehörige „Zeit" (auf ihre präzise Definition kommt es jetzt nicht an), so werden die Koordinatenlinien x_0, auf denen bei konstanten $x_1 x_2 x_3$ nur x_0 variiert, nicht alle zeitartige Richtung haben, d. h. es wird in diesen Koordinaten nicht überall $g_{00} > 0$ sein. Nun behauptet Einstein allerdings, daß auch solche Koordinatensysteme zulässig sind; auch in solchen Koordinatensystemen gelten seine allgemein invarianten Gravitationsgesetze. Dagegen hält er durchaus daran fest, daß die *Weltlinie eines materiellen Körpers* stets zeitartige Richtung besitzt, daß an einem materiellen Körper (und als „Signalgeschwindigkeit") keine Überlichtgeschwindigkeit auftreten kann. Ein Koordinatensystem von der oben angegebenen Art läßt sich infolgedessen nicht in seiner ganzen Ausdehnung durch einen „Bezugsmollusken" wiedergeben, d. h. man kann sich kein materielles Medium denken, dessen einzelne Elemente die Koordinatenlinien x_0 jenes Koordinatensystems als Weltlinien beschreiben. —

Aber es wird Zeit, daß ich auf den entscheidenden Gegensatz zwischen Lenard und Einstein zu sprechen komme. Lenard behauptet, daß die Einsteinsche Theorie mit *fingierten Gravitationsfeldern* operiere, zu denen sich keine erzeugende Materie nachweisen ließe und welche nur dem Relativitätsprinzip zuliebe eingeführt würden. Das anschauliche Lenardsche Beispiel des durch einen entgegenfahrenden Zug plötzlich gebremsten Eisenbahnzuges diene auch hier als Unterlage der Diskussion. Warum, fragt Lenard, geht der Zug in Trümmer und nicht der Kirchtum neben dem Zug, da doch nach Einstein ebensogut von ihm wie von dem Eisenbahnzug gesagt werden kann, daß er gebremst werde? Hierauf scheint mir die Antwort leicht. In der Einsteinschen Theorie gibt es so gut wie nach alter Auffassung das *Führungsfeld*, dem ein Körper nach dem Galileischen Prinzip folgt, solange auf ihn keine Kräfte wirken. Die Katastrophe ereignet sich am Zuge und nicht am Kirchturm, weil der erstere durch die Molekularkräfte des entgegenfahrenden Zuges aus der Bahn des Führungsfeldes herausgeworfen wird, der Kirchturm hingegen nicht. Diese Antwort ist auch vollkommen im Einklang mit dem „gesunden Menschenverstand", der von Herzen damit einverstanden ist, die sich den Kräften entgegenstemmende Beharrungstendenz des Führungsfeldes mit Einstein als eine physikalische Realität anzusehen. Die Frage ist jetzt aber weiter die: ist dieses Führungsfeld eine Einheit oder lassen sich in ihr zwei Bestandteile, die „Trägheit" und die „Gravitation", grundsätzlich voneinander trennen, derart daß die erste von selber ein für allemal vorhanden ist als affinlineare Struktur der vierdimensionalen Welt und nur die zweite durch die Materie erzeugt wird? Hier, für die Gleichberechtigung aller Bewegungszustände, ist die Sachlage eine ganz analoge wie für die Gleichberechtigung aller Richtungen im Raum. Nach Demokrit gibt es an sich ein absolutes Oben-Unten; die wirkliche Fallrichtung eines Körpers setzt sich zusammen aus dieser absoluten Richtung und einer aus physikalischen Ursachen entspringenden Abweichung davon. Demokrit könnte etwa gegen Newton, der die Fallrichtung als Einheit ansieht, genau so argumentieren wie Lenard gegen Einstein: Macht man eine andere als jene wahre Richtung zur Normalrichtung, so muß man außer ihr und der wirklichen Abweichung drittens noch eine überall gleiche und nicht in der Materie verankerte fingierte Abweichung einführen; und das nur, um dem Prinzip von der Gleichberechtigung aller Richtungen im Raume zu genügen. Sobald man die absolute Richtung Oben-Unten zugibt, kann man scheiden zwischen wirklicher und fingierter Abweichung; sobald man ein ausgezeichnetes, „vernunftgemäßes" Koordinatensystem annimmt, muß man (mit Mie und Lenard) scheiden zwischen wirklichen und fingierten Gravitationsfeldern. Auf dem Relativitätsstandpunkt hingegen wird eine solche Scheidung unmöglich. Wenn wir aber mit Newton gegen Demokrit die Unzerlegbarkeit der wirklichen Fallrichtung in ein absolutes Oben-Unten und eine Abweichung davon behaupten, so müssen wir auch nicht nur für die *Abweichung*, sondern für die *Fallrichtung als Ganzes eine physikalische Ursache* angeben; genau so hat Einstein die Verpflichtung, zu zeigen, *wie und nach welchem Gesetz das Führungsfeld als Ganzes durch die Materie erzeugt wird.* Das verlangt Lenard mit vollem Recht von ihm, und das ist der tiefste und eigentlich entscheidende

Punkt seiner Einwände. Es muß unverhohlen zugegeben werden, daß hier für die Relativitätstheorie bei ihrer jetzigen Formulierung noch ernstliche Schwierigkeiten vorliegen. Einstein weist zur Beantwortung auf seine *Kosmologie* der räumlich geschlossenen Welt hin; er erwidert Lenard: Das Feld ist nicht willkürlich erfunden, weil es die allgemeinen Differentialgleichungen erfüllt und weil es zurückgeführt werden kann auf die Wirkung aller fernen Massen. Solange man überhaupt an dem Gegensatz von Materie und Feld festhält (und nur dann ist ja die Forderung, daß die Materie das Feld erzeuge, sinnvoll und berechtigt), bedeutet die Einsteinsche Kosmologie dies, daß neben den inneren Säumen des Feldes, über welche die einzelnen Materieteilchen feldbestimmend herüberwirken, nicht noch ein weiterer unendlichferner Saum als ein das Feld im Unendlichen bestimmendes Agens hinzukommt; an seine Stelle ist die Gesamtheit der fernen Massen getreten. Das Mitdrehen der Ebene des Foucaultschen Pendels mit dem Fixsternhimmel macht das ganz sinnfällig. Behoben ist damit die Schwierigkeit aber noch nicht. Erstens ist zu sagen, daß von Einstein nur die Gesetze angegeben werden, welche den inneren differentiellen Zusammenhang des Feldes binden, aber noch keine klare Formulierung der Gesetze vorliegt, nach welchen die Materie das Feld determiniert (das liegt übrigens beim elektromagnetischen Feld nicht wesentlich anders). Zweitens aber und vor allem ist es sogar ganz ausgeschlossen, daß die Materie das Feld eindeutig bestimmen kann, wenn man als Charakteristika der Materie, wie kaum anders möglich, *Masse, Ladung* und *Bewegungszustand* ansieht. Man kann nämlich in der Welt ein solches Koordinatensystem einführen, daß für die dadurch bewirkte Abbildung der Welt auf einen vierdimensionalen Cartesischen Bildraum nicht nur der Weltkanal *eines* Teilchens, sondern *aller* Teilchen simultan vorgegebene Gestalt annimmt, z. B. alle diese Kanäle vertikale Geraden werden. Im Vergleich zu Mach, dessen Bezugskörper stets ein starrer Körper ist, hat sich bei Einstein das Koordinatensystem so „erweicht", daß es sich simultan den Bewegungen aller Teilchen anschmiegen kann, daß man alle Teilchen zugleich auf Ruhe transformieren kann; es hat also hier nicht einmal einen Sinn mehr, vom *relativen* Bewegungszustand verschiedener Körper gegeneinander zu sprechen. Diese Schwierigkeit hat neuerdings Reichenbächer deutlicher hervorgehoben.[1]) Das Prinzip, daß die Materie das Feld erzeuge, wird sich danach nur aufrechterhalten lassen, wenn der Begriff der Bewegung ein dynamisches Moment mit in sich aufnimmt; nicht um den Gegensatz *absolut* oder *relativ*,

---

1) Schwere und Trägheit, Physik. Zeitschr. 22 (1921), S. 234—243.

sondern *kinematisch* oder *dynamisch* dreht es sich bei der Analyse des Bewegungsbegriffs. —

In einer zweiten Sitzung am andern Tage demonstrierte F. P. Liesegang (Düsseldorf) einige treffliche Schaubilder zur Darstellung der Zeitraumverhältnisse in der speziellen Relativitätstheorie, und es verlas H. Dingler (München), wie es schien nur zu formalem Protest gegen die Relativitätstheorie, ohne sich um das Publikum zu kümmern, seine kritischen Bemerkungen zu den Grundlagen der Theorie; es ist sonderbar, daß sich bei Dingler mit seinem an Poincaré orientierten konventionalistischen Standpunkt die dogmatische Halsstarrigkeit des geborenen Apriorikers verbindet. Daß der Tragödie am Schluß das Satyrspiel nicht fehle, entwickelte Hr. Rudolph eine phantastische Äthertheorie mit „Lücken" zwischen fließenden Ätherwänden, Sternfäden usw., mit Hilfe deren er aus Nichts die Sonnenmasse auf eine beliebige Anzahl von Dezimalen genau bestimmte...

Ich habe hier in freier Weise die Fragen kennzeichnen wollen, die in der Nauheimer Diskussion zur Sprache kamen, nicht aber einen objektiven Bericht über den Verlauf der Sitzung erstatten wollen; für eine gekürzte, aber sinngetreue Wiedergabe der Vorträge und der Diskussion sei der Leser auf das Dezemberheft 1920 der Physikalischen Zeitschrift verwiesen.

53.

Das Raumproblem

Jahresbericht der Deutschen Mathematikervereinigung 31, 205—221 (1922)

I. In der Wirklichkeit unterscheiden wir mit Kant den qualitativen Inhalt von seiner Form, der räumlich-zeitlichen Ausbreitung, welche erst die Existenz eines Verschiedenerlei von Qualitativem ermöglicht. Ein Körper kann, ohne seine inhaltliche Beschaffenheit zu ändern, indem er genau so bleibt wie er war, statt *hier* auch an einem beliebigen anderen Ort im Raum sich befinden. Im extensiven Medium der Außenwelt — wozu wir außer dem Raum auch die Zeit rechnen — wird es auf solche Weise möglich, daß Dinge individuell verschieden sind, die ihrem Wesen, ihrer Beschaffenheit nach, einander gleich sind. Damit ist die Idee der *Kongruenz* gegeben: zwei Raumstücke $\mathfrak{S}$, $\mathfrak{S}'$ sind kongruent, wenn derselbe materielle Gehalt, welcher $\mathfrak{S}$ erfüllt, ohne in irgendeiner seiner sinnlich erlebbaren Beschaffenheiten ein anderer zu werden, ebensogut das Raumstück $\mathfrak{S}'$ erfüllen kann. In den Beziehungen der Kongruenz gibt sich eine gewisse Struktur des Raumes, die *metrische Struktur*, kund, die nach vorrelativistischer Auffassung dem Raum selber ein für allemal fest zukommt, unabhängig davon, was für materielle Geschehnisse in ihm sich abspielen. Wir haben somit dreierlei zu unterscheiden: 1. den *Raum*, oder allgemeiner (unter Hinzunahme der Zeit) das extensive Medium der Außenwelt, 2. dessen *metrische Struktur*, und 3. seine *materielle Erfüllung* mit einem von Stelle zu Stelle veränderlichen Quale. Das *philosophische Raumproblem* besteht zunächst darin, die Unterscheidung und das gegenseitige Verhältnis dieser drei Momente in der Wirklichkeit, ihre Rolle beim Aufbau der Wirklichkeit, richtig zu erfassen. So ist es z. B. eine Streitfrage, ob tatsächlich, wie Kant es will, das räumliche Nebeneinander eine auf nichts anderes zurückführbare, in ihrem rätselhaften Wesen einfach hinzunehmende Form der Anschauung ist, oder ob diese dem qualitativen Inhalt gegenübergestellte Form nur ein Fetisch ist, der genauerer psychologischer Analyse nicht standhält; ob es richtig ist, von einem einzigen Anschauungsraum zu sprechen oder von verschiedenen Sinnesräumen (Tastraum, Sehraum) u. dgl.

Weiter handelt es sich in der Philosophie darum, die metaphysische Herkunft und Bedeutung des Raumes richtig zu erfassen. Ein besonderes erkenntnistheoretisches Problem gibt sodann die Natur der geometrischen *Erkenntnis*, ihre scheinbare oder wirkliche Apriorität, dem philosophischen Denken auf; von ihm nimmt bekanntlich Kants Kritik der reinen Vernunft ihren Ausgang.

Für den *Mathematiker* handelt es sich darum, das quantitativ, in logisch-arithmetischen Relationen Erfaßbare am Wesen des Raumes und der räumlichen Struktur richtig zu erkennen und mit den Hilfsmitteln der Logik, Arithmetik und Analysis auf seine einfachsten Gründe zurückzuführen. Die Ergebnisse dieser Analyse darf der Philosoph nicht beiseite schieben; ich wenigstens bin fest davon überzeugt, daß auf diesem Felde mathematische Einfachheit und metaphysische Ursprünglichkeit in enger Verbindung miteinander stehen. Vom Wesen des Raumes bleibt dem Mathematiker bei solcher Abstraktion nur die eine Wahrheit in Händen: daß *er ein dreidimensionales Kontinuum ist.* Hält man sich an das die Zeit mitumfassende vollständige extensive Medium, das wir mit Minkowski als Welt bezeichnen wollen, so erhöht sich die Dimensionszahl auf 4. Die großen anschaulichen und begrifflichen Schwierigkeiten, welche in dieser Formulierung noch enthalten sind, lassen wir beiseite. Eine viel reichere Ausbeute für die mathematische Bearbeitung liefert die *Raumstruktur*, und nur vom Problem der Raumstruktur, wie es sich für den Mathematiker stellt, soll hier ausführlicher die Rede sein.

Die Aufgabe wurde bekanntlich zuerst in vollständiger Weise von den Griechen gelöst. Kein Lehrgebäude war je so gut fundiert und an keines ist so lange und mit so selbstverständlicher Sicherheit geglaubt worden, wie an das *System der Euklidischen Geometrie.* Auch wir stellen uns hier zunächst auf den Standpunkt, daß in ihm die Wahrheit über die Raumstruktur enthalten ist. Es zeigte sich, daß die Raumstruktur nach ihrer quantitativ erfaßbaren Seite hin etwas vollkommen Rationales ist; d. h. man muß nicht immer von neuem aus der Anschauung schöpfen, um immer neue, nur in deskriptiven Begriffen beschreibbare Merkmale der Raumstruktur an den Tag zu heben, wie es z. B. bei einem wirklichen Dinge der Fall ist; sondern mit Hilfe weniger exakter Begriffe und in wenigen Aussagen, den *Axiomen*, läßt sich die Raumstruktur erschöpfend kennzeichnen, derart, daß jede wahre Aussage über sie sich als eine logische Folge der Axiome ergibt.

II. Ich schildere zunächst kurz die *elementare Richtung* der axiomatischen Wissenschaft vom Raum, wie sie durch die „Elemente“ des Euklid und, um ein ebenbürtiges modernes Beispiel zu nennen, die

„Grundlagen der Geometrie“ von Hilbert repräsentiert wird. Hier wird nicht der eigentliche Fundamentalbegriff, die Gruppe der kongruenten Abbildungen, analysiert, sondern man hält sich an gewisse abgeleitete, aber dem gegenständlichen Denken näherstehende Begriffe, als da sind gerade Linie, Inzidenz zwischen Punkt und Gerade u. dgl. Eine befriedigende systematische Ordnung ist in diesen Aufbau meines Erachtens erst gekommen durch die Ausbildung der projektiven Vorstellungen und die independente Begründung der projektiven Geometrie, welche wir v. Staudt und Klein verdanken. Am leichtesten läßt sich eine Übersicht gewinnen, wenn man die Verwendung der analytischen Methode, des „Zahlenraumes“, nicht verschmäht. Erläutern wir das näher in der vierdimensionalen Welt, die wir uns mit der ihr durch die spezielle Relativitätstheorie zugeschriebenen Struktur ausgestattet denken. Das ist die der Euklidischen Raumgeometrie entsprechende Minkowskische Weltgeometrie. Aber wir haben gegenüber dem Euklidischen dreidimensionalen Raum den Vorteil, daß die von einem Punkte ausstrahlenden Linienelemente von der Länge Null einen *reellen* Kegel bilden. Die Grundbegriffe, welche am zweckmäßigsten dem axiomatischen Aufbau der Minkowskischen Geometrie zugrunde gelegt werden, sind, außer den noch kein strukturelles Moment enthaltenden Begriffen des *Punktes* und des *stetigen Zusammenhangs der Punkte* die folgenden beiden: 1. die *gerade Linie,* 2. das *Nullelement.* Unter einem Element verstehe ich hier einen Punkt mit einer durch ihn hindurchgehenden Richtung. Die Nullelemente sind die längenlosen Elemente; sie geben in der Welt die Richtung eines sich fortpflanzenden Lichtsignals an. Sind die Nullelemente imaginär wie im Euklidischen Fall, so wird man statt 2. den komplizierteren Begriff des *Senkrechtstehens* zweier Richtungen im gleichen Punkte verwenden. Im „Cartesischen Bildraum“, das ist dem Kontinuum der reellen Zahlquadrupel $(x_0 x_1 x_2 x_3)$, verstehen wir unter gerader Linie jenes eindimensionale Kontinuum von Punkten, das sich ergibt, wenn man die vier Koordinaten als lineare Funktion eines Parameters ansetzt, unter Nullelement eine Richtung $dx_0 : dx_1 : dx_2 : dx_3$, für welche

$$dx_0^2 - (dx_1^2 + dx_2^2 + dx_3^2) = 0$$

ist. {Das Senkrechtstehen zweier Richtungen d und δ im Cartesischen Bildraum drückt sich dann bekanntlich durch das Verschwinden der zugehörigen Bilinearform aus:

$$dx_0\,\delta x_0 - (dx_1\,\delta x_1 + dx_2\,\delta x_2 + dx_3\,\delta x_3) = 0\}.$$

Dies vorausgeschickt, wird die geometrische Struktur der vierdimensionalen Welt vollständig durch die Aussage charakterisiert: *es lassen sich in ihr solche vier Koordinaten* $x_0 x_1 x_2 x_3$ *einführen, sie läßt sich auf einen vierdimensionalen Cartesischen Bildraum so abbilden, daß 1. jede gerade Linie in eine gerade Linie und 2. jedes Nullelement in ein Nullelement übergeht.* Es genügt dabei vorauszusetzen, daß diese Bedingungen für irgendein begrenztes Weltstück zutreffen, um sicher zu sein, daß diesem die Euklidisch-Minkowskische Struktur zukommt. Durch die erste Bedingung ist die Welt als ein vierdimensionaler *projektiver Raum* charakterisiert, da die einzigen stetigen Abbildungen des Cartesischen Bildraumes auf sich selber, bei welcher Gerade in Gerade übergehen, die projektiven sind. Die zweite legt das Unendlich-Ferne und die Metrik fest, da die zu den verschiedenen Punkten gehörigen Kegel der Nullelemente die Projektionen eines und desselben in der dreidimensionalen unendlichfernen Ebene gelegenen zweidimensionalen Kegelschnittes von diesen verschiedenen Punkten aus sind. Man kann auch mit der zweiten Bedingung beginnen, durch welche die Abbildung der Welt auf den Cartesischen Bildraum festgelegt ist bis auf eine „Möbiussche Kugelverwandtschaft", und erst hiernach den Begriff der Geraden einführen. Die Gruppe der ähnlichen Abbildungen, darauf beruht die Möglichkeit des einen und des andern Vorgehens, ist der Durchschnitt der projektiven Gruppe und der Gruppe der Möbiusschen Kugelverwandtschaften. Will man sich von der Verwendung des Zahlenraumes befreien, so hat man demnach die Aufgabe, erstens die gerade Linie durch innere Eigenschaften und ihre Lagebeziehungen zu den übrigen Geraden soweit zu charakterisieren, daß daraus die Abbildbarkeit des Systems der Geraden auf die Geraden des Cartesischen Bildraumes hervorgeht [das ist die Einengung des Begriffs der beliebigen stetigen Abbildungen auf den der projektiven Abbildung], und zweitens auf analoge rein geometrische Weise mit Hilfe des Begriffs des Nullelements die Gruppe der projektiven zu der der ähnlichen Abbildungen einzuengen. Dabei wird man mit Klein fordern dürfen, daß auch hier nur Aussagen zur Verwendung kommen, welche sich auf ein begrenztes Weltstück beziehen. Statt dieses Aufbaues, der heute in leidlich befriedigender Weise vorliegt, könnte man ebensogut zunächst mit Hilfe des Nullelements von den stetigen Abbildungen zu den Kugelverwandtschaften und von da mit Hilfe des Geradenbegriffs zu den ähnlichen herabsteigen. Eine durchgeführte axiomatische Begründung der Geometrie auf diesem Wege ist mir nicht bekannt. — Verzichtet man darauf, nur ein begrenztes Weltstück zu verwenden, benutzt vielmehr von vornherein die Welt in ihrer ganzen Ausdehnung, indem man ihr genau jene Zusammenhangsverhältnisse zuschreibt wie dem vollständigen vierdimensionalen Zahlenraum, so ist durch die Eigenschaft 1. die Welt nicht bloß als ein projektiver, sondern als *affiner* Raum festgelegt, durch die Eigenschaft 2. sogar als *metrischer* Raum mit seiner vollständigen metrischen Struktur. Das liefert zwei neue Methoden des Aufbaues; insbesondere kann bei solchem Vorgehen die Geometrie allein auf den Begriff des Nullelements begründet werden. Das ist jüngst von dem Engländer Robb in einem allerdings sehr umständlichen und künstlichen System von Axiomen durchgeführt worden.[1]) Vom Standpunkt der *Erkenntnis* aus, die den Zusammenhang mit der Wirklichkeit nicht verlieren will, scheint mir aber auf jeden Fall ein Verfahren vorzuziehen, das nur im begrenzten Gebiet operiert; dann kann, wie wir sehen, keiner der beiden Begriffe, Gerade und Nullelement, entbehrt werden.

III. Eine ganz andere Art der Betrachtung des Raumproblems als die eben besprochene „elementare" wurde von Riemann durch seinen Habilitationsvortrag „Über die Hypothesen, welche der Geometrie zugrunde liegen" eröffnet: die infinitesimal-geometrische (die abendländisch-Faustische, wie Spengler sagen würde; nur schade, daß sie erst so kurz vor Untergang sich entwickelt!). Wie die moderne Physik den Zusammenhang der Naturerscheinungen aus *Nahewirkungen*, Bindungen zwischen den physikalischen Zuständen in unendlich-benachbarten Weltpunkten verstehen will, soll hier auch die Struktur des Raumes durch solche Aussagen charakterisiert werden, die jeweils einen Punkt nur mit den Punkten seiner unendlich-kleinen Umgebung in Verbindung setzen. Die Aussagen sollen nicht, wie bei Klein, bloß auf ein *begrenztes*, sie sollen sich sogar nur auf ein *unendlichkleines* Raumstück beziehen. Das Grundbeispiel einer solchen infinitesimalen Analyse ist die Kennzeichnung einer konstanten Funktion, die an je zwei Stellen den gleichen Wert annimmt, durch das Verschwinden ihrer Ableitung. Riemann nimmt an, daß sich unendlichkleine Linienelemente unabhängig von ihrem Ort und ihrer Richtung messend miteinander vergleichen lassen und daß der Ausdruck der Länge ds eines solchen Linienelementes in beliebigen Koordinaten x_i der folgende ist:

$$ds^2 = \sum_{i,k=1}^{n} g_{ik}\, dx_i\, dx_k$$

(Pythagoreischer Lehrsatz; die Dimensionszahl ist in abstrakter Allgemeinheit $= n$ genommen). Er setzt diese *metrische Fundamentalform*

1) A. A. Robb, A Theory of Time and Space; und: The absolute Relations of Time and Space, Cambridge University Press.

als positiv-definit voraus. Seine Annahmen kommen darauf hinaus, daß in der unmittelbaren Umgebung jeder Stelle der Mannigfaltigkeit, im Unendlichkleinen, die Euklidische Geometrie gültig ist. Für die vierdimensionale Welt ist die metrische Fundamentalform nicht definit, sondern vom Trägheitsindex 1. Der Aufbau der Riemannschen Infinitesimalgeometrie hat in den letzten Jahren sehr an Einfachheit und Anschaulichkeit gewonnen durch den von Levi-Civita entdeckten Begriff der *infinitesimalen Parallelverschiebung eines Vektors*. Levi-Civita führte ihn auf Grund der Annahme ein, daß der Riemannsche Raum R in einen höherdimensionalen Euklidischen E eingebettet sei. Einen R tangierenden Vektor $\mathfrak{x}$ im Punkte p von R verschiebe ich parallel in E nach einem zu p unendlich benachbarten Punkte $\bar{p}$ auf R, spalte diesen verschobenen Vektor $\bar{\mathfrak{x}}$ in eine tangentielle und eine normale Komponente, $\bar{\mathfrak{x}}_t$ und $\bar{\mathfrak{x}}_n$, und erkläre: $\bar{\mathfrak{x}}_t$ entstehe aus $\mathfrak{x}$ durch infinitesimale Parallelverschiebung *in R*. Es stellt sich heraus, daß dieser Prozeß von der Art der Einbettung unabhängig und nur durch die metrische Fundamentalform von R bestimmt ist. Die naturgemäße independente Erklärung dieses Begriffes ist von mir gegeben worden, und zwar in folgender Art: Jedem Koordinatensystem, das die Umgebung des Punktes P bedeckt, entspricht ein „möglicher" Begriff der Parallelverschiebung: Transport der Vektoren von P nach den unendlich benachbarten Punkten P' ohne Änderung der Komponenten in diesem Koordinatensystem. Benutzt man ein für allemal ein festes Koordinatensystem x_i, so drückt sich dieser Prozeß, durch welchen der Vektor (ξ^i) in $P = (x_i)$ übergeht in den Vektor $(\xi^i + d\xi^i)$ im Punkte $P' = (x_i + dx_i)$, durch eine Gleichung aus[1]):

$$d\xi^i = - d\gamma^i_k \cdot \xi^k, \quad \text{wo} \quad d\gamma^i_k = \Gamma^i_{kr}\, dx_r \quad \text{ist}$$

und die weder von dem verschobenen Vektor ξ noch von der vorgenommenen Verschiebung dx abhängigen Koeffizienten Γ der Symmetriebedingung

$$\Gamma^i_{sr} = \Gamma^i_{rs}$$

genügen. Im Rahmen dieser Symmetriebedingung können die Γ aber alle möglichen Werte annehmen. Ist unter diesen möglichen Systemen von Parallelverschiebungen des Vektorkörpers in P nach allen Punkten seiner infinitesimalen Umgebung eines als das allein „wirkliche" ausgezeichnet, so ist die Mannigfaltigkeit mit einem *affinen Zusammenhang* ausgestattet. Für einen Riemannschen Raum ist das der Fall, da stets

1) Über einen Index, der in einem Formelglied *doppelt* auftritt, ist stets zu summieren.

ein und nur ein System von Parallelverschiebungen existiert, das die Forderung erfüllt: die *Maßzahl* $l = g_{ik}\xi^i\xi^k$ *eines jeden Vektors* ξ *bleibt bei Parallelverschiebung ungeändert.* Die Formeln, welche die eindeutige Bestimmung des affinen Zusammenhangs durch die Metrik gemäß dieser Forderung ausdrücken, sind die bekannten Christoffelschen

$$g_{ij}\Gamma^j_{rs} = \frac{1}{2}\left(\frac{\partial g_{ir}}{\partial x_s} + \frac{\partial g_{is}}{\partial x_r} - \frac{\partial g_{rs}}{\partial x_i}\right),$$

die damit ihre anschauliche Deutung erfahren haben.

Die notwendige und hinreichende Bedingung dafür, daß ein affin zusammenhängender, insbesondere ein Riemannscher Raum *euklidisch* ist, besteht darin, daß die Übertragung eines Vektors von irgendeinem Punkte P nach einem andern Q längs eines P mit Q verbindenden Weges durch den von Stelle zu Stelle wirksamen Prozeß der infinitesimalen Parallelverschiebung *vom benutzten Wege unabhängig ist.* Unter diesen Umständen hat es nämlich einen Sinn, von *dem gleichen* Vektor an zwei verschiedenen Raumstellen zu sprechen; unter den infinitesimalen Deformationen des Raumes sind dann die *Translationen* dadurch ausgezeichnet, daß die unendlichkleine Verrückung aller Punkte durch den *gleichen* Vektor gegeben wird. Auf der Iteration solcher unendlichkleiner Gesamttranslationen des Raumes beruht aber die Konstruktion des gewöhnlichen „linearen“ Koordinatensystems, relativ zu welchem die Komponenten Γ des affinen Zusammenhangs verschwinden. — Im Falle einer beliebigen affin zusammenhängenden Mannigfaltigkeit sieht die Änderung $\Delta\xi^i$, die ein durch Parallelverschiebung sich fortpflanzender Vektor ξ^i erleidet beim Umfahren eines unendlichkleinen Flächenelements mit den Komponenten $(\Delta\sigma)^{ik}$ [ein Flächenelement wird bekanntlich durch ein schiefsymmetrisches System von Zahlen $(\Delta\sigma)^{ik}$ charakterisiert; wird es aufgespannt durch die beiden Linienelemente dx, δx, so ist $(\Delta\sigma)^{ik} = dx_i\,\delta x_k - dx_k\,\delta x_i$], — diese Anderung sieht so aus:

$$\Delta\xi^i = \Delta r^i_k \cdot \xi^k, \qquad \Delta r^i_k = R^i_{k\alpha\beta}(\Delta\sigma)^{\alpha\beta}.$$

Sie ist also linear abhängig sowohl von dem herumgeführten Vektor ξ wie von dem umfahrenen Flächenelement $\Delta\sigma$. Die nur von der Stelle P, an welcher dieser Prozeß vor sich geht, jedoch weder von dem Vektor noch von dem Flächenelement abhängenden Größen $R^i_{k\alpha\beta}$ sind die Komponenten der *Riemannschen Krümmung*; die Formeln, nach denen sie durch Differentiation aus den Komponenten Γ des affinen Zusammenhangs entspringen, will ich hier übergehen. Es wäre sehr zu wünschen, daß der Begriff der Parallelverschiebung und diese Auffassung der

Krümmung recht bald in die Lehrbücher der gewöhnlichen Flächentheorie übergingen. Da sich die Änderung eines Vektors beim Umfahren eines endlich ausgedehnten Flächenstückes wie beim Stokesschen Satz zusammensetzt aus den Änderungen eines Vektors beim Umfahren der unendlichkleinen Parzellen, in welche man dieses Flächenstück einteilen kann, so gewinnen wir als *infinitesimales Charakteristikum einer Euklidischen Mannigfaltigkeit das Verschwinden der Riemannschen Krümmung R.*

Nach den philosophischen Bemerkungen zu Beginn meines Vortrages ist der Raum als Form der Erscheinungen notwendig homogen. Eine Riemannsche Mannigfaltigkeit hat aber im allgemeinen eine von Stelle zu Stelle wechselnde metrische Struktur. Es fragt sich demnach, ob der Euklidische Raum allein der Forderung der Homogenität genügt oder was sonst noch für homogene Riemannsche Räume existieren. Nun ist von vornherein klar, daß auch die n-dimensionale Kugel in einem $(n+1)$-dimensionalen Euklidischen Raum eine metrisch homogene Riemannsche Mannigfaltigkeit ist. Den Begriff der Kugel formuliere ich, um den Fall der negativen Krümmung sogleich mitzuumfassen, folgendermaßen: es sei $E(x) = x_1^2 + x_2^2 + \cdots + x_n^2$ die quadratische Einheitsform, $E(xy) = x_1 y_1 + x_2 y_2 + \cdots + x_n y_n$ die zugehörige symmetrische Bilinearform, λ eine Konstante, so ist das durch die Gleichung

$$x_0^2 + \lambda \cdot E(x) = 1$$

im $(n+1)$-dimensionalen Euklidischen Raum mit der (unter Umständen nicht positiv-definiten!) metrischen Fundamentalform

$$\frac{dx_0^2}{\lambda} + E(dx)$$

definierte Gebilde die Kugel von der Krümmung λ. Ihre metrische Fundamentalform ist also, wenn man x_0 durch die übrigen Koordinaten ausdrückt:

$$ds^2 = E(dx) + \frac{\lambda E^2(x, dx)}{1 - \lambda E(x)}.$$

Hierin liegt die eigentliche selbständige Erklärung des Begriffs; wie man sieht, erfordert sie nicht die Unterscheidung der Fälle $\lambda \gtreqless 0$. Die Homogenität eines Riemannschen Raumes drückt sich allgemein in den folgenden Gleichungen aus — wenn sie so interpretiert wird, daß das Gesetz der Änderung eines Vektors beim Umfahren eines unendlichkleinen Flächenelements von Ort und Orientierung des Flächenelements unabhängig ist:

$$R^i_{k\alpha\beta} = \lambda(\delta^i_\alpha g_{k\beta} - \delta^i_\beta g_{k\alpha});$$

[λ eine Konstante; δ^i_k bedeutet 0 oder 1, je nachdem $i \neq k$ oder $i = k$ ist].

Die Kugel von der Krümmung λ genügt diesen Gleichungen. Die schon von Riemann gegebene Antwort auf unsere obige Frage ist die Umkehrung dieses Satzes: *Die Kugeln sind die einzigen homogenen Riemannschen Räume.* Der naturgemäßeste Beweis dafür scheint mir derjenige zu sein, den ich in einer kleinen Note in den Göttinger Nachrichten 1921 über die Einordnung des projektiven und des konformen Standpunktes gegeben habe; er beruht im wesentlichen auf dem Umstande, daß ein homogener Riemannscher Raum *in projektiver Hinsicht* notwendig mit dem gewöhnlichen Euklidischen übereinstimmt. Die damit erhaltenen homogenen Maßbestimmungen, deren der gewöhnliche projektive Raum fähig ist, sind bekanntlich zuerst von Cayley angegeben worden; ihr Zusammenhang mit der nichteuklidischen Geometrie wurde vollständig von Klein aufgedeckt.

Das Raumproblem aber zerlegt sich jetzt für uns in drei Teile:

1. Begründung der allgemeinen Riemannschen Geometrie.

2. Durch die Forderung der Homogenität werden aus den Riemannschen Räumen die Kugeln ausgeschieden.

3. Durch welche einfachen Merkmale ist unter den „Kugeln" die „Ebene", die Kugel von der Krümmung $\lambda = 0$, der Euklidische Fall ausgezeichnet? Oder muß man etwa mit der Möglichkeit rechnen, daß der wirkliche Raum nicht ein Euklidischer, sondern ein Kugelraum ist, dessen Krümmung λ von 0 abweicht?

IV. Indem wir uns mit dem Abstieg bis zum homogenen Kugelraum zufrieden geben, scheiden wir die Frage 3. aus der weiteren Erörterung aus. Es bleibt also nur noch 1. Die Riemannsche Geometrie besteht aus zwei Behauptungen: a) Je zwei Linienelemente lassen sich aneinander messen. b) Der „Pythagoras": an einer einzelnen Stelle ist ds^2 in seiner Abhängigkeit vom Linienelement eine positiv-definite quadratische Form. Riemann selbst streift die Möglichkeit, daß ds die vierte Wurzel aus einem homogenen Polynom vierter Ordnung ist mit Koeffizienten, welche im allgemeinen von Stelle zu Stelle veränderlich sind oder die sechste Wurzel aus einer ganzen rationalen Form sechsten Grades, usf.; und motiviert die Beschränkung auf den Pythagoreischen Fall b) beiläufig in folgender Weise: Versteht man unter einem Kreis um den Punkt O den geometrischen Ort aller Punkte, welche auf kürzesten Linien gemessen einen festen Abstand von O besitzen, so nehme man an, daß die Schar der Kreise um O durch eine *analytische* Gleichung $F(x_1 x_2 \ldots x_n) = \text{const.}$ gegeben sei. Dann muß die Taylorentwicklung von F um den Punkt O herum mit den quadratischen Gliedern beginnen, die zusammen notwendig eine quadratische Form ausmachen, welche beständig $\geqq 0$ ist. Verschwindet sie nicht, sondern gilt beständig das Zeichen > 0, so kommen wir auf das Pythagoreische ds. Auf diese Begründung, welche die höheren Fälle als Ausartungen erscheinen läßt, wird man kaum allzuviel Wert legen dürfen. Übrigens, scheint mir, sind auch die von Riemann zum Vergleich herangezogenen höheren Fälle nach einem allzu formalen Prinzip konstruiert. Man wird doch wohl verlangen müssen, daß *die Natur der Metrik* an jeder Stelle des Raumes die gleiche ist, d. h. man wird fordern, daß, wenn an einer beliebigen Raumstelle P das ds durch einen Ausdruck $f_P(dx_1, dx_2, \ldots, dx_n)$ gegeben ist, wo f_P eine homogene (aber keineswegs notwendig rationale) Funktion erster Ordnung seiner Argumente ist, die den verschiedenen Stellen P zugehörigen Funktionen f_P alle einer einzigen Klasse (f) angehören in dem Sinne, daß sie alle aus *einer* solchen Funktion f durch homogene lineare Transformation der Argumente hervorgehen. Im Pythagoreischen Falle ist diese Forderung erfüllt, weil jede positiv-definite quadratische Form durch lineare Transformation aus der Einheitsform gewonnen werden kann. Jeder solchen Klasse homogener Funktionen entspricht eine Raumklasse mit einer konstant gearteten Metrik. Unter diesen Raumklassen ist die Pythagoreisch-Riemannsche, welche der Annahme $f^2 = \xi_1^2 + \xi_2^2 + \cdots + \xi_n^2$ entspricht, eine einzige; und es gilt diese Klasse durch innere einfache Eigenschaften aus allen andern herauszuheben.

Das ist zuerst Helmholtz auf die befriedigendste Weise gelungen.[1]) Seine Begründung bedarf nicht einmal der Annahme a) der Meßbarkeit der Linienelemente; sie bedient sich vielmehr allein des wahren Grundbegriffs der Geometrie, des Begriffs der *kongruenten Abbildung*, und charakterisiert die Raumstruktur allein und vollständig durch ihre *Homogenität*. Helmholtz fordert, kurz gesagt, vom Raum die volle Homogenität des Euklidischen; er verlangt, daß ein starrer Körper in ihm diejenige freie Beweglichkeit besitzt, welche ihm im Euklidischen Raum zukommt. Solange man auf dem Standpunkt der Euklidischen Geometrie steht, ist eine vollkommenere Lösung des Raumproblems nicht denkbar. Die Formulierungen und Beweise Helmholtz' erfordern im einzelnen eine strengere Fassung, die S. Lie mit Hilfe der von ihm ausgebildeten gruppentheoretischen Begriffe vornahm.[2]) Von Lie rührt auch die Verallgemeinerung auf den Fall einer beliebigen Dimensionszahl n her;

---

1) Über die Tatsachen, welche der Geometrie zugrunde liegen. Göttinger Nachr. 1868.

2) Eine zusammenfassende Darstellung der Lieschen Untersuchungen in Lie-Engel, Theorie der Transformationsgruppen, Leipzig 1893, Bd. 3, Abt. V, S. 393 bis 543.

Helmholtz hatte sich auf $n=3$ beschränkt. Die beste Formulierung der Helmholtzschen *Homogenitätsforderung* für den n dimensionalen Raum scheint mir die folgende zu sein: *Die Gruppe der kongruenten Abbildungen ist imstande, einen beliebigen Punkt in einen beliebigen Punkt überzuführen, außerdem bei festgehaltenem Punkt eine beliebige Linienrichtung in diesem Punkte in eine beliebige Linienrichtung daselbst, bei festgehaltenem Punkt und Linienrichtung eine beliebige durch sie hindurchgehende Flächenrichtung in eine beliebige andere ebensolche Flächenrichtung, usf. bis hinab zu den* $(n-1)$*-dimensionalen Richtungselementen; ist aber ein Punkt, eine hindurchgehende Linienrichtung, eine durch sie hindurchgehende Flächenrichtung usf. bis hinab zu einem* $(n-1)$*-dimensionalen Richtungselement gegeben, so gibt es außer der Identität keine kongruente Abbildung, welche dieses System inzidenter Elemente festläßt.* Behauptet wird: *Die einzigen Räume von der geschilderten Art sind die Riemannschen Kugelräume.*

Fassen wir die linearen Transformationen ins Auge, welche unter der Einwirkung der einen Punkt P festlassenden kongruenten Abbildungen die von P ausgehenden Linienelemente erfahren — sie bilden *die Drehungsgruppe des Vektorkörpers in* P —, so hat man zunächst zu zeigen, daß sie eine gewisse positiv-definite quadratische Form $\sum g_{ik}\, dx_i\, dx_k$ invariant lassen. Daraus folgt dann, daß ein Raum mit den Helmholtzschen Homogenitätseigenschaften an jeder Stelle eine Pythagoreische Metrik besitzt. Mit Hilfe der kongruenten Abbildungen, welche einen Punkt P in einen andern Q überführen, gelingt es ferner, die Längeneinheit für die Linienelemente in P von P nach Q zu transportieren; damit ist festgestellt, daß es sich um eine Riemannsche Mannigfaltigkeit handelt. Die Unabhängigkeit ihrer Riemannschen Krümmung von Ort und Orientierung des Flächenelements, die sich weiter aus der Existenz der kongruenten Abbildungen ergibt, gestattet dann nach einem früher angedeuteten Beweise zu schließen, daß ein Kugelraum von konstanter Krümmung λ vorliegt. Damit reduziert sich alles auf den Beweis des Satzes T_n über die Drehungsgruppen: Eine Gruppe linearer Transformationen des n dimensionalen Vektorkörpers, welche ihm im Helmholtzschen Sinne freie Beweglichkeit um sein Zentrum O verleiht, ist notwendig, bei geeigneter Wahl des Koordinatensystems, identisch mit der Euklidischen Drehungsgruppe. Zu seinem Beweise benutzt man den gleichen Grundgedanken, mit Hilfe dessen wir die Helmholtzsche Behauptung auf den Satz T_n reduzierten: Wir fassen die Untergruppe derjenigen Drehungen um O ins Auge, welche eine von O ausstrahlende Richtung festlassen. Indem wir einen Schluß von $n-1$ auf n anwenden, das Theorem T_{n-1} bereits als gültig ansehen, erkennen wir leicht, daß diese Operationen aus den sämtlichen $(n-1)$-dimensionalen Euklidischen Drehungen um die vorgegebene feste Richtung bestehen; und von da aus gelingt, unter Verwendung der infinitesimalen Operationen, die Konstruktion der vollen n-dimensionalen Drehungsgruppe um O.

Hervorzuheben ist, daß die Helmholtzsche Charakterisierung nur zutreffend ist für Räume mit *definiter* metrischer Fundamentalform. Bei einer indefiniten Form, z. B. in der vierdimensionalen Minkowskischen Welt, ist ja schon die Homogenität der Linienrichtungen nicht vorhanden, da die raumartigen von den zeitartigen Richtungen, diejenigen, für welche ds^2 positiv bzw. negativ ist, wesentlich verschieden sind.

V. Alle unsere bisherigen Ausführungen standen unter der Annahme, daß die metrische Struktur des Raumes etwas a priori fest Gegebenes ist. Riemann selber aber deutete schon eine andere Möglichkeit an, und diese ist dann durch die Relativitätstheorie zur Gewißheit geworden: Die metrische Struktur des extensiven Mediums der Außenwelt ist ein Zustandsfeld von physikalischer Realität, das in kausaler Abhängigkeit vom Zustand der Materie steht; die Materie gestaltet erst die Raumstruktur. Unter diesen Umständen wird natürlich das metrische Feld inhomogen sein, wie es die Raumerfüllung ist; jedoch darf man nach wie vor erwarten, daß die *Natur* der Metrik an jeder Stelle die gleiche ist, so daß eine Beschreibung derselben, die auf einen Punkt paßt, ebensogut auf jeden andern paßt. Das ist z. B. der Fall, wenn wir, wie oben angenommen, ein $ds = f_P(dx_1, dx_2, \ldots, dx_n)$ haben, bei welchem die den verschiedenen Punkten entsprechenden Funktionen f_P alle aus einer durch lineare Transformation der Argumente hervorgehen. Da sieht man, wie die Natur der Metrik an jeder Stelle die gleiche sein kann, während doch ihre quantitative Bestimmtheit, die gegenseitige Orientierung der Metriken in den verschiedenen Punkten sozusagen, noch sehr verschiedener und stetig veränderlicher Ausgestaltungen fähig ist. So scheidet sich von diesem Standpunkt aus das *apriorische Wesen* des Raumes, das definiert ist durch die Natur der Metrik, — sie ist *eine* und darum absolut bestimmt, nicht teilhabend an der unaufhebbaren Vagheit dessen, was eine veränderliche Stelle in einer kontinuierlichen Skala einnimmt —, von der gegenseitigen *Orientierung* der Metriken in den verschiedenen Punkten, welche a posteriori ist, d. h. an sich zufällig und in der Natur abhängig von der materiellen Erfüllung, darum auch rational niemals völlig exakt erfaßt werden kann, sondern immer nur näherungsweise und unter Zuhilfenahme unmittelbarer Hinweise auf die Wirklichkeit. Es ist klar, daß bei einer solchen Auffassung das Raumproblem ganz anders formuliert werden muß; ist ja doch gerade die Homogenität des metrischen Feldes der Kern der Helmholtzschen Axiomatik. Es kann sich auch jetzt nur darum handeln, die *eine* Natur der Metrik, welche für das Wesen des Raumes charakteristisch ist, rational zu begreifen, nicht aber ihre zufällige quantitative Ausgestaltung. An Stelle des Helmholtzschen Postulats der Homogenität tritt das Postulat der *Freiheit*: daß diese quantitative Ausgestaltung in dem durch die Natur der Metrik gegebenen Rahmen völlig frei ist und beliebigen virtuellen Veränderungen unterworfen werden darf. Trifft diese Analyse das Richtige, so wird der ausgezeichnete Charakter der Pythagoreischen Metrik also gerade erst dadurch verständlich, daß wir uns die Orientierung der Metriken in den verschiedenen Punkten gegeneinander als frei veränderlich denken und sie nicht von vornherein in jener starren Verknüpfung gegeben annehmen, welche für die Euklidische Ferngeometrie kennzeichnend ist. Nagelt man sich auf die Euklidische Geometrie fest, so beraubt man sich der Möglichkeit, das im „Pythagoras" zum Ausdruck kommende apriorische Wesen der Raumstruktur zu begreifen. Das hatte ich vor allem im Auge, als ich zu Beginn des Vortrages sagte, die Philosophen dürften an den Ergebnissen der mathematischen Analyse nicht vorbeigehen: diese ganze veränderte Auffassung des Raumproblems ist etwas, das philosophisch keineswegs irrelevant ist.

Das Freiheitspostulat allein genügt selbstverständlich nicht, um die Natur der Raummetrik einzuschränken. Nun hatte sich aber beim Aufbau der Riemannschen Geometrie und der Relativitätstheorie immer deutlicher als die fundamentalste Tatsache, auf welcher die Möglichkeit ihrer ganzen Entwicklung beruht, dies herausgestellt: *daß das metrische Feld den affinen Zusammenhang eindeutig bestimmt.* Kann man vielleicht in dieser positiven Forderung zusammen mit dem Postulat der freien Orientierung das Kennzeichen der Pythagoreischen Metrik erblicken?: Welche quantitative Ausgestaltung auch immer im Rahmen der Natur der Metrik das metrische Feld gefunden haben mag, stets gibt es unter den den verschiedenen Koordinatensystemen entsprechenden möglichen Systemen von infinitesimalen Parallelverschiebungen des Vektorkörpers eines und nur eines, für welches die Parallelverschiebungen zugleich kongruente Verpflanzungen sind, d. h. alle metrischen Beziehungen ungeändert lassen. Die Frage ist zu bejahen; und wieder zeigt es sich, daß dabei die Riemannsche Voraussetzung der Meßbarkeit von Linienelementen aneinander ganz entbehrt werden kann. Damit ergibt sich die folgende Formulierung des Raumproblems vom modernen Standpunkt aus, welcher eine mit der Materie veränderliche metrische Struktur annimmt.

Zunächst: Was verstehen wir allgemein unter *Metrik?* Das metrische Feld ist bekannt, wenn bekannt ist, welche unter den linearen Abbildungen des Vektorkörpers im beliebigen Punkt P_0 auf sich selber oder auf den Vektorkörper in einem unendlich benachbarten Punkte P „kongruente Abbildungen" sind („Metrik im Punkte P_0" und „metrischer Zusammenhang von P_0 mit P"). Wir fordern die Gruppeneigenschaft; sie besagt:

I. für die Drehungen, d. i. für die kongruenten Abbildungen des Vektorkörpers in P_0 auf sich selber: daß sie eine Gruppe bilden;

II. für die kongruenten Verpflanzungen von P_0 nach einem *bestimmten* zu P_0 unendlich benachbarten Punkte P: daß alle diese Verpflanzungen aus einer von ihnen, A, durch Hinzufügung einer willkürlichen Drehung in P_0 entstehen, und daß die Gruppe $\mathfrak{G}$ der Drehungen in P aus der Drehungsgruppe $\mathfrak{G}_0$ in P_0 durch „Transformation" mittels einer solchen kongruenten Verpflanzung A entsteht: $\mathfrak{G} = A\mathfrak{G}_0 A^{-1}$;

III. für den metrischen Zusammenhang von P_0 mit *allen* Punkten seiner unmittelbaren Umgebung: daß durch Hintereinanderausführung einer infinitesimalen kongruenten Verpflanzung des Vektorkörpers durch die Verschiebung dx_i [d. h. vom Punkte $P_0 = (x_i^0)$ nach der Stelle $P = (x_i^0 + dx_i)$] und einer zweiten solchen Verpflanzung durch die Verschiebung δx_i eine durch die resultierende Verschiebung $dx_i + \delta x_i$ bewirkte infinitesimale kongruente Verpflanzung zustande kommt. — Eine kongruente Verpflanzung ist infinitesimal, wenn die Änderungen $d\xi^i$ der Komponenten ξ^i eines beliebigen Vektors von der gleichen Größenordnung unendlich klein sind wie die Komponenten dx_i der vorgenommenen Verschiebung des Zentrums. Ist also

$$d\xi^i = \varepsilon \cdot \sum_k \Lambda^i_{k1} \xi^k$$

eine beliebige infinitesimale kongruente Verpflanzung in Richtung der ersten Koordinatenachse, nach dem Punkte $(x_1^0 + \varepsilon, x_2^0, \ldots, x_n^0)$, und haben $\Lambda^i_{k2}, \ldots, \Lambda^i_{kn}$ eine analoge Bedeutung für die 2te bis $n$te Koordinatenachse (ε ist eine infinitesimale Konstante), so liefert die Formel

$$d\xi^i = \sum_{kr} \Lambda^i_{kr} \xi^k dx_r \tag{1}$$

ein „System infinitesimaler kongruenter Verpflanzungen" nach den sämtlichen Punkten der Umgebung von P_0.

Aus II. geht hervor, daß die Drehungsgruppen in allen Punkten der Mannigfaltigkeit von der gleichen Art sind, sich nur durch die

Orientierung des Koordinatensystems voneinander unterscheiden. Die Art der Drehungsgruppe ist, das bestätigt sich damit, festgelegt durch das apriorische Wesen des Raumes. Sie zu kennzeichnen ist unsere Aufgabe. Das geschieht durch die entscheidende Forderung: *Unter den möglichen Systemen von Parallelverschiebungen des Vektorkörpers in P_0 nach allen Punkten seiner unmittelbaren Umgebung gibt es ein einziges, welches zugleich ein System kongruenter Verpflanzungen ist; und zwar soll das zutreffen, welche quantitative Bestimmtheit der an sich freie metrische Zusammenhang auch angenommen haben mag.* Diese Freiheit gibt sich darin kund und ist in solchem Maße vorhanden, daß bei gegebener Drehungsgruppe in P_0 als System kongruenter Verpflanzungen immer noch ein solches auftreten kann, in dessen Darstellung (1) die Koeffizienten Λ beliebig vorgegebene Werte haben.

Wie formuliert sich das analytisch? *Bei gegebenem metrischem Zusammenhang* erhält man aus *einem* System kongruenter Verpflanzungen (1) das allgemeinste, wenn man ein willkürliches System infinitesimaler Drehungen um P_0 hinzufügt:

$$d\xi^i = A^i_{kr}\,\xi^k\,dx_r.$$

Für jedes r soll also die Formel $u^i = A^i_{kr}\,\xi^k$ das Geschwindigkeitsfeld einer unendlichkleinen Drehung des Vektorkörpers in P_0 bedeuten. Die Forderung besagt, daß sich diese n infinitesimalen Drehungen auf eine und nur eine Weise so bestimmen lassen, daß das entstehende System von kongruenten Verpflanzungen mit den Koeffizienten

$$\Lambda^i_{kr} + A^i_{kr} = \Gamma^i_{kr}$$

den Symmetriebedingungen

$$\Gamma^i_{rk} = \Gamma^i_{kr} \tag{2}$$

eines Systems von Parallelverschiebungen genügt: das ist derjenige affine Zusammenhang, welcher eindeutig mit unserm metrischen Felde verknüpft ist. Anders ausgedrückt: Es bezeichne Λ^i_{kr} ein *beliebiges* System von Zahlen, Γ^i_{kr} ein beliebiges solches, das der Symmetriebedingung (2) genügt, endlich A^i_{kr} ein System, das sich aus beliebigen n Matrizen $A^i_{k1}, A^i_{k2}, \ldots, A^i_{kn}$ zusammensetzt, welche infinitesimale Drehungen in P_0 darstellen. Ist die Drehungsgruppe N-gliedrig, hat der Vektorkörper N Freiheitsgrade, so ist die lineare Mannigfaltigkeit aller Zahlensysteme (A^i_{kr}) offenbar (nN)-dimensional, während die Systeme Λ eine lineare Mannigfaltigkeit von n^3, die Systeme Γ von $n \cdot \frac{n(n+1)}{2}$ Dimensionen bilden. Wir verlangen: jedes Λ läßt sich auf eine und nur eine Weise in $\Gamma - A$, in die Differenz eines Systems Γ und eines Systems A spalten.

Nach der Theorie der linearen Gleichungen besagt das zweierlei:

a) Die Dimensionszahl der Λ Mannigfaltigkeit ist gleich der Summe der Dimensionszahl der Γ- und der A-Mannigfaltigkeit: $n^3 = n \cdot \frac{n(n+1)}{2} + nN$ oder $N = \frac{n(n-1)}{2}$;

b) $\Gamma - A$ kann nur 0 sein, wenn Γ und A einzeln verschwinden; oder: ein A, das zugleich ein Γ ist, d. h. der Symmetriebedingung $A^i_{rk} = A^i_{kr}$ genügt, gibt es nicht außer 0.

a) und b) sind Bedingungen für die *infinitesimale Drehungsgruppe*. Bekanntlich bilden nach Lie die infinitesimalen Operationen einer Gruppe linearer Transformationen eine lineare Schar $\mathfrak{g}$ von besonderer Art: sind nämlich A, B irgend zwei dazugehörige Operationen, so tritt auch immer $[AB] = AB - BA$ in der Schar auf. Ein Gesetz $u^r = A^r_{ik} \xi^i \eta^k$, das zwei willkürlichen Vektoren ξ, η in linearer *symmetrischer* Weise ($A^i_{rk} = A^i_{kr}$) einen Vektor u so zuordnet, daß für jeden festen Vektor η diese Formel das Geschwindigkeitsfeld u einer Bewegung liefert, welche durch eine infinitesimale Operation der Gruppe $\mathfrak{g}$ bewirkt wird, heiße eine zu $\mathfrak{g}$ gehörige symmetrische Doppelmatrix. *Die infinitesimale Drehungsgruppe* $\mathfrak{g}$ *ist eine lineare Schar von Matrizen mit folgenden Eigenschaften:*

b) [Ich wiederhole in der neuen Terminologie den Inhalt des alten b)] *Es gehört zu* $\mathfrak{g}$ *keine andere symmetrische Doppelmatrix als* 0.

c) *Mit zwei Matrizen A und B tritt in* $\mathfrak{g}$ *auch immer die Matrix* $AB - BA$ *auf.*

a) *Die Dimensionszahl N von* $\mathfrak{g}$ *ist die höchste, welche mit der Bedingung* b) *verträglich ist, nämlich* $N = \frac{n(n-1)}{2}$.

Ich habe noch eine Zusatzforderung von mehr nebensächlicher Bedeutung hinzugefügt, nämlich

d) *daß alle Matrizen von* $\mathfrak{g}$ *die Spur* 0 *besitzen sollen;*

sie bedeutet, daß die Drehungen volumtreu sind.

Die infinitesimale Gruppe $\mathfrak{g}_Q$ derjenigen unendlich wenig von der Identität abweichenden linearen Transformationen, welche die nichtausgeartete quadratische Form Q in sich überführen, genügt diesen drei Forderungen. Meine Behauptung ist: *Andere Gruppen* $\mathfrak{g}$, *welche sie erfüllen, gibt es nicht.* Trifft sie zu, so wäre uns damit auf eine befriedigende Weise die Charakterisierung der Pythagoreischen Metrik gelungen. Es ist aber wohl zu bemerken, daß sie nicht bloß für die eine Form $Q = x_1^2 + x_2^2 + \cdots + x_n^2$ gültig ist, sondern ebensogut für die Normalformen mit anderm Trägheitsindex $\pm x_1^2 \pm x_2^2 \pm \cdots \pm x_n^2$. Aber das ist ja auch erforderlich, da die Metrik der vierdimensionalen Welt gar nicht auf einer definiten metrischen Fundamentalform beruht, sondern auf einer solchen vom Trägheitsindex 1. In der 4. Auflage meines Buches „Raum, Zeit, Materie" (Springer 1921) hatte ich die Stirn, den eben erwähnten, übrigens rein algebraischen Satz über infinitesimale Gruppen linearer Transformationen als Vermutung auszusprechen allein auf Grund seiner transienten Bedeutung für das Raumproblem. Inzwischen ist mir sein mathematischer Beweis gelungen; er ist leider recht kompliziert und nicht von einer einheitlichen durchgreifenden Idee getragen; ich muß hier ganz darauf verzichten, einen Begriff von der Art seiner Gedankenführung zu geben.

Ein Raum, der unsern Forderungen genügt, ist übrigens nicht notwendig ein Riemannscher Raum, wenn in ihm auch an jeder Stelle eine Pythagoreische Metrik herrscht. Vielmehr gilt in ihm jene erweiterte Riemannsche Geometrie, die von mir als „reine Infinitesimalgeometrie" aufgestellt wurde und in welcher Linienelemente nur dann messend miteinander verglichen werden können, wenn sie sich an derselben oder unendlich benachbarten Raumstellen befinden. Die metrische Fundamentalform, welche jedem Vektor (ξ^i) in P_0 seine Maßzahl $l = \sum g_{ik} \xi^i \xi^k$ zuordnet, ist nur bis auf einen willkürlichen Faktor bestimmt; legen wir ihn fest, was an jeder Stelle unabhängig von der Wahl der Längeneinheit an den andern Raumstellen geschehen kann, so wird dadurch der Raum in P_0 *geeicht*. Eine solche Eichung sei im ganzen Raum vorgenommen. Bei kongruenter Verpflanzung erfährt die Maßzahl l eines willkürlichen Vektors eine Änderung dl, welche gegeben wird durch eine Formel der folgenden Gestalt: $dl = -l\,d\varphi$, wo $d\varphi$ in seiner Abhängigkeit von der vorgenommenen Verschiebung dx_i linear ist: $d\varphi = \sum \varphi_i\,dx_i$. Die beiden Formen

$$d\varphi = \sum \varphi_i\,dx_i, \qquad ds^2 = \sum g_{ik}\,dx_i\,dx_k$$

beschreiben das im Raum herrschende metrische Feld relativ zu einem Bezugssystem, d. h. unter Zugrundelegung eines bestimmten Koordinatensystems und einer bestimmten Eichung. Ihr Wertverlauf ist unter der einen Einschränkung, daß ds^2 nicht ausgeartet ist und den richtigen Trägheitsindex besitzt, durch die Natur des Raumes nicht gebunden. Die gruppentheoretische Fundierung ist daher eine neue Stütze für meine Überzeugung, daß man diese Geometrie als Weltgeometrie der Deutung der physikalischen Felderscheinungen zugrunde legen muß und nicht, wie Einstein es tut, die engere Riemannsche.

54.

Zur Charakterisierung der Drehungsgruppe

Mathematische Zeitschrift 17, 293—320 (1923)

§ 1.
Einleitung.

Führen wir im n dimensionalen Vektorraum — oder, was dasselbe besagt, im n dimensionalen linearen, zentrierten Punktraum — als Koordinatensystem n voneinander linear unabhängige Vektoren $\mathfrak{e}_1 \mathfrak{e}_2 \ldots \mathfrak{e}_n$ ein, so läßt sich jeder Vektor (oder „Punkt") $\mathfrak{x}$ des Vektorkörpers auf eine und nur eine Weise aus diesen Grundvektoren linear kombinieren

$$\mathfrak{x} = x_1 \mathfrak{e}_1 + x_2 \mathfrak{e}_2 + \ldots + x_n \mathfrak{e}_n.$$

Eine positiv-definite quadratische Form Q des willkürlichen Vektors $\mathfrak{x}$ drückt sich in einem beliebigen Koordinatensystem als eine ebensolche Form der variablen Komponenten x_i von $\mathfrak{x}$ aus:

$$(1) \qquad Q(\mathfrak{x}) = \sum_{ik} g_{ik} x_i x_k \qquad (g_{ki} = g_{ik}).$$

Durch geeignete Wahl des Koordinatensystems kann Q stets auf die Gestalt gebracht werden:

$$(2) \qquad Q(\mathfrak{x}) = x_1^2 + x_2^2 + \ldots + x_n^2,$$

in welcher ihre Koeffizienten die Einheitsmatrix bilden:

$$E = \| \delta_{ik} \|, \quad \delta_{ik} = 1 \text{ oder } 0, \text{ je nachdem } i = k \text{ oder } i \neq k.$$

Bei gegebenem Q soll unter der infinitesimalen Drehungsgruppe $\mathfrak{d} = \mathfrak{d}_Q$ die Gesamtheit derjenigen infinitesimalen linearen Abbildungen des Vektorkörpers auf sich selber verstanden werden, welche die Form Q invariant lassen. Eine einzelne solche Abbildung L erteilt jedem Punkt $\mathfrak{x}$ des Vektorkörpers eine unendlich kleine Verrückung $d\mathfrak{x}$, welche linear-homogen von

$\mathfrak{x}$ abhängig ist: $d\mathfrak{x} = \mathfrak{x} L$; in einem Koordinatensystem drückt sie sich durch eine Matrix $L = \| \lambda_{ik} \|$ aus:

$$dx_i = \sum_k \lambda_{ik} x_k.$$

Soll dabei die Form (1) ungeändert bleiben, so muß identisch in den x die Gleichung gelten:

$$\sum_{ir} g_{ir} x_i dx_r = \sum_{ik} \left(\sum_r g_{ir} \lambda_{rk}\right) x_i x_k = 0,$$

d. h.

$$\sum_r (g_{ir} \lambda_{rk} + g_{kr} \lambda_{ri}) = 0 \qquad (i, k = 1, 2, \ldots, n). \tag{3}$$

Hat Q insbesondere die Normalform (2), so lauten diese Bedingungen

$$\lambda_{ik} + \lambda_{ki} = 0.$$

$\mathfrak{d}$ ist demnach eine lineare Matrixschar von $N = \frac{n(n-1)}{2}$ Parametern, nämlich — geeignete Wahl des Koordinatensystems vorausgesetzt — die Schar aller schiefsymmetrischen Matrizen. Indem wir zur Vermeidung des Unendlichkleinen die infinitesimale Verrückung durch das Geschwindigkeitsfeld ersetzen, können wir sagen: die Formeln

$$u_i = \sum_k \lambda_{ik} x_k$$

stellen dann und nur dann das Geschwindigkeitsfeld einer Drehung des Vektorkörpers dar — x_i bedeuten die Koordinaten des willkürlichen Punktes im Vektorkörper, u_i die Komponenten seiner Geschwindigkeit —, wenn die konstanten Koeffizienten λ_{ik} schiefsymmetrisch sind. Nach Lie muß jede infinitesimale Gruppe von linearen Abbildungen des Vektorkörpers der Bedingung genügen, daß mit irgend zwei Matrizen L, L^* stets auch ihre „Zusammensetzung"

$$[LL^*] = LL^* - L^*L$$

der Gruppe angehört. Bezeichnet man die spezielle infinitesimale Drehung

$$u_1 = x_2, \quad u_2 = -x_1, \quad u_r = 0 \qquad (\text{für } r \neq 1, 2)$$

mit $D^{(12)}$ und definiert analog $D^{(ik)}$ für irgend zwei verschiedene Indizes i und k, so bilden die N infinitesimalen Drehungen $D^{(ik)}$ mit $i < k$ offenbar eine Basis der totalen Drehungsgruppe $\mathfrak{d}$. Die Zusammensetzungsformeln von $\mathfrak{d}$ lauten so:

1. es ist $[D^{(12)}, D^{(23)}] = D^{(13)}$, wenn 1, 2, 3 irgend drei verschiedene Indizes sind;

2. es ist $[D^{(12)}, D^{(34)}] = 0$, wenn 1, 2, 3, 4 irgend vier verschiedene Indizes sind.

Bisher waren alle vorkommenden Größen als reell angenommen. Beim Übergang vom reellen zum komplexen Gebiet sind zwei verschiedene Übertragungen des Begriffes der Drehung möglich:

a) als „orthogonale“ Transformation; so heißen die linearen homogenen Transformationen der komplexen Variablen $x_1 x_2 \dots x_n$, welche die quadratische Form

$$x_1^2 + x_2^2 + \dots + x_n^2 \tag{4}$$

invariant lassen;

b) als „unitäre“ Transformation; sie sind dadurch gekennzeichnet, daß sie die positiv-definite Hermitesche Form

$$x_1 \bar{x}_1 + x_2 \bar{x}_2 + \dots + x_n \bar{x}_n \tag{5}$$

ungeändert lassen ($\bar{x}$ bedeutet die konjugiert-imaginäre Größe zu x).

Die Übertragung a) ist einfacher als b) durch ihren rein *algebraischen* — die Übertragung b) einfacher als a) durch ihren *definiten* Charakter. Die Gruppe der unitären Transformationen besteht, wenn man sie unabhängig von einem speziellen Koordinatensystem kennzeichnen soll, aus allen linearen Transformationen, welche eine feste positiv-definite Hermitesche Form ungeändert lassen, die Gruppe der orthogonalen aus denjenigen, bei welchen eine gegebene, nicht-ausgeartete quadratische Form invariant bleibt. Denn bekanntlich kann man im komplexen Gebiet durch lineare Transformation jede positiv-definite Hermitesche Form in die Gestalt (5), jede nicht-ausgeartete quadratische Form in die Gestalt (4) bringen. Bei Beschränkung aufs Reelle umfaßt der letzte Begriff also alle $n+1$ reellen, durch ihren Trägheitsindex unterschiedenen Klassen nicht-ausgearteter quadratischer Formen, der erste nur die Klasse der positiv-definiten. Liegt ein reelles Problem vor, diejenigen linearen Transformationen betreffend, welche eine nicht-ausgeartete quadratische Form Q invariant lassen, und soll dieses Problem seine Lösung finden, welchen Trägheitsindex auch Q besitzen mag, so ist es im allgemeinen zweckmäßig, um die lästige Fallunterscheidung nach den Werten des Trägheitsindex zu beseitigen, das Problem aus dem reellen ins komplexe Gebiet, unter Verwendung der Übertragung a), zu verpflanzen.

Die vorliegende Arbeit enthält einige Beiträge zu der Frage, *durch welche inneren einfachen Eigenschaften man die Drehungsgruppe unter allen möglichen Gruppen linearer Abbildungen des n dimensionalen Vektorkörpers kennzeichnen kann.* Eine erste befriedigende Antwort auf diese Frage ergab sich bekanntlich aus dem Helmholtz-Lieschen Raumproblem, mit dessen Lösung sie geradezu identisch ist: die Drehungsgruppe ist dadurch unter allen linearen Gruppen ausgezeichnet, daß sie dem Vektorkörper „freie Beweglichkeit“ um sein Zentrum verleiht[1]). Die Forderung von Helmholtz und Lie ist nicht rein algebraischer Natur, sie darf nicht auf die infinitesimalen Operationen der Gruppe beschränkt werden und charakterisiert die Drehungsgruppe nur, wenn die zugrunde liegende quadratische Form Q positiv-definit ist; sie ist nach dem allen sozusagen prädestiniert für die Übertragung b) aufs komplexe Gebiet. Ebenso zwingend wie die alte Auffassung einer a priori dem Raume innewohnenden und von der Materie unabhängigen metrischen Struktur zur Helmholtz-Lieschen Kennzeichnung der Drehungsgruppe führt, läßt die moderne, von der Einsteinschen Relativitätstheorie ausgebildete Auffassung, nach welcher die Maßstruktur veränderungsfähig ist und in kausaler Abhängigkeit von der Materie steht, eine andere Eigenschaft der Drehungsgruppe als die entscheidende erkennen (Nr. 7 und 8 der eben zitierten Vorlesungen). Da das metrische Feld der vierdimensionalen wirklichen Welt gar nicht positiv-definit ist, sondern den Trägheitsindex 1 besitzt, und nach der allgemeinen Relativitätstheorie nur von infinitesimalen Bindungen regiert wird, so bezieht sich diese neue Eigenschaft auf den Fall einer nicht-ausgearteten quadratischen Form Q *von beliebigem Trägheitsindex* und handelt lediglich von den *infinitesimalen* Drehungen; sie trägt zudem rein algebraischen Charakter. Sie ist also geeignet für die Übertragung a) aufs komplexe Gebiet, und wirklich habe ich beweisen können, daß eine infinitesimale Gruppe von linearen Abbildungen des komplexen n dimensionalen Vektorkörpers, welche die besagte Eigenschaft besitzt, bei geeigneter Wahl des Koordinatensystems mit der infinitesimalen Euklidischen Drehungsgruppe $\mathfrak{d}$, der infinitesimalen Gruppe aller schiefsymmetrischen Matrizen, identisch ist. Den ersten in der Mathem. Zeitschr. **12** (1922), S. 114 erschienenen Beweis habe ich in R, Anhang 12, durch einen wesentlich einfacheren ersetzt. An ihn schließen sich die folgenden Untersuchungen an. Wir bewegen uns also fortan immer im komplexen Gebiet und haben es mit der Aufgabe zu tun, die infinitesimale *orthogonale* Gruppe (nicht die unitäre) zu charakterisieren.

§ 2.

Charakteristische Eigenschaften der Drehungsgruppe.

Im n dimensionalen Vektorkörper — der ein zentrierter n dimensionaler affiner Raum ist — bilden die durch das Zentrum O gehenden Strahlen den $(n-1)$ dimensionalen projektiven Strahlenkörper; jede lineare Ab-

[1]) Vgl. die genaue Formulierung in der 5. meiner spanischen Vorlesungen über die mathematische Analyse des Raumproblems (deutsche Ausgabe, Springer 1923; ich zitiere sie im folgenden mit R).

bildung des Vektorkörpers ist zugleich eine projektive Abbildung des Strahlenkörpers. Zu einer nicht-ausgearteten quadratischen Form (1) gehört eine symmetrische Bilinearform zweier willkürlicher Vektoren $\mathfrak{x} = (x_i)$, $\mathfrak{y} = (y_i)$:

$$Q(\mathfrak{x}\mathfrak{y}) = \sum_{ik} g_{ik} y_i x_k.$$

Mit Bezug auf eine solche quadratische Form heißen zwei Vektoren $\mathfrak{x}$ und $\mathfrak{y}$ zueinander senkrecht, wenn $Q(\mathfrak{x}\mathfrak{y}) = 0$ ist. Weil die Form nicht-ausgeartet ist, steht nur der Vektor 0 auf allen Vektoren senkrecht. Ist $\mathfrak{a}$ mit den Komponenten $x_i = a_i$ ein von 0 verschiedener Vektor, so bilden die zu ihm senkrechten Vektoren eine $(n-1)$ dimensionale Ebene, deren Gleichung

$$\sum_i \alpha_i x_i = 0$$

die Koeffizienten (Ebenenkoordinaten)

$$\alpha_i = \sum_k g_{ik} a_k \tag{6}$$

hat. Es gelingt leicht, den Begriff des Senkrechtstehens statt von der Form Q von der zugehörigen infinitesimalen Gruppe $\mathfrak{d}_Q = \mathfrak{d}$ aus zu definieren, welche aus allen infinitesimalen, Q in sich überführenden linearen Abbildungen des Vektorkörpers besteht. Sei $\mathfrak{g}$ irgendeine infinitesimale Gruppe linearer Operationen, $\mathfrak{a}$ ein von 0 verschiedener Punkt und E eine $(n-1)$ dimensionale Vektorebene; ich nenne E *konjugiert* zu $\mathfrak{a}$ (in bezug auf die Gruppe $\mathfrak{g}$), wenn bei jeder Operation von $\mathfrak{g}$ die unendlichkleine Verrückung, welche der Punkt $\mathfrak{a}$ erfährt, ein in der Ebene E liegender Vektor ist. Es ist dann E auch konjugiert zu allen Vektoren, welche Multipla von $\mathfrak{a}$ sind, welche auf demselben Strahl wie $\mathfrak{a}$ liegen. „Senkrecht" bedeutet: konjugiert in bezug auf die Drehungsgruppe $\mathfrak{d}$. Hier stoßen wir auf die einfachste Eigenschaft der infinitesimalen Drehungsgruppe $\mathfrak{d}$:

Zu jedem Strahl gibt es eine und nur eine konjugierte Ebene (*in bezug auf* $\mathfrak{d}$):

Zu dem Strahl mit den homogenen Koordinaten a_i gehört die konjugierte Ebene mit den homogenen Koordinaten α_i, welche durch die Gleichungen (6) gegeben sind. Q liege insbesondere in der Normalform (2) vor; dann vereinfachen sich jene Gleichungen zu $\alpha_i = a_i$. Ist umgekehrt die Ebene (α_i) konjugiert zu dem Strahl a_i, so muß

$$\sum_i \alpha_i u_i = 0 \quad \text{sein, wenn} \quad u_i = \sum_k \lambda_{ik} a_k$$

ist und λ_{ik} irgendein schiefsymmetrisches System von Zahlen bedeutet. Das liefert offenbar die Gleichungen

$$\alpha_i a_k - \alpha_k a_i = 0$$

für alle Indexpaare $i \neq k$; und daraus folgt bekanntlich

$$\alpha_1 : \alpha_2 : \ldots : \alpha_n = a_1 : a_2 : \ldots : a_n,$$

wenn, wie vorauszusetzen war, nicht alle a_i verschwinden. — Es geht daraus noch hervor, daß die Fortschreitungsrichtungen des Punktes $\mathfrak{a} = (a_i)$ unter dem Einfluß aller infinitesimalen Operationen der Drehungsgruppe die konjugierte Ebene E restlos erfüllen: *jede* in E gelegene Richtung tritt als eine solche Fortschreitungsrichtung auf. Denn jene Fortschreitungsrichtungen erfüllen eine lineare Mannigfaltigkeit; hätte diese weniger als $n-1$ Dimensionen, so würden die Richtungen wenigstens zwei unabhängigen linearen homogenen Gleichungen genügen, d. h. es gäbe zu $\mathfrak{a}$ ein ganzes Büschel von konjugierten Ebenen.

Die Beziehung zwischen Strahl (a_i) und konjugierter Ebene (α_i) ist überdies eineindeutig. Die Linearität der verknüpfenden Gleichungen (6) bedeutet, daß diese Beziehung projektiven Charakter trägt, die Symmetrie der Koeffizienten g_{ik} oder der Bilinearform $Q(\mathfrak{x}\mathfrak{y})$, daß es sich genauer um eine Involution handelt. Durchläuft also der Strahl ein Strahlenbüschel, so beschreibt die konjugierte Ebene ein Ebenenbüschel; liegt der Strahl $\mathfrak{b}$ in der zu $\mathfrak{a}$ konjugierten Ebene, so liegt umgekehrt $\mathfrak{a}$ in der zu $\mathfrak{b}$ konjugierten Ebene. Zusammengefaßt:

I. *Mit Bezug auf* $\mathfrak{d}$ *gehört zu jedem Strahl eine eindeutig bestimmte konjugierte Ebene; die Beziehung zwischen Strahl und konjugierter Ebene ist in dem projektiven Strahlenkörper eine (nicht-ausgeartete) projektive Involution.*

Damit ist alles gesagt, was sich über das durch $\mathfrak{d}$ begründete Verhältnis der Konjugation, das Senkrechtstehen, sagen läßt; und es erhebt sich die natürliche Frage, ob durch diese Beschreibung die Drehungsgruppe vollständig charakterisiert ist oder ob es noch andere Gruppen außer $\mathfrak{d}$ gibt, welche ihr genügen. Es sei $\mathfrak{g}$ irgendeine Gruppe von der durch I. geschilderten Art. Ordnet sie dem willkürlichen Strahl (x_i) die eindeutig bestimmte konjugierte Ebene (ξ_i) zu, so fordert I., daß der Zusammenhang zwischen zwischen (x_i) und (ξ_i) durch lineare Gleichungen

$$\xi_i = \sum_k g_{ik} x_k$$

vermittelt wird mit konstanten symmetrischen Koeffizienten g_{ik}, deren Determinante $\neq 0$ ist. Durch geeignete Wahl des Kordinatensystems kann man bewirken, daß die g_{ik} die Einheitsmatrix bilden; dann haben wir $\xi_i = x_i$. Ist

$$u_i = \sum_k \lambda_{ik} x_k$$

das Geschwindigkeitsfeld irgendeiner Operation von $\mathfrak{g}$, so soll identisch in x_i gelten:

$$\sum_i \xi_i u_i = 0, \quad \text{d. h.} \quad \sum_{ik} \lambda_{ik} x_i x_k = 0.$$

Die λ_{ik} sind folglich schiefsymmetrisch, oder $\mathfrak{g}$ ist einer Untergruppe der Drehungsgruppe. Die Frage reduziert sich damit auf die folgende:

A. *Existiert in der Drehungsgruppe* $\mathfrak{d}$ *eine Untergruppe* $\mathfrak{d}'$ *von der Beschaffenheit, daß für jeden vom Zentrum O verschiedenen Punkt A die Fortschreitungsrichtungen, welche die infinitesimalen Operationen von* $\mathfrak{d}'$ *dem Punkte A erteilen, die ganze zum Vektor* $\mathfrak{a} = \overrightarrow{OA}$ *senkrechte Ebene erfüllen* (und nicht bloß eine lineare Teilmannigfaltigkeit von weniger als $n-1$ Dimensionen)?

Ich werde beweisen (Satz A), daß *eine derartige Untergruppe* $\mathfrak{d}'$ *notwendig mit der vollen Drehungsgruppe* $\mathfrak{d}$ *zusammenfällt, wenn die Dimensionszahl* $n \neq 7$ *und* 8 *ist*; *im Falle der Dimensionszahl* $n = 7$ *und* $n = 8$ *existiert aber außer der vollen Drehungsgruppe* $\mathfrak{d}_7$ *und* $\mathfrak{d}_8$ *von* 21 *bzw.* 28 *Parametern noch je eine Untergruppe* $\mathfrak{d}_7^*$ *bzw.* $\mathfrak{d}_8^*$ *von der verlangten Art, welche 7 Parameter weniger besitzt.* Die beiden merkwürdigen Ausnahmegruppen werden in § 3 genauer beschrieben werden. Die auf den ersten Blick sich darbietenden Eigenschaften I. lösen also das Problem der Charakterisierung der Drehungsgruppe in allen Räumen, nur nicht im 7- und 8 dimensionalen.

Für die folgenden Ausführungen heben wir aus I. insbesondere die negative Tatsache heraus:

I′. *Niemals besitzen zwei verschiedene Strahlen eine gemeinsame konjugierte Ebene.*

Wenn wir von einer Gruppe $\mathfrak{g}$ die Eigenschaft I′ postulieren, so soll damit natürlich nicht gesagt sein, daß mit Bezug auf $\mathfrak{g}$ überhaupt zu jedem Strahl eine konjugierte Ebene gehört.

Wir gehen zu einem zweiten Komplex von Merkmalen der Drehungsgruppe über, welche nicht ganz so offen zutage liegen. Sie enthalten die Antwort auf die Frage, ob in der Gruppe $\mathfrak{d}_Q$ Operationen existieren, welche eine vorgegebene, durch O hindurchgehende $m$dimensionale lineare Mannigfaltigkeit $(0 \leq m \leq n-1)$ Punkt für Punkt fest lassen, und wie viele. Statt „lineare Mannigfaltigkeit durch O“ gebrauche ich das kürzere Wort „Ebene“; fehlt eine Angabe über die Dimensionszahl, so bedeutet Ebene wie bisher: $(n-1)$ dimensionale Ebene. Man findet zunächst:

II'. *Zu einer willkürlich vorgegebenen* $(n-1)$ *dimensionalen Ebene existiert keine Operation der infinitesimalen Drehungsgruppe, welche die Ebene Punkt für Punkt festläßt* (außer der Identität 0, die alle Punkte festläßt).

Wieder werde Q in der Normalform vorausgesetzt, die Gleichung der vorgegebenen Ebene laute

$$\sum_i \alpha_i x_i = 0. \tag{7}$$

Die Forderung, daß sie bei der durch die schiefsymmetrische Matrix $L = \|\lambda_{ik}\|$ dargestellten Operation Punkt für Punkt fest bleiben soll, besagt, daß aus (7) die Gleichungen

$$\sum_k \lambda_{ik} x_k = 0 \tag{8}$$

folgen sollen. Jede der n Linearformen auf der linken Seite von (8) muß also ein Multiplum der Linearform (7) sein:

$$\lambda_{ik} = \beta_i \alpha_k.$$

Die Schiefsymmetrie von L drückt sich dadurch aus, daß identisch in x

$$\sum_{ik} \lambda_{ik} x_i x_k = \sum_i \beta_i x_i \cdot \sum_i \alpha_i x_i = 0$$

ist. Daraus folgt das identische Verschwinden des ersten Faktors (denn der zweite ist nicht identisch $= 0$); d. i. $\beta_i = 0$, $\lambda_{ik} = 0$.

II''. *Zu einer beliebig gegebenen* $(n-2)$ *dimensionalen Ebene* E_2 *gibt es genau* e i n e *linear unabhängige Operation von* $\mathfrak{d}_Q$, *welche alle Punkte der Ebene festläßt.* — Allgemein:

II^r. *Zu einer willkürlich vorgegebenen* $(n-r)$ *dimensionalen Ebene* E_r $(1 \leqq r \leqq n)$ *existieren genau* $\frac{r(r-1)}{2}$ *linear unabhängige Operationen von* $\mathfrak{d}_Q$, *welche die Ebene Punkt für Punkt festlassen.*

Beim Beweise von II^r normieren wir durch geeignete Wahl des Koordinatensystems nicht die quadratische Grundform, sondern lieber die Gleichungen der Ebene E_r:

$$x_1 = 0,\ x_2 = 0,\ \ldots,\ x_r = 0;$$

dann müssen wir Q in der allgemeinen Gestalt (1) beibehalten. Daß eine infinitesimale Operation, welche durch die Matrix $L = \|\lambda_{ik}\|$ dargestellt wird, die sämtlichen Punkte von E_r festläßt, besagt: für solche Vektoren $\mathfrak{x}$, deren erste r Komponenten x_i verschwinden, ist $\sum_k \lambda_{ik} x_k = 0$, oder in der Matrix $\|\lambda_{ik}\|$ verschwinden die $n-r$ letzten Spalten $(k = r+1, \ldots, n)$.

Für die erste Spalte einer willkürlichen Matrix L, deren $n-r$ letzte Spalten Null sind, enthält (3) die folgenden Gleichungen:

$$\sum_r g_{1r}\lambda_{r1}=0 \quad \text{und} \quad \sum_r g_{kr}\lambda_{r1}=0 \quad \text{für} \quad k=r+1,\ldots,n.$$

Das sind $n-r+1$ unabhängige Gleichungen für die n Unbekannten λ_{r1}; sie haben demnach $r-1$ linear unabhängige Lösungen. Hat man die erste Spalte λ_{r1} diesen Gleichungen gemäß gewählt, so bekommt man für die zweite Spalte die Bedingungen:

$$\sum_r g_{1r}\lambda_{r2}=-\sum_r g_{2r}\lambda_{r1}, \quad \sum_r g_{2r}\lambda_{r2}=0 \quad \text{und} \quad \sum_r g_{kr}\lambda_{r2}=0$$
$$\text{für } k=r+1,\ldots,n.$$

Das sind $n-r+2$ unabhängige Gleichungen für die zweite Spalte, und diese besitzen $r-2$ unabhängige Lösungen. Indem man so forfährt bis zur r-ten Spalte von L, erschöpft man die sämtlichen Gleichungen (3), sofern sie nicht identisch erfüllt sind, und es findet sich die behauptete Anzahl

$$(r-1)+(r-2)+\ldots+0=\frac{r(r-1)}{2}.$$

Der Frage, inwieweit die Tatsachen II (II′, II″, ..., II^n) für die Drehungsgruppe charakteristisch sind, bin ich nicht nachgegangen.

Eine dritte Gruppe von Eigenschaften ist diejenige, zu welcher ich durch die Analyse des Raumproblems vom Standpunkt der Relativitätstheorie geführt wurde; für den rein mathematisch eingestellten Beobachter liegen sie ziemlich versteckt und waren infolgedessen vorher niemals bemerkt worden. Sie stützen sich auf den Begriff der zu einer infinitesimalen Gruppe $\mathfrak{g}$ linearer Operationen gehörigen symmetrischen Doppelmatrix. So nenne ich ein symmetrisch-bilineares Gesetz

$$u_i=\sum_{rs}\lambda_{ir,s}x_s y_r \quad (\lambda_{is,r}=\lambda_{ir,s}),$$

das zwei willkürlichen Punkten $\mathfrak{x}=(x_i)$, $\mathfrak{y}=(y_i)$ des Vektorkörpers einen Geschwindigkeitsvektor $\mathfrak{u}=(u_i)$ so zuordnet, daß sich für jeden festen Punkt $\mathfrak{y}$ das Geschwindigkeitsfeld einer zu $\mathfrak{g}$ gehörigen Operation ergibt. In Koordinatendarstellung besteht die symmetrische Doppelmatrix also aus einer Reihe von n zu $\mathfrak{g}$ gehörigen Matrizen

$$L_1=\|\lambda_{ir,1}\|,\ L_2=\|\lambda_{ir,2}\|,\ \ldots,\ L_n=\|\lambda_{ir,n}\|,$$

welche die Bedingung erfüllen, daß die s-te Spalte von L_r gleich der r-ten Spalte von L_s ist (für $r,s=1,2,\ldots,n$). Es bestehen die Tatsachen:

III. *Zu $\mathfrak{d}$ gehört keine andere symmetrische Doppelmatrix als* 0.

III$'$. *Die Anzahl der Parameter von* $\mathfrak{d}$ *ist die höchste, welche mit* III. *verträglich ist, nämlich* $\frac{n(n-1)}{2}$.

Ich fügte noch ein der einzelnen Drehung, nicht der Drehungsgruppe anhaftendes einfaches Merkmal hinzu:

III$''$. *Die Spur jeder Matrix, welche eine infinitesimale Operation von* $\mathfrak{d}$ *darstellt, ist* $= 0$ (die Drehungen sind volumtreu).

Für alle Dimensionszahlen ohne Ausnahme gilt der Satz, daß *die Drehungsgruppe die einzige ist, welche diese zusammengehörigen Forderungen erfüllt* (*Haupttheorem*). Aus dem in *R*, Anh. 12, mitgeteilten Beweis ließ sich darüber hinaus die Entbehrlichkeit der Zusatzbedingung III$''$ erkennen, außer im Falle der Dimensionszahl $n = 2$. Ich skizziere die Anlage jenes Beweises. Die niedersten Dimensionszahlen $n = 1$ und 2 werden direkt erledigt. Für $n \geqq 3$ kann von einer Gruppe $\mathfrak{g}$, welche den Forderungen III und III$'$ genügt, leicht gezeigt werden, daß sie die Eigenschaften I$'$ und II$'$ besitzt. Die weiteren Schlüsse stützen sich dann fast ausschließlich auf I$'$ und II$'$; sie führen zu dem Ergebnis, daß $\mathfrak{g}$ in der durch Hinzufügung der Dilatation erweiterten Drehungsgruppe $\bar{\mathfrak{d}}$ als Untergruppe enthalten sein muß. Die Bedingung verschwindender Spur, III$''$, reduziert $\bar{\mathfrak{d}}$ auf $\mathfrak{d}$, und die durch III$'$ geforderte Parameterzahl hat dann zur Folge, daß die Matrixschar $\mathfrak{g}$ nicht bloß ein Teil von $\mathfrak{d}$, sondern $= \mathfrak{d}$ sein muß. Aber nicht nur am Schluß des Beweises, sondern auch an einer entscheidenden Stelle mitteninne greife ich einmal direkt auf die Forderungen III und III$'$ zurück. Das erschien mir als ein Schönheitsfehler des Beweises; zur vollen Aufklärung des Sachverhalts war jedenfalls die Frage zu beantworten, wie weit die Eigenschaften I$'$ und II$'$ tragen; und diese Antwort soll hier gegeben werden.

Problem B. *Es sollen alle infinitesimalen Gruppen* $\mathfrak{g}$ *linearer Transformationen konstruiert werden, welche die folgenden beiden Forderungen erfüllen:*

a) *keine von 0 verschiedene Operation der Gruppe läßt alle Punkte einer* $(n-1)$ *dimensionalen Ebene fest* (II$'$);

b) *niemals besitzen zwei verschiedene Strahlen eine gemeinsame konjugierte Ebene in bezug auf* $\mathfrak{g}$ (I$'$).

Die niedersten Dimensionszahlen $n = 1$ und 2 müssen ganz abgesondert werden. Für $n = 1$ bringt a) es mit sich, daß $\mathfrak{g}$ nur aus der Identität (Matrix 0) bestehen kann. Für $n = 2$ sagt a) über eine beliebige von 0 verschiedene zu $\mathfrak{g}$ gehörige Matrix $L = \| \lambda_{ik} \|$ dies aus: daß die Gleichungen

$$\sum_k \lambda_{ik} x_k = 0$$

keine andere Lösung besitzen dürfen als $x_1 = x_2 = 0$; denn sonst erhielte man einen Strahl (eine 1 dimensionale Ebene), welche bei der durch L dargestellten infinitesimalen Operation Punkt für Punkt fest bliebe. Es muß also die Determinante $|\lambda_{ik}| \neq 0$ sein. Infolgedessen kann die Gruppe $\mathfrak{g}$ höchstens einparametrig sein. Daß sie nur aus 0 besteht, wird durch b) ausgeschlossen. Die zu $\mathfrak{g}$ gehörigen Matrizen sind also die Multipla einer festen Matrix, deren Determinante nicht verschwindet. Und umgekehrt erfüllt die so definierte Gruppe $\mathfrak{g}$ tatsächlich die Bedingungen a) und b).

Fortan setzen wir $n \geqq 3$ voraus. Enthält eine infinitesimale Gruppe $\mathfrak{g}$ die durch

$$d x_i = x_i$$

dargestellte Dilatation nicht, so verstehen wir unter der erweiterten Gruppe $\bar{\mathfrak{g}}$ diejenige, welche aus $\mathfrak{g}$ durch Hinzufügung der Dilatation entsteht; aus der allgemeinen Matrix L der Gruppe $\mathfrak{g}$ erhält man alle Matrizen von $\bar{\mathfrak{g}}$ nach der Formel

$$\lambda E + L, \tag{9}$$

wo λ ein weiterer unabhängiger Parameter ist. In diesem Sinne wurde schon oben von der erweiterten Drehungsgruppe $\bar{\mathfrak{d}}$ gesprochen. Die Forderung a) begrenzt die Gruppe $\mathfrak{g}$ nach oben, b) nach unten; d. h. die Eigenschaft a) teilt eine Gruppe $\mathfrak{g}$ mit jeder in ihr enthaltenen, die Eigenschaft b) mit jeder sie umfassenden Gruppe. $\bar{\mathfrak{d}}$ genügt also, so gut wie $\mathfrak{d}$ selber, der Forderung b). Sie erfüllt aber (für $n \geqq 3$) auch die Bedingung a). Denn läßt die infinitesimale Operation, welche durch die Matrix (9) mit schiefsymmetrischem $L = \|\lambda_{ik}\|$ dargestellt wird, die Ebene (7) Punkt für Punkt fest, so schließen wir wie oben zunächst auf die Gleichungen

$$\lambda_{ik} + \lambda \delta_{ik} = \beta_i \alpha_k;$$

und daraus ergibt sich, wenn für willkürliche Vektoren $\mathfrak{x} = (x_i)$, $\mathfrak{y} = (y_i)$ gesetzt wird:

$$\sum_i \alpha_i x_i = \alpha(\mathfrak{x}), \quad \sum_i \beta_i x_i = \beta(\mathfrak{x}), \quad \sum_i x_i y_i = Q(\mathfrak{x}\mathfrak{y}),$$

identisch in $\mathfrak{x}$ und $\mathfrak{y}$:

$$2\lambda \cdot Q(\mathfrak{x}\mathfrak{y}) = \alpha(\mathfrak{x})\beta(\mathfrak{y}) + \alpha(\mathfrak{y})\beta(\mathfrak{x}).$$

Wählt man hierin für $\mathfrak{y}$ einen konstanten, von 0 verschiedenen Vektor, welcher den beiden Gleichungen

$$\alpha(\mathfrak{y}) = 0, \qquad \beta(\mathfrak{y}) = 0$$

genügt, so ergibt sich $\lambda = 0$; und dann weiter wie oben auch $\lambda_{ik} = 0$. Es genügen also, für jedes $n \geqq 3$, die Gruppen $\mathfrak{d}$ und $\bar{\mathfrak{d}}$ den Forderungen

a) und b). Für $n = 7$ und $n = 8$ besitzen a fortiori die vorhin erwähnten Untergruppen $\mathfrak{d}_7^*$ bzw. $\mathfrak{d}_8^*$ und die aus ihnen durch Erweiterung hervorgehenden $\bar{\mathfrak{d}}_7^*$ und $\bar{\mathfrak{d}}_8^*$ die Eigenschaft a); nach dem, was über diese Untergruppen gesagt wurde, gilt für sie aber auch der Satz I′. $\mathfrak{d}_7^*$ und $\bar{\mathfrak{d}}_7^*$, $\mathfrak{d}_8^*$ und $\bar{\mathfrak{d}}_8^*$ sind also für $n = 7$ und $n = 8$ ebenfalls Gruppen, welche den Bedingungen a) und b) Genüge leisten. Damit ist aber die Aufzählung beendet. Unsere Konstruktion wird nämlich zu den folgenden beiden Sätzen führen:

Satz B′. *Für $n \geqq 3$ sind alle infinitesimalen Gruppen mit den Eigenschaften* a) *und* b) *in der erweiterten Drehungsgruppe $\bar{\mathfrak{d}}$ als Untergruppen enthalten.*

Satz B″. *Genauer: wenn $n \neq 7$ und 8, sind die Drehungsgruppe $\mathfrak{d}$ und die erweiterte Drehungsgruppe $\bar{\mathfrak{d}}$ die einzigen Gruppen dieser Art. Für $n = 7$ treten die Gruppen $\mathfrak{d}_7^*$, $\bar{\mathfrak{d}}_7^*$ hinzu, für $n = 8$ die Gruppen $\mathfrak{d}_8^*$, $\bar{\mathfrak{d}}_8^*$.*

Der Satz B′ genügt bereits zur Bewältigung des mit dem Raumproblem in Verbindung stehenden Haupttheorems; die Antwort auf die Frage A ist lediglich ein Korollar zum Satze B″.

Es folgt jetzt zunächst die Beschreibung der Ausnahmegruppen $\mathfrak{d}_7^*$ und $\mathfrak{d}_8^*$.

§ 3.

Die Ausnahmegruppen.

$\mathfrak{d}_8^*$. Wir nehmen die quadratische Grundform in der Gestalt an

$$Q = 2(x_1 x_1' + x_2 x_2' + x_3 x_3' + x_4 x_4');$$

die unabhängigen Variablen sind der Reihe nach

$$(10) \qquad x_1,\ x_1',\ x_2,\ x_2',\ x_3,\ x_3',\ x_4,\ x_4'.$$

Die Matrix, welche eine willkürliche infinitesimale Drehung darstellt, sieht dann so aus:

$$(11) \qquad \left|\begin{array}{cc|cc|cc|cc}
\varrho_1 & 0 & \lambda_{12} & \mu_{12} & \lambda_{13} & \mu_{13} & \lambda_{14} & \mu_{14} \\
0 & -\varrho_1 & \mu_{12}' & \lambda_{12}' & \mu_{13}' & \lambda_{13}' & \mu_{14}' & \lambda_{14}' \\
\hline
\lambda_{21}' & \mu_{21} & \varrho_2 & 0 & \lambda_{23} & \mu_{23} & \lambda_{24} & \mu_{24} \\
\mu_{21}' & \lambda_{21} & 0 & -\varrho_2 & \mu_{23}' & \lambda_{23}' & \mu_{24}' & \lambda_{24}' \\
\hline
\lambda_{31}' & \mu_{31} & \lambda_{32}' & \mu_{32} & \varrho_3 & 0 & \lambda_{34} & \mu_{34} \\
\mu_{31}' & \lambda_{31} & \mu_{32}' & \lambda_{32} & 0 & -\varrho_3 & \mu_{34}' & \lambda_{34}' \\
\hline
\lambda_{41}' & \mu_{41} & \lambda_{42}' & \mu_{42} & \lambda_{43}' & \mu_{43} & \varrho_4 & 0 \\
\mu_{41}' & \lambda_{41} & \mu_{42}' & \lambda_{42} & \mu_{43}' & \lambda_{43} & 0 & -\varrho_4
\end{array}\right|$$

Die Parameter λ_{ik}, λ_{ik}', μ_{ik}, μ_{ik}' $(i, k = 1, 2, 3, 4)$ sind schiefsymmetrisch; weitere Bedingungen für die Parameter treten nicht auf. Die lineare 28 parametrige Mannigfaltigkeit aller dieser Matrizen bildet die Gruppe $\mathfrak{d}_8$. Die „Ausnahmegruppe“ $\mathfrak{d}_8^*$ ist diejenige lineare Teilschar von $\mathfrak{d}_8$, welche durch die folgenden sieben Bedingungen charakterisiert wird:

$$(12_\mu)\qquad \begin{cases} \mu_{23} = \mu'_{14}, & \mu_{31} = \mu'_{24}, \quad \mu_{12} = \mu'_{34}, \\ \mu_{14} = \mu'_{23}, & \mu_{24} = \mu'_{31}, \quad \mu_{34} = \mu'_{12}; \end{cases}$$

$$(12_\varrho)\qquad \varrho_1 + \varrho_2 + \varrho_3 + \varrho_4 = 0.$$

Aus irgend zwei Matrizen L, L^* von der Form (11) entsteht durch Zusammensetzung $[L L^*]$ eine Matrix von derselben Gestalt; um sich davon zu überzeugen, daß $\mathfrak{d}_8^*$ eine Gruppe ist, muß man zeigen, daß, wenn L und L^* den Gleichungen (12) genügen, dasselbe für $[L L^*]$ zutrifft. Wegen der Gleichberechtigung der vier Indizes 1 2 3 4 genügt es, die beiden Gleichungen

$$\mu_{23} = \mu'_{14} \quad \text{und} \quad \varrho_1 + \varrho_2 + \varrho_3 + \varrho_4 = 0$$

für die zusammengesetzte Matrix zu verifizieren. Schreiben wir zur Abkürzung

$$\alpha\beta^* - \beta\alpha^* = [\alpha\beta],$$

so besagt die erste Gleichung

$$[\lambda'_{21}\mu_{13}] + [\mu_{21}\lambda'_{13}] + [\varrho_2\mu_{23}] + [0\,\lambda'_{23}] + [\lambda_{23}\,0] - [\mu_{23}\,\varrho_3] + [\lambda_{24}\,\mu_{43}] + [\mu_{24}\,\lambda_{43}]$$
$$= [0\,\lambda_{14}] - [\varrho_1\,\mu'_{14}] + [\mu'_{12}\,\lambda_{24}] + [\lambda'_{12}\,\mu'_{24}] + [\mu'_{13}\,\lambda_{34}] + [\lambda'_{13}\,\mu'_{34}] + [\mu'_{14}\,\varrho_4] + [\lambda'_{14}\,0]$$

oder

$$(13)\qquad \begin{aligned} &[\varrho_2 + \varrho_3, \mu_{23}] + [\varrho_1 + \varrho_4, \mu'_{14}] \\ &+ [\lambda'_{12}, \mu_{31} - \mu'_{24}] + [\lambda'_{13}, \mu_{12} - \mu'_{34}] \\ &+ [\lambda_{42}, \mu_{34} - \mu'_{12}] - [\lambda_{43}, \mu_{24} - \mu'_{31}] = 0. \end{aligned}$$

Bei der Ausrechnung ist zu berücksichtigen, daß jedes $\lambda, \lambda', \mu, \mu'$ sein Vorzeichen ändert, wenn man seine beiden Indizes vertauscht, und daß

$$[\beta\alpha] = -[\alpha\beta], \qquad [\alpha\,0] = [0\,\alpha] = 0$$

ist. Man sieht, daß die behauptete Relation in der Tat aus den Gleichungen (12) für L und L^* folgt. Die Summe $\varrho_1 + \varrho_2 + \varrho_3 + \varrho_4$ für die zusammengesetzte Matrix hat den Wert

$$\sum_{(i \neq k)} [\mu_{ik}\,\mu'_{ki}] = 2 \sum_{(i<k)} [\mu_{ik}\,\mu'_{ki}].$$

Von den sechs Gliedern der sich über alle Indexpaare ik mit $i < k$ erstreckenden Summe sind aber je zwei entgegengesetzt gleich; z. B.

$$[\mu_{23}\,\mu'_{32}] = [\mu'_{14}\,\mu_{41}] = -[\mu_{14}\,\mu'_{41}].$$

Ordnet man den Kolonnen der Matrix (11) der Reihe nach die Variablen (10) zu, ihren Zeilen der Reihe nach die Größen

$$y'_1, y_1, y'_2, y_2, y'_3, y_3, y'_4, y_4,$$

und multipliziert jedes Produkt yx mit demjenigen Koeffizienten der

Matrix, welcher im Kreuzungspunkt der Zeile y mit der Kolonne x steht, so ergibt sich durch Addition aller Glieder, unter Berücksichtigung der Relationen (12), der folgende Ausdruck

$$\begin{aligned} L(xy) = {} & \varrho_1(x_1 y_1' - x_1' y_1) + \dots \\ & + \lambda_{12}(x_2 y_1' - x_1' y_2) + \dots + \lambda_{12}'(x_2' y_1 - x_1 y_2') + \dots \\ & + \mu_{12}\{(x_2' y_1' - x_1' y_2') + (x_4 y_3 - x_3 y_4)\} + \dots . \end{aligned}$$

In der ersten Zeile sollen an Stelle von 1 sukzessive die Indizes 1, 2, 3, 4 gesetzt werden, in der zweiten und dritten Zeile an Stelle des Paares 1, 2 alle sechs Paare ik mit $i < k$. Daß $\mathfrak{d}_8^*$ die im Problem A geforderte Eigenschaft besitzt, heißt folgendes: Es seien x, y irgend zwei Systeme von je acht Zahlen, von denen das erste nicht aus lauter Nullen besteht; der Ausdruck $L(xy)$ möge verschwinden für alle Werte der Größen λ, λ', μ und alle Größen ϱ, welche der Gleichung (12_ϱ) genügen. Dann sind die y proportional zu den x[2]). Die Voraussetzungen lauten

$$(14) \qquad \left\{ \begin{aligned} & x_1 y_1' - x_1' y_1 = x_2 y_2' - x_2' y_2 = \dots (= \alpha); \\ & x_1 y_2' - x_2' y_1 = 0, \dots; \quad x_2 y_1' - x_1' y_2 = 0, \dots; \\ & (x_1' y_2' - x_2' y_1') + (x_3 y_4 - x_4 y_3) = 0, \dots . \end{aligned} \right.$$

Wir betrachten die zusammengehörigen Paare wie (x_1, y_1) oder (x_1', y_1'). Ist keines der gestrichenen und auch keines der ungestrichenen Paare $= (0, 0)$, so ergibt sich die Behauptung schon allein aus den in der zweiten Zeile stehenden Gleichungen. Sie lehren z. B., daß die drei Verhältnisse

$$(15_1) \qquad x_2 : y_2, \; x_3 : y_3, \; x_4 : y_4 \text{ gleich } x_1' : y_1'$$

sind; ebenso

$$(15_2) \qquad x_1 : y_1, \; x_3 : y_3, \; x_4 : y_4 \text{ gleich } x_2' : y_2'.$$

Da beide Mal das gemeinsame $x_3 : y_3$ auftritt, stimmen auch die Verhältnisse (15_2) notwendig überein mit (15_1); und so ergibt sich, daß alle Verhältnisse $x_i : y_i$ und $x_i' : y_i'$ einander gleich sind. Wir nehmen zweitens an, daß weder alle gestrichenen Paare $= (0, 0)$ sind, noch alle ungestrichenen, daß aber etwa unter den gestrichenen wenigstens eines vorkommt, (x_1', y_1'), welches $= (0, 0)$ ist. Dann ist $\alpha = 0$, und wir ziehen noch die Gleichungen der ersten Zeile mit heran. Wenn z. B. $(x_2', y_2') \neq (0, 0)$ ist, erhalten wir

$$x_1 : y_1, \; x_2 : y_2, \; x_3 : y_3, \; x_4 : y_4 = x_2' : y_2'.$$

[2]) Sind $\xi', \eta', \dots$ Zahlen, welche nicht alle Null sind, so soll eine Proportion

$$\xi : \eta : \dots = \xi' : \eta' : \dots$$

besagen, daß mit einem gewissen Faktor τ die Gleichungen gelten: $\xi = \tau \xi'$, $\eta = \tau \eta'$, ... $\tau \neq 0$ wird *nicht* gefordert; ist aber $\tau \neq 0$, so ist die Proportion umkehrbar.

Unter den vier Paaren links ist sicher eines $\neq (0, 0)$, etwa (x, y); dann folgt hieraus durch Umkehrung der Proportionen

$$x_i : y_i = x : y \text{ für } i = 1, 2, 3, 4 \text{ und } x'_2 : y'_2 = x : y.$$

Natürlich ist auch $x'_1 : y'_1 = x : y$; ob also $(x'_i, y'_i) = (0, 0)$ ist oder nicht, auf jeden Fall ergibt sich $x'_i : y'_i = x : y$. Das alles zusammen enthält die behauptete Proportionalität. Sind drittens alle gestrichenen oder alle ungestrichenen Paare $(x\,y) = (0\,0)$, etwa alle gestrichenen, so sind die Gleichungen der ersten und zweiten Zeile ohne weiteres erfüllt, und die der dritten, die jetzt erst in Funktion treten, lauten

$$x_i y_k - x_k y_i = 0.$$

Daraus folgt abermals die Behauptung.

$\mathfrak{d}_7^*$. Im Falle $n = 7$ liege die quadratische Grundform in der folgenden Gestalt vor

$$Q = 4(x_1 x'_1 + x_2 x'_2 + x_3 x'_3) + x^2;$$

$x_1, x'_1, x_2, x'_2, x_3, x'_3, x$ sind die unabhängigen Variablen. Wir schreiben wieder die allgemeine Matrix der infinitesimalen Drehungsgruppe $\mathfrak{d}_Q$ an:

$$(16)\quad \left|\begin{array}{cc|cc|cc|c}
\varrho_1 & 0 & \lambda_{12} & \mu_{12} & \lambda_{13} & \mu_{13} & \mu'_1 \\
0 & -\varrho_1 & \mu'_{12} & \lambda'_{12} & \mu'_{13} & \lambda'_{13} & \mu_1 \\
\hline
\lambda'_{21} & \mu_{21} & \varrho_2 & 0 & \lambda_{23} & \mu_{23} & \mu'_2 \\
\mu'_{21} & \lambda_{21} & 0 & -\varrho_2 & \mu'_{23} & \lambda'_{23} & \mu_2 \\
\hline
\lambda'_{31} & \mu_{31} & \lambda'_{32} & \mu_{32} & \varrho_3 & 0 & \mu'_3 \\
\mu'_{31} & \lambda_{31} & \mu'_{32} & \lambda_{32} & 0 & -\varrho_3 & \mu_3 \\
\hline
-2\mu_1, & -2\mu'_1 & -2\mu_2, & -2\mu'_2 & -2\mu_3, & -2\mu'_3 & 0
\end{array}\right|$$

Die Größen mit Doppelindizes sind schiefsymmetrisch, im übrigen sind die Parameter voneinander unabhängig. $\mathfrak{d}_7^*$ wird definiert durch die Gleichungen

$$(17_\mu)\quad \begin{cases} \mu_1 = \mu_{23}, & \mu_2 = \mu_{31}, \quad \mu_3 = \mu_{12}, \\ \mu'_1 = \mu'_{23}, & \mu'_2 = \mu'_{31}, \quad \mu'_3 = \mu'_{12}; \end{cases}$$

$$(17_\varrho)\quad \varrho_1 + \varrho_2 + \varrho_3 = 0.$$

Man überzeuge sich auf ähnliche Weise wie bei $n = 8$ davon, daß $\mathfrak{d}_7^*$ eine Gruppe ist und die im Problem A geforderte Eigenschaft besitzt. Den Ausdruck $L(x\,y)$ erhält man hier, wenn man den Kolonnen der Matrix (16) der Reihe nach die Größen

$$x_1, \; x'_1, \; x_2, \; x'_2, \; x_3, \; x'_3, \; x$$

zuordnet, den Zeilen

$$2y'_1, \; 2y_1, \; 2y'_2, \; 2y_2, \; 2y'_3, \; 2y_3, \; y.$$

Die Gleichungen, aus denen die Proportionalität der x und y erschlossen werden soll, lauten in der ersten und zweiten Zeile genau wie (14); an Stelle der Gleichungen in der dritten Zeile treten die folgenden

$$(x_3' y_2' - x_2' y_3') + (x y_1 - y x_1) = 0, \ldots, \text{ und}$$
$$(x_3 y_2 - x_2 y_3) + (x y_1' - y x_1') = 0, \ldots .$$

§ 4.

Konstruktion der Gruppe im Falle (G).

Unter $\mathfrak{g}$ verstehen wir fortan eine infinitesimale Gruppe linearer Transformationen, welche den im Problem B angegebenen Forderungen a) und b) genügt; aus diesen Forderungen heraus soll $\mathfrak{g}$ konstruiert werden. Die Methode der Konstruktion ist die gleiche wie R, Anh. 12, und wir stützen uns auf die dort gefundenen Resultate, insbesondere auf den Hilfssatz:

In einer infinitesimalen Gruppe, welche die Bedingung b) *erfüllt, existiert stets, geeignete Wahl des Koordinatensystems vorausgesetzt, entweder die Matrix*

$$G = \begin{array}{|ccc|} \hline 0 & 0 & 0 \\ 0 & 0 & 1 \\ 1 & 0 & 0 \\ \hline \end{array} \qquad \textit{oder} \qquad H' = \begin{array}{|cc|cc|} \hline & & 0 & 0 \\ & & 0 & 1 \\ \hline -1 & 0 & & \\ 0 & 0 & & \\ \hline \end{array} \quad \text{(Fall } H\text{)}.$$

(Fall G)

Von einer Matrix schreiben wir nur einen rechteckigen Ausschnitt hin, wenn alle nicht dazugehörigen Felder mit 0 besetzt sind; im allgemeinen werden die Zeilen- und Kolonnennummern an den Rand geschrieben, aber die Numerierung ist überflüssig, wenn die Nummern von 1 ab in ununterbrochener Reihenfolge laufen. Leere Felder hat man sich mit einer 0 ausgefüllt zu denken, der $*$ dient zur Bezeichnung von Größen im Matrixschema, welche nicht benannt zu werden brauchen. Im Falle (H) haben wir hier die Bezeichnung des Koordinatensystems etwas abgeändert (nämlich x_1, x_2, x_3, x_4 ersetzt durch $x_1, x_4, -x_3, x_2$).

Im Falle (G) wurde weiter a. a. O. allein auf Grund der Voraussetzungen a) und b) bewiesen, daß alle zu $\mathfrak{g}$ gehörigen Matrizen die Form haben müssen:

$$\lambda E + \left|\begin{array}{cc|c} \varrho & 0 & \alpha_3 \ldots \alpha_n \\ 0 & -\varrho & \beta_3 \ldots \beta_n \\ \hline \beta_3 & \alpha_3 & \\ \cdot & \cdot & \\ \cdot & \cdot & * \\ \cdot & \cdot & \\ \beta_n & \alpha_n & \end{array}\right|$$

Der durch einen $*$ angedeutete Teil ist schiefsymmetrisch. Alle Operationen von $\mathfrak{g}$ gehören also der erweiterten Drehungsgruppe $\bar{\mathfrak{d}}_Q$ an, wobei

$$Q = -2\,x_1\,x_2 + (x_3^2 + \ldots + x_n^2)$$

zu setzen ist. Außerdem zeigte sich, daß alle diejenigen Operationen, welche man aus dem Schema erhält, wenn man λ und das ganze Quadrat $*$ gleich 0 setzt, wirklich in $\mathfrak{g}$ vorkommen. Bringt man die Grundform Q auf die Gestalt (2), indem man x_1 und x_2 ersetzt durch

$$\frac{x_1 + i\,x_2}{\sqrt{2}} \quad \text{und} \quad \frac{-x_1 + i\,x_2}{\sqrt{2}},$$

so gehören demnach die Operationen

$$D^{(1i)}\,(i \neq 1) \quad \text{und} \quad D^{(2k)}\,(k \neq 2)$$

sämtlich zu $\mathfrak{g}$. Dann enthält $\mathfrak{g}$ aber auch die Operation

$$D^{(ik)} = [D^{(i1)},\, D^{(1k)}] \qquad (i \neq k;\; i, k = 3, \ldots, n).$$

$\mathfrak{g}$ umfaßt somit die ganze Drehungsgruppe $\mathfrak{d}$ und ist enthalten in $\bar{\mathfrak{d}}$, darum entweder mit $\mathfrak{d}$ oder $\bar{\mathfrak{d}}$ identisch: die Gültigkeit der Sätze B′ und B″ im Falle (G) ist erwiesen. Viel komplizierter ist die andere Alternative.

§ 5.

Konstruktion der quadratischen Grundform im Falle (H).

Den durch eine lineare Abbildung L bewirkten Übergang von einem Vektor $\mathfrak{x}$ zu seinem Bilde $d\mathfrak{x} = \mathfrak{x}L$ bezeichnen wir durch einen Pfeil: $\mathfrak{x} \to d\mathfrak{x}$. Die Matrix H', welche im Falle (H) in der Gruppe $\mathfrak{g}$ vorhanden ist, kann, wenn $\mathfrak{e}_1, \mathfrak{e}_2, \ldots, \mathfrak{e}_n$ die Grundvektoren des Koordinatensystems bedeuten, so beschrieben werden:

$$\mathfrak{e}_1 \to -\mathfrak{e}_3 \to 0, \quad \mathfrak{e}_4 \to \mathfrak{e}_2 \to 0, \quad \mathfrak{e}_i \to 0 \quad (i = 5, \ldots, n).$$

Ich rekapituliere zunächst, was in R, Anh. 12, weiter aus a) und b) und dem Vorkommen von H' erschlossen wurde. Durch geeignete weitere Normierung des Koordinatensystems ergab sich für die linke obere Ecke der allgemeinen Gruppenmatrix X, bis auf ein additiv hinzutretendes Multiplum ϱE der Einheitsmatrix, die nebenstehende Ausfüllung, in der die Größen mit Doppelindizes schiefsymmetrisch sind. Außerdem kommen in $\mathfrak{g}$ die folgenden drei Matrizen wirklich vor:

$$\left|\begin{array}{cc|cc} \varrho_1 & 0 & \lambda_{12} & \mu_{12} \\ 0 & -\varrho_1 & \mu'_{12} & \lambda'_{12} \\ \hline \lambda'_{21} & \mu_{21} & \varrho_2 & 0 \\ \mu'_{21} & \lambda_{21} & 0 & -\varrho_2 \end{array}\right|$$

1. $H' = H'_{12} : \lambda'_{12} = 1$, alles andere (inkl. ϱ) $= 0$;

2. $H = H_{12} : \lambda_{12} = 1$, alles übrige (inkl. ϱ) $= 0$;

3. $J = J_{12} : \varrho_1 = 1$, $\varrho_2 = -1$, alles übrige (inkl. ϱ) $= 0$.

Zu J gehört eine Einteilung in 5 unabhängige Länder mit den Multiplikatoren $0, +1, -1, +2, -2$, wie sie aus dem nebenstehenden Multiplikatorenschema M hervorgeht. Die Länder $+2$ und -2 sind schon vollständig bekannt. Die zu den Ländern -1 und $+1$ gehörigen Gruppenmatrizen haben die Gestalt S^- und S^+. Aus jeder Besetzung S^+ des Landes $+1$ bekommt man eine analoge Besetzung des Landes -1: $S^- = [S^+ H'_{12}]$. Umgekehrt erhält man aus einer Matrix S^-,

$M:$

0	2	2	0	1
-2	0	0	-2	-1
-2	0	0	-2	-1
0	2	2	0	1
-1	1	1	-1	0

$$(18) \quad S^- = \begin{array}{|c c|c c|} \hline & & \sigma_5 \cdots \sigma_n & \\ & & \sigma'_5 \cdots \sigma'_n & \\ \hline \tau_5 & & \tau'_5 & \\ \vdots & & \vdots & \\ \tau_n & & \tau'_n & \\ \hline \end{array}, \quad S^+ = \begin{array}{|c c|c c|} \hline & & \sigma'_5 \cdots \sigma'_n & \\ \hline & & \sigma_5 \cdots \sigma_n & \\ \hline \tau'_5 & \tau_5 & & \\ \vdots & & & \\ \tau'_n & \tau_n & & \\ \hline \end{array}$$

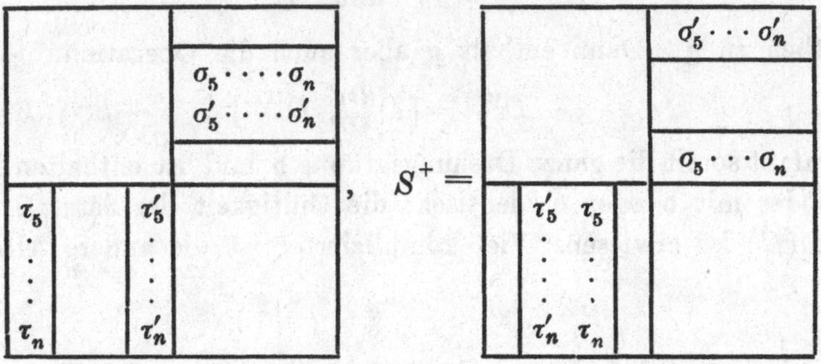

zum Lande -1 gehörig, die gleichbesetzte Matrix S^+ des Landes $+1$ zurück durch Zusammensetzung mit H (oder besser mit $H_{21} = -H_{12}$): $S^+ = [S^- H_{21}]$. Alle bisherigen Angaben über die allgemeine Gruppenmatrix folgen aus dem Vorkommen von H' und J.

A. a. O. ging die Konstruktion nun so weiter. Von der allgemeinen zum Lande -1 gehörigen Gruppenmatrix S^- wurde gezeigt:

1) mit den Zeilengrößen σ, σ' verschwinden die Kolonnengrößen τ, τ';

2) die Zeilengrößen σ, σ' sind voneinander linear unabhängig. Doch stützte sich hier der Beweis nicht mehr allein auf die Forderungen a) und b); und wirklich lehren ja die Beispiele der Gruppen $\mathfrak{d}_7^*$ und $\mathfrak{d}_8^*$, daß aus jenen Voraussetzungen nicht mehr auf die Unabhängigkeit der σ, σ' geschlossen werden kann. An dieser Stelle müssen wir also von unserer alten Straße abbiegen und neue Wege einschlagen — die uns freilich zunächst wiederum zu dem Ziel 1) hinführen werden. Die Zusammensetzung von irgend zwei zum Lande -1 gehörigen Gruppenmatrizen S, S^* liefert die Gruppenmatrix

$$[SS^*] = \boxed{\begin{matrix} [\sigma\tau] & [\sigma\tau'] \\ [\sigma'\tau] & [\sigma'\tau'] \end{matrix}}\begin{matrix} {\scriptstyle 2} \\ {\scriptstyle 3} \end{matrix} \qquad [\sigma\tau] \text{ bedeutet } \sum_{i=5}^{n}(\sigma_i\tau_i^* - \sigma_i^*\tau_i).$$

$$\ {\scriptstyle 1} \qquad\qquad {\scriptstyle 4}$$

Also folgt

$$(19) \qquad [\sigma\tau] = 0, \quad [\sigma'\tau'] = 0, \quad [\sigma\tau'] + [\sigma'\tau] = 0.$$

In der allgemeinen Gruppenmatrix

$$X = \| \varrho_{ik} \|$$

ist das 1. Element der 2. Zeile ϱ_{21} identisch $= 0$; infolgedessen kann zufolge der Forderung b) zwischen den übrigen Elementen dieser Zeile keine homogene lineare Relation mit konstanten Koeffizienten bestehen. Insbesondere sind die Größen $\sigma_5 \ldots \sigma_n$ in S^- voneinander linear unabhängig, und es existiert also eine zum Lande -1 gehörige Gruppenmatrix $S^- = S_0^-$, in welcher

$$\sigma_5 = 1, \quad \sigma_6 = \ldots = \sigma_n = 0$$

ist. Verwenden wir sie als S^* in den Gleichungen (19) und setzen die zugehörige Spalte $\tau_i = g_{5i}$, so liefert die erste jener Gleichungen für die willkürliche Gruppenmatrix $S = S^-$:

$$\tau_5 = \sum_{i=5}^{n} g_{5i}\,\sigma_i.$$

So bekommen wir für alle Matrizen S^- gültige Gleichungen von der Form

$$(20) \qquad \tau_i = \sum_k g_{ik}\,\sigma_k, \qquad \tau_i' = \sum_k g_{ik}'\,\sigma_k'$$

mit konstanten Koeffizienten g_{ik}, g_{ik}'. Aus ihnen geht sofort hervor, daß mit den σ, σ' auch die τ, τ' verschwinden. Die ersten beiden unserer Gleichungen (19) liefern ferner, wenn wir sie auf irgend zwei zum Lande -1 gehörige Matrizen S, S^* anwenden, die Symmetrie der Konstantensysteme g_{ik} und g_{ik}'. Ferner ist die quadratische Form mit den Koeffizienten g_{ik} nicht-ausgeartet. Denn im Ausartungsfall könnte man $n-4$ Zahlen α_i bestimmen, welche nicht sämtlich verschwinden und den Gleichungen genügen

$$\sum_{i=5}^{n} \alpha_i\, g_{ik} = 0 \quad \text{für} \quad k = 5, \ldots, n.$$

Dann wäre für alle Matrizen S^- und S^+, Formel (18):

$$\sum_{i=5}^{n} \alpha_i\,\tau_i = 0;$$

und das hieße, daß die Ebene

$$\sum_{i=5}^{n} \alpha_i\, x_i = 0$$

gemeinsame konjugierte Ebene zu den beiden voneinander unabhängigen Vektoren $\mathfrak{e}_1$, $\mathfrak{e}_3$ wäre. Man kann also, indem man die Koordinaten $\mathfrak{e}_5, \ldots, \mathfrak{e}_n$ geeignet wählt, dafür sorgen, daß die Matrix

$$\| g_{ik} \| \quad (i, k = 5, \ldots, n)$$

sich auf die Einheitsmatrix reduziert und daher allgemein

$$\tau_i = \sigma_i$$

wird. Doch wollen wir uns nicht an diese besondere Normierung binden. Analoges ist über die g'_{ik} zu sagen. Es ist aber an dieser Stelle noch unmöglich, die Übereinstimmung der g'_{ik} mit den g_{ik} zu erkennen; unsere dritte Gleichung (19) sagt lediglich aus, daß

(21) $$\sum_{ik} (g'_{ik} - g_{ik}) \sigma_i^* \sigma'_k$$

symmetrisch von den beiden Matrizen S, S^* abhängt.

Die Matrizen H' und J und damit alle bisherigen Resultate bleiben erhalten, wenn man die beiden Grundvektoren $\mathfrak{e}_1$ und $\mathfrak{e}_4$ unter sich transformiert und gleichzeitig $\mathfrak{e}_3, -\mathfrak{e}_2$ derselben linearen Transformation unterwirft. Die Tatsache, daß die σ_i in S^- voneinander unabhängig sind, läßt sich demnach sofort dahin verallgemeinern, daß die Größen

$$\alpha' \sigma_i - \alpha \sigma'_i$$

voneinander linear unabhängig sind, wenn α, α' irgend zwei feste Zahlen sind, welche nicht beide verschwinden. Es kann also keine Relation von folgender Form bestehen

(22) $$\alpha' \cdot \sum_i l_i \sigma_i - \alpha \cdot \sum_i l_i \sigma'_i = 0$$

mit konstanten Koeffizienten $\alpha, \alpha'; l_i$, ohne daß entweder α und α' beide verschwinden oder alle $l_i = 0$ sind. Daraus geht hervor, daß es ein S^- gibt, in welchem alle σ'_i, aber nicht alle σ_i verschwinden. Denn sonst wären die σ'_i allein die unabhängigen Parameter der linearen Schar der zum Lande -1 gehörigen Matrizen S^-, und es bestünden Gleichungen

$$\sigma_i = \sum_k c_{ik} \sigma'_k$$

mit konstanten Koeffizienten c_{ik}, gültig für alle S^-. Bestimmt man dann eine Zahl α und zugehörige nicht sämtlich verschwindende Größen l_i, so daß

$$\sum_i l_i c_{ik} = \alpha \cdot l_k$$

ist — das ist das bekanntlich stets lösbare Problem der Säkulargleichung —, so bekäme man eine Relation (22) mit $\alpha' = 1$. Ein bestimmtes S^-, in welchem alle σ'_i und damit nach (20) alle τ'_i verschwinden, werde mit A

bezeichnet, und in ihm sei $\sigma_i = \alpha_i$, $\tau_i = \beta_i$; die β_i sind nicht alle $= 0$. Es werden zwei Fälle zu unterscheiden sein, je nachdem

$$(\alpha\beta) = \sum_i \alpha_i \beta_i = \sum_{ik} g_{ik} \alpha_i \alpha_k \neq 0 \quad \text{oder} \quad = 0$$

ist.

Im ersten Fall können wir annehmen, jene Summe sei $= 1$; wir führen $\sum_{i=5}^{n} \beta_i \mathfrak{e}_i$ als neuen Grundvektor $\mathfrak{e}_5$ ein und erzielen dadurch, daß $\beta_5 = 1$, alle übrigen β_i aber $= 0$ werden. Wegen der invarianten Bedingung $(\alpha\beta) = 1$ ist dann $\alpha_5 = 1$, und indem wir noch $\mathfrak{e}_6, \ldots, \mathfrak{e}_n$ ersetzen durch $\mathfrak{e}_6 - \alpha_6 \mathfrak{e}_5, \ldots, \mathfrak{e}_n - \alpha_n \mathfrak{e}_5$, erzwingen wir weiter $\alpha_6 = \ldots = \alpha_n = 0$. Also lautet die Abbildung A jetzt so:

$$\mathfrak{e}_1 \to \mathfrak{e}_5 \to \mathfrak{e}_2 \to 0, \quad \mathfrak{e}_i \to 0 \ \text{ für alle andern } \mathfrak{e}_i.$$

Damit kehren wir offenbar zu dem schon erledigten Fall (G) zurück.

Es bleibt also weiterhin nur die andere Möglichkeit $(\alpha\beta) = 0$ zu besprechen (welche $n \geqq 6$ voraussetzt). Hier werden wir $-\sum_i \beta_i \mathfrak{e}_i$ als neuen Grundvektor $\mathfrak{e}_5$ einführen:

$$\beta_5 = -1, \quad \beta_6 = \ldots = \beta_n = 0; \quad \alpha_5 = 0,$$

und darauf durch geeignete lineare Transformation der $\mathfrak{e}_6, \ldots, \mathfrak{e}_n$ untereinander erzwingen, daß außer $\alpha_5 = 0$ die Gleichungen $\alpha_6 = 1$, $\alpha_7 = \ldots = \alpha_n = 0$ herauskommen. Dann sieht A so aus:

$$\mathfrak{e}_1 \to -\mathfrak{e}_5 \to 0, \quad \mathfrak{e}_6 \to \mathfrak{e}_2 \to 0; \quad \mathfrak{e}_i \to 0 \ \text{ für alle übrigen } i.$$

Es ist also eine ganz analoge Matrix wie H'; nur ist das Indexpaar $(5, 6)$ an Stelle von $(3, 4)$ getreten. Wir bezeichnen dieses A darum mit H'_{13} im Gegensatz zu $H' = H'_{12}$. Auf Grund des Vorhandenseins von H'_{13} in der Gruppe wird sich ihre Organisation bis zur sechsten Variablen fortsetzen lassen. Wir möchten dazu gelangen, dem Teilquadrat in der linken oberen Ecke von X die nebenstehende Gestalt zu geben, wobei ein Glied $+\varrho E$ hinzuzufügen bleibt und die $\lambda, \lambda', \mu, \mu'$ schiefsymmetrisch sind in ihren Doppelindizes.

$$(23)\qquad \left|\begin{array}{cc|cc|cc}
\varrho_1 & \boxed{0} & \lambda_{12} & \mu_{12} & \boxed{\lambda_{13}} & \mu_{13} \\
0 & -\varrho_1 & \mu'_{12} & \lambda'_{12} & \mu'_{13} & \lambda'_{13} \\
\hline
\lambda'_{21} & \mu_{21} & \varrho_2 & 0 & \lambda_{23} & \mu_{23} \\
\mu'_{21} & \lambda_{21} & 0 & -\varrho_2 & \mu'_{23} & \lambda'_{23} \\
\hline
\lambda'_{31} & \mu_{31} & \lambda'_{32} & \mu_{32} & \varrho_3 & 0 \\
\mu'_{31} & \boxed{\lambda_{31}} & \mu'_{32} & \lambda_{32} & \boxed{0} & -\varrho_3
\end{array}\right|$$

Jedes λ_{ik} für sich und ebenso jedes λ'_{ik} soll ein unabhängiges Land vorstellen — so daß neben H'_{12}, H'_{13} auch die Matrizen H'_{23}; H_{12}, H_{13}, H_{23} in $\mathfrak{g}$ vorkommen; und neben $J = J_{12}$ sollen die analog gebauten Matrizen J_{13} und $J_{23}\,(= -J_{12} + J_{13})$ in $\mathfrak{g}$ enthalten sein.

Indem man H'_{13} genau so verwendet wie H'_{12} zu Anfang dieses Paragraphen — man muß hier auf die Konstruktion in R, Anh. 12, zurückgreifen —, erhält man zunächst aus $[[XH'_{13}]H'_{13}]$ die Besetzung der mit einem $\square$ umrahmten Felder. Um J_{13} zu gewinnen, muß man die einmalige Zusammensetzung $[XH'_{13}]$ betrachten; doch soll dabei X sogleich als eine zum Lande $+1$ gehörige Gruppenmatrix S^+, Formel (18), spezialisiert werden, für welche

$$\sigma'_5 = 1, \quad \sigma'_6 = \ldots = \sigma'_n = 0$$

ist. Man bekommt dann für $J^*_{13} = [S^+ H'_{13}]$ eine Gruppenmatrix, die sich als Abbildung so beschreiben läßt:

$$(24)\quad \begin{cases} \mathfrak{e}_1 \to \mathfrak{e}_1 + \sigma_5 \mathfrak{e}_4 & \mathfrak{e}_3 \to \tau_6 \mathfrak{e}_2 & \mathfrak{e}_5 \to -\mathfrak{e}_5 \\ \mathfrak{e}_2 \to -\mathfrak{e}_2 & \mathfrak{e}_4 \to 0 & \mathfrak{e}_6 \to \mathfrak{e}_6 - \tau'_5 \mathfrak{e}_5 - (\tau'_7 \mathfrak{e}_7 + \ldots + \tau'_n \mathfrak{e}_n) \\ & \mathfrak{e}_i \to 0 \quad (i = 7, \ldots, n). & \end{cases}$$

In J^*_{13} sind also die in den Feldern (4,1) und (2,3) stehenden Elemente

$$\mu'_{21} \text{ und } \mu'_{12} \quad \text{bzw.} \quad = \sigma_5 \text{ und } \tau_6.$$

Da wir schon wissen, daß allgemein $\mu'_{21} = -\mu'_{12}$ ist, muß somit $-\sigma_5 = \tau_6$ sein. Setzen wir diese Zahl $= \gamma$, schreiben im Einklang mit oben eingeführten Bezeichnungen in (24) an Stelle von $\tau'_i : g'_{5i} = g'_i$ und führen statt der $\mathfrak{e}_i$ ein neues Koordinatensystem $\bar{\mathfrak{e}}_i$ ein durch die Gleichungen

$$\begin{array}{l|l|l} \bar{\mathfrak{e}}_1 = \mathfrak{e}_1 - \gamma \mathfrak{e}_4 & \bar{\mathfrak{e}}_3 = \mathfrak{e}_3 + \gamma \mathfrak{e}_2 & \bar{\mathfrak{e}}_5 = \mathfrak{e}_5 \\ \bar{\mathfrak{e}}_4 = \mathfrak{e}_4 & \bar{\mathfrak{e}}_2 = \mathfrak{e}_2 & \bar{\mathfrak{e}}_6 = \mathfrak{e}_6 - \frac{1}{2} g'_5 \mathfrak{e}_5 - (g'_7 \mathfrak{e}_7 + \ldots + g'_n \mathfrak{e}_n) \\ & & \bar{\mathfrak{e}}_i = \mathfrak{e}_i \qquad (i = 7, \ldots, n), \end{array}$$

so bleibt der Ausdruck der Abbildungen $H' = H'_{12}$, H'_{13} und $J = J_{12}$ der gleiche. An Stelle von (24) aber bekommen wir

$$\begin{array}{l|l|l|l} \bar{\mathfrak{e}}_1 \to \bar{\mathfrak{e}}_1 & \bar{\mathfrak{e}}_3 \to 0 & \bar{\mathfrak{e}}_5 \to -\bar{\mathfrak{e}}_5 & \bar{\mathfrak{e}}_7 \to 0, \ldots, \bar{\mathfrak{e}}_n \to 0, \\ \bar{\mathfrak{e}}_2 \to -\bar{\mathfrak{e}}_2 & \bar{\mathfrak{e}}_4 \to 0 & \bar{\mathfrak{e}}_6 \to \bar{\mathfrak{e}}_6 & \end{array}$$

d. h. J_{13}. Auf J_{13} gründet sich eine analoge Ländereinteilung wie auf J_{12}. In ihr bilden die durch $\square$ umrahmten Felder für sich ein Land (mit dem Multiplikator $+2$) — und da λ_{13} nicht identisch 0 sein kann, tritt H_{13} in der Gruppe auf —, und es bilden die durch ⬚ umrahmten Felder ein eigenes Land mit dem Multiplikator -2; in ihnen muß daher ein Multiplum von H'_{13} stehen. Für die allgemeine Gruppenmatrix $X = \| \varrho_{ik} \|$ lieferte der Ausschnitt von $[XH'_{12}]$, welcher in dem J_{12}-Land mit dem Multiplikator -2 liegt, die Gleichungen

$$\varrho_{23} + \varrho_{41} = 0, \qquad \varrho_{32} + \varrho_{14} = 0, \qquad \varrho_{11} + \varrho_{22} = \varrho_{33} + \varrho_{44}.$$

Ebenso liefert jetzt der Ausschnitt von $[XH'_{13}]$, welcher in dem J_{13}-Land mit dem Multiplikator -2 liegt, die Beziehungen

$$\varrho_{25} + \varrho_{61} = 0, \qquad \varrho_{52} + \varrho_{16} = 0, \qquad \varrho_{11} + \varrho_{22} = \varrho_{55} + \varrho_{66},$$

d. h.

$$\mu'_{13} + \mu'_{31} = 0, \qquad \mu_{31} + \mu_{13} = 0 \quad \text{und die beiden Felder} \quad \varrho_3, \; -\varrho_3.$$

Die Umsetzung der beiden (auf J_{12} basierten) Länder -1, $+1$ ineinander mit Hilfe von H' und H:

$$S^- = [S^+ H'_{12}], \qquad S^+ = [S^- H_{21}]$$

überträgt alle für das Indexpaar (1, 3) gewonnenen Resultate auf (2, 3), und unsere Behauptungen sind damit vollständig bewiesen.

Durch Überdeckung der Ländereinteilungen nach J_{12} und J_{13} erhalten wir eine Zerfällung der willkürlichen Gruppenmatrix X in unabhängige

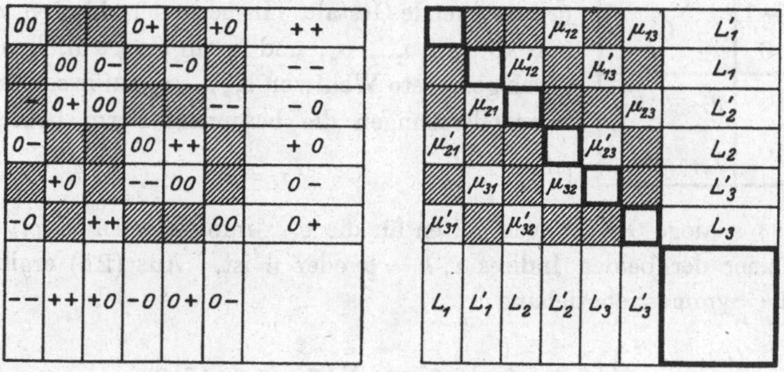

Bestandteile. Im Schema sind die von den übrigen unabhängigen Felder, deren Ausfüllung schon vollständig bekannt ist und in denen die Multipla von

$$H_{12},\, H_{13},\, H_{23};\; H'_{12},\, H'_{13},\, H'_{23}$$

stehen, schraffiert. Der an erster Stelle stehende Charakter $0, +, -$ bedeutet, daß das betreffende Feld zum J_{12}-Lande $0, +1, -1$ gehört, der an zweiter Stelle stehende Charakter kennzeichnet ebenso das J_{13}-Land. Außer den schraffierten Feldern bekommen wir also das Hauptland 00, das in dem Schema rechts aus den leer gelassenen und stark umrahmten Teilen besteht, und die sechs Nebenländer $L_1, L_2, L_3; L'_1, L'_2, L'_3$. Es gehören noch als isolierte Felder

$$\mu_{23}, \mu_{31}, \mu_{12} \quad \text{bzw. zu den Ländern} \quad L_1, L_2, L_3 \quad \text{und}$$

$$\mu'_{23}, \mu'_{31}, \mu'_{12} \quad \text{„ „ „ „} \quad L'_1, L'_2, L'_3.$$

Die Organisation der Gruppenmatrix über die vierte Stelle hinaus bis zur sechsten hat uns vor allem dadurch unserem Ziel genähert, daß sie im wesentlichen zu einer Zersprengung der Doppelzeilen geführt hat, welche vorher in den Ländern S^- und S^+ miteinander verbunden waren. Freilich ist die Zersprengung wegen der isolierten Felder, welche an den Ländern L haften bleiben, nicht ganz vollständig; darin künden sich schon deutlich die Ausnahmegruppen $\mathfrak{d}_7^*$ und $\mathfrak{d}_8^*$ an.

Von den Gleichungen

$$\tau_i = \sum_{k=5}^{n} g_{ik} \sigma_k, \tag{20}$$

welche zwischen den Elementen des Landes S^-, Formel (18), bestehen, lauten nach unserer jetzigen Wahl des Koordinatensystems die ersten beiden

$$\tau_5 (= \lambda'_{31}) = -\sigma_6 (= -\lambda'_{13}), \quad \tau_6 (= \mu'_{31}) = -\sigma_5 (= -\mu'_{13}). \tag{25}$$

$$\left[\begin{array}{cc|c} 0 & -1 & \\ -1 & 0 & 0 \\ \hline & & g_{77} \cdots g_{7n} \\ & 0 & \cdots\cdots \\ & & g_{n7} \cdots g_{nn} \end{array}\right]$$

Das symmetrische Schema der g_{ik} hat also die nebenstehende Gestalt. Insbesondere hängen $\tau_7 \dots \tau_n$ nur ab von $\sigma_7 \dots \sigma_n$, und wenn man will, kann man durch geeignete Wahl von $\mathfrak{e}_7, \dots, \mathfrak{e}_n$ dafür sorgen, daß diese Gleichungen die besondere Form bekommen:

$$\tau_i = \sigma_i \qquad (i = 7, \dots, n). \tag{26}$$

Zu (25) analoge Gleichungen gelten für die g'_{ik}; infolgedessen ist $g_{ik} = g'_{ik}$, wenn einer der beiden Indizes $i, k = 5$ oder 6 ist. Aus (21) ergibt sich also die Symmetriebeziehung

$$\sum_{i,k=7}^{n} (g'_{ik} - g_{ik}) \overset{*}{\sigma}_i \sigma'_k = \sum_{i,k=7}^{n} (g'_{ik} - g_{ik}) \sigma_k \overset{*}{\sigma}_i.$$

Da aber die Größen

$$\sigma_7, \dots, \sigma_n; \quad \sigma'_7, \dots, \sigma'_n$$

voneinander unabhängige Parameter sind, erschließt man daraus

$$g'_{ik} = g_{ik} \quad \text{für} \quad i, k = 7, \dots, n.$$

Erst an dieser Stelle erkennen wir die Übereinstimmung der beiden quadratischen Formen mit den Koeffizienten g_{ik} und g'_{ik} $(i, k = 5, \dots, n)$. Mit Hilfe von H'_{23}, H'_{31}, H'_{12} und H_{23}, H_{31}, H_{12} können die Länder L_1, L_2, L_3 gegenseitig ineinander umgesetzt werden und ebenso die Länder L'_1, L'_2, L'_3. Ist also dafür gesorgt, daß (26) gilt, so lautet das Schema der allgemeinen Gruppenmatrix wie folgt:

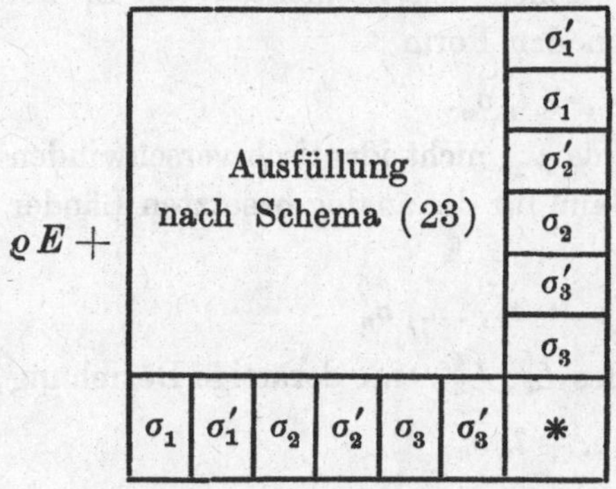

Das ist so zu lesen, daß z. B. in der mit σ_1 bezeichneten Zeile die gleiche Größenreihe steht wie in der mit σ_1 bezeichneten Spalte.

Um zum gewünschten Ziel zu kommen, bleibt jetzt nur noch zu zeigen, daß in dem durch einen $*$ gekennzeichneten Quadrat eine schiefsymmetrische Matrix steht. Zu diesem Zweck setze man eine willkürliche zum Hauptlande (00) gehörige Gruppenmatrix $X = \| \varrho_{ik} \|$ mit einer zum Lande L_1 gehörigen Gruppenmatrix L_1 zusammen. $[X L_1]$ gehört wiederum zum Lande L_1. Ist $\sigma_7, \ldots, \sigma_n$ die (σ_1)-Zeile von L_1, so besteht die (σ_1)-Zeile von $[X L_1]$ aus den Zahlen

$$\sum_{k=7}^{n} \varrho_{ki} \sigma_k + \varrho_1 \sigma_i \qquad (i = 7, \ldots, n),$$

für ihre (σ_1)-Spalte aber findet man

$$-\sum_{k=7}^{n} \varrho_{ik} \sigma_k + \varrho_1 \sigma_i \qquad (i = 7, \ldots, n).$$

Die Übereinstimmung beider liefert, da $\sigma_7, \ldots, \sigma_n$ linear unabhängig voneinander sind, die Gleichungen

$$\varrho_{ki} + \varrho_{ik} = 0 \qquad (i, k = 7, \ldots, n).$$

Satz B′ ist damit erwiesen; die quadratische Grundform erscheint in der Gestalt

$$Q = 2(x_1 x_2 + x_3 x_4 + x_5 x_6) - (x_7^2 + \ldots + x_n^2).$$

§ 6.

Aufbau der Gruppe im Falle (*H*).

Tatsächlich haben wir aber, über dieses Resultat hinaus, schon wesentlich weitergehende Aufschlüsse über den Bau von $\mathfrak{g}$ gewonnen. Die lineare Schar derjenigen Gruppenmatrizen, für welche $\varrho = 0$ ist (oder die Spur verschwindet), werde mit $\mathfrak{g}^0$ bezeichnet; unsere Aufgabe ist, zu zeigen, daß die Gruppe $\mathfrak{g}^0$ notwendig mit $\mathfrak{d}$ übereinstimmt – außer für $n = 7$ und 8, wo noch die Möglichkeiten $\mathfrak{g}^0 = \mathfrak{d}_7^*$ bzw. $\mathfrak{g}^0 = \mathfrak{d}_8^*$ hinzutreten.

Von den Elementen des Landes L_1, d. s.

$$\mu_{23} \text{ und die Zeile } (\sigma_1)\colon \sigma_7, \ldots, \sigma_n$$

sind die $\sigma_7, \ldots, \sigma_n$ voneinander linear unabhängig. Die einzige Relation mit konstanten Koeffizienten, welche zwischen den Elementen von L_1 bestehen kann, ist also eine Gleichung von der Form

$$\mu_{23} = l_7 \sigma_7 + \ldots + l_n \sigma_n. \tag{27}$$

Hier können die l nicht alle $= 0$ sein, da μ_{23} nicht identisch verschwinden darf. Genau die gleiche Relation gilt dann für die analog besetzten Länder L_2 und L_3. Ebenso kann zwischen

$$\mu_{23} \text{ und der Zeile } (\sigma_1'){:}\ \sigma_7', \ldots, \sigma_n'$$

des Landes L_1' (und dann auch des Landes L_2', L_3') eine derartige Beziehung

$$\mu_{23}' = l_7 \sigma_7' + \ldots + l_n' \sigma_n' \tag{27'}$$

bestehen. An die Normierung $g_{ik} = \delta_{ik}$ für $i, k = 7, \ldots, n$ binden wir uns jetzt nicht.

Wir versuchen ebenso über die sechste Stelle hinauszuschreiten wie oben über die vierte: Wir wählen eine Matrix des Landes L_1, deren Element μ_{23} verschwindet; ist für seine Zeilenparameter $\sigma_7, \ldots, \sigma_n$

$$\sum_{i,k=7}^{n} g_{ik} \sigma_i \sigma_k \neq 0, \tag{28}$$

so kommen wir zum Falle (G) zurück. Falls *keine* Relation (27) besteht, ist diese Wahl immer möglich ($n \geqq 7$); wenn eine Relation (27) besteht, wenigstens dann, wenn $n \geqq 9$ ist. Denn eine nicht-ausgeartete quadratische Form (28) kann für alle Argumentwerte, welche eine gewisse Linearform ($\sum_{i=7}^{n} l_i \sigma_i$) zum Verschwinden bringen, nur dann 0 sein, wenn es sich um eine Form von höchstens zwei Variablen handelt. Falls $n \geqq 9$, ist das Theorem B$''$ damit als richtig erkannt. In den Fällen $n = 8$ und $n = 7$ eröffnet sich eine neue Möglichkeit durch das Bestehen von zwei Relationen (27), (27′). Und zwar muß *im Falle* $n = 8$ die Relation (27) so beschaffen sein, daß aus dem Verschwinden der Linearform

(29) $l_7 \sigma_7 + l_8 \sigma_8$ das der quadratischen Form $g_{77} \sigma_7^2 + 2 g_{78} \sigma_7 \sigma_8 + g_{88} \sigma_8^2$

folgt. Durch eine geeignete lineare Transformation der Grundvektoren $\mathfrak{e}_7, \mathfrak{e}_8$ kann man dann erreichen, daß jene $= \sigma_7$, diese $= -2\sigma_7 \sigma_8$ ist. Dann lautet das Schema der allgemeinen Gruppenmatrix von $\mathfrak{g}^0$ so, wie in Formel (11), § 3 angegeben wurde, und es bestehen die Relationen

$$\mu_{23} = \mu_{14}', \quad \mu_{31} = \mu_{24}', \quad \mu_{12} = \mu_{34}'.$$

Die Zusammensetzung zweier Gruppenmatrizen liefert darauf nach § 3, Formel (13):

$$[\varrho_1 + \varrho_2 + \varrho_3 + \varrho_4, \mu_{23}] + [\lambda_{42}, \mu_{34} - \mu_{12}'] - [\lambda_{43}, \mu_{24} - \mu_{31}'] = 0.$$

Da bei festem

$$\varrho_1 + \varrho_2 + \varrho_3 + \varrho_4, \quad \mu_{34} - \mu_{12}', \quad \mu_{24} - \mu_{31}' \tag{30}$$

die Größen $\mu_{23}, \lambda_{42}, \lambda_{43}$ in der Gruppenmatrix noch völlig frei und unabhängig voneinander variieren können, folgt daraus das Verschwinden von (30). Die Gleichung $\mu_{14} = \mu'_{23}$ tritt sogleich hinzu, und es ist in diesem Falle $\mathfrak{g}^0$ also in der Ausnahmegruppe $\mathfrak{d}_8^*$ enthalten. Außerdem bestehen zwischen den $\lambda, \lambda', \mu, \mu'$ keine weiteren Relationen. Daß auch die Parameter des Hauptlandes keine Bedingung außer

$$\varrho_1 + \varrho_2 + \varrho_3 + \varrho_4 = 0$$

erfüllen, geht daraus hervor, daß in $\mathfrak{g}^0$ neben den beiden Matrizen J_{12}, J_{13} die analoge J_{14} vorkommt; J_{14} ist nämlich $= [H'_{14} H_{14}]$. Resultat: $\mathfrak{g}^0 = \mathfrak{d}_8^*$.

Im Falle $n = 7$ normieren wir $g_{77} = -2$. Dann hat jedenfalls die allgemeine Gruppenmatrix von $\mathfrak{g}^0$ die Gestalt (16), § 3. Man zerstört die Normalform nicht, wenn man die Variablen $x_1 x_3 x_5$ mit einem Faktor α versieht und $x_2 x_4 x_6$ mit dem inversen $\frac{1}{\alpha}$. Dann multiplizieren sich die μ_{ik} mit α^2, die μ'_{ik} mit $\frac{1}{\alpha^2}$, μ_i mit $\frac{1}{\alpha}$ und μ'_i mit α. Durch geeignete Verfügung über α kann man also dafür Sorge tragen, daß in (27) $l_7 = 1$ wird:

$$\mu_{23} = \mu_1, \quad \mu_{31} = \mu_2, \quad \mu_{12} = \mu_3. \tag{31}$$

Durch Zusammensetzung irgend zweier Gruppenmatrizen und Anwendung der Relation $\mu_{23} = \mu_1$ auf die zusammengesetzte Matrix erhält man, unter Berücksichtigung der Beziehungen (31) für jede der beiden Einzelmatrizen, die Gleichung

$$-[\varrho_1 + \varrho_2 + \varrho_3, \mu_1] + 2(1 - l'_7)[\mu'_2 \mu'_3] = 0.$$

Weil bei festem $\varrho_1 + \varrho_2 + \varrho_3$ die Größen μ_1, μ'_2, μ'_3 in der Gruppenmatrix noch frei variieren können, findet man daraus

$$\varrho_1 + \varrho_2 + \varrho_3 = 0, \qquad l'_7 = 1;$$

d. h. $\mathfrak{g}^0$ ist mit der Ausnahmegruppe $\mathfrak{d}_7^*$ identisch. (Daß sich neben $l_7 = 1$ auch $l'_7 = 1$ ergibt, ist der Normierung $g_{77} = -2$ zu verdanken.)

Um den Beweis von B$''$ vollständig zu machen, sind noch ein paar Bemerkungen über die niederen Dimensionszahlen $n = 6$ und $n = 4$ hinzuzufügen. Für $n = 6$ ist nach den bisherigen Resultaten entweder $\mathfrak{g}^0 = \mathfrak{d}$ oder $\mathfrak{g}^0$ gleich derjenigen linearen Teilschar von $\mathfrak{d}$ — vgl. das Schema (23) —, welche durch die eine Gleichung

$$\varrho_1 + \varrho_2 + \varrho_3 = 0$$

definiert ist. Das letzte aber ist darum unmöglich, weil diese Teilschar keine Gruppe ist. Setzt man z. B. die Matrix, in welcher $\mu_{12} = 1$ ist, aber alle übrigen Parameter verschwinden, mit derjenigen zusammen, in welcher μ'_{12} der einzige nicht-verschwindende Parameter ist, so entsteht die zum Hauptlande gehörige Matrix mit den Parameterwerten $\varrho_1 = 1$, $\varrho_2 = 1$, $\varrho_3 = 0$.

Im Falle $n = 4$ käme außer $\mathfrak{g}^0 = \mathfrak{d}$ noch die Möglichkeit in Frage, daß $\mathfrak{g}^0$ mit einer Teilschar von $\mathfrak{d}$ identisch ist, die durch eine oder mehrere Relationen zwischen den Parametern $\varrho_1, -\varrho_2, \mu_{12}, \mu'_{12}$ definiert wird:

$$a_{11}\varrho_1 + a_{14}\mu_{12} + a_{41}\mu'_{21} - a_{44}\varrho_2 = 0. \tag{32}$$

(Jene Parameter stehen in den Kreuzungspunkten der ersten und vierten Zeile mit der ersten und vierten Kolonne.) Die Schlußweise, welche uns zu der Unmöglichkeit einer Relation (22) führte, lehrt aber hier, daß eine Gleichung (32) von der besonderen Form

$$a'_1(a_1\varrho_1 + a_4\mu_{12}) + a'_4(a_1\mu'_{21} - a_4\varrho_4) = 0$$

nicht bestehen kann, ohne daß alle vier Produkte

$$a'_1 a_1,\ a'_1 a_4,\ a'_4 a_1,\ a'_4 a_4$$

verschwinden; d. h. in einer Relation (32) darf die Determinante der a nicht verschwinden. Infolgedessen kann höchstens eine einzige unabhängige solche Relation bestehen. Da außerdem die Matrix

$$J\colon\ \varrho_1 = 1,\ -\varrho_2 = 1,\ \mu_{12} = 0,\ \mu'_{21} = 0$$

in $\mathfrak{g}^0$ vorkommt, muß die Spur $a_{11} + a_{44}$ der Matrix $\| a_{ik} \|$ $(i, k = 1, 4)$ Null sein. Ihre charakteristischen Wurzeln sind also entgegengesetzt gleich: $\alpha, -\alpha$; außerdem ist die Determinante $-\alpha^2 \neq 0$. Infolgedessen kann man $\alpha = 1$ nehmen, und bei geeigneter Wahl des Koordinatensystems — ich darf ja $\mathfrak{e}_1, \mathfrak{e}_4$ einer willkürlichen linearen Transformation unterwerfen, wenn nur gleichzeitig $\mathfrak{e}_3$ und $-\mathfrak{e}_2$ derselben Transformation unterliegen — wird

$$\left\| \begin{matrix} a_{11} & a_{14} \\ a_{41} & a_{44} \end{matrix} \right\| = \left\| \begin{matrix} 1 & 0 \\ 0 & -1 \end{matrix} \right\|.$$

Mit andern Worten: wenn überhaupt eine Relation besteht, muß sie so lauten: $\varrho_1 + \varrho_2 = 0$. Wie im Falle $n = 6$ sieht man aber sofort, daß die durch diese Gleichung definierte lineare Teilschar von $\mathfrak{d}$ keine Gruppe ist.

Unsere Partie auf dem Schachbrett des Matrizenschemas ist zu Ende gespielt. So verwickelt sie im einzelnen auch sein mag, sie beruht — inkl. ihres ersten Teiles, der schon in R, Anh. 12, abgewickelt wurde — auf einem einzigen Konstruktionsgedanken, der jeden Schritt bestimmte und zäh bis zu Ende durchgeführt wurde. — *Es ist vom mathematischen Standpunkt bemerkenswert, daß nicht die sich zunächst darbietenden Eigenschaften, sondern die aus dem Raumproblem entspringenden zu einer ohne Ausnahme und für alle Dimensionszahlen gültigen Charakterisierung der Drehungsgruppe führen.*

55.

Entgegnung auf die Bemerkungen von Herrn Lanczos über die de Sittersche Welt

Physikalische Zeitschrift 24, 130—131 (1923)

Gegenüber der Kritik, welche Herr Lanczos in dieser Zeitschr. **23**, 539—543, 1922 an einer von mir angestellten Rechnung über die statische Welt mit Massenhorizont übt (erschienen: diese Zeitschr. **20**, 31—34, 1919), halte ich an der Richtigkeit meines Resultates fest: daß man eine überall reguläre statische Lösung der kosmologischen Gravitationsgleichungen Einsteins bekommt, wenn eine den Raumäquator umgebende Zone beliebiger Dicke mit inkompressibler Flüssigkeit von geeigneter Dichte erfüllt wird. Die Versöhnung des Widerstreits, welche zwischen unsern Resultaten zu bestehen scheint, liegt darin, daß das „Sphäroïd" im vierdimensionalen euklidischen Raum, welches im Falle einer unendlich schmalen Flüssigkeitszone den Weltraum kongruent abbildet, den in der beistehenden Figur gezeichneten Meridianschnitt

besitzt. Der Winkel der beiden Kreisbögen ist 90^0 und konvergiert nicht, wie Herr Lanczos annahm, mit abnehmender Schichtdicke der Flüssigkeit gegen 180^0; die Größe ε im ersten Teil, σ_0 im zweiten Teil seiner Note ist nicht unendlich klein, und infolgedessen versagt die von ihm angewendete Methode der Näherungsrechnung.

Der Krümmungsradius des leeren Raumes sei = 1 gesetzt[1]). In der Flüssigkeitszone gilt dann die Gleichung

$$\frac{1}{h^2} = 1 + \frac{2M}{r} - \left(1 + \frac{\mu}{3}\right) r^2 \quad \text{mit} \quad 2M = \frac{\mu r_0^3}{3}.$$

r_0 ist der Radius ihrer beiden Grenzkugeln; der Radius a der Äquatorkugel ($r_{,\mu}$ bei Herrn Lanczos) ist die zwischen r_0 und 1 gelegene Nullstelle von $\frac{1}{h^2}$. Sie ist also Wurzel einer Gleichung 3. Grades; um ihre Auflösung zu umgehen, wandte ich den Kunstgriff an, daß ich a als neue Maßeinheit für die Längen einführte; ich setzte also $r/a = \varrho$, $r_0/a = \varrho_0$. Das ist auch für die Behandlung der unendlich schmalen Flüssigkeitszone zweckmäßig; denn dieser Fall ist nicht dadurch charakterisiert, daß r_0, sondern daß $r_0/a = \varrho_0$ unendlich wenig von 1 abweicht. Setze ich einen Augenblick zur Abkürzung

$$1 + \frac{\mu}{3} = \nu,$$

so hat man also

$$1 + \frac{\mu r_0^3}{3a} = \nu a^2; \tag{1}$$

und indem man aus dem Zähler von

$$\frac{1}{h^2} = \frac{-\nu r^3 + r + 2M}{r}$$

den darin enthaltenen Faktor $(r - a)$ ausdividiert, findet man

$$\frac{1}{h^2} = \frac{a - r}{r} \cdot \{\nu r^2 + \nu a r + (\nu a^2 - 1)\}$$

oder wie a. a. O.

$$\frac{1}{h^2} = \frac{1 - \varrho}{\varrho} \cdot \frac{\varrho^2 + \varrho + p}{1 - p}$$

mit

$$p = 1 - \frac{1}{\nu a^2}, \quad \frac{1}{1 - p} = \nu a^2. \tag{2}$$

Nach (1) ist auch

$$p = \frac{\nu a^2 - 1}{\nu a^2} = \frac{\mu r_0^3}{3 \nu a^3} = \varrho_0^3 : \left(1 + \frac{3}{\mu}\right). \tag{3}$$

---

1) Selbst die kleine Rüge, welche Herr Lanczos meiner Rechenkunst in Fußnote 2, S 539 erteilt, weise ich zurück, da jene Größe, welche bei Herrn Lanczos λ heißt, von mir mit $^1/_2\lambda$ bezeichnet wird.

Zwischen ϱ_0 und p bekommt man eine parameterfreie Gleichung, von der ich in meiner Note zeigte, daß sie für jeden Wert von p zwischen 0 und 1 eine und nur eine Lösung $\varrho_0(p)$ hat, welche allen an sie zu stellenden physikalischen Forderungen (positive Massendichte, positiver Druck) genügt; übrigens gehört auch umgekehrt zu jedem ϱ_0 ein und nur ein p. Nach (3) drückt sich die zu wählende Dichte μ der Flüssigkeit durch jene beiden Fundamentalgrößen so aus:

$$\mu = \frac{3p}{\varrho_0^3 - p}.$$

Darauf liefert (2) vermöge

$$\nu = 1 + \frac{\mu}{3} = \frac{\varrho_0^3}{\varrho_0^3 - p}: \qquad \boxed{a^2 = \frac{\varrho_0^3 - p}{\varrho_0^3(1-p)}}$$

Endlich ist $r_0 = a\varrho_0$, und damit sind μ, a, r_0 durch ϱ_0 und p ausgedrückt.

Für ein ϱ_0, das unendlich wenig von 1 abweicht: $\varrho_0 = 1 - \sigma_0$ (σ_0 ist nicht dasselbe, was Herr Lanczos so bezeichnet, sondern in seiner Bezeichnungsweise $= \frac{a_0}{r_m}$) hatte ich gefunden: $p \sim 1 - 6\sigma_0$. Damit geben die Gleichungen für μ und a^2:

$$\mu \sim \frac{1}{\sigma_0}, \quad a^2 \sim \frac{1}{2}.$$

Es kommt also in der Tat, wie behauptet, im Limes $a = \frac{1}{\sqrt{2}}$.

In meiner früheren Note hatte ich a nicht berechnet; bei der Auswertung der Masse im Grenzfall $\varrho_0 \sim 1$ hatte ich vielmehr, ohne die Sachlage zu prüfen, $a = 1$ eingesetzt. Mit dem richtigen Wert $a = \frac{1}{\sqrt{2}}$ bekommt man als Masse der unendlich schmalen Flüssigkeitszone 8π. Das gleiche Resultat ergibt sich aus den Formeln von Herrn Lanczos bei Anwendung auf die scharfe Kante des abgebildeten Sphäroïds.

Über die ganze kosmologische Frage, zu deren Klärung diese Rechnungen angestellt wurden, und den Widerstreit zwischen den Standpunkten von Einstein und de Sitter vgl. die ausführliche Diskussion in § 39 der 5. Aufl. von „Raum, Zeit, Materie“ (Springer 1923).

56.

Zur allgemeinen Relativitätstheorie

Physikalische Zeitschrift 24, 230—232 (1923)

1. Nach dem Einsteinschen Äquivalenzprinzip folgt aus dem Dopplereffekt, daß Licht, wenn es von einem Orte minderen Gravitationspotentials zu uns gelangt, in langsamerem Rhythmus schwingt als dasjenige, welches am Ort des Beobachters durch den gleichen atomaren Vorgang erzeugt wird; die Spektrallinien erscheinen nach dem roten Ende verschoben. Doppler- und Einstein-Effekt sind untrennbar miteinander verbunden. Das einfache Prinzip, nach welchem er sich in einem beliebigen Gravitationsfeld und bei beliebiger Bewegung der Lichtquelle und des Beobachters berechnen läßt, wurde von mir in der 5. Auflage des Buches „Raum, Zeit, Materie" (Julius Springer 1923), Anhang III, wie folgt formuliert. Auf der Weltlinie L der punktförmig gedachten Lichtquelle Q bedeute s, auf der Weltlinie Λ des Beobachters σ die Eigenzeit. Die von den verschiedenen Punkten s von L ausgehenden in die Zukunft geöffneten Nullkegel K_s sind die (dreidimensionalen) Flächen konstanter Phase für das ausgestrahlte Licht. K_s wird die Linie Λ in einem bestimmten Punkte $\sigma = \sigma(s)$ schneiden. Aus dem Rhythmus des Phasenwechsels auf L erhält man den vom Beobachter wahrgenommenen Phasenwechsel, indem man darauf achtet, wie Λ die sukzessiven Phasenflächen durchschneidet. Ist der von der Lichtquelle ausgelöste Vorgang am Ort der Quelle ein rein periodischer, und zwar von unendlich kleiner Periode, so ist auch der Phasenwechsel, der über den Beobachter hinstreicht, periodisch; aber die Periode ist im Verhältnis $\varrho = \frac{d\sigma}{ds}$ vergrößert (wenn sie auf L sowohl wie auf Λ mittels der zugehörigen Eigenzeit s bzw. σ gemessen wird); ϱ ist die Ableitung der eben eingeführten Funktion $\sigma(s)$. Führt der Beobachter eine Lichtquelle Q_0 von der gleichen physikalischen Beschaffenheit wie die beobachtete mit sich, so wird die in σ gemessene Frequenz von Q_0 gleich der in s gemessenen Frequenz von Q sein. Es geht daraus hervor, daß die Wellenlänge $\lambda + \Delta\lambda$ des Lichtes, welches der Beobachter von Q empfängt, zu der Wellenlänge λ der mitgeführten Quelle Q_0 in dem Verhältnis ϱ steht:

$$\boxed{\frac{\Delta\lambda}{\lambda} = \varrho - 1.} \tag{1}$$

2. Drei Vorstellungen über Zusammenhang und metrische Struktur der Welt im Großen betrachtete ich a. a. O. nebeneinander, sie als elementare, Einsteinsche und de Sittersche Kosmologie unterscheidend. Von ihnen scheint mir die letzte bei weitem die befriedigendste; nach ihr erhält man für zwei Sterne A, B, welche derselben von Ursprung her zusammenhängenden Wirkungswelt angehören, eine gegenseitige Verschiebung der Spektrallinien: das Spektrum, welches ein Beobachter auf B von dem Stern A gewinnt, zeigt die Linien nach dem roten Ende verschoben, und zwar gemäß der Formel

$$\boxed{\frac{\Delta\lambda}{\lambda} = \operatorname{tg}\frac{r}{a}}, \tag{2}$$

in welcher a den konstanten Krümmungsradius der Welt, r die Entfernung des Sternes A vom Beobachter B bedeutet. Ich möchte hier die kleine Rechnung durchführen; an dem Ergebnis ist namentlich bemerkenswert, daß die Verschiebung mit wachsendem r ansteigt wie die erste Potenz von r/a.

In einem fünfdimensionalen „euklidischen" Raum mit der metrischen Fundamentalform

$$ds^2 = -\Omega(dx), \quad \Omega(x) = x_1^2 + x_2^2 + x_3^2 + x_4^2 - x_5^2$$

wird durch die Gleichung

$$\Omega(x) = a^2$$

ein vierdimensionales Hyperboloïd definiert, dessen metrisches Feld homogen und vom Trägheitsindex 3 ist. Dieses mit dem zwiefachen Saum der unendlich fernen Vergangenheit und der unendlich fernen Zukunft behaftete Hyperboloïd gibt nach der de Sitterschen Kosmologie ein metrisch treues Abbild der Welt. Die geodätischen Linien werden ausgeschnitten von den (zweidimensionalen) Ebenen, die durch den Nullpunkt des fünfdimensionalen Raumes hindurchlaufen. Der in die Zukunft geöffnete, vom Weltpunkt P ausgehende Nullkegel überstreicht, wenn P eine solche geodätische Linie $\mathfrak{g}$ mit zeitartiger Richtung durchläuft, den Wirkungsbereich von $\mathfrak{g}$. Daß die beiden Sterne A und B einem gemeinsamen System angehören, von Ursprung her miteinander kausal verbunden sind, bedeutet, daß ihre Weltlinien den gleichen Wirkungsbereich Σ haben[1]). Die Weltlinien aller Sterne des Systems Σ werden ausgeschnitten von Ebenen, welche durch eine gemeinsame Achse hindurchgehen, eine Mantellinie des Asymptotenkegels. Zwei Ebenen dieses Büschels gehören einer gemeinsamen dreidimensionalen linearen Mannigfaltigkeit an, und wir können daher bei der Untersuchung des Wechselverhältnisses der beiden Sterne A und B zwei Weltdimensionen streichen.

Bei etwas anderer Wahl und Bezeichnung der Koordinaten haben wir es dann zu tun mit dem Hyperboloïd

$$x_1 x_2 + x_3^2 = 1,$$

im Raum mit der metrischen Fundamentalform

$$-ds^2 = dx_1 dx_2 + dx_3^2.$$

Die x_2-Achse ist Asymptote und sei zugleich die „Achse" des Systems Σ. Die Weltlinie des „Beobachters" B auf dem Hyperboloïd werde ausgeschnitten durch die Ebene $x_3 = 0$, die Weltlinie des Sternes A durch die Ebene $x_3 = \alpha x_1$. Es enthält keine Einschränkung, die Konstante α als positiv vorauszusetzen. Zur Unterscheidung werden die laufenden Koordinaten von A mit $x_1 x_2 x_3$, von B mit $\xi_1 \xi_2 \xi_3$ bezeichnet. Setzt man für B

$$\xi_3 = 0; \ \xi_1 = e^{\sigma}, \ \xi_2 = e^{-\sigma},$$

so ist offenbar σ die zugehörige Eigenzeit; wachsendem σ entspreche der Fortschreitungssinn Vergangenheit → Zukunft. Für den Stern erhält man aus $x_3 = \alpha x_1$ und der Gleichung des Hyperboloïds die Beziehung

$$x_1 (x_2 + \alpha x_3) = 1$$

und zugleich ist auf seiner Weltlinie

$$-ds^2 = dx_1 (dx_2 + \alpha dx_3).$$

In den Gleichungen

$$x_1 = e^s, \ x_2 + \alpha x_3 = e^{-s} \ (x_3 = \alpha \cdot e^s)$$

ist also s die Eigenzeit des Sternes. Sind ξ_1, ξ_2 irgend zwei Zahlen, deren Produkt $= 1$ ist, so stellt das Gleichungspaar

$$\begin{cases} \xi_1 x_2 = 1 + x_3 \\ \xi_2 x_1 = 1 - x_3 \end{cases} \quad \text{und ebenso} \quad \begin{cases} \xi_1 x_2 = 1 - x_3 \\ \xi_2 x_1 = 1 + x_3 \end{cases}$$

je eine geradlinige Erzeugende des Hyperboloïds dar. Beide Gerade laufen offenbar durch den Punkt $(\xi_1, \xi_2, 0)$; sie bilden den von diesem Weltort des Beobachters ausgehenden Nullkegel. Um den Schnittpunkt der in die Vergangenheit geöffneten Hälfte des Nullkegels mit der Weltlinie des Sternes A zu bestimmen, müssen wir (wegen $\alpha > 0$, $x_3 > 0$), wie man sofort erkennt, das erste Gleichungspaar wählen. Der Beobachtungsmoment $\sigma = \sigma(s)$ eines vom Stern im Augenblick s abgeschickten Lichtsignals bestimmt sich also aus der Gleichung

$$e^{s-\sigma} = 1 - \alpha e^s \quad \text{oder} \quad e^{\sigma - s} = 1 + \alpha e^{\sigma}.$$

(Die zweite Gleichung entsteht aus der ersten durch Multiplikation mit $e^{\sigma - s}$.) Differentiation liefert

$$\alpha e^{\sigma} d\sigma = e^{\sigma - s}(d\sigma - ds) = (1 + \alpha e^{\sigma})(d\sigma - ds)$$

oder

$$\varrho = \frac{d\sigma}{ds} = 1 + \alpha e^{\sigma}. \qquad (3)$$

Derjenige Teil des Systems Σ, welchen der Beobachter B überhaupt im Laufe seiner unendlichen Geschichte zu Gesicht bekommt, ist ein keilförmiger Ausschnitt der ganzen Welt, der sich so auf statische Koordinaten beziehen läßt, daß der Beobachter selber als ruhender Mittelpunkt seiner Welt erscheint. Die im statischen Raum des Beobachters gemessene Entfernung des Sternes im Augenblick σ findet man, indem man durch den Punkt $\sigma = (\xi_1 \xi_2 0)$ der Weltlinie A des Beobachters die zu A orthogonale Ebene hindurchlegt

$$x_1 d\xi_2 + x_2 d\xi_1 = 0 \qquad (4)$$

und auf dem Schnittkreis den Abstand r bestimmt. Die Gleichung (4) lautet

$$-x_1 e^{-\sigma} + x_2 e^{\sigma} = 0 \quad \text{oder} \quad x_1 \xi_2 - x_2 \xi_1 = 0.$$

Infolgedessen ist

$$x_1 = \xi_1 \cos r, \quad x_2 = \xi_2 \cos r, \quad x_3 = \sin r \qquad (5)$$

die Parameterdarstellung des Schnittkreises, und wegen $-ds^2 = dr^2$ ist der Parameter r die „natürliche" Entfernung seiner Punkte vom Beobachtungspunkt. Der Kreis schneidet die Weltlinie des Sternes dort, wo $x_3 = \alpha x_1$ ist; d. h. $\sin r = \alpha \xi_1 \cos r$,

$$\operatorname{tg} r = \alpha e^{\sigma}. \qquad (6)$$

Die Verbindung dieser Formel mit (3) liefert das behauptete Resultat

$$\frac{\Delta\lambda}{\lambda} = \varrho - 1 = \operatorname{tg} r. \qquad (7)$$

---

1) Bei de Sitter sowohl (Monthly Notices of the Roy. Astronom. Soc., Nov. 1917) wie bei Eddington (Math. Theory of Relativity, Cambridge 1923, S. 161 ff.) fehlt noch diese Annahme über den „Ruhzustand" der Sterne — die einzig mögliche übrigens, welche sich mit der Homogenität von Raum und Zeit verträgt. Ohne eine solche Annahme läßt sich aber natürlich nichts über die Rotverschiebung ausmachen.

Es wird nützlich sein, die Größe der Verschiebung zu vergleichen mit der Radialgeschwindigkeit des Sternes $\frac{dr}{d\sigma}$. Alle Sterne unseres Systems Σ fliehen nämlich von einem beliebig herausgegriffenen Beobachtungsstern aus in radialer Richtung davon; der Materie wohnt eine universelle Fliehtendenz inne, welche in dem „kosmologischen Glied“ des Einsteinschen Gravitationsgesetzes ihren Ausdruck findet (und welche in der Einsteinschen Kosmologie kompensiert wird durch die gravitierende Wirkung der den Raum homogen erfüllenden Weltmasse). Aus (6) ergibt sich

$$\frac{1}{\cos^2 r}\frac{dr}{d\sigma} = \alpha e^{\sigma} \quad \text{und damit} \quad \frac{dr}{d\sigma} = \sin r \cos r.$$

Die Verschiebung (7) ist also im Verhältnis $1 : \cos^2 r$ größer, als es der Radialgeschwindigkeit entspricht.

Was die Beziehung unseres Resultates zur Erfahrung angeht, zu den von den Astronomen gefundenen starken Rotverschiebungen der Spektrallinien der Spiralnebel, verweise ich auf die von Eddington in seinem neuen, oben zitierten Buch auf S. 162 gegebene Tabelle; man vergleiche ferner die in meinem Buche a. a. O. gemachten Bemerkungen über die Größenordnung des Weltradius, die sich aus der kosmologischen Deutung jener Rotverschiebung in unserm Sinne und den hypothetischen Parallaxebestimmungen an Spiralnebeln ergeben würde.

57.

Repartición de corriente en una red conductora. (Introducción al análisis combinatorio)

Revista Matematica Hispano-Americana 5, 153—164 (1923)
Englische Übersetzung: George Washington University Logistics Research Project (1951)

La ciencia del Continuo, el Análisis situs, contiene una parte puramente combinatoria que hoy, gracias sobre todo a los trabajos fundamentales de H. Poincaré (*), puede ser estudiada autonómicamente y es susceptible de una exposición sistemática y completa. De este asunto me ocupé en las lecciones del año 1918 en la Escuela Técnica Superior de Zurich. Desde entonces se han publicado trabajos, en el mismo sentido, por O. Veblen (**), y limitados al caso bidimensional por Chuard (***). Como introducción a estos razonamientos es sumamente apropiado el problema (unidimensional) de la repartición de corriente en una red conductora arbitrariamente complicada, porque nos pone de relieve los conceptos fundamentales que luego pueden ser extendidos al caso de más dimensiones.

La red conductora supondremos que esté formada por un número finito de hilos homogéneos, los cuales concurren en número finito de nudos. La figura geométrica será designada con el nombre de *complejo de segmentos*, los nudos serán los *puntos* del complejo y los diversos trozos de hilo contados de nudo a nudo serán sus *segmentos*.

En forma más rigurosa:

Un complejo de segmentos consta de un número finito de «puntos» o elementos de dimensión cero y un número de «segmentos» o elemen-

---

(*) *Analysis situs.* J de l'Ecole Politech. 1895. *Complement a l'Analysis situs,* Rend. Palermo, 1899. *Second complement a l'Analysis situs.* Proc. London Math. Soc. 1900. *Cinquieme complement a l'Analysis situs.* Rend. Palermo, 1904.

(**) The Cambridge Colloquium, 1916, part. II. *Analysis situs,* American Math. Soc. New York, 1922.

(***) Rend. Palermo, 1922.

tos de dimensión uno. Cada segmento está limitado por dos de esos puntos y los datos que tengamos sobre ello constituyen el esquema del complejo.

En vez de la expresión: el punto a limita el segmento σ, usaremos también el modismo: σ termina en a o bien σ y a son elementos incidentes del complejo. No es necesario que en un punto a terminen siempre tres o más segmentos, sino que puede suceder también que sólo dos y aun un segmento acaben en a, puede también a ser un punto aislado y no limitar así ningún segmento.

Admitiremos también que en el complejo no aparezcan segmentos, esto es, que pueda estar formado solamente por puntos, pero excluiremos el «conjunto nulo» que no contiene puntos ni segmentos. En el esquema del complejo, al cual ha de aplicarse el análisis situs combinatorio (no importa cuál sea la naturaleza de los elementos que constituyen el complejo) los elementos han de distinguirse unos de otros por algún signo, por ejemplo, en el complejo, formado por las aristas y los vértices de un tetraedro (configuración del puente de Wheatstone) intervienen 4 puntos 0, 1, 2, 3, y seis segmentos $\alpha, \beta, \gamma, \alpha', \beta', \gamma'$, y el esquema será

$$\alpha\begin{cases}0\\1\end{cases}, \beta\begin{cases}0\\2\end{cases}, \gamma\begin{cases}0\\3\end{cases} \qquad \alpha'\begin{cases}2\\3\end{cases}, \beta'\begin{cases}3\\1\end{cases}, \gamma'\begin{cases}1\\2\end{cases}$$

simbolos que deben leerse, por ejemplo, $\alpha\begin{cases}0\\1\end{cases}$, α está limitado por 0 y 1.

Un complejo C puede ser conexo o bien estar formado por varias porciones no conexas entre sí. Una parte C' de los elementos de C se llama aislada cuando no hay ningún par de elementos incidentes en C, de los cuales uno pertenezca a C' y el otro no. Un complejo es conexo cuando sus elementos no pueden repartirse en modo alguno en dos partes aisladas C' y C''.

El segmento σ limitado por los puntos a y b, puede ser recorrido en dos distintas direcciones de a a b o de b a a. Una *cadena* es una sucesión de segmentos dirigidos, en la cual el extremo de un segmento sirve de origen al siguiente. Si se dan los puntos por los que pasa la cadena, ésta se puede definir como una sucesión alternada de elementos del complejo. «Punto, segmento, punto, segmento, ..., punto», en la cual cada segmento está flanqueado por los dos puntos que lo limitan. La cadena *une* el primer punto de la sucesión con el último y será *cerrada* si coinciden el primero y el último punto; entonces la sucesión no se considera ya como lineal, sino como ordenada cíclicamente, y en ella el recorrido puede empezarse por cualquier punto. En general no se supone que todos los elementos de la sucesión sean distintos unos de otros, pudiendo pasar varias veces por el mismo punto o el mismo segmento. Si todos los elementos de la sucesión son distintos entre sí, la cadena será *simple*, y una cadena simple y cerrada se llamará *ciclo* o circuito.

Todo complejo se descompone de una sola manera en un conjunto de complejos parciales aislados y conexos. Uno de tales complejos parciales puede obtenerse del modo siguiente: Se parte de un punto *o*, se añaden todos los segmentos que parten de *o*, después los puntos distintos de *o* que limitan dichos segmentos, después se buscan los segmentos que parten de dichos puntos y no han sido considerados todavía, y así sucesivamente hasta que el método no dé ningún elemento nuevo. Así se obtiene el sistema *C* (*o*), correspondiente al elemento *o*, el cual es evidentemente conexo y aislado. A él pertenecen todos los puntos, y sólo éstos, que pueden ser unidos a *o* por una cadena, y la construcción prueba que generalmente si una cadena conduce de *o* a *a*, los puntos *o* y *a* pueden unirse mediante una cadena simple. No sólo todo punto *a* de *C* (*o*) puede unirse a *o*, sino que dos puntos cualesquiera *a* y *a'* de *C* (*o*) pueden unirse entre sí, para lo cual basta unir *a* con *o* y *o* con *a'*.

Por consiguiente, si 1 es un punto que no está contenido en *C* (*o*), los elementos del sistema *C* (1) son distintos todos ellos de los del *C* (*o*). De aquí se deduce el teorema sobre la división de un complejo en complejos parciales, conexos y aislados, y además queda demostrado el teorema: *En un complejo conexo se pueden unir dos puntos cualesquiera por una cadena simple.*

Es bien sabido que no puede engendrarse una corriente estacionaria en una red conductora si en ella no hay ningún circuito, ninguna cadena simple cerrada; pero si hay uno basta solamente intercalar una fuerza electromotora en ese circuito para tener una corriente. Por consiguiente, los ciclos representan un papel decisivo para la repartición de corrientes. Un complejo conexo sin ciclos se llama *árbol.*

Si se le construye en el modo antes indicado para el sistema *C* (*o*) a partir de un punto *o*, resulta que en general de un punto obtenido parten varias ramas, pero nunca concurren varias en un extremo común. Cada nueva rama da, por consiguiente, un nuevo punto a su extremo; si se prescinde del *punto raíz* hay tantos puntos como segmentos, o sea, *el número de puntos de un árbol es superior en una unidad al de sus segmentos*.

Un árbol puede (entre los complejos conexos) ser caracterizado también por la propiedad de descomponerse en partes separadas al suprimir un segmento. Si suprimimos de un complejo C el segmento σ con los extremos a, b, y el complejo resultante C' es todavía conexo, se pueden unir a y b mediante una cadena simple de C', la cual, junto con σ forma una cadena simple cerrada en C. Recíprocamente, si en C existe un ciclo, C no se descompone cuando se suprime un segmento del ciclo. De aquí se saca una nueva demostración por reducción del teorema sobre el número de puntos y segmentos de un árbol. Sea N_0 el número de puntos, N_1 el de segmentos y t el de partes conexas y aisladas del complejo. Si el complejo C no contiene ciclos, las t partes del complejo son árboles; suprimiendo un segmento el árbol a que pertenece se descompone en otros dos. Mediante este proceso, que transforma el complejo C en C', N_1 disminuye en 1, t aumenta en 1, por tanto el número $N_1 + t$ no sufre variación. C' es asimismo un complejo sin ciclos. Ahora, suprimiendo uno tras otro los segmentos hasta que no quede ninguno, llegamos a un conjunto C_0 compuesto únicamente de puntos, y para el cual se tiene

$$N_1{}^0 = o \qquad N_0{}^0 = N_0 \qquad t^0 = N_0.$$

Como en todos estos pasos $N_1 + t$ permanece invariable, se tendrá

$$N_1 + t = N_1{}^0 + t^0 = N_0.$$

Si el complejo inicial era un árbol, se tiene $t = 1$, y por consiguiente

$$N_0 = N_1 + 1.$$

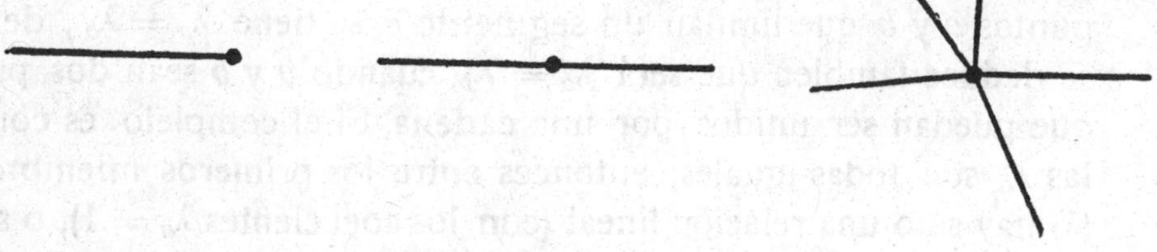

Para poder abordar el problema de la repartición de corriente, supondremos que cada segmento σ está provisto de un sentido de recorrido. En cada segmento σ reina una intensidad de corriente I^σ positiva cuando la corriente circule en sentido positivo, y negativa en caso contrario. Siendo a un nudo, el segmento σ conduce a él una cantidad de corriente $\varepsilon_{a\sigma} . I^\sigma$, por unidad de tiempo, donde $\varepsilon_{a\sigma} = +1$, si a es el extremo de σ recorrido en sentido positivo, $= -1$ si el origen $\varepsilon = 0$ si no es ni uno ni otro. La *ley de Kirchhoff*, la cual expresa que de a sale tanta corriente como entra, se formula así

$$(1) \qquad \sum_\sigma \varepsilon_{a\sigma} . I\sigma = 0.$$

Hay así N_0 ecuaciones lineales y homogéneas para las N_0 incógnitas I^σ. La matriz $E = \| \varepsilon_{a\sigma} \|$ de sus coeficientes, ha sido introducida por primera vez en el Analysis situs por Poincaré.

Para las conexiones de un puente de Wheatstone es la siguiente:

	α	β	γ	α'	β'	γ'
0	−1	−1	−1	0	0	0
1	+1	0	0	0	+1	−1
2	0	+1	0	−1	0	+1
3	0	0	+1	+1	−1	0

¿Qué se puede decir sobre la independencia lineal de las ecuaciones (1)? Supongamos que entre las formas lineales que aparecen en los primeros miembros con las variables I^σ haya una identidad lineal con los coeficientes λ_a esto es, sea

$$\sum_a \lambda_a \varepsilon_{a\sigma} = 0$$

para todos los segmentos σ. Estas ecuaciones dicen que para los puntos a y b que limitan un segmento σ se tiene $\lambda_a = \lambda_b$, de aquí se deduce también que será $\lambda_a = \lambda_b$ cuando a y b sean dos puntos que puedan ser unidos por una cadena. Si el complejo es conexo, las λ_a son todas iguales; entonces entre los primeros miembros de (1) hay sólo una relación lineal (con los coeficientes $\lambda_a = 1$), o sea el número de ecuaciones linealmente independiente es $N_0 - 1$. Si el complejo es un árbol, este número es el mismo N, de incógnitas, y según la teoría de ecuaciones lineales no hay otra solución que $I^\sigma = 0$. Esto demuestra el teorema: «En un árbol no puede existir corriente estacionaria».

Conocidas las fuerzas electromotoras, la ley de Ohm que ha de ser válida para cada cadena cerrada de la red, nos dará otras ecuaciones lineales para determinar las intensidades. Para determinar el número de ecuaciones independientes que da la ley de Ohm, necesitamos determinar el número de «independientes» ciclos que existen en la red. Esto debe entenderse así. Si una cadena recorre un segmento σ por ejemplo tres veces en sentido positivo y cinco en negativo, decimos que lo recorre en total $3 - 5 = -2$ veces Una cadena hace corresponder a cada segmento σ un indicador i^σ entero que pone de manifiesto cuántas veces es recorrido en total por dicha cadena. Una cadena se considera como nula si todos sus indicadores i^σ son cero; dos cadenas se consideran como equivalentes si los indicadores i^σ son los mismos en ambas. Esta manera de ver es apropiada a nuestro propósito, pues para una cadena equivalente a cero la ley de Ohm da la fórmula idéntica $\theta = 0$.

Dos cadenas cerradas $\mathbf{i}_1$, $\mathbf{i}_2$ pueden ser sumadas. Sea a un punto cualquiera de una cadena y b otro cualquiera de la segunda, basta introducir una cadena de unión entre a y b (admitimos que el complejo de que se trata sea conexo). Primero recorremos $\mathbf{i}_1$, luego la cadena de unión de a a b, luego $\mathbf{i}_2$ y finalmente se vuelve por dicha cadena desde b a a; la cadena cerrada así obtenida es la suma $\mathbf{i}_1 + \mathbf{i}_2$. La elección de los puntos a y b y de la cadena de unión no tiene influencia alguna sobre la suma, por lo que respecta a la equivalencia, ésta está univocamente determinada. Si i_1^σ son los indicadores que corresponden a los segmentos σ de $\mathbf{i}_1$, e i_2^σ los de $\mathbf{i}_2$, entonces $i_1^\sigma + i_2^\sigma = i^\sigma$ son los indicadores de $\mathbf{i} = \mathbf{i}_1 + \mathbf{i}_2$. Una cadena caracterizada por los números i^σ es cerrada, y sólo entonces, cuando a cada punto aflúyen tantos segmentos de la cadena como parten, esto es, si para cada punto a es válida la ecuación

$$\sum_{\sigma} \varepsilon_{a\sigma} i^\sigma = 0. \tag{2}$$

Las soluciones enteras de las ecuaciones (1) nos dan las cadenas cerradas de la red. La cuestión de las cadenas cerradas independientes unas de otras es idéntica a la de las soluciones enteras linealmente independientes de esas ecuaciones.

Se hace un progreso conceptual cuando el árbol se define, no como un complejo conexo en el cual no existe ninguna cadena simple cerrada, sino como un complejo en el cual toda cadena cerrada es equivalente a cero. Para comprobar la equivalencia de ambas definiciones hay que demostrar, que: Si no hay ningún ciclo, toda cadena cerrada es equivalente a cero. Esto se puede deducir de la teoría de ecuaciones lineales, ya vimos antes que las ecuaciones (2) tienen como única solución $i^\sigma = 0$ cuando el complejo es un árbol en el primitivo sentido. El mismo resultado puede obtenerse con una construcción sencilla. Los puntos y segmentos de una cadena cerrada

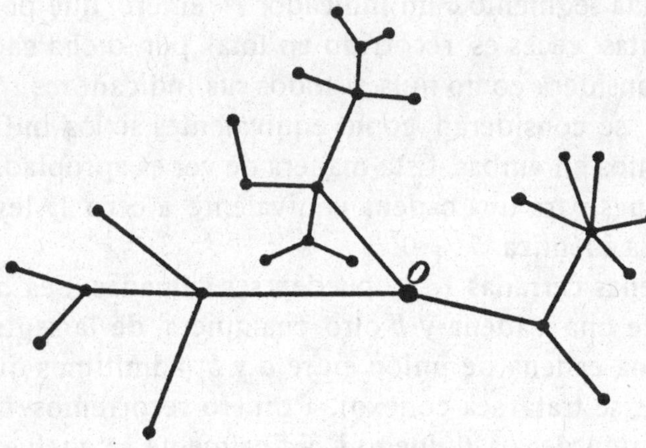

i forman una sucesión cíclica. Si no existen cadenas cerradas simples, entonces un elemento ha de aparecer múltiple en la sucesión **i**. Si al recorrerla desde un punto el primer elemento que se hallase dos veces fuese un punto a, la parte de cadena desde a hasta a sería un ciclo simple. Así, pues, dicho elemento debe ser un segmento σ y en **i** existe la sucesión ..... $a \sigma b \sigma a$ ..... (retroceso de la cadena en el punto b); pues si hubiere más elementos que b antes de repetirse σ

$$\ldots\ldots a \sigma b \ldots\ldots a' \sigma b' \ldots\ldots$$

entonces a' debería coincidir con a o b y el elemento a' se repetiría antes que σ. Entonces separamos de la sucesión la porción $\sigma b \sigma a$ y se reduce la cadena cerrada dada a otra equivalente cuya sucesión de puntos y segmentos se ha reducido en cuatro elementos. Este método puede ser aplicado hasta que la cadena cerrada se ha reducido a cero.

Si *demolemos* el complejo suprimiendo uno tras otro los segmentos, por cada operación el número N_1 disminuye en 1 y t crece en 0 o en 1. Si el cero aparece g veces, el número $N_1 + t$ viene disminuído g veces en una unidad y $N_1 - g$ veces permanece constante; por tanto

$$(N_1 + t) - g = N_0.$$

Para un complejo conexo se tiene, en particular,

$$g = N_1 - N_0 + 1. \tag{3}$$

Para un complejo conexo el número g definido por (3) es siempre ≥ 0, y de cualquier modo que el complejo sea demolido ocurre siempre un mismo número de veces que al suprimir un segmento no haya nueva descomposición. En particular, puede conducirse la operación de tal modo que después de las g primeras operaciones el complejo permanezca conexo y, por tanto, al suprimir los primeros g segmentos se reduzca a un árbol. En tanto $g \neq 0$ el complejo no se ha transformado aún en un árbol y todavía se puede separar otro segmento sin producir la descomposición. Para las cadenas cerradas se obtiene el siguiente teorema: «*Existen* g *cadenas simples cerradas* $\mathbf{i}_1, \mathbf{i}_2, \ldots, \mathbf{i}_g$ *de tal suerte que toda cadena cerrada es equivalente a una, y sólo a una combinación lineal*

$$m_1 \mathbf{i}_1 + m_2 \mathbf{i}_2 + \ldots + m_g \mathbf{i}_g \quad (m_1, \ldots, m_g \text{ números enteros})$$

de las mismas».

Demostración: Sea $g > 0$, entonces existe en el complejo conexo dado C una cadena simple y cerrada $\mathbf{i}_1$, sea $\sigma_1 = a\,b$ un segmento perteneciente a $\mathbf{i}$, al suprimir σ_1, C se transforma en el complejo conexo C' para el cual el número correspondiente es $g' = g - 1$. a y b están unidos en C' por la cadena simple $\mathbf{i}'_1$ que se deduce de $\mathbf{i}_1$ por supresión de σ_1. Una cadena cerrada cualquiera $\mathbf{v}$ de C pase en total m_1 veces por σ_1. Transformaremos $\mathbf{v}$ en una cadena $\mathbf{v}'$ de C' cuando cada vez que $\mathbf{v}$ pasa por el segmento σ_1 que une a con b, sustituyamos σ_1 por el camino $-\mathbf{i}'_1$. Entonces es evidentemente

$$\mathbf{v} = m_1 \mathbf{i}_1 + \mathbf{v}' \quad (= \text{signo de equivalencia}).$$

Si también $g - 1 > 0$ se puede tomar en C' una cadena simple cerrada $\mathbf{i}_2$ y transformar C' en un complejo conexo C'', suprimiendo un segmento σ_2 de $\mathbf{i}_2$; se tiene así

$$\mathbf{v} = m_1 \mathbf{i}_1 + m_2 \mathbf{i}_2 + \mathbf{v}'',$$

donde $\mathbf{v}''$ está contenida en C''. Prosiguiendo de este modo, se obtienen fácilmente g cadenas cerradas simples $\mathbf{i}_1, \ldots\ldots, \mathbf{i}_g$ y un complejo conexo $C^{(g)}$ de tal modo que toda cadena cerrada $\mathbf{v}$ de C puede representarse en la forma

$$\mathbf{v} = (m_1 \mathbf{i}_1 + m_2 \mathbf{i}_2 + \ldots\ldots + m_g \mathbf{i}_g) + \mathbf{v}^{(g)}$$

donde $\mathbf{v}^{(g)}$ está contenida en $C^{(g)}$. Pero $C^{(g)}$ es un árbol, por tanto $\mathbf{v}^{(g)}$ es equivalente a cero.

La teoría de ecuaciones lineales enseña que las ecuaciones (1) y (2) con coeficientes enteros tienen

$$g = N_1 - N_0 + 1$$

soluciones enteras independientes

$$\mathbf{i}_1 = (i_1{}^{\sigma}) \qquad \mathbf{i}_2 = (i_2{}^{\sigma}) \ldots\ldots \qquad \mathbf{i}_g = (i_g{}^{\sigma})$$

con las cuales se compone linealmente toda solución. Pues N_1 es el número de las incógnitas, y $N_0 - 1$ el número de las ecuaciones independientes que hay entre ellas. La Aritmética completa este teorema así (para cualquier sistema lineal de ecuaciones homogéneas con coeficientes enteros): las soluciones enteras fundamentales $\mathbf{i}_1, \ldots\ldots, \mathbf{i}_g$ pueden ser elegidas de tal modo que toda solución entera $\mathbf{i}$ se componga linealmente de ellas en la forma

$$\mathbf{i} = m_1 \mathbf{i}_1 + m_2 \mathbf{i}_2 + \ldots\ldots + m_g \mathbf{i}_g \quad .$$

donde los coeficientes *m* son *enteros*.

En nuestro caso, esto quiere decir que toda cadena cerrada puede ser compuesta mediante g, independientes entre sí ($\mathbf{i}_1 \ldots\ldots \mathbf{i}_g$). Aquí hemos obtenido por construcción directa una tal base para las cadenas cerradas; nuestro resultado tiene sobre el que se obtendría mediante la teoría general de ecuaciones lineales, la ventaja de que la base construída está formada por cadenas cerradas simples. En el caso de tratarse de un número mayor de dimensiones sería muy difícil proceder a estas construcciones y, por consiguiente, nos apoyaremos preferentemente en la teoría de ecuaciones lineales. Con la introducción de la matriz $E = \| \varepsilon_{a\sigma} \|$ los problemas combinatorios más complicados se transforman en problemas asequibles a la Matemática mediante el formalismo sencillo y muy elaborado del Algebra.

Si E_σ es la f. e. m. introducida en el segmento σ, r_σ la resistencia de este hilo, la ley de Ohm para el circuito $\mathbf{i}_h$ da

$$(4) \qquad \sum_\sigma i_h^\sigma \, r_\sigma \, I^\sigma = \sum_\sigma i_h^\sigma E_\sigma \qquad (h = 1, 2, \ldots\ldots, g)$$

Si podemos demostrar que las $N_0 - 1$ ecuaciones independientes entre el sistema homogéneo (1), junto con las g no homogéneas (4), forman un sistema de $N_0 - 1 + g = N_1$ independientes, se seguirá que ellas determinan unívocamente las N_1 incógnitas I^σ. Y esto se deduce de que *el problema presente no es otro que el ae la proyección ortogonal en un espacio* N_1 *dimensional.*

Un sistema de números $\mathbf{I} = (I^\sigma)$ coordenado a los segmentos σ de nuestra red conductora, será designado con el nombre de vector. En particular, la repartición buscada es un tal *vector.* Con el nombre de *producto escalar* de dos vectores $\mathbf{I} = (I^\sigma)$ e $\overline{\mathbf{I}} = (\overline{I}^\sigma)$ designaremos la forma bilineal

$$(\mathbf{I}\overline{\mathbf{I}}) = \sum_\sigma r_\sigma \, . \, I^\sigma \, \overline{I}^\sigma$$

Cuando $(\mathbf{I}\overline{\mathbf{I}})$ se anula, diremos que los vectores $\mathbf{I}$ e $\overline{\mathbf{I}}$ son perpendiculares. La forma cuadrática correspondiente

$$(\mathbf{II}) = \sum_\sigma r_\sigma \, . \, (I^\sigma)^2$$

es definida positiva y representa el efecto Joule por unidad de tiempo, desarrollado por la repartición de corriente (I^σ). Las ecuaciones (1) definen en el espacio de N_1 dimensiones, una variedad lineal de vectores, g-dimensional, para la cual los g vectores independientes

$$\mathbf{i}_1 = (i_1^\sigma), \quad \mathbf{i}_2 = (i_2^\sigma), \ldots\ldots, \quad \mathbf{i}_g = (i_g^\sigma)$$

forman una base.

El vector $\mathbf{I}$ de la repartición de corriente pertenece a esta variedad, esto es, se tiene

$$(5) \quad \mathbf{I} = \lambda_1 \mathbf{i}_1 + \lambda_2 \mathbf{i}_2 + \ldots\ldots + \lambda_g \mathbf{i}_g \quad (I^\sigma = \lambda_1 i_1^\sigma + \lambda_2 i_2^\sigma + \ldots\ldots + \lambda_g i_g^\sigma)$$

Si la fuerza electromotora E_σ existiese sola, engendraría en el hilo σ una corriente $I_0^\sigma = \frac{E_\sigma}{r_\sigma}$. Si introducimos el vector $\mathbf{I}_0 = (I_0^\sigma)$ las ecuaciones (4) dicen que el vector $\mathbf{I}_0 - \mathbf{I}$ es perpendicular a la variedad Γ (a todos los vectores de Γ). Se trata, pues, de descomponer el vector dado $\mathbf{I}_0$ en dos componentes

$$\mathbf{I}_0 = \mathbf{I} + \mathbf{I}'$$

de los cuales el primero $\mathbf{I}$ pertenece a la variedad y el segundo $\mathbf{I}'$ es perpendicular a él; este problema de proyecciones ortogonales tiene

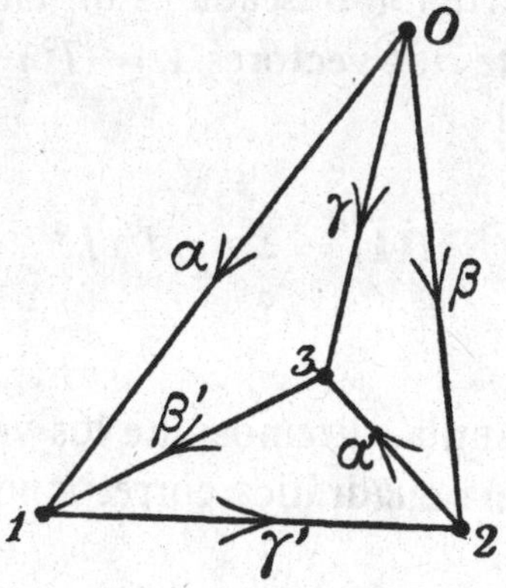

siempre, según los teoremas de la Geometría Analítica, una solución única. Se la obtiene sustituyendo (5) en (4)

$$(6) \qquad \sum_{k=1}^{g} (\mathbf{i}_h, \mathbf{i}_k)\, \lambda_k = (\mathbf{i}_h, \mathbf{I}_0) \qquad (h = 1, 2, \ldots\ldots, g)$$

Se tienen asi g ecuaciones lineales para las g incógnitas λ con coeficientes simétricos $(\mathbf{i}_h, \mathbf{i}_k)$; las cuales tienen siempre una y solo una solución, porque las ecuaciones homogéneas correspondientes

$$(7) \qquad \sum_{k=1}^{g} (\mathbf{i}_h, \mathbf{i}_k)\,\lambda_k = 0$$

no tienen más soluciones que $\lambda = 0$. Pues multiplicando las (7) por λ_h y sumando respecto a h, se obtiene para el vector $\mathbf{I}$ definido por las (5)

$$(\mathbf{I}\mathbf{I}) = 0.$$

Por el carácter positivo del efecto Joule, se sigue de aqui $\mathbf{I} = 0$, y por tanto, $\lambda_1 = \ldots\ldots = \lambda_g = 0$. El problema de la repartición de corriente aparece asi como una de las más bellas aplicaciones de la geometría n-dimensional.

Kirchhoff ha dado otra solución al problema (*); por su método se llega a una determinación del determinante D de las ecuaciones (6). Si $1, 2, \ldots\ldots, g$ es un sistema cualquiera de g segmentos, por cuya supresión la red conductora se transforma en un árbol conexo, halla que

$$D = \Sigma\,(r_1 \cdot r_2 \cdot \ldots\ldots \cdot r_g)$$

donde la suma se extiende a todos los sistemas de tal índole. De aqui se sigue que $D \neq 0$ y positivo.

58.

Análisis situs combinatorio

Revista Matematica Hispano-Americana 5, 43 p. (1923)

§ 1. Aritmética de las ecuaciones lineales.

A la exposición general del Análisis Situs conviene hacer preceder las principales proposiciones de la Aritmética de las ecuaciones lineales; es decir, el estudio de las soluciones en números enteros de un sistema de ecuaciones lineales con coeficientes enteros y n incógnitas. Un sistema de valores de $\mathbf{x} = (x^1, x^2, \ldots\ldots, x^n)$ será designado con el nombre de *vector;* la adición y la multiplicación por un número λ determinado seguirá las leyes expresadas por las siguientes igualdades:

$$(x^1, x^2, \ldots\ldots, x^n) + (y^1, y^2, \ldots\ldots, y^n) = (x^1 + y^1,\ x^2 + y^2, \ldots\ldots, x^n + y^n)$$

$$\lambda (x^1, x^2, \ldots\ldots, x^n) = (\lambda x^1, \lambda x^2, \ldots\ldots, \lambda x^n).$$

Los *vectores enteros,* esto es, aquellos cuyas componentes x^i son números enteros, forman una *red,* como dicen los geómetras, y un *módulo,* como dicen los analistas. Un sistema $\mathbf{\Sigma}$ de vectores se llama *red* si

1) El vector $O = (0, 0, \ldots\ldots, 0)$ pertenece a él.

2) $\mathbf{\Sigma}$ contiene además del vector $\mathbf{x} = (x^1, x^2, \ldots\ldots x^n)$, su opuesto $-\mathbf{x} = (x^1, x^2, \ldots\ldots, x^n)$.

3) La suma de dos vectores cualesquiera de $\mathbf{\Sigma}$ pertenece también a $\mathbf{\Sigma}$.

El concepto de red es, pues, el mismo que el de «grupo respecto a la adición». No nos ocuparemos más que de redes formadas exclusivamente por vectores enteros; la red de todos los vectores enteros se designará por $\mathbf{\Sigma}_0$; esta red es n-dimensional, o lo que es lo mismo, entre $n + 1$ vectores de la misma existe siempre una relación homogénea lineal con coeficientes enteros no todos nulos, y pueden hallarse (en modo infinito) n vectores de Σ_0 entre los cuales no haya relación de esta clase. Un cierto número finito de vectores $\mathbf{e}_1, \mathbf{e}_2, \ldots, \mathbf{e}_n$ de una red forman una *base* de la misma cuando son independientes y todo vector $\mathbf{x}$ de la misma puede componerse linealmente con ellos multiplicándolos por enteros convenientes.

Si una base de éstas contiene n vectores, la red es n dimensional, siendo n independiente de la elección de *base*. Para Σ_0 los vectores

$$\mathbf{e}_1 = (1, 0, 0, \ldots, 0)$$
$$\mathbf{e}_2 = (0, 1, 0, \ldots, 0)$$
$$\cdots\cdots\cdots\cdots\cdots\cdots$$
$$\mathbf{e}_n = (0, 0, 0, \ldots, 1)$$

forman una base.

El paso de una base $\mathbf{e}_1, \mathbf{e}_2, \ldots, \mathbf{e}_n$ de la red a otra cualquiera $\mathbf{e}^*_1, \mathbf{e}^*_2, \ldots, \mathbf{e}^*_n$ se hace por una sustitución unimodular, esto es, lineal entera con determinante ± 1. Por hipótesis se satisfacen ecuaciones de la forma

$$(1) \quad \mathbf{e}^*_i = \sum_k \alpha_i^k \mathbf{e}^k \qquad\qquad (1^*) \quad \mathbf{e}_i = \sum_k \beta_i^k \mathbf{e}^*_k$$

donde las α y β son números enteros. La composición de las matrices (α_i^k) y (β_i^k) conduce a la matriz unidad y, por consiguiente, se tiene

$$\text{det.}\,(\alpha_i^k).\text{det.}\,(\beta_i^k) = 1\,;$$

los únicos divisores de 1 son ± 1, por consiguiente, el det. (α_i^k) debe ser igual a ± 1. Recíprocamente, si α_i^k son enteros cualesquiera de determinante ± 1, las ecuaciones (1) transforman la base $\mathbf{e}_i$ en otra $\mathbf{e}^*_i$, pues con estas condiciones los coeficientes de la sustitución inversa (1*) son también enteros. En el paso a una nueva base mediante la (1), las «componentes» del vector arbitrario

$$\mathbf{x} = x' \mathbf{e}_1 + x^2 \mathbf{e}_2 + \ldots + x^n \mathbf{e}_n = x_*^{1} \mathbf{e}^*_1 + x_*^{2} \mathbf{e}^*_2 + \ldots + x_*^{n} \mathbf{e}^*_n$$

se transforman por la ecuación

$$x^l = \sum_k \alpha^l_k \, x_*^{\,k}.$$

En una forma más axiomática podemos definir una red como un sistema de magnitudes $\mathbf{x}$ que admiten una adición y substracción consecuentes con los axiomas ordinarios. Una red posee una base si entre sus magnitudes pueden encontrarse unas $\mathbf{e}_1, \mathbf{e}_2, \mathbf{e}_3, \ldots \mathbf{e}_n$, de tal modo que toda $\mathbf{x}$ pueda expresarse de un modo único en la forma

$$(2) \qquad \mathbf{x} = x^1 \mathbf{e}_1 + x^2 \mathbf{e}_2 + \ldots\ldots + x^n \mathbf{e}_n$$

donde x^i son números enteros. De este modo se llega a la red n dimensional Σ_0; sin embargo, sacaremos más partido para nuestras aplicaciones del punto de vista de la teoría de invariantes, pues ninguna base es privilegiada frente a las otras y todas las bases de la red han de considerarse como equivalentes.

Un sistema de m formas lineales de las n variables x

$$y^i = L^i(x) = l^i_1 x^1 + l^i_2 x^2 + \ldots\ldots + l^i_n x^n \qquad (i = 1, 2, \ldots\ldots, m)$$

con coeficientes enteros, efectúa una representación $\mathbf{L}$ de la red Σ_0 sobre la red T_0 de los vectores enteros en el espacio m dimensional determinado por las y. *Si se eligen oportunamente las bases de* Σ_0 y T_0, *se puede llevar la representación a la forma canónica* (*)

$$(3) \qquad y^1 = c_1 x^1 \ldots\ldots \quad y^h = c_h x^h \quad y^{h+1} = 0 \ldots\ldots \quad y^m = 0,$$

o lo que es lo mismo en lenguaje aritmético: por oportunas transformaciones unimodulares de las variables independientes x y del sistema de formas y.

El «orden» h es un número $\leq m$ y $\leq n$; en la serie de los enteros positivos $c_1, c_2, \ldots\ldots, c_h$ (los llamados divisores *elementales)*, cada uno es divisor de los precedentes.

(*) Kronecker. «Reduktion der Systeme von n^2 ganzzahligen Elementen». *Journal f. d. reine u. angew. Mathematik,* **107** (1891), pág. 135. V. Bachmann. «Arithmetik der quadratischen Formen.

El sistema de las ecuaciones lineales *homogéneas*

$$(4) \qquad L^1(x) = 0, \qquad L^2(x) = 0, \ldots\ldots, L^m(x) = 0$$

plantea la cuestión, qué vectores enteros **x** se corresponden al origen de $\top_0$ en la representación **L**? Estos x forman evidentemente una red $\boldsymbol{\Sigma}$. Nuestro teorema dice que se puede adoptar para $\boldsymbol{\Sigma}_0$ una base $\mathbf{e}_1, \mathbf{e}_2, \ldots\ldots, \mathbf{e}_n$ tal que un vector entero (2) pertenezca a $\boldsymbol{\Sigma}$ sólo cuando $x^1, x^2, \ldots\ldots, x^h$ se anulen. $\boldsymbol{\Sigma}$ posee entonces una base formada por los $g = n - h$ vectores $\mathbf{e}_{h+1}, \ldots\ldots, \mathbf{e}_n$, y, por consiguiente, es una red g-dimensional. Diremos que dos vectores $\mathbf{x}$ y $\mathbf{x}'$ son *congruentes mód.* $\boldsymbol{\Sigma}$ cuando su diferencia $\mathbf{x} - \mathbf{x}'$ pertenece a $\boldsymbol{\Sigma}$; de este modo, a cada vector entero **x** hay una y sólo una combinación lineal entera de los vectores fundamentales $e_1, e_2, \ldots, e_h$ que sea congruente con él mód. Σ

$$\mathbf{x} = x^1 e_1 + \ldots\ldots + x^h e_h \qquad (\text{mód. } \boldsymbol{\Sigma}).$$

Por proyección desde $\boldsymbol{\Sigma}$, esto es, si no consideramos como distintos los vectores congruentes mód. $\boldsymbol{\Sigma}$, los vectores enteros **x** forman una red h dimensional con la base $\mathbf{e}_1, \ldots\ldots, \mathbf{e}_h$. En el sentido de nuestras consideraciones invariantivas, el número h es el único invariante característico de las ecuaciones (4), pues éste, por sustituciones unimodulares, puede ser llevado siempre a la forma normal

$$x^1 = 0, \quad x^2 = 0, \ldots\ldots, \quad x^h = 0.$$

Ocupémonos ahora de las ecuaciones *no homogéneas*

$$(5) \qquad L^1(x) = y^1, \qquad L^2(x) = y^2, \ldots\ldots, \qquad L^m(x) = y^m$$

y averigüemos qué vectores enteros del espacio y son representables por enteros **x** mediante la representación **L**. En el espacio y estos vectores forman una red $\top$. La forma normal (3) nos dice que se puede determinar una base $\mathbf{e}_1, \mathbf{e}_2, \ldots\ldots, \mathbf{e}_m$ de $\top_0$, tal que

$$\mathbf{y} = y^1 \mathbf{e}_1 + y^2 \mathbf{e}_2 + \ldots\ldots + y^m \mathbf{e}_m$$

pertenece a $\top$ solamente si: 1) y^{h+1} ....., y^m se anulan. 2) y^1 es divisible por c_1, y^2 por c_2, ... y^h por c_h. $c_1 \mathfrak{e}_1$, $c_2 \mathfrak{e}_2$, ... $c_h \mathfrak{e}_h$ forman una base de la red $\top$, $\mathfrak{e}_1$, $\mathfrak{e}_2$ ..... $\mathfrak{e}_h$ una base della red $\top'$ de todos los vectores $\mathfrak{y}$ enteros, los cuales admiten una representación (5) mediante x racionales, o lo que es lo mismo, los que multiplicados por enteros convenientes se convierten en vectores de $\top$. Si los r primeros números c_1, ..., c_h son mayores que 1, todo vector entero $\mathfrak{y}$ es congruente, módulo $\top$ con una sola combinación lineal

$$(6) \qquad (y^{h+1} \mathfrak{e}_{h+1} + \ldots + y^m \mathfrak{e}_m) + (y^1 \mathfrak{e}_1 + \ldots + y^r \mathfrak{e}_r)$$

donde y^{h+1}, ..., y^m recorren con independencia todos los enteros, mientras y^1, ..., y^r solamente recorren un sistema completo de restos mód. c_1, ... mód. c_r respectivamente. Una expresión de la forma (6) es sólo $\equiv 0$ (mód. $\top$) si y^{h+1}, ..., y^m se anulan, y^1 es divisible por c_1, ..., y^r divisible por c_r.

En las relaciones de $\top_0$ con la red $\top$ contenida en ella, no sólo es invariante el número $p = m - h$, el cual da el número de vectores independientes mód. $\top$ que hay en $\top_0$, sino que también lo son los números c_1, ..., c_r. El número de vectores independientes módulo $\top$ de la red $\top'$ es finito, a saber: $= d = c_1 c_2 \ldots c_r$. De aquí sale el significado invariante del producto d; para probar la misma propiedad de los factores c_1, ..., c_r hay que resolver la cuestión: Siendo a un entero $\neq 0$ y determinado y recorriendo $\mathfrak{y}$ todos los vectores de $\top'$, $a\,\mathfrak{y}$ recorre una red $a\top'$, cuántos vectores independientes mód. $\top$ hay en ella? Llamemos N_a al número de tales vectores. Evidentemente, $N_1 = d$, por otra parte, $N_a = 1$ si $a \doteq c_1$ y sólo entonces. En general, si $(a, b) =$ m. c. d. (a, b)

$$(7) \qquad N_a = \frac{c_1 c_2 \ldots c_r}{(a, c_1)(a, c_2) \ldots (a, c_r)}$$

Pues un vector

$$a y^1 \mathfrak{e}_1 + a y^2 \mathfrak{e}_2 + \ldots + a y^r \mathfrak{e}_r \qquad \text{(las } y \text{ son enteros)}$$

pertenece a $\top$ sólo cuando

$a y^i$ es divisible por c_i esto es, y^i divisible por $\dfrac{c_i}{(a, c_i)}$ $(i = 1, 2, \ldots r)$.

La fórmula (7) dice:

1) $N_a = 1$ sólo cuando a es múltiplo de c_1.

2) Si a recorre todos los divisores de c_1, N_a será igual a $\frac{c_1}{a}$ solamente si $a = \dot{c}_2$.

Si a recorre todos los divisores de c_2, entonces Na es igual a $\frac{c_1 c_2}{a^2}$ sólo cuando $a = \dot{c}_3$.

Y así sucesivamente

$r+1$) si a recorre los divisores de c_r se tiene *siempre* $Na = \frac{c_1 c_2 \ldots c_r}{a^r}$

Esta tabla permite reconocer paso por paso que los números $c_1, \ldots, c_r$ están determinados *unívocamente* por la relación entre $\top$ y $\top_0$; juntos al número p describen completamente el modo cómo $\top$ está contenido en $\top_0$.

§ 2. Concepto de complejo n dimensional.

El complejo de segmentos más sencillo, la línea cerrada o el ciclo unidimensional, se compone de una sucesión cíclica en la cual a un punto sigue un segmento y a un segmento un punto, cada segmento está limitado por el punto que le precede y el que le sigue. Utilizando este concepto se puede pasar al de *complejo bidimensional,* bajo cuyo nombre designamos un número finito de elementos de órdenes 0, 1 y 2 (puntos, segmentos y trozos de superficie). Cada elemento de primer orden e_1 está limitado por elementos de orden nulo e_0, cada e_2 está limitado por ciertos e_1; los datos que tengamos sobre ello constituyen el esquema del complejo. Si e_2 está limitado por e_1 y e_1 por e_0, diremos que e_0 pertenece indirectamente al contorno de e_2. En el esquema hay que cumplir siempre las condiciones:

1) Cada elemento de 1.er orden está limitado por dos de orden nulo.

2) Los elementos de órdenes 1 y 0 que directa o indirectamente pertenecen al contorno de un e_2 dado, forman un ciclo unidimensional.

El par de puntos que limita a e_1 hace respecto a él, el mismo papel que el ciclo unidimensional que limita un e_2 respecto a éste. Por ésto sería conveniente considerar un par de puntos como un ciclo de dimensión cero (y en general un sistema finito de puntos, como complejo de dimensión cero). Un complejo de superficies se dirá no ramificado si aparte de las condiciones 1) y 2), se cumplen las correlativas:

1*) Cada e_1 sirve de contorno sólo a dos e_2.

2*) Los elementos 1 y 2 orden, a cuyo contorno directa o indirectamente pertenece un e_0 dado, forman (si su orden se rebaja mentalmente en una unidad), un ciclo unidimensional.

Como ejemplo daremos el esquema de la *esfera*, del *plano proyectivo* y del *toro*, con la división indicada en la figura. En la esfera

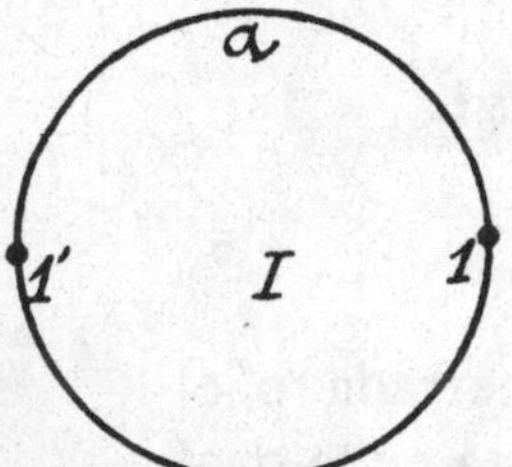

Esfera.

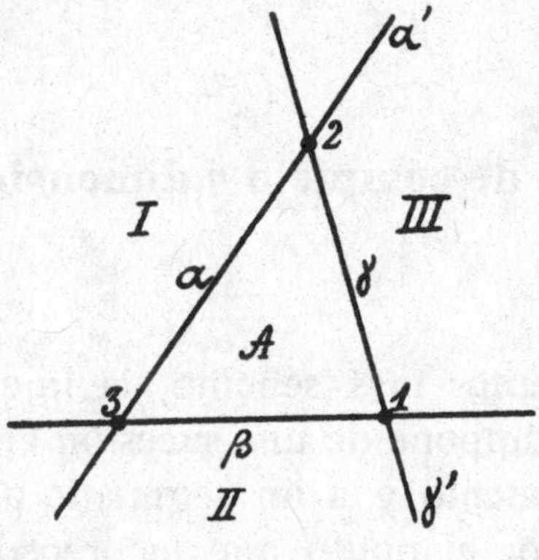

Plano proyectivo.

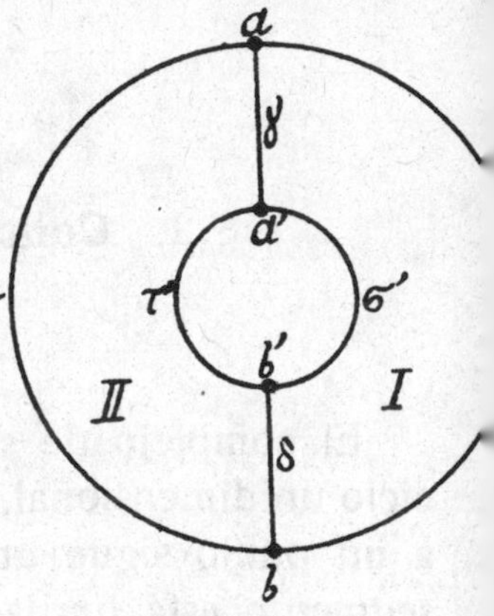

Toro.

se asocia al hemisferio I colocado sobre el plano del dibujo, el I' colocado debajo, asimismo en el toro a las porciones superiores I, II las I', II', a los segmentos γ, δ, los γ', δ'.

$$\text{Esfera} \qquad \begin{matrix} \alpha\left\{\begin{matrix}1\\1'\end{matrix}\right. & \alpha'\left\{\begin{matrix}1\\1'\end{matrix}\right. \\ \mathrm{I}\left\{\begin{matrix}\alpha\\\alpha'\end{matrix}\right. & \mathrm{I}'\left\{\begin{matrix}\alpha\\\alpha'\end{matrix}\right. \end{matrix}$$

Plano proyectivo

$$\gamma\begin{cases}1\\2\end{cases},\quad \beta\begin{cases}3\\1\end{cases},\quad \alpha\begin{cases}2\\3\end{cases};\quad \gamma'\begin{cases}1\\2\end{cases},\quad \beta'\begin{cases}3\\1\end{cases},\quad \alpha'\begin{cases}2\\3\end{cases},$$

$$\mathrm{I}\begin{cases}\alpha\\ \beta'\\ \gamma'\end{cases}\quad \mathrm{II}\begin{cases}\beta\\ \gamma'\\ \alpha'\end{cases}\quad \mathrm{III}\begin{cases}\gamma\\ \alpha'\\ \beta'\end{cases}\quad A\begin{cases}\alpha\\ \beta\\ \gamma\end{cases}$$

Toro

$$\sigma\begin{cases}a\\b\end{cases}\quad \sigma'\begin{cases}a'\\b'\end{cases}\quad \tau\begin{cases}a\\b\end{cases}\quad \tau'\begin{cases}a'\\b'\end{cases}$$

$$\gamma\begin{cases}a\\a'\end{cases}\quad \delta\begin{cases}b\\b'\end{cases}\quad \gamma'\begin{cases}a\\a'\end{cases}\quad \delta'\begin{cases}b\\b'\end{cases}$$

$$\mathrm{I}\begin{cases}\sigma\\ \sigma'\\ \gamma\\ \delta\end{cases}\quad \mathrm{II}\begin{cases}\tau\\ \alpha'\\ \gamma\\ \delta\end{cases}\quad \mathrm{I'}\begin{cases}\sigma\\ \sigma'\\ \gamma'\\ \delta'\end{cases}\quad \mathrm{II'}\begin{cases}\tau\\ \tau'\\ \gamma'\\ \delta'\end{cases}$$

Al pasar a los complejos tridimensionales cada elemento de tercer orden ha de ser limitado por un ciclo bidimensional, es decir, por un complejo bidimensional como el que se obtiene dividiendo la esfera en porciones simplemente conexas. Es seguro que no todo complejo bidimensional conexo y no ramificado es un ciclo en el sentido expuesto; la investigación de los esquemas que son realizables por división de la esfera en porciones de superficie simplemente conexas, se salen evidentemente del cuadro del Análisis situs combinatorio. Nosotros procederemos del modo siguiente: tomaremos como fundamento el concepto de ciclo no bien definido, y en el curso de nuestras investigaciones se obtendrán ciertas propiedades combinatorias del concepto que sea necesario postular, y que entonces enunciaremos como *axiomas.* Los teoremas de análisis situs combinatorio son válidos sea el que quiera el concepto de ciclo que se adopte, con tal que satisfaga a dichos axiomas. De este modo vencemos las dificultades fundamentales de nuestra disciplina y aseguramos inmediatamente a sus teoremas el más extenso contenido imaginable. Hechas estas observaciones, podemos pasar a las definiciones generales.

El complejo n *dimensional es un sistema finito de elementos de órdenes* 0, 1, ..., n. *Cada elemento de orden* i $(1 \leq i \leq n)$ *está limitado por ciertos elementos de orden* (i — 1); *los datos que tengamos sobre ello constituyen el esquema de complejo. Los elementos de órdenes* o a i — 1 *que limitan directa o indirectamente un elemento* e_i *forman un ciclo* i — 1 *dimensional.* (La definición utiliza el concepto de ciclo para número de dimensiones inferior a n).

En todo complejo n dimensional C_n hay contenidos complejos de órdenes $0, 1, \ldots, n-1$, $C_0, C_1, \ldots, C_{n-1}$; C_i $(0 \leq i \leq n-1)$ está formado por todos los elementos de C_n cuyo orden no sea superior a i.

AXIOMA 0. *El ciclo de dimensión* o *está formado por dos puntos.* (Elementos de dimensión cero).

Un sistema parcial C'_n de C_n se llama *aislado* si para cada elemento e de C'_n tanto los elementos que limitan a e como los limitados por él pertenecen a C'_n; C'_n es, por su parte, un complejo. *Conexo* es el complejo C_n cuyos elementos no pueden en modo alguno distribuirse en dos complejos parciales aislados. Análogamente a lo que ocurre en los complejos unidimensionales, se demuestra que todo complejo se puede descomponer de modo unívoco en un cierto número de complejos parciales conexos y aislados. Este número se designará siempre con t.

AXIOMA I. *El ciclo* n *dimensional es* (*para* $n \geq 1$) *un complejo conexo.*

TEOREMA 1. *Los complejos de dimensiones inferiores* $C_{n-1}, \ldots, C_1$ *contenidos en un* C_n *conexo, son también conexos.*

Basta demostrarlo para C_{n-1}, pues cuando apliquemos a C_{n-1} el teorema de que el C_{n-1} contenido en C_n conexo es también conexo, resultará que C_{n-2} es conexo, y así sucesivamente. Si C_{n-1} no fuese conexo, se podria resolver en dos partes aisladas C' y C''. El contorno de un e_n de C_n está formado por un ciclo $(n-1)$ dimensional K_n; como éste es conexo pertenece con todos sus elementos a C' o a C''. Según que se verifique una u otra cosa, incluimos el e_n de C' o C''. De este modo se obtiene una división de C_n en dos partes aisladas C' y C''. De ser C_1 conexo se sigue

TEOREMA 2. *En un complejo conexo* C_n $(n \geq 1)$ *se puede pasar de un punto a otro mediante una cadena de puntos en la cual dos consecutivos están unidos por un segmento.*

Un complejo se dice *no ramificado* si se cumple la condición dual de que aquellos elementos que directa o indirectamente pertenecen al contorno de un e_{i-1} forman un ciclo $n-i$-dimensional cuando se rebaja el orden en i unidades. Un complejo no ramificado y conexo, se le designa brevemente con el nombre de superficie n-dimensional.

Axioma II. *El ciclo n-dimensional no es ramificado.*

De todo complejo no ramificado C_n se deduce otro análogo C^*_n cuando los elementos de orden $(n - i)$ de C_n se tomen como elementos de orden i de C^*_n $(0 \leq i \leq n)$ $e_{n-i} = e^*_i$ y se convenga en que si en C_n e está limitado por e', en C^* sea al contrario, e' limitado por e. El orden y la relación de contorno resulta invertida en el paso

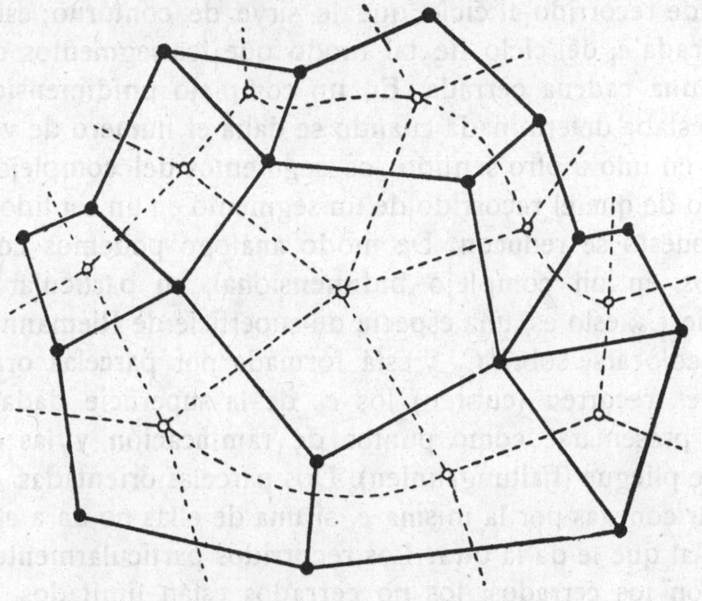

Complejo C_2 y su dual C^*_2

. ——————— Puntos y segmentos de C_2

o — — — — „ y „ de C^*_2

de C_n a C^*_n. Los complejos C_n y C^*_n se llaman *recíprocos* o *duales* (*). Si C_n es conexo, lo es también C^*_n. Aplicando el teorema 2 a C^*, resulta

Teorema 3. *Sobre una superficie* n*-dimensional, se puede pasar de un elemento de orden* n *a otro por una cadena de elementos de orden* n*, en la cual cada dos sucesivos son adyacentes.* Se llaman adyacentes dos e_n que están limitados por un mismo e_{n-1}.

(*) La figura resulta del modo más claro imaginando que C_2 y C^*_2 están dibujados cada uno en una hoja y las hojas se colocan una sobre otra, de modo que cada e^*_0 cae sobre el correspondiente e_2, y recíprocamente, mientras e^*_1 cruza a su correspondiente e_1.

§ 3.—Indicatriz. Cadena.

Lo mismo que un segmento en un complejo unidimensional puede ser recorrido en dos sentidos opuestos, puede atribuirse un sentido a un elemento de segundo orden. Y esto se logra dando un sentido de recorrido al ciclo que le sirve de contorno; esto es, se recorre cada e_1 del ciclo de tal modo que los segmentos dirigidos formen una cadena cerrada. En un complejo unidimensional una cadena estaba determinada cuando se daba el número de veces que recorría en uno u otro sentido los segmentos del complejo, con el convenio de que el recorrido de un segmento en un sentido y luego en el opuesto se reducen. De modo análogo podemos considerar *recorridos* en un complejo bidimensional, en particular en una superficie C_2; esto es, una especie de superficie de Riemann, la cual viene a colocarse sobre C_2 y está formada por parcelas orientadas, las cuales recorren (cubren) los e_2 de la superficie dada. Los e_0 pueden presentarse como puntos de ramificación y las e_1 como líneas de pliegue (Faltungslinien). Dos parcelas orientadas no pueden estar conexas por la misma e_1 si una de ellas no da a e_1 sentido opuesto al que le da la otra. Los recorridos particularmente importantes son los cerrados; los no cerrados están limitados por una cadena unidimensional que es un *recorrido* del complejo C_1 contenido en C_2. Si extendemos el significado vulgar de la palabra cadena cuyo concepto hace referencia a las unidimensionales, podremos llamar *cadena bidimensional* al *recorrido* de C_2 que acabamos de definir.

Evidentemente también aquí nos será conveniente descender a la dimensión cero. El recorrido de un segmento $\sigma = ab$ de a a b queda caracterizado asignando a a el número -1 y a b el $+1$. Recorrido ν veces en ese sentido, a toma el índice $-\nu$ y b el $+\nu$. La *indicatriz* de un segmento σ consta de los números ν_a y ν_b asociados a sus extremos a y b y tales que $\nu_a + \nu_b = 0$; una cadena unidimensional de C_1 está definida cuando a cada segmento de C_1 se le asigna una indicatriz. Asimismo un e_2 tiene una indicatriz en cuanto se den indicatrices a los e_1 que lo limitan, de tal modo, que formen una cadena cerrada; una cadena bidimensional estará definida en un C_2 por las indicatrices de todos los e_2 que pertenecen al complejo. La analogía es completa si convenimos en entender por indicatriz de un punto un entero y definimos por la ecuación $\nu_a + \nu_b = 0$ la cadena cerrada 0-dimensional sobre el ciclo 0-dimensional $a\,b$ que limita el segmento σ.

Entre las indicatrices de un segmento $\sigma = a\,b$, las cuales evidentemente forman un *módulo*, hay una primitiva; esto es, tal que no es nula y de la cual se deducen las otras multiplicándola por números enteros. Una indicatriz primitiva es la definida por $\nu_a = -1$, $\nu_b = +1$ o su opuesta $\nu_a = +1$, $\nu_b = -1$. Estas son las únicas indicatrices primitivas. El concepto de sentido de recorrido coincide evidentemente con el de indicatriz primitiva. Algo análogo ocurre en un e_2. Ahora daremos algunas definiciones a que nos conducen los anteriores razonamientos.

V. *Una cadena* n-*dimensional está definida en un* $\mathrm{C_n}$ *por la correspondencia de una indicatriz a cada* $\mathrm{e_n}$. *La cadena es* 0 *si lo son todas las indicatrices. Dos cadenas resultan sumadas cuando para cada elemento se suman las respectivas indicatrices.*

Sobre lo que es la indicatriz de e_n, la suma de tales indicatrices y la indicatriz cero, nos podemos formar una idea mediante el proceso de inducción completa partiendo de la dimensión cero

O. *Indicatriz de un punto es un número entero.*—Lo que sean el cero y la adición en el campo de los números enteros, no es necesario repetirlo aquí. *Una cadena* o-*dimensional en un* $\mathrm{C_0}$ *se llama cerrada, si la suma de las indicatrices, que ella hace corresponder a los puntos de* $\mathrm{C_0}$, *es nula.* De aquí que la suma de dos cadenas cerradas 0-dimensionales sea otra cadena cerrada 0-dimensional (las cadenas cerradas 0-dimensionales forman una red).

$\mathrm{I_n}$. *Decir que un elemento de* $\mathrm{n^0}$ *grado* $\mathrm{e_n}$ *está provisto de una indicatriz* ι, *significa que atribuye indicatrices* ι_{n-1} *a todos los* $\mathrm{e_{n-1}}$ *componentes del ciclo* $\mathrm{K_{n-1}}$ *que lo limita, tales que formen una cadena cerrada en* $\mathrm{K_{n-1}}$. Diremos que la indicatriz ι *induce* la indicatriz ι_{n-1} en cada e_{n-1} del contorno (y la indicatriz 0 en los e_{n-1} que no son del contorno). *La indicatriz* ι *es cero si induce en todos los* $\mathrm{e_{n-1}}$ *del contorno indicatrices nulas. Dos indicatrices del mismo* $\mathrm{e_n}$ *se suman cuando se sumen las cadenas cerradas inducidas en* $\mathrm{K_{n-1}}$.

Esta definición supone para un número de dimensiones $< n$ el concepto de *cadena cerrada* y el hecho de que las cadenas cerradas forman una red. Para completar es, pues, preciso, transportar este hecho y este concepto a n dimensiones. Toda cadena n-dimensional V_n está *limitada* por una $(n-1)$-dimensional $(n \geqslant 1)$: si V_n da a un e_n arbitrario la indicatriz ι_n, entonces la indicatriz que V_{n-1}

comunica a un e_{n-1} es la suma de todas las indicatrices inducidas en e_{n-1} por las indicatrices ι_n de todos los elementos de grado n (solamente los elementos de grado n que están limitados por e_{n-1} contribuyen a esta suma). Usaremos los símbolos $\iota \rightarrow \iota'$, $V_n \rightarrow V_{n-1}$ que significan, la indicatriz ι de un e_n induce la ι' en un e_{n-1} que lo limita; la cadena n dimensional V_n está limitada por la V_{n-1} $(n - 1)$-dimensional.

G_n. *La cadena* n-*dimensional* V_n *es cerrada* $(n \geq 1)$ *si está limitada por la cadena nula* $(n - 1)$-dimensional.

De la circunstancia de que la indicatriz de un e_n induce sobre el K_{n-1} que lo limita una cadena *cerrada* $(n - 1)$-dimensional, se sigue inmediatamente:

TEOREMA 4. *Una cadena* $(n - 1)$-*dimensional que limita a una* n-*dimensional es cerrada.*

El concepto de cadena se convierte en el de *corriente* (V. Introducción), si se modifican las definiciones de modo que como indicatriz de un punto se tome cualquier número real en vez de un entero. Entonces, en vez de la palabra *contorno,* se adoptaría la de manantial o fuente (Quelle), más en armonía con la terminología de la Física; una corriente unidimensional tiene una fuente de dimensión cero. Una corriente cerrada es tal, que carece de fuente; las leyes de Kirchhoff, sobre repartición de corrientes, dicen que la corriente eléctrica estacionaria es cerrada.

Ahora sentamos la siguiente proposición: Entre las cadenas n dimensionales cerradas en un ciclo n dimensional K_n, hay una primitiva V^0_n de la siguiente especie: 1) Toda indicatriz posible de un e_n perteneciente a K_n, es un múltiplo entero de la indicatriz no nula que V^0_n comunica a este elemento. 2) Toda cadena cerrada n dimensional en K_n es un múltiplo entero de V^0_n. Este teorema S_n es válido para $n = 0$, vamos a demostrarlo para un n cualquiera en la hipótesis de que sea válido para todos los órdenes de dimensión $< n$. S_{n-1} dice que entre las indicatrices de un e_n hay una primitiva distinta de cero, la cual induce una indicatriz primitiva en cada e_{n-1} del contorno. Una indicatriz de e_n es nula apenas induce indicatriz nula en un sólo e_{n-1} del contorno, y si ι_{n-1} es una indicatriz de e_{n-1} hay sobre el e_n que limita e_{n-1} una sola indicatriz ι que induce la ι_{n-1}.

Sean e_n y e'_n dos elementos adyacentes de un complejo n-dimensional que tienen común un e_{n-1} del contorno. Dando a cada uno de estos elementos de orden n una indicatriz, diremos que son *coherentes* (a través de e_{n-1}) si las indicatrices inducidas por ellos en el e_{n-1} común dan suma nula. De las circunstancias enumeradas se desprende que para cada indicatriz de e_n hay una sola de e'_n que sea coherente con ella; si la primera es primitiva, también lo es la segunda. Por consiguiente, la indicatriz de un e_n puede ser prolongada a través de un e_{n-1} sobre un e'_n adyacente, merced a la condición de coherencia. Sobre una superficie C_n n-dimensional hay siempre sólo dos elementos de orden n que tengan común un elemento e_{n-1}. Una cadena n-dimensional cerrada situada sobre una superficie C_n comunica siempre indicatrices coherentes a dos elementos de orden n adyacentes. Recordando todavía que sobre una superficie se pasa de un e_n a otro mediante una cadena de elementos e_n cada dos adyacentes, se deduce que sólo hay las dos posibilidades: o en la superficie C_n no hay más cadena n-dimensional cerrada que la nula o hay una cadena n-dimensional cerrada V^0_n que comunica a cada elemento de orden n una indicatriz primitiva distinta de cero, y de la cual toda V_n cerrada es un múltiplo. En el primer caso, la superficie se llama unilateral (einseitig), y en el segundo, bilateral (zweiseitig) u orientable. Sobre las superficies bilaterales C_n las cadenas cerradas n-dimensionales forman una red de dimensión 1, sobre las unilaterales de dimensión cero. La demostración por inducción que vamos exponiendo no concluye, si no se admite expresamente que el ciclo n dimensional no es una superficie unilateral, por lo tanto,

AXIOMA III. *El ciclo* n-*dimensional es bilateral.*

§ 4.—Números de Betti. Coeficientes de torsión.

Habiendo definido aritméticamente los conceptos con tal claridad, las expresiones formales no presentarán dificultad. Con N_0, N_1, ..., N_n designaremos el número de elementos de órdenes 0, 1, ..., n, respectivamente, contenidos en un complejo C_n. Lo que particularmente nos interesa, son las superficies n-dimensionales y no los complejos de naturaleza general; sin embargo, no podemos excluir éstos de nuestras consideraciones, pues el complejo $n-1$ dimensional contenido en una superficie n-dimensional, estará casi siempre ramificado. A cada elemento de orden 1 a n le damos arbitrariamente una de sus indicatrices primitivas y la designamos por 1. Toda indicatriz de un elemento puede entonces ser caracterizada por un número entero x. e recorre los elementos de orden n, e' los de orden $n-1$; con $\varepsilon_{e'e}$ designamos la indicatriz inducida en e' por la indicatriz 1 de e; por consiguiente, $\varepsilon_{e'e} = \pm 1$ si e' perteneee al contorno de e y $\varepsilon_{e'e} = 0$ en caso contrario. Lo mismo que la matriz

$$E = (\varepsilon_{e'e}) = E_n$$

de N_{n-1} filas y N_n columnas pertenece a C_n, la E_{n-1} con N_{n-2} filas y N_{n-1} columnas pertenece a C_{n-1} contenido en C_n, etcétera; finalmente, una matriz E_1 con N_0 filas y N_1 columnas pertenece al complejo C_1 contenido en C_n. En estas matrices puede leerse la posición relativa de todos los elementos.

Sea e un elemento de orden n. La condición de que formen cadena cerrada las indicatrices $\varepsilon_{e'e}$ correspondientes a los elementos e' de orden $n-1$, o sea, que induzcan sobre cada elemento e'' de orden $n-2$, en suma la indicatriz cero ($n \geq 2$) se expresa por las ecuaciones

$$\sum_{e'} \varepsilon_{e''e'} \cdot \varepsilon_{e'e} = 0 \quad \text{o sea} \quad E_{n-1} E_n = 0$$

Si $n = 1$, la afirmación subsiste a condición de designar con E_0 la matriz de una fila formada con N_0 unos:

$$E_0 = \| 1, 1, \ldots\ldots, 1 \|$$

Por consiguiente, son válidas las ecuaciones

$$(8_0, \ldots\ldots, 8_{n-1}) \qquad E_0 E_1 = 0, \quad E_1 E_2, \ldots\ldots, \quad E_{n-1} E_n = 0.$$

Si se trata en particular de una superficie bilateral y se eligen las indicatrices 1 de los elementos de orden n de tal modo que formen en conjunto una cadena cerrada n dimensional, además es válida la ecuación

$$(8_n) \qquad E_n E_{n+1} = 0$$

donde la matriz E_{n+1} consta de una columna de N_n unos.

Una cadena n dimensional $V_n = (x_e)$, en la cual los elementos e de grado n tienen las indicatrices x_e será cerrada si los N_n enteros x_e satisfacen las ecuaciones lineales homogéneas

$$\sum_e \varepsilon_{e'e}\, x_e = 0 \quad \text{o sea} \quad \mathrm{E}\, x = 0$$

y sólo entonces. Una cadena $n-1$ dimensional V_{n-1} de nuestro complejo, la cual a cada elemento de orden $n-1$, e', da una indicatriz $y_{e'}$ limita una cadena n dimensional V_n, o sea, es $\simeq 0$ (homóloga a cero, según Poincaré), si las ecuaciones no homogéneas

$$y_{e'} = \sum_e \varepsilon_{e'e}\, x_e \quad \text{o sea} \quad y = \mathrm{E}\, x$$

admiten una solución en números enteros x_e $[V_n = (x_e)]$ y sólo entonces. Ahora entra en acción la teoría de ecuaciones lineales enteras, y de ella deducimos los hechos siguientes.

Las cadenas n dimensionales cerradas poseen una base, esto es, hay g cadenas cerradas de las cuales, mediante coeficientes enteros, pueden deducirse todas las cadenas cerradas. El número g es independiente de la elección de base: entre $g+1$ cadenas cerradas $V', V'', \ldots, V^{(g+1)}$ hay siempre una relación lineal homogénea

$$m' V' + m'' V'' + \ldots + m^{(g+1)} V^{(g+1)} = 0$$

(las m son números enteros no todos nulos); por el contrario, hay sistemas de g cadenas entre las cuales no puede establecerse una relación de esa especie. La misma significación que $g = g_n$ para las cadenas n dimensionales tienen $g_{n-1}, \ldots g_0$ para las $n-1, \ldots$, 0-dimensionales. Se tiene $g_0 = N_0 - 1$ y para una superficie n-dimensional $g_n = 0$ ó 1, según que la superficie sea uni o bilateral.

Sean $V', V'', \ldots, V^{(m)}$ varias cadenas cerradas $n-1$-dimensionales, la expresión

$$(V', V'', \ldots, V^{(m)}) \smile 0$$

significa que son dependientes entre sí en sentido de la homología; esto es, hay números enteros $l', l'', \ldots, l^{(m)}$ para los cuales

$$l' V' + l'' V'' + \ldots + l^{(m)} V^{(m)} \simeq 0$$

sin que todas las l sean nulas. En particular $V \backsim 0$ quiere decir que para un número $l \neq 0$ apropiado la cadena $l\,V \simeq 0$. Las cadenas $(n-1)$ dimensionales $\backsim 0$ poseen una base $V', V'', \ldots, V^{(h)}$ que está constituida por $h = h_{n-1}$ cadenas, h es el rango de la matriz E y se tiene

$$g_n = N_n - h_{n-1}.$$

La base puede ser elegida de modo que $c' V', c'' V'', \ldots, c^{(h)} V^{(h)}$ formen una base de las cadenas que son $\simeq 0$; $c', c'', \ldots, c^{(h)}$ son una serie de enteros positivos en la cual cada uno es divisor del inmediato anterior.

Es particularmente interesante el *número de Betti* (*)

$$p_{n-1} = g_{n-1} - h_{n-1}$$

que indica cuantas cadenas independientes en el sentido de la homología hay entre las cadenas cerradas (n — 1) *dimensionales.* Entre más de $p = p_{n-1}$ cadenas cerradas $(n-1)$ dimensionales $V', V'' \ldots$, hay siempre una homología

$$m' V' + m'' V'' + \cdots \simeq 0$$

con coeficientes enteros m no todos nulos; por el contrario, hay sistemas de p cadenas cerradas entre las cuales no existe tal homología. junto a los números de Betti aparecen los *coeficientes de torsión*, o sea aquellos de entre los números $c', c'', \ldots, c^{(h)}$ que son > 1, su número se designará por r.

Los coeficientes de torsión, junto con los números de Betti, definen completamente el modo y manera cómo la serie de las cadenas (n —1)-*dimensionales, que son* $\simeq 0$, *están contenidas en la red más extensa de las cadenas* (n — 1)-*dimensionales cerradas.* Pues existen p cadenas cerradas $(n-1)$-dimensionales $V', V'', \ldots, V^{(p)}$ y otras r $W', \ldots, W^{(r)}$ tales que para cada $V_{n-1} = V$ cerrada vale una y sólo una homología

$$(9) \quad V \simeq (l' V' + \cdots + l^{(p)} V^{(p)}) + (m' W' + \cdots + m^{(r)} W^{(r)})$$

donde las l recorren todos los valores enteros, mientras $m', \ldots, m^{(r)}$

(*) Por razones históricas (referentes a la definición riemanniana de conexión), Poincaré llamaba número de Betti a $p+1$ en vez de p.

recorren un sistema completo de restos mod. $c', \ldots, c^{(r)}$ respectivamente. Una combinación lineal de las cadenas $V', V'', \ldots, V^{(p)}$; $W', \ldots, W^{(r)}$ como (9) es $\simeq 0$ sólo si las l son cero y m' divisible por $c', \ldots, m^{(r)}$ divisible por $c^{(r)}$. La fórmula (7) enseña que los coeficientes de torsión están unívocamente determinados.

Lo mismo que

$$h_{n-1}, \quad p_{n-1}; \qquad c', c'', \ldots, c^{(r)}$$

se refieren a las cadenas $(n-1)$-dimensionales, los números

$$h_i, \quad p_i; \qquad c_i', c_i'', \ldots, c_i^{(r_i)}$$

pueden hacerse corresponder a las cadenas i-dimensionales, siendo

$$0 \leq i \leq n-1.$$

Se tiene

$$(10) \qquad p_i = g_i - h_i \qquad\qquad (11) \qquad g_{i+1} + h_i = N_{i+1}.$$

Puesto que en un complejo conexo cada dos puntos a, b pueden ser unidos mediante una cadena unidimensional, esto es, puesto que la cadena 0-dimensional es $\simeq 0$, la cual hace corresponder al punto a el número -1, al b el $+1$ y a todos los demás puntos la indicatriz 0, por consiguiente, en un complejo de esta naturaleza sucede que toda cadena 0-dimensional cerrada es $\simeq 0$. Si C_n se descompone en t complejos parciales, la condición necesaria y suficiente para que una cadena 0-dimensional, que da a un punto a la la indicatriz x_a, limite otra unidimensional, es que cada una de las sumas $\sum_a x_a$ se anule aisladamente, siendo extendidas estas sumas a los puntos a de cada uno de los t complejos parciales. Por consiguiente, se tiene

$$h_0 = N_0 - t, \qquad p_0 = t - 1.$$

y *no existen coeficientes de torsión de orden* 0 ($r_0 = 0$). Para un complejo conexo, en particular, se tiene $p_0 = 0$, y por tanto, únicamente entran en consideración los números de Betti $p_1, p_2, \ldots, p_{n-1}$.

Entre los números de Betti hay una importante relación que se obtiene sumando las ecuaciones (10) con signos alternados y haciendo uso de los segundos miembros de las (11):

$$p_0 - p_1 + p_2 - \cdots \pm p_{n-1} =$$

$$= g_0 - (h_0 + g_1) + (h_1 + g_2) - \cdots \mp (h_{n-1} + g_n) \pm g_n =$$

$$= (N - N_1 + N_2 - \cdots \mp N_n) - (1 \mp g_n),$$

en particular para una superficie

$$-p_1 + p_2 - \cdots \pm p_{n-1} = (N_0 - N_1 + N_2 - \cdots \pm N_n) - \mu$$

donde $\mu = 1$, si la superficie es unilateral; $\mu = 2$, si la superficie es bilateral y su número n de dimensiones par; $\mu = 0$, si la superficie es bilateral con número impar de dimensiones. Esta es la generalización de la *relación de Euler,* la cual dice que el grado de conexión $p = p_1$ de un poliedro bilateral cerrado y bidimensional (el orden de conexión en el sentido de Riemann disminuído en una unidad), se deduce de los números N_0, N_1, N_2 de vértices, aristas y caras mediante la fórmula

$$p = (-N_0 + N_1 - N_2) + 2.$$

Una superficie n-dimensional bilateral se llamará de una hoja (schlicht) si en ella toda cadena cerrada 0, 1, 2, ... $(n-1)$-dimensional es $\backsimeq 0$; los números de Betti de una superficie de una hoja son todos nulos y no posee coeficientes de torsión. A esta especie, la más sencilla, de superficies, pertenecen los ciclos.

AXIOMA IV. *El ciclo* n*-dimensional es de una hoja.*

§ 5.—**Partición.**

El sentido del esquema combinatorio para el estudio de un continuo dado, por ejemplo: una superficie bidimensional ordinaria, es tal que admite una posible construcción de la superficie mediante porciones de superficie simplemente conexas. Por una división continuada de las porciones de superficie se completa el paso, del esquema que contiene un número finito de elementos, al continuo infinito. El ejemplo más sencillo es la circunferencia; por una primera división se la descompone en dos semicircunferencias, y en cada división sucesiva deben ser bisecados los arcos correspondientes. Un punto de la circunferencia puede ser encerrado en una sucesión indefinida de tales arcos circulares, los cuales nacen en las divisiones sucesivas y están contenidos unos en otros. La relación lógica fundamental sobre la cual ha de basarse el concepto matemático del Continuo, es la del todo a la parte (y no la de conjunto a uno de sus elementos); el punto en el Continuo es un concepto límite; sólo es posible aproximarse a él por un proceso de división repetida indefinidamente.

A consecuencia de lo dicho, el *Análisis Situs* se interesa sólo por aquellas propiedades del esquema del complejo que no varían en la partición. Un continuo bidimensional puede ser construído de muchas maneras por medio de parcelas elementales de superficie; los esquemas de unas y otras construcciones serán equivalentes (homeomorfas, según Poincaré) en el sentido de que las dos, cada una por una partición apropiada, pueden ser reducidas a un mismo tercer esquema. Los problemas importantes que de aquí deriva el análisis situs son: 1.º Definir rigurosamente el concepto de partición. 2.º Desarrollar las condiciones necesarias para la equivalencia de dos esquemas. Por partición, un elemento de segundo orden se convierte en un complejo bidimensional de naturaleza especial; su carácter particular, el cual estriba en que el esquema del complejo debe dar nuevamente la partición de una parcela elemental de superficies en parcelas elementales, puede ser expresado con ayuda del concepto de ciclo bidimensional; es un complejo el cual sale de un ciclo de segundo orden por supresión de un elemento de segundo orden. *De este modo el concepto de partición queda enlazado en nuestra construcción axiomática al de ciclo.*

DEFINICIÓN. Si se suprime un elemento e_n de un ciclo n-dimensional, queda una *parcela* E_n *n-dimensional.* Los elementos del ciclo K_{n-1} que limita al e_n suprimido, forman los *elementos de contorno* de E_n.

Aquellos elementos de E_n a cuyo límite pertenece directa o indirectamente un e_{i-1} dado $(1 \leq i \leq n)$, forman (rebajando el orden de los índices en i) un *ciclo* $(n - i)$-dimensional si e_{i-1} es interior a E_n y una *parcela* $(n - i)$-dimensional si e_{i-1} es elemento del contorno de E_n. De este modo pueden distinguirse los elementos del contorno de los elementos interiores. Una parcela n-dimensional es conexa; la supresión de un elemento de nº orden

e_n en el ciclo n-dimensional K_n, no rompe la conexión. También permanece válido para la parcela n-dimensional E_n el hecho de que toda cadena cerrada $(i-1)$-dimensional limita sobre ella otra i-dimensional $(1 \leq i \leq n)$. Esto es preciso demostrarlo sólo para $i = n$. La cadena cerrada $(n-1)$-dimensional V_{n-1} limita una cadena cerrada W_n sobre K_n. Si W_n comunica al e_n que separamos una indicatriz ι se puede, como sabemos, dar a todos los elementos e'_n, e''_n,..... de grado n de K_n indicatrices ι', ι'',.....: de modo que juntas con la indicatriz ι de e_n formen una cadena cerrada V^0_n sobre K_n. Entonces $V_n = W_n - V^0_n$ tiene el mismo límite V_{n-1} que W_n y está en E_n porque da al elemento e_n suprimido la indicatriz cero. La cadena n-dimensional definida en E_n por las indicatrices $-\iota'$, $-\iota''$,..... tiene como límite sobre el K_{n-1} contorneante, la misma cadena $(n-1)$-dimensional que induce sobre K_{n-1} la indicatriz ι de e_n.

Definición. Sea e_n un elemento de n^0 orden del complejo C_n y k_n un ciclo cualquiera que contiene a e_n y en el cual e_n está limitado por el mismo ciclo k_{n-1} de elementos de órdenes $(n-1)$.... hasta 0 que en C_n; y excepto k_{n-1} y e_n supongamos que k_n no tiene elemento común con C_n. Sea E_n la parcela que sale de k_n por supresión de e_n. La *partición* de e_n (efectuada por el ciclo k_n) se produce por la sustitución de E_n a e_n. De modo más exacto: a los elementos de órdenes 0 a $(n-1)$ de C_n se añaden los elementos interiores de E_n; e_n viene excluido y en su lugar entran los elementos de orden n de E_n; los nuevos elementos introducidos en C_n tienen en él los mismos elementos limítrofes que en E_n. El proceso de *partición de* n^0 *grado* de C_n consiste en que cada elemento de n^0 orden de C_n experimenta una partición en el sentido indicado. Es claro que C_n se transforma nuevamente en un complejo.

A la partición de n^0 grado puede preceder una partición de $(n-1)^0$ grado, la cual se efectúa del modo siguiente: se da al complejo $(n-1)$ dimensional C_{n-1} contenido en C_n una partición de $(n-1)^0$ grado y se agregan nuevamente a los elementos del C_{n-1} partido los elementos de n^0 grado de C_n; de tal modo, que un e_n esté limitado por todos los elementos de grado $n-1$, y sólo por ellos, que en la partición proceden de los e_{n-1} que limitan a e_n en C_n. A la partición de $(n-1)^0$ grado puede preceder una *partición de* $(n-2)^0$ *grado*, etc. *Partir un complejo, es efectuar sobre él, sucesivamente y por orden numérico, particiones de grados* 1, 2, 3, ... n.

Aquí necesitamos el siguiente

Axioma A. *Un ciclo* n*-dimensional se transforma por partición en otro ciclo* n*-dimensional.*

Su validez para número de dimensiones inferior a n, es necesaria a fin de que por particiones de grados 1 a $n - 1$, de un complejo n-dimensional, salga nuevamente otro *complejo*; por lo demás, este axioma debe postularse, porque el concepto de ciclo debe ser un invariante en sentido del Análisis situs. Aunque no hemos de usarlo en nuestro trabajo, basándonos en idéntica razón, añadiremos el

Axioma B. *Un complejo* n*-dimensional, que por partición se transorma en un ciclo, es también un ciclo*.

Además, buscaremos la condición para que siguiendo el proceso general de partición, se obtenga de un complejo no ramificado C_n otro complejo $\overline{C}_n$ también no ramificado. Sea e_0 un punto de C_n; los elementos de C_n a cuyo contorno pertenece e_0 forman, rebajando el grado en una unidad, un ciclo $(n - 1)$-dimensional; esta propiedad queda inalterada en la partición, como se prueba aplicando el axioma A a la dimensión $n - 1$. Sea $\overline{e}_0$ un punto de $\overline{C}_n$ que aparece por primera vez en la partición de grado i, y consideremos en primer lugar el complejo $C_n^{(i)}$ que se obtiene de C_n por las particiones de grado 1 a i, debemos demostrar que $\overline{e}_0$ limita sobre $C_n^{(i)}$ un ciclo $(n - 1)$-dimensional. Según lo que hemos hecho notar, esta propiedad se conserva a través de las restantes particiones de grados $i + 1$ hasta n, las cuales transforman $C_n^{(i)}$ en $\overline{C}_n$. $\overline{e}_0$ nace de la partición de un cierto elemento e_i de C_n y limita sobre $C_n^{(i)}$ directa o indirectamente: 1), los mismos elementos de órdenes 1 a i que limita sobre la parcela E_i que proviene de la partición de i^o grado de e_i; 2), los elementos de orden $i + 1$ a n que en C_n son limitados directa o indirectamente por e_i. Los primeros forman, rebajando una unidad a su orden, un ciclo $(i - 1)$-dimensional; los últimos, rebajando en $i + 1$ unidades su orden, otro ciclo $(n - i - 1)$-dimensional. Aquí se hace ya evidente la siguiente construcción. Sean K_{i-1} un ciclo $(i - 1)$-dimensional, K'_j un ciclo j-dimensional. Reuniremos los elementos de ambos ciclos en $K_{i-1} \mid K'_j$, con las condiciones siguientes: el orden de los elementos de K'_j se aumenta en i (K'_j se *apila* sobre K_{i-1}) y cada elemento de orden i obtenido así está limitado por *todos* los de orden $i - 1$ (del ciclo K_{i-1}). Postulamos

AXIOMA C. *Si* $i + j = n$ *y* K_{i-1}, K'_j *son dos ciclos de dimensiones* $i - 1$, j *respectivamente,* $K_{i-1} \mid K'_j$ *es un ciclo* n*-dimensional.*

Este axioma, si lo aplicamos no a n-dimensiones, sino a cualquier número $< n$, nos garantiza que por partición de un complejo no ramificado C_n se obtiene otro $\overline{C}_n$ también no ramificado. Del axioma C conviene poner en evidencia el caso $j = 0$. K'_0 consta de dos puntos; $K_{n-1} \mid K'_0 = K_n$ nace, por consiguiente, del ciclo $(n - 1)$-dimensional K_{n-1} por agregación de dos elementos de orden n, e_n, e'_n cada uno de los cuales está limitado por todo el ciclo K_{n-1}. El hecho de que el complejo K_n obtenido así es un ciclo, trae consigo que la sustitución de un elemento e_n en un complejo cualquiera C_n por el mismo e_n, la conservación de e_n, sea en el sentido aceptado por nosotros una particular partición de e_n; la *identidad,* la cual deja a C_n invariante, cae dentro del concepto de partición. Se ve además, fácilmente, que llevando a cabo, una después de otra, dos particiones de C_n, se obtiene una nueva partición de C_n.

Nuestro fin inmediato es demostrar el

TEOREMA 5.° (TEOREMA PRINCIPAL). *El número* t *de los complejos parciales aislados y conexos, el* $g = g_n$ *de las cadenas* n*-dimensionales cerradas independientes, los números de Betti* $p_1, p_2, \ldots, p_{n-1}$ *y los coeficientes de torsión de órdenes* 1, *a* $n - 1$, *referentes a un complejo* C_n, *no varían cuando sobre el complejo se lleva a cabo una partición arbitraria.*

La afirmación referente a t es evidente.

Con V_i indicaremos una cadena i-dimensional de C_n y con $\overline{V}_i$ otra i-dimensional del $\overline{C}_n$ obtenido por partición de C_n. Si C_n se transforma en $\overline{C}_n$ por una *partición de grado* n (luego consideraremos particiones de grados inferiores), a cada indicatriz ι de un elemento e_n de orden n de C_n corresponde una indicatriz *equivalente* I de aquella parcela E_n que en la partición se deduce de e_n; es decir, aquella cadena de E_n que está limitada por la misma cadena en el ciclo contornante k_{n-1}, la cual induce en él la indicatriz ι. De una V_n podemos deducir una cadena en $\overline{C}_n$ sin más que sustituir la indicatriz ι de cada elemento e_n de C_n por la indicatriz equivalente I de la parcela E_n que por la partición se origina de e_n. Todas las cadenas V_n son en este sentido al mismo tiempo cadenas de $\overline{C}_n$. Una cadena V_n está limitada por la misma V_{n-1}, ya se la considere como de C_n o de $\overline{C}_n$. Naturalmente, no toda $\overline{V}_n$ es V_n; sin embargo, resulta evidente para $n \geqslant 1$ el hecho siguiente:

(α) *Toda* $\overline{\mathrm{V}}_n$ *cerrada es* V_n.

Las indicatrices que comunica una cadena *cerrada* $\overline{V}_n$ a los elementos de orden n de la parcela E_n, definen una cadena n-dimensional I en E_n. La cadena $(n-1)$-dimensional v_{n-1} que le sirve de límite está integramente contenida en el ciclo k_{n-1} del contorno; v_{n-1} define una indicatriz ι del elemento no partido e_n a la cual es equivalente la indicatriz I de E_n. Un razonamiento análogo permite comprobar el hecho algo más general.

(β) *Toda* $\overline{\mathrm{V}}_n$, *que está limitada por una* V_{n-1}, *es* V_n.

En segundo lugar nos ocuparemos de una *partición de grado* n — 1, y sin temor a confusiones, designaremos nuevamente con $\overline{C}_n$ el complejo que sale de C_n por una partición de grado $n-1$. Sea e_n un elemento de orden n de C_n, limitado por el ciclo $(n-1)$-dimensional k_{n-1}, y ι una indicatriz de e_n, la cual induce en k_{n-1} la cadena cerrada v_{n-1}.

A consecuencia de la partición, k_{n-1} según el axioma A, se transforma en un ciclo $\overline{k}_{n-1}$; como v_{n-1} al mismo tiempo puede ser considerada como una cadena cerrada en $\overline{k}_{n-1}$, nos define una indicatriz $\overline{\iota}$, «coincidente con ι» para el elemento e_n de $\overline{C}_n$. El recíproco es también cierto; pues si $\overline{\iota}$ es una indicatriz de e_n en $\overline{C}_n$ que induce la cadena cerrada $\overline{v}_{n-1}$ sobre $\overline{k}_{n-1}$, por aplicación del teorema (α) a los complejos $k_{n-1}, \overline{k}_{n-1}$ en vez de los C_n, $\overline{C}_n$, se concluye que $\overline{v}_{n-1}$ coincide con una cadena cerrada v_{n-1} sobre el ciclo k_{n-1} no partido. Por consiguiente, puede hablarse de indicatriz de un elemento e_n sin fijar atención en si pertenece al complejo partido o no partido. Toda V_{n-1} es al mismo tiempo $\overline{V}_{n-1}$. Si la V_{n-1} cerrada limita la cadena n-dimensional V_n sobre C_n, lo mismo ocurre en $\overline{C}_n$ (V_n se transforma naturalmente de una cadena de C_n en otra cadena de $\overline{C}_n$ mediante la sustitución de las indicatrices por las equivalentes).

Reuniendo las consideraciones hechas respecto a las particiones de grados n y $n-1$, se comprende en qué sentido una cadena V_i de C_n puede ser considerada al mismo tiempo como cadena i-dimensional de $\overline{C}_n$, cuando $\overline{C}_n$ se obtenga por *una partición cualquiera* de C_n. Si V_{i-1} limita la cadena V_i sobre C_n, lo mismo ocurre en $\overline{C}_n$. Mientras se consideren particiones de órdenes inferiores al i, no es preciso hacer distinción entre las cadenas i-dimensionales pertenecientes al complejo partido y al no partido.

La última observación, aplicada a $i = n$, permite expresar el teorema (α) para una partición cualquiera, con lo que a la partición de grado n preceden las de grado inferior. De aquí se sigue la invariancia de $g = g_n$.

Si, pues, ahora C_n se transforma por una partición cualquiera en $\overline{C}_n$, podemos afirmar además

(γ) *Para cada* $\overline{V}_i$ $(1 \leq i \leq n)$ *cerrada, existe una* V_i *tal que sea* $\simeq$ $\overline{V}_i$ *sobre* $\overline{C}_n$. *En el caso límite* $i = n$ *aparece el signo* $=$ *en lugar de* $\simeq$.

El teorema está ya demostrado para $n = i$, por inducción de $n-1$ a n procederemos a las dimensiones $n = i+1, i+2, \ldots$ Sea $n-1 \geqslant i$. Supongamos que C_n por particiones de grados 1 a $n-1$ se transforma en C'_n, el complejo C_{n-1} contenido en él se transforma en C'_{n-1}, y que por una partición de grado n se transforme C'_n en $\overline{C}_n$. Sea e_n un elemento de orden n de C_n y con esto de C'_n, limitado en C'_n por el ciclo k_{n-1}, y tal que por partición de grado n se transforma en la parcela E_n. La porción de la cadena $\overline{V}_i$ que recorre elementos interiores a E_n se designará por $\overline{v}_i$. Como $\overline{V}_i$ es cerrada, $\overline{v}_i$ estará limitada por una cadena $(i-1)$-dimensional y cerrada v_{i-1}, la cual recorre íntegramente sobre k_{n-1}. La cadena v_{i-1} limita una cierta cadena v_i i-dimensional sobre k_{n-1}, pues k_{n-1} es de una hoja. Y éste es el punto decisivo en que el axioma IV entra en acción; $\overline{v}_i - v_i$ es una cadena cerrada en E_n y, por tanto, $\simeq 0$ en E_n. Si se sustituye $\overline{v}_i$ por v_i y se efectúa esta construcción para cada parcela E_n, $\overline{V}_i$ se transforma en una cadena cerrada V'_i sobre C'_n (ó C'_{n-1}), la cual es $\simeq \overline{V}_i$ sobre $\overline{C}_n$. Según la hipótesis de nuestro proceso inductivo, la cadena V'_i es homóloga de una V_i sobre C'_{n-1}; y *a fortiori* sobre $\overline{C}_n$.

La conclusión puede ser extendida igualmente de las cadenas *cerradas* $\overline{V}_i$ a las $\overline{V}_i$ tales que estén limitadas por una V_{i-1}. En este caso, nos interesa solamente el hecho de que existe una V_i, para la cual $\overline{V}_i - V_i$ es cerrada (contenido en $\overline{V}_i - V_i \simeq 0$). Entonces V_i está limitada por la misma cadena $(i-1)$-dimensional $\overline{V}_{i-1}$ que $\overline{V}_i$. Lo cual significa:

(δ) *Si* $V_{i-1} \dot{\simeq} 0$ *en* $\overline{C}_n$ *también lo es en* C_n.

Por consiguiente, para $1 \leq i \leq n-1$, se verifica el

TEOREMA 6. *Toda cadena cerrada* $\overline{V}_i$ *es homóloga a una* V_i *en* $\overline{C}_n$ *(toda* $\overline{V}_n$ *cerrada es una* V_n*).*

Si $\overline{U}_i$, $\overline{V}_i$ *son dos cadenas cerradas i-dimensionales de* $\overline{C}_n$, U_i, V_i *otras en* C_n; *si además*

$$\overline{U}_i \simeq \overline{V}_i, \quad \overline{U}_i \simeq U_i, \quad \overline{V}_i \simeq V_i \quad en \ \overline{C}_n,$$

la homología $U_i \simeq V_i$ *es válida en* C_n (no sólo en $\overline{C}_n$).

De aquí se siguen la invariancia de los números de Betti y de los coeficientes de torsión respecto a la partición.

Since § 6 – 8 will appear as contribution 59, they were omitted at this place in order to avoid a repetition.

59.

Análisis situs combinatorio (continuación)

Revista Matematica Hispano-Americana 6, 1—9 und 33—41 (1924)

§ 6.—Concepto de ciclo.

Los axiomas I-IV exigen la validez de *ciertas propiedades de un complejo,* cuya verificación caracteriza al *ciclo*. Por el contrario, A, B, C son axiomas *genéticos* que no se refieren a un ciclo sólo, sino que enseñan cómo con varios ciclos puede construirse otro. El axioma C da el medio para obtener de dos ciclos dados otro de número superior de dimensiones. El axioma A enseña cómo de un ciclo n-dimensional K_n y de ciertos ciclos n-dimensionales auxiliares k'_n, k''_n, ..., los cuales corresponden a los elementos e'_n, e''_n, ... de orden n de K_n y son utilizados para su partición, se puede formar un nuevo ciclo $\overline{K}_n$ (partición de grado n). Recíprocamente, según el axioma B, de $\overline{K}_n$ y mediante los ciclos auxiliares k'_n, k''_n ..... se vuelve a obtener el ciclo K_n. Los axiomas cualitativos I-IV limitan, por decirlo así, el concepto de ciclo *hacia arriba*; dicen, que es de menor amplitud que el de superficie de *una hoja*. Por el contrario, los axiomas genéticos limitan el coneepto *hacia abajo:* un complejo obtenido desde el punto de partida fijado por el axioma 0, mediante los principios constructivos A, B, C, es seguramente un ciclo. La no contradicción de los axiomas queda garantizada cuando se demuestre:

(Ω) *Dando al concepto tanta comprensión como permiten los axiomas cualitativos*, esto es, *entendiendo bajo el nombre ciclo toda superficie de una hoja, los axiomas genéticos conservan su validez.*

Entonces resulta recíprocamente que la construcción basada sobre los axiomas genéticos no nos conduce fuera del dominio de las superficies de una hoja. La demostración de (Ω) es fácil de exponer. En primer lugar, por el convenio de (Ω) es evidente la validez del axioma C; ahora bien, admito que mi afirmación (Ω) es válida para menos de n-dimensiones y veo de concluir para n. A este fin, nótese que en la demostración del teorema fundamental del § anterior han sido utilizados los axiomas I-IV para dimensiones $\leq n$ y el A sólo para dimensiones en número $< n$ (mientras el axioma B no ha sido utilizado). Por consiguiente, podemos utilizarlo aquí, y de él obtendremos en particular que si C_n es una superficie de una hoja, lo es también $\overline{C}_n$, y recíprocamente.

El fin último de la axiomática es restringuir el concepto de ciclo *superiormente* por los axiomas que expresan propiedades e *inferiormente* por los axiomas genéticos, de tal modo que resulte unívocamente determinado. Por el momento estamos todavía bastante lejos de ello. De los axiomas genéticos expuestos hasta ahora no se puede concluir más sino que *un* complejo n-dimensional es un ciclo, el cual consta de dos elementos de orden 0, dos de orden 1, ..., dos de orden n y en el cual ambos elementos de orden i ($1 \leqq i \leqq n$) están limitados por los dos elementos de orden $i - 1$. Salimos inmediatamente de este dominio completamente restringido, si exigimos que el triángulo sea un ciclo unidimensional (lo cual hace posible la partición ilimitada del complejo unidimensional), que el tetraedro sea un ciclo bidimensional, etc.

El *simple* n-*dimensional* S_n ($S_0 =$ par de puntos, $S_1 =$ triángulo, $S_2 =$ tetraedro, etc.) posee $n + 2$ vértices α; cada agrupación de $i + 1$ vértices distintos $(\alpha, \alpha', \ldots, \alpha^i)$ define un elemento e_i de orden i ($0 \leq i \leq n$); e_i estará limitado por aquellos elementos de orden $i - 1$ que se obtiene cuando se suprime una de las α en la agrupación que define el e_i. El método constructivo que conduce del par de puntos al triángulo, del triángulo al tetraedro, etcétera, y en general amplia el ciclo $(n - 1)$-dimensional K_{n-1} a otro n-dimensional πK_n (la *pirámide* erigida sobre K_{n-1}) es el siguiente:

A los elementos de orden 0 de K_{n-1} se agrega otro o (el vértice de la pirámide); cada elemento e_{i-1} ($1 \leqq i \leqq n$) de K_{n-1} engendra un nuevo elemento $(e_{i-1}\, o)$ de orden i (por *proyección* de e_{i-1} desde el vértice o); finalmente, a los elementos de orden n de πK_n obtenidos por este procedimiento de los e_{n-1} de K_{n-1} se agrega un nuevo elemento e^0_n (la *base* de la pirámide). El elemento $(e_0\, o)$ está limitado por e_0 y o; (e_i, o) $[1 \leq i \leq n - 1]$ está limitado por e_i y aquellos elementos $(e_{i-1}\, o)$, cuyo correspondiente e_{i-1} en K_{n-1} pertenece al contorno de e_i; la *base* e'_n estará limitada por todos los elementos de orden $(n - 1)$ del ciclo K_{n-1}.

Esto sentado, ampliaremos el sistema de axiomas genéticos con el

AXIOMA D. *La construcción de pirámides engendra un ciclo* n-*dimensional* πK_n *de uno* (n — 1)-*dimensional* K_{n-1}.

Es necesario entonces extender la demostración de (Ω) al nuevo axioma; encontramos por tanto de nuevo el convenio ciclo = superficie de una hoja; y hemos de demostrar que K_{n-1} y la pirámide πK_n erigida sobre él, son a la vez superficies de una hoja. En estas condiciones es preciso admitir que $n \geqslant 2$ y que la afirmación es válida para órdenes inferiores de dimensiones.

1) Los elementos que limitan directa o indirectamente un elemento de orden n de πK_n, forman un ciclo $(n - 1)$-dimensional. Para la base e^0_n ésto es evidente; para un elemento (e_{n-1}, o), se sigue de que los elementos de su contorno forman la pirámide erigida sobre el ciclo $(n - 2)$-dimensional que limite a e_{n-1}.

2) Los elementos a cuyo contorno pertenece directa o indirectamente un elemento de orden 0 de πK_n forman, cuando se rebaja el número de dimensiones en una unidad, un ciclo $(n - 1)$-dimensional. Demostración: Como en 1).

3) πK_n es conexo, porque como nuevo punto sólo se agrega el o a los e_0 de K_{n-1} y éste resulta unido a ellos por los segmentos $(e_0\, o)$.

4) πK_n es bilateral. Demos a cada elemento de K_{n-1} una indicatriz 1 primitiva; las de los elementos de orden $(n - 1)$ deben formar una cadena cerrada en K_{n-1}. Por indicatriz 1 de un elemento (e_{i-1}, o) debe entenderse la que induce la indicatriz 1 en el elemento generador e_{i-1} [perteneciente al contorno de (e_{i-1}, o)]; por indicatriz 1 de la base e^0_n la que induce la indicatriz 1 en todos los e_{n-1} de K_{n-1}. Si a cada elemento le agregamos como factor su indicatriz, se tiene

$$(12) \qquad (e_i\, o) \rightarrow e_i + \Sigma\, \varepsilon\, (e_{i-1}\, 0) \qquad (1 \leq i \leq n-1); \qquad e^0_n \rightarrow \Sigma\, e_{n-1}$$

Una cadena i-dimensional que consta exclusivamente de elementos de la forma (e_{i-1}, o), sólo puede ser cerrada si es $= 0$. Pues una cadena tal como la $V_i = \Sigma\, \nu\, (e_{i-1}, o)$ tiene como contorno una V_{i-1}, la cual da la indicatriz ν al elemento e_{i-1}; si V_i ha de ser cerrada, todas las ν deben anularse. Si se aplica la primera fórmula (12) a $i = n - 1$ y se extiende la sumación a todos los e_{n-1}, restando la segunda ecuación queda

$$\Sigma\,(e_{n-1},\,o) - e^0{}_n \rightarrow \Sigma\,\Sigma\,\varepsilon\,(e_{n-2},\,o)$$

En el segundo miembro hay una cadena $(n-1)$-dimensional que debe ser cerrada porque limita. Como está compuesta exclusivamente de elementos de la forma (e_{n-2}, o) es $= 0$; luego la cadena n-dimensional del primer miembro es cerrada.

5) πK_n es una superficie de una hoja. Sea

$$\Sigma\,\mu\,e_i + \Sigma\,\nu\,(e_{i-1},\,o)$$

una cadena *cerrada* i-dimensional V_i situada en πK_n ($1 \leq i \leq n-1$; vamos a demostrar que limita a la cadena $(i+1)$-dimensional $V_{i+1} = \Sigma\,\mu\,(e_i,\,0)$. De (12) se deduce

$$V_{i+1} \rightarrow V'_i = \Sigma\,\mu\,e_i + \Sigma\,\{\mu\,\Sigma\,\varepsilon\,(e_{i-1},\,o)\} \tag{13}$$

V'_i es cerrada por ser cadena contorno, por consiguiente también

$$V'_i - V_i = \Sigma\,\{\mu\,\Sigma\,\varepsilon\,(e_{i-1},\,o)\} - \Sigma\,\nu\,(e_{i-1},\,o).$$

Como está formada por elementos (e_{i-1}, o) exclusivamente, debe ser $= 0$, por tanto $V'_i = V_i$ y en virtud de la (13): $V_{i+1} \rightarrow V_i$.

Es fácil convencerse de que para $n = 1, 2$ se alcanza el fin propuesto de fijar unívocamente el concepto de ciclo mediante los axiomas expuestos hasta aquí. Para número mayor de dimensiones existe una laguna entre los axiomas genéticos y los cualitativos. Poincaré construyó un complejo especial de tres dimensiones que es superficie de una hoja, y, sin embargo, no se puede obtener con los principios constructivos A, B, C, D (*). Esta laguna se irá reduciendo cada vez más, como es de esperar, con el desarrollo progresivo del análisis situs.

(*) Rendiconti Círcolo Mat di Palermo **18** (1904), pág. 45.

§ 7. Ley de reciprocidad.

En íntima dependencia con el principio D está un modo de partición de un complejo C_n, la *partición normal*, que describo aplicándola primero a un C_2. Cada segmento se descompone en otros parciales mediante uno de sus puntos interiores, en cada elemento de superficie se toma un punto y se le divide en otros por medio de segmentos que van de este punto a los vértices del contorno (a los antiguos y a los introducidos por la partición) (fig. 3.ª). *In abstracto*, el proceso de partición normal que transforma C_n en $\acute{C}_n$ puede resumirse así: Cada $i+1$ elementos de orden distinto $e, e', \ldots, e^{(i)}$ de C_n que se limitan mutuamente engendran un elemento de orden i $(e, e', \ldots e^{(i)})$ de $\acute{C}_n$, el cual está limitado por aquellos elementos de orden $i-1$ en $\acute{C}_n$ que se obtiene cuando en la serie de los generadores $e, e', \ldots e^{(i)}$ se suprime uno de ellos:

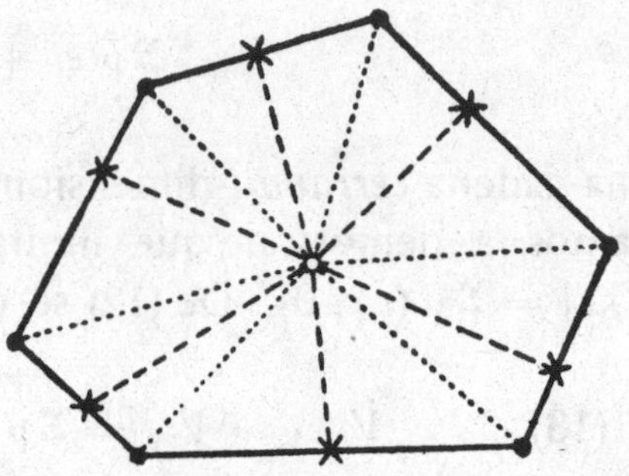

Fig. 3.ª
Partición normal de un e_2.

$$(e', e'' \ldots e^{(i)}) \quad (e, e'' \ldots e^{(i)}), \ldots, (e, e' \ldots e^{(i-1)})$$

Según lo dicho, la partición normal puede efectuarse mediante particiones sucesivas de grados 1 a n; la partición de grado i de un e_i se obtiene mediante la pirámide πk_i erigida según el axioma D sobre el ciclo k_{i-1} que limita a e_i. Este axioma nos asegura que la partición normal es un proceso que cae dentro del concepto de partición antes expuesto. Ante todo es importante, porque por iteración *in infinitum* de este proceso se pasa del esquema de partición del Continuo al Continuo mismo. Aquí nos interesa, además, por otra razón: Si C_n es un complejo no ramificado y C^*_n su reciproco según la definición (t. V, pág. 10), se deduce inmediatamente

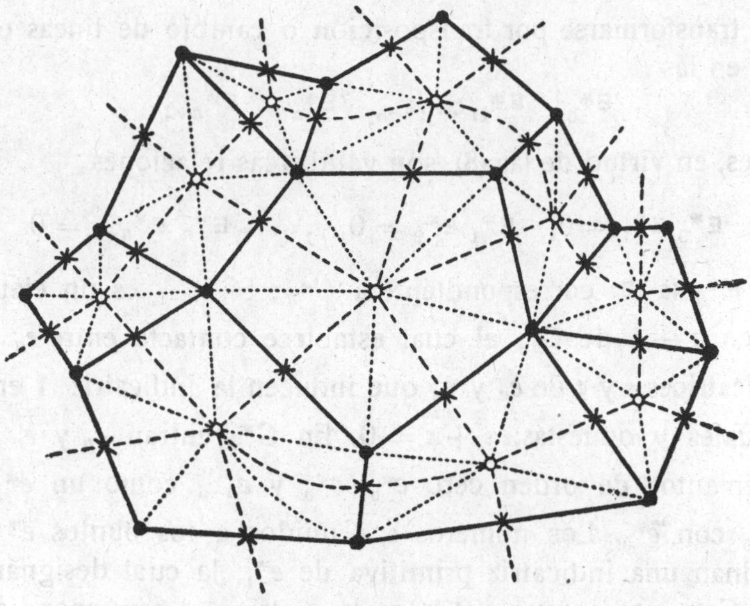

Fig. 4.ª

Partición normal de los de los C_2 y C^*_2 duales de la figura 2.ª

(v. fig. 4.ª) que C_n y C^*_n se transforman por partición normal en el mismo complejo $\hat{C}_n$. De aquí se dedue el

TEOREMA 7. *Los números de Betti y los coeficientes de torsión de dos superficies recíprocas coinciden.*

Nos ocuparemos, en particular, con las superficies bilaterales. Supongamos que un tal C_n esté en una *orientación* ω; esto dice que a los elementos de orden n de C_n corresponden indicatrices primitivas 1 tales que formen en conjunto una cadena cerrada sobre C_n. Para los elementos de órdenes 1 a $n-1$ representa 1 una de las dos indicatrices primitivas posibles 1. Las matrices $E_0, E_1, \ldots . E_n, E_{n+1}$ satisfacen las relaciones (8).

Si el elemento e' de orden $i - 1$ limita en C_n al elemento e de orden i, recíprocamente e limita a e'; sobre la superficie dual C^*_n, utilizaremos la locución e, y e' se limitan mutuamente. Asimismo debemos hacer notar que las indicatrices de e y e' se engendran mutuamente. Pues en C_n una indicatriz ι de e induce una indicatriz ι' de e' y recíprocamente a cada indicatriz ι' de e' corresponde una y sólo una indicatriz ι de e que la induce; si una es primitiva también lo es la otra. Las matrices

$$\mathrm{E}_{n+1}, \quad \mathrm{E}_n, \ldots\ldots, \quad \mathrm{E}_1, \quad \mathrm{E}_0$$

pueden transformarse por transposición o cambio de líneas en columnas en las

$$\mathrm{E}^*_0, \quad \mathrm{E}^*_1, \ldots\ldots, \quad \mathrm{E}^*_n, \quad \mathrm{E}^*_{n+1}.$$

Entonces, en virtud de las (8), son válidas las relaciones

$$(8^*) \qquad \mathrm{E}^*_0 \mathrm{E}^*_1 = 0, \quad \mathrm{E}^*_1 \mathrm{E}^*_2 = 0, \ldots\ldots, \mathrm{E}^*_n \mathrm{E}^*_{n+1} = 0$$

siendo E^*_0 la E_0 correspondiente a C^*_n. Si e_{n-1} es un elemento de orden $n-1$ de C_n, el cual establece contacto entre e_n y $\bar{e}_n$, las indicatrices ε y $\bar{\varepsilon}$ de e_n y $\bar{e}_n$ que inducen la indicatriz 1 en e_{n-1} son iguales y opuestas: $\varepsilon + \bar{\varepsilon} = 0$. En C^*_n entran e_n y $\bar{e}_n$ como dos elementos de orden cero e^*_0, $\bar{e}^*_0$ y e_{n-1} como un e^*_1 que une e^*_0 con $\bar{e}^*_0$. Los números ε, $\bar{\varepsilon}$ unidos a los puntos e^*_0, $\bar{e}^*_0$, determinan una indicatriz primitiva de e^*_1, la cual designaremos con 1. Con este convenio E^*_1 es la matriz E_1 correspondiente a C_n. Si $e^*_2 = e_{n-2}$ es un elemento de segundo orden de C^*_n y se dan a los e^*_1 que lo limitan las indicatrices dadas por la columna correspondiente a e^*_2 en la matriz E^*_2, la segunda ecuación (8*) dice entonces que estas indicatrices forman una cadena cerrada; determinan, por tanto, una indicatriz primitiva de e^*_2 sobre C^*_n, la cual designaremos con 1. Entonces E^*_2 es evidentemente la matriz E_2 correspondiente a C^*_n y así sucesivamente. Se ve que con la orientación marcada en ω a cada indicatriz de e_{n-i} en C_n corresponde una unívocamente definida para el elemento correspondiente $e^*_i = e_{n-i}$ de C^*_n; si las indicatrices ι, ι' de dos elementos que se limitan directamente e, e' se engendran mutuamente en C_n, lo mismo ocurre con las indicatrices correspondientes de los elementos que les corresponden en C^*_n.

Una matriz cualquiera P formada por números enteros puede, como es sabido, ser transformada mediante composición anterior y posterior con ciertas matrices A y B de determinante ± 1, en una forma normal P_0

$$(14) \qquad B\,P\,A = P_0;$$

en la diagonal principal de P_0 figuran h enteros $c_1, c_2, \ldots\ldots, c_h$, tales que cada uno es divisor del anterior y todos los demás puntos están ocupados por ceros. Por transposición, se sigue de la (14)

$$\overline{A}\,\overline{P}\,\overline{B} = \overline{P}_0,$$

significando $\overline{A}$ la transpuesta de A. De aquí se sigue que la matriz transpuesta tiene el mismo orden h y los mismos divisores elementales $c_1, c_2, \ldots\ldots, c_h$ que P.

El orden y los divisores elementales de la matriz E_i $(i = 1, 2, \ldots\ldots n)$ los habíamos designado, respectivamente, con

(15) $$h_{i-1};\; c'_{i-1},\; c''_{i-1}, \ldots\ldots$$

El número de Betti p_i es

$$p_i = g_i - h_i = N_i - h_{i-1} - h_i$$

De $N_{n-i} = N^*_i$, $h_{n-i} = h^*_{i-1}$, se deduce

$$N_{n-i} - h_{n-i-1} - h_{n-i} = N^*_i - h^*_i - h^*_{i-1}.$$

(Lema). *Los coeficientes de torsión de orden* n — i *de* C_n *coinciden con los coeficientes de torsión de orden* i — 1 *de* C^*_n *y el número de Betti* p_{n-i} *de* C_n *es igual al número de Betti* p^*_i *de* C^*_n.

Siendo válida la primera afirmación para $i = 1, 2, \ldots\ldots, n$ y la segunda solo, naturalmente, para $i = 1, 2, \ldots\ldots, n-1$.

Reuniendo esta idea con el teorema 7 obtenido por partición normal, llegamos a la siguiente *ley de reciprocidad:*

Teorema 8. *Para una superficie bilateral el número de Betti* p_{n-i} *es igual a* p_i, *y los coeficientes de torsión de orden* n — i *coinciden con los de orden* i — 1.

Del lema se deduce, en particular: *sobre una superficie bilateral no existen los coeficientes de torsión de orden* $n-1$, así como los de orden cero $(r_{n-1} = 0)$. La demostración de este teorema se basará en considerar la matriz traspuesta $\overline{\mathsf{E}}_n$ en vez de la E_n: en vez de investigar qué sistema de números (y) pueden ser representados mediante las ecuaciones

$$y'_{e'} = \sum_e \varepsilon_{e'e}\, x_e, \quad y = \mathsf{E}_n\, x$$

con auxilio de números enteros x, investigaremos qué sistema de números ξ pueden expresarse en la forma

$$\xi_e = \sum_{e'} \varepsilon_{e'e}\, \eta_{e'}, \quad \xi = \eta\, \mathsf{E}_n$$

mediante enteros η (e recorre los elementos de orden n y e' los de orden $n-1$). Con el convenio hecho sobre la indicatriz 1 de los elementos e, la respuesta es: sólo cuando

$$\sum_e \xi_e = 0.$$

Si por el contrario, C_n es una superficie unilateral (sobre la cual se han fijado arbitrariamente las indicatrices primitivas 1 para los elementos de orden n), se encuentra con la misma sencillez como condición necesaria y suficiente la congruencia

$$\sum_e \xi_e \equiv 0 \quad (\text{mód. } 2).$$

Una superficie unilateral tiene en virtud de ésto un único coeficiente de torsión de orden n — 1 *cuyo valor es* 2; esto es: sobre una superficie unilateral hay una cadena cerrada $(n-1)$-dimensional V^0_{n-1}, la cual debe ser recorrida dos veces para que limite; toda cadena $(n-1)$-dimensional V_{n-1} que es ~ 0 es $\backsimeq 0$ o $\backsimeq V^0_{n-1}$ (en este último caso es, naturalmente, $2\,V_{n-1} \backsimeq 0$).

Si se quiere transportar la ley de reciprocidad a las superficies unilaterales, será conveniente empezar considerando la superficie de recubrimiento bilateral y de dos hojas que puede ser construída sobre toda superficie unilateral, y la cual representa por sus dos hojas las dos *caras*, conexa una con la otra, de la superficie fundamental. Formulado exactamente: a cada superficie unilateral C_n corresponde una superficie bilateral $C_n^{(2)}$ con las propiedades siguientes: «El número de elementos de cualquier orden es doble en $C^{(2)}{}_n$ que en C_n; a cada elemento $e^{(2)}{}_i$ de $C^{(2)}{}_n$ corresponde un elemento determinado e_i de $C^{(2)}{}_n$ del mismo orden; decimos: $e^{(2)}{}_i$ *recorre* (o cubre) a e_i; pero cada elemento e_i de C_n es, recíprocamente, recorrido por dos elementos de la superficie $C^{(2)}{}_n$. Si $e^{(2)}{}_i$ está limitado por $e^{(2)}{}_{i-1}$, también los elementos trazados e_i, e_{i-1} correspondientes se limitan mutuamente». Para poder sacar de la ley de reciprocidad de $C^{(2)}{}_n$ conclusiones relativas a C_n, habría todavía que ver en qué relación están los números de Betti y los coeficientes de torsión de C_n con los de la superficie de recubrimiento $C^{(2)}{}_n$, lo cual, que yo sepa, no se ha hecho todavía.

§ 8.—Características.

Nos ocuparemos ahora algo más extensamente de una superficie bilateral C_n y utilizaremos las matrices E_i $(i = 0, 1, \ldots, n+1)$. Hemos visto antes, que si C_n está tomado como base en una orientación determinada ω, corresponde a cada indicatriz ι de un elemento e de C_n una indicatriz determinada ι^* del elemento $e^* = e$ correspondiente en la superficie dual C^*_n. En particular, a la indicatriz 1 de cada punto e_0 de C_n corresponde una primitiva 1^* del elemento homólogo $e^*_n = e_0$; las cuales, como se deduce de la ecuación $E^*_n E^*_{n+1} = 0$ forman una cadena cerrada sobre C^*_n y definen por consiguiente una orientación ω^* de C^*_n. Por partición normal C_n y C^*_n se transforman en la misma superficie $\hat{C}_n$ y parece natural preguntarse si sobre $\hat{C}_n$ coinciden las orientaciones ω y ω^* o bien son opuestas.

LEMA.—*Será* $\omega^* = \omega$ *si el número de dimensiones* n *es* $\equiv 0$ ó 3 (mód. 4), *por el contrario* $\omega^* = -\omega$ *para* n $\equiv 1$ ó 2 (mód. 4); *o sea*

$$\omega^* = (-1)^{\frac{n(n+1)}{2}} \omega .$$

Demostración: a) Sobre un elemento de *carácter simple* e_n, es decir, un elemento de orden n cuyo ciclo contorno sea un *simple* $(n-1)$ dimensional, los vértices $\alpha, \alpha', \ldots, \alpha^n$ definen para cada sucesión $\{\alpha, \alpha', \ldots, \alpha^n\}$ determinada de los mismos una indicatriz primitiva según la regla siguiente: (Definición por inducción completa.)

$$1) \quad \{\alpha\} = 1; \qquad 2) \quad \{\alpha\, \alpha' \ldots \alpha^n\} \to \{\alpha' \ldots \alpha^n\}$$

Afirmo: Por transposición de dos vértices, la indicatriz se transforma en su opuesta. Demostración por inducción completa: La indicatriz del e_{n-1} de contorno $= \{\alpha'\, \alpha'' \ldots \alpha^n\}$ se transforma en la opuesta cuando se permutan dos de los vértices $\alpha'\, \alpha'' \ldots \alpha^n$; por consiguiente, también la indicatriz $\{\alpha\, \alpha'\, \alpha'' \ldots \alpha^n\}$. Lo mismo ocurre si se permuta α con uno cualquiera de los otros vértices, por ejemplo, con α'. Para $n = 1$ esto es claro. Si $n \geqslant 2$, se sigue de

$$\iota = \{\alpha\, \alpha'\, \alpha'' \ldots \alpha^n\} \to \iota_1 = \{\alpha'\, \alpha'' \ldots \alpha^n\} \to \{\alpha'' \ldots \alpha^n\}$$

$$\iota'_1 = \{\alpha\, \alpha'' \ldots \alpha^n\} \to \{\alpha'' \ldots \alpha^n\}$$

basándose en la condición de coherencia que ι sobre el e_{n-1} de vértices $\alpha\alpha'' \ldots\ldots \alpha^n$, induce, no ι'_1, sino $-\iota'_1$. Como ι e $\iota' = \{\alpha'\alpha\alpha'' \ldots\ldots \alpha^n\}$ inducen sobre e_{n-1} las indicatrices opuestas $-\iota'_1$ e ι'_1, respectivamente, son ellos mismos opuestos. Ordenaciones de los vértices, deducidas unas de otras por permutaciones pares, definen la misma orientación; las obtenidas por permutaciones impares, orientaciones opuestas.

b) Proveamos a los elementos de la superficie bilateral C_n de indicatrices primitivas 1. Los elementos de orden n de la superficie $\breve{C}_n$ obtenida por partición normal, son de carácter simple, cuyos vértices están formados por $n+1$ elementos $e_0, e_1, \ldots, e_n$ de C_n de órdenes 0 a n, los cuales se limitan mutuamente. Por la partición el elemento $\breve{e}_n = (e_0\, e_1 \ldots\ldots e_n)$ de $\breve{C}_n$ se deduce del elemento e_n de C_n, y por la indicatriz 1 de e_n resulta $\breve{e}_n$ provisto de una orientación positiva. Cabe la duda de si coincide con la indicatriz $\{e_n\, e_{n-1} \ldots\ldots e_0\}$ o será opuesta a ella.

La respuesta está contenida en la fórmula

$$(16) \qquad \iota_n = \{e_n\, e_{n-1} \ldots\ldots e_0\} = \varepsilon_{n-1,n} \ldots\ldots \varepsilon_{1,2}\, \varepsilon_{0,1}$$

donde los índices $i-1, i$ se han puesto a ε para indicar abreviadamente la expresión e_{i-1}, e_i. Pues en la serie de las indicatrices

$$\{e_0\} = \iota_0 = 1, \quad \{e_1\, e_0\} = \iota_1, \quad \{e_2\, e_1\, e_0\} = \iota_2, \ldots\ldots$$

la definición inductiva, por ejemplo: $\iota_2 \to \iota_1$ se expresa como una ecuación de la forma $\iota_2 = \varepsilon_{12}\, \iota_1$. De aquí se sigue la afirmación antes señalada.

c) La ecuación (16) describe la orientación ω sobre $\breve{C}_n$. Asimismo, la orientación ω^* sobre $\breve{C}_n$, está descrita en las ecuaciones

$$\{e^*_n \ldots\ldots e^*_1\, e^*_0\} = \varepsilon^*_{n-1,n} \ldots\ldots \varepsilon^*_{1,2}\, \varepsilon^*_{0,1}$$

o, por ser $e^*_0 = e_n, \ldots\ldots, \varepsilon^*_{01} = \varepsilon_{n-1,n}$, etc.,

$$\{e_0 \ldots\ldots e_{n-1}\, e_n\} = \varepsilon_{0,1} \ldots\ldots \varepsilon_{n-1,n}$$

Así, el signo en $\omega^* = \pm\omega$, depende de que la inversión formada por las $n+1$ cifras, sea par o impar; dicha inversión se obtiene por

$$n + (n-1) + \ldots\ldots + 1 = \frac{n\,(n+1)}{2}$$

transposiciones.

Una cadena W_{n-1} de elementos de orden n, la cual se propaga de un e_n a otro $\bar{e}_n$ por el e_{n-1} del contorno común a e_n y $\bar{e}_n$, es una cadena W^*_1 unidimensional en C^*_n. La cadena rebasa el elemento e_{n-1}, si W^*_1 recorre el $e^*_1 = e_{n-1}$ correspondiente; en $\tilde{C}_n$ se cruzan e_{n-1} y e^*_1 en el punto engendrado por el elemento $e_{n-1} = e^*_1$, en la partición normal (fig. 5 ª). Si e_{n-1} tiene una indicatriz primitiva ι, el cruzamiento es *positivo,* cuando e^*_1 está recorrido en el sentido correspondiente a la indicatriz ι, y negativo en caso contrario; para esto, C_n debe ser colocado en una orientación determinada ω. Si V_{n-1} es una cadena $(n-1)$-dimensional cerrada, $W_{n-1} = W^*_1$ una cadena de elementos de orden n de C_n, podemos contar cuantas veces W^*_1 atraviesa a V_{n-1}, contando por $+1$ un cruce positivo, y por -1, uno negativo. A este número lo llamaremos la *característica* $\mathfrak{s}(V_{n-1}, W^*_1)$ de V_{n-1}

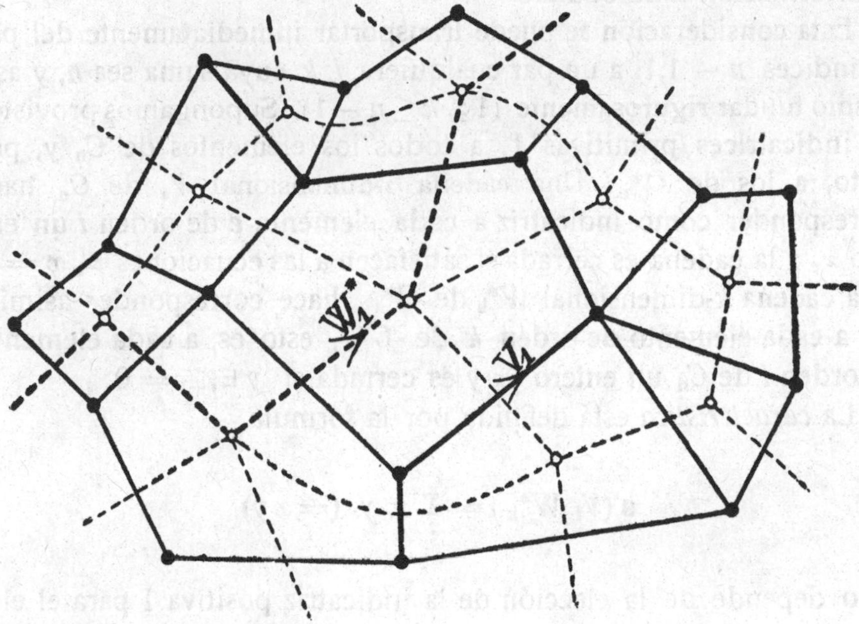

Fig. 5.ª

Dos cadenas V_1 y W^*_1 que se cruzan en C_2.

y W^*_1. Es claro, que este numero es $= 0$, si la cadena V_{n-1}

limita a una n-dimensional; es también $=0$, si $V_{n-1} \backsim 0$, y asimismo si en C^*_n la cadena cerrada unidimensional W^*_1 es $\backsim 0$. Si hacemos los números de Betti $p_{n-1} = p^*_1 = p$, existe para la cadena cerrada V_{n-1} una base $V', \ldots\ldots, V^{(p)}$, tal que toda cadena cerrada V_{n-1} es $\backsim$ con una, y sólo con una combinación lineal $\xi_1 V' + \ldots\ldots + \xi_p V^{(p)}$ con coeficientes ξ enteros. Asimismo, sea $W', \ldots\ldots, W^{(p)}$ una base para la cadenas unidimensionales cerradasen C^*_n

$$W^*_1 \backsim \eta_1 W' + \ldots\ldots \eta_p W^{(p)}$$

Entonces, se obtiene

$$\mathbf{s}(V_{n-1}, W^*_1) = \sum_{\alpha, \beta = 1}^{p} s_{\alpha\beta}\, \xi_\alpha\, \eta_\beta$$

La forma bilineal del segundo miembro con los coeficientes $s_{\alpha\beta}$ tiene un significado invariante en sentido del Análisis situs (frente a la partición); por cambio de base, tanto las ξ como las η sufren una transformación unimodular.

Esta consideración se puede transportar inmediatamente del par de indices $n-1,1$ a un par cualquiera i, k cuya suma sea n, y asimismo fundar rigurosamente $(1 \leqq k \leq n-1)$. Supongamos provistos de indicatrices primitivas 1, a todos los elementos de C_n y, por tanto, a los de C^*_n. Una cadena i-dimensional V_i de C_n hace corresponder como indicatriz a cada elemento e de orden i un entero x_e; la cadena es cerrada si satisfacen a las ecuaciones $E_i\, x = 0$. Una cadena k-dimensional W^*_k de C^*_n, hace corresponder asimismo a cada elemento de orden k de C^*_n, esto es, a cada elemento de orden i de C_n un entero y_e y es cerrada si $y\, E_{i+1} = 0$.

La *característica* está definida por la fórmula

$$\mathbf{s}(V_i\ W^*_k) = \sum_e x_e\, y_e \ (= x\, y)$$

y no depende de la elección de la indicatriz positiva 1 para el elemento e de orden i, pero sí de la orientación ω, variando con ella su signo. Por abreviar haré

$$E_i = A,\ E_{i+1} = B;\ N_i = N,\ h_{i-1} = a,\ h_i = b,\ p_i = N - a - b = p.$$

Si la cadena es $V_i \sim 0$, el sistema de enteros x se puede expresar por un sistema de números racionales x', en la forma $x = \mathrm{B}\, x'$; entonces es, en efecto,

$$\mathbf{s}\,(V_i \;\; W^*_k) = y.x = y.\mathrm{B}\, x' = y\,\mathrm{B}.x' = 0,$$

pues $y\,\mathrm{B} = 0$. Se demuestra en seguida que el recíproco es también cierto:

TEOREMA 9. *La cadena* V_i *es* ~ 0 *sólo cuando para cualquier cadena cerrada* W^*_k *la característica* $\mathbf{s}\,(V_i \; W^*_k)$ *es* $= 0$.

A saber, si x_e son números dados y es válida la ecuación $x.y = 0$ para todo sistema de números y que satisfacen a la $y.\mathrm{B} = 0$, entonces la línea de las x debe estar compuesta, mediante multiplicadores x', con las líneas de la matriz B, esto es, $x = \mathrm{B}\, x'$. Si se elige una base $V', \ldots\ldots, V^{(p)}$ para las cadenas cerradas V_i y otra $W', \ldots\ldots, W^{(p)}$ para las W^*_k en el sentido indicado por las relaciones

$$V_i \sim \xi_1\, V' + \ldots\ldots + \xi_p\, V^{(p)}, \qquad W^*_k \sim \eta_1\, W' + \ldots\ldots + \eta_p\, W^{(p)}$$

entonces $\mathbf{s}\,(V_i \;\; W^*_k)$ se transforma en una forma bilineal

$$(17) \qquad \sum_{\alpha,\beta=1}^{p} s_{\alpha\beta}\, \xi_\alpha\, \eta_\beta = \mathbf{s}_i\,(\xi, \eta)$$

de las variables ξ y η con coeficientes enteros, la *forma característica de orden* i. El teorema 9 dice que su determinante es $\neq 0$. Este determinante vale ± 1; si ξ_α son números enteros dados cuyo m. c. d. es 1, se pueden hallar enteros η_α tales que $\mathbf{s}_i\,(\xi, \eta) = 1$. O dicho en forma geométrica (una cadena cerrada V_i se llamará *primitiva* si no es $\sim$ al duplo, triplo, cuádruplo, etc., de una cadena *i*-dimensional).

TEOREMA 10. *Para cada* V_i *primitiva existe una* W^*_k *cerradd que la cruza una sola vez:* $\mathbf{s}\,(V_i \; W^*_k) = 1$.

Demostración: Por una transformación unimodular de las variables $x_e\,(x_1, x_2, \ldots\ldots, x_N)$ se puede lograr que las ecuaciones $\mathrm{A}\, x = 0$ tomen la forma

$$x_1 = 0, \quad x_2 = 0, \ldots\ldots, x_a = 0.$$

Si se aplica a las y_e la transformación contragrediente se obtiene

$$(18) \qquad x.y = \sum_{\lambda=1}^{N} x_\lambda y_\lambda , \qquad \text{para } V_i \text{ cerrada: } \quad = \sum_{\lambda=a+1}^{N} x_\lambda y_\lambda$$

A consecuencia de las $\mathfrak{A}\mathfrak{B} = 0$, las líneas de $\mathfrak{B}$ satisfacen a la ecuación $\mathfrak{A}x = 0$; después de la transformación, las primeras a líneas de $\mathfrak{B}$ están, por consiguiente, llenas por ceros. Las ecuaciones $y\mathfrak{B} = 0$ hacen referencia, pues, sólo a los números $y_{a+1}, \ldots\ldots y_N$. Por una transformación unimodular de estas variables, se puede conseguir que tomen la forma

$$y_{a+1} = 0 \ldots\ldots y_{a+b} = 0$$

Si se aplica a las $x_{a+1}, \ldots\ldots, x_N$ la transformación contragrediente, la ecuación (18) subsiste y para cadenas cerradas se tiene en particular

$$\mathbf{s}_i = x\,y = \sum_{\lambda=1}^{p} \xi_\lambda \eta_\lambda$$

donde $\xi_\lambda = x_{a+b+\lambda}$, $\eta_\lambda = y_{a+b+\lambda}$. Eligiendo convenientemente las dos bases $V', \ldots\ldots, V^{(p)}$; $W', \ldots\ldots, W^{(p)}$ se puede, pues, lograr que la forma característica (17) se convierta en la unitaria $\xi.\eta$.

Lo mismo que hemos formado en C_n las características $\mathbf{s}(V_i\, W^*_k)$, podemos determinar en C^*_n las características $\mathbf{s}(W^*_k\, V_i)$. Tomemos como fundamental en C_n la orientación ω y en C^*_n la ω^*; de la definición se deduce que estas dos características son iguales. Consideremos V_i y W^*_k como cadenas en $\breve{C}_n$ y utilicemos en ambos casos la misma orientación de $\breve{C}_n$, entonces según el lema debe ser

$$(19) \qquad \mathbf{s}(W^*_k\, V_i) = \pm\, \mathbf{s}(V_i\, W^*_k), \qquad \text{con} \quad \pm = (-1)^{\frac{n(n+1)}{2}}$$

(Para $n = 2$, el signo es $-$, no $+$; de modo que si la cadena V_1 cruza a otra W^*_1 de «izquierda a derecha»; recíprocamente W^*_1 cruza a V_1 de «derecha a izquierda»). Si V_i es una cadena cerrada

i-dimensional, W_k otra cadena k-dimensional cerrada de C_n, hay una W^*_k en C^*_n que es $\backsim W_k$ en $\hat{C}_n$ (pues cada cadena cerrada de $\hat{C}_n$ es homóloga a una cadena cerrada sobre la superficie C^*_n de la cual se deduce $\hat{C}_n$ por partición). Si W^*_k, U^*_k son dos cadenas de C^*_n, las cuales son $\backsim W_k$ en $\hat{C}_n$, entonces vale la homología $W^*_k \backsim U^*_k$ en C^*_n. La característica $\mathbf{s}(V_i \, W^*_k)$ depende, según esto, solamente de V_i y W_k y puede ser designada con el nombre de *característica de ambas cadenas* V_i *y* W_k *en* C_n : $\mathbf{s}(V_i \, W_k)$. La fórmula (19) permite ver (este punto necesitaría, por lo demás, una demostración más rigurosa) que

$$(20) \qquad \mathbf{s}(W_k \, V_i) = \pm \, \mathbf{s}(V_i \, W_k)$$

lo cual es una importante *generalización de la ley de reciprocidad* $p_i = p_k$ de los números de Betti.

Para $n = 2m$ es particularmente interesante la *forma característica media* $\mathbf{s}_m$; dos cadenas cerradas m-dimensionales V, W tienen una característica $\mathbf{s}(V \, W)$, la cual, por las (20), satisface a la relación de simetría

$$\mathbf{s}(W \, V) = (-1)^m \, \mathbf{s}(V \, W).$$

Utilizando una base $V', \ldots\ldots, V^{(p)}$ para las cadenas m-dimensionales $(p = p_m)$

$$V \backsim \xi_1 V' + \ldots\ldots + \xi_p V^{(p)}, \qquad W \backsim \eta_1 V' + \ldots\ldots + \eta_p V^{(p)}$$

la forma $\mathbf{s}_m = \mathbf{s}$ bilineal con las variables ξ, η, es *simétrica* o *hemisimétrica*, según sea m, par o impar. Como el determinante de una forma hemisimétrica es distinto de cero, sólo cuando el número de variables es par, se sigue que: *Si* m *es par, el número de Betti medio* $p = p_m$ *de una superficie* 2 m*-dimensional y bilateral, es par.* Una forma bilineal hemisimétrica $\mathbf{s}$ con coeficientes enteros y determinante ± 1, puede ponerse en la forma (1)

$$\mathbf{s} = (\xi_1 \eta_2 - \xi_2 \eta_1) + (\xi_3 \eta_4 - \xi_4 \eta_3) + \ldots\ldots + (\xi_{p-1} \eta_p - \xi_p \eta_{p-1})$$

---

(1) Véase p. ej.: «Hensel u. Landsberg, Theorie der algebraischen Funktionen einer Variablen.» Leipzig 1902, pgs. 686, 7.

sometiendo las dos variables a la *misma* transformación unimodular.

Así se obtiene para m *impar una «base canónica» para las cadenas* m*-dimensionales cerradas, tal como Riemann la construyó para las superficies bidimensionales* (m = 1); formada por pares

$$(V', V''), \ldots\ldots, (V^{(p-1)}, V^{(p)}),$$

de tal modo que dos cadenas de pares distintos tienen la característica cero (no se cortan) y las de un mismo par tienen la característica ± 1. *Si* m *es par,* se puede sustituir la forma bilineal simétrica $s\,(\xi\,\eta)$ por la cuadrática $s\,(\xi\,\xi)$: la característica de una cadena cerrada V_m respecto a sí misma. Aquí no existe ninguna forma normal unitaria; sino que las formas cuadráticas con coeficientes enteros y determinante ± 1 se descomponen en varias clases no equivalentes, de formas no transformables unas en otras mediante sustituciones unimodulares. Por tanto, con *m* par, la clase a que pertenece la forma característica de grado *m* (en particular su índice de inercia) constituye una nueva peculiaridad de las superficies 2 *m*-dimensionales respecto al Análisis-Situs.

Para terminar, haré notar que la exposición del Análisis Situs que aquí hago se diferencia de otras, en particular de la de Veblen, de la cual es independiente en su constitución, por la fundación axiomática de los conceptos *«ciclo y partición»* y que yo sepa, también la teoría de características es original.

Mayo 1923.

60.

Randbemerkungen zu Hauptproblemen der Mathematik

Mathematische Zeitschrift 20, 131—150 (1924)

Neben solchen Arbeiten, die — in alle Richtungen sich zersplitternd und darum jeweils auch nur von wenigen mit lebhafterem Interesse verfolgt — in wissenschaftliches Neuland vorstoßen, haben wohl auch Betrachtungen wie die hier vorgelegten, in denen es sich weniger um Mehrung als um Klärung, um möglichst einfache und sachgemäße Fassung des schon Gewonnenen handelt, ihre Berechtigung, wenn sie sich auf Hauptprobleme richten, an denen alle Mathematiker, die überhaupt diesen Namen verdienen, ungefähr in gleicher Weise interessiert sind[1]).

---

[1]) Die Sammlung soll später fortgesetzt werden.

Daß ich ein Stück voranstelle, in welchem es um die symbolische Methode der Invariantentheorie geht, ist zum Teil durch Herrn Study veranlaßt, der mir — neben andern Ungenannten; ich allein bin durch ein Zitat aus meinen Schriften eindeutig gekennzeichnet — Schuld gibt, ein „reiches Kulturgebiet (nämlich die Invariantentheorie) der Verwahrlosung übergeben, ja dessen Dasein völlig ignoriert zu haben" (Einleitung in die Theorie der Invarianten linearer Transformationen, Braunschweig 1923; Einleitung). Herr Study hat Recht darin, daß ich, ein *„sonst* kenntnisreicher (?) Autor", in der Invariantentheorie geringe Literaturkenntnis und geringe eigene Erfahrung habe; aber auch dann, wenn ich hierin mit Herrn Study wetteifern könnte, würde ich in meinem Buche „Raum, Zeit, Materie" die symbolische Methode nicht angewendet und von den algebraischen Vollständigkeitssätzen der Invariantentheorie kein Sterbenswörtchen gesagt haben. Alles an seinem Platz! — Die hoch und tief gestellten Indizes sind in der Physik darum so praktisch, weil sie dieselbe Größe, z. B. die Energiedichte, mit demselben Buchstaben zu bezeichnen gestatten, ob sie nun durch ihre kovarianten oder kontravarianten Komponenten charakterisiert wird. — Was Graßmann als *Stufe* bezeichnet, trägt in der ganzen übrigen Mathematik den Namen *Dimension*; zudem stimmt ja die Bedeutung, welche ich diesem Wort in der Tensorrechnung beilegte, für den wichtigsten Spezialfall der schiefsymmetrischen („linearen") Tensoren mit dem Graßmannschen Gebrauch überein!

I. Zur Invariantentheorie.

1. Capellische Identität.

Den formalen Apparat der Invariantentheorie kann man aus der Identität von Capelli[2]) entwickeln. Für sie möchte ich hier zunächst einen durchsichtigen Beweis geben und dann einige Bemerkungen daran schließen über den auf sie sich stützenden Aufbau der Invariantentheorie für die projektive Gruppe und ihre wichtigsten Untergruppen. Neben der orthogonalen Gruppe, welche eine nicht-ausgeartete *symmetrische* Bilinearform invariant läßt, soll die „Komplexgruppe" behandelt werden, welche in dem gleichen Verhältnis zu einer *schiefsymmetrischen* Form steht.

Wir haben es zu tun mit mehreren Reihen $x, y \ldots$ („Vektoren") von je n Veränderlichen und einer ganzen rationalen Funktion f dieser Variablen. $D_{xx'}$ wie $\Delta_{xx'}$ bezeichnen den Polarenprozeß[3]):

$$f\Delta_{xx'} = fD_{xx'} = \sum_{i=1}^{n} x'_i \frac{\partial f}{\partial x_i}.$$

Dabei kann die Variablenreihe x' mit einer der Reihen $x, y, \ldots$ zusammenfallen oder auch eine weitere unabhängige Variablenreihe vorstellen. Es sollen aber Δ und D bei Zusammensetzungen sich verschieden verhalten: beispielsweise entstehe $f D_{xx'} D_{yy'} D_{zz'}$ aus f, indem man hintereinander die Operationen $D_{xx'}, D_{yy'}, D_{zz'}$ ausführt; hingegen sei

$$f\Delta_{xx'}\,\Delta_{yy'}\,\Delta_{zz'} = \sum_{ikl} x'_i\, y'_k\, z'_l \frac{\partial^3 f}{\partial x_i\, \partial y_k\, \partial z_l}.$$

Die Resultate stimmen überein, außer wenn die Variablenreihe y oder z mit x' zusammenfällt oder $z = y'$ ist. Wir benutzen das Zeichen $\delta_{xx'} = 0$ oder 1, je nachdem x, x' zwei unabhängige oder zwei identische Variablenreihen sind. Es ist zu zeigen, daß die folgenden Gleichungen bestehen:

$$(1)\quad \left\{\begin{aligned} &\begin{vmatrix} \Delta_{xx} \\ \Delta_{xy} \\ \Delta_{xz} \\ \vdots \end{vmatrix} = \begin{vmatrix} D_{xx} \\ D_{xy} \\ D_{xz} \\ \vdots \end{vmatrix}, \quad \begin{vmatrix} \Delta_{xx} & \Delta_{yx} \\ \Delta_{xy} & \Delta_{yy} \\ \Delta_{xz} & \Delta_{yz} \\ \vdots & \vdots \end{vmatrix} = \begin{vmatrix} \Delta_{xx} & D_{yx} \\ \Delta_{xy} & D_{yy}+1 \\ \Delta_{xz} & D_{yz} \\ \vdots & \vdots \end{vmatrix}, \\ &\begin{vmatrix} \Delta_{xx} & \Delta_{yx} & \Delta_{zx} \\ \Delta_{xy} & \Delta_{yy} & \Delta_{zy} \\ \Delta_{xz} & \Delta_{yz} & \Delta_{zz} \\ \vdots & \vdots & \vdots \end{vmatrix} = \begin{vmatrix} \Delta_{xx} & \Delta_{yx} & D_{zx} \\ \Delta_{xy} & \Delta_{yy} & D_{zy} \\ \Delta_{xz} & \Delta_{yz} & D_{zz}+2 \\ \vdots & \vdots & \vdots \end{vmatrix}, \ldots \end{aligned}\right.$$

[2]) Math. Annalen 29 (1887), S. 331.

[3]) Ich stelle die Operationssymbole hinter das Funktionszeichen, damit sie bei Zusammensetzung in derjenigen Reihenfolge hintereinander erscheinen, in der sie auszuführen sind.

Das ist so zu verstehen, daß in der i-ten Formel die entsprechenden i-reihigen Unterdeterminanten rechts und links übereinstimmen. Die i Faktoren jedes Determinantengliedes sind in der Reihenfolge der Spalten hinzuschreiben, denen sie entstammen. Indem man in jeder Formel das Resultat der vorhergehenden verwendet, gelangt man zu der Identität

$$\begin{vmatrix} \Delta_{xx} & \Delta_{yx} & \Delta_{zx} & \cdots \\ \Delta_{xy} & \Delta_{yy} & \Delta_{zy} & \cdots \\ \Delta_{xz} & \Delta_{yz} & \Delta_{zz} & \cdots \\ \vdots & \vdots & \vdots & \end{vmatrix} = \begin{vmatrix} D_{xx} & D_{yx} & D_{zx} & \cdots \\ D_{xy} & D_{yy}+1 & D_{zy} & \cdots \\ D_{xz} & D_{yz} & D_{zz}+2 & \cdots \\ \vdots & \vdots & \vdots & \vdots \end{vmatrix}.$$

Die m-reihige Operatorendeterminante links liefert, auf f angewendet, 0, wenn die Anzahl m der zur Verwendung kommenden Variablenreihen $x, y, z, \ldots$ größer als n ist. Im Falle $m = n$ aber kommt, nach dem Multiplikationssatz der Determinanten, das Produkt aus der Determinante $(x\,y\,z\ldots)$ und Ωf (Ω bezeichnet den Cayleyschen Ω-Prozeß).

Um z. B. die dritte der Gleichungen (1) zu gewinnen, haben wir

$$\begin{vmatrix} \Delta_{xx'} & \Delta_{yx'} & D_{zx'} \\ \Delta_{xy'} & \Delta_{yy'} & D_{zy'} \\ \Delta_{xz'} & \Delta_{yz'} & D_{zz'} \end{vmatrix} = \Sigma \pm \Delta_{xx'} \Delta_{yy'} D_{zz'}$$

zu berechnen. x, y, z und ebenso x', y', z' sind voneinander unabhängige Variablenreihen, während die gestrichenen von den ungestrichenen nicht verschieden zu sein brauchen. Die Summe rechts bezieht sich auf die 3! Permutationen von $x'\,y'\,z'$ mit alternierenden Vorzeichen. Es ist

$$f\Delta_{xx'} \Delta_{yy'} D_{zz'} = \sum_l z'_l \frac{\partial}{\partial z_l}\Big(\sum_{ik} x'_i y'_k \frac{\partial^2 f}{\partial x_i \partial y_k}\Big)$$

$$= f\Delta_{xx'} \Delta_{yy'} \Delta_{zz'} + \delta_{zx'} \cdot f\Delta_{xz'} \Delta_{yy'} + \delta_{zy'} \cdot f\Delta_{xx'} \Delta_{yz'},$$

also

$$\Delta_{xx'} \Delta_{yy'} D_{zz'} = \Delta_{xx'} \Delta_{yy'} \Delta_{zz'} + \Delta_{xz'} \Delta_{yy'} \delta_{zx'} + \Delta_{xx'} \Delta_{yz'} \delta_{zy'}.$$

Bei der Summation über die 3! Permutationen von $x'\,y'\,z'$ kann man im 2. Glied (unter Änderung des Vorzeichens) z' mit x', im 3. Glied z' mit y' vertauschen und erhält

$$\Sigma \pm \Delta_{xx'} \Delta_{yy'} D_{zz'} = \Sigma \pm \Delta_{xx'} \Delta_{yy'} \Delta_{zz'} - 2\,\Sigma \pm \Delta_{xx'} \Delta_{yy'} \delta_{zz'}$$

oder, wenn das subtraktive Glied auf die andere Seite geschafft wird.

$$\begin{vmatrix} \Delta_{xx'} & \Delta_{yx'} & \Delta_{zx'} \\ \Delta_{xy'} & \Delta_{yy'} & \Delta_{zy'} \\ \Delta_{xz'} & \Delta_{yz'} & \Delta_{zz'} \end{vmatrix} = \begin{vmatrix} \Delta_{xx'} & \Delta_{yx'} & D_{zx'} + 2\delta_{zx'} \\ \Delta_{xy'} & \Delta_{yy'} & D_{zy'} + 2\delta_{zy'} \\ \Delta_{xz'} & \Delta_{yz'} & D_{zz'} + 2\delta_{zz'} \end{vmatrix}, \text{ q. e. d.}$$

2. Reduktion auf $n-1$ Vektoren.

Es sei $\mathfrak{H}$ eine Gruppe linearer homogener Transformationen in n Variablen. Unter (Vektor-) *Invariante* zu $\mathfrak{H}$ versteht man bekanntlich eine ganze rationale Funktion f mehrerer Vektoren $x, y, \ldots$, homogen in den Komponenten jedes einzelnen Vektors, die sich höchstens mit einem Faktor μ multipliziert, wenn man auf die Komponenten jedes Vektors dieselbe Transformation S von $\mathfrak{H}$ ausübt; μ soll nicht von den Vektoren, sondern nur von S abhängen. Ist μ insbesondere für alle Transformationen S von $\mathfrak{H}$ gleich 1, so spricht man von einer absoluten Invariante. Die Aufgabe ist, bestimmte Typen von Grundinvarianten ausfindig zu machen, durch welche sich alle Invarianten der Gruppe $\mathfrak{H}$ ganz rational ausdrücken. Einen wesentlichen Schritt zur Lösung dieses Problems ermöglicht die eben von neuem bewiesene Capellische Formel

$$f\begin{vmatrix} D_{xx} & D_{yx} & \ldots \\ D_{xy} & D_{yy}+1 & \ldots \\ \vdots & \vdots & \vdots \end{vmatrix} = \begin{cases} 0 & (m>n) \qquad (\mathrm{C}') \\ (xy\ldots)\,\Omega f & (m=n); \qquad (\mathrm{C}) \end{cases} \tag{2}$$

sie reduziert es nämlich auf den Fall, daß f nur von n, bzw. $n-1$ Vektoren abhängt. Bei der ersten Reduktion, die sich auf die Formel (C′) stützt, muß nur angenommen werden, daß

(I) *durch Anwendung des Polarenprozesses aus einer Grundinvariante wiederum ein Aggregat von Grundinvarianten entsteht*;

bei der zweiten Reduktion, die sich auf (C) stützt, ist weiter zu fordern, daß

(II) *die Determinante* $(xy\ldots)$ *unter den Grundinvarianten vorkommt* (oder sich doch ganz rational durch sie darstellen läßt).

Man denke sich die in f wirklich vorkommenden Vektoren in bestimmter Reihenfolge $x, y, z, \ldots$ angeordnet, und nenne von zwei Funktionen f dieser Vektoren, wenn sie gleiche Gesamtordnung haben, diejenige die niedrigere, welche in x von geringerer Ordnung ist; wenn aber beide dieselbe Ordnung in x besitzen, soll die Ordnung in y über den Rang entscheiden; wenn die Ordnung in x und y übereinstimmt, geht die Entscheidung auf z über; usf. Das Hauptglied in der Capellischen Determinante (2) ist $= p(q+1)(r+2)\ldots f$, wenn $p, q, r, \ldots$ die Ordnungen von f in x, bzw. $y, z, \ldots$ bezeichnen. Alle andern Glieder entstehen durch Anwendung von Polarprozessen aus solchen Invarianten, die niedriger als f stehen. Wissen wir von solchen Invarianten schon, daß sie sich durch die Grundinvarianten ausdrücken, so folgt demnach aus (C′) das gleiche für f. Bei der Anwendung von (C) hat man dem Induktionsschluß noch die Annahme zugrunde zu legen, daß die Behauptung schon feststehe für Invarianten von geringerer Gesamtordnung als f, wie Ωf

eine ist. — So, wie hier geschehen, trennt man meiner Meinung nach am besten den formal-algebraischen und den mit gedanklichen Induktionsschlüssen operierenden Teil. Denn die Capellische Identität ist im Gegensatz zu den sonst daraus hergeleiteten Reihenentwicklungen eine übersichtliche, explizite anschreibbare und geschlossene Formel. Da die Weiterführung des Problems bisher nur für einzelne Gruppen $\mathfrak{H}$ gelungen ist, wird man diesem auf den beiden Formeln (2) beruhenden Konstruktionsstück, das für alle brauchbar ist, einen besonders hohen Wert zuschreiben.

3. Der Transformationsfaktor.

Will man weiterkommen, so muß man sich zunächst über den Transformationsfaktor $\mu = \mu(S)$ Klarheit verschaffen. Sind S, T irgend zwei Transformationen aus $\mathfrak{H}$, so gilt

$$(3) \qquad \mu(ST) = \mu(S) \cdot \mu(T), \quad \text{insbesondere} \quad \mu(S) \cdot \mu(S^{-1}) = 1.$$

Es ist bekannt, wie man aus der letzten Gleichung die Tatsache herleitet, daß für die volle projektive Gruppe $\mathfrak{G}$ der Faktor μ eine Potenz der Transformationsdeterminante ist. Allgemeiner: Ist $\mathfrak{H}$ dadurch definiert, daß die Transformationskoeffizienten gleich ganzen rationalen Funktionen unabhängiger Parameter gesetzt werden, und bleibt dabei die Determinante eine irreduzible Funktion dieser Parameter, so ist μ notwendig eine Potenz der Determinante. Ist insbesondere $\mathfrak{H} = \mathfrak{T}$ die Translationsgruppe im n-dimensionalen Raum, bestehend aus den Translationen

$$(4) \qquad S\colon\ \bar{x}_0 = x_0 + (c_1 x_1 + \dots + c_n x_n), \qquad \bar{x}_i = x_i \qquad (i = 1, 2, \dots, n)$$

— die x_i bedeuten hier Ebenenkoordinaten, x ist ein „kovarianter Vektor"; die c sind beliebige Konstanten —, so erhält man aus jener Gleichung

$$\mu(c_1, \dots, c_n) \cdot \mu(-c_1, \dots, -c_n) = 1.$$

Als Polynom in den Variablen $c_1, \dots, c_n$ ist darum μ eine Konstante und zwar $= 1$, weil für die Identität $\mu = 1$ ist.

In dem komplizierteren Fall, wo die Gruppe durch Relationen zwischen den Transformationskoeffizienten gegeben ist — das ist vor allem so für die orthogonale Gruppe $\mathfrak{D}$ —, wird man am besten zur Methode der infinitesimalen Operationen greifen. Ist $\Gamma = (\gamma_{ik})$ die Abweichung der allgemeinen infinitesimalen Operation der Gruppe $\mathfrak{H}$ von der Identität und $\mu = 1 + \varphi(\Gamma)$ der zugehörige Faktor, so bestehen zwischen den γ lediglich *lineare* homogene Relationen und φ ist eine *lineare* homogene Funktion von Γ. An Stelle der Bedingung (3) tritt die, daß φ den Wert 0 hat für jede Operation der „abgeleiteten Gruppe", d. h. für die Matrizen Γ', die aus zwei Matrizen der infinitesimalen Gruppe, etwa Γ_1, Γ_2, nach der Formel entstehen

$$\Gamma' = [\Gamma_1 \Gamma_2] = \Gamma_1 \Gamma_2 - \Gamma_2 \Gamma_1,$$

und für alle diejenigen, die sich aus solchen Γ' linear zusammensetzen. Insbesondere geht daraus hervor: *Ist die zu* $\mathfrak{H}$ *gehörige infinitesimale Gruppe* $\mathfrak{h}$ *mit ihrer abgeleiteten identisch, so ist* $\mu = 1$ — zum mindesten für alle der „Hauptschicht" von $\mathfrak{H}$ angehörigen Transformationen (das sind diejenigen, welche innerhalb $\mathfrak{H}$ mit der Identität in einem gemeinsamen zusammenhängenden Kontinuum liegen). Der wichtigste Fall dieses allgemeinen Satzes ist der auf $\mathfrak{D}$ bezügliche: *Für die orthogonale Gruppe gibt es nur absolute Invarianten; ausgenommen* $n = 2$. (Die Ausnahme fällt fort, wenn der zugrunde liegende Zahlbereich $\sqrt{-1}$ nicht enthält.) Dies gilt wörtlich, wenn wir zu $\mathfrak{D}$ nur die eigentlichen orthogonalen Transformationen, die Drehungen mit der Determinante $+1$ rechnen. Wenn auch die Spiegelungen mit der Determinante -1 dazu gehören, kann für die Spiegelungen $\mu = +1$ oder $= -1$ sein; je nachdem das eine oder das andere der Fall ist, sprechen wir von einer geraden oder einer ungeraden Invariante. Ist von einer Funktion f nur bekannt, daß sie sich den Drehungen gegenüber invariant verhält, so ist sie die Summe einer geraden und einer ungeraden Invariante.

4. Aufstellung der Grundinvarianten für die wichtigsten linearen Gruppen.

Drehungsgruppe. Für die orthogonale Gruppe $\mathfrak{D}$ kommt man aus mit den Grundinvarianten

$$(\mathrm{D}_1) \quad (x\,y\,z\ldots) \quad \text{und} \quad (\mathrm{D}_2) \quad (x \mid y) = x_1 y_1 + \cdots + x_n y_n .$$

Das wurde zuerst durch eine sehr schöne, auf die Gruppe $\mathfrak{D}$ zugeschnittene Methode durch E. Study gezeigt[4]). Da das Produkt zweier Determinanten (D_1) sich durch die skalaren Produkte vom Typus (D_2) ausdrücken läßt, kann man schärfer sagen: Eine gerade Invariante kann ganz rational dargestellt werden allein durch (D_2); eine ungerade Invariante ist die Summe mehrerer Terme, deren jeder das Produkt aus einem „Klammerfaktor" (D_1) und einer geraden Invariante ist. Für dieses Theorem hat auf dem hier begonnenen Wege, nachdem Burkhardt mit $n = 3$ vorangegangen war[5]), Herr Weitzenböck in seinem Buche „Invariantentheorie" (Groningen 1923) einen Beweis versucht, der aber wegen eines Fehlschlusses — Übergang zu (17) und (18) auf S. 244 — nicht stichhaltig ist. In den Anwendungen interessieren fast ausschließlich die absoluten Invarianten. Faßt man den

[4]) Leipziger Berichte 1897, S. 443–461.

[5]) Math. Annalen 43 (1893), S. 197–215.

Invariantenbegriff allgemeiner, so muß man zunächst wie im vorigen Absatz zeigen, daß zur Drehungsgruppe keine andern als absolute Invarianten gehören. Dann kommt man aber durch einen Schluß von $n-1$ auf n folgendermaßen sofort zum Ziel. Die absolute Invariante f hänge von höchstens $n-1$ Vektoren $x, y, \ldots$ ab. Bei gegebenen Vektoren $x, y, \ldots$ kann man dann ein dem ursprünglichen gleichsinniges Cartesisches Koordinatensystem $e^1, e^2, \ldots, e^n$ einführen, in welchem e^n zu jenen Vektoren senkrecht ist. Wird

$$(5) \qquad x = x_1' e^1 + x_2' e^2 + \ldots + x_{n-1}' e^{n-1}, \ldots$$

gesetzt, so kommt

$$(6) \qquad f(x, y, \ldots) = f_0(x', y', \ldots),$$

wo f_0 diejenige Funktion bedeutet, die aus f durch die Substitution $x_n = y_n = \ldots = 0$ entsteht. War f eine ungerade Invariante, so erhält man durch Transformation auf das Koordinatensystem $e^1, \ldots, e^{n-1}, -e^n$ neben (6) die Gleichung

$$f(x, y, \ldots) = -f_0(x', y', \ldots),$$

und darum ist $f = 0$. War aber f eine gerade Invariante, so ist $f_0(x', y', \ldots)$ bei frei veränderlichen Argumenten

$$x' = (x_1', x_2', \ldots, x_{n-1}'), \ldots$$

eine gerade Orthogonalinvariante in $n-1$ Dimensionen. Setzen wir unsern Satz für $n-1$ Dimensionen schon als gültig voraus, so können wir mithin f_0 ganz rational darstellen durch die skalaren Produkte vom Typus $(x' \mid y') = x_1' y_1' + \ldots + x_{n-1}' y_{n-1}'$:

$$(7) \qquad f_0(x', y', \ldots) = \Phi(\ldots, (x' \mid y'), \ldots).$$

Wenden wir das an auf die durch (5) eingeführten Größen $x', \ldots$ und beachten, daß für sie $(x' \mid y') = (x \mid y)$ ist, so erhält man aus (7) die gewünschte Darstellung

$$f(x, y, \ldots) = \Phi(\ldots, (x \mid y), \ldots).$$

Am besten ordnet man danach den Beweis so an. f_n bedeute eine gerade oder ungerade Orthogonalinvariante in n Dimensionen, die von höchstens n Vektoren $x, y, \ldots$ abhängt; Φ bezeichne ein Aggregat der skalaren Produkte dieser Vektoren. Durch einen auf die Dimensionszahl n bezogenen Induktionsschluß beweist man T_n: „Jedes gerade f_n ist $= \Phi$, jedes ungerade $f_n = (x y \ldots)\,\Phi$". T_0 ist trivial; aus T_{n-1} folgt T_n. T_n folgt nämlich zunächst, wie oben gezeigt, für solche f_n, die höchstens $n-1$ Argumentvektoren enthalten. Die Übertragung auf n Argumente geschieht mit Hilfe der Capellischen Formel (C). Der Polarenprozeß verwandelt gerade in gerade, ungerade in ungerade Invarianten, während der Ω-Prozeß gerade und ungerade vertauscht. Bei Anwendung von (C) auf ein gerades f_n hat man noch, wenn auf der rechten Seite Ωf_n schon in der Form $(xy\ldots)\,\Phi$ dargestellt ist, den Ausdruck von $(xy\ldots)^2$ durch die skalaren Produkte zu benutzen. *Nachdem* T_n bewiesen ist, leitet man aus (C′), ohne den n dimensionalen Raum zu verlassen, den allgemeinen Satz her: Jede gerade Orthogonalinvariante ist $= \Phi$, jede ungerade gleich einer Summe von Termen des Typus $(xy\ldots)\,\Phi$. — Weder bei dem Studyschen noch bei diesem Verfahren braucht der von Burkhardt verwendete raffinierte Kunstgriff [6]) herangezogen zu werden.

Erweiterungssatz. Die *Bewegungsgruppe* $\mathfrak{B}$ ist für Ebenenkoordinaten $x_0 | x_1 x_2 \ldots x_n$ dadurch gegeben, daß der vektorielle Bestandteil $x_1 x_2 \ldots x_n$ einer willkürlichen orthogonalen Transformation unterliegt, der skalare x_0 ersetzt wird durch

$$\bar{x}_0 = x_0 + (c_1 x_1 + \ldots + c_n x_n) \quad \text{(die } c \text{ beliebige Konstante).} \tag{8}$$

Nach dem, was über die orthogonale Gruppe und die Translationen (4) bemerkt wurde, existieren auch zu $\mathfrak{B}$ nur absolute Invarianten. Bedeutet l das Wertsystem $1 | 0\,0 \ldots 0$, so erscheinen als Grundinvarianten die drei Typen:

$$(x|y) = x_1 y_1 + \ldots + x_n y_n, \quad (xyz\ldots), \quad (lxy\ldots) \tag{B}$$

(die Klammerfaktoren enthalten $n+1$ Glieder). Hier führt der gleiche Induktionsschluß — als Ersatz für das von Weitzenböck eingeschlagene Verfahren [7]) — zum Ziel. Hängt die Invariante f von höchstens n „Ebenen" $x, y, \ldots$ ab, so kann man (zunächst unter der Einschränkung, daß ihre vektoriellen Bestandteile linear unabhängig sind) durch eine Translation (4), bei welcher f sich nicht ändert, erzwingen, daß ihre skalaren Bestandteile $x_0, y_0, \ldots$ alle verschwinden, — der Anfangspunkt des Koordinatensystems wird in den Schnitt der Ebenen verlegt. Nach dem Fundamentalsatz für $\mathfrak{D}$ drückt sich dann f ganz und rational aus durch $(lxy\ldots)$ und Grundinvarianten vom Typus $(x|y)$. Das gleiche Verfahren empfiehlt sich beim Übergang von der projektiven zur *affinen Gruppe* [8]), bei den *Semi- und Schiebungsinvarianten* [9]). Der allgemeine Satz, der hier sich ergibt (Erweiterungssatz), lautet: *Einer Gruppe* $\mathfrak{H}$ *von projektiven Trans-*

---

[6]) A. a. O., S. 201. Vgl. Weitzenböck, Invariantentheorie, S. 240.

[7]) Wiener Berichte, Abt. IIa, 122 (1913), S. 1255; Invariantentheorie, S. 277.

[8]) Weitzenböck, Jahresber. d. Deutsch. Math.-Vereinig. 22 (1913), S. 192—209; Invariantentheorie, S. 223—232.

[9]) J. Deruyts, Essai d'une théorie générale des formes algébriques. Lüttich 1890.

formationen in n Variablen entspricht die Gruppe $\mathfrak{H}_\nu$ *in* $\nu + n$ *Variablen* $x = (\xi_1, \ldots, \xi_\nu, x_1, \ldots, x_n)$, *welche definiert ist durch die Gleichungen*

$$\begin{aligned}\bar{\xi}_1 &= (\gamma_{11}\xi_1 + \cdots + \gamma_{1\nu}\xi_\nu) + (c_{11}x_1 + \cdots + c_{1n}x_n),\\ &\cdots\cdots\cdots\cdots\\ \bar{\xi}_\nu &= (\gamma_{\nu 1}\xi_1 + \cdots + \gamma_{\nu\nu}\xi_\nu) + (c_{\nu 1}x_1 + \cdots + c_{\nu n}x_n)\end{aligned}$$

zusammen mit der Festsetzung, daß $x_1, \ldots, x_n$ *unter sich eine beliebige Transformation aus* $\mathfrak{H}$ *erleiden können; die c und* γ *sind willkürlich mit der einen Einschränkung, daß die Determinante der* γ *gleich* 1 (*bzw.* $\neq 0$) *ist. Ein System von Grundinvarianten für* $\mathfrak{H}_\nu$ *wird alsdann gebildet aus den Grundinvarianten von* $\mathfrak{H}$ *zusammen mit der* $(\nu + n)$*-gliedrigen Determinante* $(x\,y\,z\ldots)$.

Beweis. Wieder können wir uns beschränken auf Invarianten f der Gruppe $\mathfrak{H}_\nu$, die von weniger als $\nu + n$ Vektoren $x, y, \ldots$ abhängen. Durch eine Translation

$$(9)\qquad \bar{\xi}_1 = \xi_1 + \gamma_{12}\xi_2 + \cdots + c_{1n}x_n \text{ (alle übrigen Variablen gehen in sich über)}$$

können wir dann bei gegebenen $x, y, \ldots$ bewirken, daß die erste griechische Komponente aller dieser Vektoren verschwindet. Weil die Translationen (9) zu $\mathfrak{H}_\nu$ gehören und nach einer obigen Bemerkung der zugehörige Faktor $\mu = 1$ ist, ändert sich f also nicht, wenn in ihm $\xi_1, \eta_1, \ldots$ durch 0 ersetzt werden. Das heißt: in f kommt die erste griechische Komponente von $x, y, \ldots$ gar nicht vor; ebensowenig die 2-te bis ν-te. f enthält demnach nur die lateinischen Variablen und ist als Invariante der Gruppe $\mathfrak{H}$ durch deren Grundinvarianten darstellbar.

Die *volle projektive Gruppe* $\mathfrak{G}$, ebenso die Gruppe aller homogenen linearen Transformationen *von der Determinante* 1 fällt unter diesen Beweis. Der Erweiterungssatz liefert ferner die Grundinvarianten für die *Gruppe der „gestuften" Transformationen*; man erhält sie, wenn man die Variablenreihe in eine Anzahl Abschnitte, sagen wir in drei Abschnitte x_1, x_2, x_3 teilt und nun ansetzt

$$\begin{aligned}\bar{x}_1 &= c_{11}x_1 + c_{12}x_2 + c_{13}x_3,\\ \bar{x}_2 &= \phantom{c_{11}x_1 + {}} c_{22}x_2 + c_{23}x_3,\\ \bar{x}_3 &= \phantom{c_{11}x_1 + c_{22}x_2 + {}} c_{33}x_3\end{aligned}$$

mit willkürlichen Matrizen c, die nur der einen Einschränkung genügen, daß die in der Hauptdiagonale stehenden die Determinante 1 (bzw. eine von 0 verschiedene Determinante) besitzen. Geometrisch handelt es sich hier um diejenigen projektiven Transformationen, welche ein System inzidenter linearer Elemente verschiedener Stufenzahl festlassen (Verallgemeinerung der Semiinvarianten; die Stufenzahlen brauchen nicht die lückenlose Reihe $0, 1, \ldots, n-1$ zu bilden).

Wie die Tabelle der Grundinvarianten zu ergänzen ist, wenn neben den kovarianten auch kontravariante Vektoren in Betracht gezogen werden, lehrt die Weitzenböcksche Methode der Komplexsymbole. Insbesondere hat Herr Weitzenböck das große Verdienst, in diesem allgemeineren Fall für die Gruppe 𝔅 der Elementargeometrie bei beliebiger Dimensionszahl jene Tabelle vollständig aufgestellt zu haben [10]).

Komplexgruppe. Von den wichtigsten linearen Gruppen hat bisher meines Wissens diejenige noch keine Bearbeitung gefunden, welche einen nicht-singulären linearen Geradenkomplex in sich überführt. Dennoch ist es mit den vorliegenden Mitteln leicht möglich, auch für sie die Grundinvarianten aufzustellen; in gewissem Sinne ist hier die Theorie noch einfacher als bei der orthogonalen Gruppe. Die Komponenten eines Vektors x im Raume von $n = 2h$ Dimensionen wollen wir mit $x_1, y_1, x_2, y_2, \ldots, x_h, y_h$ bezeichnen. Zugrunde liegt eine nicht-ausgeartete schiefsymmetrische Bilinearform in normaler Darstellung

$$(10) \qquad [x x'] = (x_1 y_1' - y_1 x_1') + \ldots + (x_h y_h' - y_h x_h')$$

(„schiefes Produkt" von x und x'). Die Gruppe ℭ besteht aus allen homogenen linearen Transformationen, welche, auf x und x' simultan angewendet, die Form $[x x']$ ungeändert lassen. *Als einzige Grundinvariante von ℭ tritt diese Form selber auf.* Der Beweis stützt sich auf die folgenden Tatsachen.

1. Die zugehörige Gruppe 𝔠 der infinitesimalen Operationen stimmt mit ihrer abgeleiteten 𝔠′ überein. Außerdem besteht ℭ aus einer einzigen zusammenhängenden Schicht. Infolgedessen können keine anderen als absolute Invarianten existieren.

2. Ist $b = b^1$ ein beliebiger von 0 verschiedener Vektor, so läßt sich dazu ein Koordinatensystem konstruieren: $a^1, b^1; a^2, b^2; \ldots; a^h, b^h$, in welchem das schiefe Produkt die Normalform (10) besitzt. — Hängt die Invariante f von weniger als n Vektoren $x, x', \ldots$ ab, so können wir bei gegebenen $x, x', \ldots$ hier b so wählen, daß $[b x] = [b x'] = \ldots = 0$ ist. Setzen wir dann

$$(11) \qquad x = (\xi_1 a^1 + \eta_1 b^1) + \ldots + (\xi_h a^h + \eta_h b^h),$$

entsprechend für $x', \ldots$,

so wird $\xi_1 = \xi_1' = \ldots = 0$; und es gilt

$$(12) \qquad f(x, x', \ldots) = f(\xi, \xi', \ldots).$$

10) Über Bewegungsinvarianten, 1. bis 15. Mitteilung, Wiener Berichte, Abt. IIa, 122 ff. (ab 1913); ders., Invariantentheorie, S. 281—301.

3. Zu $\mathfrak{C}$ gehören die unimodularen Transformationen des Variablenpaares x_1, y_1 (bei welchen die übrigen Variablen ungeändert bleiben):

$$\begin{aligned} \bar{x}_1 &= \alpha x_1 + \beta y_1 \\ \bar{y}_1 &= \gamma x_1 + \delta y_1 \end{aligned} \qquad (\alpha\delta - \beta\gamma = 1). \tag{13}$$

Nach dem Fundamentalsatz für diese zweidimensionale Gruppe ist f eine ganze rationale Funktion der Determinanten vom Typus $(xx')_1 = x_1 y_1' - y_1 x_1'$. Die Funktion f_0, welche aus f durch die Substitution $x_1 = x_1' = \ldots = 0$ entsteht, enthält also auch die Variablen $y_1, y_1', \ldots$ nicht mehr. Oder in mehr elementarer Schlußweise: Aus der Invarianz von f gegenüber (13) folgt

$$f(0, y_1;\, 0, y_1';\, \ldots) = f(\beta y_1, \delta y_1;\, \beta y_1', \delta y_1';\, \ldots)$$

(wobei nur das erste Variablenpaar in Evidenz gesetzt wurde). Diese Gleichung ist numerisch richtig für beliebige Zahlen $(\beta, \delta) \neq (0, 0)$. Infolgedessen liegt eine algebraische Identität in den Variablen β, δ vor, und ich darf in ihr auch $\beta = \delta = 0$ setzen. — Die numerische Gleichung (12) kann daraufhin, mit der abgeänderten Bezeichnung

$$\xi = (\xi_2 \eta_2, \ldots, \xi_h \eta_h), \quad \xi' = (\xi_2' \eta_2', \ldots, \xi_h' \eta_h'), \quad \ldots, \tag{14}$$

so geschrieben werden:

$$f(x, x', \ldots) = f_0(\xi, \xi', \ldots). \tag{15}$$

$f_0(\xi, \xi', \ldots)$ ist bei frei veränderlichen Argumenten (14) eine Komplexinvariante in $2(h-1)$ Dimensionen. Ist für diese Dimensionszahl unser Satz schon als richtig erkannt, so läßt sich f_0 also ganz rational ausdrücken durch die schiefen Produkte vom Typus

$$[\xi\xi'] = (\xi_2 \eta_2' - \eta_2 \xi_2') + \cdots + (\xi_h \eta_h' - \eta_h \xi_h'):$$
$$f_0(\xi, \xi', \ldots) = \Phi(\ldots, [\xi\xi'], \ldots).$$

Für die besonderen durch (11) eingeführten Wertsysteme folgt dann aus (15) und $[xx'] = [\xi\xi']$ die behauptete Darstellung von f.

4. Um nun aber den Induktionsschluß zu beenden und in n Dimensionen mit Hilfe der Capellischen Identität von weniger als n zu einer beliebigen Anzahl von Argumenten überzugehen, brauchen wir noch den Satz: Die Determinante $(x' x'' \ldots x^{(n)})$ von n Vektoren $x', x'', \ldots, x^{(n)}$ drückt sich ganz rational durch ihre schiefen Produkte zu je zweien aus (als ein sog. Pfaffsches Aggregat):

$$(x' x'' \ldots x^{(n)}) = \frac{1}{2 \cdot 4 \ldots 2h} \sum \pm [x' x''][x''' x''''] \ldots [x^{(n-1)} x^{(n)}].$$

In dem Produkt, das rechts unter dem Summenzeichen auftritt, sollen die n Vektoren sämtlichen Permutationen unterworfen werden; alle $n!$ Terme sind darauf mit alternierenden Vorzeichen zu addieren.

Zieht man neben kovarianten auch kontravariante Vektoren

$$u = (u^1, v^1, u^2, v^2, \ldots, u^h, v^h)$$

in Betracht, so erledigt sich die Aufstellung der Grundinvarianten durch die einfache Bemerkung, daß mit jedem solchen Vektor u ein kovarianter verbunden ist durch die Gleichungen

$$x_i = v^i, \quad y_i = -u^i \qquad (i = 1, 2, \ldots, h).$$

Die sich ergebenden Typen sind

$$[x x'], \quad (x u), \quad [u u'].$$

II. Fundamentalsatz der Algebra und Grundlagen der Mathematik.

Der Fundamentalsatz der Algebra ist oft genug behandelt worden; keiner der bekannten Beweise genügt aber den Anforderungen, welche die Brouwersche Analysis an einen strengen Existenzbeweis stellt[11]). Ich möchte zunächst an diesem Beispiel zeigen, wie jene von seiten der Logik geltend gemachten Ansprüche mit denen der Praxis genau zusammenfallen, und dann einige allgemeine Bemerkungen über die Grundlagen der Mathematik anschließen, welche durch die anders gerichteten Hilbertschen Untersuchungen auf diesem Gebiet hervorgerufen sind.

Die Aufgabe ist: wenn die Koeffizienten der Gleichung

$$(1) \qquad y = f(x) = x^n + a_1 x^{n-1} + \ldots + a_n = 0$$

approximativ gegeben sind, die Wurzeln angenähert zu bestimmen — in solcher Weise, daß die Genauigkeit der Wurzelbestimmung mit unbegrenzt wachsender Genauigkeit der Koeffizienten gleichfalls schließlich jeden Grad überschreitet. Bei solcher Fassung schließt die Existenz der Wurzeln offenbar ihre stetige Abhängigkeit von den Koeffizienten ein.

Wir bedecken die komplexe x-Ebene mit dem quadratischen Raster von der Maschenweite $\frac{1}{2^h}$; die Teilungslinien sind diejenigen, auf denen der Realteil oder der Imaginärteil von x ein ganzzahliges Vielfaches von $\frac{1}{2^h}$ ist. Die Quadrate des Rasters nennen wir die Dualquadrate h-ter Ordnung; ein „Dualstern" h-ter Ordnung ist das Quadrat von der Seitenlänge $\frac{1}{2^{h-1}}$, das gebildet wird von den vier Dualquadraten h-ter Ordnung, die um einen Eckpunkt des Rasters herumliegen. Entsprechend dem Übergang zu immer verschärfter Genauigkeit durchlaufe h die Folge der Werte

---

11) Vgl. darüber Weyl, Über die neue Grundlagenkrise der Mathematik. Math. Zeitschr. 10 (1921), S. 39.

$0, 1, 2, \ldots$. Auf der h-ten Stufe seien die Koeffizienten mit solcher Genauigkeit bekannt, daß für jeden von ihnen mit Sicherheit ein Dualstern h-ter Ordnung in der komplexen Ebene angewiesen werden kann, in welchem er liegt. Man kann auch statt der einzelnen Koeffizienten gleich das ganze System $(a_1, a_2, \ldots, a_n)$ als Punkt in einem $2n$-dimensionalen Zahlenraum ins Auge fassen; dann ist in ihm ein Dualstern h-ter Ordnung $A = A_h$ bekannt, welchem der Koeffizientenpunkt sicher angehört. — Schon auf der 0-ten Stufe der Approximation können wir eine ganze Zahl m angeben, daß alle Wurzeln der Gleichung innerhalb des im Nullpunkt zentrierten Quadrats $\mathfrak{Q}$ von der Seitenlänge $2m$ liegen. Wir gehen nun zunächst genau nach dem Muster desjenigen Beweises vor, der mit Weierstraß in dem von Stufe zu Stufe feiner werdenden Quadratraster der x-Ebene ein Minimum des absoluten Betrages $|f(x)|$ abzufangen sucht.

Bei der Genauigkeit, mit welcher die Koeffizienten auf der h-ten Stufe bekannt sind, kann ich zu jedem Dualquadrat h-ter Ordnung $\mathfrak{q}_x$ der x-Ebene, welches zu $\mathfrak{Q}$ gehört, ein Quadrat $\mathfrak{q}_y$ in der y-Ebene angeben, in welchem die Werte y meines Polynoms gelegen sind, wenn x in $\mathfrak{q}_x$ variiert; $\mathfrak{q}_y$ soll ein Quadrat sein, das aus lauter Dualquadraten h-ter Ordnung zusammengesetzt ist. Enthält $\mathfrak{q}_y$ den Nullpunkt der y-Ebene (eines der vier um den Nullpunkt herumliegenden Dualquadrate h-ter Ordnung), so nennen wir $\mathfrak{q}_x$ ein *nullstellen-verdächtiges Quadrat*. Diese Prüfung kann für jedes der endlichvielen Quadrate $\mathfrak{q}_x$, aus denen $\mathfrak{Q}$ besteht, vorgenommen werden. Ein verdächtiges Quadrat $\mathfrak{q}_x$ wird man als approximative Bestimmung einer Wurzel betrachten wollen. Geht man nun aber zur nächsten Genauigkeitsstufe $(h+1)$ über, so kann es sich natürlich ereignen, daß sich von den vier Dualquadraten $(h+1)$-ter Ordnung, in welche $\mathfrak{q}_x$ zerfallen ist, keines mehr als nullstellen-verdächtig ergibt: wir werden aus $\mathfrak{q}_x$ vertrieben und müssen anderswo unser Heil versuchen. So können wir von Stufe zu Stufe in dem ganzen Quadrat $\mathfrak{Q}$ herumgetrieben werden, ohne irgendwo zur Ruhe zu kommen und uns einem festen Wurzelwert anzunähern. Dies ist die Hauptschwierigkeit, welche überwunden werden muß; bei der üblichen Gedankenführung wird hier der Sprung ins Jenseits durch den Existentialabsolutismus vollzogen.

Nötig ist offenbar ein Kriterium, das schon auf der h-ten Stufe darüber entscheidet, ob man bei fortgesetzter Teilung und beliebig fortschreitender genauerer Festlegung der Koeffizienten in $\mathfrak{q}_x$ immer wieder nullstellen-verdächtige Quadrate antreffen wird oder nicht. Es ist eine wunderbare Tatsache, daß ein solches Kriterium vorhanden ist — nicht freilich für das einzelne Quadrat $\mathfrak{q}_x$, sondern für die einzelnen zusammenhängenden, aber gegenseitig voneinander getrennten Gebiete $\mathfrak{g}$, zu denen sich die verdächtigen Quadrate zusammenfügen: die auf h-ter Stufe vorliegende Genauigkeit genügt, um zu berechnen, welchen Zuwachs

$$(2) \qquad \frac{1}{2\pi}\cdot \arg y = \frac{1}{2\pi i}\int \frac{f'(x)\,dx}{f(x)}$$

erfährt, wenn x das äußere Umrißpolygon Π von $\mathfrak{g}$ durchläuft. Dieser Zuwachs ist eine ganze nicht-negative Zahl $n(\mathfrak{g})$, welche angibt, wie viele Nullstellen in $\mathfrak{g}$ liegen. Jede Seite σ von Π ist nämlich Seite eines nicht nullstellen-verdächtigen Dualquadrats h-ter Ordnung $\mathfrak{q}_x$, welchem in der y-Ebene ein den Nullpunkt nicht enthaltendes Quadrat $\mathfrak{q}_y$ entspricht; infolgedessen ist für die Werte von $\frac{1}{2\pi}\arg y$ auf σ ein Intervall bekannt, dem sie angehören und dessen Länge $< \frac{1}{2}$ ist, und das genügt, um jene ganze Zahl mit Sicherheit zu bestimmen. Indem man jede Seite σ durch jenes zugehörige Quadrat $\mathfrak{q}_y$ in der y-Ebene ersetzt, hat man nur darauf zu achten, wie oft die dem Umrißpolygon Π korrespondierende Kette von Quadraten $\mathfrak{q}_y$ den Nullpunkt umschließt. Die über die verschiedenen Gebiete $\mathfrak{g}$ erstreckte Summe $\Sigma n(\mathfrak{g})$ ist gleich dem Grad n des Polynoms. Beizubehalten sind nur diejenigen Gebiete $\mathfrak{g}$, für welche $n(\mathfrak{g}) \neq 0$ ist. Bei der Durchführung des Beweises werden wir noch jedes der Gebiete $\mathfrak{g}$ um der Einfachheit willen durch ein $\mathfrak{g}$ einschließendes Rechteck $\mathfrak{r}$ ersetzen.

Es ist weiter erforderlich, daß die Gebiete $\mathfrak{g}$ bei unbegrenzt fortgesetzter Teilung schließlich beliebig klein werden und sich auf einzelne Punkte zusammenziehen. Dies beruht offenbar darauf, daß die Dichtigkeit der Wurzelverteilung eine von vornherein angebbare Schranke nicht übersteigt, weil nur eine beschränkte Anzahl von Wurzeln, nämlich höchstens n, existieren. Der Satz muß folgendermaßen verschärft werden: Hat das Polynom (1) an $n+1$ Stellen $x = \alpha_0, \alpha_1, \ldots, \alpha_n$ Werte, welche absolut $\leqq \varepsilon$ sind, so können nicht alle Abstände $|\alpha_i - \alpha_k|$ $(i \neq k)$ dieser $n+1$ Werte voneinander $> \sqrt[n]{n\varepsilon}$ sein. An der Schranke $\sqrt[n]{n\varepsilon}$ ist natürlich allein das von Wichtigkeit, daß sie mit ε gegen 0 konvergiert. Der Beweis ergibt sich sogleich aus der Lagrangeschen Interpolationsformel: Hat $f(x)$ an der Stelle $x = \alpha_i$ den Wert β_i, so ist nach ihr der höchste Koeffizient von f:

$$1 = \frac{\beta_0}{(\alpha_0 - \alpha_1)\ldots(\alpha_0 - \alpha_n)} + \ldots .$$

Sind alle Differenzen $|\alpha_i - \alpha_k| \geqq \delta$ $(i \neq k)$, alle $|\beta_i|$ hingegen $\leqq \varepsilon$, so folgt daraus

$$\frac{n\varepsilon}{\delta^n} \geqq 1, \quad \text{d. i.} \quad \delta \leqq \sqrt[n]{n\varepsilon}.$$

Die Konstruktion verläuft demnach folgendermaßen: $\mathfrak{q} = \mathfrak{q}_x$ bedeute jetzt ausschließlich die nullstellen-verdächtigen Dualquadrate h-ter Ordnung; ihnen entsprechen in der y-Ebene die Quadrate $\mathfrak{q}_y$, welche den Nullpunkt enthalten. Die größte unter den Seitenlängen dieser endlichvielen $\mathfrak{q}_y$ — ein Dualbruch mit dem Nenner 2^h — sei ε_h, δ_h aber der kleinste Dualbruch mit dem Nenner 2^{h+1} und ungeradem Zähler, für welchen $\delta_h^n \geqq 2\,n\varepsilon_h$ ist. Es gilt $\lim_{h=\infty} \delta_h = 0$. Wir beginnen mit einem Quadrat $\mathfrak{q}_x = \mathfrak{q}_1$ und vergrößern es unter Festhaltung seines Mittelpunktes zu einem Quadrat $\mathfrak{q}_1^*$ von der Seitenlänge $2\delta_h$. Gibt es noch nullstellen-verdächtige $\mathfrak{q}$ außerhalb dieses größeren $\mathfrak{q}_1^*$, so wählen wir eines von ihnen und vergrößern es in der gleichen Art zu $\mathfrak{q}_2^*$. Existieren weiter Quadrate $\mathfrak{q}$, welche weder zu $\mathfrak{q}_1^*$ noch zu $\mathfrak{q}_2^*$ gehören, so verfällt eines von ihnen abermals dem gleichen Vergrößerungsprozeß: $\mathfrak{q}_3^*$; und so fort. Nach dem Hilfssatz kann sich das nicht öfter als n-mal wiederholen: wir bekommen höchstens n Quadrate $\mathfrak{q}_1^*, \mathfrak{q}_2^*, \ldots$, welche alle $\mathfrak{q}$ enthalten. Wünscht man eine bestimmte Vorschrift für die Reihenfolge, in der die Quadrate vorgenommen werden, so setze man etwa fest, daß von je zwei Dualquadraten dasjenige den Vorrang hat, welches weiter links liegt; konkurrieren aber zwei solche Quadrate, welche demselben Vertikalstollen angehören, soll das tiefer gelegene den Vorrang haben. Die Quadrate $\mathfrak{q}_1^*, \mathfrak{q}_2^*, \ldots$ brauchen nicht völlig getrennt zu liegen. Wir konstruieren das kleinste (aus Dualquadraten h-ter Ordnung bestehende) Rechteck $\mathfrak{r}_1$, das 1. $\mathfrak{q}_1^*$ enthält und an welches 2. keines der Quadrate $\mathfrak{q}^*$ stößt, ohne ganz in ihm enthalten zu sein. So bekommen wir an Stelle der Quadrate $\mathfrak{q}^*$ höchstens n Rechtecke $\mathfrak{r}$, die alle nullstellen-verdächtigen $\mathfrak{q}$ enthalten und welche sich weder überdecken noch aneinander grenzen. Die Seitenlängen dieser Rechtecke sind höchstens gleich $2n\delta_h$. Für jedes $\mathfrak{r}$ bestimmen wir nach oben gegebener Anweisung die Zahl $n(\mathfrak{r})$ und scheiden diejenigen aus, für welche $n(\mathfrak{r}) = 0$ ist. Bleiben z. B. drei Rechtecke $\mathfrak{r}$ übrig: $\mathfrak{r}', \mathfrak{r}'', \mathfrak{r}'''$ mit den zugehörigen Anzahlen $n(\mathfrak{r}) = 3, 1, 2$ (die Gleichung sei also vom Grade $3 + 1 + 2 = 6$), so definieren wir in dem Wurzelraum $(\alpha_1, \alpha_2, \ldots, \alpha_6)$ ein 12-dimensionales Rechteck $\mathfrak{R}$ durch die Bedingungen: $\alpha_1, \alpha_2, \alpha_3$ in $\mathfrak{r}'$, α_4 in $\mathfrak{r}''$, α_5, α_6 in $\mathfrak{r}'''$. $\mathfrak{R}$ möge noch ersetzt werden durch das kleinste Quadrat A_h, das aus Dualquadraten h-ter Ordnung zusammengesetzt ist, denselben Mittelpunkt wie $\mathfrak{R}$ hat und $\mathfrak{R}$ ganz im Innern enthält. Beim Übergang zur nächsten Teilungsstufe brauchen wir von vornherein nur diejenigen Dualquadrate $(h+1)$-ter Ordnung in der x-Ebene zu berücksichtigen, welche durch Teilung aus nullstellen-verdächtigen Dualquadraten h-ter Ordnung hervorgehen. Es ergibt sich im Wurzelraum ein ganz im Innern von A_h enthaltenes $2n$-dimensionales Quadrat A_{h+1}. *Mit unbegrenzt wachsendem h konvergiert die Seitenlänge von A_h gegen 0.*

Die beschriebene Konstruktion ist eine solche, die mit einer durch freie Wahl werdenden Schachtelfolge von Dualsternen A_h im Koeffizientenraum $(h = 0, 1, 2, \ldots)$ gesetzmäßig eine werdende Schachtelfolge von Quadraten A_h im Wurzelraum verknüpft. Sie benutzt lauter längst bekannte Elemente; diese sind aber auch alle für einen konstruktiv durchführbaren Existenzbeweis wirklich erforderlich. Der Satz, zu dem wir gelangen, besagt: *Jedes Polynom* (1) *läßt sich in Linearfaktoren zerlegen:*

$$f(x) = (x - \alpha_1)(x - \alpha_2) \ldots (x - \alpha_n).$$

Dabei kann noch eine Zusatzbedingung wie

$$\alpha_1 \leqq \alpha_2 \leqq \ldots \leqq \alpha_n$$

gefordert werden, wo $\prec$ das Zeichen für die Rangordnung gemäß einer oben getroffenen Festsetzung ist. Unzulässig ist hingegen die Behauptung, $f(x)$ lasse sich stets als Potenzprodukt von lauter *verschiedenen* Linearfaktoren darstellen.

In seiner ersten Mitteilung zur „Neubegründung der Mathematik"[12]) hat sich Hilbert in heftiger Polemik gegen die von Brouwer und mir vertretene Auffassung gewendet. Mir scheint, selbst von seinem Standpunkt mit geringem Recht; denn soviel ich sehe, stimmen wir in dem entscheidendsten Punkte miteinander überein. Auch für Hilbert reicht die Kraft des inhaltlichen Denkens nicht weiter als für Brouwer; es ist für ihn ganz selbstverständlich, daß sie die „transfiniten" Schlußweisen der Mathematik nicht trägt[13]), daß es keine Rechtfertigung für alle die transfiniten Aussagen der Mathematik als *inhaltlicher Wahrheiten* gibt. Er wird nicht leugnen wollen, daß Brouwer hier im „Axiom des ausgeschlossenen Dritten" den wesentlichen Punkt getroffen hat; dieser neuen Einsicht zufolge kann Hilbert jetzt auch das eigentlich Fragwürdige und zu Begründende, dem inhaltlichen Denken schlechterdings Unzugängliche, was vor ihm als logisch selbstverständlich nicht in die Axiome aufgenommen wurde, sondern unerkannt „zwischen den Zeilen" sein Wesen trieb, der Formalisierung unterwerfen und zum Kernstück seiner Axiomatik machen. Ein weiterer großer Fortschritt von Hilbert über die Ansätze seines bekannten Heidelberger Vortrages[14]) hinaus liegt in der Anerkennung der Tatsache, daß ohne ein anschaulich-sachhaltiges Denken, das sich nicht auf Axiome gründen läßt und in welchem sich insbesondere ein finites Prinzip der vollständigen Induktion betätigt[15]), nicht auszukommen ist.

---

[12]) Abhandlungen aus dem Mathem. Seminar Hamburg **1** (1922). S. 157.

[13]) Vgl. hierzu Hilbert, Die logischen Grundlagen der Mathematik, Math. Ann. **88** (1922), S. 151; namentlich S. 155, 156.

[14]) Verhandlungen des 3. internationalen Mathematiker-Kongresses (1904), S. 174.

[15]) Dem wird kein Abbruch dadurch getan, daß das Prinzip auch als eine Formel im Axiomensystem erscheint. Der Syllogismus kommt bei Hilbert sogar in dreierlei Bedeutung vor: erstens als naiv gehandhabtes Prinzip des anschaulichen Denkens,

Mit Hilfe dieses anschaulichen Denkens ist nach Hilbert eine Begründung der elementaren Arithmetik in der Weise möglich, daß ihre Sätze nicht als „Formeln", sondern als inhaltliche Wahrheit verstanden werden[16]). Brouwer zeigt, vor allem vermöge seines Begriffs der werdenden Folge, daß das inhaltliche Denken wesentlich weiter reicht; es ist unter allen Umständen wichtig, zu sehen, *wie* weit man damit kommt. Vielleicht nimmt Hilbert in dieser Frage einen noch radikaleren Standpunkt ein als Brouwer; ich glaube aber, daß solche durchgeführten Beweise wie der eben angegebene für den funktionentheoretischen Fundamentalsatz der Algebra erkennen lassen, daß die Grenzen des finiten Denkens in der Brouwerschen Analysis — wenigstens in der von mir gegebenen Interpretation[17]) — nicht überschritten werden. Auf dem Hintergrund der vorangehenden Epochen der modernen Grundlagenforschung — der ersten Epoche des naiven Existentialabsolutismus (Dedekind, Cantor), der zweiten, welche das „nicht-Prädikative" durch eine Typentheorie zu überwinden strebt (Russell) — heben sich Brouwer und Hilbert deutlich als zusammengehörig zu einer neuen dritten Epoche ab (der Übergang von der 1. zur 2. Epoche wird durch Frege, ein Übergang von der 2. zur 3. durch meine Schrift „Das Kontinuum" aus dem Jahre 1918 bezeichnet).

Die neue, Hilbert eigentümliche Wendung ist die, daß er an den Sätzen der Mathematik ihre inhaltliche Bedeutung fahren läßt und sie zu einem Formelspiel entleert. Gelingt ihm der Beweis der Widerspruchslosigkeit — und er hat den Weg, der zu diesem Ziele führen soll, bereits deutlich und überzeugend abgesteckt[18]) —, so wird ein Resultat gewonnen sein, dem auch ich große Bedeutung zuschreibe, die Vollendung und Krönung von Hilberts axiomatischem Lebenswerk. Die Hilbertsche Mathematik ist aber, wenn man seine Erklärungen ernst nimmt, in der Tat nur ein *Formelspiel*. Die Analogie mit dem Schachspiel sei in einer kleinen Tabelle durchgeführt.

	Schachspiel	Hilbertsche Mathematik
1.	Stein.	Zeichen.
2.	Stellung der Steine auf dem Brett.	Formel.
3.	Ausgangsstellung.	System der Axiome.
4.	Zugregeln.	Regeln, nach denen aus Formeln Formeln „deduziert" werden.

zweitens als axiomatische Formel und drittens als Operationsregel, nach welcher aus „beweisbaren Formeln" beweisbare Formeln entspringen.

[16]) a. a. O. [12]), S. 164.

[17]) Vgl. die unter [11]) zitierte Arbeit.

[18]) In der unter [13]) zitierten Arbeit.

Schachspiel	Hilbertsche Mathematik
5. „Spielgerechte“ Stellung (die auf Grund der Zugregeln aus der Ausgangsstellung hervorgegangen ist).	„Beweisbare“ Formel (welche auf Grund der Operationsregeln aus den Axiomen hervorgegangen ist).
6. Stellung, in welcher 10 Damen der gleichen Farbe auftreten.	Formel des Widerspruchs.

Durch die sich im finiten anschaulichen Denken betätigende vollständige Induktion kann man beim Schachspiel ebenso einsehen, daß 10 Damen einer Farbe in einer spielgerechten Stellung unmöglich sind, wie Hilbert beweist (oder zu beweisen sich anschickt), daß die Formel des Widerspruchs keine beweisbare Formel ist. (Man geht dabei natürlich von der Bemerkung aus, daß durch einen spielgerechten Zug die Summe der Anzahlen der Damen und Bauern einer Farbe niemals zunehmen kann.) Das ist *Erkenntnis* und nicht mehr *Spiel*; und nur zur Gewinnung dieser einen Erkenntnis wird von Hilbert das inhaltliche Denken benötigt. Auf diesem Standpunkt darf man nicht nach einem tieferen Grund für die angenommenen Axiome und Operationsregeln fragen; auch ist nicht abzusehen, warum man gerade Wert darauf legt, daß das Formelspiel „widerspruchsfrei“ ist oder warum man das inhaltliche Denken sich nicht noch mit andern aus dem Spiel entspringenden Fragen beschäftigen läßt. Solange man auf diesem Standpunkt beharrt, ist man in der Tat aller Philosophie überhoben; und es gibt keine andere „Einwendung“ dagegen als die Erklärung: Ich spiele nicht mit!

Soll aber Mathematik eine ernsthafte Kulturangelegenheit bleiben, so muß sich nun doch mit diesem Formelspiel irgend ein *Sinn* verknüpfen. — Zunächst kann es sich in den Dienst der inhaltlichen Analysis, insbesondere der inhaltlichen Arithmetik stellen. Als das berühmteste Beispiel, in welchem heute transfinite Schlüsse zur Begründung eines finiten Theorems herangezogen werden, nenne ich Dirichlets Klassenzahlbestimmung quadratischer Formen. Definiert man die zur Diskriminante D gehörige Klassenzahl h mit Hilfe einer finiten Reduktionsmethode, so hat man zwei Wege zur Konstruktion von h: der eine ist durch dieses Reduktionsverfahren gegeben, der andere durch Dirichlets explizite Formel. Ist die Behauptung, daß aus einer beliebigen Zahl D sich auf beiden Wegen die gleiche Zahl h ergibt, durch Hilberts formale Analysis transfinit begründet, so ist sie inhaltlich richtig. Ergäbe sich nämlich für einen bestimmten Wert, z. B. $D = 129$, auf dem einen Wege $h = 5$, auf dem andern $h = 7$, so wäre $5 = 7$ und damit $0 = 2$ eine beweisbare Formel im Hilbertschen System, die mit $2 \neq 0$ zusammen zu der Formel des Widerspruchs $0 \neq 0$ führt. So oft also eine beweisbare Hilbertsche Formel, inhaltlich interpretiert, einen Sinn gibt — dazu ist insbesondere erforderlich, daß sie die transfiniten Funktionen nicht enthält —, spricht sie einen richtigen Satz der inhaltlichen Analysis aus: der Formalismus ist auf Grund seiner Widerspruchslosigkeit ein legitimes Hilfsmittel zur Gewinnung derartiger Sätze. Immerhin wird man den Wert dieses formalen Hilfsmittels nicht allzu hoch anschlagen. Denn nicht im *Beweis* bei gegebener Konstruktion, sondern in der Erfindung der *Konstruktion* liegt in den meisten Fällen die eigentliche Schwierigkeit. *Nachdem* einmal die vorhin besprochene Konstruktion gefunden ist, welche aus der durch freie Wahl werdenden Schachtelfolge von Dualsternen im Koeffizientenraum die werdende Schachtelfolge von Quadraten im Wurzelraum erzeugt, gelingt der Nachweis mühelos, daß sie die Wurzeln der vorgelegten willkürlichen Gleichung liefert. Und so liegt die Sache fast immer.

Mit dieser untergeordneten Rolle seiner Formeln im Dienste der Brouwerschen Analysis wird sich Hilbert schwerlich zufrieden geben. Ich sehe nur *eine* Möglichkeit, ihnen einschließlich ihrer transfiniten Bestandteile eine selbständige geistige Bedeutung beizulegen. In der theoretischen Physik haben wir das große Beispiel einer Erkenntnis von ganz anderem Gepräge vor uns als die gewöhnliche intuitive oder phänomenale Erkenntnis, welche das in der Anschauung[19]) Gegebene rein ausspricht. Während hier jedes Urteil seinen eigenen, restlos in der Anschauung vollziehbaren Sinn hat, ist dies mit den einzelnen Aussagen der theoretischen Physik keineswegs der Fall; sondern dort steht, wenn es mit der Erfahrung konfrontiert wird, nur das System als Ganzes in Frage. In der *Theorie* gelingt es dem Bewußtsein, „über den eigenen Schatten zu springen", den Stoff des Gegebenen hinter sich zu lassen, das Transzendente darzustellen; aber, wie sich von selbst versteht, nur im *Symbol*. Die Beziehung der symbolischen Konstruktion zum unmittelbar Erlebten muß, wenn nicht explizite beschrieben, so doch irgendwie innerlich verstanden sein; aber diese Beziehung allein kann niemals die theoretische Deutung rechtfertigen. Hier walten Vernunftprinzipien, von denen wir vorerst nur das der Widerspruchslosigkeit klar erfassen; es ist aber gewiß nicht der einzige Leitfaden bei der Ausbildung der theoretischen Physik (der Sinn der *theoretischen* ist uns im Grunde ebenso dunkel wie der Sinn der *künstlerischen* Gestaltung). Wenn ich die phänomenale Erkenntnis als *Wissen* bezeichne, so ruht die theoretische auf dem *Glauben*[20]) — dem Glauben an die

---

[19]) „Anschauung" wird hier natürlich nicht aufs Sinnliche beschränkt, sondern bezeichnet jeden gebenden Akt.

[20]) Daß der Glaube, d. i. die transzendente Vernunftthesis, ohne welche alles Wissen tot und völlig gleichgültig ist, nicht erst bei „Gott, Freiheit und Unsterblichkeit" auf den Plan tritt, war eine der ersten und wichtigsten Erkenntnisse, welche Fichte über Kant hinausführten.

Realität des eigenen und fremden Ich oder die Realität der Außenwelt oder die Realität Gottes. Ist das Organ jener das „Sehen" im weitesten Sinne, so ist das Organ der Theorie „das Schöpferische". Wenn Hilbert nicht ein bloßes Formelspiel treibt, so will er eine theoretische im Gegensatz zu Brouwers intuitiver Mathematik. Aber wo ist jenes vom Glauben getragene Jenseits, auf das sich ihre Symbole richten? Ich finde es nicht, wenn ich nicht die Mathematik sich völlig mit der Physik verschmelzen lasse und annehme, daß die mathematischen Begriffe von Zahl, Funktion usw. (oder die Hilbertschen Symbole) prinzipiell in der gleichen Art an der theoretischen Konstruktion der wirklichen Welt teilnehmen wie die Begriffe Energie, Gravitation, Elektron u. dgl. Dann aber ist das System kaum durch seine Widerspruchslosigkeit schon ausreichend gerechtfertigt, und es steht ferner zu erwarten, daß es das Schicksal aller andern theoretischen Erkenntnisse teilen wird: im Gegensatz zum phänomenalen Wissen, das wohl dem Irrtum menschlich unterworfen, aber seinem Wesen nach unwandelbar ist, bleiben sie, wie ich glaube, getragen von dem an uns sich vollziehenden Lebensprozeß des Geistes und werden von ihm niemals als ein totes, „endgültiges" Resultat abgesetzt. Vielleicht ist es aber ja doch so, wie Hilbert zu meinen scheint, daß für den mathematischen Teil der theoretischen Weltkonstruktion das Prinzip der Widerspruchslosigkeit zusammen mit der Forderung, die vom naiven Existentialabsolutismus über das Unendliche nach Analogie des Endlichen aufgestellten Behauptungen so weitgehend wie möglich symbolisch zu rechtfertigen, als einziger Leitfaden genügt. In der Geschichte der Physik zeigt sich, daß Anschauung und Theorie beständig Hand in Hand gehen müssen. Auf der einen Seite ist z. B. nicht zu leugnen, daß der Machsche Phänomenalismus der Atomtheorie unterlegen ist; auf der andern Seite aber lehrte Einsteins Relativitätstheorie, wie wichtig der Rückgang auf die anschauliche Bedeutung der theoretischen Konstruktion und die Ausscheidung allzu willkürlicher Elemente (Geometrie, absoluter Raum) sein kann. So ist es sicherlich von großem Nutzen, daß uns Brouwer in der Mathematik wieder den Sinn für das anschaulich Gegebene gestärkt hat. Seine Analysis spricht den Gehalt der mathematischen Urintuition rein aus und ist darum von rätselloser Klarheit durchleuchtet. Aber neben dem Brouwerschen wird man den Hilbertschen Weg verfolgen müssen; denn es ist nicht zu leugnen, daß in uns ein vom bloß phänomenalen Standpunkt schlechterdings unverständliches theoretisches Bedürfnis lebendig ist, dessen auf symbolische Darstellung des Transzendenten gerichteter Schaffensdrang Befriedigung verlangt. Aber hier beginnt das Rätsel, und so sind auch diese Schlußgedanken nur ein zaghaftes Hinaustasten ins Dunkel.

61.

Zur Theorie der Darstellung der einfachen kontinuierlichen Gruppen. (Aus einem Schreiben an Herrn I. Schur)

Sitzungsberichte der Preußischen Akademie der Wissenschaften zu Berlin, 338—345 (1924)

1. Es ist mir gelungen, durch eine Modifikation Ihrer Methode[1] das Darstellungsproblem für alle einfachen (und halb-einfachen) Gruppen zu lösen, einschließlich der Berechnung der Charakteristiken. Besonders wichtig sind natürlich: die Gruppe 𝔊 aller homogenen linearen Transformationen von der Determinante 1, die Gruppen ℭ und 𝔇 derjenigen unter ihnen, welche eine nicht ausgeartete schiefsymmetrische bzw. symmetrische Bilinearform, $[xx']$ oder (xx'), invariant lassen. Geht man mit Lie auf die infinitesimalen Gruppen 𝔤, 𝔠, 𝔡 zurück, so bringt das freilich für die »integrale« Fragestellung gewisse Differenzierbarkeitsvoraussetzungen mit sich; es ist aber zu betonen, daß so ein rein algebraisches Problem hervorgeht, das seine große selbständige Bedeutung hat. Die integrale Methode ersetzt nach dem Kunstgriff von Hurwitz[2] die komplexen Gruppen 𝔊, ℭ, 𝔇 zunächst durch die in ihnen enthaltenen Gruppen $\mathfrak{G}_u$, $\mathfrak{C}_u$, $\mathfrak{D}_u$ unitärer Transformationen. Für ℭ und 𝔇 werden dabei die Formen $[xx']$, (xx) in der Gestalt zugrunde gelegt:

$$[xx'] = (x_1 y_1' - y_1 x_1') + \cdots + (x_h y_h' - y_h x_h') \quad [\text{Dimensionszahl } n = 2h],$$
$$(xx) = x_1^2 + x_2^2 + \cdots + x_n^2 \quad [\text{Dimensionszahl} = n].$$

Dann kommt man, wie Sie im Falle der reellen Drehungsgruppe $\mathfrak{D}_u$ gezeigt haben, mit der Stetigkeit allein aus. Jede der irreduziblen Darstellungen von $\mathfrak{G}_u$, $\mathfrak{C}_u$, $\mathfrak{D}_u$ liefert ohne weiteres eine solche für 𝔊 bzw. ℭ und 𝔇. Will man aber auch für die vollen komplexen Gruppen oder die reellen Gruppen 𝔊, ℭ und die zu nicht-definiten Formen (xx) gehörigen reellen 𝔇 nachweisen, daß die Aufzählung erschöpfend ist und jede Darstellung in diese irreduziblen Bestandteile zerfällt, so scheinen mir die Differenzierungsannahmen unentbehrlich, die in der Reduktion auf die infinitesimalen Gruppen liegen. Der infinitesimale Ansatz bewerkstelligt den Übergang ohne weiteres.

---

[1] Hr. Schur war so freundlich, mich schon vor ihrer Publikation in den Sitzungsber. d. Berl. Akad. d. Wiss. von den Hauptresultaten seiner Untersuchung über die Drehungsgruppe in Kenntnis zu setzen; vgl. jetzt a. a. O. 1924, p. 297—321 und 346—355.

[2] Über die Erzeugung der Invarianten durch Integration, Göttinger Nachrichten 1897, p. 71.

Die Methode, mit Hilfe deren CARTAN die irreduziblen Darstellungen jener infinitesimalen Gruppen gewinnt[1], ist naturgemäß und einfach; alles, was nötig ist, ließe sich bequem auf ein paar Seiten auseinandersetzen[2]. Sie beruht darauf, daß direkt gezeigt wird (ich bediene mich Ihrer Ausdrucksweise): Eine irreduzible Darstellung ist bereits durch das höchste Glied ihrer Charakteristik eindeutig bestimmt; der Koeffizient dieses höchsten Gliedes ist $= 1$. Zum Nachweis der vollen Reduzibilität aber und zur Gewinnung expliziter Ausdrücke für die Charakteristiken und Variablenzahlen erweist sich die von Ihnen ausgebildete integrale Methode als überlegen. Dasselbe Verhältnis war bereits bei der symmetrischen Gruppe zutage getreten: der »infinitesimale« Ansatz ergibt nach A. YOUNG und der Arbeit von FROBENIUS aus dem Jahre 1903 die einfachste Erzeugung[3]; die expliziten Ausdrücke für die Anzahlen und Charaktere liefert die »integrale« Methode, die FROBENIUS in der voraufgehenden Arbeit 1900 entwickelte[4] (nur die Bestimmung der Gesamtanzahlen der Variablen war YOUNG hier auch auf dem ersten Wege, aber durch recht mühsame Rechnungen gelungen). Eine Darstellung der infinitesimalen Gruppe liefert eine solche Γ für die ganze kontinuierliche Gruppe, wobei evtl. das Kontinuum Γ die dargestellte Gruppenmannigfaltigkeit mehrfach überdeckt. Die Analysis-situs-Untersuchung lehrt[5], daß diese Eventualität nur bei der Drehungsgruppe eintreten kann, und daß man zur Erzielung der Eindeutigkeit in diesem Falle $\mathfrak{D}$ ersetzen muß durch ein Gebilde $\mathfrak{D}^*$, das unverzweigt und ohne Grenzen $\mathfrak{D}$ zweiblättrig überdeckt. Wirklich finden sich in der CARTANschen Tabelle solche erst auf $\mathfrak{D}^*$, nicht schon auf $\mathfrak{D}$ eindeutige irreduzible Darstellungen der Drehungsgruppe. In Ihrer Aufzählung fehlen sie noch, diese Lücke wird im folgenden auch ausgefüllt.

2. Auf jeder Gruppenmannigfaltigkeit $\mathfrak{A}$ gibt es eine absolute Volummessung. Bezeichnet man nämlich den Prozeß, der das willkürliche Element X der Gruppe ersetzt durch AX, als die Translation, welche das Einheitselement E in das gegebene A überführt, so schreibt man einem Volumelement in A das gleiche Volumen zu wie demjenigen Volumelement in E, aus dem es durch die Translation von E nach A hervorgeht. Versteht man also unter dem Vektor, der von einem Punkt A auf $\mathfrak{A}$ zu einem unendlich benachbarten $A + dA$ führt, die Parameter des Elements $A^{-1}dA$ der zugehörigen infinitesimalen Gruppe $\mathfrak{a}$, so ist die Größe eines parallelepipedischen Volumelements einfach gegeben durch die Determinante aus den das Parallelepiped aufspannenden »Vektoren«. Ist $\mathfrak{A}$ die reelle Drehungsgruppe $\mathfrak{D}_n$ und sind $\phi_1, \phi_2, \cdots, \phi_h$ die Drehwinkel eines beliebigen ihrer Elemente ($n = 2h$ oder $= 2h+1$), so ist es für Ihre Methode von entscheidender Wichtigkeit, das Volumen desjenigen Teils von $\mathfrak{D}_n$ zu ermitteln, auf welchem

---

[1] Bulletin de la Soc. Math. de France 41 (1913), p. 53.

[2] Schwierig ist nur die Konstruktion aller einfachen Gruppen, mit der das Darstellungsproblem bei CARTAN verquickt erscheint.

[3] YOUNG, Proc. London Math. Soc. 33 (1901), p. 97; 34 (1902), p. 361. FROBENIUS, Sitzungsber. d. Berl. Akad. d. Wiss. 1903, p. 328.

[4] Sitzungsber. d. Berl. Akad. d. Wiss. 1900, p. 516.

[5] Vgl. eine etwa gleichzeitig erscheinende Note von mir in den Gött. Nachr.

die Drehungen liegen, deren Drehwinkel zwischen ϕ_k und $\phi_k + d\phi_k$ enthalten sind. Diese Aufgabe, wie auch die analoge für die Gruppen $\mathfrak{G}_u$ und $\mathfrak{C}_u$, kann ich direkt lösen. Ich schildere das Verfahren zunächst an der Gruppe aller unitären Transformationen $\mathfrak{U}$. $\varepsilon = e^{i\phi}$ bedeute stets eine Zahl vom absoluten Betrag 1, E eine Diagonalmatrix, in welcher mehrere solcher Zahlen $\varepsilon_0, \varepsilon_1, \cdots, \varepsilon_{n-1}$ stehen. Jede unitäre Matrix A kann, mittels einer gleichfalls unitären Transformation U, in der Form geschrieben werden:

$$A = U\mathrm{E}U^{-1}. \tag{1}$$

Die zu E gehörigen ϕ heißen die Drehwinkel der Matrix A. Hierbei kann U ersetzt werden durch eine beliebige Matrix von der Form $U\mathrm{E}'$. Ich will sagen, daß alle diese Matrizen (= Punkte von $\mathfrak{U}$) eine Gerade (U) auf $\mathfrak{U}$ bilden. Die Vektoren, welche von U zu den unendlich benachbarten Punkten der Geraden $(U + dU)$ gehen, haben die Form $U^{-1}\{(U+dU)(E+id\Phi) - U\} = U^{-1}dU + id\Phi = \delta U$. Die infinitesimale E-Matrix $E + id\Phi$ ($d\Phi$ die reelle Diagonalmatrix der unendlich kleinen Drehwinkel $d\phi_k$) kann ich auf eine und nur eine Art so wählen, daß in δU die Hauptdiagonale $= 0$ wird: diesen Vektor δU bezeichne ich als den senkrechten Übergang von der Geraden (U) zur Geraden $(U + dU)$ vom Punkte U aus. Die Vektoren, welche von den verschiedenen Punkten der Geraden (U) senkrecht zur Geraden $(U + dU)$ hinüberführen, sind nicht einander gleich, sondern haben allgemein die Gestalt

$$\mathrm{E}'^{-1} \cdot \delta U \cdot \mathrm{E}'. \tag{2}$$

Komme ich jetzt überein, alle Punkte von $\mathfrak{U}$, die auf einer Geraden liegen, durch »Projektion« in einen Punkt zusammenfallen zu lassen, so entsteht eine Mannigfaltigkeit $(\mathfrak{U})$ von n Dimensionen weniger. Definiere ich als Größe eines parallelepipedischen Volumelements mit der Ecke (U) in ihr die Determinante aus den aufspannenden Vektoren δU, so geht aus (2) hervor, daß diese unabhängig davon ist, an welcher Stelle U der Geraden (U) ich das Volumelement konstruiere. Aus (1) folgt: $U^{-1}(A^{-1}dA)U = (\mathrm{E}^{-1} \cdot \delta U \cdot \mathrm{E} - \delta U) + id\Phi$. Sind $\delta u_{\alpha\beta}$ die Komponenten der Matrix δU $(\delta u_{\alpha\alpha} = 0)$, so hat also die links stehende Matrix die Komponenten

$$\delta u_{\alpha\beta}\left(\frac{\varepsilon_\beta}{\varepsilon_\alpha} - 1\right) \quad (\alpha \neq \beta), \qquad id\phi_\alpha \quad (\alpha = \beta).$$

Mit ihnen hängen die Komponenten der Matrix $A^{-1}dA$ durch eine unimodulare Substitution zusammen. Darum läßt sich die Größe $|dA|$ eines Volumelements, das von A in der Mannigfaltigkeit $\mathfrak{U}$ beschrieben wird, wenn (U) in $(\mathfrak{U})$ ein Volumelement von der Größe $|dU|$ beschreibt und E im Spielraum $\phi_\alpha \cdots \phi_\alpha + d\phi_\alpha$ variiert, so ausdrücken:

$$|dA| = |dU| \cdot \prod_{i \neq k}\left(\frac{\varepsilon_k}{\varepsilon_i} - 1\right) \cdot d\phi_0 d\phi_1 \cdots d\phi_{n-1}.$$

Das Produkt ist

$$= \prod_{i<k}\left(\frac{\varepsilon_k}{\varepsilon_i} - 1\right)\left(\frac{\bar{\varepsilon}_k}{\bar{\varepsilon}_i} - 1\right) = \left|\prod_{i<k}(\varepsilon_k - \varepsilon_i)\right|^2.$$

Die Einschränkung auf die Mannigfaltigkeit $\mathfrak{G}_u$ der unitären Transformationen von der Determinante 1 ist sofort zu vollziehen. Hat man den Mittelwert einer Funktion F auf $\mathfrak{G}_u$ zu bilden, die nur von den Drehwinkeln ϕ abhängt $[\phi_0 = -(\phi_1 + \cdots + \phi_{n-1})]$, so ist dieser also

$$(3) \qquad = \frac{1}{\Omega}\int F d\Omega \text{ mit } d\Omega = \Big|\prod_{i<k}(\varepsilon_k - \varepsilon_i)\Big|^2 \cdot d\phi_1 \cdots d\phi_{n-1},$$

$$\Omega = \int d\Omega.$$

Eine Matrix von $\mathfrak{C}_u$ läßt sich, wie man beweisen kann, in die Gestalt bringen $U\mathrm{E}U^{-1}$, wo U gleichfalls zu $\mathfrak{C}_u$ gehört und die charakteristischen Wurzeln ε paarweise zueinander reziprok (konjugiert) sind: $\varepsilon_1, \cdots, \varepsilon_h, \bar{\varepsilon}_1, \cdots, \bar{\varepsilon}_h$. Dies berücksichtigend und bedenkend, welche der Komponenten voneinander unabhängig sind, findet man sofort

$$(4) \quad d\Omega = H^2 d\phi_1 d\phi_2 \cdots d\phi_h, \qquad H = \prod_k s(\phi_k) \cdot \prod_{i<k}\big(c(\phi_k) - c(\phi_i)\big). \quad [i, k = 1, 2, \cdots, h]$$

Zur Abkürzung schreibe ich $e(\phi)$ für $e^{i\phi}$, $c(\phi)$ für $2\cos\phi = e^{i\phi} + e^{-i\phi}$, $s(\phi)$ für $2i\sin\phi = e^{\phi i} - e^{-\phi i}$. Genau so erhält man im Falle der reellen Drehungsgruppe $\mathfrak{D}_u$ die schon von Ihnen ermittelten Ausdrücke:

$$H = \prod_{i<k}\big(c(\phi_k) - c(\phi_i)\big), \quad [n = 2h] \qquad \text{bzw.} \qquad H = \prod_k s^2\left(\frac{\phi_k}{2}\right) \cdot \prod_{i<k}\big(c(\phi_k) - c(\phi_i)\big). \quad [n = 2h+1]$$

3. Die primitiven Charakteristiken χ müssen, wie Sie gezeigt haben, den Orthogonalitätsbedingungen genügen:

$$\frac{1}{\Omega}\int \chi(\phi)\chi(-\phi)\, d\Omega = 1;$$

$$\int \chi(\phi)\chi'(-\phi)\, d\Omega = 0,$$

wenn χ und χ' zu zwei inäquivalenten Darstellungen gehören.

Im Falle der Gruppe $\mathfrak{G}_u$ muß χ symmetrisch sein in den Argumenten $\phi_0, \phi_1, \cdots, \phi_{n-1}$. Setzt man, um der Orthogonalitätsbedingung zu genügen, $H \cdot \chi = \xi$ mit $H = \prod_{i<k}(\varepsilon_k - \varepsilon_i)$, so wird ξ eine endliche schiefsymmetrische Fourierreihe, also eine lineare Kombination von Ausdrücken

$$\xi(l_0, l_1, \cdots, l_{n-1}) = |\, e(l_0\phi), e(l_1\phi), \cdots, e(l_{n-1}\phi)\,|,$$

in denen die l eine wachsende Reihe ganzer Zahlen bilden: $0 = l_0 < l_1 < \cdots < l_{n-1}$. Die Determinante ist so zu lesen, daß an Stelle von ϕ der Reihe nach die Argumente $\phi_0, \phi_1, \cdots, \phi_{n-1}$ eingesetzt werden. Daß l ganze Zahlen sind, ist selbstverständlich, wenn wir die Eindeutigkeit der Darstellung postulieren; sonst muß sie entweder infinitesimal aus Cartans Tabelle der möglichen höchsten »Gewichte« abgelesen oder integral durch die Analysis situs der Mannigfaltigkeit $\mathfrak{G}_u$ begründet werden. Wir bilden also die endlichen symmetrischen Fourierreihen

$$(5) \qquad \chi^* = \frac{\xi(l_0, l_1, \cdots, l_{n-1})}{H} = \frac{\xi(l_0, l_1, \cdots, l_{n-1})}{\xi(0, 1, \cdots, n-1)}.$$

Irgend zwei verschiedene dieser χ^* erfüllen dann die Orthogonalitätsrelation mit dem Integrationselement $d\Omega$ der Formel (3). Ferner kommt

$$\frac{1}{\Omega}\int \chi^*(\phi)\,\chi^*(-\phi)\,d\Omega = \frac{n!\,(2\pi)^{n-1}}{\Omega}.$$

Da aber $\chi^* = 1$ ist für $l_k = k$, muß der von den l unabhängige Wert $= 1$ sein. Werden die Potenzprodukte der $\varepsilon_k = e(\phi_k)$ lexikographisch geordnet, wobei in erster Linie der Exponent von ε_{n-1}, in letzter Linie derjenige von ε_0 über die Stellung entscheiden soll, so trägt das höchste Glied in χ^* der Reihe nach die Exponenten

$$(6)\qquad m_k = l_k - k\,; \quad 0 = m_0 \leqq m_1 \leqq \cdots \leqq m_{n-1}\,;$$

sie bestimmen die Höhe von χ^*. Nun findet sich aber unter den sofort angebbaren irreduziblen Darstellungen — deren Konstruktion nicht weniger naheliegend ist als die der zu Ihrer Charakteristik p_α gehörigen — eine solche, deren Charakteristik vorgegebene Höhe m, Formel (6), besitzt. Diese Charakteristik χ_m muß sich additiv aus dem zugehörigen χ_m^* und den χ^* von niedrigerer Höhe zusammensetzen. In Anbetracht der Orthogonalität ergibt sich daraus durch einen Induktionsschluß, der von den niedrigeren zu den höheren χ fortschreitet, $\chi_m = \pm\chi_m^*$. Die Variablenzahl N_m erhält man, indem man in χ_m alle $\phi_i = 0$ setzt; so findet man

$$N_m = \frac{\prod\limits_{i<k}(l_k - l_i)}{\prod\limits_{i<k}(k-i)}, \qquad [i, k = 0, 1, \cdots, n-1]$$

und es entscheidet sich damit auch noch das Vorzeichen. Wird die unitäre Beschränkung fallen gelassen, so treten an Stelle der ε_i allgemein die charakteristischen Wurzeln der willkürlichen Matrix T der Gruppe $\mathfrak{G}$. Die (in Ihrer Dissertation 1901 benutzte) auf der bekannten Formel von Cauchy beruhende Umrechnung der χ auf die Größen p:

$$\det(E - zT) = f(z), \quad \frac{1}{f(z)} = p_0 + p_1 z + p_2 z^2 + \cdots,$$
$$\chi = |p_l, p_{l-1}, \cdots, p_{l-n+1}|$$

wird bei solchem Vorgehen nicht benötigt; das ist wichtig für die Verallgemeinerungen.

Ebenso einfach liegen die Dinge bei der Gruppe $\mathfrak{C}$ (bzw. $\mathfrak{C}_u$). Auf Grund des hier gültigen Ausdrucks (4) von H und $d\Omega$ kommt:

$$(7)\qquad \chi = \frac{\xi(l_1, l_2, \cdots, l_h)}{\xi(1, 2, \cdots, h)} \text{ mit } \xi(l_1, l_2, \cdots, l_h) = |s(l_1\phi), s(l_2\phi), \cdots, s(l_h\phi)|,$$
$$H = \xi(1, 2, \cdots, h).$$

Die Höhe ist gegeben durch $m_k = l_k - k$. Die Umrechnung in eine p-Determinante ist leicht möglich. Die Anzahlformel lautet[1]:

[1] Am leichtesten findet man sie durch die Bemerkung, daß $\xi(l_1, l_2, \cdots, l_h)$ vermöge der Substitution $\phi_k = k\phi$ in den gleichen Ausdruck übergeht wie $\xi(1, 2, \cdots, h) = H$ durch die Substitution $\phi_k = l_k\phi$. Also ist für $\phi_k = k\phi$ und unendlich kleines ϕ:

$$\pm\,\xi(l_1, l_2, \cdots, l_h) \sim P(l_1, l_2, \cdots, l_h)\cdot\phi^{h^2}.$$

$$(8) \quad P(l_1, l_2, \cdots, l_h) = \prod_k l_k \cdot \prod_{i<k} (l_k - l_i)(l_k + l_i), \quad N = \frac{P(l_1, l_2, \cdots, l_h)}{P(1, 2, \cdots, h)}.$$

Für die Darstellungen der Drehungsgruppe $\mathfrak{D}$ hat man bei ungerader Dimensionszahl $n = 2h+1$ wiederum die in (7) verzeichneten Ausdrücke ξ zu bilden. Der Nenner

$$\prod_k s\left(\frac{1}{2}\phi_k\right) \cdot \prod_{i<h} (c(\phi_k) - c(\phi_i)) \qquad [i, k = 1, 2, \cdots, h]$$

ist dann $= \xi\left(\frac{1}{2}, \frac{3}{2}, \ldots, \frac{2h-1}{2}\right)$. Also:

$$\chi = \frac{\xi(l_1, l_2, \cdots, l_h)}{\xi\left(\frac{1}{2}, \frac{3}{2}, \ldots, \frac{2h-1}{2}\right)}; \quad 0 < l_1 < l_2 < \cdots < l_h; \quad m_k = l_k - k + \frac{1}{2}.$$

Die e i n d e u t i g e n Darstellungen werden geliefert durch ganzzahlige m, die z w e i d e u t i g e n, wenn man alle m gleich ganzen Zahlen $+\frac{1}{2}$ nimmt. Daß keine andern Möglichkeiten bestehen, schließt man wiederum, sei es aus der Cartanschen Tabelle, sei es aus der Analysis situs von $\mathfrak{D}_u$. Für die Anzahl hat man

$$N = \frac{P(l_1, l_2, \cdots, l_h)}{P\left(\frac{1}{2}, \frac{3}{2}, \ldots, \frac{2h-1}{2}\right)}.$$

Analog ist das Verfahren bei gerader Dimensionszahl; das Neue gegenüber Ihren Resultaten liegt wiederum darin, daß die m auch alle gleich ganzen Zahlen $+\frac{1}{2}$ sein können[1]. Die hier vorgenommene Umgestaltung der Methode war aber die Voraussetzung für diese Erweiterung.

4. Die Beispiele lassen die Resultate für eine beliebige halb-einfache Gruppe $\mathfrak{a}$ ohne Schwierigkeit voraussehen. Zu einer solchen in abstracto gegebenen infinitesimalen Gruppe gehören, wenn der »Rang« $= h$ ist und die Parameterzahl $= R$, nach Killing und Cartan[2], $R - h$ »Wurzeln«

$$(9) \qquad \omega = n_1\phi_1 + n_2\phi_2 + \cdots + n_h\phi_h.$$

Die ϕ_i bedeuten Variable, die n_i sind ganze Zahlen. Die Wurzeln sind paarweise einander entgegengesetzt gleich; ϕ_i gehört selber zu ihnen. Wir denken sie uns lexikographisch geordnet, wobei in erster Linie der Faktor n_h von ϕ_h die Höhe bestimmt, in letzter Linie n_1. Diejenigen Wurzeln, welche höher stehen als 0, nennen wir die positiven. Zu jeder Wurzel ω gehört eine involutorische Transformation S_ω des Raumes der Variablen $\phi_1, \phi_2, \cdots, \phi_h$ von der Gestalt:

$$\phi_i \to \phi_i + a_i\omega \quad \text{oder} \quad \Delta_\omega(\phi_i) = a_i\omega$$

[1] Die Charakteristiken, welche Sie η, η^* nennen, machen keine größeren Schwierigkeiten als die andern.

[2] Killing, Math. Annalen **31**, **33**, **34**, **36** (1888—1890); Cartan, Thèse, Paris (Nony) 1894.

(a_i sind gewisse der Wurzel ω zugeordnete ganze Zahlen). ω selber geht durch S_ω über in $-\omega$. Die S_ω erzeugen eine endliche Gruppe (S); ihr gegenüber ist das System der Wurzeln invariant[1]. Das im Raume der ϕ_i zugrunde zu legende Integrationselement ist

$$d\Omega = \prod_\omega (e^{i\omega} - 1) \cdot d\phi_1 d\phi_2 \cdots d\phi_h.$$

Ich kann also setzen

$$H = \prod{}^{+} s\left(\frac{\omega}{2}\right), \quad d\Omega = H^2 d\phi_1 d\phi_2 \cdots d\phi_h,$$

wo das Produkt sich nur auf die positiven Wurzeln erstreckt. Eine Operation von (S) heißt gerade oder ungerade, je nachdem sie H in H oder in $-H$ überführt. S_ω ist ungerade.

Jede primitive Charakteristik χ ist eine endliche Fourierreihe, d. h. eine lineare Kombination von Termen der Gestalt $e(\Phi)$, $\Phi = l_1\phi_1 + l_2\phi_2 + \cdots + l_h\phi_h$. Die vorkommenden Φ sind die »Gewichte« in der Cartanschen Bezeichnung, der dem Term zukommende positive ganzzahlige Koeffizient gibt die Vielfachheit des Gewichtes an. Die l sind rationale, brauchen aber nicht immer ganze Zahlen zu sein; sondern die genaue Bedingung, die da gilt, lautet: 1) für jede Wurzel ω muß

$$\Delta_\omega(\Phi) = a\omega \quad (a = l_1 a_1 + l_2 a_2 + \cdots + l_h a_h)$$

ein ganzzahliges Multiplum von ω sein. Ferner ist χ invariant gegenüber den Operationen von (S). Weil für irgendeinen Ausdruck Φ die Summe aller ΦS, die daraus durch die Operationen der Gruppe (S) hervorgehen, $= 0$ ist, fällt das höchste Φ: $\Phi = m_1\phi_1 + \cdots + m_h\phi_h$, das in χ vorkommt, gewiß nicht negativ aus. Setzen wir, um die Orthogonalitätsbedingungen zu erfüllen,

$$(10) \qquad H \cdot \chi = \xi,$$

so haben die Glieder von ξ ebenfalls die Eigenschaft 1); gegenüber der Gruppe (S) ist aber ξ eine »alternierende« Funktion. Ich wähle die Zahlen $l_1, l_2, \cdots, l_h$ irgendwie so, daß $\Phi = l_1\phi_1 + l_2\phi_2 + \cdots + l_h\phi_h$ die Bedingung 1) erfüllt und alle Ausdrücke ΦS mit Ausnahme von Φ tiefer stehen als Φ. Ich bilde dann $\xi(l_1, l_2, \cdots, l_h)$ gleich der alternierenden Summe der $e(\Phi S)$. Zwei verschiedene $\xi(l)$ haben kein Glied gemeinsam; infolgedessen genügen die aus ihnen nach (10) gebildeten χ der Orthogonalitätsbeziehung. Außerdem sind die $\xi(l)$ wirklich durch H teilbar, weil $\xi(l)$ als alternierende Funktion, für welche 1) gilt, allemal dann verschwindet, wenn irgendeine Wurzel ein Multiplum von 2π ist. Da H selber alternierend ist und 1) erfüllt, muß es gleich dem niedrigsten $\xi(l)$ sein, das überhaupt existiert: $H = \xi(r_1, r_2, \cdots, r_h)$. Denn nach einer oben gemachten Bemerkung ist das höchste Glied von $\frac{\xi(l)}{H}$ notwendig

---

[1] Im Falle $\mathfrak{a} = \mathfrak{g}$ ist z. B. (S) die Gruppe aller Vertauschungen von $\phi_0, \phi_1, \cdots, \phi_{n-1}$; S_ω sind die Transpositionen.

nicht-negativ; das höchste Glied von $\xi(l)$ steht also nicht tiefer als dasjenige von H. Die Formel

$$\chi = \frac{\xi(l_1, l_2, \cdots, l_h)}{\xi(r_1, r_2, \cdots, r_h)}$$

liefert die sämtlichen Charakteristiken; die Höhe von χ wird durch die Exponenten $m_i = l_i - r_i$ bezeichnet[1].

Ein bequemer Weg zur Berechnung der Dimensionszahlen N ergibt sich folgendermaßen. Die Quadratsumme der Wurzeln ω ist eine definite ganzzahlige quadratische Form $\sum_{i,k} g_{ik}\phi_i\phi_k$, die gegenüber der Gruppe (S) invariant ist. Wir setzen allgemein für beliebige Zahlen $l_i = \sum_k g_{ik} l^k$. Machen wir in $\xi(l_1, l_2, \cdots, l_h)$ unter Benutzung einer Variablen ϕ die Substitution $\phi_i = r^i\phi$, so bekommen wir die alternierende Summe jener Ausdrücke, die aus

$$e((l_1 r^1 + l_2 r^2 + \cdots + l_h r^h)\,\phi) = e(\phi \sum g_{ik} l^i r^k)$$

hervorgehen, wenn man die r^i oder die l^i den Transformationen (S) unterwirft. Es kommt also dasselbe heraus, wie wenn man in $H = \xi(r_1, r_2, \cdots, r_h) : \phi_i = l^i\phi$ setzt. Für $\phi_i = r^i\phi$ und unendlich kleines ϕ ist darum

$$\xi(l_1, l_2, \cdots, l_h) \sim \prod{}^{+} (n_1 l^1 + n_2 l^2 + \cdots + n_h l^h) \cdot \phi^{\frac{R-h}{2}}.$$

Das Produkt erstreckt sich über alle Systeme ganzer Zahlen $n_1, \cdots, n_h$, denen positive Wurzeln (9) korrespondieren. So kommt

$$N = \frac{P(l_1, l_2, \cdots, l_h)}{P(r_1, r_2, \cdots, r_h)}, \text{ wo } P(l_1, l_2, \cdots, l_h) = \prod{}^{+} (n^1 l_1 + n^2 l_2 + \cdots + n^h l_h).$$

Auch der Satz von der vollen Reduzibilität ist allgemein gültig. Der Schlüssel zu den erwähnten Ergebnissen ist die Konstruktion einer definiten Hermiteschen Form, die gegenüber der nach Lie so genannten adjungierten Gruppe $(\mathfrak{a})$ invariant ist — wenigstens dann, wenn man die Gruppenparameter gewissen Reellitätseinschränkungen unterwirft, welche die Gruppeneigenschaft von $(\mathfrak{a})$ nicht zerstören (Analogon der unitären Beschränkung).

---

[1] Damit klärt sich auch der Zusammenhang auf, der zwischen Cartans Satz, daß der Koeffizient des höchsten Gliedes in χ gleich 1 ist, und Ihrer Normierungsformel

$$\frac{1}{\Omega}\int \chi(\phi)\,\chi(-\phi)\,d\Omega = 1$$

besteht. — Will man sich nicht darauf stützen, daß es Cartan in zäher Arbeit gelungen ist, für alle in Betracht kommenden Gruppen zu jedem möglichen höchsten Gewicht (m) eine Darstellung zu konstruieren, so kann man auf transzendentem Wege allgemein zeigen, daß die Charakteristiken neben der Orthogonalitäts- die »Vollständigkeitsrelation« erfüllen, und daraus schließen, daß jedem unserer χ tatsächlich eine Darstellung entspricht.

Zürich, den 28. November 1924.

62.

Das gruppentheoretische Fundament der Tensorrechnung

Nachrichten der Gesellschaft der Wissenschaften zu Göttingen. Mathematisch-physikalische Klasse, 218—224 (1924)

Vorgelegt von C. Runge in der Sitzung vom 21. November 1924.

Im Koordinatenraum der x_i $(i = 1, 2, \ldots, n)$ betrachten wir die Gruppe $\mathfrak{G}$ der homogenen linearen Transformationen von der Determinante 1. Die Tensoren νter Stufe in jenem Raum, welche vorgegebenen linearen Symmetriebedingungen genügen, bilden ihrerseits, wenn sie N unabhängige Komponenten besitzen, eine lineare Mannigfaltigkeit von N Dimensionen; unter dem Einfluß der Gruppe $\mathfrak{G}$ erfährt sie eine zu $\mathfrak{G}$ isomorphe Gruppe Γ homogener linearer Transformationen. Und das wahre mathematische Fundament der Tensorrechnung scheint mir der Satz zu sein, daß auf diese Weise jede zu $\mathfrak{G}$ isomorphe, linear-homogene Gruppe Γ jede „Darstellung von $\mathfrak{G}$" erhalten wird. Zur Kennzeichnung einer bestimmten Größenart im Koordinatenraum gehören im allgemeinen außer der Stufenzahl Symmetrieforderungen. Einen Überblick über die möglichen Symmetriecharaktere von Tensoren νter Stufe gewinnt man leicht auf Grund der namentlich von Frobenius entwickelten Darstellungstheorie für die symmetrische Vertauschungsgruppe S_ν von ν Dingen, wie ich kürzlich gezeigt habe [1]). Einen Symmetriecharakter nenne ich irreduzibel, die zugehörige Größenart einfach, wenn jede weitere hinzugefügte Symmetrieforderung der Größe keine Wertmöglichkeit außer 0 offen läßt. Die Tensoren jeden Symmetriecharakters lassen sich additiv aus unabhängigen Bestandteilen zusammensetzen, welche in diesem Sinne einfache Größen sind. Den irreduziblen Symmetrieklassen der Tensoren entsprechen die irreduziblen Darstellungen Γ von $\mathfrak{G}$.

Führt man die kontinuierlichen Gruppen mit Lie auf ihre infinitesimalen Operationen zurück, so formuliert sich das Dar-

---

1) Rend. Circ. Mat. Palermo **48** (1924), p. 29.

stellungsproblem allgemein folgendermaßen: die Elemente einer inf. Gruppe bilden eine lineare Vektormannigfaltigkeit, innerhalb deren eine distributive „Kommutator-Multiplikation" $[ab]$ erklärt ist, welche den Rechenregeln genügt:

$$[ba] = -[ab]; \qquad [[ab]c] + [[bc]a] + [[ca]b] = 0.$$

Sind die Elemente Matrizen, so ist $[ab] = ab - ba$ zu setzen. Es soll jedem Element a einer gegebenen inf. Gruppe eine Matrix A so zugeordnet werden: $a \to A$, daß allgemein auf Grund von $a \to A$, $b \to B$ den Elementen λa (λ eine Zahl), $a + b$, $[ab]$ die Matrizen λA, $A + B$, $[AB]$ korrespondieren. Es handelt sich also um reine Algebra. Die zu $\mathfrak{G}$ gehörige inf. Gruppe $\mathfrak{g}$ besteht insbesondere aus allen Matrizen von der Spur 0. E. Cartan hat in einer tiefsinnigen Arbeit aus dem Jahre 1913 im wesentlichen alle irreduziblen Darstellungen einer beliebigen, in abstracto gegebenen inf. Gruppe bestimmen gelehrt[1]). Für $\mathfrak{g}$ gewinnt er in der Tat lauter Gruppen Γ, die angeben, wie sich die Tensoren bestimmter Symmetrieklassen transformieren. Man ordne nämlich die Ziffern von 1 bis ν in ein Schema wie das nebenstehende ein, das durchgehende Horizontal- und Vertikalreihen aufweist. Es sei $\mathfrak{P}(\mathfrak{Q})$ die Gruppe derjenigen Permutationen $P(Q)$, welche jeweils nur die Ziffern der Horizontalreihen (Vertikalreihen) untereinander vertauschen. Auf den willkürlichen Tensor νter Stufe f übe man die sämtlichen Permutationen PQ des Komplexes $\mathfrak{P}\mathfrak{Q}$ aus und addiere die so erhaltenen Tensoren, wobei ein Glied das Vorzeichen + oder − bekommt, je nachdem Q eine gerade oder eine ungerade Permutation ist; was so entsteht, durchläuft bei frei veränderlichem f die Tensoren einer einfachen Symmetrieklasse. Auf diesem Wege sind schon früher von A. Young und G. Frobenius die „charakteristischen Einheiten" der symmetrischen Gruppe und damit deren Gruppencharaktere konstruiert worden[2]). Cartan macht auf diesen Zusammenhang nicht aufmerksam, der, wie ich glaube, die ganze Sachlage erst ins rechte Licht rückt. Bei gegebener Stufenzahl ν erhält man hier genau soviele inäquivalente irreduzible Darstellungen Γ, als es verschiedene Klassen konjugierter Elemente

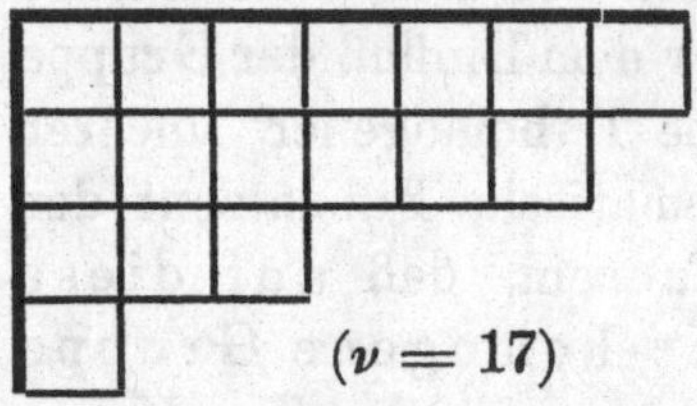

($\nu = 17$)

1) Bull. Soc. math. de France **41**, p. 53.

2) Young, Proc. Lond. Math. Soc. **33** (1901), p. 97; **34** (1902), p. 361. Frobenius, Sitzungsber. Preuß. Ak. 1903, p. 328 (auch schon 1900, p. 516). Vgl. ferner: J. A. Schouten, Der Ricci-Kalkül, Berlin 1924, Kap. VII.

in der symmetrischen Gruppe S_ν gibt; ihre Anzahl ist gleich der Anzahl der verschiedenen Schemata, d. h. der additiven Zerlegungen von ν in positive Summanden, oder gleich der Anzahl der Lösungen der Gleichung

$$(1) \qquad 1 . p_1 + 2 . p_2 + \cdots = \nu$$

in nicht-negativen ganzen Zahlen $p_1, p_2, \ldots$. Nur wenn $n < \nu$ ist, liefern diejenigen Schemata keine einfache Größe (sondern lediglich 0), in denen Vertikalstollen von einer Länge $> n$ auftreten (ausgeschlossene Schemata); die Gleichung (1) muß ersetzt werden durch

$$(2) \qquad 1 . p_1 + 2 . p_2 + \cdots + n . p_n = \nu.$$

Zwei Symmetriecharaktere sind als äquivalent anzusehen, welche im Sinne meiner oben zitierten Note die gleiche Ordnung $(h, h', \ldots)$ besitzen[1]). Es existieren soviele inäquivalente irreduzible Symmetriecharaktere, als die Anzahl der Lösungen von (2) in nicht-negativen ganzen Zahlen p_i beträgt. Äquivalenten Symmetriecharakteren entsprechen äquivalente Darstellungen von $\mathfrak{G}$, und umgekehrt.

Die Aufgabe, alle Darstellungen von $\mathfrak{G}$, nicht bloß die irreduziblen, zu finden, wurde schon vor Cartan von Herrn I. Schur in seiner Dissertation (Berlin 1901) behandelt. Er verwendet die kontinuierliche Gruppe selbst, nicht die zugehörige infinitesimale; der Zusammenhang mit den Darstellungen der endlichen Gruppe S_ν tritt direkt hervor. Aber hier wird eine andere wesentliche Einschränkung gemacht: daß nämlich die Elemente der darstellenden Matrix ganze rationale Funktionen von denen der dargestellten Matrix (a_{ik}) sind. Unser Haupttheorem besagt, daß seine Resultate auch dann vollständig bleiben, wenn jene Einschänkung fallen gelassen wird; vorausgesetzt natürlich, daß man die Gruppe $\mathfrak{G}$ — und nicht wie Herr Schur selber die Gruppe aller homogenen linearen Transformationen ohne die Nebenbedingung $|a_{ik}| = 1$ — zugrunde legt! Nach dem entscheidenden Schritt von Herrn Cartan genügt dazu der Nachweis, daß jede Darstellung von $\mathfrak{G}$ voll reduzibel ist. Das läßt sich aber einsehen mit Hülfe der Integrationsmethode von Hurwitz, die neuerdings Herr Schur zu

---

1) In dem Ordnungssymbol entspricht jede Zahl $h, h', \ldots$ einem der oben erwähnten Schemata (oder einem Gruppencharakter von S_ν); es sind hierbei, wenn $n < \nu$ ist, natürlich diejenigen Zahlen h fortzulassen, welche zu den ausgeschlossenen Schemata gehören.

ähnlichen Zwecken herangezogen hat[1]). Ich gehe aus von der inf. Gruppe $\mathfrak{g}$ (in n Dimensionen) und ihrer Darstellung γ (in N Dimensionen). Nach dem Grundgedanken von Hurwitz betrachtet man innerhalb $\mathfrak{G}$ zunächst nur die Gruppe $\mathfrak{G}_u$ der unitären Transformationen von der Determinante 1. Die zugehörige inf. Gruppe $\mathfrak{g}_u$ besteht aus allen Matrizen (α_{ik}), für welche

$$\bar{\alpha}_{ik} + \alpha_{ki} = 0, \quad \sum_i \alpha_{ii} = 0$$

ist. Aus den Operationen der inf. Gruppe γ_u, welche innerhalb γ dem Ausschnitt $\mathfrak{g}_u$ aus $\mathfrak{g}$ entspricht, erhält man nach Lie eine Darstellung Γ_u der ganzen kontinuierlichen Gruppe $\mathfrak{G}_u$. Doch bleibt zunächst fraglich, ob Γ_u die Mannigfaltigkeit $\mathfrak{G}_u$ einfach oder mehrfach, vielleicht unendlich-vielfach bedeckt; im letzten Fall würde die Hurwitz'sche Methode versagen, da dann Γ_u kein geschlossenes Gebilde wäre. Ich behaupte aber, daß die erste Alternative zutrifft; und zwar, weil sich in der geschlossenen Mannigfaltigkeit $\mathfrak{G}_u$ jede geschlossene Kurve stetig auf einen Punkt zusammenziehen läßt. Den Beweis dafür werde ich sogleich andeuten. Man verfährt nun so[2]): auf die Hermite'sche Einheitsform im N dimensionalen Raum der Gruppe Γ wendet man alle Transformationen von Γ_u an und addiert (d. h. integriert unter Verwendung der natürlichen Volumenmessung, die auf $\mathfrak{G}_u$ wie auf jeder Gruppenmannigfaltigkeit besteht); so gewinnt man eine definite Hermite'sche Form, die invariant ist gegenüber allen Operationen von Γ_u. Infolgedessen ist γ_u voll reduzibel. Dann aber auch γ; denn die Elemente der willkürlichen Matrix von γ sind Linearformen der α_{ik}, und eine solche verschwindet identisch in den Variablen α_{ik}, falls sie unter der Einschränkung $\alpha_{ki} = -\bar{\alpha}_{ik}$ identisch verschwindet.

Die Analysis situs spielt hier eine entscheidende Rolle; das eigentliche Hindernis für die universelle Anwendung der Hurwitz'schen Methode (die zu dem durchaus falschen Satz führen würde, daß alle linearen Gruppen voll reduzibel sind), liegt auf topologischem Gebiet: die Ungeschlossenheit der meisten Gruppenmannigfaltigkeiten. Um unsern topologischen Satz über die Gruppe $\mathfrak{G}_u$ zu beweisen, stelle ich eine beliebige unitäre Matrix U von der Determinante 1 in der Gestalt dar: $A^{-1}EA$. Darin ist A eine Matrix derselben Gruppe $\mathfrak{G}_u$ und E eine Diagonalmatrix, auf deren

1) Hurwitz, Gött. Nachr. 1897, p. 71. I. Schur, Sitzungsber. d. Preuß Ak. 1924, p. 189.

2) Vergl. Schur, a. a. O., p. 198.

Hauptdiagonale lauter Zahlen $\varepsilon_1, \ldots, \varepsilon_n$ vom absoluten Betrag 1 stehen. Das bedeutet: ich führe durch die unitäre Transformation A ein neues Koordinatensystem $e_1, \ldots, e_n$ ein, in welchem U die Normalform E besitzt. Das Produkt $\varepsilon_1 . \varepsilon_2 \ldots \varepsilon_n$ ist $= 1$. Eine geschlossene Kurve in $\mathfrak{G}_u$ liegt vor, wenn $U = U_\tau$ stetig und periodisch mit der Periode 1 von einem reellen (Zeit-)Parameter τ abhängt. Wende ich jene Darstellung auf U_τ an, so wird das nicht-geordnete System der charakteristischen Wurzeln $\varepsilon_1, \ldots, \varepsilon_n$ ebenfalls stetig von τ abhängen. Das Gleiche gilt für $A = A_\tau$ nur, solange die ε_i alle voneinander verschieden sind (die Numerierung kann und muß in einem solchen Zeitintervall so eingerichtet werden, daß jede Wurzel ε_i für sich stetig von τ abhängt). Ich darf annehmen, daß Gleichheit mehrerer ε_i nur in endlich vielen Augenblicken eintritt, und dann jeweils nur zwei der charakteristischen Wurzeln einander gleich werden. Ist in einem Moment $\tau = \tau_0$ z. B. $\varepsilon_1 = \varepsilon_2$, so wird in der Umgebung dieses Moments die von den beiden Vektoren e_1, e_2 aufgespannte lineare Mannigfaltigkeit von zwei komplexen Dimensionen stetig von τ abhängen. Ich werde nun die Variation der Kurve, welche U_τ beschreibt, zunächst so durchführen, daß A_τ überhaupt nicht davon betroffen wird, sondern nur das Größensystem $\varepsilon_i(\tau)$ außer von τ stetig von dem Variationsparameter abhängig wird. Sorge ich dafür, daß eine Gleichung wie $\varepsilon_1 = \varepsilon_2$, wenn sie auf der Ausgangskurve im Kurvenpunkte $\tau = \tau_0$ besteht, während der Variation nicht aufhört, für $\tau = \tau_0$ gültig zu bleiben, so wird eine stetige Variation der Ausgangskurve zustande kommen. Es fragt sich, ob ich auf diese Weise die Überführung $\varepsilon_i(\tau) \to 1$ erzwingen kann. Ich setze $\varepsilon_i = e^{2\pi\sigma_i\sqrt{-1}}$. Die σ_i kommen nur mod. 1 in Frage und abgesehen von ihrer Reihenfolge; im Rahmen dieser Unbestimmtheit ist eine einzige Festlegung möglich, welche den Bedingungen

(3) $$\sigma_1 + \sigma_2 + \cdots + \sigma_n = 0; \quad \sigma_1 \leqq \sigma_2 \leqq \cdots \leqq \sigma_n, \quad \sigma_n - \sigma_1 \leqq 1$$

genügt. Deuten wir die σ als affine Koordinaten in einem $(n-1)$-dimensionalen Raum, welche die Gleichung (3) identisch erfüllen, so stellen die Ungleichungen ein „Dreieck" dar mit der Spitze im Nullpunkt. Auch auf dem Rande des Dreiecks treten keine zwei „äquivalente" σ-Punkte auf; der gegebenen Kurve, welche U_τ durchläuft, entspricht demnach eine stetige geschlossene Kurve im σ-Dreieck. Bei der stetigen Deformation muß ein Punkt dieser Kurve, der auf einer Dreiecksseite liegt, auf ihr verbleiben. Man kann ohne Verletzung dieser Forderung wohl jene Kurvenpunkte in den Nullpunkt hineinziehen, die auf den vom Nullpunkt ausgehenden Seiten liegen, aber an der gegenüberliegenden Seite $\sigma_n - \sigma_1 = 1$ bleibt die Kurve „hängen". Man kann sie verwandeln in ein mehrfaches Durchlaufen derjenigen Kurve, die aus einem Hin- und Hergang auf der Strecke

$$\sigma_2 = \cdots = \sigma_{n-1} = 0, \quad \sigma_1 = -\sigma, \quad \sigma_n = \sigma \quad (0 \leqq \sigma \leqq \tfrac{1}{2})$$

besteht; weiter kommt man auf diesem Wege nicht. Es ist aber dadurch erreicht, daß U_τ sich allein in einer (mit τ stetig variierenden) linearen Mannigfaltigkeit von zwei komplexen Dimensionen abspielt (wobei eine „Achse" von $n-2$ Dimensionen festbleibt). Indem man nun bedenkt, daß die Gruppe $\mathfrak{G}_u$ in zwei Dimensionen die Zusammenhangsverhältnisse der Kugel im vierdimensionalen Raum besitzt, gelingt die stetige Zusammenziehung auf einen Punkt [1]).

Analog kann man vorgehen, wenn es sich um die Darstellungen der Drehungsgruppe $\mathfrak{D}$ handelt, d. h. derjenigen homogenen linearen Transformationen von der Determinante 1, welche eine gegebene nicht-ausgeartete quadratische Form in sich überführen. Legt man die Form in der Gestalt $x_1^2 + x_2^2 + \cdots + x_n^2$ zugrunde, so besteht der Ausschnitt, über den nach Hurwitz zu integrieren ist, aus den reellen Operationen von $\mathfrak{D}$. Auf diesem Gebilde $\mathfrak{D}_r$ kann man nun freilich nicht jede geschlossene Kurve stetig auf einen Punkt zusammenziehen; doch gilt dies auf einem gewissen geschlossenen Gebilde $\mathfrak{D}_r^*$, das sich ohne Verzweigung und Grenzen zweiblättrig über $\mathfrak{D}_r$ ausbreitet [2]). So kommt man auch hier dazu, daß die inf. Drehungsgruppe $\mathfrak{d}$ nur Darstellungen gestattet, die in irreduzible zerfallen. Die irreduziblen Darstellungen sind von Cartan angegeben worden.

Endlich noch ein paar Worte über die „Komplexgruppe" $\mathfrak{C}$, welche im $n = 2h$ dimensionalen Raum (mit den Koordinaten $x_1, \ldots, x_h, x_1', \ldots, x_h'$) eine nicht-ausgeartete schiefsymmetrische Bilinearform ungeändert läßt. Legt man die Form in der Gestalt zugrunde

$$\{xy\} = (x_1 y_1' - x_1' y_1) + \cdots + (x_h y_h' - x_h' y_h), \tag{4}$$

so gilt für die Matrizen der zugehörigen inf. Gruppe $\mathfrak{c}$:

---

1) Diesen Beweis habe ich inzwischen noch wesentlich vereinfachen können. (Zusatz b. d. Korrektur.)

2) Der niederste Fall $n = 2$ ist hier natürlich ausgeschlossen. Für $n = 3$, $n = 4$ kann man ja in der Tat sofort Darstellungen angeben, die erst auf einer zweiblättrigen $\mathfrak{D}^*$ über $\mathfrak{D}$ eindeutig sind.

$$(5)\qquad \left|\begin{array}{c|c} \alpha_{ik} & \beta_{ik} \\ \hline \gamma_{ik} & \delta_{ik} \end{array}\right| \qquad \begin{array}{l} \beta_{ik} \text{ symmetrisch}, \quad \gamma_{ik} \text{ symmetrisch}; \\ \alpha_{ki} + \delta_{ik} = 0. \qquad [i, k = 1, \ldots, h.] \end{array}$$

Betrachtet man im komplexen Gebiet denjenigen Ausschnitt $\mathfrak{c}_u$, der zugleich die Hermite'sche Einheitsform invariant läßt, so treten die Einschränkungen hinzu:

$$\bar{\alpha}_{ik} + \alpha_{ki} = 0, \qquad \bar{\beta}_{ik} = -\gamma_{ik}.$$

Aber eine von der willkürlichen Matrix (5) der Gruppe $\mathfrak{c}$ linear abhängige Größe verschwindet bereits identisch, wenn sie unter diesen Einschränkungen identisch verschwindet. — U gehörte zu $\mathfrak{C}_u$, wenn es sowohl die Form (4) wie die Hermite'sche Einheitsform ungeändert läßt. In einem geeigneten Koordinatensystem, das aus dem gegebenen durch eine unitäre Transformation A von der Determinante 1 hervorgeht, nimmt U die Normalform E an. Zu jeder charakteristischen Wurzel ε von U gehört eine zweite, welche $= \dfrac{1}{\varepsilon} = \bar{\varepsilon}$ ist. E läßt diejenige schiefsymmetrische Form

$$(6)\qquad S(xy) = \sum_{i,k=1}^{n} s_{ik} x_i y_k$$

invariant, in welche (4) durch A übergeht. Variiert man jetzt in dem Ausdruck $U = A^{-1} E A$ unter Festhaltung von A die Diagonalmatrix E so, daß das Gleich- oder Reziprok-sein zweier charakteristischer Wurzeln aufrecht erhalten bleibt, so läßt E immer dieselbe Form S, also U immer dieselbe Form (4) invariant. Darum kommt man auch hier mit der Analysis-situs-Betrachtung auf gleiche Weise wie oben zum Ziel.

Damit ist die Darstellungstheorie für die vier großen Klassen einfacher Gruppen, welche Cartan unterscheidet, (projektive Gruppe, Drehungsgruppe bei geradem und ungeradem n, Komplexgruppe) vollständig begründet. Ein rein algebraischer Beweis der vollen Reduzibilität in diesen Fällen, welcher innerhalb der infinitesimalen Gruppe operiert, bleibt zu wünschen.

63.

Über die Symmetrie der Tensoren und die Tragweite der symbolischen Methode in der Invariantentheorie

Rendiconti del Circolo Matematico di Palermo 48, 29—36 (1924)

1. Als *Tensor* ν^{ter} *Stufe* bezeichnet man bekanntlich eine Form $f(\xi, \eta, \ldots)$, die von jeder der ν Variablenreihen $\xi^i, \eta^i, \ldots$ $(i = 1, \ldots, n)$ linear homogen abhängt. S durchlaufe die $N = \nu!$ Permutationen der Variablenreihen, f_S bezeichne die Form, welche durch die Vertauschung S aus f hervorgeht. Eine bestimmte Kategorie von Tensoren ist im allgemeinen ausser durch die Stufenzahl ν durch eine Anzahl *linearer Symmetriebedingungen* charakterisiert. Eine solche kann man allgemein mit Hülfe eines Systems von Koeffizienten l_S, die den einzelnen Permutationen S korrespondieren, so anschreiben:

(1) $$\sum_S l_S f_{S^{-1}} = 0.$$

Besonders wichtig sind die *symmetrischen* Tensoren:

(2) $$f_S = f \quad \text{für alle } S,$$

und die *schiefsymmetrischen* (oder alternierenden):

(3) $$f_S = \pm f, \quad \text{je nachdem } S \text{ gerade oder ungerade ist.}$$

Aus einer *beliebigen* Form f^* erhält man eine *symmetrische* f durch die Formel

(4) $$N.f = \sum_S f_S^*.$$

Und auf diesem Wege erhält man jede symmetrische Form; denn war f^* selber symmetrisch, so stimmt die nach (4) konstruierte Form f mit f^* überein. Analog kann man die schiefsymmetrischen Tensoren erzeugen:

$$N.f = \sum_S \pm f_S^*;$$

und wiederum ist $f = f^*$, wenn f^* selber schiefsymmetrisch ist. Indem man die Fro-

BENIUS'sche Darstellungstheorie auf die Gruppe der Permutationen anwendet, bekommt man mühelos einen vollen Einblick in die möglichen Symmetriecharaktere von Tensoren. Insbesondere ist es wichtig, das Analogon der eben für die Fälle (2) und (3) angegebenen Konstruktion allgemein aufzustellen.

SATZ I. — *Ist eine Kategorie* $\mathfrak{C}$ *von Tensoren durch eine oder mehrere lineare Symmetriebedingungen* (1) *fixiert, so kann man stets ein System von Zahlen* c_S *finden von der Art, dass die Formel*

$$f = \sum_S c_S f^*_{S^{-1}} \tag{5}$$

I) *aus einem willkürlichen Tensor* f^* *stets einen der Kategorie* $\mathfrak{C}$ *angehörigen* f *erzeugt und dass* II) *das so erzeugte* f *mit* f^* *übereinstimmt, wenn* f^* *selber von der Kategorie* $\mathfrak{C}$ *ist.*

Ein beliebiges System von N den Permutationen S zugeordneten Zahlen a_S betrachte man als eine hyperkomplexe Zahl a. Wenn die Addition und Multiplikation mit einer gewöhnlichen Zahl in der üblichen Weise erklärt wird, können wir schreiben

$$a = \sum_S a_S S. \tag{6}$$

Dabei bedeutet $S = e$ diejenige hyperkomplexe Zahl, deren sämtliche Komponenten $e_T = 0$ sind (für $T \neq S$) mit Ausnahme von $e_S = 1$. Das Produkt zweier unserer « *Gruppenzahlen* » a, b aber soll definiert werden durch die Gleichung

$$a \cdot b = \sum_{S,T} a_S b_T (ST);$$

es ist also

$$(a.b)_U = \sum a_S b_T,$$

wenn die Summe rechts über alle Paare von Permutationen S, T erstreckt wird, deren Produkt $ST = U$ ist. Aus (5) oder

$$f = \sum_T c_T f^*_{T^{-1}}$$

folgt durch Ausübung der Permutation S:

$$f_S = \sum_T c_T f^*_{T^{-1}S}.$$

Führt man die Gruppenzahlen c, f und f^* ein [1]), so bekommen wir einfach

$$f = c.f^*. \tag{7}$$

---

[1]) Die Formen f und f^* selber müssten dann genauer, unter Verwendung der identischen Permutation E als Index, durch f_E und f^*_E bezeichnet werden; doch ist eine Verwechslung auch ohne diese pedantische Genauigkeit nicht zu befürchten.

Ebenso kann die Symmetriebedingung (1) in der Gestalt geschrieben werden:

(8) $$l.f = 0.$$

Wegen des assoziativen Gesetzes genügt (7) sicher dann dieser Bedingung, wenn

(9) $$l.c = 0 \quad \text{ist.}$$

Nach der Theorie der Gruppenzahlen kann man statt der ursprünglichen, in (6) verwendeten Grundeinheiten S neue einführen, die sich zu einer oder mehreren quadratischen Tafeln von je g^2, g'^2, ... Einheiten zusammenfügen, derart, dass in den zugehörigen neuen Komponenten a_{pq}, a'_{pq}, ... das Multiplikationsgesetz lautet:

$$(a.b)_{pq} = \sum_{r=1}^{g} a_{pr} b_{rq} \qquad (p, q = 1, \ldots, g),$$

$$(a.b)'_{pq} = \sum_{r=1}^{g'} a'_{pr} b'_{rq} \qquad (q, q = 1, \ldots, g'),$$

$$\ldots\ldots\ldots\ldots\ldots\ldots\ldots\ldots\ldots\ldots$$

Die Symmetriebedingung (8) fordert dann

(10) $$\sum_r l_{pr} f_{rq} = 0, \ldots.$$

Ist die Kategorie $\mathfrak{C}$ durch mehrere solche Gleichungen definiert:

(11) $$l.f = 0, \quad \bar{l}.f = 0, \ldots$$

so bestimme man eine Basis der g-gliedrigen Zahlsysteme

(12) $$\begin{cases} (l_{11}, \ldots, l_{1g}), \ldots, (l_{g1}, \ldots, l_{gg}), \\ (\bar{l}_{11}, \ldots, \bar{l}_{1g}), \ldots, (\bar{l}_{g1}, \ldots, \bar{l}_{gg}), \\ \ldots\ldots\ldots\ldots\ldots\ldots\ldots\ldots ; \end{cases}$$

d. h. $h(\leqq g)$ linear unabhängige Zahlsysteme

(13) $$(l_1, \ldots, l_g), \quad (m_1, \ldots, m_g), \ldots,$$

aus denen sich alle Systeme der Tabelle (12) linear zusammensetzen lassen, die aber auch selber aus ihnen zusammengesetzt sind. Die Forderungen (11) können dann ersetzt werden durch die Gleichungen

(14) $$\sum_r l_r f_{rq} = 0, \quad \sum_r m_r f_{rq} = 0, \ldots$$

und die entsprechenden für die Komponenten f'_{rq}, ... Wir bezeichnen die Kategorie $\mathfrak{C}$ als eine solche von der Ordnung $(h, h', \ldots)$. Der Inhalt der Symmetrieforderungen ist jetzt überblickbar geworden; die sämtlichen linearen Symmetriebedingungen $L.f = 0$, denen die Tensoren der Kategorie $\mathfrak{C}$ genügen, werden erhalten, indem man für die Gruppenzahl L den Ansatz macht

$$L_{pq} = l_p^* l_q + m_p^* m_q + \cdots ; \ldots$$

mit beliebigen l_p^*, m_p^*, ... Wählt man diese g-gliedrigen Zahlsysteme so, dass sie von einander unabhängig sind, z. B. $l_p^* = l_p$, $m_p^* = m_p$, ..., so liest man daraus insbesondere ab:

SATZ 2. — *Mehrere Symmetrieforderungen können stets durch eine einzige ersetzt werden.*

Ferner gilt:

SATZ 3. — *Zum Symmetriecharakter $\mathfrak{C}$ lässt sich ein komplementärer $\bar{\mathfrak{C}}$ angeben derart, dass jeder Tensor sich auf eine und nur eine Weise in zwei Summanden spalten lässt, welche bezw. den Kategorien $\mathfrak{C}$, $\bar{\mathfrak{C}}$ zugehören.*

Sind nämlich

$$(\widehat{a}_1, \ldots, \widehat{a}_g), \qquad (\widehat{b}_1, \ldots, \widehat{b}_g), \ldots$$

$g - h$ Zahlsysteme, die mit (13) zusammen eine Basis für *alle* g-gliedrigen Zahlsysteme bilden, so kann man $\bar{\mathfrak{C}}$ definieren durch die Gleichungen

$$\sum_r \widehat{a}_r f_{rq} = 0, \qquad \sum_r \widehat{b}_r f_{rq} = 0, \ldots$$

und die entsprechenden für die gestrichenen Komponenten. Ist $\mathfrak{C}$ von der Ordnung $(h, h', \ldots)$, so $\bar{\mathfrak{C}}$ von der Ordnung $(g - h, g' - h', \ldots)$.

Wir verschaffen uns nunmehr ein vollständiges System linear unabhängiger Lösungen der simultan zu erfüllenden homogenen Gleichungen

$$(15) \quad \begin{cases} \sum_r l_r x_r = 0, & \sum_r m_r x_r = 0, \ldots ; \quad \text{nämlich} \\ x_r = a_r ; & x_r = b_r ; \ldots \end{cases}$$

Die Forderung I) an die zu konstruierende hyperkomplexe Zahl c spricht sich — vergl. Formel (9) — in den Gleichungen aus

$$\sum_r l_r c_{rq} = 0, \qquad \sum_r m_r c_{rq} = 0, \ldots ; \ldots .$$

Es muss daher sein

$$(16) \quad c_{pq} = a_p \alpha_q + b_p \beta_q + \cdots .$$

Die Forderung II) verlangt, dass aus (14)

$$\sum_r c_{pr} f_{rq} = f_{pq}$$

folgt; d. h.

$$\sum_r c_{pr} a_r = a_p, \qquad \sum_r c_{pr} b_r = b_p, \ldots .$$

Setzt man (16) ein und bezeichnet abkürzend $\sum_r a_r \alpha_r$ mit $(a\alpha)$, so erhält man zur Bestimmung von $\alpha, \beta, \ldots$ die Gleichungen

$$(a\alpha) = 1, \quad (b\alpha) = 0, \ldots;$$
$$(a\beta) = 0, \quad (b\beta) = 1, \ldots;$$
$$\ldots\ldots\ldots\ldots\ldots\ldots$$

Der Beweis von Satz 1 ist damit erbracht.

Von der Auswahl der Basis (15) sind nach ihrem Bildungsgesetz die Grössen c_{pq} unabhängig. Die Willkür besteht darin, dass man zu $\alpha, \beta, \ldots$ je eine beliebige lineare Kombination der Zahlsysteme $l, m, \ldots$ hinzufügen kann. (In c gehen demnach

$$h(g-h) + h'(g'-h') + \cdots$$

willkürliche Zahlen linear ein). Handelt es sich um reelle Symmetriebedingungen, so ist — bei gegebener Darstellung der symmetrischen Gruppe — eine eindeutige Normierung durch die Forderung möglich, dass $\alpha, \beta, \ldots$ sich aus den Zahlsystemen $a, b, \ldots$ linear zusammensetzen sollen. Ebenso kann dann in Satz 3 die komplementäre Kategorie $\widehat{\mathfrak{C}}$ dadurch normiert werden, dass man $\widehat{a}_r = a_r, \widehat{b}_r = b_r, \ldots$ wählt. Sind die Koeffizienten der Symmetriebedingungen komplex, so muss man bei beiden Normierungen die Zahlsysteme $a, b, \ldots$ durch ihre konjugiert-imaginären ersetzen.

2. In der Invariantentheorie betrachtet man ganze rationale Funktionen mehrerer willkürlicher Tensoren, die sich einer Gruppe $\mathfrak{H}$ linearer Transformationen gegenüber invariant verhalten, d. h. sich nur mit einem von der Transformation, nicht von den Tensoren abhängigen Faktor multiplizieren, wenn man die ursprünglichen Tensoren durch die transformierten ersetzt. Die transformierten Tensoren werden gebildet, indem man die Variablenreihen $\xi, \eta, \ldots$ kogredient einer willkürlichen Transformation von $\mathfrak{H}$ unterwirft. Für jeden der auftretenden Tensoren muss eine durch Symmetriebedingungen gekennzeichnete Kategorie a priori gegeben sein, innerhalb deren der Tensor als frei veränderlich zu denken ist. Die Invariante soll in den Komponenten jedes Tensors homogen sein. Sei etwa $I(u)$ eine Invariante, die neben andern von einem Tensor dritter Stufe f mit den Komponenten u_{ikl} abhängt und ihn in der h^{ten} Ordnung enthält. Anstelle von u führen wir h willkürliche Tensoren $u', \ldots, u^{(h)}$ der gleichen Kategorie ein und bilden (iterierter ARONHOLD'scher Prozess) den Koeffizienten $I_h(u', \ldots, u^{(h)})$ des Produkts $\tau' \ldots \tau^{(h)}$ in der Potenzentwicklung von

$$\frac{1}{h!} I(\tau' u' + \cdots + \tau^{(h)} u^{(h)})$$

nach den Parametern τ. I_h ist wiederum eine Invariante, enthält aber die Tensoren $u', \ldots, u^{(h)}$ *linear*; für $u' = \cdots = u^{(h)} = u$ gewinnt man aus I_h die ursprüngliche

Invariante I zurück. Sei also jetzt I^* eine Invariante, die von dem willkürlichen Tensor f linear abhängt. Die Komponenten von f mögen mit $(uvw)_{ikl}$ bezeichnet werden, um den Uebergang zu den speziellen Tensoren von der Gestalt

$$(u\xi)(v\eta)(w\zeta) = \sum_{ikl} u_i v_k w_l \xi^i \eta^k \zeta^l \tag{17}$$

bequem vollziehen zu können, für welche $(uvw)_{ikl} = u_i v_k w_l$ ist. Die Trilinearform der Grössenreihen u, v, w, welche durch diese Substitution aus einer beliebigen Linearform $H(uvw)$ der Komponenten $(uvw)_{ikl}$ hervorgeht, werde alsdann mit $H(u, v, w)$ bezeichnet. Auf solche Weise führt die *symbolische Methode* die *Tensorinvarianten* auf *Vektorinvarianten* zurück. Unterliegt der willkürliche Tensor f aber Symmetrieeinschränkungen, so ist die entstehende Form $I^*(u, v, w)$ im allgemeinen keine Invariante. Hier gelangt man nun durch eine Anwendung des Satzes 1 sofort zum Ziel. Wir substituieren in $I^*(f)$ für f den Tensor

$$(c.f^*) = \sum_S c_S f^*_{S^{-1}},$$

und erhalten so die *Invariante*

$$I(f^*) = I^*(c.f^*), \tag{18}$$

deren Argument f^* keinen Symmetrieeinschränkungen unterliegt, und aus ihr vermöge des speziellen Ansatzes (17) für f^* die Vektorinvariante $I(u, v, w)$. Durch die auf ξ, η, ζ auszuübende Permutation S entsteht aus (17) die gleiche Form, wie wenn man u, v, w durch S^{-1} permutiert. Es ist also

$$I(u, v, w) = \sum_S c_S I^*_S(u, v, w). \tag{19}$$

Für Tensoren der Kategorie $\mathfrak{C}$ ist nach II): $I^*(f) = I(f)$; mit andern Worten: es ist uns gelungen, die Koeffizienten in I^* so zu normieren (I ist das normierte I^*), dass $I(u, v, w)$ bei frei veränderlichen u, v, w eine Invariante wird.

Offenbar ist I eine Vektorinvariante von besonderen Symmetrieeigenschaften. Aus der Definition (19) folgt

$$\sum_S \lambda_S I_S = \sum_{S,T} c_T \lambda_S I^*_{TS} = \sum_U (c.\lambda)_U I^*_U = 0, \tag{20}$$

wenn

$$c.\lambda = 0 \tag{21}$$

ist. Wir haben also die Symmetriebeziehungen (20), in denen λ irgend eine Gruppenzahl ist, deren Komponenten die Form haben

$$\lambda_{pq} = \lambda_p \lambda^*_q + \mu_p \mu^*_q + \cdots, \ldots$$

λ_p, μ_p, ... sind eine Basis für die Lösungen der simultan zu erfüllenden homogenen

Gleichungen

$$\sum_p \alpha_p x_p = 0, \qquad \sum_p \beta_p x_p = 0, \ldots,$$

die λ_p^*, μ_p^*, ... sind beliebig. Wir nennen diese Symmetriebedingungen zu den ursprünglichen, welchen die Tensoren f unterworfen waren, *adjungiert*. Die adjungierte Kategorie $\breve{\mathfrak{C}}$, welcher I angehört, ist offenbar von der gleichen Ordnung (h, h', ...) wie $\mathfrak{C}$. Durch sie ist die Koeffizientensymmetrie der Invariante I vollständig gekennzeichnet. Es gehört nämlich nicht bloss jede Form (19), I, zu $\breve{\mathfrak{C}}$; sondern gehört I zu $\breve{\mathfrak{C}}$, so gilt umgekehrt stets

$$\sum_S c_S I_S(u, v, w) = I(u, v, w).$$

Diese Gleichung oder

$$\sum_S (c-1)_S I_S = 0$$

folgt aus (20), weil die Gruppenzahl $\lambda = c - 1$ wegen $c . c = c$ der Gleichung (21) genügt. — Will man (20) wiederum in der Form $\breve{l} . I = 0$ schreiben, so muss man die Gruppenzahl $\breve{l}$ aus

$$\breve{l}_S = \lambda_{S^{-1}} \tag{22}$$

entnehmen. — *Es ist damit erwiesen, dass die symbolische Methode der Invariantentheorie, die Reduktion der Tensor- auf Vektorinvarianten, bei beliebigen Symmetrieeinschränkungen der willkürlichen Tensoren zum Ziele führt.*

Sobald die Gruppenzahl c fixiert ist, ist die adjungierte Kategorie $\breve{\mathfrak{C}}$ eindeutig bestimmt. Verwenden wir bei reellen Symmetriebedingungen die oben angegebene Normierung, so ist einfach $\lambda_p = l_p$, $\mu_p = m_p$, ... zu setzen. Man erhält die adjungierten Symmetriebedingungen in der Form (20), indem man aus jeder der zur Charakterisierung von $\mathfrak{C}$ dienenden Zahlen l, $\bar{l}$, ... — vergl. Formel (11) — das zugehörige λ, $\bar{\lambda}$, ... bildet gemäss den Gleichungen

$$\lambda_{pq} = l_{qp}, \ldots.$$

Noch zweckmässiger ist es, was offenbar erlaubt ist, rechts den Faktor $\frac{N}{g}$ hinzuzufügen:

$$\lambda_{pq} = \frac{N}{g} l_{qp}, \ldots. \tag{23}$$

Nach der FROBENIUS'schen Theorie besteht nämlich die Gleichung

$$N \sum_S a_S b_{S^{-1}} = g \sum_{p,q} a_{pq} b_{qp} + g' \sum_{p,q} a'_{pq} b'_{qp} + \cdots. \tag{24}$$

Sind

$$s_{pq}, \quad s'_{pq}, \ldots$$

die Komponenten der Grundeinheit S:

$$a_{pq} = \sum_S a_S . s_{pq}, \ldots,$$

so folgt aus der identisch in a erfüllten Gleichung (24) umgekehrt

$$N b_{S^{-1}} = g \sum_{p,q} s_{pq} b_{qp} + g' \sum_{p,q} s'_{pq} b'_{qp} + \cdots.$$

Angewendet auf die durch (23) und (22) definierte Zahl $\bar{l}$, liefert das:

$$l_{pq} = \sum_S l_S . s_{pq}, \quad l'_{pq} = \sum_S l_S . s'_{pq}, \ldots;$$

$$\bar{l}_S = \sum_{p,q} l_{pq} s_{pq} + \sum_{p,q} l'_{pq} s'_{pq} + \cdots.$$

Danach ist klar, wie man aus einer Symmetriebedingung l die adjungierte $\bar{l}$ zu bilden hat. — Liegen komplexe Symmetriebedingungen vor, so müssen in der letzten Gleichung rechts die Grössen $l_{pq}, l'_{pq}, \ldots$ durch ihre konjugiert-imaginären ersetzt werden.

Gehen in die Symmetriebedingungen nur die Permutationen einer gewissen Untergruppe der vollen symmetrischen Gruppe ein, so kann man sich gänzlich auf diese Untergruppe beschränken; denn auch für sie gilt die FROBENIUS'sche Darstellungstheorie.

64.

Observations on the Note of Dr. L. Silberstein: Determination of the Curvature Invariant of Space-Time

The London, Edinburgh and Dublin philosophical Magazine and Journal of Science
48, 348—349 (1924)

Observations on the Note of Dr. L. Silberstein: Determination of the Curvature Invariant of Space-Time (Phil. Mag. xlvii. 1924, pp. 907–917). *By* H. WEYL, *Professor a. d. Eidg. Techn. Hochschule, Zuerich.*

1. DR. SILBERSTEIN maintains (footnote, p. 909) that "tan" ought to stand for "sin" in my formula for the displacement to the red †, for this is the result furnished by his own formula (5, p. 912) for $\gamma=1$. But in my case r signifies the distance of the star measured in the static space of the observer at the moment of observation. For Dr. Silberstein, on the contrary, r signifies a very artificial (in some instances complex-imaginary) quantity—namely, the distance of the star from the observer at the moment of observation, but in the static space of the star.

2. I have by no means "more or less disguised as a necessary feature of de Sitter's world" the assumption regarding the world-lines of stars. On the contrary, going further than de Sitter and Eddington, I strongly emphasized the necessity for *adding* an assumption regarding the "undisturbed state" of stars, if anything in the theoretical line regarding the displacement to red is to be formulated. The hypothesis also which I have pursued arithmetically is not "perfectly gratuitous," but simply means that the stars of the system are able to act upon one another from eternity. Another hypothesis has been followed by Mr. K. Lanczos *, but mine has the great advantage of not introducing a singular initial moment, of conserving the homogeneousness of time. (Moreover, it is the only one which satisfies this requirement.) However, the cosmology arrived at in this way remains also for me—that is self-understood—an hypothesis, even a rather daring but nevertheless reasonable hypothesis.

3. Curiously enough, Dr. Silberstein at the end of his articles uses exactly the same assumption as a basis, the only difference being that he adds to my group of world-lines, which diverges

† *Raum Zeit Materie*, 5. Auflage, Berlin, 1923, p. 323 ; *Physikalische Zeitschrift*, xxiv. p. 230 (1923).

* *Zeitschrift für Physik*, xvii. pp. 168–189 (1923).

into the future, that which results from it through the interchange of past and future (double sign). That, I must confess, appears quite abstruse to me. If (according to the opinion of van Maanen and Shapley) the conception which has been developed by Charlier, Lundmark and others is erroneous—the conception, namely, that the spiral nebulæ are extra-galactic and in consequence a good deal further off than the other heavenly bodies, including the globular clusters,—then, of course, the cosmological interpretation of that pronounced displacement to the red which the spectrum-lines of the greater majority of them show becomes impossible.

Zuerich, 15 June, 1924.

65.

Massenträgheit und Kosmos. Ein Dialog

Die Naturwissenschaften 12, 197—204 (1924)

1. Und sie bewegt sich doch!

Petrus. Lieber Freund! Als wir uns gestern abend nach langer Trennung wiedersahen, mußte ich während unseres Gesprächs beständig an die Zeit von 1915 zurückdenken, die uns zuerst in gemeinsamem eifrigen Studium der Relativitätstheorie zusammenführte, in gemeinsamer Begeisterung und gemeinsamen Zukunftsträumen. Damals glaubten wir ja fast, das Weltgesetz schon in Händen zu haben, das alle Erscheinungen restlos erklärte! Seither habe auch ich wohl Kritik gelernt und bin „weiser" geworden. Aber das hat mich doch fast schmerzlich betroffen, daß du dich sogar von der Grundidee losgesagt zu haben scheinst, die ich nach wie vor als den Kernpunkt der neuen Lehre ansehen muß. Laß uns heute ausführlich darüber sprechen, warum du nicht mehr glaubst, daß (*M*) *die Trägheit eines Körpers durch das Zusammenwirken aller Massen des Universums zustande kommt.* O Saulus! Saulus! wie kannst du dich so gegen die offen zutage liegende Wahrheit verstocken! — Nimm etwa das Foucaultsche Pendel. *Newtons* Meinung war: die Ebene, in welcher das Pendel schwingt, bleibt erhalten im absoluten Raum; die Fixsterne stehen auch fast still im absoluten Raum. Deshalb geht die Pendelebene mit den Fixsternen mit und rotiert relativ zur Erde. *Einstein* aber erklärte: Es gibt nur relative Bewegungen; das Zwischenglied des absoluten Raumes ist so fragwürdig wie überflüssig. Nicht dieses Gespenst, sondern die wirklich vorhandenen ungeheuren Fixsternmassen des ganzen Kosmos halten oder führen die Pendelebene. Die Erde plattet sich ab, weil sie — nicht absolut, sondern — relativ zu den Fixsternen rotiert. Wenn du diese Auffassung ableugnest, so weiß ich nicht, was überhaupt noch von der allgemeinen Relativitätstheorie übrig bleibt.

Paulus. Und doch ist es so — da hast du gestern abend ganz richtig gehört —, daß ich deine eben ausgesprochene Überzeugung nicht mehr zu teilen vermag; und wenn hier der Fels liegt, auf dem die Relativitätskirche steht, o Petrus!, so bin ich in der Tat ein Abtrünniger geworden. Aber um dich über meine Ketzerei ein wenig zu beruhigen, gestehe ich dir zunächst einmal unumwunden zu: Wenn jene auf *Mach* zurückgehende Deutung sich wirklich durchführen ließe, wäre sie auch mir außerordentlich sympathisch; sie gibt eine einfache, anschauliche und in sich kräftige Antwort auf das Problem der Bewegung. Kein Zweifel auch, daß sie — neben der Gleichheit von schwerer und träger Masse — für *Einstein* das wichtigste Motiv war zur Ausbildung der allgemeinen Relativitätstheorie. Endlich bin ich mit dir darin einverstanden, daß man in einer derartigen konkreten Aussage physikalischen Inhalts den Kernpunkt der Theorie suchen muß, nicht aber in einem formal-mathematischen Prinzip wie dem von der Gleichberechtigung aller Koordinatensysteme. Dies Prinzip, das unglücklicherweise der Theorie ihren Namen gegeben hat, ist ja im Grunde ganz inhaltsleer; denn die Naturgesetze lassen sich unter allen Umständen, sie mögen lauten wie sie wollen, „invariant gegenüber beliebigen Koordinatentransformationen" formulieren. Ebenso ist das kinematische Prinzip von der Relativität der Bewegung für sich nichtssagend, wenn nicht die physikalische Voraussetzung hinzutritt, daß (*C*) *alle Geschehnisse kausal eindeutig bestimmt sind durch die Materie, d. h. durch Ladung, Masse und Bewegungszustand der Elementarbestandteile der Materie.* Erst dann erscheint es auf Grund jenes Prinzips als grundlos und unmöglich, daß eine Wassermasse, auf welche keine Kräfte von außen wirken, im stationären Zustand einmal die Gestalt einer („ruhenden") Kugel, ein andermal die eines („rotierenden") abgeplatteten Ellipsoids annimmt.

Petrus. Erfreut bin ich darüber, daß du den Grundsatz *C* so klipp und klar aussprichst; von ihm wird in der Tat all unser kausales Denken in der Physik geleitet. Niemand ist imstande, auf ein Stück elektromagnetischen Feldes anders einzuwirken als dadurch, daß er die das Feld erzeugende Materie anpackt. Aber wie kannst du dann daran zweifeln, daß die Trägheitsführung der Körper erzeugt wird durch die kosmischen Massen?

Paulus. Du hast recht: Ich für meine Person kann *C* nicht aufrechterhalten, weil ich die Undurchführbarkeit von *M* a priori einsehe. Ich behaupte nämlich, daß (*A*) *nach der allgemeinen Relativitätstheorie der Begriff der relativen Bewegung mehrerer getrennter Körper gegeneinander ebenso wenig haltbar ist wie der der absoluten Bewegung eines einzigen.*

Petrus. Wie? Du leugnest also, daß die Fixsterne sich relativ zur Erde drehen, und meinst, man könne ebenso gut sagen, sie ruhten? Wir sehen doch aber Nacht für Nacht, wie sich der Sternenhimmel dreht!

Paulus. Was sich nach dem Zeugnis unseres Gesichtssinns um die Erde dreht, sind nicht die Sterne, sondern der „Sternenkompaß“, welcher hier an der Stelle, wo ich mich befinde, gebildet wird von den Richtungen der Lichtstrahlen, die in einem Augenblick von den Sternen her auf mein Auge treffen. Und das ist ein wesentlicher Unterschied; denn zwischen den Sternen und meinem Auge befindet sich das „metrische Feld“, welches die Lichtausbreitung determiniert und nach der Relativitätstheorie ebenso veränderungsfähig ist wie das elektromagnetische. Dieses metrische Feld ist für die Richtung, in der ich einen Stern erblicke, nicht minder wichtig wie der Ort des Sternes selbst. — Wäre der Raum nach der Vorstellung der alten Lichttheorie von einem substanziellen Äther lückenlos erfüllt, so hätte die Frage natürlich einen klaren Sinn, ob ein kleiner Körper in einem Augenblick relativ zu dem am Körperort befindlichen Äther sich bewegt oder nicht. Hier wird der Bewegungszustand zweier Substanzen miteinander verglichen, die sich an der gleichen Stelle befinden, die sich überdecken. Aber wie sollte es in der allgemeinen Relativitätstheorie möglich sein, den Bewegungszustand zweier *getrennter* Körper miteinander zu vergleichen? Zur Zeit *Machs* freilich, als man noch den starren Bezugskörper hatte, war das möglich; da konnte man sich eine Masseninsel, wie es unsere Erde ist, als starren Körper, dessen Maßverhältnisse ein für allemal durch die Euklidische Geometrie festgelegt sind, ideell über den ganzen Raum erweitert denken, und dann etwa konstatieren, daß die Sonne sich relativ zu ihm bewegt. Aber unter den Händen *Einsteins* hat sich das Koordinatensystem so erweicht (*Einstein* selber spricht ja gelegentlich von einem „Bezugsmollusken“), daß es sich simultan der Bewegung aller Körper in der Welt anzuschmiegen vermag; du kannst sie, wie sie sich auch bewegen mögen, mit einem Schlage alle „auf Ruhe transformieren“. Denk dir die vierdimensionale Welt als eine Plastelinmasse, die von einzelnen sich nicht schneidenden, aber sonst ganz unregelmäßig verlaufenden Fasern, den Weltlinien der Materieteilchen, durchzogen ist: du kannst das Plastelin stetig so deformieren, daß nicht nur eine, sondern alle Fasern vertikale Gerade werden. Wenn ich die vertikale Achse als Zeitachse deute, heißt das: jeder Körper verharrt an seiner Stelle im Raum. Wendest du das an auf die Fixsterne und stellst dir vor, daß auch das metrische Feld, die im Plastelin verlaufenden Kegel der Lichtausbreitung von der Deformation mitgenommen werden, so ruhen die Erde und alle Fixsterne in dem durch das Plastelin dargestellten Bezugssystem, aber der Sternenkompaß dreht sich dennoch in bezug auf die Erde genau so, wie wir es beobachten.

Petrus (nach einer Pause). Ja... ich kann dagegen nichts Stichhaltiges vorbringen. Der Gedanke liegt ja eigentlich ganz auf der Hand. Du kommst also zu dem Schluß, daß unabhängig vom metrischen Feld der gegenseitige Bewegungszustand der verschiedenen Körper in der Welt ein reines Nichts ist; und wenn C zu Recht bestünde, so könnte das Weltgeschehen nur abhängen und müßte eindeutig bestimmt sein allein durch Ladung und Masse aller Materieteilchen. Da dies offenbar absurd ist — so darf ich deinen Gedanken wohl weiter spinnen —, muß jenes Kausalprinzip preisgegeben werden. Insbesondere kannst du die Abplattung der Erde ebenso wenig mit *Mach* und *Einstein* auf ihre Rotation relativ zu den Fixsternen zurückführen, wie mit *Newton* auf ihre absolute Rotation. — Vorläufig fehlt mir diesem Radikalismus gegenüber jeder Halt..., aber mein Gefühl sträubt sich noch durchaus dagegen, deiner allgemeinen und abstrakten Idee zuliebe eine so positive und befriedigende Anschauung wie die von der Erzeugung der Trägheitsführung durch die Weltmassen preiszugeben. Du leugnest, daß sie sich durchführen lasse; aber hat nicht *Einstein* bereits geleistet, was du leugnest, — in jener Arbeit, in der er seine ursprünglichen Gravitationsgesetze durch das „kosmologische Glied“ erweiterte[1]? Angesichts der geschehenen Tat ist jeder Beweis ihrer Unmöglichkeit hinfällig.

Paulus. Ich kann dir nur erwidern, wenn wir uns zunächst des gemeinsamen Fundaments vergewissert haben, von dem wir beide ausgehen. Mir scheint, daß man den konkreten physikalischen Gehalt der Relativitätstheorie fassen kann, ohne zu dem ursächlichen Verhältnis zwischen Weltmassen und Trägheit Stellung zu nehmen. Seit *Galilei* und *Newton* sehen wir in der Bewegung eines Körpers den Kampf zweier Tendenzen, *Trägheit* und *Kraft*. Nach alter Annahme beruht die Beharrungstendenz, die „Führung“, welche dem Körper seine natürliche, *die Trägheitsbewegung*, erteilt, auf einer formalgeometrischen Struktur der Welt (gleichförmige Bewegung in gerader Linie), welche ihr ein für allemal, unabhängig und unbeeinflußbar durch die materiellen Vorgänge, innewohnt. Diese Annahme verwirft *Einstein*; denn was so mächtige Wirkungen tut wie die Trägheit — z. B. wenn sie bei einem Zugzusammenstoß im Widerstreit mit den Molekularkräften der beiden aufeinander fahrenden Züge die Wagen zerreißt —, muß etwas Reales sein, das seinerseits Wirkungen von der Materie erleidet. Und in den Gravitationserscheinungen, so erkannte *Einstein* weiter, verrät sich des „Führungsfeldes“ Veränderlichkeit und Abhängigkeit von der Materie. An dem Dualismus von Führung und Kraft wird also festgehalten; (G) *aber die Führung ist ein physikalisches Zustandsfeld* (wie das elektromagnetische), *das mit der Materie in Wechselwirkung steht. Die Gravitation gehört zur Führung und nicht zur Kraft*; nur so wird die Gleichheit von schwerer und träger Masse von Grund aus verständlich.

Petrus. Und das Führungsfeld läßt sich nicht ohne Willkür in einen homogenen konstanten Bestandteil, die Galileische Trägheit, und einen variablen, die Newtonsche Gravitation, zerlegen; das Vorhandensein einer starren geometrischen Struktur wird geleugnet. — Ja, mit dieser Beschreibung bin ich ganz einverstanden. Und auch dein Terminus „Führungsfeld" für die durch *Einstein* aufgestellte Einheit von Trägheit und Gravitation gefällt mir gut, weil er die physikalische Rolle und den realen Charakter des gemeinten Dinges deutlich bezeichnet. Wenn es trotz der einheitlichen Natur des Führungsfeldes in praxi — wenigstens näherungsweise und für ein beschränktes Gebiet — gelingt, dasselbe zu zerlegen in den homogenen Untergrund der Galileischen Trägheit und eine veränderliche, ihr gegenüber außerordentlich schwache Fluktuation, das Schwerefeld, so hat es damit etwa dieselbe Bewandtnis, wie wenn der Geodät die tatsächliche Erdoberfläche mit allen Meeresbecken, Klippen, Tälern und Bergen von einer glatt verlaufenden Idealfläche, dem Geoid, aus konstruiert, dem er dann alle jene kleinen Buckel und Vertiefungen anfügen muß. Aus der einheitlichen Natur des Führungsfeldes folgt nun aber, daß es als Ganzes in der Materie verankert werden muß. An dem Analogon des elektrischen Feldes machst du dir's am besten klar. Das elektrische Feld zwischen den Platten eines geladenen Kondensators wird erzeugt von den in den Platten steckenden Elektronen; dieses Feld hat einen im ganzen homogenen Verlauf, aus dem es sich nur in der Umgebung der einzelnen Elektronen heraushebt wie kleine steile Bergkegel aus einer weiten Ebene. Aber nicht nur diese atomaren Abweichungen in der Umgebung jedes Elektrons werden von den Elektronenladungen erzeugt, sondern auch das durch Überlagerung entstehende homogene Feld zwischen den Platten. So wird auch die Trägheit durch das Zusammenwirken aller Massen in der Welt erzeugt; um jeden einzelnen Stern herum liegt dann noch jene Abweichung des Führungsfeldes vom homogenen Verlauf, die sich als Gravitationsanziehung des Sternes bemerkbar macht und wesentlich von ihm allein herrührt.

Paulus. Die Analogie ist bestechend; ich komme darauf zurück. Aber laß mich vorher noch dies sagen! Von der alten zu der neuen Auffassung G der Dinge übergehen, heißt: *den geometrischen Unterschied zwischen gleichförmiger und beschleunigter Bewegung ersetzen durch den dynamischen Unterschied zwischen Führung und Kraft.* Gegner *Einsteins* stellten die Frage: Warum geht bei einem Zusammenstoß der Zug in Trümmer und nicht der Kirchturm, an dem er gerade vorüberfährt — wo doch der Kirchturm relativ zum Zuge einen ebenso starken Bewegungsruck erfährt wie der Zug relativ zum Kirchturm? Darauf antwortet der gesunde Menschenverstand: weil der Zug aus der Bahn des Führungsfeldes herausgerissen wird, der Kirchturm aber nicht. Man kann sich das ja bis in alle Einzelheiten deutlich machen, wie durch diesen Kampf zwischen Führung und Kraft die Wagen zertrümmert werden. Im gleichen dynamischen Sinne dreht sich die Erde; sie dreht sich gegenüber einem im Mittelpunkt angebrachten „Trägheitskompaß", welcher dem Führungsfelde folgt. — Die Einsteinschen Gravitationsgesetze besitzen eine stationäre Lösung, welche eine gleichförmig rotierende Wassermasse mit ihrem Gravitationsfeld darstellt; du weißt selber, wie du das Problem anzusetzen hast. Die Lösung ist verschieden von dem statischen Feld einer ruhenden Wasserkugel; die rotierende Wassermasse wird nicht eine Kugel, sondern abgeplattet sein. Und was bedeutet dabei Rotation? Es hat genau den eben angegebenen dynamischen Sinn. — Solange man das Führungsfeld ignoriert, kann man weder von absoluter, noch von relativer Bewegung reden; erst bei Berücksichtigung des Führungsfeldes gewinnt der Begriff der Bewegung einen Inhalt. Die Relativitätstheorie will, richtig verstanden, nicht die absolute Bewegung zugunsten der relativen ausmerzen, sondern sie vernichtet den kinematischen Bewegungsbegriff und ersetzt ihn durch den dynamischen. Die Weltansicht, für welche *Galilei* gekämpft hat, wird durch sie nicht kritisch zersetzt, sondern im Gegenteil konkreter gedeutet.

Petrus. Gegen deine ganze Darstellung habe ich nichts einzuwenden. Nur bleibst du dabei stehen, Materie und Führungsfeld selbständig nebeneinander zu betrachten; wird das Feld aber durch die Materie erzeugt, so sind's dann *doch* die Fixsterne, welche die Abplattung der Erde hervorbringen.

Paulus. Aber das leugne ich ja eben! Ich meine: was ich bisher dargelegt und in den beiden Sätzen G knapp formuliert habe, das allein greift in die Physik ein, liegt den tatsächlichen Einzeluntersuchungen von Problemen der Relativitätstheorie zugrunde. Das weit darüber hinausgehende Machsche Prinzip M aber, nach welchem die Fixsterne mit geheimnisvoller Macht in den Gang der irdischen Geschehnisse eingreifen sollen, ist bis jetzt reine Spekulation, hat lediglich kosmologische Bedeutung und wird darum für die Naturwissenschaft erst von Belang werden können, wenn der astronomischen Beobachtung nicht mehr nur eine Sterneninsel, sondern das Weltganze zugänglich ist. Wir könnten diese Frage also ganz auf sich beruhen lassen, wenn ich nicht zugeben müßte, daß es allerdings verlockend ist, sich auf Grund der Relativitätstheorie ein Bild vom Weltganzen zu machen. Darum bin ich bereit, dir auch darüber Rede und Antwort zu stehen.

II. Kosmologie.

Petrus. Laß mich an ein bekanntes Ergebnis von *Thirring* [2]) anknüpfen! Auf einen ruhenden

Körper k im Mittelpunkt einer gewaltigen rotierenden Hohlkugel H (welche den Fixsternhimmel vertritt) wirkt nach den Einsteinschen Gravitationsgesetzen eine analoge Kraft wie die Zentrifugalkraft, die an ihm angreifen würde, wenn umgekehrt die Hohlkugel ruht, aber k rotiert. Allerdings ist ihre Intensität unter realisierbaren Verhältnissen viel geringer; die Zentrifugalkraft erscheint multipliziert mit einem winzigen Faktor, welcher gleich ist dem Verhältnis zwischen dem Gravitationsradius der Hohlkugelmasse und dem geometrischen Radius der Hohlkugel. Der Gravitationsradius einer Masse M beträgt, wenn M in Gramm gemessen wird, $1{,}87 \cdot 10^{-27} \times M$ Zentimeter; der Gravitationsradius der Erdmasse ist z. B. $= 0.5$ Zentimeter, derjenige der Sonnenmasse etwa 1,5 Kilometer. Man wird danach in Machscher Weise die Zentrifugalkraft, die Abplattung der Erde als eine Wirkung des um die ruhende Erde sich drehenden Sternenhimmels erklären können, wenn man annimmt, daß die mittlere Entfernung der Sterne so groß ist wie der Gravitationsradius ihrer Gesamtmasse.

Paulus. Bei der Anordnung von *Thirring* tritt aber an dem ruhenden Körper k außer der Zentrifugalkraft noch eine andere Kraft von vergleichbarer Stärke auf, die nicht wie jene von der Rotationsachse fortgerichtet ist, sondern parallel zu ihr wirkt. Außerdem ergibt sich ja, wie du selber erwähntest, die Zentrifugalkraft nur dann in dem richtigen Betrage, wenn zwischen Radius und Masse der Hohlkugel H ein genau abgestimmtes Verhältnis besteht. Es geht daraus klar hervor, daß es etwas anderes ist, ob k ruht und H rotiert, oder ob die Hohlkugel H ruht und der Körper k sich im entgegengesetzten Sinne mit der gleichen Winkelgeschwindigkeit dreht, im Gegensatz zu dem Prinzip von der Relativität der Bewegung! Meine dynamische Auffassung macht den Unterschied ohne weiteres klar; und tatsächlich zeigt sich, wenn man *Thirrings* Formeln diskutiert, daß im ersten Fall die Materie des Körpers k dem Führungsfeld folgt, die der Hohlkugel H jedoch nicht, im zweiten Fall es sich umgekehrt verhält.

Petrus. Deine Bemerkung ist auch für mich aufklärend. Aber dein Einwand schüchtert mich nicht ein. *Thirring* operiert mit dem unendlichen Raum, und das von ihm errechnete metrische Feld ist von solcher Art, daß es sich im Unendlichen immer genauer jenem homogenen Zustand anschmiegt, der durch die Euklidische Geometrie beschrieben wird. Infolgedessen wirkt hier der unendlich ferne Saum des Raumes wie ein materielles felderzeugendes Agens. Durch die Analogie des elektrostatischen Feldes wird das deutlicher werden. Ruhende Ladungen erzeugen ein solches Feld; der wirkliche Verlauf desselben läßt sich aus den Nahewirkungsgesetzen nur dann eindeutig ableiten, wenn die Bedingung hinzugefügt wird, daß im Unendlichen das Feld auf dem Nullniveau festgehalten wird. Der Raumhorizont wirkt wie eine unendlich große metallische Hohlkugel. Beim elektrischen so gut wie beim Führungsfeld ist somit der homogene Untergrund des Feldes, das „Nullniveau", auf Rechnung dieses unendlich fernen Raumhorizonts zu setzen; von dort her legt sich eine ungeheure Macht beruhigend auf das Weltgeschehen. Er muß fallen, will man das Machsche Prinzip wirklich durchführen; der dreidimensionale Raum darf keinen Saum besitzen, er muß *geschlossen* sein (nach Art der Kugelfläche im Gebiete von 2 Dimensionen). Und nun konnte *Einstein* in der Tat, nachdem er seinem ursprünglichen Gravitationsgesetz eine kleine Modifikation, das sog. kosmologische Glied, hinzugefügt hatte, zeigen:[1]) Im Gleichgewicht ist die Welt räumlich geschlossen. Die Gesetze fordern die Anwesenheit von Materie; ohne Materie, heißt das, ist ein Führungsfeld überhaupt nicht möglich. Die Materie ist gleichförmig verteilt und ruht. Der Gravitationsradius der gesamten in der Welt vorhandenen Masse ist so groß wie der geometrische Weltradius; offenbar bestimmt die zufällig vorhandene Gesamtmasse die Krümmung und damit die Größe des Weltraums. Hier hast du den Anschluß an die Untersuchung von *Thirring*, und hier, meine ich, ist nun das Machsche Programm in einer Weise durchgeführt, die prinzipiell nichts mehr zu wünschen übrig läßt. Der eben geschilderte Gleichgewichtszustand ist natürlich nur makroskopisch zu verstehen. Die einzelnen Sterne werden sich bewegen wie die Moleküle eines in einen ruhenden Kasten eingeschlossenen Gases, das ja auch, makroskopisch gesehen, ruht und sich gleichförmig über das Kasteninnere verteilt. Es erklärt sich damit zugleich die merkwürdige und sehr der Erklärung bedürftige Tatsache, daß die Sterngeschwindigkeiten durchweg so klein sind gegenüber der Lichtgeschwindigkeit. Auch fallen die Paradoxien dahin, zu denen die unendliche Ausdehnung des Raumes in ihren astronomischen Konsequenzen geführt hat[2]).

Paulus. Offen gesagt, kann ich mir nach dieser kosmischen Theorie noch durchaus kein klares und in den Einzelheiten stichhaltiges Bild davon machen, *wie* die Materie das Führungsfeld erzeugt.

Petrus. Vielleicht ist da die Bemerkung förderlich, daß schon auf Grund der gewöhnlichen Theorie, in welcher das kosmologische Glied fehlt, die Annäherung eines Körpers an einen andern eine induktive Wirkung auf seine träge Masse ausübt. Im statischen Gravitationsfeld ist die Lichtgeschwindigkeit f mit dem Gravitationspotential Φ durch die Gleichung verknüpft

$$f = c + \frac{\Phi}{c},$$

in welcher die Konstante c zufolge der Gleichung selber die Lichtgeschwindigkeit fern von allen gravitierenden Massen bedeutet. Zu jedem Körper gehört eine durch seinen inneren Zustand allein bestimmte Konstante, der „Massenfaktor" m_0; seine Energie E aber und seine träge Masse M (der Quotient aus Impuls und Geschwindigkeit) sind abhängig vom Gravitationspotential, auf dem sich der Körper befindet, nach den Formeln

$$E = m_0 f, \quad M = \frac{m_0}{f}.$$

Bringt man einen Körper an eine Stelle niederen Gravitationspotentials, legt man ihn z. B. vom Tisch auf den Fußboden, so vermindert sich folglich seine Energie; nämlich um den Betrag der Arbeit, die zu leisten ist, um ihn vom Fußboden auf den Tisch zurückzuheben. In demselben Verhältnis aber, wie seine Energie sich bei Annäherung an das Erdzentrum vermindert, erhöht sich seine träge Masse. Das weist doch deutlich darauf hin, daß die Trägheit der Körper sich restlos als eine Induktionswirkung der die Gravitation erzeugenden Weltmassen muß verstehen lassen..

Paulus. Wenn du mir nur sagen könntest, wie dieser *Hinweis* sich zu einer wirklichen *Erklärung* ausgestalten ließe! Je mehr ich darüber nachgedacht habe, um so größer schien mir die Kluft zu werden, die es noch zu überbrücken gilt. Im Grunde hat sich das Problem nur ein wenig verschoben: an Stelle der trägen Masse ist der Massenfaktor m_0 getreten. Er bleibt eine dem Körper allein eigentümliche Konstante, die von keinen Induktionswirkungen betroffen wird; keine Aussicht hat sich eröffnet, ihn durch eine Wechselwirkung aller Massen im Universum entstanden zu denken. Die Schwierigkeit, welche von dem Raumhorizont herkommt, ist natürlich durch den geschlossenen Raum behoben; diejenige aber, die überall im Innern des Weltkontinuums ihren Sitz hat, in seiner molluskenhaften Deformierbarkeit — denke an meine Feststellung A! — bleibt bestehen. Physikalisch undurchsichtig, ja bedenklich ist die Beschränkung auf statische Verhältnisse. Du fragst: Warum hat eine ruhende Punktladung ein elektrostatisches Feld F um sich, dessen Intensität umgekehrt proportional dem Quadrat der Entfernung von der Ladung abnimmt? Die Nahewirkungsgesetze des elektrostatischen Feldes erklären das nicht. Berücksichtige nun aber die Zeit und analysiere den folgenden Vorgang: Von einem neutralen Mutterkörper löst sich eine kleine Ladung ab und kommt fern vom Mutterkörper im Augenblick t zur Ruhe. Wenn seit t jetzt eine Stunde vergangen ist, so herrscht das oben geschilderte Feld F um die Ladung herum in einem Umkreis von 1 Lichtstunde = ca. 10^{14} cm Radius. Aus den Gesetzen des *veränderlichen* elektromagnetischen Feldes ergibt sich zwangsläufig diese Ausbildung des Feldes F, wenn die Annahme hinzugefügt wird, daß *vor Beginn der Ablösung der Raum feldfrei war.* Nicht daran liegt's also, daß das Feld am unendlich fernen Raumhorizont festgehalten wird, sondern die Bindung kommt her von dem Weltsaum der unendlich weit zurückliegenden Vergangenheit.

Sobald man sich nicht mehr auf die Statik beschränkt, besitzen die durch das kosmologische Glied erweiterten Gravitationsgesetze nach *de Sitter* eine sehr einfache Lösung, bei welcher (im Gegensatz zu *Einsteins* Behauptung) die Welt masseleer und übrigens ihr metrisches Feld vollkommen homogen ist[4]). Zum Zwecke der graphischen Darstellung streiche ich 2 Raumdimensionen, so daß die Welt nicht vier-, sondern nur zweidimensional ist. Die Bilder, welche ich konstruiere, liegen in einem dreidimensionalen Raum R, dessen Metrik so ist, wie sie die spezielle Relativitätstheorie der Welt zuschreibt; wenn die Vertikale als Zeitachse fungiert, ist also in einem rechtwinkligen Dreieck, dessen eine Kathete horizontal, dessen andere vertikal ist, das Quadrat der Hypotenuse gleich der *Differenz* der Quadrate der beiden Katheten. Ich unterscheide drei Hypothesen über den Zustand der Welt im großen.

I. *(Elementare Kosmologie).* Die Welt stimmt in ihrer metrischen Beschaffenheit überein mit einer vertikalen Ebene im Raume R. Die Sterne sind unendlich dünn verteilt und ruhen alle; ihre Weltlinien sind also vertikale Gerade. Der Kegel der Lichtausbreitung von einem Weltpunkt P aus wird gebildet von den beiden durch P laufenden Geraden, welche gegen die Vertikale um 45° geneigt sind. Das ist der Normalzustand, der durch die gegenseitige Einwirkung der Himmelskörper nur leicht gestört wird.

II. *(Einstein).* Die Welt wird metrisch treu dargestellt durch einen geraden Kreiszylinder mit vertikaler Achse in unserm Raume R. Die Weltlinien der Sterne sind wiederum vertikale Gerade, aber die Massendichte ist nicht unendlich klein, sondern steht in einem genau abgestimmten Verhältnis zum Radius des Zylinderquerschnitts. Der Kegel der Lichtausbreitung besteht aus zwei Schraubenlinien auf dem Zylinder, welche seine Mantellinien unter 45° schneiden.

III. Der geometrische Ort aller Punkte in R, die von einem Zentrum O einen festen (reellen) Abstand besitzen, hat nicht die Gestalt einer Kugel, sondern eines einschaligen Hyperboloids mit vertikaler Achse; das ist die oben erwähnte de Sittersche Lösung. Der Kegel der Lichtausbreitung besteht aus den beiden durch den Ursprungsort hindurchgehenden geradlinigen Erzeugenden des Hyperboloids, die Sterne sind unendlich dünn verteilt. Die Ebenen, welche durch eine feste Mantellinie l des Asymptotenkegels hindurchgehen — er hat seine Spitze in O und einen Öffnungswinkel von 90° —, schneiden auf dem Hyperboloid zwei Scharen von geodätischen Linien aus; die Hyperbeln der einen Schar laufen nach unten (Vergangenheit) zusammen, indem sie l zur gemeinsamen Asymptote besitzen, und breiten sich nach oben fächerförmig über das ganze Hyperboloid aus; die zweite Schar entsteht aus der ersten durch Vertauschung von oben und unten. Die Weltlinien der ersten Schar werden im ungestörten Normalzustand beschrieben von den Sternen eines von Ewigkeit her in Kausalzusammenhang stehenden Sternsystems.

Petrus. Wenn es mit Hilfe des kosmologischen Gliedes nicht gelingt, das Machsche Prinzip durchzuführen, so halte ich es überhaupt für zwecklos und bin für die Rückkehr zur elementaren Kosmologie.

Paulus. Das scheint mir doch voreilig. Die Ebene I besitzt einen einzigen zusammenhängenden unendlich fernen Saum; da läßt sich Raum und Zeit, ewige Vergangenheit und ewige Zukunft gar nicht voneinander trennen. Infolgedessen läßt sich auch keine vernünftige Vorschrift geben, welche es verhindert, daß die Welt-

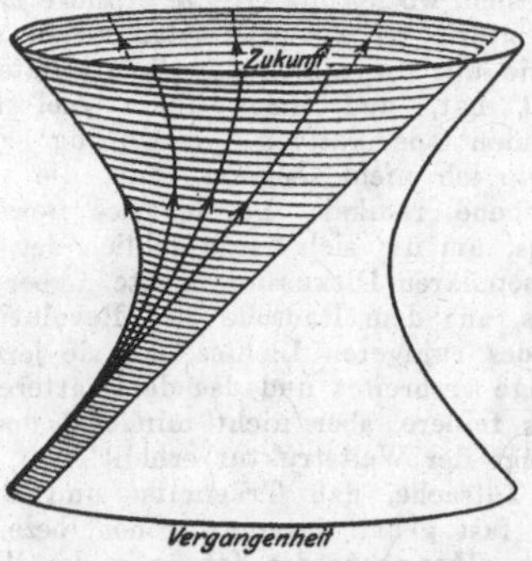

Weltlinien eines zusammenhängenden Sternsystems nach der kosmologischen Annahme III.

linie eines Körpers sich genau oder nahezu schließt; das würde aber zu den grausigsten Möglichkeiten von Doppelgängertum und Selbstbegegnungen führen. Hingegen trägt der Zylinder II so gut wie das Hyperboloid III zwei getrennte Säume, den unteren der ewigen Vergangenheit und den oberen der ewigen Zukunft; das ist der eigentliche Inhalt der Aussage, daß die Welt räumlich geschlossen ist: sie erstreckt sich „von Ewigkeit zu Ewigkeit". Und um dieses doppelten Weltsaumes willen möchte ich an dem kosmologischen Glied festhalten. Auf dem Einsteinschen Zylinder überschlägt sich der Kegel der Lichtausbreitung unendlich oft. Von einem und demselben Stern muß ein Beobachter demnach unendlich viele Bilder erblicken; zwischen den Zuständen des Sternes, von denen zwei aufeinanderfolgende Bilder Kunde geben, ist ein Äon verflossen, die Zeit, welche das Licht gebraucht, um einmal rund um die Weltkugel zu laufen: die Wahrnehmung des jetzt Geschehenden ist durchsetzt von den Gespenstern des Längstvergangenen. Hingegen vereinigt *de Sitters* Hyperboloid beide Vorzüge miteinander: den doppelten Saum der Vergangenheit und Zukunft einerseits, den sich nicht überschlagenden Lichtkegel anderseits. Hier werden die kleinen Sterngeschwindigkeiten nicht wie in der Einsteinschen Kosmologie auf einen im Laufe von Äonen allmählich eingetretenen „thermodynamischen" Ausgleich, sondern auf einen gemeinsamen Ursprung zurückgeführt. Die astronomischen Tatsachen sprechen mit aller Entschiedenheit für diese Ansicht.

Nach der Hypothese III scheinen alle Sterne eines Systems von einem beliebig herausgegriffenen Zentralstern aus in radialer Richtung zu fliehen; ihre Spektrallinien sind für einen Beobachter auf dem Zentralstern nach dem roten Ende verschoben, und zwar um so stärker, je entfernter sie sind. Nun zeigen die Spiralnebel, welche wahrscheinlich die entferntesten Himmelsgebilde sind, mit ganz wenigen Ausnahmen eine starke Rotverschiebung ihrer Spektrallinien [5]). Sollte wirklich die universelle Fliehtendenz der Materie davon die Ursache sein, welche formelmäßig im kosmologischen Glied der Gravitationsgleichungen zum Ausdruck kommt, so erhält man aus hypothetischen Parallaxebestimmungen von Spiralnebeln einen Weltradius von der Größenordnung 10^{27} cm.

Petrus. Die Lichtgespenster der Sterne im Kosmos II werden wohl zu diffus sein, um wahrgenommen werden zu können.

Paulus. Dann müßte aber die diffuse, den Weltraum erfüllende Strahlung so stark sein, daß die Sterne im Durchschnitt ebenso viel Licht absorbieren wie emittieren. Für die Strahlung sollte so gut statistisches Gleichgewicht bestehen wie für die Sternbewegung.

Petrus. Nach allem, was du gesagt hast, glaubst du an eine selbständige Macht des Führungsfeldes, unabhängig von der Materie. Fern von aller Materie oder wenn alle Materie vernichtet ist — das ist doch deine Meinung? — herrscht jener homogene Zustand *Z*, der durch das Hyperboloid III (oder im Grenzfall durch die Ebene I) wiedergegeben wird. Mit der Erfahrung steht das wohl im Einklang, aber es scheint mir dem Prinzip der Kontinuität zu widersprechen. Denn wenn auch *Z* in sich qualitativ vollständig bestimmt ist, so gibt es doch unendlich viele Möglichkeiten, wie sich dieser Zustand im Weltkontinuum realisieren kann; analog etwa wie alle Geraden in der gewöhnlichen Geometrie qualitativ einander gleich sind, es aber doch unendlich viele Möglichkeiten ihrer Lage im Raum gibt. Welche dieser Möglichkeiten soll nun wirklich werden, wenn ich die vorhandene Materie stetig zu Null abnehmen lasse? Ich meine, bei verschwindender Materie muß das Führungsfeld *unbestimmt* werden.

Paulus. Begehst du da nicht den gleichen Fehler, den *Einstein* 1914 machte [6]), als er aus dem Kausalitätsprinzip auf die Unmöglichkeit der allgemeinen Relativitätstheorie schloß? Denn, so sagte er, wenn die Naturgesetze invariant sind gegenüber beliebigen Koordinatentransformationen, so erhalte ich aus einer Lösung durch Transformation unendlich viele neue. Teile ich die Welt durch einen dreidimensionalen Querschnitt, welcher ihre beiden Säume voneinander trennt, in zwei Teile und verwende nur solche Transformationen, welche die „untere" Hälfte unberührt lassen, so stimmen alle diese Lösungen gleichwohl in der unteren Welthälfte mit der ursprünglichen überein. Er übersah, daß alle diese Lösungen auch in der oberen Welthälfte objektiv den gleichen Zustandsverlauf wiedergeben, daß ein Unterschied nur bestünde, wenn die vierdimensionale Welt ein *stehendes Medium* wäre, in das sich die Spuren der materiellen Vorgänge so oder so einzeichnen. Und nur dann kann man auch die Möglichkeiten der Realisierung, von denen du sprichst, als verschieden anerkennen. Ein solches stehendes Medium wird aber, ohne Zweifel mit deinem Beifall, von der Relativitätstheorie durchaus geleugnet.

Erachtest du es für notwendig, daß fern von aller Materie das Führungsfeld unbestimmt wird, so müßtest du konsequenterweise das gleiche Postulat für das elektromagnetische Feld aufstellen. Jedermann nimmt aber an, daß mit verschwindender Materie die elektromagnetische Feldstärke = 0 wird; und das bedeutet doch nicht, daß überhaupt „kein Feld da ist", sondern daß dieses sich in einem bestimmten „Ruh-Zustand" befindet, der sich stetig in alle übrigen möglichen Zustände einpaßt. Darf ich das Wort „Äther" in den Mund nehmen? Ich verstehe darunter nicht ein substantielles Medium, dessen hypothetische Bewegungen ich ergründen möchte, sondern als Zustand des Äthers gilt mir das herrschende metrische und elektromagnetische Feld. In der Weylschen Theorie, ebenso in der kürzlich von *Eddington* und *Einstein* entworfenen „affinen" Feldtheorie erscheint auch das elektrische mit in das metrische Feld aufgenommen. Der einzig mögliche *homogene* Zustand desselben ist das Hyperboloid III, auf welchem die elektromagnetische Feldstärke überall verschwindet. Aus diesem Ruhzustand heraus — Ruhe heißt hier soviel wie Homogeneität — wird der Äther durch die Materie erregt; sie stehen nicht in dem einseitigen Kausalverhältnis von Erzeuger und Erzeugtem, sondern in Wechselwirkung miteinander. Deinen Einwand aus dem Kontinuitätsprinzip kann ich anschaulich vielleicht am besten durch eine Analogie entkräften, indem ich den Äther einer Seefläche, die Materie den Schiffen vergleiche, welche sie durchfurchen. Die verschiedenen Möglichkeiten, von denen du sprachst, bestehen hier darin, daß man dieselbe Gestalt der Seefläche, denselben qualitativen Zustand materiell auf unendlich viele verschiedene Weise realisieren kann; der „materielle Zustand" gilt nämlich erst als bestimmt, wenn von jedem Wasserteilchen feststeht, an welcher Stelle des Seebeckens es sich befindet. Der Festlegung eines Koordinatensystems im Äther, der Beziehung auf ein stehendes Medium entspricht hier die willkürliche unterscheidende Kennzeichnung der einzelnen gleichartigen Wasserteilchen (z. B. durch Numerierung). Kommt das Wasser am Abend, wenn alle Schiffe im Hafen sind, wieder zur Ruhe, so ist der Zustand qualitativ genau der gleiche wie am Morgen vor dem Ausfahren der Schiffe: die Seefläche ist eine glatte „homogene" Ebene. Aber der materielle Zustand, der sich dahinter verbirgt, kann sich vollständig verschoben haben. Es ist nicht angängig (wie es beim Führungsfeld vor *Einstein* geschah), die tatsächliche Lage aller Wasserteilchen in dem durch die Schiffe erregten Seebecken aus einer ein für allemal fixierten Ruhelage und einer durch die Schiffe bewirkten Elongation zusammenzusetzen. Dieser Vergleich macht es recht gut deutlich, wo ich die Grenze erblicke zwischen der als gültig zu akzeptierenden neuen Auffassung, die uns die allgemeine Relativitätstheorie gebracht hat, und ihrer übers Ziel hinausschießenden spekulativen Ausdeutung. Dahinfällt, wie ich nicht leugnen kann, die von ihr versprochene radikale Lösung des Bewegungsproblems, um die sich hauptsächlich der Kampf in der populären Diskussion drehte. Aber freuen wir uns, aus dem Rausche der Revolution erwacht, des ruhigeren Lichtes, das sie jetzt über die Dinge verbreitet und das dem zarteren Verständnis feinere, aber nicht minder bedeutungsvolle Züge der Weltstruktur erhellt!

Die Tatsache, daß Trägheits- und Sternenkompaß fast genau zusammengehen, bezeugt *die gewaltige Übermacht des Äthers* in der Wechselwirkung zwischen Äther und Materie. Denke ich daran, wie auf dem de Sitterschen Hyperboloid die Weltlinien eines Sternsystems mit einer gemeinsamen Asymptote aus der unendlichen Vergangenheit heraufsteigen, so möchte ich sagen: die Welt ist geboren aus der ewigen Ruhe des „Vaters Äther"; aber aufgestört durch den „Geist der Unruh'" (*Hölderlin*), der im Agens der Materie, „in der Brust der Erd' und der Menschen" zu Hause ist, wird sie niemals wieder zur Ruhe kommen.

Petrus. Abtrünnig werde ich dich fortan nicht mehr schelten. Denn immer deutlicher spüre ich, daß du den physikalischen Gehalt der Relativitätstheorie nicht preisgegeben hast und dein Denken über den Kosmos nach wie vor in ihrem Geiste geschieht. Deine Gründe will ich sorgfältig erwägen; aber ob ich mich nun deiner Meinung anschließe oder nicht — voll Freude weiß ich mich von neuem einerlei Sinnes mit dir im Herzen.

Literatur.

1. Sitzungsber. d. Preuß. Akad. d. Wissensch. 1917, S. 142.
2. Physikal. Zeitschrift *19* (1918), S. 33; *22* (1921), S. 29.
3. Diese wurden namentlich von *Seeliger* diskutiert. Astronomische Nachrichten *137*, Nr. 3273 (1895); Münchner Berichte *26* (1896). Einen Ausweg in

ganz anderer Richtung suchten schon *Lambert* und nach ihm *Fournier d'Albe* (Two new Worlds, London 1907) und *C. V. L. Charlier* (Arkiv för Matem., Astr. och Fysik *4* (1908), Nr. 24). Vgl. Naturwissenschaften *10* (1922), S. 481.

4. Monthly Notices of the R. Astronom. Soc. London, Nov. 1917. Dazu: *Weyl*, Raum, Zeit, Materie, 5. Aufl. (Berlin 1923), S. 322, und Physikal. Zeitschrift *24* (1923), S. 230.

5. *Eddington*, Math. Theory of Relativity (Cambridge 1923), S. 162. — Die Leser dieser Zeitschrift wissen freilich aus den fortlaufenden „Astronomischen Mitteilungen", wie wenig abgeklärt noch immer die Stellung der Spiralnebel ist. Über eine andere von *Lindemann* aufgestellte Hypothese zur Erklärung der Rotverschiebung in den Spektren der Spiralnebel vgl. Naturwissenschaften *11* (1923), S. 961.

6. Sitzungsber. d. Preuß. Akad. d. Wissensch. 1914, S. 1067.

66.

Was ist Materie?

Die Naturwissenschaften 12, 561—568, 585—593 und 604—611 (1924)

Nach den überaus glänzenden Ergebnissen, welche die experimentierende Physik in enger Verbindung mit der Theorie in den letzten Dezennien gewonnen hat, kann an der atomistischen Konstitution der Naturkörper kein Zweifel mehr walten. Aber nicht vom Aufbau der Körper aus unteilbaren Elementarquanten, Elektronen und Atomkernen, soll hier in erster Linie die Rede sein, sondern unsere Frage zielt tiefer: was ist die „Materie", aus denen diese letzten Einheiten selber bestehen? Seit altersher hat die *Philosophie* darauf eine Antwort zu geben versucht. Der empirisch-naturwissenschaftlichen Forschung liegt bewußt oder unbewußt eine bestimmte Vorstellung über das Wesen der Materie a priori zugrunde, und das Tatsachenwissen muß schon gewaltig in die Breite und Tiefe gewachsen sein, ehe es die Kraft gewinnt, von sich aus modifizierend auf diese Vorstellungen einzuwirken. Die historische Situation bringt es also mit sich, daß wir die Formulierungen der Philosophen nicht außer acht lassen dürfen; ist es doch unmöglich, in der älteren Zeit Philosophie und Physik überhaupt voneinander zu trennen, während in späteren Epochen die Empiriker selten bemüht waren, die Grundanschauungen schärfer zu fassen, von denen aus sie ihre durch das Experiment zu beantwortenden Fragen an die Natur stellten. Doch soll versucht werden, von dem heute in Mathematik und Physik gewonnenen Standpunkte aus die alten philosophischen Lehren präziser auszudeuten. Im übrigen kommt es uns mehr auf die Sache als auf ihre Geschichte an; um so berechtigter erscheint mir da eine solche nicht objektive, sondern von dem historischen Augenpunkt der Gegenwart retrospektive Geschichtsbetrachtung.

I. Die Substanztheorie.

Was ist Materie? KANT antwortet darauf (Kritik der reinen Vernunft, 1. Auflage) mit der „ersten Analogie der Erfahrung", dem „Grundsatz der Beharrlichkeit": „*Alle Erscheinungen enthalten das Beharrliche* (*Substanz*) *als den Gegenstand selbst und das Wandelbare als dessen Bestimmung, das ist eine Art, wie der Gegenstand existiert.*" Es ist offenbar die ontologische Kategorie der *Substanz*, das in der logischen Sphäre sich als die Gegenüberstellung von Subjekt und Prädikat widerspiegelnde Verhältnis von Substanz und Akzidenz, welches hier in die Erscheinungswirklichkeit hineingetragen wird. Aus den Erläuterungen geht klar hervor, daß KANT die physikalische Materie als die beharrende Substanz anspricht und nicht etwa wie bei ARISTOTELES und SPINOZA ein metaphysisches Prinzip jenseits der erfahrbaren Außenwelt in Frage steht, das über den Unterschied von geistig und körperlich-ausgedehnt erhaben ist. So heißt es: „Ein Philosoph wurde gefragt: ‚Wieviel wiegt der Rauch?' Er antwortete: ‚Ziehe von dem Gewichte des verbrannten Holzes das Gewicht der übrigbleibenden Asche ab, so hast du das Gewicht des Rauches.' Er setzte also als unwidersprechlich voraus: daß selbst im Feuer die Materie (Substanz) nicht vergehe, sondern nur die Form derselben eine Abänderung erleide." Die Substanz tritt hier gleich dem „steinernen Gast", vom Jenseits gesandt, körperlich-leibhaftig unter die heitere, im Schmuck der Qualitäten prangende Tafelrunde der Wirklichkeit. Der innere Grund für die Notwendigkeit der Substanz liegt für KANT darin, daß die selbst nicht wahrnehmbare bleibende Zeit, in der aller Wechsel der Erscheinungen gedacht werden soll, in den Gegenständen der Wahrnehmung repräsentiert sein muß durch etwas, das im Laufe der Zeit mit sich selber identisch bleibt: „den stetig fortbestehenden Körper", wie LOCKE[1]) sagt, „der in jedem Zeitpunkt des Daseins derselbe mit sich selbst ist." Daran hängt der Begriff der *Bewegung*. Denn dies ist in der Tat der wesentliche Zug des Substanzbegriffes: es soll einen objektiven Sinn haben, von derselben Substanzstelle zu verschiedenen Zeiten zu sprechen; oder anders ausgedrückt, *es soll prinzipiell möglich sein, dieselbe Substanzstelle im Laufe der Geschichte eines Körpersystems immer wiederzuerkennen.* Zur naturwissenschaftlichen Definition des Substanzbegriffes gehört also die Angabe von exakten Methoden, durch welche in praxi Substanzstellen im Fluß der Bewegung festgehalten werden können. Solange nur feste Körper in Frage kommen, die durch mechanische Mittel in Stücke getrennt oder aus Stücken zusammengeleimt werden, bietet das keine ernstliche Schwierigkeit; bei strömendem Wasser muß man schon zu indirekten Mitteln, einem hineingeworfenen Strohhalm etwa, seine Zuflucht nehmen; bei chemischen Umsetzungen endlich handelt es sich nur noch um eine durch Wahrnehmungen nicht zu kontrollierende Hypothese.

Um den zeitlichen Ablauf graphisch darstellen zu können, betrachten wir lediglich die Vorgänge in einer (horizontalen) Ebene E und zeichnen eine

[1]) Essay concerning human understanding, 2. Buch, Kap. 27, § 3.

zu E senkrechte Zeitachse t. Die Geschichte einer Substanzstelle findet ihren Ausdruck durch ihren „graphischen Fahrplan", eine in Richtung der t-Achse monoton ansteigende Weltlinie; auf ihr liegen die Raumzeitpunkte, welche von der Substanzstelle nacheinander passiert werden. Die Horizontalebene $t = \text{const.} = t_0$ repräsentiert den Zustand der Ebene E zur Zeit t_0. Auf jedem solchen Horizontalschnitt kann ich den Ort des Substanzpunktes zu der betreffenden Zeit ablesen. Ist E kontinuierlich und lückenlos mit Substanz bedeckt, so erscheint also das von unserem Bildraum wiedergegebene dreidimensionale Raum-Zeitkontinuum aufgelöst in eine stetige Mannigfaltigkeit von ∞^2 Weltlinien. In der Wirklichkeit erhöhen sich die Dimensionszahlen um 1: jedes Element der dreidimensional ausgedehnten Substanz beschreibt eine Weltlinie in dem vierdimensionalen Raum-Zeitkontinuum. Das ist die Ausdrucksweise, welche sich durch die Relativitätstheorie in ihrer von MINKOWSKI herrührenden „weltgeometrischen" Fassung eingebürgert hat; so heißt es bei MINKOWSKI[1]) in seinem Vortrag „Raum und Zeit": „Die ganze Welt erscheint aufgelöst in solche Weltlinien, und ich möchte sogleich vorwegnehmen, daß meiner Meinung nach die physikalischen Gesetze ihren vollkommensten Ausdruck als Wechselbeziehungen unter diesen Weltlinien finden dürften." Das ist in klaren Worten das Programm einer von der Substanzvorstellung beherrschten Physik. Wo immer in der Physik ein substantielles Medium hypothetisch als „Träger" gewisser Erscheinungen eingeführt wurde, z. B. der Äther der mechanischen Lichttheorie, war dies das Wesentliche; es wurde dadurch die Möglichkeit objektiver Unterscheidung zwischen *Ruhe* und *Bewegung* eines Körpers relativ zu jenem Medium gewonnen. Und nur in dieser substantiellen Fassung wurde, beiläufig gesagt, die Hypothese des Lichtäthers durch die spezielle Relativitätstheorie bzw. durch die ihr zugrundeliegenden Erfahrungstatsachen widerlegt.

KANT nimmt an der zitierten Stelle aber die Unveränderlichkeit der Materie nicht nur in dem eben erörterten Sinne an, daß die Substanzstellen etwas sind, was im Laufe des Weltprozesses „durchhält", sondern er setzt weiter voraus, daß ein beliebiges Stück der dreidimensionalen Substanz als ein *Quantum* sich messen lasse. Besonders deutlich zeigt sich das in der Formulierung, welche der Grundsatz der Beharrlichkeit in der 2. Auflage der Kritik erhält: „Bei allem Wechsel der Erscheinungen beharrt die Substanz, und das Quantum derselben wird in der Natur weder vermehrt noch vermindert." Endlich wird laut dem angeführten Beispiel das *Gewicht* zur Menge proportional gesetzt, ohne daß das Prinzip, nach welchem Materie gemessen werden soll, gekennzeichnet wäre. In dieser Form hat LAVOISIER bekanntlich den Grundsatz von der Unzerstörbarkeit des Stoffes in die Chemie eingeführt; und nach einer oben gemachten Bemerkung ist ja im Falle der chemischen Umsetzung in der Tat die Erhaltung der einzelnen Substanzstelle nicht mehr kontrollierbar, sondern lediglich die Erhaltung der Gesamtmasse (ihres Gewichts). Es ist darum wohl ganz im Sinne KANTS, wenn HOLLEMANN in seinem bekannten „Lehrbuch der anorganischen Chemie" (ich zitiere die 2. Auflage der deutschen Ausgabe 1903, welche ich als Student benutzte; die neueren kenne ich nicht mehr), nachdem er das Prinzip an einigen Beispielen der Gewichtsanalyse illustriert hat, hinzufügt: „Die Überzeugung von der Unmöglichkeit des Entstehens und Vergehens der Materie war bereits bei den griechischen Philosophen fest eingewurzelt; sie ist durch alle Zeiten die Basis philosophischen Denkens gewesen ... Die Erkenntnistheorie lehrt, daß die Unvergänglichkeit des Stoffes eine von unserem Denken gebildete Voraussetzung ist; nichts ist unrichtiger als zu meinen, das Prinzip sei aus experimentellen Versuchen hergeleitet worden." Mit dem Begriff des Substanzquantums steht KANT offenbar unter dem Einfluß der Galilei-Newtonschen Mechanik, welche die Masse freilich nicht als Maß für eine Menge Materie, sondern als einen dynamischen Koeffizienten verwendet. Aus anderen Stellen ist ersichtlich, daß für KANT die Dichte eine stetiger Abstufungen fähige intensive Größe ist — Intensität der Raumerfüllung durch das Widerspiel anziehender und abstoßender Kräfte.

In den älteren Formen der Substanztheorie wird konsequenter als Maß der Materie das *Volumen* des von ihr eingenommenen Raumes angesetzt; den Unterschied in der Dichtigkeit der verschiedenen Körper erklärt sie durch das von Körper zu Körper wechselnde Verhältnis zwischen erfülltem und leerem Raum. Denn es ist eine von Anfang an mit der Idee der Substanz verknüpfte Vorstellung, daß sie *eine* sei, keine inneren qualitativen Unterschiede zulasse; daß überhaupt alle Qualitäten nur subjektiven Charakter besitzen und allein aus der Form und Bewegung der Substanzquanten und ihrer Wirkung auf unsere Sinne zu erklären sind. So heißt es schon bei DEMOKRIT, der zuerst den Begriff des Stoffes als die Grundlage der Naturerkenntnis aufstellte: „Nur in der Meinung besteht das Süße, in der Meinung das Bittere, in der Meinung das Kalte, das Warme, die Farbe." Und bei GALILEI findet man Äußerungen[1]), die besagen: Weiß oder rot, bitter oder süß, tönend oder stumm, wohl- oder übelriechend sind Namen für Wirkungen auf die Sinnesorgane ... Die Verschiedenheit, welche ein Körper in seiner Erscheinung darbietet, beruht auf bloßer Umlagerung der Teile ohne irgendwelche Neuentstehung oder Vernichtung ... Die Materie ist unveränderlich und immer dieselbe, da sie eine ewige und notwendige Art des Seins vor-

[1]) Werke, Bd. 2, S. 432.

[1]) Im „Saggiatore", z. B. Op. II, S. 340.

stellt. In großartiger Abstraktion vom Sinnenscheine setzt DEMOKRIT als die einzige Unterscheidung, aus welcher alle Mannigfaltigkeit entspringt, den absoluten Gegensatz des „Leeren" und des „Vollen" — das μὴ ὄν des leeren Raumes gegenüber dem παμπλῆρες ὄν der Materie. Dieser Unterschied läßt sich nicht mehr qualitativ charakterisieren, er muß einfach als das letzte Erklärungsprinzip der Erscheinungen hingenommen werden. Hier noch fragen, was das Volle sei, und sich, weil keine Antwort erfolgt, etwa darüber beklagen, daß wir das Innere der Dinge gar nicht einsähen, ist mit KANT zu reden, eine bloße Grille; es ist eine absurde Forderung, daß in einer „intellektuellen Anschauung" gegeben werde, was doch als das nichtanschauliche Fundament der angeschauten Erscheinungswelt gesetzt wurde.

Offenbar muß die Materie atomistisch konstituiert, der Raum kann nicht lückenlos erfüllt sein, wenn die verschiedene Dichte der Körper auf die angegebene Weise erklärt werden soll. Das ist *ein* Motiv, warum der Substanzbegriff von jeher zur *Atomistik* geführt hat; andere Gründe sollen später im Zusammenhange mit dem Kontinuumproblem gestreift werden[1]). Ganz zwingend kommt man zum Atombegriff, wenn man sich die Frage stellt, wie die Wiedererkennung desselben Substanzpunktes zu verschiedenen Zeiten in einer homogenen qualitätslosen Substanz überhaupt möglich ist. Erfüllt die Materie den Raum kontinuierlich, so ist das in der Tat ebensogut unmöglich, wie es nach dem Grundgedanken der Relativitätstheorie unmöglich ist, im homogenen Medium des Raumes denselben Raumpunkt festzuhalten. Besteht die Materie aber aus einzelnen Atomen, und setzen wir weiter voraus, daß die Atome sich *stetig* bewegen und sich niemals gegenseitig durchdringen, so können wir ein Atom durch den Bewegungsprozeß der Materie hindurch verfolgen, selbst wenn die Atome alle untereinander gleichartig sind, insbesondere alle dieselbe Gestalt besitzen. Denn fassen wir in einem Augenblick t ein Atom A ins Auge, so gibt es in einem hinreichend wenig späteren Augenblick $t + \Delta t$ ein einziges Atom A', welches ein Raumgebiet g' einnimmt, das um weniger als ein beliebig vorgegebenes Maß abweicht von demjenigen Raumgebiet g, welches das Atom A zur Zeit t besetzt hielt: dieses A' zur Zeit $t + \Delta t$ ist *dasselbe* Atom wie A zur Zeit t. Es mag auf den ersten Blick so scheinen, als drehten wir uns in einem logischen Zirkel, da hier die Wiedererkennung des Atoms A zur Zeit $t + \Delta t$ darauf gegründet wird, daß wir das Raumgebiet g in die Zeit $t + \Delta t$ verpflanzen und mit dem vom Atom in diesem späteren Moment eingenommenen Raumstück g' vergleichen; es ist aber klar, daß es hier nicht erforderlich ist, Raumpunkte und Raumstücke während der Zeit Δt identisch festhalten zu können, sondern daß es nur auf den stetigen Zusammenhang der Raumzeitpunkte ankommt; dieser freilich ist unerläßliche Voraussetzung. Man übersieht das am besten im vierdimensionalen Raum-Zeit-Bild; das Weltgebiet, das ein Atom überstreicht, erscheint hier als substanzführende „Röhre" von eindimensional unendlicher Erstreckung. Das Verfahren bleibt brauchbar, wenn sich die Atome während ihrer stetigen Bewegung stetig deformieren; nur darf die Ausdehnung eines Atoms niemals unter jede Grenze herabsinken. Hingegen muß postuliert werden, daß auch in der Berührung zwei Atome nicht zu einem einzigen Kontinuum miteinander verschmelzen[1]); sonst wäre z. B. für zwei Atome von der Gestalt gleichgroßer Halbkugeln, die sich mit ihren ebenen Begrenzungen aneinander legen und nach einiger Zeit wieder trennen, die Identität nach der Trennung unmöglich festzustellen. Das einzelne Atom aber ist *unteilbar*; d. h. das Raumgebiet, welches es einnimmt, ist ein einziges zusammenhängendes Kontinuum. Zu beachten ist ferner, daß die Identität im Laufe der Zeit wohl für die einzelnen Atome gewährleistet ist, nicht aber für die einzelnen Stellen innerhalb eines Atoms, obschon es räumlich ausgedehnt ist. Insbesondere ist es für ein kugelförmiges Atom unsinnig zu fragen, ob es eine rein translatorische Bewegung ausführt, oder ob mit der Translation eine Drehung um seinen Mittelpunkt verbunden sei. — Unser Prinzip gründet die Unverwechselbarkeit der Atome bloß darauf, daß sie getrennte *Individuen* sind, nicht aber auf Unterschiede der Qualitäten. Für die Ausbildung des Stoffbegriffes ist gewiß auf der einen Seite die logisch-metaphysische Kategorie der Substanz (des Subjektes, von welchem die Aussagen über die Erscheinungswelt handeln) maßgebend gewesen, auf der anderen Seite die der Erfahrung sich aufdrängende Existenz zahlreicher in ihren Eigenschaften beständiger Körper, auf welche sich das Handeln des Menschen vor allem stützt. Aber hier scheint mir durchzublicken, daß der letzte Grund, vielleicht auch für den ontologischen Substanzbegriff selber, in der inneren Gewißheit des mit sich selbst identischen indi-

[1]) In des LUCRETIUS Lehrgedicht *de rerum natura* tritt ein Argument für die Atomistik auf, das an den in neueren kosmologischen Betrachtungen eine große Rolle spielenden „Verödungseinwand" EINSTEINS gegen den unendlichen Raum anklingt: Alles löst sich leichter auf, als es sich bildet; darum müßte ohne Atome die Materie längst zerfallen sein.

[1]) Es ist das ein gelegentlicher Einwand des ARISTOTELES, welcher fragt, warum zwei Atome in der Berührung nicht miteinander verschmelzen wie zwei Wassermassen, die zusammentreffen. Die heutige punktmengen-theoretische Analysis wird diesem Unterschied zwischen zwei sich berührenden Kontinuen und dem kleinsten, sie beide umfassenden Kontinuum kaum gerecht; es sind aber von BROUWER und dem Verf. die Grundlagen einer mit dem anschaulichen Wesen des Kontinuums in besserem Einklang stehenden Analysis entworfen worden, in welcher der alte Grundsatz zu seinem Rechte kommt, daß „sich nur trennen läßt, was schon getrennt ist" (GASSENDI).

viduellen Ich liegt, nach dessen Analogie die Welt gedeutet wird[1]).

In Demokrits *παμπλῆρες ὄν* liegt schon die *Undurchdringlichkeit* der Atome ausgesprochen, die Tatsache, daß die Raumgebiete, welche von zwei Atomen eingenommen werden, sich niemals überdecken. Darüber hinaus wird ihnen auch, wennschon ihre Individuation nach einer obigen Bemerkung die Deformierbarkeit nicht ausschlösse, im Namen der Unveränderlichkeit der Substanz eine unveränderliche Gestalt, *Starrheit*, zugeschrieben: das Raumgebiet, welches ein Atom einnimmt, soll im Laufe der Zeit beständig zu sich selbst kongruent bleiben (diese Voraussetzung schließt natürlich die Unteilbarkeit ein). Dadurch gewinnt die an sich rein ideelle geometrische Beziehung der Kongruenz von Raumstücken reale Bedeutung. In den Eigenschaften der Ausdehnung und Undurchdringlichkeit bewährt die Materie ihre Realität, darin, daß sie aus mit sich selbst identisch bleibenden starren Individuen besteht, ihre Substantialität. *Solidität*, unter welchem Namen Undurchdringlichkeit und Starrheit zusammengefaßt werden, ist namentlich von Gassendi, dem Erneuerer der Atomistik innerhalb der abendländischen Kultur, und Locke scharf als das Grundwesen der Materie hingestellt worden; im Gegensatz zu Descartes, in dessen Korpusculartheorie die Elementarkörper sich gegenseitig deformieren, abschleifen und zerreiben. Dabei darf die Solidität nicht sinnlich als Härte oder dynamisch als eine auf gegenseitigen Kräften der Substanzstellen beruhende Festigkeit gegen Zerbrechen und als Widerstand umgedeutet werden. Sondern sie ist abstrakt-geometrisch zu fassen, wie es hier geschah; die elastische Festigkeit der sichtbaren Körper hat diese absolute Eigenschaft der Atome zur Voraussetzung. Das ist der Standpunkt, den Huyghens, der geometrisch-kinematisch und in Prinzipien denkende Mechaniker, in seinem Briefwechsel mit dem anschaulich-dynamisch denkenden Metaphysiker Leibniz vertritt[2]). Huyghens spricht zwar selbst von einem Widerstand gegen das Brechen oder Zusammendrücken. Aber man darf die um des lebendigeren Ausdrucks willen gewählten Termini nicht mißverstehen; denn „man muß", sagt er, „diesen Widerstand als unendlich voraussetzen, weil es absurd erscheint, einen gewissen Grad desselben anzunehmen, etwa gleich dem des Diamanten oder des Eisens; denn dazu könnte keine Ursache in einer Materie liegen, von der man ja nichts als die Ausdehnung voraussetzt . . . Die Hypothese der unendlichen Festigkeit scheint mir daher sehr notwendig, und ich begreife nicht, warum Sie dieselbe so befremdend finden, als ob sie ein beständiges Wunder einführe".

[1]) Vgl. dazu Locke, a. a. O., das ganze 27. Kapitel des 2. Buches über Identität und Verschiedenheit.

[2]) Leibniz, Mathematische Schriften, ed. Gerhardt II, S. 139. — Im gleichen Sinne: Locke, a. a. O., 2. Buch, Kap. 4, namentlich § 4.

Mit der Solidität endet für die Substanztheorie die Aufstellung der Grundeigenschaften der Materie. Es ist jetzt weiter von der *Gestalt und Lage der Atome* zu handeln und endlich von den *Gesetzen, nach denen sich die Materie bewegt*. Hinsichtlich des ersten Punktes ist die Substanztheorie vor ihrer Verschmelzung mit dynamischen Vorstellungen eigentlich niemals aus dem Stadium ungeprüfter Phantasien herausgetreten. Die ältere Atomistik hält sich da alle Möglichkeiten offen; denn aus der geometrischen Verschiedenheit von Gestalt und Lagerung sucht sie die bunte Mannigfaltigkeit der sinnlichen Erscheinungen zu erklären. Insbesondere sind hakenförmige Ansätze und dergleichen beliebt, mittels deren sich die Atome verklammern sollen, wenn sie den nur mit Gewalt zu lösenden Verband eines festen Körpers bilden. Erst später, wo sich der Blick vom Geometrischen weg auf die Bewegung der Atome und deren Gesetzmäßigkeit zu richten beginnt, kann der Akzent stärker auf die Verschiedenheit der *Bewegungszustände* fallen. Natürlich wird man a priori der *Kugelgestalt* ob ihrer allseitigen Symmetrie den Vorzug geben und jedenfalls bei einer exakten Untersuchung zunächst einmal feststellen müssen, wie weit man mit dieser Annahme in der Erklärung der Erscheinungen kommt. Die Symmetrie der Kugel spricht sich mathematisch darin aus, daß es eine umfassende Gruppe von kongruenten Abbildungen (Bewegungen) gibt, welche die Kugel in sich überführen, nämlich die ∞^3 Drehungen um den Mittelpunkt. Die ideale Lösung wäre eine solche Gestalt g des Atoms, daß gegenüber den g in sich selbst überführenden kongruenten Abbildungen alle Punkte des Atoms gleichberechtigt wären; d. h. es sollte möglich sein, durch derartige Abbildungen jeden Punkt von g in jeden anderen überzuführen. Dann stünde der Möglichkeit, ein Atom als Ganzes während seiner Bewegung zu verfolgen, die Unmöglichkeit gegenüber, dabei noch Teile des Atoms als mit sich selbst identisch bleibend festzuhalten. Ein endliches Raumstück von der geforderten Beschaffenheit existiert aber nicht; die Kugel nähert sich dem Ideal wenigstens, soweit es möglich ist. Jede Bewegung des kugelförmigen Atoms kann als eine bloße Translation aufgefaßt, sie kann durch die Bewegung ihres Mittelpunktes vollständig gekennzeichnet werden.

Die Lagerung der Atome hat man sich in der älteren Zeit immer als viel zu kompakt vorgestellt; selbst die Ätheratome liegen bei Huyghens so dicht, daß sie sich gegenseitig berühren. Der Ausdruck „Poren" für den zwischen ihnen leerbleibenden Raum ist bezeichnend. Gassendi verwendet das Bild des Sand- oder Weizenhaufens. Er glaubte, daß beim Lösen des Steinsalzes in Wasser durch die Salzatome die Poren zwischen den Wasseratomen ausgefüllt werden, und war dann höchst überrascht, daß eine gesättigte Steinsalzlösung noch Alaun zu lösen imstande war. Da Aristoteles im Gegensatz zu den griechischen Atomistikern die Möglichkeit des leeren Raumes bestritten hatte und seine Ansicht in der Scholastik zum philosophischen Dogma geworden war, kann es nicht wundernehmen, daß die ersten abendländischen Denker, welche den Gedanken des Atoms wieder aufgreifen, ohne die Annahme eines Vakuums auszukommen bestrebt sind[1]). In GALILEIS Versuch wird der Begriff des Infinitesimalen auf die räumliche Ausdehnung angewandt: unendlich kleine Atome erfüllen den Raum „überall dicht", so daß kein Raumgebiet angegeben werden kann, welches von ihnen frei wäre; es besteht die Möglichkeit von Verdünnung und Verdichtung, ohne daß irgendwo ein Loch entsteht. GALILEI beruft sich zur Veranschaulichung auf die „rota Aristotelis": Wird ein Rad auf einer horizontalen Geraden abgerollt, so erscheint jeder der konzentrischen kleineren Kreise zu einer gleichlangen horizontalen Geraden h ausgestreckt; ersetzt man aber das Kreisrad durch ein reguläres Polygon von vielen Seiten, so bilden die Strecken auf h, in welche sukzessive die Seiten eines konzentrischen Polygons hineinfallen, eine unterbrochene Linie. In einer strengen Fassung dieses Gedankens müßte man wohl die unendlich kleinen Atome ersetzen durch eine Menge von lauter endlich ausgedehnten Atomen, in welcher aber solche vorkommen, deren Ausdehnung unterhalb einer beliebig vorgegebenen Grenze liegt. Man kann z. B. einen Würfel mit einer unendlichen, durch einen bestimmten Konstruktionsprozeß erzeugten Reihe von Kugeln $K_1, K_2, K_3 \ldots$ so erfüllen, daß die Kugeln sich nirgendwo überdecken und im Kubus kein noch so kleines kugelförmiges Gebiet k angegeben werden kann, in welches dieselben nicht eindringen. Es ist dem mengentheoretisch geschulten Mathematiker ein Leichtes, die Kugeln der Serie $K_1, K_2, K_3 \ldots$ zu einer der gleichen Bedingung genügenden Erfüllung des ganzen Raumes auseinanderzustreuen (unendliche Verdünnung). Angedeutet ist eine solche Fassung bei HUYGHENS. DESCARTES ringt mit der Vorstellung, daß die einzelnen Teilchen der Materie, die auch bei ihm keine leeren Räume zwischen sich lassen sollen, in der Bewegung sich teilen müssen ins Unendliche „oder wenigstens ins Unbestimmte (in indefinitum), und zwar in so viele Teile, daß man sich in Gedanken keinen so kleinen vorstellen kann, von welchem man nicht einsähe, daß er tatsächlich noch in viel kleinere geteilt ist". Er wird nicht recht fertig damit und beruft sich schließlich auf die Unbegreiflichkeit der Allmacht Gottes[2]). Ähnlich LEIBNIZ, für den es „Welten in Welten ins Unendliche" gibt. Diese Betrachtungen sind wichtig für die Mathematik als die Anfänge der Infinitesimalrechnung: hier müht sich der Begriff, den Übergang vom Diskreten zum Kontinuierlichen zu finden; physikalisch schlagen sie die Brücke von der Atomistik zu der im III. Teile zu besprechenden Fluidums- und Feldtheorie der Materie. Kein Wunder, daß wir der gleichen Lehre (nach dem Zeugnis des ARISTOTELES) auch schon bei ANAXAGORAS begegnen, der, soviel wir wissen, als erster das Infinitesimalprinzip ausgesprochen hat. Es ist sehr instruktiv, damit die Ausführungen von PERRIN im Vorwort seines bekannten Buches über die Atome[1]) zu vergleichen, wo er an der Küstenlinie der Bretagne oder an kolloidalen Flocken schildert, wie dasjenige, was bei *einem* Maßstab der Betrachtung als homogen erscheint, bei verfeinertem Maßstab sich immer wieder in ganz ungleichmäßig orientierte und beschaffene Teile auflöst; „wir haben durchaus keinen Anhalt dafür, daß wir beim weiteren Vordringen endlich auf Homogeneität oder wenigstens auf Materie stoßen würden, deren Eigenschaften regelmäßig von einem Punkte zum anderen variieren".

Eine mechanisch-atomistische Erklärung der Erscheinungen, durch welche alle Vorgänge auf Bewegung der Substanzteilchen zurückgeführt werden sollen, ist erst möglich, wenn die *Bewegungsgesetze* der Atome bekannt sind. Es muß erstens festgestellt werden, *wie sich ein Atom frei bewegt*, wenn es nicht durch andere Atome an dem Eindringen in die ihm benachbarten Raumteile gehindert ist; und es muß zweitens bestimmt werden, *wie die Atome aufeinander „wirken"*, d. h. wie sie ihre Bewegung modifizieren, wenn sie im Zustand der Berührung einander im Wege sind. Als freie Bewegung betrachtet DEMOKRIT den Fall „von oben nach unten"; seit GALILEI tritt hier natürlich die gleichförmige Translation zufolge des Trägheitsgesetzes an Stelle des Falles im Schwerefeld[2]). GASSENDI glaubt, daß zufolge eines inneren Antriebes die Atome im ungehemmten Zustand eine bestimmte große universelle Geschwindigkeit besitzen; die in der Natur beobachteten verschiedenen Geschwindigkeiten kommen ebenso durch Mischung von Ruhe und Bewegung in wechselndem Verhältnis zustande wie die verschiedenen Dichten durch Mischung von Leerem und Vollem. Bei jedem Stoß wird eine kürzere oder längere Ruhepause eingeschaltet, während welcher der Antrieb latent ist. Hier ist also nicht ein Austausch der kinetischen Energien möglich wie in der modernen Gastheorie, sondern nur ein Austausch der Orte, Umlagerung. — Was das zweite betrifft, die Wirkung der Atome aufeinander, so geschieht sie nur durch „*Stoß*"; und dieser wird nicht dynamisch aufgefaßt, sondern die Behauptung meint lediglich, daß ein Atom, solange es nicht an andere stößt, den Ge-

[1]) Die Atomistik war als die Philosophie des „gottlosen" EPIKUR im Mittelalter — ebenso schon bei den Kirchenvätern — sittlich-religiös im höchsten Maße anrüchig. Noch 1624 wurde sie in Paris, als sie in dem Kreis um GASSENDI schon lebhaft diskutiert wurde, durch Parlamentsbeschluß bei Todesstrafe verboten.

[2]) Principia philosophiae, Teil II, § 34.

[1]) Übersetzung von A. LOTTERMOSER, Leipzig 1914, S. IX.

[2]) Ich kann die Bemerkung nicht unterdrücken, daß seit Aufstellung der allgemeinen Relativitätstheorie eigentlich DEMOKRIT wieder recht bekommt.

setzen der freien Bewegung folgt, bei der Berührung aber die Bewegung unmittelbar nachher aus der Bewegung unmittelbar vorher gesetzlich bestimmt ist. Während den Atomen niemals die sinnlichen Qualitäten beigelegt wurden, welche wir an den Körpern unserer Außenwelt wahrnehmen, sind die Vorstellungen über die Wirkung der Atome aufeinander bei den älteren Autoren durchweg ziemlich naiv nach Analogie grobsinnlicher Erfahrungen gebildet und nicht in quantitativ präzise Gesetze gefaßt. Erst HUYGHENS gelingt die Aufstellung der Prinzipien: es sind die in der Tat für die ganze Physik fundamentalen *Erhaltungssätze für Impuls und Energie*. In Verbindung mit der Annahme, daß beim Stoß ein Impulsaustausch nur in der zur gemeinsamen Berührungsebene der Atome senkrechten Richtung (Stoßrichtung) geschieht, determinieren sie die Bewegung eindeutig. Dies sind zugleich die Gesetze des elastischen Stoßes. Sie gelten nach der Meinung von HUYGHENS aber für die Atome nicht deshalb, weil die Atome elastische Billardkugeln sind, ausgestattet mit der dynamischen Eigenschaft der „vollkommenen Elastizität", sondern die Erhaltungssätze von Energie und Impuls sind universell gültige Prinzipien, aus denen sich u. a. für gewisse Körper zufolge ihrer atomistischen Konstitution jenes Verhalten ergibt, das wir als unelastischen oder elastischen Stoß mit allen möglichen Übergängen bezeichnen. Aus den Gesetzen folgt, daß beim Stoß, obschon die Stetigkeit der Ortsveränderung natürlich gewahrt bleibt, die Geschwindigkeit der Atome einen momentanen Sprung erleidet. Der Impuls ist gleich Masse mal Geschwindigkeit, die Energie das halbe Produkt aus der Masse und dem Quadrat der Geschwindigkeit. Dabei ist der Impuls als ein *Vektor* aufzufassen; es war der Grundirrtum der Cartesischen Mechanik, daß sie für das Produkt aus Masse und dem *absoluten Betrag* der Geschwindigkeit das Erhaltungsgesetz postulierte.

Die Masse deutet HUYGHENS wohl noch als Substanzquantum. In Wahrheit aber besteht die einzige Methode, das Massenverhältnis zweier Körper zu finden, darin, daß man ihre Bewegung vor und nach der Stoßreaktion beobachtet und daraus unter Zugrundelegung des Gesetzes von der Erhaltung des Impulses jenes Verhältnis berechnet. Der Zusammenhang der so definierten *trägen Masse* mit dem Gewicht ist erst durch die allgemeine Relativitätstheorie klargestellt worden. Durch die Einführung der Masse geschieht ein Schritt von großer Tragweite. Nachdem die Materie aller sinnlichen Qualitäten entkleidet war, schien es zunächst, als könne man ihr nur noch geometrische Eigenschaften beilegen; ganz konsequent ist hierin DESCARTES. Aber nun zeigt sich, daß man aus der Bewegung und ihrer gesetzmäßigen Veränderung bei Reaktionen andere zahlenmäßige Charakteristika der Körper ablesen kann. Es öffnet sich damit, über Geometrie und Kinematik hinaus, die Sphäre der eigentlich mechanischen und physikalischen Begriffe. Dieser Schritt war schon von GALILEI vollzogen worden, der zuerst in der Bewegung eines Körpers nicht bloß die kinematische Ortsveränderung sah, sondern ihr eine dynamische Intensität, den Impuls oder *impetus* (Stoßwucht) zuschrieb und die Masse eines Körpers als das konstante Verhältnis zwischen Impuls und Geschwindigkeit bestimmte.

Der Gedankenkreis der Atomistik hatte, wie aus unserer Schilderung hervorgeht, philosophisch und physikalisch schon die sorgfältigste Ausbildung erfahren, ehe die *Chemie* eingriff und von DALTON atomistisch die chemische Grundtatsache erklärt wurde, daß sich die Elemente nur in festen Massenproportionen miteinander verbinden. Die Chemie fügte dem Atombegriff vor allem die Erkenntnis hinzu, daß aus der zweifach unendlichen Mannigfaltigkeit aller möglichen, nach Radius und Masse verschiedenen Atome in der Natur nur ganz bestimmte diskrete Fälle realisiert sind (entsprechend den chemischen Elementen). Die Atome eines Elementes müssen alle untereinander gleich sein nach Größe und Masse; die Existenz von Elementen mit konstanten Eigenschaften wäre sonst nicht verständlich. Einen tieferen Grund, warum gerade nur diese Atomradien und Atommassen vorkommen, kann die Substanztheorie nicht angeben. Wenn nicht alle Werte der Radien und Massen zulässig sind, so wird sich die Vernunft kaum anders als bei dem entgegengesetzten Extrem befriedigen: daß nur *ein* Element existiert. Daß die letzten Bausteine der Materie alle untereinander gleich groß und von gleicher Masse sind, dieser naheliegende Gedanke ist jedoch erst durchführbar, wenn dynamische Vorstellungen herangezogen werden; er setzt, wie in der modernen Atomtheorie, voraus, daß durch starke Kräfte mehrere solcher Bausteine — die aus historischen Gründen jetzt nicht Atome, sondern Elektronen heißen — zu einem schwer zerreißbaren Verband zusammentreten können, der nach außen wie eine Atomkugel reagiert. Über den Bau der Atomkerne sind wir bekanntlich auch heute noch nicht genügend orientiert; und die von ASTON entdeckte wunderbare Tatsache, daß die Atomgewichte der wahren Elemente, die nicht aus Gemischen von Isotopen bestehen, ganze Zahlen sind, ist noch nicht als zwingende Konsequenz in eine Theorie der Materie eingefügt. Es ist nur soviel klar, daß wir über die Unterschiede der chemischen Atome hinaus einer letzten Einheit entgegensteuern.

Durch HUYGHENS hatte die atomistische Substanztheorie diejenige Präzision erreicht, welche es ermöglichte, strenge Folgerungen zu ziehen. Lauter gleichgroße kugelförmige Atome, welche sich nach den von ihm aufgestellten Gesetzen bewegen, bilden, wie sich mit Hilfe der Statistik zeigte, einen Körper, der alle diejenigen Eigenschaften aufweist, die wir erfahrungsmäßig an einem *Gas* konstatieren; die Wärmeerscheinungen kommen dabei auf Rechnung der lebhaften Atombewegung. (Das Eingreifen der Wahrscheinlichkeitsrechnung ist ein neues erkenntnistheoretisch wichtiges Moment in der Naturerklärung, doch sei hier darauf nicht näher eingegangen.) Aus den Beobachtungen konnten in Verbindung mit der Theorie, nachdem die Sache einmal so weit gediehen war, ziemlich sichere Werte entnommen werden für die Größe der Atommassen und Atomradien, desgleichen für die Anzahl der Atome in einem gegebenen Gasquantum und für die Atomgeschwindigkeiten. Es zeigte sich, daß für die verschiedenen Elemente die Atommasse keineswegs dem Volumen proportional ist. Die Vorstellung eines homogenen Substanzteiges, aus welchem der Schöpfer am Beginn aller Zeiten mit einer Serie von Backformen die kleinen Atomkuchen ausgestochen hat, um ihnen dann absolute Starrheit zu verleihen und sie mit den verschiedensten Anfangsimpulsen in den Raum hinauszuschicken, diese Vorstellung erweist sich als unhaltbar. *Der mechanische Begriff der Masse läßt sich, wie damit endgültig feststeht, nicht auf Geometrie reduzieren.*

Die kinetische Substanztheorie hat im ganzen nicht über die Erklärung des gasförmigen Zustandes hinausgeführt. Ein später Nachfahre von HUYGHENS, der für einen weiteren Kreis von Vorgängen auf analogem Wege, ohne Zuhilfenahme von „Kräften", zum Ziele kommen will, ist HEINR. HERTZ in seiner *Mechanik*. Man kann die kugelförmigen Atome, die etwa alle den gleichen Radius a besitzen mögen, durch ihre Mittelpunkte, die „Atompunkte", repräsentieren; die Bewegungsbeschränkung infolge der Undurchdringlichkeit der Atome drückt sich dann dadurch aus, daß die Entfernung irgend zweier Atompunkte stets $\geqq 2a$ bleibt. HERTZ ersetzte die Koordinaten der Atompunkte durch irgendwelche Größen, deren Werte den Zustand des betrachteten mechanischen Systems kennzeichnen, und jene Einschränkungen durch Bedingungsgleichungen (oder Ungleichungen), „Bindungen" zwischen den Systemkoordinaten von beliebiger mathematischer Form. Diese Bedingungsgleichungen zusammen mit einem universellen Bewegungsgesetz determinieren die Koordinaten als Funktionen der Zeit, sofern ihre Werte in einem Anfangsmoment gegeben sind. Es ist die Aufgabe, durch Annahme verborgener Massen und geeigneter einfacher Verbindungen zwischen ihnen den wirklichen Verlauf der Naturvorgänge in diesem Schema darzustellen. Offenbar wird hier der Substanzbegriff auf dem Wege mathematischer Verallgemeinerung zu einem abstrakten Schema formalisiert. Es wird wohl zutreffen, daß die endgültige systematische Form der Physik von ähnlicher Art sein muß, wobei nur vorausgesetzt bleibt, daß die verknüpfende Beziehung zwischen den Symbolen des mathematischen Schemas und der unmittelbar erlebten Wirklichkeit, wenn nicht explizite beschrieben, so doch innerlich irgendwie verstanden wird. Es ist aber sehr zweifelhaft, ob durch das Streichen der „metaphysischen" Anschauungen, welche den Aufbau der Physik geleitet hatten und zu denen der Substanzbegriff gehört, die theoretische Deutung nicht alles Zwingende verliert.

Die Hertzsche Mechanik ist nur Programm geblieben. Viel fruchtbarer ward das seit NEWTON sich vollziehende *Eindringen der Dynamik in die Substanztheorie*. Als Beispiel einer solchen gemischt substantiell-dynamischen Auffassung, zugleich als Beweis für die fundamentale Rolle, welche auch in der ganz andersartigen Begriffswelt der Dynamik die Substanzidee immer noch gespielt hat, will ich die Abrahamsche Theorie des starren Elektrons[1]) anführen. ABRAHAM trägt so wenig wie H. A. LORENTZ Bedenken, die Grundgesetze der Maxwellschen Theorie des elektromagnetischen Feldes auch auf die Volumelemente des Elektrons anzuwenden. Das Elektron ist eine starre Kugel, mit dessen Raumelementen die elektrische Ladung starr verbunden ist; sie ist entweder gleichförmig über das Innere oder gleichförmig über die Oberfläche verteilt. Erst auf Grund einer solchen Voraussetzung wird das elektromagnetische Feld in der Umgebung des Elektrons zu einem durch dessen Gesamtladung und Bewegungszustand eindeutig bestimmten. (Wenn die Formeln, welche sich da ergeben und welche verlangen, daß ein beschleunigtes Elektron stets elektromagnetische Wellen aussendet, sich in der Erfahrung nicht bestätigt haben — und nach den Erfolgen der Bohrschen Atomtheorie kann daran kaum ein Zweifel sein —, so braucht das, wie es lange geschehen ist, nicht den Maxwellschen Gleichungen zur Last gelegt werden, sondern es ist viel wahrscheinlicher, daß die Hypothese über die geometrisch-substantielle Natur des Elektrons die Diskrepanz verschuldet.) Von Kräften, welche die Volumelemente des Elektrons aufeinander ausüben, ist in der Abrahamschen Theorie aber nicht die Rede; das Elektron ist ein einfürallemal zur Starrheit eingefrorenes Stück Natur, innerhalb dessen keine Wechselwirkung der Teile mehr stattfindet. Insbesondere wird die Frage von POINCARÉ, was die dicht zusammengedrängten negativen Ladungen im Elektron daran hindert, den Coulombschen Fliehkräften folgend, zu explodieren, als sinnlos zurückgewiesen. Die mechanischen Gleichungen gelten nicht für die Volumelemente, sondern nur für das ganze Elektron: die zeitliche Änderung des Impulses und des Drehimpulses für ein Elektron ist gleich der Kraft bzw. dem Kraftmoment, das von dem elektromagnetischen Feld *in Summa* auf die geladenen Volumelemente des Elektrons ausgeübt wird. Es wird postuliert, daß man sinnvollerweise auch von einer Rotation des Elektrons sprechen kann. Im übrigen hat der Begriff des starren Körpers hier nicht mehr bloß einen geometrischen (wie bei den alten Atomistikern), sondern einen geometrisch-mechanischen Inhalt (den Kongruenzaxiomen der Geometrie und den mechanischen Bewegungsgesetzen des starren Körpers unterworfen).

[1]) Theorie der Elektrizität, Bd. II (Teubner 1905).

Auch in die spezielle Relativitätstheorie läßt sich die Vorstellung des Elektrons als einer starren Substanzkugel übertragen (so liegt sie der Lorentzschen Elektronentheorie zugrunde), streng freilich nur bei Beschränkung auf gleichförmige Bewegungen. Mit den beschleunigten Bewegungen tritt man nämlich bereits hinüber in das Gebiet der allgemeinen Relativitätstheorie, welche die Idee des Starren nicht aufrecht erhalten kann. Die Bemühungen um das relativistisch starre Elektron, die Fragestellungen, zu denen gewisse an ihm auftretende Unstimmigkeiten Anlaß gaben, zeigen, wie wenig wir heute schon berechtigt sind, den Glauben an die substantielle Materie eine längst überwundene Metaphysik zu schelten. Aber immer deutlicher ist doch in den letzten Jahrzehnten geworden, daß dieses Bild vom Elektron: das Stoffteilchen mit starr anhaftenden Ladungen, eigentlich eine groteske Naivität ist. *Ich bin fest davon überzeugt, daß die Substanz heute ihre Rolle in der Physik ausgespielt hat.* Der Anspruch dieser von ARISTOTELES als einer metaphysischen konzipierten Idee, das Wesen der realen Materie auszudrücken — der Anspruch der Materie, die fleischgewordene Substanz zu sein — ist unberechtigt. Die Physik muß sich ebenso der *ausgedehnten Substanz* entledigen, wie die Psychologie schon längst aufgehört hat, die Gegebenheiten des Bewußtseins als „Modifikationen" aufzufassen, die einer einheitlichen Seelensubstanz inhärieren.

Fortsetzung

II. Masse, Energie und Impuls.

Die Begriffe Masse, Energie und Impuls sind für das Verständnis der Physik, insbesondere des Problems der Materie so wichtig, daß darüber ein Abschnitt eingeschaltet werden muß, ehe wir der Substanz- die Feldtheorie und die dynamische Auffassung der Materie gegenüberstellen können.

Das Wesentliche für die Definition der *Masse* ist die Angabe eines physikalischen Kriteriums dafür, wann zwei Körper die gleiche Masse besitzen. Dasselbe lautet nach GALILEI: Zwei Körper haben gleiche Masse, falls keiner den anderen überrennt, wenn man sie mit entgegengesetzt gleichen Geschwindigkeiten gegeneinander jagt. (Wir stellen uns etwa vor, daß beim Zusammenstoß die beiden Körper aneinander haften bleiben.) Aus Gründen der Raumsymmetrie ist klar, daß dieses Kriterium für zwei völlig gleich beschaffene Körper zutrifft, daß also insbesondere zwei solche Körper gleiche Masse besitzen. Wir wählen einen willkürlichen Körper als Masseneinheit. Aus einem Satz von Einheiten, d. h. lauter Körpern von der gleichen Masse 1 kann man Blöcke von 1, 2, 3, ... Einheiten zusammenfügen. Um die Masse eines Körpers K zu bestimmen, der sich mit der Geschwindigkeit v bewegt, hat man die Blöcke mit gleich großer, aber entgegengesetzter Geschwindigkeit gegen K zu jagen. Wird etwa der Block aus 4 Einheiten von K überrannt, überrennt aber andererseits der Block aus 5 Einheiten den Körper K, so liegt die Masse von K zwischen 4 und 5. Es ist klar, wie man unter Verwendung dezimaler Teilungen auf diese Weise die Masse beliebig genau bestimmen kann.

Der Begriff des *Impulses* erscheint hier als primär gegenüber dem der Masse. Zwei sich gegeneinander bewegende Körper (die beide nach dem Galileischen Trägheitsgesetz eine gleichförmige Translation ausführen) haben entgegengesetzt gleichen Impuls, wenn beim Zusammenstoß keiner den anderen überrennt; zwei Körper haben gleiche Masse, so wiederholen wir unsere obige Erklärung, wenn sie bei entgegengesetzt gleichen Geschwindigkeiten entgegengesetzt gleiche Impulse besitzen. Diese Betrachtungen führen ohne weiteres auf das allgemeine *Impulsgesetz*. Wir fassen ein isoliertes, keinen Einwirkungen von außen unterliegendes Körpersystem *vor* und *nach* einer Reaktion der Teile des Systems aufeinander (z. B. vor und nach einem Zusammenstoß) ins Auge. Vor der Reaktion werden mehrere Körper vorhanden sein, deren jeder sich in gerader Linie mit gleichförmiger Geschwindigkeit bewegt (Anfangszustand); ebenso nach der Reaktion, wenn jede Einwirkung der Einzelkörper aufeinander wieder aufgehört hat (Endzustand). Die Anzahl der Körper nach der Reaktion braucht nicht die gleiche zu sein wie vorher; während der Reaktion sind thermische und chemische Umsetzungen keineswegs ausgeschlossen. Das Impulsgesetz sagt nichts aus über den Verlauf der Reaktion im einzelnen, sondern vergleicht lediglich den End- mit dem Anfangszustand; es behauptet: *Einem isolierten (in gleichförmiger Bewegung begriffenen) Körper kommt ein bestimmter Impuls zu, das ist ein mit seiner Geschwindigkeit gleichgerichteter Vektor. Die Impulssumme der einzelnen Körper eines isolierten Systems vor einer Reaktion ist gleich der Impulssumme nach der Reaktion.* Dieses Gesetz kann als der allgemeine Ausdruck der Erfahrungstatsache betrachtet werden, daß sich ein zunächst ruhendes Körpersystem nicht aus eigener Kraft in eine einseitig fortschreitende Translationsbewegung versetzen kann; oder genauer: innere Reaktionen in einem isolierten ruhenden Körpersystem sind nicht imstande zu bewirken, daß nach der Reaktion ein Teil des Systems eine gemeinsame gleichförmige Translationsbewegung ausführt, während der Rest ruhend zurückbleibt. Weil Impuls $\mathfrak{J}$ und Geschwindigkeit $\mathfrak{v}$ gleiche Richtung besitzen, kann man setzen: $\mathfrak{J} = m\mathfrak{v}$. Der skalare Faktor m heißt *träge Masse*. Die Ausführungen zu Beginn dieses Abschnittes zeigen, wie man dadurch, daß man Körper miteinander reagieren läßt, auf Grund des Impulssatzes das Verhältnis ihrer Massen experimentell bestimmen kann.

Die Masse eines Körpers ist, allgemein zu reden, durch seinen Zustand bestimmt. Die Mechanik unterscheidet zwischen *innerem* (von einem mit dem Körper mitbewegten Beobachter zu beurteilenden) *Zustand* und dem durch die Geschwindigkeit gegebenen *Bewegungszustand*. Demgemäß muß sie die Frage aufwerfen: Wie hängt die Masse eines Körpers, dem unter Erhaltung seines inneren von einem mitbewegten Beobachter zu beurteilenden Zustandes verschiedene Geschwindigkeiten erteilt werden, von der Geschwindigkeit v ab? Die klassische Mechanik antwortet darauf: die Masse ist von der Geschwindigkeit unabhängig; die Mechanik der Relativitätstheorie, welche durch die Beobachtungen an rasch bewegten Elektronen bestätigt wurde, behauptet das Gesetz

$$(1) \qquad m = \frac{M_0}{\sqrt{c^2 - v^2}},$$

in welchem der „Massenfaktor" M_0 von der Geschwindigkeit unabhängig ist und c die Lichtgeschwindigkeit bedeutet. (M_0 hat übrigens nicht die physikalische Dimension einer Masse, sondern des Produktes Masse × Geschwindigkeit; $m_0 = M_0/c$ ist die „Ruhmasse", welche sich für $v = 0$ ergibt.) Weiter fragt es sich, wie die Masse, bzw. der Massenfaktor von dem inneren Zustand des Körpers abhängt, wie er sich z. B. verändert, wenn der Körper erwärmt wird oder in ihm eine chemische Umsetzung vor sich geht. Die klassische Mechanik behauptet abermals, daß dabei die Masse erhalten bleibt, nach der Mechanik der Relativitätstheorie verändert sich jedoch M_0 mit dem inneren Zustand des Körpers. Es ist höchst beachtenswert, daß die Antwort auf diese beiden Fragen sich zwingend aus einem allgemeinen Prinzip, dem *Relativitätsprinzip*, ergibt, welches aussagt, daß man aus einem naturgesetzlich möglichen Vorgang in einem isolierten System einen gleichfalls möglichen Vorgang erhält, wenn man allen Teilen des Systems eine gemeinsame gleichförmige Translation aufprägt.

Wir fassen wieder den oben geschilderten Vorgang ins Auge: Zwei gleichbeschaffene Körper K', K'' mit entgegengesetzt gleichen Geschwindigkeiten $\mathfrak{v}$, $-\mathfrak{v}$ vereinigen sich zu einem einzigen, notwendig *ruhenden* Körper k (man kann sich auch vorstellen, daß K', K'' gleichzeitig in ein ruhendes widerstehendes Medium eindringen, in dem sie gebremst werden). Der Impulssatz bleibt nach dem Relativitätsprinzip gültig, wenn wir dem ganzen System, in welchem sich dieser Vorgang abspielt, die Geschwindigkeit $\mathfrak{u}$ aufprägen. Haben dann K', K'' die vektoriellen Geschwindigkeiten $\mathfrak{v}'$ bzw. $\mathfrak{v}''$ von der Größe v', v'' und bedeutet $m(v)$ für die beiden gleichbeschaffenen Körper K', K'' die Masse als Funktion der Geschwindigkeit v, so muß also der Vektor

$$(2) \qquad m(v')\cdot\mathfrak{v}' + m(v'')\cdot\mathfrak{v}'' \text{ parallel zu } \mathfrak{u}$$

sein. Nach dem in der klassischen Kinematik gültigen Gesetz von der Addition der Geschwindigkeiten ist

$$(3) \qquad \mathfrak{v}' = \mathfrak{v} + \mathfrak{u}, \quad \mathfrak{v}'' = -\mathfrak{v} + \mathfrak{u},$$

mithin

$$(4) \qquad \mathfrak{v}' + \mathfrak{v}'' = 2\,\mathfrak{u} \text{ parallel zu } \mathfrak{u}.$$

Infolgedessen kann (2) nur bestehen, wenn $m(v') = m(v'')$ ist; d. h. *$m(v)$ ist unabhängig von v.* Die Relativitätstheorie führte zu einem anderen kinematischen Additionsgesetz; aus ihm schließt man, daß nicht (4) besteht, sondern

$$\frac{\mathfrak{v}'}{\sqrt{c^2 - v'^2}} + \frac{\mathfrak{v}''}{\sqrt{c^2 - v''^2}} \text{ parallel zu } \mathfrak{u}$$

ist, und daraus entspringt auf Grund von (2) die schon oben angegebene Formel (1).

Jetzt untersuchen wir einen beliebigen Reaktionsvorgang. *In* die Reaktion mögen mehrere Körper mit verschiedenen Massen m (bzw. Massenfaktoren M_0) und Geschwindigkeiten $\mathfrak{v}$ eintreten; *aus* der Reaktion gehen andere Körper mit anderen Massen $\overline{m}$ (bzw. Massenfaktoren $\overline{M}_0$) und anderen Geschwindigkeiten $\overline{\mathfrak{v}}$ hervor. Der Impulssatz behauptet, daß

$$(5) \qquad \Sigma\, m\,\mathfrak{v} = \Sigma\, \overline{m}\,\overline{\mathfrak{v}}$$

ist (Σ ist das Zeichen für *Summe*). Fügen wir wieder die gemeinsame Translationsgeschwindigkeit $\mathfrak{u}$ hinzu, so lautet nach dem Additionsgesetz der klassischen Kinematik und weil die Massen m von der Geschwindigkeit unabhängig sind, der Impulssatz:

$$\Sigma\, m(\mathfrak{u} + \mathfrak{v}) = \Sigma\, m(\mathfrak{u} + \overline{\mathfrak{v}})$$

oder

$$\Sigma\, m\,\mathfrak{v} + \mathfrak{u}\,\Sigma\, m = \Sigma\,\overline{m}\,\overline{\mathfrak{v}} + \mathfrak{u}\,\Sigma\,\overline{m}.$$

In Verbindung mit (5) liefert das neben dem Impulssatz das *Gesetz von der Erhaltung der Masse*

$$(6) \qquad \Sigma\, m = \Sigma\,\overline{m}:$$

die Gesamtmasse eines Körpersystems wird durch innere Reaktionen nicht verändert. Auf ganz analoge Weise erhält man, unter Zugrundelegung der relativistischen Kinematik, neben dem Impulssatz

$$(7) \qquad \Sigma \frac{M_0\,\mathfrak{v}}{\sqrt{c^2 - v^2}} = \Sigma \frac{\overline{M}_0\,\overline{\mathfrak{v}}}{\sqrt{c^2 - \overline{v}^2}}$$

den *Satz von der Erhaltung der Energie*

$$(8) \qquad \Sigma \frac{M_0\,c^2}{\sqrt{c^2 - v^2}} = \Sigma \frac{\overline{M}_0\,c^2}{\sqrt{c^2 - \overline{v}^2}}.$$

Als Energie eines Körpers vom Massenfaktor M_0 und der Geschwindigkeit v erscheint hier die Größe

$$(9) \qquad E = \frac{M_0\,c^2}{\sqrt{c^2 - v^2}}.$$

Machen wir uns den Inhalt der Gleichung (8) zunächst an dem obigen Beispiel klar! Ein ruhender kugelförmiger Körper K von der Ruhmasse m_0 bestehe aus zwei völlig gleichbeschaffenen Halbkugeln K', K''. Jede derselben hat die Ruhmasse $\frac{1}{2}m_0$. Wir nehmen die beiden Halbkugeln auseinander und jagen sie mit entgegengesetzt gleichen Geschwindigkeiten von der Größe v gegeneinander. Beim Zusammenstoß mögen sie sich zu einem einzigen (ruhenden) Körper $\overline{K}$ vereinigen. Hat $\overline{K}$ dieselbe Ruhmasse wie K? Nach der klassischen Mechanik ja, nach der relativistischen nein. Die Gleichung (8) ergibt nämlich, auf den Vereinigungsvorgang angewendet:

$$\frac{1}{2}\,\frac{m_0\,c^2}{\sqrt{1 - (v/c)^2}} + \frac{1}{2}\,\frac{m_0\,c^2}{\sqrt{1 - (v/c)^2}} = \overline{m}_0\,c^2$$

oder

$$\overline{m}_0 = \frac{m_0}{\sqrt{1 - (v/c)^2}}.$$

Wir können sagen, $\overline{K}$ ist derselbe Körper wie K; nur ist sein innerer Zustand ein anderer geworden, *er hat sich nämlich erwärmt.* Die Erwärmung, sehen wir, ist mit einer Massenänderung des ruhenden Körpers verbunden vom Betrage

$$\Delta m = m_0\left(\frac{1}{\sqrt{1-(v/c)^2}} - 1\right).$$

Dieser Zuwachs Δm an Masse muß der gleiche sein, auf welchem Wege wir auch jene thermische Zustandsänderung hervorbringen, weil die Masse eines Körpers nur von seinem Zustand, nicht von dessen Vorgeschichte abhängt. Da haben wir sofort das Energiegesetz in der Form, wie es von ROB. MAYER, JOULE, HELMHOLTZ aus der Erfahrung abstrahiert wurde, und erkennen in Δm oder in $c^2 \Delta m$ das *Energiemaß der thermischen Zustandsänderung*. Man kann die Masseneinheit so wählen, daß für die Erwärmung 1 ccm Wassers unter Atmosphärendruck von 15° auf 16° C (Kalorie) der Zuwachs $c^2 \cdot \Delta m = 1$ ist. Sei S irgendein Körpersystem, in welchem unter der Einwirkung seiner Teile aufeinander *und beliebiger anderer Körper* eine Zustandsänderung $\mathfrak{B}$ sich vollzogen hat. Wir können diese Zustandsänderung, wenn wir S mit einem Wasserkalorimeter und geeigneten Hilfskörpern verbinden, in der Weise rückgängig machen, daß die Hilfskörper aus dem Prozeß schließlich in gleichem Zustand wieder hervorgehen und nur das Kalorimeter eine Erwärmung (oder Abkühlung) erfahren hat. Beträgt seine Erwärmung w Kalorien, d. h. besteht sie darin, daß w ccm Wasser unter Atmosphärendruck sich von 15° auf 16° erwärmt haben (oder, wenn w negativ ist, daß $-w$ Gramm sich von 16° auf 15° abgekühlt haben), so liefert die Anwendung der Gleichung (8) auf das abgeschlossene, aus S, dem Kalorimeter und den Hilfskörpern bestehende physikalische System und auf den eben geschilderten Prozeß die Beziehung

$$-\left[\sum_s \frac{M_0 c^2}{\sqrt{c^2 - v^2}}\right] + w = 0.$$

Die eckige Klammer bedeutet den Zuwachs, welchen die auf das Körpersystem S allein bezügliche Summe durch die Zustandsänderung $\mathfrak{B}$ erleidet. Durch welche Zwischenstufen also auch die Zustandsänderung $\mathfrak{B}$ des Körpersystems S in eine Erwärmung des Kalorimeters umgesetzt wird — *immer ergibt sich die gleiche Anzahl von Kalorien*

$$w = \left[\sum_s \frac{M_0 c^2}{\sqrt{c^2 - c^2}}\right].$$

Das ist das phänomenologische Energiegesetz. Zugleich zeigt sich, daß der Ausdruck rechts der Energiewert der Zustandsänderung $\mathfrak{B}$ ist; und wir kommen so dazu, nicht bloß einer Zustands*änderung* einen Energiewert, sondern einem *Zustand* ein *Energieniveau* zuzuschreiben — derart, daß der Energiewert einer Zustandsänderung gleich der Differenz des Energieniveaus im End- und im Anfangszustand ist. Das Energieniveau eines Körpers vom Massenfaktor M_0 und der Geschwindigkeit v ist gegeben durch die Gleichung (9). *Zwischen dem Energiegehalt E und der trägen Masse m eines Körpers besteht danach die universelle Relation*

$$E = c^2 m.$$

(Für die klassische Mechanik versagt diese ganze Überlegung, weil nach ihr die Erwärmung eines ruhenden Körpers mit keiner Massenänderung verbunden ist.)

Unter der kinetischen Energie eines Körpers versteht man bekanntlich diejenige Energie, welche nötig ist, um ihn unter Erhaltung seines inneren, von einem mitbewegten Beobachter aus zu beurteilenden Zustandes von der Ruhe auf die Geschwindigkeit v zu bringen. Nach unseren Formeln ist der Energiewert dieser Zustandsänderung

$$= m_0 c^2\left(\frac{1}{\sqrt{1-(v/c)^2}} - 1\right).$$

Im Limes für $c = \infty$ liefert das den Ausdruck $\frac{m_0 v^2}{2}$ der klassischen Mechanik (sie ist der Grenzfall für solche Geschwindigkeiten v, welche klein sind gegenüber c). Ein Energiegesetz hatten wir oben im Rahmen der klassischen Mechanik nicht erhalten; in der Tat hat es ja in seiner „rein mechanischen" Gestalt

$$\sum \frac{m v^2}{2} = \sum \frac{\overline{m}\, \overline{v}^2}{2} \tag{10}$$

nur beschränkte Gültigkeit. Es bezieht sich allein auf solche Reaktionen, aus denen die Körper in ungeändertem inneren Zustand wieder hervorgehen; ich schlage vor, eine derartige Reaktion allgemein als *elastischen Stoß* zu bezeichnen. Man versteht eigentlich nur von der relativistischen Mechanik aus, woher im Falle des elastischen Stoßes das Gesetz (10) rührt. Sind $m_1, m_2, \ldots$ die Ruhmassen der Körper vor dem Stoß, $\overline{m}_1, \overline{m}_2, \ldots$ nach dem Stoß, so hat die Forderung, daß der innere Zustand der einzelnen Körper sich nicht geändert hat, die Gleichungen zur Folge

$$\overline{m}_1 = m_1, \quad \overline{m}_2 = m_2, \quad \ldots \tag{11}$$

Die Gleichung (6) der klassischen Mechanik wird dadurch überflüssig, und an ihre Stelle tritt das neue Gesetz (10). Man erhält es aus dem allgemein gültigen Energiesatz der relativistischen Mechanik

$$\sum_i \frac{m_i c^2}{\sqrt{1-(v_i/c)^2}} = \sum_i \frac{\overline{m}_i c^2}{\sqrt{1-(\overline{v}_i/c)^2}},$$

wenn man links und rechts die nach (11) für den elastischen Stoß übereinstimmende Summe

$$c^2 \cdot \sum_i m_i = c^2 \cdot \sum_i \overline{m}_i$$

subtrahiert. Dann folgt, daß die *kinetische* Energie der Massen vor und nach dem Stoß die gleiche ist, und in der Grenze für $c = \infty$ also das Huyghenssche Stoßgesetz (10).

Im allgemeinen hat aber nach der relativistischen Mechanik die Summe der Ruhmassen nach der Reaktion keineswegs den gleichen Wert wie vorher. Und doch käme als Maß für ein

Substanzquantum offenbar nur die von der Geschwindigkeit unabhängige *Ruhmasse* in Frage! Die These „Masse = Substanzquantum" ist damit ad absurdum geführt. Aber vielleicht hätte es dessen gar nicht mehr bedurft; aus unseren Darlegungen geht ohnehin hervor, daß mit dem Wort „Substanzquantum" die Rolle nicht umschrieben werden kann, welche die Masse in den physikalischen Reaktionsvorgängen spielt.

Neben dem Erhaltungsgesetz für Energie und Impuls tritt das Gesetz, daß bei Reaktionen innerhalb eines abgeschlossenen Körpersystems die elektrische *Gesamtladung* sich nicht verändert. Die Ladung eines Körpers ist von seinem Bewegungszustand unabhängig. Aber die Ladung kommt als Maß für eine Substanzmenge offenbar darum nicht in Frage, weil sie sowohl positiver wie negativer Werte fähig ist.

Es sei noch erwähnt, wie sich unsere Formeln in der allgemeinen Relativitätstheorie modifizieren, wenn wir annehmen, daß die Körper in ein unveränderliches statisches Maßfeld (Gravitationsfeld) eingebettet sind, in welchem die Lichtgeschwindigkeit f (oder, was dasselbe ist, das Gravitationspotential) eine Funktion des Ortes ist. Auch dann besitzt ein Körper einen konstanten, nur von seinem inneren Zustand abhängigen Massenfaktor M_0, und es ist die träge Masse

$$m = \frac{M_0}{\sqrt{f^2 - v^2}}, \quad \text{die Energie} \quad E = \frac{M_0 f^2}{\sqrt{f^2 - v^2}} = m f^2;$$

insbesondere für einen ruhenden Körper ($v = 0$):

$$m = \frac{M_0}{f}, \quad E = M_0 f.$$

Über die Beziehung dieser Formeln zu der Frage, ob die Masse eines Körpers nach dem Vorschlag von Mach als Induktionswirkung der Fixsterne aufgefaßt werden kann, vergleiche den vor kurzem in dieser Zeitschrift erschienenen Dialog über „Massenträgheit und Kosmos" (Bd. 12, S. 197). Die elektrische Ladung verhält sich in dieser Hinsicht viel einfacher als die Masse; sie ist, wie vom Bewegungszustand, so auch vom einbettenden Maßfeld unabhängig.

III. Die Feldtheorie.

Anders als im Abschnitt I soll diesmal die moderne Fassung der Theorie vorangestellt werden, und wir wollen erst hernach auf die früheren Ansätze zur Feldtheorie und die historischen Wandlungen eingehen. Ferner liegt es in der Natur der Sache, daß wir schon hier, dem Abschnitt IV vorgreifend, gewisse dynamische Gesichtspunkte hineinziehen müssen.

Weil für einen isolierten Körper k Impuls $\mathfrak{J}$ und Energie E zeitlich konstant sind, sind die Änderungen beider Größen pro Zeiteinheit $\frac{d\mathfrak{J}}{dt}$ bzw. $\frac{dE}{dt}$, „*Kraft*" und „*Leistung*", ein Maß für die Einwirkung, welche k von anderen Körpern $k_1, k_2 \ldots$ erfährt. In der Tat erkannte Newton, daß die Kraft sich additiv aus einzelnen Kräften zusammensetzt, welche von je einem der Körper $k_1, k_2, \ldots$ auf k ausgeübt werden; in solcher Weise, daß die Kraft, welche z. B. k_1 auf k in einem Moment ausübt, nur von dem Zustand dieser beiden Körper, ihrem Ort und ihrer Geschwindigkeit im gleichen Augenblick abhängt. Dasselbe gilt von der Leistung. Aus der Relativität von Ort und Bewegung ergibt sich übrigens sogleich, daß in das Kraftgesetz nur der Vektor $\overrightarrow{k\,k_1}$ und die vektorielle Relativgeschwindigkeit der beiden Körper eingehen werden. Im Falle der Gravitation ist nach Newton die Kraft sogar von der Geschwindigkeit unabhängig und infolgedessen eine universelle Funktion der Entfernung r allein $\left(\text{nämlich nach dem Attraktionsgesetz} = \frac{1}{r^2}\right)$; im Gebiet der Elektrizität aber kommt zu der elektrostatischen Anziehung bzw. Abstoßung bei bewegten Ladungen noch die Ampèresche Kraft hinzu, welche zwei Ströme aufeinander ausüben; denn eine bewegte Ladung ist elektrischer Strom — von der Stromstärke: Ladung mal Geschwindigkeit. Wesentlich aber ist, daß der Bewegungszustand nur in Form der *Geschwindigkeit* beider Körper k, k_1 im Kraftgesetz vorkommt. Denn aus der Erklärung der Kraft ist es ja ohnehin klar, daß sie sich durch die Beschleunigung, übrigens sogar durch die Beschleunigung des Körpers k allein ausdrücken läßt; dazu bedarf es keines Naturgesetzes. Wenn jenes Postulat aber erfüllt ist, so bestimmt das Newtonsche Bewegungsgesetz für ein System, das aus Körpern von bekanntem konstanten inneren Zustand besteht, bei gegebener Lage und Geschwindigkeit der Körper in einem Augenblick t ihre Lage und Geschwindigkeit im nächstfolgenden Augenblick $t + dt$, und somit, indem wir von Augenblick zu Augenblick integrierend fortschreiten, den ganzen Verlauf der Bewegung. In dieser besonderen, aber streng mathematisch faßbaren Gestalt gilt hier *das Kausalitätsprinzip*.

Auf Grund der angegebenen Tatsachen kommt man notgedrungen zu der Auffassung, daß die Definition „Kraft = Ableitung des Impulses" das Wesen der Kraft nicht richtig wiedergibt. Der wirkliche Sachverhalt ist vielmehr umgekehrt: Die Kraft ist der Ausdruck für eine selbständige, die Körper zufolge ihrer inneren Natur und ihrer gegenseitigen Lage und Bewegungsbeziehung verknüpfende Potenz, welche die zeitliche Änderung des Impulses *verursacht*. Bei dieser metaphysischen Deutung mag das innere Bewußtsein des Ichs, im willentlichen Handeln Grund eines Geschehens zu sein, entscheidend hineinspielen. Es ist aber zu beachten, daß in Newtons Physik der Fernkräfte die Kraft nicht eine durch einen einzigen Körper k bestimmte, von ihm ausgehende Aktivität ist, sondern eine Wechselbeziehung zweier Körper (k und k_1), die sich gegenseitig über einen Abgrund hinüber die Hände reichen.

Durch das mechanische Grundgesetz der Bewegung wird der Physik die Aufgabe überbunden, die zwischen Körpern wirkenden Kräfte in ihrer Abhängigkeit von Ort, Bewegung und innerem Zustand zu erforschen. Der letztere wird in die Kraftgesetze mittels gewisser, für den inneren Zustand der reagierenden Körper charakteristischer Zahlen eingehen, wie z. B. die Ladung in das Coulombsche Gesetz der elektrostatischen Anziehung und Abstoßung. *So wird der Kraftbegriff zu einer Quelle neuer meßbarer physikalischer Kennzeichen der Materie*, welche ebenso wie die Masse mit den im ersten Abschnitt besprochenen, aus der Substanzvorstellung entsprungenen Merkmalen nichts mehr zu tun haben. Insbesondere tritt an Stelle der Härte und Undurchdringlichkeit der Atome — welche bewirkte, daß sich zwei Atome bis zu ihrem Zusammenstoß gleichförmig bewegten, in diesem Augenblick aber momentan in eine andere gleichförmige Bewegung umspringen — das Gesetz, nach welchem die repulsive Kraft, mit der zwei Atome aufeinander wirken, von ihrer Entfernung abhängt; eine solche repulsive Kraft hat zur Folge, daß nicht ein momentaner Stoß erfolgt, sondern die Bahn eines Atoms bei Annäherung an ein anderes sich allmählich krümmt. Es ist kein Zweifel, daß diese Vorstellung der Wahrheit viel näher kommt als die Huyghenssche. Man sieht an diesem Beispiel, daß *die Entdeckung der „dynamischen" Eigenschaften der Materie von selber dazu führt, ihre „substantiellen" zu verdrängen*, die zur Erklärung der Naturerscheinungen überflüssig werden. Im IV. Abschnitt kommen wir genauer darauf zurück; hier sollte uns der Kraftbegriff nur als Vorbereitung dienen auf die Idee des *Feldes*.

Diese Idee hat sich bei FARADAY und MAXWELL aus dem Bestreben entwickelt, die Wechselkräfte, welche geladene Körper aufeinander ausüben, durch eine kontinuierliche Wirkungsübertragung (Nahewirkung) verständlich zu machen. Um das Kraftfeld zu untersuchen, das geladene ruhende Konduktoren umgibt, bedient man sich eines schwach geladenen Probekörpers. Derselbe erfährt an jeder Stelle P des leeren Raumes eine bestimmte, im allgemeinen natürlich von Ort zu Ort wechselnde Kraft $\mathfrak{E}(P)$; immer wieder aber, wenn ich den Probekörper an dieselbe Raumstelle P zurückbringe, dieselbe Kraft $\mathfrak{E}(P)$. Immer wieder, wenn ich zum Fenster meines Arbeitszimmers hinausschaue, habe ich dieselben Gesichtswahrnehmungen eines rotbedachten dreistöckigen Hauses. Mit demselben Recht, wie ich daraufhin zu der Ansicht komme, es stehe ein derartiges Haus da, ganz unabhängig davon, ob ich zu ihm hinschaue oder nicht, nehme ich hier an, daß in dem die Konduktoren umgebenden Raume ein Kraftfeld vorhanden ist, auch wenn ich die Kraft nicht an einem in das Feld hineingebrachten Probekörper konstatiere; der Probekörper ist nur das Mittel, das an sich vorhandene Kraftfeld wahrnehmbar und meßbar zu machen. Freilich ist die Kraft $\mathfrak{E}(P)$ im Punkte P außer vom Zustand der Konduktoren auch von dem des Probekörpers abhängig — wie übrigens ja auch die Gesichtswahrnehmung außer durch den objektiven Zustand des wahrgenommenen Gegenstandes von dem Beobachter abhängt; aber beide Komponenten lassen sich — im Falle des Kraftfeldes — sehr leicht voneinander trennen. Verwenden wir nämlich zur Untersuchung des gleichen Feldes einen anderen Probekörper, so stellt sich heraus, daß die an ihm wahrgenommene Kraft $\mathfrak{K}(P)$ zu $\mathfrak{E}(P)$ in einem konstanten Verhältnis steht: $\mathfrak{K}(P) = e \cdot \mathfrak{E}(P)$. Und auch wenn wir dieselben beiden Probekörper zur Untersuchung anderer elektrostatischer Felder benutzen, die von anderen Konduktoren erzeugt werden, erweist sich immer wieder diese Gleichung mit demselben Wert der Konstanten e als gültig. Die Kraft $\mathfrak{K}(P)$, welche die Konduktoren auf irgendeinen Probekörper an der Stelle P ausüben, ist also das Produkt zweier Faktoren $e \cdot \mathfrak{E}$, von denen der skalare e, die „Ladung" des Probekörpers, vom Ort P unabhängig und allein durch den Zustand des Probekörpers bestimmt ist, während der vektorielle Faktor $\mathfrak{E} = \mathfrak{E}(P)$, die „elektrische Feldstärke", nur von den Konduktoren, nicht aber vom verwendeten Probekörper abhängt, im übrigen aber eine Funktion des Ortes ist. Die Zerlegung ist eindeutig bestimmt, wenn wir die Einheitsladung willkürlich (als die Ladung eines bestimmten, hier an erster Stelle verwendeten Probekörpers) festsetzen. Das von den Konduktoren erzeugte und von ihnen allein abhängige elektrische Feld $\mathfrak{E}$ wird man jetzt nicht länger als *Kraft*feld bezeichnen dürfen; es ist vielmehr eine Realität sui generis. Die Gleichung

$$\mathfrak{K} = e \cdot \mathfrak{E} \tag{12}$$

zwischen Kraft $\mathfrak{K}$ und Feldstärke $\mathfrak{E}$ ist nicht Definition, sondern ein Naturgesetz, welches die ponderomotorische Wirkung bestimmt, die ein derartiges elektrisches Feld $\mathfrak{E}$ auf eine hineingebrachte Punktladung e ausübt. Tatsächlich ist es, wie die entwickelte Theorie lehrt, nicht einmal streng gültig, sondern nur im Grenzfall unendlich schwacher Ladung e des Probekörpers. Da das *Licht* nach der Maxwellschen Theorie nichts anderes ist als ein periodisch veränderliches elektromagnetisches Feld von sehr kleiner Periode, können wir das Feld in seinem Gegensatz zur Materie vielleicht am besten als etwas Lichtartiges bezeichnen. Im Auge besitzen wir ein Sinnesorgan, mit Hilfe dessen wir gewisse elektromagnetische Felder auch anders als durch ihre ponderomotorischen Wirkungen wahrnehmen.

Ist der Raum zunächst feldfrei und entsteht dann Elektrizität durch Trennung von Ladungen, die vorher so nahe vereinigt waren, daß sie sich neutralisierten, so wird von ihnen ein mit Lichtgeschwindigkeit (c) sich ausbreitendes Feld erregt; statt unmittelbarer Fernwirkung bekommen wir hier also eine kontinuierliche, von Punkt zu

Punkt mit endlicher Geschwindigkeit sich fortpflanzende Wirkungsausbreitung. *Und die Wechselkraft des Körpers k auf k_1 zerlegt sich in eine Aktivität von k (Erregung des durch k allein bestimmten Feldes) und ein Erleiden von k_1 (durch jenes Feld verursachte zeitliche Änderung seines Impulses).* Dazwischen schiebt sich die Ausbreitung des Feldes, die nach eigenen Gesetzen von der durchsichtigsten Einfachheit und Harmonie vor sich geht. Bewegte Ladungen erzeugen neben dem elektrischen Feld $\mathfrak{E}$ ein magnetisches $\mathfrak{B}$; in der Relativitätstheorie vereinigen sich beide Bestandteile zu einem einzigen „Feldtensor". Die Ausbreitungsgesetze für das elektromagnetische Feld ($\mathfrak{E}$, $\mathfrak{B}$) im leeren Raum lauten nach MAXWELL[1])

$$(13) \quad -\frac{1}{c}\frac{\partial \mathfrak{E}}{\partial t} + \operatorname{rot}\mathfrak{B} = 0, \quad \frac{1}{c}\frac{\partial \mathfrak{B}}{\partial t} + \operatorname{rot}\mathfrak{E} = 0.$$

Wesentlich an ihnen ist, 1. daß sie *Differentialgleichungen* sind, Nahewirkungsgesetze, welche nur die Werte der Zustandsgrößen $\mathfrak{E}$ und $\mathfrak{B}$ in unendlich benachbarten Raum-Zeitpunkten miteinander verknüpfen; 2. daß nach ihnen sich die zeitliche Änderung des Feldes $\frac{\partial \mathfrak{E}}{\partial t}$, $\frac{\partial \mathfrak{B}}{\partial t}$ aus seinem momentanen Zustand bestimmt (Gültigkeit des Kausalitätsprinzips). Es treten freilich noch zwei Zusatzbedingungen hinzu, welche nur die räumlichen, nicht die zeitliche Ableitung enthalten:

$$(14) \quad \operatorname{div}\mathfrak{E} = 0, \quad \operatorname{div}\mathfrak{B} = 0.$$

Aber sie sind in gewissem Sinne überschüssig. Aus (13) folgt nämlich, daß die zeitliche Ableitung der beiden Divergenzen identisch verschwindet. Genügt also der Anfangszustand des Feldes den Bedingungen (14), so bleiben sie dauernd erfüllt.

Die Definition des Feldes mit Hilfe seiner ponderomotorischen Wirkung auf einen Probekörper ist nur ein Provisorium. Durch das Hereinbringen des geladenen Probekörpers stört man immer in etwas das Feld, das es eigentlich zu beobachten galt; befindet er sich einmal im Felde, so gehört er so gut wie die übrigen Konduktoren mit zu den das Feld erzeugenden Ladungen. Das wahre Naturgesetz, das an Stelle von (12) tritt, wird also anzugeben haben, was für Kräfte das von irgendwie verteilten Ladungen erregte elektrische Feld *auf diese Ladungen selber* ausübt. Mit dem sich ausbreitenden Feld wird von dem einen Körper auf den anderen *Impuls* übertragen — wie ja auch kein Zweifel darüber herrschen kann, daß durch Lichtstrahlen (Wärmestrahlen) Energie von Körper zu Körper transportiert wird. Während das Licht unterwegs ist, nachdem also die Energie den einen Körper verlassen und den andern noch nicht erreicht hat, müssen wir sie notwendig *im Felde* lokalisieren. Auf Grund der Ausbreitungsgesetze (13) kommt man zu folgendem Resultat: $\frac{1}{2}\mathfrak{E}^2$ ist als Energiedichte des elektrischen, $\frac{1}{2}\mathfrak{B}^2$ als Energiedichte des magnetischen Feldes anzusetzen; die Stromdichte $\mathfrak{S}$ der Energie ist $= c[\mathfrak{E}\mathfrak{B}]$, also ein Vektor, welcher senkrecht zu $\mathfrak{E}$ und $\mathfrak{B}$ steht und dessen Größe gleich c mal dem Flächeninhalt des von $\mathfrak{E}$ und $\mathfrak{B}$ gebildeten Parallelogramms ist. Bezeichnet man demnach das Volumintegral von

$$W = \tfrac{1}{2}(\mathfrak{E}^2 + \mathfrak{B}^2)$$

über irgendein Raumgebiet V als die in V enthaltene Feldenergie und berechnet man den Energiestrom, welcher durch die Oberfläche Ω von V von außen nach innen hinübertritt in der Weise, daß dazu das Oberflächenelement df einen Beitrag liefert: df mal der zu df senkrechten Komponente von $\mathfrak{S}$, so gilt: die Zunahme pro Zeiteinheit der gesamten in V enthaltenen Energie — das ist Feldenergie + Energie der in V vorhandenen Materie — ist gleich dem durch Ω hindurchtretenden Energiefluß. Die gesamte Energiemenge bleibt also beständig konstant, sie fließt nur im Felde hin und her und verwandelt sich aus Feldenergie in Energie der Materie und vice versa. Führt man ein rechtwinkliges Koordinatensystem ein und ersetzt den vektoriellen Impuls durch seine drei Komponenten in diesem Koordinatensystem, so gilt für die drei Impulskomponenten etwas ganz Analoges: für jede von ihnen haben wir eine skalare Felddichte, eine vektorielle Stromdichte und den entsprechenden Erhaltungssatz. Er ist nur ein anderer Ausdruck für NEWTONS mechanisches Grundgesetz; an die Stelle der Formel (12) sind die Gleichungen getreten, welche Energie- und Impulsdichte, Energie- und Impulsstrom durch die Feldstärken $\mathfrak{E}$ und $\mathfrak{B}$ ausdrücken. Insbesondere ist für ein Raumgebiet V, das überhaupt keine Materie enthält, die zeitliche Zunahme der Feldenergie gleich dem durch die Oberfläche eintretenden Energiefluß (genau so für die drei Impulskomponenten), in Formeln:

$$(15) \quad \frac{\partial W}{\partial t} + \operatorname{div}\mathfrak{S} = 0;$$

und diese Tatsache ist eine mathematische Folge der Feldgesetze (13), (14).

Betrachten wir ein sich ausbreitendes elektromagnetisches Feld im leeren Raum, das in jedem Augenblick nur einen endlichen Raumbereich erfüllt; z. B. eine elektromagnetische Welle, welche dadurch entstanden ist, daß wir eine Kerze angezündet haben, die aber inzwischen schon wieder ausgelöscht sein mag. Diesem Feld kommt eine bestimmte Gesamtenergie E und ein Impuls $\mathfrak{J}$ zu, welche während des Ausbreitungsvorganges zeitlich konstant bleiben. Genau wie wir in der Mechanik den Schwerpunkt, den „Massenmittelpunkt" definieren, können wir hier in jedem Augenblick den „Energiemittelpunkt" des Feldes bestimmen; er liegt innerhalb des felderregten

[1]) Nur um der größeren Bestimmtheit willen schreibe ich diese Gesetze hin; Leser, welchen die mathematische Symbolik nicht vertraut ist, sollen sich dadurch nicht abschrecken lassen!

Raumgebietes. Bezeichnet $\mathfrak{v}$ seine Geschwindigkeit, so gilt

$$|\mathfrak{v}| < c \quad \text{und} \quad \mathfrak{J} = \frac{E}{c^2} \cdot \mathfrak{v}:$$

unser Feld hat also genau wie ein materieller Körper eine träge Masse

$$m = \frac{E}{c^2}.$$

Man kann auch schreiben

$$E = \frac{M_0 c^2}{\sqrt{c^2 - v^2}}, \quad \mathfrak{J} = \frac{M_0 \mathfrak{v}}{\sqrt{c^2 - v^2}};$$

dann ist der „Massenfaktor" M_0 im Sinne der Relativitätstheorie eine vom verwendeten Bezugskörper unabhängige Größe. Bei der Reaktion zwischen mehreren elektromagnetischen Wellen oder zwischen Feld und Materie, bei Emissions- und Absorptionsvorgängen wird stets die Energie- und Impulssumme nach der Reaktion den gleichen Wert haben wie vorher. Über diese schon in II besprochenen Erhaltungssätze „im großen", die wir hier auf Strahlungsvorgänge ausgedehnt haben, sind wir aber, was das Feld betrifft, durch eine genaue raumzeitliche Analyse des Reaktionsvorganges hinausgeschritten. Zunächst bedeutete der Übergang zu NEWTONS mechanischem Bewegungsgesetz, daß wir die zeitlichen Änderungen der Energie und des Impulses von Augenblick zu Augenblick während der Reaktion verfolgten. Zu dieser differentiellen zeitlichen Analyse tritt durch die Feldvorstellung die differentielle räumliche: Energie und Impuls des Systems werden in die den einzelnen Volumelementen zukommenden Beiträge zerlegt, sie werden „*lokalisiert*" und über den Raum kontinuierlich ausgebreitet. Dazu ist man im Grunde aber auch schon bei den materiellen Körpern genötigt; denn was will man eigentlich bei Anwendung der mechanischen Gesetze unter der Geschwindigkeit eines Körpers verstehen, wenn der Körper sich während der Bewegung deformiert oder ein Gasnebel durcheinanderwimmelnder Moleküle ist? Hier wird man offenbar, wie es auch z. B. in der Elastizitätstheorie mit der Spannungsenergie immer geschehen ist, Energie und Impuls gleichfalls lokalisieren müssen und unter der Geschwindigkeit des ganzen Körpers nicht die Geschwindigkeit irgendeiner Substanzstelle, sondern seines Energiemittelpunktes zu verstehen haben.

Der Prellbock, an welchem die sich einem bestimmten Atom (oder Elektron) nähernden Atome abprallen, ist nicht seine starre undurchdringliche Substanz, sondern das ihn umgebende Kraftfeld. Die träge Masse ist nicht ein Substanzquantum, sondern beruht auf seinem Energieinhalt, der zu einem wesentlichen Teile oder gar vollständig aus der Feldenergie des umgebenden Feldes besteht. Setzt man die radial gerichtete Feldstärke im Raume außerhalb eines Elektrons nach der Maxwellschen Theorie $= \frac{\varepsilon}{r^2}$ (r die Entfernung vom Elektronenmittelpunkt, ε eine Konstante), so ergibt sich als Energie des ganzen Außenfeldes, wenn das Elektron den Radius a besitzt,

$$2\pi \int_a^\infty \frac{\varepsilon^2}{r^4} r^2 \, dr = \frac{2\pi\varepsilon^2}{a}.$$

Beruht auf ihr allein die träge Masse m des Elektrons[1], so erhält man für den Radius

$$a = \frac{2\pi\varepsilon^2}{m c^2}.$$

Auf Grund der experimentell bekannten Werte von ε und m erhält man daraus ein a von der Größenordnung 10^{-13} cm. Der Radius muß einen endlichen Wert haben und kann nicht 0 sein, weil man sonst auf eine unendlich große Energie und damit auf eine unendlich große Masse kommen würde. Endlich sahen wir eben, daß sich selbst der in der Mechanik auftretende Geschwindigkeitsbegriff von der Substanzvorstellung emanzipiert. Wenn so alle physikalisch wesentlichen Eigenschaften des Elektrons an dem umgebenden Felde und nicht an dem im Feldzentrum steckenden substantiellen Kerne hängen, so muß man sich doch fragen, *ob denn überhaupt die Annahme eines derartigen Kernes nötig ist oder ob wir ihn nicht ganz entbehren können.* Die letzte Frage beantwortet die Feldtheorie der Materie mit Ja; ein Materieteilchen wie das Elektron ist für sie lediglich ein kleines Gebiet des elektrischen Feldes, in welchem die Feldstärke enorm hohe Werte annimmt und wo demnach auf kleinstem Raum eine gewaltige Feldenergie konzentriert ist. Ein solcher Energieknoten, der gegen das übrige Feld keineswegs scharf abgegrenzt ist — der geometrische Begriff des Elektronenradius verliert also seinen präzisen Sinn —, pflanzt sich durch den leeren Raum nicht anders fort, wie etwa eine Wasserwelle über die Seefläche fortschreitet; es gibt da nicht ein und dieselbe Substanz, aus der das Elektron zu allen Zeiten besteht. Wie die Geschwindigkeit einer Wasserwelle nicht substantielle, sondern Phasengeschwindigkeit ist, so handelt es sich bei der Geschwindigkeit, mit der sich ein Elektron bewegt, auch nur um die Geschwindigkeit eines ideellen, aus dem Feldverlauf konstruierten „Energiemittelpunktes". Läßt sich diese Auffassung durchführen, durch welche der die Physik seit FARADAY und MAXWELL beherrschende Dualismus von Materie und Feld zugunsten des Feldes überwunden wird, so ergäbe sich ein außerordentlich einheitliches Weltbild. Statt der drei Arten von Gesetzen, nach denen das

[1] Legt man der Berechnung der trägen Masse in analoger Weise den Impuls des Feldes zugrunde, das gemäß den Maxwellschen Gleichungen das mit der Geschwindigkeit v gleichförmig bewegte Elektron umgibt, so bekommt man einen Wert, der $\frac{4}{3}$mal so groß ist. Die alte, an die Substanzvorstellung gebundene Elektronentheorie mußte in dieser Diskrepanz ein ernsthaftes physikalisches Problem erblicken. Vgl. die Bemerkung darüber auf S. 567.

Feld 1. durch die Materie erregt, emittiert wird, 2. sich ausbreitet und 3. auf die Materie wirkt, behalten wir nur die Feldgesetze 2 übrig vom Typus der Maxwellschen Gleichungen (13), deren Struktur uns völlig durchsichtig ist, während die Gesetze 1 und 3, in deren Dunkel die Physik auch heute noch kaum eingedrungen ist, überflüssig werden. Insbesondere ist die Gültigkeit der mechanischen Gleichungen gewährleistet durch den aus den Feldgesetzen folgenden differentiellen Energie-Impulssatz, dessen Energiekomponente für das Maxwellsche Feld in Formel (15) angegeben wurde. Man kann dieses Weltbild kaum als ein dynamisches mehr bezeichnen, weil hier das Feld weder von einem dem Felde gegenüberstehenden materiellen Agens erzeugt wird noch auf ein solches wirkt, sondern lediglich, seiner Eigengesetzlichkeit folgend, in einem stillen kontinuierlichen Fließen begriffen ist. Es ruht ganz und gar im *Kontinuum;* auch die Atomkerne und Elektronen sind keine letzten unveränderlichen, von den angreifenden Naturkräften hin und her geschobenen Elemente, sondern selber stetig ausgebreitet und feinen fließenden Veränderungen unterworfen.

Die Maxwellschen Gleichungen (13) reichen natürlich nicht aus, um die Materieteilchen als Energieknoten im elektromagnetischen Felde zu konstruieren, da die in einem Elektron zusammengedrängten negativen Ladungen, den Coulombschen Fliehkräften folgend, explodieren würden, wenn in ihrem Bereiche noch jene Gesetze gültig wären. Mathematisch kommt das darin zum Ausdruck, daß das einzige statische, um ein Zentrum O kugelsymmetrische Feld $\mathfrak{E}$, welches der Maxwellschen Gleichung $\operatorname{div}\mathfrak{E} = 0$ genügt, im Zentrum O eine Singularität bekommt; es ist nämlich radial gerichtet, und seine Stärke nimmt mit wachsender Entfernung r nach dem Gesetz $\frac{\varepsilon}{r^2}$ ab ($\varepsilon = \text{const}$), wird also im Nullpunkt unendlich. (In der Tat verlangt die Gleichung $\operatorname{div}\mathfrak{E} = 0$, daß durch jede Kugel um O der gleiche Feldfluß hindurchtritt, d. h. es muß $\frac{\varepsilon}{r^2}\cdot 4\pi r^2 = 4\pi\varepsilon$ konstant sein.) Nach der alten Substanzvorstellung wird der Zusammenhalt der negativen Ladungen im Elektron dadurch erzwungen, daß sie an ein Substanzkügelchen gebunden sind, das sie nicht verlassen können; und nur zu diesem Zwecke hatte man in der atomistischen Lorentzschen Elektrodynamik die Substanz noch nötig. G. MIE[1]) wies 1913 aus recht zwingenden allgemeinen Anschauungen heraus einen Weg, die Maxwellschen Gleichungen so zu modifizieren, daß sie evtl. das Problem der Materie zu lösen imstande sind, nämlich erklären, warum das Feld eine „körnige" Struktur besitzt und die Energieknoten sich im Hin- und Herströmen von Energie und Impuls dauernd erhalten (wenn auch nicht völlig unveränderlich, so doch mit einem hohen Grad von Genauigkeit). Dies muß darauf beruhen, daß die modifizierten Feldgesetze nur *einen* Gleichgewichtszustand oder wenige, durch keinen kontinuierlichen Übergang verbundene Gleichgewichtszustände von Energieknoten ermöglichen (statische kugelsymmetrische Lösungen der Feldgleichungen). Damit wäre es auch verständlich geworden, warum *alle Elektronen dieselbe Ladung* besitzen: aus den Feldgesetzen lassen sich Ladung und Masse des Elektrons und die Atomgewichte der einzelnen existierenden chemischen Elemente „vorhersehen", berechnen (die Substanztheorie hatte diese letzten Bausteine der Materie immer als etwas mit seinen numerischen Eigenschaften Gegebenes hingenommen, ihr mußte es unverständlich bleiben, warum nur Substanzkugeln von ganz bestimmten Radien und Massen in der Natur vorkommen). Und hier, nicht in der Unterscheidung von Substanz und Feld, läge ferner der Grund, warum wir an der Energie oder trägen Masse eines zusammengesetzten Körpers die nichtauflösbare Energie seiner letzten materiellen Elementarbestandteile der auflösbaren Energie ihrer wechselseitigen Bindung gegenüberstellen. Als einzige Zustandsgrößen verwendete MIE zunächst die aus der Maxwellschen Theorie bekannten elektromagnetischen. Von anderen ursprünglichen Feldkräften außer der elektromagnetischen und der Gravitation ist uns nichts bekannt, und 1913 bestand noch die Hoffnung, die Gravitation als ein Begleitphänomen des Elektromagnetismus zu erklären. Nach Aufstellung der allgemeinen Relativitätstheorie durch EINSTEIN genügte es aber, MIES Ansätze von dem Boden der speziellen auf den der allgemeinen Relativitätstheorie zu verpflanzen, wie das durch HILBERT geschah, um die Gravitation mit zu umfassen. Daran schließen sich weitere Versuche von WEYL, EDDINGTON und EINSTEIN, elektromagnetisches und Gravitationsfeld völlig zu einer Einheit zu verschmelzen. In MIES fundamentalen Arbeiten aber war zum erstenmal überhaupt Sinn und Aufgabe der reinen Feldphysik klar erfaßt. Er gelangte, wie freilich betont werden muß, auf seinem spekulativen Weg — und ein anderer ist hier zur Zeit kaum gangbar — nicht zu eindeutig fixierten Feldgesetzen, sondern nur zu einem allgemeinen Schema, das noch verschiedener Spezialisierungen fähig ist und in welchem die Maxwellschen Feldgesetze des leeren Raumes als einfachster Sonderfall mitenthalten sind. Und es gelang bisher nicht, im Rahmen dieses Schemas die unbestimmt bleibende Wirkungsfunktion so zu wählen, daß sie zu einzelnen diskreten Gleichgewichtszuständen der Materieteilchen führt (obschon die Mathematik durch eine Konstantenabzählung erkennen läßt, daß dies sozusagen normalerweise zu erwarten ist). Zur näheren Illustration kann ich darum nur ein fingiertes Beispiel gebrauchen: es liegt durchaus im Bereich der mathematischen Möglichkeit, daß bei geeignet gewählter Wirkungsfunktion sich als einzige

[1]) Ann. d. Physik 37, 39, 40. 1912/1913.

überall reguläre statische kugelsymmetrische Lösung der Feldgesetze die Formel ergäbe

(16) radiale elektrische Feldstärke $= \frac{\varepsilon}{r^2 + a^2}$

mit den Konstanten $\varepsilon = -4{,}77 \cdot 10^{-10}$ elektrostatische Einheiten, $a = 10^{-13}$ cm. Damit wäre das Elektron, sein Radius a, Ladung ε und Masse erklärt; in Entfernungen r, die groß gegenüber a sind, geht der Ausdruck über in den Maxwellschen $\frac{\varepsilon}{r^2}$, *im Nullpunkt aber ist die Singularität verschwunden.*

Es ist hier nicht der Ort, über die Miesche Theorie eingehender zu referieren. Ich schildere lieber zusammenfassend und unabhängig von den besonderen Ansätzen Mies die allgemeinen Züge einer ***Feldtheorie der Materie.*** Statt einer sich bewegenden Substanz bilden in ihr die Grundlage gewisse, im vierdimensionalen Raum-Zeit-Kontinuum ausgebreitete physikalische ***Zustandsgrößen;*** wird jenes Kontinuum — nach der allgemeinen Relativitätstheorie in völlig willkürlicher Weise — auf vier Koordinaten bezogen, so erscheinen die Feldgrößen in ihrem wirklichen Verlauf wiedergegeben durch stetige Funktionen der Raum-Zeit-Koordinaten. Sie genügen gewissen einfach gebauten Differentialgleichungen, den ***Feldgesetzen,*** welche von solcher Art sind, daß sie die Ableitungen der Zustandsgrößen nach der Zeit-Koordinate in einem Augenblick aus dem momentanen im dreidimensionalen Raum ausgebreiteten Feldzustand zu bestimmen gestatten (***Kausalitätsprinzip***). Außerdem muß das System der Feldgesetze, um eine objektive Bedeutung zu haben, unabhängig sein von der Wahl des Koordinatensystems (***Relativitätsprinzip***). Endlich müssen ***Energie- und Impulsdichte, Energie- und Impulsstrom*** als Ausdrücke in den unabhängigen Zustandsgrößen des Feldes gegeben sein und für sie auf Grund der Feldgesetze ***Erhaltungssätze*** vom Typus (15) sich ergeben, welche aussagen, daß die zeitliche Zunahme der Feldenergie und des Feldimpulses in einem beliebig abgegrenzten Raumteil V gedeckt wird durch den Energie- bzw. Impulsfluß, der durch die Oberfläche Ω von V hindurchtritt. (Die Feldgesetze und ebenso die Ausdrücke für Energie und Impuls dürfen nur dort, wo die Feldstärken enorm hohe Werte annehmen, merklich von den Maxwellschen Ausdrücken abweichen, damit der Anschluß an die Erfahrung gewährleistet ist.)

Schluß

Die Geschichte lehrt, daß die Unterordnung der Erscheinungen unter die Kategorie der Substanz nicht selbstverständlich ist, sondern das Erzeugnis einer bestimmten historischen Epoche. Eine Zeitlang ist sie in der Physik allbeherrschend, alle Vorgänge sollen auf die Bewegung verborgener „Fluida" zurückgeführt, „mechanisch" erklärt werden. Aber andere Zeiten, vorher und nachher, und andere Denker haben der substantiellen Materie nicht bedurft oder sie sogar positiv verworfen. Keine Rede davon, daß die Physik, wie es in seiner Polemik gegen die Relativitätstheorie z. B. Lenard behauptete, jeder anschaulichen Basis verlustig geht, wenn die elektrischen und optischen Vorgänge nicht mehr unter dem Bilde von Bewegungen eines substantiellen Äthers aufgefaßt werden. Auf die sinnliche Erfahrung kann man sich jedenfalls nicht berufen, um die Substanzvorstellung zu legitimieren. Unsere Sinne greifen überhaupt nicht in die Ferne, sich des substantiellen „Dinges" bemächtigend, sondern für die psychophysische Wechselwirkung gilt so gut wie für die rein physische das *Prinzip der Kontinuität*, der unmittelbaren Nahewirkung: Meine Gesichtswahrnehmungen sind bestimmt durch die auf der Netzhaut auftreffenden Lichtstrahlen, also durch den Zustand des optischen oder elektromagnetischen Feldes in der unmittelbaren Nachbarschaft mit dem Sinnesleib jenes rätselhaften Realen, des Ich, dem eine gegenständliche Welt bildmäßig „erscheint"; und zwar ist hier vor allem der Energiestrom — seine Richtung für die Richtung, in der ich Gegenstände erblicke, seine periodische Veränderlichkeit für die Farbe — maßgebend. Fasse ich ein Stück Eis an, so nehme ich den an der Berührungsstelle zwischen jenem Körper und meinem Sinnesleib fließenden Energiestrom als Wärme, den Impulsstrom als Druck (Widerstand) wahr. So kann man sagen, daß die Energie-Impulsgrößen des Feldes dasjenige sind, wovon ich direkt durch meine Sinne Kunde erhalte. In der Auflösung des Substanzbegriffes ist die Philosophie der Physik voraufgegangen. Die Kritik setzt bei Locke kräftig ein, nimmt eine radikale Wendung bei Berkeley und wird von Hume mit aller Gründlichkeit und Klarheit zu Ende geführt[1]). Statt die Qualitäten durch einen substantiellen Träger zusammenzuhalten, gilt es allein ihre funktionalen Beziehungen zu erfassen. Von Neueren, welche diese Ablösung der Substanz- durch die Funktionsidee scharf betont und allseitig beleuchtet haben, sind Mach und im Anschluß an ihn Petzoldt —, vom Neu-Kantianismus herkommend, Cassirer zu nennen[1]). Doch braucht man die Physik, glaube ich, wegen ihrer größeren Trägheit in dieser Frage nicht zu schelten; für die positiven Wissenschaften ist es ein gesunder Grundsatz, einen Begriff, eine Vorstellung erst abzustoßen, wenn die ihn verdrängende überlegene Anschauung schon da ist. Überhaupt scheint es mir, daß Philosophie als selbständige Wissenschaft immer in der Kritik und Präformation der Begriffe stehen bleibt, zu fruchtbarer positiver Erkenntnis aber erst sich wandelt in dem Augenblick, wo sie, ihrer Selbständigkeit sich entäußernd, zum philosophischen Denken innerhalb der Einzelwissenschaften wird und deren breit entwickelte Erfahrungs- und Gedankenmasse ihren Ideen Leib gibt. Die lenkende Kraft der metaphysischen Ideen und die große Bedeutung der philosophischen Arbeit wird dadurch nicht verkannt. Auch gibt es für sie noch eine wichtige Aufgabe *nach* diesem Ereignis: die Auseinandersetzung des in der objektiven Wissenschaft Erkannten mit dem Gesamtleben.

Daß die substantielle Materie nicht ein sich selbstverständlich aufdrängendes Element der Naturdeutung ist, wird ferner durch die Geschichte des antiken Denkens belegt; jene Idee ist den meisten griechischen Denkern ganz fremd. Bei Aristoteles ist der Begriff des Stoffes (*ὕλη, τὸ ὑποκείμενον*) in erster Linie ein relativer, das „Bestimmbare" im Gegensatz zur bestimmenden Form (*εἶδος*); Stoff ist Möglichkeit des Geformtwerdens. In einem mehrgliedrigen Produktionsprozeß erscheint auf jeder Stufe der Stoff „geformter", der Spielraum der Möglichkeiten weiterer Formung beschränkter. Damit schwindet zugleich der Stoff im Aristotelischen Sinne, die Komponente des nur potentiellen, nicht aktualisierten Seins, mehr und mehr zusammen. Man sieht, daß dieser Stoff offenbar nicht die Materie im Sinne des Abschnittes I ist. Zwar hat auch für Aristoteles jene Relationskette von Stoff und Form einen Anfang in der „ersten Materie", die alle Möglichkeiten in sich birgt, aber zugleich ein Ende im reinen Geist, in welchem alle Potentialität aktualisiert ist. Das Wort „Werde, der du bist" ist hier über alle Weltgeschöpfe ausgesprochen. Die Formen sind etwas im Innern des Stoffes von der Möglichkeit zur Wirklichkeit Hinüberdrängen-

[1]) Ich zitiere aus Humes Traktat über die menschliche Natur, Teil IV, Abschn. 6: „Unser Hang, die Identität mit der Beziehung zu verwechseln, ist groß genug, um den Gedanken in uns entstehen zu lassen, es müsse neben der Beziehung noch etwas Unbekanntes und Geheimnisvolles da sein, das die zueinander in Beziehung stehenden Elemente verbinde." Ebenda Abschn. 3: „So sieht sich auch hier die Einbildungskraft veranlaßt, ein unbekanntes Etwas oder eine ‚ursprüngliche Substanz oder Materie' zu erdichten und hierin das die Einheit oder den Zusammenhang der Erscheinungen herstellende Prinzip zu sehen."

[1]) J. Petzoldt, Das Weltproblem vom Standpunkte des relativistischen Positivismus aus. (3. Aufl., Teubner 1921). — E. Cassirer, Substanzbegriff und Funktionsbegriff. (Berlin 1910.)

des; der Übergang selbst geschieht in der „Bewegung“[1]). Diese ist also nicht die Demokriteische Bewegung einer mit sich selbst identisch bleibenden Substanz, sondern Veränderung, Wechsel der Beschaffenheit im allgemeinsten Sinne. Da in der Physik der teleologische Gesichtspunkt noch ganz zurücktritt, die qualitativen Zuständlichkeiten aber den Raum stetig und lückenlos erfüllen, ist die Physik des ARISTOTELES — die freilich ganz in einer Ontologie der Natur stecken bleibt — in ihrem entscheidendsten Zuge *Feldtheorie*. Von da aus ist seine *Leugnung des leeren Raumes* ganz konsequent. Die Annahme, daß das Feld ein Raumgebiet ausläßt, ist auch für uns absurd. Denn wird das raumzeitliche Kontinuum auf Koordinaten bezogen, so erscheinen die Zustandsgrößen des Feldes als Funktionen dieser Koordinaten; aber der Begriff der unabhängigen Variablen ist korrelativ zu dem der Funktion: so weit das Existenzfeld einer Funktion reicht, erstreckt sich auch das Gebiet der Veränderlichkeit ihrer Argumente. (Man beachte dabei wohl: das Bestehen der Gleichung $\mathfrak{E} = 0$ in einem Raumgebiet bedeutet für das elektrische Feld $\mathfrak{E}$ nicht etwa, daß es in jenem Gebiet unterbrochen ist, sondern nur, daß es sich dort im „Ruhezustand“ befindet, der sich stetig in alle übrigen möglichen Zustände einpaßt). Und genau diese Auffassung hat ARISTOTELES vom Raum; er ist für ihn ein Moment an den Körpern: Scheidung zugleich und stetiger Zusammenhang, Unendlich-benachbart-sein der Teile des stetig abgestuften qualitativen Weltinhalts. (Es ist eine leicht verständliche, aber auch leicht abzustreifende Befangenheit, die wir analog bei DESCARTES antreffen, wenn sein Blick dabei in erster Linie an der Begrenzung zweier sich berührender Körper haften bleibt). Es ist weiter konsequent, daß er keine andere als unmittelbare Nahewirkung zugibt: „Dasjenige, welches die Verwandlung hervorbringen soll, muß das zu Verwandelnde berühren“; und darum kann er auch den Raum nur als das Medium dieses Sich-berührens gelten lassen. Im Gegensatz dazu faßt die atomistische Substanztheorie den Raum als Inbegriff möglicher geometrischer Fernbeziehungen, und sie muß eine im leeren Raum operierende „Ferngeometrie“ nach Art der Euklidischen voraussetzen, weil sie ja ein Werden im Aristotelischen Sinne leugnet, und das einzige, was wechselt, für sie die Lagebeziehungen der festen Substanzelemente sind. Verlegt man aber das Werden in den nach Ort und Zeit veränderlichen Feldzustand, so wird, wie die moderne Relativitätstheorie gezeigt hat, diese Art von Geometrie entbehrlich: dem Weltkontinuum an sich kommt danach — im Einklang mit ARISTOTELES — nur der stetige Zusammenhang zu; alle geometrischen Beziehungen und Charaktere ergeben sich erst auf Grund des *von der Materie abhängigen* im Raume herrschenden metrischen Feldes (das nach EINSTEIN außerdem für die Gravitationserscheinungen verantwortlich ist). *In der Feldtheorie spielt* in gewissem Sinne *das Raumzeitkontinuum die Rolle der Substanz*, wenn wir den Gegensatz von Substanz und Form als den des „*Dies*“ und „*So*“ fassen; das nur durch einen individuellen Hinweis zu gebende, qualitativ nicht charakterisierte *Dies* ist für sie nicht ein verborgener Träger, dem die Beschaffenheiten inhärieren, sondern das „*Hier-Jetzt*“, die einzelne Raumzeitstelle. Die Weltbeschreibung besteht nach der Feldtheorie, um einen Terminus von HILBERT zu gebrauchen, aus den „Hier-So-Relationen“ — das „Hier“ vertreten durch die Raumzeitkoordinaten, das „So“ durch die Zustandsgrößen; sind diese als Funktionen jener bekannt, so ist der Weltverlauf vollständig festgelegt. Daß der an sich formlose unbegrenzte Raum, der aber fähig ist, alle Formen in sich aufzunehmen, die ὕλη der Körperwelt sei, war, wie ARISTOTELES ausdrücklich bezeugt, die Ansicht PLATONS; wenn sich ARISTOTELES dagegen verwahrt, mit dem Argument, daß der Stoff mit dem Ding verbunden bleiben müsse, der Raum aber in der Bewegung von ihm sich trenne, so fällt er offenbar in die naive Ding-Vorstellung zurück, welcher die verhältnismäßig beständige räumliche und qualitative Form die Identität des Stoffes bedeutet.

Endlich versteht man von hier aus die Ablehnung der Atome in der Aristotelischen Physik; denn „aus Unteilbaren kann keine stetige Größe entstehen“, wie es der Raum und das ihn erfüllende qualitative Feld ist. Aus demselben Argument heraus, daß ein Kontinuum nicht in Teile zerfallen kann, gelangte DEMOKRIT zu der entgegengesetzten Folgerung: Weil ich einen Stock zerbrechen, in zwei Teile zerlegen kann, war er von vornherein kein zusammenhängendes Ganzes; die Teilung läßt sich fortsetzen, bis ich zu den unteilbaren Atomen komme. Der Grundsatz, von welchem beide ausgehen, spricht unbedingt eine im Wesen des Kontinuums liegende Wahrheit aus; in der Scholastik ist er im Anschluß an ARISTOTELES eingehend erörtert worden. Die moderne, unter dem Einfluß von G. CANTOR stehende mengentheoretische Analysis verkennt ihn zwar — sie faßt das Kontinuum als einen Inbegriff von Punkten —, aber eine strenge intuitive Begründung der mathematischen Theorie des Kontinuums, wie sie neuerdings von BROUWER und dem Verf. entworfen wurde, hat sich genötigt gesehen, das Kontinuum wiederum als ein Medium zu konstruieren, innerhalb dessen sich wohl einzelne Punkte festlegen lassen, das sich aber nicht in eine Menge von Punkten auflösen läßt[1]). Der Wider-

[1]) Es überkreuzt sich freilich diese naturphilosophische Auffassung des Verhältnisses von Stoff und Form mit einer mehr logischen, nach welcher jedes konkrete Einzelding volle Wirklichkeit beanspruchen kann, die Form eines solchen Dinges nirgendwo noch eine Möglichkeit weiterer Ausfüllung offen läßt, und der Stoff über diesen Wesensbestand an „Form“ hinaus ihm lediglich (als principium individuationis) die individuelle Existenz verleiht.

[1]) Vgl. dazu WEYL, Über die neue Grundlagenkrise der Mathematik, Math. Zeitschr. 10, 39. 1921. —

streit zwischen DEMOKRIT und ARISTOTELES löst sich so: Nach der Substanztheorie wird der Stab beim Zerbrechen wirklich in zwei Substanzteile zerlegt; darum ist er, wie DEMOKRIT richtig schließt, aus unteilbaren Elementen diskontinuierlich aufgebaut. Nach der Feldtheorie wird aber die Verbindung zwischen den beiden Bruchstücken gar nicht unterbrochen; nach wie vor haben wir ein den ganzen Raum erfüllendes kontinuierliches Feld; das Gelände, aus welchem sich anfänglich nur *ein* Bergrücken heraushob (die hohen Werte der Feldgrößen im Gebiete des materiellen Stocks!), hat sich stetig in ein Gelände mit zwei ausgesprochenen Gebirgszügen verwandelt. — Die historische Stammtafel der anti-atomistischen, ganz im Kontinuum hausenden Weltauffassung, der das Geschehen als ein den Raum stetig erfüllendes und stetig veränderliches Feld erscheint, wird die Namen HERAKLIT, ANAXAGORAS, die sog. Pythagoreer (ARCHYTAS und seine Gefährten), endlich PLATON enthalten müssen. Anfänglich verband sich mit ihr die Verzweiflung an der rationalen Erkennbarkeit der Welt, so noch bei Platons Lehrer KRATYLOS. Die Wendung bei PLATON in diesem Punkte — für ihn wird ja dann die „Geometrie" zum Bindeglied zwischen Wirklichkeit und Idee — beruht auf der Entdeckung des Infinitesimalprinzips durch ANAXAGORAS und die Pythagoreer, das ausdrücklich als eine Widerlegung des Standpunktes von DEMOKRIT verstanden wurde. Sie eröffnete die Möglichkeit, das Kontinuum mathematisch zu erfassen. ARISTOTELES aber verbleibt mit seiner Physik vielmehr als mit anderen Teilen seiner Philosophie im Bannkreis der Akademie[1]).

Es ist bekannt, daß DESCARTES die gleiche Pythagoreische Lehre vertreten hat, *die räumliche Ausdehnung sei die eigentliche Substanz der Körper.* Er will trotzdem alle qualitative Veränderung — wie übrigens wohl auch die Pythagoreer und PLATON — auf *Bewegung* zurückführen. Bewegung, sagt er, ist „Überführung eines Teiles der Materie oder eines Körpers aus der Nachbarschaft derjenigen Körper, welche ihn unmittelbar berühren und als ruhend betrachtet werden, in die Nachbarschaft anderer Körper. Unter einem Körper oder einem Teil der Materie aber verstehe ich das, was auf einmal übergeführt wird". Es ist schwer, mit diesen Erklärungen einen Sinn zu verbinden, ohne ein substantielles Medium zugrunde zu legen, dessen einzelne Stellen man durch ihre Geschichte hindurch verfolgen, zu allen Zeiten wiedererkennen kann[1]). Es kommt hinzu, daß das mathematische Denken trotz der im Altertum genommenen Anläufe dem Kontinuum immer noch nicht gewachsen ist; so wird die Physik des DESCARTES dann doch zu einer Korpuskulartheorie; nur sind die Korpuskeln nicht wie bei DEMOKRIT unveränderlich, sondern stoßen sich gegenseitig die Ecken ab und werden zerrieben. Zwischen den kugelförmigen Korpuskeln müssen sich andere prismatische hindurchwinden, deren Querschnitt so gestaltet ist wie der Zwischenraum zwischen drei sich von außen berührenden Kreisen[2]) (!). Korrigiert man den aus der mangelnden Beherrschung des Kontinuums hervorgehenden Fehler, so werden die Unstetigkeiten an den Trennungsflächen, welche die einzelnen sich aneinander hinschiebenden Korpuskeln trennen und die DESCARTES offenbar zur Erfassung der Bewegung für nötig hält, etwas ganz unwesentliches, und man bekommt eine ***Fluidumstheorie.*** Man könnte z. B. annehmen, daß das Weltfluidum sich so bewegt wie eine inkompressible reibungslose Flüssigkeit (Wasser); seine Bewegungsgesetze, welche bei DESCARTES ganz im Dunkel bleiben — er hält sich hier an die aus grobsinnlicher Erfahrung entnommenen Bilder vom Drücken, Drängen, Zerreiben, Festhaken der Teilchen — würden dann diejenigen sein, in welche sich die modernen hydrodynamischen Gleichungen verwandeln, wenn man aus ihnen den der dynamischen Vorstellungswelt angehörigen Flüssigkeitsdruck eliminiert. Wenn $\mathfrak{v}$ die vektorielle Geschwindigkeit des strömenden Wassers als Funktion von Ort und Zeit bedeutet und neben dem Geschwindigkeitsfeld $\mathfrak{v}$ dessen Wirbelfeld $\mathfrak{W}$ eingeführt wird, so gewinnt man dadurch folgendes System von Gleichungen

$$\operatorname{div}\mathfrak{v} = 0\,, \quad \operatorname{rot}\mathfrak{v} = \mathfrak{W}\,;$$

$$\frac{\partial \mathfrak{W}}{\partial t} + \operatorname{rot}[\mathfrak{v}\,\mathfrak{W}] = 0\,. \tag{17}$$

Aus dem auf Grund dieser Differentialgleichungen ermittelten Geschwindigkeitsfeld sind dann durch eine weitere Integration die Weltlinien der einzelnen Flüssigkeitsteilchen zu bestimmen. Jetzt läßt sich aber auch noch das substantielle Medium eliminieren, wie es die philosophische Grundthesis

ARISTOTELES bemerkt zum Zenonischen Paradoxon (Physik, Kap. VIII): „Wenn man die stetige Linie in zwei Hälften teilt, so nimmt man den einen Punkt für zwei; man macht ihn sowohl zum Anfang als zum Ende, *indem man aber so teilt, ist nicht mehr stetig weder die Linie noch die Bewegung* ... In dem Stetigen sind zwar unbegrenzt viele Hälften, aber nicht der Wirklichkeit, sondern der Möglichkeit nach."

[1]) Natürlich ist dabei der gewaltige Unterschied zwischen der Platonischen, der Aristotelischen und der Mieschen Auffassung des Weltgeschehens nicht zu verkennen. Das unterscheidende Prinzip liegt dort, wo sich nach jeder dieser Theorien der Heraklitische Fluß „zum Starren waffnet": für ARISTOTELES in den immanenten zweckbestimmten Formen, für PLATON in den transzendenten Ideen, für MIE in dem bindenden funktionalen Feldgesetz. — Über PLATON vgl. das schöne Buch von E. FRANK, Plato und die sog. Pythagoreer (Halle 1923), über die Abhängigkeit der Aristotelischen Physik von der Akademie: W. JAEGER, Aristoteles (Berlin 1923).

[1]) Von einer anderen möglichen Interpretation möchte ich wenigstens hier absehen, da sie sachlich und historisch von keinem Belang ist.

[2]) Im ganzen, scheint mir, ist die Physik kein Ruhmesblatt im Buch der Cartesischen Philosophie; sie ist weder durch Klarheit des Denkens noch durch einen höheren Grad intuitiven Naturverständnisses ausgezeichnet.

von DESCARTES fordert[1]): Wir brauchen uns nur der Deutung des in (17) auftretenden Vektors 𝔳, der eine stetige Funktion von Ort und Zeit ist, als der Geschwindigkeit strömender Materie zu enthalten. Die Feldgesetze (17) sind in der Tat von ähnlichem Typus wie die Maxwellschen Gleichungen (wobei 𝔅 etwa die Rolle der Feldstärke, 𝔳 die des Potentials spielt). Die letzte Integration, der Übergang vom Geschwindigkeitsfeld zu den Weltlinien der Flüssigkeitsteilchen, fällt damit natürlich fort. Der Zusammenhang mit der Erfahrung wird nicht durch jene Deutung von 𝔳 als Geschwindigkeit eines strömenden substantiellen Mediums hergestellt, sondern durch die Gesetze, nach welchen sich aus den Feldgrößen 𝔳, 𝔅 die auf die beobachtbaren Körper einwirkende ponderomotorische Kraft bestimmt. Auf Grund dieser Gesetze, nicht auf Grund einer substantiellen Mitführung kann der „hineingeworfene Strohhalm" (vgl. S. 561) zur Messung von 𝔳 verwendet werden. Oder besser noch, da ja auch der Strohhalm im Felde aufgelöst werden muß: es müssen, gemäß dem von MIE aufgestellten Muster einer reinen Feldtheorie, die Formeln hinzugefügt werden, welche die Energie-Impulsgrößen in Abhängigkeit von den Feldgrößen 𝔳 und 𝔅 definieren. So etwa würde heute die konsequente Durchführung des Cartesischen Grundgedankens aussehen.

Spätere Physiker haben tatsächlich die hydrodynamischen Gleichungen (17) zum Fundament für ihre Theorie des Äthers gemacht[2]). Eine analoge Rolle spielt die Elastizität in der älteren mechanischen Lichttheorie. Sobald man aber einmal von der Vorstellung der sich bewegenden Substanz zu der des raumzeitlich ausgebreiteten Feldes übergegangen ist, haben solche noch in Anknüpfung an den Substanz-Gedanken entsprungenen Ansätze keinerlei anschaulichen Vorzug mehr vor der von vornherein damit aufräumenden Maxwellschen Feldtheorie. Es war ein ungeheurer Fortschritt, daß FARADAY und MAXWELL sich über die das Feld beschreibenden Zustandsgrößen und ihre Gesetze von neuem durch die Erfahrung belehren und nicht von apriorischen Konstruktionen leiten ließen; dies ihr Vertrauen zur Natur war durch den Bruch mit der „mechanischen" Naturerklärung nicht zu teuer erkauft, es wurde belohnt durch die grandiose, allen mechanischen Bildern weit überlegene Harmonie, die den von ihnen entdeckten Gesetzen innewohnt.

IV. Die Materie als dynamisches Agens.

Die Erklärung der Kraftübertragung durch die Ausbreitung von Energie und Impuls im kontinuierlichen Felde hat sich im engsten Anschluß an die Erfahrung herausgebildet, und diese Vorstellungsweise durchdringt heute die ganze Physik. Es scheint mir kaum wahrscheinlich, daß die Quantentheorie trotz ihres Sturmlaufs gegen die Wellentheorie des Lichtes dies Element aus der Naturbeschreibung wieder beseitigen wird. Denn will man heute eine feldlose Physik bauen, so müßte man sich insbesondere aller *geometrischen* Begriffe zur Beschreibung der Atome usw. enthalten, da die geometrischen Beziehungen ja auf dem metrischen Felde beruhen! Hingegen ist die *reine* Feldtheorie vorerst nur Hypothese und Programm; den tatsächlichen Betrieb der physikalischen Forschung beherrscht nach wie vor der Dualismus von Materie und Feld. Ihre Verbindung ist *dynamisch:* die Materie erregt das Feld, das Feld wirkt auf die Materie. Achtet man weniger auf das vermittelnde Medium des Feldes, so erscheinen *Stoff und Kraft* als die aufeinander angewiesenen Konstituenten der Welt. „Die Wissenschaft betrachtet", so spricht HELMHOLTZ diesen Standpunkt aus, „die Gegenstände der Außenwelt nach zweierlei Abstraktionen: einmal ihrem bloßen Dasein nach, abgesehen von ihren Wirkungen auf andere Gegenstände oder unsere Sinnesorgane; als solche bezeichnet sie dieselben als Materie. Das Dasein der Materie ist uns also ein ruhiges, wirkungsloses; wir unterscheiden an ihr die räumliche Verteilung und die Quantität (Masse), welche als ewig unveränderlich gesetzt wird. Qualitative Unterschiede dürfen wir der Materie an sich nicht zuschreiben." Auf der anderen Seite legen wir der Materie das Vermögen zur Wirkung bei, nur durch ihre Wirkungen kennen wir sie ja; „eine reine Materie wäre für die übrige Natur gleichgültig, weil sie nie eine Veränderung in dieser oder in unseren Sinnesorganen bedingen könnte; eine reine Kraft wäre etwas, was da sein sollte und doch wieder nicht da ist, weil wir das Dasein Materie nennen". F. A. LANGE in seiner bekannten „Geschichte des Materialismus" faßt das Verhältnis in mehr kritischer Wendung gegen die Materie so: „Der unbegriffene oder unbegreifliche Rest unserer Analyse ist stets der Stoff."

Die *dynamische Vorstellungsweise*, auf die wir schon im Anfang des vorigen Abschnittes kurz eingingen, ist in der Physik vor allem von NEWTON begründet worden. Den historisch überkommenen Substanzbegriff hat er nicht umgestoßen, und so finden wir bei ihm jenen Dualismus aufs schärfste ausgeprägt. Er hat eine Substanz, die ihrem Wesen nach ausgedehnt, starr, undurchdringlich, beweglich, träge ist; hingegen ist die Schwere keine essentielle Eigenschaft der Materie, sondern eine durch sie hindurchgreifende Kraft immaterieller Art[1]). Den Zeitgenossen NEWTONS, soweit sie auf eine geometrische Substanzphysik eingestellt waren, erschien dies als ein schlimmer Rückschritt. In der Tat hatten sich solche Ideen von einem bewegenden Prinzip in der Materie, dem „Archäus", seit

[1]) Die Annahme einer qualitativ nicht charakterisierten Substanz führt, wie wir im Abschnitt I sahen, notwendig zum Atomismus; jede Fluidumtheorie also, die an der kontinuierlichen Raumerfüllung festhalten will, muß, zu Ende gedacht, Feldtheorie werden.

[2]) W. THOMSON, On Vortex Atoms, Phil. Mag. (4), 34. 1867; V. BJERKNES, Vorlesungen über hydrodynamische Fernkräfte (Leipzig 1900); A. KORN, Mechanische Theorie des elektromagnetischen Feldes, Physik. Zeitschr. 18, 19, 20. 1917/1919.

[1]) Principia, Ende des 3. Buches.

PARACELSUS namentlich in den Naturanschauungen der Chemiker und Ärzte fortgepflanzt, oft sich in dunkelm Mystizismus verlierend. Für KEPLER, den lichten Mystiker, war wie für PLATON das, was die Planeten in ihrer Bahn bewegt, anfänglich eine Gestirnseele; nur so schien ihm — wie PLATON — der dieser Bewegung innewohnende *νοῦς*, die gesetzmäßige Harmonie verständlich[1]). Später aber, als er immer deutlicher erkannte, daß die Sonne allein sie an goldenem Zügel durchs Weltall führt, faßte er die Vorstellung des von der Sonne ausstrahlenden Kraftfeldes und beschreibt es als „etwas Körperartiges von der Natur des Lichtes". Er kam noch zu einem falschen Ausbreitungsgesetz, weil er annahm, daß die Ausbreitung nicht im Raume, sondern nur in der Ebene der Ekliptik geschehe, in der alle Planeten umlaufen. NEWTON gab dann das genaue Gesetz, und es gelang ihm, daraus in Verbindung mit dem mechanischen Grundgesetz der Bewegung und mit Hilfe der von ihm zu diesem Zweck entwickelten Fluktuationsrechnung die beobachtete Bewegung der Himmelskörper auf das vollkommenste zu erklären. Mit großer methodischer Klarheit umriß er das Gebiet der exakten Naturwissenschaft als die Erkenntnis der funktionellen Gesetze, welche zwischen den an den Erscheinungen meßbaren Größen bestehen, innerhalb der Naturforschung die Frage nach dem „Wesen" — die für ihn im übrigen keineswegs bedeutungslos war — mit seinem *Hypotheses non fingo* abschneidend.

Der klassische Philosoph der dynamischen Weltvorstellung aber ist LEIBNIZ, der in unübertrefflicher Schärfe die Metaphysik des Kraftbegriffes ausgesprochen hat. Für ihn liegt das Reale an der Bewegung nicht in der reinen Lageveränderung, sondern in der bewegenden Kraft. „La substance est un être capable d'action — une force primitive" — überräumlich, immateriell. Der entscheidende Gedanke der *Aktion*, des Grundseins von etwas, des Aus-sich-Erzeugens tritt hier ganz in den Mittelpunkt. Das letzte Element ist der dynamische Punkt, aus welchem die Kraft als eine jenseitige Macht hervorbricht, eine unzerlegbare ausdehnungslose Einheit: *die Monade*. Die einzige Größenbestimmung, welche man zunächst an einen Körper heranbringen kann, ist: die Anzahl der Wirkungspunkte, aus denen er besteht; nur mit Rücksicht auf ihre Verteilung im *Raume* wird der Körper als ein *ausgedehntes* Agens bezeichnet. Nichts von Solidität und von Substanz als einem meßbaren Quantum! Die Kraft bleibt für ihn etwas Spirituelles, „eine gewisse Intelligenz, welche mit metaphysischen Gründen rechnet" (vgl. die eben zitierten Äußerungen PLATONS). Doch bleibt es bei der *aktiven Einzelwirkung*, die Möglichkeit für das Verständnis der Wechselwirkung zwischen Individuen ist noch nicht gewonnen; die prästabilierte Harmonie täuscht, gleich einem in phantastischen Farben erstrahlenden Dunstschleier, des furchtbaren Abgrundes Überbrückung vor, der zwischen Monade und Monade klafft. (Hier füllt für uns heute das *Feld* die Lücke.)

Wir erwähnten oben den Briefwechsel zwischen HUYGHENS und LEIBNIZ. Während HUYGHENS alle dynamischen Vorstellungen aus der Erklärung des Stoßes der Atome verbannt wissen will und sich allein auf die Solidität der Substanz und die Prinzipe der Erhaltung von Energie und Impuls stützt, ist für LEIBNIZ dieser Huyghenssche Stoß schon darum unmöglich, weil dabei ein momentaner Sprung der Geschwindigkeit stattfindet; denn auch beim Stoß muß nach seiner Überzeugung die Geschwindigkeit *kontinuierlich* zu Null herabsinken, ehe sie in die entgegengesetzte umschlagen kann. Endlich hat der menschliche Geist Fuß gefaßt im Kontinuum und den uns heute so selbstverständlich gewordenen Sinn für die Kontinuität erworben[1])! Im Stoß betätigt sich nach LEIBNIZ die *Elastizität* als eine nach bestimmtem Gesetz wirkende Aktion der materiellen Elementarbestandteile. Neben die repulsive tritt zur Erklärung des Zusammenhalts der Körper die anziehende Kraft. Im gleichen Sinne verwirft NEWTON die hakenförmigen Atome als eine Erklärung, die nichts erklärt, und fährt fort: „Ich möchte aus dem Zusammenhang der Körper lieber schließen, daß die Teilchen derselben sich sämtlich gegenseitig mit einer Kraft anziehen,

[1]) Für PLATON sind die Gestirne „beseelte Körper", weil sie sich im leeren Weltraum von selbst harmonisch bewegen (die Astronomie der Unteritaliker um ARCHYTAS!), ohne, wie noch DEMOKRIT gemeint hatte, von anderen Körpern, z. B. dem Luftdruck, angetrieben zu werden. „Darum", heißt es am Schluß der Gesetze, „ist es heute gerade umgekehrt wie zu den Zeiten, wo die Forscher (ANAXAGORAS und DEMOKRIT) sich die Weltkörper noch tot (*ἄψυχα*) dachten. Bewunderung schlich sich vor den Gestirnen wohl schon damals ein, und man ahnte wohl schon damals, was heute als Tatsache gilt, wenn man die Genauigkeit ihrer Bewegungen sah; denn wie könnten tote Körper, wenn kein Verstand (*νοῦς*) in ihnen ist, so wunderbare mathematische Genauigkeit dabei zeigen ..., und es gab schon damals einige, die den Mut hatten, es offen auszusprechen, daß *Verstand* es sei, was alle kosmischen Erscheinungen im Raum beherrsche." — ARISTOTELES ersetzt die Selbstbewegung durch den göttlichen „unbewegten ersten Beweger". — Bei KEPLER vergleiche man den Schlußhymnus in seinem *Prodromos*, wo es heißt:

Ast ego, quo *credam spatioso Numen in orbe*,
Suspiciam attonitus vasti molimina coeli;

für die Lehre von der Schwerkraft namentlich Abschnitt XXXIII der *Astronomia nova*, für den Übergang von der Gestirnseele zur mechanischen Auffassung Abschnitt XXXIX und LVII ebendort. Aber auch hier fällt es ihm noch schwer, die in den Gesetzen sich ausdrückende funktionelle Verknüpfung und den Gehorsam der Planeten gegen sie anders zu verstehen als durch eine Planetenseele, welche das Bild der Sonne in seiner wechselnden Größe in sich aufnimmt.

[1]) Wie schwierig es noch den Zeitgenossen GALILEIS war, die Vorstellung einer kontinuierlich anwachsenden Geschwindigkeit zu fassen, geht aus der ausführlichen Diskussion darüber im „Dialog über die beiden hauptsächlichsten Weltsysteme" hervor. (Übersetzung von E. STRAUSS, Teubner 1891, S. 21—30.)

welche in der unmittelbaren Berührung selbst sehr groß ist, in kleiner Entfernung die chemischen Wirkungen zur Folge hat, bei weiteren Distanzen jedoch keine merklichen Wirkungen ausübt." Das Atom wird zum „Kraftzentrum". Als solches ist es selbstverständlich kugelförmig (während nach der Substanztheorie kein entscheidender Grund für die Kugelgestalt der Atome bestand); diese Aussage bedeutet hier nichts anderes, als daß die Intensität des Kraftfeldes wegen der Isotropie des Raumes nur eine Funktion der *Entfernung* sein kann. So hat insbesondere MAXWELL die kinetische Gastheorie durchgeführt, indem er den Huyghensschen Stoß (Kraft, welche für alle Entfernungen r oberhalb einer gewissen Größe a, dem Atomradius, gleich Null ist, für Werte $r \leqq a$ aber sogleich unendlich groß wird) ersetzte durch eine repulsive Kraft, welche umgekehrt proportional der fünften Potenz der Entfernung abnimmt. CAUCHY und AMPÈRE bekennen sich klar zu der Auffassung, daß die Zentren Punkte im strengsten Sinne, ohne Ausdehnung sind[1]). In den „metaphysischen Anfangsgründen der Naturwissenschaft" apriorisiert KANT (unter Ablehnung der Atomtheorie) die zu seiner Zeit herrschenden Anschauungen der Newtonschen Physik, indem er die Materie aus dem Gleichgewicht zwischen anziehender und repulsiver Kraft verstehen will, wie er mit seiner „ersten Analogie der Erfahrung" in der „Kritik der reinen Vernunft" den historisch überkommenen Substanzbegriff apriorisiert hatte[2]). BERZELIUS faßt zuerst den Gedanken, daß die chemische Affinität *elektrischer* Natur sei. Heute ist es schon in beträchtlichem Ausmaße gelungen, aus den zwischen den Atomen, genauer: zwischen den Elektronen und Atomkernen wirkenden elektrischen Kräften den Aufbau der Körper, ihr elastisches, thermisches, elektrisches, magnetisches, optisches und chemisches Verhalten zu erklären; namentlich in den beiden extremen Zuständen der Materie, dem gasförmigen und dem krystallinen.

Wir haben im Abschnitt III. nur von den Gesetzen der Wirkungsausbreitung im Felde gesprochen, da die reine Feldtheorie nur mit solchen Naturgesetzen rechnet; daneben spielen aber heute tatsächlich noch andersartige Gesetze eine Rolle, welche angeben, *wie das Feld von der Materie erregt wird*. Die ganze moderne Physik der Materie, die Quantentheorie, handelt von dieser Frage; und man gewinnt immer mehr den Eindruck, daß es ganz aussichtslos ist, die da sich enthüllenden, weitgehend von der ganzen Zahl beherrschten Tatsachen von der reinen Feldtheorie aus zu verstehen. Es kommt ein anderer prinzipieller Punkt hinzu. Nach den in der Feldtheorie gültigen Gesetzen vom Typus der Maxwellschen Gleichung kann der Zustand des Feldes inklusive der Materie in einem Augenblick willkürlich vorgegeben werden; dadurch ist dann aber der ganze Ablauf, Vergangenheit und Zukunft, eindeutig determiniert, indem die Feldgesetze je zwei unmittelbar in der Zeit aufeinander folgende Feldzustände verknüpfen. In dieser Form gilt hier das Kausalitätsprinzip[1]). Die Erfahrung spricht aber mit großer Deutlichkeit für eine andere Kausalität, nämlich dafür, daß die Materie das Feld bestimmt und dieses nur durch die Materie hindurch beeinflußt werden kann; unser willentliches Handeln muß primär stets an der Materie angreifen, auf keinem anderen Wege können wir ein elektromagnetisches Feld erzeugen oder verändern. Aus diesem Grunde scheint mir auch heute noch eine dynamische Theorie der Materie am aussichtsreichsten: *die Materie ein felderregendes Agens, das Feld ein extensives Medium, das die Wirkungen von Körper zu Körper überträgt.* Zu dieser Funktion ist es befähigt durch die in den Feldgesetzen sich ausdrückenden Bindungen des inneren differentiellen Zusammenhangs der möglichen Feldzustände; von der Materie aber hängt es ab, welche dieser Möglichkeiten hier und jetzt zur Wirklichkeit werden.

Die einzige statische kugelsymmetrische Lösung der Maxwellschen Gleichung div $\mathfrak{E} = 0$ ist, wie wir schon oben erwähnten, das radiale Feld von der Stärke $E = \frac{\varepsilon}{4\pi r^2}$; es schickt durch jede um das Zentrum geschlagene Kugel den gleichen Fluß ε hindurch. Nur ein solches Feld kann also im statischen Zustand von einem im Zentrum liegenden „dynamischen Punkte" k ausgehen; wir nennen ε dessen „*felderregende* oder *aktive Ladung*". Die Kraft, welche in seinem Felde ein zweiter dynamischer Punkt k' erfährt, der sich in der Entfernung r von ihm befindet, ist $= e'E$, wo e' nur vom Zustand dieses zweiten Korpuskels abhängt; wir bezeichnen e' als dessen „*passive Ladung*". Durch Kombination dieser beiden Gesetze ergibt sich die Coulombsche Wechselkraft von k auf k' zu $\frac{\varepsilon e'}{4\pi r^2}$. Nach dem Gesetz von der Erhaltung des Impulses muß, wenn wir es auf das abgeschlossene System der beiden Körper k, k' anwenden, die Kraft, mit welcher k' auf k wirkt, der Kraft von k auf k' entgegengesetzt gleich sein; das liefert, wenn e die passive Ladung von k, ε' die felderregende Ladung von k' bedeutet, die Gleichung

$$\varepsilon e' = \varepsilon' e \quad \text{oder} \quad \frac{e'}{\varepsilon'} = \frac{e}{\varepsilon}.$$

[1]) Auch diese Ansicht ist schon im Altertum vorgebildet durch die Pythagoreer, die so offenbar das Feldkontinuum des ANAXAGORAS mit dem Atomismus DEMOKRITS versöhnen wollten. Sie findet sich außerdem, aus analogen Motiven entsprungen, in KANTS Jugendwerk „Physische Monadologie" und bei BOSCOVICH.

[2]) Nichts illustriert vielleicht besser seine Zeitgebundenheit als sein Versuch, mit metaphysischen Gründen die anziehende Kraft als eine unmittelbar in die Ferne, die abstoßende als eine nur in der Berührung wirkende zu erweisen.

[1]) Ganz kürzlich hat EINSTEIN den Gedanken ausgesprochen, durch überbestimmte Gleichungen im Rahmen der Feldtheorie den Quantentatsachen zu Leibe zu rücken. Sitzungsber. d. Preuß. Akad. d. Wissensch. 1923, S. 359.

Für alle Körper hat also das Verhältnis $\frac{e}{\varepsilon}$ den gleichen Wert; indem wir es $= 1$ setzen und damit das Gesetz von der *Gleichheit der passiven mit der aktiven Ladung* gewinnen, normieren wir lediglich die Wahl der Maßeinheit für die Ladung. Drücken wir die Kraft, welche ein Körper k auf einen andern k' ausübt, aus durch den Impulsstrom, welcher pro Zeiteinheit durch eine geschlossene, k von k' trennende Fläche im Felde hindurchtritt, so wird das hier verwendete Gesetz der Gleichheit von actio und reactio zur Selbstverständlichkeit, da der Fluß, welcher durch jene Fläche in der einen Richtung (von innen nach außen) hindurchtritt, mathematisch gleich ist dem mit dem negativen Vorzeichen versehenen, in der anderen Richtung (von außen nach innen) hindurchgehenden Fluß. Die Kraftübertragung durch den im Felde fließenden Impulsstrom macht es also restlos verständlich, wie es kommt, daß die *aktive* Ladung ε — definiert als der Fluß, den das elektrische Feld $\mathfrak{E}$ durch eine das Korpuskel k umschließende Hülle im Felde hindurchschickt — zugleich als *passive* Ladung fungiert und als solche die Intensität bestimmt, mit welcher das Teilchen von irgendeinem gegebenen elektrischen Felde attackiert wird. Genau die gleiche Überlegung kann man in der Newtonschen Gravitationstheorie anstellen hinsichtlich der felderregenden oder *aktiven Masse* μ, welche das ein Korpuskel umgebende Gravitationsfeld bestimmt, und der passiven oder *schweren Masse* m, zu welcher die Intensität proportional ist, mit der ein gegebenes Gravitationsfeld auf dieses Korpuskel wirkt. In der Tat sind ja die Gesetze der Newtonschen Gravitationstheorie völlig analog zu denen der Elektrostatik; nur hat man in diesem Falle die Maßeinheit für die Masse nicht so normiert, daß die „Gravitationskonstante" $\frac{\mu}{m}$, welche für alle Körper den gleichen Wert hat, $= 1$ ist, sondern sie ist im CGS-System $= 6{,}7 \cdot 10^{-8}$. Aus der Planetenbewegung kann man direkt nur die aktive Masse der Sonne und der Planeten entnehmen; es war ein an der Erfahrung nicht zu kontrollierender, nur durch das Prinzip der Gleichheit von actio und reactio berechtigter hypothetischer Ansatz, wenn NEWTON daraus ihre schwere Masse ableitete. Umgekehrt messen wir an unseren irdischen Körpern mit der Wage die schwere Masse; erst durch die Konstatierung, daß auch von ihnen ein schwaches Gravitationsfeld ausgeht, und durch dessen Messung konnte der Wert der Gravitationskonstanten (immer noch wenig genau genug) festgelegt werden. Durch EINSTEINS Relativitätstheorie wurde ferner die bis dahin empirisch konstatierte, aber ganz rätselhafte *Gleichheit von träger und schwerer Masse* als Wesensgleichheit erkannt. Das Resultat der Newtonschen Gravitationstheorie, die Proportionalität zwischen schwerer und felderregender Masse, geht in ihr nicht verloren, ebensowenig die Darstellung der Masse als ein Fluß, den das Gravitationsfeld durch eine das Korpuskel umschließende gedachte Hülle im Felde hindurchsendet[1]). *Als Ursache der Trägheit erscheint* also jetzt nicht mehr, wie es die spezielle Relativitätstheorie nahegelegt hatte, die im Teilchen konzentrierte Energie, sondern *der Fluß des umgebenden Gravitationsfeldes*. Die Sachlage ist somit die folgende: Die statische kugelsymmetrische Lösung der Feldgleichungen des gravi-elektromagnetischen Feldes enthält zwei Konstanten, ε und μ, „Ladung" und „Masse"; sie bezeichnen unveränderliche Eigenschaften des felderzeugenden Teilchens, z. B. des Elektrons. Durch das Teilchen ist das Feld in seiner unmittelbaren Umgebung vollständig bestimmt. Die Gültigkeit der mechanischen Gleichungen, in denen μ als träge und schwere Masse, ε als passive Ladung auftritt, ergibt sich daraus, *daß sich dieses Eigenfeld des Elektrons in den außerhalb des Teilchens herrschenden, durch die Feldgesetze vom Typus der Maxwellschen Gleichungen geregelten Feldverlauf einpassen muß*. Man hat hier den Unterschied zwischen „Natur" und „Orientierung" des Eigenfeldes zu machen. Es haben z. B. alle Quadrate in der Geometrie die gleiche *Natur*; denn es gibt keine geometrische (nur von dem Quadrat handelnde und es nicht zu anderen geometrischen Gebilden in Beziehung setzende) Eigenschaft, welche *einem* Quadrat zukäme, einem andern aber nicht; verschiedene Quadrate unterscheiden sich vielmehr lediglich durch ihre *Orientierung*. In analogem Sinne ist die Natur seines Eigenfeldes durch das Teilchen vollständig bestimmt, hierin bewährt die „Monade" ihre reine, von nichts Fremdem abhängige Aktivität. Allein hinsichtlich der Orientierung, die gar nicht absolut, sondern nur relativ zum einbettenden Gesamtfeld faßbar ist, *erleidet* es auch eine Rückwirkung vom Felde. Das Feld zu erregen, ist die wesentliche Funktion der Materie, die Rückwirkung ist sekundär; die mechanischen Gleichungen sind eine Folge der Gesetze für die Erregung und Ausbreitung des Feldes.

Im Gegensatz zu der Meinung von CAUCHY und AMPÈRE hat man dem Elektron einen endlichen Radius zugeschrieben, weil sonst die Energie des elektrostatischen Feldes und damit seine träge Masse unendlich groß wird. Aber die eben erwähnte Formel für das ein dynamisches Zentrum kugelsymmetrisch umgebende Feld enthält die Masse μ, und diese hat offenbar gar nichts damit zu tun, bis zu wie kleinen Werten der Entfernung r herab wir jene Feldformel anwenden. Die Aufklärung liegt in der Darstellung von μ mittels des Flusses, den das Gravitationsfeld durch eine das Teilchen in hinreichend großer Entfernung umgebende Kugel Ω hindurchschickt; läßt man den Radius von Ω zu 0 abnehmen, so strebt jener Fluß nicht gegen 0, sondern gegen $-\infty$. Das Zentrum ist eine Singularität im Felde. Nun ist es gewiß physikalisch unmöglich, daß der Verlauf der Zustandsgrößen irgendwo im Innern des extensiven vier-

[1]) Vgl. WEYL, Raum, Zeit, Materie (5. Aufl., Springer 1923), S. 275 und § 38.

dimensionalen Mediums der Welt wirkliche Singularitäten aufweist; und darum war das Bestreben der Mieschen Theorie berechtigt, durch Modifikation der Feldgleichungen den schmalen tiefen Schlund, der sich im Gebiete eines Elektrons im Felde öffnet und von welchem wir aus der Erfahrung höchstens die Randböschung kennen, durch ein regulär verlaufendes, qualitativ dem äußeren gleichartiges Feld, etwa nach Art der Formel (16), auszufüllen. In der allgemeinen Relativitätstheorie aber, die mit der Gültigkeit der Euklidischen Geometrie aufgeräumt hat, ***brauchen wir dem Raum auch nicht mehr die Zusammenhangsverhältnisse des Euklidischen Raumes zuzuschreiben***; er kann vielfach zusammenhängend sein wie das nebenstehend gezeichnete und schraffierte zweidimensionale Gebiet *G* und außer dem einen unendlich fernen Saume noch andere innere, den materiellen Elementarteilchen entsprechende Säume besitzen. (Im vierdimensionalen Raum-Zeit-Kontinuum treten an Stelle der begrenzten „Löcher" Kanäle oder Schläuche, welche sich in eindimensional unendlicher Erstreckung durch die Welt hindurchziehen; hier liegt die physikalische Grundlage für die im anschauenden Bewußtsein sich vollziehende Spaltung des Weltkontinuums in Raum und Zeit.) Die Säume selber sind dabei vom Felde aus etwas Unerreichbares, gehören nicht mehr zum Feldgebiet, *im Innern dieser Säume ist kein Raum mehr*. Das weiße Papierblatt, auf welchem das Gebiet *G* steht, ist nur wie ein Wandschirm, auf welchen die Wirklichkeit *G* zum Zwecke ihrer bequemeren Beschreibung projiziert ist. Für ein „ganz im Endlichen gelegenes", d. h. nicht an die Säume heranreichendes Stück *S* des Raumes gilt dann wohl der Satz, daß der durch die Oberfläche von *S* hindurchtretende Gravitationsfluß, durch welchen wir die eingeschlossene Masse definierten, gleich der in *S* enthaltenen Feldenergie ist, welche sich offenbar durch ein über *S* zu erstreckendes Raumintegral ausdrückt; nicht aber gilt dies für ein ins Unendliche reichendes, d. h. Materie enthaltendes Gebiet. So ermöglicht die allgemeine Relativitätstheorie in überraschender Weise, die Leibnizsche Agenstheorie der Materie durchzuführen. *Danach ist das Materieteilchen* selber nicht einmal ein Punkt im Feldraume, sondern *überhaupt nichts Räumliches* (Extensives), aber es steckt in einer räumlichen Umgebung drin, von welcher seine Feldwirkungen ihren Ausgang nehmen. Es ist darin analog dem Ich, dessen Wirkungen, trotzdem es selber unräumlicher Art ist, durch seinen Leib hindurch jeweils an einer bestimmten Stelle des Weltkontinuums entspringen. Was dieses felderregende Agens aber seinem inneren Wesen nach auch sein mag — vielleicht Leben und Wille —, in der Physik betrachten wir es nur nach den von ihm ausgelösten Feldwirkungen und können es auch nur vermöge dieser Feldwirkungen zahlenmäßig charakterisieren (Ladung, Masse). So hat es die Physik im Grunde doch allein mit dem Felde zu tun, jenem extensiven strukturbegabten Medium, das alle die verschiedenen inextensiven materiellen Individuen zu dem Wirkungsganzen einer *Außenwelt* zusammenbindet. Auch der „geistigste" Verkehr von Seele zu Seele, der gebunden bleibt an den leiblichen Ausdruck, kann nicht anders als durch Fortpflanzung von Wirkungen in diesem Medium zustande kommen. Hier haben wir also, was LEIBNIZ noch fehlte, das Medium der Kommunikation für die Monaden. Indem jede, rein nach eigenem Gesetz, ihre Aktion in dieses Medium wie in ein gemeinsames Becken einfließen läßt, kommt durch dessen an die Feldgesetze gebundenen strukturellen Zusammenhang die Wechselwirkung zustande. Und es kann vielleicht die These, aus der heraus die Naturwissenschaft den Spiritismus und ähnliches ablehnt, nicht schärfer formuliert werden als dahin: Alle Verbindung zwischen Individuen und alle gegenseitige Beeinflussung kann nur mittels der nach den physikalischen Feldgesetzen im extensiven Medium der Außenwelt sich vollziehenden Ausbreitung von Feldwirkungen zustande kommen. Von der Gesetzmäßigkeit der Auslösungsvorgänge wissen wir heute noch herzlich wenig; die Quantentheorie ist da wohl das erste anbrechende Licht.

Mehrfach zusammenhängendes Gebiet.

Was ist Materie? — Nach der Vernichtung der Substanzvorstellung schwankt heute die Wage zwischen der dynamischen und der Feldtheorie der Materie. Eine Antwort in wenigen Worten läßt sich nicht geben und wird sich niemals geben lassen; das bedeutet aber kein ignorabimus. Wir werden um so besser wissen, was die Materie ist, je vollständiger wir die Gesetze des materiellen Geschehens erkannt haben werden, und auf etwas anderes kann diese Frage überhaupt nicht zielen. Alle Begriffe und Aussagen einer theoretischen Wissenschaft, wie es die Physik ist, stützen sich gegenseitig. Statt vor eine kurze endgültige Formel, die man schwarz auf weiß nach Hause tragen kann, stellt uns diese Frage wie alle Fragen grundsätzlicher Art vor eine unendliche Aufgabe.

67.

Die heutige Erkenntnislage in der Mathematik

Symposion 1, 1 – 32 (1925)

I. Von Anaxagoras bis Dedekind.

Die Mathematik ist die Wissenschaft vom Unendlichen. Die Spannung zwischen dem Endlichen und dem Unendlichen für die Erkenntnis der Wirklichkeit fruchtbar gemacht zu haben, ist die große Leistung der Griechen. Das Gefühl, die ruhige und fraglose Anerkennung des Unendlichen eignet dem Orient; aber ihm bleibt es ein bloß abstraktes Bewußtsein, das die konkrete Mannigfaltigkeit des Daseins gleichgültig — ungestaltet, undurchdrungen — neben sich liegen läßt. Vom Orient kommend, bemächtigt sich das religiöse Gefühl des Unendlichen, des *ἄπειρον*, der griechischen Seele in der dionysisch-orphischen Epoche, die den Perserkriegen voraufgeht. Die Perserkriege bedeuten auch hier die Lösung des Okzidents vom Orient. Nun wird für den Griechen jene Spannung und ihre Überwindung zum treibenden Motiv der Erkenntnis; doch jede Synthese, kaum geglückt, läßt den alten Gegensatz in vertiefterem Sinne neu wieder hervorbrechen. So bestimmt er die Geschichte der theoretischen Erkenntnis bis in unsere Tage.

Anaxagoras gibt dem Begriff des Unendlichen zuerst eine Fassung, durch welche er in die Wissenschaft einzugreifen vermag. Ein uns überliefertes Fragment von ihm sagt: »*Im Kleinen gibt es kein Kleinstes, sondern es gibt immer noch ein Kleineres.* Denn was ist, kann durch keine noch so weit getriebene Teilung je aufhören zu sein.« Es handelt sich um den Raum oder den Körper. Das Kontinuum, sagt er, kann nicht aus diskreten Elementen zusammengesetzt sein, die »voneinander abgetrennt, wie mit dem Beile voneinander abgehauen« sind. Der Raum ist nicht nur in dem Sinne unendlich, daß man in ihm nirgendwo an ein Ende kommt; sondern an jeder Stelle ist er sozusagen nach innen hinein unendlich, ein Punkt läßt sich nur durch einen ins Unendliche fortschreitenden Teilungsprozeß von Stufe zu Stufe genauer und genauer fixieren. Das steht in Kontrast zu dem für die Anschauung ruhenden fertigen Dasein des Raumes. Für das ihn erfüllende Quale ist der Raum Prinzip der Scheidung, überhaupt erst die Möglichkeit eines Verschiedenerlei von Qualitativem schaffend; aber *Scheidung* zugleich und *Berührung*, stetiger Zusammenhang, so daß sich kein Stück von dem anderen »wie mit dem Beile abhauen« läßt. Die mathematische Bedeutung seines Infinitesimalprinzips tritt bei Anaxagoras hervor durch die von ihm gefundene Lösung der »Quadratur des Kreises«, den Nachweis, daß der Flächeninhalt eines Kreises dem Quadrat des Radius proportional ist.

Gegen Anaxagoras erhebt sich die streng atomistische Theorie des Demokrit. Eine seiner Argumentationen wider die unbegrenzte Teilbarkeit der Körper läuft etwa so: »Man sagt, die Teilung sei möglich; wohlan, sie sei geschehen. Sie ist in infinitum möglich; das Mögliche sei eingetreten. Was bleibt übrig? Keine Körper; denn diese ließen sich noch wieder teilen, und die Zerlegung wäre nicht bis zum Letzten fortgeschritten. Es könnten nur Punkte sein, und der Körper müßte aus Punkten bestehen, was offenbar absurd ist.« In etwas anderer Form erscheint die Schwierigkeit, welche das Kontinuum dem Denken bereitet, in dem bekannten Paradoxon des Zenon von dem Wettlauf zwischen Achilleus und der Schildkröte. Aristoteles bemerkt dazu (Physik, Kap. VIII): »Wenn man die stetige Linie in zwei Hälften teilt, so nimmt man den einen Punkt für zwei; man macht ihn sowohl zum Anfang als zum Ende, indem man aber so teilt, ist nicht mehr stetig weder die Linie noch die Bewegung ... In dem Stetigen sind zwar unbegrenzt viele Hälften, aber nicht der Wirklichkeit, sondern der Möglichkeit nach.« Man weiß, wie diese Antinomien, von der Entfaltung der Mathematik kaum berührt und an Präzision der Fassung eher ab- als zunehmend, in der neueren Philosophie fortwirken und eine entscheidende Rolle spielen bei der Grundlegung des erkenntnistheoretischen Idealismus. So bezeugt Leibniz — wenn wir von Geringeren wie Bayle, Collier absehen —, daß das Verlangen, einen Ausweg aus dem »Labyrinth des Kontinuum« zu finden, es war, was ihn zuerst zu der Auffassung des Raumes und der Zeit als Ordnungen der Phänomene hingeführt hat. Noch im Kantischen System treten sie an bedeutungsvoller Stelle auf als die ersten beiden Antinomien der reinen Vernunft. Wir kommen auf ihren Gehalt später zurück.

In der mit räumlichen Idealgebilden operierenden reinen Geometrie der Griechen, wie sie uns Euklid in seinen »Elementen« überliefert hat, kann ohne Zweifel eine Strecke $\mathfrak{a}$ nicht nur fortgesetzt halbiert werden, sondern mit ihr existiert auch immer diejenige Strecke und läßt sich konstruktiv aus ihr gewinnen, welche sich zu $\mathfrak{a}$ verhält wie $5:3$ oder wie irgend zwei natürliche Zahlen $m:n$. Es folgt die Entdeckung des Irrationalen; Raumgrößen werden aufgezeigt, wie die Seite und Diagonale eines Quadrats, die nicht in einem rationalen Verhältnis zueinander stehen, die gar kein gemeinsames Maß haben. Die atomistische Theorie ist damit für den Raum offenbar unmöglich geworden. In den Platonischen Dialogen spürt man den tiefen Eindruck, den diese Entdeckung auf das entstehende wissenschaftliche Bewußtsein der damaligen Zeit gemacht hat. Unabhängig von den besonderen geometrischen Konstruktionen, die zunächst einzelne Irrationalitäten wie $\sqrt{2}$ lieferten, erkannte Eudoxos die allgemeinen Grundlagen des Phänomens. 1. An Stelle der unhaltbar gewordenen Kommensurabilität setzt er das Axiom: Sind $\mathfrak{a}$ und $\mathfrak{b}$ irgend zwei Strecken, so läßt sich $\mathfrak{a}$ immer so oft zu sich selbst hinzufügen, etwa n-mal, bis die Summe $n\,\mathfrak{a}$ größer als $\mathfrak{b}$ geworden ist. Dies bedeutet, daß alle Strecken von vergleichbarer Größenordnung untereinander sind, daß es *weder ein aktual Unendlichkleines noch ein aktual Unendlichgroßes* im Kontinuum gibt. Denn eine Strecke $\mathfrak{a}$, die kleiner als $\mathfrak{b}$ bliebe, wie oft ich sie auch zu sich selbst hinzufügte, würde ich unendlichklein gegenüber $\mathfrak{b}$ nennen. 2. Wenn es im allgemeinen nicht möglich ist, ein Streckenverhältnis durch einen Bruch wie $\frac{5}{3}$ zu kennzeichnen, auf welche Weise kann dies dann geschehen? Eudoxos antwortet: Zwei Streckenverhältnisse $\mathfrak{a} : \mathfrak{b}$, $\mathfrak{a}' : \mathfrak{b}'$ sind einander gleich, wenn für beliebige natürliche Zahlen m und n, welche die in der ersten Zeile stehende Beziehung erfüllen, immer auch die darunter gesetzte Relation der zweiten Zeile gilt:

$$\text{(I)} \begin{cases} n\mathfrak{a} > m\mathfrak{b} \\ n\mathfrak{a}' > m\mathfrak{b}' \end{cases} \qquad \text{(II)} \begin{cases} n\mathfrak{a} = m\mathfrak{b} \\ n\mathfrak{a}' = m\mathfrak{b}' \end{cases} \qquad \text{(III)} \begin{cases} n\mathfrak{a} < m\mathfrak{b} \\ n\mathfrak{a}' < m\mathfrak{b}' \end{cases}$$

Bezeichnen wir ein Streckenverhältnis $\mathfrak{a} : \mathfrak{b} = \alpha$ als Maßzahl oder reelle Zahl, so ist eine solche demnach gekennzeichnet durch den *Schnitt*, den sie im Gebiete der rationalen Zahlen erzeugt, durch die Einteilung aller Brüche $\frac{m}{n}$ in die drei Klassen derjenigen, welche (I) kleiner als α, (II) gleich α und (III) größer sind als α. Die mittlere Klasse ist entweder leer oder enthält nur einen einzigen Bruch. Auf diesem Fundament errichtet sich auch bei Euklid die Proportionenlehre; Archimedes gründet darauf seine allgemeine Exhaustionsmethode. So beginnt sich, unbekümmert um die philosophischen Antinomien, eine fein angelegte und ausgestaltete mathematische Theorie des Kontinuums zu entwickeln, die nirgendwo logische Sprünge und Widersprüche aufweist.

Die moderne Infinitesimalrechnung, von Leibniz und Newton zu einem Instrument der Naturerkenntnis von gewaltiger Durchschlagskraft geformt, kann sich an logischer Strenge mit der griechischen Theorie des Kontinuums nicht messen; dafür ist aber der Problemkreis viel weiter gespannt, es handelt sich von vornherein um die Analyse beliebiger stetiger Gestalten und Vorgänge, insbesondere von Bewegungsvorgängen. Der leidenschaftliche Wille zur Wirklichkeit ist in unserem Kulturkreis mächtiger als die hellsichtige griechische ratio. Hatte Eudoxos das Unendlichkleine in einem scharf gefaßten Axiom verworfen, so wird jetzt gerade umgekehrt diese Vorstellung, verschwommen und voller Unbegreiflichkeit[1]), die Grundlage des neuen Kalküls. Die Begründer freilich, Newton und Leibniz, hatten die richtige Auffassung, daß es sich nicht um ein festes Unendlichkleines, sondern um einen *Grenzübergang*

---

[1]) »Die Unbegreiflichkeiten der Mathematik« ist ein Lieblingsausdruck aus dem Beginn des 18. Jahrhunderts.

zu Null handelt, einigermaßen deutlich ausgesprochen; aber dieser Standpunkt beherrscht nicht den Aufbau ihres Gedankengebäudes, und sie wissen offenbar nicht, daß die Durchführung des Grenzprozesses nicht bloß den Wert des Limes zu bestimmen, sondern seine Existenz erst zu garantieren hat. Für Newton lag der Grund darin, daß im Falle der Bewegung der konkrete Vorgang seiner Meinung nach das Moment der Geschwindigkeit, vor aller mathematischen Analyse, in sich trägt. Leibniz aber ließ sich den Blick durch die metaphysische Ausflucht verdunkeln, daß das Unendlichkleine nicht als eine Art tatsächlicher Existenz, sondern als begrifflicher Grund Gültigkeit haben solle.

So herrscht denn bei den Nachfolgern im ganzen die Ansicht, es gebe unendlichkleine Größen, unendlich benachbarte Kurvenpunkte usw. Mit den unendlichen Reihen wird operiert ohne Rücksicht auf ihre Konvergenz. Schwierigkeiten werden wohl noch empfunden, hier und da treten unlösbare Widersprüche zu Tage, aber was will das besagen gegen die grandiosen Erfolge der Analysis und der auf sie sich stützenden mathematischen Naturwissenschaft: »Allez en avant et la foi vous viendra!« Nur langsam gewinnt die vorsichtigere Limestheorie an Boden; erst zu Beginn des 19. Jahrhunderts gelingt Cauchy ihre konsequente Durchführung: die Auflösung des starren Seins der unendlichkleinen Größen in den *Prozeß* des Grenzübergangs. — In neueren axiomatischen Untersuchungen zur Arithmetik und Geometrie hat man mannigfache Zahlensysteme konstruiert, welche das Axiom des Eudoxos nicht erfüllen. Es ist also durchaus nicht unmöglich, eine Arithmetik klar und widerspruchsfrei aufzubauen, in der es verschiedene Größenordnungen gibt. Aber zugleich sieht man, daß eine solche für die Analysis ganz unbrauchbar ist. Denn die infinitesimale Analyse besteht doch darin, daß aus dem durch elementare Gesetze beherrschten Verhalten im Unendlichkleinen durch Integration auf das Verhalten im Endlichen geschlossen wird. Faßt man aber das Unendlichkleine hier nicht im Sinne des Grenzprozesses, so hat das eine mit dem anderen nichts zu tun, die Vorgänge im Endlichen und im Unendlichkleinen werden ganz unabhängig voneinander, man zerschneidet das verknüpfende Band. Hier hat Eudoxos zweifellos den richtigen Blick besessen. Und es muß uns geradezu grotesk anmuten, wenn noch bis in die allerletzte Zeit die »Marburger Schule« (vgl. z. B. Natorp, Logische Grundlagen der exakten Wissenschaften 2. Aufl., Leipzig 1922) den gegenteiligen Standpunkt verfochten hat (ohne freilich den Versuch zu unternehmen, auch nur die einfachsten Sätze der Analysis auf diesem Fundament zu beweisen).

In *einem* Punkt hat es sich als nötig erwiesen, noch über Eudoxos hinauszugehen. Für ihn ist die reelle Zahl gegeben als das Verhältnis zweier vorliegender Strecken. Sie erzeugen erst den Schnitt im Gebiete der rationalen Zahlen, durch welchen dies Verhältnis sich arithmetisch kennzeichnen läßt. So besteht für das Verhältnis $\sqrt{2}$ zwischen Diagonale und Seite eines Quadrats die Menge I aus allen Brüchen r, deren Produkt mit sich selbst $r \cdot r < 2$ ist, die Menge III aus allen denjenigen, für die $r \cdot r > 2$ ist, während die Menge II leer ist. Aber wir glauben auch an die Existenz einer Zahl wie $\sqrt[3]{2}$, die das Delische Problem der Würfelverdoppelung löst. Denn lassen wir die Kantenlänge eines Würfels von 1 m stetig auf 2 m wachsen, so nimmt das Volumen stetig von 1 cbm bis 8 cbm zu; bei einer bestimmten Kantenlänge muß es also den Zwischenwert 2 cbm passieren. Nun läßt sich jedoch in der Euklidischen Geometrie (mit Lineal und Zirkel) keine Strecke konstruieren, welche zu einer vorgegebenen in diesem Verhältnis $\sqrt[3]{2}$ steht. Und übrigens entbehren auch bei Euklid solche Stetigkeitsschlüsse wie der eben vollzogene der näheren Begründung. Darauf hat schon Leibniz im Hinblick auf die erste bei Euklid vorkommende Konstruktion, die des gleichseitigen Dreiecks ABC, aufmerksam gemacht: Man schlägt um A einen Kreis, der durch den Punkt B geht, um B einen Kreis, der durch A geht; es werde nicht bewiesen, daß diese Kreise einen Punkt C gemeinsam haben. Oder ein anderes Beispiel. Konstruieren wir in einem Kreis mit dem Durchmesser 1 das eingeschriebene und umbeschriebene 6, 12, 24, ... Eck, so ist es möglich, deren Umfänge $e_1, e_2, e_3, \ldots$, bzw. $u_1, u_2, u_3, \ldots$ als Strecken alle auf einer horizontalen Geraden von einem festen Ausgangspunkt O, etwa nach rechts hin, aufzutragen. Ihre Endpunkte bilden zwei Punktfolgen auf der Geraden:

$$E_1, E_2, E_3, \ldots; U_1, U_2, U_3, \ldots$$

Alle Punkte E liegen links von allen Punkten U. Der Punkt E_n rückt mit wachsendem Index n immer weiter nach rechts, U_n immer weiter nach links, der Abstand $E_n U_n$ sinkt schließlich unter jede Grenze. Woher aber weiß ich, daß ein Punkt Π vorhanden ist, der alle E zur Linken, alle U zur Rechten liegen hat? Dessen bedarf ich jedoch, um die Zahl π als Maßzahl eines Streckenverhältnisses zu gewinnen! Es gilt einzusehen, daß eine solche Zahl π nicht an sich gegeben ist, sondern erst durch den ins Unendliche fortlaufenden Konstruktionsprozeß der beiden gegeneinander strebenden Zahlenreihen $e_1, e_2, e_3, \ldots; u_1, u_2, u_3, \ldots$ *erschaffen* wird. Oder, wenn man nach Eudoxos die reelle Zahl durch den Schnitt kennzeichnen will, den sie im Gebiet der rationalen Zahlen erzeugt, so muß man sagen: *jeder willkürlich vorgegebene Schnitt* im Gebiet der rationalen Zahlen, d. h. jede irgendwie bewerkstelligte Aufteilung aller rationalen Zahlen in drei Klassen I, II, III *bestimmt* eine reelle Zahl. (Die einzigen Forderungen, die erfüllt sein müssen, sind diese: weder I noch III ist leer; II enthält höchstens einen einzigen Bruch, I keinen größten und III keinen kleinsten; jede Zahl aus I ist kleiner als alle in II und III enthaltenen Brüche, jede Zahl der Klasse III größer als die in I und II.) Damit macht sich die Analysis zugleich unabhängig von der Geometrie; erst so ist sie fähig zur Analyse der Stetigkeit und liefert umgekehrt auch der Geometrie die Mittel, um alle die von Euklid mit Stillschweigen übergangenen Stetigkeitsschlüsse streng zu begründen.

II. Die mengentheoretische Begründung der Mathematik.

Damit sind wir bei der modernen, von R. Dedekind u. a. um 1870 aufgestellten Definition der Irrationalzahl angelangt. War bisher die Schale des *Werdens* im Steigen begriffen, so gewinnt jetzt in der historischen Entwicklung wieder das *Sein*, aber in einem neuen Sinne, die Oberhand. Die einzelne konvergente Folge, wie z. B. die Folge der auf den sukzessiven Näherungsstufen π nach unten und oben eingrenzenden Zahlen e_n, u_n, entfaltet sich ja nicht in einem gesetzlosen Prozeß, dem wir uns blind überlassen müssen, um zu erfahren, was er von Stufe zu Stufe gebiert; sondern sie ist ein für allemal festgelegt durch ein bestimmtes *Gesetz*, das jeder natürlichen Zahl n die beiden korrespondierenden Näherungswerte e_n, u_n zuordnet. Eine Aufteilung der unendlich vielen rationalen Zahlen in die drei Klassen geschieht nicht so, daß man einen Bruch nach dem anderen vornimmt und ihn seiner Klasse zuweist, sondern gesetzmäßig, indem man angibt: alle rationalen Zahlen mit der und der Eigenschaft kommen in die Klasse I (es genügt, die Klasse I zu definieren, da durch sie die beiden anderen ohne weiteres mitbestimmt sind). *Das Gesetz* bzw. *die Eigenschaft* legt die intendierte reelle Zahl exakt fest. — Es heißt, eine Funktion $f(x)$ sei an der Stelle $x = a$ stetig, wenn $f(x)$ gegen $f(a)$ konvergiert, während die Veränderliche x gegen a strebt — wie aber wird dieser Begriff der Konvergenz erklärt?: »Zu *jedem* positiven ε *gebe* es eine positive Zahl δ von der Beschaffenheit, daß für *alle* reellen Zahlen x, welche der Bedingung $a - \delta < x < a + \delta$ genügen, auch die Ungleichung $f(a) - \varepsilon < f(x) < f(a) + \varepsilon$ erfüllt ist.« Man sieht, die neue statische Auffassung wandelt die Analysis zur *Mengentheorie*. Die Begriffe *alle* und *es gibt* werden angewendet auf die Elemente *unendlicher* Mengen; ja auf den Inbegriff der möglichen Teilmengen solcher Mengen (»alle reellen Zahlen, die einer gewissen Bedingung genügen«, das heißt, da nach Dedekind die einzelne reelle Zahl bereits eine Menge (I) rationaler Zahlen ist: alle Mengen rationaler Zahlen von gewisser Beschaffenheit). Wir sprechen von der Menge aller natürlichen Zahlen und sondern aus ihr die Teilmenge der geraden Zahlen aus oder der Primzahlen; wir sprechen aber auch von der Menge aller reellen Zahlen, welche $\geqq 0$ und $\leqq 1$ sind. Wenn wir diese Menge als das kontinuierliche Intervall 0 1 bezeichnen, so liegt darin nicht eine atomistische Zertrümmerung des Kontinuums, welche es in einzelne Punkte auseinander spaltet. Denn die Menge kommt nach der von Dedekind und Cantor aufgestellten Definition nicht dadurch zustande, daß man alle ihre Elemente durchgeht und zu einem Inbegriff zusammenfaßt; sondern *eine Zahlenmenge* z. B. *ist gegeben, wenn auf Grund ihrer Erklärung von jeder Zahl eindeutig feststeht, ob sie dazu gehört oder nicht.* Eine unendliche Menge kann nicht anders gegeben werden als dadurch, daß man eine *Eigenschaft* hinstellt, welche für die Elemente der Menge charakteristisch ist. Den Eigenschaften entsprechen die Mengen in solcher Weise, daß zwei verschieden definierte Eigenschaften unter Umständen dieselbe Menge bestimmen; nämlich dann, wenn die beiden Eigenschaften umfangsgleich sind, d. h. wenn jedes Ding, welches die eine Eigenschaft besitzt, auch der anderen teilhaftig ist, und umgekehrt. Aus dem Sinn der Eigenschaften ist dies nicht abzulesen, sondern das Kriterium nimmt Bezug auf das Reich der *existierenden* Dinge. Fragt man, ob in einer Menge ein Element von dieser oder jener Art vorkommt, so kann die Entscheidung darüber nicht so erfolgen wie bei einem endlichen Inbegriff, der aus einzeln aufgewiesenen Gegenständen besteht, wo man die Elemente der Reihe nach prüfend durchgeht. Noch bedenklicher steht es um die Frage: *Gibt es* in einer vorgelegten unendlichen Menge, etwa der Menge aller rationalen Zahlen, *eine Teilmenge*, die den und den Bedingungen genügt? Denn habhaft werden können wir doch nur solcher Teilmengen, die gesetzmäßig durch eine charakteristische Eigenschaft ihrer Elemente festgelegt sind. Man wird aber schwer das Gefühl los, daß damit eine chaotische Fülle von Möglichkeiten, von willkürlich »zusammengewürfelten«, »gesetzlosen« Mengen unter den Tisch fällt. Die Mengentheorie hat alle solche idealistische Bedenken beiseite geschoben, die sich an Überlegungen darüber knüpfen, wie Mengen wesensmäßig allein gegeben sein können; sie glaubt, daß die ans Unendliche, an die unendlich vielen Elemente oder Teilmengen gerichtete Frage »gibt es oder gibt es nicht?« unter allen Umständen in einem an sich bestehenden Sachverhalt Antwort findet, mag es unserer Einsicht auch immer nur durch einen Glücksfall der mathematischen Methode gelingen, diese stumme und verschlossene Antwort in eine ausgesprochene und am Tage liegende zu verwandeln. »An sich« oder »vor Gott« ist alles bis ins letzte bestimmt. Ein ähnlicher Glaube beherrscht diesen Existenzabsolutismus wie der, daß ein von uns miterlebter Außenweltsvorgang an sich keine Vagheit in sich trägt, mag auch die Anschauung Raumpunkte und Qualitäten immer nur näherungsweise herausheben, niemals absolut scharf abgrenzen können. Es ist die gleiche Gesinnung, aus der heraus die ideale, mit exakten Wesen operierende Geometrie der Griechen entstand. Mit Bezug auf die Frage der Teilbarkeit spricht sie Ploucquet in den Principia de Substantiis et Phaenomenis (1764), Kap. XII, so aus: Hinc duplici modo divisibilitas spectari poterit. Aut enim de resolubilitate objectiva aut de subjectiva agitur. Objective, h. e. in quantum materia effective pendet a repraesentationibus divinis eo usque est resolubilis quo usque resolubilitatem intellectus infinitus videt. Divisibilitas materiae subjectiva non ultra perceptiones nostras extenditur. — Für die mengentheoretische Analysis ist übrigens das Kontinuum im strengsten Sinne teilbar: die Menge aller Zahlen kann z. B. zerlegt werden in die Menge der Zahlen, welche $\geqq 0$ sind, und die Menge derjenigen, welche < 0 sind; hier liegt eine restlose Aufteilung vor, und auch die Zahl 0 gehört per definitionem nur zu einer der beiden Mengen. Es sind noch ganz andere, der Anschauung nicht zugängliche Aufteilungen möglich; z. B. in die Menge aller Zahlen, deren Dezimalbruchentwicklung nur die Ziffern 1, 2, 3, 4 aufweist, und die Menge aller Zahlen, in deren Dezimalbruch wenigstens an *einer* Stelle eine andere Ziffer auftritt.

Das Emporwachsen der Mengenlehre, die immerdar mit dem Namen des großen Denkers Georg Cantor verbunden bleiben wird, aus der Mathematik bedeutete nur, daß sich die Analysis ihrer schon längst geübten Methode in abstracto bewußt wurde. Wird einmal dieser Standpunkt schrankenloser Anwendung der Termini »es gibt« und »alle« und der auf sie bezüglichen logischen Grundsätze zugegeben, so ist das gewaltige Bauwerk der Analysis von unerschütterlicher Festigkeit: sicher fundiert, in allen Teilen streng begründet, scharf in den Begriffen und lückenlos in den Beweisen, ohne Widersprüche. Freilich bedurfte es eines bedeutenden mathematischen Scharfsinnes, um die allgemeinsten Tatsachen über die Stetigkeit, welche der Anschauung am nächsten zu liegen scheinen, sicherzustellen; daß z. B. eine stetige Funktion alle Zwischenwerte annimmt, daß eine geschlossene doppelpunktlose Kurve in der Ebene die Ebene in zwei Gebiete teilt, oder daß man ein zweidimensionales Gebiet nicht auf ein dreidimensionales umkehrbar-eindeutig und stetig abbilden kann. Wir machen an unseren Studenten immer wieder die Erfahrung, wie langwieriger Schulung es bedarf, um die für das Verständnis dieser Beweise und ihrer Strenge erforderliche Voraussetzungslosigkeit sich zu erwerben. Neben solchen die Anschauung bestätigenden Sätzen deckt die Analysis andererseits viele Vorkommnisse auf, denen die Anschauung nicht zu folgen vermag: stetige Kurven, welche überall ohne Tangente sind oder ein ganzes Quadrat erfüllen, und dergl. mehr.

Nicht nur der Analysis, sondern auch der Arithmetik, ja der ersten Anfänge der Mathematik, der *Lehre von den natürlichen Zahlen* 1, 2, 3 ... hat sich die mengentheoretische Methode bemächtigt, und vielleicht läßt sie sich an einem aus diesem Gebiet gewählten Beispiel am besten deutlich machen. Die Reihe der natürlichen Zahlen wird erzeugt, indem man von 1 ausgeht und immer von einer Zahl zur nächstfolgenden fortschreitet. Damit hängt es zusammen, daß ein sie betreffender allgemeiner Begriff nur durch *»vollständige Induktion«* gewonnen werden kann, indem man nämlich angibt, a) was er für die erste Zahl 1 bedeutet und b) wie er sich von einer beliebigen Zahl n auf die nächstfolgende n' überträgt. Beispiel: »gerade« und »ungerade«; a) 1 ist ungerade; b) n' ist gerade oder ungerade, je nachdem n ungerade oder gerade ist. Was von den Begriffen, gilt analog von den Beweisen. Dem Mengentheoretiker erscheint die Reihe der natürlichen Zahlen als eine fertige Menge Z, innerhalb deren eine *Abbildung* $n \longrightarrow n'$ definiert ist, welche jedem Element n der Menge in eindeutig bestimmter Weise ein Element n' (die auf n nächstfolgende Zahl) zuordnet. Die Tatsache, daß man zu einer vorgegebenen Zahl dadurch gelangen kann, daß man mit 1 beginnt, zu dessen Bild $1' = 2$ übergeht, darauf durch abermaligen Vollzug der Abbildung zu $2' = 3$ gelangt, und so fort — diese logisch anscheinend nicht weiter zu reduzierende Vorstellung des *»und so fort«*, die das Wesen der natürlichen Zahl ausmacht, wird mengentheoretisch durch die folgende Aussage eingefangen: *Jede Kette, welche* 1 *als Element enthält, ist mit Z identisch*[1]). Dabei wird die Teilmenge K von Z als Kette bezeichnet, wenn sie diese Eigenschaft besitzt: ist x irgendein Element von K, so auch das Bild x'. Analog kann man erklären, und hier wird das Prinzip vielleicht noch deutlicher, wann eine natürliche Zahl n etwa $\geqq 5$ ist: dann und nur dann, wenn sie in *allen* Ketten auftritt, welche die Zahl 5 als Element enthalten. Das finite Kriterium (»wenn die Durchzählung der Zahlen von 1 bis n über 5 führt«)

[1]) Dedekind, Was sind und was sollen die Zahlen? Braunschweig 1887.

ist hier durch ein transfinites ersetzt, das seinem Wortlaute nach *die Überblickung aller möglichen Teilmengen* von Z verlangt; aber an Stelle von etwas spezifisch Arithmetischem, dem »immer noch eins«, der Wiederholung in infinitum, sind allgemein logische Begriffe (Menge, alle, Zuordnung) getreten. Für die Mengenlehre ist zwischen dem Endlichen und dem Unendlichen keine grundsätzliche Schranke aufgerichtet. Das Unendliche erscheint ihr sogar als das Einfachere: eine Menge gibt sich dadurch, daß sie umkehrbar-eindeutig auf eine nicht mit der ganzen Menge identische Teilmenge von sich selber abgebildet ist (z. B. Z durch die Abbildung $n \longrightarrow n'$) als *unendliche* zu erkennen; *endlich* ist eine Menge, für welche keine derartige Abbildung möglich ist. Die Scheidewand zwischen Mathematik und Logik bricht zusammen; im System der Mengenlehre hat die Mathematik keinen spezifischen Sachgehalt, sie ist nichts als die *reif gewordene Logik.*

Es ist für das Folgende nützlich, noch ein zweites Beispiel aus der Analysis zu betrachten, den Beweis dafür, daß eine im Intervall 0 1 enthaltene Menge reeller Zahlen $\mathfrak{A}$ eine »obere Grenze« γ besitzt. Von der reellen Zahl γ wird dies gefordert: alle Zahlen von $\mathfrak{A}$ sollen $\leqq \gamma$ sein; ersetzt man jedoch γ durch irgendeine kleinere Zahl γ', so existieren gewiß Zahlen in $\mathfrak{A}$, welche diese Bedingung nicht mehr erfüllen, vielmehr $> \gamma'$ sind. Zum Beweise konstruiert man eine Menge rationaler Zahlen E auf folgende Art: der Bruch x wird dann und nur dann in E aufgenommen, wenn er kleiner ist als *irgendeine* in $\mathfrak{A}$ auftretende reelle Zahl. Dies E definiert dann nach Eudoxos und Dedekind (als Klasse I, siehe oben) eine reelle Zahl γ, und man erkennt leicht, daß γ die gewünschten Eigenschaften besitzt[1]).

Im Aufbau der Mathematik gibt es zwei offene Stellen, wo es möglicherweise ins Unergründliche geht: der Fortgang in der Reihe der natürlichen Zahlen und das Kontinuum. Alles andere, der Übergang von den

[1]) Neuerdings ist ein Buch erschienen, das gut geeignet ist, den Philosophen in die mathematische Denkweise einzuführen: O. Hölder, Die mathematische Methode, Berlin 1924. Für die Mengenlehre vgl. insbesondere A. Fraenkel, Einleitung in die Mengenlehre, 2. Aufl., Berlin 1923; für die Reduktion der Mathematik auf Logik: B. Russell, Einführung in die mathematische Philosophie, deutsche Ausgabe, München 1923.

natürlichen Zahlen zu den negativen und gebrochenen, aber auch die Einführung der imaginären und hyperkomplexen Größen, ist eine formallogische Angelegenheit, die keine Schwierigkeiten und Rätsel mehr birgt; der mystische Geruch, in dem die imaginären Größen lange Zeit standen, hat sich vollständig verloren. Die Mengenlehre glaubt, auch an diesen beiden offenen Stellen den Strom des Unendlichen, in welchem der Geist zu versinken droht, mit einer festen Eisbrücke übermauert zu haben.

III. Die Antinomien und die Russellschen Stufen.

»Dawider aber predigt der Tauwind«; heute ist, mit Nietzsche zu reden, alles wieder »im Flusse«. An den äußersten, schon im Nebel verschwimmenden Grenzen der Mengentheorie klafften bald ein paar Risse, eklatante Widersprüche; aber das eigentliche Zentralgebiet der Mathematik schien dadurch in keiner Weise gefährdet. Als erstes Beispiel nehme ich die von Richard herrührende Antinomie. Aus den zehn Ziffern, den Buchstaben des Alphabets und den Interpunktionszeichen läßt sich nur eine endliche Anzahl deutscher Sätze bilden, die weniger als tausend der erwähnten Zeichen enthalten. Es gibt also auch nur endlichviele Zahlen der Reihe 1, 2, 3, . . . , die durch derartige Sätze definiert werden können. Wir betrachten »die erste natürliche Zahl, welche sich nicht mehr durch einen aus weniger als tausend Zeichen bestehenden Satz definieren läßt.« Aber gerade die in Anführungsstriche gesetzten Worte liefern für die in Rede stehende Zahl eine derartige Definition in weniger als tausend Zeichen! — In dieser Fassung ist die Antinomie zu unpräzis, um mathematisch diskutiert werden zu können. Ersetzen wir die Worte der deutschen Sprache durch ein paar Konstruktionsprinzipien, mit Hilfe deren aus einer beliebigen Zahl eine Zahl erzeugt werden kann! Solche Konstruktionsprinzipien sind z. B. die Addition von 1, die Multiplikation mit 2. Wir fassen alle Zahlen ins Auge, welche dadurch gebildet werden können, daß man, ausgehend von 1, diese Prinzipien in irgendwelcher Kombination höchstens 4 mal hintereinander anwendet, und a sei die kleinste Zahl, welche auf diese Weise nicht entsteht[1]). Eine Antinomie kommt erst dann zustande, wenn unter die Konstruktionsprinzipien auch das folgende *(R)* aufgenommen wird: Aus *n* bilde man die kleinste Zahl, welche nicht dadurch entsteht, daß man, ausgehend von 1, die angegebenen Prinzipien *inkl. dieses Konstruktionsprinzips selber* höchstens *n*-mal hintereinander anwendet[2]). Hier ist nun (aus dem durch Kursivdruck Hervorgehobenen) der circulus vitiosus, der die Sinnlosigkeit einer solchen Anweisung mit sich führt, offenbar.

Von analoger Art, die an das antike Paradoxon vom lügenden Kreter erinnert, sind auch die mengentheoretischen Antinomien. Am einfachsten aufzufassen ist eine von Russell angegebene. Sie handelt von »der Menge *M* aller Mengen, die sich nicht selbst als Element enthalten«. Wohl erscheint es zunächst überhaupt absurd, mit der Möglichkeit zu rechnen, daß eine Menge sich selbst als Element enthalte; aber die Menge aller Dinge (von der man reden darf, da von jedwedem Etwas feststeht, ob es dazu gehört oder nicht) liefert uns sofort ein Beispiel dafür. Was nun die Russellsche Menge *M* betrifft, enthält sie sich selbst als Element oder nicht? Wenn nein, so gehört sie zu jenen Mengen, die gemäß der Erklärung von *M* als Elemente in *M* aufzunehmen sind; wenn ja, ist sie wie alle Elemente von *M* eine Menge, die sich nicht selbst als Element enthält. Jede der beiden Annahmen hat also ihr Gegenteil zur Folge. Vom *konstruktiven* Standpunkt löst sich die Antinomie analog wie die Richardsche; *sie lehrt aber, daß es nicht angeht, einen vor aller Konstruk-*

---

[1]) So entstehen, wenn wir nur die beiden zum Beispiel dienenden Prinzipien benutzen, durch

-malige Anwendung	die Zahlen
0	1
1	2
2	3, 4
3	5, 6, 8
4	7, 9, 10, 12, 16

a wäre in diesem Beispiel = 11.

[2]) Denn dann könnte man andererseits auch in nur 3 Schritten von 1 zu *a* gelangen: zweimal Multiplikation mit 2 und darauf Anwendung von *R*.

tion in sich bestimmten und begrenzten Inbegriff aller möglichen Mengen natürlicher Zahlen oder aller möglichen Eigenschaften natürlicher Zahlen zu statuieren. Nicht jeder »inhalts-definite«, d. h. exakt und eindeutig festgelegte Begriff $\mathfrak{b}$ braucht *umfangs-definit* zu sein; insbesondere ist der Begriff »Eigenschaft natürlicher Zahlen« nicht von dieser Art. $\mathfrak{b}$ ist umfangs-definit, das besagt: es hat nicht nur für einen beliebigen unter den Begriff $\mathfrak{b}$ fallenden Gegenstand X und irgendeine im Bereich dieser Gegenstände definierte Eigenschaft $\mathfrak{A}$ die Frage »Hat X die Eigenschaft $\mathfrak{A}$?« einen präzisen Sinn, dem ein an sich gültiger Sachverhalt als Antwort gegenübersteht, sondern auch die *Existenzfrage* »*Gibt es* einen unter $\mathfrak{b}$ fallenden Gegenstand mit der Eigenschaft $\mathfrak{A}$?« Es sei gelungen, auf irgendeine (konstruktive) Weise einen umfangsdefiniten Kreis von Eigenschaften natürlicher Zahlen abzustecken, ich will sie $\varkappa$-Eigenschaften nennen, und es sei $\mathfrak{A}$ eine bestimmte Eigenschaft von Eigenschaften natürlicher Zahlen (wie sie z. B. durch folgende Erklärung gegeben wird: eine Eigenschaft E natürlicher Zahlen heiße von der Art $\mathfrak{A}$, wenn sie der Zahl 1 zukommt). Dann hat die Definition **D** einen klaren Sinn: x hat die Eigenschaft $E_{\mathfrak{A}}$, bedeute, daß es eine $\varkappa$-Eigenschaft von der Art $\mathfrak{A}$ *gibt*, welche der Zahl x zukommt. Aber dieses $E_{\mathfrak{A}}$ steht ganz gewiß seinem Sinne nach *außerhalb* des $\varkappa$-Kreises von Eigenschaften; es gehört sozusagen einer höheren Stufe von Eigenschaften an wie diese. Bei einer bestimmten Kategorie von Gegenständen, hier der Kategorie der natürlichen Zahlen, muß man ausgehen von einigen mit ihr unmittelbar gegebenen, auf die Gegenstände dieser Kategorie bezüglichen Eigenschaften und Relationen. Für die natürlichen Zahlen haben wir als einzige derartige Grundrelation die, welche zwischen einer willkürlichen Zahl und der nächstfolgenden besteht. Aus ihnen kann man logisch-konstruktiv neue Eigenschaften und Relationen gewinnen, wobei aber die Termini »alle« und »es gibt« nur auf die Gegenstände der Grundkategorie angewendet werden. (Z. B.: Wenn die Relation $n = 2m$ zwischen zwei willkürlichen Zahlen m, n schon gebildet ist, kann man die Eigenschaft »gerade« so erklären: n ist gerade, wenn es eine Zahl m *gibt* von der Beschaffenheit, daß $n = 2m$ ist.) Diese Eigenschaften bilden die niederste Stufe. Eigenschaften der 2. Stufe gewinnt man, z. B. nach dem Schema

D, indem man »es gibt« und »alle« auch anwendet auf den umfangsdefiniten Kreis der Eigenschaften 1. Stufe; durch die gleichen Termini, diesmal bezogen auf die Eigenschaften 2. Stufe, kann man neue bilden, die einer sich darüber erhebenden 3. Stufe angehören usf. Die Notwendigkeit dieser Stufenbildung ist zuerst von Russell klar erkannt worden. Unterdrückte man sie, bezöge das »es gibt« und »alle« uneingeschränkt auf Eigenschaften überhaupt, so verstrickte man sich in Zirkel ohne Ende.

Damit dringen nun aber die Konsequenzen der Antinomien bis in den Kern der Analysis vor. Denn die Konstruktion der oberen Grenze einer Menge $\mathfrak{A}$ von reellen Zahlen verlief genau nach dem Schema **D**, unter Mißachtung der Russellschen Stufen. Man hat nur zu bedenken, daß nach Dedekind eine reelle Zahl (E) eine Menge rationaler Zahlen ist, welche ihrerseits einer Eigenschaft E im Gebiete der rationalen Zahlen korrespondiert; »die rationale Zahl x ist kleiner als (E)« besagt so viel wie: x hat die Eigenschaft E. Die obere Grenze γ korrespondiert dann in der Tat derjenigen Eigenschaft $E_{\mathfrak{A}}$, die eine rationale Zahl x dann und nur dann besitzt, wenn es überhaupt eine Eigenschaft rationaler Zahlen von der Art $\mathfrak{A}$ *gibt*, welche dem x zukommt. So scheint der einheitliche Zahlbegriff in die Brüche zu gehen; man bekäme reelle Zahlen 1., 2., 3., . . . Stufe, so daß z. B. die obere Grenze einer Menge von Zahlen 1. Stufe im allgemeinen nicht wieder eine Zahl der gleichen Art, sondern der 2. Stufe wäre. Eine derartige gestufte Analysis ist völlig unbrauchbar. Man entrinnt dem Dilemma, wenn der Satz gilt, daß jede Eigenschaft 2. Stufe E_2 mit einer solchen der 1. Stufe E_1 zwar nicht sinnesgleich, aber doch *umfangsgleich* ist. Ein Nachweis dafür ist jedoch niemals versucht worden; es liegt nicht das leiseste Anzeichen dafür vor, daß so weitgehende Konstruktionsprinzipien für die Eigenschaften 1. Stufe sich aufstellen lassen, welche die Richtigkeit dieses Satzes gewährleisten würden; das ist auch von vornherein so ungeheuer unwahrscheinlich, daß man niemandem vernünftigerweise zumuten kann, danach zu suchen. Russell hat den recht abstrusen Ausweg ergriffen, jenen der Einsicht sich völlig verschließenden Satz als Axiom zu postulieren (axiom of reducibility)[1]). Ich selber habe in einer 1918 erschienenen Schrift »Das Kontinuum« ehrlich die Konsequenzen gezogen[2]).

Versteht man unter einer *euklidischen Zahl* eine solche, welche von 1 aus gewonnen werden kann, indem man in beliebiger Kombination die vier Spezies und als fünfte Operation das Quadratwurzelziehen aus einer (schon gebildeten) positiven Zahl anwendet, so machen diejenigen Punkte, deren Koordinaten in einem bestimmten Koordinatensystem euklidische Zahlen sind, gegenüber den euklidischen Konstruktionen mit Lineal und Zirkel insofern ein abgeschlossenes System Σ aus, als jede derartige Konstruktion, wenn sie von Punkten unseres Systems ausgeht, wieder nur zu Punkten dieses Systems führt. Treibt man Euklidische Geometrie, so kann man sich also ganz auf das Punktsystem Σ beschränken; es ist ein umfangsdefinites Konstruktionsfeld, über das keine Operation der Euklidischen Geometrie hinausführt; die kontinuierliche »Raumsauce«, welche dazwischen ergossen ist, tritt gar nicht in die Erscheinung. Mir gelang es, indem ich statt der vier Spezies und der Quadratwurzel-Operation gewisse andere, logische Konstruktionsprinzipien in geringer Zahl zugrunde legte, ein umfangsdefinites Zahlsystem zu umgrenzen, innerhalb dessen nicht bloß die Konstruktionen der Euklidischen Geometrie, sondern die viel allgemeineren Konstruktionen der Analysis (sofern sie nicht den Charakter des circulus vitiosus an der Stirn tragen) unbeschränkt durchführbar sind. Dies war nun wirklich eine *atomistische Theorie des Kontinuums*; logisch sauber, aber gewaltsam. Die tiefe Fremdheit der mathematischen Konstruktion gegenüber der unmittelbar erlebten Kontinuität suchte ich ausdrücklich durch eine erkenntnistheoretische Analyse so kraß wie möglich herauszuarbeiten. Ein gut Teil dessen, was in der Mathematik längst als gesicherter Besitz galt, mußte preisgegeben werden.

---

[1]) Über die Russellsche Theorie, die eine höchst minutiöse und weitgehende Durchführung in den von ihm gemeinsam mit Whitehead publizierten *Principia Mathematica* gefunden hat (3 Bände, Cambridge 1910/1913), orientiert näher seine schon oben zitierte Schrift.

[2]) Die im Abschnitt II erörterte »statische« Theorie, die logisch so leicht zu erschüttern ist, hat sich wohl nur darum zunächst gehalten, weil die anschaulich gegebene ruhende Existenz des Kontinuums als eines Ganzen die Tatsache verdeckte, daß die Möglichkeiten, aus dem Kontinuum einzelne Punkte herauszulesen, keinen umfangsdefiniten Inbegriff bilden.

Insbesondere haben Begriffsbildungen und Beweisführungen nach Art der oben erwähnten Dedekindschen Kettentheorie an dem hier aufgewiesenen circulus vitiosus teil; die Iteration eines Prozesses, das »immer noch eins« lebte wieder auf als eine ursprüngliche Idee, die keiner Zurückführung mehr fähig ist.

IV. Brouwers intuitive Mathematik.

Die Eisdecke war in Schollen zerborsten, und jetzt ward das Element des Fließenden bald vollends Herr über das Feste. L. E. I. Brouwer entwirft — und dies ist eine Leistung von der größten erkenntnistheoretischen Tragweite — eine strenge mathematische Theorie des Kontinuums, die es nicht als starres Sein, sondern als *Medium freien Werdens* faßt[1]). Zunächst treibt er die logische Kritik über Russell hinaus: »es gibt« und »alle« werden nicht erst anfechtbar, wenn man sie auf den Inbegriff der *Teilmengen* einer unendlichen Menge bezieht, sondern bereits für die *Elemente* der unendlichen Menge selber. Sei E eine bestimmte Eigenschaft natürlicher Zahlen, deren Bestehen oder Nicht-Bestehen für jede vorgegebene Zahl n nachprüfbar ist. Die Meinung, es stünde an sich fest, ob es eine Zahl von der Eigenschaft E gibt oder nicht, stützt sich doch wohl allein auf folgende Vorstellung: Die Zahlen 1, 2, 3 . . . mögen der Reihe nach auf die Eigenschaft E hin geprüft werden; findet sich eine solche von der Eigenschaft E, so kann man abbrechen, die Antwort lautet *ja; tritt dieses Abbrechen aber nicht ein*, hat sich also *nach beendigter Durchlaufung der unendlichen Zahlenreihe* keine Zahl von der Art E gefunden, so lautet die Antwort *nein*. Dieser Standpunkt der fertigen Durchlaufung einer unendlichen Reihe ist jedoch unsinnig; die Unerschöpflichkeit liegt

[1]) Brouwer, Intuitionism and Formalism, Bulletin der amerikanischen Mathematical Society, Bd. 20 (1913); Begründung der Mengenlehre unabhängig vom logischen Satz vom ausgeschlossenen Dritten, Verhandel. d. K. Akad. van Wetensch. Amsterdam 1918, 1919. Weyl, Über die neue Grundlagenkrise der Mathematik, Mathem. Zeitschrift Bd. 10 (1921). Vgl. auch O. Becker, Beiträge zur phänomenologischen Begründung der Geometrie und ihrer physikalischen Anwendungen, Husserls Jahrbuch für Philosophie Bd. 6, insbesondere S. 398—436 und die philosophischen Untersuchungen über Limiten und Idealgebilde S. 459—477.

im Wesen des Unendlichen. Nicht das Hinblicken auf die einzelnen Zahlen, sondern nur das Hinblicken auf das *Wesen Zahl* kann mir allgemeine Urteile über Zahlen liefern. Nur die *geschehene* Auffindung einer bestimmten Zahl mit der Eigenschaft E kann einen Rechtsgrund abgeben für die Antwort ja, und — da ich nicht alle Zahlen durchprüfen kann — nur die Einsicht, daß es im *Wesen* der Zahl liegt, die Eigenschaft *non* E zu haben, einen Rechtsgrund für die Antwort nein; selbst Gott steht kein anderer Entscheidungsgrund offen. *Aber diese beiden Möglichkeiten stehen sich nicht mehr wie Behauptung und Negation gegenüber;* weder die Negation der einen noch der anderen gibt einen in sich faßbaren Sinn[1]). — Mit aller Macht erhebt sich gegen diesen Intuitionismus in unserer Brust der absolutistische Gedanke: Durchlaufe ich die Reihe der Zahlen und breche ab, falls ich eine Zahl von der Eigenschaft E finde, *so tritt dieser Abbruch entweder einmal ein oder nicht; es ist so, oder es ist nicht so,* ohne Wandel und Wank und ohne eine dritte Möglichkeit. Man muß solche Dinge nicht von außen erwägen, sondern sich innerlich ganz zusammenraffen und ringen um das »Gesicht«, die Evidenz. Die Lösung, glaube ich, liegt darin[2]). *Ein Existentialsatz* — etwa »es gibt eine gerade Zahl« — *ist überhaupt kein Urteil im eigentlichen Sinne, das einen Sachverhalt behauptet*; Existential-Sachverhalte sind eine leere Erfindung der Logiker. »2 ist eine gerade Zahl«, das ist ein wirkliches, einem Sachverhalt Ausdruck gebendes Urteil[3]); »es gibt eine gerade Zahl« ist nur ein aus diesem Urteil gewonnenes *Urteilsabstrakt*. Bezeichne ich Erkenntnis als einen wertvollen Schatz, so ist das Urteilsabstrakt ein Papier, welches das Vorhandensein eines Schatzes anzeigt, ohne jedoch zu verraten, an welchem Ort. Sein einziger Wert kann darin liegen, daß es mich antreibt, nach dem Schatze zu suchen. Das Papier ist wertlos,

---

[1]) Ein ähnlicher Standpunkt wurde schon von L. Kronecker vertreten; er kam aber nicht wie Brouwer über die Kritik hinaus zu einem neuen Aufbau.

[2]) Was ich hier darstelle, ist nicht eine getreue Wiedergabe des Brouwerschen, sondern desjenigen Standpunktes, der sich mir als der natürliche ergab, als ich von den Brouwerschen Ideen ergriffen wurde.

[3]) Die Eigenschaft »gerade« muß dabei übrigens durch Rekursion wie auf S. 11 und nicht wie auf S. 15 definiert werden.

solange es nicht durch ein solches dahinter stehendes Urteil wie »2 ist eine gerade Zahl« realisiert wird.

Damit gewinnen wir auch gegenüber den Zahlfolgen und Zahlmengen unsere Freiheit zurück. Wir suchen auf die Frage »gibt es eine Zahlfolge von der und der Art, oder nicht?« keine an sich bestimmte Antwort ja oder nein mehr dadurch zu erzwingen, daß wir die Folgen — ich rede weiterhin nur von diesen — auf das Prokrustesbett der Konstruktionsprinzipien spannen. Ist in zirkelfreier Weise, *wie auch immer*, die Konstruktion eines die Folge ins Unendliche hinaus bestimmenden Gesetzes gelungen, so sind wir berechtigt zu der Behauptung, daß es ein solches Gesetz *gibt*. Hier ist von der *Möglichkeit* der Konstruktion gar nicht die Rede, sondern nur im Hinblick auf *die gelungene Konstruktion, den geführten Beweis* stellen wir eine derartige Existentialbehauptung auf. An den vielen Existenztheoremen der Mathematik ist jeweils nicht das Theorem das Wertvolle, sondern die im Beweise geführte Konstruktion; ohne sie ist der Satz ein wertloser Schatten. — Die negative Aussage, daß es ein Gesetz von der gewünschten Art E nicht gibt, bleibt so natürlich jeden Sinnes bar. Doch jetzt greift der zweite Brouwersche Hauptgedanke ein: indem wir sie positiv wenden »jede Folge hat die Eigenschaft *non* E«, wandelt sich der Begriff der Folge: wir verstehen darunter *nicht eine wie auch immer gesetzmäßig determinierte, sondern eine Folge, die von Schritt zu Schritt durch freie Wahlakte entsteht* und die darum nur als eine werdende betrachtet werden kann. Ich nenne an erster Stelle eine willkürliche Zahl, z. B. 13; darauf an 2. Stelle wiederum nach Willkür eine Zahl, etwa 102, und so fort. Die Behauptung ist, daß, wie diese Wahlen auch ausfallen mögen, die entstehende Folge stets die Eigenschaft *non* E besitzt. Von einer werdenden Wahlfolge können aber natürlich nur solche Eigenschaften sinnvollerweise ausgesagt werden, für welche die Entscheidung ja oder nein (kommt die Eigenschaft der Folge zu oder nicht) schon fällt, wenn man in der Folge bis zu einer gewissen Stelle gekommen ist, ohne daß die Weiterentwicklung der Folge über diesen Punkt des Werdens hinaus, wie sie auch ausfallen möge, die Entscheidung wieder umstoßen kann. So darf man mit Bezug auf eine Wahlfolge wohl fragen, ob in ihr an 4. Stelle eine Primzahl aufgetreten sei, nicht aber, ob in ihr *alle* auftretenden Zahlen von 1 verschieden sind. Daß es mathematisch möglich ist, mit werdenden Wahlfolgen zu operieren, ist schon dadurch hinreichend belegt, daß man Zuordnungen zwischen Wahlfolgen stiften kann. Z. B. enthält die Formel

$$n_h = m_1 + m_2 + \ldots + m_h \qquad (h = 1, 2, 3, \ldots)$$

ein Gesetz, gemäß welchem eine durch freie Wahlakte werdende Folge $m_1, m_2, m_3, \ldots$ eine werdende Zahlfolge $n_1, n_2, n_3, \ldots$ erzeugt, deren Entstehung mit ihr gleichen Schritt hält. — Die Behauptungen »es gibt« und »es gibt nicht« stehen sich, gemäß unserer Interpretation, für die Zahlfolgen noch weniger wie für die Zahlen als Position und Negation, jede andere Möglichkeit ausschließend, gegenüber. Das »es gibt« verhaftet uns dem *Sein* und dem *Gesetz*, das »jeder« stellt uns ins *Werden* und die *Freiheit*.

Die reelle Zahl muß nicht als Menge, sondern als unendliche Folge ineinander eingeschachtelter rationaler Intervalle definiert werden, deren Länge gegen 0 konvergiert. Zweckmäßigerweise benutzt man dabei für die h^{te} Näherungsstufe h-stellige Dualbrüche und als Intervalle solche von der Form $\frac{m-1}{2^h}, \frac{m+1}{2^h}$ (m durchläuft alle ganzen Zahlen); denn diese greifen so übereinander, daß für jede nur annäherungsweise, aber mit

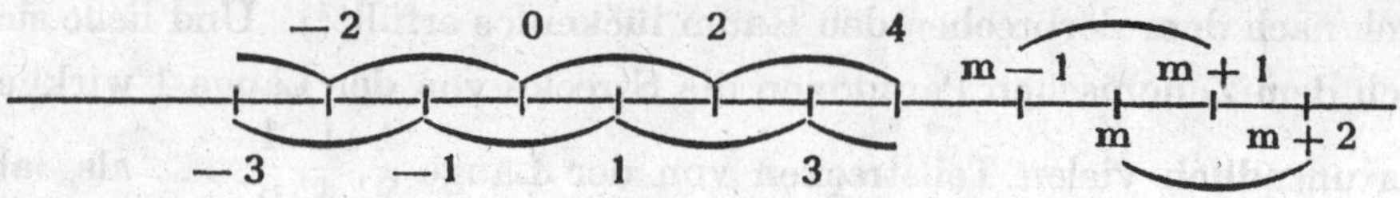

einer hinreichend großen Annäherung gegebene Zahl mit Sicherheit ein Intervall h^{ter} Stufe angewiesen werden kann, in welches sie hineinfällt[1]). Die einzelne durch ein Gesetz ins Unendliche hinaus bestimmte Intervallfolge liefert dann die *einzelne reelle Zahl*, die freie Wahlfolge aber *das Kontinuum*. Zwei reelle Zahlen α, β *fallen zusammen*, wenn $i_\alpha^{(n)}$, das n^{te} Intervall der Folge α, und das n^{te} Intervall der Folge β sich für *jeden* Wert von n ganz oder teilweise überdecken; sie sind *verschieden*, wenn eine natürliche Zahl n *existiert*, so daß die Intervalle $i_\alpha^{(n)}$ und $i_\beta^{(n)}$ getrennt liegen. Diese beiden Möglichkeiten bilden jedoch nach Brouwer keine

[1]) »Die Zahl ξ fällt in das Intervall a, b hinein« bedeutet: $a < \xi < b$.

vollständige Alternative mehr. Das paßt sehr gut zu dem Charakter des anschaulichen Kontinuums; denn in ihm geht das Getrennt-Sein zweier Stellen beim Zusammenrücken sozusagen graduell, in vagen Abstufungen, über in die Ununterscheidbarkeit. In einem Kontinuum kann es nach Brouwer nur stetige Funktionen geben. *Das Kontinuum läßt sich nicht aus Teilen zusammensetzen.* So kann ich wohl innerhalb des Kontinuums der reellen Zahlen das Teilkontinuum der positiven Zahlen herausheben, indem ich nur positive Dualbrüche zur Bildung von Intervallen und Intervallfolgen benutze. Es gilt aber nicht, daß das ganze Kontinuum aus dem der positiven, der negativen und der mit 0 zusammenfallenden Zahlen zusammengesetzt sei in dem Sinne, daß jede Zahl einem dieser drei Kontinuen angehören müßte. Das, was Aristoteles an einer im Abschnitt I zitierten Stelle meint, findet hier einen viel präziseren Ausdruck. Der alte Grundsatz kommt wieder zu seinem Recht, daß »sich nicht trennen läßt, was nicht schon getrennt ist« (Gassendi). Mit gutem Grund nämlich argumentiert Demokrit: Kann ich einen Stock zerbrechen, so war er von vornherein kein Ganzes; die strengste Atomistik ist davon die unausweichliche Folge. Alle konsequenten Kontinuumstheorien der Natur, wie etwa die moderne Feldtheorie, führen daher umgekehrt zu der Ansicht, daß das den Stock bildende kontinuierliche Reale auch nach dem Zerbrechen den Raum lückenlos erfüllt[1]). Und ließe sich nach dem Zenonischen Paradoxon die Strecke von der Länge 1 wirklich aus unendlich vielen Teilstrecken von der Länge $\frac{1}{2}, \frac{1}{4}, \frac{1}{8}, \ldots$ als »abgehackten« Ganzen zusammensetzen, so wäre nicht einzusehen, warum nicht eine Maschine, wenn sie es fertig bringt, diese unendlich vielen Strecken in endlicher Zeit zu durchlaufen, auch eine unendliche Folge distinkter Entscheidungsakte in endlicher Zeit zum Abschluß bringen könnte; indem sie etwa das erste Resultat nach $\frac{1}{2}$ Minute lieferte, das zweite $\frac{1}{4}$ Minute darauf, das dritte $\frac{1}{8}$ Minute später als das zweite, usf. So könnte die Durchlaufung aller natürlichen Zahlen und die sichere Entscheidung der an sie gerichteten Existentialfragen mit ja oder nein, entgegen dem Wesen des Unendlichen, maschinell ermöglicht werden. —

---

[1]) Vgl. dazu: Weyl, Was ist Materie? Berlin 1924.

Von der Anschauung her mag man noch dies gegen die Brouwersche Theorie einwenden, daß sie das Diskrete nicht ganz überwunden habe, da sie mit den rationalen Zahlen exakte Grenzen im Kontinuum setze. Man muß sich jedoch vorstellen, daß das Teilungsgerüst, auf welches sich die Abgrenzung der »Dualintervalle« stützt, bei keinem Schritt bereits metrisch genau fixiert ist, sondern bei fortschreitender Teilung die früheren Teilpunkte an Schärfe beständig zunehmen.

Ausgangspunkt der Mathematik ist die Reihe der natürlichen Zahlen, d. h. das Gesetz ℵ, das aus dem Nichts die erste Zahl 1 und aus jeder schon entstandenen Zahl die nächstfolgende erzeugt. Ihre Sätze handeln teils von der Allheit der natürlichen Zahlen, teils von der Allheit der durch freie Wahlakte werdenden Folgen natürlicher Zahlen. Sie beziehen sich also teils auf die ins Unendliche hinaus sich erstreckende Möglichkeit, welche durch den grenzenlosen Fortgang des vom Gesetze ℵ geleiteten Entwicklungsprozesses der natürlichen Zahlen gegeben ist, teils auf die in der werdenden Zahlfolge liegende unendliche Freiheit immer neuer ungebundener Wahlakte, die bei jedem Schritt den von neuem anhebenden Entwicklungsprozeß der natürlichen Zahlenreihe an einer willkürlichen Stelle zum Stehen bringt. Es liegt in der Natur der Sache, daß die Wesenseinsicht, welcher die allgemeinen Sätze entspringen, stets auf der vollständigen Induktion, *der mathematischen Urintuition*, fundiert ist. Auch innerhalb der Wirklichkeitswissenschaften, namentlich der Physik, bedeutet die Mathematik im letzten Grunde dies, daß wir ein theoretisches Bild des *Seins* nur auf dem Hintergrund des *Möglichen* ent-entwerfen können[1]) (Beispiel: der leere Raum als Medium der möglichen räumlichen Koinzidenzen). Die Mathematik ist nicht das starre und Erstarrung bringende Schema, als das der Laie sie so gerne ansieht; sondern wir stehen mit ihr genau in jenem Schnittpunkt von Gebundenheit und Freiheit, welcher das Wesen des Menschen selbst ist.

Die Mathematik gewinnt mit Brouwer die höchste intuitive Klar-

---

[1]) Einige Gedanken darüber finden sich bei Boscovich, Theoria philosophiae naturalis (Venedig 1763); auch in Eulers Äußerungen über den absoluten Raum ist das Problem lebendig, wie die wirkliche Materie in ihrem Verhalten von etwas bloß »Möglichem« abhängig sein kann.

heit; seine Lehre ist der zu Ende gedachte Idealismus in der Mathematik. Aber mit Schmerzen sieht der Mathematiker den größten Teil seiner hochragenden Theorien im Nebel zergehen.

V. *Hilberts symbolische Mathematik.*

Ist kein Weg geblieben, so radikalen Konsequenzen zu entgehen? Der Entschluß zu dem Opfer ist doppelt schwer angesichts des historischen Faktums, daß in der eigentlichen Analysis trotz der kühnsten und mannigfaltigsten Kombinationen unter Anwendung der raffiniertesten Mittel eine vollkommene Sicherheit des Schließens und eine offenkundige Einhelligkeit aller Ergebnisse angetroffen wird. Hilbert macht sich anheischig, »der Mathematik den alten Ruf der unanfechtbaren Wahrheit, der ihr durch die Paradoxien der Mengenlehre verloren zu gehen scheint, wiederherzustellen«, und glaubt, »daß dies bei voller Erhaltung ihres Besitzstandes möglich ist«[1]). Das Heilmittel ist die von ihm seit Jahrzehnten auf den verschiedensten Gebieten der Mathematik und Physik erprobte und aufs feinste durchgearbeitete *axiomatische Methode*. Sein Versprechen darf man freilich nicht zu wörtlich nehmen. Denn trotz heftiger Polemik gegen den Brouwer-Weylschen intuitionistischen Standpunkt ist auch er vollkommen davon durchdrungen, daß die Kraft des inhaltlichen Denkens nicht weiter reicht als Brouwer behauptet, daß sie die »transfiniten« Schlußweisen der Mathematik nicht zu tragen imstande ist, daß es keine Rechtfertigung für alle die transfiniten Aussagen der Mathematik als *inhaltlicher*, *einsichtiger Wahrheiten* gibt. Was Hilbert sicherstellen will, ist nicht die *Wahrheit*, sondern die *Widerspruchslosigkeit* der alten Analysis. Zum mindesten wäre damit jenes historische Phänomen der Einhelligkeit unter allen Arbeitern im Weinberg der Analysis aufgeklärt.

Um aber den Nachweis der Widerspruchslosigkeit zu erbringen, muß er die Mathematik zunächst »*formalisieren*«. Wie in der geometrischen

---

[1]) Hilbert, Neubegründung der Mathematik, Abhandlungen aus dem Mathematischen Seminar der Universität Hamburg Bd. 1 (1922); Die logischen Grundlagen der Mathematik, Mathematische Annalen Bd. 88 (1922).

Axiomatik die inhaltliche Bedeutung der Begriffe »Punkt, Ebene, zwischen« usw. im wirklichen Raum gleichgültig ward und alles Interesse sich auf die logische Verknüpfung der geometrischen Begriffe und Sätze konzentrierte, so muß hier in noch umfassenderer Weise jede, selbst die rein logische Bedeutung ausgeschaltet werden. Die Sätze werden zu bedeutungslosen, aus Zeichen aufgebauten Figuren, die Mathematik ist nicht mehr Erkenntnis, sondern ein durch gewisse Konventionen geregeltes *Formelspiel*, durchaus vergleichbar dem Schachspiel. Den Steinen des Schachspiels entspricht ein beschränkter Vorrat an *Zeichen* in der Mathematik, einer beliebigen Aufstellung der Steine auf dem Brett die Zusammenstellung der Zeichen zu einer *Formel.* Eine oder wenige Formeln gelten als *Axiome;* ihr Gegenstück ist die vorgeschriebene Aufstellung der Steine zu Beginn einer Schachpartie. Und wie hier aus einer im Spiel auftretenden Stellung die nächste hervorgeht, indem ein Zug gemacht wird, der bestimmten Zugregeln zu genügen hat, so gelten dort formale *Schlußregeln*, nach denen aus Formeln neue Formeln gewonnen, »deduziert« werden können. Unter einer spielgerechten Stellung im Schach verstehe ich eine solche, welche aus der Anfangsstellung in einer den Zugregeln gemäß verlaufenen Spielpartie entstanden ist. Das Analoge in der Mathematik ist die *beweisbare* (oder besser, die *bewiesene*) *Formel*, welche auf Grund der Schlußregeln aus den Axiomen hervorgeht. Gewisse Formeln von anschaulich beschriebenem Charakter werden als *Widersprüche* gebrandmarkt; im Schachspiel verstehen wir unter einem Widerspruch etwa jede Stellung, in welcher 10 Damen der gleichen Farbe auftreten. Formeln anderer Struktur reizen, wie die Mattstellung den Schachspieler, den Mathematikspielenden dazu, sie durch eine geschickte Aneinanderkettung der Züge als Endformel in einer richtig gespielten Beweispartie zu gewinnen. Bis hierhin ist alles Spiel, nicht Erkenntnis; dies Spiel wird nun aber in der »*Metamathematik*«, wie Hilbert sich ausdrückt, zum Gegenstand der Erkenntnis gemacht: es soll erkannt werden, daß *ein Widerspruch niemals als Endformel eines Beweises* auftreten kann. Analog ist es nicht mehr Spiel, sondern Erkenntnis, wenn gezeigt wird, daß beim Schachspiel 10 Damen einer Farbe in einer spielgerechten Stellung unmöglich sind. Man sieht das so ein: die Zugregeln lehren, daß ein Zug die Summe der Anzahlen der Bauern und Damen einer Farbe niemals vermehren kann. Im Anfang ist diese Summe = 9, also kann sie — hier vollziehen wir einen anschaulich-finiten Schluß durch vollständige Induktion — bei keiner Stellung in einer Partie diesen Wert überschreiten. Nur zur Gewinnung dieser *einen* Erkenntnis wird von Hilbert das inhaltliche, bedeutungserfüllte Denken benötigt; sein Beweis der Widerspruchslosigkeit verläuft dabei ganz analog wie der eben für das Schachspiel durchgeführte, wenn er auch natürlich viel komplizierter ist.

Es geht aus unserer Beschreibung hervor, daß *Mathematik und Logik zusammen formalisiert* werden müssen. Die von philosophischer Seite vielgeschmähte mathematische Logik spielt in diesem Zusammenhang eine unentbehrliche Rolle. Es tritt das Zeichen σ auf, welches die einstellige Zahloperation symbolisiert, die aus einer Zahl a der Reihe 0, 1, 2, . . . die nächstfolgende σa erzeugt, aber auch die einstellige *Aussageoperation* —, welche die Aussage a in die Aussage *non* a, in Zeichen $-a$ verwandelt[1]). Es tritt die zweistellige Zahlrelation $a = b$ mit dem bekannten Gleichheitszeichen auf, aber auch die zweistellige Aussagerelation $a \rightarrow b$ (welche verneint, daß a richtig und zugleich b falsch ist; lies: *aus a folgt b*). Das Zeichen Z meint die Eigenschaft des Zahl-Seins (der Reihe 0, 1, 2, . . . anzugehören), Za ist zu lesen: a ist eine Zahl. Wir fassen aber die Eigenschaften und Relationen gleich σ als *Operationen* auf; die Operation $\rightarrow$ z. B. erzeugt aus zwei Aussagen a, b die neue Aussage $a \rightarrow b$. Konsequenterweise mögen dann diese Zeichen auch *vor* die Glieder geschrieben werden, auf welche die gemeinten Operationen angewendet werden sollen. Wir machen uns kein Gewissen daraus, so zu tun, als ließen sich diese Operationen unterschiedslos auf alles Mögliche ausüben. Denn wenn der Gebrauch ihrer Zeichen in diesem Umfange widerspruchsfrei ist, so ist er es auch in dem engeren Umfange, in welchem wir ihm eine inhaltliche Deutung unterschieben können; der Formalismus vereinfacht sich aber außerordentlich durch Preisgabe solcher Ein-

---

[1]) Meiner Schilderung lege ich ein gegenüber dem Hilbertschen stark vereinfachtes System zugrunde, das von dem jungen in Zürich lebenden Mathematiker v. Neumann herrührt; es ist darüber bisher nichts publiziert.

schränkungen. Neben den Operationszeichen brauchen wir noch zwei andere Sorten von Zeichen, nämlich *Konstante* (wie 0) und *Variable* (a, b, x, ...); sie unterscheiden sich wie die Steine des Schachspiels durch die für sie gültigen Spielregeln. Was eine *Formel* ist, wird rekursiv erklärt: a) jede Konstante oder Variable für sich ist eine Formel; b) aus einer oder zwei (oder mehreren) schon gebildeten Formeln entsteht eine neue, wenn man ein ein- bzw. zwei- (bzw. mehr-) stelliges Operationszeichen hinschreibt und die betreffenden Formeln dahinter setzt. Von einer gegebenen Zeichenzusammenstellung kann man immer entscheiden, ob sie eine Formel ist oder nicht, wenn die Zeichen deutlich genug geschrieben und ihre Reihenfolge deutlich genug kenntlich gemacht ist.

Leicht können wir einige Beispiele von *Axiomen* angeben — wobei nun aber doch, dem üblichen Gebrauche folgend, die Zeichen $=$, $\rightarrow$ wieder *zwischen* die Glieder und das Negationszeichen — *über* das Zeichen der negierten Aussage gestellt werden möge. Der Gebrauch von Klammern läßt sich dann nicht vermeiden.

$b \rightarrow (a \rightarrow b)$. (Ein gültiger Satz b bleibt gültig, wenn eine überflüssige Voraussetzung a hinzugefügt wird.)

$(b \rightarrow c) \rightarrow ((a \rightarrow b) \rightarrow (a \rightarrow c))$. (Formel des Syllogismus.)

$\bar{a} \rightarrow (a \rightarrow b)$. (Grundlage des indirekten Beweises.)

$a = a$.

$Z\,0$.

$Z\,a \rightarrow Z\,(\sigma\,a)$.

$(a = b) \rightarrow (\sigma\,a = \sigma\,b)$.

Es ist zweckmäßiger, hierin nicht Axiome, sondern *Schemata zur Bildung von Axiomen* zu erblicken: indem man für die Buchstaben in einem dieser Schemata irgendwelche Formeln *substituiert* — natürlich für den gleichen Buchstaben, wo er im Schema auftritt, die gleiche Formel —, verschafft man sich ein Axiom. Die *Schlußregel* lautet: Aus zwei Formeln a und $a \rightarrow b$, in deren zweiter links vom Zeichen $\rightarrow$ die erste Formel steht, wird die Formel b hergestellt. Ein *Widerspruch* liegt vor, wenn von zwei in concreto durchgespielten Beweispartien die eine mit einer Formel a, die andere mit der entgegengesetzten $\bar{a}$ endet. Solange man im Umkreise der eben geschilderten (wenn auch nur unvollständig aufgezählten)

Axiome verbleibt, ist der Beweis der Widerspruchslosigkeit leicht erbracht. Man kann nämlich durch ein rekursives Verfahren jeder Formel gemäß ihrer Entstehung einen der »Werte« *wahr* oder *falsch* so verleihen, daß alle diese Axiome den Wert wahr bekommen, eine Formel $a \to b$ nur dann den Wert falsch erhält, wenn a als wahr, b als falsch gewertet ist, und schließlich $\bar{a}$ falsch oder wahr wird, je nachdem a wahr oder falsch ist. Man erkennt daraus: *solange das Transfinite ausgeschaltet bleibt, ist der Syllogismus, das deduktive Verfahren ganz kraftlos*; über die Wahrheit oder Falschheit des Vordersatzes $a \to b$ wird immer erst entschieden, *nachdem* der Satz b gewertet ist.

Für die Einführung der transfiniten Schlußweisen brauchen wir eine neue Art von Zeichen. Bilden wir z. B. aus einer Eigenschaft, einem Aussageschema $a(x)$, das eine Variable oder Leerstelle x enthält (wie diesem: der Mensch x ist bestechlich), die Aussage: *alle* x erfüllen die Aussage $a(x)$ (alle Menschen sind bestechlich), so geschieht das durch eine gewisse logische Operation, welche die Variable x in der Aussageformel auslöscht (für x kann jetzt nichts mehr substituiert werden); eine solche Operation möge als *Integration* in bezug auf x bezeichnet werden. In der formalisierten Mathematik entspreche ihr ein Zeichen mit dem Index x. Die Schwierigkeit, welche mit der freien Verwendung der Termini »es gibt« und »alle« in der inhaltlichen Analysis verbunden ist, wird nun formal folgendermaßen überwunden. Stützt man sich zunächst auf die alte, von Brouwer bestrittene Alternative, daß entweder alle Menschen bestechlich sind oder daß es einen unbestechlichen gibt, so verstehe man im ersten Fall unter »Aristides« einen beliebig herausgegriffenen Menschen, im zweiten Fall einen der Unbestechlichen. Nach Brouwer müssen wir nun aber diesen Aristides aus der Eigenschaft der Bestechlichkeit konstruktiv erzeugen. Wir fingieren darum einen »göttlichen Automaten«: werfen wir in ihn eine die Variable x enthaltende Aussageformel $a(x)$ hinein, so weist er uns auf ein Individuum $\tau_x a$ hin, das hinsichtlich der Eigenschaft a als Vertreter für alle fungieren kann, indem nämlich der Satz gilt: hat *dieses* Individuum die Eigenschaft a, so kommt sie allen zu. τ_x ist das Zeichen für eine Integration in bezug auf x. Verfügten wir über einen solchen Automaten, so wären wir aller

Mühen überhoben; aber der Glaube an seine Existenz ist natürlich der reinste Unsinn. Die Mathematik tut jedoch so, als wäre er vorhanden. Das können wir in einem Axiomenschema zum Ausdruck bringen, und wenn dies Schema nicht zu Widersprüchen führt, so ist seine Aufstellung in der formalisierten Mathematik legitim. Jenes Schema lautet

$$(*) \qquad a\begin{pmatrix} x \\ \tau_x a \end{pmatrix} \rightarrow a\begin{pmatrix} x \\ b \end{pmatrix};$$

d. i.: nimm zwei Formeln a, b her, schreibe links vom Zeichen $\rightarrow$ diejenige Formel auf, die aus a entsteht, wenn du überall, wo die Variable x vorkommt, an ihre Stelle die Formel $\tau_x a$ setzest, auf die rechte Seite aber setze die Formel, die aus a entsteht, wenn du in der gleichen Weise die Formel b für x substituierst; eine so gewonnene Formel sei Axiom. Das Schema leistet natürlich nicht dieselben Dienste wie der Automat; denn es sagt für eine vorgelegte Formel a nicht, *was* $\tau_x a$ *ist;* nur unter Umständen kann sich eine Formel wie diese $\tau_x a = 0$ als Endformel eines von den Axiomen ausgehenden Beweises ergeben. Hilbert gelang es, den Beweis der Widerspruchslosigkeit noch zu erbringen, nachdem das transfinite Schema (*) unter die Axiome einbezogen war. Mit einer rekursiven Einteilung aller Formeln in »wahre« und »falsche« kommt man freilich nicht mehr durch. Erst in Verbindung mit dem Transfiniten, heißt das, wird der Syllogismus fruchtbar; diese Verbindung trägt uns aber weit hinaus über den der anschauenden Einsicht überhaupt zugänglichen Bezirk, den Brouwer genauer abzugrenzen suchte. — Das eine transfinite Axiom (*) genügt freilich nicht; zur freien Bildung von Mengen und Funktionen ist ein zweites erforderlich. Der Errichtung der Mengenlehre in Cantorscher Allgemeinheit stehen nach wie vor die Russellschen Stufen im Wege, aber das Schicksal der Analysis ist nicht so eng mit dem der allgemeinen Mengenlehre verbunden. Für sie genügt anscheinend die erste Stufe, wo nur Argumente und Elemente aus der Zahlenreihe 0, 1, 2, . . . zur Verwendung kommen. Die endgültige Formulierung und der Beweis der Widerspruchslosigkeit stehen hier noch aus. Immerhin ist deutlich, daß alle wertvollen Gedanken der ganzen Entwicklung des Problems der Analysis auch in der formalisierten Mathematik in modifizierter Form zur Geltung kommen.

Ähnliche formalistische Bestrebungen, wie sie Hilbert verwirklicht, liegen wohl schon der »allgemeinen Charakteristik« von Leibniz zugrunde; und manche der Leibnizschen Äußerungen klingen so, als ginge seine Meinung über das Unendlichkleine dahin, daß es — wie die Integration τ_x — keine vernünftige inhaltliche Interpretation verträgt, aber doch alles in den Dingen sich so verhalte, als wäre es wirklich vorhanden; für den Mathematiker käme es nur darauf an, daß es sich ohne Widerspruch in den Zeichenkalkül einfüge.

Doch vielleicht hat den Leser längst ein beklemmendes Gefühl beschlichen, gleich dem Lebenden, den ein Zauber ins Reich der Schatten versetzte. Wo sind wir denn? Ist es nicht nur ein blutleeres, jeden Gehaltes beraubtes Gespenst der alten Analysis, was hier von neuem umgeht? Ohne Zweifel: soll Mathematik eine ernsthafte Kulturangelegenheit bleiben, so muß sich mit dem Hilbertschen Formelspiel irgendein *Sinn* verknüpfen; und nur *eine* Möglichkeit sehe ich, ihm einschließlich seiner transfiniten Bestandteile eine selbständige geistige Bedeutung beizulegen. In der theoretischen Physik haben wir das große Beispiel einer Erkenntnis von ganz anderem Gepräge vor uns als die gewöhnliche intuitive oder phänomenale Erkenntnis, welche das in der Anschauung Gegebene rein ausspricht. Während hier jedes Urteil seinen eigenen, restlos in der Anschauung vollziehbaren Sinn hat, ist dies mit den einzelnen Aussagen der theoretischen Physik keineswegs der Fall; sondern dort steht, wenn es mit der Erfahrung konfrontiert wird, nur *das System als Ganzes* in Frage. In der Theorie gelingt es dem Bewußtsein, »über den eigenen Schatten zu springen«, den Stoff des Gegebenen hinter sich zu lassen, das Transzendente darzustellen; aber, wie sich von selbst versteht, nur im *Symbol*. Theoretische Gestaltung ist etwas Anderes als anschauende Einsicht; ihr Ziel nicht minder problematisch wie das der künstlerischen Gestaltung. Über den Idealismus, der den erkenntnistheoretisch verabsolutierten naiven Realismus zu zerstören berufen ist, erhebt sich ein drittes Reich, das wir z. B. Fichte in der letzten Epoche seines Philosophierens betreten sehen. Aber er unterliegt noch dem mystischen Irrtum, daß jenes Transzendente letzten Endes doch innerhalb des Lichtkreises der Einsicht von uns erfaßt werden könne.

Hier bleibt uns aber nur die symbolische Konstruktion; sie führt, glaube ich, nie zu einem endgültigen Resultat — wie das phänomenale Wissen, das wohl dem Irrtum menschlich unterworfen, aber seinem Wesen nach unwandelbar ist; sondern bleibt getragen von dem an uns sich vollziehenden Lebensprozeß des Geistes und muß immer von neuem begonnen werden. Sie ist nicht Reproduktion des Gegebenen, aber auch nicht, wie gewisse extreme Richtungen der neueren Kunst wollten, ein willkürliches Spiel im Leeren. Von den Vernunftprinzipien, die sie beherrschen, können wir bisher nur das der Widerspruchslosigkeit einigermaßen klar erfassen; aber es ist kaum das allein ausschlaggebende. Es gehört mit zu den Aufgaben des Mathematikers, darüber zu wachen, daß wenigstens diese conditio sine qua non durchgängig erfüllt ist. Wenn ich die phänomenale Einsicht als *Wissen* bezeichne, so ruht die theoretische auf dem *Glauben* — dem Glauben an die Realität des eigenen und fremden Ich oder die Realität der Außenwelt oder die Realität Gottes. Ist das Organ jener das »Sehen« im weitesten Sinne, so ist das Organ der Theorie »das Schöpferische«. Wenn Hilbert nicht ein bloßes Formelspiel treibt, so will er eine theoretische im Gegensatz zu Brouwers intuitiver Mathematik. Aber wo ist jenes vom Glauben getragene Jenseits, auf das sich ihre Symbole richten? Ich finde es nicht, wenn ich nicht die Mathematik sich völlig mit der Physik verschmelzen lasse und annehme, daß die mathematischen Begriffe von Zahl, Funktion usw. (oder die Hilbertschen Symbole) prinzipiell in der gleichen Art an der theoretischen Konstruktion der wirklichen Welt teilnehmen wie die Begriffe Energie, Gravitation, Elektron u. dergl. In der Geschichte der Physik zeigt sich, daß Anschauung und Theorie beständig Hand in Hand gehen müssen. Auf der einen Seite ist z. B. nicht zu leugnen, daß der Machsche Phänomenalismus der Atomtheorie unterlegen ist; auf der anderen Seite aber lehrt Einsteins Relativitätstheorie, wie wichtig der Rückgang auf die anschauliche Bedeutung der theoretischen Konstruktion (Geometrie) und die Ausscheidung allzu willkürlicher Elemente (absoluter Raum) sein kann. Selbst wenn die Entwicklung in der von Hilbert vorgezeichneten Richtung weiter geht, wird man vielleicht eines Tages das τ_x als Mittel zur theoretischen Konstruktion des Kontinuums verwerfen, wie Newtons absoluter Raum verworfen wurde. So ist es sicherlich von großem Nutzen, daß uns Brouwer in der Mathematik wieder den Sinn für das anschaulich Gegebene gestärkt hat. Seine Analysis spricht den Gehalt der mathematischen Urintuition rein aus und ist darum von rätselloser Klarheit durchleuchtet. Aber neben dem Brouwerschen wird man den Hilbertschen Weg verfolgen müssen; denn es ist nicht zu leugnen, daß in uns ein vom bloß phänomenalen Standpunkt schlechterdings unverständliches theoretisches Bedürfnis lebendig ist, dessen auf symbolische Darstellung des Transzendenten gerichteter Schaffensdrang Befriedigung verlangt.

Selber mitten im Kampf der Parteien stehend, habe ich versucht, sine ira et studio die heutige Lage zu schildern. Man sieht, wie tief die Mathematik in ihren Grundlagen mit den allgemeinen Problemen der Erkenntnis verknüpft ist. Die alten Gegensätze von Realismus und Idealismus, dem *Sein* des Parmenides und dem *Werden* des Heraklit kommen hier in einer höchst zugeschärften Form zum Austrag.

68.

Theorie der Darstellung kontinuierlicher halbeinfacher Gruppen durch lineare Transformationen. I, II, III und Nachtrag

I: Mathematische Zeitschrift 23, 271—309 (1925)
II: Mathematische Zeitschrift 24, 328—376 (1926)
III: Mathematische Zeitschrift 24, 377—395 (1926)
Nachtrag: Mathematische Zeitschrift 24, 789—791 (1926)

INHALTSÜBERSICHT

KAPITEL I

Das gruppentheoretische Fundament der Tensorrechnung

§ 1. Ziel der Untersuchung

Im n-dimensionalen zentrierten affinen Raum $\mathfrak{r}$ wird – der Begriff «affin» so verstanden, wie er vor allem von MÖBIUS benutzt wurde – der Übergang von einem Koordinatensystem zu einem andern vermittelt durch eine *homogene lineare Transformation t in n Variablen von der Determinante* 1; die Gruppe aller dieser Transformationen werde mit $\mathfrak{g}$ bezeichnet. Ein von der Wahl des Koordinatensystems abhängiges System von Zahlen $a_1, a_2, \ldots, a_N$ heisst eine *lineare Grösse* in jenem Raum, wenn die Komponenten a_i derselben in irgend zwei Koordinatensystemen, die durch die Transformation t auseinander hervorgehen, selber durch eine zu t gehörige homogene lineare Transformation T in N Variablen miteinander verbunden sind. Die gesetzmässige Zuordnung $t \to T$ muss $\mathfrak{g}$ in eine zu $\mathfrak{g}$ isomorphe Gruppe $\mathfrak{G}$ linearer Transformationen verwandeln. $\mathfrak{G}$ kennzeichnet die *Art* (oder *Klasse*) der betrachteten Grösse. Darum können wir uns auch so ausdrücken: Es liege eine *Darstellung* der Gruppe $\mathfrak{g}$ vor, d.h. eine auf $\mathfrak{g}$ isomorph bezogene Gruppe $\mathfrak{G}$ homogener linearer Transformationen in N Variablen; oder es sei jedem Koordinatensystem im n-dimensionalen affinen Raum $\mathfrak{r}$ ein solches im N-dimensionalen Raum $\mathfrak{R}$ zugeordnet. Die Grössen von der Art ($\mathfrak{G}$) sind die *Vektoren* in diesem Bildraum $\mathfrak{R}$. Wir sagen wohl auch, t in $\mathfrak{r}$ *induziere* die Transformation T in $\mathfrak{R}$. Die Aufgabe, eine Übersicht über die möglichen Arten linearer Grössen im affinen Raum zu gewinnen, ist demnach keine andere als das *Problem der Darstellung für die kontinuierliche Gruppe* $\mathfrak{g}$. Davon handelt das I. Kapitel dieser Arbeit. In der Folge sollen dann die Resultate ausgedehnt werden auf die Drehungsgruppe, die Komplexgruppe und schliesslich – nach einer vorbereitenden Untersuchung über deren Struktur – auf alle kontinuierlichen halb-einfachen Gruppen von endlicher Parameterzahl.

Zwei Darstellungen $\mathfrak{G}$, $\mathfrak{G}^*$ gleicher Dimensionszahl N sind einander *ähnlich* oder *äquivalent*, unterscheiden sich nur durch die *Orientierung*, wenn die eine aus der anderen durch eine affine Abbildung des Raumes $\mathfrak{R}$ hervorgeht, d.h. wenn es eine konstante Matrix A von N Zeilen und Kolonnen und einer von 0 verschiedenen Determinante gibt, so dass stets die beiden Matrizen T, T^*, welche in den Darstellungen $\mathfrak{G}$ und $\mathfrak{G}^*$ demselben Element t von $\mathfrak{g}$ entsprechen, die Beziehung erfüllen

$$T^* = A^{-1} T A.$$

Eine Darstellung $\mathfrak{G}$ ist *reduzibel*, wenn es in $\mathfrak{R}$ eine «Ebene», d.i. eine lineare Vektormannigfaltigkeit $\mathfrak{R}_1$ gibt, welche «unter dem Einfluss von $\mathfrak{g}$», d.i. durch die Transformationen der Gruppe $\mathfrak{G}$ in sich übergeht, und deren Dimensionszahl $N_1 > 0$ und $< N$ ist. Bei geeigneter Orientierung von $\mathfrak{R}$ erhalten wir dann aus der Darstellung $\mathfrak{G}$ eine N_1-dimensionale im Raume $\mathfrak{R}_1$ und eine $(N - N_1)$-dimensionale in jenem Raum, der aus $\mathfrak{R}$ durch Projektion nach $\mathfrak{R}_1$ hervorgeht (die Projektion wird bewerkstelligt durch die Übereinkunft, zwei Vektoren in $\mathfrak{R}$ als gleich zu betrachten, welche mod $\mathfrak{R}_1$ einander kongruent sind, deren Differenz in $\mathfrak{R}_1$ liegt). Die einer irreduziblen Darstellung $\mathfrak{G}$ entsprechende Grössenart nennen wir *einfach*. – Hat man in $\mathfrak{R}$ zwei gegenüber der Gruppe $\mathfrak{G}$ invariante lineare Vektorräume $\mathfrak{R}_1$, $\mathfrak{R}_2$, so dass jeder Vektor in $\mathfrak{R}$ sich additiv auf eine und nur eine Weise aus einem in $\mathfrak{R}_1$ und einem in $\mathfrak{R}_2$ gelegenen Bestandteil zusammensetzt – die Dimensionszahlen N_1, N_2 erfüllen dann die Gleichung $N_1 + N_2 = N$, $\mathfrak{R}$ ist «zerspalten» in $\mathfrak{R}_1 + \mathfrak{R}_2$ –, so *zerfällt* die Darstellung $\mathfrak{G}$ in eine N_1-dimensionale $\mathfrak{G}_1$, deren Träger der Raum $\mathfrak{R}_1$ ist, und eine N_2-dimensionale im Raume $\mathfrak{R}_2$; $\mathfrak{G}$ ist voll reduzibel auf die Summe $\mathfrak{G}_1$ plus $\mathfrak{G}_2$. Jede Grösse der Art ($\mathfrak{G}$) setzt sich additiv zusammen aus zwei unabhängigen Bestandteilen, einer Grösse der Art ($\mathfrak{G}_1$) und einer Grösse der Art ($\mathfrak{G}_2$). Es wird ein Hauptergebnis der zu entwickelnden Theorie sein, dass *jede lineare Grösse sich in voneinander unabhängige einfache Grössen zerspalten lässt.* Aus zwei Darstellungen $\mathfrak{G}$ und $\mathfrak{G}'$ in N und N' Dimensionen kann nach HURWITZ durch Komposition eine neue $\mathfrak{G} \cdot \mathfrak{G}'$ in $N \cdot N'$ Dimensionen hergeleitet werden: man ordnet t diejenige lineare Transformation zu, welche die Grössen

$$x_i x'_j \qquad (i = 1, 2, \ldots, N;\ j = 1, 2, \ldots, N') \tag{0}$$

erfahren, wenn die x_i der Transformation T und die x'_j der Transformation T' unterworfen werden ($t \to T$ in $\mathfrak{G}$, $t \to T'$ in $\mathfrak{G}'$).

Die einzigen linearen Grössen, welche bisher von den Mathematikern ausfindig gemacht wurden und in der Physik auftraten, sind die *Tensoren* in dem weiten Sinne, wie EINSTEIN das Wort gebraucht hat. Bildet man aus den Komponenten

$$x_i,\ y_i,\ z_i \qquad (i = 1, 2, \ldots, n)$$

irgend dreier Vektoren in $\mathfrak{r}$ relativ zu einem willkürlichen Koordinatensystem die n^3 Zahlen

$$x_i\, y_k\, z_l \qquad (i, k, l = 1, 2, \ldots, n),$$

so erfahren diese beim Übergang zu einem andern Koordinatensystem vermittels t eine t zugeordnete homogene lineare Transformation in n^3 Variablen, es entsteht die Darstellung $\mathfrak{g} \cdot \mathfrak{g} \cdot \mathfrak{g} = \mathfrak{g}^3$. Jedes vom Koordinatensystem abhängige System von Zahlen f_{ikl}, das sich in der gleichen Weise transformiert, wird als ein Tensor 3. Stufe bezeichnet. Es ist bequem, statt seiner Komponenten die Trilinearform

$$f(\xi, \eta, \zeta) = \sum_{ikl} f_{ikl}\, \xi^i \eta^k \zeta^l \tag{1}$$

zu benutzen, wo dann die Variablenreihen ξ, η, ζ kontragredient zu den Vektorkomponenten oder kogredient zu den Grundvektoren des Koordinatensystems in $\mathfrak{r}$ zu transformieren sind. In den geometrischen und physikalischen Anwendungen zeigte sich stets, dass eine Grössenart nicht allein durch Angabe der Tensorstufe, sondern ausserdem durch *Symmetriebedingungen* charakterisiert ist. So sind die möglichen Werte einer Spannung durch den Begriff «symmetrischer Tensor 2. Stufe» umschrieben, die möglichen Werte der vierdimensionalen elektromagnetischen Feldstärke durch den Begriff «schiefsymmetrischer Tensor 2. Stufe». Eine (lineare) Symmetriebedingung für einen Tensor ν-ter Stufe f hat allgemein die Gestalt:

$$\sum_P \alpha_{P^{-1}} f P = 0 .$$

Dabei durchläuft P die sämtlichen $\nu!$ Permutationen der ν Variablenreihen $\xi, \eta, \zeta, \ldots$; fP ist die Form, welche aus f durch Ausübung der Permutation P hervorgeht, α_P ein den Permutationen P zugeordnetes Konstantensystem[1]). Eine bestimmte *Art* oder *Klasse von Tensoren* ist ausser durch die Stufenzahl durch (keine,) eine oder mehrere derartige Symmetriebedingungen gekennzeichnet. Die sämtlichen Tensoren einer Klasse bilden eine lineare Mannigfaltigkeit, sagen wir von N Dimensionen, die gegenüber den Raumtransformationen t invariant ist; im «N-dimensionalen Tensorraum» $\mathfrak{R}$ induziert $\mathfrak{g}$ eine Darstellung $\mathfrak{G}$. Die Erfahrungen der Mathematiker und Physiker legen die Vermutung nahe, dass so die allgemeinste Darstellung überhaupt zustande kommt, dass *es keine anderen linearen Grössen gibt als die Tensoren* (wobei in den Tensorbegriff die Symmetriebedingungen aufzunehmen sind). Dieser Satz, in dem ich die eigentliche gruppentheoretische Rechtfertigung des Tensorkalküls erblicke, wird im folgenden in der Tat bewiesen werden. Er besagt, dass man alle Darstellungen gewinnt durch Reduktion der Potenzen von $\mathfrak{g}$ und dass die Ausscheidung der irreduziblen Bestandteile aus $\mathfrak{g}^\nu$ durch Symmetriebedingungen geschieht.

Aber die Theorie erschöpft sich nicht in diesem Ergebnis. In ihm dokumentiert sich der enge Zusammenhang, welcher zwischen der kontinuierlichen Gruppe $\mathfrak{g} = \mathfrak{g}_{(n)}$ und der endlichen Gruppe $\Sigma = \Sigma_\nu$ der sämtlichen Permutationen von ν Dingen besteht. Es gilt nun, aus diesem Zusammenhang heraus einen möglichst vollständigen Einblick zu gewinnen in den Bau der möglichen Symmetriebedingungen, der einfachen Grössen, die auftretenden Dimensionszahlen usw. Es zeigt sich, dass man erst von hier aus ein rechtes Verständnis gewinnt für die Darstellungstheorie der symmetrischen Gruppe Σ samt den dazu gehörigen Formeln für die Gradzahlen und Charaktere, die wir dem Meister der Gruppentheorie, FROBENIUS, vor allem verdanken[2]). – Unter der Einschränkung, dass die Komponenten der darstellenden Matrix T ganze rationale Funktionen der dargestellten t sein sollen, ist unser Problem von I. SCHUR nach einer direkten algebraischen Methode in seiner Dissertation 1901 behandelt worden; die Beziehung zu den Darstellungen der symmetrischen Gruppe

[1]) Es wird sich später zeigen, warum es bequem ist, den Faktor von fP nicht der Permutation P, sondern P^{-1} zuzuordnen.

[2]) G. FROBENIUS, *Über die Charaktere der symmetrischen Gruppe*, Sitz.-Ber. Berl. Akad. *1900*, S. 516; *Über die charakteristischen Einheiten der symmetrischen Gruppe*, ebenda *1903*, S. 328. Ich zitiere diese Arbeiten als Fr. I, II.

kommt dabei zu deutlichem Ausdruck. Mit der additiven Zerlegung eines beliebigen Tensors in einfache Tensorgrössen beschäftigen sich zwei Arbeiten von YOUNG[1]), die den Anstoss zu der zweiten der oben zitierten FROBENIUSschen Untersuchungen gegeben haben; man vergleiche ferner darüber das letzte Kapitel des Buches von SCHOUTEN[2]). Wie die Darstellung der symmetrischen Gruppe Σ ohne weiteres zu einem Überblick über die möglichen Symmetrieklassen von Tensoren führt, habe ich in einer kleinen Note[3]) dargelegt. Vom LIEschen Standpunkt der infinitesimalen Transformationen aus hat E. CARTAN bereits 1913 nicht nur für die Gruppe $\mathfrak{g}$, sondern für alle halb-einfachen Gruppen eine Methode zur Erzeugung aller irreduziblen Darstellungen angegeben[4]). Hier sollen alle diese Fäden zu einem einheitlichen Ganzen verwoben werden. I. SCHUR entwickelte kürzlich[5]) an der Drehungsgruppe eine neue Methode, die ich so modifizieren und ausgestalten konnte, dass sie zur Beherrschung aller halb-einfachen Gruppen geeignet wird[6]) und im Falle der Gruppe $\mathfrak{g}$ die mannigfachen Beziehungen, von denen eben die Rede war, allseitig aufklärt und durchleuchtet.

§ 2. Cartans infinitesimale Methode: Die Gewichte

Eine in abstracto gegebene r-parametrige infinitesimale Gruppe ist eine r-dimensionale lineare Vektormannigfaltigkeit; die Addition der Vektoren gibt die Komposition der Gruppenelemente wieder. Aber neben die Komposition tritt die Kommutatorbildung, die aus zwei willkürlichen Elementen u, v der Gruppe ein Element $w = [u\,v]$ erzeugt. Sie ist als eine Multiplikation zu betrachten, da sie sowohl in bezug auf den ersten Faktor:

$$[u + u', v] = [u\,v] + [u'v], \quad [\alpha\, u, v] = \alpha\, u, v] \quad (\alpha \text{ eine beliebige Zahl})$$

als in bezug auf den zweiten Faktor dem distributiven Gesetz gehorcht. An Stelle des kommutativen und assoziativen Gesetzes treten aber die folgenden:

$$[v\,u] = -[u\,v],$$
$$[u\,[v\,w]] + [v\,[w\,u]] + [w\,[u\,v]] = 0.$$

Sind die Elemente Matrizen (infinitesimale lineare Transformationen), so ist die Kommutatorbildung erklärt durch:

$$[u\,v] = u\,v - v\,u.$$

---

1) A. YOUNG, Proc. London Math. Soc. *33*, S. 97 (1900); *34*, S. 361 (1901).

2) J. A. SCHOUTEN, *Der Ricci-Kalkül* (Verlag Springer, Berlin 1924).

3) H. WEYL, R. Circ. Mat. Palermo *48*, S. 29 (1924).

4) E. CARTAN, Bull. Soc. Math. France *41*, S. 53 (zitiert als Cartan II). Ferner J. Math. [6] *10*, S. 149 (1914). Diese Arbeiten stützen sich auf die Thèse von E. CARTAN, Paris 1894, in welcher die KILLINGsche Tabelle der in abstracto vorhandenen halb-einfachen Gruppen sichergestellt wurde.

5) I. SCHUR, Drei Abhandlungen in den Sitz.-Ber. Berl. Akad. *1924*, S. 189, 297, 346.

6) Vorläufige Mitteilungen über meine Ergebnisse sind erschienen: H. WEYL, Gött. Nachr. *1925*; Sitz.-Ber. Berl. Akad. *1924*, S. 338.

Die infinitesimalen Operationen der Gruppe $\mathfrak{g}$ bilden *die infinitesimale Gruppe* $\mathfrak{g}^0$ *der Matrizen von der Spur* 0; ihre Parameterzahl r ist $= n^2-1$. Unter Zugrundelegung eines bestimmten Koordinatensystems sondern wir aus $\mathfrak{g}^0$ die $(n-1)$-parametrige Abelsche Gruppe der Diagonal- oder Hauptmatrizen aus:

$$\left\| \begin{matrix} \lambda_1 & 0 & \ldots & 0 \\ 0 & \lambda_2 & \ldots & 0 \\ . & . & . & . \\ 0 & 0 & \ldots & \lambda_n \end{matrix} \right\| = h = h(\lambda_1, \lambda_2, \ldots, \lambda_n);$$

die λ sind Variable, die an die eine Bedingung

$$\lambda_1 + \lambda_2 + \cdots + \lambda_n = 0 \tag{2}$$

gebunden sind. Für $i \neq k$ $(i, k = 1, 2, \ldots, n)$ verstehen wir ferner unter e_{ik} diejenige Matrix, die im Kreuzungspunkt der i-ten Zeile mit der k-ten Kolonne eine 1 trägt, sonst aber aus lauter Nullen besteht. Die e_{ik} bilden zusammen mit h eine *Basis* der Gruppe $\mathfrak{g}^0$; denn jedes Element von $\mathfrak{g}^0$ lässt sich auf eine und nur eine Weise in der Form schreiben:

$$h(\lambda_1, \lambda_2, \ldots, \lambda_n) + \sum_{i \neq k} \tau_{ik}\, e_{ik}. \tag{3}$$

Die *Konstitutionsformeln* der Gruppe $\mathfrak{g}^0$ lauten wie folgt:

$[h\, h'] = 0$ für irgend zwei h.

$[h\, e_{ik}] = (\lambda_i - \lambda_k)\, e_{ik}$.

Um dieser Beziehung willen heissen die Linearformen $\lambda_i - \lambda_k$ der Variablen λ *Wurzeln* unserer Gruppe; $e_{ik} = e_\alpha$ ist das zur Wurzel $\alpha = \lambda_i - \lambda_k$ gehörige Element.

$[e_\alpha\, e_{-\alpha}] = h_\alpha$, d.i. gleich demjenigen h, für welches $\lambda_i = 1$, $\lambda_k = -1$, alle übrigen $\lambda = 0$ sind.

$[e_\alpha\, e_\beta] = \begin{cases} e_{\alpha+\beta} \\ 0 \end{cases}$, je nachdem $\alpha + \beta \neq 0$ wiederum eine Wurzel ist oder nicht.

Das Problem der Darstellung für eine in abstracto gegebene infinitesimale Gruppe besteht darin, in homogen-linearer Weise ihren Elementen u Matrizen U so zuzuordnen, dass dem Kommutatorprodukt $[u\, v]$ zweier Elemente u, v immer das Kommutatorprodukt

$$[UV] = UV - VU$$

der zugeordneten Matrizen U, V entspricht. Wenn eine aus r Elementen bestehende Basis der infinitesimalen Gruppe vorliegt, genügt es, für jedes dieser Basiselemente die korrespondierende Matrix anzugeben. Es handelt sich also um ein *rein algebraisches Problem*. Geht man von der kontinuierlichen Gruppe $\mathfrak{g}$ und einer beliebigen Darstellung $\mathfrak{G}$ derselben aus, so liegen in dieser Zurückführung auf die infinitesimalen Operationen gewisse Differenzierbarkeitsannahmen, die wir als erfüllt voraussetzen. Auch wenn es sich ursprünglich nur um eine Darstellung der *reellen* Gruppe $\mathfrak{g}$ handelt, können wir dann in (3) die Parameter λ_i, τ_{ik} unbedenklich komplex werden lassen und zu einer Darstellung $\mathfrak{G}^0$ der vollen komplexen infinitesimalen Gruppe $\mathfrak{g}^0$ übergehen. Die Elemente von $\mathfrak{g}^0$ wurden mit kleinen lateinischen Buchstaben bezeichnet, die ihnen in $\mathfrak{G}^0$ entsprechenden Matrizen sollen durch den entsprechenden grossen lateinischen Buchstaben bezeichnet werden. $H(\lambda_1, \lambda_2, \ldots, \lambda_n)$ ist eine homogen-linear von den an die Bedingung (2) gebundenen Parametern λ abhängige Matrix, und wir haben für die gesuchte infinitesimale Gruppe $\mathfrak{G}^0$ linearer Transformationen im N-dimensionalen Raum $\mathfrak{R}$ die Konstitutionsformeln:

$$[HH'] = 0, \qquad [HE_\alpha] = \alpha\, E_\alpha,$$
$$[E_\alpha E_{-\alpha}] = H_\alpha, \quad [E_\alpha E_\beta] = \begin{cases} E_{\alpha+\beta}, \\ 0 \end{cases}$$

je nachdem $\alpha + \beta \neq 0$ Wurzel ist oder nicht. Das ist der algebraische Ansatz des Problems. Weiter folgt in diesem und dem nächsten Paragraphen ein das Wesentliche herausschälender Bericht über die CARTANsche Untersuchung.

Da wir fast ausschliesslich mit den darstellenden Matrizen im Bildraum $\mathfrak{R}$ zu operieren haben, mögen die kleinen lateinischen Buchstaben auch zur Bezeichnung der Vektoren in diesem Raum Verwendung finden. Eine N-dimensionale Matrix E bedeutet uns eine infinitesimale Transformation in $\mathfrak{R}$, die dem willkürlichen Vektor x einen Zuwachs

$$dx = Ex$$

erteilt. Gilt für einen Vektor e die Gleichung

$$He = \Lambda \cdot e$$

identisch in λ, wo Λ eine Linearform der λ ist, so sagen wir, e sei vom *Gewichte* Λ; und, falls $e \neq 0$ ist, Λ sei ein Gewicht der vorliegenden Darstellung $\mathfrak{G}^0$.

Ist der Vektor x vom Gewichte Λ, so ist Hx gleichfalls vom Gewichte Λ, $E_\alpha x$ aber vom Gewichte $\Lambda + \alpha$. Es genügt, das Zweite zu beweisen:

$$HE_\alpha x = [HE_\alpha]\, x + E_\alpha H x = \alpha \cdot E_\alpha x + \Lambda \cdot E_\alpha x.$$

Ein Vektor x vom Gewichte Λ, der gleich einer Summe von Vektoren anderen Gewichtes ist, ist notwendig $= 0$. Ist nämlich

$$x = x_1 + x_2 + \cdots \tag{4}$$

und sind $\Lambda_1, \Lambda_2, \ldots$ die Gewichte von $x_1, x_2, \ldots$, so bilde man das Polynom

$$\varphi(\zeta) = (\zeta - \Lambda_1)(\zeta - \Lambda_2) \ldots$$

Wendet man die Operation $\varphi(H)$ auf die Gleichung (4) an, so kommt rechts 0, links $\varphi(\Lambda) \cdot x$.

Mit Hilfe einer Basis $H_1, H_2, \ldots, H_{n-1}$ der linearen Schar aller Matrizen H, *die untereinander vertauschbar sind*, schliesst man in bekannter Weise, *dass es überhaupt Gewichte gibt*, dass ein von 0 verschiedener Vektor e existiert, dessen durch H bewirkter Zuwachs He ein Multiplum von e ist. Liegt eine irreduzible Darstellung vor, so verschafft man sich sogar leicht ein Koordinatensystem $e_1, e_2, \ldots, e_N$ des Raumes $\mathfrak{R}$, das aus lauter Vektoren von bestimmtem Gewicht besteht[1]). H wird dann wie h eine Diagonalmatrix. Denn man gehe von einem Vektor $e \neq 0$ aus, der das Gewicht Λ besitzt, und konstruiere die kleinste gegenüber $\mathfrak{G}^0$ invariante Vektormannigfaltigkeit, welche e enthält. Man bilde also die Reihe

$$e, \quad E_\alpha e, \quad E_{\alpha'} E_\alpha e, \ldots, \tag{5}$$

wo für $\alpha, \alpha', \ldots$ unabhängig voneinander alle Wurzeln der Gruppe $\mathfrak{g}^0$ eintreten. Spätestens nach dem N-ten Schritt hört diese Reihe auf, neue Vektoren, d.h. solche, die von den vorangehenden linear unabhängig sind, zu erzeugen. Die Vektoren der Reihe spannen zusammen eine gegenüber $\mathfrak{G}^0$ invariante Ebene $\mathfrak{R}'$ auf; wenn aber $\mathfrak{G}^0$ irreduzibel ist, muss $\mathfrak{R}' = \mathfrak{R}$ sein. Jeder Vektor der Reihe hat sein bestimmtes Gewicht: $\Lambda, \Lambda + \alpha, \Lambda + \alpha + \alpha', \ldots$

Unser Vorgehen wird vielleicht durchsichtiger, wenn wir uns einen Augenblick nicht auf den infinitesimalen, sondern den integralen Standpunkt stellen. Durch Iteration der infinitesimalen linearen Transformation h des Raumes $\mathfrak{r}$ entsteht die endliche Transformation, welche durch die Diagonalmatrix (ε) mit den Gliedern

$$\varepsilon_i = e^{\lambda_i} \quad (i = 1, 2, \ldots, n; \prod_i \varepsilon_i = 1)$$

gekennzeichnet wird. Ihr entspricht in der irreduziblen Darstellung $\mathfrak{G}$ die Diagonalmatrix $(\boldsymbol{E})$ mit den Gliedern

$$\boldsymbol{E}_i = e^{\Lambda_i} \quad (i = 1, 2, \ldots, N),$$

wo jedes der Gewichte Λ_i die Form

$$\Lambda = m_1 \lambda_1 + m_2 \lambda_2 + \cdots + m_n \lambda_n, \tag{6}$$

jedes der $\boldsymbol{E}_i$ also die Form

$$\boldsymbol{E} = \varepsilon_1^{m_1} \varepsilon_2^{m_2} \ldots \varepsilon_n^{m_n} \tag{7}$$

besitzt. Eine «willkürliche» Transformation t von $\mathfrak{g}$ ist zu einer Haupttransformation (ε) innerhalb $\mathfrak{g}$ konjugiert:

$$t = u^{-1} (\varepsilon)\, u. \tag{8}$$

ε_i sind die charakteristischen Wurzeln oder – wie ich lieber sagen will, damit sich das Beiwort «charakteristisch» nicht allzusehr häuft – die *Multiplikatoren von t*. Aus (8) folgt für die Darstellung $\mathfrak{G}$ eine entsprechende Gleichung:

$$T = U^{-1} (\boldsymbol{E})\, U.$$

---

[1]) Das gleiche lässt sich durch eine kompliziertere Analyse für die reduziblen Darstellungen erreichen; vgl. E. CARTAN, Thèse (Paris 1894), Kap. 8. Wir haben dieses Resultat jedoch hier nicht nötig, es wird sich übrigens aus dem Fortgang unserer Untersuchung von selber mitergeben.

Die Spur von T ist demnach gleich der Spur von $(\boldsymbol{E})$, gleich der Summe der Terme $\boldsymbol{E}_i$ von der Gestalt (7). Die Spur $\chi(t)$ der von t induzierten Transformation T heisst *die Charakteristik der Darstellung* $\mathfrak{G}$; sie ist das genaue Analogon zu dem FROBENIUSschen Begriff des Charakters bei einer endlichen Gruppe. Die Summe der $\boldsymbol{E}_i$ ist demnach gleich der Charakteristik, ausgedrückt durch die Multiplikatoren von t; und die Bestimmung der Gewichte Λ_i und ihrer Vielfachheit ist identisch mit der Berechnung von $\chi(t)$ als Funktion der Multiplikatoren ε_i von t: jedem Gewichte (6) korrespondiert in der Charakteristik ein Potenzprodukt (7). Da die Matrix (ε) innerhalb $\mathfrak{g}$ zu derjenigen konjugiert ist, die aus ihr durch eine Vertauschung der Glieder ε_i hervorgeht, muss die Charakteristik eine *symmetrische* Funktion der Multiplikatoren sein. Für die Gewichte besagt das, dass *mit einem Gewicht* (6) *auch immer dasjenige auftritt, das aus ihm durch eine beliebige Permutation der Variablen λ_i hervorgeht.* In Anbetracht der Variablenbindung (2) kann man die Koeffizienten in einer Linearform (6) der λ eindeutig so normieren, dass $m_n = 0$ wird. Wir werden hernach aus der Analysis situs des Gebildes $\mathfrak{g}$ heraus beweisen, dass die Charakteristik $\chi((\varepsilon))$ eine eindeutige Funktion von (ε) sein muss, wenn die Parameter λ_i rein imaginär sind. Bei der Normierung $m_n = 0$ müssen daher die auftretenden Exponenten m_i ganze Zahlen sein; oder, unabhängig von der Normierung ausgedrückt: *für ein Gewicht Λ unterscheiden sich die Koeffizienten m_i um ganze Zahlen.* Das ist der wesentlichste Schritt zur Erkenntnis, dass nur ganze rationale Darstellungen von $\mathfrak{g}$ existieren.

Durch die infinitesimale Methode werden die beiden eben durch Kursivdruck hervorgehobenen Tatsachen durch eine Überlegung bestätigt, welche in der ganzen Theorie der infinitesimalen Gruppen eine fundamentale Rolle spielt. Es bezeichne Λ_α den Wert des Gewichtes Λ für $H = H_\alpha$, d. h. falls man $\lambda_i = 1$, $\lambda_k = -1$, alle übrigen $\lambda = 0$ setzt:

$$\Lambda_\alpha = m_i - m_k. \tag{9}$$

Insbesondere ist $\alpha_\alpha = 2$.

Satz 1. *Ist Λ ein Gewicht, so auch $\Lambda - \Lambda_\alpha \cdot \alpha$; Λ_α ist eine ganze Zahl.*

Beweis. Λ sei extrem in bezug auf α, d.h. es sei wohl Λ, aber nicht $\Lambda + \alpha$ ein Gewicht.

$$H\,e = \Lambda \cdot e \quad (e = e_0 \neq 0).$$

Man bilde die Vektoren

$$E_{-\alpha}\,e = e_1,\; E_{-\alpha}\,e_1 = e_2,\; \ldots$$

vom Gewichte $\Lambda - \alpha$, $\Lambda - 2\,\alpha, \ldots$ Da allgemein

$$H\,e_i = (\Lambda - i\,\alpha) \cdot e_i \qquad (i = 0, 1, 2, \ldots)$$

ist, gilt insbesondere

$$H_\alpha\,e_i = (\Lambda - i\,\alpha)_\alpha\,e_i. \tag{10}$$

In der Reihe $e_0, e_1, e_2, \ldots$ sei e_{h+1} der erste Vektor, welcher verschwindet. Gewinnt man nun, wenn man von dem Vektor e_h mit dem Gewichte $\Lambda - h\alpha$

ausgeht, durch Anwendung der Operation E_α sukzessive die gleichen Vektoren in umgekehrter Reihenfolge zurück? Das ist in der Tat der Fall, es gelten nämlich Gleichungen

$$E_\alpha e_i = \mu_i e_{i-1} \quad (i = 0, 1, 2, \ldots).$$

Beweis durch vollständige Induktion: Die Behauptung ist richtig für $i = 0$, wobei $\mu_0 = 0$ zu nehmen ist und die Bedeutung von e_{-1} infolgedessen gleichgültig ist. Denn $E_\alpha e$ ist ein Vektor vom Gewichte $\Lambda + \alpha$, und da das Gewicht $\Lambda + \alpha$ nicht auftritt, notwendig $= 0$. Der Übergang von i zu $i + 1$ stützt sich auf die Gleichung (10) und die Tatsache, dass

$$[E_\alpha E_{-\alpha}] = H_\alpha$$

ist:

$$E_\alpha e_{i+1} = E_\alpha E_{-\alpha} e_i = H_\alpha e_i + E_{-\alpha} E_\alpha e_i = (\Lambda - i\,\alpha)_\alpha e_i + \mu_i E_{-\alpha} e_{i-1}.$$

Es ergibt sich daraus noch die Rekursionsformel

$$\mu_{i+1} = \mu_i + (\Lambda - i\,\alpha)_\alpha;$$

daher ist

$$\mu_i = \sum_{j=0}^{i-1} (\Lambda - j\,\alpha)_\alpha.$$

Weil $e_{h+1} = 0$, aber $e_h \neq 0$ ist, muss $\mu_{h+1} = 0$ sein. Das liefert die Gleichung

$$(h+1)\left(\Lambda_\alpha - \frac{1}{2}\,h\,\alpha_\alpha\right) = 0 \quad \text{oder} \quad \Lambda_\alpha = h.$$

Der Satz ist damit für das extreme Gewicht Λ, für das wir ihn eigentlich allein brauchen, bewiesen, überträgt sich nun aber sogleich auf die ganze Serie von Gewichten

$$\Lambda, \Lambda - \alpha, \Lambda - 2\,\alpha, \ldots, \Lambda - h\,\alpha.$$

Die lineare Substitution der Variablen λ, welche jede Linearform Λ derselben in $\Lambda' = \Lambda - \Lambda_\alpha \cdot \alpha$ verwandelt, führt nämlich diese Reihe in die inverse über, die man erhält, wenn man sie rückwärts durchläuft.

Die erwähnte Substitution ist aber wegen (9) nichts anderes als die Vertauschung von λ_i mit λ_k, und das gesteckte Ziel ist somit erreicht.

§ 3. Cartans infinitesimale Methode: Bestimmung einer irreduziblen Darstellung durch ihr höchstes Gewicht

Bis hierher verläuft die Überlegung in Bahnen, welche E. Cartan durch die algebraische Tradition mehr oder weniger vorgezeichnet waren. Seine eigentliche originelle Leistung liegt in der Aufstellung und dem Beweis von

Satz 2. *Eine irreduzible Darstellung ist durch ihr höchstes Gewicht eindeutig bestimmt; dies Gewicht ist stets von der Multiplizität* 1.

Normieren wir die Koeffizienten m_i einer Linearform (6) durch die symmetrische Bedingung

$$m_1 + m_2 + \cdots + m_n = 0, \tag{11}$$

so wollen wir Λ positiv nennen, wenn der erste von 0 verschiedene Koeffizient in der Reihe $m_1, m_2, \ldots, m_n$ positiv ist. Von zwei derartigen Linearformen

$$\Lambda = \sum_{i=1}^{n} m_i \lambda_i, \quad \Lambda' = \sum_{i=1}^{n} m_i' \lambda_i$$

soll Λ' die höher stehende heissen, wenn $\Lambda' - \Lambda$ positiv ist. Diese Rangordnung liegt der Bestimmung des «höchsten Gewichtes» zugrunde. Die Normierung (11) bringt es mit sich, dass die Koeffizienten m_i der Gewichte unter Umständen gebrochene Zahlen mit dem Nenner n werden. Für die Charakteristik als Funktion der ε_i kommt die Rangordnung hinaus auf die bekannte lexikographische Anordnung der Potenzprodukte. Satz 2 besagt, dass das höchste Glied der Charakteristik den Koeffizienten 1 trägt und dass die irreduzible Darstellung durch dieses höchste Glied vollständig determiniert ist. Er ist somit ein Seitenstück und eine Verschärfung zu dem allgemeinen, nicht dem infinitesimalen Gedankenkreis entsprungenen FROBENIUS-SCHURschen Theorem, dass eine irreduzible Darstellung durch ihre Charakteristik eindeutig festgelegt ist. – Da mit Λ auch immer diejenige Linearform als Gewicht auftritt, die daraus durch Vertauschung irgend zweier der Variablen λ_i, λ_k hervorgeht, muss das höchste Gewicht, wenn es in der Form

$$m_1 \lambda_1 + m_2 \lambda_2 + \cdots + m_{n-1} \lambda_{n-1} \qquad (m_n = 0)$$

geschrieben wird, lauter ganzzahlige Koeffizienten haben, die den Ungleichungen

$$m_1 \geqq m_2 \geqq \cdots \geqq m_n = 0 \tag{12}$$

genügen.

Man gehe von einem zum höchsten Gewicht Λ gehörigen Vektor $e \neq 0$ aus und bilde alle Vektoren (5). Es gilt der

Hilfssatz. *Wo in dieser Reihe ein Vektor vom höchsten Gewicht Λ auftritt, ist er ein Multiplum von e, $\varkappa e$, und der Faktor $\varkappa$ ist durch das höchste Gewicht und die Entstehung jenes Vektors aus e vermöge der Abbildungen E_α vollständig festgelegt.*

Beweis. Sind $\alpha_1, \alpha_2, \ldots, \alpha_m$ mehrere Wurzeln und wird zur Abkürzung $E_{\alpha_i} = E_i$ gesetzt, so ist

$$E_m \ldots E_2 E_1 e \tag{13}$$

wie e vom Gewichte Λ, wenn

$$\alpha_1 + \alpha_2 + \cdots + \alpha_m = 0 \tag{14}$$

ist. Behauptet wird, dass (13) gleich $\varkappa e$ ist, wo $\varkappa$ nur vom höchsten Gewicht Λ und den Wurzeln $\alpha_1, \alpha_2, \ldots, \alpha_m$ abhängt. Unter den Wurzeln α_i müssen wegen (14) positive vorkommen; α_l sei die erste. Im Falle $l = 1$ ist unsere Behauptung klar, da dann das Gewicht $\Lambda + \alpha_1$ von $E_1 e$ höher steht als Λ, und darum wegen der Bedeutung von Λ der Vektor $E_1 e = 0$ sein muss. Andernfalls ersetzen wir $e' = E_l E_{l-1} \ldots E_1 e$ durch

$$[E_l E_{l-1}] E_{l-2} \ldots E_1 e + E_{l-1} E_l E_{l-2} \ldots E_1 e. \tag{15}$$

Das erste Glied in (15) ist

entweder $= 0$: wenn $\alpha_l + \alpha_{l-1} \neq 0$, aber keine Wurzel ist;

oder $= \mu \cdot E_{l-2} \ldots E_1 e$: wenn $\alpha_l + \alpha_{l-1} = 0$ ist, $[E_l E_{l-1}]$ ist in diesem Fall gleich einem H und die Zahl μ das für dieses H berechnete Gewicht von $E_{l-2} \ldots E_1 e$;

oder es hat die Form $E_\beta E_{l-2} \ldots E_1 e$: wenn $\alpha_l + \alpha_{l-1} = \beta$ wiederum eine Wurzel ist. – In diesem Gliede ist also, falls es nicht verschwindet, die Anzahl der vor e stehenden Abbildungen E um 2 oder um 1 geringer als in e', der Faktor μ aber durch das höchste Gewicht und die Entstehungsart von e' bestimmt. Das zweite Glied der Formel (15) weist die positive Wurzel α_l nicht wie e' an l-ter, sondern schon an $(l-1)$-ter Stelle auf. Unter Berufung auf den vorausgeschickten Fall $l = 1$ ist damit der Hilfssatz durch vollständige Induktion bewiesen.

Aus ihm ergibt sich der Satz 2 – der natürlich so zu interpretieren ist, dass zwischen äquivalenten Darstellungen nicht unterschieden wird –, wie folgt. In den beiden irreduziblen Darstellungen $\mathfrak{G}$, $\mathfrak{G}_*$ sei e bzw. e^* ein Vektor vom höchsten Gewicht Λ. Neben der Reihe (5) betrachten wir die analoge Reihe

$$e^*,\ E^*_\alpha e^*,\ E^*_{\alpha'} E^*_\alpha e^*,\ \ldots, \tag{5*}$$

wo E^*_α in $\mathfrak{G}^0_*$ demselben Element e_α von $\mathfrak{g}^0$ korrespondiert wie E_α in $\mathfrak{G}^0$. Jedem Vektor der ersten Reihe ordnen wir den entsprechenden der zweiten Reihe zu; wir erhalten so eine lineare Abbildung von $\mathfrak{R}$ auf $\mathfrak{R}^*$, vermöge deren die Darstellung $\mathfrak{G}^0$ in $\mathfrak{G}^0_*$ übergeht, vorausgesetzt, dass folgender Satz gilt: Sind $e_1, e_2, \ldots, e_m$ irgendwelche Vektoren der ersten Reihe, zwischen denen die homogene lineare Relation

$$\gamma_1 e_1 + \gamma_2 e_2 + \cdots + \gamma_m e_m = 0 \tag{16}$$

besteht, so sind die korrespondierenden Vektoren $e^*_1, e^*_2, \ldots, e^*_m$ der zweiten Reihe durch die gleiche Relation miteinander verknüpft. Zum Beweise ordnen wir jeder solchen Relation (16) den Vektor

$$\gamma_1 e^*_1 + \gamma_2 e^*_2 + \cdots + \gamma_m e^*_m$$

von $\mathfrak{R}^*$ zu. Sie alle zusammen bilden eine lineare Mannigfaltigkeit in $\mathfrak{R}^*$, die gegenüber $\mathfrak{G}^0_*$ invariant ist. Aber nach dem vorausgeschickten Hilfssatz *kommt in ihr der Vektor e^* nicht vor*, sie setzt sich zusammen aus lauter Vektoren von niedrigerem Gewicht und muss sich also wegen der vorausgesetzten Irreduzibilität von $\mathfrak{G}^0_*$ ganz und gar auf 0 reduzieren.

§ 4. Erzeugung der irreduziblen Darstellungen

Die allereinfachste Darstellung von $\mathfrak{g}^0$ kommt dadurch zustande, dass man jedem Element von $\mathfrak{g}^0$ die infinitesimale Transformation $dx = 0$ der *einen* Variablen x zuordnet: jedem Element von $\mathfrak{g}$ entspricht die eindimensionale Einheitsmatrix. Zweitens ist $\mathfrak{g}^0$ bzw. $\mathfrak{g}$ selber eine irreduzible Darstellung dieser Gruppe. Weiter kennt die analytische Geometrie diejenigen Gruppen $\mathfrak{g}_2, \mathfrak{g}_3, \ldots$, nach denen sich die Flächenelemente, Raumelemente usw. transformieren; die zugehörigen Dimensionszahlen sind bzw.

$$\frac{n(n-1)}{1\cdot 2}, \quad \frac{n(n-1)(n-2)}{1\cdot 2\cdot 3}, \ldots .$$

Das von zwei Vektoren $x = (x_i)$, $y = (y_i)$ im Raume $\mathfrak{r}$ aufgespannte Flächenelement $x \times y$ (der «zweidimensionale Vektor» in $\mathfrak{r}$, welcher durch «äussere Multiplikation» aus den beiden eindimensionalen x und y hervorgeht) ist ein schiefsymmetrischer Tensor 2. Stufe mit den Komponenten

$$x_i y_k - x_k y_i .$$

Die äusseren Produkte je zweier verschiedener Grundvektoren $e_i \times e_k$ $(i < k)$ unseres Koordinatensystems in $\mathfrak{r}$ bilden eine Basis für die Gesamtheit der schiefsymmetrischen Tensoren 2. Stufe. Bei Übergang zu einem andern Koordinatensystem im Raume $\mathfrak{r}$ durch die Transformation t erleiden sie ihrerseits eine lineare Transformation, und auf diese Weise gewinnt man die erwähnte Darstellung $\mathfrak{g}_2$ von $n(n-1)/2$ Dimensionen. Erfährt e_i durch die infinitesimale Transformation h den Zuwachs $de_i = \lambda_i e_i$, so hat der zweidimensionale Grundvektor $e_i \times e_k$ das Gewicht $\lambda_i + \lambda_k$:

$$d(e_i \times e_k) = (de_i \times e_k) + (e_i \times de_k) = (\lambda_i + \lambda_k)(e_i \times e_k).$$

Die in $\mathfrak{g}_2$ vorkommenden Gewichte sind also die $n(n-1)/2$ Linearformen $\lambda_i + \lambda_k$ $(i < k)$, das höchste unter ihnen ist $\lambda_1 + \lambda_2$. *Die Darstellung ist irreduzibel* gemäss dem

Hilfssatz. *Hat man den N-dimensionalen Raum $\mathfrak{R}$ einer beliebigen Darstellung $\mathfrak{G}$ auf ein Koordinatensystem von N Vektoren $e_1, e_2, \ldots, e_N$ bezogen, deren jeder ein bestimmtes Gewicht Λ_i besitzt, sind die N Gewichte Λ_i voneinander verschieden, und kann man alle N Grundvektoren e_i aus einem beliebigen von ihnen durch Ausübung der Transformationen von $\mathfrak{G}$ erzeugen, so ist $\mathfrak{G}$ irreduzibel.*

Denn es sei $\mathfrak{R}'$ eine lineare Vektormannigfaltigkeit in $\mathfrak{R}$, die gegenüber der Gruppe $\mathfrak{G}^0$ invariant ist und den von 0 verschiedenen Vektor

$$e = \xi_1 e_1 + \xi_2 e_2 + \cdots + \xi_N e_N$$

enthält. Dann ist

$$He = \xi_1 \Lambda_1 e_1 + \xi_2 \Lambda_2 e_2 + \cdots + \xi_N \Lambda_N e_N .$$

Verschafft man sich also durch die LAGRANGEsche Interpolationsformel ein Polynom $\varphi(\zeta)$, das für $\zeta = \Lambda_1$ den Wert 1 hat, an den Stellen $\zeta = \Lambda_2, \ldots, \Lambda_N$ aber verschwindet, so ist

$$\varphi(H)\, e = \xi_1\, e_1 .$$

Ist $\xi_1 \neq 0$, so kommt demnach der Vektor e_1 in $\mathfrak{R}'$ vor. Wenigstens einer der Zahlkoeffizienten ξ_i ist aber $\neq 0$, und darum liegt wenigstens einer der Grundvektoren e_i in $\mathfrak{R}'$. Da aus ihm durch die Transformationen von $\mathfrak{G}$ alle anderen gewonnen werden können, ist $\mathfrak{R}'$ mit ganz $\mathfrak{R}$ identisch.

Die Mannigfaltigkeit der 1-dimensionalen, 2-dimensionalen, ..., $(n-1)$-dimensionalen Vektoren in $\mathfrak{r}$ liefert uns also $n-1$ irreduzible Darstellungen $\mathfrak{g}_1, \mathfrak{g}_2, \ldots, \mathfrak{g}_{n-1}$. Höchstes Gewicht und Dimensionszahl von $\mathfrak{g}_i$ sind

$$\lambda_1 + \lambda_2 + \cdots + \lambda_i = \mu_i, \quad \text{bzw.} \quad \frac{n\,(n-1)\cdots(n-i+1)}{1\cdot 2\cdots i}.$$

Die mit irgendwelchen ganzen nicht-negativen Exponenten p_i daraus komponierte Darstellung

$$\mathfrak{G} = \mathfrak{g}_1^{p_1}\, \mathfrak{g}_2^{p_2} \cdots \mathfrak{g}_{n-1}^{p_{n-1}}$$

erhält das höchste Gewicht

$$\Lambda = p_1\,\mu_1 + p_2\,\mu_2 + \cdots + p_{n-1}\,\mu_{n-1} = m_1\,\lambda_1 + m_2\,\lambda_2 + \cdots + m_{n-1}\,\lambda_{n-1},$$

wobei

$$m_i = p_i + p_{i+1} + \cdots + p_{n-1}$$

ist. Durch Reduktion kann man aus ihr eine *irreduzible* Darstellung mit diesem höchsten Gewicht abspalten. Da andererseits zufolge der Ungleichungen (12) sich jedes mögliche höchste Gewicht einer irreduziblen Darstellung aus den Gewichten μ_i additiv mittels nicht-negativer ganzer Koeffizienten p_i zusammensetzen lässt und zu einem vorgegebenen höchsten Gewicht nach Satz 2 nur eine einzige irreduzible Darstellung gehört, *haben wir damit eine Methode gefunden zur Erzeugung der sämtlichen irreduziblen Darstellungen von* $\mathfrak{g}$.

Man wird bei der Komposition zweier irreduzibler Darstellungen $\mathfrak{G}$, $\mathfrak{G}'$ das System der Grössen $x_i\, x'_j$, vgl. Formel (0), als das Produkt des Vektors (x_i) im Raum $\mathfrak{R}$ und des Vektors x'_j im Raume $\mathfrak{R}'$ bezeichnen. Ist in $\mathfrak{R}$ ein Koordinatensystem gewählt $e_1, e_2, \ldots, e_N$, das aus lauter Vektoren von bestimmtem Gewicht Λ_i besteht, und hat dabei insbesondere e_1 das höchste Gewicht, ist ferner das Analoge im Raume $\mathfrak{R}'$ geschehen, so besitzen die Produktvektoren $e_i\, e'_j$ im NN'-dimensionalen Raum $\mathfrak{R}\mathfrak{R}'$ gegenüber der Gruppe $\mathfrak{G}\mathfrak{G}'$ das Gewicht $\Lambda_i + \Lambda'_j$. Den irreduziblen Bestandteil vom höchsten Gewicht $\Lambda_1 + \Lambda'_1$ sucht E. CARTAN[1]) dadurch aus $\mathfrak{G}\mathfrak{G}'$ herauszulösen, dass er innerhalb $\mathfrak{R}\mathfrak{R}'$ die kleinste lineare Mannigfaltigkeit $\mathfrak{R}^*$ betrachtet, welche alle aus $e_1\, e'_1$ durch die Transformationen von $\mathfrak{G}\mathfrak{G}'$ hervorgehenden Vektoren enthält. Die Irreduzibilität der so entstehenden «CARTANschen Komponierten» $\mathfrak{G}^*$ ist jedoch –

[1]) E. CARTAN II, S. 64.

entgegen der Meinung E. CARTANS – keineswegs selbstverständlich. Mittels der zum Beweis des letzten Hilfssatzes verwendeten Methode sieht man zunächst ein: Werden in dem Ausdruck

$$e^* = \sum_{i,j} \eta_{ij}\, e_i\, e'_j$$

eines zu $\mathfrak{R}^*$ gehörigen Vektors e^* immer alle Glieder von demselben Gewicht zusammengefasst, so kommen die einzelnen Summanden von *verschiedenem* Gewicht, in welche e^* dadurch zerspalten ist, mit e^* in $\mathfrak{R}^*$ vor. *Wir können in* $\mathfrak{R}^*$ *also ein Koordinatensystem einführen* $e_1^* = e_1\, e'$, $e_2^*, \ldots,$ *das aus lauter Vektoren von bestimmtem Gewicht besteht. Unter ihnen hat nur der Vektor* e_1^* *das höchste Gewicht* $\Lambda_1^* = \Lambda_1 + \Lambda'_1$. *Alle Vektoren von* $\mathfrak{R}^*$ *setzen sich additiv aus solchen zusammen, welche durch die Transformationsgruppe* $\mathfrak{G}^*$ *aus* e_1^* *hervorgehen.* Kann daraus auf die Irreduzibilität von $\mathfrak{G}^*$ geschlossen werden?

Soviel ich sehe, nur dann, wenn das Resultat des nächsten Paragraphen vorweggenommen wird: dass *jede reduzible Darstellung zerfällt*[1]). Es ist nämlich leicht einzusehen, dass $\mathfrak{R}^*$ nicht in zwei Teilräume zerspalten werden kann $\mathfrak{R}_1^* + \mathfrak{R}_2^*$, die durch $\mathfrak{G}^*$ in sich transformiert werden. In einem dieser beiden Räume, etwa in $\mathfrak{R}_1^*$, muss ein Vektor vorkommen $\eta_1\, e_1^* + \eta_2\, e_2^* + \cdots$, für welchen die Komponente $\eta_1 \neq 0$ ist. Durch wiederholte Anwendung der Transformation H^* folgt dann wie oben, dass in $\mathfrak{R}_1^*$ auch $\eta_1\, e_1^*$ und damit e_1^* vorkommt; mit e_1^* aber überhaupt alle Vektoren von $\mathfrak{R}^*$.

Bilden wir durch die CARTANsche Komposition z. B. $\mathfrak{g}_1^2\, \mathfrak{g}_2$! $e_1, e_2, \ldots, e_n$ bezeichnet das im Raum $\mathfrak{r}$ zugrunde gelegte Koordinatensystem. Auf

$$e_1\, e_1\, (e_1 \times e_2) \tag{17}$$

müssen alle Transformationen t von $\mathfrak{g}$ angewendet werden. t laute etwa

$$\begin{aligned} e'_1 &= \xi_1\, e_1 + \xi_2\, e_2 + \cdots + \xi_n\, e_n, \\ e'_2 &= \eta_1\, e_1 + \eta_2\, e_2 + \cdots + \eta_n\, e_n, \\ &\ldots\ldots\ldots\ldots\ldots\ldots \end{aligned}$$

(17) geht durch t über in

$$\sum \xi_i\, \xi_k\, (\xi_l\, \eta_m - \xi_m\, \eta_l)\, e_i\, e_k\, e_l\, e_m. \tag{18}$$

Aus Ausdrücken von der Form

$$\xi_i\, \xi_k\, \xi_l\, \eta_m$$

lassen sich alle Tensoren 4. Stufe zusammensetzen, die in den drei ersten Indizes symmetrisch sind. Diese entstehen aus dem allgemeinsten Tensor 4. Stufe durch «Mischung» der ersten drei Indizes, d. h. indem man die aus ihm durch die 3! Permutationen jener Indizes hervorgehenden Tensoren addiert. Auf den

[1]) Hier liegt also eine empfindliche Lücke in der CARTANschen Untersuchung vor. Auch die Beweisführung in E. CARTAN II, Abschn. I, 4, S. 58–59, scheint mir nicht zwingend zu sein.

in $i\,k\,l$ symmetrischen Tensor f_{iklm} ist dann dem Ausdruck (18) zufolge noch die «Alternation» (Bildung der *alternierenden* Summe aus den durch Permutation entstehenden Tensoren) in bezug auf die Indizes l und m auszuüben:

$$f_{iklm} - f_{ikml}.$$

Innerhalb der so erzeugten Vektormannigfaltigkeit induziert $\mathfrak{g}$ eine irreduzible Transformationsgruppe $\mathfrak{G}$, nämlich diejenige vom höchsten Gewicht $3\,\lambda_1 + \lambda_2$.

Um das allgemeine Resultat auszusprechen, verwenden wir statt der Komponenten eines Tensors nach (1) die zugehörige mehrfache Linearform. Es gilt, die irreduzible Darstellung $\mathfrak{G}$ vom höchsten Gewichte

$$m_1\,\lambda_1 + m_2\,\lambda_2 + \cdots \qquad (m_1 \geqq m_2 \geqq \cdots)$$

zu erzeugen. Die Summe der ganzen nicht-negativen Zahlen $m_1 + m_2 + \cdots$ werde $= \nu$ gesetzt. Wir teilen die Ziffern 1 bis ν in Abschnitte von der Länge $m_1, m_2, \ldots$ und denken uns die Abschnitte untereinander geschrieben, wie es

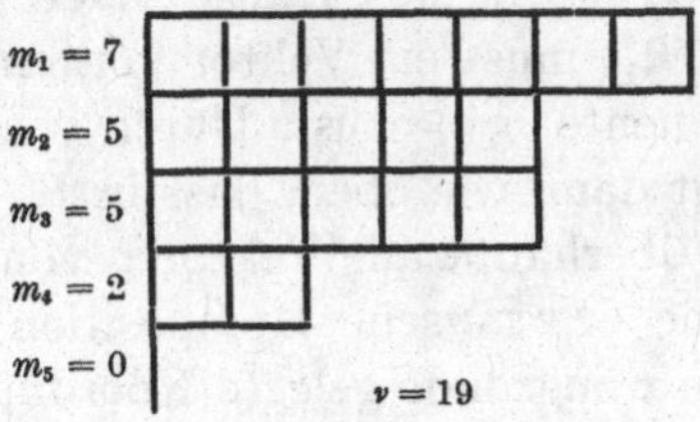

Schema $\{m\}$

das Schema $\{m\}$ andeutet. Unter $\boldsymbol{A}$ verstehen wir die Gruppe derjenigen Permutationen A der ν Ziffern, bei welchen nur die in den Vertikalstollen stehenden Ziffern untereinander vertauscht werden, unter $\boldsymbol{B}$ die Gruppe der Permutationen B, welche lediglich die Ziffern der Horizontalreihen des Schemas untereinander vertauschen. Durchläuft A die Gruppe $\boldsymbol{A}$, B die Gruppe $\boldsymbol{B}$, so durchläuft AB ohne Wiederholung den Komplex $\boldsymbol{AB}$. Es werde für eine beliebige Permutation P der ν Ziffern $\varepsilon_P = 0$ gesetzt, wenn P nicht dem Komplex $\boldsymbol{AB}$ angehört, andernfalls aber, wenn $P = AB$ ist, $\varepsilon_P = +1$ oder -1, je nachdem A eine gerade oder ungerade Permutation ist. Aus dem allgemeinsten Tensor ν-ter Stufe f erzeugen wir durch Anwendung des Operators

$$\boldsymbol{e} = \sum_P \varepsilon_{P^{-1}} P \tag{19}$$

den Tensor

$$f^* = \sum_P \varepsilon_{P^{-1}} f\,P. \tag{20}$$

Satz 3. *Die sämtlichen Tensoren f^*, die aus Tensoren ν-ter Stufe f durch Anwendung des zum Schema $\{m\}$ gehörigen Operators $\boldsymbol{e}$ entstehen, bilden eine Klasse einfacher Grössen, und die zugehörige Darstellung $\mathfrak{G}$ von $\mathfrak{g}$ hat das höchste*

Gewicht $m_1 \lambda_1 + m_2 \lambda_2 + \cdots$. *Auf diese Weise kommt die allgemeinste irreduzible Darstellung von* $\mathfrak{g}$ *zustande.*

Wenn in dem Schema nicht alle Vertikalstollen eine Länge $\leqq n$ haben, ist f^* identisch $= 0$. Ist hingegen jene Bedingung erfüllt, so kommt es nur auf die *Unterschiede* der ganzen Zahlen $m_1, m_2, \ldots, m_n$ an; man kann also dafür sorgen, dass $m_n = 0$ wird, doch ist es für die allgemeinen Betrachtungen zweckmässiger, von dieser Normierung abzusehen.

Die Komponenten der Matrix T in unserer irreduziblen Darstellung $\mathfrak{G}$ werden offenbar ganze rationale Funktionen ν-ter Ordnung der Komponenten von t. Lassen wir die letzteren frei variieren, so bilden die T zugleich eine irreduzible Darstellung der Gruppe $\tilde{\mathfrak{g}}$ aller (reellen oder komplexen) Transformationen mit einer von 0 verschiedenen (oder mit einer positiven) Determinante. Dass die Aufzählung für $\tilde{\mathfrak{g}}$ aber nicht erschöpfend ist und inwiefern sich $\tilde{\mathfrak{g}}$ überhaupt wesentlich komplizierter als $\mathfrak{g}$ verhält, werden wir am Schlusse dieses Kapitels in § 8 betrachten.

§ 5. Der Satz von der vollen Reduzibilität

Den Beweis des Satzes, dass eine reduzible Darstellung notwendig zerfällt, vermag ich nicht mehr durch die infinitesimale algebraische Methode zu erbringen; von jetzt ab bedienen wir uns der transzendenten Integrationsmethode, die zuerst von HURWITZ zur Erzeugung der Invarianten ausgebildet[1]) und dann im gleichen Sinne wie hier von I. SCHUR auf die Darstellungen der Drehungsgruppe angewendet wurde. In allen Fällen, wo bisher ein Nachweis der vollen Reduzibilität gelungen ist, *beruht er auf der Konstruktion einer invarianten definiten quadratischen bzw. Hermiteschen Form.* Hat man eine Gruppe $\mathfrak{h}$ reeller homogen-linearer Transformationen in einem n-dimensionalen Raum $\mathfrak{r}$ und eine positiv-definite quadratische Form Q, welche durch die Transformationen von $\mathfrak{h}$ in sich übergeht, so wird $\mathfrak{r}$ durch die Form Q zu einem metrisch-euklidischen Raum gestempelt. Lässt $\mathfrak{h}$ einen Teilraum $\mathfrak{r}_1$ von n_1 Dimensionen invariant, so auch den zu $\mathfrak{r}_1$ senkrechten Raum $\mathfrak{r}_2$ von $n_2 = n - n_1$ Dimensionen, der aus allen Vektoren besteht, die im Sinne der Metrik Q zu den sämtlichen Vektoren von $\mathfrak{r}_1$ senkrecht sind: $\mathfrak{r}$ zerfällt in die beiden invarianten Teilräume $\mathfrak{r}_1$ plus $\mathfrak{r}_2$. Im Fall einer komplexen Transformationsgruppe leistet die gleichen Dienste eine invariante positiv-definite Hermitesche Form. Zu einer Gruppe aus endlichvielen homogenen linearen Transformationen verschafft man sich eine solche Form durch Addition: Man geht von irgendeiner definiten Hermiteschen Form aus, etwa der Einheitsform

$$x_1 \bar{x}_1 + x_2 \bar{x}_2 + \cdots + x_n \bar{x}_n$$

(der Querstrich bezeichnet die konjugiert-komplexe Grösse) und bildet die Summe aller derjenigen, welche aus ihr durch die Substitutionen der Gruppe

[1]) Gött. Nachr. 1897, S. 71.

hervorgehen. Will man das gleiche Verfahren auf die $\mathfrak{g}$ darstellende kontinuierliche Gruppe $\mathfrak{G}$ anwenden, so tritt an die Stelle der Addition die Integration. Dazu bedarf man einer invarianten Volummessung auf der Gruppenmannigfaltigkeit $\mathfrak{g}$. Eine solche ist aber auf ihr wie auf jeder beliebigen Gruppenmannigfaltigkeit vorhanden.

Sind s, s' zwei unendlich benachbarte Elemente der r-parametrigen kontinuierlichen Gruppe $\mathfrak{H}$, zwei unendlich benachbarte «Punkte» auf der Gruppenmannigfaltigkeit $\mathfrak{H}$, so ist $s' s^{-1}$ (ich lese die Zusammensetzung von links nach rechts) ein infinitesimales Element von $\mathfrak{H}$; dieses oder das System seiner Komponenten relativ zu einer fest gewählten Basis der zugehörigen infinitesimalen Gruppe $\mathfrak{H}^0$ bezeichne ich als den von s zu s' führenden *Vektor*. Als *Volumen* eines parallelepipedischen Volumelements, das von s aus durch r infinitesimale Vektoren aufgespannt wird, gilt wie üblich die Determinante aus den Komponenten dieser Vektoren. Ist a ein gegebener Punkt auf $\mathfrak{H}$, so werde die Abbildung $s \to sa$ von $\mathfrak{H}$ auf sich selbst als *Translation* bezeichnet; es ist diejenige Translation, die das Einheitselement e in a überführt. Bei einer Translation bleiben die Vektoren erhalten (darin liegt die Rechtfertigung für die Nomenklatur), und Volumelemente, die durch Translation auseinander hervorgehen, haben deshalb das gleiche Volumen. Das Volumen eines an der Stelle t der Gruppenmannigfaltigkeit $\mathfrak{g}$ befindlichen Volumelements möge mit $|dt|$ bezeichnet werden. Ist $\mathfrak{G}$ eine N-dimensionale Darstellung von $\mathfrak{g}$ und bedeutet $(h)T$ die Hermitesche Form, die aus der Einheitsform

$$(h) = x_1 \bar{x}_1 + x_2 \bar{x}_2 + \cdots + x_N \bar{x}_N$$

im Raume $\mathfrak{R}$ durch die t korrespondierende Transformation T entsteht, so hat man demnach zu bilden:

$$\int (h)\, T \cdot |dt|, \tag{21}$$

integriert über die ganze Mannigfaltigkeit $\mathfrak{g}$. Es bleibt jedoch zweifelhaft, ob dieses Integral einen Sinn hat; das Verfahren scheint zunächst daran zu scheitern, dass $\mathfrak{g}$ keine *geschlossene* Mannigfaltigkeit ist. Diese Schwierigkeit ist wesentlich; denn bestünde sie nicht, so müsste ja der Satz von der vollen Reduzibilität für beliebige kontinuierliche Gruppen gelten!

Aber im Falle der Gruppe $\mathfrak{g}$ wird sie überwunden durch den Gedanken von Hurwitz, sich innerhalb $\mathfrak{g}$ zunächst auf die *unitären* Transformationen zu beschränken; die Gruppe $\mathfrak{g}_u$ der unitären Transformationen mit der Determinante 1 ist in der Tat ein geschlossenes Gebilde. Ihre infinitesimalen Operationen (τ_{ik}) sind durch die Beziehungen gekennzeichnet:

$$\tau_{ki} + \bar{\tau}_{ik} = 0, \quad \text{insbesondere} \quad \tau_{ii} = \lambda_i \text{ rein imaginär}; \qquad \sum_i \lambda_i = 0.$$

Ihnen entspricht in $\mathfrak{G}^0$ ein Teilgebilde $\mathfrak{G}_u^0$. Gilt aber für die Darstellungen von $\mathfrak{g}_u^0$ der Satz, dass sie zerfallen, falls sie reduzibel sind, so gilt er auch für die totale Gruppe $\mathfrak{g}^0$. Es sei nämlich $\mathfrak{R}_1$ eine gegenüber $\mathfrak{G}^0$ invariante Ebene in $\mathfrak{R}$. Wir können dann nach Voraussetzung $\mathfrak{R}$ zerspalten in $\mathfrak{R}_1$ plus $\mathfrak{R}_2$, so dass $\mathfrak{R}_1$ und $\mathfrak{R}_2$ gegenüber $\mathfrak{G}_u^0$ invariant sind. Ein Koordinatensystem in $\mathfrak{R}_1$ liefert zu-

$$\begin{array}{r|c|c|} \hline \mathfrak{R}_1 & * & [12] \\ \hline & 0,\ldots,0 & \\ & 0,\ldots,0 & \\ \mathfrak{R}_2 & \cdot\;\cdot\;\cdot\;\cdot\;\cdot & * \\ & \cdot\;\cdot\;\cdot\;\cdot\;\cdot & \\ & 0,\ldots,0 & \\ \hline \end{array}$$

sammen mit einem Koordinatensystem in $\mathfrak{R}_2$ ein solches für $\mathfrak{R}$. Relativ zu ihm hat die allgemeine Matrix von $\mathfrak{G}^0$ die obenstehende Gestalt. Für die Matrizen von $\mathfrak{G}_u^0$ verschwinden ferner alle Glieder, welche in dem Rechteck [12] stehen. Jedes solche Glied ist eine lineare Form der Variablen τ_{ik}:

$$\sum_i a_i \lambda_i + \sum_{i \neq k} a_{ik} \tau_{ik}.$$

Eine derartige Linearform verschwindet aber identisch, falls sie es unter der Einschränkung

$$\tau_{ki} + \bar{\tau}_{ik} = 0 \tag{22}$$

tut. Somit ist das Rechteck [12] auch identisch in $\mathfrak{G}^0$ gleich 0. Denn setzt man zunächst alle seitlichen $\tau_{ik} = 0$ $(i \neq k)$, so lautet die Forderung: $\Sigma a_i \lambda_i = 0$ für beliebige rein imaginäre Zahlen λ_i, deren Summe gleich 0 ist; daraus folgt $a_1 = a_2 = \cdots = a_n$. Wählt man aber alle Variablen ausser τ_{12} und τ_{21} gleich 0, so liefern die beiden besonderen, der Bedingung (22) genügenden Ansätze

$$\tau_{12} = \tau_{21} = \sqrt{-1} \quad \Big| \quad \tau_{12} = -\tau_{21} = 1$$

die Beziehungen

$$a_{12} + a_{21} = 0 \quad \Big| \quad a_{12} - a_{21} = 0,$$

welche $a_{12} = a_{21} = 0$ zur Folge haben.

Aus einer Darstellung der infinitesimalen Gruppe $\mathfrak{g}_u^0$ von $n^2 - 1$ reellen Parametern erhält man durch Integration nach Lie die zugeordnete Matrix T für alle diejenigen t von $\mathfrak{g}_u$, welche einer gewissen *Umgebung* des Einheitselements e angehören. Aber wählt man ein t_0 in dieser Umgebung, so kann man die Darstellung fortsetzen auf diejenige Umgebung von t_0, in welche die erste Umgebung durch die Translation von e nach t_0 übergeht. Der zu iterierende *Prozess der Fortsetzung* stösst offenbar niemals gegen eine Grenze; aber T braucht nicht auf $\mathfrak{g}_u$ eindeutig zu sein, sondern erst auf einem «*Überlagerungsgebilde*», das sich unverzweigt und unbegrenzt über $\mathfrak{g}_u$ hinzieht. Ich nenne ein Gebilde *einfach zusammenhängend*, wenn sich auf ihm jede geschlossene stetige

Kurve stetig in einen Punkt zusammenziehen lässt. Das stärkste unverzweigte unbegrenzte Überlagerungsgebilde (die «universelle Überlagerungsfläche», welche in der Uniformisierungstheorie eine so grosse Rolle spielt) über einem gegebenen Gebilde ist einfach zusammenhängend. Dieses universelle Überlagerungsgebilde $\mathfrak{g}_u^*$ über $\mathfrak{g}_u$ ist erst die wahre abstrakte Gruppe, um deren Darstellung es sich handelt; $\mathfrak{g}_u$ ist nur *eine* ihrer Darstellungen, und zwar eine verkürzte, nicht-homomorphe, wenn das Überlagerungsgebilde mehrblättrig ist. Für die Integrationsmethode kommt es darauf an, dass $\mathfrak{g}_u^*$ geschlossen ist, die Geschlossenheit von $\mathfrak{g}_u$ genügt nicht. Die einfachsten Beispiele lehren, dass wir hier keine Gespenster sehen. Man nehme die unitären Transformationen einer Variablen x:

$$x = \varepsilon \cdot x' \qquad (|\varepsilon| = 1).$$

Sie bilden den Einheitskreis in der komplexen ε-Ebene; erst der unendlich oft durchlaufene Kreis ist einfach zusammenhängend, das universelle Überlagerungsgebilde ist hier unendlichvielblättrig und nicht geschlossen. Es gibt darum auch unendlichvieldeutige Darstellungen, z.B. $y = \varepsilon^\gamma \cdot y'$, wo γ ein vorgegebener reeller, aber irrationaler Exponent ist. Ging man von der Gruppe der *reellen* Dilatationen aus

$$x = a \cdot x' \qquad (a > 0),$$

so führt die *eindeutige* Darstellung derselben $y = a^\gamma \cdot y'$, wenn wir gemäss der eingeschlagenen Methode durch die infinitesimalen Transformationen ins Komplexe übergehen und uns dann auf das unitäre Gebiet beschränken, zu jener unendlichvieldeutigen Darstellung der unitären Gruppe. Für die zugehörige infinitesimale Gruppe $dx = \lambda x$ ist z.B.

$$\begin{Vmatrix} \lambda & 0 \\ \lambda & \lambda \end{Vmatrix}$$

eine zweidimensionale reduzible, aber dennoch nicht zerfallende Darstellung. Betrachten wir aber nicht die Gruppe aller unitären Transformationen, sondern nur die der unitären Transformationen mit der Determinante 1, so gilt erfreulicherweise der

Satz 4. *$\mathfrak{g}_u$ ist einfach zusammenhängend.* (Darum führt jede Darstellung der infinitesimalen Gruppe zu einer eindeutigen Darstellung von ganz $\mathfrak{g}_u$.)

Beweis. Jede Matrix t von $\mathfrak{g}_u$ lässt sich in der Form[1])

$$t = u^{-1}(\varepsilon)\, u$$

schreiben, wo die Matrizen u und (ε) gleichfalls zu $\mathfrak{g}_u$ gehören und (ε) insbesondere eine Diagonalmatrix ist, die aus den Multiplikatoren $\varepsilon_1, \varepsilon_2, \ldots, \varepsilon_n$ von t besteht; $|\varepsilon_i| = 1$. u kann, ohne dass t sich ändert, durch $(\varepsilon')u$ ersetzt werden, wo (ε') eine Matrix von derselben Natur wie (ε) ist. Ist aber z.B. $\varepsilon_1 = \varepsilon_2$, so

1) Es liegt wiederum an der Analysis situs, nämlich an der Geschlossenheit von $\mathfrak{g}_u$, dass hier die von der Elementarteilertheorie her bekannten Ausnahmefälle nicht eintreten.

kann u sogar ersetzt werden durch $s \cdot u$, wo s in eine zweizeilige und $n-2$ einzeilige Matrizen zerfällt, die sich längs der Hauptdiagonale aneinanderreihen. s hängt von $n+1$, nicht bloss wie (ε') von $n-1$ Parametern ab. *Die «singulären» t*, d.s. diejenigen, deren Multiplikatoren nicht alle voneinander verschieden sind, *bilden mithin innerhalb der (n^2-1)-dimensionalen Mannigfaltigkeit $\mathfrak{g}_u$ eine solche von drei Dimensionen weniger!* Man darf also voraussetzen, dass die geschlossene Kurve $\mathfrak{C}$ auf $\mathfrak{g}_u$, die in einen Punkt zusammengezogen werden soll, nicht durch die singulären Stellen hindurchgeht.

Ich führe die Drehwinkel φ_k des nicht-singulären t ein durch die Gleichungen

$$\varepsilon_k = e^{2\pi i \varphi_k} = e(\varphi_k) \qquad (k = 1, 2, \ldots, n)$$

und markiere auf einer reellen φ-Achse die *sämtlichen* Winkelwerte φ_k. Sie bilden ein diskretes Punktsystem W, das sich periodisch mit der Periode 1 wiederholt. Wegen $\Pi\, \varepsilon_i = 1$ ist die Summe von n aufeinanderfolgenden Punkten $\varphi_1, \varphi_2, \ldots, \varphi_n$ dieses Systems eine ganze Zahl k. Indem ich von der «Repräsentantenfolge» $\varphi_1, \varphi_2, \ldots, \varphi_n$ links φ_1 abhänge und dafür rechts $\varphi_1 + 1$ hinzufüge, gehe ich zu der «nächstfolgenden» Repräsentantenfolge über; deren Summe ist um 1 grösser. Zu jeder ganzen Zahl k gibt es also eine und nur eine (die k-te) Repräsentantenfolge in W, deren Summe $= k$ ist. Ich gehe aus von der 0-ten Repräsentantenfolge $\varphi_1, \varphi_2, \ldots, \varphi_n$ desjenigen t, mit dem ich auf $\mathfrak{C}$ starte. Während nun t die geschlossene Kurve $\mathfrak{C}$ durchläuft, verfolge ich die *stetige* Änderung von u und der Winkelwerte $\varphi_1, \varphi_2, \ldots, \varphi_n$ mit dem Kurvenparameter μ. Für diese Stetigkeit kann gesorgt werden, da $\mathfrak{C}$ die singulären Stellen vermeidet. Aus demselben Grunde findet ein gegenseitiges Überholen der Punkte φ_i auf der φ-Achse nicht statt. Sie bleiben also beständig den Ungleichungen

$$\varphi_1 < \varphi_2 < \cdots < \varphi_n < \varphi_1 + 1$$

wie auch der Gleichung

$$\varphi_1 + \varphi_2 + \cdots + \varphi_n = 0$$

unterworfen. Am Schluss sind sie wieder in n aufeinanderfolgende Punkte des anfänglichen Systems W übergegangen; aber da die Summe 0 geblieben ist, liegt wieder die 0-te Repräsentantenfolge vor: *$\varphi_1, \varphi_2, \ldots, \varphi_n$ kehren einzeln zu ihren Ausgangswerten zurück*, die korrespondierenden Punkte $\varepsilon_1, \varepsilon_2, \ldots, \varepsilon_n$ auf dem Einheitskreis haben nur eine Pendelung, keine Umlaufung vollzogen[1]).

Die Deformation der Kurve $\mathfrak{C}$ kann nun mittels eines von 1 bis 0 abnehmenden Deformationsparameters σ so vorgenommen werden, dass u von σ unabhängig bleibt, während die Funktionen $\varphi_i(\mu)$ durch $\sigma \cdot \varphi_i(\mu)$ ersetzt werden: dann zieht sich $\mathfrak{C}$ stetig auf den Einheitspunkt zusammen.

Nachdem so erkannt ist, dass T auf $\mathfrak{g}_u$ eindeutig ist, liefert das über die geschlossene Mannigfaltigkeit $\mathfrak{g}_u$ zu erstreckende Integral (21) eine definite

---

[1]) Lassen wir die Beschränkung: Determinante $= 1$ fort, so könnten $\varepsilon_1, \varepsilon_2, \ldots, \varepsilon_n$, ohne sich zu überholen, den Kreis umlaufen. Dabei beschriebe (ε) eine geschlossene Kurve, die sich gewiss nicht auf einen Punkt zusammenziehen lässt.

Hermitesche Form, die invariant ist gegenüber den Transformationen von $\mathfrak{G}_u$; und damit den

Satz 5. *Jede Darstellung von* $\mathfrak{g}$ *zerfällt auf eindeutig bestimmte Weise in irreduzible Darstellungen; jede lineare Grösse setzt sich aus voneinander unabhängigen einfachen Grössen zusammen.*

Damit wird auch erst die am Schluss des vorigen Paragraphen angegebene Konstruktion auf sichere Füsse gestellt.

§ 6. Bestimmung der Charakteristiken und Dimensionszahlen

Um die Charakteristiken der irreduziblen Darstellungen explizite zu bestimmen, müssen wir das Volumen desjenigen Stückes von $\mathfrak{g}_u$ berechnen, auf welchem die Transformationen t liegen, deren Drehwinkel im Spielraum $\varphi_i \ldots \varphi_i + d\varphi_i$ sich befinden. Da die Drehwinkel die *Klasse* konjugierter Elemente kennzeichnen, zu welcher das Element t in $\mathfrak{g}_u$ gehört, drückt jenes Volumen aus, mit welcher Dichtigkeit die Elemente sich über die verschiedenen Klassen verteilen. Wir führen die Überlegung zunächst an der Gruppe $\mathfrak{u}$ aller unitären Transformationen durch, wo sie etwas einfacher ausfällt.

Von allen unitären Transformationen, welche aus einer u dadurch hervorgehen, dass man sie vorne mit einer willkürlichen unitären Hauptmatrix (ε) multipliziert, will ich sagen, dass sie eine *Gerade* $[u]$ auf $\mathfrak{u}$ bilden. Die zu u unendlich benachbarten Punkte auf der Geraden $[u + du]$ haben die Gestalt

$$(e + 2\pi\, i\, d\varphi)\,(u + du) = u + (2\pi\, i\, d\varphi \cdot u + du)\,,$$

wo e die Einheitsmatrix, $i\,d\varphi$ eine infinitesimale Hauptmatrix mit lauter reinimaginären Gliedern bedeutet. Der Vektor, welcher vom Punkte u zum Punkte $u + du$ hinführt, ist das infinitesimale Element $du \cdot u^{-1}$ von $\mathfrak{u}$. Die sämtlichen Vektoren, welche von u zu den unendlich benachbarten Punkten der Geraden $[u + du]$ hinüberführen, werden geliefert durch die Formel

$$du \cdot u^{-1} + 2\pi\, i\, d\varphi = \delta u\,.$$

Hier kann $d\varphi$ auf eine und nur eine Weise so bestimmt werden, dass in δu die Hauptdiagonale mit lauter Nullen besetzt ist: diesen Vektor δu bezeichne ich als den *senkrechten* Übergang von der Geraden $[u]$ zur Geraden $[u + du]$ vom Punkte u aus. Vollzieht man den senkrechten Übergang von einer andern Stelle $(\varepsilon)u$ der Geraden $[u]$ aus, so erhält man statt δu den Vektor

$$(\varepsilon)\,\delta u\,(\varepsilon)^{-1}. \tag{23}$$

Komme ich jetzt überein, alle Punkte von $\mathfrak{u}$, die auf einer Geraden liegen, durch «Projektion» in einen Punkt zusammenfallen zu lassen, so entsteht aus $\mathfrak{u}$ eine Mannigfaltigkeit $[\mathfrak{u}]$ von n Dimensionen weniger. Definiere ich ferner als Grösse eines parallelepipedischen Volumelements mit der Ecke $[u]$ in ihr die Determinante aus den aufspannenden Vektoren δu, so geht aus (23) hervor, dass diese Volumgrösse unabhängig davon ist, an welcher Stelle der Geraden $[u]$ ich das Volumelement konstruiere.

In der Transformation von t auf die Hauptmatrix (ε):

$$t = u^{-1}(\varepsilon)\, u \tag{24}$$

kommt die Transformation u nur als Repräsentant der Geraden $[u]$ in Betracht. Gehe ich von t zu einem Nachbarpunkt $t + dt$ über, so bezeichne ich den verbindenden Vektor $dt \cdot t^{-1}$ mit δt; ferner setze ich $du \cdot u^{-1} = \delta' u$, und wenn φ_i die Drehwinkel von t sind, besteht in $d(\varepsilon) \cdot (\varepsilon)^{-1} = 2\pi \sqrt{-1}\, d\varphi$ die Hauptmatrix $d\varphi$ aus den infinitesimalen Zuwächsen $d\varphi_i$. Aus (24) oder

$$u\, t = (\varepsilon)\, u$$

folgt

$$du \cdot t + u \cdot dt = d(\varepsilon) \cdot u + (\varepsilon) \cdot du;$$

daraus durch hintere Zusammensetzung mit $t^{-1} u^{-1} = u^{-1}(\varepsilon)^{-1}$:

$$\delta' u + u \cdot \delta t \cdot u^{-1} = 2\pi \sqrt{-1}\, d\varphi + (\varepsilon)\, \delta' u\, (\varepsilon)^{-1}.$$

Die Gleichung

$$u \cdot \delta t \cdot u^{-1} = \left\{(\varepsilon)\, \delta' u\, (\varepsilon)^{-1} - \delta' u\right\} + 2\pi \sqrt{-1}\, d\varphi$$

bleibt richtig, wenn man in der geschweiften Klammer rechts $\delta' u$ durch den Vektor δu ersetzt, der *senkrecht* zur benachbarten Geraden $[u + du]$ hinüberführt, in $\delta' u$ also die Glieder der Hauptdiagonale durch Nullen ersetzt. Wir haben demnach

$$u \cdot \delta t \cdot u^{-1} = \left\{(\varepsilon)\, \delta u (\varepsilon)^{-1} - \delta u\right\} + 2\pi \sqrt{-1}\, d\varphi. \tag{25}$$

Die rechts stehende Matrix hat die Komponenten

$$\delta u_{ik} \left(\frac{\varepsilon_i}{\varepsilon_k} - 1\right) \quad (i \neq k), \qquad 2\pi \sqrt{-1}\, d\varphi_i \quad (i = k). \tag{26}$$

Nun vollzieht sich der Übergang von einer Matrix δt zu $u \cdot \delta t \cdot u^{-1}$ durch eine *unimodulare* lineare Substitution der n^2 Komponenten von δt. Denn sowohl der Übergang $\delta t \to u \cdot \delta t$ wie $\delta t \to \delta t \cdot u$ hat die Determinante $(\det u)^n$. Infolgedessen ist die Determinante aus n^2 Vektoren δt gleich der Determinante aus den dazu gehörigen Vektoren $u \cdot \delta t \cdot u^{-1}$ mit den Komponenten (26). Und die Grösse $|dt|$ eines Volumelements, das von t in der Mannigfaltigkeit $\mathfrak{u}$ beschrieben wird, wenn $[u]$ in $[\mathfrak{u}]$ ein Volumelement von der Grösse $|du|$ beschreibt und (ε) im Spielraum $\varphi_i \ldots \varphi_i + d\varphi_i$ variiert, ist[1])

$$= |du| \cdot \prod_{i \neq k} \left(\frac{\varepsilon_i}{\varepsilon_k} - 1\right) \cdot d\varphi_1\, d\varphi_2 \ldots d\varphi_n.$$

---

[1]) In der Tafel der unabhängigen *reellen* Komponenten von

$$\delta t\colon \ \frac{\delta t_{ii}}{2\pi\sqrt{-1}},$$

Real- und Imaginärteil von δt_{ik} $(i < k)$, kann man die letzten beiden zweckmässig ersetzen durch δt_{ik} und $\delta t_{ki} = -\overline{\delta t_{ik}}$.

Das Produkt ist

$$= \prod_{i<k} \left(\frac{\varepsilon_i}{\varepsilon_k} - 1\right)\left(\frac{\bar{\varepsilon}_i}{\bar{\varepsilon}_k} - 1\right) = \left|\prod_{i<k} (\varepsilon_i - \varepsilon_k)\right|^2.$$

Für das gesuchte Volumen findet sich so der Wert

$$\begin{aligned} d\Omega &= \Delta\,\bar{\Delta}\, d\varphi_1\, d\varphi_2 \ldots d\varphi_n, \\ \Delta &= \prod_{i<k} (\varepsilon_i - \varepsilon_k), \qquad \varepsilon_i = e(\varphi_i), \end{aligned} \tag{27}$$

worin ein konstanter Faktor, das Gesamtvolumen der geschlossenen Mannigfaltigkeit [u], fortgelassen ist. Eine eindeutige Funktion $F(t)$ auf u, deren Wert nur von der Klasse des Arguments t abhängt, ist eine symmetrische periodische Funktion der Drehwinkel $\varphi_1, \varphi_2, \ldots, \varphi_n$. Der Mittelwert einer solchen Klassenfunktion auf u berechnet sich unserem Ergebnis zufolge durch die Formel

$$\frac{1}{\Omega}\int F(t)\, d\Omega, \qquad \Omega = \int d\Omega.$$

Schränken wir durch die Bedingung «Determinante = 1» die Gruppe u auf $\mathfrak{g}_u$ ein, so benutze man nur $\varphi_1, \varphi_2, \ldots, \varphi_{n-1}$ als unabhängige Variable und setze $\varphi_n = -(\varphi_1 + \varphi_2 + \cdots + \varphi_{n-1})$. Dann gilt im analogen Sinne

$$d\Omega = \Delta\,\bar{\Delta}\, d\varphi_1\, d\varphi_2 \ldots d\varphi_{n-1}. \tag{28}$$

Der einzige Punkt, der erneuter Erwägung bedarf, ist der, dass auch jetzt noch der Übergang von der willkürlichen Matrix δt mit der Spur 0 zu der Matrix $u \cdot \delta t \cdot u^{-1}$, welche gleichfalls die Spur 0 besitzt, eine *unimodulare* Substitution ist. Als unabhängige Komponenten von δt sind dabei etwa ausser den seitlichen δt_{ik} $(i \neq k)$ die Grössen

$$\delta t_{22} - \delta t_{11}, \quad \delta t_{33} - \delta t_{11}, \quad \ldots, \quad \delta t_{nn} - \delta t_{11}$$

zu benutzen. Dies aber ist klar, weil wir für eine völlig willkürliche Matrix δt als Komponenten die eben angegebenen und die Spur

$$\delta t_{11} + \delta t_{22} + \cdots + \delta t_{nn}$$

benutzen können, die letztere aber bei der in Rede stehenden Substitution ungeändert bleibt.

Genau wie für endliche Gruppen zeigt man, dass die Charakteristiken $\chi(t)$ der irreduziblen Darstellungen von $\mathfrak{g}_u$ den Orthogonalitätsrelationen genügen:

$$\int_{(\mathfrak{g}_u)} \chi(t)\, \chi'(t^{-1})\, |dt| = 0,$$

wenn χ, χ' zu zwei inäquivalenten Darstellungen gehören. Da χ eine Klassenfunktion ist, so können wir das Argument t durch seine Drehwinkel $\varphi_1, \varphi_2, \ldots, \varphi_n$ ersetzen und erhalten so

$$\int \chi(\varphi)\, \chi'(-\varphi)\, d\Omega = 0; \tag{29}$$

dazu die Gleichung

$$\frac{1}{\Omega}\int \chi(\varphi)\, \chi(-\varphi)\, d\Omega = 1. \tag{29'}$$

Am einfachsten hat I. SCHUR diese Orthogonalitätsrelationen bewiesen[1]); er hat auch im Falle der reellen Drehungsgruppe zuerst bemerkt, dass sie sich ins kontinuierliche Gebiet übertragen lassen. Sein Beweis stützt sich auf den algebraischen

Hilfssatz. *Sind T, T' zwei quadratische (Variable enthaltende) irreduzible Matrizen von N bzw. N' Zeilen, so kann eine konstante rechteckige Matrix A von N Spalten und N' Zeilen die Gleichung*

$$A\,T = T'A \tag{30}$$

nur so erfüllen, dass

entweder $N = N'$, det $A \neq 0$, *also T äquivalent T' gilt;*
oder $A = 0$ *ist.*

Bedeutet T bzw. T' die allgemeine Matrix in zwei inäquivalenten irreduziblen Darstellungen $\mathfrak{G}_u$, $\mathfrak{G}'_u$ von $\mathfrak{g}_u$, so folgt aus (30) demnach $A = 0$; aus

$$A\,T = T\,A$$

aber ergibt sich, dass A ein Multiplum der Einheitsmatrix sein muss. Ist X eine willkürliche Matrix von N Zeilen und N' Kolonnen, so erfüllt

$$A = \int_{(\mathfrak{g}_u)} T^{-1}\, X\, T'\, |dt|$$

die Beziehung (30). Darum ist, in Komponenten geschrieben,

$$\int T_{ij}(t^{-1})\, T'_{hk}(t)\, |dt| = 0 \qquad \begin{pmatrix} i, j = 1, 2, \ldots, N \\ h, k = 1, 2, \ldots, N' \end{pmatrix}.$$

Nimmt man $i = j$, $h = k$ und summiert über i von 1 bis N, über k von 1 bis N', so kommt die Relation (29) zustande; analog (29') mit Hilfe der Matrix

$$A = \int T^{-1}\, X\, T\, |dt|.$$

Es soll jetzt gezeigt werden, wie sich auf Grund der Orthogonalitätsrelationen die Charakteristiken vollständig berechnen lassen.

$\chi(\varphi)$ ist eine endliche symmetrische Fourier-Reihe in den n Winkelargumenten. Setzt man, um den Orthogonalitätsbedingungen zu genügen, $\Delta \cdot \chi = \xi$,

---

[1]) I. SCHUR, *Neue Begründung der Theorie der Gruppencharaktere*, Sitz.-Ber. Berl. Akad. *1905*, S. 406.

so wird ξ eine endliche schiefsymmetrische Fourier-Reihe. Eine solche ist eine lineare Kombination von Ausdrücken der folgenden Gestalt:

$$\sum \pm e(l_1 \varphi_1 + l_2 \varphi_2 + \cdots + l_n \varphi_n). \tag{31}$$

$l_1, l_2, \ldots, l_n$ sind abnehmend geordnete ganze Zahlen, wenn die letzte auf Grund der Nebenbedingung

$$\varphi_1 + \varphi_2 + \cdots + \varphi_n = 0$$

gleich 0 genommen wird:

$$l_1 > l_2 > \cdots > l_n = 0.$$

Die Summe (31) ist alternierend zu erstrecken über alle $n!$ Permutationen der Argumente $\varphi_1, \varphi_2, \ldots, \varphi_n$. Man kann jenen Ausdruck auch als Determinante schreiben:

$$\xi(l_1, l_2, \ldots, l_n) = |e(l_1 \varphi), e(l_2 \varphi), \ldots, e(l_n \varphi)| = |\varepsilon^{l_1}, \varepsilon^{l_2}, \ldots, \varepsilon^{l_n}|.$$

Ihre Zeilen werden aus der hingeschriebenen durch Anhängen der Indizes 1, 2, ..., n an die Argumente φ bzw. ε gebildet. Nach der früher befolgten Rangordnung – an Stelle der λ_i sind jetzt durch die unitäre Beschränkung die rein imaginären Grössen $2\pi \sqrt{-1}\, \varphi_i$ getreten – ist das in (31) hingeschriebene Glied das höchste der ganzen Summe; es bestimmt die Höhe von ξ. Wir berechnen also durch Ausführung der Division die endliche symmetrische Fourier-Reihe

$$\chi^* = \frac{\xi(l_1, l_2, \ldots, l_n)}{\Delta}. \tag{32}$$

Irgend zwei verschiedene dieser χ^* erfüllen dann die Orthogonalitätsrelation (29). Denn unter den $(n!)^2$ Gliedern des Produkts

$$\xi(l_1, l_2, \ldots, l_n) \cdot \bar{\xi}(l'_1, l'_2, \ldots, l'_n)$$

ist keines $= 1$, und darum liefert jedes durch Integration nach $\varphi_1, \varphi_2, \ldots, \varphi_{n-1}$ von 0 bis 1 den Wert 0. Ferner wird

$$\frac{1}{\Omega} \int \chi^*(\varphi)\, \chi^*(-\varphi)\, d\Omega = \frac{n!}{\Omega}. \tag{33}$$

Δ ist selber eines der ξ, nämlich das niedrigste überhaupt mögliche:

$$\Delta = \xi(r_1, r_2, \ldots, r_n); \quad r_1 = n-1,\ r_2 = n-2, \ldots, r_n = 0. \tag{34}$$

Das höchste Glied in χ^* ist

$$e(m_1 \varphi_1 + m_2 \varphi_2 + \cdots + m_n \varphi_n) = \varepsilon_1^{m_1} \varepsilon_2^{m_2} \ldots \varepsilon_n^{m_n};$$
$$m_i = l_i - r_i, \quad m_1 \geqq m_2 \geqq \cdots \geqq m_n = 0. \tag{35}$$

Da für $l_i = r_i$ die Funktion $\chi^* = 1$ wird, muss der von den l unabhängige Wert des Integrals (33) $= 1$ sein, so dass $\Omega = n!$ ist und χ^* die in (29′) für χ

verzeichnete Relation erfüllt. Es existiert aber zu vorgegebenem höchstem Gewicht

$$m_1 \lambda_1 + m_2 \lambda_2 + \cdots + m_n \lambda_n; \tag{36}$$

$$m_i \text{ ganze Zahlen}, \quad m_1 \geqq m_2 \geqq \cdots \geqq m_n = 0, \tag{36'}$$

wie wir wissen, eine irreduzible Darstellung. Ihre Charakteristik χ_m muss sich additiv aus dem zu den gleichen m_i gehörigen $\chi^* = \chi_m^*$, Formel (32) und (35), und den χ^* von niedrigerer Höhe zusammensetzen. In Anbetracht des Umstandes aber, dass die χ^* den Orthogonalitätsrelationen genügen, wie wir gezeigt haben, und die Charakteristiken χ ihnen nach I. SCHUR genügen müssen, ergibt sich daraus sofort durch einen Induktionsschluss, der von den niedrigeren zu den höheren χ fortschreitet, $\chi_m = \pm \chi_m^*$. Das Vorzeichen ist dadurch bestimmt, dass alle Koeffizienten der Fourier-Reihe χ_m, insbesondere auch der Koeffizient des höchsten Gliedes, positive ganze Zahlen sein müssen (Multiplizitäten der vorkommenden Gewichte).

So kommen wir schliesslich zu dem folgenden übersichtlichen Ergebnis:

$$\chi_m = \frac{|e(l_1 \varphi), e(l_2 \varphi), \ldots, e(l_n \varphi)|}{|e(r_1 \varphi), e(r_2 \varphi), \ldots, e(r_n \varphi)|} = \frac{|\varepsilon^{l_1}, \varepsilon^{l_2}, \ldots, \varepsilon^{l_n}|}{|\varepsilon^{n-1}, \varepsilon^{n-2}, \ldots, \varepsilon^0|} \tag{37}$$

ist die Charakteristik der irreduziblen Darstellung vom höchsten Gewicht (36). Kehrt man von $\mathfrak{g}_u$ zur vollen Gruppe $\mathfrak{g}$ zurück, so bedeuten die ε_i nichts anderes als die Multiplikatoren des dargestellten Elements t von $\mathfrak{g}$; und der zweite Ausdruck in (37) liefert direkt die Charakteristik als Funktion jener Multiplikatoren. Das CARTANsche Resultat, dass es zu vorgegebenem höchstem Gewicht nur *eine* irreduzible Darstellung gibt, ist damit auf neuem Wege bestätigt; und man erkennt zugleich den Zusammenhang zwischen der Normierung durch die Gleichung (29′) und durch den CARTANschen Satz, dass der Koeffizient des höchsten Gliedes in χ gleich 1 ist. Die zugehörige Variablenzahl $N = N_m$ ist der Wert der Charakteristik für das Einheitselement von $\mathfrak{g}$, also für $\varphi_1 = \varphi_2 = \cdots = \varphi_n = 0$. Man führt die Rechnung am bequemsten durch, indem man bemerkt, dass

$$\xi(l_1, l_2, \ldots, l_n) \text{ durch die Substitution } \varphi_i = r_i \varphi$$

und

$$\xi(r_1, r_2, \ldots, r_n) \text{ durch die Substitution } \varphi_i = l_i \varphi$$

in dieselbe Funktion der einen Variablen φ übergehen. Wegen (34) ist also für $\varphi_i = r_i \varphi$:

$$\xi(l_1, l_2, \ldots, l_n) = \prod_{i<k} \left(e(l_i \varphi) - e(l_k \varphi) \right),$$

und für unendlich kleines φ:

$$\sim (2 \pi \varphi \sqrt{-1})^{\frac{n(n-1)}{2}} \cdot \prod_{i<k} (l_i - l_k).$$

Darum wird[1])

$$N = N_m = \frac{D(l_1, l_2, \ldots, l_n)}{D(n-1, \ldots, 1, 0)}.$$

D bedeutet das Differenzenprodukt.

Schliesslich kann man noch $\chi_m = \chi$ als symmetrische Funktion der Multiplikatoren von t ganz rational durch die Koeffizienten seines charakteristischen Polynoms

$$f(\zeta) = |e - \zeta t| = \prod_i (1 - \varepsilon_i \zeta)$$

ausdrücken. Eine explizite Formel ergibt sich aus der CAUCHYschen Determinantenrelation

$$\left|\frac{1}{1 - x_i y_k}\right| = \frac{D(x_1, x_2, \ldots, x_n)\, D(y_1, y_2, \ldots, y_n)}{\prod\limits_{i,k} (1 - x_i y_k)} \qquad (i, k = 1, 2, \ldots, n). \quad (38)$$

Wählt man darin x_i gleich den Multiplikatoren von t und nimmt für y_k Variable ζ_k, so wird

$$\prod_{i,k} (1 - \varepsilon_i \zeta_k) = f(\zeta_1)\, f(\zeta_2) \ldots f(\zeta_n).$$

Setzt man

$$\frac{1}{f(\zeta)} = p_0 + p_1 \zeta + p_2 \zeta^2 + \cdots \qquad (p_0 = 1),$$

$$\frac{1}{1 - \varepsilon \zeta} = 1 + \varepsilon \zeta + \varepsilon^2 \zeta^2 + \cdots \quad (39)$$

und entwickelt linke und rechte Seite der CAUCHYschen Relation nach Potenzen der ζ, so liefert der Vergleich der Koeffizienten von $\zeta_1^{l_1} \zeta_2^{l_2} \ldots \zeta_n^{l_n}$ den gewünschten Ausdruck:

Satz 6. *Die Charakteristik $\chi(t)$ der irreduziblen Darstellung mit dem höchsten Gewicht*

$$m_1 \lambda_1 + m_2 \lambda_2 + \cdots + m_n \lambda_n$$

berechnet sich aus

$$\chi(t) = \frac{|\varepsilon^{l_1}, \varepsilon^{l_2}, \ldots, \varepsilon^{l_n}|}{|\varepsilon^{n-1}, \ldots, \varepsilon^1, \varepsilon^0|} = |p_{l-n+1}, \ldots, p_{l-1}, p_l|. \quad (40)$$

Dabei sind die m_i ganze Zahlen, die den Ungleichungen

$$m_1 \geqq m_2 \geqq \cdots \geqq m_n \geqq 0$$

genügen (auf die Normierung $m_n = 0$ kann man verzichten), *und es ist*

$$l_1 = m_1 + (n-1),\ l_2 = m_2 + (n-2),\ \ldots,\ l_n = m_n$$

gesetzt. Die zugehörige Dimensionszahl beträgt

$$N = \frac{D(l_1, l_2, \ldots, l_n)}{D(n-1, \ldots, 1, 0)}. \quad (41)$$

---

[1]) Aus dieser Formel lassen sich mancherlei Aussagen über die niedrigsten vorkommenden Dimensionszahlen ableiten. Ich erwähne hier nur die wichtigste: Die Darstellungen mit niedrigster Variablenzahl ausser der Identität sind $\mathfrak{g}_1$ und $\mathfrak{g}_{n-1}$, d.i. die Gruppe $\mathfrak{g}$ selber und die kontragrediente; für sie ist $N = n$. Vgl. dazu A. WEINSTEIN, Math. Z. *16*, S. 78 (1923).

Die Determinante der p in (40) besteht aus n Zeilen, die dadurch aus der hingeschriebenen entstehen, dass l sukzessive durch $l_1, l_2, \ldots, l_n$ ersetzt wird; die p mit negativem Index sind $= 0$ zu nehmen. – Diese Formeln sind von I. SCHUR in seiner Dissertation bereits auf anderem Wege gewonnen worden.

§ 7. Zusammenhang mit der symmetrischen Gruppe und ihren Charakteren

Auf einen Tensor ν-ter Stufe f kann man einen Operator

$$\boldsymbol{a} = \sum_P \alpha_{P^{-1}} P$$

anwenden, wie er schon in der Konstruktion am Schluss von § 4 auftrat:

$$f^* = f\boldsymbol{a} = \sum_P \alpha_{P^{-1}} f P. \tag{42}$$

P durchläuft die ν! Permutationen der Gruppe $\Sigma_\nu = \Sigma$. Der Operator $\boldsymbol{a}$ oder das System seiner Komponenten α_P wird als eine zu Σ gehörige *Gruppenzahl* bezeichnet. Gruppenzahlen miteinander multiplizieren, heisst die Operatoren hintereinander ausführen:

$$f\boldsymbol{a}\boldsymbol{b} = \sum_Q \sum_P \beta_{Q^{-1}} \alpha_{P^{-1}} f P Q.$$

Das Produkt

$$\boldsymbol{a}\boldsymbol{b} = \boldsymbol{c} = \sum_P \gamma_{P^{-1}} P$$

berechnet sich also nach der Formel

$$\gamma_{R^{-1}} = \sum_{PQ=R} \alpha_{P^{-1}} \beta_{Q^{-1}} \quad \text{oder} \quad \gamma_R = \sum_{QP=R} \alpha_P \beta_Q.$$

Fasst man auch das System der Grössen fP und f^*P je als eine Gruppenzahl $\boldsymbol{f}$ bzw. $\boldsymbol{f}^*$ auf, so schreibt sich die Gleichung (42):

$$\boldsymbol{f}^* = \boldsymbol{f} \cdot \boldsymbol{a}.$$

Eine beliebige Symmetriebedingung für den Tensor f lautet in dieser Symbolik:

$$\boldsymbol{f} \cdot \boldsymbol{a} = 0,$$

wo $\boldsymbol{a}$ eine feste Gruppenzahl ist. Ich bewies in der oben zitierten Rendiconti-Note, dass man mehrere Symmetriebedingungen immer durch eine einzige ersetzen kann und dass man den allgemeinsten Tensor f^* einer vorgegebenen Symmetrieklasse aus dem willkürlichen Tensor f der ν-ten Stufe durch einen Operator $\boldsymbol{c}$ der hier betrachteten Art gewinnt:

$$\boldsymbol{f}^* = \boldsymbol{f} \cdot \boldsymbol{c}. \tag{43}$$

welcher die folgende Eigentümlichkeit besitzt: Wendet man ihn auf einen bereits zur Symmetrieklasse gehörigen Tensor f^* an, so reproduziert er f^*; es ist nämlich

$$\boldsymbol{c} \cdot \boldsymbol{c} = \boldsymbol{c}, \tag{44}$$

oder $\boldsymbol{c}$ ist in der Terminologie von FROBENIUS eine *charakteristische Einheit.* Zu jeder charakteristischen Einheit $\boldsymbol{c}$ gehört eine Darstellung Δ_c der endlichen Gruppe $\Sigma_\nu = \Sigma$. Man ordne nämlich der Gruppenzahl $\boldsymbol{s}$ die lineare Transformation S:

$$\boldsymbol{x} = \boldsymbol{s}\,\boldsymbol{x}'\boldsymbol{c} \tag{45}$$

in der $\nu!$-dimensionalen Mannigfaltigkeit aller Gruppenzahlen $\boldsymbol{x}$ zu. Lässt man ihr die zu $\boldsymbol{s}'$ gehörige Transformation S' folgen:

$$\boldsymbol{x}' = \boldsymbol{s}'\,\boldsymbol{x}''\,\boldsymbol{c},$$

so ergibt sich insgesamt wegen (44):

$$\boldsymbol{x} = (\boldsymbol{s}\,\boldsymbol{s}')\,\boldsymbol{x}''\boldsymbol{c}.$$

Die Transformation SS' gehört also zu dem Produkt $\boldsymbol{s} \cdot \boldsymbol{s}'$. Andererseits gehört zu $\boldsymbol{c}$ auch eine bestimmte Symmetrieklasse (f_c) von Tensoren f^*, Formel (43), und damit nach § 1 eine Darstellung $\mathfrak{G}_c$ der kontinuierlichen Gruppe $\mathfrak{g}$, welche angibt, wie sich die Tensoren jener Symmetrieklasse unter dem Einfluss von $\mathfrak{g}$ untereinander transformieren. Die charakteristische Einheit $\boldsymbol{c}$, die Tensorklasse (f_c) heisst *primitiv*, wenn die Darstellung Δ_c von Σ irreduzibel ist. Dies bedeutet, dass jede weitere hinzugefügte Symmetrieforderung dem willkürlichen Tensor der Klasse (f_c) nur noch die Wertmöglichkeit 0 offen lässt. Andernfalls lässt sich $\boldsymbol{c}$ aus primitiven charakteristischen Einheiten zusammensetzen: $\boldsymbol{c} = \boldsymbol{c}_1 + \boldsymbol{c}_2 + \cdots$, von denen je zwei das Produkt 0 ergeben; die Tensoren der Klasse (f_c) lassen sich in unabhängige Bestandteile zerspalten, deren jeder frei in einer primitiven Symmetrieklasse variiert.

Eine Tensorklasse ist gewiss dann primitiv, wenn die zugehörige Darstellung von $\mathfrak{g}$ irreduzibel ist. Die am Schluss von § 4 durch die Formel (20) konstruierte Tensorklasse ist demnach primitiv. Ist der dort auftretende, mit Hilfe eines Schemas $\{m\}$ für die Ziffern von 1 bis ν definierte Operator

$$\boldsymbol{e} = \sum_P \varepsilon_{P^{-1}}\,P$$

eine charakteristische Einheit? Im wesentlichen ja. Es gilt zwar nicht die Gleichung (44); aber, wie man sich leicht zurechtlegt und wie es formal am elegantesten in FROBENIUS II, S. 355, bewiesen ist [dort ist $\varepsilon_{P^{-1}}$ mit $\zeta(P)$ bezeichnet], gilt eine Gleichung

$$\boldsymbol{e} \cdot \boldsymbol{e} = \varrho\,\boldsymbol{e}, \quad \text{oder in Komponenten:} \quad \sum_Q \varepsilon_{PQ^{-1}}\,\varepsilon_Q = \varrho \cdot \varepsilon_P.$$

Dass

$$\varrho = \sum_Q \varepsilon_{Q^{-1}} \varepsilon_Q$$

verschieden von Null und zwar positiv ist, sieht man am besten so ein. Die lineare Abbildung E:

$$x = x' e$$

genügt der Gleichung $E \cdot E = \varrho E$, und infolgedessen ist

$$\text{Spur}\ (E) = \varrho \cdot \text{Rang}\ (E).$$

Die Spur aber ist $= \nu!\, \varepsilon_J = \nu!$, wo J die identische Permutation bedeutet; also

$$\varrho = \frac{\nu!}{\text{Rang}\ (E)}.$$

$(1/\varrho)\, e$ ist mithin eine charakteristische Einheit, und zwar eine primitive. Damit *alle* Schemata $\{m\}$ zu primitiven Tensorklassen führen, braucht man nur vorauszusetzen, dass die Dimensionszahl $n \geqq \nu$ sei; dann sind für einen willkürlichen Tensor ν-ter Stufe f die $\nu!$ Grössen fP voneinander linear unabhängig. Die aus den verschiedenen Schemata entspringenden Einheiten $(1/\varrho)\, e$ führen zu lauter *inäquivalenten* irreduziblen Darstellungen Δ_e der symmetrischen Gruppe Σ; denn wären zwei dieser Einheiten äquivalent, so müssten auch die zugehörigen Darstellungen der kontinuierlichen Gruppe $\mathfrak{g}$ äquivalent sein. Die Anzahl verschiedener Schemata ist aber ebenso gross wie die Anzahl der Klassen konjugierter Elemente in Σ, welch letztere durch die verschiedenen Möglichkeiten des Zerfalls einer Permutation in Zyklen gegeben wird. Darum finden wir so *ein volles System inäquivalenter primitiver charakteristischer Einheiten* und damit *alle* irreduziblen Darstellungen von Σ. Zugleich ist dadurch sichergestellt, dass *jede* primitive charakteristische Einheit e eine irreduzible Darstellung $\mathfrak{G}_e$ von $\mathfrak{g}$ liefert, jede primitive Tensorklasse eine einfache Grösse repräsentiert. Diese Erzeugung der Einheiten rührt von Young und Frobenius (Fr. II) her. Hier sei noch das Folgende hinzugefügt. Die zu einer charakteristischen Einheit c gehörige Darstellung Δ_c von Σ möge, vollständig reduziert, die verschiedenen inäquivalenten irreduziblen Darstellungen der Gruppe Σ von den Graden $g, g', \ldots$ – deren jede einem Schema $\{m\}$ korrespondiert – bzw. $r, r', \ldots$-mal enthalten. Zwei solche Einheiten sind als äquivalent zu betrachten, wenn sie in den Anzahlen $r, r', \ldots$ übereinstimmen. Es ist klar, dass zu äquivalenten c äquivalente Darstellungen $\mathfrak{G}_c$ von $\mathfrak{g}$ gehören; aber wir können jetzt hinzufügen, dass die Äquivalenz der c auch notwendig ist zur Äquivalenz der $\mathfrak{G}_c$. Mit einer Einschränkung: wenn $n < \nu$, hat man *die* Zahlen $r, r', \ldots$ fortzulassen, welche jenen Schemata korrespondieren, in denen Vertikalstollen von einer Länge $> n$ vorkommen; denn diese liefern nach (20) nur $f^* = 0$. Ausserdem ergeben zwei Schemata, die zu verschiedenen ν gehören, äquivalente Darstellungen von $\mathfrak{g}$ (nicht von der Gruppe $\tilde{\mathfrak{g}}$ aller linearen Transformationen) allemal dann, wenn die Zeilenlängen des einen Schema

$m_1, m_2, \ldots, m_n$ durch Addition einer und derselben ganzen positiven Zahl aus den Zeilenlängen des andern hervorgehen.

In dem dargestellten Zusammenhang bietet sich die YOUNG-FROBENIUSsche Erzeugung der Gruppencharaktere von Σ ganz von selber dar. Den Nachweis dafür, dass die zu einem Schema $\{m\}$ gehörige und am Schluss von § 4 konstruierte Gruppenzahl

$$e = \sum_P \varepsilon_{P^{-1}} P$$

oder vielmehr $(1/\varrho)\, e$ eine *primitive* charakteristische Einheit ist, wird man aber gerne, statt auf unserem Umwege mit transzendenten Hilfsmitteln, direkt erbringen wollen. Die Spur der Transformation S (45) ist, wenn

$$c = \sum_P \gamma_{P^{-1}} P, \quad s = \sum_P \sigma_{P^{-1}} P$$

gesetzt wird, gleich

$$\sum_{P,R} \gamma_{R^{-1}P^{-1}R} \cdot \sigma_P.$$

Die Charaktere der Darstellung Δ_c von Σ sind also

$$\chi^*(P) = \sum_R \gamma_{R^{-1}PR}.$$

Sie sind Kombinationen der primitiven Charaktere $\chi(P), \chi'(P), \ldots$:

$$\chi^*(P) = r\,\chi(P) + r'\,\chi'(P) + \cdots.$$

Daraus folgt auf Grund der Orthogonalitätsrelationen für die primitiven Charaktere von Σ:

$$\frac{1}{\nu!} \sum_P \chi^*(P^{-1})\, \chi^*(P) = r^2 + r'^2 + \cdots$$

oder

$$\sum_{P,R} \gamma_{R^{-1}PR}\, \gamma_{P^{-1}} = r^2 + r'^2 + \cdots. \tag{46}$$

Der Charakter χ^* ist demnach dann und nur dann primitiv, wenn die Summe (46) gleich 1 ist. Es kommt also darauf an, zu zeigen, dass

$$\sum_{P,R} \varepsilon_{R^{-1}PR}\, \varepsilon_{P^{-1}} = \varrho^2 = \Big(\sum_P \varepsilon_P\, \varepsilon_{P^{-1}}\Big)^2$$

wird. Das geschieht in Fr. II, S. 351, unten, und S. 352, oben, auf wenigen Zeilen[1]).

[1]) Nach J. A. SCHOUTEN (a.a.O., S. 255) lässt diese Erzeugung erkennen, dass die Gradzahl g) gleich ist der Anzahl von Möglichkeiten, wie man die Ziffern von 1 bis ν in solcher Weise über die Fächer des Schemas $\{m\}$ verteilen kann, dass sie in jeder Zeile und jeder Kolonne ihrer Grösse nach aufeinander folgen. Das kommt hinaus auf die schon von I. SCHUR, Sitz.-Ber. Berl. Akad. *1908*, S. 606, angegebene Rekursionsformel

$$g_{m_1, m_2, \cdots} = g_{m_1-1, m_2, \ldots} + g_{m_1, m_2-1, \ldots} + \cdots, \tag{47}$$

wo ein $g = 0$ zu setzen ist, wenn die Indizes nicht die vorgeschriebene Grössenanordnung befolgen. SCHOUTEN führte ferner die Zerlegung der Zahl $\sum_P \chi(P^{-1})\, P$ in g primitive charakteristische Einheiten konstruktiv durch.

Satz 7. *Die Formeln*

$$\varrho = \frac{\nu!}{g}, \quad \varrho \cdot \chi(P) = \sum_R \varepsilon_{R^{-1}PR} \tag{48}$$

liefern uns die primitiven Charaktere $\chi(P)$ der symmetrischen Gruppe Σ_ν und die zugehörigen Gradzahlen g. Setzt man für einen beliebigen Tensor ν-ter Stufe f:

$$\sum_P \chi(P^{-1})\, f P = f_\chi,$$

so gilt wegen

$$g\,\chi(P) + g'\chi'(P) + \cdots = \begin{cases} \nu! \text{ für } P = J \\ 0 \text{ für } P \neq J \end{cases}$$

die Young*sche Reihenentwicklung*

$$\nu! \cdot f = g \cdot f_\chi + g' \cdot f_{\chi'} + \cdots.$$

Die Erzeugung der irreduziblen Darstellungen von Σ_ν hängt nach dem Vorhergehenden aufs engste zusammen mit der durch die infinitesimale Methode der §§ 2 bis 4 beherrschten Erzeugung der irreduziblen Darstellungen von $\mathfrak{g}$. Ebenso hängen nun auch die expliziten Formeln für die Charaktere und Grade der ersteren eng zusammen mit den in § 6 entwickelten Formeln für die Charakteristiken und Dimensionszahlen der letzteren. Zur Unterscheidung verwenden wir das kleine χ zur Bezeichnung der Charaktere von Σ_ν, anders als in § 6 aber das grosse $\boldsymbol{X}$ für die Charakteristiken von $\mathfrak{g}$. Ist $\boldsymbol{c}$ eine charakteristische Einheit, so gehört dazu einerseits die Darstellung Δ_c von Σ_ν mit den Charakteren $\chi(P)$, andererseits eine Darstellung $\mathfrak{G}_c$ von $\mathfrak{g}$ mit der Charakteristik $\boldsymbol{X}(t)$:

$$\boldsymbol{X}(t) = \sum r_{k_1 k_2 \ldots k_n}\, \varepsilon_1^{k_1} \varepsilon_2^{k_2} \ldots \varepsilon_n^{k_n}.$$

In allen Gliedern der Summe ist

$$k_1 + k_2 + \cdots + k_n = \nu.$$

Eine Tensorkomponente $f_{ikl\ldots}$ multipliziert sich unter dem Einfluss der Haupttransformation

$$x_i = \varepsilon_i\, x_i' \quad (i = 1, 2, \ldots, n)$$

im Raume $\mathfrak{r}$ mit dem Faktor $\varepsilon_i \varepsilon_k \varepsilon_l \ldots$, also dann und nur dann mit $\varepsilon_1^{k_1} \varepsilon_2^{k_2} \ldots \varepsilon_n^{k_n}$, wenn k_1 ihrer Indizes $= 1$, k_2 der Indizes $= 2, \ldots, k_n$ der Indizes $= n$ sind. Die Multiplizität $r_{k_1 k_2 \ldots k_n}$ des Gewichtes $k_1\lambda_1 + k_2\lambda_2 + \cdots + k_n\lambda_n$ ist demnach die Anzahl der linear unabhängigen unter den Komponenten von $\boldsymbol{f} \cdot \boldsymbol{c}$, wenn ich unter $\boldsymbol{f}$ die Gruppenzahl mit den Komponenten

$$f_{11\ldots 22\ldots n}\, P$$

verstehe. Die Permutationen P sind auf die Indizes auszuüben, von denen die ersten k_1 gleich 1, die nächsten k_2 gleich $2, \ldots,$ die letzten k_n gleich n sind. Verstehe ich unter $\Sigma_{k_1 k_2 \cdots k_n}$ die Gruppe aller Permutationen, welche die ersten k_1 Ziffern untereinander vertauschen, ebenso die darauf folgenden $k_2, \ldots$, schliesslich die letzten k_n, so heisst das: $r_{k_1 k_2 \cdots k_n}$ ist die Anzahl der unabhängigen Komponenten von $\boldsymbol{y} \cdot \boldsymbol{c}$, wenn $\boldsymbol{y}$ alle Gruppenzahlen durchläuft, deren Komponenten η der Bedingung genügen: $\eta_P = \eta_{PA}$, wo A eine beliebige Permutation aus $\Sigma_{k_1 k_2 \cdots k_n}$ ist. Hier müssen wir uns nun stützen auf folgenden

Hilfssatz. *$\boldsymbol{A}$ sei eine Untergruppe von Σ_ν der Ordnung h, und $\boldsymbol{y}$ durchlaufe alle Gruppenzahlen mit der Eigenschaft: $\eta_P = \eta_Q$, wenn $P^{-1}Q$ zu $\boldsymbol{A}$ gehört. Die Anzahl der linear unabhängigen Komponenten von $\boldsymbol{y} \cdot \boldsymbol{c}$ ist dann gleich*

$$\frac{1}{h} \cdot \sum_{A} \chi(P). \tag{49}$$

Die Summe erstreckt sich über alle Permutationen P in $\boldsymbol{A}$.

Beweis. Die Gruppenzahl

$$\boldsymbol{a} = \sum_{P} \alpha_{P^{-1}} P$$

habe die Komponenten

$$\alpha_P = \begin{cases} \frac{1}{h}, \text{ wenn } P \text{ zu } \boldsymbol{A} \text{ gehört,} \\ 0, \text{ wenn } P \text{ nicht zu } \boldsymbol{A} \text{ gehört.} \end{cases}$$

Dann ist

$$\boldsymbol{a} \cdot \boldsymbol{a} = \boldsymbol{a}.$$

Die allgemeinste Gruppenzahl $\boldsymbol{y}$ von dem im Hilfssatz genannten Typus entspringt aus einer völlig willkürlichen Gruppenzahl $\boldsymbol{x}'$ durch die Gleichung

$$\boldsymbol{y} = \boldsymbol{a} \cdot \boldsymbol{x}'.$$

Zu bestimmen ist demnach der Rang der Transformation A:

$$\boldsymbol{x} = \boldsymbol{a} \cdot \boldsymbol{x}' \cdot \boldsymbol{c}.$$

Diese genügt der Gleichung $A \cdot A = A$. Ihr Rang ist folglich gleich ihrer Spur. A ist aber nichts anderes als die Transformation, welche der Gruppenzahl $\boldsymbol{a}$ in der Darstellung Δ_c korrespondiert, jene Spur also

$$= \sum \chi(P^{-1})\, \alpha_P;$$

und damit ist unsere Behauptung bewiesen.

Darum ist

$$r_{k_1 k_2 \ldots k_n} = \frac{1}{k_1!\, k_2! \ldots k_n!} \cdot \sum_{A} \chi(P) \text{ für } \boldsymbol{A} = \Sigma_{k_1 k_2 \ldots k_n}.$$

$\mathfrak{K}$ sei eine Klasse konjugierter Elemente in Σ_ν; nämlich diejenige, deren Permutationen aus i_1 Zyklen der Ordnung 1, i_2 Zyklen der Ordnung 2, ... bestehen,

$$1\, i_1 + 2\, i_2 + \cdots = \nu,$$

und $c_{k_1 k_2 \ldots k_n}(\mathfrak{K})$ die Anzahl der in $\mathfrak{K}$ enthaltenen Permutationen von $\Sigma_{k_1 k_2 \ldots k_n}$. Wir bekommen die Formel

$$X = \sum_{\mathfrak{K}} \left\{ \chi(\mathfrak{K}) \sum_{(k)} \frac{c_{k_1 k_2 \ldots k_n}(\mathfrak{K})}{k_1!\, k_2! \ldots k_n!} \varepsilon_1^{k_1} \varepsilon_2^{k_2} \ldots \varepsilon_n^{k_n} \right\}.$$

Für die innere Summe liefert eine elementare Betrachtung den Ausdruck

$$\frac{1}{i_1!\, i_2! \ldots} \left(\frac{\sigma_1}{1}\right)^{i_1} \left(\frac{\sigma_2}{2}\right)^{i_2} \ldots,$$

wo $\sigma_1, \sigma_2, \ldots$ die sukzessiven Potenzsummen der Variablen $\varepsilon_1, \varepsilon_2, \ldots, \varepsilon_n$ bedeuten. Schreiben wir $\chi(i_1, i_2, \ldots)$ an Stelle von $\chi(\mathfrak{K})$, so haben wir schliesslich [1])

Satz 8. *Die Charaktere χ der zu einer charakteristischen Einheit* **c** *gehörigen Darstellung Δ_c von Σ_ν und die Charakteristik* **X** *der korrespondierenden Darstellung $\mathfrak{G}_c$ von $\mathfrak{g}$ stehen in der Beziehung zueinander*:

$$X = \sum_{(1 i_1 + 2 i_2 + \cdots = \nu)} \frac{\chi(i_1, i_2, \ldots)}{i_1!\, i_2! \ldots} \left(\frac{\sigma_1}{1}\right)^{i_1} \left(\frac{\sigma_2}{2}\right)^{i_2} \ldots \tag{50}$$

Wenden wir diese Formel insbesondere auf die primitive Charakteristik (40) an, so liefert sie uns die primitiven Charaktere der symmetrischen Gruppe Σ_ν; wir haben nur die einfach gebaute symmetrische Funktion **X** der Argumente $\varepsilon_1, \varepsilon_2, \ldots, \varepsilon_n$ durch ihre Potenzsummen auszudrücken. Jede irreduzible Darstellung Δ_e von Σ_ν, die mit einer irreduziblen Darstellung $\mathfrak{G}_e$ von $\mathfrak{g}$ (bzw. $\tilde{\mathfrak{g}}$) der Ordnung ν verknüpft ist, entspricht einem Schema $\{m\}$, d.h. einem System ganzer Zahlen $m_1, m_2, \ldots$, für die

$$m_1 \geqq m_2 \geqq \cdots \geqq 0, \quad m_1 + m_2 + \cdots = \nu$$

gilt. Das zugehörige X_m ist $= 0$ zu setzen, wenn Vertikalstollen von grösserer Länge als n vorkommen, d.i. wenn m_{n+1} noch > 0 ist. Schreibt man die allen Schemata $\{m\}$ korrespondierenden Gleichungen (50) hin, multipliziert die zum Zahlensystem $\{m\}$ gehörige mit χ_m, so kommt

$$\sigma_1^{i_1} \sigma_2^{i_2} \ldots = \sum_{(m_1, m_2, \ldots)} \chi_m \cdot X_m(\varepsilon_1, \varepsilon_2, \ldots, \varepsilon_n) = \sum_{(m_1, \ldots m_n)} \chi_m \frac{|\varepsilon^{l_1}, \varepsilon^{l_2}, \ldots, \varepsilon^{l_n}|}{D(\varepsilon_1, \varepsilon_2, \ldots, \varepsilon_n)}. \tag{51}$$

Satz 9. *Die Charaktere $\chi_m = \chi_m(i_1, i_2, \ldots)$ von Σ_ν sind die Koeffizienten der Entwicklung von*

$$\sigma_1^{i_1} \sigma_2^{i_2} \ldots D(\varepsilon_1, \varepsilon_2, \ldots, \varepsilon_n)$$

nach Potenzen der Variablen $\varepsilon_1, \varepsilon_2, \ldots, \varepsilon_n$. Will man so a l l e primitiven Charaktere von Σ_ν gewinnen, so muss die Dimensionszahl $n \geqq \nu$ gewählt werden.

Das ist das Hauptresultat in Fr. I (FROBENIUS hat statt n, ν die Bezeichnungen m, n). Dort wundert man sich, wieso neben der Anzahl ν der Permutationsziffern noch eine andere Anzahl n im Ansatz vorkommt. Aufgeklärt

[1]) Vgl. I. SCHUR, Dissertation, S. 31, Formel (24).

wird der Sachverhalt, glaube ich, erst durch die Beziehung zur Gruppe $\mathfrak{g} = \mathfrak{g}_{(n)}$; was dort ein genialer Kunstgriff ist, erscheint hier ganz natürlich – wennschon freilich die Schlussweise von FROBENIUS immer der rascheste Weg bleibt, seine Ergebnisse zu verifizieren.

$\chi(\nu, 0, 0, \ldots, 0)$ ist der Grad g des Charakters χ. Aus (51) folgt insbesondere

$$\sigma_1^\nu = \sum_{(m)} g_m \, X_m(\varepsilon_1, \varepsilon_2, \ldots, \varepsilon_n). \tag{52}$$

σ_1 ist die Charakteristik der Darstellung $\mathfrak{g}$ von $\mathfrak{g}$, σ_1^ν also die des HURWITZschen Produkts $\mathfrak{g}^\nu$. Die Formel (52) lehrt, dass die Darstellung $\mathfrak{g}^\nu$, vollständig reduziert, jede irreduzible Darstellung der Ordnung ν enthält, und zwar so oft, wie die zugehörige Charakteren-Gradzahl g angibt. Es ist damit nicht nur die Reduktion von $\mathfrak{g}^\nu$ geleistet, sondern diese Gleichung (52) – oder auch die Gleichung (50) – führt andererseits dazu, die Gradzahlen g der irreduziblen Darstellungen von Σ_ν explizite auszurechnen[1]).

Satz 10. $\mathfrak{g}^\nu$ *liefert, vollständig reduziert, jede irreduzible Darstellung der Ordnung* ν *von* $\mathfrak{g}$ *so oft, wie der Grad* g *der zugehörigen irreduziblen Darstellung der symmetrischen Gruppe* Σ_ν *angibt. Es gilt*

$$g = g_m = \frac{\nu!\, D(l_1, l_2, \ldots, l_n)}{l_1!\, l_2! \ldots l_n!}. \tag{53}$$

(Man wolle die Gradformel mit der analogen (41) für die kontinuierliche Gruppe $\mathfrak{g}$ konfrontieren!)

§ 8. Die Gruppe aller linearen Transformationen

Hat man einmal einen vollen Überblick über die möglichen Darstellungen der (reellen oder komplexen) Gruppe $\mathfrak{g}$ aller linearen Transformationen von der Determinante 1 gewonnen, so ist es leicht möglich, auch die Gruppe $\tilde{\mathfrak{g}}$ *aller* linearen Transformationen (mit einer von 0 verschiedenen bzw. positiven Determinante) zu behandeln. Denn jede Darstellung $\tilde{\mathfrak{G}}$ von $\tilde{\mathfrak{g}}$ involviert eine solche $\mathfrak{G}$ von $\mathfrak{g}$. Ist diese irreduzibel, so müssen den Dilatationen von $\tilde{\mathfrak{g}}$ Transformationen A in $\tilde{\mathfrak{G}}$ entsprechen, welche mit allen Matrizen T vertauschbar sind. Und daraus folgt nach dem Hilfssatz von SCHUR auf S. 286, dass A ein Multiplum der Einheitsmatrix ist. Insbesondere korrespondiert der infinitesimalen Dilatation

$$dx_i = x_i \quad (i = 1, 2, \ldots, n) \tag{54}$$

in $\mathfrak{r}$ eine infinitesimale Dilatation

$$dy_k = \gamma \cdot y_k \quad (k = 1, 2, \ldots, N)$$

1) FROBENIUS I, S. 522. – Aus (50) und der Darstellung (40) von $\boldsymbol{X}$ durch eine p-Determinante gewinnt man ferner leicht die Rekursionsformel (47); so leitet sie I. SCHUR, a.a.O., ab.

in $\mathfrak{R}$. Die darstellende Matrix von t ist dann in $\mathfrak{G}$ nicht die Matrix ν-ter Ordnung T, sondern

$$(\det t)^{\gamma - \frac{\nu}{n}} \cdot T.$$

An Stelle des Begriffes Tensor hat der der *Tensordichte* zu treten; jedoch in dem allgemeinen Sinne, dass bei Übergang zu einem neuen Koordinatensystem in $\mathfrak{r}$ Multiplikation mit einer *beliebigen* Potenz der Transformationsdeterminante stattfindet, deren Exponent nicht gerade $= 1$, überhaupt nicht ganzzahlig zu sein braucht.

Ist $\mathfrak{G}$ nicht irreduzibel, sondern zerfällt, vollständig reduziert, z.B. in $\mathfrak{G}_1 + \mathfrak{G}_1 + \mathfrak{G}_2$ ($N = 2N_1 + N_2$, $\mathfrak{G}_2$ nicht äquivalent $\mathfrak{G}_1$), so dass die allgemeine Matrix von $\mathfrak{G}$ die Gestalt hat

$$\left\| \begin{matrix} T_1 & 0 & 0 \\ 0 & T_1 & 0 \\ 0 & 0 & T_2 \end{matrix} \right\|,$$

so muss nach dem eben herangezogenen Hilfssatz die Matrix in $\tilde{\mathfrak{G}}$, welche einer Dilatation in $\tilde{\mathfrak{g}}$, insbesondere der infinitesimalen Dilatation (54) korrespondiert, die Gestalt besitzen

$$\left\| \begin{matrix} \gamma_{11} E_1 & \gamma_{12} E_1 & 0 \\ \gamma_{21} E_1 & \gamma_{22} E_1 & 0 \\ 0 & 0 & \gamma E_2 \end{matrix} \right\|.$$

Die γ sind Zahlen, E_1 und E_2 aber die Einheitsmatrizen von N_1 bzw. N_2 Dimensionen. «Im allgemeinen» kann man hier wohl dafür sorgen, dass die zweireihige Matrix

$$\left\| \begin{matrix} \gamma_{11} & \gamma_{12} \\ \gamma_{21} & \gamma_{22} \end{matrix} \right\| \quad \text{die Normalform} \quad \left\| \begin{matrix} \gamma_1 & 0 \\ 0 & \gamma_2 \end{matrix} \right\|$$

annimmt, und dann ist auch $\tilde{\mathfrak{G}}$ vollreduzibel. Aber es können die aus der Elementarteilertheorie bekannten Ausnahmefälle eintreten; *für $\tilde{\mathfrak{g}}$ ist demnach der Satz von der vollen Reduzibilität der Darstellungen nicht mehr ausnahmslos gültig.*

KAPITEL II

Die Darstellungen der Komplexgruppe und der Drehungsgruppe

§ 1. Das einzelne Element der Komplexgruppe. Die unitäre Beschränkung

Unter der *Komplexgruppe* verstehe ich den Inbegriff $\mathfrak{c}$ aller homogenen linearen Transformationen, welche eine nicht-ausgeartete schiefsymmetrische Bilinearform zweier willkürlicher Vektoren ungeändert lassen. Nur in einem Raum $\mathfrak{r}$ von gerader Dimensionszahl $2n$ existieren solche Formen; und wenn wir die Komponenten eines Vektors x mit $x_1, x_1', x_2, x_2', \ldots, x_n, x_n'$ bezeichnen, so können wir annehmen, dass jene Form, das «schiefe Produkt» der beiden willkürlichen Vektoren x und y, die Gestalt hat:

$$S(x\,y) = (x_1 y_1' - x_1' y_1) + (x_2 y_2' - x_2' y_2) + \cdots + (x_n y_n' - x_n' y_n). \qquad (1)$$

Die Multiplikatoren einer zu $\mathfrak{c}$ gehörigen Transformation t sind paarweise zueinander reziprok. Denn geht durch t der Vektor $e_1 \neq 0$ über in $\varepsilon \cdot e_1$, so kann man e_1 zu einem *normalen* Koordinatensystem ergänzen, d.h. einem solchen, in welchem das schiefe Produkt die Normalform (1) hat. Wird t in diesem Koordinatensystem beschrieben durch:

$$\begin{cases} e_1 \to \varepsilon\, e_1, \\ e_1' \to * \, e_1 + \varepsilon' e_1' + \cdots, \\ e_2 \to * \, e_1 + \alpha_2\, e_1' + \cdots, \\ \cdot\ \cdot\ \cdot\ \cdot\ \cdot\ \cdot\ \cdot\ \cdot \\ e_n' \to * \, e_1 + \alpha_n' e_1' + \cdots, \end{cases}$$

so liefert die Forderung, dass die Gleichungen

$$S(e_1\, e_1') = 1; \quad S(e_1\, e_2) = 0, \ldots, \; S(e_1\, e_n') = 0$$

bei t bestehen bleiben sollen, die Beziehungen

$$\varepsilon\,\varepsilon' = 1; \quad \alpha_2 = \cdots = \alpha_n' = 0.$$

Infolge des Verschwindens der α enthält das charakteristische Polynom $f(\zeta) = |e - \zeta\, t|$ den Faktor

$$(1 - \varepsilon\,\zeta)\,(1 - \varepsilon'\,\zeta) = (1 - \varepsilon\,\zeta)\,(1 - \varepsilon^{-1}\,\zeta).$$

Die Fortsetzung der eingeleiteten Schlussweise führt zu

Satz 1. *Die Multiplikatoren einer zu der Komplexgruppe gehörigen Transformation t sind paarweise zueinander reziprok. Der Matrix von t kann in einem geeigneten normalen Koordinatensystem die untenstehende Gestalt verliehen werden.*

$$\left(\begin{array}{cccc|cccc} * & * & \cdots & * & * & * & \cdots & * \\ & * & \cdots & * & * & * & \cdots & * \\ & & \cdots & \cdot & \cdots & \cdots & \cdots & \cdots \\ & & & * & * & * & \cdots & * \\ \hline & & & & * & & & \\ & & & & * & * & & \\ & & & & \cdots & \cdots & \cdots & \\ & & & & * & \cdots & * & * \end{array}\right)$$

Die befolgte Reihenfolge der Variablen ist

$$x_1, x_2, \ldots, x_n; x'_1, x'_2, \ldots, x'_n, \tag{2}$$

und nur an den mit einem * bezeichneten Stellen finden sich von 0 verschiedene Glieder. In der Hauptdiagonale stehen die Multiplikatoren von t. *Sind die Multiplikatoren alle voneinander verschieden, so ist t innerhalb* $\mathfrak{c}$ *sogar mit der Diagonalmatrix* (ε) *seiner Multiplikatoren konjugiert.*

Der Beweis der letzten Verschärfung erfordert die Konstruktion einer Matrix u in $\mathfrak{c}$, welche die Gleichung

$$t = u^{-1}(\varepsilon)\, u \tag{3}$$

erfüllt. Zunächst existiert überhaupt ein Koordinatensystem, in welchem die S invariant lassende Abbildung t mit lauter verschiedenen Multiplikatoren durch die Matrix (ε) ausgedrückt wird. Geht S in diesem Koordinatensystem in die schiefsymmetrische Form S^* über, so lässt die Transformation (ε), bei welcher jede Variable mit einem Faktor ε_i multipliziert wird, die Form S^* ungeändert. Jeder Koeffizient von S^* multipliziert sich aber durch diese Transformation mit einem Produkt zweier ε_i, und daraus folgt in Berücksichtigung der gemachten Voraussetzung über die Multiplikatoren, dass S^* die Gestalt haben muss:

$$s_1(x_1 y'_1 - x'_1 y_1) + s_2(x_2 y'_2 - x'_2 y_2) + \cdots + s_n(x_n y'_n - x'_n y_n), \tag{4}$$

wo die zu zwei Variablen wie x_i, x'_i gehörigen Multiplikatoren ε_i, ε'_i zueinander reziprok sind. Die Form ist nicht-ausgeartet, also sind alle $s_i \neq 0$. Die Normalform (ε) der Abbildung t wird nicht zerstört, wenn jeder der Grundvektoren des neuen Koordinatensystems mit einer willkürlichen von 0 verschiedenen Konstanten multipliziert wird; infolgedessen kann noch dafür gesorgt werden, dass in (4) die Koeffizienten s_i alle gleich 1 sind. Dann ist $S^* = S$, das neue Koordinatensystem ist wie das alte ein normales, und die Transformation u, welche den Übergang von dem einen zum andern vermittelt, gehört zu $\mathfrak{c}$.

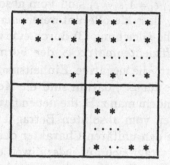

Die Gruppe der in $\mathfrak{c}$ enthaltenen unitären Transformationen werde mit $\mathfrak{c}_u$ bezeichnet. Innerhalb $\mathfrak{c}_u$ gilt die Gleichung (3) ausnahmslos:

Satz 2. *Innerhalb der unitär beschränkten Komplexgruppe $\mathfrak{c}_u$ ist jedes Element t mit der Diagonalmatrix seiner Multiplikatoren konjugiert.*

Die Multiplikatoren ε_i, $\varepsilon_i' = 1/\varepsilon_i = \bar{\varepsilon}_i$ sind vom absoluten Betrag 1. Nehmen wir zunächst wieder an, dass sie alle untereinander verschieden sind, so ist es bekanntlich möglich, die Gleichung (3) durch eine unitäre Transformation u zu erfüllen. Da die Koeffizientenmatrix S der Form S, mit der konjugiert-komplexen $\bar{S}$ multipliziert, die negative Einheitsmatrix $-e$ ergibt, gilt, wie man sofort sieht, dasselbe für S^*; darum sind die Koeffizienten s_i in (4) vom absoluten Betrag 1; und indem man z. B. die neuen Grundvektoren $e_1', e_2', \ldots, e_n'$ mit geeigneten Konstanten vom absoluten Betrag 1 multipliziert, kann man alle s_i zu 1 machen, ohne den unitären Charakter des Koordinatensystems zu zerstören. – Der Satz überträgt sich auf *jedes t*, weil es zu einem Element von $\mathfrak{c}_u$ stets beliebig benachbarte gibt, die lauter verschiedene Multiplikatoren besitzen, und weil die Mannigfaltigkeit $\mathfrak{c}_u$, auf welcher u variiert, geschlossen ist.

Aber auch auf direktem algebraischem Wege kann man die Ausnahmefälle mitumfassen, wenn man sich stützt auf den

Hilfssatz. *Eine schiefsymmetrische Form S^* geht dann und nur dann aus S durch eine unitäre Koordinatentransformation hervor, wenn ihre Koeffizientenmatrix selber unitär ist.*

Wie S selber muss jede aus S durch unitäre Transformation entstandene Form S^* der Gleichung genügen: $S^*\bar{S}^* = -e$. Berücksichtigt man die schiefe Symmetrie von S^*, so folgt daraus, dass die Koeffizientenmatrix von S^* unitär ist.

Es sei umgekehrt S^* eine schiefsymmetrische Form, deren Koeffizientenmatrix unitär ist; es gilt einzusehen, dass in einem unitären Koordinatensystem (das aus dem ursprünglichen durch eine unitäre Transformation hervorgeht) S^* die Normalform S annimmt. Die erste Zeile der Koeffizientenmatrix S^* laute:

$$s_1 = 0, \; s_2, \; s_3, \; \ldots$$

Wir bilden die beiden Vektoren

$$e_1 = (1, 0, 0, \ldots),$$

$$e_1' = (\bar{s}_1, \bar{s}_2, \bar{s}_3, \ldots).$$

Sie sind zueinander unitär-orthogonal: die Quadratsumme der absoluten Beträge in jeder der beiden Komponentenzeilen ist $= 1$, und die Produktsumme

$$1 \cdot s_1 + 0 \cdot s_2 + 0 \cdot s_3 + \cdots = 0.$$

Darum kann man e_1, e_1' durch Hinzunahme weiterer Vektoren e_2, e_3, ... zu einem unitären Koordinatensystem ergänzen. Da

$$S^*(e_1 e_1') = s_1 \bar{s}_1 + s_2 \bar{s}_2 + s_3 \bar{s}_3 + \cdots = 1$$

ist, verwandelt sich in diesem Koordinatensystem S^* in eine schiefsymmetrische Form S^{**}, deren unitäre Koeffizientenmatrix links oben die Zahlen trägt

$$\begin{array}{|cc|}\hline 0 & 1 \\ -1 & 0 \\ \hline\end{array}\,.$$

Da die Quadratsumme der absoluten Beträge in den beiden ersten Zeilen und Spalten der Matrix S^{**} gleich 1 sein muss, zerfällt sie notwendig in der aus (5) ersichtlichen Weise. Damit ist der Beweis des Hilfssatzes durch vollständige Induktion eingeleitet.

$$\begin{array}{|cc|c|}\hline 0 & 1 & 0 \ldots 0 \\ -1 & 0 & 0 \ldots 0 \\ \hline 0 & 0 & \\ \vdots & \vdots & * \\ 0 & 0 & \\ \hline\end{array} \quad (5) \qquad \begin{array}{c|c|c|} & 1 \ldots n & 1' \ldots n' \\ \hline & 0 \ldots 0 & \\ & \ldots\ldots & * \\ & 0 \ldots 0 & \\ \hline & & 0 \ldots 0 \\ & * & \ldots\ldots \\ & & 0 \ldots 0 \\ \hline\end{array} \quad (6)$$

Zusatz. *Hat die Matrix S^* von vornherein die Gestalt* (6), *so kann man die mit den Nummern* 1, 2, ..., *n bezeichneten Grundvektoren beibehalten und braucht nur die andere Hälfte* 1′, 2′, ..., *n*′ *unitär zu transformieren.*

Die zu $\mathfrak{c}_u$ gehörige Matrix t lässt sich unter allen Umständen durch eine unitäre Transformation u in die Hauptmatrix (ε) ihrer Multiplikatoren überführen. In dem durch u neu eingeführten Koordinatensystem werde das schiefe Produkt durch die Form S^* dargestellt. Eine Rotte gleicher Multiplikatoren von t ist entweder von dem Typus

$$\varepsilon_1 = \varepsilon_2 = \varepsilon_3 \ [\text{dann ist auch } \varepsilon_1' = \varepsilon_2' = \varepsilon_3' \text{ und } \varepsilon_1 \neq \pm 1]$$

oder von dem Typus

$$\varepsilon_1 = \varepsilon_1' = \varepsilon_2 = \varepsilon_2' \ (= \pm 1).$$

In jedem der beiden Fälle sondert sich aus der Matrix S^*, da die Form S^* invariant ist gegenüber der Transformation (ε), ein Quadrat von 6 bzw. 4 Zeilen ab, das zu den Koordinaten 1, 2, 3, 1′, 2′, 3′ bzw. 1, 1′, 2, 2′ gehört. Ihm kann man auf Grund des Hilfssatzes und seiner Ergänzung durch eine unitäre Transformation von e_1', e_2', e_3' bzw. von e_1, e_1', e_2, e_2' die Normalform verleihen. Damit ist gezeigt, dass die unitäre Transformation u in (3) unter allen Umständen so normiert werden kann, dass sie S invariant lässt.

Eine zu $\mathfrak{c}$ gehörige Diagonalmatrix (ε) besteht, wenn die Variablen in der Reihenfolge (2) verwendet werden, aus den Gliedern

$$\varepsilon_1, \varepsilon_2, \ldots, \varepsilon_n; \varepsilon_1', \varepsilon_2', \ldots, \varepsilon_n' \qquad (\varepsilon_i \varepsilon_i' = 1).$$

Sie ist innerhalb $\mathfrak{c}$ zu derjenigen Diagonalmatrix konjugiert, die aus ihr entsteht durch Vertauschung der beiden Glieder ε_1 und ε_2 und die damit verbundene Vertauschung von ε'_1 mit ε'_2; ebenso bleibt sie in ihrer Klasse, wenn man ε_1 mit ε'_1 vertauscht. Das gleiche gilt innerhalb der unitär beschränkten Komplexgruppe $\mathfrak{c}_u$. Im letzteren Fall setzen wir noch

$$\varepsilon_i = e(\varphi_i), \qquad \varepsilon'_i = e(-\varphi_i)$$

und bezeichnen die reellen Grössen $\varphi_1, \varphi_2, \ldots, \varphi_n$ als die Drehwinkel von t, wenn t in $\mathfrak{c}_u$ zur selben Klasse gehört wie (ε). Die Klasse ändert sich nicht, wenn man die Drehwinkel beliebig untereinander permutiert oder in einigen von ihnen das Vorzeichen wechselt.

In der Gleichung (3) darf man u ersetzen durch $(\varepsilon^*)\, u$, ohne dass t sich ändert; handelt es sich um die Gruppe $\mathfrak{c}_u$, so bedeutet (ε^*) hierin eine beliebige zu $\mathfrak{c}_u$ gehörige Diagonalmatrix. Auch hier werden wir sagen, dass alle Elemente oder «Punkte» von $\mathfrak{c}_u$, welche aus einem, u, auf diese Weise hervorgehen, die *Gerade* $[u]$ auf $\mathfrak{c}_u$ bilden; und wir werden durch Projektion, dadurch, dass wir alle Punkte von $\mathfrak{c}_u$ auf einer und derselben Geraden in einen einzigen Punkt zusammenfallen lassen, eine Mannigfaltigkeit $[\mathfrak{c}_u]$ von n reellen Dimensionen weniger erzeugen. – In dem besonderen Falle aber, wo zwei Multiplikatoren einander gleich werden: $\varepsilon_1 = \varepsilon_2$ oder $\varepsilon_1 = \varepsilon'_1$, lässt sich u in der Gleichung (3) ohne Änderung von t sogar ersetzen durch $s \cdot u$, wo s folgendermassen gebaut ist:

1. Im ersten Fall $\varepsilon_1 = \varepsilon_2$, $\varepsilon_1 = \varepsilon'_2$ zerfällt s in zwei zu den Variablen x_1, x_2 bzw. x'_1, x'_2 gehörige Quadrate (12), (12)' von der Seitenlänge 2 und $2(n-2)$ Quadrate von der Seitenlänge 1, die sich längs der Hauptdiagonale aneinanderreihen. In (12) steht eine beliebige zweireihige unitäre Matrix, in (12)' die zu ihr kontragrediente. Da eine unitäre Matrix in zwei Variablen von 4 reellen Parametern abhängt, beträgt die Zahl der reellen Parameter $(n-2)+4 = n+2$ für die Gruppe der s, während die Untergruppe der Hauptmatrizen (ε) in $\mathfrak{c}_u$ nur n-parametrig ist.

2. Im Falle $\varepsilon_1 = \varepsilon'_1 = \pm 1$ zerfällt s in ein zu den Variablen x_1, x'_1 gehöriges Quadrat (11') von der Seitenlänge 2 und $2(n-1)$ Quadrate von der Seitenlänge 1, die sich längs der Hauptdiagonale aneinanderreihen. In (11') steht eine beliebige unitäre Matrix von der Determinante 1. Da eine solche von 3 Parametern abhängt, ist die Gruppe der s auch jetzt $(n+2)$-parametrig. So kommen wir zu dem für die Analysis situs der Mannigfaltigkeit $\mathfrak{c}_u$ fundamentalen Resultat:

Hilfssatz. *Innerhalb der Gruppe $\mathfrak{c}_u$ bilden die singulären t, deren Multiplikatoren nicht alle voneinander verschieden sind, eine Mannigfaltigkeit von 3 Dimensionen weniger als $\mathfrak{c}_u$.*

Die Parameterzahl von $\mathfrak{c}_u$ selber ist, wie wir alsbald sehen werden, gleich $n(2n+1)$.

§ 2. Darstellungen der Komplexgruppe: Infinitesimaler Teil

Eine infinitesimale Transformation

$$\left\{\begin{aligned} dx_i &= \sum_k \varrho_{ik}\, x_k + \sum_k \varrho'_{ik}\, x'_k, \\ dx'_i &= \sum_k \sigma'_{ik}\, x_k + \sum_k \sigma_{ik}\, x'_k \end{aligned}\right. \qquad (i, k = 1, 2, \ldots, n) \tag{7}$$

gehört zu $\mathfrak{c}$ dann und nur dann, wenn

$$\varrho_{ik} + \sigma_{ki} = 0, \quad \varrho'_{ik} \text{ symmetrisch} \quad \text{und} \quad \sigma'_{ik} \text{ symmetrisch}$$

ist. Die infinitesimale Komplexgruppe $\mathfrak{c}^0$ ist demnach eine lineare Schar von

$$n^2 + 2 \cdot \frac{n(n+1)}{2} = n(2n+1)$$

komplexen Parametern. Die allgemeine Hauptmatrix $h(\lambda_1, \lambda_2, \ldots, \lambda_n)$ in $\mathfrak{c}^0$, deren Glieder mit

$$\lambda_1, \lambda_2, \ldots, \lambda_n; \quad -\lambda_1, -\lambda_2, \ldots, -\lambda_n$$

bezeichnet seien, durchläuft eine n-parametrige infinitesimale Abelsche Untergruppe von $\mathfrak{c}^0$. Bildet man aus h und dem Element c, Formel (7), den Kommutator $[h\,c] = h\,c - c\,h$, so erhält man die infinitesimale Transformation mit der Koeffizientenmatrix

$$\left|\begin{array}{c|c} \varrho_{ik}(\lambda_i - \lambda_k) & \varrho'_{ik}(\lambda_i + \lambda_k) \\ \hline -\sigma'_{ik}(\lambda_i + \lambda_k) & \sigma_{ik}(-\lambda_i + \lambda_k) \end{array}\right|.$$

Als Wurzeln treten daher auf:

$$\alpha = \pm \lambda_i \pm \lambda_k \ (i < k, \text{ alle vier Vorzeichenkombinationen}) \text{ und } \alpha = \pm 2\lambda_i.$$

Man liest aus der Tabelle ohne weiteres ab, welches die zu diesen Wurzeln α gehörigen Elemente e_α von $\mathfrak{c}^0$ sind; und wir bekommen analog zu den Kompositionsformeln in § 2 des I. Kapitels:

$$[h\,h'] = 0, \quad [h\,e_\alpha] = \alpha \cdot e_\alpha, \quad [e_\alpha\, e_{-\alpha}] = h_\alpha.$$

Dabei ist h_α im Falle $\alpha = \pm\lambda_i \pm \lambda_k$ $(i < k)$ dasjenige h, für welches $\lambda_i = \pm 1$, $\lambda_k = \pm 1$, alle übrigen $\lambda = 0$ sind; im Falle $\alpha = \pm 2\lambda_i$ aber besitzt h_α die Parameterwerte: $\lambda_i = \pm 1$, die übrigen $\lambda = 0$. Der Wert irgendeiner Linearform

$$\Lambda = m_1 \lambda_1 + m_2 \lambda_2 + \cdots + m_n \lambda_n \tag{8}$$

für diese Parameterwerte wird wie in I, § 2, mit Λ_α bezeichnet; die Normierung ist bereits so getroffen, dass $\alpha_\alpha = 2$ wird. Man hat

$$\text{für } \alpha = \pm \lambda_i \pm \lambda_k: \quad \Lambda_\alpha = \pm m_i \pm m_k,$$

$$\text{für } \alpha = \pm 2\lambda_i: \quad \Lambda_\alpha = \pm m_i.$$

Wie dort gilt der Satz, dass für irgendeine Darstellung $\mathfrak{C}^0$ von $\mathfrak{c}^0$ neben Λ auch immer $\Lambda' = \Lambda - \Lambda_\alpha \cdot \alpha$ als Gewicht auftritt, und dass Λ_α stets eine ganze Zahl ist. Darum müssen die Koeffizienten m_i eines Gewichtes Λ ganz sein. Für die Wurzel $\alpha = 2\lambda_i$ besteht der Übergang von Λ zu Λ' darin, dass die eine Variable λ_i in $-\lambda_i$ verwandelt wird, für die Wurzel $\alpha = \lambda_i - \lambda_k$ $(i < k)$ aber in der Vertauschung von λ_i mit λ_k. Dass durch diese beiden Operationen aus einem vorkommenden Gewicht immer wieder ein Gewicht entsteht, erklärt sich aus der schon im vorigen Paragraphen erwähnten Tatsache, dass die Klasse einer zu $\mathfrak{c}$ gehörigen Hauptmatrix (ε) sich nicht ändert, wenn ε_i mit ε_k oder ε_i mit ε_i' vertauscht wird. Für das höchste vorkommende Gewicht ergeben sich daraus die Ungleichungen

$$m_i \geqq 0 \quad \text{und} \quad m_i \geqq m_k \quad \text{für} \quad i < k.$$

Indem wir das Ergebnis aus I, § 3, hinzunehmen, können wir zusammenfassen:

Satz 3. *Alle in einer Darstellung $\mathfrak{C}^0$ von $\mathfrak{c}^0$ vorkommenden Gewichte* (8) *haben ganzzahlige Koeffizienten m_i. Durch Vertauschung von λ_i mit λ_k oder Verwandlung von λ_i in $-\lambda_i$ geht aus einem Gewicht immer wieder ein Gewicht hervor. Die Koeffizienten des höchsten Gewichtes genügen den Ungleichungen*

$$m_1 \geqq m_2 \geqq \cdots \geqq m_n \geqq 0. \tag{9}$$

Eine irreduzible Darstellung ist durch das höchste Gewicht eindeutig bestimmt.

$\mathfrak{c}$ selber mit dem höchsten Gewicht $\mu_1 = \lambda_1$ ist irreduzibel, da die vorkommenden Gewichte $\pm\lambda_i$ alle untereinander verschieden sind und aus jedem der Grundvektoren e_i, e_i' unseres Koordinatensystems im Raume $\mathfrak{r}$ alle andern durch Transformationen der Gruppe $\mathfrak{c}$ gewonnen werden können. Unter den Gewichten $\pm\lambda_i \pm \lambda_k$ der zweidimensionalen Grundvektoren, welche durch äussere Multiplikation aus irgend zwei verschiedenen der e_i, e_i' hervorgehen, ist $\mu_2 = \lambda_1 + \lambda_2$ das höchste; doch sind jetzt nicht mehr alle vorkommenden Gewichte untereinander verschieden, da

$$e_1 \times e_1', \; e_2 \times e_2', \; \ldots, \; e_n \times e_n'$$

das Gewicht 0 besitzen. Immerhin geht aus dem Gesagten hervor, dass sich eine irreduzible Darstellung mit dem höchsten Gewicht $\lambda_1 + \lambda_2$ muss absondern lassen. Ebenso erweist man mit Hilfe der $3, \ldots, n$-dimensionalen Vektoren von $\mathfrak{r}$ die Existenz je einer irreduziblen Darstellung mit dem höchsten Gewicht

$$\mu_3 = \lambda_1 + \lambda_2 + \lambda_3, \; \ldots, \; \mu_n = \lambda_1 + \lambda_2 + \cdots + \lambda_n,$$

und ist auch leicht imstande, diese vollständig zu kennzeichnen (vgl. S. 313). Durch Komposition gewinnt man daraus eine irreduzible Darstellung mit dem höchsten Gewicht

$$p_1 \mu_1 + p_2 \mu_2 + \cdots + p_n \mu_n,$$

wo p_i irgendwelche nicht-negative ganze Zahlen bedeuten. Damit ist bewiesen: *Zu jeder Linearform Λ, deren Koeffizienten m_i ganzzahlig sind und den Ungleichungen* (9) *genügen, existiert eine irreduzible Darstellung von $\mathfrak{c}^0$, deren höchstes Gewicht $= \Lambda$ ist.*

Nach der in I, § 4, geschilderten Konstruktionsmethode von E. CARTAN muss sie dadurch gewonnen werden, dass man die kleinste lineare Mannigfaltigkeit $\mathfrak{R}$ bildet, welche den «Hypervektor»

$$e_1^{p_1} (e_1 \times e_2)^{p_2} (e_1 \times e_2 \times e_3)^{p_3} \ldots$$

und alle daraus durch die Transformationen t von $\mathfrak{c}$ entstehenden enthält. Freilich lässt sich die Methode erst durch das im nächsten Paragraphen auf integralem Wege bewiesene Ergebnis rechtfertigen, dass jede Darstellung von $\mathfrak{c}$ in irreduzible Darstellungen zerfällt.

Verwandelt t die Vektoren $e_1, e_2, \ldots, e_n$ (um $e'_1, e'_2, \ldots, e'_n$ haben wir uns nicht zu kümmern) nach der Tabelle:

$$\begin{cases} e_1 \to \xi_1 e_1 + \cdots + \xi_n e_n + \xi'_1 e'_1 + \cdots + \xi'_n e'_n, \\ e_2 \to \eta_1 e_1 + \cdots + \eta_n e_n + \eta'_1 e'_1 + \cdots + \eta'_n e'_n, \\ \ldots\ldots\ldots\ldots\ldots\ldots\ldots\ldots\ldots\ldots, \end{cases}$$

so liefern die Invarianzforderungen $S(e_i\, e_k) = 0$ Relationen von dem Typus $(i = 1,\ k = 2)$:

$$S(\xi\,\eta) \equiv (\xi_1 \eta'_1 - \xi'_1 \eta_1) + (\xi_2 \eta'_2 - \xi'_2 \eta_2) + \cdots + (\xi_n \eta'_n - \xi'_n \eta_n) = 0.$$

Andern Beschränkungen sind die Koeffizienten des von uns benötigten Halbteils von t nicht unterworfen. Das aus n Zeilen bestehende Schema $\{m\}$, Kap. I, § 4, besitze die Zeilenlängen

$$m_i = p_i + p_{i+1} + \cdots + p_n.$$

Wieder werde $m_1 + m_2 + \cdots + m_n = \nu$ gesetzt. Hat $\{m\}$ z.B. die untenstehende Gestalt $(\nu = 7)$, so ist die kleinste lineare Mannigfaltigkeit (f) von Tensoren 7. Stufe zu bilden, welche die Tensoren mit den Komponenten

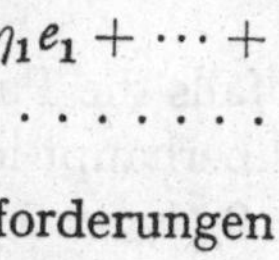

$$\begin{array}{l} \xi_{i_1} \cdot \xi_{i_2} \cdot \xi_{i_3} \cdot \\ \eta_{k_1} \cdot \eta_{k_2} \cdot \\ \zeta_{l_1} \cdot \zeta_{l_2} \end{array}$$

enthält; dabei sind die ξ, η, ζ irgendwelche Zahlen, welche den Bedingungen

$$S(\eta\,\zeta) = 0, \quad S(\zeta\,\xi) = 0, \quad S(\xi\,\eta) = 0$$

genügen. Auf einen willkürlichen Tensor f aus (f) ist dann die Alternation bezüglich jeder Spalte des Schemas anzuwenden: die Mannigfaltigkeit der so erzeugten Tensoren ν-ter Stufe f^* ist das Substrat $\mathfrak{R}$ der gesuchten irreduziblen Darstellung von $\mathfrak{c}$ mit dem höchsten Gewicht $3\lambda_1 + 2\lambda_2 + 2\lambda_3$. Das Resultat bedarf noch der genaueren algebraischen Durcharbeitung durch Angabe eines Prozesses, der aus einem völlig willkürlichen Tensor ν-ter Stufe den allgemeinsten Tensor der Mannigfaltigkeit (f) hervorbringt[1]; im Augenblick würde sie uns aber zu weit vom Wege abführen.

Das infinitesimale Element (7) von $\mathfrak{c}$ gehört der unitär beschränkten Gruppe $\mathfrak{c}_u$ an, wenn

$$\varrho_{ik} + \bar{\varrho}_{ki} = 0 \quad \text{und damit auch} \quad \sigma_{ik} + \bar{\sigma}_{ki} = 0, \quad \text{ferner} \quad \sigma'_{ik} + \bar{\varrho}'_{ki} = 0 \tag{10}$$

gilt. Insbesondere wird $\varrho_{ii} = \lambda_i$ rein imaginär. Die Anzahl der reellen Parameter von $\mathfrak{c}_u$ ist demnach $= n(2n+1)$. Eine Linearform des willkürlichen Elementes (7) von $\mathfrak{c}$ lässt sich auf eine und nur eine Weise in die Gestalt bringen

$$\sum_{ik} (a_{ik}\,\varrho_{ik} + b_{ik}\,\sigma_{ik} + a'_{ik}\,\varrho'_{ik} + b'_{ik}\,\sigma'_{ik}),$$

wo die Koeffizienten analogen Bedingungen genügen wie die Variablen:

$$a_{ik} + b_{ki} = 0, \quad a'_{ik} \text{ symmetrisch}, \quad b'_{ik} \text{ symmetrisch}.$$

Verschwindet eine solche Form identisch, falls die Parameter den Einschränkungen (10) genügen, so verschwindet sie überhaupt identisch. Denn zunächst setze man $\varrho'_{ik} = \sigma'_{ik} = 0$; es kommt $a_{ik} = 0$, $b_{ik} = 0$, weil $\sum a_{ik}\,\varrho_{ik}$ identisch verschwindet, falls es das unter der Einschränkung (10) tut. Die verbleibende Bedingung lautet

$$\sum_{ik} a'_{ik}\,\varrho'_{ik} + \sum_{ik} b'_{ik}\,\bar{\varrho}'_{ik} = 0.$$

Man braucht hierin die willkürlichen symmetrischen Grössen ϱ'_{ik} nur durch $\sqrt{-1}\cdot\varrho'_{ik}$ zu ersetzen, um auf das gesonderte Verschwinden beider Teile der letzten Summe zu schliessen.

§ 3. Darstellungen der Komplexgruppe: Integraler Teil

Gilt der Satz von der vollen Reduzibilität für die Darstellungen der unitär beschränkten infinitesimalen Gruppe $\mathfrak{c}_u^0$, so gilt er nach der letzten Überlegung des vorigen Paragraphen auch für die ganze Gruppe $\mathfrak{c}^0$. Für $\mathfrak{c}_u$ aber wird er bewiesen durch die HURWITZ-SCHURsche Integrationsmethode. Nur ist es nötig, sich zuvor davon zu überzeugen, *dass $\mathfrak{c}_u$ einfach zusammenhängend ist.*

---

[1]) Vgl. dazu J. A. SCHOUTEN, *Der Ricci-Kalkül* (Berlin 1924), S. 262.

Die geschlossene Kurve $\mathfrak{K}$ auf $\mathfrak{c}_u$ gehe durch keines der singulären Elemente hindurch, die nach dem letzten Hilfssatz von § 1 eine Mannigfaltigkeit von drei Dimensionen weniger bilden. Für ein nicht-singuläres t markieren wir auf dem Einheitskreis die Multiplikatorpunkte ε_i, ε_i' $(i = 1, 2, \ldots, n)$ und verbinden das konjugierte Paar ε_i, ε_i' durch eine vertikale Strecke, welche die reelle Achse der ε-Ebene im Punkte $P_i = \cos 2\pi\varphi_i$ trifft. Die Punkte P_i überholen sich nicht gegenseitig, sondern bewahren ihre Anordnung. Ausserdem

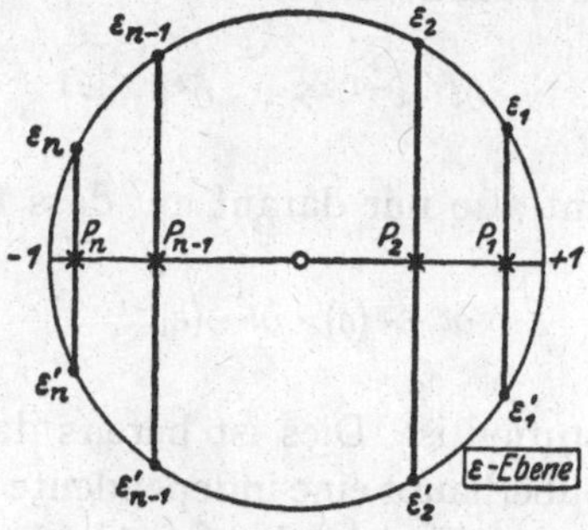

Fig. 1
Multiplikatoren von t.

passieren ε_i, ε_i' niemals die Punkte ± 1. Infolgedessen vollführen die vertikalen Strecken und auch die zugehörigen Punkte ε_i, ε_i' auf dem Einheitskreis lediglich Pendelungen, die Winkelwerte φ_i kehren nach Durchlaufung der Kurve $\mathfrak{K}$ bei stetiger Variation zu ihren Ausgangswerten zurück. Daraus folgt, dass sich $\mathfrak{K}$ stetig in den Einheitspunkt zusammenziehen lässt. – Aus dem einfachen Zusammenhang von $\mathfrak{c}_u$ ergibt sich von neuem, dass die Gewichte (8) ganzzahlige Koeffizienten m_i besitzen müssen.

Weiter haben wir nach dem Vorgehen von § 6 des I. Kapitels das Volumen $d\Omega$ desjenigen Stücks von $\mathfrak{c}_u$ zu berechnen, auf welchem die Elemente t liegen, deren Drehwinkel dem Spielraum $\varphi_i \ldots \varphi_i + d\varphi_i$ angehören. Wie dort bekommen wir aus (3) die Gleichung

$$u \cdot \delta t \cdot u^{-1} = \{\varepsilon \cdot \delta u \cdot (\varepsilon)^{-1} - \delta u\} + 2\pi\sqrt{-1}\, d\varphi. \tag{11}$$

$d\varphi$ ist die Hauptmatrix, welche aus den Gliedern $d\varphi_1, d\varphi_2, \ldots, d\varphi_n; -d\varphi_1, -d\varphi_2, \ldots, -d\varphi_n$ besteht. Für ein beliebiges Element δt von $\mathfrak{c}_u^0$, Formel (7), können wir als unabhängige Komponenten verwenden[1]:

alle ϱ_{ik} und diejenigen ϱ_{ik}' und σ_{ik}', für welche $i \leqq k$ ist.

Man muss einsehen, dass der Übergang von δt zu $\delta^* t = u \cdot \delta t \cdot u^{-1}$ auf eine unimodulare Substitution jener Komponenten hinauskommt. Für diesen Nach-

[1]) An Stelle des Realteils und Imaginärteils von ϱ_{12} werden dabei z. B. ϱ_{12} und $-\varrho_{12} = \varrho_{21}$ benutzt.

weis will ich hier eine bequemere Methode angeben als in Kap. I. u lässt sich in die Form bringen

$$u = v^{-1}(\varepsilon^*)\, v,$$

wo v und (ε^*) wieder zu $\mathfrak{c}_u$ gehören, (ε^*) aber eine Hauptmatrix ist. Es gilt

$$(v \cdot \delta^* t \cdot v^{-1}) = (\varepsilon^*)\,(v \cdot \delta t \cdot v^{-1})\,(\varepsilon^*)^{-1}.$$

Nun ist $\delta t \to \delta^* t$ eine unimodulare Substitution, wenn der Übergang

$$v \cdot \delta t \cdot v^{-1} \to v \cdot \delta^* t \cdot v^{-1}$$

unimodular ist. Es kommt also nur darauf an, dass für eine *Hauptmatrix* (ε) von $\mathfrak{c}_u$ der Übergang

$$\delta t \to (\varepsilon) \cdot \delta t \cdot (\varepsilon)^{-1} \tag{12}$$

eine unimodulare Substitution ist. Dies ist bereits dafür erforderlich, dass in der Mannigfaltigkeit $[\mathfrak{c}_u]$ überhaupt eine independente Volummessung zustande kommt. Durch (12) verwandeln sich, da $\varepsilon_i' = 1/\varepsilon_i$ ist, die Komponenten von δt, wie folgt:

$$\begin{aligned} \varrho_{ik} &\to \varrho_{ik} \cdot \frac{\varepsilon_i}{\varepsilon_k}, \\ \varrho_{ik}' &\to \varrho_{ik}' \cdot \varepsilon_i\, \varepsilon_k \qquad (i \leqq k), \\ \sigma_{ik}' &\to \sigma_{ik}' \cdot \frac{1}{\varepsilon_i\, \varepsilon_k} \qquad (i \leqq k). \end{aligned}$$

Das Produkt der hinzutretenden Faktoren ist $= 1$ und damit die Behauptung bewiesen. Dieselbe Rechnung benötigen wir auf der rechten Seite von (11) für δu an Stelle von δt: das Volumen $d\Omega$ wird, unter Fortlassung eines von den Drehwinkeln unabhängigen Faktors,

$$= \prod_{i \neq k} \left(\frac{\varepsilon_i}{\varepsilon_k} - 1\right) \cdot \prod_{i \leqq k} (\varepsilon_i\, \varepsilon_k - 1) \left(\frac{1}{\varepsilon_i\, \varepsilon_k} - 1\right) \cdot d\varphi_1\, d\varphi_2 \ldots d\varphi_n. \tag{13}$$

Ich bediene mich der Abkürzungen

$$\begin{aligned} e^{2\pi i \varphi} = e(\varphi)\,; \quad 2\cos 2\pi\varphi &= e(\varphi) + e(-\varphi) = c(\varphi), \\ 2\, i \sin 2\pi\varphi &= e(\varphi) - e(-\varphi) = s(\varphi). \end{aligned}$$

Die Produkte in (13) ergeben zusammen das Quadrat des absoluten Betrages von

$$\prod_i (\varepsilon_i^2 - 1) \cdot \prod_{i<k} (\varepsilon_i \varepsilon_k - 1) \left(\frac{\varepsilon_i}{\varepsilon_k} - 1\right).$$

Hier kann

$$\varepsilon_i^2 - 1$$

ersetzt werden durch

$$\varepsilon_i - \frac{1}{\varepsilon_i} = s(\varphi_i),$$

$$(\varepsilon_i \varepsilon_k - 1)\left(\frac{\varepsilon_i}{\varepsilon_k} - 1\right) = \varepsilon_i^2 + 1 - \varepsilon_i\left(\varepsilon_k + \frac{1}{\varepsilon_k}\right)$$

durch

$$\left(\varepsilon_i + \frac{1}{\varepsilon_i}\right) - \left(\varepsilon_k + \frac{1}{\varepsilon_k}\right) = c(\varphi_i) - c(\varphi_k).$$

Also darf in

$$d\Omega = \Delta\bar{\Delta}\, d\varphi_1\, d\varphi_2 \ldots d\varphi_n: \tag{14}$$

$$\Delta = \prod_i s(\varphi_i) \cdot \prod_{i<k}\big(c(\varphi_i) - c(\varphi_k)\big) \tag{15}$$

genommen werden. Das zweite Produkt lässt sich als Determinante schreiben:

$$|\, c^{n-1}(\varphi), \ldots, c^2(\varphi), c(\varphi), 1 \,| = |\ldots, c(2\varphi), c(\varphi), 1|,$$

und darum ist auch

$$\Delta = |\, s(n\varphi), \ldots, s(2\varphi), s(\varphi)\,|.$$

Die zu irgendeiner irreduziblen Darstellung von $\mathfrak{c}_u$ gehörige Charakteristik $\chi(t)$ hängt nur von den Drehwinkeln $\varphi_1, \varphi_2, \ldots, \varphi_n$ von t ab, und zwar ist sie eine endliche Fourier-Reihe derselben, die sich nicht ändert bei den $2^n \cdot n!$ linearen Substitutionen derjenigen endlichen Gruppe (S), deren Erzeugende die Transpositionen sind von dem Typus

$$\varphi_1 \to \varphi_2, \quad \varphi_2 \to \varphi_1, \quad \varphi_i \to \varphi_i \quad (i \neq 1, 2)$$

und die Vorzeichenänderungen vom Typus

$$\varphi_1 \to -\varphi_1, \quad \varphi_i \to \varphi_i \quad (i \neq 1).$$

Die primitiven Charakteristiken genügen den Orthogonalitätsrelationen mit dem Integrationselement (14). $\Delta \cdot \chi = \xi$ ist eine endliche Fourier-Reihe, welche sich den Substitutionen der Gruppe (S) gegenüber alternierend verhält. Eine solche ist eine Summe von Elementarreihen der folgenden Gestalt

$$\sum_{(S)} \pm\, e(l_1 \varphi_1 + l_2 \varphi_2 + \cdots + l_n \varphi_n).$$

l_i sind ganze Zahlen, für welche

$$l_1 > l_2 > \cdots > l_n > 0$$

gilt, und die Summe ist so zu verstehen, dass in dem hingeschriebenen Glied die φ allen Substitutionen der Gruppe (S) unterworfen werden und die Summe sich alternierend über die so hervorgehenden Ausdrücke erstreckt. In Form einer Determinante ist diese Elementarreihe

$$\xi(l_1, l_2, \ldots, l_n) = |\, s(l_1\, \varphi), s(l_2\, \varphi), \ldots, s(l_n\, \varphi)\,|. \tag{16}$$

$\varDelta$ ist nichts anderes als das niederste $\xi(l)$, das man erhält, wenn man für l_i die Zahlen

$$r_1 = n, \quad r_2 = n-1, \quad \ldots, \quad r_n = 1$$

wählt.

$$\chi^* = \frac{\xi(l_1, l_2, \ldots, l_n)}{\varDelta} = \frac{\xi(l_1, l_2, \ldots, l_n)}{\xi(r_1, r_2, \ldots, r_n)} \tag{17}$$

ist eine endliche Fourier-Reihe mit den geforderten Symmetrieeigenschaften. Das höchste Glied darin ist

$$e\,(m_1\,\varphi_1 + m_2\,\varphi_2 + \cdots + m_n\,\varphi_n),$$

wo

$$m_i = l_i - r_i,$$

also

$$m_1 \geqq m_2 \geqq \cdots \geqq m_n \geqq 0$$

ist. Die verschiedenen χ^* sind zueinander orthogonal in bezug auf das Integrationselement (14). Ferner gilt

$$\frac{1}{\Omega}\int \chi^*(\varphi)\,\chi^*(-\varphi)\,d\Omega = \frac{2^n \cdot n!}{\Omega} \tag{18}$$

(die Integration geht nach allen Variablen φ_i von 0 bis 1). Da aber die rechte Seite von den l unabhängig ist und χ^* sich für $l_i = r_i$ auf 1 reduziert, muss

$$\Omega = \int d\Omega = 2^n \cdot n!$$

sein, und die linke Seite von (18) ist allgemein $= 1$. Berücksichtigt man nun aber, dass zu jedem höchsten Gewicht, dessen Koeffizienten die Ungleichungen (9) erfüllen, tatsächlich eine irreduzible Darstellung gehört, so erkennt man wie in I, § 6, dass χ^* die zugehörige Charakteristik ist. Der gleiche Schluss, wie er dort vollzogen wurde, gestattet die Dimensionszahl zu berechnen, den Wert der Charakteristik für $t = e$ oder $\varphi_i = 0$.

Kehrt man zur totalen Gruppe $\mathfrak{c}$ zurück, so hat man in der Determinante

$$\xi(l_1, l_2, \ldots, l_n) = |\,\varepsilon^{l_1} - \varepsilon^{-l_1}, \varepsilon^{l_2} - \varepsilon^{-l_2}, \ldots, \varepsilon^{l_n} - \varepsilon^{-l_n}\,|$$

für ε der Reihe nach die Multiplikatoren $\varepsilon_1, \varepsilon_2, \ldots, \varepsilon_n$ von t zu setzen, während gleichzeitig $\varepsilon' = 1/\varepsilon$ die übrigen Multiplikatoren $\varepsilon_1', \varepsilon_2', \ldots, \varepsilon_n'$ durchläuft. $\chi((\varepsilon))$ ist nämlich ein Aggregat von Potenzprodukten

$$\varepsilon_1^{k_1}\,\varepsilon_2^{k_2} \ldots \varepsilon_n^{k_n}$$

mit ganzzahligen, wennschon nicht durchweg positiven Exponenten k_i. Ein solches aber ist durch die Fourier-Reihe eindeutig festgelegt, in welches es durch die Substitution $\varepsilon_i = e(\varphi_i)$ übergeht. Darum ist die behauptete Charakteristikenformel gewiss richtig für alle nicht-singulären Elemente t von $\mathfrak{c}$. Aus der in Satz 1 durch ein Schema gekennzeichneten, für alle t ausnahmslos gültigen Normalform schliesst man aber leicht, dass jedes t innerhalb der Gruppe $\mathfrak{c}$ beliebig nahe approximiert werden kann durch nicht-singuläre Elemente, und die Formel überträgt sich dadurch auch auf die singulären Elemente.

Endlich kann man statt der Multiplikatoren die Koeffizienten des charakteristischen Polynoms $f(\zeta)$ einführen. Wir setzen stets

$$f(\zeta) = |e - \zeta t|, \quad \frac{1}{f(\zeta)} = p_0 + p_1 \zeta + p_2 \zeta^2 + \cdots. \tag{19}$$

Man bediene sich der CAUCHYschen Formel

$$\left| \frac{1}{x_i - y_k} \right| = \frac{D(x_n \ldots x_1)\, D(y_1 \ldots y_n)}{\prod\limits_{i,k} (x_i - y_k)}$$

und wähle, unter ζ_i Variable verstehend,

$$x_i = \zeta_i + \frac{1}{\zeta_i}, \quad y_i = \varepsilon_i + \frac{1}{\varepsilon_i}.$$

Nun gilt

$$\left(\zeta + \frac{1}{\zeta}\right) - \left(\varepsilon + \frac{1}{\varepsilon}\right) = \frac{1}{\zeta}(1 - \varepsilon\zeta)\left(1 - \frac{1}{\varepsilon}\zeta\right),$$

und

$$\frac{\varepsilon^l - \varepsilon^{-l}}{\varepsilon^1 - \varepsilon^{-1}} = \varepsilon^{l-1} + \varepsilon^{l-3} + \cdots + \varepsilon^{-(l-3)} + \varepsilon^{-(l-1)}$$

ist der Koeffizient von ζ^{l-1} in der Potenzentwicklung der Funktion

$$\frac{1}{(1 - \varepsilon\zeta)(1 - \varepsilon^{-1}\zeta)}.$$

Ferner ist

$$f(\zeta) = \prod_i (1 - \varepsilon_i \zeta)(1 - \varepsilon_i^{-1} \zeta).$$

In der Determinante

$$\left| 1, \zeta + \frac{1}{\zeta}, \left(\zeta + \frac{1}{\zeta}\right)^2, \ldots \right|$$

kann man die Potenz $(\zeta + 1/\zeta)^i$ ersetzen durch $\zeta^i + \zeta^{-i}$. So erhält man

$$\left| \frac{1}{(1 - \varepsilon_k \zeta_i)(1 - \varepsilon_k^{-1} \zeta_i)} \right| = \frac{|\zeta^{n-1}, \zeta^{n-2} + \zeta^n, \ldots, 1 + \zeta^{2n}| \cdot |\ldots, \varepsilon^2 + \varepsilon^{-2}, \varepsilon + \varepsilon^{-1}, 1|}{f(\zeta_1)\, f(\zeta_2) \ldots f(\zeta_n)}.$$

Vergleicht man auf beiden Seiten die Koeffizienten der Potenz

$$\zeta_1^{l_1 - 1} \zeta_2^{l_2 - 1} \ldots \zeta_n^{l_n - 1} \quad (l_1 > l_2 > \cdots > l_n > 0),$$

so kommt

$$\frac{|\varepsilon^{l_1}-\varepsilon^{-l_1}, \ldots, \varepsilon^{l_n}-\varepsilon^{-l_n}|}{|\ldots, \varepsilon^2+\varepsilon^{-2}, \varepsilon+\varepsilon^{-1}, 1|}\cdot\frac{1}{\prod\limits_i(\varepsilon_i-\varepsilon_i^{-1})}$$

$$= |p_{l-n}, p_{l-n+1}+p_{l-n-1}, p_{l-n+2}+p_{l-n-2}, \ldots|. \qquad (20)$$

Damit ist die Charakteristik ganz rational durch die Komponenten der Matrix t ausgedrückt.

Satz 4. *Jede Darstellung von* $\mathfrak{c}$ *zerfällt in irreduzible Bestandteile. Die Charakteristik der irreduziblen Darstellung von dem höchsten Gewicht* (8), (9) *ist, wenn* $l_i = m_i + n + 1 - i$ *gesetzt wird:*

$$\chi(t) = \frac{|\varepsilon^{l_1}-\varepsilon^{-l_1}, \ldots, \varepsilon^{l_n}-\varepsilon^{-l_n}|}{|\varepsilon^n-\varepsilon^{-n}, \ldots, \varepsilon^1-\varepsilon^{-1}|}$$

$$= |p_{l-n}, p_{l-n+1}+p_{l-n-1}, p_{l-n+2}+p_{l-n-2}, \ldots|;$$

die zugehörige Dimensionszahl

$$N = \frac{P(l_1, l_2, \ldots, l_n)}{P(n, n-1, \ldots, 1)}$$

mit

$$P(l_1, l_2, \ldots, l_n) = \prod_i l_i \cdot \prod_{i<k}(l_i-l_k)(l_i+l_k). \qquad (21)$$

Z.B. ergibt sich für das höchste Gewicht $\lambda_1 + \lambda_2$:

$$N = \frac{(2n+1)(2n-2)}{2},$$

d.i. um 1 geringer als

$$\frac{2n(2n-1)}{2}.$$

Das Substrat dieser Darstellung ist nicht der Inbegriff aller schiefsymmetrischen Tensoren 2. Stufe f_{ik}, sondern nur derjenigen, welche die eine gegenüber $\mathfrak{c}$ invariante Relation erfüllen

$$f_{11'} + f_{22'} + \cdots + f_{nn'} = 0.$$

Analog gilt für die Darstellung vom höchsten Gewicht $\lambda_1 + \lambda_2 + \lambda_3$:

$$N = \frac{2n(2n+1)(2n-4)}{1\cdot 2\cdot 3},$$

d.i. um $2n$ geringer als

$$\frac{2n(2n-1)(2n-2)}{1\cdot 2\cdot 3},$$

entsprechend dem invarianten System von $2n$ Relationen

$$f_{i11'} + f_{i22'} + \cdots + f_{inn'} = 0,$$

die dem willkürlichen schiefsymmetrischen Tensor 3. Stufe f_{ikl} aufzuerlegen sind.

§ 4. Die Darstellungen der Drehungsgruppe: Infinitesimaler Teil

Unter der *Drehungsgruppe* verstehe ich hier den Inbegriff $\mathfrak{d}$ der homogenen linearen Transformationen von der Determinante 1 (nicht -1), welche eine vorgegebene nicht-ausgeartete quadratische Form Q invariant lassen. Und zwar kann es sich entweder um alle *komplexen* Transformationen von dieser Art handeln, oder um die *reellen* Transformationen, welche eine reelle quadratische Form Q in sich überführen. Im reellen Gebiet gibt es die Unterschiede des Trägheitsindex, und unsere Resultate beziehen sich nicht etwa nur auf den definiten Fall[1]). Es wird nötig sein, zwischen gerader und ungerader Dimensionszahl $2n$, bzw. $2n+1$ zu unterscheiden. Als Normalform von Q verwenden wir

$$(x_1 x_1' + x_2 x_2' + \cdots + x_n x_n') \quad \text{bzw.} \quad x_0^2 + 2(x_1 x_1' + x_2 x_2' + \cdots + x_n x_n'). \tag{22}$$

Die unitäre Beschränkung tritt ein, indem wir x_i' konjugiert zu x_i (und bei ungerader Dimensionszahl ausserdem x_0 reell) nehmen und fordern, dass diese Bedingungen bei der Transformation erhalten bleiben. Ich verzichte hier auf die genauere Betrachtung der einzelnen Operation von $\mathfrak{d}$; es genügt die Bemerkung, dass bei gerader Dimensionszahl $2n$ ihre Multiplikatoren paarweise zueinander reziprok sind, bei ungerader Dimensionszahl $2n+1$ zu den n Paaren reziproker Multiplikatoren noch der Einspänner $\varepsilon_0 = 1$ hinzutritt. Von der Gruppe $\mathfrak{d}_u$ derjenigen unitären Transformationen mit der Determinante 1 in $2n$ bzw. $2n+1$ Variablen

$$(x_0),\ x_1,\ x_2,\ \ldots,\ x_n,\ x_1',\ x_2',\ \ldots,\ x_n',$$

welche die Form Q in sich überführen, ist es wohl bekannt, dass jedes ihrer Elemente t sich in der Form schreiben lässt

$$t = u^{-1}(\varepsilon)\, u,$$

wo u und die Diagonalmatrix (ε) der Multiplikatoren

$$(\varepsilon_0 = 1), \quad \varepsilon_i = e(\varphi_i), \quad \varepsilon_i' = \bar{\varepsilon}_i = e(-\varphi_i) \qquad (i = 1, 2, \ldots, n)$$

gleichfalls zu $\mathfrak{d}_u$ gehören. Bei ungerader Dimensionszahl ist mit (ε) jede derjenigen Hauptmatrizen innerhalb $\mathfrak{d}_u$ konjugiert, welche aus ihr durch die schon oben erwähnten $2^n \cdot n!$ Substitutionen der Gruppe (S) für die Drehwinkel $\varphi_1, \varphi_2, \ldots, \varphi_n$ hervorgehen. Bei gerader Dimensionszahl muss man sich jedoch auf diejenige Hälfte $(S)'$ von (S) beschränken, deren Elemente die Permutationen der φ sind, verbunden mit gleichzeitigem Wechsel des Vorzeichens an einer *geraden* Anzahl der Winkelargumente.

---

[1]) Den definiten Fall behandelte I. Schur in seiner zweiten Mitteilung: *Neue Anwendungen der Integralrechnung auf Probleme der Invariantentheorie.* Sitz.-Ber. Berl. Akad. *1924*, S. 297.

Die Matrix einer willkürlichen infinitesimalen Operation von $\mathfrak{d}$ ist in dem Schema (23) angegeben.

0	ϱ_i	σ_i
$-\sigma_i$	ϱ_{ik}	ϱ'_{ik}
$-\varrho_i$	σ'_{ik}	σ_{ik}

(23)

0	$\varrho_i\lambda_i$	$-\sigma_i\lambda_i$
$\sigma_i\lambda_i$	$\varrho_{ik}(\lambda_i-\lambda_k)$	$\varrho'_{ik}(\lambda_i+\lambda_k)$
$-\varrho_i\lambda_i$	$-\sigma'_{ik}(\lambda_i+\lambda_k)$	$\sigma_{ik}(-\lambda_i+\lambda_k)$

(24)

$$\varrho_{ik}+\sigma_{ki}=0,\quad \varrho'_{ik} \text{ und } \sigma'_{ik} \text{ schiefsymmetrisch } (i,k=1,2,\ldots,n).$$

Der Rand von der Breite 1 tritt nur bei ungerader Dimensionszahl auf. Die zur infinitesimalen Gruppe $\mathfrak{d}^0$ gehörigen Hauptmatrizen seien wieder mit $h(\lambda_1,\lambda_2,\ldots,\lambda_n)$ bezeichnet; $\varrho_{ii}=\lambda_i$, $\sigma_{ii}=-\lambda_i$. Das rechte Schema (24) beschreibt, was aus der linken Matrix (23) entsteht durch die Kommutatormultiplikation mit h. Die Wurzeln sind also

$$\alpha=(\pm\lambda_i),\quad \pm\lambda_i\pm\lambda_k \quad (i<k, \text{ alle vier Vorzeichenkombinationen}).$$

Für eine Linearform Λ der λ_i mit den Koeffizienten m_i ist dementsprechend

$$\Lambda_\alpha=(\pm 2m_i),\quad \pm m_i\pm m_k \quad (i<k). \tag{25}$$

Es ist wiederum dafür Sorge getragen, dass $\alpha_\alpha=2$ wird. Der Übergang von Λ zu $\Lambda'=\Lambda-\Lambda_\alpha\cdot\alpha$ ist in dem eingeklammerten Fall, der nur für die ungeraden Dimensionszahlen in Frage kommt, die Änderung des Vorzeichens eines einzigen λ_i; im Falle $\alpha=\lambda_i\pm\lambda_k$ $(i<k)$ die Vertauschung von λ_i mit λ_k, bzw. diese Vertauschung verbunden mit gleichzeitiger Vorzeichenänderung von λ_i und λ_k. Unter einer halbganzen Zahl verstehe ich eine solche von der Form: ganze Zahl $+1/2$. Aus der Tabelle (25) folgt: entweder sind die Koeffizienten m_i eines vorkommenden Gewichtes Λ alle ganze oder alle halbganze Zahlen. Für das höchste Gewicht ist ausserdem stets

$$m_1\geqq m_2\geqq\cdots\geqq m_n \quad\text{und}\quad m_i+m_k\geqq 0 \quad\text{für}\quad i\neq k.$$

Im Falle der ungeraden Dimensionszahl kommt die Ungleichung hinzu: $m_i\geqq 0$. Folglich:

$$\left.\begin{array}{ll}(\text{Dim. } 2n+1) & m_1\geqq m_2\geqq\cdots\geqq m_{n-1}\geqq m_n\geqq 0,\\ (\text{Dim. } 2n) & m_1\geqq m_2\geqq\cdots\geqq m_{n-1}\geqq |m_n|.\end{array}\right\} \tag{26}$$

Im zweiten Fall kann m_n auch negativ sein.

Realisierung. *Zu jedem der möglichen höchsten Gewichte gehört eine und nur eine irreduzible Darstellung.*

Dimensionszahl $2n+1$. Jedes mögliche höchste Gewicht setzt sich durch nicht-negative ganzzahlige Koeffizienten p_i zusammen aus

$$\mu_i = \lambda_1 + \lambda_2 + \cdots + \lambda_i \quad (i = 1, 2, \ldots, n-1),$$
$$\mu_n = \frac{\lambda_1 + \lambda_2 + \cdots + \lambda_n}{2}.$$

Wie man die irreduziblen Darstellungen mit dem höchsten Gewicht $\mu_1, \mu_2, \ldots, \mu_{n-1}$ findet, ist uns bekannt. In einer Darstellung, die das höchste Gewicht μ_n besitzt, müssen alle Linearformen

$$\frac{\pm \lambda_1 \pm \lambda_2 \pm \cdots \pm \lambda_n}{2} \tag{27}$$

als Gewichte auftreten; ihre Variablenzahl beträgt also mindestens 2^n. Und wenn wir eine zum höchsten Gewicht μ_n gehörige Darstellung der Dimensionszahl 2^n finden, muss sie irreduzibel sein. Denn die Gewichte (27) sind alle voneinander verschieden, und aus einem von ihnen erhält man die übrigen durch wiederholte Anwendung der zu den Wurzeln $\alpha = \lambda_i$ gehörigen Übergänge $\Lambda \rightarrow \Lambda'$. Eine solche Darstellung ist in der Tat von E. CARTAN konstruiert worden[1]). Die 2^n Variablen werden zweckmässig durch einen Buchstaben x mit n Indizes gekennzeichnet, deren jeder die Werte + oder − besitzen kann. Ich gebe die Operationen an, welche in der gesuchten Darstellung der Hauptmatrix h und den zu den Wurzeln α gehörigen Elementen e_α von $\mathfrak{c}^0$ korrespondieren.

$H = H(\lambda_1, \lambda_2, \ldots, \lambda_n)$: jedes x geht über in

$$\frac{\pm \lambda_1 \pm \lambda_2 \pm \cdots \pm \lambda_n}{2} x,$$

wo die Vorzeichenkombination im Faktor zusammenfällt mit der Indizesfolge der betreffenden Variablen x.

E_α, $\alpha = \lambda_i$. Diejenigen x, deren i-ter Index + ist, gehen über in 0. Ein $x = x_-$ aber, dessen i-ter Index − ist, geht über in $\pm x_+$, wo x_+ aus x_- entsteht, indem der i-te Index aus − in + verwandelt wird; das Vorzeichen vor x_+ ist gleich dem Produkt des 1-ten bis $(i-1)$-ten Index von x_+. – Analog für $\alpha = -\lambda_i$: die Rollen von + und − im i-ten Index sind zu vertauschen.

E_α, $\alpha = \lambda_i + \lambda_k$ $(i < k)$. Alle x ausser denjenigen, welche an i-ter und k-ter Stelle den Index − tragen, gehen in 0 über. Diese aber, x_{--}, gehen über in $\pm x_{++}$, indem der i-te und k-te Index in ++ umgewandelt werden und das Vorzeichen vor x gleich dem Produkt der zwischen der i-ten und k-ten Stelle stehenden Indizes von x genommen wird. – Analog für die andern drei in der Formel $\alpha = \pm\lambda_i \pm \lambda_k$ enthaltenen Möglichkeiten.

Durch Komposition gewinnt man aus den erwähnten irreduziblen Darstellungen, die zu den höchsten Gewichten μ_i $(i = 1, 2, \ldots, n)$ gehören, zu

---

[1]) E. CARTAN II, S. 86, 91.

jedem der möglichen höchsten Gewichte eine derartige Darstellung. Diejenigen, in denen die Koeffizienten des höchsten Gewichtes den Nenner 2 haben, können selbstverständlich auf dem Gebilde $\mathfrak{d}$ nicht eindeutig, sondern müssen mindestens zweideutig sein[1]).

Dimensionszahl $2n$. Alle möglichen höchsten Gewichte können mittels ganzzahliger nicht-negativer Koeffizienten kombiniert werden aus

$$\mu_i = \lambda_1 + \lambda_2 + \cdots + \lambda_i \quad (i = 1, 2, \ldots, n-2),$$
$$\mu_{n-1} = \frac{\lambda_1 + \lambda_2 + \cdots + \lambda_{n-1} - \lambda_n}{2},$$
$$\mu_n = \frac{\lambda_1 + \lambda_2 + \cdots + \lambda_{n-1} + \lambda_n}{2}.$$

Es gilt, nur noch die beiden irreduziblen Darstellungen zu finden, die zu dem höchsten Gewicht μ_{n-1} bzw. μ_n gehören[2]); sie besitzen die Dimensionszahl 2^{n-1}. Die sämtlichen Gewichte sind

$$\frac{\pm \lambda_1 \pm \lambda_2 \pm \cdots \pm \lambda_n}{2},$$

wo im ersten Fall nur diejenigen Vorzeichenkombinationen zulässig sind, deren Produkt $-$ ist, im zweiten Fall diejenigen, deren Produkt $+$ ist. Die Definition dieser beiden Darstellungen ist genau die gleiche wie bei ungerader Dimensionszahl $-$ mit der Modifikation, dass im ersten Fall die n Indizes der Variablen an die Bedingung gebunden sind, dass ihr Produkt $-$ sei, im zweiten Fall aber $+$, und die Wurzeln $\alpha = \pm\lambda_i$ samt den zugehörigen E_α zum Fortfall kommen.

§ 5. Die Darstellungen der Drehungsgruppe: Integraler Teil

Satz 5. *Die gewöhnliche reelle Drehungsgruppe* $\mathfrak{d}_u$ *ist nicht einfach zusammenhängend, aber ein gewisses zweiblättriges Überlagerungsgebilde* $\mathfrak{d}_u^*$ *über* $\mathfrak{d}_u$ *ist einfach zusammenhängend.* (Gültig für $n \geqq 3$.)

Der reelle Raum, in welchem sich die reellen Drehungen abspielen, ist dadurch gekennzeichnet, dass (x_0 reell ist,) x_i und x_i' zueinander konjugiert sind. Unsere Behauptung folgt für die Dimensionszahlen $n = 3$ und $n = 4$ aus den bekannten Quaternionenformeln für die Drehungen. Eine geschlossene Kurve auf $\mathfrak{d}_u$ ist eine kontinuierliche Kreiseldrehung um einen festen Punkt O, die den Kreisel in seine Anfangslage zurückbringt; und die Frage ist, ob ich jede solche geschlossene Bewegung des Kreisels stetig in die Ruhe überführen kann. Es ist nützlich, sich auch anschaulich im dreidimensionalen Raum klarzumachen, dass das einmalige Herumdrehen des Kreisels um eine feste durch O gehende Achse sich nicht stetig in die Ruhe verwandeln lässt, wohl aber das zweimalige Herumdrehen. Wir führen den Beweis allgemein nach der schon auf $\mathfrak{g}_u$ und $\mathfrak{c}_u$ angewendeten Methode.

---

1) Sie werden in den SCHURschen Untersuchungen ausser Betracht gelassen.

2) E. CARTAN II, S. 86, 91.

Als singulär betrachte ich ein Element t von $\mathfrak{d}_u$, wenn von seinen Multiplikatoren $\varepsilon_1, \varepsilon_2, \ldots, \varepsilon_n; \varepsilon_1' = \bar{\varepsilon}_1, \varepsilon_2', \ldots, \varepsilon_n'$ zwei mit verschiedenen Indizes behaftete, z.B. ε_i und ε_k oder ε_i und ε_k' $(i \neq k)$ einander gleich sind; bei ungerader Dimensionszahl ausserdem den Fall, wo ein Multiplikator aus dieser Serie, z.B. ε_1 und damit auch ε_1', $= 1$ $(= \varepsilon_0)$ wird. Hingegen gilt es nicht als ein singuläres Vorkommnis, wenn bei gerader Dimensionszahl $\varepsilon_1 = \varepsilon_1' = \pm 1$ oder wenn bei ungerader Dimensionszahl $\varepsilon_1 = \varepsilon_1' = -1$ wird. Wiederum sieht man leicht ein, dass die singulären t innerhalb $\mathfrak{d}_u$ eine Mannigfaltigkeit von drei Dimensionen weniger bilden. Wir stellen mit Hilfe der Drehwinkel φ_i des nichtsingulären t wiederum die Figur 1 her. Durchläuft t eine geschlossene Kurve $\mathfrak{K}$ auf $\mathfrak{d}_u$, welche durch keine singuläre Stelle hindurchgeht, so können die vertikalen Sehnen sich nicht gegenseitig überholen, jede muss in ihre Ausgangslage wieder zurückkehren. *Bei ungerader Dimensionszahl* kann aber das am weitesten nach links gelegene Paar $\varepsilon_n, \varepsilon_n'$ durch -1 hindurchgehen, so dass nach vollständiger Durchlaufung φ_n über $1/2$ in $1-\varphi_n$ übergegangen ist. Kehren alle φ_i zu ihren Ausgangswerten zurück, so sind wir imstande, $\mathfrak{K}$ stetig in den Einheitspunkt zusammenzuziehen. Tritt hingegen die andere Möglichkeit ein, so lassen sich die Pendelungen von $\varphi_1, \varphi_2, \ldots, \varphi_{n-1}$ noch immer stetig in den Ruhwert $\varphi = 0$ zusammenziehen; gleichzeitig führe man den von φ_n durchlaufenen Bogen, indem man seine vertikale Anfangssehne den übrigen vertikalen Strecken nach gegen 1 rücken lässt, in die einmalige Durchlaufung des ganzen Kreises von $\varphi = 0$ bis $\varphi = 1$ über. Man erhält dann am Ende des Deformationsprozesses an Stelle von $\mathfrak{K}$ die stetig sich vollziehende volle Umdrehung einer reellen zweidimensionalen, mit dem Kurvenparameter μ stetig variierenden Ebene:

$$e_1 \to \cos\varphi \cdot e_1 - \sin\varphi \cdot e_2,$$

$$e_2 \to \sin\varphi \cdot e_1 + \cos\varphi \cdot e_2.$$

Die «reellen» Vektoren e_1, e_2 und der Drehwinkel φ hängen stetig von μ ab, und φ durchläuft einmal die Skala der Winkelwerte von 0 bis 1. Diesen Prozess kann ich offenbar stetig überführen in die volle Umdrehung $\mathfrak{K}_0$ einer irgendwie fest vorgegebenen reellen zweidimensionalen Ebene. Darum ist jede geschlossene Kurve $\mathfrak{K}$ entweder homolog 0 oder homolog $\mathfrak{K}_0$. Da es evident ist, dass sich $\mathfrak{K}_0$ nicht stetig auf einen Punkt zusammenziehen lässt, ist unser Satz für ungerade Dimensionszahl bewiesen.

Bei gerader Dimensionszahl ist die Möglichkeit zu erwägen, dass das am weitesten nach rechts gelegene Paar $\varepsilon_1, \varepsilon_1'$ durch $+1$ hindurchgleiten kann und dadurch φ_1 über 0 in $-\varphi_1$ sich verwandelt. Wenn aber nicht bloss ein einziges Paar da ist, d. h. wenn n nicht $= 2$ ist, wird dem ersten Paar unter allen Umständen durch die übrigen Paare das Hinüberrücken nach -1 verwehrt. Die erwähnte Möglichkeit ist darum von keinen Folgen, weil die Deformation, welche φ_1 ersetzt durch $\sigma \cdot \varphi_1$ (σ der von 1 bis 0 abnehmende Deformationsparameter), den von φ_1 durchlaufenen Bogen ebenso wie die Pendelungen von $\varphi_2, \ldots, \varphi_{n-1}$ stetig in die Ruhelage $\varphi = 0$ überführt. Es bleibt nur die andere

Möglichkeit zu diskutieren, dass das n-te, das am weitesten nach links gelegene Paar durch -1 hindurchgeht und φ_n über $1/2$ hinüber in $1-\varphi_n$ sich verwandelt. Das Resultat ist dann offenbar das gleiche wie bei ungerader Dimensionszahl.

Die oben wiedergegebene CARTANsche Tabelle lässt erkennen, dass es tatsächlich Darstellungen der abstrakten Gruppe $\mathfrak{d}_u^*$ gibt, die erst auf $\mathfrak{d}_u^*$, nicht schon auf $\mathfrak{d}_u$ eindeutig sind.

Dem schon im I. Kapitel eingeschlagenen Gedankengang gemäss folgt nun *die Berechnung des Volumens $d\Omega$*. Als Komponenten eines infinitesimalen Elementes (23) von $\mathfrak{d}_u$ können wir verwenden

$$(\varrho_i, \sigma_i) \text{ alle } \varrho_{ik} \text{ und diejenigen } \varrho'_{ik}, \sigma'_{ik}, \text{ für welche } i < k \text{ ist.}$$

Darum gilt

$$d\Omega = \left\{\prod_i (\varepsilon_i - 1)\left(\frac{1}{\varepsilon_i} - 1\right)\right\} \cdot \prod_{i \neq k} \left(\frac{\varepsilon_i}{\varepsilon_k} - 1\right) \cdot \prod_{i<k} (\varepsilon_i \varepsilon_k - 1)\left(\frac{1}{\varepsilon_i \varepsilon_k} - 1\right) \cdot d\varphi_1\, d\varphi_2 \ldots d\varphi_n .$$

Das Produkt in der geschweiften Klammer tritt nur auf bei ungerader Dimensionszahl. Wir bekommen also, wenn wir uns wieder der Schreibweise (14) bedienen:

$$\Delta = \prod_i s\left(\frac{\varphi_i}{2}\right) \cdot \prod_{i<k} \left(c(\varphi_i) - c(\varphi_k)\right), \quad (\text{Dim.} = 2n+1), \tag{28}$$

$$\Delta = \prod_{i<k} \left(c(\varphi_i) - c(\varphi_k)\right). \quad (\text{Dim.} = 2n). \tag{28'}$$

Weil wir immer ungerade und gerade Dimensionszahl unterscheiden müssen, beziehe sich die erste Aussage stets auf den ersten, die zweite auf den zweiten Fall.

Die primitiven Charakteristiken χ sind endliche Fourier-Reihen der Winkelargumente $\varphi_1, \varphi_2, \ldots, \varphi_n$ in einem etwas erweiterten Sinne: Aggregate von Termen der Gestalt

$$e\,(m_1 \varphi_1 + m_2 \varphi_2 + \cdots + m_n \varphi_n),$$

wo die m_i entweder lauter ganze oder lauter halbganze Zahlen sind. Die Charakteristiken sind symmetrisch gegenüber der Gruppe (S) bzw. $(S)'$. $\Delta \cdot \chi = \xi$ ist eine endliche Fourier-Reihe von alternierendem Charakter gegenüber (S) bzw. $(S)'$; und darum additiv zusammengesetzt aus Elementarsummen

$$\xi(l_1, l_2, \ldots, l_n) = \Sigma \pm e(l_1 \varphi_1 + l_2 \varphi_2 + \cdots + l_n \varphi_n).$$

Für die l_i, welche alle ganz oder alle halbganz sind, gelten die Ungleichungen

$$l_1 > l_2 > \cdots > l_n > 0 \quad \text{bzw.} \quad l_1 > l_2 > \cdots > l_{n-1} > |l_n|.$$

Die alternierende Summe erstreckt sich über die an den Argumenten vorzunehmenden Substitutionen von (S) bzw. (S'). In Determinantenform ist *im Falle der ungeraden Dimensionszahl*

$$\xi(l_1, l_2, \ldots, l_n) = |s(l_1\varphi), s(l_2\varphi), \ldots, s(l_n\varphi)| \tag{29}$$

und Δ das niedrigste vorkommende ξ:

$$\Delta = \xi(r_1, r_2, \ldots, r_n), \tag{30}$$

$$r_1 = n - \frac{1}{2}, \ldots, \quad r_{n-1} = \frac{3}{2} \quad r_n = \frac{1}{2}. \tag{31}$$

$$\chi = \frac{\xi(l_1, l_2, \ldots, l_n)}{\xi(r_1, r_2, \ldots, r_n)} \tag{32}$$

ist die Charakteristik der irreduziblen Darstellung «vom Gewichte» $m_i = l_i - r_i$, d.h. derjenigen, deren höchstes Gewicht diese Koeffizienten m_i trägt. Halbganze l_i liefern die auf $\mathfrak{d}_u$ eindeutigen, ganze l_i die zweideutigen Darstellungen. Die Ausdrücke (29) traten schon bei der Gruppe $\mathfrak{c}$ auf, vgl. Formel (16).

Im Falle der geraden Dimensionszahl haben wir

$$2 \cdot \xi(l_1, l_2, \ldots, l_n) = |c(l_1\varphi), c(l_2\varphi), \ldots, c(l_n\varphi)|, \quad \text{wenn } l_n = 0 \text{ ist;}$$

ist hingegen $l_n \neq 0$, so gilt

$$2 \cdot \xi(l_1, l_2, \ldots, l_n) = |c(l_1\varphi), \ldots, c(l_n\varphi)| + |s(l_1\varphi), \ldots, s(l_n\varphi)|. \tag{33}$$

Wiederum ist Δ das niedrigste vorkommende ξ, (30),

$$r_1 = n - 1, \quad \ldots, \quad r_{n-1} = 1, r_n = 0, \tag{34}$$

und (32) liefert die Charakteristik der irreduziblen Darstellung vom Gewichte $m_i = l_i - r_i$. Die Variablenzahlen sind

$$N = \frac{P(l_1, l_2, \ldots, l_n)}{P\left(n - \frac{1}{2}, \ldots, \frac{3}{2}, \frac{1}{2}\right)} \quad \left(\text{Dim.} = 2n + 1\right) \tag{35}$$

bzw.

$$N = \frac{P'(l_1, l_2, \ldots, l_n)}{P'(n-1, \ldots, 1, 0)} \quad \left(\text{Dim.} = 2n\right); \tag{35'}$$

P ist durch (21) erklärt,

$$P'(l_1, l_2, \ldots, l_n) = \prod_{i<k} (l_i - l_k)\,(l_i + l_k).$$

Der Übergang von den Elementen der Gruppe $\mathfrak{d}_u$ zu denen der vollen Gruppe $\mathfrak{d}$ vollzieht sich ohne weiteres. Rational durch die Komponenten von t lassen sich natürlich nur die Charakteristiken $\chi(t)$ der auf $\mathfrak{d}$ *eindeutigen* irreduziblen Darstellungen ausdrücken. Neben den Entwicklungskoeffizienten p_i von $1/f(\zeta)$, vgl. Formel (19), treten im folgenden auch diejenigen von

$$\frac{1-\zeta}{f(\zeta)}, \quad \frac{1+\zeta}{f(\zeta)}, \quad \frac{1-\zeta^2}{f(\zeta)}$$

auf; sie sind bzw.

$$= p_i - p_{i-1}, \quad p_i + p_{i-1}, \quad p_i - p_{i-2}.$$

Dimensionszahl $2n+1$. Nimmt man die l gleich ganzen Zahlen, so unterscheidet sich der Ausdruck (32) nur dadurch von (17), dass im Nenner (28) statt (15) steht. Ausserdem ist

$$\frac{1}{\prod\limits_i (1-\varepsilon_i\zeta)(1-\varepsilon_i^{-1}\zeta)} \text{ jetzt nicht } = \frac{1}{f(\zeta)}, \text{ sondern } = \frac{1-\zeta}{f(\zeta)}.$$

Aus der in (20) angegebenen p-Determinante entsteht $\chi(t)$ also dadurch, dass p_i durch $p_i - p_{i-1}$ ersetzt und das Ganze mit

$$\delta = \prod_i c\left(\frac{\varphi_i}{2}\right) = \prod_i (\varepsilon_i^{1/2} + \varepsilon_i^{-1/2})$$

multipliziert wird.

$$\delta^2 \text{ ist} = \prod_i \left(2 + c(\varphi_i)\right).$$

Unter dem Produktzeichen steht der Wert von

$$1 + \zeta^2 - c(\varphi_i)\zeta = (1-\varepsilon_i\zeta)(1-\varepsilon_i^{-1}\zeta) \text{ für } \zeta = -1.$$

Darum wird

$$\delta^2 = \frac{1}{2} f(-1) = \frac{1}{2}|e+t|.$$

Für *die zweideutigen Darstellungen* finden wir somit:

$$\chi(t) = \sqrt{\frac{1}{2}|e+t|} \cdot |p_{l-n} - p_{l-n-1}, p_{l-n+1} - p_{l-n-2}, \ldots, p_{l-1} - p_{l-2n}|. \tag{36}$$

$$\left[\text{Gewicht}: l_i + i - n - \frac{1}{2};\ l_n > 0\right].$$

In der Charakteristikenformel für *die eindeutigen Darstellungen* ersetzen wir das Zeichen l durch $l + 1/2$, damit wir auch hier auf ganze Zahlen l kommen.

$$\frac{\varepsilon^{l+1/2} - \varepsilon^{-(l+1/2)}}{\varepsilon^{1/2} - \varepsilon^{-1/2}} = \varepsilon^l + \varepsilon^{l-1} + \cdots + \varepsilon^{-(l-1)} + \varepsilon^{-l}$$

ist der Koeffizient von ζ^l in der Potenzentwicklung von

$$\frac{1+\zeta}{(1-\varepsilon\zeta)(1-\varepsilon^{-1}\zeta)}, \text{ und es gilt } \prod_k \frac{1+\zeta}{(1-\varepsilon_k\zeta)(1-\varepsilon_k^{-1}\zeta)} = \frac{1-\zeta^2}{f(\zeta)}.$$

Darum bekommen wir jetzt aus der schon zur Herleitung von (20) benutzten CAUCHYschen Formel

$$\left|\frac{1+\zeta_i}{(1-\varepsilon_k\,\zeta_i)\,(1-\varepsilon_k^{-1}\zeta_i)}\right| : \left|\varepsilon_k^{i-1}+\varepsilon_k^{-(i-1)}\right| \\ = \prod_i \frac{1-\zeta_i^2}{f(\zeta_i)}\cdot\left|\zeta^{n-1},\ \zeta^{n-2}+\zeta^n,\ \dots,\ 1+\zeta^{2n}\right|$$

abermals die p-Determinante (20), in der jedoch p_i durch $p_i - p_{i-2}$, l zu ersetzen ist durch $l+1$:

$$\chi(t) = \left|p_{l-n+1} - p_{l-n-1},\ p_{l-n+2} - p_{l-n-2},\ \dots,\ p_l - p_{l-2n}\right|^{1)} \tag{37}$$

$$[\text{Gewicht}:\ l_i + i - n;\ l_n \geqq 0].$$

Dimensionszahl $2n$. Für die eindeutigen Darstellungen (l_i ganzzahlig) mit $l_n = 0$ hat man sofort, da $\varepsilon^l + \varepsilon^{-l}$ der Koeffizient von ζ^l ($l \neq 0$) in der Potenzentwicklung von

$$\frac{1-\zeta^2}{(1-\varepsilon\,\zeta)\,(1-\varepsilon^{-1}\zeta)} \text{ ist und } \prod_i (1-\varepsilon_i\zeta)\,(1-\varepsilon_i^{-1}\zeta) = f(\zeta),$$

die Gleichung (37). Sind die l_i ganze Zahlen und $l_n > 0$, so ist derselbe Ausdruck brauchbar für den ersten der beiden Summanden, in welche χ nach (33) zerfällt. Für den zweiten, den sin-Teil hat man

$$\frac{\left|\varepsilon^{l_1} - \varepsilon^{-l_1},\ \dots,\ \varepsilon^{l_n} - \varepsilon^{-l_n}\right|}{\left|\dots,\ \varepsilon^2 + e^{-2},\ \varepsilon + \varepsilon^{-1},\ 1\right|},$$

d.i. die p-Determinante (20), multipliziert mit

$$\delta = \prod_i s(\varphi_i)\,.$$

Man findet

$$(-1)^n\,\delta^2 = \prod_i \big(2 - c(\varphi_i)\big)\,\big(2 + c(\varphi_i)\big) = f(1)\,f(-1) = |e - t| \cdot |e + t|.$$

$$\left(\begin{array}{ccccc|ccccc} & & & & & 1 & & & & \\ & & & & & & 1 & & & \\ & & 0 & & & & & \cdot & & \\ & & & & & & & & \cdot & \\ & & & & & & & & & 1 \\ \hline 1 & & & & & & & & & \\ & 1 & & & & & & & & \\ & & \cdot & & & & & 0 & & \\ & & & \cdot & & & & & & \\ & & & & 1 & & & & & \end{array}\right) \tag{38}$$

Bezeichnet man die Koeffizientenmatrix (38) der invarianten quadratischen Form (22) mit $\tilde{e}$, so ist $|\tilde{e}| = (-1)^n$. Darum erhält man, nachdem man zunächst $|e-t|$ ersetzt hat durch die transponierte Determinante $|e-t'|$:

$$\delta^2 = \left|(\tilde{e} - t'\tilde{e})\,(e+t)\right|.$$

Nun ist $t'\tilde{e}t = \tilde{e}$, also δ^2 gleich der Determinante der schiefsymmetrischen Matrix

---

[1]) Vgl. zu dieser und den übrigen Formeln die auf S. 314 unter [1]) zitierte Abhandlung von I. SCHUR.

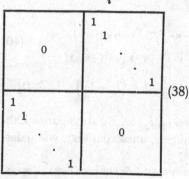

$\tilde{e}t - t'\tilde{e}$. Die Determinante einer schiefsymmetrischen Matrix ist aber das Quadrat einer ganzen rationalen Funktion ihrer Komponenten, nämlich der «Pfaffiante». Setzt man also

$$\pi(t) = \text{Pfaffiante von } (\tilde{e}t - t'\tilde{e}),$$

so kommt[1])

$$2\chi(t) = |p_{l-n+1} - p_{l-n-1}, p_{l-n+2} - p_{l-n-2}, \ldots| \\ \pm \pi(t) \cdot |p_{l-n}, p_{l-n+1} + p_{l-n-1}, \ldots| \quad (39)$$

[Gewicht: $l_1 - n + 1,\ l_2 - n + 2, \ldots,\ l_{n-1} - 1, \pm l_n \quad (l_n \geqq 0)$;

für $l_n = 0$ ist der Faktor 2 links zu löschen und fällt rechts das zweite Glied fort].

Sind die l halbganze Zahlen, so schreiben wir an Stelle von l diesmal $l - 1/2$.

$$\frac{\varepsilon^{l-1/2} + \varepsilon^{-(l-1/2)}}{\varepsilon^{1/2} + \varepsilon^{-1/2}}, \qquad \frac{\varepsilon^{l-1/2} - \varepsilon^{-(l-1/2)}}{\varepsilon^{1/2} - \varepsilon^{-1/2}}$$

sind die Koeffizienten von ζ^{l-1} in den Potenzentwicklungen der Funktionen

$$\frac{1-\zeta}{(1-\varepsilon\zeta)(1-\varepsilon^{-1}\zeta)}, \quad \text{bzw.} \quad \frac{1+\zeta}{(1-\varepsilon\zeta)(1-\varepsilon^{-1}\zeta)}.$$

Darum ersetze man in der p-Determinante (20) p_i durch $p_i - p_{i-1}$ bzw. $p_i + p_{i-1}$; so kommen die beiden Determinanten in der Formel (40) zustande. Ausserdem sind die Produkte

$$\prod_i \left(\varepsilon_i^{1/2} + \varepsilon_i^{-1/2}\right), \quad \prod_i \left(\varepsilon_i^{1/2} - \varepsilon_i^{-1/2}\right)$$

ins Quadrat erhoben bzw. gleich

$$f(-1) = |e + t| \quad \text{und} \quad (-1)^n f(1) = (-1)^n |e - t| = |\tilde{e} - t'\tilde{e}|.$$

Somit findet sich jetzt

$$2\chi(t) = \sqrt{|e+t|} \cdot |p_{l-n} - p_{l-n-1}, p_{l-n+1} - p_{l-n-2}, \ldots| \\ \pm \sqrt{(-1)^n |e-t|} \cdot |p_{l-n} + p_{l-n-1}, p_{l-n+1} + p_{l-n-2}, \ldots| \quad (40)$$

[Gewicht: $l_1 - n + \frac{1}{2},\ l_2 - n + \frac{3}{2}, \ldots,\ l_{n-1} - \frac{3}{2},\ \pm\left(l_n - \frac{1}{2}\right);\ l_n > 0$].

In den Formeln (36), (37), (39), (40) bedeuten $l_1, l_2, \ldots, l_n$ stets ganze Zahlen, die den Ungleichungen $l_1 > l_2 > \cdots > l_n$ genügen; ausserdem ist, wie jedes-

[1]) Die Berechnung dieser Charakteristiken, welche er η nennt, ist I. Schur noch nicht gelungen; ebenso fehlen bei ihm natürlich diejenigen der zweideutigen Darstellungen. Eine rekursive Bestimmung der η gelang im Anschluss an die Schurschen Untersuchungen, aber ohne Benutzung des Integralkalküls, R. Brauer (Dissertation Berlin, 1925)

mal vermerkt ist, l_n entweder der Einschränkung $l_n > 0$ oder $l_n \geqq 0$ unterworfen. – Die vorkommenden Irrationalitäten sind

$$\sqrt{(-1)^n\,|e-t|} \quad \text{und} \quad \sqrt{|e+t|}.$$

Bei ungerader Dimensionszahl ist die erste $= 0$; bei gerader Dimensionszahl ist ihr Produkt rational $= \pi(t)$.

Satz 6. *Jede Darstellung von* $\mathfrak{d}$ *zerfällt in irreduzible. Die Dimensionszahlen der irreduziblen Darstellungen sind unter* (35), (35′) *verzeichnet. Den Ausdruck der Charakteristiken durch die Multiplikatoren von t findet man nach Anweisung der Gleichung* (32) *in den Formeln* (29), (31) *bzw.* (33), (34), *durch die Matrix t selber in* (37), (36) *bzw.* (39), (40).

Auf die von I. SCHUR neben $\mathfrak{d}$ behandelte Gruppe *aller Q* invariant lassenden linearen Transformationen, zu welcher auch diejenigen von der Determinante -1 gehören, gehe ich hier nicht ein. Denn unser Standpunkt ist der infinitesimale. Auch die Charakteristiken

$$\chi = \sum_{(k)} r_{k_1 k_2 \ldots k_n} \cdot e(k_1\varphi_1 + k_2\varphi_2 + \cdots + k_n\varphi_n)$$

sind für uns lediglich die «erzeugenden Funktionen», welche die vorkommenden Gewichte $k_1\varphi_1 + k_2\varphi_2 + \cdots + k_n\varphi_n$ und ihre Multiplizitäten $r_{k_1 k_2 \ldots k_n}$ zusammenfassen. – Die durch Hinzunahme der Dilatation erweiterten Gruppen $\mathfrak{c}$ und $\mathfrak{d}$ können analog behandelt werden wie in Kap. I, § 8.

KAPITEL III

Struktur der halb-einfachen Gruppen

Begonnen wurde die Untersuchung der Struktur der halb-einfachen kontinuierlichen Gruppen endlicher Parameterzahl von KILLING[1]; aber erst E. CARTAN gelang in seiner Thèse (Paris 1894) ein einwandfreier Aufbau. Das Resultat war eine vollständige Tabelle aller abstrakten *einfachen* Gruppen (deren direkte Produkte die halb-einfachen sind): zu den drei grossen Klassen der Gruppen $\mathfrak{g}$, $\mathfrak{c}$, $\mathfrak{d}$, deren Darstellungstheorie in den beiden vorigen Kapiteln entwickelt wurde, traten nur noch weitere fünf einzelne Gruppen hinzu. Die Untersuchung zerfällt in zwei Teile, einen allgemeinen, in welchem die Haupteigenschaften der halb-einfachen Gruppen ausfindig gemacht werden, und einen speziellen, der durch viele Fallunterscheidungen hindurch zu den wenigen konkreten Möglichkeiten vordringt, welche zufolge jener Eigenschaften allein offen bleiben. Ich komme hier auf den allgemeinen Teil zurück, weil er nicht nur wesentlicher Vereinfachungen fähig ist, sondern für unsere Zwecke weiter geführt werden muss, als es durch E. CARTAN geschehen ist. Das Hauptziel dabei ist, die «unitäre Beschränkung», die bisher eine so bedeutsame Rolle spielte, richtig auf alle halb-einfachen Gruppen zu übertragen.

§ 1. Grundbegriffe. Zerlegung nach einer maximalen auflösbaren Untergruppe

Der Begriff der *infinitesimalen Gruppe* $\mathfrak{a}$ wurde schon in Kap. I, § 2, in Erinnerung gebracht. Eine lineare Teilschar $\mathfrak{b}$ von $\mathfrak{a}$ ist eine *Untergruppe*, wenn irgend zwei zu $\mathfrak{b}$ gehörige Elemente b_1, b_2 stets ein zu $\mathfrak{b}$ gehöriges Kommutatorprodukt $[b_1, b_2]$ erzeugen. Eine *invariante* (*ausgezeichnete, selbstkonjugierte*) *Untergruppe* liegt vor, wenn mit b zugleich $[bx]$ der Schar angehört, welches auch das Gruppenelement x innerhalb $\mathfrak{a}$ sein mag. Im letzten Fall ist $\mathfrak{a}$ mod. $\mathfrak{b}$ genommen (Projektion von $\mathfrak{a}$ nach $\mathfrak{b}$; in der durch Projektion entstehenden Mannigfaltigkeit gelten zwei Elemente von $\mathfrak{a}$ als gleich, wenn ihre Differenz zu $\mathfrak{b}$ gehört) ebenfalls eine Gruppe, die *Faktorgruppe*. Die Elemente von der Form $[xy]$ und alle diejenigen, die sich aus solchen additiv zusammensetzen, bilden die *Kommutatorgruppe* oder *abgeleitete Gruppe* $\mathfrak{a}'$; sie ist eine invariante Untergruppe von $\mathfrak{a}$. Schärfer gilt: Die Ableitung einer invarianten Untergruppe von $\mathfrak{a}$ ist wiederum eine invariante Untergruppe von $\mathfrak{a}$. Demnach sind die sukzessiven Ableitungen $\mathfrak{a}'$, $\mathfrak{a}''$, ... samt und sonders invariante Untergruppen

[1]) *Die Zusammensetzung der stetigen endlichen Transformationsgruppen*, Math. Annalen *31*, S. 252; *33*, S. 1; *34*, S. 57; *36*, S. 161 (1888–1890).

von $\mathfrak{a}$. Bricht diese Reihe ab mit der infinitesimalen Gruppe 0, so ist $\mathfrak{a}$ eine *auflösbare* (oder «integrable») *Gruppe*. Man kann diesen Begriff auch so fassen: Die Gruppe $\mathfrak{a}$ ist auflösbar, wenn sie sich mittels einer Reihe

$$\mathfrak{a} = \mathfrak{a}_r, \mathfrak{a}_{r-1}, \ldots, \mathfrak{a}_2, \mathfrak{a}_1, \mathfrak{a}_0 = 0$$

abbauen lässt, in welcher jedes $\mathfrak{a}_{i-1}$ invariante Untergruppe des vorhergehenden $\mathfrak{a}_i$ ist und die Parameterzahl von Glied zu Glied um 1 sinkt. Enthält eine Gruppe keine andere invariante Untergruppe als 0 und sich selbst, so heisst sie *einfach*; *halb-einfach* hingegen, wenn sie keine andern auflösbaren invarianten Untergruppen enthält ausser 0. Die einparametrigen Gruppen sind zugleich Abelsch und einfach; aber abgesehen von diesem trivialen Fall ist eine einfache Gruppe stets auch halb-einfach.

Zu einer beliebigen in abstracto gegebenen Gruppe gehört immer die von Lie als *Parametergruppe* bezeichnete Transformationsgruppe. In ihr korrespondiert dem Gruppenelement T die Transformation $X = TX'$ der Gruppenmannigfaltigkeit in sich selber; sie ist so auf die ursprüngliche Gruppe homomorph bezogen. Eine andere isomorphe Transformationsgruppe, die «*adjungierte*», erhält man, wenn man dem Element T die Transformation

$$X = TX'T^{-1}$$

zuordnet. Diese Darstellung ist jedoch unter Umständen «verkürzt»; es entspricht nämlich allen denjenigen Elementen T die Identität, welche dem *Zentrum* der Gruppe angehören, d.h. mit allen Elementen X der Gruppe vertauschbar sind. Im Gebiet der kontinuierlichen Gruppen ist sie dennoch von grösserer Wichtigkeit als die Parametergruppe, da die Transformation aus jedem *infinitesimalen* Element x wieder ein infinitesimales x' entstehen lässt:

$$x = Tx'T^{-1}$$

ist eine homogene lineare Transformation im r-dimensionalen Vektorraum $\mathfrak{a}$, und wir bekommen so eine Darstellung der kontinuierlichen Gruppe durch lineare Transformationen. Das infinitesimale Element t wird dabei repräsentiert durch die infinitesimale lineare Transformation, welche dem willkürlichen Vektor x des Raumes $\mathfrak{a}$ die Änderung $x - x'$ gleich

$$dx = [t\,x] \tag{1}$$

erteilt. Dass dies eine isomorphe Darstellung ist, bildet den eigentlichen Inhalt des Multiplikationsgesetzes

$$[[s\,t]\,x] = [t\,[s\,x]] - [s\,[t\,x]].$$

t gehört dem Zentrum an, wenn $[t\,x]$ identisch in x gleich 0 ist. Das Zentrum ist eine invariante Untergruppe, deren Elemente s, t vertauschbar sind: $[st] = 0$. Für eine halb-einfache Gruppe $\mathfrak{a}$ besteht demnach das Zentrum nur aus 0, und hier ist die infinitesimale Gruppe $\mathfrak{A}$ der adjungierten linearen Transformationen (1) eine *homomorphe* Darstellung von $\mathfrak{a}$.

Jede homogene lineare Transformation in einem m-dimensionalen Vektorraum $\mathfrak{r}$, den die Variable x durchläuft,

$$dx = Tx$$

besitzt ein von der Wahl des Koordinatensystems unabhängiges charakteristisches Polynom

$$f(\zeta) = |\zeta E - T| \quad (E \text{ die } m\text{-dimensionale Einheitsmatrix}).$$

Ist $\zeta = \alpha$ eine Wurzel von f, so existiert ein Vektor $e \neq 0$, der durch diese Abbildung sich in αe verwandelt:

$$de = Te = \alpha e.$$

Den *verschiedenen* Wurzeln $\alpha_1, \alpha_2, \ldots$ von $f(\zeta)$ entsprechend, kann man den Raum $\mathfrak{r}$ in Teilräume $\mathfrak{r}_1 + \mathfrak{r}_2 + \cdots$ zerspalten, deren jeder invariant ist gegenüber T, von folgender Beschaffenheit[1]): Ist α_1 eine ν_1-fache Wurzel des charakteristischen Polynoms, so ist $\mathfrak{r}_1$ von ν_1 Dimensionen, und alle Vektoren x, die zu $\mathfrak{r}_1$ gehören, erfüllen die Gleichung

$$(T - \alpha_1 E)^{\nu_1} x = (d - \alpha_1)^{\nu_1} x = 0.$$

Genügt umgekehrt ein Vektor x einer Gleichung $(d - \alpha_1)^l x = 0$ mit einem beliebig hohen positiven Exponenten l, so liegt x in $\mathfrak{r}_1$. Entsprechendes gilt für $\mathfrak{r}_2, \ldots$

Diese Tatsachen werden angewendet auf die Operationen der adjungierten Gruppe, auf die Matrix T der linearen Transformation

$$dx = [t\,x].$$

Benutzt man irgendeine Basis $e_1, e_2, \ldots, e_r$ der infinitesimalen Gruppe $\mathfrak{a}$ und ist darin

$$t = \tau_1 e_1 + \tau_2 e_2 + \cdots + \tau_r e_r, \tag{2}$$

so besteht jene Matrix aus den in den Gleichungen

$$[t\,e_i] = \sum_k \gamma_{ik} e_k \qquad (i, k = 1, 2, \ldots, r)$$

auftretenden Koeffizienten γ_{ik}. In ihrer Abhängigkeit vom Elemente t sind sie Linearformen der Parameter $\tau_1, \tau_2, \ldots, \tau_r$. Das charakteristische Polynom

$$f(\zeta; t) = |\zeta E - T| = \zeta^n - \psi_1(t)\,\zeta^{n-1} + \psi_2(t)\,\zeta^{n-2} - \cdots \pm \psi_r(t), \tag{3}$$

[1]) Vgl. etwa H. Weyl, *Mathematische Analyse des Raumproblems* (Berlin 1923), S. 88–95.

dessen Koeffizienten $\psi_i(t)$ homogene ganze rationale Funktionen der durch den Index i angezeigten Ordnung in den Parametern $\tau_1, \tau_2, \ldots, \tau_r$ von t sind, ist eine Invariante gegenüber der adjungierten Gruppe; d.h. es ist $df = 0$, wenn man t den infinitesimalen Zuwachs $dt = [at]$ erteilt, welches auch das Element a von $\mathfrak{a}$ sein mag. Der letzte Koeffizient $\psi_r(t)$ verschwindet identisch. Besonders wichtig ist die in den Parametern homogen-lineare *Spur*

$$\psi_1(t) = \sum_i \gamma_{ii}.$$

Ist $\mathfrak{b}$ eine q-parametrige Untergruppe von $\mathfrak{a}$, so ist das charakteristische Polynom $g(\zeta; t)$ des beliebigen Elements t von $\mathfrak{b}$ für die Gruppe $\mathfrak{b}$ – es ist vom Grade q – ein Teiler des Polynoms $f(\zeta; t)$. Ist $\mathfrak{b}$ insbesondere eine invariante Untergruppe von $\mathfrak{a}$, so gilt für die Elemente t von $\mathfrak{b}$:

$$f(\zeta; t) = \zeta^{r-q} \cdot g(\zeta; t). \tag{4}$$

Bei fest gegebenem $t = t_0$ zerspalten wir den r-dimensionalen linearen Raum $\mathfrak{a}$, in welchem sich die Transformation

$$T_0\colon\ dx = [t_0 x]$$

abspielt, nach den verschiedenen charakteristischen Wurzeln von T_0 in Teilräume. Von einem Vektor oder Element x, das in dem zur Wurzel α_0 gehörigen Teilraum liegt, sagen wir kurz, es gehöre zu α_0.

Hilfssatz. *Gehört x_α zur Wurzel α_0, x_β zur Wurzel β_0, so $[x_\alpha x_\beta]$ zu $\alpha_0 + \beta_0$.* (Insbesondere ist $[x_\alpha x_\beta] = 0$, wenn $\alpha_0 + \beta_0$ keine Wurzel des charakteristischen Polynoms ist.)

Beweis. Wird $\alpha_0 + \beta_0 = \gamma_0$, $[x_\alpha\, x_\beta] = x_\gamma$ gesetzt, so folgt

$$[t_0\, [x_\alpha\, x_\beta]] = [[t_0\, x_\alpha]\, x_\beta] + [x_\alpha\, [t_0\, x_\beta]]$$

oder

$$T_0 x_\gamma = [T_0\, x_\alpha,\ x_\beta] + [x_\alpha,\ T_0\, x_\beta],$$

$$(T_0 - \gamma_0)\, x_\gamma = [(T_0 - \alpha_0) x_\alpha,\ x_\beta] + [x_\alpha,\ (T_0 - \beta_0) x_\beta].$$

Durch wiederholte Anwendung dieser Relation ergibt sich, dass $(T_0 - \gamma_0)^l x_\gamma$ eine Summe von Ausdrücken der Form ist:

$$[(T_0 - \alpha_0)^i x_\alpha,\ (T_0 - \beta_0)^j x_\beta] \quad \text{mit } i + j = l.$$

Sobald l also mindestens so gross ist wie die Summe der Vielfachheiten der beiden Wurzeln α_0 und β_0, ist

$$(T_0 - \gamma_0)^l\, x_\gamma = 0.$$

Gemäss dem Hilfssatz bilden die zur Wurzel 0 gehörigen Vektoren, zu denen insbesondere t_0 selber gehört, nicht bloss eine lineare Mannigfaltigkeit, sondern eine *Gruppe* $\mathfrak{h}$ innerhalb $\mathfrak{a}$. Ist h ein Element von $\mathfrak{h}$, so lässt die Abbildung

$dx = [h x]$ jeden der zu den verschiedenen Wurzeln α_0 von t_0 gehörigen Teilräume invariant; denn mit x_α gehört auch immer $[hx_\alpha]$ zur gleichen Wurzel α_0.

Das t_0, von welchem wir ausgehen, sei insbesondere als ein reguläres Element gewählt, d.h. als ein solches, dessen charakteristische Gleichung $f(\zeta; t_0)$ die Maximalzahl verschiedener Wurzeln hat, die überhaupt ein Element innerhalb $\mathfrak{a}$ besitzen kann[1]). Verschwinden unter den Koeffizienten von (3) die letzten n identisch, so hat für das spezielle t_0 die Wurzel 0 von $f(\zeta; t_0)$ nur gerade die Multiplizität n, und $\mathfrak{h}$ ist n-parametrig. Mit Hilfe einer Basis $h_1, h_2, \ldots, h_n$ von $\mathfrak{h}$ sei jedes Element von $\mathfrak{h}$ in die Form gesetzt:

$$h = h(\lambda_1, \lambda_2, \ldots, \lambda_n) = \lambda_1 h_1 + \lambda_2 h_2 + \cdots + \lambda_n h_n.$$

Es wird etwa

$$t_0 = h^0 = \lambda_1^0 h_1 + \lambda_2^0 h_2 + \cdots + \lambda_n^0 h_n$$

sein. α_0 bedeute eine Wurzel der charakteristischen Gleichung von t_0 und $\mathfrak{r}_\alpha$ den zugehörigen Teilraum. Da die Formel $dx = [hx]$ eine Abbildung des Teilraums $\mathfrak{r}_\alpha$ auf sich selber definiert, können wir deren charakteristisches Polynom $f_\alpha(\zeta; h)$ herstellen. Sein Grad ν_α ist gleich der Dimensionszahl von $\mathfrak{r}_\alpha$.

$$f(\zeta; h) \text{ ist} = \prod_{\alpha_0} f_\alpha(\zeta; h).$$

Das Produkt erstreckt sich über die verschiedenen Wurzeln α_0. Ich behaupte, dass $f_\alpha(\zeta; h)$ für alle Werte der Parameter $\lambda_1, \lambda_2, \ldots, \lambda_n$ die Potenz eines Linearfaktors sein muss: $(\zeta - \alpha)^{\nu_\alpha}$. Denn gäbe es λ-Werte, für welche f_α verschiedene Wurzeln besässe, so wäre für $t = t_0$ die Maximalzahl verschiedener Wurzeln des Polynoms $f(\zeta; t)$ nicht erreicht gewesen. $\nu_\alpha \cdot \alpha$ ist die Teilspur von h im Raume $\mathfrak{r}_\alpha$ und demnach α selber eine Linearform der Parameter λ_i; α_0 ist ihr Wert für $\lambda_i = \lambda_i^0$. Insbesondere muss $f_0(\zeta; h)$, das charakteristische Polynom von h in der Gruppe $\mathfrak{h}$, identisch $= \zeta^n$ sein, da im Produkt der übrigen Faktoren $f_\alpha(\zeta; h)$ der Koeffizient von ζ^0 nicht identisch verschwindet. In der gewonnenen Produktzerlegung

$$f(\zeta; h) = \prod (\zeta - \alpha)$$

nennen wir die Linearformen α der Parameter λ *die Wurzeln der Gruppe* $\mathfrak{a}$. Das Element $t_0 = h^0$ spielt von jetzt ab keine Rolle mehr, an seine Stelle ist die ganze Gruppe $\mathfrak{h}$ getreten.

Die Gruppe $\mathfrak{h}$ ist auflösbar. Das geht aus dem folgenden Satz von Engel[2]) hervor: *Ist das charakteristische Polynom eines willkürlichen Elementes h in einer*

---

[1]) Spaltet man, die Parameter τ als Unbestimmte behandelnd, aus f den grössten gemeinsamen Teiler von $f(\zeta)$ und $df/d\zeta$ ab, so bedeutet diese Bedingung, dass die Diskriminante des übrigbleibenden Faktors $f_1(\zeta)$, eine ganze rationale, nicht identisch verschwindende Funktion der Parameter von t, für $t = t_0$ verschieden von 0 ist.

[2]) Vgl. A. Umlauf, Dissertation (Leipzig 1891), S. 35; E. Cartan, Thèse (Paris 1894), S. 46; und die Beweise für dieses und das Liesche Theorem im Anhang des gegenwärtigen Kapitels.

n-parametrigen infinitesimalen Gruppe $\mathfrak{h}$ *gleich* ζ^n, *so ist* $\mathfrak{h}$ *auflösbar.* Sein Beweis beruht auf dem fundamentalen LIEschen Theorem über *infinitesimale auflösbare Gruppen linearer Transformationen.* Ist $\mathfrak{H}$ eine solche, welche aus linearen Transformationen eines m-dimensionalen Raumes $\mathfrak{r}$ besteht:

$$dx = H\,x = (\lambda_1 H_1 + \lambda_2 H_2 + \cdots + \lambda_n H_n)\,x$$

– die λ_i sind die Parameter, H_i feste m-dimensionale Matrizen, x durchläuft die Vektoren des Raumes $\mathfrak{r}$ –, so besagt dieses Theorem: *dass im Raume* $\mathfrak{r}$ *ein durch den Nullpunkt gehender Strahl existiert, welcher gegenüber allen Transformationen von* $\mathfrak{H}$ *invariant ist.* Mit anderen Worten: es existiert ein von 0 verschiedener Vektor e in $\mathfrak{r}$, so dass

$$H\,e = \Lambda \cdot e \tag{5}$$

ist, wo Λ eine Linearform der Parameter λ_i bedeutet. Gehört H insbesondere zur Ableitung $\mathfrak{H}'$, so wird $\Lambda = 0$. Denn aus (5) folgt in leicht verständlicher Bezeichnung

$$[H\,H^*]\,e = \Lambda(\Lambda^* e) - \Lambda^*(\Lambda e) = 0.$$

Man kann den LIEschen Satz von neuem anwenden auf den $(m-1)$-dimensionalen Raum, der aus $\mathfrak{r}$ durch Projektion nach e entsteht; und so fortfahrend, erhält man eine Folge von Vektoren $e_1, e_2, \ldots, e_m$, welche ein Koordinatensystem in $\mathfrak{r}$ bilden und Gleichungen genügen

$$\left.\begin{aligned} H\,e_1 &= \Lambda_1\,e_1, \\ H\,e_2 &\equiv \Lambda_2\,e_2 \pmod{e_1}, \\ &\cdots\cdots\cdots\cdots \\ H\,e_m &\equiv \Lambda_m\,e_m\ (\mathrm{modd}\ e_1, e_2, \ldots, e_{m-1}), \end{aligned}\right\} \tag{6}$$

in denen die Λ_i Linearformen der λ sind. Das charakteristische Polynom von H zerfällt demnach in Linearfaktoren

$$(\zeta - \Lambda_1)\,(\zeta - \Lambda_2) \ldots (\zeta - \Lambda_m).$$

Dies Theorem kann man insbesondere anwenden auf die lineare Transformationsgruppe, welche zu einer auflösbaren infinitesimalen Gruppe adjungiert ist. Der Satz von ENGEL ist im wesentlichen die Umkehrung des so entstehenden Satzes über die Konstitution der auflösbaren Gruppen.

Hier machen wir von dem LIEschen Theorem Gebrauch für die zu $\mathfrak{h}$ isomorphe Gruppe von Abbildungen $dx = [h\,x]$ des zur Wurzel α gehörigen Teilraums $\mathfrak{r}_\alpha$. Danach existiert ein bestimmtes Element $e_\alpha \neq 0$, so dass simultan für alle h die Gleichung besteht

$$[h\,e_\alpha] = \alpha \cdot e_\alpha. \tag{7}$$

Ist $\mathfrak{r}_\alpha$ nicht eindimensional, gibt es weiter ein von e_α linear unabhängiges Element e'_α, für welches

$$[h\, e'_\alpha] \equiv \alpha \cdot e'_\alpha \pmod{e_\alpha} \tag{7'}$$

gilt, usf. Für ein Element der Gruppe $\mathfrak{h}$ von der Form $[h_1 h_2]$ und damit für jedes Element der abgeleiteten Gruppe $\mathfrak{h}'$ sind die Wurzeln $\alpha = 0$.

Diese Ausführungen lassen bereits deutlich erkennen, dass die Konstitutionsformeln der Gruppen $\mathfrak{g}$, $\mathfrak{c}$, $\mathfrak{d}$ wesentliche Züge tragen, die allen Gruppen gemeinsam sind.

§ 2. Die Gewichte

Es liege eine Darstellung der Gruppe $\mathfrak{a}$ durch lineare Transformationen vor. Dabei entspreche dem Element h die Matrix H, dem Element e_α die Matrix E_α. Ausserdem sei neben α auch $-\alpha$ Wurzel. $[E_\alpha E_{-\alpha}] = H_\alpha$ ist eine spezielle Matrix H. Der Wert einer beliebigen Linearform $\Lambda = \Lambda(H)$ der Variablen $\lambda_1, \lambda_2, \ldots, \lambda_n$ für $H = H_\alpha$ werde wie früher mit Λ_α bezeichnet. Gilt für einen Vektor e des Darstellungsraumes eine Gleichung

$$H\, e = \Lambda \cdot e, \tag{5}$$

wo Λ eine Linearform der λ_i ist, so sagen wir, e sei vom *Gewichte* Λ, und falls $e \neq 0$ ist, Λ komme in der Darstellung als Gewicht vor. Wir können nun genau die in Kap. I, § 2, angestellte Überlegung wiederholen: Ist Λ ein vorkommendes Gewicht, nicht dagegen $\Lambda - \alpha$ (wir nehmen jetzt an, α sei eine von 0 verschiedene Wurzel), so bilde man aus dem der Gleichung (5) genügenden Vektor $e = e_0 \neq 0$ die Reihe e_0, $E_\alpha e_0 = e_1$, $E_\alpha e_1 = e_2$, ... Ist in ihr e_{g+1} das erste Element, welches $= 0$ ist, so gilt

$$\Lambda_\alpha = -\frac{g}{2}\,\alpha_\alpha. \tag{8}$$

Daraus fliessen wichtige Folgerungen:

1. Ist $\alpha_\alpha = 0$, so verschwindet Λ_α für jedes vorkommende Gewicht Λ. (Das ist selbstverständlich auch richtig, wenn $\alpha = 0$ ist.)

2. Unter der entgegengesetzten Voraussetzung $\alpha_\alpha \neq 0$ tritt mit Λ zugleich

$$\Lambda' = \Lambda - \frac{2\Lambda_\alpha}{\alpha_\alpha}\cdot\alpha \tag{9}$$

als Gewicht auf; und $2\,\Lambda_\alpha/\alpha_\alpha$ ist eine ganze Zahl.

Aus dem früher geführten Beweise von (8) notieren wir noch (für $\alpha \neq 0$) die Gleichung

$$E_{-\alpha} E_\alpha e_i = -e_i \cdot \sum_{j=0}^{i} (\Lambda + j\,\alpha)_\alpha.$$

Der Faktor rechts ist

$$= (i+1)\,\Lambda_\alpha + \frac{i(i+1)}{2}\,\alpha_\alpha = -\frac{(i+1)\,(g-i)}{2}\,\alpha_\alpha\,.$$

Ersetzen wir das Zeichen $\Lambda + i\,\alpha$ durch Λ, so heisst das: Teilt Λ die konstruierte α-Serie

$$\Lambda - i\,\alpha, \ldots, \Lambda - \alpha, \Lambda, \Lambda + \alpha, \ldots, \Lambda + k\,\alpha$$

von Gewichten so, wie aus der Bezeichnung hervorgeht, dann gilt für den von uns konstruierten Vektor $e_\Lambda (= e_i)$ vom Gewichte Λ die Gleichung

$$E_{-\alpha}\,E_\alpha\,e_\Lambda = \frac{(i+1)\,k}{2}\,\alpha_\alpha \cdot e_\Lambda\,. \tag{10}$$

Die Transformation $E_{-\alpha} E_\alpha$ besitzt also innerhalb des von den Vektoren $e_0, e_1, \ldots, e_g$ aufgespannten $(g+1)$-dimensionalen Teilgebiets, welches ihr gegenüber invariant ist, die Teilspur

$$\frac{\alpha_\alpha}{2}\{1 \cdot g + 2 \cdot (g-1) + \cdots + (g-1) \cdot 2 + g \cdot 1\} = \frac{\alpha_\alpha}{2} \cdot \frac{g(g+1)\,(g+2)}{1 \cdot 2 \cdot 3}\,.$$

In zweierlei Hinsicht bedarf diese Formel der Ergänzung.

1. Wir projizieren den Darstellungsraum $\mathfrak{r}$ modd $e_0, e_1, \ldots, e_g$ und wenden die gleiche Überlegung auf den entstehenden Raum $\mathfrak{r}'$ von $g+1$ Dimensionen weniger an. Es ist möglich, dass in ihm abermals eine Serie von Gewichten der Form $\Lambda + i\alpha$ auftritt mit der gleichen Linearform Λ und zugehörigen Vektoren e'_i an Stelle von e_i. Besteht sie aus $g'+1$ Gliedern, so ist der von der ersten und zweiten Vektorserie zusammen aufgespannte $(g+1)+(g'+1)$-dimensionale Raum invariant gegenüber der Abbildung $E_{-\alpha} E_\alpha$, und die Teilspur der Abbildung in diesem Gebiet ist

$$= \frac{\alpha_\alpha}{2}\left\{\frac{g\,(g+1)\,(g+2)}{1 \cdot 2 \cdot 3} + \frac{g'(g'+1)\,(g'+2)}{1 \cdot 2 \cdot 3}\right\}.$$

So kann man fortfahren. Für die Gesamtspur von $E_{-\alpha} E_\alpha$ findet man den Wert

$$\frac{\alpha_\alpha}{2} \sum \frac{g\,(g+1)\,(g+2)}{1 \cdot 2 \cdot 3}\,, \tag{11}$$

wo sich die Summe über alle α-Serien erstreckt, in welche auf die geschilderte Weise die Reihe der Gewichte in verallgemeinertem Sinne, nämlich der charakteristischen Wurzeln $\Lambda_1, \Lambda_2, \ldots, \Lambda_m$ von H – Formel (6) – zerlegt werden kann; $g+1$ bedeutet für jede α-Serie ihre Länge.

Ist insbesondere $\alpha_\alpha \neq 0$, so folgt aus der zu (8) analogen Gleichung, welche ausdrückt, dass die Werte der Seriengewichte für H_α Null zum Schwerpunkt haben, dass die zweite Serie die erste an beiden Enden um die gleiche Anzahl überragt oder um die gleiche Anzahl gegenüber der ersten verkürzt ist. Es geht daraus hervor: Ist $\alpha_\alpha \neq 0$, so sind immer zwei durch die Formel (9) verbundene Linearformen Λ und Λ' charakteristische Wurzeln von H *der gleichen Multiplizität*, während die dazwischen gelegenen Linearformen der arithmetischen Reihe $\Lambda + i\alpha$ Wurzeln von der gleichen oder höherer Multiplizität sind.

2. Die Resultate bleiben bestehen, wenn wir an Stelle von $E_{-\alpha}$ die irgendeinem zur Wurzel $-\alpha$ gehörigen Element $t_{-\alpha}$ von $\mathfrak{a}$ korrespondierende Matrix $T_{-\alpha}$ verwenden. $[E_\alpha T_{-\alpha}] = H_\alpha^*$ ist ebenfalls eine Matrix H, $\Lambda(H_\alpha^*)$ werde $= \Lambda_\alpha^*$ gesetzt. Für die Spur der Matrix $T_{-\alpha} E_\alpha$ bekommt man analog zu (11):

$$\frac{\alpha_\alpha^*}{2} \cdot \sum \frac{g\,(g+1)\,(g+2)}{1 \cdot 2 \cdot 3}. \tag{11*}$$

§ 3. Cartans Kriterium für die auflösbaren und für die halb-einfachen Gruppen

Dass die Spur $\psi_1(t)$ eine Invariante der adjungierten Gruppe ist, kommt darauf hinaus, dass $\psi_1(t) = 0$ ist für alle Elemente t der abgeleiteten Gruppe $\mathfrak{a}'$. Dies sieht man auch so ein: Korrespondieren den Elementen s, t von $\mathfrak{a}$ in der adjungierten Gruppe die Transformationen S, T, so dem Element $[s\,t]$ die Transformation $ST - TS$. Aber die beiden Transformationen ST und TS haben die gleiche Spur, $ST - TS$ also die Spur 0. – Benutzen wir als Basis von $\mathfrak{a}$ das willkürliche Element $h(\lambda_1, \lambda_2, \ldots, \lambda_n)$ der in § 1 konstruierten maximalen auflösbaren Untergruppe $\mathfrak{h}$ und die zu den verschiedenen Wurzeln $\alpha \neq 0$ gehörigen Elemente $e_\alpha, e'_\alpha, \ldots$:

$$t = h(\lambda_1, \lambda_2, \ldots, \lambda_n) + \sum_{\alpha \neq 0} (\tau_\alpha e_\alpha + \tau'_\alpha e'_\alpha + \cdots), \tag{12}$$

so hängt $\psi_1(t)$ nur von den Parametern λ_i ab, ist nämlich gleich der Summe aller Wurzeln α (jede in ihrer Vielfachheit gerechnet). Denn gehört t_α zur Wurzel $\alpha \neq 0$, so entsteht vermöge der Abbildung $dx = [t_\alpha x]$ aus einem zur Wurzel ϱ gehörigen x ein zur Wurzel $\varrho + \alpha \neq \varrho$ gehöriges dx. Die Spur dieser Abbildung ist also $= 0$. Darum ist $\psi_1(t) = \psi_1(h)$. Die Teilspur von $dx = [h\,x]$ in dem zur Wurzel α gehörigen Teilraum $\mathfrak{r}_\alpha$ ist aber gleich $\nu_\alpha \cdot \alpha$.

Von besonderer Wichtigkeit wird für uns die quadratische Form $\psi_2(t)$ oder die Spur $\varphi(t)$ der Transformation T^2; es ist $\varphi(t) = \psi_1^2 - 2\,\psi_2$. Die Spur $\varphi(s, t)$ der Abbildung ST:

$$dx = [t\,[s\,x]] \tag{13}$$

ist eine symmetrische Bilinearform von s und t, $\varphi(t, t) = \varphi(t)$ die zugehörige quadratische Form.

Die folgenden Entwicklungen beruhen darauf, dass die Resultate des § 2, insbesondere die Formel (8) angewendet werden auf die adjungierte Gruppe; für diese fallen die Gewichte mit den Wurzeln zusammen. Die Formel (8) muss noch dahin verallgemeinert werden: Sind t_α, $t_{-\alpha}$ irgend zwei zu den entgegengesetzten Wurzeln α, $-\alpha$ gehörige Elemente, so ist der Wert einer jeden Wurzel ϱ für das in $\mathfrak{h}$ enthaltene

$$h_\alpha^{**} = [t_\alpha t_{-\alpha}], \tag{14}$$

ϱ_α^{**}, ein rationales Multiplum von α_α^{**}. Dass im Falle $\alpha = 0$ für (14) alle Wurzeln verschwinden, wurde schon am Ende von § 1 erwähnt. Ist $\alpha \neq 0$, so sei

$$\varrho - i\alpha, \ldots, \varrho - \alpha, \varrho, \varrho + \alpha, \ldots, \varrho + k\alpha \tag{15}$$

eine zusammenhängende Reihe von Wurzeln, so dass weder $\varrho-(i+1)\alpha$ noch $\varrho+(k+1)\alpha$ als Wurzel auftritt. Wir betrachten die lineare Mannigfaltigkeit

$$\mathfrak{r} = \mathfrak{r}_{\varrho-i\alpha} + \cdots + \mathfrak{r}_{\varrho-\alpha} + \mathfrak{r}_\varrho + \mathfrak{r}_{\varrho+\alpha} + \cdots + \mathfrak{r}_{\varrho+k\alpha}.$$

Sie ist invariant gegenüber den t_α und $t_{-\alpha}$ korrespondierenden Transformationen T_α, $T_{-\alpha}$ der adjungierten Gruppe. Da

$$H_\alpha^{**} = T_\alpha T_{-\alpha} - T_{-\alpha} T_\alpha$$

ist, wird die Spur der Transformation H_α^{**} jenes Teilraums gleich 0:

$$\sum_{j=-i}^{k} g_j(\varrho + j\alpha)_\alpha^{**} = 0;$$

g_j bezeichnet die Dimensionszahl von $\mathfrak{r}_{\varrho+j\alpha}$.

Wenn $\mathfrak{a}$ eine auflösbare Gruppe ist, so gilt nach dem LIEschen Theorem für alle Elemente t von $\mathfrak{a}'$:

$$f(\zeta; t) = \zeta^r;$$

d.h. für solche Elemente verschwinden die sämtlichen $\psi_i(t)$. Nach dem Satze von ENGEL ist – unter Berücksichtigung der Gleichung (4) für $\mathfrak{b} = \mathfrak{a}'$ – diese Bedingung auch hinreichend dafür, dass $\mathfrak{a}'$ und damit $\mathfrak{a}$ eine auflösbare Gruppe ist. E. CARTAN verschärfte das Kriterium, indem er zeigte, dass man statt aller Koeffizienten nur den einen ψ_2 ins Auge zu fassen braucht:

Hilfssatz. *$\mathfrak{a}$ ist dann und nur dann auflösbar, wenn für alle Elemente t von $\mathfrak{a}'$ die Gleichung $\varphi(t) = 0$ besteht.*

Beweis. Aus der Voraussetzung folgt insbesondere $\varphi(h_\alpha^{**}) = 0$. Nun ist aber ϱ_α^{**} ein rationales Multiplum von α_α^{**}. Das Verschwinden der Quadratsumme aller ϱ_α^{**} – $\varphi(h)$ ist nämlich die Quadratsumme aller Wurzeln – hat demnach zur Folge, dass α und damit jedes ϱ für $h = h_\alpha^{**}$ gleich 0 wird. Ein beliebiges Element der Kommutatorgruppe $\mathfrak{a}'$, das zu $\mathfrak{h}$ gehört, setzt sich additiv aus Elementen von der Form (14) zusammen. Darum verschwinden die Wurzeln samt und sonders für jedes Element von $\mathfrak{h}$, das der abgeleiteten Gruppe $\mathfrak{a}'$ angehört.

Hieraus folgt, dass $\mathfrak{a}'$ nicht mit der ganzen Gruppe $\mathfrak{a}$ zusammenfällt. Sonst würden alle Wurzeln identisch verschwinden, d.h. $\mathfrak{a}$ wäre $= \mathfrak{h}$; da aber $\mathfrak{h}$ auflösbar ist, besitzt $\mathfrak{h}'$ wenigstens einen Parameter weniger als $\mathfrak{h}$.

Darum ist die Parameterzahl von $\mathfrak{a}'$ geringer als die von $\mathfrak{a}$. Aber auch in dem charakteristischen Polynom, das zur Gruppe $\mathfrak{a}'$ gehört, verschwinden gemäss der Gleichung (4) die zu ψ_1, ψ_2 analogen Koeffizienten identisch. Die Anwendung unseres Ergebnisses auf $\mathfrak{a}'$ statt auf $\mathfrak{a}$ lehrt, dass wiederum $\mathfrak{a}''$ wenigstens einen Parameter weniger enthält als $\mathfrak{a}'$. So fortfahrend erkennt man die Auflösbarkeit von $\mathfrak{a}$.

Satz 1[1]. *$\mathfrak{a}$ ist dann und nur dann halb-einfach, wenn die quadratische Form $\varphi(t)$ nicht ausgeartet ist.*

Da $\varphi(t)$ eine Invariante gegenüber der adjungierten Gruppe ist, bilden diejenigen Elemente t, deren Parameter $\tau_1, \tau_2, \ldots, \tau_r$ den linearen Gleichungen genügen

$$\frac{\partial \varphi}{\partial \tau_1} = \frac{\partial \varphi}{\partial \tau_2} = \cdots = \frac{\partial \varphi}{\partial \tau_r} = 0, \tag{16}$$

eine invariante Untergruppe von $\mathfrak{a}$[2]. Nach dem Hilfssatz ist diese Untergruppe auflösbar. Wenn $\mathfrak{a}$ halb-einfach ist, dürfen die Gleichungen demnach nur die einzige Lösung $\tau_1 = \tau_2 = \cdots = \tau_r = 0$ besitzen, oder $\varphi(t)$ muss eine nicht-ausgeartete quadratische Form der Parameter τ sein.

Die Umkehrung spielt für uns keine Rolle, ist aber leicht zu beweisen. Ist $\mathfrak{a}$ nicht halb-einfach, so gibt es eine von 0 verschiedene auflösbare ausgezeichnete Untergruppe $\mathfrak{b}$ von $\mathfrak{a}$. Die Reihe der Ableitungen $\mathfrak{b}, \mathfrak{b}', \mathfrak{b}'', \ldots$ bricht ab. Die letzte von 0 verschiedene darunter, $\mathfrak{c}$, ist eine ausgezeichnete Untergruppe von $\mathfrak{a}$, welche Abelsch ist. Wählt man die r-gliedrige Basis für $\mathfrak{a}$ so, dass darin eine Basis von $\mathfrak{c}$ enthalten ist, so kommen in der charakteristischen Gleichung $f(\zeta; t)$ und darum auch in $\varphi(t)$ die zu $\mathfrak{c}$ gehörigen Parameter offenbar nicht vor.

Mit Satz 1 ist das erste wesentliche Ziel der Strukturuntersuchung erreicht. Für eine beliebige halb-einfache Gruppe bietet sich als diejenige Darstellung durch lineare Transformationen, von der man seinen Ausgang nehmen kann, von selbst die adjungierte Gruppe dar. So verfuhren wir freilich nicht in Kap. I und II, wo uns von vornherein eine Darstellung in einem Raum von viel geringerer Dimensionszahl zur Verfügung stand, als die Parameterzahl der Gruppe beträgt. Dadurch aber, dass wir eine nicht-ausgeartete quadratische Form $\varphi(x)$ konstruiert haben, welche invariant ist gegenüber den Transformationen der adjungierten Gruppe, ist der Weg geebnet, der adjungierten Gruppe in analoger Weise sich zu bedienen wie der linearen Transformationsgruppen $\mathfrak{g}$, $\mathfrak{c}$, $\mathfrak{d}$ in den beiden vorigen Kapiteln.

Durch eine ähnliche Schlussweise wie die zu Satz 1 führende erkennt man, dass jede halb-einfache Gruppe das direkte Produkt von einfachen (nicht einparametrigen) Gruppen ist; diese Zerlegung ist eindeutig bestimmt. Doch bedürfen wir hier dieser für die Konstruktion aller halb-einfachen Gruppen fundamentalen Erkenntnis nicht[3].

---

[1] E. Cartan, Thèse (Paris 1894), S. 52.

[2] E. Cartan, Thèse (Paris 1894), S. 21, 22.

[3] E. Cartan, Thèse (Paris 1894), S. 53.

Von jetzt ab bedeute $\mathfrak{a}$ stets eine halb-einfache Gruppe, und die Bezeichnung *Wurzel* werde allein für die von 0 verschiedenen Wurzeln verwendet. Die in Satz 1 gewonnene Bedingung wird weiter ausgewertet in dem

Satz 2. *Ist $\mathfrak{a}$ halb-einfach, so ist die maximale auflösbare Untergruppe $\mathfrak{h}$ Abelsch. Die Wurzeln α treten nur einfach auf und sind paarweise einander entgegengesetzt: α, $-\alpha$. Es existieren unter ihnen n voneinander linear unabhängige. α_α, der Wert von α für $h_\alpha = [e_\alpha e_{-\alpha}]$, ist $\neq 0$. Die Multipla 2α, 3α, ... einer Wurzel α kommen nicht unter den Wurzeln vor.*

Beweis. Wir verwenden wiederum die Basisdarstellung (12). Ist daneben s ein zweites willkürliches Element der Gruppe $\mathfrak{a}$:

$$s = h(\varkappa_1, \varkappa_2, \ldots, \varkappa_n) + \sum_\alpha (\sigma_\alpha e_\alpha + \sigma'_\alpha e'_\alpha + \cdots), \tag{17}$$

so hat die Spur der Abbildung (13) die Gestalt

$$\varphi(s, t) = Q(\varkappa, \lambda) + \sum_\alpha (\sigma_\alpha \tau_{-\alpha}).$$

Q ist eine symmetrische Bilinearform der Parameter $\varkappa$ und λ; die zugehörige quadratische Form $Q(\lambda)$ ist die Quadratsumme aller Wurzeln. $(\sigma_\alpha \tau_{-\alpha})$ soll je ein Glied bedeuten, das aus einem numerischen Koeffizienten, einer zur Wurzel α gehörigen Variablen $\sigma_\alpha, \sigma'_\alpha, \ldots$ und einer zu $-\alpha$ gehörigen $\tau_{-\alpha}, \tau'_{-\alpha}, \ldots$ multiplikativ zusammengesetzt ist.

1. $Q(\lambda)$, die Quadratsumme der Wurzeln, darf nicht ausgeartet sein; darum müssen unter den Wurzeln ebenso viele unabhängige vorkommen, als die Anzahl der Variablen λ beträgt. Und 0 ist das einzige Element von $\mathfrak{h}$, für welches alle Wurzeln verschwinden. Da nun aber für ein Element der abgeleiteten Gruppe $\mathfrak{h}'$ tatsächlich alle Wurzeln $= 0$ sind, reduziert sich $\mathfrak{h}'$ auf 0.

2. Wäre α Wurzel, aber nicht $-\alpha$, so käme die Variable σ_α in $\varphi(s, t)$ nicht vor – entgegen dem Umstand, dass $\varphi(s, t)$ nicht ausgeartet ist.

3. Aus demselben Grunde, weil die Variable σ_α in $\varphi(s, t)$ vorkommen muss, kann α nicht verschwinden für jedes zu $\mathfrak{h}$ gehörige Element von der Form $h^*_\alpha = [e_\alpha t_{-\alpha}]$, $t_{-\alpha} = e_{-\alpha}$ oder $e'_{-\alpha}$ oder $e''_{-\alpha} \ldots$; vgl. die Formel (11*). Es sei $t = t_{-\alpha}$ als ein zur Wurzel $-\alpha$ gehöriges Element so gewählt, dass $\alpha^*_\alpha = \alpha(h^*_\alpha) \neq 0$ ist. Die Annahme, es gäbe ein $e'_\alpha = e_1 \not\equiv 0 \pmod{e_\alpha}$, welches der Beziehung

$$[h\, e_1] \equiv \alpha \cdot e_1 \pmod{e_\alpha} \tag{18}$$

genügt, führt auf einen Widerspruch mit Hilfe der in § 2 befolgten Schlussweise. Man bilde wiederum die Reihe

$$e_1, \quad E_\alpha e_1 = [e_\alpha e_1] = e_2, \quad E_\alpha e_2 = e_3, \quad \ldots$$

Für $t = t_{-\alpha}$ ergibt sich

$$T e_2 = [t\, e_2] \equiv -\alpha^*_\alpha \cdot e_1 \pmod{e_\alpha}.$$

Denn es ist

$$[t[e_\alpha e_1]] = [e_\alpha [t\, e_1]] - [[e_\alpha t]\, e_1]. \tag{19}$$

Da $[t\,e_1]$ zu $\mathfrak{h}$ gehört, so ist das erste Glied rechts ein Multiplum von e_α, das zweite aber ist nach (18): $\equiv -\alpha_\alpha^*\, e_1 \pmod{e_\alpha}$. Durch Anwendung der Formel (19) auf $e_2, e_3, \ldots$ an Stelle von e_1 ergibt sich durch Induktion weiter

$$[t\,e_3] = -3\,\alpha_\alpha^* \cdot e_2, \ldots;$$

allgemein

$$[t\,e_{g+1}] = -\frac{g\,(g+1)}{2}\,\alpha_\alpha^* \cdot e_g$$

(absolut von $g = 2$ ab, mod e_α für $g = 1$). Weil ein e_{g+1} mit hinreichend hohem Index verschwinden muss, folgt daraus rückwärts das Verschwinden von e_g, $\ldots, e_3, e_2$ und schliesslich $e_1 \equiv 0 \pmod{e_\alpha}$ gegen die Voraussetzung. Zugleich ist damit bewiesen, dass $\alpha_\alpha \neq 0$ ist. Ist $-i \cdot \alpha$ eine Wurzel, aber nicht mehr $-(i+1)\alpha$, so ergibt sich durch unsere Methode, von $e_{-i\alpha} = e_{-i}$ anfangend, eine Serie von Elementen

$$e_{-i}, \ldots, e_{-1}, e_0, e_1, \ldots, e_i, \ldots,$$

deren jedes aus dem vorhergehenden durch die Abbildung E_α erzeugt wird. Sie muss wegen $\alpha_\alpha \neq 0$ gerade mit e_i abbrechen. Das zur Wurzel α gehörige e_1 ist notwendig ein Multiplum von e_α, folglich $e_2 = [e_\alpha\, e_1] = 0$. Darum kann i nicht $\geqq 2$ sein.

Die Analogie mit den in den beiden ersten Kapiteln benutzten Konstitutionsformeln ist vollkommen.

Satz 3. *Wir haben eine Abelsche Untergruppe $\mathfrak{h}$, deren allgemeines Element h von n Parametern $\lambda_1, \lambda_2, \ldots, \lambda_n$ abhängt, und zu jeder Wurzel α ein Element e_α. h und die den verschiedenen Wurzeln korrespondierenden e_α bilden zusammen eine Basis für die ganze Gruppe $\mathfrak{a}$. Und es gelten die Beziehungen*

$$[h\,h'] = 0; \quad [h\,e_\alpha] = \alpha \cdot e_\alpha; \quad [e_\alpha e_{-\alpha}] = h_\alpha;$$

$$e_\alpha e_\beta = \begin{cases} 0, \text{ wenn } \alpha + \beta \neq 0 \text{ keine Wurzel ist.} \\ N_{\alpha\beta} \cdot e_{\alpha+\beta}, \text{ wenn } \alpha + \beta \text{ Wurzel ist.} \end{cases}$$

Willkürlich ist noch 1. die Wahl der Basis von $\mathfrak{h}$; und 2. kann e_α durch rgendein (nicht verschwindendes) Multiplum von e_α ersetzt werden. $\varphi(s, t)$ nimmt nunmehr die Gestalt an:

$$Q(\varkappa, \lambda) + \sum_\alpha N_\alpha\, \sigma_\alpha\, \tau_{-\alpha}. \tag{20}$$

Nach (11) ist der Koeffizient

$$N_\alpha = \frac{1}{2}\,\alpha_\alpha \sum \frac{g\,(g+1)\,(g+2)}{1 \cdot 2 \cdot 3}, \tag{21}$$

die Summe erstreckt über die verschiedenen α-Serien von Wurzeln, deren Länge mit $g+1$ bezeichnet ist. Zu diesen Serien ist auch die 3-gliedrige $-\alpha, 0, \alpha$ zu rechnen. Fasst man immer mit einer α-Serie die entgegengesetzte zusammen, die entsteht, indem man jedes Glied ϱ in $-\varrho$ verwandelt (nur die eine Serie $-\alpha$, 0, α geht dabei in sich über), so erkennt man, dass N_α ein ganzzahliges Multiplum von α_α ist; der ganzzahlige Faktor ist positiv und $\geqq 2$.

§ 4. Die Gruppe (*S*)

Bis hierher bin ich im wesentlichen, von einigen Modifikationen und das Folgende vorbereitenden Ergänzungen abgesehen, der Thèse von E. CARTAN gefolgt. Von nun ab gehe ich eigene Wege.

Im λ-Raum der Variablen $\lambda_1, \lambda_2, \ldots, \lambda_n$ korrespondiert jeder Wurzel α eine homogene lineare Transformation S_α, welche die willkürliche Linearform ξ der λ verwandelt in

$$\xi' = \xi - \frac{2\,\xi_\alpha}{\alpha_\alpha} \cdot \alpha. \tag{22}$$

Sie führt insbesondere α selber in $-\alpha$ über. S_α ist $= S_{-\alpha}$. Für eine Wurzel ϱ ist insbesondere $2\,\varrho_\alpha/\alpha_\alpha$ eine ganze Zahl. Durch S_α werden die sämtlichen Wurzeln lediglich untereinander vertauscht. Infolgedessen erzeugen die S_α eine *endliche Gruppe* (*S*). Statt der Quadratsumme Q aller Wurzeln α muss ich zunächst die analog gebaute positiv-definite Hermitesche Form betrachten, die ich gleichfalls mit Q bezeichne:

$$Q = \sum_\alpha \alpha\bar{\alpha}.$$

Sie ist gegenüber S_α und darum gegenüber allen Operationen der Gruppe (*S*) invariant. Ich verwende geometrische Termini, welchen die dem λ-Raum durch die Form Q aufgeprägte Metrik zugrunde liegt. Die Transformation S_α von der Gestalt (22) kann, da sie Q invariant lässt und nicht die Identität ist, nichts anderes sein als die Spiegelung an der Ebene $\alpha = 0$. S_α ist folglich zu sich selbst invers, und es gilt mit der Bezeichnung (22):

$$S_{\varrho'} = S_\alpha S_\varrho S_\alpha.$$

Führt man Ebenenkoordinaten ein, indem man

$$\xi = \sum_{i=1}^{n} x^i \lambda_i\,, \quad \text{insbesondere} \quad \alpha = \sum_{i=1}^{n} a^i \lambda_i$$

setzt, und bezeichnet G^* die zu Q reziproke Hermitesche Form bzw. die zugehörige bilineare Bildung

$$G^*(x\,\bar{y}) = \sum g_{ik}\, x^i \bar{y}^k \qquad (g_{ki} = \bar{g}_{ik}),$$

so wird

$$\frac{\xi_\alpha}{\alpha_\alpha} = \frac{G^*(x\bar{a})}{G^*(a\,\bar{a})}. \tag{23}$$

Ich schreibe von jetzt ab (mehr dem Setzer als dem Leser zuliebe) $(\xi\alpha)$ an Stelle von ξ_α. Sucht man sich insbesondere n unabhängige Wurzeln $\alpha_1, \alpha_2, \ldots, \alpha_n$ heraus und verwendet sie als Koordinaten λ, so liefert (23)

$$2\frac{(\alpha_k\alpha_i)}{(\alpha_i\alpha_i)} = \frac{2\,g_{ki}}{g_{ii}} = \text{ganze Zahl } a_{ik}.$$

Die Determinante der a_{ik} ist demnach $\neq 0$. Daraus folgt weiter, dass für eine beliebige Wurzel

$$\varrho = r^1\alpha_1 + r^2\alpha_2 + \cdots + r^n\alpha_n$$

die Koeffizienten r_i rationale Zahlen sind, welche sich aus den ganzzahligen Gleichungen berechnen

$$\frac{2\,(\varrho\,\alpha_i)}{(\alpha_i\,\alpha_i)} = \sum_k a_{ik}\,r^k.$$

Jetzt kann ich von der Hermiteschen zur quadratischen Form

$$Q = \sum \varrho^2 \quad (\varrho \text{ durchläuft alle Wurzeln})$$

zurückkehren: sie ist eine positiv-definite Form mit *rationalen* Koeffizienten und das gleiche gilt für die reziproke Form G^*.

Will man die geometrisch evidente Gleichung (23) rechnerisch bestätigen, so geschieht das am bequemsten so, dass man die definite Hermitesche Form in solcher Weise auf die Gestalt bringt

$$Q = c\,(\lambda_1\bar{\lambda}_1 + \lambda_2\bar{\lambda}_2 + \cdots + \lambda_n\bar{\lambda}_n)$$

(c eine positive Konstante), dass $\alpha = \lambda_1$ wird. Schreibt man die Transformation (22):

$$\lambda_i' = \lambda_i - c_i\alpha, \qquad \left(\frac{2\,(\xi\,\alpha)}{(\alpha\,\alpha)} = c_1x^1 + c_2x^2 + \cdots + c_nx^n\right)$$

so ergeben sich aus ihrem unitären Charakter sogleich die Relationen

$$c_2 = c_3 = \cdots = c_n = 0;$$

darum

$$\frac{2\,(\xi\,\alpha)}{(\alpha\,\alpha)} = c_1x^1 = c\,c_1\,G^*(x\,\bar{a}).$$

Satz 4. *Wir können die Parameter λ_i so wählen, dass alle Wurzeln Linearformen der λ_i mit rationalen Koeffizienten werden. Die Spiegelungen S_α an den Ebenen $\alpha = 0$ im Sinne der durch die definite quadratische Form Q im λ-Raum festgelegten Metrik erzeugen eine endliche Gruppe (S), die das System der Wurzeln invariant lässt.*

Wir wissen, wie bedeutungsvoll die Gruppe (S) auch für die Darstellungen von $\mathfrak{a}$ ist; denn in einer Darstellung treten mit einem Gewicht Λ immer auch diejenigen Linearformen der λ_i als Gewichte auf, die aus Λ durch die Operationen der Gruppe (S) hervorgehen: das System der Gewichte ist gleichfalls invariant gegenüber (S). Und wenn wir das Wort «Gewicht» in dem erweiterten Sinne gebrauchen wie in Zusatz 1, § 2, so haben «äquivalente» Gewichte, welche durch eine Operation der Gruppe (S) auseinander hervorgehen, auch stets die gleiche Multiplizität.

Damit haben wir mehrere Resultate abgeleitet und zum Teil in einfachere Form gebracht, welche von KILLING und E. CARTAN durch komplizierte Determinantenrechnungen gefunden wurden. Die Formel

$$a_{ik} = 2\frac{g_{ki}}{g_{ii}}, \qquad g_{ki} = g_{ik}$$

ersetzt die unübersichtlichen Gleichungen in E. CARTANS Thèse, Theorem X, S. 61. Da g_{ik} die Koeffizienten einer definiten quadratischen Form sind, gilt

$$0 < \det g_{ik} \leqq g_{11} \cdot g_{22} \cdots g_{nn}$$

oder

$$0 < \det a_{ik} \leqq 2^n,$$

und entsprechende Ungleichungen für jeden Ausschnitt der quadratischen Form[1]). Die wirkliche Bestimmung aller einfachen und halb-einfachen kontinuierlichen Gruppen basiert auf der Bestimmung der zugehörigen endlichen Gruppen (S), d.h. aller derjenigen endlichen Gruppen, deren Erzeugende Spiegelungen in einem n-dimensionalen euklidischen Raum sind und die gewissen Ganzzahligkeitsbedingungen genügen.

Durch die im Satz 4 ausgesprochene Forderung sind die Koordinaten λ_i im λ-Raum bis auf eine lineare Transformation mit rationalen Koeffizienten festgelegt. Es ist sogar eine invariante Festlegung bis auf *ganzzahlige unimodulare Transformationen* möglich. Ich bezeichne eine Linearform ξ der Variablen λ_i als ganzzahlig, wenn $2(\xi\,\alpha)/(\alpha\,\alpha)$ für alle Wurzeln α eine ganze Zahl ist. Die Wurzeln selber fallen unter diesen Begriff; ebenso, wie wir wissen, die Gewichte irgendeiner Darstellung von $\mathfrak{a}$. Die ganzzahligen Formen bilden ein *Gitter*, und ich kann infolgedessen unter ihnen n unabhängige auswählen $\lambda_1, \lambda_2, \ldots, \lambda_n$, aus denen sich alle andern mittels ganzzahliger Koeffizienten linear kombinieren lassen. Bei solcher Wahl des Koordinatensystems im λ-Raum bekommt auch die quadratische Form Q ganzzahlige Koeffizienten.

Da wir e_α und $e_{-\alpha}$ je noch mit einem willkürlichen, von 0 verschiedenen Faktor multiplizieren können, lässt sich dafür sorgen, dass der Koeffizient N_α in (20) gleich -1 wird. Dann haben wir also

$$\varphi(t) = Q(\lambda) - \sum_{\varrho} \tau_\varrho \tau_{-\varrho}. \tag{24}$$

Aus (21) geht die wichtige Tatsache hervor, dass unter diesen Umständen $(\alpha\alpha)$ negativ ausfällt. Wir drücken aus, dass $\varphi(t)$ eine Invariante für die adjungierte

[1]) E. CARTAN, Thèse (Paris 1894), S. 61.

Gruppe ist, insbesondere gegenüber der zu ihr gehörigen Transformation $dt = [e_\alpha t]$; d.h. es ist $\varphi(s, t) = 0$, wenn $s = [e_\alpha t]$ genommen wird. In der Bezeichnung (12), (17) sind die Komponenten von s:

$$h(\varkappa_1, \varkappa_2, \ldots, \varkappa_n) = \tau_{-\alpha} h_\alpha,$$

$$\sigma_\alpha = -\alpha,$$

$$\sigma_{\alpha+\varrho} = N_{\alpha,\varrho} \tau_\varrho \quad \text{oder}$$

$$\sigma_{-\varrho} = \begin{cases} 0, \text{ wenn } \varrho + \alpha \neq 0 \text{ keine Wurzel ist;} \\ N_{\alpha,-\varrho-\alpha} \cdot \tau_{-\varrho-\alpha}, \text{ wenn } \varrho + \alpha \text{ Wurzel ist.} \end{cases}$$

Das Verschwinden des so entstehenden $\varphi(s, t)$ liefert die Gleichungen

$$-\alpha = \sum_\varrho (\varrho\alpha)\, \varrho \tag{25}$$

und

$$\sum_\varrho N_{\alpha,-\varrho-\alpha} \tau_\varrho \tau_{-\varrho-\alpha} = 0. \tag{26}$$

Die Summen erstrecken sich über alle Wurzeln ϱ; in der zweiten Gleichung bleiben nur diejenigen Glieder stehen, für welche auch $\varrho + \alpha$ Wurzel ist.

Wir beschäftigen uns aber zunächst mit der ersten. Aus ihr folgt, wenn β gleichfalls eine Wurzel ist,

$$-(\alpha\beta) = \sum_\varrho (\varrho\alpha)(\varrho\beta).$$

Daraus geht hervor, dass $(\alpha\beta)$ *symmetrisch* ist in α und β (wodurch sich nachträglich die Schreibweise $(\alpha\beta)$ rechtfertigen mag), und darum kann man auch schreiben

$$-(\alpha\beta) = \sum_\varrho (\alpha\varrho)(\beta\varrho).$$

Es ist demnach $-(\alpha\beta)$ der Wert der symmetrischen Bilinearform

$$G(\xi, \eta) = \sum_\varrho \xi_\varrho \eta_\varrho \quad \text{für} \quad \xi = \alpha, \eta = \beta. \tag{27}$$

Unter ξ, η verstehe ich hier zwei willkürliche Linearformen der λ:

$$\xi = \sum_{i=1}^n x^i \lambda_i, \quad \eta = \sum_{i=1}^n y^i \lambda_i.$$

Die quadratische Form $G(\xi\,\xi)$ ist positiv-definit, weil ξ_ϱ für alle Wurzeln ϱ nur dann verschwindet, wenn ξ identisch $= 0$ ist. Von neuem erkennen wir, dass $(\alpha\alpha)$ negativ ist für jede Wurzel α. Die Form G muss wohl bis auf einen konstanten Faktor mit der schon vorher eingeführten Form G^* identisch sein. In der Tat: aus

$$\beta_\alpha = -G(\beta, \alpha)$$

(α und β Wurzeln) folgt sogleich für jede Linearform ξ:

$$\xi_\alpha = G(\xi, \alpha),$$

darum nach der Definition (27)

$$G(\xi\,\eta) = \sum_\varrho G(\xi\,\varrho)\, G(\varrho\,\eta).$$

Das bedeutet für die Matrizen:

$$G = GQG$$

oder, weil die Determinante von G verschieden von 0 ist: G reziprok zu Q.

Ist ausser α und β auch $\alpha+\beta$ Wurzel, so besagt die Gleichung $(\xi, \alpha+\beta) = (\xi\,\alpha) + (\xi\,\beta)$, dass

$$h_{\alpha+\beta} = h_\alpha + h_\beta \tag{28}$$

ist[1]).

§ 5. Die unitäre Beschränkung

Wir nutzen weiter die Identität (26) aus:

$$\sum_{\varrho,\,\omega} N_{\alpha\,\omega}\tau_\varrho\tau_\omega = 0.$$

Die Summe läuft über alle Wurzelpaare ϱ, ω, welche der Bedingung $\varrho+\omega+\alpha=0$ genügen. Für ein solches Wurzelpaar gilt demnach

$$N_{\alpha\,\varrho} + N_{\alpha\,\omega} = 0.$$

Berücksichtigt man die schiefe Symmetrie

$$N_{\beta\alpha} = -N_{\alpha\beta}, \tag{29}$$

so heisst das: für drei Wurzeln α, β, γ, welche ein «Dreieck» bilden, d.h. die Summe 0 haben, gilt $N_{\gamma\alpha} = N_{\alpha\beta}$; eine Gleichung, welche wir sofort durch zyklische Vertauschung ergänzen können zu:

$$N_{\beta\gamma} = N_{\gamma\alpha} = N_{\alpha\beta}. \tag{30}$$

Für diese Zahl ist demnach auch die Bezeichnung $N_{\alpha\beta\gamma}$ geeignet: $N_{\alpha\beta\gamma}$ bleibt ungeändert bei zyklischer Vertauschung der drei Wurzelindizes, bei ungerader Vertauschung wechselt das Vorzeichen. Sind α, β zwei Wurzeln, deren Summe nicht wieder eine Wurzel ist, so setze ich $N_{\alpha\beta} = 0$. Das Zeichen α' sei mit $-\alpha$ gleichbedeutend.

Die Gleichung

$$[e_\alpha[e_\beta e_\gamma]] + [e_\beta[e_\gamma e_\alpha]] + [e_\gamma[e_\alpha e_\beta]] = 0$$

[1]) Diese einfachere und weitertragende Beziehung tritt an Stelle des Theorems VII, S. 57, in E. Cartans Thèse.

liefert, wenn die drei Wurzeln α, β, γ ein Dreieck bilden, von neuem die Beziehung (28). Im andern Fall aber wird, wenn $\beta + \gamma \neq 0$ ist,

$$[e_\beta e_\gamma] = N_{\beta\gamma} e_{\beta+\gamma},$$

$$[e_\alpha [e_\beta e_\gamma]] = N_{\alpha,\beta+\gamma} N_{\beta,\gamma}\, e_{\alpha+\beta+\gamma}.$$

Sind demnach $\alpha, \beta, \gamma, \delta$ vier Wurzeln, welche ein Viereck bilden:

$$\alpha + \beta + \gamma + \delta = 0,$$

so gilt, weil nach (30) $N_{\alpha,\beta+\gamma}$ durch $N_{\delta\alpha}$ ersetzt werden kann, die Beziehung

$$\begin{gathered} N_{\beta\gamma} N_{\alpha\delta} + N_{\gamma\alpha} N_{\beta\delta} + N_{\alpha\beta} N_{\gamma\delta} = 0 \\ (\alpha + \beta + \gamma + \delta = 0;\ \beta + \gamma,\ \gamma + \alpha,\ \alpha + \beta \neq 0). \end{gathered} \tag{31}$$

Endlich eine letzte Vorbereitung. Nach der auf die adjungierte Gruppe anzuwendenden Gleichung (10) ist, wenn β der folgenden α-Serie von Wurzeln angehört,

$$\beta - i\alpha, \ldots, \beta - \alpha, \beta, \beta + \alpha, \ldots, \beta + k\alpha:$$

$$[e_{-\alpha} [e_\alpha e_\beta]] = \frac{(i+1)\,k}{2}\, \alpha_\alpha \cdot e_\beta. \tag{32}$$

Ist $\beta + \alpha$ noch Wurzel ($k \geqq 1$), so ist der Faktor

$$-\frac{(i+1)\,k}{2}\, \alpha_\alpha = R_{\alpha\beta} \tag{33}$$

eine positive Zahl. Die Gleichung (32) liefert

$$N_{\alpha', \alpha+\beta} N_{\alpha\beta} = -R_{\alpha\beta}.$$

Es ist aber nach (30)

$$N_{\alpha', \alpha+\beta} = N_{\beta'\alpha'} = -N_{\alpha'\beta'}.$$

Also ergibt sich:

$$N_{\alpha\beta} N_{\alpha'\beta'} = R_{\alpha\beta} \tag{34}$$

ist eine positive rationale Zahl, wenn neben α und β auch $\alpha+\beta$ als Wurzel auftritt. Daraus geht insbesondere hervor, dass unter dieser Voraussetzung $N_{\alpha\beta}$ stets $\neq 0$ ist; ausserdem zeigt sich, dass die Zahl (33) symmetrisch von den beiden Wurzeln α und β abhängt.

Ohne die vollzogene Normierung von $h_\alpha = [e_\alpha e_{\alpha'}]$ zu zerstören, können wir e_α mit einer beliebigen von 0 verschiedenen Zahl μ multiplizieren, wenn wir gleichzeitig $e_{\alpha'}$ durch $(1/\mu)\, e_{\alpha'}$ ersetzen.

Hilfssatz. *Die e_α lassen sich unter Wahrung der Gleichung* (24) *so normieren, dass für irgend zwei Wurzeln α und β stets $N_{\alpha\beta} = N_{\alpha'\beta'}$ gilt. $N_{\alpha\beta}$ ist dann eine reelle Zahl.*

Wir benutzen die in den vorigen Kapiteln eingeführte Rangordnung: eine Linearform der Variablen $\lambda_1, \lambda_2, \ldots, \lambda_n$ mit rationalen Koeffizienten heisst positiv, wenn der erste von 0 verschiedene Koeffizient positiv ist; die Wurzel β steht höher als α, in Zeichen: $\beta > \alpha$ oder $\alpha < \beta$, wenn $\beta - \alpha$ positiv ist. Es sei ϱ eine positive Wurzel und Σ_ϱ die Gesamtheit derjenigen Wurzeln α, für welche $\varrho' < \alpha < \varrho$ ist. Es sei bereits bewiesen, dass

$$N_{\alpha\beta\gamma} = N_{\alpha'\beta'\gamma'} \tag{35}$$

ist für alle ein Dreieck bildenden Wurzeln α, β, γ, welche dem System Σ_ϱ entnommen sind. Wir wollen die Gleichung (35) ausdehnen auf den Fall, dass dem System Σ_ϱ noch die beiden Wurzeln ϱ', ϱ hinzugefügt werden, d.h. auf das System $\Sigma_{\varrho*}$, das durch die nächsthöhere Wurzel ϱ^* bestimmt wird.

Dazu dient die Relation (31). Besteht zwischen den Wurzeln α, β, ϱ die Gleichung $\alpha + \beta = \varrho$ und gehören α und β zu Σ_ϱ, so ist

$$0 < \alpha < \varrho, \quad 0 < \beta < \varrho. \tag{36}$$

Ebenso, wenn die Wurzeln γ und δ zu Σ_ϱ gehören und $\gamma + \delta = \varrho$ ist. Mittels der Relation (31), in welcher γ', δ' an Stelle von γ, δ zu schreiben ist, wird $N_{\alpha\beta\varrho'} N_{\gamma'\delta'\varrho}$ in die Summe zweier Produkte verwandelt, deren jedes in der Drei-Indizes-Bezeichnung (35) nur Wurzeln aufweist, die dem Spielraum Σ_ϱ angehören. Denn es ist z.B.

$$N_{\beta\gamma'} N_{\alpha\delta'} = N_{\beta,\gamma',\gamma-\beta} \cdot N_{\alpha,\delta',\delta-\alpha};$$

wegen (36) und $0 < \gamma < \varrho$, $0 < \delta < \varrho$ entstammen hier alle sechs Indizes

$$\beta, -\gamma, \gamma - \beta, \alpha, -\delta, \delta - \alpha$$

dem System Σ_ϱ. Wird auf gleiche Art das Produkt $N_{\alpha'\beta'\varrho} N_{\gamma\delta\varrho'}$ verwandelt, so schliessen wir auf Grund unserer Annahme, dass (35) bereits im System Σ_ϱ gilt, auf die Gleichung

$$N_{\alpha\beta\varrho'} N_{\gamma'\delta'\varrho} = N_{\alpha'\beta'\varrho} N_{\gamma\delta\varrho'}$$

oder

$$\frac{N_{\alpha\beta}}{N_{\alpha'\beta'}} = \frac{N_{\gamma\delta}}{N_{\gamma'\delta'}}, \tag{37}$$

in Worten: Ist die positive Wurzel ϱ auf doppelte Art als Summe zweier zu Σ_ϱ gehöriger Wurzeln $\alpha + \beta$ bzw. $\gamma + \delta$ dargestellt, so gilt die Gleichung (37); *für alle derartigen Zerlegungen von ϱ hat also der Quotient $N_{\alpha\beta}/N_{\alpha'\beta'}$ denselben Wert μ_ϱ^2.* – Die Anwendbarkeit von (31) in der hier benutzten Modifikation der Bezeichnung ist an die Voraussetzung gebunden, dass weder α noch β gleich γ, d.h., dass die Zerlegung $\varrho = \gamma + \delta$ von der Zerlegung $\varrho = \alpha + \beta$ $(= \beta + \alpha)$ verschieden ist. Handelt es sich beidemal um dieselbe Zerlegung, so ist die Gleichung (37) aber selbstverständlich. Der Beweis lehrt zugleich, dass die niedrigste positive Wurzel ϱ, die sich additiv aus zwei zwischen ϱ' und ϱ gelegenen Wurzeln $\alpha + \beta$ zusammensetzen lässt, nur *einer* solchen Zerlegung fähig ist. Denn für zwei verschiedene Zerlegungen $\varrho = \alpha + \beta = \gamma + \delta$ lieferte unsere Methode die unmögliche Gleichung $N_{\alpha\beta\varrho'} N_{\gamma'\delta'\varrho} = 0$.

Ersetzt man e_ϱ, $e_{\varrho'}$ bzw. durch $\mu_\varrho e_\varrho$, $(1/\mu_\varrho) e_{\varrho'}$, so verwandelt sich $N_{\alpha\beta\varrho'}$ in $(1/\mu_\varrho) N_{\alpha\beta\varrho'}$, $N_{\alpha'\beta'\varrho}$ in $\mu_\varrho N_{\alpha'\beta'\varrho}$ und $N_{\alpha\beta}/N_{\alpha'\beta'}$ in 1. Da es auf die Reihenfolge der Indizes nicht ankommt, gilt alsdann (35) innerhalb des auf Σ_ϱ nächstfolgenden Systems $\Sigma_{\varrho*}$. Damit ist gezeigt, wie man, von niedrigeren zu höheren Wurzeln α aufsteigend, die Normierung der e_α so vollziehen kann, dass durchweg die Gleichung

$$N_{\alpha\beta} = N_{\alpha'\beta'}$$

zutrifft.

Zufolge (34) ist alsdann $N_{\alpha\beta}^2$ eine positive rationale Zahl und demnach $N_{\alpha\beta}$ selber reell.

Satz 5. *Bei geeigneter Normierung der zu den Wurzeln α gehörigen Basiselemente e_α gelten die folgenden Tatsachen:*

$$h_{\alpha+\beta} = h_\alpha + h_\beta;$$

$$N_{\alpha\beta} = N_{\beta\gamma} = N_{\gamma\alpha}$$

für drei Wurzeln α, β, γ, deren Summe $= 0$ ist;

$$N_{\beta\gamma} N_{\alpha\delta} + N_{\gamma\alpha} N_{\beta\delta} + N_{\alpha\beta} N_{\gamma\delta} = 0$$

für vier Wurzeln $\alpha, \beta, \gamma, \delta$, deren Summe $= 0$ ist und unter denen sich keine zwei entgegengesetzten befinden. $N_{\alpha\beta}$ ist reell und

$$N_{-\alpha, -\beta} = N_{\alpha\beta}.$$

Wenn $\alpha + \beta$ neben α und β eine Wurzel ist, verschwindet $N_{\alpha\beta}$ nicht.

Nachdem wir in § 4 die Parameter λ_i, jetzt die Parameter τ_α normiert haben, *fassen wir in der Gruppe $\mathfrak{a}$ allein diejenigen Elemente t ins Auge, deren Parameter λ_i rein imaginär sind und deren Parameter τ_α, $\tau_{-\alpha}$ für jedes Wurzelpaar α, $-\alpha$ konjugiert-komplexe Werte annehmen* (*Analogon der unitären Beschränkung*). Diese t bilden eine infinitesimale *Gruppe* $\mathfrak{a}_u$, und zwar eine Gruppe von r reellen Parametern. Denn es ist mit den alten Bezeichnungen

$$\begin{aligned}[s\,t] = \sum_\alpha \{\alpha(\varkappa_1, \varkappa_2, \ldots, \varkappa_n) \cdot \tau_\alpha - \alpha(\lambda_1, \lambda_2, \ldots, \lambda_n) \cdot \sigma_\alpha\} e_\alpha \\ + \sum_\alpha \sigma_\alpha \tau_{-\alpha} h_\alpha + \sum_\varrho \Big(\sum_{\alpha+\beta=\varrho} N_{\alpha,\beta} \sigma_\alpha \tau_\beta \Big) e_\varrho.\end{aligned} \tag{38}$$

$\alpha(\lambda_1, \lambda_2, \ldots, \lambda_n)$ ist eine Linearform der λ_i mit rationalen Koeffizienten; darum wird bei rein imaginären λ: $\bar{\alpha} = -\alpha$ sein. Die zweite Summe auf der rechten Seite von (38) ist gleich

$$\sum_{\alpha>0} (\sigma_\alpha \tau_{\alpha'} - \sigma_{\alpha'} \tau_\alpha)\, h_\alpha.$$

Da für alle Wurzeln ϱ die Zahlen $\varrho(h_\alpha) = \varrho_\alpha$ rational sind, gilt das gleiche für die Werte der λ-Parameter von $h = h_\alpha$. Nach dem letzten Hilfssatz ist endlich

$$N_{\alpha'\beta'} = \bar{N}_{\alpha\beta}.$$

Aus dem allen folgt in der Tat, dass mit s und t auch $[s\,t]$ der linearen Schar $\mathfrak{a}_u$ angehört. Ausserdem ist für die Elemente t von $\mathfrak{a}_u$ die Invariante der adjungierten Gruppe

$$-\varphi(t) = -Q(\lambda_1, \lambda_2, \ldots, \lambda_n) + \sum_\varrho \tau_\varrho \bar{\tau}_\varrho$$

positiv definit.

Satz 6. *Durch Reellitätsbedingungen kann man aus der infinitesimalen halbeinfachen Gruppe* $\mathfrak{a}$ *von* r *komplexen Parametern eine Untergruppe* $\mathfrak{a}_u$ *von* r *reellen Parametern herausheben, deren adjungierte Gruppe eine reelle positiv-definite quadratische Form invariant lässt.*

Damit ist das Fundament gewonnen, um die Darstellungstheorie der Gruppe $\mathfrak{a}$ in ähnlicher Weise aufzubauen, wie es in den beiden ersten Kapiteln für die speziellen halb-einfachen Gruppen $\mathfrak{g}^0$, $\mathfrak{c}^0$, $\mathfrak{d}^0$ geschehen ist.

Anhang

Beweis des Lie*schen Theorems.* Die von irgendwelchen Elementen (Vektoren oder Matrizen) $e_1, e_2, \ldots, e_g$ aufgespannte lineare Schar aller Elemente von der Form $\lambda_1 e_1 + \lambda_2 e_2 + \cdots + \lambda_g e_g$ bezeichne ich stets mit $(e_1, e_2, \ldots, e_g)$. Eine Basis der auflösbaren infinitesimalen Gruppe $\mathfrak{H}$ linearer Transformationen $H_1, H_2, \ldots, H_n$ kann ich so bestimmen, dass

$$(H_1, H_2, \ldots, H_{i-1}) = \mathfrak{H}_{i-1}$$

ausgezeichnete Untergruppe von $\mathfrak{H}_i$ ist. Ich bezeichne die willkürliche Matrix $\lambda_1 H_1 + \lambda_2 H_2 + \cdots + \lambda_{i-1} H_{i-1}$ von $\mathfrak{H}_{i-1}$ jetzt mit H und setze $H_i = C$. Um den LIEschen Satz sukzessive für die Gruppen $\mathfrak{H}_0 = 0$, $\mathfrak{H}_1, \mathfrak{H}_2, \ldots, \mathfrak{H}_n$ zu beweisen, gilt es einzusehen, dass er für $\mathfrak{H}_i$ richtig ist, wenn er für $\mathfrak{H}_{i-1}$ zutrifft. Es sei also e ein von 0 verschiedener Vektor im Raume $\mathfrak{r}$, für welchen allgemein

$$H\,e = \Lambda \cdot e$$

gilt ($\Lambda = \gamma_1 \lambda_1 + \cdots + \gamma_{i-1} \lambda_{i-1}$ eine Linearform der Parameter von H); man soll e so bestimmen, dass es ausserdem einer Gleichung

$$C\,e = \gamma \cdot e$$

genügt. Man bilde

$$e_0 = e, \quad C\,e_0 = e_1, \quad C\,e_1 = e_2, \ldots$$

Unter diesen Vektoren sei e_g der erste, welcher von den vorigen linear abhängt. Man wird eine Gleichung haben

$$f(C)\,e = 0, \tag{*}$$

wo

$$f(\zeta) = \zeta^g + \beta_1 \zeta^{g-1} + \cdots + \beta_g$$

ein gewisses Polynom vom Grade g ist.

Mit H gehört auch $H' = [HC]$ zu $\mathfrak{H}_{i-1}$. Der Wert von Λ für H' werde mit Λ' bezeichnet. Wir bekommen dann

$$H\,e_0 = \Lambda \cdot e_0, \tag{[0]}$$
$$H\,e_1 = H\,C\,e_0 = H'e_0 + C\,H\,e_0$$

und daraus vermöge der auf H und H' angewendeten Gleichung [0]:

$$H\,e_1 = \Lambda' e_0 + \Lambda \cdot e_1; \tag{[1]}$$
$$H\,e_2 = H\,C\,e_1 = H'e_1 + C\,H\,e_1$$

und daraus vermöge der auf H und H' anzuwendenden Gleichung [1]

$$H\,e_2 = (\Lambda'' e_0 + \Lambda' e_1) + (\Lambda' e_1 + \Lambda\,e_2) = \Lambda'' e_0 + 2\,\Lambda' e_1 + \Lambda\,e_2, \tag{[2]}$$

....

Die lineare Vektormannigfaltigkeit $\mathfrak{e} = (e_0, e_1, \ldots, e_{g-1})$ ist invariant sowohl gegenüber jedem H als auch gegenüber C. Die Spur von H in ihr ist gleich $g \cdot \Lambda$, die Spur von H' also $= g \cdot \Lambda'$. H' setzt sich aber aus zwei Abbildungen dieser Mannigfaltigkeit, H und C, gemäss der Formel zusammen: $H' = HC - CH$. Darum ist ihre Spur $= 0$, und wir bekommen $\Lambda' = 0$,

$$H\,e_i = \Lambda \cdot e_i \quad (i = 0, 1, \ldots, g-1). \tag{**}$$

Ist γ irgendeine Wurzel von $f(\zeta)$:

$$f(\zeta) = (\zeta - \gamma)\,f^*(\zeta),$$

so hat der nicht-verschwindende Vektor $f^*(C)\,e$ nach (*) und (**) die gewünschten Eigenschaften.

Beweis des Satzes von ENGEL. Die Kette

$$\mathfrak{h}_0 = 0,\ \mathfrak{h}_1,\ \mathfrak{h}_2,\ \ldots,\ \mathfrak{h}_n = \mathfrak{h},$$

in der jedes Glied $\mathfrak{h}_{i-1}$ eine invariante Untergruppe des nächstfolgenden $\mathfrak{h}_i$ sein und die Parameterzahl von Schritt zu Schritt um 1 wachsen soll, wird *von unten* aufgebaut. Man muss also zeigen: Ist $\mathfrak{h}_{i-1}$ eine auflösbare Untergruppe von $\mathfrak{h}$, so kann man ein Element e finden, 1. so dass $(\mathfrak{h}_{i-1}, e) = \mathfrak{h}_i$ wiederum eine Gruppe ist und 2. für jedes Element h von $\mathfrak{h}_{i-1}$ das Produkt $[eh]$ wiederum zu $\mathfrak{h}_{i-1}$ gehört. Der Teil 1 folgt durch Anwendung des LIEschen Theorems auf die Gruppe der linearen Transformationen $dx = [h\,x]$, deren von x durchlaufenes Substrat der Vektorraum $\mathfrak{h}$ mod $\mathfrak{h}_{i-1}$ ist. In der Tat gehen zwei mod $\mathfrak{h}_{i-1}$ kongruente Vektoren x durch diese dem willkürlichen Element h von $\mathfrak{h}_{i-1}$ korrespondierende Abbildung über in zwei gleichfalls mod $\mathfrak{h}_{i-1}$ kongruente Vektoren dx. Weil diese zu $\mathfrak{h}_{i-1}$ isomorphe Transformationsgruppe nach Voraussetzung auflösbar ist, existiert ein Element $e \not\equiv 0$ (mod $\mathfrak{h}_{i-1}$), für welches

$$[h\,e] \equiv \gamma \cdot e \ (\text{mod}\ \mathfrak{h}_{i-1}),$$

γ eine Linearform der Parameter von h ist. $(\mathfrak{h}_{i-1}, e) = \mathfrak{h}_i$ ist dann in der Tat eine Gruppe. Das charakteristische Polynom von h innerhalb $\mathfrak{h}_i$ und darum auch innerhalb $\mathfrak{h}$, $f(\zeta; h)$, enthält den Faktor $(\zeta - \gamma)$. Benutzen wir jetzt die Voraussetzung $f(\zeta; h) = \zeta^n$, so folgt $\gamma = 0$, und damit ist die Richtigkeit von 2. erkannt.

KAPITEL IV

Darstellung aller halb-einfachen Gruppen

§ 1. Das einzelne Element der Gruppe

$\mathfrak{a}^0$ bedeute eine infinitesimale halb-einfache Gruppe von r Parametern, $\mathfrak{a}_u^0$ diejenige infinitesimale Gruppe, welche aus ihr durch die am Schluss des vorigen Kapitels gekennzeichnete «unitäre Beschränkung» hervorgeht. Die zu ihren Elementen a adjungierten infinitesimalen linearen Transformationen $dx = [ax]$ erzeugen eine kontinuierliche Gruppe linearer Transformationen $\tilde{\mathfrak{a}}$ bzw. $\tilde{\mathfrak{a}}_u$. Da zu $\tilde{\mathfrak{a}}_u$ nach Kapitel III, Satz 6, eine invariante definite quadratische Form gehört, ist $\tilde{\mathfrak{a}}_u$ ein *geschlossenes Gebilde.* Das infinitesimale Element $h = h(\lambda_1, \lambda_2, \ldots, \lambda_n)$ der adjungierten Gruppe erteilt dem willkürlichen Element

$$x = h(\varkappa_1, \varkappa_2, \ldots, \varkappa_n) + \sum_\alpha \tau_\alpha e_\alpha$$

von $\mathfrak{a}^0$ mit den «Hauptparametern» $\varkappa_i$ und den «Nebenparametern» τ_α den Zuwachs $dx = [hx]$, der sich aus den Formeln ergibt:

$$d\varkappa_i = 0 \quad (i = 1, 2, \ldots, n), \quad d\tau_\alpha = \alpha \cdot \tau_\alpha.$$

Die daraus durch Iteration entstehende endliche Transformation (ε) von $\tilde{\mathfrak{a}}$:

$$x' = (\varepsilon)\, x (\varepsilon)^{-1}, \tag{1}$$

die man zweckmässig durch e^h bezeichnet, lautet daher, in den Parametern ausgedrückt:

$$\varkappa_i' = \varkappa_i, \quad \tau_\alpha' = e^\alpha \cdot \tau_\alpha. \tag{2}$$

Die «Hauptelemente» (ε) bilden eine n-parametrige Abelsche Untergruppe in $\tilde{\mathfrak{a}}$. Gehört (ε) zu $\tilde{\mathfrak{a}}_u$, so sind die λ_i rein imaginär; wir schreiben dann $\lambda_i = 2\pi\sqrt{-1}\,\varphi_i$ und $2\pi\sqrt{-1}\,\alpha$ an Stelle von α. Es gilt:

Satz 1. *Jedes Element t von $\tilde{\mathfrak{a}}_u$ lässt sich in die Form bringen*

$$t = u^{-1}(\varepsilon)\, u, \tag{3}$$

wo u sowohl wie das Hauptelement (ε) *gleichfalls zu* $\tilde{\mathfrak{a}}_u$ *gehören.*

In den in Kapitel I und II behandelten Sonderfällen traf dieser Satz mit bekannten algebraischen Tatsachen zusammen. Hier soll er allgemein mittels der Kontinuitätsmethode durch die gleichen Rechnungen begründet werden, die uns früher zur Volumbestimmung dienten.

Man gehe nämlich von einem in der Form (3) dargestellten Element t zu dem endlich benachbarten $t + dt$ über und suche (ε) und u dabei so zu variieren, dass die Gleichung (3) bestehen bleibt. Die Abweichung des infinitesimalen Elementes $(t + dt)\, t^{-1}$ von der Identität werde mit δt bezeichnet, ebenso sei $du \cdot u^{-1} = \delta u$ gesetzt. Die in Kapitel I, § 6, eingeführten Begriffe werden sinngemäss übertragen. Wir finden analog zu der dort aufgestellten Gleichung (25):

$$u \cdot \delta t \cdot u^{-1} = h(2\pi i d\varphi_1, \ldots, 2\pi i d\varphi_n) + \left\{ (\varepsilon)\delta u(\varepsilon)^{-1} - \delta u \right\}. \tag{4}$$

Sind δu_α die Nebenparameter von δu, so sind die Haupt- und Nebenparameter von $u \cdot \delta t \cdot u^{-1}$ also

$$2\pi \sqrt{-1}\, d\varphi_i, \quad \text{bzw.} \left(e(\alpha) - 1\right) \delta u_\alpha. \tag{5}$$

Bei gegebenem Zuwachs dt bestimmen sich daraus eindeutig 1. die Änderungen der «Drehwinkel» φ_i von t oder die Änderung von (ε) und 2. δu und damit die Variationen der Parameter von u, wenn wir die Hauptparameter von δu gleich 0 nehmen, d.h. festsetzen, dass der Übergang von u zu $u + du$ «senkrecht» zur «Geraden» $[u]$ erfolgen soll. Nur muss vorausgesetzt werden, dass (ε) *nicht singulär* ist, dass nämlich $e(\alpha)$ für keine der Wurzeln α gleich 1, keiner der $r - n$ Wurzelwinkel α eine Volldrehung ist.

Es durchlaufe u die ganze Mannigfaltigkeit $\tilde{\mathfrak{a}}_u$ bzw. die durch «Projektion» daraus entstehende Mannigfaltigkeit $[\tilde{\mathfrak{a}}_u]$ von n Dimensionen weniger, deren Elemente die «Geraden» von $\tilde{\mathfrak{a}}_u$ sind, (ε) aber alle nicht-singulären Hauptelemente von $\tilde{\mathfrak{a}}_u$. Unter diesen Umständen beschreibt $t = u^{-1}(\varepsilon)\, u$ ein *Gebiet* $\mathfrak{T}$ auf $\tilde{\mathfrak{a}}_u$. Denn gemäss unserer Rechnung, welche lehrt, dass die Funktionaldeterminante nicht verschwindet, gehört mit t stets auch eine ganze Umgebung von t dem Bereiche $\mathfrak{T}$ an. Wegen der Geschlossenheit des Gebildes $\tilde{\mathfrak{a}}_u$, auf welchem u und (ε) variieren, ist jedes Randelement t_0 von $\mathfrak{T}$ gleichfalls in der Form (3) darstellbar, aber hier wird nun wenigstens eines der $e(\alpha)$ gleich 1. Die *singulären Elemente t*, die man aus (3) erhält, wenn u ganz $\tilde{\mathfrak{a}}_u$ durchläuft, (ε) hingegen nur diejenigen Hauptelemente, für welche einer der Wurzelwinkel $\alpha = 0$ ist, bilden ein Kontinuum $\mathfrak{t}$. Wir haben erkannt, dass $\mathfrak{T}$ eines der durch $\mathfrak{t}$ auf $\tilde{\mathfrak{a}}_u$ bestimmten Gebiete ist. Der Beweis von Satz 1 wird zu Ende geführt durch die Erkenntnis, dass das Kontinuum $\mathfrak{t}$ *drei* Dimensionen weniger hat als $\tilde{\mathfrak{a}}_u$ und folglich $\tilde{\mathfrak{a}}_u$ durch $\mathfrak{t}$ nicht zerlegt wird.

Ist (ε) ein singuläres Hauptelement, für welches die Wurzel $\alpha = 0$ ist, so kann man, ohne t zu ändern, u in (3) ersetzen durch irgendein Element von der Gestalt $s \cdot u$, wo s die $(n+2)$-parametrige Gruppe $\mathfrak{s}$ durchläuft, deren infinitesimale Elemente sich linear aus den Hauptelementen h und e_α, $e_{-\alpha}$ zusammensetzen. Denn für ein infinitesimales Element s^0 von $\mathfrak{s}$ stimmt $(\varepsilon)\, s^0\, (\varepsilon)^{-1}$ nach den Gleichungen (2) mit s^0 überein; und die Vertauschbarkeit mit (ε) überträgt sich von den infinitesimalen auf alle Elemente der Gruppe $\mathfrak{s}$. Die zu einem festen singulären (ε) gehörigen Elemente von der Form $u^{-1}(\varepsilon)\, u$ bilden also nur eine $(r - n - 2)$-dimensionale Mannigfaltigkeit, die singulären Hauptelemente selber eine $(n - 1)$-dimensionale.

Nach (3) sind die $r-n$ Grössen $e(\alpha)$ samt der n-fach zu rechnenden Zahl 1 die charakteristischen Wurzeln, die Multiplikatoren der linearen Transformation t von $\tilde{\mathfrak{a}}_u$ (oder $\tilde{\mathfrak{a}}$); die $e(\alpha)$ sind also bis auf die Reihenfolge eindeutig durch t bestimmt.

Will man die analogen Überlegungen für die ganze Gruppe $\tilde{\mathfrak{a}}$, nicht die unitär beschränkte $\tilde{\mathfrak{a}}_u$ durchführen, so muss man diejenigen Transformationen t als singuläre ausnehmen, die nicht bloss n, sondern $n+1$ Multiplikatoren $= 1$ besitzen. Sie bilden ein Kontinuum $\mathfrak{t}$ von 1 *komplexen* Dimension weniger als $\tilde{\mathfrak{a}}$. Da infolgedessen $\tilde{\mathfrak{a}}$ durch $\mathfrak{t}$ nicht zerlegt wird und die Randpunkte des analog wie oben definierten Gebietes $\mathfrak{T}$ sicher zu $\mathfrak{t}$ gehören, ergibt sich auch hier das Resultat, dass jedes nicht-singuläre Element t von $\tilde{\mathfrak{a}}$ sich mit Hilfe eines Elementes u und eines Hauptelementes (ε) von $\tilde{\mathfrak{a}}$ in der Form (3) schreiben lässt. Auf die zu $\mathfrak{t}$ gehörigen singulären Elemente überträgt sich diese Darstellungsweise aber nicht, denn sonst hätte $\mathfrak{t}$ nicht 1, sondern 3 komplexe Dimensionen weniger als $\tilde{\mathfrak{a}}$; hier treten ähnliche Komplikationen auf, wie sie die Elementarteilertheorie kennen lehrt.

Der Aufbau einer halb-einfachen Gruppe in § 1 des vorigen Kapitels ging davon aus, dass ein beliebiges nicht-singuläres (infinitesimales) Element zum Hauptelement ernannt wurde. Wir verstehen jetzt, warum die Resultate davon unabhängig sind, auf welches nicht-singuläre Element t_0 unsere Wahl dabei fiel. Denn da man t_0 stets aus einem Hauptelement durch Transformation mittels eines gewissen zu $\tilde{\mathfrak{a}}$ gehörigen u gewinnen kann, kommt die Abänderung jener Wahl darauf hinaus, dass alle Elemente der Gruppe mittels des festen u transformiert, die Elemente x der infinitesimalen Gruppe $\mathfrak{a}^0$ dem Automorphismus $x' = u^{-1} x u$ unterworfen werden.

§ 2. Analysis situs. Volumbestimmung. Volle Reduzibilität

Im vorigen Paragraphen legten wir, obschon es sich um reine Strukturfragen handelte, die adjungierte Gruppe der Betrachtung zugrunde, damit die Gruppe auch hinsichtlich ihrer Zusammenhangsverhältnisse genau festgelegt war. $\tilde{\mathfrak{a}}_u$ ist nicht notwendig einfach zusammenhängend, ich behaupte aber:

Satz 2. *Ein gewisses endlichblättriges Überlagerungsgebilde über $\tilde{\mathfrak{a}}_u$ ist einfach zusammenhängend.*

Dieses universelle Überlagerungsgebilde $\mathfrak{a}_u$ ist als die wahre abstrakte Gruppe zu betrachten, deren Darstellung durch lineare Transformationen unser Problem ist. Jede Darstellung der infinitesimalen Gruppe $\mathfrak{a}^0$ liefert eine *eindeutige* Darstellung von $\mathfrak{a}_u$.

Ein Element t auf $\tilde{\mathfrak{a}}_u$ beschreibe eine geschlossene Kurve $\mathfrak{K}$, welche das $(r-3)$-parametrige Kontinuum $\mathfrak{t}$ der singulären Elemente nicht trifft. Ich verfolge die stetige Änderung der Drehwinkel φ_i von t bei Durchlaufung der Kurve und die damit verbundene stetige Änderung der Wurzeln

$$\alpha = a_1 \varphi_1 + a_2 \varphi_2 + \cdots + a_n \varphi_n$$

und der Grössen $e(\alpha)$. Ich behaupte: Kehren alle $e(\alpha)$ zu ihren Ausgangswerten zurück, so kann ich die Kurve $\mathfrak{K}$ auf $\tilde{\mathfrak{a}}_u$ stetig in den Einheitspunkt zusammenziehen. Denn kehren die $e(\alpha)$ zu ihren Ausgangswerten zurück, so gilt das gleiche für die Wurzeln α selber, weil $e(\alpha)$ niemals den Wert 1 passiert, α niemals gleich einem Vollwinkel wird. In (3) hängen u und die aus n Einsen und den Grössen $e(\alpha)$ bestehende Diagonalmatrix (ε) stetig von dem Kurvenparameter ab. Die Deformation nehme ich so vor, dass u vom Deformationsparameter σ unabhängig bleibt, φ_i jedoch ersetzt wird durch $\sigma \cdot \varphi_i$; σ nimmt stetig von 1 bis 0 ab[1]). – Da die $e(\alpha)$ bei Fortsetzung längs einer geschlossenen Kurve $\mathfrak{K}$ auf $\tilde{\mathfrak{a}}_u$ höchstens eine Permutation erfahren, ist damit der Satz bewiesen; das einfach zusammenhängende Überlagerungsgebilde ist höchstens $(r-n)$!-blättrig.

Weil $\mathfrak{a}_u$ geschlossen ist, gilt der Hauptsatz von § 1 so gut für $\mathfrak{a}_u$ wie für $\tilde{\mathfrak{a}}_u$.

Das Volumen $d\Omega$ desjenigen Teiles von $\mathfrak{a}_u$, auf welchem die Elemente t liegen, deren Drehwinkel φ_i dem Spielraum $\varphi_i \ldots \varphi_i + d\varphi_i$ angehören, wird berechnet auf Grund der Gleichung (4) bzw. (5). Die Volummessung auf der durch Projektion entstehenden Mannigfaltigkeit $[\mathfrak{a}_u]$ ist möglich, weil der Übergang von dem beliebigen Element δu der infinitesimalen Gruppe $\mathfrak{a}^0$ zu

$$\delta u' = (\varepsilon)\, \delta u\, (\varepsilon)^{-1}$$

mittels einer zu $\tilde{\mathfrak{a}}_u$ gehörigen Haupttransformation (ε) volumtreu ist. Denn es multiplizieren sich dabei die Nebenparameter δu_α von δu mit den Faktoren $e(\alpha)$; und da die Wurzeln α paarweise einander entgegengesetzt gleich sind, ist das Produkt der Faktoren $= 1$. Dieselbe Tatsache genügt nach einer Bemerkung in § 3 des II. Kapitels, um einzusehen, dass der Übergang

$$\delta t \rightarrow u \cdot \delta t \cdot u^{-1}$$

unimodular ist. Somit erhalten wir, unter Fortlassung eines konstanten von den Drehwinkeln unabhängigen Faktors,

$$d\Omega = \prod_\alpha \big(e(\alpha) - 1\big)\, d\varphi_1\, d\varphi_2 \ldots d\varphi_n$$

oder

$$d\Omega = \Delta\, \overline{\Delta}\, d\varphi_1\, d\varphi_2 \ldots d\varphi_n, \tag{6}$$

$$\Delta = \prod_\alpha^{+} s\left(\frac{\alpha}{2}\right). \tag{7}$$

Das letzte Produkt erstreckt sich nur über die *positiven* Wurzeln.

---

[1]) Wählen wir als Ausgangspunkt für die zu durchlaufenden geschlossenen Kurven $\mathfrak{K}$ ein Hauptelement t_0, dessen $e(\alpha)$ nicht bloss von 1, sondern auch alle untereinander verschieden sind, und startet u als Einheitsmatrix, so ist der Endwert von u nach Durchlaufung der Kurve eine mit t_0 vertauschbare Matrix, zerfällt also in ein n-zeiliges und $r-n$ einzeilige Quadrate, die sich längs der Hauptdiagonale aneinanderreihen. Infolgedessen bleibt $\mathfrak{K}$ bei der geschilderten Deformation eine *geschlossene* Kurve. Eine analoge Bemerkung wäre schon der topologischen Untersuchung der Drehungsgruppe in Kapitel II hinzuzufügen gewesen.

Die folgenden beiden Tatsachen:

1. $\mathfrak{a}_u$ ist geschlossen;
2. eine Linearform der Haupt- und Nebenparameter λ_i, τ_α des willkürlichen Elementes von $\mathfrak{a}^0$ verschwindet identisch, wenn sie unter der unitären Einschränkung
$$\lambda_i \text{ rein imaginär}, \quad \tau_{-\alpha} = \bar{\tau}_\alpha \tag{8}$$
verschwindet,

führen auf bekannten Wegen zu dem

Satz 3. *Jede Darstellung von $\mathfrak{a}^0$ durch lineare Transformationen zerfällt in eindeutig bestimmter Weise in irreduzible Darstellungen.*

§ 3. Bestimmung der Dimensionszahl und Charakteristik einer irreduziblen Darstellung von gegebenem höchstem Gewicht

Die Hauptparameter λ_i mögen so gewählt sein – sie sind dadurch bis auf eine ganzzahlige unimodulare Transformation bestimmt –, dass eine Linearform Ξ derselben dann und nur dann ganzzahlige Koeffizienten besitzt, wenn $2\,\Xi_\alpha/\alpha_\alpha$ für jede Wurzel α eine ganze Zahl ist («ganzzahlige Form», Kapitel III, § 4). Die Wurzeln α selber sind ganzzahlige Formen. Diejenigen Linearformen der λ_i, welche aus einer, Λ, durch die Substitutionen S der endlichen Gruppe (S) hervorgehen (Kapitel III, § 4), mögen zu Λ *äquivalent* heissen. Schon im vorigen Kapitel erkannten wir:

Satz 4. *Die in einer irreduziblen Darstellung von $\mathfrak{a}^0$ vorkommenden Gewichte sind ganzzahlige Formen. Mit einer Linearform treten auch immer die äquivalenten als Gewichte der gleichen Multiplizität auf. Das höchste Gewicht ist demnach eine ganzzahlige Linearform, die von keiner ihrer äquivalenten übertroffen wird. Es existieren nicht zwei inäquivalente irreduzible Darstellungen von demselben höchsten Gewicht.*

Der letzte Satz ist nach E. Cartan wie in Kap. I, § 3, zu beweisen.

Bei Beschränkung auf $\mathfrak{a}_u$ ersetzen wir die Parameter λ_i durch die Winkelvariablen φ_i ($\lambda_i = 2\pi\sqrt{-1}\,\varphi_i$). Durchläuft
$$\Lambda = m_1\lambda_1 + m_2\lambda_2 + \cdots + m_n\lambda_n$$
die sämtlichen vorkommenden Gewichte in der richtigen Multiplizität, so ist die der Darstellung entsprechende *primitive Charakteristik*
$$\chi = \sum_\Lambda e^\Lambda = \sum e(m_1\varphi_1 + m_2\varphi_2 + \cdots + m_n\varphi_n).$$
Die endliche Fourier-Reihe χ ist invariant gegenüber den Substitutionen der Gruppe (S). Nach I. Schur gilt unter Verwendung des Integrationselementes (6)
$$\frac{1}{\Omega}\int \chi(\varphi)\,\chi(-\varphi)\,d\Omega = 1 \quad \text{mit} \quad \Omega = \int d\Omega \tag{9}$$

und für die Charakteristiken χ, χ' zweier inäquivalenter irreduzibler Darstellungen

$$\int \chi(\varphi)\, \chi'(-\varphi)\, d\Omega = 0. \tag{10}$$

Um auf Grund dieser Orthogonalitätsrelationen die Charakteristiken zu berechnen, liegt es nahe, das Produkt

$$\chi \cdot \Delta = \xi \tag{11}$$

einzuführen. Das ist eine endliche Fourier-Reihe, die sich gegenüber der Gruppe (S) nicht wie χ symmetrisch, sondern *alternierend* verhält.

Zunächst nämlich ist Δ eine *Fourier-Reihe*, d.h. eine endliche lineare Kombination von Termen der Gestalt $e(\Phi)$, wo die Φ *ganzzahlige* Linearformen der Drehwinkel φ_i bedeuten. Um dies einzusehen, müssen wir zeigen, dass nicht erst die Summe $\Sigma^+ \varrho$ der positiven Wurzeln, sondern bereits die Hälfte davon eine ganzzahlige Form

$$\Phi^0 = r_1 \varphi_1 + r_2 \varphi_2 + \cdots + r_n \varphi_n$$

ist oder dass für jede Wurzel α

$$\sum_{\varrho}^{+} \frac{\varrho_\alpha}{\alpha_\alpha} \tag{12}$$

eine ganze Zahl ist. Beweis: Zu jeder positiven Wurzel ϱ gehört die aus ihr durch die Substitution S_α hervorgehende Wurzel

$$\varrho' = \varrho - \frac{2\varrho_\alpha}{\alpha_\alpha}\alpha \quad \text{mit} \quad \varrho'_\alpha = -\varrho_\alpha.$$

Dieselbe Substitution verwandelt ϱ' in ϱ. In (12) kommt neben ϱ die Wurzel $\tilde{\varrho} = +\varrho'$ oder $-\varrho'$ vor, je nachdem ϱ' positiv oder negativ ist. *Im ersten Fall* liefert das Wurzelpaar $\varrho, \tilde{\varrho}$ zur Summe (12) den Beitrag 0. Wenn ausnahmsweise $\tilde{\varrho}$, d.i. $\varrho' = \varrho$, also $\varrho_\alpha = 0$ ist, bleibt dies gültig; der Beitrag der *einen* Wurzel ϱ ist dann ebenfalls $= 0$. *Im zweiten Fall* ist, $\tilde{\varrho} \neq \varrho$ vorausgesetzt, der Beitrag des Wurzelpaares $\varrho, \tilde{\varrho}$ die ganze Zahl

$$\frac{\varrho_\alpha}{\alpha_\alpha} + \frac{\tilde{\varrho}_\alpha}{\alpha_\alpha} = \frac{2\varrho_\alpha}{\alpha_\alpha}.$$

---

[1]) Denn neben $\pm\alpha$ kann nicht ein weiteres konstantes Multiplum $c\alpha$ von α gleichfalls als Wurzel auftreten. Man stelle sonst nämlich diejenige α-Serie von Wurzeln auf, zu welcher $c\alpha$ gehört:

$$\ldots, (c-1)\alpha, \quad c\alpha, \quad (c+1)\alpha, \ldots \tag{*}$$

Die bekannte Schlussweise lehrt, dass der Schwerpunkt der Zahlenreihe $\ldots, c-1, \; c, \; c+1, \ldots$ im Nullpunkt liegt. c ist also entweder eine ganze Zahl oder eine halb-ganze. Dass der erste Fall ausgeschlossen ist, wurde in Kap. III, Satz 4, gezeigt. Ist c halbganz, so kommt $\alpha/2$ in der Reihe (*) vor. Es ist aber unmöglich, dass neben $\alpha/2$ auch $\alpha = 2 \cdot \alpha/2$ als Wurzel auftritt.

$\tilde{\varrho}$ kann hier nur dann $= \varrho$ sein, wenn ϱ ein Multiplum von α, mithin[1]) $\varrho = \pm\alpha$ ist; der Beitrag dieses Gliedes zu der Summe (12) ist ± 1.

Δ ist aber nicht nur eine Fourier-Reihe, sondern geht durch die Substitution S_α in $-\Delta$ über. Wir können die Wurzel α als positiv voraussetzen. Im Produkt (7) verwandelt sich der eine Faktor $s(\alpha/2)$ durch S_α in $s(-\alpha/2) = -s(\alpha/2)$. Ist $\varrho \neq \alpha$ und ϱ' negativ, so liefert das positive Wurzelpaar $\varrho, \tilde{\varrho}$ zu dem Produkt den Beitrag $s(\varrho/2)\, s(-\varrho'/2)$, der durch S_α übergeht in $s(\varrho'/2)\, s(-\varrho/2)$, also ungeändert bleibt. Ist hingegen ϱ' positiv, so ist der entsprechende Beitrag

$$s\left(\frac{\varrho}{2}\right) s\left(\frac{\varrho'}{2}\right), \quad \text{bzw.} \quad s\left(\frac{\varrho}{2}\right),$$

je nachdem $\varrho \neq \varrho'$ oder $\varrho = \varrho'$ ist; er ist wiederum invariant gegenüber S_α.

Eine Substitution der Gruppe (S) heisse *gerade* oder *ungerade*, je nachdem sie Δ in $+\Delta$ oder $-\Delta$ überführt. Das Produkt einer geraden Anzahl von Erzeugenden S_α ist gerade, das Produkt einer ungeraden Anzahl ungerade. Mit Δ ist auch (11) eine *alternierende Fourier-Reihe*, d.i. eine solche, welche bei den geraden Substitutionen von (S) ungeändert bleibt, bei den ungeraden ihr Vorzeichen wechselt. Jede alternierende Fourier-Reihe ist eine lineare Kombination aus den *Elementarsummen*

$$\xi(l_1, l_2, \ldots, l_n) = \sum_S \pm e(\Phi S); \quad \Phi = l_1\varphi_1 + \lambda_2\varphi_2 + \cdots + l_n\varphi_n. \tag{13}$$

Darin bedeutet Φ eine ganzzahlige Form, welche höher steht als alle ihre äquivalenten†). (Diese sind dann samt und sonders untereinander verschieden.) Die Summe erstreckt sich alternierend über alle Substitutionen S der Gruppe (S).

Jede alternierende Fourier-Reihe, insbesondere jede Elementarsumme $\xi(l)$, ist in dem Sinne durch Δ teilbar, dass der Quotient wiederum eine endliche – gegenüber (S) symmetrische – Fourier-Reihe ist. Der Nachweis beruht auf dem

Hilfssatz. *Eine Fourier-Reihe ist dann und nur dann teilbar durch* $e(\alpha) - 1$, *wenn sie für alle Argumentwerte* φ_i *verschwindet, die* α *zum Vollwinkel machen.*

Jedes Glied $e(\Phi)$ einer Fourier-Reihe η nimmt bei der Substitution S_α einen Faktor $e(g\,\alpha)$ an, $g = -2\Phi_\alpha/\alpha_\alpha =$ ganze Zahl. Es ist also $\eta\, S_\alpha = \eta$, wenn α ein Vollwinkel ist. Ausserdem gilt, wenn η alternierend ist, identisch in allen Argumenten $\eta\, S_\alpha = -\eta$. Folglich muss in diesem Falle $\eta = 0$ sein für alle Argumentwerte, die α zum Vollwinkel machen. Nach dem Hilfssatz kann man daher setzen

$$\eta = \big(e(\alpha) - 1\big)\, \eta^*, \quad \eta^* = \text{Fourier-Reihe.}$$

Ist β neben α eine zweite positive Wurzel, so verschwindet, weil die Ebenen $\beta = 0$ und $\alpha = 0$ im n-dimensionalen Raum der Winkelvariablen φ_i nicht zu-

---

†) Siehe hierzu den «Nachtrag» Seite 364 (Zusatz 1955).

sammenfallen, mit η auch η^* auf allen Ebenen: $\beta =$ ganze Zahl. Darum enthält η^* den Faktor $e(\beta) - 1$. So ergibt sich schliesslich, dass η durch das Produkt

$$\prod_{\alpha}^{+} (e(\alpha) - 1) \quad \text{und damit durch } \Delta$$

teilbar ist.

Im Hilfssatz möge α irgendeine ganzzahlige Form bedeuten. Ist g der grösste gemeinsame Teiler ihrer Koeffizienten, so kann man voraussetzen, dass $\varphi_1 = \alpha/g$ ist; denn dies ist durch eine unimodulare Transformation immer zu erreichen. η ist ein Polynom[1]) in $z = e(\varphi_1)$, dessen Koeffizienten Fourier-Reihen der Argumente $\varphi_2, \ldots, \varphi_n$ sind. Nach Voraussetzung verschwindet dieses Polynom für die g-ten Einheitswurzeln z, welche der Gleichung $z^g = 1$ genügen, und enthält darum den Faktor $z^g - 1$ oder $e(\alpha) - 1$.

Zu jeder Elementarsumme (13) kann man also die gegenüber (S) symmetrische Fourier-Reihe

$$\frac{\xi(l_1, l_2, \ldots, l_n)}{\Delta} = \chi(m_1, m_2, \ldots, m_n) \tag{14}$$

bilden. Da $e(\Phi)$,

$$\Phi = l_1\varphi_1 + l_2\varphi_2 + \cdots + l_n\varphi_n, \tag{15}$$

das höchste Glied in $\xi(l)$ und $e(\Phi^0)$,

$$\Phi^0 = r_1\varphi_1 + r_2\varphi_2 + \cdots + r_n\varphi_n,$$

das höchste Glied in Δ ist, wird das höchste Glied $e(\Psi)$,

$$\Psi = m_1\varphi_1 + m_2\varphi_2 + \cdots + m_n\varphi_n, \tag{16}$$

von $\chi(m)$ gegeben durch

$$\Psi = \Phi - \Phi^0, \quad m_i = l_i - r_i.$$

Weil $\chi(m)$ symmetrisch ist, kann Ψ nicht tiefer stehen als irgendeine der äquivalenten Formen ΨS.

Für eine beliebige Linearform Ξ ist die Summe aller ΞS gleich 0. Denn diese Summe ist eine Linearform H, welche gegenüber allen Substitutionen S_α invariant ist, d.h. für jede Wurzel α die Gleichung $\mathsf{H}_\alpha = 0$ erfüllt. Darum ist nach einem in § 4 des vorigen Kapitels erbrachten Beweis in der Tat $\mathsf{H} = 0$. Wird also Ξ von keiner seiner Äquivalenten ΞS der Höhe nach übertroffen, so ist Ξ notwendig 0 oder positiv.

Mithin ist (16) nicht negativ. Ordnet man verschiedene Fourier-Reihen nach der Höhe ihres höchsten Gliedes, so ist also keine Elementarsumme $\xi(l)$ niedriger als Δ. Doch Δ ist als alternierende Fourier-Reihe gleich $\xi(r_1, r_2, \ldots, r_n)$ + niedrigeren Elementarsummen. Da solche niedrigeren Elementarsummen nicht existieren, ergibt sich, dass Δ selbst die niedrigste Elementarsumme,

$$\Delta = \xi(r_1, r_2, \ldots, r_n),$$

---

[1]) In etwas erweitertem Sinne: lineare Kombination endlichvieler ganzzahliger (nicht notwendig positiver) Potenzen von z.

sein muss. – Ist umgekehrt (16) eine vorgegebene ganzzahlige Form, die von keiner ihrer äquivalenten der Höhe nach übertroffen wird, so steht $\Phi = \Psi + \Phi^0$ höher als alle übrigen dazu äquivalenten Formen. Man kann daher nach (14) dasjenige $\chi(m)$ bilden, dessen höchstes Glied das gegebene $e(\Psi)$ ist.

Für das Produkt zweier verschiedener Elementarsummen findet man die *Orthogonalitätsrelation*

$$\int_0^1 \ldots \int_0^1 \xi(l_1, l_2, \ldots, l_n)\, \bar{\xi}(l'_1, l'_2, \ldots, l'_n)\, d\varphi_1 \ldots d\varphi_n = 0. \tag{17}$$

Denn in keinem Glied des Produktes

$$e(\Phi S) \cdot e(-\Phi' S') = e(\Phi S - \Phi' S')$$

ist die ganzzahlige Form $\Phi S - \Phi' S' = 0$, weil ein ΦS nicht mit einem $\Phi' S'$ übereinstimmen kann, ohne dass die *ganze* Gruppe äquivalenter Formen ΦS mit der ganzen Gruppe $\Phi' S$ zusammenfällt und daher auch in beiden Gruppen die höchsten Formen Φ bzw. Φ' übereinstimmen. Ähnlich ergibt sich als Wert des Integrals

$$\int_0^1 \ldots \int_0^1 \xi(l_1, l_2, \ldots, l_n)\, \bar{\xi}(l_1, l_2, \ldots, l_n)\, d\varphi_1 \ldots d\varphi_n \tag{18}$$

die Ordnung der Gruppe (S). Verwendet man die letzte Gleichung insbesondere für die niedrigste Elementarsumme, $l_i = r_i$, so findet man, dass das Gesamtvolumen $\Omega = \int d\Omega$ mit dieser Ordnungszahl übereinstimmt. Darum kann man an Stelle von (18) auch schreiben

$$\frac{1}{\Omega} \int \chi(m)\, \bar{\chi}(m)\, d\Omega = 1, \tag{19}$$

während (17) gleichbedeutend ist mit der Gleichung

$$\int \chi(m)\, \bar{\chi}(m')\, d\Omega = 0 \qquad (m \neq m'): \tag{20}$$

die Grössen $\chi(m)$ genügen denselben Orthogonalitätsrelationen, welche nach (9), (10) für die Charakteristiken der irreduziblen Darstellungen bestehen.

Daraus soll bewiesen werden, dass jene primitiven Charakteristiken mit den $\chi(m)$ identisch sind. «Mögliches höchstes Gewicht» ist jede ganzzahlige Linearform (16), die von keiner ihrer äquivalenten übertroffen wird. Ist (16) das höchste Gewicht der primitiven Charakteristik χ, so ist die alternierende Fourier-Reihe $\xi = \chi \cdot \Delta$ additiv zusammengesetzt aus Elementarsummen (13), deren höchste zu den Zahlen $l_i = m_i + r_i$ gehört. Es gilt also eine Gleichung

$$\chi = c\, \chi(m) + c' \chi(m') + \cdots, \tag{21}$$

wo der erste Koeffizient $c \neq 0$ ist und die folgenden Glieder $\chi(m'), \ldots$ niedriger stehen als $\chi(m)$. In den früher behandelten Sonderfällen habe ich hieraus, aus den Orthogonalitätsrelationen (9), (10) und den entsprechenden für die Grössen

$\chi(m)$ durch induktives Fortschreiten von niedrigeren zu höheren Gewichten die Gleichung $\chi = \chi(m)$ erschlossen, indem ich mich auf die von E. CARTAN sichergestellte Tatsache stützte, dass zu jedem möglichen höchsten Gewicht wirklich eine irreduzible Darstellung gehöre. Dadurch erschien die Bestimmung der Charakteristik *einer* irreduziblen Darstellung an die Existenz und Beherrschung *aller* gebunden. Direkter kommt man zum Ziel auf Grund der arithmetischen Bemerkung, dass die Koeffizienten $c, c', \ldots$ in (21) ganze Zahlen sind. Denn die Fourier-Reihe ξ hat ganzzahlige Koeffizienten, ebenso jede der Elementarsummen $\xi(l)$. Ausserdem ist aber der Koeffizient des höchsten Gliedes in $\xi(l)$ gleich 1. Daraus ergibt sich in der Tat Glied für Glied die Ganzzahligkeit von $c, c', \ldots$. Die Beziehung (9) aber liefert mit Hilfe der Orthogonalitätsrelationen für die $\chi(m)$ die Gleichung

$$1 = c^2 + c'^2 + \cdots.$$

Darum muss

$$c = \pm 1, \quad c' = 0, \quad \ldots$$

sein. Da alle Koeffizienten von χ, insbesondere der des höchsten Gliedes, positive ganze Zahlen sind, ist notwendig $c = +1$, $\chi = \chi(m)$. Von neuem ist damit der CARTANsche Satz bewiesen, dass das höchste Gewicht in einer irreduziblen Darstellung die Multiplizität 1 besitzt und dass nur *eine* irreduzible Darstellung von gegebenem höchsten Gewicht existieren kann. Denn der Koeffizient des höchsten Gliedes in $\chi(m)$ ist $= 1$; und gäbe es zwei inäquivalente irreduzible Darstellungen vom höchsten Gewicht (16), so müssten nach unserem Resultat ihre Charakteristiken χ und χ' beide $= \chi(m)$ sein; und das widerstreitet der Relation (10) (oder dem BURNSIDEschen Theorem).

Aus der Charakteristikenformel $\chi = \chi(m)$ ermittelt man die *Dimensionszahl*, indem man alle Drehwinkel $\varphi_i = 0$ setzt. Wir führen die Berechnung folgendermassen durch. In Kap. III, § 4, lernten wir eine positiv-definite, gegenüber den Substitutionen der Gruppe (S) invariante quadratische Form

$$G(x) = \sum_{ik} g_{ik} x_i x_k \qquad (g_{ki} = g_{ik})$$

im Gebiete der willkürlichen Linearformen $x_1\varphi_1 + x_2\varphi_2 + \cdots + x_n\varphi_n$ kennen. Gleichzeitig mit ihr trat die reziproke Form

$$Q(\varphi) = \sum_{ik} q_{ik} \varphi_i \varphi_k \; (= \sum_{\varrho} \varrho^2)$$

auf. Wir setzen allgemein

$$x_i' = \sum_k g_{ik} x_k, \qquad x_i = \sum_k q_{ik} x_k'$$

und machen unter Benutzung einer einzigen Variablen φ in $\xi(l_1, l_2, \ldots, l_n)$ die Substitution $\varphi_i = r_i' \varphi$. Das höchste Glied in $\xi(l)$ lautet dann

$$e\,(\varphi \sum_i l_i r_i') = e\,(\varphi \sum_{ik} q_{ik} r_i' l_k').$$

Wegen des invarianten Charakters der Form Q geht

$$\sum_{ik} q_{ik} r'_i l'_k$$

durch Ausübung einer zu (S) gehörigen Transformation S auf die Grössen r'_i in denselben Ausdruck über wie durch Ausübung der inversen S^{-1} auf die l'_i. Infolgedessen hat die alternierende Summe

$$\sum_S \pm e\,(\varphi \sum_{ik} q_{ik} r'_i l'_k)\, S$$

den gleichen Wert, ob man nun die Operationen S auf die Grössen r'_i oder auf die Grössen l'_i ausübt. Mit andern Worten: die Elementarsumme $\xi(l_1, l_2, \ldots, l_n)$ geht durch die Substitution $\varphi_i = r'_i \varphi$ in dieselbe Funktion von φ über wie $\xi(r_1, r_2, \ldots, r_n)$ durch die Substitution $\varphi_i = l'_i \varphi$. Weil aber

$$\xi\,(r_1, r_2, \ldots, r_n) = \prod_\alpha^+ s\left(\frac{\alpha}{2}\right)$$

ist, kommt für $\varphi_i = r'_i \varphi$:

$$\xi\,(l_1, l_2, \ldots, l_n) = \prod_\alpha^+ s\left(\frac{\varphi}{2}\, G\,(l, a)\right),$$

wo sich das Produkt rechts über alle Systeme ganzer Zahlen $a = a_1, a_2, \ldots, a_n$ erstreckt, denen positive Wurzeln

$$\alpha = a_1 \varphi_1 + a_2 \varphi_2 + \cdots + a_n \varphi_n$$

korrespondieren. Für $\varphi_i = r'_i \varphi$, φ unendlich klein, gilt darum

$$\xi\,(l_1, l_2, \ldots, l_n) \sim (2\pi i\, \varphi)^{\frac{r-n}{2}} \cdot \prod_\alpha^+ G\,(l, a).$$

Daraus findet man als Wert von

$$\chi(m) = \frac{\xi(l_1, l_2, \ldots, l_n)}{\xi(r_1, r_2, \ldots, r_n)}$$

für verschwindende Drehwinkel φ_i:

$$N_m = \frac{\Pi^+_\alpha\, G(l, a)}{\Pi^+_\alpha\, G(r, a)}.$$

Satz 5. *Die Charakteristik der irreduziblen Darstellung vom höchsten Gewicht*

$$m_1 \varphi_1 + m_2 \varphi_2 + \cdots + m_n \varphi_n$$

ist

$$\chi = \frac{\xi(l_1, l_2, \ldots, l_n)}{\Delta} = \frac{\xi(l_1, l_2, \ldots, l_n)}{\xi(r_1, r_2, \ldots, r_n)}.$$

$\xi(l)$ bedeutet die alternierend über alle Substitutionen S der Gruppe (S) zu erstreckende Elementarsumme

$$\sum_S \pm e(\Phi S), \quad \Phi = l_1 \varphi_1 + l_2 \varphi_2 + \cdots + l_n \varphi_n .$$

$\Delta = \xi(r)$ ist die niedrigste dieser Elementarsummen,

$$\Phi^0 = r_1 \varphi_1 + r_2 \varphi_2 + \cdots + r_n \varphi_n$$

(gleich der halben Summe aller positiven Wurzeln) die niedrigste ganzzahlige Form, welche höher steht als alle ihre äquivalenten. Die ganzen Zahlen l_i sind $= m_i + r_i$ zu nehmen. Die Dimensionszahl jener Darstellung beträgt

$$N = \prod_\alpha \frac{G(l, a)}{G(r, a)} = \prod_\alpha \frac{\Phi_\alpha}{\Phi_\alpha^0},$$

wo das Produkt sich über alle Wurzeln

$$\alpha = a_1 \varphi_1 + a_2 \varphi_2 + \cdots + a_n \varphi_n$$

in solcher Weise erstreckt, dass jedes Paar entgegengesetzt gleicher Wurzeln $\alpha, -\alpha$ nur durch einen Faktor vertreten ist.

§ 4. Über die Konstruktion aller irreduziblen Darstellungen

Es gilt endlich einzusehen:

Satz 6. *Zu jeder ganzzahligen Linearform Ψ, die von keiner ihrer äquivalenten übertroffen wird, gehört eine irreduzible Darstellung, deren höchstes Gewicht Ψ ist.*

Dies ist bereits von E. CARTAN bewiesen worden[1]. Aber seine Konstruktion gründet sich auf die explizite Herstellung aller einfachen Gruppen und muss für jede Gruppe besonders durchgeführt werden. Er zeigt in jedem Falle, dass unter den möglichen höchsten Gewichten n angegeben werden können: $\Psi_1, \Psi_2, \ldots, \Psi_n$, aus denen sich jedes linear mittels ganzer, nichtnegativer Koeffizienten p_i kombinieren lässt:

$$p_1 \Psi_1 + p_2 \Psi_2 + \cdots + p_n \Psi_n \quad (p_i \geqq 0). \tag{22}$$

Es gelingt ihm, die irreduziblen Darstellungen ausfindig zu machen, welche zu diesen höchsten Gewichten $\Psi_1, \Psi_2, \ldots, \Psi_n$ gehören. Durch Komposition gewinnt man daraus, wie wir wissen, eine Darstellung mit dem höchsten Gewicht (22), und aus ihr lässt sich eine irreduzible mit demselben höchsten Gewicht abspalten. E. CARTANS Methode besteht also in einer direkten algebraischen Konstruktion; sie baut die Darstellungen von unten her durch Komposition auf. Die halb-einfachen Gruppen werden aus den einfachen zusammengesetzt.

Ein anderer Weg, den man einschlagen kann, ist der des Abbaus von vornherein bekannter Darstellungen. Es liegt nahe, als Ausgangspunkt wiederum

[1] E. CARTAN II.

die adjungierte Gruppe $\tilde{\mathfrak{a}}$ zu benutzen und durch Reduktion dieser Darstellung und ihrer Potenzen die irreduziblen zu konstruieren. Statt der Potenzen kann man allgemeiner jede Darstellung der vollen linearen Gruppe $\mathfrak{g}_{(r)}$ in r Dimensionen verwenden; denn eine solche liefert natürlich immer auch eine Darstellung der in $\mathfrak{g}_{(r)}$ enthaltenen Untergruppe $\tilde{\mathfrak{a}}$. Aber auf diesem Wege wird man nur solche irreduzible Darstellungen gewinnen, welche auf $\tilde{\mathfrak{a}}$ eindeutig sind.

Der richtige Ausgangspunkt für den Abbau liegt nicht in der adjungierten Gruppe, sondern in der sogenannten *regulären Darstellung*, die FROBENIUS in der Theorie der endlichen Gruppen zu analogem Zwecke verwendet hat. Sie liefert durch ihre Reduktion mit einem Schlage alle irreduziblen Darstellungen. Ihr Substrat kann deshalb selbstverständlich nicht ein Raum von endlich vielen Dimensionen sein, sondern sie ist eine Gruppe linearer Transformationen im «Raume» aller eindeutigen stetigen Funktionen $\eta(s)$, deren Argument s die geschlossene einfach zusammenhängende Gruppenmannigfaltigkeit $\mathfrak{a}_u$ durchläuft. Und zwar entspricht dem Elemente s_0 von $\mathfrak{a}_u$ die Transformation $T(s_0): \eta \to \eta'$ jenes Funktionalraumes, welche durch die Gleichung

$$\eta(s) = \eta'(s_0^{-1} s)$$

gegeben wird. Man sieht sofort, dass für irgend zwei Elemente s_0, t_0

$$T(s_0)\, T(t_0) = T(s_0\, t_0)$$

gilt. Durch die Reduktion dieser regulären Darstellung kommt man, analog wie in der FROBENIUSschen Theorie der Gruppencharaktere operierend, zu dem Ergebnis:

Satz 6a. *Die primitiven Charakteristiken bilden ein (zum Integrationselement $d\Omega$ gehöriges) vollständiges Orthogonalsystem für die Gesamtheit der auf $\mathfrak{a}_u$ eindeutigen Klassenfunktionen.*

Das ist die natürliche, ohne Fallunterscheidungen durchführbare, freilich transzendente Konstruktionsmethode. In Verbindung mit den uns bekannten Eigenschaften der primitiven Charakteristiken geht aus dem angegebenen Resultat hervor:

1. Zwei Hauptelemente (ε), (ε'), für welche die (bis auf eine unimodulare Transformation bestimmten) normierten Winkelvariablen mod 1 gleiche Werte haben:

$$\varphi_i \equiv \varphi_i' \pmod 1,$$

fallen auf $\mathfrak{a}_u$ zusammen.

2. Zwei Hauptelemente (ε), (ε') sind innerhalb $\mathfrak{a}_u$ konjugiert, wenn das eine aus dem andern durch eine auf die Winkelvariablen auszuübende Substitution S der Gruppe (S) hervorgeht; oder zu jedem solchen S gibt es ein Element u_S von $\mathfrak{a}_u$ derart, dass

$$(\varepsilon) S = u_S^{-1} (\varepsilon)\, u_S$$

ist.

Die Sätze 6 und 6a kommen zur Übereinstimmung, wenn von diesen beiden Behauptungen die Umkehrung zutrifft. Sie gilt es also direkt zu beweisen. Ich verzichte vorläufig auf die exakte Durchführung dieser ganzen Methode, weil sie mir beim gegenwärtigen Stand der Untersuchung einen zu grossen Kraftaufwand an ein Ziel zu verschwenden scheint, das bereits auf anderm Wege erreicht ist. Doch hoffe ich, dass sich das bald ändern wird; gewisse Ansätze von E. CARTAN, welche an die vorliegende Arbeit anschliessen und von denen der Verfasser brieflich Kenntnis hat, versprechen in dieser Hinsicht merkliche Erleichterungen.

§ 5. Beziehung zur Invariantentheorie

Es sei $\mathfrak{a}$ eine gegebene Gruppe homogener linearer Transformationen in m Dimensionen. Liegen eine oder mehrere willkürliche Formen bestimmter Ordnung der m-gliedrigen Variablenreihen $x, y, \ldots$ vor, so versteht man unter einer *Invariante* dieser Formen gegenüber der Gruppe $\mathfrak{a}$ bekanntlich eine ganze rationale Funktion der Koeffizienten jener Formen, welche homogen ist in den Koeffizienten jeder einzelnen Form und sich nicht ändert, wenn man die Formen durch jene ersetzt, die aus ihnen durch eine willkürliche, kogredient auf die Variablenreihen $x, y, \ldots$ auszuübende Transformation s der Gruppe $\mathfrak{a}$ hervorgehen. Nun erleiden aber z.B. die Koeffizienten einer willkürlichen kubischen Form der x unter dem Einfluss der Variablentransformationen gleichfalls eine Gruppe linearer Transformationen, die auf $\mathfrak{a}$ isomorph bezogen ist. Wir können das Problem daher so fassen und zugleich verallgemeinern. Es liegen mehrere Darstellungen $\mathfrak{A}, \mathfrak{B}, \ldots$ der in abstracto gegebenen Gruppe $\mathfrak{a}$ durch lineare Transformationen vor. Dem Element s von $\mathfrak{a}$ möge in $\mathfrak{A}$ die lineare Transformation S des willkürlichen m-dimensionalen Vektors x, in $\mathfrak{B}$ die lineare Transformation T des willkürlichen n-dimensionalen Vektors $y, \ldots$ korrespondieren. Eine ganze rationale Funktion $J(x, y, \ldots)$, welche homogen ist in den Komponenten jedes der Vektoren $x, y, \ldots$, heisst eine zugehörige *Invariante*, wenn sie bei den simultanen Transformationen $S, T, \ldots$, welche das beliebige Element s von $\mathfrak{a}$ an ihren Argumenten induziert, ungeändert bleibt. Der HILBERTsche Beweis des *Fundamentalsatzes*: *dass alle zu den gegebenen Darstellungen* $\mathfrak{A}, \mathfrak{B}, \ldots$ *gehörigen Invarianten sich aus endlich vielen ganz rational aufbauen lassen*, erfordert eine Methode, die aus jeder in den Komponenten der einzelnen Vektoren homogenen ganzen rationalen Funktion $f(x, y, \ldots)$ eine Invariante J_f erzeugt, die insbesondere dann, wenn f selber schon eine Invariante ist, mit f zusammenfällt (evtl. bis auf einen konstanten von 0 verschiedenen Faktor). Zu diesem Zweck hat HURWITZ *die Integrationsmethode* ersonnen. Wir erkennen jetzt die Tragweite dieser Methode: sie *führt* nicht bloss für die projektive und die orthogonale Gruppe *zum Ziel*, auf welche HURWITZ sie allein angewendet hatte, sondern *für alle halb-einfachen Gruppen*. Sie erweist damit ihre grosse Überlegenheit über die rein algebraischen Methoden, welche Differentiationsprozesse nach Art des CAYLEYschen Ω-Prozesses heranziehen. *Zum erstenmal ist damit auf natürliche Weise ein gruppentheoretischer Gültigkeitsbereich für die Invariantentheorie abgegrenzt.*

Man führt die unitäre Beschränkung ein und bildet das über die *geschlossene* Mannigfaltigkeit $\mathfrak{a}_u$ zu erstreckende Integral

$$\int_{\mathfrak{a}_u} f(xS, yT, \ldots)\,|ds| = J_f(x, y, \ldots).$$

$J_f(x, y, \ldots)$ ist gewiss eine Invariante gegenüber $\mathfrak{a}_u$. Dass hier aber die unitäre Beschränkung wieder fortgelassen werden kann, zeigt man am bequemsten, indem man durch die infinitesimalen Operationen hindurchgeht. Die Änderung dJ_f von J_f bei einer infinitesimalen Operation von $\mathfrak{a}$ ist eine Linearform von deren Parametern. Die Form verschwindet, wenn diese Parameter der unitären Beschränkung (8) unterworfen sind; also verschwindet sie überhaupt identisch. J_f ist folglich gegenüber den infinitesimalen Operationen von $\mathfrak{a}$, demnach auch gegenüber allen Operationen von $\mathfrak{a}$ invariant.

Betrachtet man nur diejenigen Invarianten, welche in bezug auf jeden der Argumentvektoren $x, y, \ldots$ *von bestimmter Ordnung* sind, so entsteht die viel weniger tiefliegende Frage nach den linear unabhängigen unter den Invarianten der so definierten endlichen *Schar*. Ist z.B. in x die Ordnung 3, in y die Ordnung 2, ... vorgeschrieben, so kann man die Scharinvarianten als Linearformen der Variablen

$$x_i\, x_k\, x_l\, y_r\, y_s \ldots$$

betrachten, die ihrerseits das Substrat für eine in gewisser Weise aus den Darstellungen $\mathfrak{A}, \mathfrak{B}, \ldots$ komponierte Darstellung $\mathfrak{A}$ abgeben. Das Problem besteht also in abgeänderter Bezeichnung darin: im x-Raum einer Darstellung $\mathfrak{A}$ der Gruppe $\mathfrak{a}$ die sämtlichen Linearformen $J = J(x)$ zu ermitteln, welche sich bei den linearen Transformationen der Gruppe $\mathfrak{A}$ nicht ändern. Die Anzahl der linear unabhängigen J gibt offenbar an, wie oft in $\mathfrak{A}$ bei vollständiger Reduktion die Identität $J' = J$ als irreduzible Darstellung von $\mathfrak{a}$ vorkommt. Enthält $\mathfrak{A}$ die irreduzible Darstellung vom höchsten Gewicht (16) und der Charakteristik χ_m bei vollständiger Reduktion g_m-mal, so gilt für die Charakteristik ζ von $\mathfrak{A}$:

$$\zeta(\varphi) = \sum g_m \chi_m(\varphi).$$

Daraus folgt mittels der Orthogonalitätsrelationen für die χ_m:

$$g_m = \frac{1}{\Omega} \int \zeta(\varphi)\, \chi_m(-\varphi)\, d\Omega. \tag{23}$$

Insbesondere ist die Anzahl der linear unabhängigen Scharinvarianten

$$g_0 = \frac{1}{\Omega} \int \zeta(\varphi)\, d\Omega. \tag{24}$$

Diese Formel wurde von I. SCHUR im Falle der orthogonalen Gruppe entwickelt[1]) und zu interessanten Folgerungen verwendet.

[1]) I. SCHUR, Sitz.-Ber. preuss. Akad. *1924*, S. 189–208 und 346–355.

Aber auch die allgemeinere Formel (23) hat ihr Interesse. Ist J eine Invariante mehrerer Formen, so stellt die Gleichung $J = 0$ eine invariante Beziehung zwischen diesen Formen dar. Es gibt jedoch auch invariante Beziehungen zwischen Formen, welche nicht durch eine, sondern durch mehrere, z.B. durch zwei Gleichungen $J_1 = 0$, $J_2 = 0$ ausgedrückt werden. Dann gehen J_1, J_2 unter dem Einfluss der Substitutionen der Gruppe über in lineare Kombinationen dieser beiden Funktionen. Wenn nicht jede der beiden Funktionen einzeln invariant ist, muss J_1 in den Komponenten jeder Form von der gleichen Ordnung sein wie J_2. Betrachten wir wiederum nur solche Paare (J_1, J_2), für welche diese Ordnungszahlen vorgeschrieben sind, so kann man das Problem so stellen: alle Paare (J_1, J_2) von Linearformen im x-Raum zu bestimmen, die unter dem Einfluss der Gruppenelemente von $\mathfrak{a}$ vorgegebene, ihnen isomorph zugeordnete lineare Transformationen t erleiden:

$$J'_1 = t_{11} J_1 + t_{12} J_2,$$
$$J'_2 = t_{21} J_1 + t_{22} J_2.$$

Die letzteren sollen eine irreduzible Darstellung von $\mathfrak{a}$ bilden. Kommt bei vollständiger Reduktion der Transformationsgruppe $\mathfrak{A}$ der Variablen x diese irreduzible Darstellung g-mal in $\mathfrak{A}$ vor, so behaupte ich, gibt es g derartige Paare

$$(J'_1, J'_2), \quad (J''_1, J''_2), \quad \ldots,$$

aus denen sich alle mittels konstanter Koeffizienten linear zusammensetzen lassen:

$$J_1 = \alpha' J'_1 + \alpha'' J''_1 + \cdots,$$
$$J_2 = \alpha' J'_2 + \alpha'' J''_2 + \cdots.$$

In der Tat: entsprechen demselben Element von $\mathfrak{a}$ in der N-dimensionalen Darstellung $\mathfrak{A}$ die Matrix T, in der vorgegebenen zweidimensionalen irreduziblen Darstellung die Matrix t, so kommt die Forderung, dass das Paar

$$J_1 = a_{11} x_1 + a_{12} x_2 + \cdots + a_{1N} x_N,$$
$$J_2 = a_{21} x_1 + a_{22} x_2 + \cdots + a_{2N} x_N$$

die Transformation t erleidet, wenn die x durch T transformiert werden, für die rechteckige Matrix A der Koeffizienten a auf die Gleichung hinaus:

$$tA = AT.$$

Enthält das allgemeine T, in vollständig reduzierter Form geschrieben, längs der Hauptdiagonale g-mal die Matrix t, im übrigen aber lauter zu t inäquivalente irreduzible Matrizen, so teile man diesem Zerfall entsprechend die Reihe der

Variablen $x_1, x_2, \ldots, x_N$ und damit die Matrix $\boldsymbol{A}$ in Abschnitte ein. Für jeden der ersten g quadratischen Abschnitte A von $\boldsymbol{A}$ hat man die Gleichung

$$tA = At,$$

für die übrigen rechteckigen Abschnitte B Gleichungen

$$tB = Bt',$$

in denen t' irreduzibel und inäquivalent zu t ist. Nach einem in Kap. I, § 6, erwähnten Satz von I. SCHUR folgt daraus, dass die Abschnitte A zweidimensionale Einheitsmatrizen sind, die Abschnitte B verschwinden. Das ist aber genau die aufgestellte Behauptung, dass (J_1, J_2) sich linear zusammensetzt aus den Paaren

$$(x_1, x_2), \quad (x_3, x_4), \quad \ldots, \quad (x_{2g-1}, x_{2g}),$$

an deren jedem T die Transformation t induziert. Das Resultat lautet: In zwei Darstellungen einer gegebenen halb-einfachen Gruppe, von denen die zweite irreduzibel ist, mögen einem willkürlichen Gruppenelement die linearen Transformationen oder Matrizen T bzw. t korrespondieren. Die erste Darstellung, deren Träger der x-Raum ist, sei N-dimensional, die zweite n-dimensional. Es gilt, Systeme $J_1, J_2, \ldots, J_n$ von n Linearformen der N Variablen x zu ermitteln, welche allgemein untereinander nach t transformiert werden, wenn die Variablen x der Transformation T unterworfen werden. Die Anzahl der linear unabhängigen dieser «invarianten Systeme» ist, wenn ζ und χ_m die Charakteristiken der beiden Darstellungen sind, aus der Formel (23) zu entnehmen.

*Nachtrag**)

Die Überlegungen, welche in § 3 des IV. Kapitels zur Bestimmung der primitiven Charakteristiken aller halb-einfachen Gruppen führen, bedürfen in einem Punkte noch der Ergänzung. Auf S. 354, Zeile 16, heisst es: «Jede alternierende Fourier-Reihe ist eine lineare Kombination aus den Elementarsummen», und bei der Erklärung der Elementarsummen wird von der mit Φ bezeichneten Linearform ohne weiteres angenommen, dass sie ***höher*** steht als alle ihre äquivalenten (ausser Φ selber). Von dem höchsten Glied $e(\Phi)$ einer alternierenden Fourier-Reihe kann man aber zunächst nur behaupten, dass

$$\begin{aligned} &\Phi \geqq \Phi S \text{ ist für alle Substitutionen } S \text{ und} \\ &\Phi > \Phi S \text{ für alle } \textit{ungeraden } S, \text{ insbesondere für die Erzeugenden } S_\alpha. \end{aligned} \qquad [1]$$

In den Sonderfällen der Kapitel I–III ergab sich daraus zufolge der Konstitution der Gruppe (S), ohne dass es ausdrücklich erwähnt zu werden brauchte, die Ungleichung $\Phi > \Phi S$ für alle von der Identität verschiedenen Substi-

*) Mathematische Zeitschrift **24**, p. 789–791 (1926).

tutionen S. Allgemein kommt man, dem Gedankengang auf S. 354–357 folgend, so zum Ziel†).

Die ganzzahlige Linearform Φ mit den Koeffizienten l genüge der Bedingung [1]. $(S)_l$ sei die Gruppe derjenigen (geraden) Substitutionen S, für welche $\Phi S = \Phi$ ist, h_l ihre Ordnung. In der zugehörigen Elementarsumme $\xi(l)$, Formel (13), fallen dann – gemäss der Zerlegung von (S) in rechtsseitige Nebengruppen nach $(S)_l$ – die Glieder zu je h_l zusammen; nicht die Fourier-Reihe $\xi(l)$, sondern

$$\frac{1}{h_l}\,\xi(l_1, l_2, \ldots, l_n) = \xi^*(l_1, l_2, \ldots, l_n)$$

hat lauter ganzzahlige Koeffizienten $= \pm 1$. Infolgedessen kommt an Stelle von (18):

$$\int_0^1 \cdots \int_0^1 \xi^*(l_1, l_2, \ldots, l_n)\, \bar{\xi}^*(l_1, l_2, \ldots, l_n)\, d\varphi_1 \ldots d\varphi_n = \frac{\text{Ordn. von } (S)}{h_l}. \qquad [2]$$

Die Überlegung des letzten Absatzes auf S. 355 führt zu der entscheidenden Gleichung

$$\Delta = \xi^*(r_1, r_2, \ldots, r_n),$$

und infolgedessen ist nach [2]:

$$\Omega = \frac{\text{Ordn. von } (S)}{h_r}.$$

Spaltet man $\Phi^0 = r_1\varphi_1 + \cdots + r_n\varphi_n$, die halbe Summe der positiven Wurzeln, ab, $\Phi = \Psi + \Phi^0$, so gilt $\Psi S \leqq \Psi$, $\Phi^0 S \leqq \Phi^0$ für alle Substitutionen S der Gruppe (S); darum kann nur dann $\Phi S = \Phi$ sein, wenn in beiden vorangehenden Ungleichungen das Gleichheitszeichen zutrifft. Mit andern Worten: $(S)_l$ ist eine Untergruppe von $(S)_r$; bezeichnen wir die Substitutionen von $(S)_r$ allgemein mit S_0, so besteht nämlich $(S)_l$ aus denjenigen Substitutionen S_0, welche Ψ invariant lassen. h_l ist ein Teiler von h_r, h_r/h_l eine ganze positive Zahl. Die Substitutionen S_0 sind dadurch gekennzeichnet, dass sie alle positiven Wurzeln wieder in positive Wurzeln überführen.

Für die Charakteristik χ einer irreduziblen Darstellung oder, besser noch, für die zugehörige Funktion $\xi = \Delta \cdot \chi$ erhält man analog zu (21):

$$\xi = c \cdot \xi^*(l) + c' \cdot \xi^*(l') + \cdots$$

mit ganzzahligen Koeffizienten $c, c', \ldots$ Bildet man danach den Mittelwert

$$\frac{1}{\Omega}\int_0^1 \cdots \int_0^1 \xi\,\bar{\xi}\, d\varphi_1 \ldots d\varphi_n,$$

---

†) Einen einfacheren Beweis gibt E. STIEFEL, *Kristallographische Bestimmung der Charaktere der geschlossenen LIEschen Gruppen*, Comm. Math. Helv. *17*, 1944/45, Satz 4, indem er zeigt, dass die Substitutionen aus (S), welche einen gegebenen Vektor $(l_1, \ldots, l_n)$ invariant lassen, eine aus „Spiegelungen" S_α erzeugte Untergruppe $(S)_l$ bilden (Zusatz 1955).

welcher nach I. Schur den Wert 1 besitzt, so kommt

$$1 = c^2 \frac{h_r}{h_l} + c'^2 \frac{h_r}{h_{l'}} + \cdots.$$

Daraus folgt nach den schon gewonnenen Resultaten

$$c = 1,\ c' = 0, \ldots \quad \text{und} \quad h_l = h_r,\ (S)_l = (S)_r.$$

Es ist also

$$\chi = \frac{\xi^*(l)}{\Delta} = \frac{\xi(l_1, l_2, \ldots, l_n)}{\xi(r_1, r_2, \ldots, r_n)}, \qquad [3]$$

und das höchste Gewicht $\Psi = m_1\varphi_1 + \cdots + m_n\varphi_n$ der irreduziblen Darstellung ist invariant gegenüber allen Substitutionen S_0.

Die Hauptformel [3] ist damit unabhängig von der angefochtenen Voraussetzung sichergestellt. Aber nun ergibt sich nachträglich auch leicht, dass $(S)_r$ nur aus der Identität bestehen kann. Der Zusatz sagt nämlich aus, dass das höchste Gewicht einer jeden irreduziblen Darstellung und damit überhaupt einer jeden Darstellung invariant ist gegenüber den Substitutionen S_0. Derartige einschränkende *Gleichungen* für die vorkommenden höchsten Gewichte bestehen aber nicht. In der adjungierten Darstellung $\tilde{\mathfrak{a}}$, deren Substrat der r-dimensionale Vektorraum der infinitesimalen Gruppe selber ist, und denjenigen Gruppen, nach denen sich in diesem Raum die 2-dimensionalen, 3-dimensionalen, ..., $(r-n)/2$-dimensionalen Vektoren unter dem Einfluss von $\tilde{\mathfrak{a}}$ transformieren, haben wir $(r-n)/2$ Darstellungen vor uns, deren höchste Gewichte die Teilsummen der absteigend geordneten positiven Wurzeln $\varrho_1, \varrho_2, \ldots$ sind:

$$\varrho_1,\quad \varrho_1 + \varrho_2,\quad \varrho_1 + \varrho_2 + \varrho_3, \ldots,\quad \Sigma^+\varrho.$$

Eine Substitution S_0 muss sie alle (nicht nur die letzte $2\,\Phi^0$) in sich überführen. Es gehen daher alle Wurzeln durch S_0 in sich über, S_0 ist die Identität. Damit ist nachträglich bewiesen, dass das höchste Glied $e(\Phi)$ einer alternierenden Fourier-Reihe durch alle von der Identität verschiedenen Substitutionen S in niedriger stehende übergeht.